Wissenschaftliches Rechnen

Gilbert Strang

Wissenschaftliches Rechnen

 Springer

Gilbert Strang
Massachusetts Institute of Technology (MIT)
Department of Mathematics
77 Massachusetts Ave.
Cambridge MA 02139
USA
gs@math.mit.edu

Übersetzer

Micaela Krieger-Hauwede
Dr. Karen Lippert (Kap. 6-8)
Leipzig
Deutschland

Englische Originalausgabe erschienen unter dem Titel "Computational Science and Engineering" bei Wellesley-Cambridge Press, 2007

ISBN 978-3-540-78494-4   e-ISBN 978-3-540-78495-1
DOI 10.1007/978-3-540-78495-1
Springer Heidelberg Dordrecht London New York

Die Deutsche Nationalbibliothek verzeichnet diese Publikation in der Deutschen Nationalbibliografie; detaillierte bibliografische Daten sind im Internet über http://dnb.d-nb.de abrufbar.

© Springer-Verlag Berlin Heidelberg 2010
Dieses Werk ist urheberrechtlich geschützt. Die dadurch begründeten Rechte, insbesondere die der Übersetzung, des Nachdrucks, des Vortrags, der Entnahme von Abbildungen und Tabellen, der Funksendung, der Mikroverfilmung oder der Vervielfältigung auf anderen Wegen und der Speicherung in Datenverarbeitungsanlagen, bleiben, auch bei nur auszugsweiser Verwertung, vorbehalten. Eine Vervielfältigung dieses Werkes oder von Teilen dieses Werkes ist auch im Einzelfall nur in den Grenzen der gesetzlichen Bestimmungen des Urheberrechtsgesetzes der Bundesrepublik Deutschland vom 9. September 1965 in der jeweils geltenden Fassung zulässig. Sie ist grundsätzlich vergütungspflichtig. Zuwiderhandlungen unterliegen den Strafbestimmungen des Urheberrechtsgesetzes.
Die Wiedergabe von Gebrauchsnamen, Handelsnamen, Warenbezeichnungen usw. in diesem Werk berechtigt auch ohne besondere Kennzeichnung nicht zu der Annahme, dass solche Namen im Sinne der Warenzeichen- und Markenschutz-Gesetzgebung als frei zu betrachten wären und daher von jedermann benutzt werden dürften.

Gedruckt auf säurefreiem Papier

Springer ist Teil der Fachverlagsgruppe Springer Science+Business Media (www.springer.com)

Inhaltsverzeichnis

1	**Angewandte lineare Algebra**	1
	1.1 Vier spezielle Matrizen	1
	1.2 Differenzen, Ableitungen und Randbedingungen	14
	1.3 Elimination führt auf $K = LDL^T$	29
	1.4 Inverse und Deltafunktionen	41
	1.5 Eigenwerte und Eigenvektoren	53
	1.6 Positiv definite Matrizen......................................	75
	1.7 Numerische lineare Algebra: LU, QR, SVD	89
	1.8 Beste Basis aus der SVD	104
2	**Ein Grundmuster der angewandten Mathematik**	113
	2.1 Gleichgewicht und die Steifigkeitsmatrix	113
	2.2 Schwingungen nach dem Newtonschen Gesetz	127
	2.3 Die Methode der kleinsten Quadrate für Rechteckmatrizen	147
	2.4 Graphenmodelle und Kirchhoffsches Gesetz	163
	2.5 Schaltnetze und Übertragungsfunktionen	179
	2.6 Nichtlineare Probleme	197
	2.7 Strukturen im Gleichgewicht	214
	2.8 Kovarianzen und die rekursive Methode der kleinsten Quadrate	230
	2.9 * Graphenschnitte und Gencluster	250
3	**Randwertprobleme**...	265
	3.1 Differentialgleichungen und finite Elemente	265
	3.2 Kubisches Splines und Gleichungen vierter Ordnung	283
	3.3 Gradient und Divergenz	295
	3.4 Die Laplace-Gleichung	310
	3.5 Finite Differenzen und schnelle Poisson-Löser	326
	3.6 Die Finite-Elemente-Methode	337
	3.7 Elastizität und Festkörpermechanik............................	357

4 Fourier-Reihen und Fourier-Integrale ... 365
4.1 Fourier-Reihen periodischer Funktionen ... 365
4.2 Tschebyschow, Legendre und Bessel ... 385
4.3 Die diskrete Fourier-Transformation und die FFT ... 399
4.4 Faltung und Signalverarbeitung ... 410
4.5 Fourier-Integrale ... 423
4.6 Entfaltung und Integralgleichungen ... 439
4.7 Wavelets und Signalverarbeitung ... 448

5 Analytische Funktionen ... 467
5.1 Taylor-Reihen und komplexe Integration ... 467
5.2 Berühmte Funktionen und große Sätze ... 485
5.3 Die Laplace-Transformation und die z-Transformation ... 493
5.4 Spektralmethoden von exponentieller Genauigkeit ... 510

6 Anfangswertprobleme ... 529
6.1 Einführung ... 529
6.2 Finite-Differenzen-Verfahren ... 534
6.3 Genauigkeit und Stabilität für $u_t = cu_x$ ... 547
6.4 Wellengleichungen und Leapfrog-Verfahren ... 561
6.5 Diffusion, Konvektion und Finanzmathematik ... 578
6.6 Nichtlineare Strömungen und Erhaltungssätze ... 598
6.7 Strömungsdynamik und die Navier-Stokes-Gleichungen ... 617
6.8 Level-Set-Methode und Fast-Marching-Methode ... 634

7 Große Systeme ... 639
7.1 Elimination mit Umordnung ... 639
7.2 Iterative Verfahren ... 652
7.3 Mehrgitterverfahren ... 661
7.4 Krylov-Unterräume und konjugierte Gradienten ... 678

8 Optimierung und Minimumprinzip ... 691
8.1 Zwei fundamentale Beispiele ... 691
8.2 Regularisierte kleinste Quadrate ... 707
8.3 Variationsrechnung ... 724
8.4 Fehler in Projektionen und Eigenwerten ... 746
8.5 Das Sattelpunkt-Stokes-Problem ... 753
8.6 Lineare Optimierung und Dualität ... 764
8.7 Adjungierte Methoden im Design ... 784

A Lineare Algebra kurz und knapp ... 793

B Abtasten und Aliasing ... 801

C Wissenschaftliches Rechnen und Modellieren ... 805

Literaturverzeichnis ... 811

Sachverzeichnis ... 817

Mit dem Buch lehren und lernen

Ich hoffe, dass **mathematische und auch ingenieurtechnische Fakultäten dieses Lehrbuch** begrüßen. Es entwickelte sich aus meiner dreißigjährigen Lehrerfahrung im Kurs 18.085 am MIT. Ich möchte mich bei tausenden von angehenden Ingenieuren und Wissenschaftlern dafür bedanken, dass ich ihnen diesen Stoff beibringen durfte. Freilich werde ich hier nicht alles behandeln! Das ist mein Stichwortzettel:

1. **Angewandte Lineare Algebra** (heute wird man sich ihrer Bedeutung bewusst)
2. **Angewandte Differentialgleichungen** (mit Rand- und Anfangswerten)
3. **Fourier-Reihen** (einschließlich diskreter Fourier-Transformation und Faltung)

Im Kurs 18.086 wird der Stoff aus Kapitel 6 bis 8 behandelt, der dort durch Projektarbeiten ergänzt wird.

Alle Videovorlesungen zu den Kursen 18.085 und 18.086 finden Sie in der OpenCourseWare unter ocw.mit.edu. Vielen Lesern sind vermutlich die Vorlesungen zum Kurs 18.06 über lineare Algebra vertraut, und neue Videos über die „Highlights der Analysis" kommen 2010 zur OpenCourseWare hinzu.

Hilfe finden Sie in diesem Buch und auf der cse-Website (und beim Autor). Wählen Sie die Abschnitte, die für die Vorlesung und den Kenntnisstand angemessen sind. Meine Hoffnung ist, dass dieses Buch *allen* Mathematikern, Ingenieuren und Wissenschaftlern als eine Grundlage dienen wird, die ihnen die Kerngedanken der angewandten Mathematik und des wissenschaftlichen Rechnens vermittelt. Der Stoff ist schön, kohärent und *hat eine lange Entwicklung genommen.*

Die Grundlage früherer Vorlesungen war mein Buch *Introduction to Applied Mathematics* (Wellesley-Cambridge Press). Dort gibt es sehr wesentlichen Stoff, der in diesem Buch nicht behandelt wird und umgekehrt. Was sich natürlicherweise aus den Vorlesungen, Prüfungen, Hausaufgaben und Projekten über die Jahre ergeben hat, war eine *klarere Vorstellung davon*, wie man angewandte Mathematik und Ingenieurmathematik darstellen könnte. Dieses neue Buch ist das Ergebnis.

Im gesamten Buch geht es darum, Ideen und Algorithmen zusammenzubringen. Ich bin überzeugt davon, dass sie in ein und derselben Vorlesung gelehrt und erlernt werden müssen. Der Algorithmus veranschaulicht die Idee. Der alte Ansatz, die Verantwortlichkeiten zu trennen, funktioniert nicht mehr:

Nicht perfekt   Mathematikvorlesungen lehren analytische Methoden
                    Ingenieurvorlesungen behandeln reale Probleme

Sogar im wissenschaftlichen Rechnen gibt es eine Trennung, die wir nicht brauchen:

Nicht effizient Mathematikvorlesungen analysieren numerische Algorithmen
                     Ingenieurwissenschaften und Informatik implementieren Software

Ich glaube, es ist an der Zeit, die Realität des wissenschaftlichen Rechnens und Modellierens zu vermitteln. Ich hoffe, dieses Buch hilft dabei, dieses schöne Fachgebiet voranzutreiben. Vielen Dank, dass Sie dieses Buch lesen.

Über den Autor

Gilbert Strang ist Mitglied des Department of Mathematics am MIT. Durch seine Bücher konnten viele Studenten aus Vorlesungen über lineare Algebra einen größeren Nutzen ziehen. Seine Vorlesungen gehören zur OpenCourseWare unter ocw.mit.edu, wo sein Kurs 18.06 der am häufigsten angeklickte Kurs von insgesamt 1700 Kursen ist. Der nächste Kurs 18.085 entwickelte sich in natürlicher Weise in Richtung wissenschaftliches Rechnen und Modellieren und mündete in diesem Lehrbuch.

Auszeichnungen erhielt er für Forschung, Lehre und Darstellung der Mathematik:

Von Neumann Medal in numerischer Mechanik
Graduate School Teaching Award vom MIT
Henrici Prize für angewandte Analysis
Haimo Prize für hervorragende Lehre, Mathematical Association of America
Su Buchin Prize, International Council for Industrial and Applied Mathematics

Gilbert Strang war Präsident der SIAM (1999–2000) und Vorsitzender des U.S. National Committee on Mathematics.

Bereits erschienene Bücher beschäftigen sich mit der Methode der finiten Elemente, der Theorie der Wavelets und der Mathematik des GPS. Bei diesen Themen waren George Fix, Truong Nguyen und Kai Borre wunderbare Mitautoren. Die Lehrbücher *Introduction to Linear Algebra* und *Linear Algebra and Its Applications* wurden von mathematischen und ingenieurwissenschaftlichen Instituten weithin angenommen. Mit einer Ausnahme (*LAA*) sind alle Bücher bei Wellesley-Cambridge Press erschienen. Sie können auch über die SIAM bezogen werden.

Das vorliegende Buch entwickelte sich Schritt für Schritt – erst gab es reinen Text, dann Aufgabenstellungen und MATLAB-Codes und schließlich die Videovorlesungen. Die Rückmeldungen der Studenten waren wunderbar. Diese Entwicklung wird sich auf der Website math.mit.edu/cse (sowie /18085 und /18086) fortsetzen. Auch Lösungen zu den Aufgaben und weitere Beispiele finden sich auf dieser cse-Website.

Was die heutigen Studenten und Leser wirklich brauchen, ist die Abkehr von den althergebrachten „formellastigen" Darstellungen hin zu einer **lösungsbezogenen Vorlesung**. Probleme zu lösen, ist das Herzstück der modernen höheren Ingenieursmathematik und des wissenschaftlichen Rechnens.

Danksagung

Beim Schreiben diesen Buches wurde mir wunderbare Hilfe zuteil. Lange waren wir ein zweiköpfiges Team: Brett Coonley erstellte hunderte von LaTeX-Seiten. Ohne seine beständige Unterstützung gäbe es dieses Buch nicht. Dann kam neue Unterstützung aus vier Richtungen:

1. Per-Olof Persson, Nick Trefethen, Benjamin Seibold und Aslan Kasimov trugen den numerischen Teil dieses Buches bei. Im Buch geht es um das wissenschaftliche Rechnen und ihre Codes führen es aus.
2. Den Schriftsatz (der englischen Ausgabe) vollendete www.valutone.com.
3. Jim Collins, Tim Gardner und Mike Driscoll berieten mich zum Thema mathematische Biologie. Von der Biomechanik bis zum Herzrhythmus und der Genexpression, was wir wollen und brauchen ist computergestützte Biologie.

    Es stellte sich heraus, dass das *Clustering* ein wesentlicher Algorithmus in der Bioinformatik und darüber hinaus ist. Des Higham, Inderjit Dhillon und Jon Kleinberg halfen mir großzügigerweise bei der Konzeption des neuesten Abschnittes 2.9* über Graphenschnitte und Gencluster.
4. Eine Schar von Ingenieuren und Kollegen aus der angewandten Mathematik rieten mir, was ich schreiben sollte.

Die Worte formten sich bei der Lehre von tausenden von Studenten über 40 glückliche Jahre hinweg. Die Struktur des Buches entwickelte sich langsam aber beständig, es lässt sich nichts erzwingen. Für Anregungen aller Art schulde ich vielen Personen Dank (sowie Oxford und der Singapore-MIT-Allianz und Martin Peters).

Ich widme dieses Buch meiner Familie und meinen Freunden. Sie machen mein Leben schön.

Gilbert Strang

Einführung

Wenn Sie ein derart umfangreiches Fachgebiet wie das der angewandten Mathematik studieren, es lehren oder ein Buch darüber schreiben wollen, müssen Sie zunächst eine Gliederung vornehmen. Es muss ein Schema und eine Struktur geben. Erst dann können Leser (und Autor!) ein Ganzes daraus formen. Lassen Sie mich nun unser Thema in handhabbare Stücke gliedern und eine Struktur für dieses Buch und diese Vorlesung vorschlagen.

Zunächst sollte man zwei Teilaufgaben unterscheiden – die Modellierung und die Lösung. Ihnen werden wir uns in diesem Buch widmen. In der **angewandten Mathematik** identifiziert man zuerst die Schlüsselgrößen des Problems und verknüpft sie anschließend mithilfe von Differentialgleichungen und Matrixgleichungen. Diese Gleichungen bilden dann den Ausgangspunkt des **wissenschaftlichen Rechnens**. Grob betrachtet: Beim Modellieren startet man mit einem Problem, beim Rechnen mit einer Matrix.

Erlauben Sie mir noch ein paar Worte über die beiden Teilaufgaben. Die angewandte Mathematik schließt traditionell das Studium spezieller Funktionen ein. Diese haben eine enorme Kraft und Bedeutung (mitunter muss ein umfassendes Studium bis zu einer Fortgeschrittenenvorlesung warten). Ebenso traditionell gehört zum wissenschaftlichen Rechnen eine numerische Analyse des Algorithmus – bei der seine Exaktheit und seine Stabilität geprüft werden. **Wir konzentrieren uns auf die Grundaufgaben, die jedem von uns begegnen:**

A. Gleichgewichts- und Bewegungsgleichungen (*Bilanzgleichungen*) aufstellen
B. Stationäre und zeitabhängige Matrix- und Differentialgleichungen lösen

Die meisten Wissenschaftler und Ingenieure werden sich ihrem Talent und ihrer Arbeit gemäß stärker auf eine der beiden Teilaufgaben konzentrieren. Entweder modelliert man das Problem oder man greift auf Algorithmen wie die FFT (schnelle Fourier-Transformation, *englisch* fast fourier transform) und Software wie MATLAB zurück, um es zu lösen. Grandios ist es, wenn man beides bewältigt. Das ist machbar geworden, weil inzwischen jeder auf schnelle Hardware und professionell geschriebene Software zurückgreifen kann. Also widmen wir uns auch beiden Teilaufgaben.

Einführung

Das Ganze definiert nun das **wissenschaftliche Rechnen und Modellieren**. Inzwischen sprießen Studiengänge und Institute mit diesem Namen wie Pilze aus dem Boden. Tatsächlich ist dieses Buch das Script zu einer Einführungsvorlesung in das umfangreiche (und sich schnell entwickelnde) Gebiet des wissenschaftlichen Rechnens und Modellierens.

Vier Vereinfachungen

Jeder lernt anhand von Beispielen. Ein Ziel beim Schreiben dieses Buches und der Konzeption dieser Vorlesung bestand darin, aus vielen Bereichen von Technik und Naturwissenschaft spezifische Beispiele zu geben. Der erste Abschnitt des ersten Kapitels widmet sich zunächst vier sehr speziellen Matrizen. Jene Matrizen kommen beim wissenschaftlichen Rechnen immer wieder vor. Das ihnen zugrundeliegende Modell wurde *linearisiert*, *diskretisiert*, *eindimensional* gemacht und mit *konstanten Koeffizienten* versehen.

Für mich sind das die bedeutenden Vereinfachungen, die uns Probleme in der angewandten Mathematik besser verstehen lassen. Konzentrieren wir uns auf die folgenden vier Schritte:

1. **Aus nichtlinear wird linear**
2. **Aus kontinuierlich wird diskret**
3. **Aus mehrdimensional wird eindimensional**
4. **Aus variablen Koeffizienten werden konstante Koeffizienten**

Ich bin nicht sicher, ob das Verb „werden" hier angebracht ist. Wir können die natürlichen Gegebenheiten nicht ändern. Aber in der Tat können wir ein echtes Problem leichter verstehen, wenn wir zunächst ein einfacheres lösen. Dies sei mit Einstein und Newton, den beiden größten Physikern aller Zeiten, illustriert. Die Einsteinschen Feldgleichungen aus der allgemeinen Relativitätstheorie sind nichtlinear (und wir sind immer noch mit ihrer Lösung beschäftigt). Newton *linearisierte* die Geometrie des Raumes (und dieses Buch arbeitet mit $F = ma$). Seine lineare Gleichung stellte er 250 Jahre früher auf als Einstein, der in seiner Gleichung a nichtlinear mit m verknüpfte.

Die oben genannten bedeutenden Vereinfachungen sind für die Gliederung dieses Buches fundamental. In Kapitel 1 kommen alle Vereinfachungen vor, weil dort die speziellen Matrizen K, T, B und C behandelt werden. Die Matrizen K und C sind:

Steifigkeits-matrix $K = \begin{bmatrix} 2 & -1 & & \\ -1 & 2 & -1 & \\ & -1 & 2 & -1 \\ & & -1 & 2 \end{bmatrix}$ **zirkulante Matrix** $C = \begin{bmatrix} 2 & -1 & & -1 \\ -1 & 2 & -1 & \\ & -1 & 2 & -1 \\ -1 & & -1 & 2 \end{bmatrix}$.

Auffällig ist das Muster aus $-1, 2, -1$. Es steht für **konstante Koeffizienten in einem eindimensionalen Problem**. K und C sind als Matrizen bereits linear und diskret. Sie unterscheiden sich in den zugehörigen *Randbedingungen*, die immer eine wesentliche Rolle spielen. Zur Matrix K gehören feste Randbedingungen an beiden Enden, wohingegen die Matrix C zu zyklischen, zirkularen oder „periodischen"

Randbedingungen gehört. (Weil in den Ecken der Matrix die Elemente -1 stehen, schließt sich ein Intervall zu einem Kreis.) Die **Fourier-Transformation** ist für zirkulante Matrizen perfekt.

In Kapitel 1 werden die Matrix K^{-1}, die LU-Zerlegung von K sowie die Eigenwerte von K und C bestimmt. Damit können in Kapitel 2 Gleichgewichtsprobleme der Form $Ku = f$ (stationäre Gleichungen) und Anfangswertprobleme der Form $Mu'' + Ku = f$ (zeitabhängige Gleichungen) gelöst werden.

Wenn Sie sich mit dieser bemerkenswerten Matrix K auskennen und Sie gute Software benutzen, sobald die Matrix groß (und später mehrdimensional) wird, haben Sie einen hervorragenden Ausgangspunkt. Die Matrix K ist eine *positiv definite Matrix* mit wunderbaren Eigenschaften.

1. Aus nichtlinear wird linear. Kapitel 2 widmet sich der Modellierung wichtiger Probleme aus Wissenschaft, Technik und Wirtschaft. In jedem Modell wird das zugrundeliegende physikalische Gesetz als linear angenommen:

(a) *Hookesches Gesetz in der Mechanik*: Die Auslenkung ist proportional zur Kraft.
(b) *Ohmsches Gesetz in der Elektrodynamik*: Der Strom ist proportional zur Spannungsdifferenz.
(c) *Skalengesetz in der Wirtschaft*: Der Ertrag ist proportional zum Aufwand.
(d) *Lineare Regression in der Statistik*: Die Daten können durch eine Gerade oder eine Hyperebene gefittet werden.

Keines dieser Gesetze ist tatsächlich richtig. Alle sind Näherungen (haben Sie keine Bedenken, falsche Gesetze können außerordentlich nützlich sein). Tatsache ist, dass sich eine Feder *nahezu linear* verhält, solange die angewandte Kraft noch nicht sehr groß ist. Danach dehnt sich die Feder leicht. Ein Widerstand verhält sich ebenfalls nahezu linear – revolutioniert hat die Elektronik allerdings der äußerst nichtlineare Transistor. Die Massenproduktion zerstört die Linearität von Aufwand-Ertrags-Gesetzen (und eines Preis-Absatz-Gesetzes). Solange wir können, arbeiten wir mit linearen Modellen – doch irgendwann geht das nicht mehr.

Die Liste von Anwendungen ist nicht vollständig – dieses Buch wartet mit weiteren auf. In Biologie und Medizin gibt es eine Fülle von nichtlinearen Phänomenen, die Leben erst möglich werden lassen. Dasselbe gilt für Technik, Chemie, Materialwissenschaften und auch für Finanzmathematik. Linearisierung ist das fundamentale Konzept beim Rechnen: *Eine Kurve wird durch ihre Tangenten bestimmt*, das Newton-Verfahren löst eine nichtlineare Gleichung durch eine Reihe linearer Gleichungen. Kein Wunder, dass uns lineare Algebra überall begegnet.

Es sei darauf hingewiesen, dass „physikalische Nichtlinearität" einfacher ist als „geometrische Nichtlinearität". Wenn es um die Krümmung eines Strahls geht, ersetzen wir die richtige, aber komplizierte Krümmungsformel $u''/(1+(u')^2)^{3/2}$ durch die einfache zweite Ableitung u''. Das ist sinnvoll, wenn u' klein ist – eine typische Annahme bei vielen Anwendungen. In anderen Fällen, kann nicht linearisiert werden. Wenn Boeing von einer idealen Luftströmung ausgegangen wäre und die Navier-Stokes-Gleichungen unberücksichtigt gelassen hätte, hätte sich die 777 nie in die Luft erhoben.

Einführung

2. Aus kontinuierlich wird diskret. In Kapitel 3 werden Differentialgleichungen eingeführt. Das Hauptbeispiel ist die *Laplace-Gleichung* $\partial^2 u/\partial x^2 + \partial^2 u/\partial y^2 = 0$. Die komplexen Zahlen produzieren auf magische Weise eine ganze Familie spezieller Lösungen. Die Lösungen sind Paare aus $(x+iy)^n$ und $r^n e^{in\theta}$. Die Paare heißen u und s:

$u(x,y)$	$s(x,y)$	$u(r,\theta)$	$s(r,\theta)$
x	y	$r\cos\theta$	$r\sin\theta$
x^2-y^2	$2xy$	$r^2\cos 2\theta$	$r^2\sin 2\theta$
...	...	...	...

Die Laplace-Gleichung demonstriert den Gradienten, die Divergenz und die Rotation (in Anwendung). *In praktischen Anwendungen löst man allerdings eine diskrete Form der Differentialgleichung.* Dieser harmlose Satz enthält zwei grundlegende Aufgaben: die Diskretisierung der kontinuierlichen Gleichung zu $Ku = f$ und das Auflösen nach u. Diese beide Aufgaben stehen im Mittelpunkt des wissenschaftlichen Rechnens. Das vorliegende Buch konzentriert sich auf jeweils zwei Lösungsverfahren für beide Aufgaben:

Kontinuierlich zu diskret   **1. Die Methode der finiten Elemente**
(Kapitel 3)   **2. Finite-Differenzen-Verfahren**

Lösung von $Ku = f$ **1. Direkte Elimination**
(Kapitel 7)   **2. Iterationen mit Vorkonditionierung**

Die Matrix K kann sehr groß (und außerordentlich dünn besetzt) sein. Gewöhnlich ist es vernünftiger, in einen guten Lösungsalgorithmus zu investieren als in einen Supercomputer. Ein Mehrgitterverfahren funktioniert recht bemerkenswert.

Kapitel 6 wendet sich Anfangswertproblemen zu, zunächst für die Wellengleichung und die Wärmeleitungsgleichung (Konvektion und Diffusion). Wellen lassen Stoßwellen zu, Diffusion macht die Lösung glatt. Beides spielt im wissenschaftlichen Rechnen eine zentrale Rolle. Die Diffusionsgleichung wurde in der Finanzmathematik berühmt als *Black-Scholes-Gleichung* für den Wert einer Finanzoption. Sobald die Zeit ins Spiel kommt, muss man sich um die Stabilität kümmern. *Sind diese Gleichungen noch stabil, wenn sie diskretisiert werden?* Wir werden eine Stabilitätsgrenze in Abhängigkeit von der Schrittweite Δt bestimmen.

3. Aus mehrdimensional wird eindimensional. Bei linearen Problemen reduziert ein (im Anwendungsfall einfaches) Schlüsselkonzept mehrdimensionale Probleme auf jeweils eine Dimension. Das Konzept heißt *Trennung der Variablen*. Aus der Unbekannten $u(x,t)$ wird eine Summe spezieller Produkte $A(x)B(t)$. Eine n-dimensionale Gleichung für u wird durch eine eindimensionale Gleichung für A und B ersetzt. Auch das gehört zum wissenschaftlichen Rechnen. Die in Kapitel 5 behandelte *Spektralmethode* ist von exponentieller Genauigkeit (falls die Summe schnell konvergiert). Im Vergleich dazu werden tatsächlich nichtseparable Gleichungen mit irregulären Geometrien durch finite Differenzen oder finite Elemente gelöst. Fehler sind dabei typischerweise von der Ordnung $(\Delta x)^2 + (\Delta t)^2$.

Aus der Menge der nichtlinearen Gleichungen kann die Gleichung $\partial u/\partial t + u\,\partial u/\partial x = 0$ exakt gelöst werden. Das ist ein wichtiges Modell für ein nichtlineares Phänomen: In endlicher Zeit T können sich Stoßwellen entwickeln. Wie Surfer genau wissen, kann eine nichtlineare Welle brechen. Wenn man sich mit Flüssigkeitsströmungen beschäftigt, hat man es mit Gleichungen in mehreren Unbekannten zu tun, die von x, y, z und t abhängen. Damit kommen wir zu den schwierigsten Problemen des wissenschaftlichen Rechnens. Für den Existenzbeweis von Lösungen hat das Clay Mathematics Institute ein Preisgeld von $1,000,000 ausgesetzt – eine starke Verbesserung der Algorithmen würde sich noch wesentlich stärker auszahlen.

4. Aus variablen Koeffizienten werden konstante Koeffizienten. Man kann die Bedeutung dieser vierten Vereinfachung gar nicht hoch genug einschätzen. Mit einem Wort: Fourier hat es im Griff. Die Schlüsselfunktionen sind die trigonometrischen Funktionen Sinus und Kosinus und die Exponentialfunktionen e^{ikx} und $e^{i\omega t}$. Die *Fourier-Transformation* verlagert lineare Probleme aus dem physikalischen Raum (mit den Variablen x und t) in den Frequenzraum (mit den Variablen k und ω). In diesem Raum gibt es bei konstanten Koeffizienten für jede Frequenz eine separate Gleichung. Das ist in Sachen Trennung der Variablen das Äußerste: die Umwandlung einer Differentialgleichung in eine algebraische Gleichung.

Sie könnten vermuten, die gleichzeitige Anwendung aller vier Vereinfachungen sei außergewöhnlich und selten. Erstaunlicherweise ist das nicht so. Ganz im Gegenteil! Kapitel 4 führt die Fourier-Transformation und ihre Inverse ein, wobei man von $f(x)$ zu den Fourier-Koeffizienten und zurück transformiert. Die FFT vollzieht beide Schritte sagenhaft schnell und praktisch (bei endlichen Vektoren). Wir widmen zwei komplette Abschnitte der *Faltung*, *Filtrierung* und *Entfaltung*. Die Verbesserung, Rauschminderung, Komprimierung und Rekonstruktion von Bildern und Daten sind zu wichtigen Anwendungen der Mathematik geworden (sie liefern uns high definition).

Die **schnelle Fourier-Transformation** bedient sich der speziellen Eigenschaften komplexer Zahlen $w = e^{2\pi i/N}$. Eine wesentliche Eigenschaft ist $w^N = 1$ (wegen $e^{2\pi i} = 1$). Die andere ist der Zusammenhang zwischen N und $M = N/2$, also der ganzseitigen und der halbseitigen Transformation. Wenn man $e^{2\pi i/N}$ quadriert, erhält man $e^{2\pi i/M}$. Die FFT lässt sich auf $N/4, N/8$ und darüber hinaus fortsetzen. Sie hat das wissenschaftliche Rechnen verändert.

Kapitel 1
Angewandte lineare Algebra

1.1 Vier spezielle Matrizen

Eine $m \times n$-Matrix hat m Zeilen, n Spalten und nm Elemente. Wir bearbeiten diese Zeilen und Spalten, um lineare Gleichungssysteme $Ax = b$ und Eigenwertprobleme $Ax = \lambda x$ zu lösen. Aus den Eingaben A und b erhalten wir (mithilfe solcher Software wie MATLAB) die Ausgaben x und λ. Ein schneller und stabiler Algorithmus ist dabei außerordentlich wichtig. Genau das finden Sie in diesem Buch.

Matrizen werden benutzt, um Informationen zu speichern. In der angewandten Mathematik betrachten wir sie hingegen oft unter einem anderen Gesichtspunkt: Eine Matrix ist ein „Operator". *Der Operator A wirkt auf Vektoren x und erzeugt andere Vektoren Ax.* Die Komponenten von x haben eine Bedeutung – sie stehen für Auslenkungen, Drücke, Spannungen, Preise oder Konzentrationen. Auch der Operator A hat eine Bedeutung – in diesem Kapitel bildet er Differenzen. Also sind Ax Druckdifferenzen, Spannungsabfälle oder Preisdifferenzen.

Bevor wir das Problem dem Rechner überlassen – und auch später, wenn wir A\b oder eig(A) interpretieren – sind wir an der Bedeutung genauso interessiert wie an den Zahlen.

Am Anfang dieses Buches stehen **vier spezielle Matrizenfamilien**. Sie sind einfach, nützlich und wirklich fundamental. Wir sehen uns zuerst die Eigenschaften dieser speziellen Matrizen K_n, C_n, T_n und B_n an. (Einige Eigenschaften sind offensichtlich, andere sind versteckt.) Es ist ein Vergnügen, lineare Algebra mit wirklich bedeutsamen Matrizen zu treiben. Es folgen die Matrizen K_2, K_3, K_4 aus der ersten Familie, auf deren Diagonalen die Elemente -1, 2 und -1 stehen:

$$K_2 = \begin{bmatrix} 2 & -1 \\ -1 & 2 \end{bmatrix} \quad K_3 = \begin{bmatrix} 2 & -1 & 0 \\ -1 & 2 & -1 \\ 0 & -1 & 2 \end{bmatrix} \quad K_4 = \begin{bmatrix} 2 & -1 & 0 & 0 \\ -1 & 2 & -1 & 0 \\ 0 & -1 & 2 & -1 \\ 0 & 0 & -1 & 2 \end{bmatrix}.$$

Was macht die Matrizen K_2, K_3, K_4 und schließlich die $n \times n$-Matrix K_n aus? Ich werde sechs Antworten in der Reihenfolge liefern, in der sie meine Studenten gegeben haben. Fangen wir mit vier Eigenschaften der Matrizen K_n an, die Sie sofort einsehen können.

1. Die Matrizen sind **symmetrisch**. Das Element aus Zeile i, Spalte j steht auch in Spalte j, Zeile i. Daher gilt auf gegenüberliegenden Seiten der Hauptdiagonale (der ersten oberen und unteren Nebendiagonale) $K_{ij} = K_{ji}$. Die Symmetrie kann man auch ausdrücken, indem man die gesamte Matrix transponiert: $K = K^T$.
2. Die Matrizen K_n sind **dünn besetzt**. Für große n ist der überwiegende Teil der Elemente null. K_{1000} hat eine Million Elemente, aber nur $1000 + 999 + 999$ davon sind von null verschieden.
3. Die von null verschiedenen Elemente liegen auf einem „Band" um die Hauptdiagonale. Daher ist jede Matrix K_n eine *Bandmatrix*. Es gibt nur eine obere und eine untere Nebendiagonale, also sind diese Matrizen **tridiagonal**.

Weil K eine Tridiagonalmatrix ist, kann $Ku = f$ schnell gelöst werden. Wenn der gesuchte Vektor u tausend Komponenten besitzt, können wir diese in einigen tausend Schritten bestimmen (was mit dem Computer einen kleinen Bruchteil einer Sekunde dauert). Bei einer voll besetzten Matrix der Ordnung $n = 1000$ würde die Lösung von $Ku = f$ hunderte Millionen Schritte brauchen. Natürlich müssen wir an erster Stelle fragen, ob die linearen Gleichungen überhaupt eine Lösung haben. Zu dieser Frage kommen wir gleich.

4. Die Matrizen haben **konstante Diagonalen**. Diese Eigenschaft verlangt geradezu nach Fourier-Tranformation. Sie ist ein Hinweis darauf, dass sich eine Größe nicht ändert, wenn wir uns im Raum oder in der Zeit bewegen. Das Problem ist translations- oder zeitinvariant. Die Koeffizienten sind konstant. Die tridiagonale Matrix ist durch die drei Zahlen $-1, 2, -1$ vollständig bestimmt. Diese Matrizen heißen eigentlich „Matrizen der zweiten Differenzen". Meine Studenten benutzen diesen Begriff aber nie.

Die ganze Welt der Fourier-Transformation ist an Matrizen mit konstanten Diagonalen geknüpft. Bei der Signalverarbeitung dient die Matrix $D = K/4$ als „Hochpassfilter". Mit Du wird die sich schnell verändernde (hochfrequente) Komponente eines Vektors u selektiert. Der Ausdruck liefert eine *Faltung* mit $\frac{1}{4}(-1, 2, -1)$. Wir benutzen diese Begriffe schon hier, um die Aufmerksamkeit auf das Kapitel über Fourier-Transformation (Kapitel 4) zu lenken.

Mathematiker bezeichnen die Matrix K als ***Toeplitz-Matrix***, und MATLAB benutzt diese Bezeichnung ebenso:

Der Befehl $K = \text{toeplitz}([2 \quad -1 \quad \text{zeros}(1,2)])$ **konstruiert** K_4 **aus Zeile 1.**

Die Fourier-Transformation lässt sich sogar noch besser anwenden, wenn wir in K_n zwei kleine Änderungen vornehmen. Wir tragen in die obere rechte und die untere linke Ecke das Element -1 ein. Damit sind zwei (zirkulierende) Diagonalen komplett. Jeder Zeilenvektor von C_4 ist nun relativ zum darüberliegenden Zeilenvektor um ein Element nach rechts verschoben. Die Matrix C_4 heißt auch „*periodische Matrix*" oder „*zyklische Faltung*" oder **zirkulante Matrix**:

1.1 Vier spezielle Matrizen

Zirkulante Matrix $\quad C_4 = \begin{bmatrix} 2 & -1 & 0 & -1 \\ -1 & 2 & -1 & 0 \\ 0 & -1 & 2 & -1 \\ -1 & 0 & -1 & 2 \end{bmatrix} = \text{toeplitz}([2 \ -1 \ 0 \ -1]).$

Diese Matrix ist *singulär*. Sie ist *nicht invertierbar*. Ihre Determinante ist null. Anstatt diese Determinante zu berechnen, bestimmt man besser einen von null verschiedenen Vektor u, der $C_4 u = 0$ löst. (**Hätte C_4 eine Inverse, wäre die einzige Lösung zu $C_4 u = 0$ der Nullvektor.** Wir könnten mit C_4^{-1} multiplizieren, um festzustellen, dass $u = 0$ gilt.) Bei dieser Matrix ist es der Spaltenvektor aus lauter Einsen (also $u = (1,1,1,1)$), der die Gleichung $C_4 u = 0$ löst.

Die Summe der Spalten der Matrix C ist die Nullspalte. Der Vektor $u = \text{ones}(4,1)$ liegt im *Nullraum* von C_4. Der Nullraum enthält alle Lösungen zu $Cu = 0$.

Wenn die Summe der Elemente in jeder Zeile einer Matrix null ist, ist die Matrix zweifellos singulär. Grund dafür ist wieder der Spaltenvektor aus lauter Einsen. Bei der Matrixmultiplikation Cu werden alle Spaltenvektoren addiert. Die Summe ist jeweils null. Der konstante Vektor $u = (1,1,1,1)$ bzw. $u = (c,c,c,c)$ aus dem Nullraum verhält sich wie die Konstante C bei der Integration einer Funktion. In der Analysis lässt sich die „Integrationskonstante" nicht aus der Ableitung bestimmen. In der Algebra kann man die Konstante in $u = (c,c,c,c)$ nicht aus der Gleichung $Cu = 0$ bestimmen.

5. Alle Matrizen $K = K_n$ sind **invertierbar**. Im Gegensatz zu den Matrizen C_n sind sie nicht singulär. Es existiert eine Quadratmatrix K^{-1}, sodass $K^{-1} K = I$ gilt. Die Matrix I ist die *Einheitsmatrix*. Hat eine Quadratmatrix eine linksseitige Inverse, dann gilt auch $KK^{-1} = I$. Wenn die Matrix K symmetrisch ist, ist diese „*inverse Matrix*" ebenfalls symmetrisch. *Allerdings ist die Matrix K^{-1} nicht dünn besetzt.*

Die Invertierbarkeit einer Matrix lässt sich nicht ohne weiteres überblicken. Theoretisch könnte man die Determinante berechnen. Nur wenn $\det K = 0$ ist, existiert keine Inverse, weil die Berechnung von K^{-1} eine Division durch $\det K$ beinhaltet. In der Praxis berechnet man die Determinante jedoch fast nie. Das ist eine umständliche Art, $u = K^{-1} f$ zu bestimmen.

Tatsächlich machen wir mit den Eliminationsschritten weiter, die $Ku = f$ lösen. Diese Schritte vereinfachen die Matrix so, dass sie triangular wird. Die von null verschiedenen Pivotelemente auf der Hauptdiagonalen der tridiagonalen Matrix zeigen, dass die ursprüngliche Matrix K invertierbar ist. (Wichtiger Hinweis: Wir wollen und brauchen K^{-1} nicht, um $u = K^{-1} f$ zu bestimmen. Die Inverse wäre eine voll besetzte Matrix mit positiven Elementen. Wir berechnen nur den Lösungsvektor u.)

6. Die symmetrischen Matrizen K_n sind **positiv definit**. Dieser Begriff ist Ihnen vielleicht neu. Kapitel 1 soll Ihnen unter anderem erklären, was diese wichtige Eigenschaft bedeutet (K_4 besitzt sie, C_4 hingegen nicht). Lassen Sie mich zunächst positive Definitheit und Invertierbarkeit anhand der Begriffe „Pivotelemente" und „Eigenwerte" einander gegenüberstellen. Diese Begriffe werden Ihnen bald vertraut sein. *Sehen Sie sich den Anhang an, der die Elemente der linearen Algebra zusammenfasst.*

Pivotelemente: Eine invertierbare Matrix hat n *von null verschiedene* Pivotelemente. Eine *positiv definite*, symmetrische Matrix hat n **positive Pivotelemente**.

Eigenwerte: Eine invertierbare Matrix hat n *von null verschiedene* Eigenwerte. Eine *positiv definite*, symmetrische Matrix hat n **positive Eigenwerte**.

Anhand der Pivotelemente und Eigenwerte lässt sich die positive Definitheit testen. Die Matrix C_4 ist nicht positiv definit, weil sie singulär ist. Tatsächlich hat die Matrix C_4 drei positive Pivotelemente und Eigenwerte, sodass sie den Test „fast" besteht. Aber ihr vierter Eigenwert ist null (die Matrix ist singulär). Da keiner der Eigenwerte negativ ist ($\lambda \geq 0$), bezeichnet man C_4 als **positiv *semi*definit**.

Wenn wir in Abschnitt 1.3 $Ku = f$ durch Elimination lösen, stehen die Pivotelemente in der Hauptdiagonalen. Die Eigenwerte kommen in $Kx = \lambda x$ vor. Man kann die positive Definitheit auch anhand der Determinante testen (aber nicht einfach det $K > 0$). Die exakte Definition einer symmetrischen, positiv definiten Matrix (die etwas mit positiver Energie zu tun hat) geben wir in Abschnitt 1.6.

Von K_n zu T_n

Neben den beiden Familien K_n und C_n gibt es zwei weitere Familien, die Sie kennen müssen. Matrizen aus diesen Familien sind symmetrisch und tridiagonal, wie die aus der Familie K_n. Bei Matrizen aus der Familie T_n ist aber das Element an der Position $(1,1)$ nicht 2, sondern 1:

$$\mathbf{T_n(1,1) = 1} \quad T_2 = \begin{bmatrix} 1 & -1 \\ -1 & 2 \end{bmatrix} \quad \text{und} \quad T_3 = \begin{bmatrix} 1 & -1 & 0 \\ -1 & 2 & -1 \\ 0 & -1 & 2 \end{bmatrix}. \tag{1.1}$$

Diese erste Zeile (T steht für *englisch* top) hat mit einer neuen Randbedingung zu tun, deren Bedeutung wir bald verstehen werden. Im Moment benutzen wir die Matrix T_3 als perfektes Demonstrationsbeispiel für die Elimination. Durch Zeilenoperationen machen wir die Elemente unter der Hauptdiagonalen zu null. Die Pivotelemente kennzeichnen wir mit einem Kreis, wenn wir sie bestimmt haben. In **zwei Eliminationsschritten** machen wir aus der Matrix T die **obere Dreiecksmatrix** U.

Schritt 1. Addieren Sie Zeile 1 und Zeile 2, sodass alle Elemente unter dem ersten Pivotelement null sind.

Schritt 2. Addieren Sie die neue Zeile 2 und Zeile 3, sodass U entsteht.

$$T = \begin{bmatrix} ①& -1 & 0 \\ -1 & 2 & -1 \\ 0 & -1 & 2 \end{bmatrix} \xrightarrow{\text{Schritt 1}} \begin{bmatrix} ① & -1 & 0 \\ 0 & ① & -1 \\ 0 & -1 & 2 \end{bmatrix} \xrightarrow{\text{Schritt 2}} \begin{bmatrix} ① & -1 & 0 \\ 0 & ① & -1 \\ 0 & 0 & ① \end{bmatrix} = U.$$

Alle Pivotelemente der Matrix T sind 1. Wir können unseren Test für die Invertierbarkeit anwenden (alle Pivotelemente müssen ungleich null sein). Die Matrix T_3 besteht sogar den Test auf positive Definitheit (drei *positive* Pivotelemente). In der Tat ist jede Matrix T_n aus dieser Familie positiv definit, weil immer alle Pivotelemente 1 sind.

1.1 Vier spezielle Matrizen

Die Matrix U besitzt eine Inverse (die automatisch eine obere Dreiecksmatrix ist). Außergewöhnlich an dieser speziellen Inversen U^{-1} ist, dass *alle Elemente oberhalb der Hauptdiagonalen 1 sind*:

$$U^{-1} = \begin{bmatrix} 1 & -1 & 0 \\ 0 & 1 & -1 \\ 0 & 0 & 1 \end{bmatrix}^{-1} = \begin{bmatrix} 1 & 1 & 1 \\ 0 & 1 & 1 \\ 0 & 0 & 1 \end{bmatrix} = \text{triu(ones(3))}. \tag{1.2}$$

Daraus lernen wir, dass die Inverse einer 3×3-„Differenzenmatrix" eine 3×3-„**Summenmatrix**" ist. Diese hübsche Inverse der Matrix U wird uns in Aufgabe 1.1.2 auf Seite 10 auf die Inverse der Matrix T führen. **Das Produkt $U^{-1}U$ ist die Einheitsmatrix I.** Die Matrix U bildet Differenzen, ihre Inverse U^{-1} bildet Summen. Werden zunächst Differenzen und dann Summen gebildet, erhält man den ursprünglichen Vektor (u_1, u_2, u_3) zurück:

Differenzen aus U $\quad \begin{bmatrix} 1 & -1 & 0 \\ 0 & 1 & -1 \\ 0 & 0 & 1 \end{bmatrix} \begin{bmatrix} u_1 \\ u_2 \\ u_3 \end{bmatrix} = \begin{bmatrix} u_1 - u_2 \\ u_2 - u_3 \\ u_3 - 0 \end{bmatrix}$

Summen aus U^{-1} $\quad \begin{bmatrix} 1 & 1 & 1 \\ 0 & 1 & 1 \\ 0 & 0 & 1 \end{bmatrix} \begin{bmatrix} u_1 - u_2 \\ u_2 - u_3 \\ u_3 - 0 \end{bmatrix} = \begin{bmatrix} u_1 \\ u_2 \\ u_3 \end{bmatrix}.$

Von T_n zu B_n

Bei der vierten Familie B_n ist auch das letzte Element nicht 2, sondern 1. Die neue Randbedingung gilt für beide Enden (B steht für *englisch* both). Die Matrizen B_n sind symmetrisch und tridiagonal. Wie sie gleich sehen werden, sind sie *nicht invertierbar*. Die Matrizen B_n sind positiv semidefinit, aber *nicht positiv definit*:

$$\mathbf{B_n(n,n) = 1} \quad B_2 = \begin{bmatrix} \mathbf{1} & -1 \\ -1 & \mathbf{1} \end{bmatrix} \quad \text{und} \quad B_3 = \begin{bmatrix} \mathbf{1} & -1 & 0 \\ -1 & 2 & -1 \\ 0 & -1 & \mathbf{1} \end{bmatrix}. \tag{1.3}$$

Wieder offenbart die Elimination die Eigenschaften der Matrix. Die ersten $n-1$ Pivotelemente sind 1, weil sich hier gegenüber der Matrix T_n nichts geändert hat. Weil aber das letzte Element der Matrix B nun 1 ist, ändert sich das letzte Element der Matrix U:

$$B = \begin{bmatrix} ① & -1 & 0 \\ -1 & 2 & -1 \\ 0 & -1 & 1 \end{bmatrix} \longrightarrow \begin{bmatrix} ① & -1 & 0 \\ 0 & ① & -1 \\ 0 & -1 & 1 \end{bmatrix} \longrightarrow \begin{bmatrix} ① & -1 & 0 \\ 0 & ① & -1 \\ 0 & 0 & \mathbf{0} \end{bmatrix} = U. \tag{1.4}$$

Es gibt nur zwei Pivotelemente. (Ein Pivotelement muss von null verschieden sein.) Die letzte Matrix U ist selbstverständlich nicht invertierbar. Ihre Determinante ist null, weil die dritte Zeile nur Nullen enthält. Der konstante Vektor $(1,1,1)$ liegt im **Nullraum** der Matrix U und daher auch im Nullraum der Matrix B:

$$\begin{bmatrix} 1 & -1 & 0 \\ 0 & 1 & -1 \\ 0 & 0 & 0 \end{bmatrix} \begin{bmatrix} 1 \\ 1 \\ 1 \end{bmatrix} = \begin{bmatrix} 0 \\ 0 \\ 0 \end{bmatrix} \quad \text{und ebenso} \quad \begin{bmatrix} 1 & -1 & 0 \\ -1 & 2 & -1 \\ 0 & -1 & 1 \end{bmatrix} \begin{bmatrix} 1 \\ 1 \\ 1 \end{bmatrix} = \begin{bmatrix} 0 \\ 0 \\ 0 \end{bmatrix}.$$

Sinn und Zweck der Elimination war, ein lineares System wie $Bu = 0$ zu vereinfachen, *ohne die Lösungen zu verändern*. Dass die Matrix B nicht invertierbar ist, hätten wir in diesem Fall auch daran sehen können, dass die Summe der Elemente in jeder Zeile null ist. Dann ist die Summe der Spalten die Nullspalte. Genau diese erhalten wir, wenn wir die Matrix B mit dem Vektor $(1,1,1)$ multiplizieren.

Lassen Sie mich diesen Abschnitt in vier Stichpunkten zusammenfassen (alle behandelten Matrizen sind symmetrisch):

> Die Matrizen K_n und T_n sind invertierbar (und sogar) positiv definit.
>
> Die Matrizen C_n und B_n sind singulär (und sogar) positiv semidefinit.
>
> Die Nullräume der Matrizen C_n und B_n enthalten die konstanten Vektoren $u = (c, c, \ldots, c)$. Ihre Spalten sind abhängig.
>
> Die Nullräume der Matrizen K_n und T_n enthalten nur den Nullvektor $u = (0, 0, \ldots, 0)$. Ihre Spalten sind unabhängig.

Matrizen in MATLAB

Lineare Algebra wird gern mit MATLAB ausgeführt. Der Leser kann sich aber auch für eine andere Software entscheiden. (Octave ist sehr ähnlich und frei verfügbar. Mathematica und Maple eignen sich für symbolische Berechnungen, LAPACK liefert in netlib kostenlos ausgezeichneten Code, und es gibt viele weitere Pakete für lineare Algebra.) Wir werden in der komfortablen Sprache von MATLAB Matrizen konstruieren und mit ihnen arbeiten.

Im ersten Schritt wollen wir die Matrizen K_n konstruieren. Im Fall $n = 3$ können wir die 3×3-Matrix zeilenweise in eckigen Klammern eingeben. Dabei werden die Zeilen durch ein Semikolon voneinander getrennt:

$K = [\,2 \quad -1 \quad 0\,;\; -1 \quad 2 \quad -1\,;\; 0 \quad -1 \quad 2\,]$.

Bei großen Matrizen ist diese Vorgehensweise zu zeitaufwändig. Wir können die Matrix K_8 auch mit den Befehlen „eye" und „ones" erzeugen:

$\text{eye}(8) = 8 \times 8$ Einheitsmatrix $\quad \text{ones}(7,1) = $ Spaltenvektor aus sieben Einsen .

Die Hauptdiagonalelemente erzeugen wir mit 2∗eye(8). Das Symbol ∗ steht für die Multiplikation. Die Diagonalelemente über der Hauptdiagonalen der Matrix K_8 werden durch den Vektor $-\text{ones}(7,1)$ auf der ersten oberen Nebendiagonalen der Matrix E erzeugt:

Elemente der oberen Nebendiagonale $E = -\text{diag}(\text{ones}(7,1), 1)$.

Die Elemente *unter* der Hauptdiagonalen der Matrix K_8 liegen auf der Nebendiagonale mit der Nummer -1 (der ersten unteren Nebendiagonale). Zu ihrer Darstellung können wir im letzten Argument von E aus 1 eine -1 machen. Wir können E aber auch einfach transponieren. In MATLAB ist E' das Symbol für E^{T}. Die Matrix K lässt sich also aus drei Diagonalmatrizen erzeugen:

Tridiagonale Matrix K_8 $K = 2 * \mathrm{eye}(8) + E + E'$.

Anmerkung   Die nullte Diagonale (Hauptdiagonale) ist per Defaulteinstellung gemeint, wenn das zweite Argument fehlt. Also ist eye(8)= diag(ones(8,1)). Dann ist diag(eye(8)) = ones(8,1).

Die konstanten Diagonalelemente machen K zu einer Toeplitz-Matrix. Der Befehl toeplitz erzeugt die Matrix K, wenn in jeder Diagonalen nur dasselbe Element 2, -1 oder 0 steht. Benutzen Sie den Befehl zeros für einen Nullvektor, mit dem Sie die sechs Nullen in der ersten Zeile der Matrix K_8 erzeugen:

Symmetrische Toeplitz-Matrix

row1 $= [2 \ -1 \ \mathrm{zeros}(1,6)]$; $K = \mathrm{toeplitz(row1)}$.

Bei einer unsymmetrischen Matrix mit konstanten Diagonalelementen brauchen Sie den Befehl toeplitz(col1, row1). Mit col1 $= [1 \ -1 \ 0 \ 0]$ und row1 $= [1 \ 0 \ 0]$ erzeugt dieser Befehl eine 4×3-Matrix der Rückwärtsdifferenzen, die nur auf zwei Diagonalen von null verschiedene Elemente hat, nämlich die Elemente 1 auf der einen und die Elemente -1 auf der anderen Diagonalen.

Um aus der Matrix K die Matrizen T, B und C zu erzeugen, müssen nur einzelne Elemente geändert werden, wie in den letzten drei Zeilen des M-Files mit dem Namen KTBC.m angegeben. Die Eingabe ist die Größe n, erzeugt werden vier Matrizen. Das Semikolon unterdrückt die Anzeige der Matrizen K, T, B und C:

```
function [K,T,B,C] = KTBC(n)
% Erzeuge die vier speziellen Matrizen unter der Annahme n>1
K = toeplitz ([2 -1 zeros(1,n-2)]);
T = K; T(1,1) = 1;
B = K; B(1,1) = 1; B(n,n) = 1;
C = K; C(1,n) = -1; C(n,1) = -1;
```

Würden wir ihre Determinanten bestimmen wollen (das sollten wir nicht!), dann erzeugt im Fall $n = 8$ der Befehl

$[\ \det(K) \quad \det(T) \quad \det(B) \quad \det(C) \ ]$ die Ausgabe $[9 \ 1 \ 0 \ 0]$.

Übrigens: MATLAB kann die Matrix K_n bei $n = 10000$ nicht als voll besetzte Matrix speichern. **Die 10^8 Elemente belegen etwa 800 Megabyte Speicher, wenn wir die Matrix K nicht als dünn besetzt erkennen.** Der Code sparseKTBC.m, der auf den Internetseiten zu diesem Buch zu finden ist, vermeidet das Speichern (und Bearbeiten) aller Nullen. Seine ersten beiden Argumente sind eine der Matrizen

K, T, B oder C und die Größe n. Als drittes Argument steht 1 für eine dünn besetzte und 0 für eine voll besetzte Matrix (der Defaultwert ist 0).

Zur Eingabe von sparse in MATLAB gehören die Positionen aller von null verschiedener Elemente. Aus den Vektoren i, j, s, deren Komponenten alle von null verschiedenen Elemente s mit ihren dazugehörigen Positionen i, j sind, erzeugt der Befehl $A =$ sparse(i, j, s, m, n) eine dünn besetzte $m \times n$-Matrix. Bei der Elimination mit lu(A) können weitere von null verschiedene Elemente entstehen (sogenannte fill-ins), deren Positionen die Software richtig bestimmt. Bei der normalen „vollen" Variante werden die Nullen wie alle anderen Zahlen behandelt.

Am günstigsten ist es, zunächst eine Liste mit den Tripeln i, j, s zu erstellen und anschließend sparse aufzurufen. Die Eintragungen mit $A(i, j) = s$ oder $A(i, j) = A(i, j) + s$ sind aufwändiger. Darauf kommen wir in Abschnitt 3.6 zurück.

Der auf den Internetseiten angegebene Code sparseKTBC.m greift auf den Befehl spdiags zurück, um die drei Diagonalen zu füllen. Hier ist die toeplitz-Variante, die die Matrix K_8 erzeugt. Alle Objekte werden dünn besetzt behandelt, weil der erste Vektor als dünn besetzt definiert wurde:

```
vsp = sparse([2 -1 zeros(1, 6)])  % Sehen Sie sich jede Ausgabe an.
Ksp = toeplitz(vsp)   % sparse liefert die Positionen der Einträge ungleich 0.
bsp = Ksp(:, 2)       % colon behält alle Zeilen von Spalte 2,
                      % also ist bsp = Spalte 2 von Ksp.
usp = Ksp\bsp         % Die Nullen in Ksp und bsp werden nicht verarbeitet,
                      % Lösung: usp(2) = 1.
uuu = full(usp)       % Kehrt vom dünn besetzten Format zum voll besetzten
                      % Format uuu = [0 1 0 0 0 0 0 0] zurück.
```

Anmerkung Auch die Open-Source-Sprache Python ist sehr attraktiv und zweckmäßig.

In den nächsten Abschnitten werden wir alle vier Matrizen in die folgenden Grundzusammenhänge der linearen Algebra stellen:

(1.2) Die Matrizen K, T, B, C der finiten Differenzen gehören zu Randbedingungen.
(1.3) Elimination erzeugt Pivotelemente in D und triangulare Faktoren in LDL^T.
(1.4) Punktlasten führen auf die inversen Matrizen K^{-1} und T^{-1}.
(1.5) Die Eigenwerte und Eigenvektoren der Matrizen K, T, B, C enthalten Sinus- und Kosinusfunktionen.

Behandeln werden wir K\f in Abschnitt 1.2, lu(K) in Abschnitt 1.3, inv(K) in Abschnitt 1.4, eig(K) in Abschnitt 1.5 und chol(K) in Abschnitt 1.6.

Ich hoffe sehr, dass Sie diese speziellen Matrizen kennenlernen und mögen werden.

Anschauungsbeispiele

1.1 A Die Matrixgleichungen $Bu = f$ und $Cu = f$ können selbst dann lösbar sein, wenn die Matrizen B und C singulär sind.

1.1 Vier spezielle Matrizen

Zeigen Sie, dass jeder Vektor $f = Bu$ die Eigenschaft $f_1 + f_2 + \cdots + f_n = 0$ besitzt. Physikalische Bedeutung: **Die äußeren Kräfte heben sich auf**. In der linearen Algebra bedeutet es: Die Matrixgleichung $Bu = f$ ist lösbar, wenn f orthogonal zum Spaltenvektor $e = (1, 1, 1, 1, \ldots) = \text{ones}(n, 1)$ ist.

Lösung Bu ist ein Vektor aus Differenzen der Komponenten von u. Die Summe dieser Differenzen ist stets null:

$$f = Bu = \begin{bmatrix} 1 & -1 & & \\ -1 & 2 & -1 & \\ & -1 & 2 & -1 \\ & & -1 & 1 \end{bmatrix} \begin{bmatrix} u_1 \\ u_2 \\ u_3 \\ u_4 \end{bmatrix} = \begin{bmatrix} u_1 - u_2 \\ -u_1 + 2u_2 - u_3 \\ -u_2 + 2u_3 - u_4 \\ -u_3 + u_4 \end{bmatrix}.$$

Alle Terme in $(u_1 - u_2) + (-u_1 + 2u_2 - u_3) + (-u_2 + 2u_3 - u_4) + (-u_3 + u_4) = 0$ heben sich gegenseitig auf. Das Skalarprodukt von f mit dem Vektor $e = (1, 1, 1, 1)$ ist die Summe $f^T e = f_1 + f_2 + f_3 + f_4 = 0$:

Skalarprodukt $f \cdot e = f^T e = f_1 e_1 + f_2 e_2 + f_3 e_3 + f_4 e_4$ (in MATLAB f'*e).

Eine zweite Erklärung für $f^T e = 0$ geht von der Tatsache aus, dass $Be = 0$ ist. Der Vektor e ist im Nullraum der Matrix B. Transponieren von $f = Bu$ liefert $f^T = u^T B^T$, **weil die Transponierte eines Produktes das Produkt der Transponierten der einzelnen Faktoren des Produktes in umgekehrter Reihenfolge ist.** Die Matrix B ist symmetrisch, sodass $B^T = B$ gilt. Dann ist

$f^T e = u^T B^T e$ gleichbedeutend mit $u^T B e = u^T 0 = 0$.

Fazit: Die Matrixgleichung $Bu = f$ ist nur lösbar, wenn f orthogonal zu e ist. (*Gleiches gilt für $Cu = f$. Auch in diesem Fall heben sich die Differenzen auf.*) **Die äußeren Kräfte heben sich auf,** wenn die Summe der Komponenten des Vektors f null ist. Der Befehl B\f liefert Inf, weil die Matrix B quadratisch und singulär ist. Doch die „Pseudoinverse" u = pinv(B) * f existiert und wird ausgegeben. (Alternativ können Sie der Matrix B und dem Vektor f eine Zeile aus Nullen hinzufügen, ehe Sie den Befehl B\f eingeben, um aus der quadratischen Matrix eine Rechteckmatrix zu machen.)

1.1 B Bei der Matrix H zu „fest-freien" Randbedingungen wird aus dem *letzten Element der Matrix K* eine 1. Stellen Sie einen Zusammenhang zwischen der Matrix H und der Matrix T (zu „frei-festen" Randbedingungen, *erstes Matrixelement = 1*) her, indem Sie die umgekehrte Einheitsmatrix J benutzen:

$$H = \begin{bmatrix} 2 & -1 & 0 \\ -1 & 2 & -1 \\ 0 & -1 & 1 \end{bmatrix} \quad \begin{matrix} \text{entsteht durch } JTJ \text{ mit der} \\ \text{umgekehrten Einheitsmatrix } J \end{matrix} \quad J = \begin{bmatrix} 0 & 0 & 1 \\ 0 & 1 & 0 \\ 1 & 0 & 0 \end{bmatrix}.$$

Kapitel 2 zeigt, wie sich die Matrix T aus einer *Turmstruktur* (freie Randbedingungen oben) ergibt. Die Matrix H ist mit einer *hängenden* Struktur (freie Randbedingungen unten) verknüpft. Zwei MATLAB-Befehle dafür sind:

$H = \text{toeplitz}([2 \;\; -1 \;\; 0]); H(3,3) = 1$ **oder** $J = \text{fliplr}(\text{eye}(3)); H = J*T*J$.

Lösung Das Produkt JT vertauscht die Zeilen der Matrix T. Anschließend vertauscht JTJ die Spalten, sodass die Matrix H entsteht:

$$T = \begin{bmatrix} 1 & -1 & 0 \\ -1 & 2 & -1 \\ 0 & -1 & 2 \end{bmatrix} \quad JT = \begin{bmatrix} 0 & -1 & 2 \\ -1 & 2 & -1 \\ 1 & -1 & 0 \end{bmatrix} \quad (JT)J = H.$$
(Zeilen) (Spalten ebenso)

Wir hätten mit dem Produkt TJ auch zuerst die Spalten vertauschen können. Anschließend hätte $J(TJ)$ auf dieselbe Matrix H geführt wie $(JT)J$. In $(AB)C = A(BC)$ **kommt es auf die Klammern nicht an.**

Jede Permutationsmatrix, wie etwa die Matrix J, besitzt die Zeilen der Einheitsmatrix in einer gewissen Reihenfolge. Es gibt sechs 3×3-Permutationsmatrizen, weil es sechs Permutationen der Zahlen $1, 2, 3$ gibt. *Die Inverse jeder Permutationsmatrix ist ihre Transponierte.* Die Permutationsmatrix J ist symmetrisch, sodass $J = J^T = J^{-1}$ ist, wie Sie leicht überprüfen können:

$$H = JTJ, \quad \text{sodass} \quad H^{-1} = J^{-1}T^{-1}J^{-1} \quad \text{und} \quad H^{-1} = JT^{-1}J. \tag{1.5}$$

Verwendet man in MATLAB back $= 3:-1:1$, erfolgt die Umordnung auf JTJ mit dem Befehl H = T(back, back).

Aufgaben zu Abschnitt 1.1

Die Aufgaben 1.1.1–1.1.4 befassen sich mit der inversen Matrix T^{-1}. Die Aufgaben 1.1.5–1.1.8 behandeln die inverse Matrix K^{-1}.

1.1.1 Die Inversen der Matrizen T_3 und T_4 (mit dem Element $T_{11} = 1$) sind

$$T_3^{-1} = \begin{bmatrix} 3 & 2 & 1 \\ 2 & 2 & 1 \\ 1 & 1 & 1 \end{bmatrix} \quad \text{und} \quad T_4^{-1} = \begin{bmatrix} 4 & 3 & 2 & 1 \\ 3 & 3 & 2 & 1 \\ 2 & 2 & 2 & 1 \\ 1 & 1 & 1 & 1 \end{bmatrix}.$$

Raten Sie die Matrix T_5^{-1} und multiplizieren Sie sie mit der Matrix T_5. Schreiben Sie zuerst eine einfache Gleichung für die Elemente der Matrix T_n^{-1} unterhalb der Hauptdiagonalen ($i \geq j$) auf und anschließend eine für die Elemente oberhalb der Hauptdiagonalen ($i \leq j$).

1.1.2 Berechnen Sie aus den Matrizen U und U^{-1} aus Gleichung (1.2) auf Seite 5 die Matrix T_3^{-1} in den drei folgenden Schritten:

1. Prüfen Sie die Gültigkeit der Gleichung $T_3 = U^T U$. Auf der Hauptdiagonalen der Matrix U stehen die Elemente 1, auf der oberen Nebendiagonalen die Elemente -1. Die Transponierte U^T ist eine untere Dreiecksmatrix.

2. Prüfen Sie die Gültigkeit der Gleichung $UU^{-1} = I$, wenn die Elemente der Inversen U^{-1} auf der Hauptdiagonalen und oberhalb davon 1 sind.
3. Invertieren Sie $U^T U$, um die Inverse $T_3^{-1} = (U^{-1})(U^{-1})^T$ zu bestimmen. *Beim Invertieren wird die Reihenfolge vertauscht!*

1.1.3 Die Differenzenmatrix $U = U_5$ ist in MATLAB eye(5)−diag(ones(4,1),1). Konstruieren Sie die Summenmatrix S aus triu(ones(5)). (Dieser Befehl erhält den oberen Dreiecksteil der 5×5-Matrix aus lauter Einsen.) Führen Sie die Multiplikation $U * S$ aus, um sich davon zu überzeugen, dass $S = U^{-1}$ gilt.

1.1.4 Für alle n ist die Matrix $S_n = U_n^{-1}$ eine obere Dreiecksmatrix, die in der Hauptdiagonalen und oberhalb nur die Elemente 1 hat. Überprüfen Sie im Fall $n = 4$, dass SS^T die Matrix T_4^{-1} aus Aufgabe 1.1.1 erzeugt. Warum ist die Matrix SS^T symmetrisch?

1.1.5 Die Inversen der Matrizen K_3 und K_4 (bitte invertieren Sie auch die Matrix K_2) enthalten die Brüche $\frac{1}{\det} = \frac{1}{4}, \frac{1}{5}$:

$$K_3^{-1} = \frac{1}{4}\begin{bmatrix} 3 & 2 & 1 \\ 2 & 4 & 2 \\ 1 & 2 & 3 \end{bmatrix} \quad \text{und} \quad K_4^{-1} = \frac{1}{5}\begin{bmatrix} 4 & 3 & 2 & 1 \\ 3 & 6 & 4 & 2 \\ 2 & 4 & 6 & 3 \\ 1 & 2 & 3 & 4 \end{bmatrix}.$$

Erraten Sie zunächst die Determinante der Matrix $K = K_5$. Berechnen Sie anschließend det(K), inv(K) und det(K)∗ inv(K) − Sie dürfen dazu jede Software benutzen.

1.1.6 (anspruchsvoll) Stellen Sie eine Gleichung für das Element i, j der Matrix K_4^{-1} *unter der Hauptdiagonalen* $(i \geq j)$ auf. Die Elemente wachsen auf jeder Zeile und jeder Spalte linear. (In Abschnitt 1.4 kommen wir auf diese wichtigen Inversen zurück.) Die folgende Aufgabe 1.1.7 wird im Anschauungsbeispiel aus Abschnitt 1.4 ausgebaut.

1.1.7 Multipliziert man einen Spaltenvektor u mit einem Zeilenvektor v^T, entsteht die Matrix uv^T vom Rang 1. Alle Spalten sind Vielfache des Vektors u, alle Zeilen sind Vielfache des Vektors v^T. $T_4^{-1} - K_4^{-1}$ ist vom Rang 1:

$$T_4^{-1} - K_4^{-1} = \frac{1}{5}\begin{bmatrix} 16 & 12 & 8 & 4 \\ 12 & 9 & 6 & 3 \\ 8 & 6 & 4 & 2 \\ 4 & 3 & 2 & 1 \end{bmatrix} = \frac{1}{5}\begin{bmatrix} 4 \\ 3 \\ 2 \\ 1 \end{bmatrix}\begin{bmatrix} 4 & 3 & 2 & 1 \end{bmatrix}.$$

Schreiben Sie die Matrix $K_3 - T_3$ in dieser besonderen Form als uv^T. Überlegen Sie sich eine ähnliche Gleichung für die Matrix $T_3^{-1} - K_3^{-1}$.

1.1.8 (a) Erraten Sie mit dem Ergebnis aus Aufgabe 1.1.7 das Element i, j der Matrix $T_5^{-1} - K_5^{-1}$ unter der Hauptdiagonalen.
(b) Subtrahieren Sie das Ergebnis aus (a) von der Lösung aus Aufgabe 1.1.1 (der Gleichung für die Elemente der Matrix T_5^{-1} mit $i \geq j$). Das führt auf eine nichttriviale Gleichung für die Elemente der Matrix K_5^{-1}.

1.1.9 Folgen Sie dem Anschauungsbeispiel **1.1 A**, wobei Sie die Matrix B durch die Matrix C ersetzen. Zeigen Sie, dass der Vektor $e = (1, 1, 1, 1)$ orthogonal zu jeder Spalte der Matrix C_4 ist. Lösen Sie $Cu = f = (1, -1, 1, -1)$ mit der singulären Matrix C durch den Befehl u = pinv(C) * f. Testen Sie den Befehl u = C\e und C\f vor und nach dem Hinzufügen einer fünften Gleichung $0 = 0$.

1.1.10 In der Matrix H zu „hängenden Randbedingungen" aus dem Anschauungsbeispiel **1.1 B** wird das letzte Element der Matrix K_3 auf $H_{33} = 1$ geändert. Bestimmen Sie die inverse Matrix mit $H^{-1} = JT^{-1}J$. Bestimmen Sie die inverse Matrix auch mit $H = UU^T$ (obere mal untere Dreiecksmatrix) und $H^{-1} = (U^{-1})S^T U^{-1}$.

1.1.11 Die Matrix U sei eine obere Dreiecksmatrix und die Matrix J die umgekehrte Einheitsmatrix aus dem Anschauungsbeispiel **1.1 B**. Dann ist die Matrix JU eine „Südostmatrix". Welche geographische Lage haben die Matrizen UJ und JUJ? Machen Sie ein Experiment: Das Produkt einer Südostmatrix und einer Nordwestmatrix ist _____?

1.1.12 Wenden Sie das Eliminationsverfahren auf die 4×4-Matrix C_4 an, um eine obere Dreiecksmatrix U zu erzeugen (oder probieren Sie den MATLAB-Befehl $[L, U] = \text{lu}(C)$). Zwei Bemerkungen: Das letzte Element der Matrix U ist _____, weil die Matrix C singulär ist. Die letzte Spalte der Matrix U hat neue, von null verschiedene Elemente. Erklären Sie, woher diese „fill-ins" kommen.

1.1.13 Kann man die zirkulante Matrix C_4 (die nur auf drei Diagonalen von null verschiedene Elemente hat) in LU faktorisieren? Die Matrizen L und U sollen dabei zirkulant sein und nur auf zwei Diagonalen von null verschiedene Elemente haben. (Die Matrizen haben dann keine echte Dreiecksgestalt.)

1.1.14 Reduzieren Sie die Diagonalelemente 2, 2, 2 der Matrix K_3 durch schrittweises Umformen so lange, bis eine singuläre Matrix M entsteht. Dazu müssen die Diagonalelemente _____ sein. Prüfen Sie dabei die Determinante und bestimmen Sie einen von null verschiedenen Vektor, der $Mu = 0$ löst.

Die Aufgaben 1.1.15–1.1.21 befassen sich mit wesentlichen Eigenschaften der Matrixmultiplikation.

1.1.15 Wie viele Multiplikationen sind notwendig, um Ax, A^2 und AB zu berechnen?

$$A_{n \times n} x_{n \times 1} \qquad A_{n \times n} A_{n \times n} \qquad A_{m \times n} B_{n \times p} = (AB)_{m \times p}$$

1.1.16 Sie können die Multiplikation Ax zeilenweise (wie üblich) oder **spaltenweise** (bedeutsamer) ausführen. Probieren Sie beide Varianten:

Zeilenweise $\begin{bmatrix} 2 & 3 \\ 4 & 5 \end{bmatrix} \begin{bmatrix} 1 \\ 2 \end{bmatrix} = \begin{bmatrix} \text{Skalarprodukt aus Zeile 1} \\ \text{Skalarprodukt aus Zeile 2} \end{bmatrix}$

Spaltenweise $\begin{bmatrix} 2 & 3 \\ 4 & 5 \end{bmatrix} \begin{bmatrix} 1 \\ 2 \end{bmatrix} = 1 \begin{bmatrix} 2 \\ 4 \end{bmatrix} + 2 \begin{bmatrix} 3 \\ 5 \end{bmatrix} = \begin{bmatrix} \textbf{Kombination} \\ \textbf{der Spalten} \end{bmatrix}$.

1.1 Vier spezielle Matrizen

1.1.17 Das Produkt Ax ist eine **Linearkombination der Spalten der Matrix** A. Die Gleichungen $Ax = b$ haben genau dann einen Lösungsvektor x, wenn der Vektor b eine _____ der Spalten ist.
Geben Sie ein Beispiel für den Fall an, dass der Vektor b *nicht im Spaltenraum* der Matrix A liegt. Es gibt keine Lösung zu $Ax = b$, weil der Vektor b keine Kombination der Spalten der Matrix A ist.

1.1.18 Berechnen Sie das Produkt $C = AB$, indem Sie die Matrix A mit jeder Spalte der Matrix B multiplizieren:

$$\begin{bmatrix} 2 & 3 \\ 4 & 5 \end{bmatrix} \begin{bmatrix} 1 & 2 \\ 2 & 4 \end{bmatrix} = \begin{bmatrix} 8 & * \\ 14 & * \end{bmatrix}.$$

Folglich ist $A * B(:,j) = C(:,j)$.

1.1.19 Sie können das Produkt AB auch berechnen, indem Sie jede Zeile der Matrix A mit der Matrix B multiplizieren:

$$\begin{bmatrix} 2 & 3 \\ 4 & 5 \end{bmatrix} \begin{bmatrix} 1 & 2 \\ 2 & 4 \end{bmatrix} = \begin{bmatrix} 2 * \text{Zeile } 1 + 3 * \text{Zeile } 2 \\ 4 * \text{Zeile } 1 + 5 * \text{Zeile } 2 \end{bmatrix} = \begin{bmatrix} 8 & 16 \\ * & * \end{bmatrix}.$$

Warum ist eine Lösung zu $Bx = 0$ gleichzeitig auch eine Lösung zu $(AB)x = 0$? Wie kommen wir von

$$Bx = \begin{bmatrix} 1 & 2 \\ 2 & 4 \end{bmatrix} \begin{bmatrix} -2 \\ 1 \end{bmatrix} = \begin{bmatrix} 0 \\ 0 \end{bmatrix} \quad \text{auf} \quad ABx = \begin{bmatrix} 8 & 16 \\ * & * \end{bmatrix} \begin{bmatrix} -2 \\ 1 \end{bmatrix} = \begin{bmatrix} 0 \\ 0 \end{bmatrix}?$$

1.1.20 Die folgenden vier Möglichkeiten, das Produkt AB zu bestimmen, ergeben Zahlen, Spalten, Zeilen und **Matrizen**:

1 *(Zeilen der Matrix A)* mal *(Spalten der Matrix B)* $C(i,j) = A(i,:) * B(:,j)$
2 *Matrix A* mal *(Spalten der Matrix B)* $C(:,j) = A * B(:,j)$
3 *(Zeilen der Matrix A)* mal *Matrix B* $C(i,:) = A(i,:) * B$
4 *(Spalten der Matrix A)* mal *(Zeilen der Matrix B)*
for k = 1:n,
$C = C + A(:,k) * B(k,:)$;
end

Beenden Sie diese 8 Multiplikationen von **Spalten mal Zeilen**. Wie viele Multiplikationen sind es im Fall $n \times n$?

$$\begin{bmatrix} 2 & 3 \\ 4 & 5 \end{bmatrix} \begin{bmatrix} 1 & 2 \\ 2 & 4 \end{bmatrix} = \begin{bmatrix} 2 \\ 4 \end{bmatrix} \begin{bmatrix} 1 & 2 \end{bmatrix} + \begin{bmatrix} 3 \\ 5 \end{bmatrix} \begin{bmatrix} 2 & 4 \end{bmatrix} = \begin{bmatrix} 2 & 4 \\ 4 & 8 \end{bmatrix} + \begin{bmatrix} * & * \\ * & * \end{bmatrix} = \begin{bmatrix} 8 & * \\ * & * \end{bmatrix}.$$

1.1.21 Welche dieser Gleichungen gilt für alle $n \times n$-Matrizen A und B?

$$AB = BA \qquad (AB)A = A(BA) \qquad (AB)B = B(BA) \qquad (AB)^2 = A^2B^2.$$

1.1.22 Verwenden Sie $n = 1000$; $e = \text{ones}(n,1)$; $K = \text{spdiags}([-e, 2*e, -e], -1:1, n, n)$; in MATLAB, um die dünn besetzte Matrix K_{1000} einzugeben. Lösen Sie die Gleichung $Ku = e$ durch den Befehl $u = K\backslash e$. Stellen Sie die Lösung mit dem Befehl $\text{plot}(u)$ grafisch dar.

1.1.23 Erzeugen Sie Vektoren u, v, w mit vier Komponenten und geben Sie den Befehl spdiags($[u,v,w], -1:1, 4, 4$) ein. Welche Komponenten der Vektoren u und w bleiben in den ersten oberen und unteren Nebendiagonalen der Matrix A unberücksichtigt?

1.1.24 Erzeugen Sie die dünn besetzte Einheitsmatrix $I = $ sparse($i, j, s, 100, 100$), indem Sie Vektoren i, j, s aus Positionen i, j mit den von null verschiedenen Elementen s erzeugen. (Sie können dazu eine for-Schleife benutzen.) In diesem Fall ist speye(100) schneller. Bedenken Sie aber, dass der Befehl sparse(eye(10000)) zu einer Katastrophe führen würde, denn es gibt keinen Platz, um eye(10000) zu speichern, bevor der Befehl sparse ausgeführt wird.

1.1.25 Die einzige Lösung zu $Ku = 0$ oder $Tu = 0$ ist der Vektor $u = 0$, sodass die Matrizen K und T invertierbar sind. Zum Beweis nehmen wir an, dass u_i die größte Komponente des Vektors u ist. Aus $-u_{i-1} + 2u_i - u_{i+1}$ gleich null folgt $u_{i-1} = u_i = u_{i+1}$. Aus den nächsten Gleichungen ergibt sich anschließend $u_j = u_i$. Wenn wir schließlich bei den Randbedingungen ankommen, ist $-u_{n-1} + 2u_n$ nur dann null, wenn $u = 0$ gilt. Warum versagt dieses Argument der „Diagonaldominanz" bei den Matrizen B und C?

1.1.26 Für welche Vektoren v ist toeplitz(v) eine zirkulante Matrix?

1.1.27 (bedeutsam) Zeigen Sie, dass sich die 3×3-Matrix K aus $A_0^T A_0$ ergibt:

$$A_0 = \begin{bmatrix} -1 & 1 & 0 & 0 \\ 0 & -1 & 1 & 0 \\ 0 & 0 & -1 & 1 \end{bmatrix} \quad \text{ist eine } \textbf{„Differenzenmatrix"}.$$

Welche Spalte der Matrix A_0 würden Sie streichen, um die Matrix A_1 mit $T = A_1^T A_1$ zu erzeugen? Welche Spalte würden Sie anschließend streichen, um die Matrix A_2 mit $B = A_2^T A_2$ zu erzeugen? Die Differenzenmatrizen A_0, A_1, A_2 gehören zu $0, 1, 2$-Randbedingungen. Das gilt auch für die „Matrizen der zweiten Differenzen" K, T und B.

1.2 Differenzen, Ableitungen und Randbedingungen

Dieser wichtige Abschnitt stellt eine Verbindung zwischen Differenzengleichungen und Differentialgleichungen her. Eine typische Zeile in unseren Matrizen hat die Elemente $-1, 2, -1$. Wir wollen verstehen, wie aus diesen Zahlen eine **zweite Differenz** (oder genauer eine zweite Differenz mit negativem Vorzeichen) wird. Die zweite Differenz ist eine natürliche Näherung für die **zweite Ableitung**. Die Matrizen K_n, C_n, T_n und B_n kommen alle in der Näherung zu folgender Gleichung vor:

$$-\frac{d^2 u}{dx^2} = f(x) \quad \text{mit Randbedingungen bei } x = 0 \text{ und } x = 1. \tag{1.6}$$

Beachten Sie, dass die Variable nicht t, sondern x ist. Das Problem ist kein Anfangswertproblem, sondern ein Randwertproblem. Es gibt Randbedingungen bei $x = 0$ und $x = 1$ und keine Anfangsbedingungen bei $t = 0$. Die Bedingungen spiegeln sich

1.2 Differenzen, Ableitungen und Randbedingungen

in der *ersten und letzten Zeile* der Matrix wider. Sie entscheiden darüber, ob wir es mit den Matrizen K_n, C_n, T_n oder B_n zu tun haben.

Wir werden von ersten Differenzen zu zweiten Differenzen übergehen. Die vier Matrizen lassen sich in der besonderen Form $A^\mathrm{T} A$ (Produkt einer Matrix und ihrer Transponierten) darstellen. Die einzelnen Matrizen A^T und A produzieren erste Differenzen, $A^\mathrm{T} A$ produziert zweite Differenzen. Dieser Abschnitt gliedert sich daher in zwei Teile:

I. Differenzen ersetzen Ableitungen (mit Fehlerabschätzung).

II. Wir lösen $-\dfrac{d^2 u}{dx^2} = 1$ und dann $-\dfrac{\Delta^2 u}{(\Delta x)^2} = 1$ mithilfe der Matrizen K und T.

Teil I: Finite Differenzen

Wie können wir den Anstieg du/dx einer Funktion $u(x)$ approximieren? Es kann sein, dass wir die Funktion explizit kennen, etwa $u(x) = x^2$. Es kann aber auch sein, dass die Funktion in einer Differentialgleichung versteckt ist. Wir dürfen die Funktionswerte $u(x)$, $u(x+h)$ und $u(x-h)$ verwenden, die Schrittweite $h = \Delta x$ ist aber fest. Wir müssen mit $\Delta u/\Delta x$ arbeiten, ohne den Grenzwert $\Delta x \to 0$ zu bilden. Somit haben wir „*finite Differenzen*" anstelle von Ableitungen in der Analysis.

Es gibt drei grundlegende und sinnvolle Möglichkeiten, Δu zu bilden. Wir können zwischen einer Vorwärtsdifferenz, einer Rückwärtsdifferenz und einer zentrierten Differenz wählen. Lehrbücher über Analysis entscheiden sich üblicherweise für die Differenz $\Delta u = u(x + \Delta x) - u(x)$. **Wir werden am Beispiel $u(x) = x^2$ die Genauigkeit aller Differenzen prüfen.** Die Ableitung der Funktion x^2 ist $2x$. Sie werden gleich sehen, dass die Vorwärtsdifferenz Δ_+ in der Regel nicht die beste Wahl ist! Die Differenzen Δ_+, Δ_- und Δ_0 haben folgende Gestalt:

Vorwärtsdifferenz $\quad \dfrac{\mathbf{u(x+h) - u(x)}}{\mathbf{h}} \quad$ ergibt $\quad \dfrac{(x+h)^2 - x^2}{h} = \mathbf{2x + h}$.

Rückwärtsdifferenz $\quad \dfrac{\mathbf{u(x) - u(x-h)}}{\mathbf{h}} \quad$ ergibt $\quad \dfrac{x^2 - (x-h)^2}{h} = \mathbf{2x - h}$.

Zentrierte Differenz $\quad \dfrac{\mathbf{u(x+h) - u(x-h)}}{\mathbf{2h}} \quad$ ergibt $\quad \dfrac{(x+h)^2 - (x-h)^2}{2h} = \mathbf{2x}$.

Im Fall $u = x^2$ gewinnt die *zentrierte Differenz*. Sie liefert die exakte Ableitung $2x$, während der Fehler bei Vorwärts- und Rückwärtsdifferenz h ist. Beachten Sie, dass bei der zentrierten Differenz nicht durch h, sondern durch $2h$ dividiert wird.

Die zentrierte Differenz ist für kleine $h = \Delta x$ generell genauer als eine einseitige Differenz. Das hängt mit der Taylor-Entwicklung von $u(x+h)$ und $u(x-h)$ zusammen. Die ersten Terme der Entwicklung geben Aufschluss über die Genauigkeit finiter Differenzen:

Vorwärts $\quad u(x+h) = u(x) + hu'(x) + \tfrac{1}{2}h^2 u''(x) + \tfrac{1}{6}h^3 u'''(x) + \cdots \quad$ (1.7)

Rückwärts $\quad u(x-h) = u(x) - hu'(x) + \tfrac{1}{2}h^2 u''(x) - \tfrac{1}{6}h^3 u'''(x) + \cdots \quad$ (1.8)

Subtrahieren Sie auf beiden Seiten $u(x)$ und dividieren Sie durch h. Die Vorwärtsdifferenz ist von der *Genauigkeit erster Ordnung*, weil der führende Fehlerterm die erste Potenz von h enthält:

Einseitig ist von der Genauigkeit erster Ordnung
$$\frac{u(x+h) - u(x)}{h} = u'(x) + \frac{1}{2}hu''(x) + \cdots \qquad (1.9)$$

Auch die Rückwärtsdifferenz ist von der Genauigkeit erster Ordnung, ihr führender Fehlerterm ist $-\frac{1}{2}hu''(x)$. Im Fall $u(x) = x^2$ mit $u''(x) = 2$ und $u''' = 0$ ist der Fehler $\frac{1}{2}hu''$ gleich h.

Die zentrierte Differenz erhalten wir, wenn wir Gleichung (1.8) von Gleichung (1.7) abziehen. Dann heben sich sowohl die Terme mit $u(x)$ als auch die mit $\frac{1}{2}h^2 u''(x)$ gegenseitig auf (was zusätzliche Genauigkeit liefert). Nach der Division durch $2h$ bleibt ein Fehler der Ordnung h^2:

Zentriert ist von der Genauigkeit zweiter Ordnung
$$\frac{u(x+h) - u(x-h)}{2h} = u'(x) + \frac{1}{6}h^2 u'''(x) + \cdots \qquad (1.10)$$

Der Fehler der zentrierten Differenz ist $O(h^2)$, der Fehler der einseitigen Differenzen ist $O(h)$. Das ist ein signifikanter Unterschied. Im Fall $h = \frac{1}{10}$ steht einem Fehler von 1% ein Fehler von 10% gegenüber.

Die Matrix der zentrierten Differenzen ist *antisymmetrisch* (wie erste Ableitung):

Matrix der zentrierten Differenzen $\Delta_0^T = -\Delta_0$
$$\begin{bmatrix} \ddots & & & \\ -1 & 0 & 1 & \\ & -1 & 0 & 1 \\ & & & \ddots \end{bmatrix} \begin{bmatrix} u_{i-1} \\ u_i \\ u_{i+1} \\ u_{i+2} \end{bmatrix} = \begin{bmatrix} \vdots \\ u_{i+1} - u_{i-1} \\ u_{i+2} - u_i \\ \vdots \end{bmatrix}.$$

Wenn wir die Matrix Δ_0 transponieren, werden die Elemente -1 und 1 vertauscht. Die Transponierte der Matrix der Vorwärtsdifferenzen Δ_+ wäre $-$ (Matrix der Rückwärtsdifferenzen) $= -\Delta_-$. **Zentrierte Differenzenquotienten $\Delta_0 u/2h$ sind das Mittel aus Vorwärtsdifferenz und Rückwärtsdifferenz.** Abbildung 1.1 auf der nächsten Seite zeigt die Verhältnisse im Fall $u(x) = x^3$.

Zweite Differenzen aus ersten Differenzen

Wir können nun zu einer Grundaufgabe im wissenschaftlichen Rechnen kommen: Geben Sie für die folgende lineare Differentialgleichung zweiter Ordnung eine **Finite-Differenzen-Approximation** an:

$$-\frac{d^2 u}{dx^2} = f(x) \quad \text{mit den Randbedingungen } u(0) = 0 \text{ und } u(1) = 0. \qquad (1.11)$$

1.2 Differenzen, Ableitungen und Randbedingungen

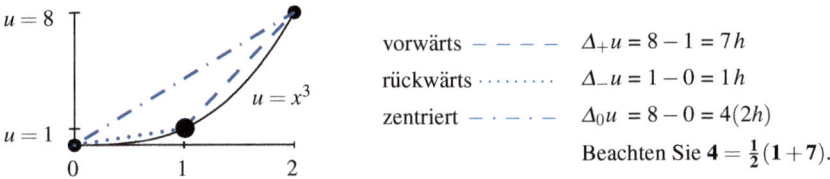

Abb. 1.1 Δ_+/h, Δ_-/h und $\Delta_0/2h$ approximieren $u' = 3x^2 = 3$ an der Stelle $x = 1$ durch $7, 1, 4$. Die zweite Differenz $\Delta^2 u = 8 - 2(1) + 0$ ist exakt gleich $u'' = 6x = 6$ mit der Schrittweite $h = 1$.

Die Ableitung der Ableitung ist die zweite Ableitung. Symbolisch ist $d/dx(du/dx)$ gleich d^2u/dx^2. Es ist naheliegend, dass die erste Differenz der ersten Differenz eine zweite Differenz ist. Sehen Sie sich an, wie eine zweite Differenz $\Delta_-\Delta_+ u$ um eine Stelle i zentriert ist:

Die Differenz einer Differenz

$$\frac{1}{h}\left[\left(\frac{u_{i+1}-u_i}{h}\right) - \left(\frac{u_i - u_{i-1}}{h}\right)\right] \quad \text{ergibt} \quad \frac{u_{i+1} - 2u_i + u_{i-1}}{h^2}. \tag{1.12}$$

Die Zahlen $1, -2, 1$ sind die Elemente in den inneren Zeilen unserer Matrizen K, T, B und C (mit umgekehrtem Vorzeichen). Der Nenner dieser zweiten Differenz ist $h^2 = (\Delta x)^2$. Achten Sie auf die korrekte Positionen der hochgestellten 2, nämlich vor u und nach x:

Zweite Differenz $\quad \dfrac{d^2 u}{dx^2} \approx \dfrac{\Delta^2 u}{\Delta x^2} = \dfrac{u(x + \Delta x) - 2u(x) + u(x - \Delta x)}{(\Delta x)^2}.$ (1.13)

Wie ist die Genauigkeit dieser Näherung? Für den Term $u(x+h)$ benutzen wir Gleichung (1.7), für den Term $u(x-h)$ Gleichung (1.8). Die Terme mit h und h^3 heben sich gegenseitig auf:

$$\Delta^2 u(x) = u(x+h) - 2u(x) + u(x-h) = h^2 u''(x) + ch^4 u''''(x) + \cdots \tag{1.14}$$

Nach der Division durch h^2 zeigt sich, dass $\Delta^2 u/(\Delta x)^2$ von der **Genauigkeit zweiter Ordnung** ist (Fehler $ch^2 u''''$). Wir erhalten diese zusätzliche Ordnung, weil Δ^2 zentriert ist. Das hat sich bei den Tests an $u(x) = x^2$ und $u(x) = x^3$ erwiesen. Dividiert man die zweite Differenz durch $(\Delta x)^2$, erhält man die exakte zweite Ableitung:

Perfektion für $u = x^2$ $\quad \dfrac{(x+h)^2 - 2x^2 + (x-h)^2}{h^2} = 2.$ (1.15)

Die Lösungen der Differentialgleichung $d^2 u/dx^2 = $ konstant und die Lösungen ihrer Differenzen-Approximation $\Delta^2 u/(\Delta x)^2 = $ konstant *stimmen überein*, wenn nicht die Randbedingungen unpassend sind...

Die wichtigen Multiplikationen

Womit wir uns nun beschäftigen, wird Ihnen gefallen. Wir werden die Matrix der zweiten Differenzen (mit den Elementen $1, -2, 1$ auf den Diagonalen) mit den wichtigsten Vektoren multiplizieren, die ich mir vorstellen kann. Um die Frage nach den Randbedingungen zu umgehen, beschränke ich mich auf die **inneren Zeilen**, in denen die Matrizen K, T, B und C übereinstimmen. Diese Multiplikationen sind ein wunderbarer Schlüssel zum gesamten Kapitel.

$$\Delta^2(\text{quadratischer Vektor}) = 2 \cdot (\text{Einsvektor})$$
$$\Delta^2(\text{Rampe}) = \text{Delta} \qquad \Delta^2(\text{Sinus}) = \lambda \cdot (\text{Sinus}) \tag{1.16}$$

Die folgenden Spaltenvektoren haben spezielle zweite Differenzen:

Konstanter Vektor $(1, 1, \ldots, 1)$ ones(n,1)
Linearer Vektor $(1, 2, \ldots, n)$ (1:n)' (in MATLAB-Notation)
Quadratischer Vektor $(1^2, 2^2, \ldots, n^2)$ (1:n)'.^2

Delta bei k $(0, 0, 1, 0, \ldots, 0)$ [zeros(k-1,1) ; 1 ; zeros(n-k,1)]
Sprung bei k $(0, 0, 1, 1, \ldots, 1)$ [zeros(k-1,1) ; ones(n-k+1,1)]
Rampe bei k $(0, 0, 0, 1, \ldots, n-k)$ [zeros(k-1,1) ; 0:(n-k)']

Sinus $(\sin t, \ldots, \sin nt)$ sin((1:n)'*t)
Kosinus $(\cos t, \ldots, \cos nt)$ cos((1:n)'*t)
e-Funktion $(e^{it}, \ldots, e^{int})$ exp((1:n)'*i*t)

Nun folgen Multiplikationen in jeder Gruppe. Die zweite Differenz jedes Vektors ist *analog zu* (und mitunter sogar identisch mit!) *einer zweiten Ableitung*.

I. Die zweiten Differenzen von konstanten und linearen Vektoren sind **null**:

$$\Delta^2(\text{konstanter Vektor}) \quad \begin{bmatrix} \ddots & & \\ 1 & -2 & 1 & \\ & 1 & -2 & 1 \\ & & & \ddots \end{bmatrix} \begin{bmatrix} 1 \\ 1 \\ 1 \\ 1 \end{bmatrix} = \begin{bmatrix} \vdots \\ 0 \\ 0 \\ \vdots \end{bmatrix}$$

$$\tag{1.17}$$

$$\Delta^2(\text{linearer Vektor}) \quad \begin{bmatrix} \ddots & & \\ 1 & -2 & 1 & \\ & 1 & -2 & 1 \\ & & & \ddots \end{bmatrix} \begin{bmatrix} 1 \\ 2 \\ 3 \\ 4 \end{bmatrix} = \begin{bmatrix} \vdots \\ 0 \\ 0 \\ \vdots \end{bmatrix}.$$

Die zweiten Differenzen von Vektoren mit quadratischen Elementen sind konstant (die zweite Ableitung von x^2 ist tatsächlich 2). Diese Feststellung ist wirklich wichtig: Die Matrixmultiplikation bestätigt Gleichung (1.13).

1.2 Differenzen, Ableitungen und Randbedingungen   19

$$\Delta^2\text{(quadratischer Vektor)} \quad \begin{bmatrix} \ddots & & & \\ 1 & -2 & 1 & \\ & 1 & -2 & 1 \\ & & & \ddots \end{bmatrix} \begin{bmatrix} 1 \\ 4 \\ 9 \\ 16 \end{bmatrix} = \begin{bmatrix} \vdots \\ 2 \\ 2 \\ \vdots \end{bmatrix} \quad (1.18)$$

Dann ist $Ku =$ **Einsvektor** für $u = -(\text{quadratischer Vektor})/2$.

Später kommen Randbedingungen ins Spiel.

II. *Die zweite Differenz eines Rampenvektors ist der Deltavektor:*

$$\Delta^2\text{(Rampe)} \quad \begin{bmatrix} \ddots & & & \\ 1 & -2 & 1 & \\ & 1 & -2 & 1 \\ & & & \ddots \end{bmatrix} \begin{bmatrix} 0 \\ 0 \\ 1 \\ 2 \end{bmatrix} = \begin{bmatrix} 0 \\ 1 \\ 0 \\ 0 \end{bmatrix} = \textbf{Delta}. \quad (1.19)$$

In Abschnitt 1.4 werden wir $Ku = \delta$ mit Randbedingungen lösen. Sie werden sehen, wie die Position der „1" in **Delta** eine Spalte u der Matrix K^{-1} oder T^{-1} produziert. *Für Funktionen gilt: Die zweite Differenz einer Rampe* $\max(x, 0)$ *ist eine Deltafunktion.*

III. Die zweiten Differenzen von **Sinus** und **Kosinus** bringen den Faktor $2\cos t - 2$ vor den Vektor. (Die zweiten Ableitungen von $\sin xt$, $\cos xt$ und e^{ixt} reproduzieren die Funktionen mit einem Faktor $-t^2$.) In Abschnitt 1.5 werden wir sehen, dass **Sinus-, Kosinus- und Exponentialfunktionen die Eigenvektoren der Matrizen K, T, B, C zu entsprechenden Randbedingungen sind.**

$$\Delta^2\text{(Sinus)} \quad \begin{bmatrix} \ddots & & & \\ 1 & -2 & 1 & \\ & 1 & -2 & 1 \\ & & & \ddots \end{bmatrix} \begin{bmatrix} \sin t \\ \sin 2t \\ \sin 3t \\ \sin 4t \end{bmatrix} = (2\cos t - 2) \begin{bmatrix} \sin t \\ \sin 2t \\ \sin 3t \\ \sin 4t \end{bmatrix} \quad (1.20)$$

$$\Delta^2\text{(Kosinus)} \quad \begin{bmatrix} \ddots & & & \\ 1 & -2 & 1 & \\ & 1 & -2 & 1 \\ & & & \ddots \end{bmatrix} \begin{bmatrix} \cos t \\ \cos 2t \\ \cos 3t \\ \cos 4t \end{bmatrix} = (2\cos t - 2) \begin{bmatrix} \cos t \\ \cos 2t \\ \cos 3t \\ \cos 4t \end{bmatrix} \quad (1.21)$$

$$\Delta^2(e\text{-Funktion}) \quad \begin{bmatrix} \ddots & & & \\ 1 & -2 & 1 & \\ & 1 & -2 & 1 \\ & & & \ddots \end{bmatrix} \begin{bmatrix} e^{it} \\ e^{2it} \\ e^{3it} \\ e^{4it} \end{bmatrix} = (2\cos t - 2) \begin{bmatrix} e^{it} \\ e^{2it} \\ e^{3it} \\ e^{4it} \end{bmatrix} \quad (1.22)$$

Am leichtesten zu erkennen ist der Eigenwert $2\cos t - 2$ bei der Exponentialfunktion in Gleichung (1.22). Bei der Matrixmultiplikation lässt sich genau dieser Faktor $e^{it} - 2 + e^{-it}$ ausklammern. Die Sinus- und Kosinusfunktionen in den Gleichun-

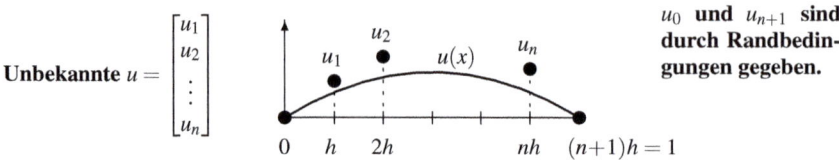

Abb. 1.2 Die diskreten Werte $u_1, \ldots, u_n$ approximieren die echten Funktionswerte $u(h), \ldots, u(nh)$.

gen (1.21) und (1.20) sind Real- und Imaginärteil von Gleichung (1.22). Bald werden wir t durch θ ersetzen.

Teil II: Finite-Differenzen-Gleichungen

Wir haben nun eine Approximation $\Delta^2 u/(\Delta x)^2$ für die zweite Ableitung d^2u/dx^2. Somit können wir schnell eine diskrete Form von $-d^2u/dx^2 = f(x)$ aufschreiben. ***Dazu unterteilen wir das Intervall*** $[0,1]$ ***in Teilintervalle der Länge*** $h = \Delta x$. Bei einer Schrittweite von $h = \frac{1}{n+1}$ gibt es $n+1$ Teilintervalle, die bei $x = h$, $x = 2h, \ldots, x = nh$ aneinander grenzen. Die Randpunkte sind $x = 0$ und $x = (n+1)h = 1$. Das Ziel ist, Approximationen $u_1, \ldots, u_n$ für die echten Werte von $u(h), \ldots, u(nh)$ an den n Gitterpunkten im Intervall $[0,1]$ zu finden (siehe Abbildung 1.2).

Zweifellos müssen wir $-d^2/dx^2$ durch eine unserer Matrizen mit den Elementen $-1, 2, -1$ ersetzen, die wir durch h^2 dividieren und mit negativem Vorzeichen versehen. Was machen wir auf der anderen Seite der Gleichung? Der Quellterm $f(x)$ kann eine glatte Lastverteilung oder eine konzentrierte Punktlast sein. Wenn $f(x)$ glatt ist, wie beispielsweise im Fall $f(x) = \sin 2\pi x$, ist es am naheliegendsten, die Funktionswerte f_i an den Gitterpunkten $x = i\Delta x$ zu verwenden:

$$\textbf{Finite-Differenzen-Gleichung} \qquad \frac{-u_{i+1} + 2u_i - u_{i-1}}{(\Delta x)^2} = f_i. \qquad (1.23)$$

Die erste Gleichung ($i = 1$) enthält u_0. Die letzte Gleichung ($i = n$) enthält u_{n+1}. Die an den Stellen $x = 0$ und $x = 1$ gegebenen Randbedingungen bestimmen, was zu tun ist. **Wir lösen nun die Schlüsselbeispiele für feste Enden** $u(0) = u_0 = 0$ **und** $u(1) = u_{n+1} = 0$.

Beispiel 1.1 Lösen Sie die Differentialgleichung und die Differenzengleichung mit konstanter Kraft $f(x) \equiv 1$:

$$-\frac{d^2 u}{dx^2} = 1 \quad \text{mit} \quad u(0) = 0 \text{ (\textbf{festes Ende}) und } u(1) = 0, \qquad (1.24)$$

$$\frac{-u_{i+1} + 2u_i - u_{i-1}}{h^2} = 1 \quad \text{mit} \quad u_0 = 0 \quad \text{und} \quad u_{n+1} = 0. \qquad (1.25)$$

Lösung Bei jeder linearen Gleichung besteht die vollständige Lösung aus zwei Teilen. Sie ist die Summe aus einer „speziellen Lösung" und einer Lösung der Glei-

1.2 Differenzen, Ableitungen und Randbedingungen

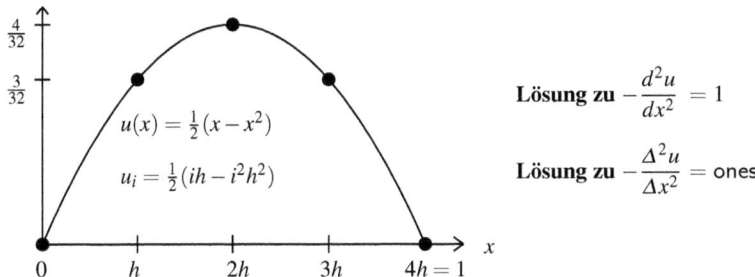

Abb. 1.3 Im Spezialfall $-u'' = 1$ mit $u_0 = u_{n+1} = 0$ stimmt die Lösung aus finiten Differenzen genau mit der tatsächlichen Lösung $u(x)$ überein. Die diskreten Werte liegen genau auf der Parabel.

chung, deren *rechte Seite gleich null ist* (es wirkt keine Kraft). Man spricht im letzteren Fall auch von einer Fundamentallösung oder Nullraumlösung der homogenen Gleichung:

Vollständige Lösung $\quad u_{\text{vollständig}} = u_{\text{speziell}} + u_{\text{Nullraum}}$. $\hfill(1.26)$

Hier ist die Linearität äußerst nützlich. Jede Lösung von $Lu = 0$ kann zu einer speziellen Lösung von $Lu = f$ addiert werden. Dann gilt $L(u_{\text{speziell}} + u_{\text{Nullraum}}) = f + 0$.

Spezielle Lösung $\quad -\dfrac{d^2 u}{dx^2} = 1$ wird gelöst durch $u_{\text{speziell}}(x) = -\dfrac{1}{2}x^2$

Nullraumlösung $\quad -\dfrac{d^2 u}{dx^2} = 0$ wird gelöst durch $u_{\text{Nullraum}}(x) = Cx + D$.

Die vollständige Lösung ist $u(x) = -\frac{1}{2}x^2 + Cx + D$. Die Randbedingungen bestimmen die Konstanten C und D. Setzen wir $x = 0$ und $x = 1$ in die Gleichung ein:

Randbedingung an der Stelle $x = 0 \quad u(0) = 0$ ergibt $D = 0 \quad$ **Lösung**

Randbedingung an der Stelle $x = 1 \quad u(1) = 0$ ergibt $C = \dfrac{1}{2} \quad \boldsymbol{u = \dfrac{1}{2}x - \dfrac{1}{2}x^2}$.

In Abbildung 1.3 stimmt die Finite-Differenzen-Approximation an den Gitterpunkten mit der analytischen Lösung $u(x)$ überein. Das ist bemerkenswert: Die Differentialgleichung (1.24) und die Differenzengleichung (1.25) haben **dieselbe Lösung** (*eine Parabel*). Eine zweite Differenz von $u_i = i^2 h^2$ liefert exakt die zweite Ableitung der Funktion $u = x^2$. Die zweite Differenz $u_i = ih$ einer linearen Funktion $u = x$ stimmt mit ihrer zweiten Ableitung (*null*) überein:

$$\dfrac{(i+1)h - 2ih + (i-1)h}{h^2} = 0 \quad \text{stimmt überein mit} \quad \dfrac{d^2}{dx^2}(x) = 0. \hfill (1.27)$$

Die Kombination aus dem quadratischen Term i^2h^2 und dem linearen Term ih (Kombination der speziellen Lösung und der Nullraumlösung) ist exakt. Sie löst die Gleichung und erfüllt die Randbedingungen. Wir können $x = ih$ in die echte Lösung $u(x) = \frac{1}{2}(x - x^2)$ einsetzen, um das korrekte u_i zu bestimmen.

Lösung aus finiten Differenzen $\quad u_i = \dfrac{1}{2}(ih - i^2h^2) \quad$ hat

$$u_{n+1} = \frac{1}{2}(1 - 1^2) = 0.$$

Dass eine so perfekte Übereinstimmung zwischen u_i und dem exakten $u(ih)$ vorliegt, ist unüblich. Es ist auch unüblich, dass wir keine Matrizen aufgeschrieben haben. Im Fall $4h = 1$ und $f = 1$ ist die Matrix $K_3/h^2 = 16K_3$. Dann liefert $ih = \frac{1}{4}, \frac{2}{4}, \frac{3}{4}$ die Komponenten $u_i = \frac{3}{32}, \frac{4}{32}, \frac{3}{32}$:

$$\boldsymbol{Ku = f} \quad 16 \begin{bmatrix} 2 & -1 & 0 \\ -1 & 2 & -1 \\ 0 & -1 & 2 \end{bmatrix} \begin{bmatrix} 3/32 \\ 4/32 \\ 3/32 \end{bmatrix} = \begin{bmatrix} 1 \\ 1 \\ 1 \end{bmatrix}. \tag{1.28}$$

Die Elemente -1 in den Spalten 0 und 4 können wir wegen der Randbedingung $u_0 = u_4 = 0$ getrost abschneiden.

Eine andere Randbedingung

In Kapitel 2 wird es eine Fülle physikalischer Beispiele geben, die auf diese Differenzen- und Differentialgleichungen führen. Im Moment konzentrieren wir uns weiter auf die Randbedingung an der Stelle $x = 0$, die nun nicht mehr Funktionswert gleich *null*, sondern **Anstieg gleich null** lauten soll:

$$-\frac{d^2u}{dx^2} = f(x) \quad \text{mit} \quad \frac{du}{dx}(0) = 0 \quad \textbf{(freies Ende)} \quad \text{und} \quad u(1) = 0. \tag{1.29}$$

Die neue Randbedingung fordert in der Differenzengleichung nicht mehr $u_0 = 0$. Stattdessen müssen wir die *erste Differenz* null setzen: $u_1 - u_0 = 0$ bedeutet, dass der Anstieg im ersten Teilintervall null ist. Mit $u_0 = u_1$ reduziert sich die zweite Differenz $-u_0 + 2u_1 - u_2$ in der ersten Zeile der Differenzenmatrix auf $u_1 - u_2$. **Die neue Randbedingung macht aus der Matrix K_n die Matrix T_n.**

Beispiel 1.2 Lösen Sie die Differentialgleichung und die Differenzengleichung mit der Randbedingung Anstieg null an der Stelle $x = 0$:

$$\textbf{Frei-fest} \quad -\frac{d^2u}{dx^2} = 1 \quad \text{mit} \quad \frac{du}{dx}(0) = 0 \text{ und } u(1) = 0 \tag{1.30}$$

$$\frac{-u_{i+1} + 2u_i - u_{i-1}}{h^2} = 1 \quad \text{mit} \quad \frac{u_1 - u_0}{h} = 0 \text{ und } u_{n+1} = 0. \tag{1.31}$$

1.2 Differenzen, Ableitungen und Randbedingungen

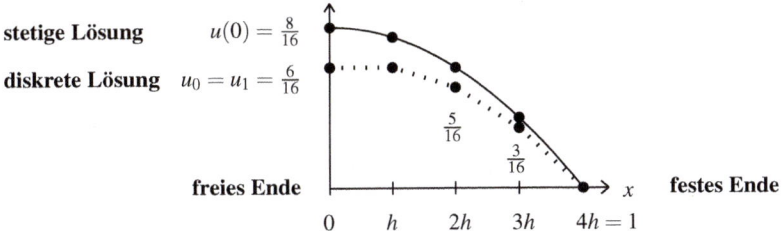

Abb. 1.4 u_i liegt unter der tatsächlichen Lösung $u(x) = \frac{1}{2}(1-x^2)$ mit einem Fehler von $\frac{1}{2}h(1-x)$.

Lösung Die vollständige Lösung der Gleichung $-u'' = 1$ bleibt die Funktion $u(x) = -\frac{1}{2}x^2 + Cx + D$. Wegen der neuen Randbedingung sind die Konstanten nun aber $C = 0$ und $D = \frac{1}{2}$:

$$\frac{du}{dx} = 0 \quad \text{an der Stelle} \quad x = 0 \quad \text{ergibt} \quad C = 0.$$

$$u = 0 \quad \text{an der Stelle} \quad x = 1 \quad \text{ergibt} \quad D = \frac{1}{2}.$$

Die Lösung zu fest-freien Randbedingungen ist $u(x) = \frac{1}{2}(1-x^2)$.

Abbildung 1.4 zeigt diese Parabel. In Beispiel 1.1 auf Seite 20 war die Parabel symmetrisch, aber nun erfüllt $u(x)$ die diskrete Randbedingung $u_1 = u_0$ *nicht mehr genau*. Daher weichen die Finiten-Differenzen-Approximationen u_i geringfügig von der exakten Lösung ab. Wir erwarten aus der Vorwärtsdifferenz $(u_1 - u_0)/h$ einen Fehler der Ordnung $O(h)$. Im Fall $n = 3$ und $h = \frac{1}{4}$ ergibt

$$\frac{1}{h^2}\begin{bmatrix} 1 & -1 & \\ -1 & 2 & -1 \\ & -1 & 2 \end{bmatrix}\begin{bmatrix} u_1 \\ u_2 \\ u_3 \end{bmatrix} = \begin{bmatrix} 1 \\ 1 \\ 1 \end{bmatrix} \quad \text{den Vektor} \quad \begin{bmatrix} u_1 \\ u_2 \\ u_3 \end{bmatrix} = h^2 \begin{bmatrix} 6 \\ 5 \\ 3 \end{bmatrix}. \quad (1.32)$$

Abbildung 1.4 zeigt diese Lösung (die mit $n = 3$ nicht sehr genau ist). Für große n liegen die diskreten Werte viel näher an der Parabel. Der Fehler ist $h(1-x)/2$. Der Vollständigkeit halber können wir noch $T_n u = h^2$ ones$(n, 1)$ für alle n lösen:

$$T_n = (\text{rückwärts})(-\text{vorwärts}) = \begin{bmatrix} 1 & 0 & & \\ -1 & 1 & 0 & \\ & \ddots & \ddots & 0 \\ & & -1 & 1 \end{bmatrix}\begin{bmatrix} 1 & -1 & & \\ 0 & 1 & -1 & \\ & \ddots & \ddots & -1 \\ & & 0 & 1 \end{bmatrix}. \quad (1.33)$$

Die Inversen dieser Matrizen der ersten Differenzen sind *Summenmatrizen* (Dreiecksmatrizen mit den Elementen 1). Die Inverse der Matrix T_n ist das Produkt aus einer oberen Dreiecksmatrix und einer unteren Dreiecksmatrix:

$$T_n^{-1}\text{ones} = \begin{bmatrix} 1 & 1 & \cdots & 1 \\ & 1 & 1 & \cdots \\ & & 1 & 1 \\ & & & 1 \end{bmatrix} \begin{bmatrix} 1 & & & \\ 1 & 1 & & \\ & \ddots & 1 & 1 \\ 1 & \cdots & 1 & 1 \end{bmatrix} \begin{bmatrix} 1 \\ 1 \\ \vdots \\ 1 \end{bmatrix} \qquad (1.34)$$

$$u = h^2 T_n^{-1}\text{ones} = h^2 \begin{bmatrix} 1+2+\cdots+n \\ 2+\cdots+n \\ \cdots+n \\ n \end{bmatrix}. \qquad (1.35)$$

Im Fall $n = 3$ ist $1 + 2 + 3 = 6$ und $2 + 3 = 5$, was mit dem Ergebnis aus Gleichung (1.32) übereinstimmt. Gleichung (1.35) liefert uns eine Formel für diese Summen und damit auch für die Approximationen u_i:

Diskrete Lösung $\quad u_i = \frac{1}{2}h^2(n+i)(n+1-i)$. $\qquad (1.36)$

An der Stelle $i = n+1$ ergibt die diskrete Lösung $u_{n+1} = 0$. Außerdem gilt $u_0 = u_1$, die Randbedingungen sind also erfüllt. Der Anfangswert $u_0 = \frac{1}{2}nh$ liegt nur um $\frac{1}{2}h$ unter dem exakten Wert $u(0) = \frac{1}{2} = \frac{1}{2}(n+1)h$. Die Differenz $\frac{1}{2}h$ ist der Fehler erster Ordnung, der sich ergibt, wenn die Randbedingung Anstieg null an der Stelle $x = 0$ durch die einseitige Bedingung $u_1 = u_0$ ersetzt wird.

Im Anschauungsbeispiel 1.2 A schließen wir diesen Fehler $O(h)$ aus, indem wir die Randbedingung zentrieren.

MATLAB Experiment

Die Funktion $u(x) = \cos(\pi x/2)$ erfüllt die fest-freien Randbedingungen $u'(0) = 0$ und $u(1) = 0$. Sie löst die Gleichung $-u'' = f = (\pi/2)^2 \cos(\pi x/2)$. Wie weit sind die Lösungen U und V aus den Finite-Differenzen-Gleichungen $T_n U = f$ und $T_{n+1} V = g$ von der echten Lösung u entfernt?

```
h = 1/(n+1); u = cos(pi*(1:n)'*h/2); c = (pi/2)^2; f = c*u;
                  % übliche Matrix T
U = h*h*T\f;       % Lösung u_1,...,u_n mit einseitiger Bedingung u_0 = u_1
e = 1 − U(1)      % hat Fehler erster Ordnung an der Stelle x = 0.
g = [c/2;f]; T = ...;  % Erzeugen Sie T_{n+1} wie in Gleichung (1.39).
                  % Beachten Sie g(1) = f(0)/2.
V = h*h*T\g;       % Lösung u_0,...,u_n mit zentrierter Bedingung u_{-1} = u_1
E = 1 − V(1)      % hat nur Fehler zweiter Ordnung an der Stelle x = 0.
```

Wählen Sie $n = 3, 7, 15$ und testen Sie T\f mit entsprechendem T und f. Das passende Gitter hat $(n + \frac{1}{2})h = 1$, sodass der Randpunkt mit $u' = 0$ zwischen zwei Gitterpunkten liegt. Sie sollten feststellen, dass e proportional zu h und E proportional zu h^2 ist. Das ist ein großer Unterschied.

Anschauungsbeispiele

1.2 A Gibt es eine Möglichkeit, den Fehler $O(h)$ durch die einseitige Randbedingung $u_1 = u_0$ zu vermeiden? Die Absicht, eine exaktere Differenzengleichung zu

1.2 Differenzen, Ableitungen und Randbedingungen

konstruieren, ist ein perfektes Beispiel für die numerische Analyse. Diese wesentliche Frage stellt sich zwischen dem Schritt der Modellierung (durch eine Differentialgleichung) und dem Schritt der Berechnung (Lösung der diskreten Gleichung).

Lösung Die naheliegende Idee ist, eine **zentrierte Differenz** $(u_1 - u_{-1})/2h = 0$ zu verwenden. So wird die exakte Bedingung $u'(0) = 0$ mit Genauigkeit zweiter Ordnung übernommen. Sie führt eine neue Unbekannte u_{-1} ein, sodass die Differenzengleichung auf $x = 0$ erweitert wird. Eliminieren von u_{-1} ergibt size(T)$= n+1$:

$$-u_{-1} + 2u_0 - u_1 = h^2 f(0) \text{ und } u_{-1} = u_1 \text{ ergibt } u_0 - u_1 = \tfrac{1}{2}h^2 f(0). \quad (1.37)$$

Das Zentrieren der Randbedingung bringt vor $f(0)$ einen Faktor $\tfrac{1}{2}$. Setzen Sie $n = 3$ und $h = \tfrac{1}{4}$ ein:

$$\frac{1}{h^2}\begin{bmatrix} 1 & -1 & & \\ -1 & 2 & -1 & \\ & -1 & 2 & -1 \\ & & -1 & 2 \end{bmatrix}\begin{bmatrix} u_0 \\ u_1 \\ u_2 \\ u_3 \end{bmatrix} = \begin{bmatrix} .5 \\ 1 \\ 1 \\ 1 \end{bmatrix} \quad \text{ergibt} \quad \begin{bmatrix} u_0 \\ u_1 \\ u_2 \\ u_3 \end{bmatrix} = \frac{1}{16}\begin{bmatrix} 8.0 \\ 7.5 \\ 6.0 \\ 3.5 \end{bmatrix}. \quad (1.38)$$

Die Komponenten u_i stimmen genau mit den Funktionswerten $u(x) = \tfrac{1}{2}(1 - x^2)$ an den Gitterpunkten überein. Wieder haben wir eine perfekte Übereinstimmung mit der Parabel aus Abbildung 1.4 auf Seite 23. Bei einer veränderlichen Last $f(x)$ und einer nichtparabolischen Lösung zu $-u'' = f(x)$ liefert die diskrete Gleichung mit zentrierter Differenz Approximationen mit einem Fehler $O(h^2)$.

Aufgabe 1.2.21 zeigt einen sehr direkten Zugang zu $u_0 - u_1 = \tfrac{1}{2}h^2 f(0)$.

1.2 B Wenn wir die Matrizen Δ_- und Δ_+ miteinander multiplizieren, erhalten wir in den inneren Zeilen die Elemente $1, -2$ und 1:

$$\Delta_-\Delta_+ = \begin{bmatrix} 1 & 0 & 0 \\ -1 & 1 & 0 \\ 0 & -1 & 1 \end{bmatrix}\begin{bmatrix} -1 & 1 & 0 \\ 0 & -1 & 1 \\ 0 & 0 & -1 \end{bmatrix} = \begin{bmatrix} -1 & 1 & 0 \\ 1 & -2 & 1 \\ 0 & 1 & -2 \end{bmatrix}. \quad (1.39)$$

Dass wir nicht die Matrix K_3 erhalten, hat zwei Gründe: Erstens sind die Vorzeichen entgegengesetzt. Zweitens ist das Element in der oberen linken Ecke nicht -2, sondern -1. Durch Berücksichtigung der Randbedingungen entsteht die Matrix T_3, weil $\Delta_-(\Delta_+ u)$ den ersten Wert $\Delta_+ u = (u_1 - u_0)/h$ (und nicht den Wert von u)! gleich null setzt.

$$-T_3 = \begin{bmatrix} -1 & 1 & 0 \\ 1 & -2 & 1 \\ 0 & 1 & -2 \end{bmatrix} \begin{array}{l} \leftarrow \Delta^2 u \text{ Zeile für Randbedingung } u_0 = u_1 \\ \leftarrow \Delta^2 u \text{ typische Zeile } u_2 - 2u_1 + u_0 \\ \leftarrow \Delta^2 u \text{ Zeile für Randbedingung } u_4 = 0. \end{array} \quad (1.40)$$

Die erste Randbedingung bedeutet *Anstieg null*. Aus der zweiten Differenz $u_2 - 2u_1 + u_0$ wird $u_2 - u_1$, wenn $u_0 = u_1$ ist. Wir werden darauf zurückkommen, weil nach meiner Erfahrung 99% der Schwierigkeiten bei der Lösung von Differentialgleichungen mit Randbedingungen zusammenhängen.

$u(0) = 0, u(1) = 0$ Matrix K berücksichtigt $u_0 = u_{n+1} = 0$.

$u'(0) = 0, u'(1) = 0$ Matrix B berücksichtigt $u_0 = u_1, u_n = u_{n+1}$.

$u'(0) = 0, u(1) = 0$ Matrix T berücksichtigt $u_0 = u_1, u_{n+1} = 0$.

$u(0) = u(1), u'(0) = u'(1)$ Matrix C berücksichtigt $u_0 = u_n, u_1 = u_{n+1}$.

Eine unendlich große Dreiecksmatrix ohne Rand hat nur die Elemente $1, -2, 1$ auf ihren unendlich langen Diagonalen. *Das Abschneiden dieser unendlich großen Matrix ist gleichbedeutend mit der Annahme, dass sowohl u_0 als auch u_{n+1} null sind.* Das trifft auf die Matrix K_n zu, die in den Ecken die Elemente 2 hat.

Aufgaben zu Abschnitt 1.2

1.2.1 Geben Sie die zweite Ableitung $u''(x)$ und die zweite Differenz $\Delta^2 U_n$ an. **Verwenden Sie $\delta(x)$.**

$$u(x) = \begin{cases} Ax & \text{für } x \leq 0 \\ Bx & \text{für } x \geq 0 \end{cases} \quad U_n = \begin{cases} An & \text{für } n \leq 0 \\ Bn & \text{für } n \geq 0 \end{cases} = \begin{bmatrix} -2A \\ -A \\ 0 \\ B \\ 2B \end{bmatrix}$$

Die Funktion $u(x)$ und der Vektor U sind stückweise linear mit einer Unstetigkeit an der Stelle $x = 0$.

1.2.2 Lösen Sie die Differentialgleichung $-u''(x) = \delta(x)$ mit den Bedingungen $u(-2) = 0$ und $u(3) = 0$. Die Stücke $u = A(x+2)$ und $u = B(x-3)$ treffen sich an der Stelle $x = 0$. Zeigen Sie, dass der Vektor $U = (u(-1), u(0), u(1), u(2))$ das zugehörige Matrixproblem $KU = F = (0, 1, 0, 0)$ löst.

Die Aufgaben 1.2.3–1.2.12 befassen sich mit der „lokalen Genauigkeit" finiter Differenzen.

1.2.3 Bei der zentrierten Differenz $(u(x+h) - u(x-h))/2h$ ist $\frac{1}{6}h^2 u'''(x)$ der führende Fehlerterm $O(h^2)$. Prüfen Sie das, indem Sie diese Differenz für die Funktionen $u(x) = x^3$ und $u(x) = x^4$ berechnen.

1.2.4 Überprüfen Sie die Behauptung, dass die Inverse der Matrix der Rückwärtsdifferenzen Δ_- in (1.33) die Summenmatrix in (1.34) ist. Es kann allerdings sein, dass die Matrix der zentrierten Differenzen $\Delta_0 = (\Delta_+ + \Delta_-)/2$ nicht invertierbar ist! Lösen Sie $\Delta_0 u = 0$ für $n = 3$ und $n = 5$.

1.2.5 Bestimmen Sie die Konstante a im nächsten Term $ah^4 u''''(x)$ der Taylor-Entwicklung (1.7), indem Sie $u(x) = x^4$ an der Stelle $x = 0$ testen.

1.2.6 Berechnen Sie die zweite Ableitung und die zweite Differenz $\Delta^2 u/(\Delta x)^2$ der Funktion $u(x) = x^4$. Treffen Sie anhand der Ergebnisse eine Vorhersage über die Konstante c im führenden Fehlerterm in Gleichung (1.14).

1.2 Differenzen, Ableitungen und Randbedingungen   27

1.2.7 Mit vier Stützstellen kann man die Ableitung du/dx an den inneren Gitterpunkten mit einer Genauigkeit vierter Ordnung approximieren:

$$\frac{-u_2 + 8u_1 - 8u_{-1} + u_{-2}}{12h} = \frac{du}{dx} + bh^4 \frac{d^5u}{dx^5} + \cdots$$

(a) Prüfen Sie diese Aussage für die Funktionen $u = 1$, $u(x) = x^2$ und $u(x) = x^4$.
(b) Entwickeln Sie u_2, u_1, u_{-1}, u_{-2} wie in Gleichung (1.7). Bestimmen Sie mithilfe der Taylor-Reihen den Koeffizienten b im führenden Fehlerterm $O(h^4)$.

1.2.8 *Frage:* Warum habe ich die zentrierte Differenz nicht quadriert, um ein gutes Δ^2 zu erhalten? *Antwort:* Eine zentrierte Differenz einer zentrierten Differenz greift zu weit:

$$\frac{\Delta_0}{2h} \frac{\Delta_0}{2h} u_n = \frac{u_{n+2} - 2u_n + u_{n-2}}{(2h)^2}.$$

Die Matrix der zweiten Differenzen hat in einer typischen Zeile nun die Elemente $1, 0, -2, 0, 1$. Die Genauigkeit ist nicht größer, und wir haben an den Rändern Schwierigkeiten mit u_{n+2}.
Können Sie durch geeignete Wahl der Koeffizienten vor $u_2, u_1, u_0, u_{-1}, u_{-2}$ eine zentrierte Differenz für d^2u/dx^2 mit Genauigkeit vierter Ordnung konstruieren?

1.2.9 Zeigen Sie, dass die vierte Differenz $\Delta^4 u/(\Delta x)^4$ mit den Koeffizienten $1, -4, 6, -4, 1$ eine Approximation der vierten Ableitung d^4u/dx^4 ist, indem Sie die Funktionen $u(x) = x, x^2, x^3$ und x^4 einsetzen:

$$\frac{\Delta^4 u}{\Delta x^4} = \frac{u_2 - 4u_1 + 6u_0 - 4u_{-1} + u_{-2}}{(\Delta x)^4} = \frac{d^4 u}{dx^4} + \text{(welcher führende Fehler?)}.$$

1.2.10 Führen Sie die Matrixmultiplikation der Matrizen der ersten Differenzen in der Reihenfolge $\Delta_+ \Delta_-$ anstelle von $\Delta_- \Delta_+$ in Gleichung (1.32) aus. Welche Randzeile, die erste oder die letzte, entspricht der Randbedingung $u = 0$? Wo ist die Approximation von $u' = 0$?

1.2.11 Angenommen, wir sind an einer einseitigen Approximation der Ableitung $\frac{du}{dx}$ mit Genauigkeit zweiter Ordnung interessiert:

$$\frac{r u(x) + s u(x - \Delta x) + t u(x - 2\Delta x)}{\Delta x} = \frac{du}{dx} \quad \text{für} \quad u = 1, x, x^2.$$

Setzen Sie die Funktionen $u(x) = 1, x, x^2$ ein, um drei Gleichungen für r, s, t zu erhalten und zu lösen. Die zugehörige Differenzenmatrix ist eine untere Dreiecksmatrix. Die Formel ist „kausal".

1.2.12 Gleichung (1.12) auf Seite 17 gibt die „erste Differenz einer ersten Differenz" an. Warum ist die linke Seite in $O(h^2)$ von $\frac{1}{h} \left[u'_{i+\frac{1}{2}} - u'_{i-\frac{1}{2}} \right]$? Warum ist das in $O(h^2)$ von u''_i?

Die Aufgaben 1.2.13–1.2.19 befassen sich mit der globalen Genauigkeit.

1.2.13 Ersetzen Sie in Abbildung 1.4 auf Seite 23 die Kurve mit $n = 3$ durch die fest-freie Lösung $u_0, \ldots, u_8$ mit $n = 7$. Sie können Gleichung (1.35) verwenden oder das 7×7-System lösen. Der Fehler in $O(h)$ sollte sich halbieren.

1.2.14 (a) Lösen Sie $-u'' = 12x^2$ mit frei-festen Randbedingungen $u'(0) = 0$ und $u(1) = 0$. Zur vollständigen Lösung müssen Sie $f(x) = 12x^2$ zwei Mal integrieren und $Cx + D$ addieren.

(b) Berechnen Sie die diskreten Werte $u_1, \ldots, u_n$ mithilfe der Matrix T_n in den Fällen $h = \frac{1}{n+1}$ und $n = 3, 7, 15$:

$$\frac{u_{i+1} - 2u_i + u_{i-1}}{h^2} = 3(ih)^2 \quad \text{mit } u_0 = 0 \text{ und } u_{n+1} = 0.$$

Vergleichen Sie u_i mit dem exakten Wert an der Stelle $x = ih = \frac{1}{2}$. Ist der Fehler proportional zu h oder zu h^2?

1.2.15 Stellen Sie die Funktion $u = \cos 4\pi x$ für $0 \le x \le 1$ und die diskreten Werte $u_i = \cos 4\pi i h$ an den Gitterpunkten $x = ih = \frac{i}{n+1}$ grafisch dar. Bei kleinen n werden diese Werte die Schwingungen von $\cos \pi x$ nicht korrekt wiedergeben. Wie groß muss n mindestens sein, um eine gute Näherung zu erzielen? Wie viele Gitterpunkte pro Schwingung sind das?

1.2.16 Lösen Sie $-u'' = \cos 4\pi x$ mit fest-festen Randbedingungen $u(0) = u(1) = 0$. Berechnen Sie $u_1, \ldots, u_n$ mithilfe von K_4 und K_8 und zeichnen Sie die Werte in dieselbe Abbildung mit $u(x)$:

$$\frac{u_{i+1} - 2u_i + u_{i-1}}{h^2} = \cos 4\pi i h \quad \text{mit} \quad u_0 = u_{n+1} = 0.$$

1.2.17 Testen Sie die Differenzen $\Delta_0 u = (u_{i+1} - u_{i-1})$ und $\Delta^2 u = u_{i+1} - 2u_i + u_{i-1}$ an der Funktion $u(x) = e^{ax}$. Klammern Sie e^{ax} aus (deshalb sind Exponentialfunktionen so nützlich). Entwickeln Sie $e^{a\Delta x} = 1 + a\Delta x + (a\Delta x)^2/2 + \cdots$, um die führenden Fehlerterme zu bestimmen.

1.2.18 Formulieren Sie (mithilfe von K) eine Finite-Differenzen-Approximation zu

$$\frac{d^2 u}{dx^2} = x \quad \text{mit den Randbedingungen } u(0) = 0 \text{ und } u(1) = 0$$

mit $n = 4$ Unbekannten. Lösen Sie nach u_1, u_2, u_3, u_4 auf. Vergleichen Sie mit der analytischen Lösung.

1.2.19 Konstruieren Sie mithilfe von K/h^2 und $\Delta_0/2h$ eine Approximation mit *zentrierten* Differenzen zu

$$-\frac{d^2 u}{dx^2} + \frac{du}{dx} = 1 \quad \text{mit } u(0) = 0 \text{ und } u(1) = 0.$$

Verwenden Sie unabhängig davon eine *Vorwärts*differenz $\Delta_+ U/h$ für du/dx. Beachten Sie $\Delta_0 = (\Delta_+ + \Delta_-)/2$. Lösen Sie nach dem zentrierten u und dem nichtzentrierten U mit $h = 1/5$ auf. Die tatsächliche Lösung $u(x)$ setzt sich aus der speziellen Lösung $u = x$ und der allgemeinen Lösung $A + Be^x$ zusammen. Welche A und B erfüllen die Randbedingungen? Wie nah liegen u und U an $u(x)$?

1.2.20 Die Transponierte der zentrierten Differenz Δ_0 ist $-\Delta_0$ (*antisymmetrisch*). Das ist wie das negative Vorzeichen bei der partiellen Integration, wenn $f(x)g(x)$ im Limes $x \to \pm\infty$ nach null geht:

Partielle Integration $\quad \int_{-\infty}^{\infty} f(x) \dfrac{dg}{dx} dx = - \int_{-\infty}^{\infty} \dfrac{df}{dx} g(x) dx.$

Prüfen Sie $\sum_{-\infty}^{\infty} f_i (g_{i+1} - g_{i-1}) = - \sum_{-\infty}^{\infty} (f_{i+1} - f_{i-1}) g_i$ (**partielle Summation**).
Hinweis: Ersetzen Sie $i+1$ durch i in $\sum f_i g_{i+1}$ und $i-1$ durch i in $\sum f_i g_{i-1}$.

1.2.21 Verwenden Sie die Entwicklung $u(h) = u(0) + hu'(0) + \frac{1}{2}h^2 u''(0) + \cdots$ mit $u'(0) = 0$ und $-u'' = f(x)$, um die Gleichung $\boldsymbol{u_0 - u_1 = \frac{1}{2}h^2 f(0)}$ für den oberen Rand herzuleiten. Der Faktor $\frac{1}{2}$ lässt den Fehler $O(h)$ aus Abbildung 1.4 verschwinden: Das ist gut.

1.3 Elimination führt auf $K = LDL^T$

In diesem Buch geht es um zwei Dinge: Wie versteht man eine Gleichung und wie löst man sie. Dieser Abschnitt behandelt die Lösung eines Systems $Ku = f$ aus n linearen Gleichungen. Unsere Lösungsmethode ist das **Eliminationsverfahren von Gauß** (nicht Determinanten und nicht die Cramersche Regel!). Alle Softwarepakete verwenden die Elimination auf positiv definiten Systemen beliebiger Größe. MATLAB verwendet die Befehle u = K\f (als **backslash** bekannt) und [L, U] = lu(K) für die Dreieckszerlegung der Matrix K.

Die **symmetrische Faktorisierung** $K = LDL^T$ erfordert über die Lösung hinaus noch zwei weitere Schritte. Zunächst wird die Matrix K durch *Elimination in LU zerlegt*, also in das Produkt aus der unteren Dreiecksmatrix L und der oberen Dreiecksmatrix U. Dann führt die Symmetrie von K auf $U = DL^T$. Die Schritte von K nach U und zurück zu K führen über **untere Dreiecksmatrizen** – die Zeilen arbeiten auf unteren Zeilen.

Mit $K = LU$ und $K = LDL^T$ sind wir auf dem richtigen „Matrixpfad", um die Elimination zu verstehen. Die Pivotelemente sammeln sich in D. Das vorgestellte Verfahren ist der am häufigsten verwendete Algorithmus im wissenschaftlichen Rechnen (er bringt jährlich Milliarden von Dollar). Daher gehört er in dieses Buch. Sollten Ihnen die LU- und die LDL^T-Zerlegungen bereits schon in einer anderen Vorlesung über lineare Algebra begegnet sein, ist dieser Abschnitt für Sie hoffentlich eine gute Wiederholung.

Bei den speziellen Familien tridiagonaler Matrizen K_n und T_n gibt es für die Multiplikatoren in L und die Pivotelemente in D hübsche Formeln. Unser erstes Beispiel ist die 3×3-Matrix $K = K_3$. Die Matrix enthält die neun Koeffizienten (von denen zwei gleich null sind) in der linearen Gleichung $Ku = f$. Der Vektor auf der rechten Seite ist im Moment nicht so wichtig. Wir wählen $f = (4, 0, 0)$.

$$\mathbf{Ku}=\mathbf{f} \quad \begin{bmatrix} 2 & -1 & 0 \\ -1 & 2 & -1 \\ 0 & -1 & 2 \end{bmatrix} \begin{bmatrix} u_1 \\ u_2 \\ u_3 \end{bmatrix} = \begin{bmatrix} f_1 \\ f_2 \\ f_3 \end{bmatrix} \quad \text{ist} \quad \begin{array}{r} 2u_1 - u_2 = 4 \\ -u_1 + 2u_2 - u_3 = 0 \\ -u_2 + 2u_3 = 0 \end{array}$$

Der erste Schritt besteht darin, u_1 aus der zweiten Gleichung zu eliminieren. **Dazu multiplizieren wir die erste Gleichung mit $\frac{1}{2}$ und addieren sie zur zweiten Gleichung.** Die neue Matrix hat an der Stelle 2, 1 eine Null – dort haben wir u_1 eliminiert. Die **ersten beiden Pivotelemente** sind durch einen Kreis gekennzeichnet:

$$\begin{bmatrix} ②& -1 & 0 \\ 0 & ③/② & -1 \\ 0 & -1 & 2 \end{bmatrix} \begin{bmatrix} u_1 \\ u_2 \\ u_3 \end{bmatrix} = \begin{bmatrix} f_1 \\ f_2 + \frac{1}{2}f_1 \\ f_3 \end{bmatrix} \quad \text{ist} \quad \begin{array}{r} 2u_1 - u_2 = 4 \\ \frac{3}{2} u_2 - u_3 = 2 \\ -u_2 + 2u_3 = 0 \end{array}$$

Im nächsten Schritt sehen wir uns das 2×2-System aus den beiden letzten Gleichungen an. Das Pivotelement ist durch einen Kreis gekennzeichnet. Um u_2 aus der dritten Gleichung zu eliminieren, **addieren wir zu dieser die zweite Gleichung multipliziert mit $\frac{3}{2}$**. Dadurch steht in der Matrix auch an Position 3, 2 eine Null. Das ist nun die **obere Dreiecksmatrix** U. In der Hauptdiagonalen stehen die drei Pivotelemente $2, \frac{3}{2}, \frac{4}{3}$:

$$\begin{bmatrix} ② & -1 & 0 \\ 0 & ③/② & -1 \\ 0 & 0 & ④/③ \end{bmatrix} \begin{bmatrix} u_1 \\ u_2 \\ u_3 \end{bmatrix} = \begin{bmatrix} f_1 \\ f_2 + \frac{1}{2}f_1 \\ f_3 + \frac{2}{3}f_2 + \frac{1}{3}f_1 \end{bmatrix} \quad \text{ist} \quad \begin{array}{r} 2u_1 - u_2 = 4 \\ \frac{3}{2}u_2 - u_3 = 2 \\ \frac{4}{3}u_3 = \frac{4}{3} \end{array} \quad (1.41)$$

Mit dem Vorwärtseliminieren sind wir fertig. Bedenken Sie, dass alle Pivotelemente und Multiplikatoren durch die Matrix K und nicht vom Vektor f festgelegt wurden. Aus der rechten Seite $f = (4, 0, 0)$ ist $c = (4, 2, \frac{4}{3})$ geworden. Nun können wir mit dem Rückwärtseinsetzen beginnen. Triangulare Systeme lassen sich schnell lösen (den Thomas-Algorithmus finden Sie am Ende dieses Abschnitts).

Lösen durch Rückwärtseinsetzen. Die letzte Gleichung liefert $u_3 = 1$. Einsetzen in die zweite Gleichung liefert $\frac{3}{2}u_2 - 1 = 2$, also $u_2 = 2$. Einsetzen in die erste Gleichung liefert $2u_1 - 2 = 4$, also $u_1 = 3$, und das System ist gelöst.

Der Lösungsvektor ist $u = (3, 2, 1)$. Wenn wir die Spalten der Matrix K mit den drei Komponenten dieses Vektors multiplizieren, erhalten wir den Vektor f. **Ich fasse die Matrix-Vektor-Multiplikation Ku immer als Kombination der Spalten der Matrix K auf.** Sehen Sie sich das bitte an:

Kombination der Spalten
$$\begin{bmatrix} 2 & -1 & 0 \\ -1 & 2 & -1 \\ 0 & -1 & 2 \end{bmatrix} \begin{bmatrix} 3 \\ 2 \\ 1 \end{bmatrix} = 3 \begin{bmatrix} 2 \\ -1 \\ 0 \end{bmatrix} + 2 \begin{bmatrix} -1 \\ 2 \\ -1 \end{bmatrix} + 1 \begin{bmatrix} 0 \\ -1 \\ 2 \end{bmatrix}. \quad (1.42)$$

1.3 Elimination führt auf $K = LDL^T$

Diese Summe ist $f = (4, 0, 0)$. Ein System $Ku = f$ zu lösen, ist dasselbe wie **eine Kombination der Spalten der Matrix K zu finden, die den Vektor f produziert**. *Diese Erkenntnis ist wichtig*. Die Lösung u drückt f als die „richtige Kombination" der Spalten (mit den Koeffizienten 3, 2, 1) aus. Bei einer singulären Matrix kann es sein, dass es *gar keine* Kombination gibt, die f erzeugt, oder *unendlich viele* davon.

Unsere Matrix K ist invertierbar. Wenn wir $Ku = (4, 0, 0)$ durch 4 dividieren, steht auf der rechten Seite $(1, 0, 0)$. Das ist die erste Spalte der Matrix I. Damit haben wir die erste Spalte von $KK^{-1} = I$ vor uns. Wir brauchen die erste Spalte der Matrix K^{-1}. Dazu teilen wir auch den Vektor $u = (3, 2, 1)$ von vorhin durch 4 und sehen, dass $\frac{3}{4}, \frac{2}{4}, \frac{1}{4}$ gleichzeitig die erste Spalte der Matrix K^{-1} sein muss:

Spalte 1 der Inversen
$$\begin{bmatrix} 2 & -1 & 0 \\ -1 & 2 & -1 \\ 0 & -1 & 2 \end{bmatrix} \begin{bmatrix} \frac{3}{4} & * & * \\ \frac{2}{4} & * & * \\ \frac{1}{4} & * & * \end{bmatrix} = \begin{bmatrix} 1 & * & * \\ 0 & * & * \\ 0 & * & * \end{bmatrix} = I. \quad (1.43)$$

Um alle einzelnen Spalten der Matrix K^{-1} zu bestimmen, müssen wir Ku nacheinander den einzelnen Spalten von I gleichsetzen. Damit ist $K^{-1} = K \backslash I$.

Bemerkung zu den Multiplikatoren: Wenn wir sowohl das Pivotelement in Zeile j als auch das in Zeile i zu eliminierende Element kennen, dann ist der Multiplikator ℓ_{ij} ihr Quotient:

Multiplikator $\quad \ell_{ij} = \dfrac{\textbf{zu eliminierendes Element}}{\textbf{Pivotelement}} \dfrac{(\textit{in Zeile } i)}{(\textit{in Zeile } j)}.$ \quad (1.44)

Per Konvention multipliziert man eine Gleichung mit ℓ_{ij} und **subtrahiert** (*nicht addiert*) sie von einer anderen. In unserem ersten Schritt war der Multiplikator $-\frac{1}{2}$ (der Quotient aus -1 und 2). Der Schritt bestand darin, Zeile 1 mit $\frac{1}{2}$ zu multiplizieren und zu Zeile 2 zu addieren. Das ist dasselbe, wie Zeile 1 mit $-\frac{1}{2}$ zu multiplizieren und von Zeile 2 abzuziehen.

Subtrahiere ℓ_{ij} mal die Zeile mit dem Pivotelement j von Zeile i. Dann ist das Element an der Stelle i, j null.

Das Element an der Stelle 3, 1 in der unteren linken Ecke war bereits null. Folglich musste nichts eliminiert werden und der Multiplikator ℓ_{31} war gleich null. Der letzte Multiplikator war $\ell_{32} = -\frac{2}{3}$.

Elimination liefert $K = LU$

Nun schreiben wir diese Multiplikatoren $\ell_{21}, \ell_{31}, \ell_{32}$ in eine **untere Dreiecksmatrix** L, auf deren Hauptdiagonalen Einsen stehen. Die Matrix L zeichnet die Eliminationsschritte auf, indem sie die Multiplikatoren speichert. Die obere Dreiecksmatrix U zeichnet das Ergebnis auf. Zwischen den beiden Matrizen besteht die Beziehung

$$K = LU \qquad \begin{bmatrix} 2 & -1 & 0 \\ -1 & 2 & -1 \\ 0 & -1 & 2 \end{bmatrix} = \begin{bmatrix} 1 & 0 & 0 \\ -\frac{1}{2} & 1 & 0 \\ 0 & -\frac{2}{3} & 1 \end{bmatrix} \begin{bmatrix} 2 & -1 & 0 \\ 0 & \frac{3}{2} & -1 \\ 0 & 0 & \frac{4}{3} \end{bmatrix}. \qquad (1.45)$$

Die kurze, wichtige und schöne Aussage des Eliminationsverfahrens von Gauß ist, dass $K = LU$ gilt. Bitte multiplizieren Sie die beiden Matrizen L und U.

Wenn man die untere Dreiecksmatrix L mit der oberen Dreiecksmatrix U multipliziert, erhält man wieder die ursprüngliche Matrix K. Ich betrachte das so: *L kehrt die Eliminationsschritte um*. Das macht aus U wieder K. LU ist die „Matrixnorm" der Elimination, und das müssen wir hervorheben.

Angenommen, bei der Vorwärtselimination werden die Multiplikatoren aus der Matrix L verwendet, um die Zeilen der Matrix K in die Zeilen der oberen Dreiecksmatrix U zu verwandeln. **Dann wird die Matrix K in die Matrizen L und U faktorisiert.**

Die Elimination ist ein zweistufiger Prozess, der vorwärts (nach unten) und anschließend rückwärts (nach oben) verläuft. Im ersten Schritt wird die Matrix L, im zweiten die Matrix U verwendet. Bei der Vorwärtselimination entsteht eine neue rechte Seite c. (Tatsächlich wird in den Eliminationsschritten mit L^{-1} multipliziert, um $Lc = f$ zu lösen.) Rückwärtseinsetzen in $Uu = c$ liefert die Lösung u. **Aus $c = L^{-1}f$ und $u = U^{-1}c$ ergibt sich dann $u = U^{-1}L^{-1}f$, also das korrekte $u = K^{-1}f$.**

Kehren Sie zum Beispiel zurück und überzeugen Sie sich davon, dass $Lc = f$ den richtigen Vektor c liefert:

$$\mathbf{Lc = f} \qquad \begin{bmatrix} 1 & 0 & 0 \\ -\frac{1}{2} & 1 & 0 \\ 0 & -\frac{2}{3} & 1 \end{bmatrix} \begin{bmatrix} c_1 \\ c_2 \\ c_3 \end{bmatrix} = \begin{bmatrix} 4 \\ 0 \\ 0 \end{bmatrix} \quad \text{ergibt} \quad \begin{matrix} c_1 = 4 \\ c_2 = 2 \\ c_3 = \frac{4}{3} \end{matrix} \quad \text{wie in (1.41)}.$$

Durch fortlaufende Aktualisierung der rechten Seite haben wir bei der Elimination $Lc = f$ gelöst. Die Vorwärtselimination hat f in c verwandelt. Anschließend liefert das Rückwärtseinsetzen schnell $u = (3, 2, 1)$.

Es mag Ihnen aufgefallen sein, dass wir bei dieser Berechnung nirgends „inverse Matrizen" verwendet haben. Die Inverse der Matrix K wird nicht benötigt. Gute Software für lineare Algebra (die LAPACK-Bibliothek ist public domain) unterteilt das Eliminationsverfahren von Gauß in einen Schritt, der auf K arbeitet, und einen Lösungsschritt, der auf f arbeitet:

Schritt 1. **Faktorisiere** K in LU $[L, U] = \text{lu}(K)$ in MATLAB.
Schritt 2. **Löse** $Ku = f$ nach u auf $Lc = f$ vorwärts, dann $Uu = c$ rückwärts.

Im ersten Schritt wird die Matrix K in die Dreiecksmatrizen L und U zerlegt. Im Lösungsschritt wird c berechnet (Vorwärtselimination) und anschließend u (Rückwärtseinsetzen). Sie sollten MATLAB fast nie dazu auffordern, eine inverse Matrix zu berechnen. **Berechnen Sie den Vektor u mithilfe des Befehls $K \backslash f$ und nicht mithilfe des Befehls zur Berechnung der Inversen $\text{inv}(K) * f$:**

Schritt 1 + 2:
Lösen Sie $Ku = f$ durch $u = K\backslash f$ (Die Operation \ beachtet Symmetrie).

Mit den beiden Unterroutinen in LAPACK soll vermieden werden, dass die gleichen Schritte auf K wiederholt werden, wenn es einen neuen Vektor f^* gibt. Es ist durchaus üblich (und erstrebenswert) verschiedene rechte Seiten für dieselbe Matrix K zu haben. Dann **faktorisieren** wir nur ein Mal; das ist der aufwändige Teil. Mit der schnellen Unterroutine **Lösen** bestimmen wir die Lösungen $u, u^*, \ldots$ *ohne K^{-1} zu berechnen*. Wenn Sie mehrere Vektoren f haben, können Sie sie in die Spalten einer Matrix F setzen und anschließend $K\backslash f$ verwenden.

Singuläre Systeme

Das Rückwärtseinsetzen geht schnell, weil die Matrix U triangular ist. In der Regel versagt das Verfahren, wenn eines der Pivotelemente null ist. Auch die Vorwärtselimination schlägt dann fehl, weil wir mit einer Null ein von null verschiedenes Element, das unter ihm steht, nicht verschwinden lassen können. Per Definition müssen **Pivotelemente stets von null verschieden sein**. Wenn wir an einer Pivotposition auf eine Null stoßen, können wir *Zeilen vertauschen*, um dadurch ein von null verschiedenes Element an eine Pivotposition zu bringen. **Bei einer invertierbaren Matrix kann man die Zeilen so vertauschen, dass alle Pivotelemente von null verschieden sind.**

Wenn in einer Spalte das Pivotelement null ist und alle Elemente darunter ebenfalls null sind, dann können wir daraus schließen, dass die Matrix *singulär* ist. Sie hat keine Inverse. Ein Beispiel für eine solche Matrix ist die Matrix C.

Beispiel 1.3 Ersetzen Sie die beiden Nullen in der Matrix K durch -1. Das liefert die Matrix C. Das erste Pivotelement ist $d_1 = 2$ mit den Multiplikatoren $\ell_{21} = \ell_{31} = -\frac{1}{2}$. Das zweite Pivotelement ist $d_2 = \frac{3}{2}$. Ein drittes Pivotelement gibt es aber nicht:

$$C = \begin{bmatrix} 2 & -1 & -1 \\ -1 & 2 & -1 \\ -1 & -1 & 2 \end{bmatrix} \longrightarrow \begin{bmatrix} 2 & -1 & -1 \\ 0 & \frac{3}{2} & -\frac{3}{2} \\ 0 & -\frac{3}{2} & \frac{3}{2} \end{bmatrix} \longrightarrow \begin{bmatrix} 2 & -1 & -1 \\ 0 & \frac{3}{2} & -\frac{3}{2} \\ \mathbf{0} & \mathbf{0} & \mathbf{0} \end{bmatrix} = U.$$

Man sagt, dass die Zeilen der Matrix C **linear abhängig** sind. Bei der Elimination sind wir auf eine Kombination dieser Zeilen (es war ihre Summe) gestoßen, die in der letzten Zeile von U lauter Nullen produziert hat. Die Matrix C hat nur zwei Pivotelemente und ist deshalb **singulär**.

Beispiel 1.4 Angenommen, in der zweiten Pivotposition steht eine Null, das Element darunter ist hingegen von null verschieden. Dann erhalten wir durch vertauschen der Zeilen das zweite Pivotelement und können die Elimination fortsetzen. Die Matrix in diesem Beispiel ist **nicht singulär**, obwohl an Position 2, 2 eine Null steht:

$$\begin{bmatrix} 1 & -1 & 0 \\ -1 & 1 & -1 \\ 0 & -1 & 1 \end{bmatrix} \text{ ergibt } \begin{bmatrix} 1 & -1 & 0 \\ 0 & \mathbf{0} & -1 \\ 0 & \mathbf{-1} & 1 \end{bmatrix}. \text{ Zeilentausch führt auf } U = \begin{bmatrix} 1 & -1 & 0 \\ 0 & -1 & 1 \\ 0 & 0 & -1 \end{bmatrix}.$$

Vertauschen Sie auch die Zeilen auf der rechten Seite der Gleichung! Zu Pivotelementen werden 1, −1 und 1, und die Elimination ist erfolgreich. Die ursprüngliche Matrix ist invertierbar, aber nicht positiv definit. Ihre Determinante ist wegen der Zeilenvertauschung das Produkt der Pivotelemente *mit umgekehrtem Vorzeichen*.

In den Übungen werden Sie sehen, wie eine *Permutationsmatrix P* diese Zeilenvertauschung bewerkstelligt. Die Dreiecksmatrizen *L* und *U* sind nun die Faktoren *PA* (sodass *PA = LU* ist). Die ursprüngliche Matrix *A* hatte keine LU-Zerlegung, obwohl sie invertierbar war. Nach dem Zeilentausch haben die Zeilen von *PA* die richtige Reihenfolge für die *LU*-Zerlegung. Wir fassen nun die drei Möglichkeiten zusammen.

Zur Elimination kann es notwendig sein, die Zeilen einer $n \times n$-Matrix zu vertauschen oder nicht:

- **Es gibt ohne Zeilenvertauschungen n Pivotelemente: Die Matrix A ist invertierbar, $A = LU$.**
- **Es gibt n Pivotelemente nach Zeilenvertauschungen mit der Permutationsmatrix P: Die Matrix A ist invertierbar, $PA = LU$.**
- **Es gibt keine Möglichkeit, n Pivotelemente zu bestimmen: Es gibt keine inverse Matrix A^{-1}.**

Positiv definite Matrizen kann man daran erkennen, dass sie symmetrisch sind, keine Zeilenvertauschungen notwendig sind und alle Pivotelemente *positiv* sind. Wir sind immer noch auf der Suche nach der Bedeutung dieser Eigenschaft – die Elimination liefert ein Werkzeug, diese zu prüfen.

Symmetrie verwandelt $K = LU$ in $K = LDL^\mathrm{T}$

Die Faktorisierung $K = LU$ ergibt sich direkt aus der Elimination – die U durch die Multiplikatoren in der Matrix L erzeugt. Dies ist außerordentlich nützlich, eine gute Eigenschaft ist dabei jedoch verloren gegangen. Die ursprüngliche Matrix K war symmetrisch, die Matrizen L und U sind das aber nicht mehr:

Symmetrie geht verloren $\quad K = \begin{bmatrix} 2 & -1 & 0 \\ -1 & 2 & -1 \\ 0 & -1 & 2 \end{bmatrix} = \begin{bmatrix} 1 & & \\ -\frac{1}{2} & 1 & \\ 0 & -\frac{2}{3} & 1 \end{bmatrix} \begin{bmatrix} 2 & -1 & 0 \\ & \frac{3}{2} & -1 \\ & & \frac{4}{3} \end{bmatrix} = LU.$

Die Elemente auf der Hauptdiagonalen der Matrix *L* sind 1. Bei der Matrix *U* stehen dort die *Pivotelemente*. Die Matrizen *U* und *L* sind unsymmetrisch, die Symmetrie lässt sich aber leicht wieder herstellen. Dazu sondert man die Pivotelemente in eine Diagonalmatrix *D* ab, indem man die Zeilen der Matrix *U* durch die Pivotelemente $2, \frac{3}{2}$ und $\frac{4}{3}$ teilt:

Symmetrie wieder hergestellt
$$K = \begin{bmatrix} 1 & & \\ -\frac{1}{2} & 1 & \\ 0 & -\frac{2}{3} & 1 \end{bmatrix} \begin{bmatrix} 2 & & \\ & \frac{3}{2} & \\ & & \frac{4}{3} \end{bmatrix} \begin{bmatrix} 1 & -\frac{1}{2} & 0 \\ & 1 & -\frac{2}{3} \\ & & 1 \end{bmatrix}. \quad (1.46)$$

Nun haben wir es geschafft: Die Matrix D steht in der Mitte. Die erste Matrix ist immer noch die Matrix L. **Die letzte Matrix ist die Transponierte der Matrix L:**

Symmetrische Faktorisierung einer symmetrischen Matrix $\quad K = LDL^T$.

Diese Dreifachzerlegung erhält die Symmetrie. Das ist wichtig und muss hervorgehoben werden. Das gilt für LDL^T wie für jedes andere „symmetrische Produkt" A^TCA.

> Das Produkt LDL^T ist zwangsläufig eine symmetrische Matrix, wenn die Matrix D eine Diagonalmatrix ist. Darüber hinaus ist A^TCA zwangsläufig symmetrisch, wenn die Matrix C symmetrisch ist. Der Faktor A muss nicht notwendigerweise quadratisch und die Matrix C nicht notwendigerweise diagonal sein.

Der Grund für die Symmetrieerhaltung ergibt sich unmittelbar aus der Matrixmultiplikation. Die Transponierte eines Produktes AB ist B^TA^T. Die einzelnen Transponierten kommen in umgekehrter Reihenfolge vor, und genau das brauchen wir:

Die Transponierte von LDL^T ist $(L^T)^T D^T L^T$. Das ist wieder LDL^T.

$(L^T)^T$ ist wieder die Matrix L. Ebenso gilt $D^T = D$ (Diagonalmatrizen sind symmetrisch). Die hervorgehobene Zeile besagt, dass die Transponierte von LDL^T wieder LDL^T ist. Das ist Symmetrie.

Diese Überlegungen lassen sich auf den Ausdruck A^TCA übertragen. Seine Transponierte ist $A^TC^T(A^T)^T$. Wenn die Matrix C symmetrisch ist ($C = C^T$), dann ist es A^TCA ebenso. Beachten Sie den Spezialfall, in dem die mittlere Matrix C die Einheitsmatrix ist, also $C = I$:

Für eine Rechteckmatrix A ist das Produkt A^TA quadratisch und symmetrisch.

Die Produkte A^TA und A^TCA werden uns noch oft begegnen. Wenn man nur geringfügig mehr Annahmen über die Matrizen A und C trifft, ist das Produkt nicht nur symmetrisch, sondern auch positiv definit.

Die Determinante der Matrix K_n

Bei der Matrix K startet die Elimination mit den drei Pivotelementen $\frac{2}{1}$, $\frac{3}{2}$ und $\frac{4}{3}$. Dieses Muster lässt sich fortsetzen. Das i-te Pivotelement ist $\frac{i+1}{i}$. Das letzte Pivotelement ist $\frac{n+1}{n}$. ***Das Produkt aller Pivotelemente ist die Determinante:***

Determinante von K_n $\quad \left(\dfrac{2}{1}\right)\left(\dfrac{3}{2}\right)\left(\dfrac{4}{3}\right)\cdots\left(\dfrac{n+1}{n}\right)=n+1.\quad$ (1.47)

Das liegt daran, dass sich Determinanten multiplizieren: $(\det K)=(\det L)\cdot(\det U)$. Die triangulare Matrix L hat Einsen auf ihrer Hauptdiagonalen, sodass $\det L = 1$ ist. Die triangulare Matrix U hat die Pivotelemente auf ihrer Hauptdiagonalen, sodass $\det U = $ *Produkt der Pivotelemente* $= n+1$ ist. Die LU-Zerlegung löst nicht nur $Ku = f$, sondern ist auch der schnelle Weg zur Berechnung der Determinante.

Ein ähnliches Schema gibt es für die Multiplikatoren bei der Elimination:

Multiplikatoren $\quad \ell_{21}=-\dfrac{1}{2}, \ell_{32}=-\dfrac{2}{3}, \ell_{43}=-\dfrac{3}{4}, \ldots \ell_{n,n-1}=-\dfrac{n-1}{n}.\quad$ (1.48)

Alle anderen Multiplikatoren sind null. Das ist der wesentliche Punkt an der Elimination einer tridiagonalen Matrix: Die Matrizen L und U sind *bidiagonal*. *Wenn eine Zeile der Matrix K mit p Nullen beginnt (hier ist keine Elimination notwendig), dann beginnt die entsprechende Zeile der Matrix L ebenfalls mit p Nullen. Wenn eine Spalte von K mit q Nullen beginnt, dann beginnt die entsprechende Spalte von U mit q Nullen.* **Die Nullen innerhalb des Bandes können bei der Elimination leider „überschrieben" werden.** Das führt zu der grundlegenden Aufgabe, die Zeilen und Spalten so umzuordnen, dass p und q so groß wie möglich werden. Bei unseren tridiagonalen Matrizen ist die Ordnung bereits perfekt.

Sie brauchen vermutlich keinen Beweis, dass die Pivotelemente $\dfrac{i+1}{i}$ und die Multiplikatoren $-\dfrac{i-1}{i}$ korrekt sind. Der Vollständigkeit halber folgt nun die i-te Zeile der Matrix L, die mit der $i-1$-, i- und $i+1$-ten Spalte der Matrix U multipliziert wird:

$$\begin{bmatrix} -\dfrac{i-1}{i} & 1 \end{bmatrix} \begin{bmatrix} \dfrac{i}{i-1} & -1 & 0 \\ 0 & \dfrac{i+1}{i} & -1 \end{bmatrix} = \begin{bmatrix} -1 & 2 & -1 \end{bmatrix} = \text{Zeile } i \text{ der Matrix } K.$$

Der Thomas-Algorithmus aus Beispiel 1.6 löst tridiagonale Systeme in $8n$ Schritten.

Positive Pivotelemente und positive Determinanten

Ich komme nun auf eine Bemerkung zur positiven Definitheit zurück (die Matrix muss zunächst einmal symmetrisch sein). **Die Matrix ist positiv definit, wenn alle n Pivotelemente positiv sind**. Wir brauchen für die Invertierbarkeit n von null verschiedene Pivotelemente. Für die positive Definitheit brauchen wir n *positive* Pivotelemente (ohne Zeilenvertauschungen).

In der 2×2-Matrix $\begin{bmatrix} a & b \\ b & c \end{bmatrix}$ ist a das erste Pivotelement. Der einzige Multiplikator ist $\ell_{21} = b/a$. Subtrahieren wir b/a mal Zeile 1 von Zeile 2, ist das Pivotelement $c - (b^2/a)$. Das ist gleich $(ac-b^2)/a$. Sehen Sie sich bitte die Matrizen L und L^T in $K = LDL^T$ an:

1.3 Elimination führt auf $K = LDL^T$

2 × 2-Matrix faktorisiert in $\begin{bmatrix} a & b \\ b & c \end{bmatrix} = \begin{bmatrix} 1 & \\ b/a & 1 \end{bmatrix} \begin{bmatrix} a & \\ & \frac{ac-b^2}{a} \end{bmatrix} \begin{bmatrix} 1 & b/a \\ & 1 \end{bmatrix}.$ (1.49)

Die Pivotelemente sind für $a > 0$ und $ac - b^2 > 0$ positiv. Das ist der 2 × 2-Test:

$\begin{bmatrix} a & b \\ b & c \end{bmatrix}$ *ist genau dann positiv definit, wenn* $a > 0$ *und* $ac - b^2 > 0$ *ist.*

Nur die erste der vier Beispielmatrizen besteht den Test:

$\begin{bmatrix} 2 & 3 \\ 3 & 8 \end{bmatrix}$ $\qquad$ $\begin{bmatrix} 2 & 4 \\ 4 & 8 \end{bmatrix}$ $\qquad$ $\begin{bmatrix} 2 & 6 \\ 6 & 8 \end{bmatrix}$ $\qquad$ $\begin{bmatrix} -2 & -3 \\ -3 & -8 \end{bmatrix}$
positiv definit $\qquad$ **positiv semidefinit** $\qquad$ **indefinit** $\qquad$ **negativ definit**

Die Matrix mit $b = 4$ ist singulär (Pivotelement fehlt) und *positiv semidefinit*. Die Matrix mit $b = 6$ hat $ac - b^2 = -20$. Die Matrix ist **indefinit** (die Pivotelemente sind $+2$ und -10). Die letzte Matrix hat $a < 0$. Sie ist negativ definit, obwohl ihre Determinante positiv ist.

Beispiel 1.5 Anhand der Matrix K_3 zeigen wir die Verbindung zwischen Pivotelementen und oberen linken Determinanten:

$\begin{bmatrix} 2 & -1 & 0 \\ -1 & 2 & -1 \\ 0 & -1 & 2 \end{bmatrix} = \begin{bmatrix} 1 & & \\ -\frac{1}{2} & 1 & \\ 0 & -\frac{2}{3} & 1 \end{bmatrix} \begin{bmatrix} 2 & & \\ & \frac{3}{2} & \\ & & \frac{4}{3} \end{bmatrix} \begin{bmatrix} 1 & -\frac{1}{2} & 0 \\ & 1 & -\frac{2}{3} \\ & & 1 \end{bmatrix}.$

Die oberen linken Determinanten der Matrix K sind $2, 3, 4$. **Die Pivotelemente sind deren Quotienten** $2, \frac{3}{2}, \frac{4}{3}$. Alle oberen linken Determinanten sind genau dann positiv, wenn alle Pivotelemente positiv sind.

Die Anzahl der Operationen

Die Faktoren L und U sind *bidiagonale* Matrizen, wenn $K = LU$ eine tridiagonale Matrix ist. Dann ist der Rechenaufwand für die Elimination proportional zu n (ein paar Operationen pro Zeile). Diese Anzahl der Operationen unterscheidet sich sehr von der Anzahl der Additionen und Multiplikationen, die notwendig sind, um eine volle Matrix zu faktorisieren. **Der führende Term ist bei symmetrischen Matrizen** $\frac{1}{3}n^3$ **und im Allgemeinen** $\frac{2}{3}n^3$. Im Fall $n = 1000$ sind das tausende von Operationen (schnell) gegenüber hunderten von Millionen.

Zwischen diesen beiden Extremen (tridiagonal versus voll) liegen die *Bandmatrizen*. Sie können w Nebendiagonalen mit von null verschiedenen Elementen besitzen. Bei jeder Zeile müssen eine Division für den Multiplikator und w Multiplikationen und Additionen ausgeführt werden. Bei w Elementen unter jedem Pivotelement sind das $2w^2 + w$ Operationen, um eine Spalte zu bereinigen. Bei n Spalten wächst die Gesamtzahl der Operationen wie $2w^2 n$, was immer noch linear in n ist.

Auf der rechten Seite brauchen die Vorwärtselimination und das Rückwärtseinsetzen auf dem Vektor f pro Zeile w Multiplikationen und Additionen sowie eine Division. Bei einer vollen Matrix werden auf der rechten Seite n^2 Additionen und Multiplikationen gebraucht, $[(n-1)+(n-2)+\cdots+1]$ beim Vorwärtseliminieren und $[1+2+\cdots+(n-1)]$ beim Rückwärtseinsetzen. Das ist noch immer wesentlich weniger als die ingesamt $\frac{2}{3}n^3$ Operationen auf der linken Seite. Folgende Tabelle fasst die Verhältnisse zusammen:

Anzahl der Operationen (Multiplikationen+ Additionen)	volle Matrix	Bandmatrix	tridiagonale Matrix
Faktorisieren: (bestimme L und U)	$\approx \frac{2}{3}n^3$	$2w^2 n + wn$	$3n$
Lösen: (vorwärts und rückwärts auf f)	$2n^2$	$4wn + n$	$5n$

Beispiel 1.6 Der **Thomas-Algorithmus** löst $Au = f$ mit einer tridiagonalen Matrix A in $8n$ Gleitkommaoperationen. Die Matrix A hat die Hauptdiagonalelemente $b_1, \ldots, b_n$, darunter die Elemente $a_2, \ldots, a_n$ und darüber die Elemente $c_1, \ldots, c_{n-1}$. Im i-ten Schritt wird Gleichung i mit Gleichung $i+1$ vertauscht, wenn $|b_i| < |a_{i+1}|$ ist. Ohne Vertauschungen funktioniert der Algorithmus so:

für i von 1 bis $n-1$
   $c_i \leftarrow c_i/b_i$
   $f_i \leftarrow f_i/b_i$
   $b_{i+1} \leftarrow b_{i+1} - a_{i+1}c_i$
   $f_{i+1} \leftarrow f_{i+1} - a_{i+1}f_i$

Ende der Vorwärtsschleife
$u_n \leftarrow f_n/b_n$
für i von $n-1$ bis 1
   $u_i \leftarrow f_i - c_i u_{i+1}$
Ende der Rückwärtsschleife

Beispiel 1.7 Testen Sie die Befehle [L, U, P] = lu(A) und P∗A − L∗U an den Matrizen A_1, A_2 und A_3:

$$A_1 = \begin{bmatrix} 0 & -1 & 1 \\ -1 & 2 & -1 \\ 1 & -1 & 0 \end{bmatrix} \quad A_2 = \begin{bmatrix} 1 & 0 & 0 \\ 2 & 3 & 0 \\ 0 & 4 & 5 \end{bmatrix} \quad A_3 = \begin{bmatrix} 1 & 2 & 3 \\ 2 & 3 & 4 \\ 3 & 4 & 5 \end{bmatrix}.$$

Welche Zeilen vertauscht die Permutationsmatrix bei der Matrix A_1? Stets gilt $PA = LU$. MATLAB vertauscht die Zeilen der Matrix A_2, um Spalte für Spalte das größte Pivotelement zu erzielen. Die Matrix A_3 ist *nicht* positiv definit, trotzdem werden Zeilen vertauscht: $P \neq I, U \neq DL^\mathrm{T}$.

Aufgaben zu Abschnitt 1.3

1.3.1 Erweitern Sie die Faktorisierung aus Gleichung (1.45) auf Seite 32 auf die Faktorisierung einer 4×4-Matrix $K_4 = L_4 D_4 L_4^\mathrm{T}$. Was ist die Determinante der Matrix K_4?

1.3.2 a) Bestimmen Sie die Inversen der 3×3-Matrizen L, D und L^T aus Gleichung (1.45) auf Seite 32.

1.3 Elimination führt auf $K = LDL^T$ 39

b) Formulieren Sie eine Gleichung für das i-te Pivotelement der Matrix K.
c) Überzeugen Sie sich davon, dass das Element i, j (auf und unterhalb der Hauptdiagonalen) von L_4^{-1} gleich j/i ist, indem Sie $L_4 L_4^{-1}$ oder $L_4^{-1} L_4$ multiplizieren.

1.3.3 a) Erzeugen Sie die Matrix K_5 mit dem Befehl toeplitz([2 −1 0 0 0]).
b) Berechnen Sie die Determinante und die Inverse der Matrix mit det(K) und inv(K). Ein hübscheres Ergebnis erhalten Sie, wenn Sie die Determinante mit der Inversen multiplizieren.
c) Bestimmen Sie die Faktoren L, D, U der Matrix K_5 und prüfen Sie, dass das Element i, j der Matrix L^{-1} gleich j/i ist.

1.3.4 Der Vektor der Pivotelemente der Matrix K_4 ist $d = \begin{bmatrix} \frac{2}{1} & \frac{3}{2} & \frac{4}{3} & \frac{5}{4} \end{bmatrix}$. Das ist $d = (2\!:\!5)./(1\!:\!4)$, wenn man die MATLAB Syntax $i : j = (i, i+1, \ldots, j)$ benutzt. Das Symbol . führt die Division *komponentenweise* aus. Bestimmen Sie ℓ in der MATLAB-Darstellung $L = \text{eye}(4) - \text{diag}(\ell, -1)$ und multiplizieren Sie $L *$ diag(d) $* L'$, um wieder die Matrix K_4 zu erhalten.

1.3.5 Angenommen, die Matrix A hat ohne Zeilenvertauschungen die Pivotelemente 2, 7, 6. Welche Pivotelemente besitzt die obere linke 2×2-Matrix B (ohne Zeile 3 und Spalte 3)? Erläutern Sie Ihre Antwort.

1.3.6 Wie viele Elemente können Sie in einer symmetrischen 5×5-Matrix K frei wählen? Wie viele sind es in einer 5×5-Diagonalmatrix und in einer ebensolchen unteren Dreiecksmatrix L (mit Einsen in der Hauptdiagonalen)?

1.3.7 Angenommen, die Matrix A ist eine $m \times n$-Rechteckmatrix und die Matrix C ist symmetrisch ($m \times m$).

a) Transponieren Sie $A^T C A$, um die Symmetrie dieser Matrix zu zeigen. Welche Form hat diese Matrix?
b) Erklären Sie, weshalb auf der Hauptdiagonalen von $A^T A$ keine negativen Zahlen stehen?

1.3.8 Faktorisieren Sie die folgenden symmetrischen Matrizen in $A = LDL^T$ mit den Pivotelementen in D:

$$A = \begin{bmatrix} 1 & 3 \\ 3 & 2 \end{bmatrix}, \quad A = \begin{bmatrix} 1 & b \\ b & c \end{bmatrix} \quad \text{und} \quad A = \begin{bmatrix} 2 & 1 & 0 \\ 1 & 2 & 1 \\ 0 & 1 & 2 \end{bmatrix}.$$

1.3.9 Der **Cholesky**-Befehl $A = \text{chol}(K)$ erzeugt eine obere Dreiecksmatrix A mit $K = A^T A$. Die Wurzeln der Pivotelemente aus D stehen auf der Hauptdiagonalen der Matrix A (sodass der Befehl nur dann erfolgreich ausgeführt wird, wenn $K = K^T$ gilt und die Pivotelemente positiv sind). Testen Sie den Befehl chol mit den Matrizen K_3, T_3, B_3 und B_3+eps$*$ eye(3).

1.3.10 Die Matrix ones(4) aus lauter Einsen ist *positiv semidefinit*. Bestimmen Sie alle Pivotelemente der Matrix (Pivotelemente müssen ungleich null sein). Bestimmen Sie die Determinante der Matrix und testen Sie den Befehl eig(ones(4)). Faktorisieren Sie die Matrix in eine 4×1-Matrix L und eine 1×4-Matrix L^T.

1.3.11 Die Matrix $K = \text{ones}(4) + \text{eye}(4)/100$ enthält außer auf der Hauptdiagonalen lauter Einsen. Die Elemente auf der Hauptdiagonalen sind 1.01. Ist diese Matrix positiv definit? Bestimmen Sie die Pivotelemente mithilfe des Befehls lu(K) und die Eigenwerte mithilfe des Befehls eig(K). Bestimmen Sie außerdem ihre Faktorisierung LDL^T und inv(K).

1.3.12 Die Matrix K =pascal(4) enthält die Zahlen des Pascalschen Zahlendreiecks (so gekippt, dass sie symmetrisch in K passen). Multiplizieren Sie die Pivotelemente dieser Matrix, um deren Determinante zu bestimmen. Faktorisieren Sie K in LL^T. Auch die untere Dreiecksmatrix L enthält das Pascalsche Zahlendreieck.

1.3.13 Die Fibonacci-Matrix $\begin{bmatrix} 1 & 1 \\ 1 & 0 \end{bmatrix}$ ist *indefinit*. Bestimmen Sie ihre Pivotelemente. Faktorisieren Sie die Matrix in LDL^T. Multiplizieren Sie $(1,0)$ fünf Mal mit dieser Matrix, um die ersten sechs Fibonacci-Zahlen zu erhalten.

1.3.14 Sei $A = LU$. Lösen Sie die Gleichung $Ax = f$ per Hand, ohne A explizit zu bestimmen. Lösen Sie $Lc = f$ und anschließend $Ux = c$ (dann ist $LUx = Lc$ die gewünschte Gleichung $Ax = f$). $Lc = f$ ist die Vorwärtselimination und $Ux = c$ das Rückwärtseinsetzen:

$$L = \begin{bmatrix} 1 & & \\ 3 & 1 & \\ 0 & 2 & 1 \end{bmatrix}, \quad U = \begin{bmatrix} 2 & 8 & 0 \\ & 3 & 5 \\ & & 7 \end{bmatrix}, \quad f = \begin{bmatrix} 0 \\ 3 \\ 6 \end{bmatrix}.$$

1.3.15 Führen Sie die Multiplikation LS aus und zeigen Sie, dass die Matrix

$$L = \begin{bmatrix} 1 & & \\ \ell_{21} & 1 & \\ \ell_{31} & 0 & 1 \end{bmatrix} \quad \text{die Inverse der Matrix} \quad S = \begin{bmatrix} 1 & & \\ -\ell_{21} & 1 & \\ -\ell_{31} & 0 & 1 \end{bmatrix} \quad \text{ist.}$$

S subtrahiert Vielfache von Zeile 1 von unteren Zeilen. L addiert sie wieder.

1.3.16 Zeigen Sie, dass anders als in der letzten Aufgabe, bei der nur eine Spalte eliminiert wurde, die Matrix

$$L = \begin{bmatrix} 1 & & \\ \ell_{21} & 1 & \\ \ell_{31} & \ell_{32} & 1 \end{bmatrix} \quad \textit{nicht die Inverse der Matrix} \quad S = \begin{bmatrix} 1 & & \\ -\ell_{21} & 1 & \\ -\ell_{31} & -\ell_{32} & 1 \end{bmatrix} \quad \text{ist.}$$

Schreiben Sie L als $L_1 L_2$, um die richtige Inverse $L^{-1} = L_2^{-1} L_1^{-1}$ zu bestimmen (achten Sie auf die Reihenfolge):

$$L = \begin{bmatrix} 1 & & \\ \ell_{21} & 1 & \\ \ell_{31} & 0 & 1 \end{bmatrix} \begin{bmatrix} 1 & & \\ 0 & 1 & \\ 0 & \ell_{32} & 1 \end{bmatrix} \quad \text{und} \quad L^{-1} = \begin{bmatrix} 1 & & \\ 0 & 1 & \\ 0 & -\ell_{32} & 1 \end{bmatrix} \begin{bmatrix} 1 & & \\ -\ell_{21} & 1 & \\ -\ell_{31} & 0 & 1 \end{bmatrix}.$$

1.3.17 Finden Sie durch Ausprobieren Beispiele von 2×2-Matrizen, für die gilt:

a) $LU \neq UL$.

b) $A^2 = -I$ mit reellwertigen Elementen in A.

c) $B^2 = 0$ mit von null verschiedenen Elementen in B.

d) $CD = -DC$, abgesehen von $CD = 0$.

1.3.18 Finden Sie eine 3×3-Matrix, für die (Zeile 1) $- 2 *$ (Zeile 2) + (Zeile 3) $= 0$ gilt, und finden Sie eine ähnliche Kombination der Spalten, die null ergibt.

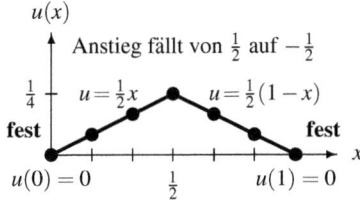 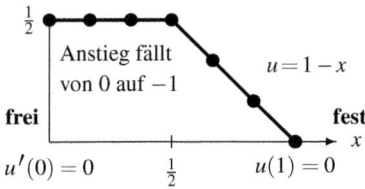

Abb. 1.5 Die inneren Spalten von hK_5^{-1} und hT_5^{-1} liegen auf den Lösungen zu $-u'' = \delta(x - \tfrac{1}{2})$.

1.3.19 Stellen Sie diese Gleichungen in ihrer *Zeilenform* (als zwei sich schneidende Geraden) grafisch dar und bestimmen Sie die Lösung (x, y). Stellen Sie anschließend ihre *Spaltenform* grafisch dar, indem Sie zwei Vektoren addieren:

$$\begin{bmatrix} 3 & 1 \\ 0 & 1 \end{bmatrix} \begin{bmatrix} x \\ y \end{bmatrix} = \begin{bmatrix} 5 \\ 2 \end{bmatrix} \quad \text{besitzt die Spaltenform} \quad x \begin{bmatrix} 3 \\ 0 \end{bmatrix} + y \begin{bmatrix} 1 \\ 1 \end{bmatrix} = \begin{bmatrix} 5 \\ 2 \end{bmatrix}.$$

1.3.20 Ist die folgende Aussage richtig oder falsch? Jede Matrix A kann in das Produkt aus einer unteren Dreiecksmatrix L und einer oberen Dreiecksmatrix U faktorisiert werden, deren *Hauptdiagonalelemente verschieden von null* sind. Bestimmen Sie die Matrizen L und U, falls möglich.

$$\text{Wie ist es mit } A = \begin{bmatrix} 2 & 4 \\ 4 & d \end{bmatrix} = LU? \quad \text{Wie ist es mit } A = \begin{bmatrix} a & b \\ c & d \end{bmatrix} = LU?$$

1.4 Inverse und Deltafunktionen

Wir vergleichen nun Matrixgleichungen mit Differentialgleichungen. Die eine lautet $Ku = f$, die andere $-u'' = f(x)$. Die Lösungen sind Vektoren u und Funktionen $u(x)$. Dieser Vergleich ist für spezielle Vektoren f und Antriebfunktionen $f(x)$ auf der rechten Seite ziemlich bemerkenswert. Bei einer gleichmäßigen Last ($f(x) =$ konstant) sind beide Lösungen Parabeln (siehe Abschnitt 1.2). Nun wählen wir dagegen $f =$ **Punktlast**:

- In der Matrixgleichung bedeutet das $f = \delta_j = j$-te Spalte der Einheitsmatrix.
- In der Differentialgleichung bedeutet das $f(x) = \delta(x - a) =$ **Deltafunktion** an der Stelle $x = a$.

Die Deltafunktion ist Ihnen möglicherweise nur wenig oder gar nicht vertraut. Außer an einem Punkt hat sie immer den Wert null. Die Funktion $\delta(x - a)$ ist so etwas wie eine „Punktlast" oder ein „Impuls" an der Stelle $x = a$. Die Lösung $u(x)$ bzw. $u(x, a)$ ist die **Green-Funktion**. Wenn wir die Green-Funktion für alle Punktlasten $\delta(x - a)$ kennen, können wir $-u'' = f(x)$ für jede Last $f(x)$ lösen.

Die rechte Seite der Matrixgleichung $Ku = \delta_j$ ist die j-te Spalte der Matrix I. Die Lösung u ist die j-te Spalte der Matrix K^{-1}. **Wir lösen $KK^{-1} = I$ spaltenweise**. Auf diese Weise bestimmen wir die inverse Matrix, wobei es sich um die „diskrete Green-Funktion" handelt. Wie x und a legt das diskrete $(K^{-1})_{ij}$ *die Lösung an der Stelle i bei einer Last an der Stelle f* fest. Erstaunlich daran ist, dass die Elemente der Matrizen K^{-1} und T^{-1} **genau mit den Lösungen** $u(x)$ des kontinuierlichen Problems zusammenfallen. Abbildung 1.5 auf der vorherigen Seite veranschaulicht das gleichermaßen wie der Text.

Konzentrierte Last

Abbildung 1.5 auf der vorherigen Seite zeigt die Form der Lösung $u(x)$, wenn die Last auf halber Strecke an der Stelle $x = \frac{1}{2}$ wirkt. Ohne Last lautet unsere Gleichung $u'' = 0$ und ihre Lösung u ist eine Gerade. Die Aufgabe besteht darin, *die beiden Geraden* (vor und nach $x = \frac{1}{2}$) mit der Punktlast *abzugleichen*.

Beispiel 1.8 Lösen Sie die Gleichung $-u'' =$ Punktlast mit **fest-festen** und **frei-festen** Enden (Randbedingungen):

$$-\frac{d^2u}{dx^2} = f(x) = \delta\left(x - \frac{1}{2}\right) \quad \text{mit} \quad \begin{cases} \textbf{fest:} \ u(0) = 0 \ \text{und} \ \textbf{fest:} \ u(1) = 0 \\ \textbf{frei:} \ u'(0) = 0 \ \text{und} \ \textbf{fest:} \ u(1) = 0 \end{cases}$$

Lösung Bei der Aufgabe mit fest-festen Randbedingungen müssen die Geraden mit positivem und negativem Anstieg am Anfangs- bzw. Endpunkt die Bedingung $u = 0$ erfüllen. An der Stelle der Punktlast $x = \frac{1}{2}$ ist die Funktion $u(x)$ stetig und die Geraden treffen sich. **Der Anstieg fällt um den Betrag** 1, weil die „Fläche" unter der Deltafunktion gleich 1 ist. Dass der Anstieg tatsächlich um diesen Betrag fällt, sieht man, wenn man beide Seiten der Gleichung $-u'' = \delta$ über $x = \frac{1}{2}$ integriert:

$$\int_{\text{links}}^{\text{rechts}} -\frac{d^2u}{dx^2}\,dx = \int_{\text{links}}^{\text{rechts}} \delta\left(x - \frac{1}{2}\right)dx \quad \text{ist} \quad -\left(\frac{du}{dx}\right)_{\text{rechts}} + \left(\frac{du}{dx}\right)_{\text{links}} = 1. \quad (1.50)$$

Im Fall mit fest-festen Randbedingungen ist $u'_{\text{links}} = \frac{1}{2}$ und $u'_{\text{rechts}} = -\frac{1}{2}$. Bei fest-freien Randbedingungen ist $u'_{\text{links}} = 0$ und $u'_{\text{rechts}} = -1$. In beiden Fällen fällt der Anstieg an der Punktlast um den Betrag 1.

Diese Lösungen $u(x)$ sind **Rampenfunktionen** mit einem Knick. Im übrigen Teil des Abschnitts schieben wir die Last an die Stelle $x = a$ und berechnen die neuen Rampen. (Die Rampe für fest-feste Randbedingungen besitzt die Anstiege $1-a$ und $-a$, sodass der Anstieg ebenfalls um den Betrag 1 fällt.) Außerdem werden wir für die Spalten der inversen Matrizen K^{-1} und T^{-1} *diskrete Rampen* bestimmen. Bis zur Hauptdiagonalen wachsen die Elemente der Matrix K^{-1} linear und fallen bis zum Ende der Spalte linear.

Exakte Lösungen und exakte Inverse bestimmen zu können, ist etwas Besonderes. Wir nutzen diese Gelegenheit. Die Aufgaben sind außergewöhnlich einfach und von großer Bedeutung, warum sollten wir das also nicht?

1.4 Inverse und Deltafunktionen

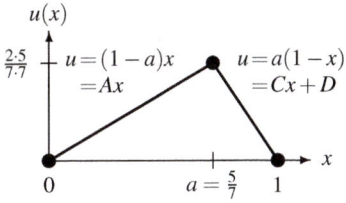
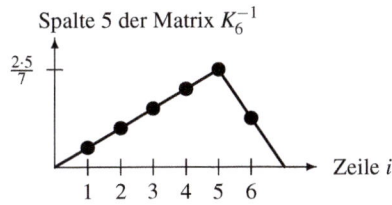

Abb. 1.6 Antwort der Lösung $u(x)$ auf eine Punktlast an der Stelle $x = a = \frac{5}{7}$ (fest-feste Randbedingung). Bei der Matrix K_6^{-1} nehmen die Beträge der Elemente linear zu und ab genauso wie bei der tatsächlichen Lösung $u(x)$.

Beispiel 1.9 Schieben Sie die Punktlast an die Stelle $x = a$. An jeder anderen Stelle gilt $u'' = 0$, sodass die Lösung bis zur Punktlast die Form $u = Ax + B$ hat. Danach wird sie zu $u = Cx + D$. Die Konstanten A, B, C und D werden durch vier Gleichungen (zwei an den Rändern und zwei an der Stelle $x = a$) bestimmt:

Randbedingungen	**Stetigkeitsbedingung/Sprung an** $x = a$
fest $u(0) = 0$: $\quad B = 0$	Stetigkeit in u: $\quad Aa + B = Ca + D$
fest $u(1) = 0$: $C + D = 0$	Sprung um 1 in u': $\quad A = C + 1$

Setzen Sie $B = 0$ und $D = -C$ in die erste Gleichung auf der rechten Seite ein:

$$Aa + 0 = Ca - C \text{ und } A = C + 1 \text{ ergibt Anstiege } A = 1 - a \text{ und } C = -a. \quad (1.51)$$

Anschließend ergibt sich mit $D = -C = a$ die Lösung aus Abbildung 1.6. Die Rampe wird durch den linear wachsenden Teil $u = (1-a)x$ und den linear fallenden Teil $u = a(1-x)$ gebildet. Die rechte Seite der Abbildung 1.6 zeigt die Elemente einer Spalte der Matrix K^{-1}, die in Gleichung (1.60) auf Seite 48 berechnet werden: Die Werte wachsen und fallen linear.

Deltafunktion und Green-Funktion

Wieder lösen wir $-u'' = \delta(x-a)$, diesmal mit einer etwas anderen Methode (und demselben Ergebnis). Eine *spezielle Lösung* ist eine Rampe. Dann addieren wir alle Lösungen $Cx + D$ zu $u'' = 0$. In Beispiel 1.9 haben wir die Randbedingungen *zuerst* verwendet, diesmal verwenden wir sie *zuletzt*.

Machen Sie sich unbedingt klar, dass $\delta(x)$ und $\delta(x-a)$ keine echten Funktionen sind! Sie sind überall null, außer an der einen Stelle $x = 0$ oder $x = a$, an der die Funktion „unendlich" ist – das ist zu vage. Die Spitze ist „unendlich hoch und infinitesimal schmal". Zu sagen, dass das Integral über $\delta(x)$ die Heaviside-Funktion oder Stufenfunktion $S(x)$ ist (siehe Abbildung 1.7 auf der nächsten Seite), ist eine mögliche Definition. „Der Flächeninhalt unter der Spitze an der Stelle $x = 0$ ist 1." Mit einer echten Funktion könnte man das nicht erreichen, $\delta(x)$ ist trotzdem außerordentlich nützlich.

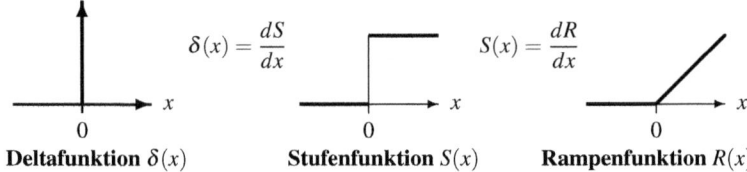

Abb. 1.7 Das Integral über die Deltafunktion ist die Stufenfunktion, also $\delta(x) = dS/dx$. Das Integral über die Stufenfunktion $S(x)$ ist die Rampenfunktion $R(x)$, also $\delta(x) = d^2R/dx^2$.

Bis $x = 0$ ist die gewöhnliche Rampenfunktion $R = 0$ und danach $R = x$. Ihr Anstieg dR/dx ist eine Stufenfunktion. **Ihre zweite Ableitung ist $d^2R/dx^2 = \delta(x)$.**

Nun verschieben wir die drei Graphen um a. Die verschobene Rampenfunktion $R(x-a)$ ist 0 und anschließend $x-a$. Ihre erste Ableitung ist $S(x-a)$, die zweite Ableitung ist $\delta(x-a)$. Mit anderen Worten: **Die erste Ableitung springt an der Stelle $x = a$ um 1. Daher ist die zweite Ableitung eine Deltafunktion.** Wegen des negativen Vorzeichens in unserer Gleichung $-d^2u/dx^2 = \delta(x-a)$ muss der Anstieg in unserem Fall um 1 *fallen*. Die abfallende Rampenfunktion $-R(x-a)$ ist eine spezielle Lösung der Differentialgleichung $-u'' = \delta(x-a)$.

Hauptpunkt: Außer an der Stelle $x = a$ gilt $u'' = 0$. Daher ist $u(x)$ rechts und links von a eine Gerade. *Der Anstieg dieser Rampenfunktion fällt an der Stelle $x = a$ um 1*, wie durch $-u'' = \delta(x-a)$ gefordert. Die abfallende Rampenfunktion ist eine spezielle Lösung, und wir können $Cx + D$ addieren. Die beiden Konstanten C und D ergeben sich aus der Integration.

Die vollständige Lösung (*spezielle Lösung + Nullraumlösung*) ist eine Familie von Rampenfunktionen:

Vollständige Lösung

$$-\frac{d^2u}{dx^2} = \delta(x-a) \text{ wird gelöst durch } u(x) = -R(x-a) + Cx + D. \tag{1.52}$$

Die Konstanten C und D sind durch die Randbedingungen bestimmt.

$$u(0) = -R(0-a) + C \cdot 0 + D = 0. \quad \text{Daher muss } D \text{ null sein}.$$

Aus $u(1) = 0$ ergibt sich, dass die andere Konstante (in Cx) gleich $C = 1 - a$ ist:

$$u(1) = -R(1-a) + C \cdot 1 + D = a - 1 + C = 0. \quad \text{Daher ist } C = 1 - a.$$

Folglich wächst die Rampenfunktion bis zur Stelle $x = a$ mit dem Anstieg $1 - a$. Dann fällt sie bis auf $u(1) = 0$. Wir bestimmen die beiden Teile, indem wir erst $R = 0$ und dann $R = x - a$ einsetzen:

1.4 Inverse und Deltafunktionen

Feste Enden
$$u(x) = -R(x-a) + (1-a)x = \begin{cases} (1-a)x & \text{für } x \leq a \\ (1-x)a & \text{für } x \geq a \end{cases} \quad (1.53)$$

Der Anstieg der Funktion $u(x)$ ist zunächst $1-a$, an der Stelle $-a$ fällt er dann um 1. Dieser Abfall des Anstiegs bedeutet, wie gefordert, für $-d^2u/dx^2$ eine Deltafunktion. Der erste Teil $(1-a)x$ ergibt $u(0)=0$, der zweite Teil $(1-x)a$ ergibt $u(1)=0$.

Beachten Sie bitte die Symmetrie zwischen x und a in den beiden Teilen! Das verhält sich wie mit i und j in der symmetrischen Matrix $(K^{-1})_{ij} = (K^{-1})_{ji}$. **Die Antwort auf eine Last a an der Stelle x ist wie die Antwort auf eine Last x an der Stelle a.** Das ist die „Green-Funktion".

Frei-feste Randbedingungen

Soll das Ende an der Stelle $x=0$ frei sein, ist die Randbedingung an dieser Stelle $u'(0) = 0$. Das führt in der vollständigen Lösung $u(x) = -R(x-a) + Cx + D$ auf C gleich null:

Einsetzen von $x=0$: $u'(0) = 0 + C + 0$. Also muss C null sein.

Anschließend liefert die Gleichung $u(1) = 0$ die andere Konstante $D = 1-a$:

Einsetzen von $x=1$: $u(1) = -R(1-a) + D = a - 1 + D = 0$. Also $D = 1-a$.

Die Lösung ist bis zur Punktlast an der Stelle $x=a$ eine Konstante D (der Anstieg ist null). Dann fällt der Anstieg auf -1 (abfallende Rampenfunktion). Die zweiteilige Gleichung für $u(x)$ ist:

Frei-fest $\quad u(x) = \begin{cases} 1-a & \text{für } x \leq a \\ 1-x & \text{für } x \geq a \end{cases}$ 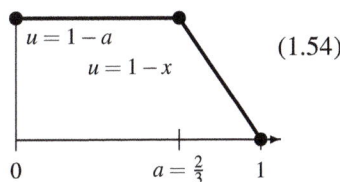 $\quad (1.54)$

Frei-freie Randbedingungen: Sind beide Enden frei, gibt es *keine* Lösung mit $f = \delta(x-a)$. Wenn wir $u'(0) = 0$ und gleichzeitig $u'(1) = 0$ fordern, ergeben sich Bedingungen an C und D, die nicht erfüllt werden können. Eine Rampenfunktion kann nicht an beiden Rändern den Anstieg null haben (und die Last aufnehmen). Aus demselben Grund ist die Matrix B singulär, und $BB^{-1} = I$ besitzt keine Lösung.

Das Problem mit frei-freien Randbedingungen hat eine Lösung, wenn $\int f(x)\,dx = 0$ gilt. Ein Beispiel dafür ist Aufgabe 1.4.7 mit $f(x) = \delta(x-\frac{1}{3}) - \delta(x-\frac{2}{3})$. Das Problem ist immer noch singulär und hat unendlich viele Lösungen (man kann zu $u(x)$ jede Konstante addieren, ohne etwas an $u'(0) = 0$ und $u'(1) = 0$ zu ändern).

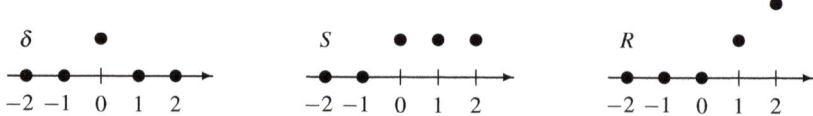

Abb. 1.8 Darstellung des Deltavektors δ, des Stufenvektors S und des Rampenvektors R. Die Schlüsselbeziehungen sind: $\delta = \Delta_- S$ (rückwärts), $S = \Delta_+ R$ (vorwärts) und $\delta = \Delta^2 R$ (zentriert).

Integrieren wir $-u'' = f(x)$ von 0 bis 1, liefert das die Forderung $\int f(x)\,dx = 0$. Das Integral über $-u''$ ist $u'(0) - u'(1)$; die frei-freien Randbedingungen machen den Ausdruck gleich null. Im Matrixfall addiert man die n Gleichungen $Bu = f$, um als Test $0 = f_1 + \cdots + f_n$ zu erhalten.

Diskrete Vektoren: Last, Stufenfunktion und Rampenfunktion

Die Lösungen $u(x)$ aus den Gleichungen (1.53) und (1.54) sind die **Green-Funktionen** $G(x,a)$ für Probleme mit festen Enden und frei-festen Enden. Sie entsprechen den Matrizen K^{-1} und T^{-1} in den Matrixgleichungen. In den Matrizen stehen anstelle der zweiten Ableitungen zweite Differenzen.

Es ist schön zu erkennen, wie Differenzengleichungen die Differentialgleichungen nachahmen. **Die wesentliche Gleichung wird zu $\Delta^2 R = \delta$**. Sie ist das Abbild von $R''(x) = \delta(x)$:

Der **Deltavektor** δ hat nur eine von null verschiedene
Komponente $\delta_0 = 1$: $\delta = (\ldots, 0, 0, 1, 0, 0, \ldots)$

Der **Stufenvektor** S hat die Komponenten $S_i = 0$ oder 1: $S = (\ldots, 0, 0, 1, 1, 1, \ldots)$

Der **Rampenvektor** R hat die Komponenten $R_i = 0$ oder i: $R = (\ldots, 0, 0, 0, 1, 2, \ldots)$

Diese Vektoren sind alle um $i = 0$ zentriert. **Bedenken Sie, dass $\Delta_- S = \delta$ ist, aber $\Delta_+ R = S$ gilt**. Wir brauchen eine Rückwärtsdifferenz Δ_- und eine Vorwärtsdifferenz Δ_+, um eine zentrierte zweite Differenz $\Delta^2 = \Delta_- \Delta_+$ zu erhalten. Dann ist $\Delta^2 R = \Delta_- S = \delta$. Die Matrixmultiplikation verdeutlicht das:

$$\Delta^2(\textbf{Rampenvektor}) \quad \begin{bmatrix} \ddots & & & \\ 1 & -2 & 1 & \\ & 1 & -2 & 1 \\ & & & \ddots \end{bmatrix} \begin{bmatrix} 0 \\ 0 \\ 1 \\ 2 \end{bmatrix} = \begin{bmatrix} 0 \\ 1 \\ 0 \\ 0 \end{bmatrix} = \textbf{Deltavektor}. \quad (1.55)$$

Der Rampenvektor R ist stückweise linear. An einem inneren Punkt springt die zweite Differenz auf $R_1 - 2R_0 + R_{-1} = 1$. An allen anderen Stellen (an denen der Deltavektor null ist) löst der Rampenvektor $\Delta^2 R = 0$. Daher ist $\Delta^2 R = \delta$ das Abbild von $R''(x) = \delta(x)$.

1.4 Inverse und Deltafunktionen

Die Lösungen der Gleichung $d^2u/dx^2 = 0$ sind lineare Funktionen $Cx+D$. Die Lösungen der Gleichung $\Delta^2 u = 0$ sind „lineare" Vektoren mit den Komponenten $u_i = Ci+D$. Die Gleichung $u_{i+1} - 2u_i + u_{i-1} = 0$ wird von konstanten und linearen Vektoren erfüllt, da $(i+1) - 2i + (i-1) = 0$ gilt. **Die vollständige Lösung der Gleichung $\Delta^2 u = \delta$ ist $u_{\text{speziell}} + u_{\text{Nullraum}}$**. Folglich ist $u_i = R_i + Ci + D$.

Es sei darauf hingewiesen, dass die Verhältnisse hier ungewöhnlich perfekt sind. Das diskrete $R_i + Ci + D$ ist eine exakte Kopie der kontinuierlichen Lösung $u(x) = R(x) + Cx + D$. Wir können $\Delta^2 u = \delta$ durch **Abtasten der Rampe** $u(x)$ an gleichmäßigen Gitterpunkten lösen, ohne dabei einen Fehler zu machen.

Die diskreten Gleichungen $Ku = \delta_j$ und $Tu = \delta_j$

Bei der Differentialgleichung haben wir die Punktlast, die Stufenfunktion und die Rampenfunktion an die Stelle $x = a$ geschoben. Bei der Differenzengleichung *schieben wir die Last zur Komponente j*. Der Vektor δ_j auf der rechten Seite hat die Komponenten δ_{i-j}, die außer an der Stelle $i = j$ null sind. Dann haben die verschobene Stufenfunktion und die verschobene Rampenfunktion die Komponenten S_{i-j} und R_{i-j}, die ebenfalls um j zentriert sind.

Aus der Differentialgleichung $-u''(x) = \delta(x-a)$ wird bei festen Enden nun die Differenzengleichung $-\Delta^2 u = \delta_j$:

$$-\Delta^2 u_i = -u_{i+1} + 2u_i - u_{i-1} = \begin{cases} 1 & \text{falls } i = j \\ 0 & \text{falls } i \neq j \end{cases} \text{ mit } u_0 = 0 \text{ und } u_{n+1} = 0. \quad (1.56)$$

Die linke Seite ist gerade das Matrix-Vektor-Produkt $K_n u$. Das negative Vorzeichen in $-\Delta^2$ bringt die Zeilen $1, -2, 1$ in ihre positiv definite Form $-1, 2, -1$. Der verschobene Deltavektor auf der rechten Seite der Gleichung ist die j-te Spalte der Einheitsmatrix. Befindet sich die Last am Gitterpunkt $j = 2$, **ist die Gleichung Spalte 2 der Matrix $KK^{-1} = I$**:

$$\begin{matrix} n=4 \\ j=2 \end{matrix} \begin{bmatrix} 2 & -1 & 0 & 0 \\ -1 & 2 & -1 & 0 \\ 0 & -1 & 2 & -1 \\ 0 & 0 & -1 & 2 \end{bmatrix} \begin{bmatrix} u_1 \\ u_2 \\ u_3 \\ u_4 \end{bmatrix} = \begin{bmatrix} 0 \\ 1 \\ 0 \\ 0 \end{bmatrix} \leftarrow j=2 \quad . \quad (1.57)$$

Wenn auf der rechten Seite die vier Spaltenvektoren aus der Matrix I (mit $j = 1,2,3,4$) sind, dann sind die Lösungen die vier Spaltenvektoren der Matrix K_4^{-1}. Die inverse Matrix K_4^{-1} ist also die diskrete Green-Funktion.

Wie sieht der Lösungsvektor u aus? Eine spezielle Lösung ist der abfallende Rampenvektor $-R_{i-j}$ mit umgekehrtem Vorzeichen und um j verschoben. Die vollständige Lösung enthält $Ci + D$, was $\Delta^2 u = 0$ löst. Folglich gilt $u_i = -R_{i-j} + Ci + D$. Die Konstanten C und D sind durch die beiden Randbedingungen $u_0 = 0$ und $u_{n+1} = 0$ bestimmt:

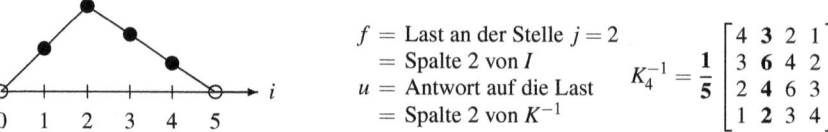

Abb. 1.9 Bei $K_4 u = \delta_2$ liegt die Punktlast an der Stelle $j = 2$. Die Gleichung ist Spalte 2 der Matrix $K_4 K_4^{-1} = I$. Die Lösung u ist Spalte 2 der Matrix K_4^{-1}.

$$u_0 = -R_{0-j} + C \cdot 0 + D = 0. \quad \text{Also muss } D \text{ null sein.} \quad (1.58)$$

$$u_{n+1} = -R_{n+1-j} + C(n+1) + 0 = 0. \quad \text{Also ist } C = \frac{n+1-j}{n+1} = 1 - \frac{j}{n+1}. \quad (1.59)$$

Diese Ergebnisse sind analog zu $D = 0$ und $C = 1 - a$ in der Differentialgleichung. Die geneigte Rampe $u = -R + Ci$ aus Abbildung 1.9 wächst linear von $u_0 = 0$. Ihr Maximum befindet sich an der Stelle j, dort wo die Punktlast sitzt. Dann fällt die Rampe linear bis $u_{n+1} = 0$:

$$\textbf{Feste Enden} \quad u_i = -R_{i-j} + Ci = \begin{cases} \left(\frac{n+1-j}{n+1}\right) i & \text{für } i \leq j \\ \left(\frac{n+1-i}{n+1}\right) j & \text{für } i \geq j \end{cases}. \quad (1.60)$$

Das sind die Elemente der Matrix K_n^{-1} (die in vorhergehenden Aufgaben gesucht waren). Über der Diagonalen, also für $i \leq j$, ist die Rampe null, und es gilt $u_i = Ci$. Unter der Diagonalen müssen wir nur i und j vertauschen, weil die Matrix K_n^{-1} symmetrisch ist, wie wir bereits wissen. Diese Gleichungen für den Vektor u sind analog zu $(1-a)x$ und $(1-x)a$ aus Gleichung (1.53) für das kontinuierliche Problem mit festen Enden.

Abbildung 1.9 zeigt einen typischen Fall mit $n = 4$ und einer Last an der Stelle $j = 2$. Gleichung (1.60) ergibt $u = \left(\frac{3}{5}, \frac{6}{5}, \frac{4}{5}, \frac{2}{5}\right)$. Die Werte wachsen linear bis $\frac{6}{5}$ (auf der Hauptdiagonalen der Matrix K_4^{-1}). Dann fallen sie linear auf $4/5$ und schließlich $2/5$. Der Matrixgleichung (1.57) können wir entnehmen, dass dieser Vektor u die zweite Spalte der Matrix K_4^{-1} sein sollte. Und so ist es tatsächlich.

Auch bei der diskreten Gleichung $Tu = f$ mit **frei-festen** Enden können wir an der Stelle j eine Punktlast $f = \delta_j$ haben:

Diskret $\quad -\Delta^2 u_i = \delta_{i-j} \quad$ mit $u_1 - u_0 = 0$ (Anstieg null) und $u_{n+1} = 0$. $\quad (1.61)$

Immer noch ist die Lösung ein Rampenvektor mit den Komponenten $u_i = -R_{i-j} + Ci + D$ und einem Knick bei j. Die Konstanten C und D haben dagegen wegen der neuen Randbedingung $u_1 = u_0$ andere Werte:

1.4 Inverse und Deltafunktionen

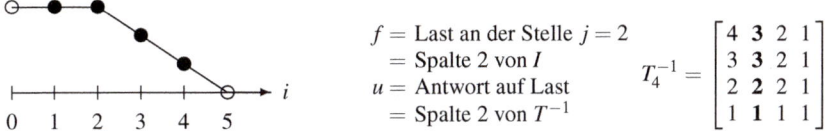

Abb. 1.10 $T_4 u = \delta_2$ ist Spalte 2 der Matrix $TT^{-1} = I$, sodass $u =$ Spalte 2 der Matrix T^{-1} ist.

$$u_1 - u_0 = 0 + C + 0 = 0 \quad \text{Also ist die erste Konstante} \quad C = 0; \quad (1.62)$$
$$u_{n+1} = -R_{n+1-j} + D = 0 \quad \text{Also ist die zweite Konstante} \quad D = n+1-j. \quad (1.63)$$

Diese Ergebnisse sind vollkommen analog zu $C = 0$ und $D = 1 - a$ im bereits behandelten kontinuierlichen Fall. Die Lösung ist bis zur Punktlast an der Stelle j gleich D. Anschließend fällt die Rampe bis $u_{n+1} = 0$ am rechten Rand. Die zweiteilige Gleichung $-R_{i-j} + D$ für die Lösung vor und nach der Punktlast lautet:

$$\textbf{Frei-fest} \quad u_i = -R_{i-j} + (n+1-j) = \begin{cases} n+1-j & \text{für } i \leq j \\ n+1-i & \text{für } i \geq j \end{cases} \quad (1.64)$$

Die beiden Teile liegen in der Matrix T^{-1} über und unter der Diagonalen. Punktlasten an den Stellen $j = 1, 2, 3, \ldots$ führen zu den Spalten $1, 2, 3, \ldots$, und Sie erkennen die $n + 1 - 1$ in der Ecke (siehe Abbildung 1.10).

Diese Inverse T^{-1} ist genau die Matrix, auf die wir in Abschnitt 1.2 beim Invertieren von $T = U^T U$ gestoßen waren. Jede Spalte von T^{-1} ist bis zur Hauptdiagonalen konstant und anschließend linear, analog zu $u(x) = 1 - a$ und $u(x) = 1 - x$ in der Green-Funktion $u(x, a)$ bei frei-festen Randbedingungen.

Die Green-Funktion und die inverse Matrix

Wenn wir die Lösung für Punktlasten bestimmen können, dann können wir das Problem für jede Last lösen. Bei Matrizen ist das offensichtlich (und sehenswert). *Jeder Vektor f lässt sich als eine Kombination von n Punktlasten darstellen*:

$$f = \begin{bmatrix} f_1 \\ f_2 \\ f_3 \end{bmatrix} = f_1 \begin{bmatrix} 1 \\ 0 \\ 0 \end{bmatrix} + f_2 \begin{bmatrix} 0 \\ 1 \\ 0 \end{bmatrix} + f_3 \begin{bmatrix} 0 \\ 0 \\ 1 \end{bmatrix}. \quad (1.65)$$

Die inverse Matrix wird mit jeder Spalte multipliziert, wenn drei Lösungen für Punktlasten kombiniert werden sollen:

$$K^{-1} f = f_1 (\text{Spalte 1 der Matrix } K^{-1}) + f_2 (\text{Spalte 2 der Matrix } K^{-1})$$
$$+ f_3 (\text{Spalte 3 der Matrix } K^{-1}). \quad (1.66)$$

Die Matrixmultiplikation $u = K^{-1}f$ ist perfekt, um diese Spalten zu kombinieren.

Im kontinuierlichen Fall führt die Kombination anstelle der Summe auf ein *Integral*. Die Last $f(x)$ ist ein Integral über Punktlasten $f(a)\delta(x-a)$. Die Lösung $u(x)$ ist ein Integral über alle Antworten $u(x,a)$ auf diese Lasten an jedem Punkt a:

$$-u'' = f(x) = \int_0^1 f(a)\delta(x-a)da \quad \textbf{wird gelöst durch}$$
$$u(x) = \int_0^1 f(a)u(x,a)da. \tag{1.67}$$

Die **Green-Funktion** $u(x,a)$ entspricht „Zeile x und Spalte a" eines *kontinuierlichen* K^{-1}. Darauf kommen wir später wieder zurück. Schließlich fassen wir noch einmal die Gleichungen (1.53) und (1.54) für $u(x,a)$ zusammen:

$$\begin{array}{ll} \textbf{Feste} \\ \textbf{Enden} \end{array} u = \begin{cases} (1-a)x & \text{für } x \leq a \\ (1-x)a & \text{für } x \geq a \end{cases} \quad \begin{array}{ll} \textbf{Frei-feste} \\ \textbf{Enden} \end{array} u = \begin{cases} 1-a & \text{für } x \leq a \\ 1-x & \text{für } x \geq a \end{cases} \tag{1.68}$$

Wenn wir bei einer Last an der Stelle $a = \frac{j}{n+1}$ die Lösung für feste Enden an der Stelle $x = \frac{i}{n+1}$ abtasten, dann erhalten wir (nahezu!) die Elemente i, j der Matrix K_n^{-1}. Der einzige Unterschied zwischen (1.60) und (1.68) besteht in dem zusätzlichen Faktor $n+1 = 1/\Delta x$. Die exakte Analogie wäre:

$$-\frac{d^2u}{dx^2} = \delta(x) \quad \text{entspricht} \quad \frac{K}{(\Delta x)^2}U = \left(\frac{\delta}{\Delta x}\right). \tag{1.69}$$

Wir dividieren die Matrix K durch $h^2 = (\Delta x)^2$, um die zweite Ableitung zu approximieren. Wir dividieren δ durch $h = \Delta x$, weil der Flächeninhalt 1 sein soll. Jede Komponente von δ entspricht einem kleinen Teilintervall von x der Länge Δx, sodass die Bedingung Flächeninhalt = 1 die Bedingung Höhe = $1/\Delta x$ nach sich zieht. Dann ist unser u gleich $U/\Delta x$.

Anschauungsbeispiele

1.4 Mit der „Woodbury-Sherman-Morrison-Gleichung" bestimmen wir die Matrix K^{-1} aus der Matrix T^{-1}. Diese Gleichung liefert die Rang-1-Modifikation der Inversen, wenn die Matrix eine Rang-1-Modifikation in $K = T - uv^T$ besitzt. In diesem Beispiel modifizieren wir nur das Element 1,1, was sich aus $T_{11} = 1 + K_{11}$ ergibt. Die Spaltenvektoren sind $v = (1, 0, \ldots 0) = -u$.

Es folgt eine der nützlichsten Gleichungen der linearen Algebra (sie lässt sich auf $T - UV^T$ übertragen):

Woodbury-Sherman-Morrison-
Inverse von $K = T - uv^T$
$$K^{-1} = T^{-1} + \frac{T^{-1}uv^T T^{-1}}{1 - v^T T^{-1}u}. \tag{1.70}$$

1.4 Inverse und Deltafunktionen   51

Im Beweis multipliziert man die rechte Seite mit $T - uv^T$ und vereinfacht auf I.
Aufgabe 1.1.7 auf Seite 11 zeigt $T^{-1} - K^{-1}$ für Vektoren der Länge $n = 4$:

$$v^T T^{-1} = \text{Zeile 1 von } T^{-1} = \begin{bmatrix} 4 & 3 & 2 & 1 \end{bmatrix} \quad 1 - v^T T^{-1} u = 1 + 4 = 5.$$

Bei beliebigem n erhält man die Matrix K^{-1} aus der einfachen Matrix T^{-1}, indem man $w^T w/(n+1)$ mit $w = $n:$-1:1$ subtrahiert.

Aufgaben zu Abschnitt 1.4

1.4.1 Die Lösung der Differentialgleichung $-u'' = \delta(x-a)$ muss zu beiden Seiten der Last linear sein. Wie lauten die Bedingungen, durch die die Konstanten A, B, C, D bestimmt werden, wenn $u(0) = 2$ und $u(1) = 0$ gelten soll?

$$u(x) = Ax + B \quad \text{für} \quad 0 \le x \le a \quad \text{und} \quad u(x) = Cx + D \quad \text{für} \quad a \le x \le 1.$$

1.4.2 Übertragen Sie Aufgabe 1.4.1 auf den Fall mit frei-festen Randbedingungen $u'(0) = 0$ und $u(1) = 4$. Bestimmen und lösen Sie die vier Gleichungen für A, B, C und D.

1.4.3 Angenommen, es gibt *zwei* Einheitslasten an den Stellen $a = \frac{1}{3}$ und $b = \frac{2}{3}$. Lösen Sie die Gleichung mit fest-festen Randbedingungen auf zwei Wegen: Kombinieren Sie zuerst die beiden Lösungen für die Einzellasten. Der andere Weg besteht darin, sechs Bedingungen für A, B, C, D, E, F zu finden:

$$u(x) = Ax + B \text{ für } x \le \frac{1}{3}, \quad Cx + D \text{ für } \frac{1}{3} \le x \le \frac{2}{3}, \quad Ex + F \text{ für } x \ge \frac{2}{3}.$$

1.4.4 Lösen Sie die Gleichung $-d^2 u/dx^2 = \delta(x-a)$ mit den **fest-freien** Randbedingungen $u(0) = 0$ und $u'(1) = 0$. Skizzieren Sie $u(x)$ und $u'(x)$.

1.4.5 Zeigen Sie, dass dieselbe Gleichung mit den **frei-freien** Randbedingungen $u'(0) = 0$ und $u'(1) = 0$ keine Lösung hat. Die Gleichungen für C und D können nicht gelöst werden. Zu diesem Fall gehört die singuläre Matrix B_n (die Elemente $1,1$ und n,n sind nun 1).

1.4.6 Zeigen Sie, dass $-u'' = \delta(x-a)$ mit den **periodischen** Randbedingungen $u(0) = u(1)$ und $u'(0) = u'(1)$ nicht gelöst werden kann. Wieder können die Forderungen an C und D nicht erfüllt werden. Zu diesem Fall gehört die singuläre Zirkulanzmatrix C_n (die Elemente $1,n$ und $n,1$ sind nun -1).

1.4.7 Wenn wir eine *Differenz* von Punktlasten $f(x) = \delta(x - \frac{1}{3}) - \delta(x - \frac{2}{3})$ haben, können wir die Gleichung $-u'' = f$ mit frei-freien Randbedingungen lösen. Bestimmen Sie *unendlich viele* Lösungen mit $u'(0) = 0$ und $u'(1) = 0$.

1.4.8 Für die Differenz $f(x) = \delta(x - \frac{1}{3}) - \delta(x - \frac{2}{3})$ ist die Gesamtlast gleich null. Auch hier kann $-u'' = f(x)$ mit periodischen Randbedingungen gelöst werden. Bestimmen Sie eine spezielle Lösung $u_{\text{speziell}}(x)$ und anschließend die vollständige Lösung $u_{\text{speziell}} + u_{\text{Nullraum}}$.

1.4.9 Die verteilte Last $f(x) = 1$ ist das Integral über die Lasten $\delta(x-a)$ an allen Stellen $x = a$. Die frei-feste Lösung $u(x) = \frac{1}{2}(1 - x^2)$ aus Abschnitt 1.3 sollte dann das Integral über die Lösungen mit Punktlasten ($1 - x$ für $a \leq x$ und $1 - a$ für $a \geq x$) sein:

$$u(x) = \int_0^x (1-x)\,da + \int_x^1 (1-a)\,da = (1-x)x + (1 - \frac{1^2}{2}) - (x - \frac{x^2}{2}) = \frac{1}{2} - \frac{1}{2}x^2.$$

Prüfen Sie den Fall mit fest-festen Randbedingungen $u(x) = \int_0^x (1-x)a\,da + \int_x^1 (1-a)x\,da = $ _____.

1.4.10 Wenn Sie die Spalten der Matrix K^{-1} (oder T^{-1}) aufaddieren, erhalten Sie eine „diskrete Parabel", die die Gleichung $Ku = f$ (oder $Tu = f$) für welchen Vektor f löst? Führen Sie diese Addition für K_4^{-1} aus Abbildung 1.9 auf Seite 48 und T_4^{-1} aus Abbildung 1.10 auf Seite 49 aus.

Die Aufgaben 1.4.11–1.4.15 befassen sich mit Deltafunktionen und ihren Integralen und Ableitungen.

1.4.11 Das Integral über $\delta(x)$ ist die Stufenfunktion $S(x)$. Das Integral über $S(x)$ ist die Rampenfunktion $R(x)$. Bestimmen und skizzieren Sie die beiden folgenden Integrale: über die quadratische Spline $Q(x)$ und die kubische Spline $C(x)$. Welche Ableitungen von $C(x)$ sind an der Stelle $x = 0$ stetig?

1.4.12 Die kubische Spline $C(x)$ löst die Gleichung vierter Ordnung $u'''' = \delta(x)$. Was ist die vollständige Lösung $u(x)$ mit vier geeigneten Konstanten? Wählen Sie die Konstanten so, dass $u(1) = u''(1) = u(-1) = u''(-1) = 0$ gilt. Das ergibt die Biegung eines *gelenkig gelagerten Balkens* unter einer Punktlast.

1.4.13 Die entscheidende Eigenschaft der Deltafunktion $\delta(x)$ ist

$$\int_{-\infty}^{\infty} \delta(x) g(x)\, dx = g(0) \quad \text{für jede glatte Funktion } g(x).$$

Wie ergibt sich daraus „Flächeninhalt = 1" unter $\delta(x)$? Was ist $\int \delta(x-3) g(x)\, dx$?

1.4.14 Die Funktion $\delta(x)$ kann man als „schwachen Limes" einer sehr hohen, sehr schmalen Rechteckwelle RW auffassen:

$$RW(x) = \frac{1}{2h} \quad \text{für} \quad |x| \leq h \quad \text{hat} \quad \int_{-\infty}^{\infty} RW(x) g(x)\, dx \to g(0) \quad \text{für} \quad h \to 0.$$

Zeigen Sie für $g(x) = 1$ und für jedes $g(x) = x^n$, dass $\int RW(x)g(x)\,dx \to g(0)$ ist. Wir benutzen den Begriff „schwach", weil die Aussage von den *Testfunktionen* $g(x)$ abhängt.

1.4.15 Die Ableitung von $\delta(x)$ ist $\delta'(x)$ (englisch *doublet*). Integrieren Sie partiell, um folgenden Ausdruck zu berechnen

$$\int_{-\infty}^{\infty} g(x)\,\delta'(x)\, dx = -\int_{-\infty}^{\infty} (?)\, \delta(x)\, dx = (??) \quad \text{für glattes } g(x).$$

1.5 Eigenwerte und Eigenvektoren

Dieser Abschnitt beginnt mit der Gleichung $Ax = \lambda x$. Das ist die Gleichung für einen Eigenvektor x und seinen Eigenwert λ. Für kleine Matrizen A können wir $Ax = \lambda x$ lösen, indem wir von $\det(A - \lambda I) = 0$ ausgehen. Vielleicht ist Ihnen das bereits geläufig (für große Matrizen wäre diese Methode grauenhaft). Es gibt keine „Elimination", die in endlicher Zeit den exakten Eigenwert λ und den exakten Eigenvektor x liefert. Da λ mit x multipliziert wird, ist die Gleichung $Ax = \lambda x$ nicht linear.

Ein großer Erfolg der numerischen linearen Algebra ist die Entwicklung schnellerer und stabiler Algorithmen zur Berechnung von Eigenwerten (insbesondere für symmetrische Matrizen A). Der MATLAB-Befehl eig(A) liefert keine Gleichung, sondern n Zahlen $\lambda_1, \ldots, \lambda_n$. In diesem Kapitel beschäftigen wir uns aber mit speziellen Matrizen! Daher werden wir für diese λ und x exakt bestimmen.

$A = S\Lambda S^{-1}$ **Teil I**: Verwendung der Eigenwerte zur Diagonalisierung der Matrix A und zur Lösung der Gleichung $u' = Au$.

$K = Q\Lambda Q^{\mathrm{T}}$ **Teil II**: Alle Eigenwerte von K_n, T_n, B_n, C_n sind $\lambda = 2 - 2\cos\theta$.

Die beiden Teile nehmen etwa zwei Vorlesungen in Anspruch. Die Tabelle am Ende des Abschnitts fasst unser Wissen über λ und x bei wichtigen Matrizenklassen zusammen. Die erste große Anwendung von Eigenwerten ist das Newtonsche Gesetz $Mu'' + Ku = 0$ in Abschnitt 2.2.

Teil I: $Ax = \lambda x$, $A^k x = \lambda^k x$ und die Diagonalisierung von A

Nahezu jeder Vektor ändert seine Richtung, wenn man ihn mit einer Matrix A multipliziert. **Bestimmte außergewöhnliche Vektoren x liegen auf derselben Geraden wie Ax.** Das sind die Eigenvektoren. Bei einem Eigenvektor gilt: **Ax ist der ursprüngliche Vektor x multipliziert mit einer Zahl λ.**

Der Eigenwert λ gibt Auskunft darüber, ob der spezielle Vektor x gedehnt, gestaucht, umgekehrt oder belassen wird, wenn man ihn mit der Matrix A multipliziert. Möglich ist beispielsweise $\lambda = 2$ (Streckung), $\lambda = \frac{1}{2}$ (Stauchung), $\lambda = -1$ (Umkehrung) oder $\lambda = 1$ (stationärer Zustand wegen $Ax = x$). Es kann auch $\lambda = 0$ vorkommen. Wenn der Nullraum von null verschiedene Vektoren enthält, dann gilt für sie $Ax = 0x$. Also enthält der Nullraum Eigenvektoren, die zu $\lambda = 0$ gehören.

Bei unseren speziellen Matrizen werden wir x erraten und anschließend λ bestimmen. Im allgemeinen Fall bestimmen wir λ zuerst. Um λ von x zu trennen, schreiben wir die Grundgleichung zunächst um:

$$Ax = \lambda x \quad \text{bedeutet} \quad (A - \lambda I)x = 0. \tag{1.71}$$

Die Matrix $A - \lambda I$ muss singulär sein. *Ihre Determinante muss null sein.* Der Eigenvektor x liegt im Nullraum von $A - \lambda I$. Zunächst ist festzustellen, dass λ genau dann ein Eigenwert ist, wenn die verschobene Matrix $A - \lambda I$ nicht invertierbar ist:

> **Die Zahl λ ist genau dann ein Eigenwert von A, wenn** $\det(A - \lambda I) = 0$ **ist.**

Diese „charakteristische Gleichung" $\det(A - \lambda I) = 0$ enthält nur den Eigenwert λ, nicht aber den Eigenvektor x. Die Determinante von $A - \lambda I$ ist ein Polynom n-ten Grades in λ. Wegen des Fundamentalsatzes der Algebra muss dieses Polynom n Nullstellen $\lambda_1, \ldots, \lambda_n$ besitzen. Manche dieser Eigenwerte können eine höhere Vielfachheit besitzen oder komplex sein – in diesen Fällen haben wir ein bisschen mehr zu tun.

Beispiel 1.10 Beginnen wir mit der speziellen 2×2-Matrix $K = [2\ -1;\ -1\ 2]$. Schätzen Sie K^{100} ab.

Schritt 1 Subtrahieren Sie λ von den Hauptdiagonalelementen, um $K - \lambda I = \begin{bmatrix} 2-\lambda & -1 \\ -1 & 2-\lambda \end{bmatrix}$ zu erhalten.

Schritt 2 *Bilden Sie die Determinante dieser Matrix.* Das ist $(2-\lambda)^2 - 1$, und wir vereinfachen:

$$\det(K - \lambda I) = \begin{vmatrix} 2-\lambda & -1 \\ -1 & 2-\lambda \end{vmatrix} = \lambda^2 - 4\lambda + 3.$$

Schritt 3 Faktorisieren Sie in $\lambda - 1$ mal $\lambda - 3$, die Nullstellen sind 1 und 3:

$$\lambda^2 - 4\lambda + 3 = 0 \quad \text{liefert die Eigenwerte} \quad \lambda_1 = 1 \quad \text{und} \quad \lambda_2 = 3.$$

Bestimmen Sie nun die Eigenvektoren, indem Sie $(K - \lambda I)x = 0$ für jedes λ getrennt betrachten:

$$\lambda_1 = 1 \qquad K - I = \begin{bmatrix} 1 & -1 \\ -1 & 1 \end{bmatrix} \quad \text{liefert} \quad x_1 = \begin{bmatrix} 1 \\ 1 \end{bmatrix}$$

$$\lambda_2 = 3 \qquad K - 3I = \begin{bmatrix} -1 & -1 \\ -1 & -1 \end{bmatrix} \quad \text{liefert} \quad x_2 = \begin{bmatrix} 1 \\ -1 \end{bmatrix}.$$

Erwartungsgemäß sind die Matrizen $K - I$ und $K - 3I$ singulär. Jeder Nullraum erzeugt eine Gerade aus Eigenvektoren. Wir wählen x_1 und x_2 so, dass wir die hübschen Komponenten 1 und -1 haben. Allerdings wären beliebige (von null verschiedene) Vielfache $c_1 x_1$ und $c_2 x_2$ als Eigenvektoren genauso gut gewesen. MATLAB entscheidet sich für $c_1 = c_2 = 1/\sqrt{2}$, weil die Eigenvektoren dadurch die Länge 1 haben (also Einheitsvektoren sind).

Diese Eigenvektoren der Matrix K sind besonders (genau wie die Matrix K selbst). Wenn ich die Funktionen $\sin \pi x$ und $\sin 2\pi x$ zeichne, dann sind ihre Funktionswerte an den Gitterpunkten $x = \frac{1}{3}$ und $\frac{2}{3}$ die Eigenvektoren aus Abbildung 1.11 auf der nächsten Seite. (Die Funktionen $\sin k\pi x$ werden uns schon bald auf die Eigenvektoren der Matrix K_n führen.)

Beispiel 1.11 Hier ist ein Beispiel für eine singuläre 3×3-Matrix, die zirkulante Matrix $C = C_3$:

1.5 Eigenwerte und Eigenvektoren

K^{100} **wächst wie 3^{100}, weil $\lambda_{max} = 3$ ist.**

Die exakte Gleichung wäre

$$2K^{100} = 1^{100} \begin{bmatrix} 1 & 1 \\ 1 & 1 \end{bmatrix} (\text{von } \lambda = 1)$$

$$+ 3^{100} \begin{bmatrix} 1 & -1 \\ -1 & 1 \end{bmatrix} (\text{von } \lambda = 3).$$

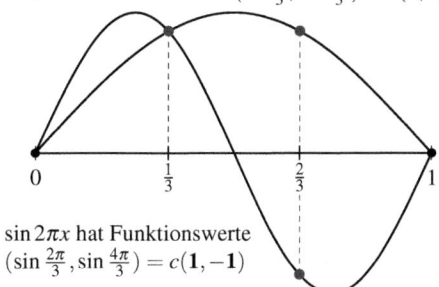

$\sin \pi x$ hat Funktionswerte $(\sin \frac{\pi}{3}, \sin \frac{2\pi}{3}) = c(\mathbf{1}, \mathbf{1})$

$\sin 2\pi x$ hat Funktionswerte $(\sin \frac{2\pi}{3}, \sin \frac{4\pi}{3}) = c(\mathbf{1}, -\mathbf{1})$

Abb. 1.11 Die Eigenvektoren von $\begin{bmatrix} 2 & -1 \\ -1 & 2 \end{bmatrix}$ liegen auf den Graphen von $\sin \pi x$ und $\sin 2\pi x$.

$$C = \begin{bmatrix} 2 & -1 & -1 \\ -1 & 2 & -1 \\ -1 & -1 & 2 \end{bmatrix} \quad \text{und} \quad C - \lambda I = \begin{bmatrix} 2-\lambda & -1 & -1 \\ -1 & 2-\lambda & -1 \\ -1 & -1 & 2-\lambda \end{bmatrix}.$$

Mit ein bisschen Geduld (3 × 3-Matrizen machen bereits etwas Mühe) erhalten wir die Determinante und ihre Faktoren:

$$\det(C - \lambda I) = -\lambda^3 + 6\lambda^2 - 9\lambda = -\lambda(\lambda - 3)^2.$$

Dieses Polynom dritten Grades hat drei Nullstellen. Die Eigenwerte sind $\lambda_1 = 0$ (singuläre Matrix), $\lambda_2 = 3$ und $\lambda_3 = 3$ (doppelte Nullstelle!). Der Vektor aus lauter Einsen $x_1 = (1,1,1)$ liegt im Nullraum von C und ist daher ein Eigenvektor zum Eigenwert $\lambda_1 = 0$. Wir hoffen, dass es *zwei* unabhängige Eigenvektoren gibt, die zum zweifachen Eigenwert $\lambda_2 = \lambda_3 = 3$ gehören:

$$C - 3I = \begin{bmatrix} -1 & -1 & -1 \\ -1 & -1 & -1 \\ -1 & -1 & -1 \end{bmatrix} \text{ hat Rang 1 (doppelt singulär).}$$

Durch Elimination werden die beiden letzten Zeilen zu null. Die drei Gleichungen in $(C - 3I)x = 0$ lauten also alle $-x_1 - x_2 - x_3 = 0$ mit Lösungen, die eine ganze Ebene aufspannen. Alle Lösungen sind Eigenvektoren zu $\lambda = 3$. Erlauben Sie mir, aus der Ebene von Lösungen zu $Cx = 3x$ folgende Wahl von Eigenvektoren x_2 und x_3 zu treffen:

$$x_1 = \frac{1}{\sqrt{3}} \begin{bmatrix} 1 \\ 1 \\ 1 \end{bmatrix}, \quad x_2 = \frac{1}{\sqrt{2}} \begin{bmatrix} 1 \\ 0 \\ -1 \end{bmatrix}, \quad x_3 = \frac{1}{\sqrt{6}} \begin{bmatrix} 1 \\ -2 \\ 1 \end{bmatrix}.$$

Mit dieser Wahl sind die die Vektoren x orthonormal (orthogonale Einheitsvektoren). **Jede symmetrische Matrix hat eine vollständige Menge von n orthogonalen Einheitseigenvektoren.**

Bei einer $n \times n$-Matrix ist $(-\lambda)^n$ der führende Term in der Gleichung für die Determinante. Der übrige Teil des Polynoms bedarf einer längeren Berechnung. Galois hat den Beweis geführt, dass es für die Nullstellen $\lambda_1, \ldots, \lambda_n$ im Fall $n > 4$ keine algebraischen Gleichungen mehr geben kann. (Galois kam bei einem Duell ums Leben, bei dem es aber um etwas anderes ging.) Das ist der Grund dafür, dass wir für das Eigenwertproblem spezielle Algorithmen brauchen, die sich *nicht* auf die Determinante $A - \lambda I$ stützen.

Das Eigenwertproblem ist zwar schwieriger als $Ax = b$, wir können ihm zum Teil aber auch positive Seiten abgewinnen. Zwei Koeffizienten des Polynoms lassen sich leicht berechnen und vermitteln direkte Informationen über das Produkt und die Summe der Eigenwerte $\lambda_1, \ldots, \lambda_n$.

Das Produkt der n Eigenwerte ist gleich der *Determinante* der Matrix A.
Das ist der konstante Term in $\det(A - \lambda I)$:

$$\textbf{Determinante = Produkt der } \boldsymbol{\lambda} \quad (\lambda_1)(\lambda_2)\cdots(\lambda_n) = \det(A). \tag{1.72}$$

Die Summe der n Eigenwerte ist gleich der Summe der n Diagonalelemente.
Die *Spur* ist der Koeffizient von $(-\lambda)^{n-1}$ in $\det(A - \lambda I)$.

$$\textbf{Spur = Summe der } \boldsymbol{\lambda} \quad \begin{matrix} \lambda_1 + \lambda_2 + \cdots + \lambda_n = a_{11} + a_{22} + \cdots + a_{nn} \\ = \text{Summe entlang der Diagonalen von } A. \end{matrix} \tag{1.73}$$

Diese Tests sind sehr nützlich, was insbesondere den für die Spur betrifft. Die Aufgaben 1.5.20 und 1.5.21 auf Seite 72 greifen darauf zurück. Zwar entbinden uns die Tests nicht von der Last, den Ausdruck $\det(A - \lambda I)$ und seine Faktoren zu berechnen, aber Sie sagen uns, wenn eine Berechnung falsch ist. In unseren Beispielen gilt:

$$\boldsymbol{\lambda = 1, 3} \quad K = \begin{bmatrix} 2 & -1 \\ -1 & 2 \end{bmatrix} \quad \text{Spur} = 2+2 = 1+3 = 4. \ \det(K) = 1 \cdot 3.$$

$$\boldsymbol{\lambda = 0, 3, 3} \quad C = \begin{bmatrix} 2 & -1 & -1 \\ -1 & 2 & -1 \\ -1 & -1 & 2 \end{bmatrix} \quad \text{Spur} = 2+2+2 = 0+3+3 = 6. \ \det(C) = 0.$$

Hier sind drei wichtige Aussagen zum Eigenwertproblem $Ax = \lambda x$.

1. *Wenn die Matrix A triangular ist, denn stehen ihre Eigenwerte auf der Hauptdiagonalen.*
   Die Determinante von $\begin{bmatrix} 4-\lambda & 3 \\ 0 & 2-\lambda \end{bmatrix}$ ist $(4-\lambda)(2-\lambda)$, also $\lambda = 4$ und $\lambda = 2$.

1.5 Eigenwerte und Eigenvektoren

2. Die Eigenwerte der Matrix A^2 sind $\lambda_1^2, \ldots, \lambda_n^2$. Die Eigenwerte der Matrix A^{-1} sind $1/\lambda_1, \ldots, 1/\lambda_n$.

Multiplizieren Sie $Ax = \lambda x$ mit A.   Dann ist $A^2 x = \lambda Ax = \lambda^2 x$.

Multiplizieren Sie $Ax = \lambda x$ mit A^{-1}.   Dann ist $x = \lambda A^{-1} x$ und $A^{-1} x = \frac{1}{\lambda} x$.

Die Eigenvektoren der Matrix A sind auch Eigenvektoren der Matrizen A^2 und A^{-1} (und jeder anderen Funktion der Matrix A).

3. *Die Eigenwerte der Matrizen $A + B$ und AB lassen sich aber **nicht** aus den Eigenwerten der Matrizen A und B bestimmen.*

$$A = \begin{bmatrix} 0 & 1 \\ 0 & 0 \end{bmatrix} \text{ und } B = \begin{bmatrix} 0 & 0 \\ 1 & 0 \end{bmatrix} \quad \text{liefern} \quad A + B = \begin{bmatrix} 0 & 1 \\ 1 & 0 \end{bmatrix} \text{ und } AB = \begin{bmatrix} 1 & 0 \\ 0 & 0 \end{bmatrix}.$$

Die Matrizen A und B haben die Eigenwerte null (sie sind tridiagonal, ihre Hauptdiagonalelemente sind null). Die Eigenwerte der Matrix $A + B$ sind hingegen 1 und -1. Die Eigenwerte der Matrix AB sind 1 und 0.

Im Spezialfall $AB = BA$, wenn also A und B *kommutierende Matrizen* sind, haben die Matrizen A und B gemeinsame Eigenvektoren: Es ist $Ax = \lambda x$ und $Bx = \lambda^* x$ für denselben Eigenvektor x. Dann gelten in der Tat $(A + B)x = (\lambda + \lambda^*)x$ und $ABx = \lambda \lambda^* x$. Die Eigenwerte der Matrizen A und B können nun addiert und multipliziert werden. (Im Fall $B = A$ sind die Eigenwerte von $A + A$ und A^2 gleich $\lambda + \lambda$ und λ^2.)

Beispiel 1.12   Eine *Markov-Matrix* hat keine negativen Elemente und jede Spaltensumme ist 1 (manche Autoren arbeiten mit Zeilenvektoren, dann ist die Zeilensumme 1):

Markov-Matrix $A = \begin{bmatrix} .8 & .3 \\ .2 & .7 \end{bmatrix}$ hat die Eigenwerte $\lambda = 1$ und $.5$.

Jede Markov-Matrix hat den Eigenwert $\lambda = 1$. ($A - I$ hat abhängige Zeilen.) Wenn die Spur $.8 + .7 = 1.5$ ist, muss der zweite Eigenwert $\lambda = .5$ sein. Die Determinante der Matrix muss $(\lambda_1)(\lambda_2) = .5$ sein, was auch der Fall ist. Die Eigenvektoren sind $(.6, .4)$ und $(-1, 1)$.

Der MATLAB-Befehl Eigshow

Ein MATLAB-Demo (Sie müssen nur eigshow eingeben) stellt das Eigenwertproblem für eine 2×2-Matrix dar. In Abbildung 1.12 auf der nächsten Seite starten wir mit dem Vektor $x = (1, 0)$. *Mit der Maus kann man den Vektor auf dem Einheitskreis bewegen.* Gleichzeitig wandert auch Ax, farbig dargestellt, auf dem Bildschirm. Manchmal ist Ax vor x und manchmal dahinter. *Manchmal ist Ax parallel zu x. Genau dann ist Ax gleich λx.*

Der Eigenwert λ gibt die Länge des Vektors Ax an, wenn er parallel zum Eigenvektor x liegt. **Unter dem Link web.mit.edu/18.06 können Sie sehen und hören, was in verschiedenen Fällen passiert**. Die Fallbeispiele für A illustrieren drei Möglichkeiten, nämlich die Existenz von keinem, von einem und von zwei Eigenvektoren:

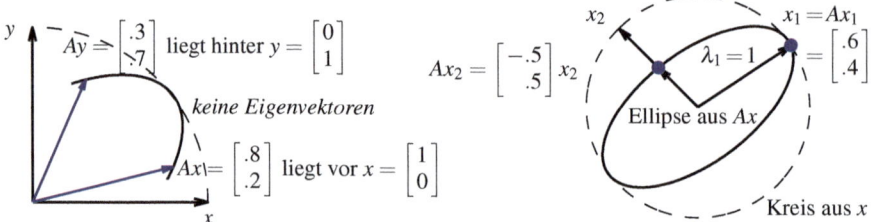

Abb. 1.12 Befehl eigshow für die Markov-Matrix: x_1 und x_2 liegen auf Ax_1 und Ax_2.

1. Es kann sein, dass *keine reellen Eigenwerte* existieren. *Der Vektor Ax bleibt stets hinter oder vor dem Vektor x*. Das bedeutet, dass die Eigenwerte und Eigenvektoren komplex sind (wie bei einer Drehmatrix).
2. Die Eigenvektoren liegen auf *einer* Geraden (unüblich). Die sich drehenden Vektoren Ax und x treffen sich, aber sie kreuzen sich nicht. Das kann nur im Fall $\lambda_1 = \lambda_2$ passieren.
3. Es gibt *zwei* unabhängige Eigenvektoren. Das ist der typische Fall! Der Vektor Ax kreuzt den Vektor x bei Erreichen des ersten Eigenvektor x_1 und nochmals bei Erreichen des Eigenvektors x_2 (außerdem noch bei $-x_1$ und $-x_2$). Der rechte Teil von Abbildung 1.12 zeigt diese Ereignisse: x ist parallel zu Ax. Diese Eigenvektoren sind nicht orthogonal, weil die Matrix A nicht symmetrisch ist.

Die Potenzen einer Matrix

Lineare Gleichungen $Ax = b$ ergeben sich aus stationären Problemen. Eigenwerte erlangen ihre größte Bedeutung in *dynamischen Problemen*. Die Lösung ändert sich in Abhängigkeit von der Zeit – sie wächst, fällt oder schwingt oder erreicht einen stationären Zustand. Wir können nicht auf die Elimination zurückgreifen (sie ändert die Eigenwerte). Aber die Eigenwerte und Eigenvektoren verraten uns alles.

Beispiel 1.13 Die beiden Komponenten der Lösung $u(t)$ stehen für die Einwohnerzahlen östlich und westlich des Mississippi zur Zeit t. Jährlich bleiben $\frac{8}{10}$ der Ostbevölkerung und $\frac{2}{10}$ davon wandert gen Westen. Gleichzeitig bleibt $\frac{7}{10}$ der Westbevölkerung und $\frac{3}{10}$ davon wandert gen Osten:

$$u(t+1) = Au(t) \quad \begin{bmatrix} \text{im Osten zur Zeit } t+1 \\ \text{im Westen zur Zeit } t+1 \end{bmatrix} = \begin{bmatrix} .8 & .3 \\ .2 & .7 \end{bmatrix} \begin{bmatrix} \text{im Osten zur Zeit } t \\ \text{im Westen zur Zeit } t \end{bmatrix}.$$

Starten wir zur Zeit $t = 0$ mit einer Million Menschen im Osten. Nach einem Jahr (Multiplikation mit A) sind die Zahlenwerte 800 000 und 200 000. Keiner wird gezeugt oder getötet, weil die Spaltensumme gleich 1 ist. Die Einwohnerzahl bleibt

1.5 Eigenwerte und Eigenvektoren

positiv, weil eine Markov-Matrix keine negativen Elemente hat. Der Anfangszustand $u = [1\,000\,000\ \ 0]$ kombiniert die Eigenvektoren $[600\,000\ \ 400\,000]$ und $[400\,000\ \ -400\,000]$.

Nach 100 Schritten sind die Einwohnerzahlen in einem nahezu stationären Zustand, weil der Faktor $\left(\frac{1}{2}\right)^{100}$ klein ist:

Stationärer Zustand
+ Transiente
$$u(100) = \begin{bmatrix} \mathbf{600\,000} \\ \mathbf{400\,000} \end{bmatrix} + \left(\frac{1}{2}\right)^{100} \begin{bmatrix} 400\,000 \\ -400\,000 \end{bmatrix}.$$

Sie können den stationären Zustand direkt aus den Potenzen A, A^2, A^3 und A^{100} ablesen:

$$A = \begin{bmatrix} .8 & .3 \\ .2 & .7 \end{bmatrix} \quad A^2 = \begin{bmatrix} .70 & .45 \\ .30 & .55 \end{bmatrix} \quad A^3 = \begin{bmatrix} .650 & .525 \\ .350 & .475 \end{bmatrix} \quad A^{100} = \begin{bmatrix} .6000 & .6000 \\ .4000 & .4000 \end{bmatrix}$$

In drei Schritten können wir $u_k = A^k u_0$ aus den Eigenwerten und Eigenvektoren der Matrix A bestimmen.

> **Schritt 1.** Wir schreiben den Vektor u_0 als Kombination der Eigenvektoren $u_0 = a_1 x_1 + \cdots + a_n x_n$.
> **Schritt 2.** Wir multiplizieren alle Zahlen a_j mit $(\lambda_j)^k$.
> **Schritt 3.** Wir bilden aus den Eigenvektoren den Vektor $u_k = a_1 (\lambda_1)^k x_1 + \cdots + a_n (\lambda_n)^k x_n$.

In Matrixsprache ist das genau $u_k = S\Lambda^k S^{-1} u_0$. **Die Spalten der Matrix S sind die Eigenvektoren der Matrix A. Die Diagonalmatrix Λ enthält die Eigenwerte:**

Schritt 1. Wir schreiben $u_0 = \begin{bmatrix} x_1 & \cdots & x_n \end{bmatrix} \begin{bmatrix} a_1 \\ \vdots \\ a_n \end{bmatrix} = Sa$. Das ergibt $a = S^{-1} u_0$.

Schritt 2. Wir multiplizieren $\begin{bmatrix} \lambda_1^k & & \\ & \ddots & \\ & & \lambda_n^k \end{bmatrix} \begin{bmatrix} a_1 \\ \vdots \\ a_n \end{bmatrix} = \Lambda^k a$. Das ergibt $\Lambda^k S^{-1} u_0$.

Schritt 3. Wir bilden $u_k = \begin{bmatrix} x_1 & \cdots & x_n \end{bmatrix} \begin{bmatrix} (\lambda_1)^k a_1 \\ \vdots \\ (\lambda_n)^k a_n \end{bmatrix} = \Lambda^k a$, also $u_k = S\Lambda^k S^{-1} u_0$.

Schritt 2 geht am schnellsten – es sind nur n Multiplikationen mit λ_i^k notwendig. In Schritt 1 muss ein lineares System gelöst werden, um u_0 in Eigenvektoren zu zerlegen. In Schritt 3 wird mit S multipliziert, um die Lösung u_k zu konstruieren.

Dieser Prozess läuft in der angewandten Mathematik immer wieder ab. Dieselben Schritte begegnen uns gleich bei der Lösung von $du/dt = Au$ und wieder im Abschnitt 3.5 bei der Berechnung der Matrix A^{-1}. Das ganze Gebiet der Fourier-Reihen und die ganze Signalverarbeitung lebt davon, dass man die Eigenvektoren in genau dieser Weise verwendet (die FFT macht es schnell). Beispiel 1.13 auf Seite 58 führte die Schritte in einem speziellen Fall aus.

Diagonalisierung einer Matrix

Wenn wir es mit einem Eigenvektor zu tun haben, reduziert sich die Multiplikation mit A auf die Multiplikation mit einer Zahl: $Ax = \lambda x$. Die ganzen Schwierigkeiten mit den $n \times n$ Multiplikationen sind vom Tisch. Anstatt ein gekoppeltes System behandeln zu müssen, können wir nun die Eigenvektoren nacheinander betrachten. Es ist so, als hätten wir eine *Diagonalmatrix*, in der die Kopplungen durch Nebendiagonalelemente fehlen. Die 100-te Potenz einer Diagonalmatrix können wir leicht bestimmen.

Die Matrix A verwandelt sich in eine Diagonalmatrix Λ, wenn wir die Eigenvektoren richtig verwenden. Das ist die Matrixform unserer Schlüsselidee. Es folgt die einzige wesentliche Berechnung.

Angenommen, die $n \times n$ Matrix A hat n linear unabhängige Eigenvektoren $x_1, \ldots, x_n$. Das sind die Spalten einer **Eigenvektormatrix** S. Dann ist die Matrix $S^{-1}AS = \Lambda$ diagonal:

$$\textbf{Diagonalisierung} \quad S^{-1}AS = \Lambda = \begin{bmatrix} \lambda_1 & & \\ & \ddots & \\ & & \lambda_n \end{bmatrix} = \textbf{Eigenwertmatrix}. \quad (1.74)$$

Wir bezeichnen mit Λ die Eigenwertmatrix mit den Hauptdiagonalelementen λ.

Beweis. Wir multiplizieren die Matrix A mit den Eigenvektoren $x_1, \ldots, x_n$, die die Spalten von S bilden. Die erste Spalte von AS ist Ax_1. Das ist genau $\lambda_1 x_1$:

$$\textbf{A mal S} \quad A \begin{bmatrix} x_1 & \cdots & x_n \end{bmatrix} = \begin{bmatrix} \lambda_1 x_1 & \cdots & \lambda_n x_n \end{bmatrix}.$$

Der Trick ist, diese Matrix AS in **S mal Λ** zu zerlegen:

$$\begin{bmatrix} \lambda_1 x_1 & \cdots & \lambda_n x_n \end{bmatrix} = \begin{bmatrix} x_1 & \cdots & x_n \end{bmatrix} \begin{bmatrix} \lambda_1 & & \\ & \ddots & \\ & & \lambda_n \end{bmatrix}.$$

Achten Sie auf die richtige Reihenfolge dieser Matrizen! Dann wird die erste Spalte x_1 wie dargestellt mit λ_1 multipliziert. Wir können die Diagonalisierung $AS = S\Lambda$ auf zwei geeigneten Wegen aufschreiben:

1.5 Eigenwerte und Eigenvektoren

$$A = \Lambda \quad \text{ist} \quad S^{-1}AS = \Lambda \quad \text{oder} \quad A = S\Lambda S^{-1}. \tag{1.75}$$

Die Matrix S hat eine Inverse, weil wir angenommen haben, dass ihre Spalten (die Eigenvektoren der Matrix A) unabhängig sind. *Ohne die n unabhängigen Eigenvektoren können wir die Matrix A nicht diagonalisieren.* Wenn alle Eigenwerte einfach sind, dann hat A automatisch n unabhängige Eigenvektoren.

Anwendung auf Vektordifferentialgleichungen

Eine einzelne Differentialgleichung $\frac{dy}{dt} = ay$ hat die allgemeine Lösung $y(t) = Ce^{at}$. Der Anfangswert $y(0)$ bestimmt die Konstante C. Die Lösung $y(0)e^{at}$ fällt für $a < 0$ und wächst für $a > 0$. Abfall steht für Stabilität, Wachstum für Instabilität. Wenn a eine komplexe Zahl ist, bestimmt *ihr Realteil* über Wachstum oder Abfall. Der Imaginärteil liefert einen Schwingungsfaktor $e^{i\omega t} = \cos \omega t + i \sin \omega t$.

Nun betrachten wir zwei gekoppelte Differentialgleichungen, die eine Vektordifferentialgleichung bilden.

$$\frac{du}{dt} = Au \quad \begin{matrix} dy/dt = 2y - z \\ dz/dt = -y + 2z \end{matrix} \quad \text{oder} \quad \frac{d}{dt}\begin{bmatrix} y \\ z \end{bmatrix} = \begin{bmatrix} 2 & -1 \\ -1 & 2 \end{bmatrix}\begin{bmatrix} y \\ z \end{bmatrix}.$$

Die Lösung wird immer noch Exponentialfunktionen $e^{\lambda t}$ enthalten. Doch es gibt keine einzelne Wachstumsrate mehr wie in e^{at}. Die zugehörige Matrix $A = K_2$ hat *zwei Eigenwerte* $\lambda = 1$ und $\lambda = 3$. Die Lösung enthält zwei Exponentialfunktionen e^t und e^{3t}. Sie werden mit $x = (1,1)$ und $(1,-1)$ multipliziert.

Der korrekte Weg, Lösungen zu bestimmen, läuft über die Eigenvektoren. Die *reinen Lösungen* $e^{\lambda t}x$ sind Eigenvektoren, die entsprechend ihres eigenen Eigenwertes 1 oder 3 wachsen. Wir kombinieren sie:

$$u(t) = Ce^t x_1 + De^{3t} x_2 \quad \text{ist} \quad \begin{bmatrix} y(t) \\ z(t) \end{bmatrix} = \begin{bmatrix} Ce^t + De^{3t} \\ Ce^t - De^{3t} \end{bmatrix}. \tag{1.76}$$

Das ist die vollständige Lösung. Die beiden Konstanten (C und D) sind durch die beiden Anfangswerte $y(0)$ und $z(0)$ bestimmt. Überzeugen Sie sich zunächst davon, dass jede Komponente $e^{\lambda t}x$ die Gleichung $\frac{du}{dt} = Au$ löst:

Jeder Eigenvektor $\quad u(t) = e^{\lambda t}x \quad$ liefert $\quad \dfrac{du}{dt} = \lambda e^{\lambda t} x = A e^{\lambda t} x = Au.$ (1.77)

Die Zahl $e^{\lambda t}$ ist nur ein Faktor, mit dem alle Komponenten des Eigenvektors x multipliziert werden. Das ist die wesentliche Eigenschaft von Eigenvektoren: sie wachsen oder schrumpfen mit ihrer eigenen Rate λ. Dann ist die vollständige Lösung $u(t)$ in (1.76) eine Kombination der reinen Moden $Ce^t x_1$ und $De^{3t} x_2$. Die drei Schritte von vorhin kann man auch hier anwenden: **Zerlege** $u(0) = Sa$, **multipliziere jedes** a_j **mit** $e^{\lambda_j t}$, **bilde** $u(t) = Se^{\lambda t}S^{-1}u(0)$.

Beispiel 1.14 Angenommen, die Anfangswerte sind $y(0) = 7$ und $z(0) = 3$. Diese bestimmen die Konstanten C und D. Zur Startzeit $t = 0$ sind die beiden Wachstumsraten $e^{\lambda t}$ gleich eins:

$$u(0) = C \begin{bmatrix} 1 \\ 1 \end{bmatrix} + D \begin{bmatrix} 1 \\ -1 \end{bmatrix} \quad \text{ist} \quad \begin{bmatrix} 7 \\ 3 \end{bmatrix} = 5 \begin{bmatrix} 1 \\ 1 \end{bmatrix} + 2 \begin{bmatrix} 1 \\ -1 \end{bmatrix}.$$

Wir lösen die beiden Gleichungen und erhalten $C = 5$ und $D = 2$. Damit lautet die vollständige Lösung $u(t) = 5e^t x_1 + 2e^{3t} x_2$. Sie ist eine Kombination aus einem langsameren und einem schnelleren Wachstum. Für große t dominiert das schneller wachsende e^{3t}, sodass die Lösung in Richtung x_2 zeigt.

In Abschnitt 2.2 werden wir die wichtige Gleichung $\boldsymbol{Mu'' + Ku = 0}$ ausführlicher besprechen. Im Newtonschen Gesetz kommt die Beschleunigung vor (die zweite Ableitung des Weges nach der Zeit). Wir können uns zwei Massen vorstellen, die durch Federn miteinander verbunden sind. Sie können in Phase schwingen, was dem ersten Eigenvektor $(1,1)$ entspricht. Sie können aber auch komplett gegenphasig schwingen und sich in entgegengesetzte Richtungen bewegen, was dem zweiten Eigenvektor $(1,-1)$ entspricht. Die Eigenvektoren liefern die reinen Schwingungen $e^{i\omega t} x$, die als „Normalmoden" bezeichnet werden. Durch die Anfangsbedingungen kommt es zu einer Überlagerung.

Symmetrische Matrizen und orthonormale Eigenvektoren

Unsere speziellen Matrizen K_n, T_n, B_n und C_n sind alle symmetrisch. Wenn A eine *symmetrische Matrix* ist, dann sind ihre Eigenvektoren orthogonal (und die Eigenwerte λ sind reell):

Symmetrische Matrizen haben reelle Eigenwerte und orthonormale Eigenvektoren.

Die Spalten von S sind eben diese orthonormalen Eigenvektoren $q_1, \ldots, q_n$. Wir schreiben q anstelle von x, wenn es sich um orthonormale Vektoren handelt, und Q anstelle von S für die Matrix mit diesen Eigenvektoren als Spalten. *Orthonormale Vektoren sind orthogonale Einheitsvektoren:*

$$q_i^T q_j = \begin{cases} 0 & \text{für } i \neq j \quad (\textit{orthogonale Vektoren}) \\ 1 & \text{für } i = j \quad (\textit{orthonormale Vektoren}) \end{cases}. \tag{1.78}$$

Mit der Matrix Q können wir leicht arbeiten, weil $Q^T Q = I$ ist. Die Transponierte ist die Inverse! Das drückt noch einmal in Matrixsprache aus, dass die Spalten von Q orthonormal sind. $Q^T Q = I$ enthält alle Skalarprodukte, die entweder 0 oder 1 sind:

Orthogonale Matrix
$$Q^T Q = \begin{bmatrix} \text{---} q_1^T \text{---} \\ \text{---} \cdots \text{---} \\ \text{---} q_n^T \text{---} \end{bmatrix} \begin{bmatrix} | & | & | \\ q_1 & \vdots & q_n \\ | & | & | \end{bmatrix} = \begin{bmatrix} 1 & \cdots & 0 \\ \vdots & \ddots & \vdots \\ 0 & \cdots & 1 \end{bmatrix} = I. \tag{1.79}$$

1.5 Eigenwerte und Eigenvektoren

Bei zwei orthonormalen Spalten im dreidimensionalen Raum ist Q eine 3×2-Matrix. In diesem orthogonalen Fall gilt immer noch $Q^T Q = I$ nicht aber $QQ^T = I$. Bei einer vollständigen Basis von Eigenvektoren ist Q quadratisch, und es gilt $Q^T = Q^{-1}$. *Bei der Diagonalisierung einer reellen, symmetrischen Matrix ist $S = Q$ und $S^{-1} = Q^T$*:

Symmetrische Diagonalisierung
$$A = S\Lambda S^{-1} = Q\Lambda Q^T \text{ mit } Q^T = Q^{-1}. \tag{1.80}$$

Bedenken Sie, dass $Q\Lambda Q^T$ automatisch symmetrisch ist (wie LDL^T). Diese Faktorisierungen spiegeln die Symmetrie der Matrix A perfekt wider. Die Eigenwerte $\lambda_1, \ldots, \lambda_n$ bilden das „Spektrum" der Matrix, und $A = Q\Lambda Q^T$ ist eine Aussage des *Spektraltheorems* oder des *Hauptachsentheorems*.

Teil II: Eigenvektoren bei Ableitungen und Differenzen

Ein Hauptthema dieses Lehrbuches ist die Analogie zwischen diskreten und kontinuierlichen Problemen (*Matrixgleichungen und Differentialgleichungen*). Die bisher eingeführten speziellen Matrizen erzeugen zweite Differenzen. Daher wenden wir uns zunächst der Differentialgleichung $-y'' = \lambda y$ zu. Die Eigenfunktionen $y(x)$ sind Sinus und Kosinus.

$$-\frac{d^2 y}{dx^2} = \lambda y(x) \quad \text{wird gelöst von } y = \cos \omega x, y = \sin \omega x \text{ mit } \lambda = \omega^2. \tag{1.81}$$

Wenn wir alle Frequenzen ω zulassen, erhalten wir eine Fülle von Eigenfunktionen. Die Randbedingungen selektieren bestimmte Frequenzen ω und entscheiden über Kosinus oder Sinus.

Mit den Randbedingungen $y(0) = 0$ und $y(1) = 0$ sind die **fest-festen Eigenfunktionen** $y(x) = \sin k\pi x$. Die Randbedingung $y(0) = 0$ reduziert sich auf $\sin 0 = 0$, das ist in Ordnung. Die Randbedingung $y(1) = 0$ reduziert sich auf $\sin k\pi = 0$. Die Nullstellen der Sinusfunktion liegen bei π, 2π und allen weiteren ganzzahligen Vielfachen von π. $k = 1, 2, 3, \ldots$ (da $k = 0$ nur $\sin 0x = 0$ liefert). Wir setzen $y(x) = \sin k\pi x$ in Gleichung (1.81), um die Eigenwerte λ zu bestimmen:

$$-\frac{d^2}{dx^2}(\sin k\pi x) = k^2 \pi^2 \sin k\pi x \quad \text{also} \quad \lambda = k^2 \pi^2 = \{\pi^2, 4\pi^2, 9\pi^2, \ldots\}. \tag{1.82}$$

Analog dazu werden wir nachher einen Tipp (*diskreter Sinus*) für die diskreten Eigenvektoren der Matrizen K_n abgeben.

Wenn wir die Randbedingungen ändern, erhalten wir andere Eigenfunktionen und Eigenwerte. Die Lösungen der Gleichung $-y'' = \lambda y$ sind immer noch Sinus- und Kosinusfunktionen. Anstelle der Eigenfunktionen $y = \sin k\pi x$, die an den Randpunkten gleich null sind, erhalten wir für **frei-freie** (Anstieg null), **periodische** und **frei-feste** Randbedingungen die folgenden Eigenfunktionen $y_k(x)$ mit den zugehörigen Eigenwerten λ_k:

Wie in B_n $y'(0) = 0$ und $y'(1) = 0$ $y(x) = \cos k\pi x$ $\lambda = k^2\pi^2$

Wie in C_n $y(0) = y(1), y'(0) = y'(1)$ $y(x) = \sin 2\pi kx, \cos 2\pi kx$ $\lambda = 4k^2\pi^2$

Wie in T_n $y'(0) = 0$ und $y(1) = 0$ $y(x) = \cos(k+\frac{1}{2})\pi x$ $\lambda = (k+\frac{1}{2})^2\pi^2$

Erinnern Sie sich daran, dass die Matrizen B_n und C_n singulär sind (ein Eigenwert ist $\lambda = 0$). Ihre kontinuierlichen Entsprechungen haben ebenfalls einen Eigenwert $\lambda = 0$ mit der Eigenfunktion $\cos 0x = 1$ (setze $k = 0$). Diese konstante Eigenfunktion $y(x) = 1$ ist wie der konstante Vektor $y = (1, 1, \ldots, 1)$.

Die frei-festen Eigenfunktionen $\cos(k+\frac{1}{2})\pi x$ starten mit dem Anstieg null, da $\sin 0 = 0$ ist. Sie enden mit Höhe null, weil $\cos(k+\frac{1}{2})\pi = 0$ ist. Daher gelten $y'(0) = 0$ und $y(1) = 0$. Wie wir gleich sehen werden, enthalten die Eigenvektoren der Matrizen ebensolche Sinus- und Kosinusfunktionen (ihre Eigenwerte λ sind aber verschieden).

Eigenvektoren der Matrizen K_n: Diskrete Sinusfunktion

Nun beschäftigen wir uns mit den Eigenvektoren der Matrizen mit den Elementen $-1, 2, -1$. Das sind **diskrete Sinus- und Kosinusfunktionen** – setzen Sie sie probehalber einfach einmal ein. *In allen mittleren Zeilen* erfüllen $\sin j\theta$ und $\cos j\theta$ die Gleichung $-y_{j-1} + 2y_j - y_{j+1} = \lambda y_j$ mit den **Eigenwerten** $\boldsymbol{\lambda = 2 - 2\cos\theta \geq 0}$:

$$-1 \begin{Bmatrix} \sin(j-1)\theta \\ \cos(j-1)\theta \end{Bmatrix} + 2 \begin{Bmatrix} \sin j\theta \\ \cos j\theta \end{Bmatrix} - 1 \begin{Bmatrix} \sin(j+1)\theta \\ \cos(j+1)\theta \end{Bmatrix} = (2 - 2\cos\theta) \begin{Bmatrix} \sin j\theta \\ \cos j\theta \end{Bmatrix}. \tag{1.83}$$

Das sind Imaginär- und Realteil der einfacheren Identität:

$$-e^{i(j-1)\theta} + 2e^{ij\theta} - e^{i(j+1)\theta} = (2 - e^{-i\theta} - e^{i\theta})e^{ij\theta}.$$

Die Randzeilen entscheiden über θ und alles übrige! Bei den Matrizen K_n sind die Winkel $\theta = k\pi/(n+1)$. Der erste Eigenvektor y_1 tastet die erste Eigenfunktion $y(x) = \sin \pi x$ an den n Gitterpunkten mit $h = \frac{1}{n+1}$ ab:

Erster Eigenvektor ist diskreter Sinus

$$y_1 = (\sin \pi h, \sin 2\pi h, \ldots, \sin n\pi h). \tag{1.84}$$

Die j-te Komponente ist $\sin \frac{j\pi}{n+1}$. Sie ist, wie von den Randbedingungen gefordert, in den Fällen $j = 0$ und $j = n+1$ gleich null. Der Winkel ist $\theta = \pi h = \frac{\pi}{n+1}$. Der kleinste Eigenwert ist $2 - 2\cos\theta \approx \theta^2$:

1.5 Eigenwerte und Eigenvektoren

Eigenwerte $2 - 2\cos\theta$ **von** K_3

$\lambda_1 = 2 - 2\left(\frac{\sqrt{2}}{2}\right) = 2 - \sqrt{2}$
$\lambda_2 = 2 - 2(0) = 2$
$\lambda_3 = 2 - 2\left(-\frac{\sqrt{2}}{2}\right) = 2 + \sqrt{2}$

Spur: $\lambda_1 + \lambda_2 + \lambda_3 = 6$
Determinante: $\lambda_1 \lambda_2 \lambda_3 = 4$

Bei B_4 gehört auch $\lambda_0 = 0$ dazu.

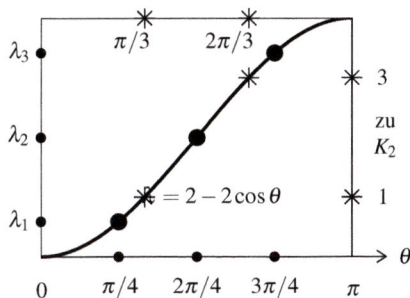

Abb. 1.13 Die Eigenwerte $*$ von K_{n-1} liegen zwischen den Eigenwerten $\bullet = 2 - 2\cos\frac{k\pi}{n+1}$ von K_n.

Erster Eigenwert der Matrix K_n

$$\lambda_1 = 2 - 2\cos\pi h = 2 - 2\left(1 - \frac{\pi^2 h^2}{2} + \cdots\right) \approx \pi^2 h^2. \tag{1.85}$$

Vergleichen Sie diesen Wert mit dem ersten Eigenwert $\lambda = \pi^2$ der Differentialgleichung (wenn $y(x) = \sin\pi x$ und $-y'' = \pi^2 y$ ist). Dividieren Sie die Matrix K durch $h^2 = (\Delta x)^2$ um Differenzen mit Ableitungen vergleichen zu können. Die Eigenwerte der Matrix K müssen ebenfalls durch h^2 dividiert werden:

$\lambda_1(K)/h^2 \approx \pi^2 h^2/h^2$ liegt nah am ersten Eigenwert $\lambda_1 = \pi^2$ in (1.82).

Die übrigen kontinuierlichen Eigenfunktionen sind $\sin 2\pi x, \sin 3\pi x$ und allgemein $\sin k\pi x$. Es ist klar, dass der k-te diskrete Eigenvektor wieder $\sin k\pi x$ an den Gitterpunkten $x = h, \ldots, nh$ abtastet:

Eigenvektoren (diskreter Sinus)
$$y_k = (\sin k\pi h, \ldots, \sin nk\pi h) \tag{1.86}$$

Alle Eigenwerte der Matrix K_n
$$\lambda_k = 2 - 2\cos k\pi h, \; k = 1, \ldots, n. \tag{1.87}$$

Die Summe $\lambda_1 + \cdots + \lambda_n$ muss $2n$ sein, weil das die Summe aller Hauptdiagonalelemente 2 ist (die *Spur*). Das Produkt der λ muss $n + 1$ sein. Hier ist ein Experte gefragt (nicht der Autor). Abbildung 1.13 zeigt die (symmetrisch um 2 verteilten) Eigenwerte der Matrizen K_2 und K_3.

Orthogonalität *Die Eigenvektoren einer symmetrischen Matrix sind orthogonal.* Die Eigenvektoren $(1, 1)$ und $(1, -1)$ im zweidimensionalen Fall bestätigen das. Die drei Eigenvektoren (wenn $n = 3$ und $n + 1 = 4$ ist) sind die Spalten der **Sinus-Matrix** (siehe Abbildung 1.14 auf der nächsten Seite):

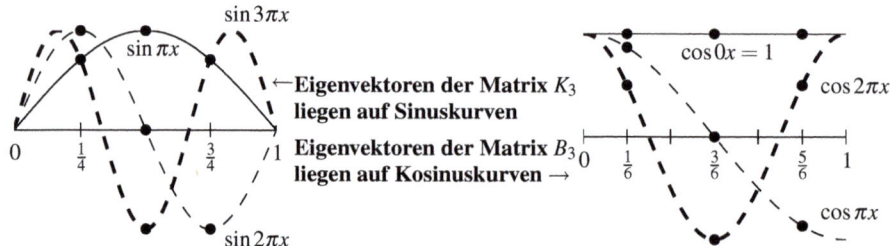

Abb. 1.14 Die drei diskreten Eigenvektoren fallen auf drei kontinuierliche Eigenfunktionen.

Diskrete Sinustransformation

$$\mathbf{DST} = \begin{bmatrix} \sin\frac{\pi}{4} & \sin\frac{2\pi}{4} & \sin\frac{3\pi}{4} \\ \sin\frac{2\pi}{4} & \sin\frac{4\pi}{4} & \sin\frac{6\pi}{4} \\ \sin\frac{3\pi}{4} & \sin\frac{6\pi}{4} & \sin\frac{9\pi}{4} \end{bmatrix} = \begin{bmatrix} \frac{1}{\sqrt{2}} & 1 & \frac{1}{\sqrt{2}} \\ 1 & 0 & -1 \\ \frac{1}{\sqrt{2}} & -1 & \frac{1}{\sqrt{2}} \end{bmatrix}. \quad (1.88)$$

Die Spalten der Matrix S sind die orthogonalen Vektoren der Länge $\sqrt{2}$. Wenn wir alle Komponenten durch $\sqrt{2}$ dividieren, werden die drei Eigenvektoren *orthonormal*. Ihre Komponenten liegen auf Sinus-Kurven. Die **DST**-Matrix wird zu einer orthogonalen Matrix $Q = \mathbf{DST}/\sqrt{2}$ mit $Q^{-1} = Q^\mathrm{T}$.

In Abschnitt 3.5 benutzen wir die **DST**-Matrix in einem schnellen Poisson-Löser für eine zweidimensionale Differenzengleichung $(K2D)U = F$. Die Spalten der Matrix sind dort für den Fall $n = 5$ dargestellt. Als Code geben wir eine schnelle Sinustransformation basierend auf der FFT an.

Eigenvektoren der Matrizen B_n: Diskrete Kosinusfunktion

Die Matrizen B_n gehören zur Bedingung: Anstieg an *beiden* Enden gleich null. Bemerkenswerterweise hat die Matrix B_n dieselben $n-1$ Eigenwerte wie die Matrix K_{n-1} und dazu den Eigenwert $\lambda = 0$. (Die Matrix B ist singulär und enthält $(1,\ldots,1)$ im Nullraum, weil erste und letzte Zeile $+1$ und -1 enthalten). Daher hat die Matrix B_3 die Eigenwerte $0, 1, 3$ und die Spur 4, was mit der Summe der Diagonalelemente $1 + 2 + 1$ übereinstimmt:

Eigenwerte von B_n $\quad \lambda = 2 - 2\cos\dfrac{k\pi}{n}, \quad k = 0,\ldots, n-1$. $\quad (1.89)$

Die Eigenvektoren von B tasten $\cos k\pi x$ an den n Zwischenpunkten $x = (j - \frac{1}{2})/n$ ab (siehe Abbildung 1.14), während die Eigenvektoren der Matrix K den Sinus an den Gitterpunkten $x = j/(n+1)$ abtasten:

Eigenvektoren von B_n $\quad y_k = \left(\cos\dfrac{1}{2}\dfrac{k\pi}{n}, \cos\dfrac{3}{2}\dfrac{k\pi}{n}, \ldots, \cos\left(n - \dfrac{1}{2}\right)\dfrac{k\pi}{n} \right)$. (1.90)

1.5 Eigenwerte und Eigenvektoren

Da der Kosinus eine gerade Funktion ist, haben diese Vektoren an den Rändern den Anstieg null:

$$\cos\left(-\frac{1}{2}\frac{k\pi}{n}\right) = \cos\left(\frac{1}{2}\frac{k\pi}{n}\right) \quad \text{und} \quad \cos\left(n-\frac{1}{2}\right)\frac{k\pi}{n} = \cos\left(n+\frac{1}{2}\right)\frac{k\pi}{n}.$$

Bedenken Sie, dass $k = 0$ den Eigenvektor aus lauter Einsen $y_0 = (1, 1, \ldots, 1)$ liefert, der den Eigenwert $\lambda = 0$ hat. Das ist der DC-Vektor mit der Frequenz null. Beim Zählen mit der Null anzufangen, ist eine nützliche Konvention in der Elektrotechnik und der Bildverarbeitung.

Diese Eigenvektoren der Matrix B_n ergeben die **diskrete Kosinustransformation**. Es folgt die Kosinusmatrix im Fall $n = 3$, die als Spalten die unnormierten Eigenvektoren der Matrix B_3 enthält:

Diskrete Kosinustransformation

$$\mathbf{DCT} = \begin{bmatrix} \cos 0 & \cos\frac{1}{2}\frac{\pi}{3} & \cos\frac{1}{2}\frac{2\pi}{3} \\ \cos 0 & \cos\frac{3}{2}\frac{\pi}{3} & \cos\frac{3}{2}\frac{2\pi}{3} \\ \cos 0 & \cos\frac{5}{2}\frac{\pi}{3} & \cos\frac{5}{2}\frac{2\pi}{3} \end{bmatrix} = \begin{bmatrix} 1 & \frac{1}{2}\sqrt{3} & \frac{1}{2} \\ 1 & 0 & -1 \\ 1 & -\frac{1}{2}\sqrt{3} & \frac{1}{2} \end{bmatrix}. \tag{1.91}$$

Eigenvektoren der Matrizen C_n: Potenzen von $w = e^{2\pi i/n}$

Nachdem wir uns mit den Eigenvektoren der Matrizen K_n und B_n befasst haben, kommen wir zu den Eigenvektoren der Matrizen C_n. Das sind Sinus- *und* Kosinusfunktionen, mit anderen Worten: **komplexe Exponentialfunktionen**. Die Matrizen C_n sind noch bedeutender als die Matrizen zur Sinus- und Kosinustranformation, weil die Eigenvektoren nun die **diskrete Fourier-Transformation** ergeben.

Es gibt keine besseren Eigenvektoren als diese. Jede zirkulante Matrix besitzt solche Eigenvektoren, wie wir in Kapitel 4 über Fourier-Transformationen sehen werden. Eine zirkulante Matrix ist eine „periodische Matrix". Sie hat *konstante Diagonalelemente mit Übertrag auf die nächste Zeile* (die -1 unter der Hauptdiagonalen von C_n wird in die obere rechte Ecke übertragen). Unser Ziel ist, die Eigenwerte und Eigenvektoren der Matrizen C_n zu bestimmen:

Zirkulante Matrix (periodisch) $\quad C_4 = \begin{bmatrix} 2 & -1 & 0 & -1 \\ -1 & 2 & -1 & 0 \\ 0 & -1 & 2 & -1 \\ -1 & 0 & -1 & 2 \end{bmatrix}.$

Diese reelle symmetrische Matrix hat reelle, orthogonale Eigenvektoren (diskrete Sinus- und Kosinusfunktionen). Sie haben volle Perioden wie $\sin 2k\pi x$ anstatt halbe Perioden wie $\sin k\pi x$. Mit dem Abzählen wird es allerdings schwieriger, weil die Kosinusfunktionen mit $k = 0$ und die Sinusfunktionen mit $k = 1$ beginnen. Es ist besser, mit komplexen Exponentialfunktionen $e^{i\theta}$ zu arbeiten. *Der k-te Eigenvektor der Matrix C_n entsteht durch Abtasten der Funktion $y_k(x) = e^{i2\pi kx}$ an den n Gitterpunkten $x = j/n$:*

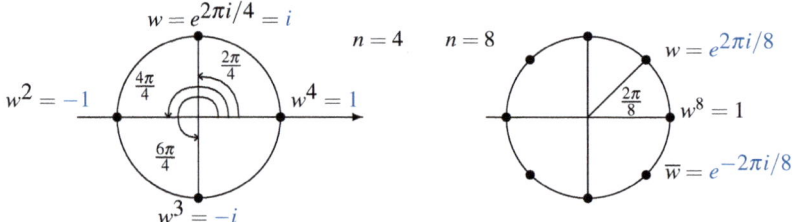

Abb. 1.15 Die Lösungen zu $z^4 = 1$ sind $1, i, i^2, i^3$. Die 8-ten Wurzeln sind Potenzen von $e^{2\pi i/8}$.

j-te Komponente des Vektors y_k

$$e^{i2\pi k(j/n)} = w^{jk}, w = e^{2\pi i/n} = n\text{-te Wurzel von 1}. \qquad (1.92)$$

Diese spezielle Zahl $w = e^{2\pi i/n}$ ist der Schlüssel zur diskreten Fourier-Transformation. *Ihr Winkel ist $2\pi/n$*, was dem n-ten Teil des Weges um den Einheitskreis entspricht. Die Potenzen von w bewegen sich auf dem Einheitskreis und kehren zu $w^n = 1$ zurück:

Eigenvektoren von C_n $\quad y_k = (1, w^k, w^{2k}, \ldots, w^{(n-1)k})$ $\hfill (1.93)$

Eigenwerte von C_n $\quad \lambda_k = 2 - w^k - w^{-k} = 2 - 2\cos\dfrac{2\pi k}{n}$ $\hfill (1.94)$

Die Reihenfolge ist $k = 0, 1, \ldots, n-1$. Der Eigenvektor mit $k = 0$ ist die Konstante $y_0 = (1, 1, \ldots, 1)$. Die Wahl $k = n$ würde denselben Vektor $(1, 1, \ldots, 1)$ ergeben – **nichts Neues also!** Der kleinste Eigenwert $2 - 2\cos 0$ ist $\lambda_0 = 0$. *Die Matrizen C_n sind singulär.*

Der Eigenvektor mit $k = 1$ ist $y_1 = (1, w, \ldots, w^{n-1})$. **Dessen Komponenten sind die n Wurzeln von** 1. Abbildung 1.15 zeigt den Einheitskreis $r = 1$ in der komplexen Ebene, wobei im linken Teil der Abbildung die $n = 4$ Werte in gleichmäßigem Abstand auf dem Kreis verteilt sind. Diese Zahlen sind $e^0, e^{2\pi i/4}, e^{4\pi i/4}, e^{6\pi i/4}$ und **ihre vierten Potenzen sind** 1.

$$Cy_1 = \lambda_1 y_1 \quad Cy_1 = \begin{bmatrix} 2 & -1 & 0 & -1 \\ -1 & 2 & -1 & 0 \\ 0 & -1 & 2 & -1 \\ -1 & 0 & -1 & 2 \end{bmatrix} \begin{bmatrix} 1 \\ i \\ i^2 \\ i^3 \end{bmatrix} = (2 - i - i^3) \begin{bmatrix} 1 \\ i \\ i^2 \\ i^3 \end{bmatrix}. \quad (1.95)$$

Für beliebiges n liefert die erste Zeile $2 - w - w^{n-1} = 2 - w - \overline{w}$. Bedenken Sie, dass w^{n-1} auch die konjugiert komplexe $\overline{w} = e^{-2\pi i/n} = 1/w$ ist: wenn wir mit w multiplizieren, erhalten wir 1.

Eigenwerte von C

$$\lambda_1 = 2 - w - \overline{w} = 2 - e^{2\pi i/n} - e^{-2\pi i/n} = 2 - 2\cos\dfrac{2\pi}{n}. \qquad (1.96)$$

1.5 Eigenwerte und Eigenvektoren

Nun kennen wir die ersten beiden Eigenvektoren $y_0 = (1,1,1,1)$ und $y_1 = (1,i,i^2,i^3)$ von C_4. Die Eigenwerte sind 0 und 2. Um die Aufgabe abzuschließen, brauchen wir die Eigenvektoren $y_2 = (1,i^2,i^4,i^6)$ und $y_3 = (1,i^3,i^6,i^9)$. *Ihre Eigenwerte sind 4 und 2, die aus $2 - 2\cos\pi$ und $2 - 2\cos\frac{3\pi}{2}$ hervorgegangen sind.* Dann ist die Summe der Eigenwerte $0+2+4+2 = 8$, was mit der Summe der Diagonalelemente (der Spur $2+2+2+2$) dieser Matrix C_4 übereinstimmt.

Die Fourier-Matrix

Wie üblich kommen die Eigenvektoren in die Spalten einer Matrix. Anstelle der Sinus- oder Kosinusmatrix erhalten wir aus den Eigenvektoren von C_n die **Fourier-Matrix** F_n. Wir haben es mit der diskreten Fourier-Transformation **DFT** anstelle der diskreten Sinus- **DST** oder Kosinustranformation **DCT** zu tun. Im Fall $n = 4$ sind die Spalten der Matrix F_4 gleich y_0, y_1, y_2, y_3:

Fourier-Matrix F_4
Eigenvektoren von C_4
$$F_4 = \begin{bmatrix} 1 & 1 & 1 & 1 \\ 1 & i & i^2 & i^3 \\ 1 & i^2 & i^4 & i^6 \\ 1 & i^3 & i^6 & i^9 \end{bmatrix} \qquad (F_n)_{jk} = w^{jk} = e^{2\pi ijk/n}.$$

Die Spalten der Fourier-Matrix sind orthogonal! Beim Skalarprodukt von zwei komplexen Vektoren müssen wir einen Vektor davon konjugiert komplex verwenden (per Konvention den ersten Vektor). Anderenfalls hätten wir $y_1^T y_3 = 1 + 1 + 1 + 1 = 4$. Doch y_1 ist tatsächlich orthogonal zu y_3, weil wir in korrekter Weise $\overline{y}_1$ verwenden:

Komplexes Skalarprodukt
$$\overline{y}_1^T y_3 = \begin{bmatrix} 1 & -i & (-i)^2 & (-i)^3 \end{bmatrix} \begin{bmatrix} 1 \\ i^3 \\ i^6 \\ i^9 \end{bmatrix} = 1 - 1 + 1 - 1 = 0. \qquad (1.97)$$

Analog liefert $\overline{y}_1^T y_1 = 4$ die korrekte Länge $\|y_1\| = 2$ (nicht $y_1^T y_1 = 0$). Die Matrix $\overline{F}^T F$ aller Spalten-Skalarprodukte ist $4I$. *Die Orthogonalität der Spalten zeigt F^{-1}:*

Orthogonalität $\quad \overline{F}_4^T F_4 = 4I$, sodass $F_4^{-1} = \frac{1}{4}\overline{F}_4^T =$ **Inverse von F**. $\qquad$ (1.98)

Stets ist $\overline{F}_n^T F_n = nI$. *Die Inverse von F_n ist $\overline{F}_n^T/n$.* Wir könnten die Matrix F_n durch $\sqrt{n}$ teilen, was sie zu $U_n = F_n/\sqrt{n}$ normieren würde. **Diese normierte Fourier-Matrix ist unitär**:

Orthonormalität $\quad \overline{U}_n^T U_n = \left(\overline{F}_n^T/\sqrt{n}\right)(F_n/\sqrt{n}) = \frac{n}{n}I = I. \qquad (1.99)$

Eine unitäre Matrix hat orthonormale Spalten, und es gilt $\overline{U}^T U = I$. Sie ist das komplexe Analogon einer reellen orthogonalen Matrix Q (mit $Q^T Q = I$). Die Fourier-Matrix ist die bedeutendste komplexe Matrix überhaupt. Die Matrizen F_n und F_n^{-1} ergeben die diskrete Fourier-Transformation.

Aufgaben zu Abschnitt 1.5

Die ersten neun Aufgaben befassen sich mit den Matrizen K_n, T_n, B_n und C_n.

1.5.1 Die 2×2-Matrix K_2 aus Beispiel 1.10 auf Seite 54 besitzt die Eigenwerte 1 und 3, die in Λ stehen. Die *normierten* Eigenvektoren q_1 und q_2 sind die Spalten von Q. Führen Sie die Multiplikation $Q\Lambda Q^T$ aus, um wieder K_2 zu erhalten.

1.5.2 Wenn Sie den Eigenvektor $y = (\sin \pi h, \sin 2\pi h, \ldots)$ mit K multiplizieren, ergibt die erste Zeile ein Vielfaches von $\sin \pi h$. Nutzen Sie Doppelwinkelfunktionen, um diesen Multiplikator λ zu bestimmen:

$$(Ky)_1 = 2\sin \pi h - 1\sin 2\pi h = \lambda \sin \pi h. \qquad \text{Dann ist } \lambda = \underline{\qquad}.$$

1.5.3 Konstruieren Sie in MATLAB die Matrix $K = K_5$ und bestimmen Sie die Eigenwerte durch $e = \text{eig}(K)$. Diese Spalte sollte $(2-\sqrt{3}, 2-1, 2-0, 2+1, 2+\sqrt{3})$ lauten. Überzeugen Sie sich davon, dass e mit $2*\text{ones}(5,1) - 2*\cos([1:5]*\text{pi}/6)'$ übereinstimmt.

1.5.4 Knüpfen Sie an Aufgabe 1.5.3 an und bestimmen Sie mithilfe von $[Q,E] = \text{eig}(K)$ die Eigenvektormatrix Q. Bei der diskreten Sinustransformation **DST** $= Q*\text{diag}([-1 \ -1 \ \ 1 \ -1 \ \ 1])$ beginnt jede Spalte mit einem positiven Element. Die Matrix $JK = [1:5]'*[1:5]$ hat die Elemente j mal k. Überzeugen Sie sich davon, dass **DST** mit $\sin(JK*\text{pi}/6)/\text{sqrt}(3)$ übereinstimmt und überprüfen Sie **DST**$^T = $ **DST**$^{-1}$.

1.5.5 Konstruieren Sie $B = B_6$ und $[Q,E] = \text{eig}(B)$ mit $B(1,1) = 1$ und $B(6,6) = 1$. Überzeugen Sie sich davon, dass $E = \text{diag}(e)$ ist, wobei in e die Eigenwerte $2*\text{ones}(1,6) - 2*\cos([0:5]*\text{pi}/6)$ stehen. Wie arrangieren Sie Q, um sich die (außerordentlich wichtige) diskrete Kosinustransformation mit den Elementen **DCT** $= \cos([.5:5.5]'*[0:5]*\text{pi}/6)/\text{sqrt}(3)$ zu verschaffen?

1.5.6 Zu frei-festen Randbedingungen gehört die Matrix $T = T_6$. Sie hat das Element $T(1,1) = 1$. Überzeugen Sie sich davon, dass die Eigenwerte dieser Matrix $2 - 2\cos\left[(k-\frac{1}{2})\pi/6.5\right]$ sind. Die normierten Eigenvektoren von $T = T_6$ sollte die Matrix $\cos([.5:5.5]'*[.5:5.5]*\text{pi}/6.5)/\text{sqrt}(3.25)$ enthalten. Berechnen Sie $Q'*Q$ und $Q'*T*Q$.

1.5.7 Die Spalten der Fourier-Matrix F_4 sind Eigenvektoren der zirkulanten Matrix $C = C_4$. Jedoch liefert $[Q,E] = \text{eig}(C)$ nicht $Q = F_4$. Welche Kombinationen der Spalten der Matrix Q ergeben die Spalten von F_4? Beachten Sie den doppelten Eigenwert in E.

1.5.8 Zeigen Sie, dass sich die n Eigenwerte $2 - 2\cos\frac{k\pi}{n+1}$ der Matrix K_n zur Spur $2 + \cdots + 2$ aufsummieren.

1.5.9 Die Matrizen K_3 und B_4 haben dieselben von null verschiedenen Eigenwerte, weil sie sich aus derselben 4×3-Rückwärtsdifferenz Δ_- ergeben. Zeigen Sie $K_3 = \Delta_-^T \Delta_-$ und $B_4 = \Delta_- \Delta_-^T$. Die Eigenwerte der Matrix K_3 sind die quadrierten **Singulärwerte** σ^2 der Matrix Δ_- aus Abschnitt 1.7.

Die Aufgaben 1.5.10–1.5.22 befassen sich mit der Diagonalisierung der Matrix A durch ihre Eigenvektoren in S.

1.5 Eigenwerte und Eigenvektoren

1.5.10 Faktorisieren Sie die beiden folgenden Matrizen in $A = S\Lambda S^{-1}$. Überzeugen Sie sich davon, dass $A^2 = S\Lambda^2 S^{-1}$ gilt:

$$A = \begin{bmatrix} 1 & 2 \\ 0 & 3 \end{bmatrix} \quad \text{und} \quad A = \begin{bmatrix} 1 & 1 \\ 2 & 2 \end{bmatrix}.$$

1.5.11 Wenn $A = S\Lambda S^{-1}$ gilt, dann ist $A^{-1} = (\ )(\ )(\ )$. Die Eigenvektoren von A^3 sind (dieselben Spalten der Matrix S)(andere Vektoren).

1.5.12 Angenommen, die Matrix A hat die Eigenwerte $\lambda_1 = 2$ mit Eigenvektor $x_1 = \begin{bmatrix} 1 \\ 0 \end{bmatrix}$ und $\lambda_2 = 5$ mit Eigenvektor $x_2 = \begin{bmatrix} 1 \\ 1 \end{bmatrix}$. Bestimmen Sie A aus $S\Lambda S^{-1}$. Keine andere Matrix besitzt dieselben Eigenwerte λ und Eigenvektoren x.

1.5.13 Sei $A = S\Lambda S^{-1}$. Was ist die Eigenwertmatrix für $A + 2I$? Was ist die Eigenvektormatrix? Überzeugen Sich sich davon, dass $A + 2I = (\ )(\ )(\ )^{-1}$ gilt.

1.5.14 Wenn die Spalten der Matrix S (n Eigenvektoren der Matrix A) linear unabhängig sind, dann

(a) ist A invertierbar   (b) ist A diagonalisierbar   (c) ist S invertierbar.

1.5.15 Die Matrix $A = \begin{bmatrix} 3 & 1 \\ 0 & 3 \end{bmatrix}$ ist nicht diagonalisierbar, weil der Rang von $A - 3I$ gleich _____ ist. Die Matrix A besitzt nur einen linear unabhängigen Eigenvektor. Welche Elemente der Matrix A könnten Sie ändern, um die Matrix diagonalisierbar zu machen?

1.5.16 Im Limes $k \to \infty$ geht $A^k = S\Lambda^k S^{-1}$ genau dann gegen die Nullmatrix, wenn der Betrag jedes λ kleiner ist als _____. Für welche der Matrizen gilt $A^k \to 0$?

$$A_1 = \begin{bmatrix} .6 & .4 \\ .4 & .6 \end{bmatrix} \quad \text{und} \quad A_2 = \begin{bmatrix} .6 & .9 \\ .1 & .6 \end{bmatrix} \quad \text{und} \quad A_3 = K_3.$$

1.5.17 Bestimmen Sie Λ und S, um A_1 aus Aufgabe 1.5.16 zu diagonalisieren. Was ist $A_1^{10} u_0$ für folgende u_0?

$$u_0 = \begin{bmatrix} 1 \\ 1 \end{bmatrix} \quad \text{und} \quad u_0 = \begin{bmatrix} 1 \\ -1 \end{bmatrix} \quad \text{und} \quad u_0 = \begin{bmatrix} 2 \\ 0 \end{bmatrix}.$$

1.5.18 Diagonalisieren Sie A und berechnen Sie $S\Lambda^k S^{-1}$, um folgenden Ausdruck für A^k zu prüfen:

$$A = \begin{bmatrix} 2 & 1 \\ 1 & 2 \end{bmatrix} \quad \text{hat} \quad A^k = \frac{1}{2}\begin{bmatrix} 3^k+1 & 3^k-1 \\ 3^k-1 & 3^k+1 \end{bmatrix}.$$

1.5.19 Diagonalisieren Sie B und berechnen Sie $S\Lambda^k S^{-1}$, um zu zeigen, wie 3^k und 2^k in B^k vorkommen:

$$B = \begin{bmatrix} 3 & 1 \\ 0 & 2 \end{bmatrix} \quad \text{hat} \quad B^k = \begin{bmatrix} 3^k & 3^k - 2^k \\ 0 & 2^k \end{bmatrix}.$$

1.5.20 Angenommen, es gilt $A = S\Lambda S^{-1}$. Verwenden Sie Determinanten, um zu beweisen, dass $\det A = \lambda_1 \lambda_2 \cdots \lambda_n$ das Produkt der Eigenwerte λ ist. Dieser schnelle Beweis funktioniert nur, wenn A _____ ist.

1.5.21 Zeigen Sie, dass Spur $GH = $ Spur HG gilt, indem Sie die Hauptdiagonalelemente von GH und HG addieren:

$$G = \begin{bmatrix} a & b \\ c & d \end{bmatrix} \quad \text{und} \quad H = \begin{bmatrix} q & r \\ s & t \end{bmatrix}.$$

Wählen Sie $G = S$ und $H = \Lambda S^{-1}$. Dann hat $S\Lambda S^{-1} = A$ dieselbe Spur wie $\Lambda S^{-1}S = \Lambda$, sodass die Spur die Summe der Eigenwerte ist.

1.5.22 Setzen Sie $A = S\Lambda S^{-1}$ in das Produkt $(A - \lambda_1 I)(A - \lambda_2 I)\cdots(A - \lambda_n I)$ ein und erklären Sie, weshalb $(\Lambda - \lambda_1 I)\cdots(\Lambda - \lambda_n I)$ die Nullmatrix liefert. Wir ersetzen λ im Polynom $p(\lambda) = \det(A - \lambda I)$ durch A. Der Satz von Cayley-Hamilton besagt, dass $p(A) = $ *Nullmatrix* gilt (selbst wenn A nicht diagonalisierbar ist).

In den Aufgaben 1.5.23–1.5.26 werden Differentialgleichungssysteme erster Ordnung $u' = Au$ mithilfe von $Ax = \lambda x$ gelöst.

1.5.23 Bestimmen Sie Eigenwerte λ und Eigenwerte x, sodass $u = e^{\lambda t}x$ folgende Gleichung löst:

$$\frac{du}{dt} = \begin{bmatrix} 4 & 3 \\ 0 & 1 \end{bmatrix} u.$$

Welche Lösung $u = c_1 e^{\lambda_1 t} x_1 + c_2 e^{\lambda_2 t} x_2$ erfüllt die Anfangsbedingung $u(0) = (5, -2)$?

1.5.24 Bestimmen Sie die Matrix A, die die skalare Gleichung $y'' = 5y' + 4y$ in eine Vektorgleichung für $u = (y, y')$ umwandelt. Was sind die Eigenwerte von A? Bestimmen Sie λ_1 und λ_2 auch durch Einsetzen von $y = e^{\lambda t}$ in $y'' = 5y' + 4y$:

$$\frac{du}{dt} = \begin{bmatrix} y' \\ y'' \end{bmatrix} = \begin{bmatrix} & \\ & \end{bmatrix} \begin{bmatrix} y \\ y' \end{bmatrix} = Au.$$

1.5.25 Die Hase- und Wolf-Population weist einen schnellen Hasenzuwachs (von $6r$) aber auch einen Hasenrückgang durch Wölfe (von $-2w$) auf. Bestimmen Sie die Matrix A sowie ihre Eigenwerte und Eigenvektoren:

$$\frac{dr}{dt} = 6r - 2w \quad \text{und} \quad \frac{dw}{dt} = 2r + w.$$

Wie sieht die Population mit der Anfangsbedingung $r(0) = w(0) = 30$ zur Zeit t aus? Wie verhält sich die Population der Hasen zur Population der Wölfe im Langzeitlimes, wie 1 zu 2 oder wie 2 zu 1?

1.5.26 Setzen Sie $y = e^{\lambda t}$ in die Gleichung $y'' = 6y' - 9y$ ein, um zu zeigen, dass $\lambda = 3$ eine doppelte Nullstelle ist. Das bereitet Schwierigkeiten, weil wir neben e^{3t} eine zweite Lösung brauchen. Die Matrixgleichung lautet

$$\frac{d}{dt} \begin{bmatrix} y \\ y' \end{bmatrix} = \begin{bmatrix} 0 & 1 \\ -9 & 6 \end{bmatrix} \begin{bmatrix} y \\ y' \end{bmatrix}.$$

1.5 Eigenwerte und Eigenvektoren

Zeigen Sie, dass diese Matrix die Eigenwerte $\lambda = 3, 3$ und nur einen linear unabhängigen Eigenvektor hat. *Auch hier gibt es Schwierigkeiten.* Zeigen Sie, dass $y = te^{3t}$ die zweite Lösung ist.

1.5.27 Erklären Sie, weshalb A und A^T dieselben Eigenwerte besitzen. Zeigen Sie, dass ein Eigenwert einer Markov-Matrix stets $\lambda = 1$ ist, weil sich jede Zeile von A^T zu 1 aufaddiert und der Vektor _____ ein Eigenvektor von A^T ist.

1.5.28 Bestimmen Sie die Eigenwerte und die normierten Eigenvektoren der Matrizen A und T und prüfen Sie die Spur:

$$A = \begin{bmatrix} 1 & 1 & 1 \\ 1 & 0 & 0 \\ 1 & 0 & 0 \end{bmatrix} \qquad T = \begin{bmatrix} 1 & -1 \\ -1 & 2 \end{bmatrix}.$$

1.5.29 Hier ist ein „schneller" Beweis, dass die Eigenwerte aller reellen Matrizen reell sind:

$$Ax = \lambda x \quad \text{liefert} \quad x^T A x = \lambda x^T x, \quad \text{sodass} \quad \lambda = \frac{x^T A x}{x^T x} \quad \text{reell ist.}$$

Finden Sie den Denkfehler in dieser Argumentation – eine implizite Annahme, die nicht erfüllt ist.

1.5.30 Bestimmen Sie alle 2×2-Matrizen, die sowohl orthogonal als auch symmetrisch sind. Welche beiden Zahlen können Eigenwerte dieser Matrizen sein?

1.5.31 Um die Eigenfunktion $y(x) = \sin k\pi x$ zu bestimmen, könnten wir $y = e^{ax}$ in die Differentialgleichung $-u'' = \lambda u$ einsetzen. Die Gleichung $-a^2 e^{ax} = \lambda e^{ax}$ liefert dann $a = i\sqrt{\lambda}$ oder $a = -i\sqrt{\lambda}$. Die vollständige Lösung ist $y(x) = Ce^{i\sqrt{\lambda}x} + De^{-i\sqrt{\lambda}x}$ mit $C + D = 0$, weil die Randbedingung $y(0) = 0$ ist. Das reduziert $y(x)$ auf eine Sinusfunktion:

$$y(x) = C(e^{i\sqrt{\lambda}x} - e^{-i\sqrt{\lambda}x}) = 2iC \sin \sqrt{\lambda} x.$$

$y(1) = 0$ liefert $\sin \sqrt{\lambda} = 0$. Dann muss $\sqrt{\lambda}$ ein Vielfaches von $k\pi$ sein, und wie vorhin ist $\lambda = k^2 \pi^2$. *Wiederholen Sie diese Schritte für die Bedingungen* $y'(0) = y'(1) = 0$ *und* $y'(0) = y(1) = 0$.

1.5.32 Angenommen, Sie verfolgen mit eigshow die Vektoren x und Ax für die sechs folgenden Matrizen. Wie viele reelle Eigenvektoren gibt es? Wann bewegt sich Ax gegenüber x in die entgegengesetzte Richtung?

$$A = \begin{bmatrix} 2 & 0 \\ 0 & 1 \end{bmatrix} \quad \begin{bmatrix} 2 & 0 \\ 0 & -1 \end{bmatrix} \quad \begin{bmatrix} 0 & 1 \\ 1 & 0 \end{bmatrix} \quad \begin{bmatrix} 0 & 1 \\ -1 & 0 \end{bmatrix} \quad \begin{bmatrix} 1 & 1 \\ 1 & 1 \end{bmatrix} \quad \begin{bmatrix} 1 & 1 \\ 0 & 1 \end{bmatrix}$$

1.5.33 Scarymatlab veranschaulicht, was passiert, wenn Rundungsfehler die Symmetrie zerstören:

$$A = [1\,1\,1\,1\,1;\ 1:5]'; \quad B = A'*A; \quad P = A*\text{inv}(B)*A'; \quad [Q, E] = \text{eig}(P);$$

Die Matrix B ist vollkommen symmetrisch. Die Projektion P sollte symmetrisch sein, doch sie ist es nicht. Zeigen Sie mithilfe von $Q' * Q$, dass das Skalarprodukt von zwei Eigenvektoren von P bei weitem nicht null ist.

Anschauungsbeispiel

Ein wichtiges Problem in der Physik ist das Eigenwertproblem $-u'' + x^2 u = \lambda u$ für die Schrödinger-Gleichung (**harmonischer Oszillator**). Die exakten Eigenwerte sind die ungeraden Zahlen $\lambda = 1, 3, 5, \ldots$. Das ist ein schönes Beispiel für ein numerisches Experiment. Ein neuer Aspekt ist, dass bei der numerischen Berechnung das unendliche Intervall $(-\infty, \infty)$ auf $-L \leq x \leq L$ reduziert wird. Die Eigenfunktionen fallen so schnell, nämlich wie $e^{-x^2/2}$, dass die Matrix K durch die Matrix B (oder sogar durch die Matrix C) ersetzt werden könnte. Probieren Sie harmonic(10, 10, 8), (10, 20, 8) und (5, 10, 8) um zu sehen, wie der Fehler in $\lambda = 1$ von h und L abhängt.

```
function harmonic(L,n,k)          % positive ganze Zahlen L,n,k
h=1/n; N=2*n*L+1;                 % N Gitterpunkte im Intervall [-L,L]
K= toeplitz([2-1 zeros(1,N-2)]);  % Matrix der zweiten Differenzen
H=K/h^2+ diag((-L:h:L).^2);       % Diagonalmatrix von x^2
[V,F]= eig(H);                    % trideig ist für große N schneller
E=diag(F); E=E(1:k)               % die ersten k Eigenwerte (nahe 2n+1)
j=1:k; plot(j,E);                 % wähle sparse K und diag falls notwendig
```

Der Code trideig zur Bestimmung der Eigenwerte für tridiagonale Matrizen liegt auf math.mit.edu/~persson.

Die exakten Eigenfunktionen $u_n = H_n(x) e^{-x^2/2}$ verschaffen wir uns mit einer klassischen Methode: Wir setzen $u(x) = (\sum a_j x^j) e^{-x^2/2}$ in die Gleichung $-u'' + x^2 u = (2n+1)u$ ein und *machen einen Koeffizientenvergleich*. Dann ergibt sich a_{j+2} aus a_j (gerade und ungerade Potenzen bleiben getrennt):

Die Koeffizienten sind durch $(j+1)(j+2)a_{j+2} = -2(n-j)a_j$ verknüpft.

An der Stelle $n = j$ ist die rechte Seite der Gleichung null, also $a_{j+2} = 0$ und die Potenzreihe ist endlich (gut so). Anderenfalls würde die Reihe eine Lösung $u(x)$ liefern, die sich bei unendlich aufblasen würde. (Der Cutoff erklärt, warum $\lambda = 2n+1$ ein Eigenwert ist). Ich bin froh, Ihnen an diesem Beispiel den Erfolg der Potenzreihenmethode vorführen zu können, die nicht wirklich ein populärer Teil des wissenschaftlichen Rechnens und Modellierens ist.

Die Funktionen $H_n(x)$ sind die **Hermitischen Polynome**. In physikalischen Einheiten sind die Eigenwerte $E = (n + \frac{1}{2})\hbar\omega$. Das ist die **Quantisierungsbedingung**, die für diesen Quantenoszillator diskrete Energiezustände auswählt.

Das Wasserstoffatom ist ein härterer Test für die Numerik, weil $e^{-x^2/2}$ verschwindet. Sie können sich vom Unterschied überzeugen, indem Sie mit $-u'' + \bigl(l(l+1)/2x^2 - 1/x\bigr)u = \lambda u$ auf $0 \leq x < \infty$ experimentieren. Niels Bohr fand $\lambda_n = c/n^2$, was Griffiths [69] hervorhebt als „*wichtigste Formel der gesamten Quantenmechanik.* Bohr verschaffte sie sich im Jahr 1913 durch eine glückliche Mischung aus unanwendbarer klassischer Physik und unfertiger Quantentheorie..."

Inzwischen wissen wir, dass die Schrödinger-Gleichung und ihre Eigenwerte der Schlüssel sind.

Eigenschaften von Eigenwerten und Eigenvektoren

Matrix	*Eigenwerte*	*Eigenvektoren*
symmetrisch: $A^T = A$	alle λ sind reell	orthogonal $x_i^T x_j = 0$
orthogonal: $Q^T = Q^{-1}$	alle $|\lambda| = 1$	orthogonal $\bar{x}_i^T x_j = 0$
schiefsymmetrisch: $A^T = -A$	alle λ sind imaginär	orthogonal $\bar{x}_i^T x_j = 0$
komplex hermitesch: $\overline{A}^T = A$	alle λ sind reell	orthogonal $\bar{x}_i^T x_j = 0$
positiv definit: $x^T A x > 0$	alle $\lambda > 0$	orthogonal
Markov: $m_{ij} > 0, \sum_{i=1}^{n} m_{ij} = 1$	$\lambda_{\max} = 1$	stationär $x > 0$
ähnliche: $B = M^{-1}AM$	$\lambda(B) = \lambda(A)$	$x(B) = M^{-1}x(A)$
Projektion: $P = P^2 = P^T$	$\lambda = 1; 0$	Spaltenraum; Nullraum
Reflexion: $I - 2uu^T$	$\lambda = -1; 1,..,1$	$u; u^\perp$
Rang 1: uv^T	$\lambda = v^T u; 0,..,0$	$u; v^\perp$
inverse: A^{-1}	$1/\lambda(A)$	Eigenvektoren von A
Verschiebung: $A + cI$	$\lambda(A) + c$	Eigenvektoren von A
stabile Potenzen: $A^n \to 0$	alle $|\lambda| < 1$	
stabile e-Funktion: $e^{At} \to 0$	alle Re $\lambda < 0$	
zyklisch: $P(1,..,n) = (2,..,n,1)$	$\lambda_k = e^{2\pi i k/n}$	$x_k = (1, \lambda_k, ..., \lambda_k^{n-1})$
Toeplitz: $-1,2,-1$ auf Diagonalen	$\lambda_k = 2 - 2\cos\frac{k\pi}{n+1}$	$x_k = \left(\sin\frac{k\pi}{n+1}, \sin\frac{2k\pi}{n+1}, ...\right)$
diagonalisierbar: $S\Lambda S^{-1}$	Diagonale von Λ	Spalten von S sind unabhängig
symmetrisch: $Q\Lambda Q^T$	Diagonale von Λ (reell)	Spalten von Q sind orthonormal
Jordan: $J = M^{-1}AM$	Diagonale von J	jeder Block liefert $x = (0,..,1,..,0)$
SVD: $A = U\Sigma V^T$	singuläre Werte in Σ	Eigenvektoren von $A^T A, AA^T$ in V, U

1.6 Positiv definite Matrizen

In diesem Abschnitt konzentrieren wie uns auf die Eigenschaft „positiv definit". Das Wort bezieht sich auf quadratsymmetrische Matrizen mit insbesondere neun Eigenschaften. Diese sind am Ende dieses Abschnitts zusammengefasst. Meiner Ansicht nach brauchen wir drei grundlegende Eigenschaften, um weiterzukommen:

1. Jede Matrix $K = A^T A$ ist symmetrisch und positiv definit (oder zumindest positiv semidefinit).
2. Wenn die Matrizen K_1 und K_2 positiv definit sind, dann ist auch die Matrix $K_1 + K_2$ positiv definit.

3. Alle Pivotelemente und Eigenwerte einer positiv definiten Matrix sind positiv.

Auf die Pivotelemente und Eigenwerte sind wir bereits eingegangen. Aber sie verschaffen uns keinen guten Zugang zu den Eigenschaften **1** und **2**. Die Pivotelemente oder Eigenwerte lassen sich nicht ohne weiteres verfolgen, wenn wir die Summe $K_1 + K_2$ bilden. Warum können die Pivotelemente nicht negativ sein, wenn wir das Produkt $A^T A$ (und später $A^T C A$) bilden? ***Der Schlüssel steckt im Term $\frac{1}{2} u^T K u$, den man als Energie bezeichnet.*** Was wir brauchen, ist eine *Energie basierte Definition der positiven Definitheit*, aus deren Sicht die Punkte **1, 2** und **3** klar werden.

Aus dieser Definition heraus werden wir einen Test dafür ableiten, ob eine Funktion $P(u)$ ein Minimum besitzt. Beginnen wir an einer Stelle, an der alle partiellen Ableitungen $\partial P/\partial u_1, \partial P/\partial u_2, \ldots, \partial P/\partial u_n$ null sind. **An dieser Stelle hat die Funktion ein Minimum** (kein Maximum und keinen Sattelpunkt), **wenn die Matrix der zweiten Ableitungen positiv definit ist**. Die Diskussion führt auf einen Algorithmus, der dieses Minimum tatsächlich bestimmt. Wenn $P(u)$ quadratisch ist (nur Ausdrücke $\frac{1}{2} K_{ii} u_i^2$, $K_{ij} u_i u_j$ und $f_i u_i$ enthält), hat dieses Minimum eine hübsche und wichtige Form:

Minimum von $P(u) = \dfrac{1}{2} u^T K u - u^T f$ **ist** $P_{\min} = -\dfrac{1}{2} f^T K^{-1} f$, **falls** $Ku = f$.

Beispielmatrizen und Energie basierte Definition

Wir werden gleich drei Beispielmatrizen $\frac{1}{2} K, B, M$ betrachten, um den Unterschied zwischen *definit*, *semidefinit* und *indefinit* zu veranschaulichen. Die Nebendiagonalelemente werden bei diesen Beispielen in jedem Schritt größer. Sie werden sehen, wie die „Energie" positive Werte (in K), möglicherweise verschwindende Werte (in B) und schließlich möglicherweise negative Werte (in M) annimmt.

definit	semidefinit	indefinit
$\frac{1}{2} K = \begin{bmatrix} 1 & -\frac{1}{2} \\ -\frac{1}{2} & 1 \end{bmatrix}$	$B = \begin{bmatrix} 1 & -1 \\ -1 & 1 \end{bmatrix}$	$M = \begin{bmatrix} 1 & -3 \\ -3 & 1 \end{bmatrix}$
$u_1^2 - u_1 u_2 + u_2^2$	$u_1^2 - 2u_1 u_2 + u_2^2$	$u_1^2 - 6 u_1 u_2 + u_2^2$
stets positiv	**positiv oder null**	**positiv oder negativ**

Unter den drei Matrizen finden Sie zusätzliche Angaben. Die Matrizen werden von links mit dem Zeilenvektor $u^T = [u_1 \; u_2]$ und von rechts mit dem Spaltenvektor u multipliziert. Die Ergebnisse $u^T \left(\frac{1}{2} K \right) u$, $u^T B u$ und $u^T M u$ stehen unter den Matrizen.

Die Matrix I ist mit den Nullen in den Nebendiagonalen positiv definit (alle Pivotelemente und Eigenwerte sind 1). Die Matrix $\frac{1}{2} K$, in der die Nebendiagonalelemente den Wert $-\frac{1}{2}$ annehmen, ist immer noch positiv definit. Wenn die Nebendiagonalelemente den Wert -1 annehmen, haben wir die semidefinite (singuläre) Matrix B. Die Matrix M ist mit ihren Nebendiagonalelementen -3 ganz und gar indefinit (Pivotelemente und Eigenwerte beiderlei Vorzeichen). Von Bedeutung ist der *Betrag* der Nebendiagonalelemente $\frac{1}{2}, -1, -3$, nicht ihr negatives Vorzeichen.

1.6 Positiv definite Matrizen

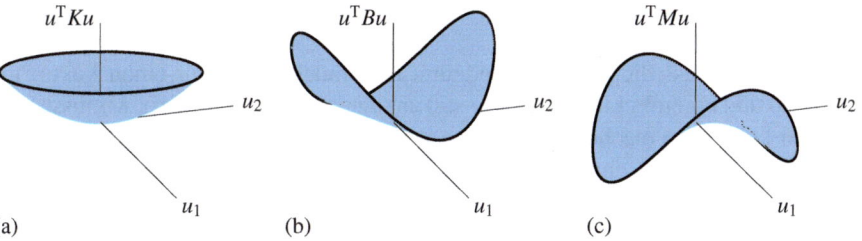

Abb. 1.16 Positiv definit, semidefinit und indefinit: Mulde, Rinne und Sattel.

Quadratische Funktionen Rein quadratische Funktionen wie die Funktion $u_1^2 - u_1 u_2 + u_2^2$ enthalten nur Terme zweiter Ordnung. Das einfachste positiv definite Beispiel ist die Funktion $u_1^2 + u_2^2$ aus der Einheitsmatrix I. Sie ist außer im Fall $u_1 = u_2 = 0$ immer positiv. Jede rein quadratische Funktion gehört zu einer symmetrischen Matrix. Wenn S die Matrix ist, dann ist $u^T S u$ die Funktion.

Wenn in der Matrix S auf beiden Seiten der Hauptdiagonalen das Element b steht, wird in der Funktion daraus der Term $2b$. Es folgt $u^T S u$ für eine typische symmetrische 2×2-Matrix, aus der sich die Terme au_1^2, $2bu_1 u_2$ und cu_2^2 ergeben:

Quadratische Funktion
$$u^T S u = \begin{bmatrix} u_1 & u_2 \end{bmatrix} \begin{bmatrix} a & b \\ b & c \end{bmatrix} \begin{bmatrix} u_1 \\ u_2 \end{bmatrix} = au_1^2 + 2bu_1 u_2 + cu_2^2. \quad (1.100)$$

Beachten Sie die Koeffizienten a und c vor u_1^2 und u_2^2. Das Nebendiagonalelement b steht vor dem Term $u_1 u_2$.

Die Koeffizienten a, b, c entscheiden, ob $u^T S u$ (außer $u = 0$) stets positiv ist. Die Positivität von $u^T S u$ ist die Bedingung dafür, dass S eine positiv definite Matrix ist.

Definition Die symmetrische Matrix S ist *positiv definit*, wenn für alle Vektoren u (außer $u = 0$) die Ungleichung $u^T S u > 0$ gilt.

Der Graph von $u^T S u$ läuft von null *aufwärts*. Es gibt ein Minimum an der Stelle $u = 0$. Abbildung 1.16a zeigt $u_1^2 - u_1 u_2 + u_2^2$ aus $S = \frac{1}{2}K$. Die Fläche ist wie eine *Mulde*.

Mit der letzten Definition sieht man leicht, warum die Summe $K_1 + K_2$ positiv definit bleibt (Punkt **2**). Wir addieren positive Energie, sodass auch die Summe positiv ist. Pivotelemente oder Eigenwerte müssen wir gar nicht kennen. Die Summe von $u^T K_1 u$ und $u^T K_2 u$ ist $u^T (K_1 + K_2) u$. Wenn zwei Summanden für $u \neq 0$ positiv sind, dann ist auch die Summe positiv. Und schon sind wir fertig!

Im **indefiniten** Fall läuft der Graph von $u^T M u$ vom Ursprung aus *auf und ab* (siehe Abbildung 1.16c). Es gibt kein Minimum oder Maximum, und die Fläche hat einen „Sattelpunkt". Mit $u_1 = 1$ und $u_2 = 1$ ist $u^T M u = +4$!. Die **semidefinite** Matrix B hat die quadratische Funktion $u^T B u = (u_1 - u_2)^2$. Diese Funktion ist für die meisten u positiv, entlang $u_1 = u_2$ ist sie aber null (siehe Abbildung 1.16b).

Summen von Quadraten

Um zu zeigen, dass die Matrix M indefinit ist, brauchen wir nur einen Vektor mit $u^T M u > 0$ und einen Vektor mit $u^T M u < 0$ anzugeben. Bei der Matrix K müssen wir uns mehr Gedanken machen. Wie zeigen wir, dass $u^T K u$ positiv bleibt? Wir können unmöglich jedes u_1, u_2 einsetzen, und es würde nicht reichen, nur ein paar Vektoren zu prüfen. Wir brauchen einen Ausdruck wie $u^T u = u_1^2 + u_2^2$, der *automatisch positiv ist*. Die Idee ist, $u^T K u$ als eine **Summe von Quadraten** zu schreiben:

$$u^T K u = 2u_1^2 - 2u_1 u_2 + 2u_2^2 = u_1^2 + (u_1 - u_2)^2 + u_2^2 \quad \text{(drei Quadrate)}. \quad (1.101)$$

Die rechte Seite kann nicht negativ sein. Sie kann auch nicht null sein, außer in den Fällen $u_1 = 0$ und $u_2 = 0$. Also **beweist diese Summe von Quadraten, dass K eine positiv definite Matrix ist.**

Zu demselben Ergebnis könnten wir gelangen, wenn wir anstelle von drei nur *zwei Quadrate* verwenden:

$$u^T K u = 2u_1^2 - 2u_1 u_2 + 2u_2^2 = 2(u_1 - \frac{1}{2} u_2)^2 + \frac{3}{2} u_2^2 \quad \text{(zwei Quadrate)}. \quad (1.102)$$

Auffällig an dieser Summe aus Quadraten ist, dass die Koeffizienten 2 und $\frac{3}{2}$ die **Pivotelemente** der Matrix K sind. Der Faktor $-\frac{1}{2}$ innerhalb des ersten Quadrats ist der Multiplikator ℓ_{21} in $K = LDL^T$:

Zwei Quadrate $\quad K = \begin{bmatrix} 2 & -1 \\ -1 & 2 \end{bmatrix} = \begin{bmatrix} 1 & \\ -\frac{1}{2} & 1 \end{bmatrix} \begin{bmatrix} 2 & \\ & \frac{3}{2} \end{bmatrix} \begin{bmatrix} 1 & -\frac{1}{2} \\ & 1 \end{bmatrix} = LDL^T.$

(1.103)

Die Summe von drei Quadraten in (1.101) ist mit einer Faktorisierung $K = A^T A$ verknüpft, in der die Matrix A nicht zwei Zeilen hat, sondern drei. Die drei Zeilen ergeben die Quadrate in $u_1^2 + (u_2 - u_1)^2 + u_2^2$:

Drei Quadrate $\quad K = \begin{bmatrix} 2 & -1 \\ -1 & 2 \end{bmatrix} = \begin{bmatrix} 1 & -1 & 0 \\ 0 & 1 & -1 \end{bmatrix} \begin{bmatrix} 1 & 0 \\ -1 & 1 \\ 0 & -1 \end{bmatrix} = A^T A. \quad (1.104)$

Vermutlich könnte es eine Faktorisierung $K = A^T A$ mit vier Quadraten in der Summe und vier Zeilen in der Matrix A geben. Was passiert, wenn in der Summe nur *ein Quadrat* vorkommt?

Semidefinit $\quad u^T B u = u_1^2 - 2u_1 u_2 + u_2^2 = (u_1 - u_2)^2 \quad \text{(ein Quadrat)}. \quad (1.105)$

Die rechte Seite kann nie negativ sein. Aber der Term $(u_1 - u_2)^2$ könnte null sein. Eine Summe aus weniger als n Quadraten bedeutet also, dass eine $n \times n$-Matrix nur semidefinit ist.

1.6 Positiv definite Matrizen

Das Beispiel für den indefiniten Fall $u^T M u$ ist eine *Differenz von Quadraten* (unterschiedliche Vorzeichen):

$$u^T M u = u_1^2 - 6 u_1 u_2 + u_2^2 = (u_1 - 3 u_2)^2 - 8 u_2^2 \quad \textbf{(Quadrat minus Quadrat)}. \tag{1.106}$$

Wieder sind die Pivotelemente 1 und -8 die Koeffizienten der Quadrate. Der Faktor innerhalb des ersten Quadrates ist $\ell_{21} = -3$ aus der Elimination. Die Differenz von Quadraten stammt von $M = LDL^T$, die Diagonalmatrix D aus Pivotelementen ist aber nicht mehr ausschließlich positiv und die Matrix M ist indefinit:

$$\textbf{Indefinit} \quad M = \begin{bmatrix} 1 & -3 \\ -3 & 1 \end{bmatrix} = \begin{bmatrix} 1 & \\ -3 & 1 \end{bmatrix} \begin{bmatrix} 1 & \\ & -8 \end{bmatrix} \begin{bmatrix} 1 & -3 \\ & 1 \end{bmatrix} = LDL^T. \tag{1.107}$$

Im nächsten Abschnitt kommen wir zur Matrixform $u^T A^T A u$ für eine Summe von Quadraten.

Positive Definitheit aus $A^T A$, $A^T C A$, LDL^T und $Q \Lambda Q^T$

Das ist eine Schlüsselstelle. Die Beispiele von 2×2-Matrizen lassen vermuten, was bei positiv definiten $n \times n$-Matrizen passiert. Die Matrix K lässt sich mit einer Rechteckmatrix A als A^T mal A darstellen. Oder die Elimination faktorisiert K in LDL^T, und aus $D > 0$ ergibt sich positive Definitheit. Eigenwerte und Eigenvektoren faktorisieren die Matrix K in $Q \Lambda Q^T$ und der Eigenwerttest ist $\Lambda > 0$.

Die Matrixtheorie braucht nur wenige Sätze. In der linearen Algebra gilt: „einfach ist gut".

Die Matrix $K = A^T A$ ist genau dann symmetrisch positiv definit, wenn die Matrix A unabhängige Spalten hat. Das bedeutet, dass die einzige Lösung zu $Au = 0$ der Nullvektor $u = 0$ ist. Wenn es außer dieser noch weitere Lösungen zu $Au = 0$ gibt, dann ist die Matrix $A^T A$ positiv semidefinit.

Wir zeigen nun, dass $u^T K u \geq 0$ gilt, wenn K gleich $A^T A$ ist. Man muss nur die Klammern verschieben!

Haupttrick für $A^T A$ $\quad u^T K u = u^T (A^T A) u = (Au)^T (Au) \geq 0.$ (1.108)

Das ist das Längenquadrat von Au. Damit ist $A^T A$ mindestens semidefinit.

Wenn die Matrix A unabhängige Spalten besitzt, kommt $Au = 0$ nur bei $u = 0$ vor. Der einzige Vektor im Nullraum ist der Nullvektor. Für alle anderen Vektoren ist $u^T (A^T A) u = \|Au\|^2$ positiv. Nach der Energie basierten Definition $u^T K u > 0$ ist $A^T A$ also positiv definit.

Beispiel 1.15 Wenn die Matrix A mehr Spalten als Zeilen hat, dann sind diese Spalten *nicht* unabhängig. Mit abhängigen Spalten ist $A^T A$ nur semidefinit. In diesem Beispiel hat die Matrix A (die Matrix B_3 mit frei-freien Rändern) drei Spalten und zwei Zeilen, also *abhängige* Spalten:

Summe der Spalten von A ist null
Summe der Spalten von A^TA ist null
$\begin{bmatrix} -1 & 0 \\ 1 & -1 \\ 0 & 1 \end{bmatrix} \begin{bmatrix} -1 & 1 & 0 \\ 0 & -1 & 1 \end{bmatrix} = \begin{bmatrix} 1 & -1 & 0 \\ -1 & 2 & -1 \\ 0 & -1 & 1 \end{bmatrix}.$

Das ist der semidefinite Fall. Wenn $Au = 0$ gilt, dann ist mit Sicherheit $A^TAu = 0$. Der Rang von A^TA ist stets gleich dem Rang der Matrix A (deren Rang hier nur $r = 2$ ist). Die Energie u^TBu ist $(u_2 - u_1)^2 + (u_3 - u_2)^2$, was nur **zwei Quadrate** enthält, während $n = 3$ ist.

Von A^TA ist es nicht weit zur positiven Definitheit der Dreierprodukte A^TCA, LDL^T und $Q\Lambda Q^T$. Die mittleren Matrizen C, D und Λ lassen sich leicht einbinden.

Die Matrix $K = A^TCA$ ist symmetrisch positiv definit, wenn die Matrix A unabhängige Spalten hat und die mittlere Matrix C symmetrisch positiv definit ist.

Um die positive Energie in A^TCA zu überprüfen, verwenden wir den gleichen Trick wie vorhin. Wir verschieben die Klammern:

Gleicher Trick $\quad u^TKu = u^T(A^TCA)u = (Au)^TC(Au) > 0.$ (1.109)

Wenn der Vektor u von null verschieden ist, dann ist Au nicht null (weil die Matrix A unabhängige Spalten hat). Dann ist $(Au)^TC(Au)$ positiv, weil C positiv definit ist. Damit gilt $u^TKu > 0$: positiv definit. Die mittlere Matrix $C = C^T$ könnte die Pivotmatrix D oder die Eigenwertmatrix Λ sein.

Wenn eine symmetrische Matrix K eine vollständige Menge positiver Pivotelemente hat, ist die Matrix positiv definit.

Begründung: Die diagonale Pivotmatrix D in LDL^T ist positiv definit. Die Matrix L^T hat unabhängige Spalten (hat die Hauptdiagonalelemente 1 und ist invertierbar). Das ist ein Spezialfall von A^TCA mit $C = D$ und $A = L^T$. Die Pivotelemente in der Matrix D werden mit den Quadraten in L^Tu multipliziert und ergeben u^TKu:

LDL^T $\quad \begin{bmatrix} u_1 & u_2 \end{bmatrix} \begin{bmatrix} a & b \\ b & c \end{bmatrix} \begin{bmatrix} u_1 \\ u_2 \end{bmatrix} = a\left(u_1 + \frac{b}{a}u_2\right)^2 + \left(c - \frac{b^2}{a}\right)u_2^2.$ (1.110)

Die Pivotelemente sind die Faktoren a und $c - \frac{b^2}{a}$. Das nennt man „quadratische Ergänzung."

Wenn eine symmetrische Matrix K in Λ nur positive Eigenwerte besitzt, ist die Matrix positiv definit.

Begründung: Wir benutzen $K = Q\Lambda Q^T$. Die diagonale Eigenwertmatrix Λ ist positiv definit. Die orthogonale Matrix ist invertierbar (Q^{-1} ist Q^T). Dann ist das Dreierprodukt $Q\Lambda Q^T$ positiv definit. Die Eigenwerte in Λ werden mit den Quadraten in Q^Tu multipliziert:

$Q\Lambda Q^T$ $\quad \begin{bmatrix} u_1 & u_2 \end{bmatrix} \begin{bmatrix} 2 & -1 \\ -1 & 2 \end{bmatrix} \begin{bmatrix} u_1 \\ u_2 \end{bmatrix} = 3\left(\frac{u_1 - u_2}{\sqrt{2}}\right)^2 + 1\left(\frac{u_1 + u_2}{\sqrt{2}}\right)^2.$ (1.111)

1.6 Positiv definite Matrizen

Die Eigenwerte sind 3, 1, die normierten Eigenvektoren sind $(1,-1)/\sqrt{2}, (1,1)/\sqrt{2}$.

Gäbe es negative Pivotelemente oder negative Eigenwerte, hätten wir Differenzen von Quadraten. Die Matrix wäre indefinit. Weil $Ku = \lambda u$ auf $u^T K u = \lambda u^T u$ führt, fordert positive Energie $u^T K u$ positive Eigenwerte λ.

Rückblick und Zusammenfassung Eine symmetrische Matrix K ist positiv definit, wenn eine der fünf Aussagen gilt (es gelten dann alle). Ich werde alle Aussagen auf die 3×3-Matrix $K = \text{toeplitz}([2 \; -1 \; 0])$ anwenden.

1. alle Pivotelemente sind positiv $K = LDL^T$ mit den Pivotelementen $2, \frac{3}{2}, \frac{4}{3}$
2. obere linke Determinanten > 0 K hat die Determinanten $2, 3, 4$
3. alle Eigenwerte sind positiv $K = Q\Lambda Q^T$ mit $\lambda = 2, 2+\sqrt{2}, 2-\sqrt{2}$
4. $u^T K u > 0$ falls $u \neq 0$ $u^T K u = 2(u_1 - \frac{1}{2}u_2)^2 + \frac{3}{2}(u_2 - \frac{2}{3}u_3)^2 + \frac{4}{3}u_3^2$
5. $K = A^T A$, hat unabh. Spalten A kann Cholesky-Faktor $\text{chol}(K)$ sein

Diese Cholesky-Zerlegung wählt die quadratische obere Dreiecksmatrix $A = \sqrt{D}L^T$. Der MATLAB-Befehl versagt, wenn die Matrix K nicht positiv definit ist und keine positiven Pivotelemente hat:

$$A^T A = K \quad A = \text{chol}(K)$$

$$K = \begin{bmatrix} 1.4142 & & \\ -0.7071 & 1.2247 & \\ & -0.8165 & 1.1547 \end{bmatrix} \begin{bmatrix} 1.4142 & -0.7071 & \\ & 1.2247 & -0.8165 \\ & & 1.1547 \end{bmatrix}$$

Minimumprobleme in n Dimensionen

Minimumprobleme kommen in der angewandten Mathematik überall vor. Sehr oft ist $\frac{1}{2} u^T K u$ die „innere Energie" des Systems. Diese Energie sollte positiv sein, sodass K natürlicherweise positiv definit ist. Gegenstand der *Optimierung* sind Minimumprobleme, in denen etwa der beste Entwurf oder der effizienteste Ablaufplan zu den niedrigsten Kosten bestimmt werden soll. Allerdings ist die Kostenfunktion $P(u)$ keine rein quadratische Funktion $u^T K u$ mit Minimum an der Stelle 0.

In einem wesentlichen Schritt wird das Minimum durch Einführung eines linearen Terms $-u^T f$ vom Ursprung wegbewegt. Im Fall $K = K_2$ besteht das **Optimierungsproblem darin, $P(u)$ zu minimieren:**

Gesamtenergie

$$P(u) = \frac{1}{2} u^T K u - u^T f = (u_1^2 - u_1 u_2 + u_2^2) - u_1 f_1 - u_2 f_2. \tag{1.112}$$

Die beiden partiellen Ableitungen (Gradient P) nach u_1 und u_2 müssen null sein:

Analysis liefert $Ku = f$ $\quad \begin{array}{l} \partial P/\partial u_1 = 2u_1 - u_2 - f_1 = 0 \\ \partial P/\partial u_2 = -u_1 + 2u_2 - f_2 = 0 \end{array}$ (1.113)

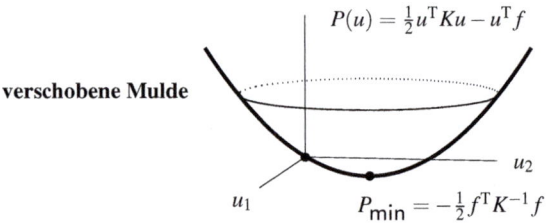

Abb. 1.17 Das Minimum von $P(u_1,\ldots,u_n) = \frac{1}{2}u^T K u - u^T f$ ist an der Stelle $u = K^{-1}f$.

In allen Fällen sind die partiellen Ableitungen von $P(u)$ null, wenn $Ku = f$ ist. Das ist ein echtes Minimum, wenn die Matrix K positiv definit ist. Wir setzen $u = K^{-1}f$ in $P(u)$ ein, um das Minimum von P zu bestimmen:

$$\textbf{Minimum} \quad P_{\min} = \frac{1}{2}(K^{-1}f)^T K(K^{-1}f) - (K^{-1}f)^T f \tag{1.114}$$
$$= -\frac{1}{2}f^T K^{-1} f.$$

$P(u)$ ist nie kleiner als dieser Wert $P_{\min}$. Für alle $P(u)$ ist die Differenz ≥ 0:

$$\begin{aligned} P(u) - P(K^{-1}f) &= \tfrac{1}{2}u^T K u - u^T f - (-\tfrac{1}{2}f^T K^{-1} f) \\ &= \tfrac{1}{2}(u - K^{-1}f)^T K(u - K^{-1}f) \geq 0. \end{aligned} \tag{1.115}$$

Das letzte Ergebnis ist nie negativ, weil es die Form $\frac{1}{2}v^T K v$ hat. Es kann nur null sein, wenn der Vektor $v = u - K^{-1}f$ null ist (was $u = K^{-1}f$ bedeutet). Daher liegt jedes $P(u)$ außer an der Stelle $u = K^{-1}f$ über dem Minimum $P_{\min}$.

Minimumtest: Positiv definite zweite Ableitungen

Angenommen, $P(u_1,\ldots,u_n)$ ist keine quadratische Funktion. Dann sind ihre Ableitungen keine linearen Funktionen. Um $P(u)$ zu minimieren, suchen wir aber immer noch nach den Stellen, an denen die ersten Ableitungen (die partiellen Ableitungen) null sind:

Der Vektor der ersten Ableitungen ist Gradient $\partial P / \partial u$

$$\frac{\partial P}{\partial u_1} = 0 \quad \frac{\partial P}{\partial u_2} = 0 \quad \cdots \quad \frac{\partial P}{\partial u_n} = 0. \tag{1.116}$$

Angenommen, diese n ersten Ableitungen sind an der Stelle $u^* = (u_1^*,\ldots,u_n^*)$ null. Wie können wir feststellen, ob $P(u)$ an der Stelle u^* ein Minimum hat (und kein Maximum oder keinen Sattelpunkt)?

1.6 Positiv definite Matrizen

Dazu sehen wir uns die zweiten Ableitungen an. Rufen wir uns die Regel für gewöhnliche Funktionen $y(x)$ für Stellen ins Gedächtnis, an denen $dy/dx = 0$ ist. Dort befindet sich ein Minimum, falls $d^2y/dx^2 > 0$ ist, der Graph wächst von dieser Stelle aus ausschließlich. Die n-dimensionale Version von d^2y/dx^2 ist die **symmetrische Hesse-Matrix H der zweiten Ableitungen**:

Hesse-Matrix $\quad H_{ij} = \dfrac{\partial^2 P}{\partial u_i \partial u_j} = \dfrac{\partial^2 P}{\partial u_j \partial u_i} = H_{ji}.$ \hfill (1.117)

Die Taylor-Reihe von $P(u)$ beginnt für u in der Umgebung von u^* mit folgenden drei Termen (konstanter Term, linearer Term aus dem Gradienten, quadratischer Term aus der Hesse-Matrix):

Taylor-Reihe $\quad P(u) = P(u^*) + (u^* - u)^{\mathrm{T}} \dfrac{\partial P}{\partial u}(u^*)$ \hfill (1.118)

$$+ \frac{1}{2}(u^* - u)^{\mathrm{T}} H(u^*)(u^* - u) + \cdots$$

Angenommen, der Gradient-Vektor $\partial P/\partial u$ der ersten Ableitungen ist an der Stelle u^* null, wie in Gleichung (1.116). Damit fällt der lineare Term weg und die zweiten Ableitungen bestimmen das Verhalten. Wenn die Matrix H an der Stelle u^* positiv definit ist, dann lässt $(u^* - u)^{\mathrm{T}} H(u^* - u)$ die Funktion wachsen, wenn wir uns von u^* wegbewegen. **Ein positiv definites $H(u^*)$ liefert ein Minimum an der Stelle $u = u^*$**.

Unsere quadratischen Funktionen waren $P(u) = \frac{1}{2} u^{\mathrm{T}} K u - u^{\mathrm{T}} f$. Die Matrix der zweiten Ableitungen war an allen Stellen unverändert $H = K$. Bei nicht-quadratischen Funktionen ändert sich die Matrix H von einer Stelle zur anderen, und es kann etliche *lokale Minima* oder *lokale Maxima* geben. Die Entscheidung darüber hängt von H an jeder Stelle u^* ab, an der die ersten Ableitungen null sind.

Es folgt ein Beispiel mit einem lokalen Minimum an der Stelle $(0,0)$, obwohl das globale Minimum bei $-\infty$ liegt. Die Funktion enthält eine vierte Potenz u_1^4.

Beispiel 1.16 Die ersten Ableitungen von $P(u) = 2u_1^2 + 3u_2^2 - u_1^4$ sind an der Stelle $(u_1^*, u_2^*) = (0,0)$ null.

Zweite Ableitungen $\quad H = \begin{bmatrix} \partial^2 P/\partial u_1^2 & \partial^2 P/\partial u_1 \partial u_2 \\ \partial^2 P/\partial u_2 \partial u_1 & \partial^2 P/\partial u_2^2 \end{bmatrix} = \begin{bmatrix} 4 - 12 u_1^2 & 0 \\ 0 & 6 \end{bmatrix}.$

An der Stelle $(0,0)$ ist die Matrix H zweifellos positiv definit. Also ist das ein lokales Minimum.

Es gibt zwei andere Stellen, an denen die beiden ersten Ableitungen $4u_1 - 4u_1^3$ und $6u_2$ null sind, nämlich $u^* = (1,0)$ und $u^* = (-1,0)$. Die zweiten Ableitungen sind an beiden Stellen -8 und 6, also ist H dort indefinit. Der Graph von $P(u)$ sieht um $(0,0)$ wie eine Mulde aus. An den Stellen $(1,0)$ und $(-1,0)$ befinden sich dagegen Sattelpunkte. Mit MATLAB kann man $y = P(u_1, u_2)$ grafisch darstellen.

Das Newton-Verfahren zur Minimierung

Es könnte der Eindruck entstehen, dieser Abschnitt sei weniger „angewandt" als der übrige Teil des Buches. Vielleicht ist das so, aber die Minimierung ist eine Aufgabe mit Millionen von Anwendungen. Und wir brauchen einen Algorithmus, um $P(u)$ zu minimieren, insbesondere dann, wenn diese Funktion nicht quadratisch ist. Wir erwarten eine *iterative Methode*, die von einem geratenen Startwert u^0 ausgeht und die Näherung über u^1 und u^2 verbessert (bis der tatsächliche Wert u^* gefunden wird, wenn der Algorithmus erfolgreich ist).

Die naheliegende Idee ist, **die ersten und zweiten Ableitungen von $P(u)$ an der aktuellen Stelle zu verwenden**. Angenommen, wir haben u^i mit den Koordinaten $u_1^i, \ldots, u_n^i$ erreicht. Wir brauchen eine Regel, nach der wir das nächste u^{i+1} auswählen. In der Umgebung von u^i kann man die Funktion $P(u)$ approximieren, indem man die Taylor-Reihe wie in Gleichung (1.118) abschneidet. **Das Newton-Verfahren minimiert $P_{\text{cutoff}}(u)$**:

$$P_{\text{cutoff}}(u) = P(u^i) + (u-u^i)^{\text{T}} \frac{\partial P}{\partial u} + \frac{1}{2}(u-u^i)^{\text{T}} H(u-u^i). \tag{1.119}$$

P_{cutoff} ist eine quadratische Funktion. Anstelle der Matrix K enthält sie die Hesse-Matrix H. Sowohl $\partial P/\partial u$ als auch H werden an der aktuellen Stelle $u = u^i$ berechnet (das ist der aufwändige Teil des Algorithmus). Das Minimum von P_{cutoff} ist der nächste Startwert u^{i+1}.

Newton-Verfahren zur Lösung von $\partial P/\partial u = 0$

$$H(u^{i+1} - u^i) = -\frac{\partial P}{\partial u}(u^i). \tag{1.120}$$

Bei quadratischen Funktionen erhalten wir nach einem Schritt $u^1 = K^{-1}f$. Nun ändern sich $\partial P/\partial u$ und H, wenn wir zu u^1, u^i und u^{i+1} übergehen. Falls u^i genau u^* trifft (was nicht sehr wahrscheinlich ist), dann ist $\partial P/\partial u$ null. Damit ist $u^{i+1} - u^i = 0$, und wir entfernen uns nicht von der perfekten Lösung.

In Abschnitt 2.6 werden wir auf diesen Algorithmus zurückkommen. In den folgenden Aufgaben geben wir Beispiele. Es sei noch ein Kommentar hinzugefügt: Der volle Newton-Schritt zu u^{i+1} ist möglicherweise zu grob, wenn wir weit vom tatsächlichen Wert u^* entfernt sind. Die von uns vernachlässigten Terme können dann zu groß sein. In diesem Fall verkürzen wir den Newton-Schritt $u^{i+1} - u^i$ sicherheitshalber durch einen Faktor $c < 1$.

Aufgaben zu Abschnitt 1.6

1.6.1 Schreiben Sie $u^{\text{T}} T u$ als Kombination von u_1^2, $u_1 u_2$ und u_2^2. Die Matrix T ist die Matrix zu frei-festen Randbedingungen

$$T = \begin{bmatrix} 1 & -1 \\ -1 & 2 \end{bmatrix}.$$

1.6 Positiv definite Matrizen

Formulieren Sie Ihre Antwort als Summe zweier Quadrate, um die positive Definitheit zu zeigen.

1.6.2 Schreiben Sie $u^T K u = 4u_1^2 + 16u_1 u_2 + 26u_2^2$ als Summe zweier Quadrate. Bestimmen Sie anschließend $\text{chol}(K) = \sqrt{D} L^T$.

$$K = \begin{bmatrix} 4 & 8 \\ 8 & 26 \end{bmatrix} = \begin{bmatrix} 1 & 0 \\ 2 & 1 \end{bmatrix} \begin{bmatrix} 4 & \\ & 10 \end{bmatrix} \begin{bmatrix} 1 & 0 \\ 2 & 1 \end{bmatrix} = \left(L \sqrt{D} \right) \left(\sqrt{D} L^T \right).$$

1.6.3 Eine andere Matrix A erzeugt die zirkulante Matrix der zweiten Differenzen $C = A^T A$:

$$A = \begin{bmatrix} 1 & -1 & 0 \\ 0 & 1 & -1 \\ -1 & 0 & 1 \end{bmatrix} \quad \text{ergibt} \quad A^T A = \begin{bmatrix} 2 & -1 & -1 \\ -1 & 2 & -1 \\ -1 & -1 & 2 \end{bmatrix}.$$

Wie können Sie anhand der Matrix A entscheiden, ob $C = A^T A$ nur semidefinit ist? Welche Vektoren lösen $Au = 0$ und deshalb auch $Cu = 0$? Bedenken Sie, dass der Befehl $\text{chol}(C)$ versagt.

1.6.4 Bestätigen Sie mit dem Pivottest, dass die obige zirkulante Matrix $C = A^T A$ semidefinit ist. Schreiben Sie $u^T C u$ als Summe *zweier Quadrate* mit den Pivotelementen als Koeffizienten. (Die Eigenwerte $0, 3, 3$ liefern einen weiteren Beweis dafür, dass die Matrix C semidefinit ist.)

1.6.5 $u^T C u \geq 0$ bedeutet, dass $u_1^2 + u_2^2 + u_3^2 \geq u_1 u_2 + u_2 u_3 + u_3 u_1$ für alle u_1, u_2, u_3 gilt. Eine unüblichere Möglichkeit, dies zu prüfen, ist die Cauchy-Schwarz-Ungleichung $|v^T w| \leq \|v\| \|w\|$:

$$|u_1 u_2 + u_2 u_3 + u_3 u_1| \leq \sqrt{u_1^2 + u_2^2 + u_3^2} \sqrt{u_2^2 + u_3^2 + u_1^2}.$$

Für welche u gilt die *Gleichheit*? Prüfen Sie, dass für diese u auch $u^T C u = 0$ ist.

1.6.6 Für welche Elemente b ist folgende Matrix positiv definit?

$$K = \begin{bmatrix} 1 & b \\ b & 4 \end{bmatrix}$$

Es gibt zwei Randelemente b, mit denen die Matrix K nur semidefinit ist. Schreiben Sie $u^T K u$ in diesen Fällen als einzelnes Quadrat. Bestimmen Sie die Pivotelemente im Fall $b = 5$.

1.6.7 Ist die Matrix $K = A^T A$ oder die Matrix $M = B^T B$ positiv definit (sind die Spalten der Matrix A oder der Matrix B unabhängig)?

$$A = \begin{bmatrix} 1 & 2 \\ 2 & 4 \\ 3 & 6 \end{bmatrix} \quad B = \begin{bmatrix} 1 & 4 \\ 2 & 5 \\ 3 & 6 \end{bmatrix}$$

Wir wissen, dass $u^T M u = (Bu)^T (Bu) = (u_1 + 4u_2)^2 + (2u_1 + 5u_2)^2 + (3u_1 + 6u_2)^2$ ist. Zeigen Sie, wie aus den drei Quadraten für $u^T K u = (Au)^T (Au)$ ein Quadrat wird.

Die Aufgaben 1.6.8–1.6.16 befassen sich mit Tests auf positive Definitheit.

1.6.8 Welche der Matrizen A_1, A_2, A_3, A_4 hat zwei positive Eigenwerte? Verwenden Sie die Tests $a > 0$ und $ac > b^2$, berechnen Sie nicht λ. Bestimmen Sie einen Vektor u, sodass $u^T A_1 u < 0$ gilt.

$$A_1 = \begin{bmatrix} 5 & 6 \\ 6 & 7 \end{bmatrix} \quad A_2 = \begin{bmatrix} -1 & -2 \\ -2 & -5 \end{bmatrix} \quad A_3 = \begin{bmatrix} 1 & 10 \\ 10 & 100 \end{bmatrix} \quad A_4 = \begin{bmatrix} 1 & 10 \\ 10 & 101 \end{bmatrix}.$$

1.6.9 Für welche Elemente b und c sind folgende Matrizen positiv definit?

$$A = \begin{bmatrix} 1 & b \\ b & 9 \end{bmatrix} \quad \text{und} \quad A = \begin{bmatrix} 2 & 4 \\ 4 & c \end{bmatrix}.$$

Faktorisieren Sie die Matrix A in LDL^T, wobei die Pivotelemente in D und die Multiplikatoren in L stehen.

1.6.10 Zeigen Sie, dass $f(x,y) = x^2 + 4xy + 3y^2$ an der Stelle $(0,0)$ kein Minimum hat, obwohl die Koeffizienten positiv sind. Schreiben Sie f als *Differenz* von Quadraten und bestimmen Sie einen Punkt (x,y), an dem f negativ ist.

1.6.11 Zweifellos hat die Funktion $f(x,y) = 2xy$ an der Stelle $(0,0)$ einen Sattelpunkt und kein Minimum. Welche symmetrische Matrix S erzeugt dieses f? Was sind ihre Eigenwerte?

1.6.12 Prüfen Sie die Spalten der Matrix A, um festzustellen, ob $A^T A$ in folgenden Fällen positiv definit ist:

$$A = \begin{bmatrix} 1 & 2 \\ 0 & 3 \end{bmatrix} \quad \text{und} \quad A = \begin{bmatrix} 1 & 1 \\ 1 & 2 \\ 2 & 1 \end{bmatrix} \quad \text{und} \quad A = \begin{bmatrix} 1 & 1 & 2 \\ 1 & 2 & 1 \end{bmatrix}.$$

1.6.13 Bestimmen Sie die fehlende 3×3-Matrix S und ihre Pivotelemente, ihren Rang, ihre Eigenwerte und die Determinante:

$$\begin{bmatrix} x_1 & x_2 & x_3 \end{bmatrix} \begin{bmatrix} & S & \end{bmatrix} \begin{bmatrix} x_1 \\ x_2 \\ x_3 \end{bmatrix} = 4(x_1 - x_2 + 2x_3)^2.$$

1.6.14 Welche symmetrischen 3×3-Matrizen S erzeugen die folgenden Funktionen $f = x^T S x$? Warum ist die erste Matrix positiv definit, nicht aber die zweite?

(a) $f = 2(x_1^2 + x_2^2 + x_3^2 - x_1 x_2 - x_2 x_3)$
(b) $f = 2(x_1^2 + x_2^2 + x_3^2 - x_1 x_2 - x_1 x_3 - x_2 x_3)$.

1.6.15 Für welche Elemente c und d sind die Matrizen A und B positiv definit? Testen Sie die drei oberen linken Determinanten (1×1, 2×2, 3×3) jeder Matrix:

$$A = \begin{bmatrix} c & 1 & 1 \\ 1 & c & 1 \\ 1 & 1 & c \end{bmatrix} \quad \text{und} \quad B = \begin{bmatrix} 1 & 2 & 3 \\ 2 & d & 4 \\ 3 & 4 & 5 \end{bmatrix}.$$

1.6 Positiv definite Matrizen

1.6.16 Wenn die Matrix A positiv definit ist, dann ist auch die Matrix A^{-1} positiv definit. *Bester Beweis*: Die Eigenwerte von A^{-1} sind positiv, weil ____. *Zweiter Beweis* (nur für 2×2-Matrizen skizziert): Die Elemente von $A^{-1} = \frac{1}{ac-b^2} \begin{bmatrix} c & -b \\ -b & a \end{bmatrix}$ bestehen die Determinantentests ____.

1.6.17 Die Hauptdiagonalelemente einer positiv definiten Matrix dürfen nicht null (oder, was noch schlimmer wäre, negativ) sein. Zeigen Sie, dass die folgende Matrix die Bedingung $u^T A u > 0$ nicht erfüllt.

$$\begin{bmatrix} u_1 & u_2 & u_3 \end{bmatrix} \begin{bmatrix} 4 & 1 & 1 \\ 1 & 0 & 2 \\ 1 & 2 & 5 \end{bmatrix} \begin{bmatrix} u_1 \\ u_2 \\ u_3 \end{bmatrix} \text{ ist nicht positiv, wenn } (u_1, u_2, u_3) = (\ ,\ ,\ ).$$

1.6.18 Ein Diagonalelement a_{jj} einer symmetrischen Matrix kann nicht kleiner als alle λ sein. Anderenfalls hätte $A - a_{jj}I$ ____ Eigenwerte und wäre positiv definit. Aber $A - a_{jj}I$ hat eine Null auf der Hauptdiagonalen.

1.6.19 Für alle λ gelte $\lambda > 0$. Zeigen Sie, dass dann für *alle* $u \neq 0$ die Ungleichung $u^T K u > 0$ gilt, nicht nur für die Eigenvektoren x_i. Schreiben Sie u als Kombination der Eigenvektoren. Warum sind alle „Kreuzterme" $x_i^T x_j = 0$?

$$u^T K u = (c_1 x_1 + \cdots + c_n x_n)^T (c_1 \lambda_1 x_1 + \cdots + c_n \lambda_n x_n) = c_1^2 \lambda_1 x_1^T x_1 + \cdots + c_n^2 \lambda_n x_n^T x_n > 0$$

1.6.20 Bestimmen Sie, ohne

$$A = \begin{bmatrix} \cos\theta & -\sin\theta \\ \sin\theta & \cos\theta \end{bmatrix} \begin{bmatrix} 2 & 0 \\ 0 & 5 \end{bmatrix} \begin{bmatrix} \cos\theta & \sin\theta \\ -\sin\theta & \cos\theta \end{bmatrix}$$

explizit zu berechnen:
(a) die Determinante von A, (b) die Eigenwerte von A, (c) die Eigenvektoren von A, (d) einen Grund, warum A symmetrisch positiv definit ist.

1.6.21 Bestimmen Sie zu $f_1(x,y) = \frac{1}{4}x^4 + x^2y + y^2$ und $f_2(x,y) = x^3 + xy - x$ die Hesse-Matrizen H_1 und H_2:

$$H = \begin{bmatrix} \partial^2 f/\partial x^2 & \partial^2 f/\partial x \partial y \\ \partial^2 f/\partial y \partial x & \partial^2 f/\partial y^2 \end{bmatrix}.$$

Die Matrix H_1 ist positiv definit, sodass f_1 nach oben hohl (also konvex) ist. Bestimmen Sie das Minimum von f_1 und den Sattelpunkt von f_2 (finden Sie heraus, wo die ersten Ableitungen null sind).

1.6.22 Der Graph von $z = x^2 + y^2$ ist eine Mulde. *Der Graph von $z = x^2 - y^2$ ist ein Sattel*. Der Graph von $z = -x^2 - y^2$ ist eine umgekehrte Mulde. Wie müssen a, b und c sein, damit $z = ax^2 + 2bxy + cy^2$ an der Stelle $(0,0)$ einen Sattel hat?

1.6.23 Welche Werte muss die Konstante c annehmen, damit der Graph $z = 4x^2 + 12xy + cy^2$ eine Mulde bzw. ein Sattel ist? Beschreiben Sie diesen Graphen am Grenzwert von c.

1.6.24 Es folgt eine weitere Möglichkeit, mit der quadratischen Funktion $P(u)$ zu arbeiten. Überzeugen Sie sich davon, dass

$$P(u) = \frac{1}{2}u^{\mathrm{T}}Ku - u^{\mathrm{T}}f \text{ gleich } \frac{1}{2}(u - K^{-1}f)^{\mathrm{T}}K(u - K^{-1}f) - \frac{1}{2}f^{\mathrm{T}}K^{-1}f \text{ ist.}$$

Der letzte Term $-\frac{1}{2}f^{\mathrm{T}}K^{-1}f$ ist $P_{\min}$. Der andere (lange) Term auf der rechten Seite ist immer ____. Für $u = K^{-1}f$ ist dieser lange Term null, sodass dann $P = P_{\min}$ gilt.

1.6.25 Bestimmen Sie die ersten Ableitungen in $f = \partial P/\partial u$ und die zweiten Ableitungen in der Matrix H für $P(u) = u_1^2 + u_2^2 - c(u_1^2 + u_2^2)^4$. Verwenden Sie im Newton-Verfahren (1.120) auf Seite 84 den Startwert $u^0 = (1,0)$. Für welche Werte von c erhält man ein u^1, dass näher am lokalen Minimum an der Stelle $u^* = (0,0)$ liegt als der Startwert? Warum ist $(0,0)$ kein globales Minimum?

1.6.26 Erraten Sie den kleinsten 2×2-Block, der $[\boldsymbol{C}^{-1}\ \boldsymbol{A}; \boldsymbol{A}^{\mathrm{T}}\ \underline{\quad}]$ semidefinit macht.

1.6.27 Erklären Sie, warum die Matrix

$$M = \begin{bmatrix} H & 0 \\ 0 & K \end{bmatrix}$$

positiv definit ist, wenn die Matrizen H und K positiv definit sind, dies aber für

$$N = \begin{bmatrix} K & K \\ K & K \end{bmatrix}$$

nicht gilt. Verknüpfen Sie die Pivotelemente und Eigenwerte der Matrizen M und N mit den Pivotelementen und Eigenwerten der Matrizen H und K. Wie wird chol(M) aus chol(H) und chol(K) konstruiert?

1.6.28 Diese „KKT-Matrix" hat die Eigenwerte $\lambda_1 = 1, \lambda_2 = 2, \lambda_3 = -1$: **Sattelpunkt**.

$$\begin{bmatrix} w_1 & w_2 & u \end{bmatrix} \begin{bmatrix} 1 & 0 & -1 \\ 0 & 1 & 1 \\ -1 & 1 & 0 \end{bmatrix} \begin{bmatrix} w_1 \\ w_2 \\ u \end{bmatrix} = w_1^2 + w_2^2 - 2uw_1 + 2uw_2.$$

Setzen Sie die Eigenvektoren der Matrix in die Quadrate und $\lambda = 1, 2, -1$ als Koeffizienten davor:

Prüfen Sie $w_1^2 + w_2^2 - 2uw_1 + 2uw_2 = 1(\underline{\quad})^2 + 2(\underline{\quad})^2 - 1(\underline{\quad})^2$.

Die erste Klammer enthält $(w_1 - w_2)/\sqrt{2}$ aus dem Eigenvektor $(1,-1,0)/\sqrt{2}$. Wir benutzen $Q\Lambda Q^{\mathrm{T}}$ statt LDL^{T}. Immer noch sind es zwei Quadrate minus ein Quadrat.

1.6.29 (wichtig) Bestimmen Sie die drei Pivotelemente der indefiniten KKT-Matrix. Überprüfen Sie, dass das Produkt aus Pivotelementen gleich dem Produkt der Eigenwerte ist (das auch gleich der Determinante ist). Setzen Sie nun die Pivotelemente vor die Klammern:

$$w_1^2 + w_2^2 - 2uw_1 + 2uw_2 = \mathbf{1}(w_1 - u)^2 + \mathbf{1}(w_2 - u)^2 - \mathbf{2}(\underline{\quad})^2.$$

1.7 Numerische lineare Algebra: LU, QR, SVD

In der angewandten Mathematik geht man von einem Problem aus und formuliert eine Gleichung, um es zu beschreiben. Ziel des wissenschaftlichen Rechnens ist, diese Gleichung zu lösen. Die numerische lineare Algebra veranschaulicht diesen „Aufbau/Zerlegungs"- Prozess anhand von Matrixmodellen in seiner klarsten Form:

$$Ku = f \quad \text{oder} \quad Kx = \lambda x \quad \text{oder} \quad Mu'' + Ku = 0.$$

Oft wird die Matrix K bei den Berechnungen in einfachere Teile zerlegt. Die Eigenschaften von K sind dabei wesentlich: Ist K *symmetrisch* oder nicht, eine *Bandmatrix* oder nicht, *dünn besetzt* oder nicht, *wohldefiniert* oder nicht? Die numerische lineare Algebra kann mit einer großen Klasse von Matrizen einheitlich umgehen, ohne dass eine Anpassung an alle Details des Modells notwendig ist. Die Vorgehensweise wird am deutlichsten, wenn wir sie als eine **Faktorisierung** in tridiagonale, orthogonale oder sehr dünn besetzte Matrizen betrachten. Wir werden diese Faktorisierungen kurz zusammenstellen, um sie künftig verwenden zu können.

Den Einstieg in dieses Kapitel bildeten die speziellen Matrizen K, T, B, C und ihre Eigenschaften. Wir brauchten eine Grundlage. Nun befassen wir uns mit den Faktorisierungen, die Sie für allgemeinere Matrizen brauchen. Sie führen auf „Normen" und „Konditionszahlen" beliebiger Matrizen A. Meine Erfahrung ist, dass Anwendungen von Rechteckmatrizen ständig auf A^T und $A^T A$ führen.

Drei wesentliche Faktorisierungen

Ich werde unsere Ausgangsmatrix mit dem neutralen Buchstaben A bezeichnen. Die Matrix A kann eine Rechteckmatrix sein. Falls die Matrix A unabhängige Spalten hat, dann ist $K = A^T A$ symmetrisch positiv definit. Manchmal arbeiten wir unmittelbar mit A (mit besseren Eigenschaften und dünner besetzt), und manchmal arbeiten wir mit K (symmetrisch und schöner).

Es folgen die drei wichtigen Faktorisierungen $A = LU$, $A = QR$ und $A = U\Sigma V^T$:

1. Die **Elimination** reduziert die Matrix A auf die Matrix U durch Zeilenoperationen mithilfe der Multiplikatoren in L:
   $A = LU = $ *untere Dreicksmatrix* $\times$ *obere Dreiecksmatrix*.
2. Die **Orthogonalisierung** verwandelt die Spalten der Matrix A in orthonormale Spalten der Matrix Q:
   $A = QR = $ *orthonormale Spalten* $\times$ *obere Dreiecksmatrix*.
3. Die **Singulärwertzerlegung** betrachtet jede Matrix A als (Drehung) (Streckung) (Drehung):
   $A = U\Sigma V^T = $ *orthonormale Spalten* $\times$ *Singulärwerte* $\times$ *orthonormale Zeilen*.

Wenn ich mir die letzte Zeile ansehe, möchte ich etwas ergänzen. Bei der Singulärwertzerlegung sind die orthonormalen Spalten in U und V die *linken und rechten singulären Vektoren* (Eigenvektoren von AA^T und $A^T A$). Dann ist $AV = U\Sigma$ wie die gewöhnliche Diagonalisierung $AS = S\Lambda$ durch Eigenvektoren, das allerdings mit den beiden Matrizen U und V. Es gilt nur $U = V$, wenn $AA^T = A^T A$ ist.

Bei einer positiv definiten Matrix K kommt alles zusammen: U ist Q und V^T ist Q^T. Die Diagonalmatrix Σ ist Λ (Singulärwerte sind Eigenwerte). Dann ist $K = Q\Lambda Q^T$. Die Spalten von Q sind die Hauptachsen = Eigenvektoren = singuläre Vektoren. **Matrizen mit orthonormalen Spalten** spielen beim Rechnen eine zentrale Rolle. Fangen wir damit an.

Orthogonale Matrizen

Die Vektoren $q_1, q_2, \ldots, q_n$ sind *orthonormal*, wenn alle Skalarprodukte 0 oder 1 sind:

$$q_i^T q_j = 0 \text{ falls } i \neq j \text{ (\textbf{Orthogonalität})} \quad q_i^T q_i = 1 \quad \begin{array}{l}\text{(\textbf{Normierung auf}}\\ \text{\textbf{Einheitsvektoren})}\end{array} \quad (1.121)$$

Die Eigenschaften dieser Skalarprodukte werden sehr schön durch die Matrixmultiplikation $Q^T Q = I$ wiedergegeben:

$$\textbf{Orthonormale } q \quad Q^T Q = \begin{bmatrix} - q_1^T - \\ - q_n^T - \end{bmatrix} \begin{bmatrix} | & & | \\ q_1 & & q_n \\ | & & | \end{bmatrix} = \begin{bmatrix} 1 & \cdot & 0 \\ \cdot & 1 & \cdot \\ 0 & \cdot & 1 \end{bmatrix} = I. \quad (1.122)$$

Wenn die Matrix Q *quadratisch* ist, bezeichnen wir sie als **orthogonale Matrix**. Aus $Q^T Q = I$ leiten wir sofort ab:

- **Die Inverse einer orthogonalen Matrix ist ihre Transponierte:** $Q^{-1} = Q^T$.
- **Die Multiplikation eines Vektors mit Q erhält seine Länge:** $\|Qx\| = \|x\|$.

Die Länge (die wir bald **Norm** nennen werden) bleibt erhalten, weil $\|Qx\|^2 = x^T Q^T Q x = x^T x = \|x\|^2$ gilt. Dafür brauchen wir keine quadratische Matrix: $Q^T Q = I$ gilt auch für Rechteckmatrizen. Aber die Existenz einer zweiseitigen Inversen $Q^{-1} = Q^T$ (sodass QQ^T auch I ist) setzt eine quadratische Matrix Q voraus. Es folgen drei kurze Beispiele für Q: **Permutation, Drehung, Spiegelung**.

Beispiel 1.17 Jede **Permutationsmatrix** P hat dieselben Zeilen wie I, wahrscheinlich aber in einer anderen Reihenfolge. Die Matrix P besitzt in jeder Zeile und in jeder Spalte nur eine 1. Bei der Multiplikation Px werden die Komponenten von x in die Reihenfolge der Zeilen gesetzt. Umordnen ändert die Länge nicht. Für alle $n \times n$-Permutationsmatrizen (es gibt $n!$ von ihnen) gilt $P^{-1} = P^T$.

Die Einsen in der Matrix P^T treffen so auf die Einsen in der Matrix P, dass $P^T P = I$ ist. Hier ist ein 3×3-Beispiel für Px:

$$\begin{bmatrix} 0 & 1 & 0 \\ 0 & 0 & 1 \\ 1 & 0 & 0 \end{bmatrix} \begin{bmatrix} x \\ y \\ z \end{bmatrix} = \begin{bmatrix} y \\ z \\ x \end{bmatrix} \quad P^T P = \begin{bmatrix} 0 & 0 & 1 \\ 1 & 0 & 0 \\ 0 & 1 & 0 \end{bmatrix} \begin{bmatrix} 0 & 1 & 0 \\ 0 & 0 & 1 \\ 1 & 0 & 0 \end{bmatrix} = I. \quad (1.123)$$

Beispiel 1.18 Die **Drehung** ändert die Richtung von Vektoren. Längen werden nicht geändert. Jeder Vektor dreht sich einfach:

Drehmatrix in der $1-3$-Ebene $\quad Q = \begin{bmatrix} \cos\theta & 0 & -\sin\theta \\ 0 & 1 & 0 \\ \sin\theta & 0 & \cos\theta \end{bmatrix}.$

Jede orthogonale Matrix Q mit der Determinante 1 ist ein Produkt aus Drehungen in der Ebene.

Beispiel 1.19 Die **Spiegelung** H überführt jedes v in sein Bild Hv auf der anderen Seite eines ebenen Spiegels. Der Einheitsvektor u (der senkrecht auf dem Spiegel steht) wird in $Hu = -u$ umgekehrt:

Spiegelungsmatrix
$u = (\cos, \mathbf{0}, \sin)$
$\quad H = I - 2uu^T = \begin{bmatrix} -\cos 2\theta & 0 & -\sin 2\theta \\ 0 & 1 & 0 \\ -\sin 2\theta & 0 & \cos 2\theta \end{bmatrix}.$ (1.124)

Diese „Householder-Transformation" hat die Determinante -1. Sowohl Dreh- als auch Spiegelungsmatrizen haben orthonormale Spalten, und $(I - 2uu^T)u = u - 2u$ sichert, dass $Hu = -u$ ist. Moderne Orthogonalisierungsverfahren verwenden Spiegelungen, um das Q in $A = QR$ zu erzeugen.

Orthogonalisierung $A = QR$

Sei A eine $m \times n$-Matrix mit linear unabhängigen Spalten $a_1, \ldots, a_n$. Ihr Rang ist n. Diese n Spalten sind eine Basis des Spaltenraums der Matrix A, sie müssen aber keine gute Basis sein. Alle Berechnungen vereinfachen sich, wenn man von den a_i zu den orthonormalen Vektoren $q_1, \ldots, q_n$ übergeht. Es gibt zwei Hauptmöglichkeiten, von A zu Q zu gelangen.

1. Die **Gram-Schmidt-Orthogonalisierung** bietet eine einfache Konstruktion der q aus den a. Zunächst wird der Einheitsvektor $q_1 = a_1/\|a_1\|$ berechnet. Umgekehrt gilt $a_1 = r_{11}q_1$ mit $r_{11} = \|a_1\|$. Dann *wird von a_2 die eigene Komponente in der q_1-Richtung subtrahiert* (Idee von Gram und Schmidt). Dieser Vektor $B = a_2 - (q_1^T a_2)q_1$ ist orthogonal zu q_1. Dann wird B zu $q_2 = B/\|B\|$ normiert. Bei jedem Schritt werden von a_k die Komponenten in den bereits behandelten Richtungen $q_1, \ldots, q_{k-1}$ subtrahiert. Durch Normierung erhält man den nächsten Einheitsvektor q_k:

Gram-Schmidt
$(m \times n)(n \times n)$
$\quad \begin{bmatrix} a_1 & a_2 \end{bmatrix} = \begin{bmatrix} q_1 & q_2 \end{bmatrix} \begin{bmatrix} r_{11} & r_{12} \\ 0 & r_{22} \end{bmatrix}.$ (1.125)

2. Die **Householder-Transformation** verwendet Spiegelungsmatrizen $I - 2uu^T$. Spalte für Spalte produziert sie Nullen in R. Bei diesem Verfahren ist die Matrix Q quadratisch und R eine Rechteckmatrix:

Householder $qr(A)$
$(m \times m)(m \times n)$

$$\begin{bmatrix} a_1 \, a_2 \end{bmatrix} = \begin{bmatrix} q_1 \, q_2 \, q_3 \end{bmatrix} \begin{bmatrix} r_{11} & r_{12} \\ 0 & r_{22} \\ 0 & 0 \end{bmatrix}. \quad (1.126)$$

Den Vektor q_3 gibt es umsonst. Er ist orthogonal zu a_1, a_2 und auch zu q_1, q_2. Auf dieses Verfahren greift MATLAB zur Berechnung von qr zurück, weil es stabiler als das Gram-Schmidt-Verfahren ist und zusätzliche Information liefert. Weil q_3 mit der Nullzeile multipliziert wird, wirkt es sich nicht auf $A = QR$ aus. Verwenden Sie den Befehl qr$(A,0)$, um zur „sparsamen" Formulierung aus Gleichung (1.125) zurückzukehren.

Abschnitt 2.3 wird vollständige Erklärungen und Beispielcodes für beide Verfahren geben. Die meisten Vorlesungen zur linearen Algebra betonen das Gram-Schmidt-Verfahren, das eine orthonormale Basis $q_1, \ldots, q_r$ für den Spaltenraum der Matrix A liefert. An dieser Stelle ist das Verfahren der Wahl die Householder-Transformation, die eine orthonormale Basis für den gesamten $\mathbf{R}^m$ liefert.

Numerisch betrachtet, ist der große Vorzug der Matrix Q ihre Stabilität. Wenn Sie mit Q multiplizieren, kommen overflow und underflow nicht vor. Alle Gleichungen mit $A^{\mathrm{T}}A$ vereinfachen sich, weil $Q^{\mathrm{T}}Q = I$ ist. Ein quadratisches System $Qx = b$ wäre *perfekt konditioniert*, weil $\|x\| = \|b\|$ ist und ein Fehler Δb einen Fehler Δx *derselben Ordnung* produziert:

$$Q(x+\Delta x) = b + \Delta b \quad \text{ergibt} \quad Q(\Delta x) = \Delta b \quad \text{und} \quad \|\Delta x\| = \|\Delta b\|. \quad (1.127)$$

Singulärwertzerlegung

In diesem Abschnitt konzentrieren wir uns auf die Singulärwertzerlegung, die bei einer Diagonalmatrix Σ ankommt. Da bei der Diagonalisierung Eigenwerte vorkommen, kommen die Matrizen aus $A = QR$ dafür nicht in Frage. Die meisten quadratischen Matrizen A werden durch ihre Eigenvektoren $x_1, \ldots, x_n$ diagonalisiert. Wenn x eine Linearkombination $c_1 x_1 + \cdots + c_n x_n$ ist, dann multipliziert A jedes x_i mit λ_i.

In Matrixsprache ausgedrückt: $Ax = S\Lambda S^{-1}x$. *In der Regel ist die Eigenvektormatrix S nicht orthogonal.* Eigenvektoren sind nur orthogonal, wenn A spezielle Eigenschaften besitzt (beispielsweise symmetrisch ist). Wenn wir eine gewöhnliche Matrix A durch orthogonale Matrizen diagonalisieren wollen, brauchen wir *zwei verschiedene Q*. Sie werden im Allgemeinen mit U und V bezeichnet, also $A = U\Sigma V^{\mathrm{T}}$.

Was ist diese Diagonalmatrix Σ? Sie enthält anstelle der Eigenwerte λ_i Singulärwerte σ_i. Um sich diese σ_i zu veranschaulichen, gibt es immer denselben Schlüssel: **Sehen Sie sich $A^{\mathrm{T}}A$ an.**

Bestimmen Sie V und Σ
$$A^{\mathrm{T}}A = (U\Sigma V^{\mathrm{T}})^{\mathrm{T}}(U\Sigma V^{\mathrm{T}}) = V\Sigma^{\mathrm{T}}U^{\mathrm{T}}U\Sigma V^{\mathrm{T}} = V\Sigma^{\mathrm{T}}\Sigma V^{\mathrm{T}}. \quad (1.128)$$

Nach Ersetzen von $U^{\mathrm{T}}U = I$ bleibt $V(\Sigma^{\mathrm{T}}\Sigma)V^{\mathrm{T}}$. Das ist genau wie $K = Q\Lambda Q^{\mathrm{T}}$, *nur auf $K = A^{\mathrm{T}}A$ angewandt.* Die Diagonalmatrix $\Sigma^{\mathrm{T}}\Sigma$ enthält die Zahlen σ_i^2, und

1.7 Numerische lineare Algebra: *LU*, *QR*, *SVD*

das sind die positiven Eigenwerte der Matrix $A^T A$. Die orthogonalen Eigenvektoren der Matrix $A^T A$ sind in V.

Schließlich wollen wir $AV = U\Sigma$. Also müssen wir $u_i = Av_i/\sigma_i$ wählen. Diese u_i sind orthonormale Eigenvektoren von AA^T. An dieser Stelle haben wir die „reduzierte" Singulärwertzerlegung mit $v_1, \ldots, v_r$ und $u_1, \ldots, u_r$ als perfekte Basis des Spaltenraums beziehungsweise des Zeilenraums von A. Der Rang r ist die Dimension dieser Räume und der MATLAB-Befehl svd$(A,0)$ liefert folgende Form:

Reduzierte SVD aus $u_i = Av_i/\sigma_i$

$$A = U_{m \times r} \Sigma_{r \times r} V^T_{r \times n} = \begin{bmatrix} u_1 \cdots u_r \end{bmatrix} \begin{bmatrix} \sigma_1 & & \\ & \ddots & \\ & & \sigma_r \end{bmatrix} \begin{bmatrix} v_1^T \\ \vdots \\ v_r^T \end{bmatrix}. \quad (1.129)$$

Um die Basis der v zu vervollständigen, addieren Sie eine beliebige orthonormale Basis $v_{r+1}, \ldots, v_n$ für den Nullraum von A. Um die Basis der u zu vervollständigen, addieren Sie eine beliebige orthonormale Basis $u_{r+1}, \ldots, u_m$ für den Nullraum von A^T. Um Σ zu einer $m \times n$-Matrix zu vervollständigen, addieren Sie Nullen für svd(A) und die unreduzierte Form:

Volle SVD

$$A = U_{m \times m} \Sigma_{m \times n} V^T_{n \times n} = \begin{bmatrix} u_1 \cdots u_r \cdots u_m \end{bmatrix} \begin{bmatrix} \sigma_1 & & \\ & \ddots & \\ & & \sigma_r \\ & & & \end{bmatrix} \begin{bmatrix} v_1^T \\ \vdots \\ v_r^T \\ \vdots \\ v_n^T \end{bmatrix}. \quad (1.130)$$

Üblicherweise werden die u_i, σ_i, v_i so nummeriert, dass $\sigma_1 \geq \sigma_2 \geq \cdots \geq \sigma_r > 0$ gilt. Dann hat die SVD die wunderbare Eigenschaft, eine beliebige Matrix A **in nach ihrer Größe geordnete Teilstücke vom Rang 1 zu zerlegen**:

Spalten mal Zeilen

$$A = u_1 \sigma_1 v_1^T \text{ (größtest } \sigma_1) + \cdots + u_r \sigma_r v_r^T \text{ (kleinstes } \sigma_r). \quad (1.131)$$

Das erste Teilstück $u_1 \sigma_1 v_1^T$ wird durch nur $m+n+1$ Zahlen statt durch nm Zahlen beschrieben. Oft enthalten nur wenige Teilstücke nahezu die gesamte Information in A (in einer stabilen Form). Die behandelte Methode ist keine schnelle Methode zur Bildkompression, weil in der Berechnung der SVD Eigenwerte vorkommen (Filter sind schneller). Die SVD ist zentraler Bestandteil der Matrixapproximation.

Die rechten und linken singulären Vektoren v_i und u_i bilden die **Karhunen-Loève-Basis** in den Ingenieurwissenschaften. Eine symmetrische, positiv definite Matrix K hat $v_i = u_i$: eine Basis.

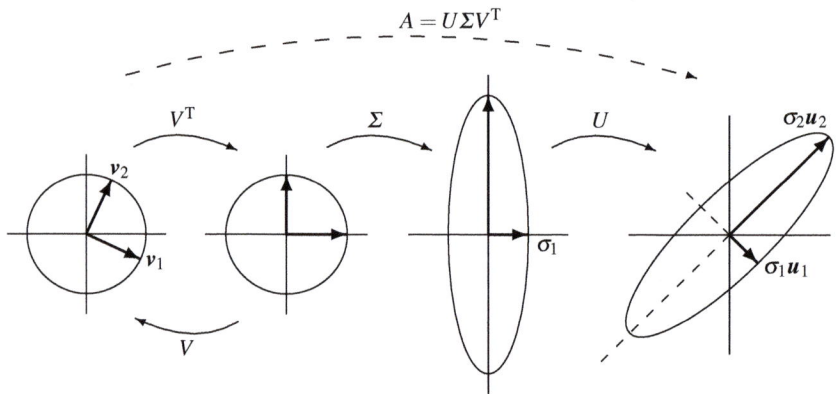

Abb. 1.18 U und V sind Drehungen und Spiegelungen. Σ streckt um $\sigma_1, \ldots, \sigma_r$.

Ich halte die SVD für den endgültigen Schritt im Fundamentalsatz der linearen Algebra. Zuerst kommen die *Dimensionen* der vier Unterräume. Dann folgt deren *Orthogonalität*. Dann kommen die *Orthonormalbasen* $u_1, \ldots, u_m$ und $v_1, \ldots, v_n$, die A diagonalisieren.

$$\text{SVD} \quad \begin{array}{ll} Av_j = \sigma_j u_j & \text{für } j \leq r \\ Av_j = 0 & \text{für } j > r \end{array} \quad \begin{array}{ll} A^\mathsf{T} u_j = \sigma_j v_j & \text{für } j \leq r \\ A^\mathsf{T} u_j = 0 & \text{für } j > r \end{array} \tag{1.132}$$

Die Vektoren $u_i = Av_i/\sigma_i$ sind orthonormale Eigenvektoren der Matrix AA^T. Starten wir mit $A^\mathsf{T} A v_i = \sigma_i^2 v_i$.

Multiplikation mit v_i^T: $v_i^\mathsf{T} A^\mathsf{T} A v_i = \sigma_i^2 v_i^\mathsf{T} v_i$, also $\|Av_i\| = \sigma_i$, sodass $\|u_i\| = 1$.

Multiplikation mit v_j^T: $v_j^\mathsf{T} A^\mathsf{T} A v_i = \sigma_i^2 v_j^\mathsf{T} v_i$, also $(Av_j) \cdot (Av_i) = 0$, sodass $u_j^\mathsf{T} u_i = 0$.

Multiplikation mit A: $AA^\mathsf{T} Av_i = \sigma_i^2 Av_i$, also $\mathbf{AA^\mathsf{T} u_i = \sigma_i^2 u_i}$.

Hier ist ein selbstgemachter Code für die SVD. Er folgt den oben genannten Schritten, vorrangig auf Grundlage von eig($A'*A$). Die schnelleren und stabileren Codes in LAPACK arbeiten direkt mit der Matrix A. Aus Stabilitätsgründen kann es letztlich notwendig sein, sehr kleine Singulärwerte durch $\sigma = 0$ zu ersetzen. Die SVD identifiziert die Gefahrenstellen in $Ax = b$ (nahe 0 in A, sehr große x).

```
% Eingabe: A
% Ausgabe: orthogonale U,V und diagonale sigma mit A=U*sigma*V'
[m,n]=size(A); r=rank(A); [V,squares]=eig(A'*A); % n × n Matrizen
sing=sqrt(squares(1:r,1:r));      % r × r, Singulärwerte > 0 auf Diagonale
sigma=zeros(m,n); sigma(1:r,1:r)=sing; % m × n Singulärwertmatrix
u=A*V(:,1:r)*inv(sing);           % erste r Spalten von U (Singulärvektoren)
[U,R]=qr(u); U(:,1:r)=u; % Befehl qr ergänzt u zu einer m × m−Matrix U
A−U*sigma*V';             % testet auf m × n−Matrix (könnte Norm ausgeben)
```

1.7 Numerische lineare Algebra: *LU*, *QR*, *SVD*

Beispiel 1.20 Bestimmen Sie die SVD der singulären Matrix $A = \begin{bmatrix} 1 & 1 \\ 7 & 7 \end{bmatrix}$.

Lösung: Die Matrix A hat den Rang 1, sodass es einen Singulärwert gibt. Zunächst bestimmen wir $A^{\mathrm{T}}A$:

$$A^{\mathrm{T}}A = \begin{bmatrix} 50 & 50 \\ 50 & 50 \end{bmatrix} \text{ hat } \lambda = 100 \text{ und } 0 \text{ mit Eigenvektoren } [v_1\ v_2] = \frac{1}{\sqrt{2}}\begin{bmatrix} 1 & -1 \\ 1 & 1 \end{bmatrix}.$$

Der Singulärwert ist $\sigma_1 = \sqrt{100} = 10$. Dann ist $u_1 = Av_1/10 = (1,7)/\sqrt{50}$. Mit $u_2 = (-7,1)/\sqrt{50}$ gilt:

$$A = U\Sigma V^{\mathrm{T}} = \frac{1}{\sqrt{50}}\begin{bmatrix} 1 & -7 \\ 7 & 1 \end{bmatrix}\begin{bmatrix} 10 & 0 \\ 0 & 0 \end{bmatrix}\frac{1}{\sqrt{2}}\begin{bmatrix} 1 & 1 \\ -1 & 1 \end{bmatrix}.$$

Beispiel 1.21 Bestimmen Sie die SVD der $(n+1) \times n$-Matrix Δ_- der Rückwärtsdifferenzen.

Lösung Mit den Diagonalelementen 1 und den Nebendiagonalementen -1 in Δ_- sind die Produkte $\Delta_-^{\mathrm{T}}\Delta_-$ und $\Delta_-\Delta_-^{\mathrm{T}}$ gleich K_n und B_{n+1}. Wenn $(n+1)h = \pi$ ist, hat K_n die Eigenwerte $\lambda = \sigma^2 = 2 - 2\cos kh$, und die Eigenvektoren sind $u_k = \left(\cos\tfrac{1}{2}kh, \ldots, \cos(n+\tfrac{1}{2})kh\right)$ in U.

Diese Eigenvektoren v_k und u_k füllen die Matrizen DST und DCT. Normiert sind es die Spaltenvektoren von V und U. Die SVD ist $\Delta_- = (\mathbf{DCT})\Sigma(\mathbf{DST})$. Die Gleichung $\Delta_- v_k = \sigma_k u_k$ besagt, dass die *ersten Differenzen von Sinusvektoren Kosinusvektoren* sind.

In Abschnitt 1.8 auf Seite 104 wenden wir die SVD auf die Hauptkomponentenanalyse und Modellreduktion an. Das Ziel besteht darin, den kleinen Teil der Daten und des Modells zu bestimmen (ausgehend von u_1 und v_1), der die wesentliche Information trägt.

Die Pseudoinverse

Wählt man eine geeignete Basis, ergibt die Multiplikation der Matrix A mit v_i im Zeilenraum $\sigma_i u_i$ im Spaltenraum. A^{-1} muss das Gegenteil bewirken! Wenn $Av = \sigma u$ gilt, dann ist $A^{-1}u = v/\sigma$. Die Singulärwerte der Matrix A^{-1} sind $1/\sigma$, so wie die Eigenwerte der Matrix A^{-1} gleich $1/\lambda$ sind. Die Basen sind vertauscht. Die u liegen im Zeilenraum der Matrix A^{-1}, die v liegen im Spaltenraum.

Bisher hätten wir hinzugefügt: „falls A^{-1} *existiert*". Nun verzichten wir darauf. Eine Matrix, die mit u_i multipliziert, v_i/σ_i ergibt, *existiert tatsächlich*. Es ist die Pseudoinverse $A^+ = \mathrm{pinv}(A)$:

Pseudoinverse $\quad A^+ = V\Sigma^+ U^{\mathrm{T}} \quad A^+ u_i = \dfrac{v_i}{\sigma_i} \quad \text{für } i \leq r \text{ und} \qquad (1.133)$

$$A^+ u_i = 0 \quad \text{für } i > r.$$

Die Vektoren $u_1, \ldots, u_r$ im Spaltenraum der Matrix A kehren in den Zeilenraum zurück. Die anderen Vektoren $u_{r+1}, \ldots, u_m$ gehen nach null. Wenn wir wissen, was mit allen Basisvektoren u_i passiert, kennen wir die Matrix A^+. Die Pseudoinverse hat denselben Rang r wie die Matrix A.

In der Pseudoinversen Σ^+ der Diagonalmatrix Σ ist jedes σ durch σ^{-1} ersetzt. Das Produkt $\Sigma^+\Sigma$ ist so nah an der Einheitsmatrix wie möglich. Gleiches gilt für AA^+ und A^+A:

AA^+ = Projektionsmatrix auf den Spaltenraum von A,
A^+A = Projektionsmatrix auf den Zeilenraum von A.

Beispiel 1.22 Bestimmen Sie die Pseudoinverse A^+ derselben Matrix $A = \begin{bmatrix} 1 & 1 \\ 7 & 7 \end{bmatrix}$ mit Rang 1.

Lösung Da die Matrix A den Singulärwert $\sigma_1 = 10$ hat, ist der Singulärwert der Pseudoinversen $A^+ = \text{pinv}(A)$ gleich $1/10$.

$$A^+ = V\Sigma^+ U^T = \frac{1}{\sqrt{2}}\begin{bmatrix} 1 & -1 \\ 1 & 1 \end{bmatrix}\begin{bmatrix} 1/10 & 0 \\ 0 & 0 \end{bmatrix}\frac{1}{\sqrt{50}}\begin{bmatrix} 1 & 7 \\ -7 & 1 \end{bmatrix} = \frac{1}{100}\begin{bmatrix} 1 & 7 \\ 1 & 7 \end{bmatrix}.$$

Die Pseudoinverse einer Matrix $A = \sigma u v^T$ vom Rang 1 ist $A^+ = vu^T/\sigma$ und ebenfalls vom Rang 1.

Stets ist A^+b im Zeilenraum der Matrix A (eine Kombination der Basis $u_1, \ldots, u_r$). Im Fall $n > m$ ist $Ax = b$ lösbar, wenn b im Spaltenraum der Matrix A liegt. Dann ist A^+b die kürzeste Lösung, weil sie keine Nullraumkomponente besitzt. Hingegen ist $A\backslash b$ eine andere „dünn besetzte Lösung", die $n - m$ Nullkomponenten hat.

Konditionszahlen und Normen

Die *Konditionszahl* einer positiv definiten Matrix ist $c(K) = \lambda_{\max}/\lambda_{\min}$. Dieses Verhältnis ist ein Maß für die „Sensitivität" des linearen Systems $Ku = f$. Angenommen, f ändert sich durch Rundungs- oder Messfehler um Δf. Unser Ziel besteht darin, Δu (also die Änderung der Lösung) abzuschätzen. Wenn wir es mit dem wissenschaftlichen Rechnen ernst meinen, müssen wir Fehler überwachen.

Subtrahieren wir $Ku = f$ von $K(u + \Delta u) = f + \Delta f$. **Die Fehlergleichung lautet** $K(\Delta u) = \Delta f$. Da die Matrix K positiv definit ist, liefert $\lambda_{\min}$ eine verlässliche Schranke für Δu:

Fehlerschranke $K(\Delta u) = \Delta f$ bedeutet $\Delta u = K^{-1}(\Delta f)$. (1.134)

Dann ist $\|\Delta u\| \leq \dfrac{\|\Delta f\|}{\lambda_{\min}(K)}$.

Der führende Eigenwert von K^{-1} ist $1/\lambda_{\min}(K)$. Dann ist Δu in der Richtung dieses Eigenvektors am größten. Der Eigenwert $\lambda_{\min}$ kennzeichnet, wie nahe K einer singulären Matrix ist (jedoch sind die Eigenwerte bei einer unsymmetrischen Matrix

1.7 Numerische lineare Algebra: *LU*, *QR*, *SVD*

nicht verlässlich). Diese einzelne Zahl $\lambda_{\min}$ hat zwei ernsthafte Nachteile, wenn es um die Messung der *Sensitivität* von $Ku = f$ oder $Ax = b$ geht.

Zunächst Folgendes: Wenn wir die Matrix K mit 1000 multiplizieren, dann werden u und Δu durch 1000 geteilt. Diese Reskalierung (die K weniger singulär und $\lambda_{\min}$ größer machen soll) kann an den Gegebenheiten des Problems nichts ändern. Der **relative Fehler** $\|\Delta u\|/\|u\|$ bleibt wegen $1000/1000 = 1$ unverändert. Es sind die relativen Änderungen in u und f, die wir miteinander vergleichen sollten. Hier ist der Schlüssel für positiv definite Matrizen K:

Dividieren wir $\|\Delta u\| \leq \dfrac{\|\Delta f\|}{\lambda_{\min}(K)}$ durch $\|u\| \geq \dfrac{\|f\|}{\lambda_{\max}(K)}$, ergibt das

$$\frac{\|\Delta u\|}{\|u\|} \leq \frac{\lambda_{\max}(K)}{\lambda_{\min}(K)} \frac{\|\Delta f\|}{\|f\|}.$$

In Worten: Δu ist am größten, wenn Δf ein Eigenvektor zu $\lambda_{\min}$ ist. Die echte Lösung u ist *am kleinsten*, wenn f ein Eigenvektor zu $\lambda_{\max}$ ist. Das Verhältnis $\lambda_{\max}/\lambda_{\min}$ liefert die Konditionszahl $c(K)$, den maximalen „Vergrößerungsfaktor" im relativen Fehler:

Konditionszahl für positiv definite K $\quad c(K) = \dfrac{\lambda_{\max}(K)}{\lambda_{\min}(K)}$.

Ist die Matrix A nicht symmetrisch, kann die Ungleichung $\|Ax\| \leq \lambda_{\max}(A)\|x\|$ nicht erfüllt sein (siehe Abbildung 1.19 auf der nächsten Seite). **Andere Vektoren können sich stärker aufblähen als Eigenvektoren.** Auf den ersten Blick könnte eine tridiagonale Matrix mit lauter Einsen auf der Diagonale perfekt konditioniert erscheinen, da in diesem Fall $\lambda_{\max} = \lambda_{\min} = 1$ gilt. Wir brauchen eine **Norm** $\|A\|$, um die Größe jedes A zu messen, und $\lambda_{\max}$ wäre dafür ungeeignet.

Definitionen: Die Norm $\|A\|$ ist das Maximum des Verhältnisses $\|Ax\|/\|x\|$. Die Konditionszahl von A ist $\|A\|$ mal $\|A^{-1}\|$.

Norm $\|A\| = \max\limits_{x \neq 0} \dfrac{\|Ax\|}{\|x\|}$ **Konditionszahl** $c(A) = \|A\|\|A^{-1}\|$ $\qquad$ (1.135)

$\|Ax\|/\|x\|$ ist nie größer als $\|A\|$ (sein Maximum), sodass stets $\|Ax\| \leq \|A\|\|x\|$ gilt. Für alle Matrizen und Vektoren erfüllt die Zahl $\|A\|$ folgende Bedingungen:

$$\|Ax\| \leq \|A\|\|x\|, \quad \|AB\| \leq \|A\|\|B\| \quad \text{und} \quad \|A+B\| \leq \|A\| + \|B\|. \qquad (1.136)$$

Die Norm von $1000A$ ist $1000\|A\|$. Aber $1000A$ hat dieselbe Konditionszahl wie A.

Bei einer positiv definiten Matrix ist der größte Eigenwert die Norm $\|K\| = \lambda_{\max}(K)$. Das hat folgenden Grund: Die orthogonalen Matrizen in $K = Q\Lambda Q^{\mathrm{T}}$ lassen Längen unverändert. Damit gilt $\|K\| = \|\Lambda\| = \lambda_{\max}$. Analog dazu ist $\|K^{-1}\| = 1/\lambda_{\min}(K)$. Dann ist $c(K) = \lambda_{\max}/\lambda_{\min}$ korrekt.

Eine sehr unsymmetrische Matrix hat $\lambda_{\max} = 0$, die Norm hingegen ist $\|A\| = 2$:

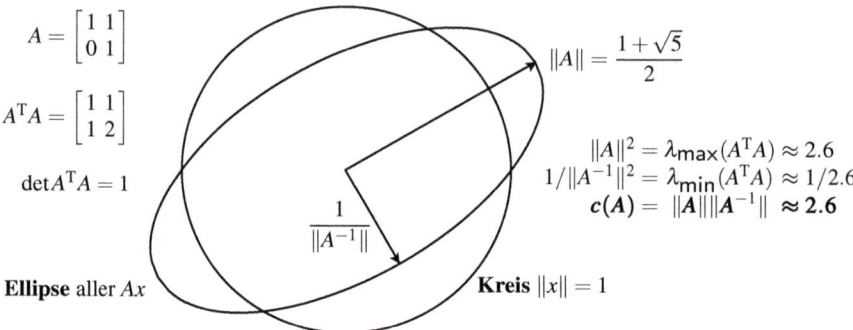

Abb. 1.19 Die Normen von A und A^{-1} ergeben sich aus dem längsten und dem kürzesten Ax.

$$Ax = \begin{bmatrix} 0 & 2 \\ 0 & 0 \end{bmatrix} \begin{bmatrix} 0 \\ 1 \end{bmatrix} = \begin{bmatrix} 2 \\ 0 \end{bmatrix} \quad \text{und das Verhältnis ist} \quad \frac{\|Ax\|}{\|x\|} = \frac{2}{1}.$$

Diese unsymmetrische Matrix A führt auf eine symmetrische Matrix $A^{T}A = \begin{bmatrix} 0 & 0 \\ 0 & 4 \end{bmatrix}$. Der größte Eigenwert ist $\sigma_1^2 = 4$. *Seine Wurzel ist die Norm:* $\|A\| = 2 =$ **größter Singulärwert**.

Dieser Singulärwert $\sqrt{\lambda_{\max}(A^{T}A)}$ ist in der Regel größer als $\lambda_{\max}(A)$. Hier ist die großartige Formel für $\|A\|^2$ auf nur einer Zeile:

Norm $\quad \|A\|^2 = \max \dfrac{\|Ax\|^2}{\|x\|^2} = \max \dfrac{x^{T}A^{T}Ax}{x^{T}x} = \lambda_{\max}(A^{T}A) = \sigma_{\max}^2. \quad$ (1.137)

Die Norm der Matrix A^{-1} ist $1/\sigma_{\min}$, was üblicherweise größer als $1/\lambda_{\min}$ ist. Das Produkt ist $c(A)$:

Konditionszahl $\quad c(A) = \|A\|\,\|A^{-1}\| = \dfrac{\sigma_{\max}}{\sigma_{\min}}.$ (1.138)

Kommentar: $\sigma_{\min}$ sagt etwas darüber aus, wie weit eine invertierbare Matrix A von der *nächsten singulären Matrix* entfernt ist. Wird $\sigma_{\min}$ in Σ zu null, wird es mit U und V^{T} multipliziert (orthogonal, Norm erhaltend). Somit ist die Norm dieser kleinsten Änderung in A gleich $\sigma_{\min}$.

Beispiel 1.23 In der Inversen der folgenden 2×2-Matrix A ist nur das Vorzeichen des Elementes 7 vertauscht. Bedenken Sie, dass $7^2 + 1^2 = 50$ ist. Die Konditionszahl $c(A) = \|A\|\,\|A^{-1}\|$ ist mindestens $\sqrt{50}\sqrt{50} = 50$:

$$Ax = \begin{bmatrix} 1 & 7 \\ 0 & 1 \end{bmatrix} \begin{bmatrix} 0 \\ 1 \end{bmatrix} = \begin{bmatrix} 7 \\ 1 \end{bmatrix} \quad \text{hat} \quad \frac{\|Ax\|}{\|x\|} = \frac{\sqrt{50}}{1}, \text{ also } \|A\| \geq \sqrt{50},$$

$$A^{-1}x = \begin{bmatrix} 1 & -7 \\ 0 & 1 \end{bmatrix} \begin{bmatrix} 0 \\ 1 \end{bmatrix} = \begin{bmatrix} -7 \\ 1 \end{bmatrix} \quad \text{hat} \quad \frac{\|A^{-1}x\|}{\|x\|} = \frac{\sqrt{50}}{1}, \text{ also } \|A^{-1}\| \geq \sqrt{50}.$$

1.7 Numerische lineare Algebra: *LU*, *QR*, *SVD*

Angenommen, wir wollen die Gleichung $Ax = b = \begin{bmatrix} 7 \\ 1 \end{bmatrix}$ lösen. Diese Lösung ist $x = \begin{bmatrix} 0 \\ 1 \end{bmatrix}$. Wir verschieben die rechte Seite um $\Delta b = \begin{bmatrix} 0 \\ .1 \end{bmatrix}$. Dann verschiebt sich x um $\Delta x = \begin{bmatrix} -.7 \\ .1 \end{bmatrix}$ (wegen $A(\Delta x) = \Delta b$). Die relative Änderung in x ist also das 50-fache der relativen Änderung in b:

$$\frac{\|\Delta x\|}{\|x\|} = (.1)\sqrt{50} \quad \text{ist 50 Mal größer als} \quad \frac{\|\Delta b\|}{\|b\|} = \frac{.1}{\sqrt{50}}.$$

Beispiel 1.24 Die Eigenwerte der Matrix mit den Elementen $-1, 2, -1$ auf der Hauptdiagonalen sind $\lambda = 2 - 2\cos\frac{\pi k}{n+1}$. Die Fälle $k = 1$ und $k = n$ ergeben dann $\lambda_{\min}$ und $\lambda_{\max}$. Die Konditionszahl von K_n wächst wie n^2:

$$c(K) = \|K\|\|K^{-1}\| = \frac{\lambda_{\max}}{\lambda_{\min}} = \frac{2 - 2\cos\frac{n\pi}{n+1}}{2 - 2\cos\frac{\pi}{n+1}} \approx \frac{4}{\pi^2}(n+1)^2. \tag{1.139}$$

$\lambda_{\max}$ ist näherungsweise $2 - 2\cos\pi = 4$, wie man Abbildung 1.13 auf Seite 65 entnehmen kann. Für den kleinsten Eigenwert können wir die Näherung $\cos\theta \approx 1 - \frac{1}{2}\theta^2$ verwenden, was dasselbe wie $2 - 2\cos\theta \approx \theta^2 = (\frac{\pi}{n+1})^2$ ist.

Eine Faustregel für $Ax = b$ ist, dass **der Computer durch Rundungsfehler etwa $\log c$ Dezimalstellen verliert**. MATLAB gibt eine Warnung aus, wenn die Konditionszahl zu groß ist (c wird nicht exakt berechnet, die Berechnung der Eigenwerte von $A^T A$ würde zu lange dauern). Bei der Approximation einer Differentialgleichung zweiter Ordnung ist $c(K)$ üblicherweise von der Ordnung $1/(\Delta x)^2$, was mit n^2 in (1.139) in Einklang steht. Bei Gleichungen vierter Ordnung ist $\lambda_{\max}/\lambda_{\min} \approx C/(\Delta x)^4$.

Zeilenvertauschungen in $PA = LU$

Unsere Probleme können gut oder schlecht konditioniert sein. Wir können $c(A)$ zwangsläufig nicht steuern, auf keinen Fall wollen wir aber die Konditionierung durch einen ungünstigen Algorithmus verschlechtern. Da das Eliminationsverfahren der im wissenschaftlichen Rechnen am häufigsten benutzte Algorithmus ist, wurde reichlich Aufwand im Hinblick darauf betrieben, alles richtig zu machen. **Oft ordnen wir die Zeilen der Matrix A um.**

Der Hauptpunkt ist, dass die *kleinsten Pivotelemente gefährlich* sind. Um die Zahlen zu bestimmen, mit denen wir die Zeilen multiplizieren müssen, dividieren wir durch die Pivotelemente. Kleine Pivotelemente bedeuten große Multiplikatoren in L. Dann sind L (und vermutlich U) schlechter konditioniert als A. Das einfachste Mittel ist, die Zeilen durch eine Permutationsmatrix P so zu vertauschen, dass das größtmögliche Element in das Pivotelement gebracht wird.

Der Befehl lu(A) erledigt diese „*Teilpivotisierung*" für $A = [1\ 2;\ 3\ 3]$. Das erste Pivotelement ändert sich von 1 auf 3. **Die Teilpivotisierung vermeidet Multiplikatoren in L, die größer als 1 sind:**

$$[\boldsymbol{P},\boldsymbol{L},\boldsymbol{U}] = \mathsf{lu}(\boldsymbol{A}) \qquad \boldsymbol{P}\boldsymbol{A} = \begin{bmatrix} 3 & 3 \\ 1 & 2 \end{bmatrix} = L = \begin{bmatrix} 1 & 0 \\ \frac{1}{3} & 1 \end{bmatrix} \quad \begin{bmatrix} 3 & 3 \\ 0 & 1 \end{bmatrix} = \boldsymbol{L}\boldsymbol{U}.$$

Das Produkt der Pivotelemente ist $-\det A = +3$, weil die Permutationsmatrix P die Zeilen der Matrix A vertauscht hat.

Bei einer positiv definiten Matrix K müssen keine Zeilen vertauscht werden. Ihre Faktorisierung in $K = LDL^T$ kann (nach Cholesky) als $K = L\sqrt{D}\sqrt{D}L^T$ umgeschrieben werden. In dieser Form können wir $K = A^T A$ mit $\boldsymbol{A} = \sqrt{D}\boldsymbol{L}^T$ erkennen. Dann wissen wir aus Gleichung (1.137), dass $\lambda_{\max}(K) = \|K\| = \sigma_{\max}^2(A)$ und $\lambda_{\min}(K) = \sigma_{\min}^2(A)$ ist. Die Elimination zu $A = \text{chol}(K)$ berührt die Konditionszahl einer positiv definiten Matrix $K = A^T A$ in keinster Weise:

$$\boldsymbol{A} = \text{chol}(\boldsymbol{K}) \qquad c(K) = \frac{\lambda_{\max}(K)}{\lambda_{\min}(K)} = \left(\frac{\sigma_{\max}(A)}{\sigma_{\min}(A)}\right)^2 = (c(A))^2. \tag{1.140}$$

In der Regel macht die Elimination in $PA = LU$ die Konditionszahl $c(L)c(U)$ größer als das ursprüngliche $c(A)$. Dieser Preis ist oft bemerkenswert klein – eine Tatsache, deren Ursache wir nicht vollkommen verstehen.

In den nächsten Kapiteln werden Modelle für wichtige Anwendungen entwickelt. In Kapitel 2 führen diskrete Probleme auf die Matrizen A, A^T und $A^T A$. Eine Differentialgleichung produziert viele diskrete Gleichungen, wenn wir uns für finite Differenzen, finite Elemente, Spektralmethoden, Fourier-Transformation oder irgendeine andere Möglichkeit im wissenschaftlichen Rechnen entscheiden. All diese Möglichkeiten ersetzen die Analysis in der einen oder anderen Weise durch lineare Algebra.

Aufgaben zu Abschnitt 1.7

Die Aufgaben 1.7.1–1.7.5 behandeln orthogonale Matrizen mit $Q^T Q = I$.

1.7.1 Sind die folgenden Vektorpaare orthonormal, orthogonal oder lediglich linear unabhängig?

(a) $\begin{bmatrix} 1 \\ 0 \end{bmatrix}$ und $\begin{bmatrix} -1 \\ 1 \end{bmatrix}$ (b) $\begin{bmatrix} .6 \\ .8 \end{bmatrix}$ und $\begin{bmatrix} .4 \\ -.3 \end{bmatrix}$ (c) $\begin{bmatrix} \cos\theta \\ \sin\theta \end{bmatrix}$ und $\begin{bmatrix} -\sin\theta \\ \cos\theta \end{bmatrix}$.

Ändern Sie den zweiten Vektor gegebenenfalls so, dass orthonormale Vektoren entstehen.

1.7.2 Geben Sie jeweils ein Beispiel für:

(a) Eine Matrix Q mit orthonormalen Spalten, für die aber $QQ^T \neq I$ ist.
(b) Zwei orthogonale Vektoren, die nicht linear unabhängig sind.
(c) Eine Orthonormalbasis für den $\mathbf{R}^4$, in der jede Komponente entweder $\frac{1}{2}$ oder $-\frac{1}{2}$ ist.

1.7.3 Zeigen Sie, dass das Produkt $Q_1 Q_2$ zweier orthogonaler Matrizen Q_1 und Q_2 ebenfalls eine orthogonale Matrix ist. (Verwenden Sie $Q^T Q = I$.)

1.7 Numerische lineare Algebra: *LU, QR, SVD*

1.7.4 Orthonormale Vektoren sind zwangsläufig linear unabhängig. Zwei Beweise dafür sind:

(a) Vektorbeweis: Es gelte $c_1 q_1 + c_2 q_2 + c_3 q_3 = 0$. Welches Skalarprodukt führt dann auf $c_1 = 0$? Analog ist $c_2 = 0$ und $c_3 = 0$. Folglich sind die q linear unabhängig.

(b) Matrixbeweis: Zeigen Sie, dass $Qx = 0$ auf $x = 0$ führt. Da Q eine Rechteckmatrix sein kann, dürfen Sie zwar Q^T aber nicht Q^{-1} verwenden.

1.7.5 Wenn a_1, a_2, a_3 eine Basis des $\mathbf{R}^3$ ist, dann kann jeder Vektor b wie folgt geschrieben werden:

$$b = x_1 a_1 + x_2 a_2 + x_3 a_3 \qquad \text{oder} \qquad \begin{bmatrix} a_1 & a_2 & a_3 \end{bmatrix} \begin{bmatrix} x_1 \\ x_2 \\ x_3 \end{bmatrix} = b.$$

(a) Angenommen, die a sind orthonormal. Zeigen Sie, dass dann $x_1 = a_1^T b$ gilt.

(b) Angenommen, die a sind orthogonal. Zeigen Sie, dass dann $a_1^T b / a_1^T a_1$ gilt.

(c) Wenn die a linear unabhängig sind, dann ist x_1 die erste Komponente von _____ mal b.

Die Aufgaben 1.7.6–1.7.14 und 1.7.31 befassen sich mit Normen und Konditionszahlen.

1.7.6 Abbildung 1.18 auf Seite 94 veranschaulicht die Zerlegung einer Matrix A in das Produkt aus Drehmatrix, Streckungsmatrix und Drehmatrix:

$$A = U \Sigma V^T = \begin{bmatrix} \cos \alpha & -\sin \alpha \\ \sin \alpha & \cos \alpha \end{bmatrix} \begin{bmatrix} \sigma_1 & \\ & \sigma_2 \end{bmatrix} \begin{bmatrix} \cos \theta & \sin \theta \\ -\sin \theta & \cos \theta \end{bmatrix}. \qquad (1.141)$$

Die Anzahl der Parameter $\alpha, \sigma_1, \sigma_2, \theta$ stimmt mit der Anzahl der Elemente a_{11}, a_{12}, a_{21}, a_{22} überein. Wenn die Matrix A symmetrisch ist und $a_{12} = a_{21}$ gilt, verringert sich die Anzahl wegen $\alpha = \theta$ um eins, und wir brauchen nur ein Q. Die Determinante von A aus Gleichung (1.141) ist $\sigma_1 \sigma_2$. Im Fall $\det A < 0$ kommt eine Reflexion hinzu. Verifizieren Sie die Angaben $\lambda_{\max}(A^T A) = \frac{1}{2}(3 + \sqrt{5})$ und $\|A\| = \frac{1}{2}(1 + \sqrt{5})$ aus Abbildung 1.19 auf Seite 98.

1.7.7 Bestimmen Sie die Normen $\lambda_{\max}$ und die Konditionszahlen $\lambda_{\max}/\lambda_{\min}$ der folgenden positiv definiten Matrizen per Hand:

$$\begin{bmatrix} 3 & 0 \\ 0 & 2 \end{bmatrix} \qquad \begin{bmatrix} 2 & 1 \\ 1 & 2 \end{bmatrix} \qquad \begin{bmatrix} 3 & 1 \\ 1 & 1 \end{bmatrix}.$$

1.7.8 Berechnen Sie die Normen und Konditionszahlen aus den Wurzeln von $\lambda(A^T A)$:

$$\begin{bmatrix} 1 & 7 \\ 1 & 1 \end{bmatrix} \qquad \begin{bmatrix} 1 & 1 \\ 0 & 0 \end{bmatrix} \qquad \begin{bmatrix} 1 & 1 \\ -1 & 1 \end{bmatrix}.$$

1.7.9 Leiten Sie die beiden folgenden Ungleichungen aus den Definitionen der Normen $\|A\|$ und $\|B\|$ her:

$$\|ABx\| \leq \|A\| \, \|Bx\| \leq \|A\| \, \|B\| \, \|x\|.$$

Leiten Sie aus dem Quotienten, der $\|AB\|$ ergibt, die Ungleichung $\|AB\| \leq \|A\| \, \|B\|$ her. Diese Tatsache ist der Schlüssel zur Verwendung von Matrixnormen.

1.7.10 Beweisen Sie mithilfe der Ungleichung $\|AB\| \leq \|A\| \, \|B\|$, dass die Konditionszahl einer beliebigen Matrix A mindestens 1 ist. Zeigen Sie, dass für eine orthogonale Matrix A die Gleichung $c(Q) = 1$ gilt.

1.7.11 Sei λ ein beliebiger Eigenwert der Matrix A. Begründen Sie, weshalb $|\lambda| \leq \|A\|$ ist. Gehen Sie von $Ax = \lambda x$ aus.

1.7.12 Der „*Spektralradius*" $\rho(A) = |\lambda_{\max}|$ ist der Betrag des betragsmäßig größten Eigenwertes der Matrix A. Zeigen Sie an Beispielen von 2×2-Matrizen, dass die beiden Ungleichungen $\rho(A+B) \leq \rho(A) + \rho(B)$ und $\rho(AB) \leq \rho(A)\rho(B)$ *falsch* sein können. Der Spektralradius ist als Norm nicht akzeptabel.

1.7.13 Schätzen Sie die Konditionszahl der schlecht konditionierten Matrix $A = \begin{bmatrix} 1 & 1 \\ 1 & 1.0001 \end{bmatrix}$ ab.

1.7.14 Die „ℓ^1-Norm" und die „ℓ^∞-Norm" des Vektors $x = (x_1, \ldots, x_n)$ sind

$$\|x\|_1 = |x_1| + \cdots + |x_n| \quad \text{und} \quad \|x\|_\infty = \max_{1 \leq i \leq n} |x_i|.$$

Berechnen Sie die Normen $\|x\|$, $\|x\|_1$ und $\|x\|_\infty$ der beiden Vektoren im $\mathbf{R}^5$:

$$x = (1,1,1,1,1) \qquad x = (.1,.7,.3,.4,.5).$$

Die Aufgaben 1.7.15–1.7.22 befassen sich mit der Singulärwertzerlegung.

1.7.15 Angenommen, es gelte $A = U\Sigma V^T$ und ein Vektor x sei eine Kombination $c_1 v_1 + \cdots + c_n v_n$ der Spalten von V. Welche Kombination der Spalten $u_1, \ldots, u_n$ von U ist dann Ax?

1.7.16 Berechnen Sie die Matrizen $A^T A$ und AA^T sowie ihre Eigenwerte $\sigma_1^2, 0$. Vervollständigen Sie anschließend die SVD:

$$A = \begin{bmatrix} 1 & 4 \\ 2 & 8 \end{bmatrix} = \begin{bmatrix} u_1 & u_2 \end{bmatrix} \begin{bmatrix} \sigma_1 & \\ & 0 \end{bmatrix} \begin{bmatrix} v_1 & v_2 \end{bmatrix}^T.$$

1.7.17 Bestimmen Sie die Eigenwerte und Eigenvektoren der Matrizen $A^T A$ und AA^T zur folgenden Fibonacci-Matrix und konstruieren Sie ihre SVD:

$$A = \begin{bmatrix} 1 & 1 \\ 1 & 0 \end{bmatrix}.$$

1.7.18 Berechnen Sie die Matrizen $A^T A$ und AA^T sowie ihre Eigenwerte und normierte Eigenvektoren zur Matrix

1.7 Numerische lineare Algebra: *LU*, *QR*, *SVD* 103

$$A = \begin{bmatrix} 1 & 1 & 0 \\ 0 & 1 & 1 \end{bmatrix}.$$

Multiplizieren Sie die drei Matrizen, um wieder die Matrix *A* zu erhalten.

1.7.19 Erläutern Sie, wie die SVD die Matrix *A* als Summe von *r* Rang-1-Matrizen ausdrückt:

$$U\Sigma V^T = \text{Spalten} \times \text{Zeilen}, A = \sigma_1 u_1 v_1^T + \cdots + \sigma_r u_r v_r^T, \text{ wenn } A \text{ den Rang } r \text{ hat.}$$

1.7.20 Angenommen, $u_1, \ldots, u_n$ und $v_1, \ldots, v_n$ sind Orthonormalbasen des $\mathbf{R}^n$. Welche Matrix transformiert jedes v_j in ein u_j, sodass $Av_1 = u_1, \ldots, Av_n = u_n$ gilt? Wie sind die σ?

1.7.21 Die Matrix *A* sei invertierbar (mit $\sigma_1 > \sigma_2 > 0$). Ändern Sie *A* um die kleinstmögliche Matrix, sodass eine singuläre Matrix A_0 entsteht. Hinweis: *U* und *V* bleiben unverändert:

$$A = \begin{bmatrix} u_1 & u_2 \end{bmatrix} \begin{bmatrix} \sigma_1 & \\ & \sigma_2 \end{bmatrix} \begin{bmatrix} v_1 & v_2 \end{bmatrix}^T.$$

1.7.22 (a) Wie ändert sich die SVD, wenn *A* durch 4*A* ersetzt wird?
(b) Wie ist die SVD von A^T und von A^{-1}?
(c) Warum greift die SVD von $A + I$ nicht einfach auf $\Sigma + I$ zurück?

Die Aufgaben 1.7.23–1.7.27 befassen sich mit $A = LU$, $K = LDL^T$ und $A = QR$.

1.7.23 Gegeben sei die Matrix $K = \begin{bmatrix} 1 & 2 \\ 2 & 5 \end{bmatrix}$. Warum liefert lu(*K*) keine Faktoren, für die $K = LU$ gilt? Welche Pivotelemente werden anstelle von 1 und 1 gewählt? Verwenden Sie den Befehl $A = \text{chol}(K)$, um den Faktor $A = L\sqrt{D}$ ohne Zeilenvertauschung zu bestimmen.

1.7.24 Welches Vielfache von $a = \begin{bmatrix} 1 \\ 1 \end{bmatrix}$ muss von $b = \begin{bmatrix} 4 \\ 0 \end{bmatrix}$ subtrahiert werden, damit das Ergebnis *B* orthogonal zu *a* ist? Skizzieren Sie *a*, *b* und *B*.

1.7.25 Führen Sie die Gram-Schmidt-Orthogonalisierung aus Aufgabe 1.7.24 zu Ende, indem Sie $q_1 = a/\|a\|$ und $q_2 = B/\|B\|$ berechnen und eine *QR*-Zerlegung vornehmen:

$$\begin{bmatrix} 1 & 4 \\ 1 & 0 \end{bmatrix} = \begin{bmatrix} q_1 & q_2 \end{bmatrix} \begin{bmatrix} \|a\| & ? \\ 0 & \|B\| \end{bmatrix}.$$

1.7.26 (MATLAB) Faktorisieren Sie die Matrix $A = \text{eye}(4) - \text{diag}([1\ 1\ 1], -1)$ in $[Q, R] = \text{qr}(A)$. Können Sie die orthogonalen Spalten von *Q* so normieren, dass Sie schöne ganzzahlige Komponenten erhalten?

1.7.27 Bestimmen Sie in den Fällen $n = 3$ und $n = 4$ die *QR*-Zerlegung der speziellen tridiagonalen Matrizen *T*, *K* und *B* aus qr(*T*), qr(*K*) und qr(*B*). Können Sie ein Muster erkennen?

1.7.28 Welche Konditionszahl berechnen Sie für K_9 und T_9, wenn Sie den Befehl eig verwenden, um $\lambda_{\max}/\lambda_{\min}$ zu bestimmen? Vergleichen Sie das Ergebnis mit der Abschätzung aus Gleichung (1.139) auf Seite 99.

1.7.29 Gegeben sei die Matrix A aus Beispiel 1.20 auf Seite 95. Woher wissen Sie, dass $50 < \lambda_{\max}(A^{\mathrm{T}}A) < 51$ gilt?

1.7.30 Wenden Sie $[U, \mathrm{sigma}, V] = \mathrm{svd}(\mathsf{DIFF})$ auf die 3×2-Matrix der Rückwärtsdifferenzen $\mathsf{DIFF} = [1\ 0; -1\ 1; 0\ -1]$ an. Vertauschen Sie die Vorzeichen in u_1, u_2, v_1, v_2, um sich davon zu überzeugen, dass es sich dabei um die normierten Kosinus- und Sinusvektoren aus Beispiel 1.21 auf Seite 95 mit $h = \pi/3$ handelt. Welcher Spaltenvektor ist im Nullraum von $(\mathsf{DIFF})^{\mathrm{T}}$?

1.7.31 Die Frobenius-Norm $\|A\|_F^2 = \sum\sum |a_{ij}|^2$ behandelt A wie einen langen Vektor. Prüfen Sie folgende Relationen nach:

$$\|I\|_F = \sqrt{n} \qquad \|A+B\|_F \leq \|A\|_F + \|B\|_F$$
$$\|AB\|_F \leq \|A\|_F \|B\|_F \qquad \|A\|_F^2 = \mathrm{trace}(A^{\mathrm{T}}A).$$

1.7.32 (empfehlenswert) Verwenden Sie den Befehl $\mathrm{pinv}(A)$, um die Pseudoinverse A^+ der 4×5-Matrix A der Vorwärtsdifferenzen zu bestimmen. Multiplizieren Sie $AA^+ = I$ und $A^+A \neq I$. Treffen Sie eine Vorhersage für A^+, wenn A eine $n \times (n+1)$ Matrix ist.

1.8 Beste Basis aus der *SVD*

Diesen optionalen Abschnitt hätte man auch „SVD für PCA, MOR und POD" nennen können. Ich weiß nicht, ob Sie einen solchen Titel akzeptiert hätten. Doch nachdem ich Ihnen Eigenwerte und Singulärwerte erklärt habe, möchte ich eine der Möglichkeiten aufzeigen, sie zu verwenden.

Die Eigen*vektoren* der Matrizen $A^{\mathrm{T}}A$ und AA^{T} sind die rechten und linken singulären Vektoren der Matrix A. Die von null verschiedenen (und gleichgroßen) Eigen*werte* von $A^{\mathrm{T}}A$ und AA^{T} sind die Quadrate der Singulärwerte $\sigma_i(A)$. Die Eigenvektoren liefern die Orthonormalbasen $v_1, \ldots, v_n$ und $u_1, \ldots, u_m$ in V und U. Die Zahlen $\lambda_i(A^{\mathrm{T}}A) = \lambda_i(AA^{\mathrm{T}}) = \sigma_i^2(A)$ ordnen diese Basisvektoren nach ihrer Bedeutung. Diese geordneten Basen sind in Anwendungen äußerst nützlich:

Orthonormalbasen $\quad A^{\mathrm{T}}Av_i = \lambda_i v_i \quad AA^{\mathrm{T}}u_i = \lambda_i u_i \quad Av_i = \sigma_i u_i \quad (1.142)$
$\boldsymbol{V}^{\mathrm{T}}V = I \ U^{\mathrm{T}}U = I \quad A^{\mathrm{T}}A = V\Lambda V^{\mathrm{T}} \quad AA^{\mathrm{T}} = U\Lambda U^{\mathrm{T}} \ AV = U\Sigma \quad (1.143)$

Die fünf Matrizen $A, A^{\mathrm{T}}A, AA^{\mathrm{T}}, \Lambda$ und Σ haben denselben Rang r. Die letzten vier haben r positive Eigenwerte $\lambda_i = \sigma_i^2$ gemeinsam. Wenn A eine $m \times n$-Matrix ist, hat $A^{\mathrm{T}}A$ die Größe n und AA^{T} die Größe m. Außerdem hat $A^{\mathrm{T}}A$ genau $n - r$ Eigenwerte, die gleich null sind, bei AA^{T} sind es $m - r$. Zu diesen Eigenwerten gehören $n - r$ Eigenvektoren v im Nullraum von A ($\lambda = 0$) und $m - r$ Eigenvektoren u im Nullraum von A^{T}.

Beispiel 1.25 Oft ist die Matrix A eine schmale Rechteckmatrix ($m > n$) mit unabhängigen Spalten, sodass $r = n$ ist:

1.8 Beste Basis aus der SVD

$$A = \begin{bmatrix} 1 & 0 \\ -1 & 1 \\ 0 & -1 \end{bmatrix} \quad A^{\mathrm{T}}A = \begin{bmatrix} 2 & -1 \\ -1 & 2 \end{bmatrix} \quad AA^{\mathrm{T}} = \begin{bmatrix} 1 & -1 & 0 \\ -1 & 2 & -1 \\ 0 & -1 & 1 \end{bmatrix}. \quad (1.144)$$

Die Matrix AA^{T} hat die Größe $m = 3$ und den Rang $r = 2$. Der Einheitsvektor $u_3 = (1,1,1)/\sqrt{3}$ liegt im Nullraum der Matrix. In diesem Abschnitt geht es darum, dass die Vektoren v und u gute Basen für die Spalträume sind. Bei einer Matrix der ersten Differenzen wie A sind diese Basen sensationell:

$v_1, \ldots, v_n =$ **diskreter Sinus**,

$u_1, \ldots, u_n =$ **diskreter Kosinus** $\quad u_{n+1} = (1, \ldots, 1)/\sqrt{n}$.

Der zusätzliche Kosinus ist $\cos 0$ ($\sin 0$ ist null). Die Schlüsseleigenschaft $Av_i = \sigma_i u_i$ besagt, dass die ersten Differenzen von diskreten Sinusfunktionen Kosinusfunktionen sind. Umgekehrt besagt $A^{\mathrm{T}}u_i = \sigma_i v_i$, dass die ersten Differenzen von diskreten Kosinusfunktionen diskrete Sinusfunktionen mit *negativem Vorzeichen* sind. Die Matrix A^{T} hat über der Hauptdiagonalen die Elemente -1, und erste Differenzen sind antisymmetrisch.

Die Orthogonalität $V^{\mathrm{T}}V = I$ diskreter Sinusvektoren führt auf die diskrete Sinustransformation. Und $U^{\mathrm{T}}U = I$ führt auf die diskrete Kosinustransformation. Jedoch handelt dieser (*sehr spezielle*) Abschnitt von **Datenmatrizen** und nicht von Differenzenmatrizen.

Wir beginnen, indem wir m Eigenschaften (m Merkmale) von n Proben messen. Bei den Messwerten könnte es sich um die Noten von n Studenten in m Fächern handeln. Das Ziel besteht darin, aus diesen mn Zahlen Schlüsse zu ziehen. In dem absurden Fall, dass die Matrix $A^{\mathrm{T}}A$ nach der Verschiebung des Notendurchschnitts nach null nur Hauptdiagonalelemente hat, sind die Fachnoten unabhängig.

Der Erfolg der SVD besteht darin, **Fachkombinationen** und **Studentenkombinationen** zu bestimmen, die unabhängig sind. In Matrixsprache ausgedrückt, zeigt $A = U\Sigma V^{\mathrm{T}}$ die richtigen Kombinationen in U und V auf, die die Diagonalmatrix Σ produzieren.

Korrelationsmatrizen $A^{\mathrm{T}}A$ und AA^{T}

In typischen Beispielen ist A eine *Matrix aus Messdaten*. Jede der n Proben bildet eine Spalte a_j der Datenmatrix A. Zu jeder der m Eigenschaften gehört eine Zeile. Die n^2 Skalarprodukte $a_i^{\mathrm{T}} a_j$ kennzeichnen „Korrelationen" oder „Kovarianzen" zwischen Proben:

Proben-Korrelationsmatrix

$A^{\mathrm{T}}A$ hat die Elemente $a_i^{\mathrm{T}} a_j = $ Zeilen mal Spalten. $\quad (1.145)$

Umgekehrt kennzeichnet die Matrix AA^{T} Korrelationen zwischen den Eigenschaften (Merkmalen):

Eigenschafts-Korrelationsmatrix

$$AA^T = \sum_{j=1}^{n} a_j a_j^T = \text{Spalten} \times \text{Zeilen}. \tag{1.146}$$

Manche Anwendungen arbeiten mit der Matrix A^TA, andere arbeiten mit der Matrix AA^T. Bei einigen Anwendungen ist $m > n$, bei anderen ist $m < n$. Auf den ersten Blick scheint es sinnvoll zu sein, dass jeweils kleinere Eigenwertproblem zu lösen. Nach kurzer Überlegung zeigt sich jedoch, dass eine guter svd-Code beide Eigenwertprobleme gleichzeitig löst. Wir erhalten beide Mengen von Eigenvektoren, nämlich die Menge der v und die der u. Zudem haben diese rechten und linken singulären Vektoren die bemerkenswerte Eigenschaft $Av_i = \sigma_i u_i$.

Der Golub-Welsch-Algorithmus reduziert die Matrix A zunächst auf *Bidiagonalform* $B = U_1^T A V_1$. Die orthogonalen U_1 und V_1 ergeben sich direkt aus Drehungen, mit denen in B Nullen erzeugt werden (nicht aus Eigenwertproblemen). Anschließend bestimmen U_2 und V_2 die Singulärwerte von B und die Eigenwerte von B^TB (dieselben σ_i und λ_i). In MATLAB gibt es keine speziellen Befehle für diese bidiagonale svd und die tridiagonale eig, sodass Persson seine LAPACK-Unterroutinen zur Verfügung gestellt hat.

Die Codes bidsvd und trideig auf math.mit.edu/~persson erlauben es Ihnen, U_1 und V_1 zu überspringen, wenn die Matrik A bereits bidiagonal und die Matrix A^TA bereits tridiagonal ist (wie bei eindimensionalen Problemen).

Hauptkomponentenanalyse

Das Ziel der Hauptkomponentenanalyse (**PCA** für *englisch* principal component analysis) ist, die wichtigsten Eigenschaften zu identifizieren, die sich in den Messdaten in A widerspiegeln. Das werden *Kombinationen* der ursprünglichen Eigenschaften sein. Oft werden die Gewichte in den Kombinationen als **Lasten** bezeichnet. Sie sind alle von null verschieden. Wir werden stets annehmen, dass diese Daten, die wir notfalls verschieben können, den *Mittelwert null* haben. Die Varianz ist der kritische Indikator für die Bedeutsamkeit. Sie kann groß oder klein sein. Die n Proben in den Daten bilden eine $m \times m$-Kovarianzmatrix:

Kovarianzmatrix $\quad \Sigma_n = \dfrac{1}{n-1} \left(a_1 a_1^T + \cdots + a_n a_n^T \right) = \dfrac{1}{n-1} AA^T. \quad (1.147)$

Diese approximiert die echte Kovarianzmatrix Σ der gesamten Population (wir kennen nur n Proben). Die Nichtdiagonalelemente zeigen Korrelationen zwischen Eigenschaften. Abschnitt 2.8 wird eine kurze Einführung zu Kovarianzmatrizen in der der Statistik geben, was perfekt auf die Probleme von Widerständen in elektrischen Schaltkreisen oder Elastizitäten von Federn passt.

An dieser Stelle erwähne ich nur, dass „Korrelationsmatrizen" oft so normiert sind, dass auf der Hauptdiagonalen Einsen stehen. Wenn einige Fachnoten zwischen 1 und 5 liegen und andere bis 100 reichen können, ist diese Reskalierung

1.8 Beste Basis aus der SVD

notwendig. Sind die Einheiten aber konsistent, verwendet man am besten die Kovarianzmatrix (1.147). Für einen Statistiker ist die Zahl der Freiheitsgrade $n-1$, nachdem ein Freiheitsgrad bereits verbraucht wurde, um den Mittelwert auf null zu bringen.

Die Eigenvektoren $u_1, u_2, \ldots$ der Matrix AA^T geben uns die unabhängigen Kombinationen von Eigenschaften nach ihrer Varianz geordnet an (von der höchsten zur niedrigsten). Die u sind die beste Basis im Eigenschaftsraum $\mathbf{R}^m$. Die v sind die beste Basis im Probenraum $\mathbf{R}^n$. Wenn A bereits eine Kovarianzmatrix ist, sieht sich die PCA $\lambda_{\max}(A)$ und den zugehörigen Eigenvektor an.

Die Orthogonalität der u macht die Kombinationen unabhängig. Die durch u_1 gegebene Kombination von Eigenschaften hat die höchste Varianz $\sigma_1^2/(n-1)$. Das ist der größte Eigenwert $\lambda/(n-1)$ der Proben-Kovarianzmatrix $AA^T/(n-1)$. Aus der PCA ergibt sich, dass $u_1^T a$ die optimale Größe zur Messung ist. Die übrigen Kombinationen $u_i^T a$ haben eine geringere Bedeutung.

Beispiel 1.26 Angenommen, jede Spalte der Matrix A steht für die Position x, y, z einer Masse, die sich geradlinig bewegt. Mit exakten Messergebnissen $a_i = (x_i, y_i, z_i)$ hat A den Rang $r = 1$. Nachdem wir den Mittelwert nach null verschoben haben (die Gerade verläuft dann durch den Ursprung), sind die konstanten Verhältnisse von x, y, z durch den Einheitsvektor u_1 gegeben (Eigenvektor von Σ, linker singulärer Vektor von A, Richtungskosinus der Geraden). Die orthogonalen Richtungen u_2 und u_3 zeigen keine Bewegung, und die Messungen $u_2^T a$ und $u_3^T a$ sind null.

Echte Messungen enthalten Rauschen. Die Probenkovarianzen sind nicht exakt. Das verrauschte A hat den vollen Rang $r = 3$. Es gilt aber $\sigma_1 \gg \sigma_2$. Die Daten $u_2^T a$ und $u_3^T a$ werden nicht null sein. Doch die SVD besagt immer noch, dass wir $u_1^T a$ messen sollen. Indem wir $\sigma_1^2, \ldots, \sigma_n^2$ vergleichen, bestimmen wir, wie viele Kombination von Eigenschaften das Experiment enthüllt.

Die Hauptkomponentenanalyse ist eine fundamentale Technik in der Statistik [99], die bereits lange entdeckt und verwendet wurde, bevor sie die SVD für große m und n rechentechnisch handhabbar machte.

Genexpressionsdaten

In der Bioinformatik bestimmt man mithilfe der SVD Genkombinationen (*Eigengene*), die zusammen beobachtet werden. Anwendungen im Bereich der Medikamentenprüfung sind von enormer Bedeutung.

Die Genfunktionen zu bestimmen, ist das offene Problem der Genetik. Ein erster Schritt besteht darin, die Häufigkeit für das Vorkommen bestimmter mRNA zu beobachten. Einzelne Experimente produzieren nun gleich riesige Datenmengen. Die *Massenspektroskopie* ist das Hauptwerkzeug der Proteomik, und *DNA-Microarrays* liefern die Genexpressionsdaten. Der Rückumschlag der englischen Ausgabe dieses Buches zeigt einen kleinen Bruchteil der Daten aus einer einzigen Probe (eine Spalte der Matrix A wird auf einen zweidimensionalen Affymetrix-Chip gepackt, womit die Information über Zehntausende von Genen festgehalten wird).

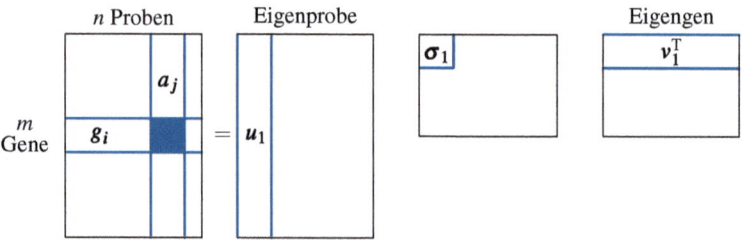

Abb. 1.20 Die SVD einer Genexpressionsmatrix. Ihr größter Teil vom Rang 1 ist $\sigma_1 u_1 v_1^T$.

Das ist Datamining der etwas anderen Art. Die Analyse großer Datenmengen führt auf die Klassifikation mithilfe von Support Vector Machines, auf Clustering (siehe Abschnitt 2.9 auf Seite 250) oder auf Ranking wie bei Google. Die SVD liefert auf Grundlage der Daten numerische Gewichte, und sie ist nicht überwacht. Das Zusatzmerkmal genetischer Experimente ist ihr wissenschaftlicher biologischer Hintergrund – *wir wollen die Funktion der Gene erklären* und nicht nur Zahlen. Die PCA bringt eine große Dimensionsreduktion für Gen-Microarrays, aber sie ist nicht das Ende der Analyse.

In der Systembiologie (und letztlich auch bei der medizinischen Diagnose) gehören die Zeilen der Matrix A zu den Genen und die Spalten der Matrix A zu den entnommenen Proben. Die n rechten singulären Vektoren v_j sind **Eigengene** (in der Regel ist $n << m$). Diese erfassen das Expressionsprofil und die echte Dimension, die man bei den n Proben beobachtet.

Wichtige Bemerkung Bei fundamentalen Anwendungen in der gesamten Wissenschaft und Technik haben die Singulärwerte eine äußerst nützliche Eigenschaft. **Nach den ersten r Werten sind alle anderen nahezu null (σ_{r+1} ist klein).** Also ist r der **effektive Rang** der Matrix A. Der reguläre Rang der Matrix A kann größer sein. Wenn die Daten verrauscht sind, hat die Matrix vollen Rang.

Die SVD- und die QR-Faktoren aus der Orthogonalisierung sind „Rang entfaltend". Eine zentrale Idee in der hochdimensionalen Statistik (und in der Theorie Dynamischer Systeme) ist, die niedrigdimensionale Mannigfaltigkeit zu lokalisieren, in der das Wichtige passiert.

Wir sind im Jahrhundert der Daten, aber wir bemühen uns intensiv darum, r zu reduzieren.

Ordnungsreduktion (Modellreduktion)

Das Ziel der Modell-Ordnungsreduktion (MOR) ist, die Komponenten in einem *dynamischen* Problem zu identifizieren, die unbedingt verfolgt werden müssen. Die Dynamik ist durch Differentialgleichungen gegeben. Einige Komponenten der Lösung können nahezu konstant sein, möglicherweise nahezu null. Wir sollten uns darum bemühen, die übrigen Komponenten zu berechnen, die sich mit dem Fluss verändern. Das werden (wenige) Kombinationen der (vielen) ursprünglichen Komponenten sein.

1.8 Beste Basis aus der SVD

Die Differentialgleichungen können aus der Biologie, der Regelungstechnik oder der Physik stammen. Wenn sie nichtlinear sind, können wir sie linearisieren. Wenn sie linear zeitabhängig sind, gelangen wir mithilfe einer Fourier-Transformation in den Frequenzraum. In allen Fällen besteht das Ziel darin, *die Ordnung der Matrix A zu reduzieren*. Eine **POD-Analyse** (von *englisch* **proper orthogonal decomposition**) basiert auf der Hauptkomponentenanalyse:

- Beginne mit n Momentaufnahmen $a_1, \ldots, a_n$ der m Komponenten der Lösung.

- Bestimme die k größten Eigenwerte der Matrix $AA^T = \sum a_i a_i^T$. Die Eigenvektoren füllen $U_k = [u_1 \ldots u_k]$.

- Die Projektion P_k, die $\sum \|a_i - P_k a_i\|^2$ minimiert, ist $P_k = U_k U_k^T$.

Diese Projektion wählt die k wichtigsten Komponentenkombinationen aus.

Wieder weise ich darauf hin, dass hier zwei Eigenwertprobleme gleichzeitig gelöst werden. Die Eigenvektoren u_i der Matrix AA^T ergeben die Projektion. Die Singulärwerte stimmen mit den Varianzen σ_i^2 in absteigender Reihenfolge überein. Die **Ordnung** und die **Orthogonalität** der Basis sind die wesentlichen Beiträge der SVD. Letztlich besteht das Ziel darin, m Differentialgleichungen auf k Gleichungen zu reduzieren.

Die Projektion P_k wirkt im Probenraum. Die Proben a_i sind über diesen gesamten hochdimensionalen Raum verteilt. Ihre Projektionen $P_k a_i$ liegen in einem wesentlich kleinerem k-dimensionalen Unterraum, den die $u_1, \ldots, u_k$ aufspannen. Die Projektion ist für die n Proben a_i optimal:

Minimale Varianz

$$\sum \|a_i - P_k a_i\|^2 = \lambda_{k+1} + \cdots + \lambda_n = \sigma_{k+1}^2 + \cdots + \sigma_n^2. \tag{1.148}$$

Die lineare Algebra zeigt, dass die Spur $\sum \|a_i\|^2$, also die Summe der Diagonalelemente von $R = A^T A$, genauso groß ist wie die Summe aller Eigenwerte σ_i^2 von R. Die Projektion erfasst die k oberen Eigenwerte von Kombinationen mit der größten Varianz (der meisten Information). Keine k-dimensionale Projektion kann es besser.

Ich sollte erwähnen, dass die Modellreduktion tiefgreifender ist, wenn sie auf die zugrundeliegenden Differentialgleichungen wirkt. *Die wirkliche Aufgabe besteht darin, das Modell und nicht nur die Daten zu reduzieren.* Wir haben die SVD auf Datenmatrizen angewandt und Ausgangsproben erhalten. Besser ist es, die Problemgröße zuerst zu reduzieren. Eine Hauptanwendung liegt in den Gleichungen der Regelungstechnik mit dem Zustandsvektor x, der Steuerung u und den Beobachtungen y:

Zustandsgleichungen $\quad x/dt = Ax(t) + Bu(t)$

Beobachtungen $\quad\quad\quad y(t) = Cx(t) + Du(t).$
(1.149)

Unsere datenbasierte Methode wird auf y angewandt. Die zustandsbasierte Methode reduziert die Dimension von x. Das Modell ist kleiner, schneller und wesentlich kostengünstiger. Seine Schlüsselmerkmale sind erfasst.

In der Regelungstechnik werden Anlagen und ganze Industriezweige modelliert. Auf einer anderen Skala besteht auch bei integrierten Schaltkreisen die gleiche Notwendigkeit für eine Modellreduktion. In Abschnitt 2.5 führen wir die **Übertragungsfunktion** $G(s)$ ein, welche die Eingabe in eine Ausgabe überführt. Das modellbezogene Problem besteht darin, den Grad von G (häufig durch eine **Padé-Approximation**, die auf der cse-Website beschrieben ist) zu reduzieren. Das datenbezogene Problem ist, die Dimension der Messmatrix zu reduzieren.

Grenzen der SVD

$A = U\Sigma V^\mathrm{T}$ liefert bemerkenswerte Basisvektoren in den Spalten von U und V. Diese können aber nicht in jeder Hinsicht perfekt sein. Es folgen zwei wirkliche Grenzen der SVD:

1. *U und V sind keineswegs dünn besetzt.* Sie zu berechnen und zu benutzen, macht einen erheblichen Aufwand. Beim wissenschaftlichen Rechnen erwartet man sehr große Matrizen, wenn sie das „lokale" Verhalten widerspiegeln. Die Nachbarschaft bleibt auch dann klein, wenn die Welt groß ist. Orthogonale Eigenvektoren und singuläre Vektoren sind aber nicht lokal. *Sie enthalten von überall kleine Komponenten.*

    Bei der Bildbearbeitung ist die SVD nicht die erste Wahl, wenn es um die Komprimierung geht. Sie liefert optimale **Karhunen-Loève-Basen**, die jedoch mit einem großen Aufwand verbunden sein können. Gute Eigenvektoren werden mit Geschwindigkeiten berechnet, die man einst für unmöglich hielt – doch die lokale Bearbeitung von Pixelwerten läuft mit den Filtern aus Abschnitt 4.4 schneller. Die Suche nach guten Zerlegungen wurde in der mathematischen Psychologie (Messung vieler Attribute) von Tucker und Kruskal vorangetrieben. Heutzutage kommen in der Statistik und der Finanzmathematik regelmäßig solche Dimensionen wie 2^{50} oder 2^{100} vor. Dort ist die SVD langsam. Dünnbesetztheit bedeutet in der Finanzmathematik geringere Transaktionskosten – sehr kleine Lasten sind in Anwendungen der PCA unbrauchbar.

2. *Die SVD ist „zweidimensional".* Die Matrixelemente A_{ij} sind wie Funktionswerte $a(x,y)$. Die SVD zerlegt A in Matrizen σuv^T vom Rang 1. Das ist wie die Zerlegung von $a(x,y)$ in eine Summe aus $b(x)c(y)$. Die Trennung der Variablen ist eine enorme Vereinfachung, wenn sie funktioniert. Doch Eigenvektoren und die SVD haben keine perfekte Fortsetzung auf Tensoren $A_{ijk\ell}$ mit vier Indizes oder im Sinne unserer Analogie auf eine Funktion $a(x,y,z,w)$ mit vier Variablen.

Am Ende dieses Kapitels stehen zwei Forschungsprobleme. Für einen Tensor vierter Ordnung $A_{ijk\ell}$ existiert die SVD nicht einmal. Und so viele Berechnungen liefen schneller, wenn die SVD-Basen in U und V dünn besetzt wären. Sie werden sehen, dass Approximationen der kleinsten Fehlerquadrate von großer Bedeutung

1.8 Beste Basis aus der *SVD*

sind, wenn $\|Au - b\|^2$ für ein Au in einem niedrigdimensionalen Unterraum minimiert werden soll. (Diese könnte die Top-Anwendung der linearen Algebra sein.) Immer öfter macht man u dünn besetzt, indem man in die Minimierung einen Strafterm $\alpha(|u_1| + \cdots + |u_n|)$ einschließt.

Die Suche nach **dünn besetzten, schnellen und genauen** Approximationen zur SVD geht weiter.

Ein Aufruf Kein Lehrbuch kann eine Zeitung bahnbrechender Ideen sein. Dieser Forderung kann die cse-Website weitaus besser nachkommen. Alle Leser sind eingeladen, beim Aufzeigen wichtiger Links mitzuhelfen. Während ich diese Worte schreibe, ist gerade ein SIAM-Übersichtsartikel über Sparse PCA erschienen (49:434–448, 2007). Dort werden die ℓ^1-Methoden aus den Abschnitten 4.7 und 8.6 auf die Varianzmaximierung übertragen. Es gibt ständig neue Methoden auf dem gesamten Gebiet des wissenschaftliches Rechnens und Modellierens – diese Fachgebiet lebt.

Wenn Kapitel mit offenen Problemen enden, dann hoffe ich, dass Sie inzwischen auf den cse-Seiten weiterführende und aktuellere Informationen dazu finden können als in diesem Buch.

Kapitel 2
Ein Grundmuster der angewandten Mathematik

2.1 Gleichgewicht und die Steifigkeitsmatrix

Dieses Kapitel beleuchtet ein Grundmuster, auf das wir in diesem Buch immer wieder zurückkommen. Sie werden es in einem breiten Spektrum von Anwendungen erkennen. Dieses Grundmuster kommt in der angewandten Mathematik überall vor (sowohl bei Differentialgleichungen als auch bei Matrixgleichungen). *Jedes Mal, wenn ich auf ein neues Problem stoße, versuche ich es zu erkennen.* Im Grundmuster gibt es im Wesentlichen drei Gleichungen:

$$\textbf{Drei Schritte} \quad e = Au \quad \text{und} \quad w = Ce \quad \text{und} \quad f = A^T w. \tag{2.1}$$

Die ursprüngliche Unbekannte ist u, f ist die äußere Kraft. Wenn wir diese Gleichungen kombinieren, erhalten wir $f = A^T w = A^T Ce = A^T CAu$. In Matrixsprache ausgedrückt: Das Dreifachprodukt $K = A^T CA$ verbindet das Ergebnis u direkt mit der Eingabe f. Sowie diese Matrizen A und C identifiziert sind, passt eine neue Anwendung in das Grundmuster.

Die Matrix $K = A^T CA$ ist mit *Gleichgewichtsproblemen* verknüpft. Das System ist stationär – Zeit spielt also keine Rolle. Kräfte f rufen Bewegungen u hervor. *Der Kräftevektor ist K mal Vektor u der Auslenkungen.* K ist die **Steifigkeitsmatrix** aus der Mechanik. Sie begegnet uns in der gesamten angewandten Mathematik immer wieder.

Aufgabe der Modellierung ist, $K = A^T CA$ zu bestimmen. Die Lösung von $Ku = f$ ist die Rechenaufgabe. Dieses Grundmuster werden wir zunächst an drei speziellen Beispielen illustrieren:

1. *Eine Federkette* (die Federn können gedehnt oder zusammengedrückt werden): Abschnitt 2.1.
3. *Die beste Lösung von* $Au = b$ (lineare Regression in der Statistik): Abschnitt 2.3.
4. *Ein Netzwerk* mit Kantenflüssen (durch Potenzialdifferenzen getrieben): Abschnitt 2.4.

Seien Sie nicht enttäuscht, wenn Ihr Anwendungsgebiet nicht dabei ist. Die Anwendungsbeispiele sind ein hervorragender Ausgangspunkt; sie sind nicht das Ende der Fahnenstange. Wir werden im weiteren Verlauf andere Anwendungen diskutieren (etwa aus der technischen Chemie, der Strömungstechnik, der Wirtschaftslehre, der Steuerungstheorie und vielen mehr). Wir wenden uns auch *dynamischen Problemen* zu – etwa Schwingung, Diffusion, veränderliche Reaktionen auf veränderliche Eingaben. Das Ziel ist, A, C und das Produkt $K = A^\mathrm{T}CA$ zu verstehen.

Dynamik und Nichtlinearität

$Ku = f$ ist das Grundmuster im linearen Gleichgewicht. Dieses Grundmuster wird in zwei Richtungen erweitert (tatsächlich ist das unumgänglich): eine, um von der Linearität wegzukommen, die andere, um vom Gleichgewicht wegzukommen. Das Material kann sich **nichtlinear verhalten** – der Strom ist nicht exakt proportional zur Spannung, und die Auslenkung ist nicht exakt proportional zur Kraft. Das Ohmsche und das Hookesche Gesetz approximieren die Wirklichkeit gut, aber sie sind nicht perfekt. Die Nichtlinearität gewinnt bei großen Spannungen und Kräften an Bedeutung. Wir werden am Beispiel demonstrieren, wie die Nichtlinearität zu berücksichtigen ist.

Die andere wesentliche Erweiterung bezieht sich auf **zeitabhängige** Probleme. Die Gleichungen können linear bleiben, aber sie werden **dynamisch** (im Gegensatz zu statisch). In unseren drei Beispielen können sich die äußeren Kräfte, die eingehenden Messungen und die angelegten Spannungen mit der Zeit ändern. Dann stellen wir fest, dass:

2. Federn schwingen. Sie folgen dem Newtonschen Gesetz $F = ma$: Abschnitt 2.2.
5. Es Induktivitäten, Kapazitäten und Wechselströme gibt: Abschnitt 2.5.
8. Neue Messungen uns dazu zwingen, die Statistik anzupassen: Abschnitt 2.8.

Die stationäre Matrixgleichung ist $Ku = f$. Bei dynamischen Problemen wird daraus eine zeitabhängige Differentialgleichung, die entweder erster oder zweiter Ordnung sein kann:

$$\frac{du}{dt} = Ku - f \qquad \text{oder} \qquad M\frac{d^2u}{dt^2} + Ku = f(t). \tag{2.2}$$

Nichtlinearität und Zeitabhängigkeit bringen uns an die Grenzen des wissenschaftlichen Rechnens. In Kapitel 3 wenden wir uns kontinuierlichen Modellen zu, bei denen aus der Unbekannten eine Funktion $u(x, y)$ oder $u(x, y, t)$ wird. Unser System wird zu einer *partiellen Differentialgleichung* (Ku kann u_{xx} oder u_{yy} beinhalten). Der Computer wird von nichtlinearen zeitabhängigen partiellen Differentialgleichungen wirklich beansprucht. Aber das Grundmuster verändert sich nicht.

Eine Federkette

Abbildung 2.1 auf der nächsten Seite zeigt drei Massen m_1, m_2, m_3, die durch Federn miteinander verbunden sind. In einem Beispiel ist es eine Kette aus vier Federn, die

2.1 Gleichgewicht und die Steifigkeitsmatrix

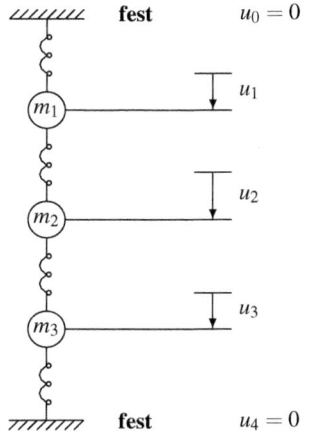 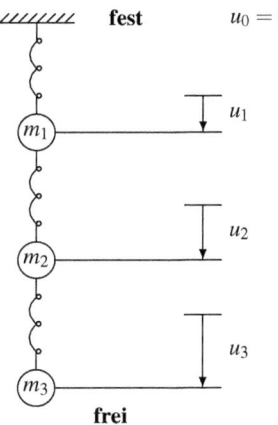

Abb. 2.1 Federn mit fest-festen Randbedingungen ($u_4 = 0$) und mit fest-freien Ranbedingungen ($w_4 = 0$).

oben und unten befestigt ist. Im zweiten Beispiel sind es nur drei Federn; die erste Feder ist oben befestigt, die unterste Masse hängt frei. Die Randbedingungen in den beiden Beispielen sind **fest-fest** bzw. **fest-frei**. Wir sind an Gleichungen für die wesentlichen Variablen interessiert – die Auslenkung der Massen und die Spannung in den Federn:

$\mathbf{u} = (u_1, u_2, u_3) =$ **Auslenkungen der Massen**,

$\mathbf{w} = (w_1, w_2, w_3, w_4)$ oder $(w_1, w_2, w_3) =$ **Spannung in den Federn**.

Die Auslenkung einer Masse hat ein positives Vorzeichen, wenn die Masse nach unten gezogen wird. Unter Zug hat die Spannung ein positives Vorzeichen und unter Kompression ein negatives ($w_i < 0$). Bei Zug wird die Feder gedehnt, sie zieht dann die Massen zusammen. Bei Kompression werden die Massen von der Feder auseinander gedrückt.

Wir benötigen die elastischen Eigenschaften (die Federkonstanten c_i) jeder Feder. Das ist eine wesentliche Änderung gegenüber Kapitel 1! Die dort behandelten Matrizen K_n und T_n hatten „Federkonstanten = 1". Hier verknüpft c_i die Längenänderung e_i mit der Kraft w_i. **Das Hookesche Gesetz lautet** $w_i = c_i e_i$, bei vier Federn gibt es vier Konstanten c_1, c_2, c_3, c_4, also *Kraft = (Federkonstante)(Längenänderung)*.

Unsere Aufgabe ist es, diese Gleichungen für jeweils eine Feder zu verknüpfen, sodass eine Vektorgleichung $f = Ku$ für das gesamte System entsteht. Der Vektor f ist die äußere Kraft. Die Schwerkraft zieht an jeder Masse und liefert $f = (m_1 g, m_2 g, m_3 g)$. An der Erdoberfläche beträgt g etwa 9.8 Meter/Sekunde^2. Multipliziert mit der Masse ergibt das eine Kraft.

Unser echtes Problem ist die Steifigkeitsmatrix K, die u mit f verknüpft. Zwei verschiedene Strukturen, nämlich die Federn mit fest-festen und mit fest-freien Randbedingungen, erzeugen auch zwei verschiedene K.

Am besten konstruiert man K in **drei Schritten** anstatt in einem. Nun folgt das beherrschende Grundmuster dieses Kapitels, das wir uns zuerst für eine Federkette ansehen. Anstatt die Auslenkungen u direkt mit den Kräften f zu verknüpfen, verknüpft man besser jeden Vektor mit seinem Nachfolger in der folgenden Liste:

u = **Auslenkungen** von n Massen		$= (u_1, \cdots, u_n)$
e = **Längenänderungen** von m Federn		$= (e_1, \cdots, e_m)$
w = **innere Kräfte** in m Federn		$= (w_1, \cdots, w_m)$
f = **äußere Kräfte** auf n Massen		$= (f_1, \cdots, f_n)$

Das Grundmuster, das **u**, **e**, **w** und **f** so verbindet, sieht folgendermaßen aus:

Auslenkung	**u**		**f**	
Längenänderung	$A\downarrow$		$\uparrow A^T$	$\mathbf{e} = A\mathbf{u}$ A ist $m \times n$-Matrix
Innere Kraft				$\mathbf{w} = C\mathbf{e}$ C ist $m \times m$-Matrix
Äußere Kraft	**e**	$\xrightarrow{C}$	**w**	$\mathbf{f} = A^T\mathbf{w}$ A^T ist $n \times m$-Matrix.

Für beide Beispiele werden wir die Matrizen A, C und A^T aufschreiben, erst für den Fall mit festen Enden und dann für den Fall mit frei hängendem unteren Ende. Verzeihen Sie die Einfachheit der Matrizen, ihre Bedeutung steckt in ihrer Form.

Schritt 1: Die *Längenänderung e* ist ein Maß für die Dehnung – wie stark sind die Federn gestreckt. Ursprünglich gibt es keine Auslenkung und keine Streckung – das System liegt auf einem Tisch. Wenn es senkrecht aufgerichtet wird, wirkt die Schwerkraft. Die Massen fallen um u_1, u_2, u_3. Wenn die Masse 2 um u_2 fällt, und die Masse 1 um u_1 fällt, dann **dehnt sich die Feder um** $u_2 - u_1$:

Erste Feder	$e_1 = u_1$	(oberes Ende fest, $u_0 = 0$)
Zweite Feder	$e_2 = u_2 - u_1$	(wie in der Abbildung)
Dritte Feder	$e_3 = u_3 - u_2$	(wie in der Abbildung)
Vierte Feder	$e_4 = -u_3$	(unteres Ende fest, $u_4 = 0$)

Das untere Ende der Feder i bewegt sich um u_i nach unten. Ihr oberes Ende bewegt sich um u_{i-1} nach unten. Wenn sich beide Enden um denselben Betrag bewegen, wird die Feder nicht gedehnt: $u_i = u_{i-1}$ und $e_i = 0$. Bedenken Sie, dass die Gleichung $\mathbf{e}_i = \mathbf{u}_i - \mathbf{u}_{i-1}$ *(die Auslenkungsdifferenz)* auch an den Enden gilt, wenn wir sie oben und unten durch $u_0 = 0$ und $u_4 = 0$ festhalten.

In den vier Gleichungen ist die Matrix A eine 4×3 *Differenzenmatrix*. Wir schreiben diese vier Differenzen $u_i - u_{i-1}$ als Matrix A multipliziert mit einem Vektor u. Unsere Gleichung ist $e = Au$:

2.1 Gleichgewicht und die Steifigkeitsmatrix

Dehnung
$e = Au$
$$\begin{bmatrix} e_1 \\ e_2 \\ e_3 \\ e_4 \end{bmatrix} = \begin{bmatrix} 1 & 0 & 0 \\ -1 & 1 & 0 \\ 0 & -1 & 1 \\ 0 & 0 & -1 \end{bmatrix} \begin{bmatrix} u_1 \\ u_2 \\ u_3 \end{bmatrix} = \begin{bmatrix} u_1 - 0 \\ u_2 - u_1 \\ u_3 - u_2 \\ 0 - u_3 \end{bmatrix}. \tag{2.3}$$

Bei einem kontinuierlichen Problem werden die Differenzen $e = Au$ zu $e = du/dx$. Aus der Matrix wird eine Ableitung! Wir erhalten anstelle einer Matrixgleichung nun eine Differentialgleichung.

Schritt 2: Die physikalische Gleichung $w = Ce$ verknüpft die Längenänderungen e der Federn mit den Federspannungen w. *Das ist das Hookesche Gesetz $w_i = c_i e_i$ für jede einzelne Feder.* Es ist das „Stoffgesetz", das von der Materialbeschaffenheit der Feder und von ihrer Form abhängt. Eine weiche dünne Feder hat ein kleines c, sodass eine moderate Kraft w eine große Längenänderung e bewirken kann. Bedenken Sie nochmals, dass das Hookesche Gesetz *linear* ist. Diese Beschreibung ist über einen großen Bereich nahezu exakt, bis die Feder überdehnt wird und das Material sich verformt.

Jede Feder hat ihr eigenes Gesetz. Daher ist die Matrix C in $w = Ce$ eine Diagonalmatrix:

Hookesches Gesetz
$w = Ce$
$$\begin{matrix} w_1 = c_1 e_1 \\ w_2 = c_2 e_2 \\ w_3 = c_3 e_3 \\ w_4 = c_4 e_4 \end{matrix} \quad \text{ist} \quad \begin{bmatrix} w_1 \\ w_2 \\ w_3 \\ w_4 \end{bmatrix} = \begin{bmatrix} c_1 & & & \\ & c_2 & & \\ & & c_3 & \\ & & & c_4 \end{bmatrix} \begin{bmatrix} e_1 \\ e_2 \\ e_3 \\ e_4 \end{bmatrix} = Ce. \tag{2.4}$$

Wenn wir $e = Au$ in $w = Ce$ einsetzen, kennen wir die Beziehung $w = CAu$ zwischen den inneren Federkräften w und den Massenauslenkungen u.

Schritt 3: Schließlich kommen wir zur „**Bilanzgleichung**". Die inneren Kräfte w der Federn müssen die äußeren Kräfte f auf die Massen ausgleichen. Jede Masse befindet sich im Gleichgewicht: Sie wird durch eine Federkraft w_j nach oben gezogen und gleichzeitig durch eine Federkraft w_{j+1} und die Schwerkraft f_j nach unten gezogen. Daher ist $w_j = w_{j+1} + f_j$ bzw. $f_j = w_j - w_{j+1}$:

Kräftebilanz $A^T w = f$

$$\begin{matrix} f_1 = w_1 - w_2 \\ f_2 = w_2 - w_3 \\ f_3 = w_3 - w_4 \end{matrix} \quad \text{und} \quad \begin{bmatrix} f_1 \\ f_2 \\ f_3 \end{bmatrix} = \begin{bmatrix} 1 & -1 & 0 & 0 \\ 0 & 1 & -1 & 0 \\ 0 & 0 & 1 & -1 \end{bmatrix} \begin{bmatrix} w_1 \\ w_2 \\ w_3 \\ w_4 \end{bmatrix}. \tag{2.5}$$

Das ist die Matrix A^T!! Die Bilanzgleichung der Kräfte ist $f = A^T w$. Auf natürliche Weise werden die Zeilen und Spalten der Matrix $e - u$ transponiert, sodass die Matrix $f - w$ herauskommt. Darin besteht die Schönheit dieses Grundmusters, dass A^T zusammen mit A vorkommt.

Ein ordentlicher Autor würde nie zwei Ausrufezeichen auf einmal verwenden – verzeihen Sie mir das. Eines dieser Ausrufezeichen soll die Aufmerksamkeit auf das wunderbare Auftauchen von A^T (was K zu einer symmetrischen Matrix macht) lenken. Das andere soll die Gültigkeit einer **Bilanzgleichung** unterstreichen. Um Gleichungen zu verstehen, müssen Sie wissen, wonach Sie suchen, und „Bilanz" „Erhaltung" oder „Kontinuität " kommt auf irgendeine Art in jedem Modell vor. Wenn wir die drei Gleichungen ineinander einsetzen, ergibt das $Ku = f$, wobei die Matrix $K = A^{\mathrm{T}}CA$ eine $n \times n$-Matrix ist:

$$
\begin{array}{l} m \times n \\ m \times m \\ n \times m \end{array} \left\{ \begin{array}{l} \mathbf{e} = A\mathbf{u} \\ \mathbf{w} = C\mathbf{e} \\ \mathbf{f} = A^{\mathrm{T}}\mathbf{w} \end{array} \right\} \quad \text{bilden} \quad A^{\mathrm{T}}CA\mathbf{u} = \mathbf{f}. \tag{2.6}
$$

In der Sprache der Elastizizätstheorie ist $e = Au$ die **kinematische** Gleichung (für die Auslenkung). Die Kräftebilanz $f = A^{\mathrm{T}}w$ ist die **statische** Gleichung (für das Gleichgewicht). Sie werden durch das **Stoffgesetz** $w = Ce$ (aus den Materialeigenschaften) miteinander verknüpft.

Steifigkeitsmatrix und Lösung

Alle großen Programme, die mit finiten Elementen arbeiten, verwenden größere Anstrengungen darauf, die Steifigkeitsmatrix $K = A^{\mathrm{T}}CA$ aus kleineren Stücken zusammenzusetzen. Wir erledigen das bei vier Federn durch Matrixmultiplikation von A^{T} mit CA. Hier ist die Steifigkeitsmatrix K für **fest-feste** Randbedingungen:

$$
K = \begin{bmatrix} 1 & -1 & 0 & 0 \\ 0 & 1 & -1 & 0 \\ 0 & 0 & 1 & -1 \end{bmatrix} \begin{bmatrix} c_1 & 0 & 0 \\ -c_2 & c_2 & 0 \\ 0 & -c_3 & c_3 \\ 0 & 0 & -c_4 \end{bmatrix} = \begin{bmatrix} c_1+c_2 & -c_2 & 0 \\ -c_2 & c_2+c_3 & -c_3 \\ 0 & -c_3 & c_3+c_4 \end{bmatrix}. \tag{2.7}
$$

Wichtige Anmerkung Angenommen, alle Federn sind identisch mit $c_1 = c_2 = c_3 = c_4 = 1$. Dann ist C die Einheitsmatrix: $C = I$. Die Steifigkeitsmatrix reduziert sich zu $K = A^{\mathrm{T}}A$. Wenn wir alle $c_i = 1$ setzen, erhalten wir die spezielle Matrix K_3 aus Kapitel 1:

Steifigkeitsmatrix mit $C = I$ $\qquad K_3 = A^{\mathrm{T}}A = \begin{bmatrix} 2 & -1 & 0 \\ -1 & 2 & -1 \\ 0 & -1 & 2 \end{bmatrix}.$

Eine Kette aus vier identischen Federn, die an beiden Enden fest ist, hat uns auf unsere bevorzugte Matrix geführt. Eine Kette aus $n+1$ identischen Federn würde K_n ergeben. Die Matrix ist tridiagonal, weil jede Feder nur mit ihren beiden Nachbarn verbunden ist. Sie hat konstante Diagonalelemente, weil alle Federn identisch sind. Die Matrix K_n ist symmetrisch positiv definit, weil die Natur auf diese Eigenschaft besteht (indem sie A und A^{T} produziert).

$K_3 = A^{\mathrm{T}}A$ ist etwas ganz anderes als $K_3 = LL^{\mathrm{T}}$. Die Matrix A aus dem Problem mit vier Federn ist eine 4×3-Matrix. Die Matrix L aus den Längenänderungen ist quadratisch. Die Matrix K wird aus $A^{\mathrm{T}}A$ zusammengesetzt und anschließend in LL^{T}

2.1 Gleichgewicht und die Steifigkeitsmatrix

zerlegt. Ein Schritt gehört zur angewandten Mathematik, der andere liegt im Bereich des wissenschaftlichen Rechnens. Jede Matrix K_n wird aus Rechteckmatrizen zusammengesetzt und in quadratische Matrizen zerlegt.

Lassen Sie mich ein paar Eigenschaften der Matrix $K = A^{\mathrm{T}}CA$ aufzählen. Fast alle sind Ihnen vertraut:

1. K ist tridiagonal, weil Masse 3 nicht mit Masse 1 verbunden ist.
2. K ist symmetrisch, weil C symmetrisch ist (und A^{T} zusammen mit A vorkommt).
3. K ist positiv definit, weil A **unabhängige Spalten** hat.
4. K^{-1} ist eine volle Matrix mit **nur positiven Elementen**.

Diese letzte Eigenschaft hat einen wichtigen Umstand bezüglich $u = K^{-1}f$ zur Folge: *Wenn alle Kräfte nach unten wirken ($f_j > 0$), dann werden die Massen nur nach unten ausgelenkt ($u_j > 0$).* Bedenken Sie gut, dass die „Positivität" einer Matrix etwas anderes ist als ihre „positive Definitheit". Hier ist die Matrix K nicht positiv (ihre Einträge sind -1), während beide Matrizen K und K^{-1} positiv definit sind.

Beispiel 2.1 Angenommen, es gilt $c_i = c$ und $m_j = m$. Bestimmen Sie die Auslenkungen u und die Kräfte w.

Alle Federn und Massen sind identisch. Aber alle Auslenkungen, Längenänderungen und Federkräfte werden *nicht* identisch sein. Und die inverse Matrix K^{-1} enthält den Faktor $\frac{1}{c}$, weil die Matrix $K = A^{\mathrm{T}}CA$ den Faktor c enthält:

Auslenkungen $\quad u = K^{-1}f = \dfrac{1}{4c}\begin{bmatrix} 3 & 2 & 1 \\ 2 & 4 & 2 \\ 1 & 2 & 3 \end{bmatrix}\begin{bmatrix} mg \\ mg \\ mg \end{bmatrix} = \dfrac{mg}{c}\begin{bmatrix} 1.5 \\ 2.0 \\ 1.5 \end{bmatrix}.$

Die Auslenkung u_2 der mittleren Masse ist größer als u_1 und u_3. Die Einheiten stimmen: Die Kraft mg geteilt durch die Kraft pro Längeneinheit c ergibt eine Länge u. Die Längenänderungen der Federn sind $e = Au$. Wir werden sie gleich berechnen.

Längenänderungen $\quad e = Au = \begin{bmatrix} 1 & 0 & 0 \\ -1 & 1 & 0 \\ 0 & -1 & 1 \\ 0 & 0 & -1 \end{bmatrix}\dfrac{mg}{c}\begin{bmatrix} 1.5 \\ 2.0 \\ 1.5 \end{bmatrix} = \dfrac{mg}{c}\begin{bmatrix} 1.5 \\ 0.5 \\ -0.5 \\ -1.5 \end{bmatrix}.$

Die Summe dieser Längenänderungen sollte null sein, weil die Enden der Kette fest sind. Und tatsächlich ist $u_1 + (u_2 - u_1) + (u_3 - u_2) + (-u_3)$ null. Zur Berechnung der Federkraft w muss nach dem Hookeschen Gesetz nur e mit c multipliziert werden. Also sind w_1, w_2, w_3, w_4 gleich $\frac{3}{2}mg, \frac{1}{2}mg, -\frac{1}{2}mg, -\frac{3}{2}mg$. Die beiden oberen Federn werden gedehnt, die beiden unteren Federn werden zusammengedrückt.

Bedenken Sie, wie u, e, w in dieser Reihenfolge berechnet wurden. Wir haben $K = A^{\mathrm{T}}CA$ aus Rechteckmatrizen zusammengesetzt. Um $u = K^{-1}f$ zu bestimmen, arbeiten wir mit der gesamten Matrix und nicht mit ihren drei Teilen. Die Rechteckmatrizen A und A^{T} haben keine (zweiseitigen) Inversen.

Warnung: In der Regel können Sie $K^{-1} = A^{-1}C^{-1}(A^{\mathrm{T}})^{-1}$ nicht aufschreiben.

Die Matrizen werden durch das Dreierprodukt $A^{\mathrm{T}}CA$ verknüpft und können nicht ohne weiteres wieder getrennt werden. In der Regel hat $A^{\mathrm{T}}w = f$ viele Lösungen. Und vier Gleichungen hätten bei drei Unbekannten gewöhnlich keine Lösung. Aber $A^{\mathrm{T}}CA$ liefert die korrekte Lösung zu allen drei Gleichungen im Grundmuster. Nur im Fall von $m = n$ und quadratischen Matrizen können wir von $w = (A^{\mathrm{T}})^{-1}f$ über $e = C^{-1}w$ zu $u = A^{-1}e$ gelangen. Wie werden uns dies nun ansehen.

Festes und freies Ende

Entfernen wir die vierte Feder. Alle Matrizen werden zu 3×3-Matrizen. Das Muster ändert sich nicht! Die Matrix A verliert ihre vierte Zeile (es gibt kein e_4). Außerdem verliert die Matrix A^{T} ihre vierte Spalte (es gibt kein w_4). Die Steifigkeitsmatrix wird zu einem Produkt aus quadratischen Matrizen:

$$A^{\mathrm{T}}CA = \begin{bmatrix} 1 & -1 & 0 \\ 0 & 1 & -1 \\ 0 & 0 & 1 \end{bmatrix} \begin{bmatrix} c_1 & & \\ & c_2 & \\ & & c_3 \end{bmatrix} \begin{bmatrix} 1 & 0 & 0 \\ -1 & 1 & 0 \\ 0 & -1 & 1 \end{bmatrix}.$$

Sowohl die fehlende Spalte als auch die fehlende Zeile wurden mit dem fehlenden c_4 multipliziert. Daher ist der schnellste Weg, die neue Matrix $A^{\mathrm{T}}CA$ zu bestimmen, in der alten Steifigkeitsmatrix $c_4 = 0$ zu setzen:

Fest-freie Randbedingungen $\quad A^{\mathrm{T}}CA = \begin{bmatrix} c_1+c_2 & -c_2 & 0 \\ -c_2 & c_2+c_3 & -c_3 \\ 0 & -c_3 & c_3 \end{bmatrix}.$ (2.8)

Sie erkennen diese Matrix im Standardfall $c_1 = c_2 = c_3 = 1$ wieder. Es ist die bekannte tridiagonale Matrix mit den Elementen $-1, 2, -1$, das letzte Element ist aber nicht $c_3 + c_4 = 2$, sondern $c_3 = 1$. Im Vergleich zu T_3 aus Kapitel 1 sind die Enden vertauscht, sodass die **Hängematrix** H_3 entsteht. Dies entspricht einer Matrix der zweiten Differenzen mit $u_0 = 0$ an einem Ende und $u_4 = u_3$ am anderen. Die unterste Feder ist frei.

Beispiel 2.2 Bei der fest-frei hängenden Federkette ist $c_i = c$ und $m_j = m$ für alle i. Dann ist

$$A^{\mathrm{T}}CA = c\begin{bmatrix} 2 & -1 & 0 \\ -1 & 2 & -1 \\ 0 & -1 & 1 \end{bmatrix} \quad \text{und} \quad (A^{\mathrm{T}}CA)^{-1} = \frac{1}{c}\begin{bmatrix} 1 & 1 & 1 \\ 1 & 2 & 2 \\ 1 & 2 & 3 \end{bmatrix}.$$

Die Auslenkungen $u = K^{-1}f$ ändern sich gegenüber denen im Beispiel mit fest-festen Randbedingungen, weil sich die Matrix K geändert hat:

Auslenkungen $\quad u = (A^{\mathrm{T}}CA)^{-1}f = \frac{1}{c}\begin{bmatrix} 1 & 1 & 1 \\ 1 & 2 & 2 \\ 1 & 2 & 3 \end{bmatrix}\begin{bmatrix} mg \\ mg \\ mg \end{bmatrix} = \frac{mg}{c}\begin{bmatrix} 3 \\ 5 \\ 6 \end{bmatrix}.$

2.1 Gleichgewicht und die Steifigkeitsmatrix

In diesem Fall mit fest-freien Randbedingungen sind jene Auslenkungen $3, 5, 6$ größer als $1.5, 2.0, 1.5$ von vorhin. Die Zahl 3 kommt als erste Auslenkung u_1 vor, weil alle drei Massen die erste Feder nach unten ziehen. Die nächste Masse hat eine zusätzliche Auslenkung $(3+2=5)$ durch die beiden Massen unter ihr. Die dritte Masse bewegt sich noch stärker nach unten, nämlich um $(3+2+1=6)$. Die Längenänderungen $e = Au$ der drei Federn zeigen diese drei Zahlen 3, 2, 1:

Längenänderungen $\quad e = \begin{bmatrix} 1 & 0 & 0 \\ -1 & 1 & 0 \\ 0 & -1 & 1 \end{bmatrix} \dfrac{mg}{c} \begin{bmatrix} 3 \\ 5 \\ 6 \end{bmatrix} = \dfrac{mg}{c} \begin{bmatrix} 3 \\ 2 \\ 1 \end{bmatrix}.$

Nach Multiplikation mit c ergeben sich daher die Kräfte in den drei Federn $w_1 = 3mg$, $w_2 = 2mg$ und $w_3 = mg$. Die erste Masse hat drei Massen unter sich, die zweite Masse zwei und die dritte Masse eine. Alle Federn werden nun gedehnt.

Die Besonderheit an einer quadratischen Matrix A ist, dass jene inneren Kräfte w direkt aus den äußeren Kräften f abgelesen werden können. Die Bilanzgleichung $A^T w = f$ bestimmt w unmittelbar und eindeutig, weil $m = n$ gilt und A^T quadratisch und invertierbar ist:

Feder-Kräfte $\quad w = (A^T)^{-1} f \quad$ ist $\quad \begin{bmatrix} 1 & 1 & 1 \\ 0 & 1 & 1 \\ 0 & 0 & 1 \end{bmatrix} \begin{bmatrix} mg \\ mg \\ mg \end{bmatrix} = \begin{bmatrix} 3mg \\ 2mg \\ 1mg \end{bmatrix} \quad$ 3 Massen darunter
2 Massen darunter
1 Masse: freies Ende

Dann ergeben sich die Längenänderungen e aus $C^{-1} w$ und die Auslenkungen u aus $A^{-1} e$. In diesem „determinierten" Fall $m = n$ dürfen wir $(A^T C A)^{-1} = A^{-1} C^{-1} (A^T)^{-1}$ aufschreiben.

Anmerkung 2.1. Wenn die Auslenkung am oberen Ende durch $u_0 = 0$ festgelegt ist, bedarf es einer Kraft, die das bewerkstelligt. Das ist eine äußere *Reaktionskraft* f_0, die die Kette aus Federn stützt. Diese Reaktionskraft ist nicht im Voraus gegeben. Sie ist Teil des Ergebnisses der Kräftebilanz am oberen Ende. Die erste Feder zieht mit einer inneren Kraft $w_1 = 3mg$ nach unten. Die Reaktionskraft zieht mit $f_0 = -3mg$ nach oben, um diese Kraft auszugleichen. Ein Bauingenieur muss die Reaktionskräfte kennen, um sicherzugehen, dass die Aufhängung hält und das Gebäude nicht einstürzt.

Beispiel 2.3 Eine Federkette mit **frei-freien** Randbedingungen hat keine Aufhängung. Das zieht Schwierigkeiten mit A und K nach sich (Feder 1 ist verschwunden). Die Matrix A ist eine 2×3-Matrix, kurz und breit. Hier ist $e = Au$:

Instabil $\quad \begin{bmatrix} e_2 \\ e_3 \end{bmatrix} = \begin{bmatrix} u_2 - u_1 \\ u_3 - u_2 \end{bmatrix} = \begin{bmatrix} -1 & 1 & 0 \\ 0 & -1 & 1 \end{bmatrix} \begin{bmatrix} u_1 \\ u_2 \\ u_3 \end{bmatrix}.$ (2.9)

Nun gibt es eine von null verschieden Lösung zu $Au = 0$. ***Die Massen können sich ohne Dehnung der Federn bewegen.*** Die gesamte Kette kann sich um $u = (1,1,1)$ bewegen, und dabei bleibt immer noch $e = (0,0)$. Die Spalten von A sind *abhängig* und der Vektor $(1,1,1)$ liegt im Nullraum:

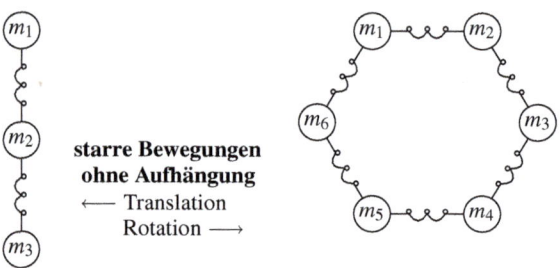

Abb. 2.2 Die freie Federkette kann sich ohne Dehnung bewegen, sodass $Au = 0$ von null verschiedene Lösungen $u = (c, c, c)$ hat. Dann ist $A^{\mathrm{T}}CA$ singulär (auch für den Fall des „Kreises" aus Federn).

Starre Bewegung $\quad u = \begin{bmatrix} 1 \\ 1 \\ 1 \end{bmatrix} \quad Au = \begin{bmatrix} -1 & 1 & 0 \\ 0 & -1 & 1 \end{bmatrix} \begin{bmatrix} 1 \\ 1 \\ 1 \end{bmatrix} = \begin{bmatrix} 0 \\ 0 \end{bmatrix} = e.$ \hfill (2.10)

In diesem Fall kann $A^{\mathrm{T}}CA$ nicht invertierbar sein. K muss **singulär** sein, weil $Au = 0$ selbstverständlich auf $\boldsymbol{A^{\mathrm{T}}CAu = 0}$ führt. Die Steifigkeitsmatrix $A^{\mathrm{T}}CA$ ist immer noch quadratisch und symmetrisch, aber sie ist nur *positiv semidefinit* (wie B in Kapitel 1 mit zwei freien Enden):

Singulär
$A^{\mathrm{T}}CA$
$\begin{bmatrix} -1 & 0 \\ 1 & -1 \\ 0 & 1 \end{bmatrix} \begin{bmatrix} c_2 & \\ & c_3 \end{bmatrix} \begin{bmatrix} -1 & 1 & 0 \\ 0 & -1 & 1 \end{bmatrix} = \begin{bmatrix} c_2 & -c_2 & 0 \\ -c_2 & c_2 + c_3 & -c_3 \\ 0 & -c_3 & c_3 \end{bmatrix}.$ \hfill (2.11)

Die Pivotelemente sind c_2 und c_3. Es gibt *kein drittes Pivotelement*. Zwei Eigenwerte sind positiv, aber der Vektor $(1, 1, 1)$ ist ein Eigenvektor zu $\lambda = 0$. Die Matrix ist nicht invertierbar, und wir können $A^{\mathrm{T}}CAu = f$ nur für spezielle Vektoren f lösen. Die äußeren Kräfte müssen sich zu null addieren $f_1 + f_2 + f_3 = 0$. Anderenfalls würde die ganze Federkette (mit zwei freien Enden) wie eine Rakete abheben.

In Aufgabe 2.1.4 auf Seite 126 wird das obere Ende nach oben und das untere Ende nach unten gezogen, wobei sich die Kräfte gegenseitig aufheben. Wir können $A^{\mathrm{T}}CAu = (-1, 0, 1)$ lösen, obwohl das System singulär ist. Ein Kreis aus Federn (K ist dann die zirkulante Matrix C aus Kapitel 1) ist ebenfalls singulär.

Minimumprinzipien

Es gibt zwei Möglichkeiten, die Gesetze der Mechanik zu beschreiben – **entweder anhand von Gleichungen oder anhand von Minimumprinzipien**. Eines unserer Ziele ist, die Zusammenhänge zu erklären. Bei den Massen und Federn sind wir von den Gleichungen für e, w und u ausgegangen (um bei $Ku = f$ anzukommen). Das war direkter als ein Minimumprinzip. In Abschnitt 1.6 wurde hingegen das Minimum beschrieben, das auf $Ku = f$ führt. Und das war genau das Minimumprinzip, das uns jetzt interessiert:

2.1 Gleichgewicht und die Steifigkeitsmatrix

Minimiere die potentielle Gesamtenergie P $\quad P(u) = \dfrac{1}{2} u^{\mathrm{T}} K u - u^{\mathrm{T}} f$.

Die Natur minimiert die Energie. Die Federn dehnen sich (oder ziehen sich zusammen), während sie die Schwerkraft nach unten zieht. Die Dehnung erhöht die innere Energie $\frac{1}{2} e^{\mathrm{T}} C e = \frac{1}{2} u^{\mathrm{T}} K u$. Die Massen verlieren potentielle Energie durch $f^{\mathrm{T}} u$ (das Produkt aus Kraft und Auslenkung ist die durch die Schwerkraft verrichtete Arbeit). Ein Gleichgewicht stellt sich ein, sobald eine etwas stärkere Auslenkung Δu auf $\Delta P = 0$ führt, der Energiegewinn also genauso groß ist wie der Energieverlust. $\Delta P = 0$ ist die „Gleichung für die virtuelle Arbeit", wobei P minimal ist.

Wenn wir $P(u)$ umformen, können wir erkennen, weshalb $u = K^{-1} f$ minimiert und $P_{\min} = -\frac{1}{2} f^{\mathrm{T}} K^{-1} f$ gilt:

$$P(u) = \frac{1}{2} u^{\mathrm{T}} K u - u^{\mathrm{T}} f = \frac{1}{2} (u - K^{-1} f)^{\mathrm{T}} K (u - K^{-1} f) - \frac{1}{2} f^{\mathrm{T}} K^{-1} f. \tag{2.12}$$

Im Minimum ist $u - K^{-1} f = 0$. Zuerst war ich überrascht, dass $P_{\min} = -\frac{1}{2} f^{\mathrm{T}} K^{-1} f = -\frac{1}{2} f^{\mathrm{T}} u$ negativ ist. Inzwischen habe ich verstanden, dass die Massen potentielle Energie verlieren, wenn sie ausgelenkt werden. (Interessant ist, dass genau die Hälfte dieser verlorenen Energie als $\frac{1}{2} u^{\mathrm{T}} K u = \frac{1}{2} u^{\mathrm{T}} f$ in den Federn gespeichert wird. Die andere Hälfte muss an die Erde abgegeben worden sein. Eine große Masse hat sich dadurch ein sehr kleines Stück bewegt.) Im nächsten Abschnitt über Schwingungen wird potentielle Energie in kinetische Energie umgewandelt und umgekehrt.

Wir wollen herausstellen, dass Minimumprinzipien eine alternative zu Gleichungen sind. Manchmal sind sie vorzuziehen, wie bei den kleinsten Quadraten (in Abschnitt 2.3 wird der quadratische Fehler minimiert). Manchmal sind die Gleichungen $Ku = f$ vorzuziehen. Bei kontinuierlicher Zeit wird die Energie $P(u)$ zu einem Integral, und dessen Minimierung führt auf eine Differentialgleichung für u. Stets ist das Modellproblem die erste und beste Anwendung für gewöhnliche Analysis:

Minimiere $P(u)$ durch $\dfrac{dP}{du} = 0$, Gradient $(P) = 0$ oder erste Variation $\dfrac{\delta P}{\delta u} = 0$.

Wenn die Energie $P(u)$ nicht quadratisch ist, dann ist ihre Ableitung nichtlinear. **Bei einer nicht linearen Steifigkeitsgleichung $A^{\mathrm{T}} C(Au) = f$ tritt an die Stelle eines Multiplikators eine Funktion $w = C(e)$.**

Ein inverses Pendel

Zur Unterhaltung beschreiben wir eine Anordnung, die weniger stabil ist – *weil die Masse dort oben ist*. Die Anordnung bleibt aufrecht, solange die Masse m klein ist. Wenn die Masse zunimmt, gibt es eine Bifurkation. Es stellt sich ein neues stabiles Gleichgewicht bei einem Kippwinkel θ^* ein. Abbildung 2.3 auf der nächsten Seite zeigt die alte und die neue Anordnung, wobei eine „Drehfeder" dem dünnen Träger Halt gibt. Die Anordnung lässt sich mit einer Tomatenpflanze vergleichen, die zwar

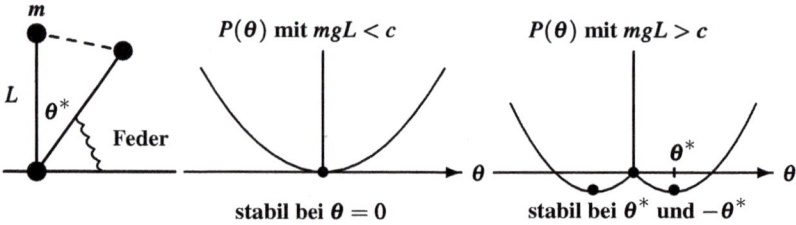

Abb. 2.3 Die Masse kippt in den stabilen Winkel θ^*, wenn $mgL > c$ ist.

hochgebunden ist, aber zu einem gewissen Teil immer noch überhängt. Mit zunehmender Masse m wird der Winkel $\theta = 0$ instabil, und wir bestimmen den neuen stabilen Winkel θ^*.

Die Gleichgewichtslage ergibt sich aus dem Kräftegleichgewicht; gleichzeitig wird dort die potentielle Energie minimal. Bei allen stabilen Problemen aus diesem Kapitel beinhaltet die Energie eine positiv definite quadratische Form $\frac{1}{2}u^T Ku$. Bei diesem Problem verhält es sich aber ganz anders: *Der Stabilitätsverlust geht mit dem Verlust der positiven Definitheit einher.* Der Indikator dafür ist $d^2P/d\theta^2$.

Die potenzielle Energie $P(\theta)$ steckt in der Masse m, die sich in der Höhe $L\cos\theta$ befindet, und in der Feder (gedehnt oder zusammengedrückt). Das Gleichgewicht ist im Minimum von $P(\theta)$:

Energie $\quad P = \frac{1}{2}c\theta^2 + mgL\cos\theta \quad \frac{dP}{d\theta} = c\theta - mgL\sin\theta = 0.$ \hfill (2.13)

Die letzte Gleichung $dP/d\theta = 0$ hat stets die Lösung $\theta = 0$. Aber ist diese Lösung auch stabil? Über die Stabilität entscheidet die *zweite Ableitung*:

Stabilität/Instabilität $\quad \dfrac{d^2P}{d\theta^2} = c - mgL\cos\theta > 0 \quad$ für Stabilität. \hfill (2.14)

Diese zweite Ableitung ist an der Stelle $\theta = 0$ positiv, wenn $c > mgL$ ist. Dann reicht die Federkraft aus, um das System aufrecht zu halten. Mit wachsendem m oder L passieren wir den kritischen Bifurkationspunkt $c = mgL$, und die aufrechte Lage $\theta = 0$ wird instabil. Die Skizzen in Abbildung 2.3 zeigen, wie sich $\theta = 0$ von einem globalen Minimum von $P(\theta)$ zu einem lokalen *Maximum* entwickelt. Das System muss sich ein neues Minimum suchen. Laut Gleichung (2.15) liegt das bei $\theta = \theta^*$:

Neues Gleichgewicht $\quad mgL\sin\theta^* = c\theta^* \quad P''(\theta^*) > 0.$ \hfill (2.15)

In der ersten Skizze aus Abbildung 2.4 auf der nächsten Seite schneidet die Gerade $c\theta/mgL$ die Kurve $\sin\theta$ am neuen Gleichgewichtspunkt θ^*. Die mittlere Skizze zeigt, wie sich θ^* von der Null wegbewegt (das Pendel beginnt zu kippen), wenn der Quotient $\lambda = mgL/c$ den Wert $\lambda = 1$ überschreitet. Die „Heugabel" in der mittleren Skizze ist eine sehr typische Form der Bifurkation.

2.1 Gleichgewicht und die Steifigkeitsmatrix

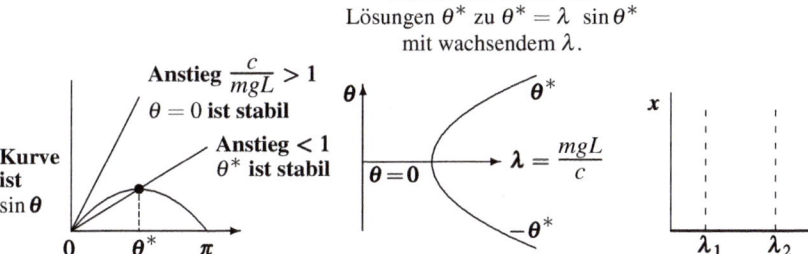

Abb. 2.4 Lösungen von $\frac{dP}{d\theta} = 0$ mit wachsendem mL. Bifurkation in λ, wie in $Ax = \lambda x$.

Die letzte Skizze zeigt eine besondere Heugabel, die sich ergibt, wenn die Gleichung $Ax = \lambda x$ lautet. Zu den meisten λ ist die einzige Lösung $x = 0$. Wenn λ ein Eigenwert der Matrix A ist, treten plötzlich von null verschiedene Lösungen (die Eigenvektoren) auf. Sie verschwinden, wenn λ den Eigenwert überschreitet, bei dem das inverse Pendel weiter überkippt. Man könnte eine Masse über einen dünnen Stab schieben und damit die effektive Länge L vergrößern. Dann könnte man beobachten, wie der Stab zu kippen beginnt.

Aufgaben zu Abschnitt 2.1

2.1.1 Die Gleichung für K^{-1} beinhaltet *die Division durch die Determinante der Matrix K* (die nicht null sein darf). Bei fest-festen Randbedingungen ist die Determinante der 3×3-Matrix aus Gleichung (2.7)

$$\det K = (c_1 + c_2)(c_2 + c_3)(c_3 + c_4) - c_2^2(c_3 + c_4) - c_3^2(c_1 + c_2)$$
$$= c_1 c_2 c_3 + c_1 c_3 c_4 + c_1 c_2 c_4 + c_2 c_3 c_4.$$

Bestimmen Sie die Determinante von $A^T C A$ für den Fall mit drei Federn aus Gleichung (2.8), in dem die dritte Masse frei hängt ($c_4 = 0$ konnte null gesetzt werden). Bestimmen Sie außerdem die Determinante für den Fall mit frei-freien Randbedingungen aus Gleichung (2.11).

2.1.2 Die Zähler in der Gleichung für K^{-1} sind die 2×2-Unterdeterminanten der Matrix K. Diese heißen *Cofaktoren* der Matrix K, nachdem sie abwechselnd mit positivem und negativem Vorzeichen versehen wurden. Um die erste Zeile von K^{-1} zu erhalten, streichen wir die erste Spalte der Matrix K und bestimmen die Determinante der 2×2-Matrix aus den Spalten 2 und 3. Streichen von Spalte 1, Spalte 2 und Spalte 3 von K führt auf die Cofaktoren

$$\begin{vmatrix} c_2 + c_3 & -c_3 \\ -c_3 & c_3 + c_4 \end{vmatrix} \text{ und } \begin{vmatrix} -c_2 & 0 \\ -c_3 & c_3 + c_4 \end{vmatrix} \text{ und } \begin{vmatrix} -c_2 & 0 \\ c_2 + c_3 & -c_3 \end{vmatrix}.$$

> Die erste Zeile von K^{-1} ist $\dfrac{1}{\det K} [c_2c_3 + c_2c_4 + c_3c_4 \quad c_2c_3 + c_2c_4 \quad c_2c_3.]$

Bestimmen Sie die zweite und schließlich die dritte Zeile der Matrix K^{-1}, indem Sie die Spalten 2 und 3 der Matrix K streichen. Berechnen Sie die Determinanten der 2×2-Untermatrizen, wenn die Zeilen 1, 2 oder 3 gestrichen wurden. Dann wechseln Sie das Vorzeichen gemäß $(-1)^{i+j}$. Die Inverse von K^{-1} sollte symmetrisch und positiv sein.

2.1.3 Bestimmen Sie $(A^\mathsf{T}CA)^{-1}$ aus dem Beispiel mit fest-freien Randbedingungen, indem Sie die Multiplikation $A^{-1}C^{-1}(A^\mathsf{T})^{-1}$ ausführen. Testen Sie den Spezialfall mit $c_i = 1$ und $C = I$.

2.1.4 Im Fall mit frei-freien Randbedingungen ist $A^\mathsf{T}CA$ aus Gleichung (2.11) singulär. Addieren Sie die drei Gleichungen $A^\mathsf{T}CAu = f$, um zu zeigen, dass $f_1 + f_2 + f_3 = 0$ gelten muss. Bestimmen Sie eine Lösung zu $A^\mathsf{T}CAu = f$, wenn sich die Kräfte $f = (-1, 0, 1)$ ausgleichen. Bestimmen Sie alle Lösungen!

2.1.5 Wie sind die Reaktionskräfte am oberen Ende der Feder 1 und am unteren Ende der Feder 4 im Fall mit fest-festen Randbedingungen? Sie sollten die aus der Schwerkraft resultierende Gesamtkraft $3mg$ ausgleichen, die die drei Massen nach unten zieht.

2.1.6 Angenommen, Sie verstärken im Fall mit fest-freien Randbedingungen und $c_1 = c_3 = 1$ die zweite Feder. Bestimmen Sie $K = A^\mathsf{T}CA$ für $c_2 = 10$ und $c_2 = 100$. Berechnen Sie $u = K^{-1}f$ für gleiche Massen $f = (1, 1, 1)$.

2.1.7 Im Fall mit fest-festen Randbedingungen und $c_1 = c_3 = c_4 = 1$ wird die zweite Feder geschwächt, bis sie im Limes $c_2 = 0$ erreicht. Bleibt $K = A^\mathsf{T}CA$ invertierbar? Lösen Sie $Ku = f = (1, 1, 1)$ und erläutern Sie die Lösung physikalisch.

2.1.8 Zeigen Sie, dass für eine einzelne, freie Feder $K = c \begin{bmatrix} 1 & -1 \\ -1 & 1 \end{bmatrix} =$ „Elementmatrix" gilt.

(a) Verknüpfen Sie die Matrizen K für die Federn 2 und 3 zu Gleichung (2.11) für den Fall mit frei-freien Randbedingungen.
(b) Nehmen Sie nun Matrix K für die Feder 1 hinzu (oberes Ende fest), um die Matrix $K_{\text{fest-frei}}$ aus Gleichung(2.8) zu erhalten.
(c) Bauen Sie schließlich Matrix K für Feder 4 ein (unteres Ende fest), um die Matrix $K_{\text{fest-fest}}$ aus Gleichung (2.7) zu erhalten.

2.1.9 Für das inverse Pendel sei $P'(\theta^*) = 0$. Zeigen Sie, dass dann $P''(\theta^*) > 0$ gilt, sodass θ^* stabil ist. Mit anderen Worten: $\lambda \sin \theta^* = \theta^*$ in Gleichung (2.13) liefert $\lambda \cos \theta^* < 1$ in Gleichung (2.14). Zum Beweis zeigen Sie, dass die Funktion $F(\theta) = \theta \cos \theta / \sin \theta$ von $F(0) = 1$ ausgehend fällt, weil ihre Ableitung negativ ist. Dann gilt $F(\theta^*) = \lambda \cos \theta^* < 1$.

2.1.10 Die Steifigkeitsmatrix ist $K = A^\mathsf{T}CA = D - W$, also Diagonale minus Nebendiagonale. Für ihre Zeilensummen gilt ≥ 0 und $W \geq 0$. Zeigen Sie, dass K^{-1} *positive Elemente* hat, indem Sie folgende Identität prüfen (die unendliche Reihe konvergiert gegen K^{-1} und ihre Terme sind ≥ 0):

$$KK^{-1} = (D-W)(D^{-1} + D^{-1}WD^{-1} + D^{-1}WD^{-1}WD^{-1} + \cdots) = I.$$

2.2 Schwingungen nach dem Newtonschen Gesetz

Dieser Abschnitt befasst sich mit dem bedeutendsten Gesetz der Mechanik. Es ist das Newtonsche Gesetz $F = ma$. Es seien n Massen $m_1, \ldots, m_n$, die dieses Gesetz erfüllen, Kraft = Masse mal Beschleunigung. Ihre Auslenkungen $u_1(t), \ldots, u_n(t)$ ändern sich in Abhängigkeit von der Zeit, aber keinesfalls mit nahezu Lichtgeschwindigkeit (so hoffen wir). Die Beschleunigung jeder Masse ist $a = d^2u/dt^2$ (auch als u_{tt}, u'' oder $\ddot{u}$ geschrieben). Wir brauchen die Kräfte F.

Vergleichen Sie die Aussage von $F = ma$ mit der Aussage aus dem vorangegangenen Abschnitt über das Gleichgewicht. Dort bewegten sich die Massen nicht ($a = 0$). Jede Masse befand sich im Gleichgewicht zwischen äußeren Kräften f und Federkräften Ku. Nun sind die Massen außerhalb dieses Gleichgewicht $F = f - Ku = 0$, die Massen sind in Bewegung. Im Falle $f = 0$ gibt es nur Federkräfte, und es ist $Mu'' = -Ku$.

In Reibungs- und Dämpfungstermen würde die Geschwindigkeiten du/dt vorkommen. Das ist bei Strömungsproblemen der Fall (und bei vielen Anwendungen, in denen Flüsse eine Rolle spielen). In diesem Abschnitt kommen nur u_{tt} und keine u_t vor. *Ohne Dämpfung oder äußere Kräfte schwingen die Federn ewig.* Die Summe aus den kinetischen Energien $\frac{1}{2}mu_t^2$ der Massen und den gespeicherten Energien $\frac{1}{2}ce^2$ der Federn muss konstant sein.

Wenn wir gekoppelte Differentialgleichungen behandeln, nutzen wir natürlich Matrizen. Der Vektor aus n Auslenkungen ist $u(t)$, und die Massen schreiben wir in eine diagonale **Massenmatrix** M:

Auslenkungen $u(t)$
Massenmatrix M
$$u(t) = \begin{bmatrix} u_1(t) \\ \vdots \\ u_n(t) \end{bmatrix} \quad \text{und} \quad M = \begin{bmatrix} m_1 & & \\ & \ddots & \\ & & m_n \end{bmatrix}.$$

Der Vektor der n äußeren Kräften auf die Massen ist $f(t)$. Wenn $Ku = f$ gilt, befinden sich die Massen im Gleichgewicht: Es gibt keine Schwingungen. Die Kraft in $F = ma$ ist die Differenz $F = f - Ku$.

Newtonsches Gesetz $F = ma$ $\quad f - Ku = Mu_{tt}$ oder $Mu_{tt} + Ku = f$. (2.16)

Wir müssen nicht bei jeder neuen Anwendung dieselben Schritte wiederholen. Das ist der Vorteil des Grundmusters! Sind die Matrizen A, C, $K = A^{\mathrm{T}}CA$ und M erst einmal bekannt, *arbeitet das System von selbst.* Die Grundgleichung $Mu'' + Ku = 0$ ist mit $f = 0$ konservativ. Wir werden sie mithilfe der Eigenwerte und Eigenvektoren von $M^{-1}K$ exakt lösen.

In der realen Anwendung werden große Probleme mithilfe von finiten Differenzen mit Zeitschritten Δt gelöst. Ein Schlüsselpunkt im wissenschaftlichen Rechnen ist die Entscheidung zwischen „explizit" und „implizit". Bei expliziten Verfahren erhalten wir das neue $Mu(t + \Delta t)$ direkt. Bei impliziten Verfahren gibt es auch ein $Ku(t+\Delta t)$ in der Gleichung. Zwar muss an jedem Zeitschritt ein gekoppeltes System nach $u(t+\Delta t)$ aufgelöst werden, doch haben die impliziten Verfahren zusätzliche Stabilität und erlauben ein größeres Δt.

Wir beschreiben die beiden Hauptverfahren anhand von Rechenbeispielen:

Explizites Leapfrog-Verfahren
(kurze schnelle Schritte) (oft in der Molekulardynamik angewandt),
Implizites Trapezverfahren
(größere langsame Schritte) (oft bei finiten Elementen angewandt).

Wir wollen ein Beispiel mit Masse und Feder $Mu'' + Ku = 0$ auf drei Wegen lösen:

Beispiel $\begin{bmatrix} 9 & 0 \\ 0 & 1 \end{bmatrix} \begin{bmatrix} u'' \end{bmatrix} + \begin{bmatrix} 81 & -6 \\ -6 & 6 \end{bmatrix} \begin{bmatrix} u \end{bmatrix} = \begin{bmatrix} 0 \\ 0 \end{bmatrix}$ mit $u(0) = \begin{bmatrix} 1 \\ 0 \end{bmatrix}, u'(0) = \begin{bmatrix} 0 \\ 0 \end{bmatrix}$.

Sie werden Code für die Eigenvektorlösung (Normalmoden) sowie für das Leapfrog-Verfahren und das Trapezverfahren finden. In den Abschnitten 2.5 auf Seite 179 und 2.6 auf Seite 197 werden *Dämpfung* und *Nichtlinearität* eingeführt, wobei auch die Probleme der Netzwerkanalyse behandelt werden.

Eine Masse und eine Feder

Beginnen wir mit einer Masse m, die an einer Feder (mit der Federkonstante) c hängt. Das obere Ende ist fest. Wenn sich die Masse um eine Auslenkung $u(t)$ nach unten bewegt, zieht sie die Feder wieder mit der Kraft $-cu(t)$ nach oben. Die Federkraft hat ein negatives Vorzeichen, weil sie der Auslenkung entgegenwirkt. Das Newtonsche Gesetz lautet Kraft = (Masse)(Beschleunigung) = mu'':

Eine Unbekannte $\quad m\dfrac{d^2u}{dt^2} + cu = 0 \quad$ mit gegebenem $u(0)$ und $u'(0)$. $\quad$ (2.17)

Vergegenwärtigen Sie sich, dass wir über *Bewegung fernab vom Gleichgewicht* sprechen. Die Schwerkraft ist bereits berücksichtigt. Wenn Sie die Gesamtauslenkung aus der Ruhelange (ohne jegliche Dehnung) berechnen wollen, müssten Sie auf der rechten Seite mg und zur Lösung den Wert mg/c addieren – den konstanten Wert von u im Gleichgewicht. Wir messen vom Gleichgewichtspunkt aus anstatt von null.

Die Lösung $u(t)$ enthält Kosinus- und Sinusfunktionen (eine Gleichung zweiter Ordnung hat zwei Lösungen). Im Fall $m=1$ und $c=1$ erfüllen $\cos t$ und $\sin t$ die Gleichung $u'' + u = 0$ bereits. Sonst brauchen wir in Gleichung (2.17) einen Faktor c/m aus der zweiten Ableitung, daher multiplizieren wir t mit $\sqrt{c/m}$:

Schwingungslösung $\quad u(t) = A\cos\sqrt{\dfrac{c}{m}}\,t + B\sin\sqrt{\dfrac{c}{m}}\,t$. $\qquad$ (2.18)

An der Stelle $t=0$ ist die Auslenkung $u(0) = A$. Bilden wir die erste Ableitung von $u(t)$ aus Gleichung (2.18), dann erhalten wir die Geschwindigkeit. An der Stelle $t=0$ ist sie $\sqrt{\frac{c}{m}}B = u'(0)$. Die Anfangsbedingungen bestimmen $\boldsymbol{A = u(0)}$ und

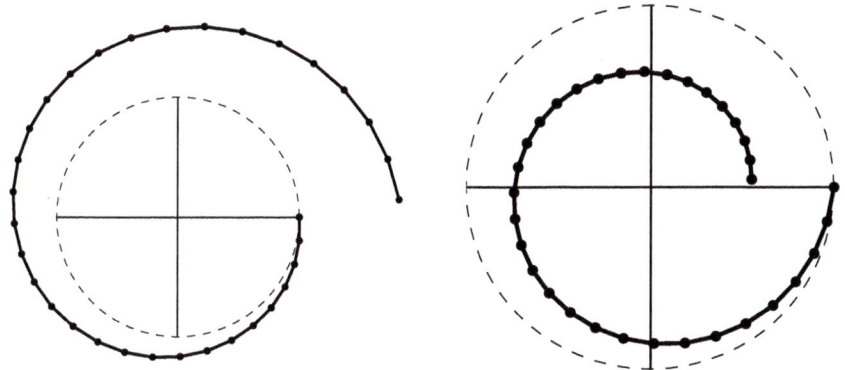

Abb. 2.5 Mit dem Euler-Verfahren bewegt sich die Lösung im Phasenraum in einer Auswärtspirale von der tatsächlichen Lösung weg, mit dem Rückwärts-Euler-Verfahren ist es eine Innenspirale $h = \frac{2\pi}{32}$, $\begin{bmatrix} U \\ V \end{bmatrix}_n = G^n \begin{bmatrix} 1 \\ 0 \end{bmatrix}$.

$B = \sqrt{\frac{m}{c}} u'(0)$. **Die Schwingungsfrequenz ist** $\omega = \sqrt{\frac{c}{m}}$. Eine kleine Masse an einer harten Feder schwingt schnell, wie etwa ein Elektron. Eine große Masse, die an einer weichen Feder hängt, schwingt langsam, wie etwa ein schwerer Ball an einem Gummiband.

Die potentielle Energie in der einen Feder ist $\frac{1}{2}cu^2$. Die kinetische Energie der einen Masse ist $\frac{1}{2}m(u')^2$. Bei mehr Federn und Massen wird die potentielle Energie zu $\frac{1}{2}e^T C e$. Die kinetische Energie ist dann $\frac{1}{2}(u')^T M u'$. Die Gesamtenergie (Summe aus kinetischer und potentieller Energie) ist konstant und genauso groß wie zur Zeit $t = 0$:

Energieerhaltung $\quad \frac{1}{2} m \left(u'(t) \right)^2 + \frac{1}{2} c \left(u(t) \right)^2 = \frac{1}{2} m \left(u'(0) \right)^2 + \frac{1}{2} c \left(u(0) \right)^2$.
(2.19)

Bei einer Feder ist die Ableitung dieser Gesamtenergie $mu'u'' + cuu'$. Das ist u' multipliziert mit $mu'' + cu = 0$. Also ist die Ableitung null, und die Energie ändert sich nicht.

Schlüsselbeispiel: Kreisbewegung

Das einfachste und beste Beispiel ist $u'' + u = 0$. Eine Lösung ist $u = \cos t$. Die Geschwindigkeit ist $v = u' = -\sin t$. Zweifellos gilt $u^2 + v^2 = \cos^2 t + \sin^2 t = 1$. Die exakte Lösung bewegt sich also auf einem Kreis konstanter Energie in der u, v-Ebene (der *Phasenebene*).

Beschäftigen wir uns mit vier verschiedenen Finite-Differenzen-Methoden. Wir schreiben $u'' + u = 0$ als $u' = v$ und $v' = -u$. In allen vier Verfahren wird u' durch $(U_{n+1} - U_n)/h$ ersetzt, v' analog. Die wichtige Entscheidung ist, *wo v und $-u$ berechnet werden sollen.*

Bei beiden Euler-Verfahren weicht die Lösung aufgrund der geringen Genauigkeit der Verfahren schnell von der tatsächlichen Lösung ab. Die Wachstumsmatrizen G_F und G_B sind an jedem Zeitschreit $h = \Delta t$ nachgewiesenermaßen stabil, aber der Fehler von $O(h)$ ist inakzeptabel. Die Eigenwerte λ von G produzieren Wachstum oder Abfall:

Vorwärts-Euler-Verfahren

$$U_{n+1} = U_n + h\mathbf{V}_n$$
$$V_{n+1} = V_n - h\mathbf{U}_n$$

$$G_F = \begin{bmatrix} 1 & h \\ -h & 1 \end{bmatrix}$$

$\lambda = 1 + ih, 1 - ih$
$|\lambda| > 1$ (**Wachstum**)

Rückwärts-Euler-Verfahren

$$U_{n+1} = U_n + h\mathbf{V}_{n+1}$$
$$V_{n+1} = V_n - h\mathbf{U}_{n+1}$$

$$G_B = \begin{bmatrix} 1 & -h \\ h & 1 \end{bmatrix}^{-1}$$

$\lambda = (1 \pm ih)/(1 + h^2)$
$|\lambda| < 1$ (**Abfall**).

In jedem Schritt wird (U_n, V_n) mit G multipliziert, um das nächste (U_{n+1}, V_{n+1}) zu bestimmen. Veranschaulichen Sie sich, dass die Lösung nach 32 Schritten an der Stelle $t = 2\pi$ nicht genau auf der x-Achse landet. Das ist der Phasenfehler.

Eine Genauigkeit zweiter Ordnung macht einen großen Unterschied. Das **Trapezverfahren** ist zentriert an der Stelle $n + \frac{1}{2}$. Jedes (U_n, V_n) bleibt im Phasenraum genau auf dem Kreis (in Abbildung 2.6 macht sich nur ein kleiner Phasenfehler bemerkbar). Es gilt Energieerhaltung, weil G_T eine Orthogonalmatrix ist.

Trapezverfahren

$$U_{n+1} = U_n + h(\mathbf{V}_n + \mathbf{V}_{n+1})/2$$
$$V_{n+1} = V_n - h(\mathbf{U}_n + \mathbf{U}_{n+1})/2$$

$$G_T = \begin{bmatrix} 1 & -\frac{h}{2} \\ \frac{h}{2} & 1 \end{bmatrix}^{-1} \begin{bmatrix} 1 & \frac{h}{2} \\ -\frac{h}{2} & 1 \end{bmatrix}$$

$\det(G_T) = 1 \quad |\lambda_1| = |\lambda_2| = 1$.

Auch beim Leapfrog-Verfahren gilt $|\lambda| = 1$ für $h \leq 2$. Aber G_L ist keine orthogonale Matrix, und die Lösung beschreibt im Phasenraum eine Ellipse wie in Abbildung 2.6 dargestellt. Die Ellipse wird für $h \to 0$ zu einem Kreis. Das Leapfrog-Verfahren hat

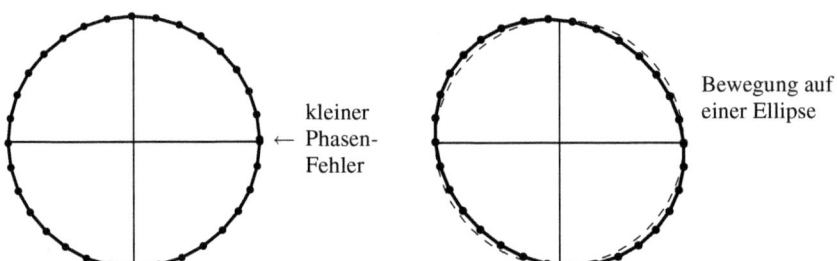

Abb. 2.6 Mit dem (impliziten) Trapezverfahren bleibt die Energie erhalten. Mit dem (expliziten) Leapfrog-Verfahren bleibt nur der Flächeninhalt konstant.

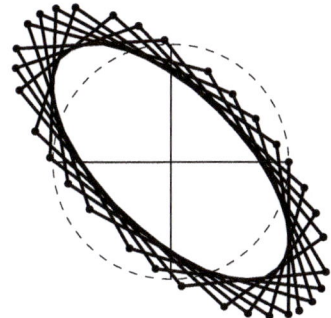 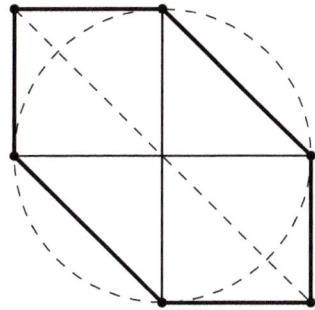

Abb. 2.7 32 Schritte mit dem Leapfrog-Verfahren mit $\Delta t = h = 1.3$; sechs Schritte mit $h = 1$ (**gleiche Flächen**).

einen riesigen Vorteil: **Es ist explizit**. Mit $U_{n+1} = U_n + hV_n$ erhalten wir $V_{n+1} = V_n - hU_{n+1} = V_n - h^2 V_n - hU_n$:

Leapfrog-Verfahren

$$U_{n+1} = U_n + h\mathbf{V}_n$$
$$V_{n+1} = V_n - h\mathbf{U}_{n+1}$$

$$G_L = \begin{bmatrix} 1 & h \\ -h & 1-h^2 \end{bmatrix}$$

$\lambda_1 + \lambda_2 = \text{Spur} = 2 - h^2$

$|\lambda_1| = |\lambda_2| = 1$ für $h \leq 2$.

Ein wichtiges neues Wort: Die Determinanten von G_T und G_L sind 1. Das Trapezverfahren und das Leapfrog-Verfahren sind „**symplektisch**". Bei Multiplikation mit G_T und G_L bleibt der Flächeninhalt im Phasenraum erhalten. Alle Dreiecke $(0,0)$, (U_n,V_n), (U_{n+1},V_{n+1}) haben denselben Flächeninhalt. Es gilt: *Gleiche Flächen in gleichen Zeiten*, wie im zweiten Keplerschen Gesetz für Planetenbahnen. Diese Eigenschaft ist für die erfolgreiche Langzeit-Integration fundamental.

Dass die sechs Dreiecke aus Abbildung 2.7 gleiche Flächen haben, ist offensichtlich. In diesem Spezialfall gilt $h = 1$, $\theta = 2\pi/6$ und $e^{6i\theta} = 1$. Dann ist $G^6 = I$, und es gilt $(U_6, V_6) = (U_0, V_0)$. In Aufgabe 2.2.2 auf Seite 144 wird gezeigt, dass für alle N der Zeitschritt $h = 2\sin(\pi/N)$ genau $G^N = I$ liefert.

Bei der gezackten Kurve ist $h = 1.3$. Auch mit diesem großen Zeitschritt ist das Verfahren noch stabil, und die Punkte (U_n,V_n) liegen auf einer Ellipse. Aber Stabilität ist nicht alles; die Genauigkeit ist furchtbar. Eigentlich wollte ich eine Darstellung außerhalb der Stabilitätsgrenze mit $h = 2.01$ bringen, aber der Graph ging über die Seite hinaus.

Eine Federkette

Das Grundmuster $u \to e \to w \to f$ ändert sich nicht wesentlich, wenn die Auslenkung $u(t)$ aus der Gleichgewichtslage gemessen wird. Aber das Kräftegleichgewicht sieht anders aus. Dieses enthält nämlich den Newtonschen Trägheitsterm (*Masse*)(*Beschleunigung*) zusammen mit jeder äußeren Kraft $f(t)$:

Schwingungen $\quad u_1(t),\ldots,u_n(t) \quad$ Kräftegleichgewicht $\quad Mu'' + Ku = f(t)$

$$A\downarrow \qquad\qquad\qquad\qquad \uparrow A^\mathrm{T}$$

Längenänderungen $e_1(t),\ldots,e_m(t) \xrightarrow{\;C\;}$ Federkräfte $\quad w_1(t),\ldots,w_m(t)$

Die überaus wichtige Matrix K ist immer noch $A^\mathrm{T}CA$. Zunächst diskutieren wir $Mu'' + Ku = 0$ ohne äußere Kräfte. Wir brauchen $2n$ Lösungen (mit jeweils einer Konstanten C), die zum Startvektor $u(0)$ und zu den n Anfangsgeschwindigkeiten $u'(0)$ passen. Diese $2n$ Lösungen werden aus den Eigenvektoren x kommen. **Setzen Sie die Lösungen $u = (\cos \omega t)x$ und $(\sin \omega t)x$ ein.**

$$u'' + Ku = M(-\omega^2 \cos \omega t)x + K(\cos \omega t)x = 0 \quad \text{liefert} \quad \boldsymbol{Kx = \omega^2 Mx}. \qquad (2.20)$$

Der Eigenwert ist $\lambda = \omega^2$. Die Matrix mit dem Eigenvektor x ist $M^{-1}K$ (nicht symmetrisch):

$$Kx = \omega^2 Mx \quad \text{bedeutet} \quad M^{-1}Kx = \lambda x. \qquad (2.21)$$

Unsymmetrisch im Fall $m_1 \neq m_2$

$M^{-1}K = \begin{bmatrix} m_1^{-1} & 0 \\ 0 & m_2^{-1} \end{bmatrix} \begin{bmatrix} k_{11} & k_{12} \\ k_{12} & k_{22} \end{bmatrix} \quad$ Zeile 1 enthält k_{12}/m_1

$\qquad\qquad\qquad\qquad\qquad\qquad\qquad$ Zeile 2 enthält k_{12}/m_2.

Zwar ist die Matrix $M^{-1}K$ ein Produkt aus positiv definiten Matrizen, positiv definit würde ich sie aber deshalb nicht nennen wollen. Die Matrix würde eine weitgefasstere Definition von positiver Definitheit erfüllen, sicherer ist es aber, sich auf die Symmetrie zu konzentrieren. Die positiven Eigenschaften einer symmetrischen Matrix K gelten auch für $M^{-1}K$ noch:

1. Die Eigenwerte λ_i von $M^{-1}K$ sind immer noch reell und positiv: $\boldsymbol{\lambda_i > 0}$.
2. Die Eigenvektoren x_i können orthogonal gewählt werden, sogar orthonormal, doch das Skalarprodukt enthält nun M. Orthogonalität bedeutet nun $\boldsymbol{x^\mathrm{T} M y = 0}$.

Das lässt sich leicht beweisen, wenn wir uns die Matrix $M^{-\frac{1}{2}}KM^{-\frac{1}{2}}$ ansehen. Diese Matrix ist symmetrisch und positiv definit (wie K), wenn wir M^{-1} symmetrisch aufteilen. Somit hat das Dreierprodukt reelle positive Eigenwerte λ_i und orthonormale Eigenvektoren y_i:

Symmetrisiert $\quad \left(M^{-\frac{1}{2}}KM^{-\frac{1}{2}}\right)y_i = \lambda_i y_i \;\text{mit}\; y_i^\mathrm{T} y_j = \delta_{ij} = \begin{cases} 1 & i=j \\ 0 & i\neq j \end{cases} \quad (2.22)$

Einsetzen von $y_i = M^{\frac{1}{2}}x_i$ führt auf $M^{-\frac{1}{2}}Kx_i = \lambda_i M^{\frac{1}{2}}x_i$. Dann wird mit $M^{-\frac{1}{2}}$ multipliziert:

M-Orthogonalität $\quad \left(M^{-1}K\right)x_i = \lambda_i x_i \quad \text{und} \quad \delta_{ij} = x_i^\mathrm{T} M x_j = y_i^\mathrm{T} y_j. \qquad (2.23)$

2.2 Schwingungen nach dem Newtonschen Gesetz

Die Eigenwerte haben sich nicht geändert, egal ob nun M^{-1} nur auf einer Seite oder $M^{-\frac{1}{2}}$ auf beiden Seiten steht. Die Eigenvektoren ändern sich sehr wohl. Die y_i sind orthogonal, und die x_i sind „M-orthogonal". Es folgt nun der Lösungsvektor $u(t)$ der allgemeinen Lösung der Gleichung $Mu'' + Ku = 0$.

Die Lösung kombiniert die Eigenvektoren x_i von $M^{-1}K$ mit $\cos \omega_i t$ und $\sin \omega_i t$:

Allgemeine Lösung $\quad u(t) = \sum_{i=1}^{n} \left(A_i \cos \sqrt{\lambda_i} t + B_i \sin \sqrt{\lambda_i} t \right) x_i.$ (2.24)

Jeder Term ist eine *reine Schwingung* mit einer festen Frequenz $\omega_i = \sqrt{\lambda_i}$. Alle λ_i sind positiv. An der Stelle $t = 0$ gelten $u(0) = \sum A_i x_i$ (Entwicklung nach Eigenvektoren) und $u'(0) = \sum B_i \sqrt{\lambda_i}\, x_i$. Ein einfacher MATLAB-Code bestimmt diesen Vektor $u(t)$ aus eig(K,M):

```
% Eingaben M, K, uzero, vzero, t
[vectors, values] = eig(K, M); eigen = diag(values); % löse Kx = λMx
A = vectors\uzero;  B = (vectors * sqrt(values))\vzero;
coeffs = A.*cos(t*sqrt(eigen)) + B.*sin(t*sqrt(eigen));
u = vectors*coeffs; % Lösung (2.24) zur Zeit t zu Mu'' + Ku = 0
```

Beispiel 2.4 Zwei gleiche Massen $m_1 = m_2$ und drei identische Federn: *Beide Enden sind fest.*

Die 2×2-Massenmatrix ist einfach $M = mI$. Auch mit der 2×2-Steifigkeitsmatrix sind wir bereits vertraut:

Fest-fest $\quad K = c \begin{bmatrix} 2 & -1 \\ -1 & 2 \end{bmatrix} \quad$ und $\quad M^{-1}K = \frac{c}{m} \begin{bmatrix} 2 & -1 \\ -1 & 2 \end{bmatrix}.$

Die Eigenwerte sind $\lambda_1 = c/m$ und $\lambda_2 = 3c/m$. Die Eigenvektoren sind $x_1 = (1, 1)$ und $x_2 = (1, -1)$. Sie sind orthogonal in Bezug auf das M-Skalarprodukt. Hier sind aber $M = mI$ und $M^{-1}K$ symmetrisch, sodass sie in üblicher Weise orthogonal sind und $x_1^T x_2 = 0$ gilt. Setzen Sie λ und x in Gleichung (2.24) ein. Die Lösung ist eine Kombination der **Normalmoden** x_1 und x_2:

$$u(t) = \left(A_1 \cos \sqrt{\frac{c}{m}} t + B_1 \sin \sqrt{\frac{c}{m}} t \right) \begin{bmatrix} 1 \\ 1 \end{bmatrix}$$
$$+ \left(A_2 \cos \sqrt{\frac{3c}{m}} t + B_2 \sin \sqrt{\frac{3c}{m}} t \right) \begin{bmatrix} 1 \\ -1 \end{bmatrix}.$$

Der linke Teil von Abbildung 2.8 zeigt diese beiden reinen Schwingungen. Die Massen schwingen in $x_1 = (1, 1)$ in Phase. Wenn sie mit der Anfangsbedingung $u_1(0) = u_2(0)$ und $u_1'(0) = u_2'(0)$ starten, schwingen sie endlos in Phase. In $x_2 = (1, -1)$ schwingen die Massen gegenphasig (sie bewegen sich in entgegengesetzte Richtungen). Die Schwingung ist schneller, weil λ_2 den Faktor 3 hat.

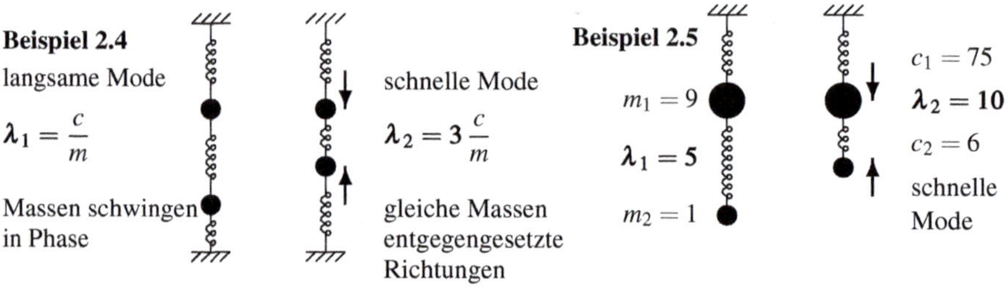

Beispiel 2.4
langsame Mode
$\lambda_1 = \dfrac{c}{m}$
Massen schwingen in Phase

schnelle Mode
$\lambda_2 = 3\dfrac{c}{m}$
gleiche Massen entgegengesetzte Richtungen

Beispiel 2.5
$m_1 = 9$
$\lambda_1 = 5$
$m_2 = 1$

$c_1 = 75$
$\lambda_2 = 10$
$c_2 = 6$
schnelle Mode

Abb. 2.8 Eigenvektoren $\begin{bmatrix} 1 \\ 1 \end{bmatrix}$ und $\begin{bmatrix} 1 \\ -1 \end{bmatrix}$ für gleiche Massen, $\begin{bmatrix} 1 \\ 6 \end{bmatrix}$ und $\begin{bmatrix} 2 \\ -3 \end{bmatrix}$ für $m_1 \neq m_2$.

Beispiel 2.5 Massen $m_1 = 9$, $m_2 = 1$ mit $c_1 = 75$, $c_2 = 6$: *Unteres Ende frei.*
Nun werden $c_1 = 75$ und $c_2 = 6$ in $K = A^{\mathrm{T}}CA$ eingesetzt. Die Summe aus den Elementen der letzten Zeile ist null (freies Ende):

Fest-frei $M = \begin{bmatrix} 9 & 0 \\ 0 & 1 \end{bmatrix}$ und $\begin{bmatrix} 75+6 & -6 \\ -6 & 6 \end{bmatrix}$.

Die Eigenwerte $\lambda_1 = 5$ und $\lambda_2 = 10$ stammen von $M^{-1}K$ (bedenken Sie die fehlende Symmetrie):

$$M^{-1}K = \begin{bmatrix} \tfrac{81}{9} & -\tfrac{6}{9} \\ -6 & 6 \end{bmatrix} \quad \text{führt auf} \quad \det(M^{-1}K - \lambda I) = \lambda^2 - 15\lambda + 50 = 0.$$

Die Eigenvektoren $(1,6)$ und $(2,-3)$ sind nicht orthogonal, weil $M^{-1}K$ nicht symmetrisch ist. Es muss $x_1^{\mathrm{T}} M x_2 = 0$ gelten. Hier ist $(1)(9)(2) + (6)(1)(-3) = 0$. Nun wird die kleinere Masse in beiden Normalmoden x_1 und x_2 stärker ausgelenkt, wie man im rechten Teil von Abbildung 2.8 sieht. Ausgehend von der Ruhelage an der Stelle $(1,0)$ (es gibt keines Sinus-Terme) ist die Lösung wieder eine Kombination aus zwei **Normalmoden**:

$$u(t) = \left(\frac{1}{5}\cos\sqrt{5}t + 0\sin\sqrt{5}t\right)\begin{bmatrix} 1 \\ 6 \end{bmatrix} + \left(\frac{2}{5}\cos\sqrt{10}t + 0\sin\sqrt{10}t\right)\begin{bmatrix} 2 \\ -3 \end{bmatrix}.$$

Vergegenwärtigen Sie sich bitte: Die Massenmatrix M ist in der Finite-Elemente-Methode (siehe Abschnitt 3.6) *nicht diagonal*, wenn man die Differentialgleichung nach dem „Galerkin-Verfahren" diskretisiert. Aus den Matrizen M^{-1} und $M^{-1}K$ werden volle Matrizen. Aber $\mathrm{eig}(K,M)$ führt immer noch zum Erfolg.

Stehende und fortschreitende Wellen

Die Schwingungen werden interessant (sogar filmreif), wenn es mehrere Massen gibt. Der Punkt ist, dass eine *Summe von stehenden Wellen* (auf der Stelle auf und ab) eine *fortschreitende Welle* ergibt. Ein Surfer reitet auf den Wellen in Richtung Ufer, aber das Wasser bleibt im Meer.

Eine stehende Welle hat *eine* Normalmode x_i. Die n Massen teilen dasselbe λ_i:

2.2 Schwingungen nach dem Newtonschen Gesetz

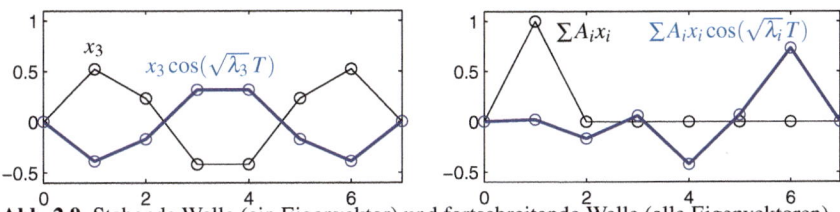

Abb. 2.9 Stehende Welle (ein Eigenvektor) und fortschreitende Welle (alle Eigenvektoren).

Stehende Welle $\quad u(t) = (A_i \cos \sqrt{\lambda_i} t + B_i \sin \sqrt{\lambda_i} t) x_i$.

Wir können die Welle besser erkennen, wenn die Federn horizontal liegen und sich die Massen nach oben und unten bewegen (siehe Abbildung 2.9 links). Beachten Sie die speziellen Zwischenpunkte, die sich überhaupt nicht bewegen. Wir sehen nur einen einzelnen Eigenvektor von $M^{-1}K$.

Eine **fortschreitende Welle** kann am linken Ende (überall Nullen) starten. Die Eigenvektoren bewegen sich mit verschiedenen Frequenzen auf und ab. Der Reihe nach nehmen alle Massen Energie auf, verlieren sie wieder und nehmen sie erneut auf. (Aus Abbildung 2.9 rechts wird auf math.mit.edu/cse eine Animation.) Beobachter erkennen, wie sich eine Welle über die Federkette bewegt und am gegenüberliegenden Ende (frei oder fest) reflektiert wird. Wegen der Energieerhaltung (es gibt keine Dämpfung) hört die Bewegung nicht auf.

Bei gleichen Massen m und gleichen Federkonstanten c wird die zentrale Gleichung zu $mIu'' + cKu = 0$. Die Eigenvektoren unserer Matrix K aus zweiten Differenzen mit den Elementen $-1, 2, -1$ sind diskrete Sinus-Funktionen. In den Auslenkungen kommen die Produkte $\sin(\sqrt{\lambda_k} t)\sin(k\pi j h)$ vor.

Wichtig: Eine Violinensaite ist der Grenzfall für das Problem mit vielen Massen ($n \to \infty$). Aus dem diskreten jh wird eine kontinuierliche Variable x. Die Normalmoden werden zu $\sin(\sqrt{c/m}\, t) \sin(k\pi x)$, wir haben es also mit einer unendlichen Reihe von Harmonien zu tun. Vergegenwärtigen Sie sich die **Trennung der Variablen** t und x. Aus der diskreten Gleichung $mIu'' + cKu = 0$ wird die **Wellengleichung** $mu_{tt} - cu_{xx} = 0$ aus Abschnitt 6.4.

Erhaltung der Gesamtenergie

Die kinetische Energie einer Punktmasse ist $\frac{1}{2}mv^2$, wenn ihre Geschwindigkeit $v = du/dt$ ist. Die kinetische Energie eines Systems aus n Massen ist dann die Summe aus den n einzelnen Energien der Massen:

Kinetische Energie $\quad \frac{1}{2}m_1 v_1^2 + \cdots + \frac{1}{2}m_n v_n^2 = \frac{1}{2}\left(\frac{du}{dt}\right)^T M \left(\frac{du}{dt}\right).$ (2.25)

Die potentielle Energie einer Feder ist $\frac{1}{2}ce^2$ mit der Längenänderung e. Die potentielle Energie von m Federn ist $\frac{1}{2}(c_1 e_1^2 + \cdots + c_m e_m^2) = \frac{1}{2}e^T C e$. Durch $e = Au$ kommt K ins Spiel:

Potentielle Energie $\quad \frac{1}{2}e^{\mathrm{T}}Ce = \frac{1}{2}(Au)^{\mathrm{T}}C(Au) = \frac{1}{2}u^{\mathrm{T}}Ku$. (2.26)

Bei einer Schwingung ohne äußere Kraft $f(t)$ bleibt die Gesamtenergie (= „Hamilton-Funktion") erhalten.

> **Erhaltungssatz** $\quad Mu'' + Ku = 0 \quad$ führt auf
> $$\frac{d}{dt}(\textbf{kinetische Energie} + \textbf{potentielle Energie}) = 0. \quad (2.27)$$

Beweis. Die gewöhnliche Ableitung eines Produktes $u_i v_i$ hat zwei Terme: $u_i v_i' + u_i' v_i$. Die Ableitung von $u^{\mathrm{T}} v = u_1 v_1 + \cdots + u_n v_n$ ist die Summe von n gewöhnlichen Ableitungen:

Ableitung eines Skalarproduktes $\quad \dfrac{d}{dt} u^{\mathrm{T}} v = \sum_{i=1}^{n} (u_i v_i' + u_i' v_i) = u^{\mathrm{T}} v' + (u')^{\mathrm{T}} v.$

(2.28)

Auf die kinetische Energie (**KE**) $= \frac{1}{2} \left(\frac{du}{dt}\right)^{\mathrm{T}} M \left(\frac{du}{dt}\right)$ und die potentielle Energie (**PE**) $= \frac{1}{2} u^{\mathrm{T}} K u$ angewandt, ergibt das:

$$\frac{d}{dt}\mathbf{KE} = \frac{1}{2}\left(\frac{du}{dt}\right)^{\mathrm{T}} M \left(\frac{d^2 u}{dt^2}\right) + \frac{1}{2}\left(\frac{d^2 u}{dt^2}\right)^{\mathrm{T}} M \left(\frac{du}{dt}\right) \quad (2.29)$$

$$\frac{d}{dt}\mathbf{PE} = \frac{1}{2}\left(\frac{du}{dt}\right)^{\mathrm{T}} Ku + \frac{1}{2}u^{\mathrm{T}} K \left(\frac{du}{dt}\right). \quad (2.30)$$

Die Summe der ersten Terme auf der rechten Seite ist null, weil $Mu'' + Ku = 0$ ist. Dasselbe gilt für die zweiten Terme. Deshalb ist auch die Summe der Terme auf der linken Seite null: **Die Gesamtenergie KE + PE bleibt erhalten**. Das ist ein ausgezeichneter Test für unsere Codes.

Fortsetzung von Beispiel 2.5 Angenommen, die Massen $m_1 = 9$ und $m_2 = 1$ starten aus der Ruhelage, sodass $v(0) = u'(0) = (0,0)$ ist. Die Koeffizienten der Sinus-Funktion sind $B_1 = B_2 = 0$. Die erste Masse ist ausgelenkt, sodass $u(0) = (1,0)$ ist. Die Energie ist $\frac{1}{2} u^{\mathrm{T}} Ku = \frac{1}{2}(81)$. Also ist anfangs die gesamte Energie in potentieller Energie gespeichert.

Äußere Kraft und Resonanz

Der Antrieb $f(t) = (f_1(t), \ldots, f_n(t))$ kommt von außen, wie etwa beim Anschieben eines Kindes, das auf einer Schaukel sitzt (oder von n Kindern auf verbundenen Schaukeln). Sehr oft haben alle Komponenten von $f(t)$ dieselbe *Schwingungsfrequenz* ω_0. Dann können wir $Ku'' + Mu = f_0 \cos \omega_0 t$ lösen. Die Schwingungslösung wird sowohl ω_0 als auch n *Eigenfrequenzen* $\omega_i = \sqrt{\lambda_i}$ aus den Eigenwerten von $M^{-1}K$ enthalten.

2.2 Schwingungen nach dem Newtonschen Gesetz

Es gibt einen kritischen Fall von **Resonanz**, in dem die Gleichungen versagen. Die Frequenz der treibenden Kraft stimmt dann mit der Eigenfrequenz überein. Das kann gut oder schlecht sein. Beim Schaukeln wollen wir möglichst hoch kommen – daher versuchen wir $\omega_0^2 = \lambda_1$ einzustellen. Wenn wir über eine schmale Brücke laufen, wollen wir *nicht*, dass sie schwingt – ein guter Konstrukteur richtet es so ein, dass die λ weit von ω_0 entfernt bleiben. Die Millennium Bridge in London schien sicher, aber der Konstrukteur hatte eine Mode für seitliche Schwingungen übersehen.

Die folgenden Lösungen zu $mu'' + cu = \cos \omega_0 t$ sind für Frequenzen ω_0 *nahe* der Eigenfrequenz $\lambda = \sqrt{c/m}$ und für den Resonanzfall ($w_0 = \lambda$):

Nahe der Resonanz $\quad u(t) = \dfrac{\cos \lambda t - \cos \omega_0 t}{m(\omega_0^2 - \lambda^2)}$

Resonanz $\quad u(t) = \dfrac{t \sin \omega_0 t}{2m\omega_0}.$ (2.31)

Nahe der Resonanz zeigt die Animation auf der Internetpräsenz große Auslenkungen, weil $\omega_0^2 - \lambda^2$ nahe null ist. Im Resonanzfall müssen wir die Animation unterbrechen, weil $u(t)$ explodiert.

Explizite Differenzenverfahren

Eigenwerte und Eigenvektoren in $Kx = \lambda Mx$ können mit länglichem Code bestimmt werden. Das Arbeitstier des wissenschaftlichen Rechnens sind aber die **finiten Differenzen in der Zeit**. Wir gehen von konstanten Schrittweiten Δt und einer zentrierten zweiten Differenz aus, durch die wir u_{tt} ersetzen. KU an der Stelle t ist dann:

Leapfrog-Verfahren mit $\Delta^2 U/(\Delta t)^2$

$$M\left[U(t+\Delta t) - 2U(t) + U(t-\Delta t)\right] + (\Delta t)^2 KU(t) = (\Delta t)^2 f(t). \quad (2.32)$$

$U(t)$ ist die Approximation von $u(t)$. Die zentrierte Zeitdifferenz „überspringt" die Kräfte $KU(t)$ und $f(t)$, um $U(t+\Delta t)$ zu bestimmen. Es ist üblich, für $U(n\Delta t)$ das Symbol U_n zu schreiben. Damit lässt sich das neue MU_{n+1} explizit aus den bekannten Größen U_n und U_{n-1} bestimmen. Umformen liefert:

Explizit $\quad MU_{n+1} = \left[2M - (\Delta t)^2 K\right]U_n - MU_{n-1} + (\Delta t)^2 f_n.$ (2.33)

Der Anfangswert U_0 ist durch $u(0)$ festgelegt. Der Wert U_1 im nächsten Zeitschritt ergibt sich ebenfalls aus den Anfangsbedingungen: Wir können $U_1 = u(0) + \Delta t\, u'(0)$ benutzen. Dann erhalten wir schnell $U_2, U_3, \ldots$ aus der expliziten Leapfrog-Gleichung (auch als Störmer-Verfahren bezeichnet).

```
function u = leapfrog(n)          % n Zeitschritte bis t = 2π für u'' + 9u = 0
dt = 2*pi/n; uold = 0; u = 3*dt;  % Anfangswerte u(0) = 0 und u(dt) = 3*dt
for i = 2:n
    unew = 2*u - uold - 9*dt^2*u;% Leapfrog-Gleichung mit u_{n+1} - 2u_n + u_{n-1}
    uold = u; u = unew;           % u für den nächsten Zeitschritt aktualisieren
end
u                                 % u_n approximiert u(2π) = sin(6π) = 0
C = n^2 * u                       % Der führende Fehler von Verfahren zweiter
                                  % Ordnung ist C/n².
```

In der Praxis arbeiten die meisten Berechnungen mit *ersten Differenzen*. Durch Einführung der Geschwindigkeit $v(t)$ wird die Differentialgleichung $Mu'' + Ku = f$ zu einem Differentialgleichungssystem erster Ordnung:

System erster Ordnung $Mv'(t) + Ku(t) = f(t)$ und $u'(t) = v(t)$. (2.34)

Eine „versetzte" Differenzengleichung enthält $V_{n+1/2}$ an der Stelle $(n + \frac{1}{2})\Delta t$. Wenn man die beiden Gleichungen erster Ordnung an versetzten Punkten zentriert, entsteht ein System, dass dem aus dem Leapfrog-Verfahren äquivalent ist.

Leapfrog-Verfahren $M\left(V_{n+\frac{1}{2}} - V_{n-\frac{1}{2}}\right) + \Delta t\, K U_n = \Delta t\, f_n$ (2.35)
erster Ordnung $U_{n+1} - U_n = \Delta t\, V_{n+\frac{1}{2}}$.

Um uns von der Äquivalenz zu überzeugen, subtrahieren wir die Gleichung $U_n - U_{n-1} = \Delta t\, V_{n-\frac{1}{2}}$ vom vorhergehenden Zeitschritt, sodass wir $U_{n+1} - 2U_n + U_{n-1} = \Delta t(V_{n+\frac{1}{2}} - V_{n-\frac{1}{2}})$ erhalten. Dann setzen wir dies in die erste Gleichung ein, und Gleichung (2.35) wird zu Gleichung (2.33). Das System erster Ordnung ist aus numerischer Sicht besser.

In der Molekulardynamik, die wir später diskutieren werden, heißt das Leapfrog-Verfahren „Verlet-Verfahren". Das System erster Ordnung (2.35) ist eine Version des „Velocity-Verlet-Verfahrens".

Stabilität von Differenzenverfahren

Die Forderung nach Stabilität des Differenzenverfahrens begrenzt die Größe der Schrittweite Δt essentiell. Um uns davon zu überzeugen, dass die Stabilitätsbedingung ernstzunehmend ist, führen wir 100 Schritte eines einfachen Codes zur numerischen Lösung von $Mu'' + Ku = 0$ aus. Mit einer Schrittweite von $\Delta t = .64$ in Aufgabe 2.5 auf Seite 134 explodiert die numerische Lösung. Die Schrittweite liegt nur knapp über der Stabilitätsgrenze $\Delta t \leq 2/\sqrt{10} = .632$. Mit der geringfügig kleineren Schrittweite $\Delta t = .63$ explodiert die Lösung zwar nicht, ist aber völlig falsch. Im Code wird Δt durch 2 dividiert, bis die $(\Delta t)^2$-Genauigkeit dominiert. Kleinere Schrittweiten reduzieren den Fehler dann um 4.

2.2 Schwingungen nach dem Newtonschen Gesetz

Warum liegt die Stabilitätsgrenze zwischen .63 und .64? Ausgehend von $Kx = \lambda Mx$, suchen wir den Wachstumsfaktor des Leapfrog-Verfahrens in der diskreten Mode $U(n\Delta t) = G^n x$:

$$\left(G^{n+1} - 2G^n + G^{n-1}\right)x + (\Delta t)^2 \lambda\, G^n x = 0 \quad \text{und} \quad G^2 - \left(2 - \lambda(\Delta t)^2\right)G + 1 = 0. \quad (2.36)$$

Wir haben G^{n-1} ausgeklammert, sodass eine quadratische Gleichung in G mit zwei Nullstellen bleibt. Die Summe der Nullstellen ist gleich dem Koeffizienten $2 - \lambda(\Delta t)^2$. Wenn diese Zahl kleiner ist als -2, ist eine der Nullstellen kleiner als -1. Die Leapfrog-Lösung $G^n x$ wächst dann exponentiell. In Beispiel 2.5 auf Seite 134 war $\lambda = 5$ und 10:

Stabilitätsbedingung $\quad -2 \leq 2 - 10(\Delta t)^2 \quad \text{oder} \quad (\Delta t)^2 \leq \frac{4}{10}.$ (2.37)

Also liefert $(.63)^2 = .3969$ eine stabile, aber sehr ungenaue Lösung U. Die Lösung mit $(.64)^2 = .4096$ ist eine vollkommene Katastrophe. Für jede stabile Schrittweite Δt gilt exakt $|G| = 1$, im Leapfrog-Verfahren gibt es also keine Dämpfung.

In Aufgabe 2.2.17 auf Seite 147 wird für eine einzelne Masse mit $mu'' + cu = 0$ die Stabilitätsbedingung $\Delta t \leq 2\sqrt{m/c}$ bestimmt. Stabilität ist ein ernsthaftes Problem für explizite Verfahren, die detailliert in Kapitel 6 untersucht werden.

Das implizite Trapezverfahren

Umfangreiche Codes für finite Elemente brauchen mehr Stabilität als das Leapfrog-Verfahren bietet. Die Bedingungen für die Schrittweite Δt werden beseitigt, indem man Steifigkeitsterme in die Ebene des neuen Zeitschritts $t + \Delta t$ bringt. Da die Matrix K keine Diagonalmatrix ist, liefert das ein System aus N Gleichungen für die N Komponenten von $U(t + \Delta t)$. Der neue Zeitschritt ist größer und zuverlässiger, aber auch kostspieliger.

Das Modell eines impliziten Verfahrens ist das Trapezverfahren $\frac{1}{2}(neu + alt)$:

$$y_n \quad \boxed{\frac{\Delta t}{2}(y_{n+1} + y_n)} \quad y_{n+1} \quad \int_t^{t+\Delta t} y\, dt \approx \frac{\Delta t}{2}\left(\bm{y(t+\Delta t) + y(t)}\right). \quad (2.38)$$

Wenn $y(t)$, wie dargestellt, eine lineare Funktion ist, dann liefert das Trapezverfahren das korrekte Integral – den Flächeninhalt des Trapezes. Die Näherung ist zweiter Ordnung (weil sie am Halbschritt zentriert ist).

Bei einem Differentialgleichungssystem $du/dt = Au$ wird in Gleichung (2.38) die Funktion $y(t)$ durch du/dt ersetzt werden:

Integral über du/dt

$$u(t + \Delta t) - u(t) = \int_t^{t+\Delta t} \frac{du}{dt}\, dt \approx \frac{\Delta t}{2}\left(Au(t + \Delta t) + Au(t)\right). \quad (2.39)$$

Wenn $u(t)$ durch U_n approximiert wird, dann gilt $U_{n+1} - U_n = \Delta t\,(AU_{n+1} + AU_n)/2$. Die Gleichung hat viele Namen: Trapezverfahren = Crank-Nicolson-Verfahren = Newmark-Verfahren = BDF2-Verfahren:

Trapezverfahren für $u' = Au$
$$\left(I - \frac{\Delta t}{2} A\right) U_{n+1} = \left(I + \frac{\Delta t}{2} A\right) U_n. \tag{2.40}$$

Wenn die Matrix A fest ist, können wir $I - \frac{\Delta t}{2} A$ ein für allemal in LU zerlegen. Bei anderen Problemen, insbesondere bei großen Auslenkungen, hängt die Matrix A von U ab, sodass wir es mit einer nichtlinearen Gleichung zu tun haben. Zur Lösung wird eine Iteration notwendig sein. Die übliche Wahl ist eine Form des Newton-Verfahrens, das in Abschnitt 2.6 auf Seite 197 behandelt wird. An dieser Stelle setzen wir mit der Schlüsselfrage nach der Stabilität fort.

Gleichung (2.39) ist ein System $U_{n+1} = GU_n$ mit der Wachstumsmatrix G. Wir müssen zwischen den beiden Fällen unterscheiden, dass die Eigenwerte der Matrix A *negativ* oder *imaginär* sind:

Negative Eigenwerte, $\lambda(A) < 0$
$$G = \left(I - \frac{\Delta t}{2} A\right)^{-1} \left(I + \frac{\Delta t}{2} A\right), \text{ Eigenwerte } \left|\frac{1 + \frac{\Delta t}{2}\lambda}{1 - \frac{\Delta t}{2}\lambda}\right| < 1, \tag{2.41}$$

Imaginäre Eigenwerte, $\lambda(A) = i\theta$

G ist gerade stabil: $\left|\dfrac{1 + \frac{\Delta t}{2} i\theta}{1 - \frac{\Delta t}{2} i\theta}\right| = 1$ und $\|U_{n+1}\| = \|U_n\|$. \hfill (2.42)

Negative Eigenwerte der Matrix A haben mit Diffusion zu tun (stabil). Imaginäre Eigenwerte haben mit Schwingungen zu tun. Dämpfung und Viskosität schieben den Realteil von λ in die negative (stabile) Richtung. Das Stabilitätsgebiet zum Trapezverfahren ist die Halbebene $\mathrm{Re}\,\lambda(A) \leq 0$:

Eigenwerte $\quad |\lambda(G)| \leq 1 \quad$ genau dann wenn $\quad \mathrm{Re}\,\lambda(A) \leq 0$. \hfill (2.43)

Gleichungen zweiter Ordnung

Um ein Trapezverfahren für die Differentialgleichung $Mu'' + Ku = 0$ zu entwickeln, wird die Geschwindigkeit $v = u'$ eingeführt. Aus der Gleichung wird $Mv' + Ku = 0$ oder $v' = -M^{-1}Ku$. Alle Näherungen sind am Halbschritt zentriert. Das bringt Stabilität und Genauigkeit zweiter Ordnung:

Trapezverfahren für $\quad V_{n+1} - V_n = -\Delta t M^{-1} K(U_{n+1} + U_n)/2 \quad$ (2.44)
$v' = -M^{-1}Ku,\, u' = v \quad\quad U_{n+1} - U_n = \Delta t(V_{n+1} + V_n)/2.$ \hfill (2.45)

2.2 Schwingungen nach dem Newtonschen Gesetz

Ein sehr direkter Stabilitätsbeweis zeigt, dass Energieerhaltung gilt. Wir multiplizieren Gleichung (2.44) mit $(V_{n+1}+V_n)^T M$ und Gleichung (2.45) mit $(U_{n+1}+U_n)^T K$. Wir benutzen $M^T = M$ und $K^T = K$:

$$V_{n+1}^T M V_{n+1} - V_n^T M V_n = -\Delta t (V_{n+1}+V_n)^T K (U_{n+1}+U_n)/2, \qquad (2.46)$$

$$U_{n+1}^T K U_{n+1} - U_n^T K U_n = \Delta t (U_{n+1}+U_n)^T K (V_{n+1}+V_n)/2. \qquad (2.47)$$

Addition von (2.46) und (2.47) zeigt, dass die Energie zur Zeit $n+1$ unverändert ist:

Energieidentität $\quad V_{n+1}^T M V_{n+1} + U_{n+1}^T K U_{n+1} = V_n^T M V_n + U_n^T K U_n$. (2.48)

Diese Identität liefert einen ausgezeichneten Test für den Code, indem man die Identität für V_n, U_n und V_0, U_0 prüft.

Die neuen Werte V_{n+1}, U_{n+1} werden aus den alten Werten V_n, U_n mithilfe der Blockmatrizen aus Gleichung (2.44) und (2.45) berechnet:

Blockform $\quad \begin{bmatrix} I & \Delta t M^{-1} K/2 \\ -\Delta t I/2 & I \end{bmatrix} \begin{bmatrix} V_{n+1} \\ U_{n+1} \end{bmatrix} = \begin{bmatrix} I & -\Delta t M^{-1} K/2 \\ \Delta t I/2 & I \end{bmatrix} \begin{bmatrix} V_n \\ U_n \end{bmatrix}.$
(2.49)

Ein überraschendes Resultat ergibt sich, wenn Sie beide Seiten der Gleichung mit der Blockmatrix auf der rechten Seite multiplizieren. Die Nebendiagonalblöcke in der Matrix auf der linken Seite werden null. Die beiden verbleibenden Diagonalblöcke enthalten $B = I + (\Delta t)^2 M^{-1} K/4$. Das ist die Matrix, die in jedem Zeitschritt invertiert werden muss:

Trapezverfahren alternierend $\quad \begin{bmatrix} B & 0 \\ 0 & B \end{bmatrix} \begin{bmatrix} V_{n+1} \\ U_{n+1} \end{bmatrix} = \begin{bmatrix} I & -\Delta t M^{-1} K/2 \\ \Delta t I/2 & I \end{bmatrix}^2 \begin{bmatrix} V_n \\ U_n \end{bmatrix}.$ (2.50)

Die Eigenwerte von B sind $1 + (\Delta t)^2 \lambda/4$. Sie sind definitiv größer als 1. Einführen von $B^{-1} = H$ liefert einen unkonventionellen aber kurzen Code für $Mu'' + Ku = 0$ (Trapezverfahren).

% **Eingaben** M, K, dt, n, V, U **(Anfangswerte)**
energy0 $= V' * M * V + U' * K * U$; $H = \text{inv}(M + K * \text{dt} * \text{dt}/4) * M$;
for $i = 1:n$ % multipliziere (U,V) zwei Mal mit Blockmatrix, dann mit $H = B^{-1}$
 $\quad W = V - \text{dt} * \text{inv}(M) * K * U/2; \quad U = U + \text{dt} * V/2;$
 $\quad V = W - \text{dt} * \text{inv}(M) * K * U/2; \quad U = U + \text{dt} * W/2;$
 $\quad V = H * V; \quad U = H * U;$
end % berechne Energieänderung an $T = n * \text{dt}$
change $= V' * M * V + U' * K * U - \text{energy0}$ % Änderung $= 0$, gleiche Energie
$[U, V]$ % Ausgabe von $U(T)$ und $V(T)$

Molekulardynamik

In der Molekulardynamik nimmt das Newtonsche Gesetz die Form $\boldsymbol{u}'' + \boldsymbol{F}(\boldsymbol{u}) = \boldsymbol{0}$ an. Die Kraft F hängt nichtlinear vom Ort u ab. Tatsächlich ist F die Ableitung oder der Gradient der potentiellen Energie $V(u)$. Wenn $V = \frac{1}{2} u^T K u$ mit einer konstanten Matrix K ist, sind wir wieder beim üblichen linearen Modell $F(u) = Ku$. In diesem Abschnitt hängt K von u ab.

Das ist **Computerchemie**, ein Thema, das schnelle Rechner lange beschäftigt. Es geht um sehr schnelle Schwingungen. Das Ziel der Computerchemie ist nicht wie das der Astronomie, in der man einzelne Trajektorien mit großer Genauigkeit verfolgt. Astronomen kümmern sich um einen Planeten, aber was kümmert Chemiker ein Atom! Sie mitteln über Millionen von Bahnen und leben mit Phasenfehlern entlang dieser Bahnen.

Was sowohl Astronomen als auch Chemiker nicht akzeptieren können, ist ein dauerhafter Energieverlust zugunsten der Stabilität. Numerische Dämpfung ist für viele Berechnungen in der Strömungsmechanik die Rettung, aber sie würde einen Planeten in die Sonne stürzen lassen. Die richtige Wahl für die Langzeitintegration ist ein symplektisches Verfahren. In der Molekulardynamik wird bevorzugt das **Leapfrog-Verlet-Verfahren** eingesetzt. Wir bezeichnen es als „Velocity-Verlet-Verfahren". Dabei ist $V_{n+\frac{1}{2}}$ der übliche Leapfrog-Wert, und V_{n+1} ist der nach dem gesamten Zeitschritt gesicherte Wert:

$$
\begin{aligned}
\textbf{Velocity-Verlet-Verfahren} \quad & V_{n+\frac{1}{2}} = V_n - \frac{1}{2} \Delta t\, F(U_n) \\
\Delta t \leq 2/\lambda_{\max}(F') : \textbf{stabil} \quad & U_{n+1} = U_n + \Delta t\, V_{n+\frac{1}{2}} \\
(\Delta t)^2 \textbf{Genauigkeit} \quad & V_{n+1} = V_{n+\frac{1}{2}} - \frac{1}{2} \Delta t\, F(U_{n+1})
\end{aligned}
\quad (2.51)
$$

Langzeitintegration

Wenn Sie versuchen, mit dem expliziten Euler-Verfahren $U_{n+1} = U_n + \Delta t\, f(U_n)$ die Bahn der Erde um die Sonne über viele Jahre zu simulieren, wird die Umlaufbahn der Erde in der Simulation bald über die Umlaufbahn des Pluto hinausgehen. Gegenstand dieses Abschnittes sind symplektische Verfahren, die periodische Bewegungen nahe der korrekten Bahnen halten, die Periode der Bewegung aber nicht korrekt sein muss. Die Lotka-Volterra-Gleichung aus der Biologie und der Ökologie geben ein ausgezeichnetes Beispiel für ein nichtlineares System mit periodischen Lösungen.

Beispiel 2.6 Das **Lotka-Volterra-System** mit den Populationen u und v (Räuber und Beute) hat folgende Gestalt:

$u' = u(v - b)$ Räuberpopulation wächst mit der Beutepopulation v,

$v' = v(a - u)$ Beutepopulation schrumpft mit der Räuberpopulation u.

2.2 Schwingungen nach dem Newtonschen Gesetz

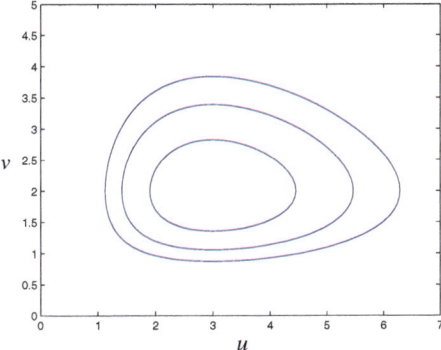

Abb. 2.10 Die Räuberpopulation u ist im periodischen Gleichgewicht mit der Beutepopulation v.

Das System befindet sich im Fall $u = a$ und $v = b$ im Gleichgewicht ($u' = v' = 0$). Unter der Anfangsbedingung $u_0 < a$ wächst die Beutepopulation zunächst. Dann wächst die Räuberpopulation u, indem sie sich von der Beute ernährt. Sobald u den Wert a übersteigt, beginnt die Beutepopulation zu schrumpfen. Anschließend schrumpft auch die Räuberpopulation, bis sie unter a fällt. Nun beginnt der Zyklus von vorn. Um diesen geschlossenen, periodischen Orbit zu bestimmen, setzen wir die beiden Gleichungen ineinander ein und integrieren:

$$\frac{u'}{u}(a-u) = \frac{v'}{v}(v-b) \quad \text{liefert} \quad a\log u - u = v + b\log v + C. \tag{2.52}$$

Die Konstante C ist durch die Anfangsbedingungen u_0 und v_0 bestimmt. Die Lösung $u(t), v(t)$ bleibt in ihrem Orbit aus Abbildung 2.10. Sie ist in der u-v-Ebene (der Phasenebene) dargestellt. Die Kurve zeigt, *wohin* sich die Population bewegt, aber nicht wann. Um uns über das zeitverhalten zu informieren, berechnen wir $u(t), v(t)$.

Bei symplektischen Verfahren bleibt der Flächeninhalt in der Phasenebene erhalten. Dieser Abschnitt endet mit vier Möglichkeiten für die Diskretisierung. Die meisten von ihnen kennen wir bereits. Das Gleichungssystem lautet $u' = f(u)$.

1. Implizites Mittelpunktverfahren
$$U_{n+1} = U_n + \Delta t\, f\left(\frac{U_n + U_{n+1}}{2}\right) \tag{2.53}$$

2. Trapezverfahren
$$U_{n+1} = U_n + \frac{\Delta t}{2}\left(f(U_n) + f(U_{n+1})\right) \tag{2.54}$$

Bei einem aufgeteilten System $u' = g(u,v)$, $v' = h(u,v)$ wie dem Lotka-Volterra-System können wir u mit einem (impliziten) Rückwärts-Euler-Verfahren behandeln und v anschließend mit einem Vorwärts-Euler-Verfahren:

3. Semi-implizites Euler-Verfahren
$$U_{n+1} = U_n + \Delta t\, g(U_{n+1}, V_n) \tag{2.55a}$$
$$V_{n+1} = V_n + \Delta t\, h(U_{n+1}, V_n) \tag{2.55b}$$

Von besonderer Bedeutung ist das System $u' = v$ und $v' = -F(u)$. Es lässt sich auf die Gleichung $u'' + F(u) = 0$ reduzieren, für die das Störmer-Verlet-Verfahren (2.51) entwickelt wurde. Was wir nun hinzufügen ist, dass das Verlet-Verfahren eine Verknüpfung aus noch einfacheren Euler-Verfahren ist, weil der implizite Schritt tatsächlich zu einem expliziten wird, wenn $u' = g(v) = v$ nur von v abhängt:

4. Verlet-Verfahren (semi-implizites Euler-Verfahren) × (semi-
für $2\Delta t$ implizites Euler-Verfahren, das U,V umkehrt). (2.56)

Diese „Verknüpfungsidee" ahmt unsere symmetrische Matrix $A^T A$ nach (A ist nun nichtlinear). Tatsächlich steht $A^T A$ für ein Mittelpunkt- oder Trapezverfahren, wenn A für ein Vorwärts- oder Rückwärts-Euler-Verfahren steht.

Schließlich liegt der Test für ein (nichtlineares) symplektisches Verfahren auf der Hand:

$$\begin{aligned} U_{n+1} &= G(U_n, V_n) \\ V_{n+1} &= H(U_n, V_n) \end{aligned} \text{ ist symplektisch falls } \frac{\partial G}{\partial U}\frac{\partial H}{\partial V} - \frac{\partial G}{\partial V}\frac{\partial H}{\partial U} = 1. \quad (2.57)$$

Auf der cse-Webpäsenz werden die Schwingungen (Normalmoden) einer Kette aus gleichen Massen oder eines Kreises aus Massen dargestellt. Jede reine Schwingung gehört zu einem Eigenvektor von K, T, B oder C. Bei $n = 4$ Massen in einem Kreis sind die Eigenvektoren von C_4: $(1,1,1,1)$, $(1,0,-1,0)$, $(0,1,0,-1)$ und $(1,-1,-1,1)$. Die Schwingungen zum vierten Eigenvektor sind am schnellsten. Zwei Massenpaare schwingen hierbei gegenläufig. Die Darstellungen sind wirklich sehenswert.

Aufgaben zu Abschnitt 2.2

Die Aufgaben 2.2.1–2.2.8 befassen sich mit vier Möglichkeiten, Kreise zu zeichnen (G_F, G_B, G_T, G_L).

2.2.1 Die Leapfrog-Matrix zu $u'' + u = 0$ ist $G_L = \begin{bmatrix} 1 & h \\ -h & 1-h^2 \end{bmatrix}$. Ihre Eigenwerte sind λ_1, λ_2.

(a) Benutzen Sie, dass für die Spur $\lambda_1 + \lambda_2 = e^{i\theta} + e^{-i\theta}$ gilt, um die Beziehung $\cos\theta = 1 - \frac{1}{2}h^2$ für $h \le 2$ herzuleiten.
(b) Bestimmen Sie für $h = 2$ die Eigenwerte und alle Eigenvektoren von G_L.
(c) Bestimmen Sie für $h = 3$ die Eigenwerte, und zeigen Sie, dass zwar $\lambda_1 \lambda_2 = 1$ aber nicht $|\lambda_{\max}| > 1$ gilt.

2.2.2 Aus $\cos\theta = 1 - \frac{1}{2}h^2$ in Aufgabe 2.2.1 wird mithilfe einer Halbwinkelformel $h = 2\sin(\theta/2)$. Mit $\theta = 2\pi/N$ und $h = 2\sin(\pi/N)$ erhalten wir dann $\cos N\theta = \cos 2\pi = 1$. In diesem Spezialfall kehrt (U_N, V_N) zu (U_0, V_0) zurück, und es gilt $G^N = I$.

2.2 Schwingungen nach dem Newtonschen Gesetz 145

Zeichnen Sie die N Punkte $(U_n, V_n) = G^n(1,0)$ für $N = 3$ und $N = 4$. Prüfen Sie den *Erhalt der Flächeninhalte* der Dreiecke $(0,0)$, (U_n, V_n), (U_{n+1}, V_{n+1}).

2.2.3 (anspruchsvoll) Ich habe keine Ahnung, was die Achsen der innere Ellipse aus Abbildung 2.7 auf Seite 131 sind.

2.2.4 Die Leapfrog-Ellipse aus Abbildung 2.6 auf Seite 130 hat die Halbachsen σ_1 und σ_2. Das sind die Quadratwurzeln aus den Eigenwerten von $G_L^T G_L$. Zeigen Sie, dass die Determinante dieser Matrix 1 ist (also $\sigma_1 \sigma_2 = 1$) und ihre Spur $2 + h^4$ (also die Summe ihrer Eigenwerte $\sigma_1^2 + \sigma_2^2$):

Ellipse fast Kreis $\quad (\sigma_1 - \sigma_2)^2 = \sigma_1^2 + \sigma_2^2 - 2 = h^4 \quad$ und $\quad \sigma_{\max} - \sigma_{\min} = h^2$.

2.2.5 Die Matrix in dieser Aufgabe ist schiefsymmetrisch ($A^T = -A$):

$$\frac{du}{dt} = \begin{bmatrix} 0 & c & -b \\ -c & 0 & a \\ b & -a & 0 \end{bmatrix} u \quad \text{oder} \quad \begin{aligned} u_1' &= cu_2 - bu_3 \\ u_2' &= au_3 - cu_1 \\ u_3' &= bu_1 - au_2. \end{aligned}$$

(a) Die Ableitung von $\|u(t)\|^2 = u_1^2 + u_2^2 + u_3^2$ ist $2u_1 u_1' + 2u_2 u_2' + 2u_3 u_3'$. Setzen Sie u_1', u_2', u_3' ein, um sich davon zu überzeugen, dass *die Determinante gleich null* ist. Dann gilt $\|u(t)\|^2 = \|u(0)\|^2$.

(b) In Matrixsprache ausgedrückt, ist $Q = e^{At}$ orthogonal. Beweisen Sie mithilfe der Reihe $Q = e^{At} = I + At + (At)^2/2! + \cdots$, dass $Q^T = e^{-At}$ ist. Dann gilt $Q^T Q = e^{-At} e^{At} = I$.

2.2.6 Beim Trapezverfahren bleibt die Energie $\|u\|^2$ erhalten, wenn $u' = Au$ und $A^T = -A$ ist. *Multiplizieren* Sie Gleichung (2.40) mit $U_{n+1} + U_n$. Zeigen Sie $\|U_{n+1}\|^2 = \|U_n\|^2$. Die Wachstumsmatrix $G_T = (I - A\Delta t/2)^{-1}(I + A\Delta t/2)$ ist orthogonal, so wie e^{At} im Fall $A^T = -A$.

$$\boldsymbol{u'} = \boldsymbol{Au} \text{ erhält } \|\boldsymbol{u}\|^2, \qquad \frac{d}{dt}(u, u) = (u', u) + (u, u') = ((A + A^T)u, u) = 0.$$

2.2.7 Beim Trapezverfahren gibt es keinen Energiefehler aber einen kleinen Phasenfehler. Nach 32 Schritten mit $h = 2\pi/32$ kommen wir nicht wieder bei 1 an. Berechnen Sie λ^{32} und den Winkel θ für $\lambda = (1 + i\frac{h}{2})/(1 - i\frac{h}{2})$.
Welche kleine Potenz in h ist falsch, wenn Sie λ mit e^{ih} vergleichen?

2.2.8 Beim Vorwärts-Euler-Verfahren wird die Energie in jedem Schritt mit $1 + h^2$ multipliziert:

Energie $\quad U_{n+1}^2 + V_{n+1}^2 = (U_n + hV_n)^2 + (\quad)^2 = (1 + h^2)(U_n^2 + V_n^2).$

Berechnen Sie $(1 + h^2)^{32}$ für $h = 2\pi/32$. Stimmt es, dass $(1 + h^2)^{2\pi/h}$ im Limes $h \to 0$ gegen null geht? Wenn dem so ist, konvergiert das Euler-Verfahren langsam. Zeigen Sie, dass beim Rückwärts-Euler-Verfahren die Energie $U_n^2 + V_n^2$ in jedem Schritt durch $1 + h^2$ *dividiert* wird.

2.2.9 Das Produkt „ma" im Newtonschen Gesetz wird folgendermaßen gebildet: $d/dt\,(m(u,t)\,du/dt)$. Bei konstanter Masse ist das mu''. Einstein fand jedoch heraus, dass die Masse mit der Geschwindigkeit zunimmt. Es folgt ein Beispiel mit Massenzunahme bei niedriger Geschwindigkeit: Nehmen wir an, dass Regen mit der Rate $r = dm/dt$ in einen offenen Zug fällt. Welche Kraft muss aufgewandt werden, damit sich der Zug mit konstanter Geschwindigkeit v weiterbewegt? (Hier ist $ma = 0$ aber $F \neq 0$.)

2.2.10 Zeigen Sie, dass die Formel für die Resonanz in Gleichung (2.31) der Grenzfall der Formel nahe der Resonanz ist, wenn ω_0 gegen λ geht. Für den Grenzwert f/g gegen $0/0$ brauchen wir die gute alte Regel von L'Hôpital f'/g'.

2.2.11 Der „Hamilton-Operator" für eine lineare, schwingende Federkette ist die Gesamtenergie $H = \frac{1}{2}p^T M^{-1} p + \frac{1}{2} u^T K u$. Der Ort u und der Impuls p (anstelle der Geschwindigkeit u') sind die von Hamilton bevorzugten Variablen. Leiten Sie aus den Hamilton-Gleichungen $p' = -\partial H/\partial u$ und $u' = \partial H/\partial p$ das Newtonsche Gesetz $Mu'' + Ku = 0$ ab.

2.2.12 Zeigen Sie, dass $H(p,u) = konstant$ ein erstes Integral für die Hamiltonschen Gleichungen ist:

Kettenregel $\quad \dfrac{dH}{dt} = \dfrac{\partial H}{\partial p}\dfrac{dp}{dt} + \dfrac{\partial H}{\partial u}\dfrac{du}{dt} = \underline{\qquad} + \underline{\qquad} = 0.$

Große Wissenschaftler hatten die Hoffnung, dass es ein zweites Integral gäbe, um die Lösung zu vervollständigen. Heute wissen wir, dass dies für drei einander anziehende Körper unmöglich ist. Die Bahn des Kleinplaneten Pluto ist chaotisch.

2.2.13 Nach dem Gravitationsgesetz gilt für die Sonne und einen Planeten $H = \frac{1}{2}p_1^2 + \frac{1}{2}p_2^2 - (u_1^2 + u_2^2)^{-1/2}$. Zeigen Sie mit $p_i' = -\partial H/\partial u_i$ und $u_i' = \partial H/\partial p_i$, dass für den Flächeninhalt $A(t) = u_1 p_2 - u_2 p_1$ in der u-p-Ebene $dA/dt = 0$ gilt. Das ist das zweite Keplersche Gesetz: Der Strahl zwischen Sonne und Planet überstreicht in gleichen Zeiten gleiche Flächen. Newton entdeckte das Verlet-Verfahren 1687, als er in seiner *Principia* einen geometrischen Beweis für das zweite Keplersche Gesetz lieferte. „Die Gravitation ist symplektisch."

2.2.14 In unserem Beispiel für ein Lotka-Volterra-System bleibt $a\log u + b\log v - u - v$ konstant. Mit $p = \log u$ und $q = \log v$ ist diese Konstante $H = ap + bq - e^p - e^q$. Zeigen Sie, dass es sich bei den Hamiltonschen Gleichungen $p' = -\partial H/\partial q$ und $q' = \partial H/\partial p$ genau um die Lotka-Volterra-Gleichungen handelt. Auf logarithmischer Skala bleibt der Flächeninhalt in der Räuber-Beute-Ebene erhalten.

2.2.15 Der lineare Schritt $U_{n+1} = aU_n + bV_n$, $V_{n+1} = cU_n + dV_n$ ist nach dem Test aus Gleichung (2.57) symplektisch, wenn $\underline{\qquad} = 1$ gilt. Welche Matrix G besitzt Determinanten 1? Dann bleiben die Flächeninhalte der Dreiecke gleich:

$$\det\begin{bmatrix} U_{n+1} & U_{n+2} \\ V_{n+1} & V_{n+2} \end{bmatrix} = (\det G)\,\det\begin{bmatrix} U_n & U_{n+1} \\ V_n & V_{n+1} \end{bmatrix}.$$

2.2.16 Zeigen Sie, dass das Leapfrog-Verfahren für ein nichtlineares System den Test $\dfrac{\partial G}{\partial U}\dfrac{\partial H}{\partial V} - \dfrac{\partial G}{\partial V}\dfrac{\partial H}{\partial U} = 1$ ebenfalls besteht.

$$U_{n+1} = G(U_n, V_n) = U_n + hV_n$$
$$V_{n+1} = H(U_n, V_n) = V_n + hF(U_{n+1}) = V_n + hF(U_n + hV_n).$$

2.2.17 Diskretisieren Sie $mu'' + cu = 0$ nach dem Leapfrog-Verfahren. Bestimmen Sie die Wachstumsmatrix G und die Summe ihrer Eigenwerte (also die Spur $G_{11} + G_{22}$). Zeigen Sie, dass $(\Delta t)^2 \leq 4m/c$ der Stabilitätstest für Spur ≥ -2 ist.

2.2.18 Stellen Sie die Differenz $\cos 9t - \cos 11t$ graphisch dar. Sie sollten eine schnelle Schwingung in der Einhüllenden $2\sin t$ erkennen, weil diese Differenz (eine ungedämpfte, getriebene Schwingung) gleich $2 \sin 10t \sin t$ ist.

2.3 Die Methode der kleinsten Quadrate für Rechteckmatrizen

Auch dieser Abschnitt beginnt mit einem linearen System. Es gibt aber einen großen Unterschied gegenüber $Ku = f$. Die Matrix K war quadratisch und invertierbar. Die Matrix A ist dagegen rechteckig: Es gibt mehr Gleichungen als Unbekannte ($m > n$). Die Gleichungen $Au = b$ haben **keine Lösung** und A^{-1} existiert nicht. Wir müssen die **beste Lösung** $\widehat{u}$ bestimmen, **wenn das System** $Au = b$ **überbestimmt ist**. Es gibt zu viele Gleichungen.

Unlösbare Gleichungen sind vollkommen normal, wenn wir versuchen, m Messungen durch eine kleine Anzahl n von Parametern anzupassen (wie etwa bei der linearen Regression in der Statistik). Es liegen möglicherweise m Messpunkte vor, die nahezu auf einer Geraden liegen. Doch ihre Beschreibung $C + Dx$ hat nur die beiden Parameter C und D (also $n = 2$). Eine exakte Anpassung würde bedeuten, 100 Gleichungen mit 2 Unbekannten zu lösen. Die angepasste Gerade sollte mit zunehmendem m (mehr Messungen) vertrauenswürdiger sein. Aber es wird mit zunehmender Anzahl der Punkte immer unwahrscheinlicher, dass $Au = b$ exakt lösbar ist.

Beispiel 2.7 Angenommen, wie messen an den vier Stellen $x = 0, 1, 3, 4$ die Werte $b = 1, 9, 9, 21$. Wenn sich durch alle vier Punkte eine Gerade $C + Dx$ legen ließe (was ich bezweifle), dann würden die beiden Unbekannten $u = (C, D)$ vier Gleichungen $Au = b$ lösen:

Gerade durch vier Punkte: unlösbar
$$\begin{matrix} C + 0D = 1 \\ C + 1D = 9 \\ C + 3D = 9 \\ C + 4D = 21 \end{matrix} \quad \text{oder} \quad \begin{bmatrix} 1 & 0 \\ 1 & 1 \\ 1 & 3 \\ 1 & 4 \end{bmatrix} \begin{bmatrix} C \\ D \end{bmatrix} = \begin{bmatrix} 1 \\ 9 \\ 9 \\ 21 \end{bmatrix}. \quad (2.58)$$

Diese Gleichungen haben keine Lösung. Der Vektor b auf der rechten Seite ist keine Kombination der beiden Spaltenvektoren $(1, 1, 1, 1)$ und $(0, 1, 3, 4)$. Die erste Gleichung ergibt $C = 1$. Dann ergibt die zweite Gleichung $D = 8$. Die beiden anderen Gleichungen sind dann nicht erfüllt. Die Gerade $1 + 8x$ durch die beiden ersten Punkte ist mit großer Wahrscheinlichkeit nicht die beste Anpassung.

In den vier Gleichungen in $Au = b$ wird es die Fehler e_1, e_2, e_3, e_4 geben. Im Augenblick ist keine Gleichung verlässlicher als die andere. Daher minimieren wir die Summe $e_1^2 + e_2^2 + e_3^2 + e_4^2$, also $e^T e$. Da der Restfehler $e = b - Au$ ist (rechte Seite minus linke Seite), minimieren wir den gesamten quadratischen Fehler $E = (b - Au)^T (b - Au) = $ (**Summe der Fehlerquadrate**):

Gesamtfehlerquadrat $E = \|e\|^2 = \|b - Au\|^2$
$$E = (1 - C - 0D)^2 + (9 - C - 1D)^2 + (9 - C - 3D)^2 + (21 - C - 4D)^2.$$

Unsere Methode wird sich nach dem **Prinzip der kleinsten Quadrate** richten. Der Vektor $e = b - Au$ liefert die Fehler in den m Gleichungen. Wir wählen $\widehat{u}$ (in diesem Fall $\widehat{C}$ und $\widehat{D}$) so, dass dieser Fehler so klein wie möglich wird. Hier messen wir den Fehler mithilfe von $\|e\|^2 = e_1^2 + \cdots + e_m^2 = E$.

Wenn die Matrix A unabhängige Spalten besitzt, dann ist $A^T A$ invertierbar. **Die Normalgleichungen liefern dann $\widehat{u}$**. Wenn die Spalten der Matrix A abhängig sind (oder fast abhängig, sodass die Konditionszahl der Matrix groß ist), ist die QR-Zerlegung wesentlich sicherer. Die kleinsten Quadrate sind eine Projektion von b auf die Spalten von A.

Zusammenfassung Die (ungewichtete) Methode der kleinsten Quadrate wählt $\widehat{u}$ so, dass $\|e\|^2$ minimal wird.

Kleinste Quadrate: Minimiere $\|b - Au\|^2 = (b - Au)^T (b - Au)$.

Um das beste $\widehat{u}$ zu bestimmen, können wir entweder reine lineare Algebra oder reine Analysis anwenden. An dieser Stelle gibt es keine Statistik. Wir behandeln die m Messungen als unabhängig und gleich vertrauenswürdig. Ich werde die Antwort (die Gleichung für $\widehat{u}$) sofort verraten, und sie dann auf zwei Arten erläutern. **Bei der Methode der kleinsten Quadrate ist die Näherungslösung zu u die Lösung $\widehat{u}$ des quadratischen symmetrischen Systems mithilfe von $A^T A$:**

Normalgleichung $A^T A \widehat{u} = A^T b$. (2.59)

Kurz: Multipliziere die unlösbaren Gleichungen $Au = b$ mit A^T. Löse $A^T A \widehat{u} = A^T b$.

Fortsetzung von Beispiel 2.7 Die Normalgleichung $A^T A \widehat{u} = A^T b$ aus (2.59) ist

$$\begin{bmatrix} 1 & 1 & 1 & 1 \\ 0 & 1 & 3 & 4 \end{bmatrix} \begin{bmatrix} 1 & 0 \\ 1 & 1 \\ 1 & 3 \\ 1 & 4 \end{bmatrix} \begin{bmatrix} \widehat{C} \\ \widehat{D} \end{bmatrix} = \begin{bmatrix} 1 & 1 & 1 & 1 \\ 0 & 1 & 3 & 4 \end{bmatrix} \begin{bmatrix} 1 \\ 9 \\ 9 \\ 21 \end{bmatrix}.$$

2.3 Die Methode der kleinsten Quadrate für Rechteckmatrizen

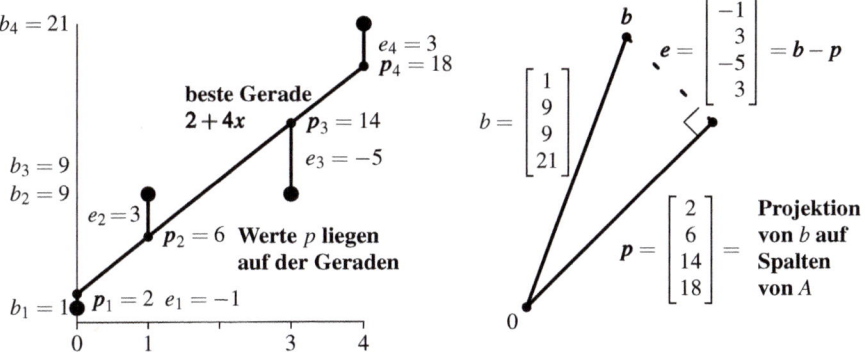

Abb. 2.11 Der Gesamtfehler ist $e^T e = 1 + 9 + 25 + 9 = 44$. Bei anderen Geraden ist der Fehler größer.

Anschließend ist diese Matrix $A^T A$ quadratisch, symmetrisch und positiv definit:

$$A^T A \widehat{u} = A^T b \quad \begin{bmatrix} 4 & 8 \\ 8 & 26 \end{bmatrix} \begin{bmatrix} \widehat{C} \\ \widehat{D} \end{bmatrix} = \begin{bmatrix} 40 \\ 120 \end{bmatrix} \quad \text{ergibt} \quad \begin{bmatrix} \widehat{C} \\ \widehat{D} \end{bmatrix} \begin{bmatrix} 2 \\ 4 \end{bmatrix}. \tag{2.60}$$

An den Stellen $x = 0, 1, 3, 4$ hat diese beste Gerade $2 + 4x$ aus Abbildung 2.11 die Funktionswerte $p = 2, 6, 14, 18$. Der minimale Fehler $b - p$ ist $e = (-1, 3, -5, 3)$. Die Darstellung auf der rechten Seite ist die Lösungsvariante der linearen Algebra, um die kleinsten Fehlerquadrate zu veranschaulichen. Wir projizieren b auf p in den Spaltenraum von A (Sie erkennen, dass p senkrecht auf dem Fehlervektor e steht). Dann hat $A\widehat{u} = p$ die beste rechte Seite p. Die Lösung $\widehat{u} = (\widehat{C}, \widehat{D}) = (2, 4)$ ist die beste Wahl für C und D.

Unterbestimmte Gleichungen und Besetzung

Bevor wir uns weiter mit der Methode der kleinsten Quadrate befassen, möchte ich neue Entwicklungen erwähnen. Ich kann sie anhand der Situation erklären, in der die Matrix A wesentlich mehr Spalten als Zeilen hat ($m << n$), also genau anders herum als im letzten Abschnitt. Dann gibt es wesentlich weniger Messungen (Proben in b) als beschreibende Parameter (Unbekannte in u). Anders als bei einem überbestimmten System $Au = b$ (bei dem wir das beste $\widehat{u}$ für $m > n$ Gleichungen wählen) erwarten wir dann nicht, dass es keine Lösung gibt, sondern **unendlich viele Lösungen**. Welche Regel sollte für die neue Wahl u^* maßgeblich sein?

Sie werden glauben, dass es in diesem Datenzeitalter kaum Schwierigkeiten gibt, weil zu wenige Daten vorliegen. Aber in den unwahrscheinlich aktiven Gebieten der Genexpressionsanalyse und der Bioinformatik tritt dieses Problem ständig auf. Es gibt 30000 Gene, zu denen uns etwa Daten von 20 Patienten vorliegen. Die große Schwierigkeit (für die es beim Verfassen dieses Buches im Jahr 2007 noch keine Lösung gibt) besteht darin, festzustellen, welche Gene für die guten oder schlechten Ergebnisse verantwortlich sind, die man bei diesen Patienten beobachtet.

Ein sehr ähnliches Problem tritt beim **Abtasten** auf. Ein Signal oder ein Bild wird nur wenige Male abgetastet, sodass bei weitem nicht alle Bits erfasst werden können. Wie können wir unter Umständen ein genaues Signal rekonstruieren? Diese Frage ist eng mit der **Komprimierung** verknüpft. Wie können wir Bilder festhalten, indem wir nur einige Bits speichern, und trotzdem ihre wesentlichen Merkmale mit hoher Wahrscheinlichkeit (wenn auch nicht mit Sicherheit) rekonstruieren?

Ein Teil der Antwort ist, dass die Norm der kleinsten Fehlerquadrate (Euklidische Norm) nicht geeignet ist. Diese ℓ^2-**Norm** führte in Abschnitt 1.7 auf Seite 89 auf die Pseudoinverse A^+. Aber A^+b ist in der Regel ein schwaches u^*. Bei der Analyse der Genexpression suchen wir nach wenigen Trägergenen. Ein Vektor A^+b, der alle 30000 Gene in sehr geringen Anteilen enthält, ist vollkommen nutzlos. Wir wollen, dass in u^* möglichst viele Nullen stehen sowie *wenige von null verschiedene Elemente an den richtigen Stellen*. Die Norm, die in den neueren Entwicklungen dominiert, ist die ℓ^1-Norm:

$$\boldsymbol{\ell^1 \text{ und } L^1}\text{-Norm} \quad \|u\|_1 = |u_1| + \cdots + |u_n| \text{ und } \|u(x)\|_1 = \int |u(x)|\, dx. \quad (2.61)$$

Ich hebe auch die ℓ^1- und L^1-Normen der Differenz Δu und der Ableitung $u'(x)$ hervor:

$$\textbf{Totale Variation} \quad \|u\|_V = |u_2 - u_1| + \cdots + |u_n - u_{n-1}| \text{ und}$$
$$\|u(x)\|_V = \int |u'(x)|\, dx. \quad (2.62)$$

Minimieren von $\|u\|_V$ unterdrückt Schwingungen, die uns im ℓ^2 oder L^2 nicht viel kosten. Abschnitt 4.7 auf Seite 448 zeigt, wie diese Normen eingesetzt werden, um Signale zu komprimieren und gute Bilder zu erzeugen.

Historisch kam die ℓ^1-Norm durch die Ausreißer b_i in der Statistik ins Spiel. Wenn $\|Au - b\|^2$ minimiert wird, erhalten diese Ausreißer b_i ein zu großes Gewicht. Wenn Daten mit signifikantem Rauschen angepasst werden sollen, vermeiden es robuste Regressionsverfahren vorzugsweise, große Beträge $(Au - b)_i$ zu quadrieren. Es ist seltsam, dass wir hier (zugunsten einer dünnen Besetzung) vermeiden, kleine u zu quadrieren.

Bei jedem Übergang vom ℓ^2 in den ℓ^1 gibt es Rechenkosten. Die Normalgleichung $A^T A \hat{u} = A^T b$ zur Bestimmung der besten Lösung im ℓ^2 ist linear. Unsere Strafe im ℓ^1 ist, dass die Lösung nur noch *stückweise* linear ist, wobei es exponentiell viele Stücke geben kann. **Das Problem ist nun herauszufinden, welche Komponenten der besten Lösung u^* von null verschieden sind**. Genau das ist die Aufgabe der linearen Optimierung: Bestimme die m wesentlichen, von null verschiedenen Elemente unter den n Komponenten von u. Die Anzahl der möglichen Kombinationen ist $\binom{n}{m} = n!/m!(n-m)!$. Bei $m = 20$ Proben und $n = 30$ Genen ist das eine erschreckende Zahl, die ich nichteinmal abschätzen möchte.

In Abschnitt 8.6 auf Seite 764 werden zwei Möglichkeiten beschrieben, u^* zu berechnen: das Simplexverfahren und das innere-Punkte-Verfahren. Das innere-

2.3 Die Methode der kleinsten Quadrate für Rechteckmatrizen

Punkte-Verfahren ist ein „Primal-Dual-Algorithmus", der das Newtonsche Verfahren aus Abschnitt 2.6 auf Seite 197 in Abschnitt 8.6 auf Seite 764 auf nichtlineare Optimierungsgleichungen anwendet.

Zusammenfassung Das Minimumprinzip für die Energie ist ein fundamentales Prinzip und es führt uns auf den ℓ^2. Dieses Prinzip dominiert dieses Buch. Wenn es um die Besetzung geht, führt das Minimumprinzip auf den ℓ^1.

Diese Idee ist der Kern intensiver Bemühungen und die Wiege von Algorithmen, mit denen die Datenkompression und -abtastung verbessert werden soll. Überraschenderweise gelingt die beste Abtastung mithilfe von Skalarprodukten aus Zufallsvektoren. Kohärenz wird den Plan, vollständige Bilder aus spärlichen Daten zu konstruieren, durchkreuzen. Ich möchte darauf hinweisen, dass das Problem der Besetzung auch in der Biomechanik auftritt: Wenn es viele Muskeln gibt, mit denen eine Last getragen werden kann, reichen dann nicht ein paar davon aus, um die Arbeit zu erledigen? Die gleiche Frage könnte man auch im Hinblick auf die menschliche Gesellschaft stellen: Wenn es m Aufgaben für $n \gg m$ Beschäftigte gibt, erledigen dann m oder n von ihnen tatsächlich die Arbeit?

Analytische Berechnung der kleinste Fehlerquadrate

Angenommen, es gibt nur eine Unbekannte u aber zwei Gleichungen. Somit ist $n = 1$ und $m = 2$ (es gibt wahrscheinlich keine Lösung). Folglich hat die Matrix A nur eine Spalte:

$$\mathbf{Au = b} \qquad \begin{matrix} a_1 u = b_1 \\ a_2 u = b_2 \end{matrix} \quad \text{oder} \quad \begin{bmatrix} a_1 \\ a_2 \end{bmatrix} u = \begin{bmatrix} b_1 \\ b_2 \end{bmatrix}.$$

Die Matrix A ist eine 2×1-Matrix. Der quadratische Fehler $e^T e$ ist die Summe zweier Terme:

Summe von Quadraten $\qquad E(u) = (a_1 u - b_1)^2 + (a_2 u - b_2)^2.$ \hfill (2.63)

Der Graph von $E(u)$ ist eine Parabel. Ihr Minimum liegt an der Stelle der Lösung $\widehat{u}$ mit den kleinsten Fehlerquadraten. Für das Minimum gilt $dE/du = 0$:

Gleichung für $\widehat{u}$ $\qquad \dfrac{dE}{du} = 2a_1(a_1\widehat{u} - b_1) + 2a_2(a_2\widehat{u} - b_2) = 0.$ \hfill (2.64)

Umformen führt auf $(a_1^2 + a_2^2)\widehat{u} = (a_1 b_1 + a_2 b_2)$. Auf der linken Seite ist $a_1^2 + a_2^2 = A^T A$. Auf der rechten Seite steht nun $a_1 b_1 + a_2 b_2 = A^T b$. Mithilfe der Analysis haben wir $A^T A \widehat{u} = A^T b$ bestimmt:

$$\begin{bmatrix} a_1 & a_2 \end{bmatrix} \begin{bmatrix} a_1 \\ a_2 \end{bmatrix} \widehat{u} = \begin{bmatrix} a_1 & a_2 \end{bmatrix} \begin{bmatrix} b_1 \\ b_2 \end{bmatrix} \quad \text{ergibt} \quad \widehat{u} = \frac{\mathbf{a^T b}}{\mathbf{a^T a}} = \frac{a_1 b_1 + a_2 b_2}{a_1^2 + a_2^2}. \qquad (2.65)$$

Beispiel 2.8 Im Spezialfall $a_1 = a_2 = 1$ gibt es zwei Messungen $u = b_1$ und $u = b_2$ derselben Größe (beispielsweise der Pulszahl oder des Blutdrucks). Die Matrix

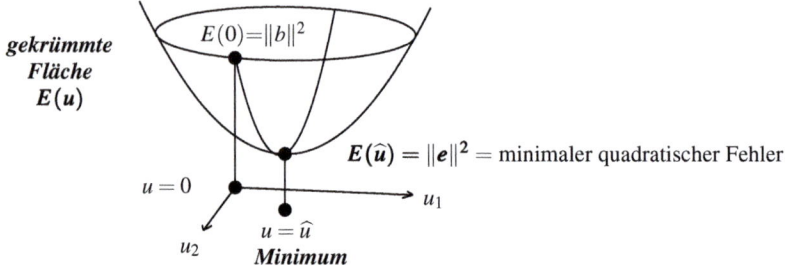

Abb. 2.12 Der Graph zu $E(u) = \|b - Au\|^2$ ist eine Mulde. Das Minimum liegt bei $\widehat{u} = (A^T A)^{-1} A^T b$. Dort ist $E(\widehat{u}) = \|e\|^2 = \|b\|^2 - \|A\widehat{u}\|^2$.

ist $A^T = [1 \quad 1]$. Um $(u - b_1)^2 + (u - b_2)^2$ zu minimieren, ist die beste Lösung $\widehat{u}$ einfach der Mittelwert beider Messungen:

Im Fall $a_1 = a_2 = 1$ ist $A^T A = 2$, $A^T b = b_1 + b_2$ und $\widehat{u} = \dfrac{b_1 + b_2}{2}$.

Der Mittelwert $\widehat{u}$ aus b_1 und b_2 minimiert die Summe der Fehlerquadrate.

Bei m Gleichungen $Au = b$ mit n Unbekannten brauchen wir die Matrixnotation. Die Summe der Fehlerquadrate ist $E = \|b - Au\|^2 = \|Au - b\|^2$. In Gleichung (2.63) war das $(a_1 u - b_1)^2 + (a_2 u - b_2)^2$. Jetzt trennen wir den quadratischen Term $\|Au\|^2 = u^T A^T Au$ von den linearen Termen und dem konstanten Term $b^T b$, um den allgemeinen Fall zu betrachten:

Quadratischer Fehler $\quad E(u) = u^T A^T A u - (Au)^T b - b^T (Au) + b^T b.$ \quad (2.66)

Der Term $(Au)^T b$ ist genau $b^T (Au)$; jeder Vektor kann zuerst stehen, sodass sich beide Terme zu $2u^T A^T b$ addieren. Im quadratischen Term schreiben wir $K = A^T A$ und im linearen Term $f = A^T b$:

Minimiere

$u^T A^T A u - 2u^T A^T b + b^T b$, was gleich $\boldsymbol{u^T K u - 2u^T f} + b^T b$ ist. \quad (2.67)

Der konstante Term berührt die Minimierung nicht. Das minimale $\widehat{u}$ löst $K\widehat{u} = f$, was $A^T A \widehat{u} = A^T b$ ist. Wenn die Matrix $K = A^T A$ positiv definit ist, dann wissen wir, dass $\widehat{u}$ ein Minimum und kein Maximum oder keinen Sattelpunkt liefert (siehe Abbildung 2.12). Bei zwei Variablen $u = (u_1, u_2)$ können wir $K\widehat{u} = f$ in der analytischen Berechnung erkennen:

Minimiere $\left(k_{11} u_1^2 + k_{12} u_1 u_2 + k_{21} u_2 u_1 + k_{22} u_2^2 \right) - 2\left(u_1 f_1 + u_2 f_2 \right) + b^T b$

Ableitung nach u_1 ist null : $2(k_{11}\widehat{u}_1 + k_{12}\widehat{u}_2 - f_1) = 0$

Ableitung nach u_2 ist null : $2(k_{21}\widehat{u}_1 + k_{22}\widehat{u}_2 - f_2) = 0$

was $\boldsymbol{K\widehat{u} = f}$ ist.

2.3 Die Methode der kleinsten Quadrate für Rechteckmatrizen

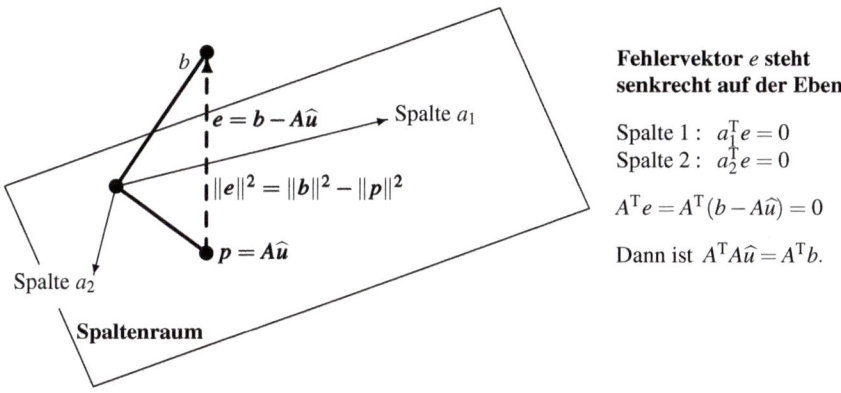

Abb. 2.13 Die Projektion p ist der b am nächsten liegende Punkt im Spaltenraum von A. Für den senkrecht auf der Ebene stehenden Fehler $e = b - A\hat{u}$ gilt $A^T e = 0$. Dann ist $A^T A \hat{u} = A^T b$.

Algebraische Berechnung der kleinsten Fehlerquadrate

Aus Sicht der linearen Algebra ist b ein m-dimensionaler Raum. Die in der Regel unlösbare Gleichung $Au = b$ zu lösen, ist wie der Versuch, b als Kombination der n-Spalten von A zu schreiben. Diese Spalten liefern aber nur eine n-dimensionale Ebene im wesentlich größeren m-dimenionalen Raum. Der Vektor b liegt wahrscheinlich nicht in dieser Ebene, sodass $Au = b$ wahrscheinlich nicht lösbar ist. **Die Wahl $A\hat{u}$ nach dem kleinsten Fehlerquadrat liefert den Punkt in der Ebene, der b am nächsten liegt.**

Es folgt der einzeilige Beweis aus Abschnitt 1.6, dass der Gesamtfehler E in Gleichung (2.66) für $\hat{u} = K^{-1} f = (A^T A)^{-1} A^T b$ minimal ist. Wir formen $E(u)$ in besonderer Weise um:

$$u^T K u - 2 u^T f + b^T b = \left(u - K^{-1} f\right)^T K \left(u - K^{-1} f\right) - f^T K^{-1} f + b^T b. \quad (2.68)$$

Die rechte Seite ist minimal, wenn der erste Term null ist, weil dieser Term nie negativ wird. Somit ist das Minimum bei $\hat{u} = K^{-1} f$. Folglich reduziert sich E auf die beiden letzten Terme: $E_{\min} = -f^T K^{-1} f + b^T b$, was gleichzeitig auch der Wert des Minimums bei der analytischen Berechnung ist:

$$E_{\min} = E(\hat{u}) = (b - A\hat{u})^T (b - A\hat{u}) = b^T b - b^T A (A^T A)^{-1} A^T b. \quad (2.69)$$

Abbildung 2.13 stellt den Fehler $e = b - A\hat{u}$ an der richtigen Stelle dar. Dieser Fehler ist nicht null ($Au = b$ hat keine Lösung), wenn b nicht durch perfekte Messungen im Spaltenraum liegt. **Die beste Wahl $A\hat{u}$ ist die Projektion p.** Das ist der Teil von b, den wir durch die Spalten von A abdecken können. Der Teil, den wir nicht abdecken können, ist der verbleibende Fehler $e = b - A\hat{u}$.

Die Abbildung veranschaulicht den Zugang zur Projektion $A\hat{u}$. Nun brauchen wir die Gleichung.

Der Fehlervektor $e = b - A\widehat{u}$ steht senkrecht auf dem Spaltenraum. Dann sind n Skalarprodukte von e mit den Spalten der Matrix A null, was n Gleichungen $A^T e = 0$ liefert:

Orthogonalität
$$\begin{bmatrix} (\text{Spalte} \ 1)^T \\ \vdots \\ (\text{Spalte} \ n)^T \end{bmatrix} \begin{bmatrix} \\ e \\ \\ \end{bmatrix} = \begin{bmatrix} 0 \\ \vdots \\ 0 \end{bmatrix} \quad \text{oder} \quad \mathbf{A^T e = 0}.$$

Diese geometrische Gleichung $A^T e = 0$ bestimmt $\widehat{u}$. Die Projektion ist $p = A\widehat{u}$ (die Kombination der Spalten, die b am nächsten liegt). Wir erhalten abermals die normalgleichung für $\widehat{u}$:

Lineare Algebra $\quad A^T e = A^T(b - A\widehat{u}) = 0 \quad$ liefert $\quad A^T A \widehat{u} = A^T b$. (2.70)

Der Übergang vom Minimum aus der analytischen Berechnung zur Projektion in der linearen Algebra liefert das rechtwinklige Dreieck mit den Seiten b, p, e. Der senkrechte Vektor e trifft den Spaltenraum an der Stelle $p = A\widehat{u}$. Das ist *die Projektion von b auf den Spaltenraum*:

Projektion $\quad \widehat{u} = (A^T A)^{-1} A^T b \quad p = A\widehat{u} = \left[A(A^T A)^{-1} A^T \right] b = \mathbf{P}b$. (2.71)

Das System $Au = b$ hatte keine Lösung. Das System $Au = p$ hat eine Lösung $\widehat{u}$. Wir nehmen die kleinste Anpassung von b auf p vor, die uns in den Spaltenraum bringt. Die Messungen sind in $Au = b$ inkonsistent, aber konsistent in $A\widehat{u} = p$.

Die **Projektionsmatrix** $P = A(A^T A)^{-1} A^T$ ist symmetrisch. Als Projektionsmatrix hat sie die besondere Eigenschaft $\mathbf{P^2 = P}$, weil zwei Projektionen dasselbe Ergebnis liefern wie eine. P ist eine $m \times n$-Matrix, aber ihr Rang ist nur n. Alle Faktoren in $A(A^T A)^{-1} A^T$ haben den Rang n.

Beispiel 2.9 Eine Ebene ist überbestimmt, wenn wir sie gleichzeitig durch vier Raumpunkte legen wollen. Bestimmen Sie die nächste Ebene $b = C + Dx + Ey$ (wählen Sie die drei Parameter $\widehat{C}, \widehat{D}, \widehat{E}$ optimal).

Lösung Die vier unlösbaren Gleichungen zielen darauf ab, über (x_i, y_i) die Höhe b_i zu erreichen. Es gibt keine Lösung $u = (C, D, E)$. Die Normalgleichung $A^T A \widehat{u} = A^T b$ liefert das optimale $\widehat{u} = (\widehat{C}, \widehat{D}, \widehat{E})$ und die nächste Ebene aus Abbildung 2.14 auf der nächsten Seite.

Beispiel 2.10 Angenommen, wir verfolgen einen Satelliten oder Überwachen den Nettowert eines Unternehmens. (Bei beiden gibt es eine gewisse Unsicherheit.) Betrachten wir $u_0 = 0$ als einen exakten Startwert in Kilometern oder Dollar. Wir erfassen die *Änderungen* $u_1 - u_0, u_2 - u_1, u_3 - u_2$ zwischen t_0 und t_1, t_1 und t_2 und t_2 und t_3. Die Ergebnisse sind:

$u_1 - u_0 = b_1 \quad$ (mit Varianz $\sigma_1^2 = 1/c_1$),
$u_2 - u_1 = b_2 \quad$ (mit Varianz $\sigma_2^2 = 1/c_2$),
$u_3 - u_2 = b_3 \quad$ (mit Varianz $\sigma_3^2 = 1/c_3$).

2.3 Die Methode der kleinsten Quadrate für Rechteckmatrizen

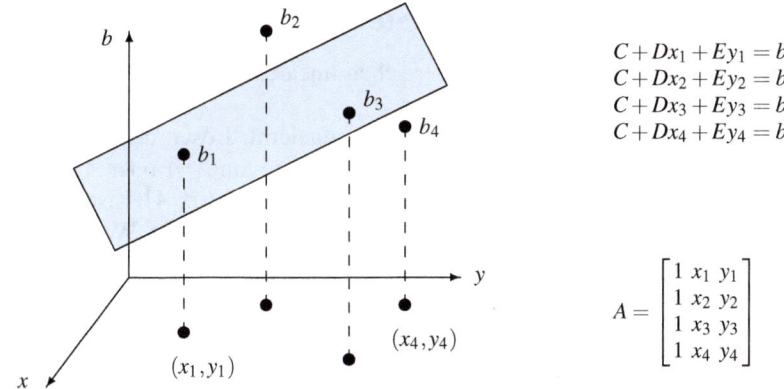

$$C + Dx_1 + Ey_1 = b_1$$
$$C + Dx_2 + Ey_2 = b_2$$
$$C + Dx_3 + Ey_3 = b_3$$
$$C + Dx_4 + Ey_4 = b_4$$

$$A = \begin{bmatrix} 1 & x_1 & y_1 \\ 1 & x_2 & y_2 \\ 1 & x_3 & y_3 \\ 1 & x_4 & y_4 \end{bmatrix}$$

Abb. 2.14 Die Gleichung $A^T A \widehat{u} = A^T b$ liefert $\widehat{u} = (\widehat{C}, \widehat{D}, \widehat{E})$ und die nächste Ebene.

Es wäre nicht überraschend, wenn c_i proportional zum Zeitintervall $t_{i+1} - t_i$ wäre (größere Genauigkeit bei einem kürzeren Intervall). Bei einem 3×3-System brauchen wir die kleinsten Quadrate nicht:

$$\begin{bmatrix} 1 & 0 & 0 \\ -1 & 1 & 0 \\ 0 & -1 & 1 \end{bmatrix} \begin{bmatrix} u_1 \\ u_2 \\ u_3 \end{bmatrix} = \begin{bmatrix} b_1 \\ b_2 \\ b_3 \end{bmatrix} \quad \text{liefert} \quad \begin{array}{l} u_1 = b_1 \\ u_2 = b_1 + b_2 \\ u_3 = b_1 + b_2 + b_3 \end{array} \tag{2.72}$$

Nun nehmen wir einen Wert b_4 von u_3 hinzu (mit der Varianz $\sigma_4^2 = 1/c_4$). Damit gibt es in A eine vierte Zeile, und aus A wird eine Rechteckmatrix. Wir verwenden gewichtete kleinste Quadrate:

$$A = \begin{bmatrix} 1 & 0 & 0 \\ -1 & 1 & 0 \\ 0 & -1 & 1 \\ 0 & 0 & 1 \end{bmatrix} \quad A^T A = \begin{bmatrix} 2 & -1 & 0 \\ -1 & 2 & -1 \\ 0 & -1 & 2 \end{bmatrix} \quad A^T C A = \begin{bmatrix} c_1 + c_2 & -c_2 & 0 \\ -c_2 & c_2 + c_3 & -c_3 \\ 0 & -c_3 & c_3 + c_4 \end{bmatrix}$$

Sehen Sie sich bitte $A^T A$ an. Das ist unsere Matrix K_3 zu **fest-festen** Randbedingungen. Die Matrix $A^T C A$ kam bereits in Abschnitt 2.1 auf Seite 113 im Zusammenhang mit der Federkette vor. Dieses Beispiel verknüpft die Methode der kleinsten Quadrate mit der Physik, und es führt uns auf die *rekursiven kleinsten Quadrate* und den *Kalman-Filter*:

Wie erhalten wir aus dem alten u das neue $\widehat{u}$, das b_4 berücksichtigt?

Das Hinzufügen einer Zeile in A ändert $A^T C A$ nur in der letzten Zeile und der letzten Spalte. Wir wollen das neue $\widehat{u}$ aus $A^T C A$ (das nun $c_4 = 1/\sigma_4^2$ enthält) berechnen, ohne die Arbeit zu wiederholen, die wir bereits mit b_1, b_2, b_3 erledigt haben. In Abschnitt 2.8 werden wir $\widehat{u}$ mithilfe einer **rekursiven Methode der kleinsten Quadrate** aktualisieren.

Die Methode der kleinsten Quadrate aus numerischer Sicht

Wir bleiben bei der Grundfrage der numerischen linearen Algebra: **Wie kann man $\widehat{u}$ berechnen?**

Bisher haben Sie nur eine Möglichkeit kennengelernt: Lösen der Normalgleichung durch Elimination. Das erfordert das Umformen von A^TA oder A^TCA. Die meisten Leute machen das. Aber die Konditionszahl der Matrix A^TA ist das *Quadrat* der Konditionszahl der Matrix A aus Abschnitt 1.7 auf Seite 89. Wenn man mit A^TA arbeitet, kann aus einem instabilen Problem ein sehr instabiles werden.

Wenn über die Stabilität Unklarheit besteht, empfehlen Fachleute eine andere Berechnungsweise für $\widehat{u}$: *Orthogonalisierung der Spalten*. **Die Rechteckmatrix A wird in QR zerlegt.**

$A = QR$ besteht aus einer Matrix Q mit orthonormalen Spalten und einer oberen Dreiecksmatrix R. Dann reduziert sich $A^TA\widehat{u} = A^Tb$ auf eine wesentlich einfachere Gleichung, weil $\boldsymbol{Q^TQ = I}$ ist:

$$(QR)^TQR\widehat{u} = (QR)^Tb \text{ ist } R^TR\widehat{u} = R^TQ^Tb \text{ und dann ist } R\widehat{u} = Q^Tb. \quad (2.73)$$

Wir führen die Multiplikation Q^Tb aus (das ist sehr stabil). Dann ist die Rücksubstitution mit R sehr einfach. Für alle Matrizen dauert das Erzeugen von Q und R doppelt so lange wie die mn^2 Schritte, um A^TA zu bilden. Diese zusätzlichen Kosten liefern eine verlässlichere Lösung.

Wir können Q und R durch eine (*modifizierte*) Gram-Schmidt-Orthogonalisierung berechnen. Die orthonormalen Spalten $q_1, \ldots, q_n$ erhalten wir aus den Spalten $a_1, \ldots, a_n$ der Matrix A. Der folgende Code zeigt, wie Gram und Schmidt in MATLAB vorgegangen sein könnten. Geben Sie zunächst $[m,n] = \text{size}(A); Q = \text{zeros}(m,n); R = \text{zeros}(n,n);$ ein, um die Matrizen zu initialisieren. Anschließend gehen Sie spaltenweise vor:

```
for j = 1:n                      % Gram-Schmidt-Orthogonalisierung
    v = A(:,j);                  % v beginnt als Spalte j von A
    for i = 1:j−1                % Spalten bis j − 1, bereits in Q abgelegt
        R(i,j) = Q(:,i)'*A(:,j); % modifiziere A(:,j) zu v für mehr Genauigkeit
        v = v − R(i,j)*Q(:,i);   % subtrahiere die Projektion (qᵢᵀaⱼ)qᵢ = (qᵢᵀv)qᵢ
    end                          % v ist nun orthogonal zu allen q₁,…,qⱼ₋₁
    R(j,j) = norm(v);
    Q(:,j) = v/R(j,j);           % normiere v als nächsten Einheitsvektor qⱼ
end
```

Wenn Sie den letzten Schritt und die Mittelschritte rückgängig machen, können Sie die Spalte j bestimmen:

$$R(j,j)q_j = (v \text{ minus Projektionen}) = (\text{Spalte } j \text{ von } A) - \sum_{i=1}^{j-1} R(i,j)q_i. \quad (2.74)$$

2.3 Die Methode der kleinsten Quadrate für Rechteckmatrizen

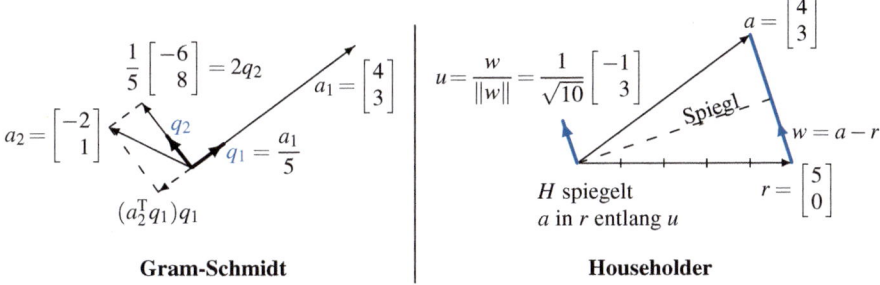

Abb. 2.15 Gram-Schmidt bestimmt erst q_1 und dann q_2. Householder bestimmt erst r und dann u.

Wenn wir die Summe auf die linke Seite bringen, haben wir die j-te Spalte in der Multiplikation $A = QR$.

Dieser wesentliche Übergang von a_j zu v in Zeile 4 macht die „modifizierte Gram-Schmidt-Orthogonalisierung" aus. Bei exakter Rechnung ist die Zahl $R(i,j) = q_i^T a_j$ mit der Zahl $q_i^T v$ identisch. (Das aktuelle v hat von a_j seine Projektion auf frühere $q_1, \ldots, q_{i-1}$ abgezogen. Aber das neue q_i ist orthogonal zu ihnen.) In echten Berechnungen ist diese Orthogonalität nicht perfekt, und die Berechnungen zeigen einen Unterschied in Q. Jeder verwendet bei diesem Schritt im Code v.

Beispiel 2.11 A ist eine 2×2-Matrix. Die mit $\frac{1}{5}$ normierten Spalten von Q sind q_1 und q_2:

$$A = \begin{bmatrix} 4 & -2 \\ 3 & 1 \end{bmatrix} = \frac{1}{5} \begin{bmatrix} 4 & -3 \\ 3 & 4 \end{bmatrix} \begin{bmatrix} 5 & -1 \\ 0 & 2 \end{bmatrix} = QR. \tag{2.75}$$

Ausgehend von den Spalten a_1 und a_2 der Matrix A, normiert die Gram-Schmidt-Orthogonalisierung a_1 zu q_1. Anschließend subtrahiert sie von a_2 die eigene Projektion auf die Richtung von q_1. Es folgen die Rechenschritte im Einzelnen:

$$a_1 = \begin{bmatrix} 4 \\ 3 \end{bmatrix} \quad q_1 = \frac{1}{5} \begin{bmatrix} 4 \\ 3 \end{bmatrix}$$

$$a_2 = \begin{bmatrix} -2 \\ 1 \end{bmatrix} \quad v = a_2 - (q_1^T a_2) q_1 = \frac{1}{5} \begin{bmatrix} -6 \\ 8 \end{bmatrix} \quad q_2 = \frac{1}{5} \begin{bmatrix} -3 \\ 4 \end{bmatrix}.$$

Hierbei haben wir durch $\|a_1\| = 5$ und $\|v\| = 2$ dividiert. Dann kommen 5 und 2 auf die Hauptdiagonale von R, und $q_1^T a_2 = -1$ ist $R(1,2)$. Auf der linken Seite von Abbildung 2.15 sind die einzelnen Vektoren dargestellt.

Householder-Spiegelungen in Q

MATLAB bestimmt $[Q, R] = \text{qr}(A)$ in einer Weise, an die Gram und Schmidt nie gedacht haben. Sie ähnelt der Elimination, bei der wir durch Zeilenoperationen eine obere Dreiecksmatrix U erzeugen. Nun sind wir an R interessiert. **Wir erzeugen**

mithilfe von „Spiegelungsmatrizen" Nullen unter der Hauptdiagonalen von R.
Schließlich ist die orthogonale Matrix Q das Produkt dieser Spiegelungsmatrizen.

Die Spiegelungsmatrizen H haben die spezielle Form $H = I - 2uu^T$. Man nennt sie auch Householder-Matrizen. Dabei ist u ein Einheitsvektor $w/\|w\|$, der so gewählt wurde, dass er die Nullen in der unten stehenden Gleichung (2.77) erzeugt. Vergegenwärtigen Sie sich, dass H automatisch symmetrisch und auch orthogonal ist ($H^T H$ ist I):

$$H^T H = (I - 2uu^T)(I - 2uu^T) = I - 4uu^T + 4uu^T = I \quad \text{wegen} \quad u^T u = 1. \quad (2.76)$$

H spiegelt u in $-u$, was $(I - 2uu^T)u = u - 2u$ zeigt. Alle Vektoren, die senkrecht auf u stehen, bleiben von H unberührt, wie $(I - 2uu^T)x = x - 0$ zeigt. Also spiegelt H jeden Vektor der Form $x + cu$ in $x - cu$. Das Bild befindet sich auf der anderen Seite der Spiegelebene, die senkrecht auf u steht.

Wie erzeugt H Nullen unter der Hauptdiagonalen von R? Sehen wir uns die erste Spalte von A an, die in Spalte $r_1 = H_1 a_1$ von R gespiegelt wird. Es muss $\|r_1\| = \|a_1\|$ bleiben, weil $H^T H = I$ gilt und Spiegelungen längenerhaltend sind:

H erzeugt 3 Nullen in r $\quad H_1 a_1 = \begin{bmatrix} \|a_1\| \\ 0 \\ 0 \\ 0 \end{bmatrix}$ oder $\begin{bmatrix} -\|a_1\| \\ 0 \\ 0 \\ 0 \end{bmatrix} = r_1 =$ Spalte 1 von r. (2.77)

Abbildung 2.15 auf der vorherigen Seite zeigt den Einheitsvektor u_1 in Richtung von $w_1 = a_1 - r_1$. MATLAB wählt $+\|a_1\|$ oder $-\|a_1\|$ in r. Wenn u_1 gespeichert wird, ist H_1 bekannt.

Beispiel 2.12 Sei A die 2×2-Matrix aus Gleichung (2.75). Ihre erste Spalte $(4,3)$ kann in die erste Spalte $r_1 = (5,0)$ gespiegelt werden. Die Null in r_1 macht aus R eine obere Dreiecksmatrix:

$$a_1 = \begin{bmatrix} 4 \\ 3 \end{bmatrix}, \quad r_1 = \begin{bmatrix} 5 \\ 0 \end{bmatrix}, \quad w_1 = \begin{bmatrix} -1 \\ 3 \end{bmatrix},$$

$$u_1 = \frac{1}{\sqrt{10}} \begin{bmatrix} -1 \\ 3 \end{bmatrix}, \quad H_1 = I - 2u_1 u_1^T = \frac{1}{5} \begin{bmatrix} 4 & 3 \\ 3 & -4 \end{bmatrix}.$$

Im nächsten Schritt wird die zweite Spalte r_2 von R bestimmt. Während in r_1 laut Gleichung (2.77) drei Nullen gebraucht wurden, müssen nun in r_2 nur zwei erzeugt werden. Wir arbeiten ausschließlich *auf und unter der Hauptdiagonalen von HA*. Der Householder-Code beginnt den k-ten Schritt mit Spalte k der aktuellen Matrix A. Er betrachtet den unteren Teil von a auf und unter der Hauptdiagonalen. Er bestimmt w und den Einheitsvektor u (dessen oberer Teil null ist) für die nächste Spiegelungsmatrix H_k. Die Multiplikation des aktuellen A mit H_k liefert $n - k$ Nullen in Spalte k der nächsten Matrix A, die langsam zu R wird.

Die Vektoren u werden in einer Matrix U gespeichert, um alle Spiegelungsmatrizen $H_1, \ldots, H_n$ rekonstruieren zu können, die Q bilden. Wir führen die Multipli-

2.3 Die Methode der kleinsten Quadrate für Rechteckmatrizen

kation dieser Matrizen aber nie aus, um Q zu berechnen! Wenn wir $Q^T b$ in der vereinfachten Normalengleichung brauchen, wenden wir die N Spiegelungsmatrizen in umgekehrter Reihenfolge auf b an. Es folgt der kommentierte Code zur Konstruktion der orthogonalen Matrix U und der oberen Dreiecksmatrix R:

```
function [U,R] = house(A)   % Erzeuge R aus Householder-Matrizen, die unter
                              U gespeichert wurden.
[m,n] = size(A); U = zeros(m,n);
for k = 1:n
    w = A(k:m,k);             % Beginne mit Spalte k der aktuellen Matrix A von
                              der Diagonale aus nach unten.
    w(1) = w(1) - norm(w);    % Subtrahiere (‖w‖,0,…,0) von a = w.
                              Neues w = a − r.
    u = w/norm(w);            % Normiere w zum Einheitsvektor u, aus dem die k-te
                              Spiegelungsmatrix H_k gebildet wird.
    U(k:m,k) = u;             % Speichere u in U, damit die Spiegelungsmatrizen
                              H bekannt sind, die Q bilden.
    A(k:m,k:n) = A(k:m,k:n) - 2*u*(u'*A(k:m,k:n));
                              % Multipliziere die aktuelle Matrix A mit H_k.
end
R = triu(A(:,1:n));           % quadratisches R aus von null verschiedenen Elementen
                              auf und über der Hauptdiagonalen der letzten Matrix A
```

Ich danke Per-Olof Persson für den Code zum Gram-Schmidt-Verfahren und der Householder-Spiegelung (und vieles mehr).

Die Singulärwertzerlegung aus Abschnitt 1.7 zerlegt die Matrix A in $U\Sigma V^T$. Dabei sind U und V orthogonale Matrizen ($U^T = U^{-1}$ und $V^T = V^{-1}$). Dann ist $A^T A = V\Sigma^T \Sigma V^T$. Das führt zu einer Gleichung für die Lösung $\widehat{u}$, die am stabilsten von allen ist:

$$V\Sigma^T \Sigma V^T \widehat{u} = V\Sigma^T U^T b \longrightarrow V^T \widehat{u} = (\Sigma^T \Sigma)^{-1} \Sigma^T U^T b \longrightarrow \widehat{\boldsymbol{u}} = \boldsymbol{V\Sigma^+ U^T b}. \quad (2.78)$$

Diese Matrix Σ^+ hat die Hauptdiagonalelemente $1/\sigma_1, \ldots, 1/\sigma_n$. Alle anderen Elemente sind null. Ein wesentlicher Vorteil ist, dass wir die Singulärwerte $\sigma_1 \geq \ldots \geq \sigma_n > 0$ überwachen können. $A^T A$ ist schlecht konditioniert, wenn σ_n klein ist. Wenn σ_n *außerordentlich* klein ist, streichen wir es.

Oft ist die Anzahl der Operation für die SVD mit der für die QR-Zerlegung vergleichbar. Hier ist Σ^+ die „Pseudoinverse" von Σ, und $V\Sigma^+ U^T$ in Gleichung (2.78) ist die Pseudoinverse von A. **Das ist die hübscheste Gleichung für die Lösung von $Au = b$ mit kleinsten Fehlerquadraten für überbestimmte oder unterbestimmte Systeme: $\widehat{u} = A^+ b = V\Sigma^+ U^T b$.**

Gewichte kleinste Quadrate

In Abschnitt 2.8 auf Seite 230 benutzen wir statistische Informationen über die Messfehler e. Das ist das „Rauschen" im System. Die tatsächliche Gleichung ist daher $Au = b - e$. Typischerweise mitteln sich die Fehler e_i (mit positivem und negativem Vorzeichen) aus. Der „*Erwartungswert*" oder „*Mittelwert*" jedes Fehlers ist $\mathrm{E}[e_i] = 0$. Sonst müsste der Nullpunkt am i-ten Messgerät zurückgesetzt werden. Der Mittelwert von e_i^2, der nicht negativ sein kann, ist dagegen mit großer Wahrscheinlichkeit *nicht* null. Diesen Mittelwert $\mathrm{E}[e_i^2]$ bezeichnet man als **Varianz** $\boldsymbol{\sigma}_i^2$.

Nun können wir die Wichtungsmatrix C einführen. Eine kleine Varianz σ_i^2 besagt, dass die Messung b_i verlässlicher ist. Wir wichten diese Gleichung stärker, indem wir $c_i = 1/\sigma_i^2$ setzen. Wenn die Fehler e_i nicht unabhängig sind (siehe nächster Abschnitt), steht auch die „Kovarianz" $\mathrm{E}[e_i e_j]$ in der *Inversen* von C. Wir minimieren nun die gewichteten Fehler $e^\mathrm{T} C e$, während die ungewichteten kleinsten Quadrate ($C = I$) nur $e^\mathrm{T} e$ minimieren.

Die beste Lösung $\widehat{u}$, die diese Gewichte berücksichtigt, erhalten wir aus $\boldsymbol{A}^\mathrm{T} \boldsymbol{C} \boldsymbol{A} \widehat{\boldsymbol{u}} = \boldsymbol{A}^\mathrm{T} \boldsymbol{C} \boldsymbol{b}$. Unser Grundmuster mit den drei Matrizen passt perfekt. Wir erfahren etwas über die beste Lösung $\widehat{u}$ und außerdem etwas über *die Statistik* von $\widehat{u} - u$. **Wie verlässlich ist $\widehat{\boldsymbol{u}} = (\boldsymbol{A}^\mathrm{T} \boldsymbol{C} \boldsymbol{A})^{-1} \boldsymbol{A}^\mathrm{T} \boldsymbol{C} \boldsymbol{b}$?** Mit dieser Frage beschäftigen wir uns in Abschnitt 2.8 auf Seite 230, wo die Fehler e_i nicht unabhängig sein müssen. **Es stellt sich heraus, dass die Matrix der Varianzen und Kovarianzen *in den Lösungen* $\widehat{u}$ genau $(\boldsymbol{A}^\mathrm{T} \boldsymbol{C} \boldsymbol{A})^{-1}$ ist.**

Aufgaben zu Abschnitt 2.3

2.3.1 Angenommen, $Au = b$ besteht aus m Gleichungen $a_i u = b_i$ mit *einer Unbekannten* u. Bestimmen Sie die Lösung $\widehat{u}$, welche die Summe der Fehlerquadrate $E(u) = (a_1 u - b_1)^2 + \cdots + (a_m u - b_m)^2$ minimiert, mit den Mitteln der Analysis. Greifen Sie anschließend auf lineare Algebra zurück, um $A^\mathrm{T} A \widehat{u} = A^\mathrm{T} b$ zu bilden und damit wieder $\widehat{u}$ zu erhalten.

2.3.2 Angenommen, $Au = b$ besitzt eine Lösung u. Zeigen Sie, dass $\widehat{u} = u$ gilt. Wann ist $\widehat{u}$ eindeutig?

2.3.3 Von Trefethen-Bau [159] stammt ein *QR*-Experiment auf der Matrix $V =$ fliplr(vander((0 : 49)/49)). Für die Matrix $A = V(:, 1 : 12)$ und den Vektor $b = \cos(0 : .08 : 3.92)'$ ist $m = 50$ und $n = 12$. Berechnen Sie $\widehat{u}$ im Format long mithilfe von verschiedenen Verfahren (MATLABs svd(A) ist ein weiteres). Wieviele korrekte Stellen in der Lösung erzielt man mit den einzelnen Verfahren:

1. Mit direkter Berechnung aus den Normalgleichungen durch $A^\mathrm{T} A \backslash (A^\mathrm{T} b)$,
2. Mit dem unmodifizierten Gram-Schmidt-Verfahren durch $R \backslash (Q^\mathrm{T} b)$,
3. Mit dem modifizierten Gram-Schmidt-Verfahren,
4. Mit dem Householder-Verfahren, das 12 Spalten von Q und 12 Zeilen von R benutzt,
5. Mit dem MATLAB-Befehl $A \backslash b$ und dem MATLAB-Befehl qr (der auf das Householder-Verfahren zurückgreift)?

2.3 Die Methode der kleinsten Quadrate für Rechteckmatrizen

2.3.4 Gegeben sind die Spalten a_1 und a_2 von $[2\ 2\ 1;\ -1\ 2\ 2]'$. Wenden Sie die Gram-Schmidt-Orthogonalisierung an, um die orthonormalen Spalten q_1 und q_2 zu erzeugen. Was ist R?

2.3.5 Gegeben ist die erste Spalte a_1 aus der letzten Aufgabe. Wenden Sie das Householder-Verfahren an, um r_1, w_1, u_1 und H_1 zu konstruieren. Die zweite Spalte von $H_1 A$ muss auf und unter der Hauptdiagonalen noch bearbeitet werden (diese beiden Komponenten seien a_2). Wenden Sie dasselbe Verfahren an, um r_2, w_2, u_2 und H_2 (mit der ersten Zeile $1, 0, 0$) zu konstruieren. Bestimmen Sie anschließend $H_2 H_1 A = Q^{-1} A =$ obere Dreiecksmatrix R.

2.3.6 Aus Stabilitätsgründen wählt MATLAB das Vorzeichen in (2.73) *entgegengesetzt* dem Vorzeichen von $a(1)$. Beispiel 2.12 auf Seite 158 mit $a = (4, 3)$ ändert sich in $r = (-5, 0)$ und $w = a - r = (9, 3)$. Bestimmen Sie $u = w/\|w\|$ und $H = I - 2uu^{\mathrm{T}}$. Prüfen Sie, dass HA eine obere Dreiecksmatrix ist.

2.3.7 Gegeben sei $b = (4, 1, 0, 1)$ an den Stellen $x = (0, 1, 2, 3)$. Stellen Sie die Normalgleichung für die Koeffizienten $\widehat{u} = (C, D)$ in der nächsten Geraden $C + Dx$ auf und lösen Sie sie. Beginnen Sie mit den vier Gleichungen $Au = b$, die lösbar wären, wenn die Punkte zufällig auf einer Geraden liegen würden.

2.3.8 Bestimmen Sie zu Aufgabe 2.3.7 die Projektion $p = A\widehat{u}$. Prüfen Sie, dass diese vier Werte tatsächlich auf der Geraden $C + Dx$ liegen. Berechnen Sie den Fehler $e = b - p$ und überprüfen Sie, dass $A^{\mathrm{T}} e = 0$ gilt.

2.3.9 (Lösung von Aufgabe 2.3.7 mit den Mitteln der Analysis). Schreiben Sie $E = \|b - Au\|^2$ als Summe von vier Fehlerquadraten – das letzte ist $(1 - C - 3D)^2$. Bilden Sie die Ableitungen $\partial E/\partial C = 0$ und $\partial E/\partial D = 0$. Dividieren Sie durch zwei, um die Normalgleichung $A^{\mathrm{T}} A \widehat{u} = A^{\mathrm{T}} b$ zu erhalten.

2.3.10 Bestimmen Sie die Höhe der besten *horizontalen* Linie, die zu $b = (4, 1, 0, 1)$ passt. Benutzen Sie die 4×1-Matrix aus den unlösbaren Gleichungen $C = 4, C = 1, C = 0, C = 1$.

2.3.11 In Aufgabe 2.3.7 ist der Mittelwert der vier x-Werte $\overline{x} = \frac{1}{4}(0 + 1 + 2 + 3) = 1.5$. Der Mittelwert der vier b-Werte ist $\overline{b} = \frac{1}{4}(4 + 1 + 0 + 1) = 1.5$ (zufällig). Prüfen Sie, dass die beste Gerade $b = C + Dx$ durch diesen mittleren Punkt $(1.5, 1.5)$ verläuft. Wie führt die erste Gleichung in $A^{\mathrm{T}} A \widehat{u} = A^{\mathrm{T}} b$ auf die Tatsache, dass $C + D\overline{x} = \overline{b}$ ist?

2.3.12 Bestimmen Sie die nächste Parabel $C + Dx + Ex^2$ zu den vier Punkten aus Aufgabe 2.3.7. Schreiben Sie die unlösbaren Gleichungen $Au = b$ für $u = (C, D, E)$ auf. Stellen Sie die Normalgleichung für $\widehat{u}$ auf. Wie ist der Fehlervektor e, wenn Sie den besten kubischen Fit $C + Dx + Ex^2 + Fx^3$ an diese vier Punkte bestimmen (Gedankenexperiment)?

2.3.13 Zerlegen Sie die 4×3-Matrix A aus Aufgabe 2.3.12 durch $[Q, R] = \mathrm{qr}(A)$. Lösen Sie $R\widehat{u} = Q^{\mathrm{T}} b$ in Gleichung (2.73) und prüfen Sie, dass $\widehat{u}$ die volle Normalgleichung $A^{\mathrm{T}} A \widehat{u} = A^{\mathrm{T}} b$ löst. Berechnen Sie den Fehlervektor $e = b - A\widehat{u}$ und vergleichen Sie den quadratischen Fehler $\|e\|^2$ für die Parabel mit dem Fehler $\|e\|^2 = 4$ für die beste Gerade.

Die Aufgaben 2.3.14–2.3.17 führen die Schlüsselbegriffe der Statistik ein – sie bilden die Basis für die Methode der kleinsten Quadrate.

2.3.14 (empfehlenswert) In dieser Aufgabe wird $b = (b_1, \ldots, b_m)$ auf die Gerade durch $a = (1, \ldots, 1)$ projiziert. Wir lösen m Gleichungen $au = b$ in einer Unbekannten (mit der Methode der kleinsten Quadrate).

(a) Lösen Sie $a^\mathrm{T} a \widehat{u} = a^\mathrm{T} b$, um zu zeigen, dass $\widehat{u}$ der *Mittelwert* (der Durchschnitt) der b ist.

(b) Bestimmen Sie den Fehler $e = b - a\widehat{u}$, die *Varianz* $\|e\|^2$ und die *Standardabweichung* $\|e\|$.

(c) Die nächste horizontale Linie zu $b = (1, 2, 6)$ ist $\widehat{b} = 3$. Testen Sie, dass $p = (3, 3, 3)$ senkrecht auf e steht und bestimmen Sie die Projektionsmatrix $P = A(A^\mathrm{T} A)^{-1} A^\mathrm{T}$.

2.3.15 Die erste Annahme bei der Methode der kleinsten Quadrate ist: Jeder Messfehler hat *Mittelwert null*. Multiplizieren Sie die 8 Fehlervektoren $b - Au = (\pm 1, \pm 1, \pm 1)$ mit $(A^\mathrm{T} A)^{-1} A^\mathrm{T}$ um zu zeigen, dass sich die 8 Vektoren $\widehat{u} - u$ ebenfalls zu null mitteln. Die Schätzung $\widehat{u}$ ist *erwartungstreu*.

2.3.16 Die zweite Annahme bei der Methode der kleinsten Quadrate ist: Die m Fehler e_i sind unabhängig mit der Varianz σ^2, sodass $\mathrm{E}[(b - A\widehat{u})(b - A\widehat{u})^\mathrm{T}] = \sigma^2 I$ gilt. Multiplizieren Sie von links mit $(A^\mathrm{T} A)^{-1} A^\mathrm{T}$ und von rechts mit $A(A^\mathrm{T} A)^{-1}$, um zu zeigen, dass $\mathrm{E}[(\widehat{u} - u)(\widehat{u} - u)^\mathrm{T}]$ gleich $\sigma^2 (A^\mathrm{T} A)^{-1}$ ist. Das ist die **Kovarianzmatrix** zum Fehler in $\widehat{u}$.

2.3.17 Ein Arzt misst vier Mal Ihren Puls. Die beste Lösung zu $u = b_1, u = b_2, u = b_3, u = b_4$ ist der Mittelwert $\widehat{u}$ von $b_1, \ldots, b_4$. Die Matrix A ist eine Spalte mit lauter Einsen. Aufgabe 2.3.16 bestimmt den erwarteten Fehler $(\widehat{u} - u)^2$ mit $\sigma^2 (A^\mathrm{T} A)^{-1} = $ _____. Durch die Mittlung fällt die Varianz von σ^2 auf $\sigma^2/4$.

2.3.18 Wie können Sie aus dem Mittelwert $\widehat{u}_9$ von neun Zahlen $b_1, \ldots, b_9$ schnell den Mittelwert $\widehat{u}_{10}$ bestimmen, wenn Sie eine zehnte Zahl b_{10} hinzunehmen? Die *rekursive* Methode der kleinsten Quadrate will vermeiden, zehn Zahlen zu addieren. Welcher Koeffizient liefert $\widehat{u}_{10}$ korrekt?

$$\widehat{u}_{10} = \tfrac{1}{10} b_{10} + \underline{\quad} \; \widehat{u}_9 = \tfrac{1}{10}(b_1 + \cdots + b_{10}).$$

2.3.19 Schreiben Sie drei Gleichungen für die Gerade $b = C + Dt$ auf, die möglichst durch die Punkte $b = 7$ an der Stelle $t = -1$, $b = 7$ an der Stelle $t = 1$ und $b = 21$ an der Stelle $t = 2$ verlaufen soll. Bestimmen Sie die beste Lösung $\widehat{u} = (C, D)$ nach der Methode der kleinsten Quadrate und zeichnen Sie die nächste Gerade.

2.3.20 Bestimmen Sie die Projektion $p = A\widehat{u}$ in Aufgabe 2.3.19. Sie liefert die drei Höhen der nächsten Geraden. Zeigen Sie, dass der Fehlervektor $e = (2, -6, 4)$ ist.

2.3.21 Angenommen, in Problem 2.3.20 werden an den Stellen $t = -1, 1, 2$ die Fehler $2, -6, 4$ gemessen. Berechnen Sie $\widehat{u}$ und die nächste Gerade zu diesen neuen Messwerten. Erläutern Sie die Antwort: $b = (2, -6, 4)$ steht senkrecht auf _____, sodass die Projektion $p = 0$ ist.

2.3.22 Angenommen, die Messwerte an den Stellen $t = -1, 1, 2$ sind $b = (5, 13, 17)$. Berechnen Sie $\widehat{u}$, die nächste Gerade und e. Der Fehler ist $e = 0$, weil dieses b _____ ist.

2.4 Graphenmodelle und Kirchhoffsches Gesetz

2.3.23 Bestimmen Sie die beste Gerade $C + Dt$, welche die Messwerte $b = 4, 2, -1, 0, 0$ an den Zeiten $t = -2, -1, 0, 1, 2$ am besten fittet.

2.3.24 Bestimmen Sie die *Ebene*, die die vier Werte $b = (0, 1, 3, 4)$ an den Ecken $(1, 0)$, $(0, 1)$, $(-1, 0)$ und $(0, -1)$ eines Quadrates am besten fittet. Die Gleichungen $C + Dx + Ey = b$ an diesen vier Punkten sind $Au = b$ mit drei Unbekannten $u = (C, D, E)$. Zeigen Sie, dass im Mittelpunkt $(0,0)$ dieses Quadrates $C + Dx + Ey =$ Mittelwert der b ist.

2.3.25 Zum Ausmultiplizieren von $A^{\mathrm{T}}A$ scheint die Berechnung von n^2 Skalarprodukten notwendig zu sein. Durch die Symmetrie halbiert sich diese Zahl, sodass insgesamt mn^2 Operationen (Multiplikationen und Additionen) ausgeführt werden müssen. Erläutern Sie, wo der Gram-Schmidt-Code die $2mn^2$ Operationen ausführt. (Dasselbe gilt für den Householder-Code).

2.3.26 Die Householder-Matrizen in Q sind *quadratisch*, sodass die Zerlegung $A = QR$ $(m \times m)(m \times n)$ ist, während sie sich bei Gram-Schmidt auf $(m \times n)(n \times n)$ reduziert.

$$(QR)_{\text{Householder}} = \begin{bmatrix} Q_{\text{GS}} & Q_{\text{null}} \end{bmatrix} \begin{bmatrix} R_{\text{GS}} \\ \text{null} \end{bmatrix} = \begin{bmatrix} & Q_{\text{null}} \end{bmatrix} \begin{bmatrix} & \end{bmatrix}.$$

Die Spalten in Q_{GS} aus der Gram-Schmidt-Orthogonalisierung sind eine Orthonormalbasis für ____ . Die $m - n$ Spalten sind eine Orthonormalbasis für ____ .

2.4 Graphenmodelle und Kirchhoffsches Gesetz

In diesem Abschnitt werden wir das bedeutendste Model in der angewandten Mathematik entwickeln. Wir beginnen mit einem **Graphen**, der aus **n Knoten** und **m Kanten besteht, die einzelne Knoten miteinander verbinden**. Diese Verbindungen werden in einer $m \times n$-Inzidenzmatrix A gespeichert. Die von null verschiedenen Elemente -1 und 1 in der j-ten Zeile von A kennzeichnen, welche beiden Knoten die j-te Kante miteinander verbindet.

Die Federkette ist hierfür ein Spezialfall. Dann ist A eine erste Differenzenmatrix und $A^{\mathrm{T}}A$ eine zweite Differenzenmatrix (ihre mittleren Zeilen enthalten die Elemente $-1, 2, -1$). Ich kann sofort die Schlüsselmatrizen eines Graphen bennen. Fangen wir mit der Laplace-Matrix $A^{\mathrm{T}}A$ an:

Laplace-Matrix $\quad A^{\mathrm{T}}A = D - W =$ Diagonale $-$ Nebendiagonale. (2.79)

W ist die **Adjazenzmatrix** und D ist die **Gradmatrix**. Die Zahl w_{ij} teilt uns mit, ob die Knoten i und j durch eine Kante verbunden sind. Die Zahl d_{jj} teilt uns mit, wie viele Kanten sich im Knoten j treffen. Bei vier Federn ist $A^{\mathrm{T}}A$ die Matrix B_4 der zweiten Differenzen zu frei-freien Randbedingungen:

$$A^{\mathrm{T}}A = \begin{bmatrix} 1 & -1 & & \\ -1 & 2 & -1 & \\ & -1 & 2 & -1 \\ & & -1 & 1 \end{bmatrix} \quad W = \begin{bmatrix} 0 & 1 & & \\ 1 & 0 & 1 & \\ & 1 & 0 & 1 \\ & & 1 & 0 \end{bmatrix} \quad D = \begin{bmatrix} 1 & & & \\ & 2 & & \\ & & 2 & \\ & & & 1 \end{bmatrix}.$$

Laplace-Matrix   **Adjazenzmatrix**   **Gradmatrix**

Bei anderen Graphen bilden die Kanten keinen Linienzug mehr. Dann ist $A^{\mathrm{T}}A$ nicht mehr tridiagonal.

Bei gewichteten Graphen arbeiten wir mit $A^{\mathrm{T}}CA$. Die Matrix C ist eine Diagonalmatrix der m Gewichte:

Gewichtete Laplace-Matrix $A^{\mathrm{T}}CA = D - W$

$$= (\text{Matrix der Knotengewichte}) - (\text{Matrix der Kantengewichte}). \qquad (2.80)$$

Drei aufeinander folgende Kanten in einem Kantenzug haben die Gewichte a, b, c in C. Diese Zahlen treten in W und D wie folgt auf:

$$A^{\mathrm{T}}CA = \begin{bmatrix} a & -a & & \\ -a & a+b & -b & \\ & -b & b+c & -c \\ & & -c & c \end{bmatrix} \quad W = \begin{bmatrix} 0 & a & & \\ a & 0 & b & \\ & b & 0 & c \\ & & c & 0 \end{bmatrix} \quad D = \begin{bmatrix} a & & & \\ & a+b & & \\ & & b+c & \\ & & & c \end{bmatrix}.$$

Gewichtete Laplace-Matrix   **Kantengewichte**   **Knotengewichte**

Beachten Sie insbesondere die Summen in den Zeilen dieser Matrizen:

Zeilensummen von W sind in D

Zeilensummen von $A^{\mathrm{T}}A$ und $A^{\mathrm{T}}CA$ sind null.

Diese Zeilensummen bringen $(1,1,1,1)$ in den Nullraum von $A, A^{\mathrm{T}}A$ und $A^{\mathrm{T}}CA$. Mit diesen Matrizen kann man wunderbar arbeiten. In diesem Abschnitt behandeln wir die Matrizen; in Abschnitt 2.9* auf Seite 250 über Graphenschnitte und Gencluster geht es um die Eigenwerte.

Der Graph aus Abbildung 2.16 auf der nächsten Seite zeigt $m = 6$ Kanten, die $n = 4$ Knoten miteinander verbinden. Das ist ein *vollständiger Graph* (es gibt alle möglichen Kanten). Es ist auch ein *gerichteter Graph* (jede Kante ist gerichtet). Diese Richtungen bestimmen die Vorzeichen in der Inzidenzmatrix A, die Matrizen $A^{\mathrm{T}}A$ und $A^{\mathrm{T}}CA$ berühren sie hingegen nicht. Bei diesem Graphenmodell kann unser Grundmuster aus drei oder zwei Gleichungen bestehen oder aus nur einer:

$$\begin{aligned} e &= b - Au \\ w &= Ce \\ f &= A^{\mathrm{T}}w \end{aligned} \qquad \begin{bmatrix} C^{-1} & A \\ A^{\mathrm{T}} & 0 \end{bmatrix} \begin{bmatrix} w \\ u \end{bmatrix} = \begin{bmatrix} b \\ f \end{bmatrix} \qquad A^{\mathrm{T}}CAu = A^{\mathrm{T}}Cb - f. \qquad (2.81)$$

2.4 Graphenmodelle und Kirchhoffsches Gesetz

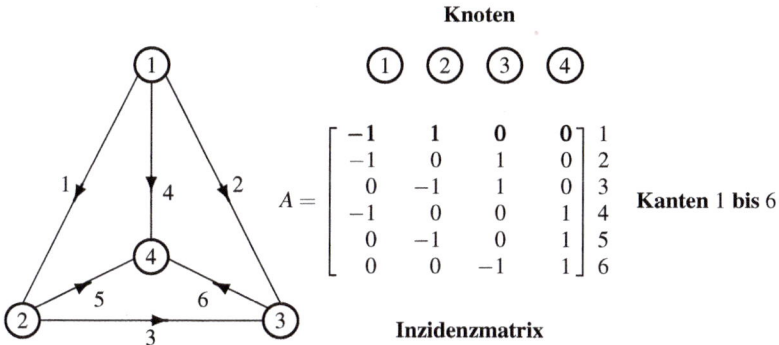

Abb. 2.16 Ein vollständiger Graph mit $m = 6$ Kanten und $n = 4$ Knoten. A ist eine 6×4-Matrix.

Diese Gleichungen werden wir bald auf finite Differenzen und finite Elemente zur Lösung von Differentialgleichungen übertragen. Ich halte (2.81) für das „*fundamentale Problem des wissenschaftlichen Rechnens*".

Die Inzidenzmatrix

Die Inzidenzmatrix A hat $m = 6$ Zeilen und $n = 4$ Spalten. Jede Zeile gehört zu einer Kante im Graphen, und jede Spalte gehört zu einem Knoten. Wir müssen die Kanten und Knoten nummerieren und auch Richtungen wählen, um die Matrix A zu konstruieren. Die Nummerierung und die Kantenrichtungen sind aber beliebig. Flüsse können sich in beide Richtungen bewegen. Eine andere Wahl der Richtungen ändert die Gegebenheiten des Modells nicht.

Die Elemente -1 und 1 in jeder Zeile von A liefern einen Datensatz zur entsprechenden Kante:

> **Zeile 1** Die erste Kante verläuft von Knoten 1 zu Knoten 2:
> Ersten Spalte, erste Zeile -1, zweite Spalte, erste Zeile $+1$.

Zeile 5 ist typisch. Die Kante 5 verläuft von Knoten 2 (-1 in Spalte 2) zum Knoten 4 ($+1$ in Spalte 4). Der Einfachheit halber richten wir eine Kante so, dass sie von einem Knoten mit niedrigerer Nummer zu einem Knoten mit höherer Nummer verläuft. Dann stehen in jeder Zeile die Elemente -1 vor den Elementen $+1$. In jedem Fall können Sie A sofort aufschreiben, indem Sie sich den Graph anschauen. Der Graph und die Matrix enthalten dieselbe Information.

Unser zweites Beispiel ist ein Teilgraph des ersten Graphen. Er besteht aus denselben vier Knoten, besitzt aber nur drei Kanten 1, 3 und 6. Seine Inzidenzmatrix ist eine 3×4-Matrix. Drei Kanten aus dem Graphen zu entfernen, bedeutet einfach, drei Zeilen aus der Inzidenzmatrix zu streichen.

Dieser Graph ist ein **Baum**. Er enthält keine *Zyklen*. Der Baum hat nur $m = n - 1$ Kanten: Das ist die minimale Anzahl, um alle n Knoten miteinander zu ver-

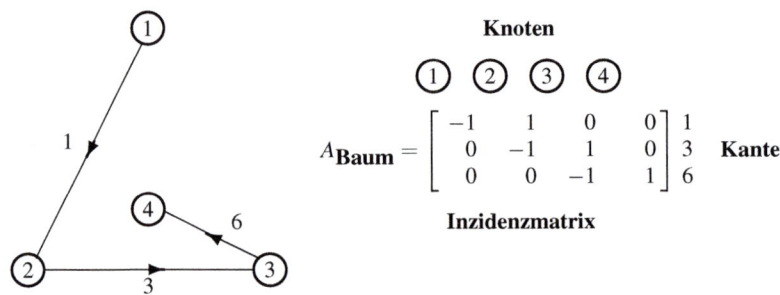

Abb. 2.17 Ein Baum enthält keine Zyklen. Mit 4 Knoten enthält er 3 Kanten.

binden. Die Zeilen von A sind linear unabhängig! Ein vollständiger Graph hat die maximale Anzahl von Kanten ($m = \frac{1}{2}n(n-1)$), sodass alle Knotenpaare direkt miteinander verbunden sind. Es gibt auch andere Teilgraphen, die Bäume sind; die drei Kanten 1, 2 und 4 entspringen einem Knoten. (Die sechs Kanten enthalten insgesamt 16 Bäume.) Der Rang der Matrix A_{Baum} ist $r = 3$.

Die Bestimmung der Matrix A ist zweierlei: Sie speichert alle Verbindungen in einem Graphen (sie ist eine Topologiematrix). Gleichzeitig können wir A mit einem Vektor u multiplizieren. Die Matrix kann *arbeiten*. Wenn wir u mit A multiplizieren, können Sie die Matrix A als eine *Differenzenmatrix* auffassen:

Differenzen über Kanten
$$Au = \begin{bmatrix} -1 & 1 & 0 & 0 \\ -1 & 0 & 1 & 0 \\ 0 & -1 & 1 & 0 \\ -1 & 0 & 0 & 1 \\ 0 & -1 & 0 & 1 \\ 0 & 0 & -1 & 1 \end{bmatrix} \begin{bmatrix} u_1 \\ u_2 \\ u_3 \\ u_4 \end{bmatrix} = \begin{bmatrix} u_2 - u_1 \\ u_3 - u_1 \\ u_3 - u_2 \\ u_4 - u_1 \\ u_4 - u_2 \\ u_4 - u_3 \end{bmatrix}. \quad (2.82)$$

Die Zahlen u_1, u_2, u_3, u_4 könnten die Knotenhöhen sein, die Drücke an den Knoten angeben oder auch die Spannungen. Am häufigsten nennt man sie einfach **Potentiale**. Dann enthält der Vektor Au die „Potentialdifferenz" über jede Kante:

$$u = \begin{cases} \text{Höhen} \\ \text{Drücke} \\ \text{Spannungen} \\ \text{Potentiale} \end{cases} \qquad Au = \begin{cases} \text{Höhendifferenzen} \\ \text{Druckdifferenzen} \\ \text{Spannungsdifferenzen} \\ \text{Potantialdifferenzen} \end{cases}$$

Dieses Graphenmodell begegnet uns überall. Wesentlich daran ist, dass aus dem Knotenvektor u mit n-Komponenten ein Kantenvektor Au mit m-Komponenten wird.

Der Nullraum der Matrix A

Der Nullraum der Matrix A enthält die Vektoren, die $Au = 0$ lösen. Wenn die Spalten der Matrix A unabhängig sind, ist $u = 0$ die einzeige Lösung, und der Null-

2.4 Graphenmodelle und Kirchhoffsches Gesetz

raum enthält nur diesen einen „Nullvektor". Anderenfalls kann der Nullraum eine Gerade von Vektoren u oder eine Ebene sein. Das hängt davon ab, wie viele Kombinationen der Spalten von A zu $Au = 0$ führen.

Bei Inzidenzmatrizen **ist der Nullraum eine Gerade**. Konstante Vektoren lösen $Au = 0$:

$$u = \begin{bmatrix} 1 \\ 1 \\ 1 \\ 1 \end{bmatrix} \quad \text{und jeder Vektor} \quad u = \begin{bmatrix} C \\ C \\ C \\ C \end{bmatrix} \quad \text{erfüllt} \quad Au = 0. \tag{2.83}$$

In jeder Zeile von Au heben sich $-C$ und $+C$ auf, sodass wir $Au = 0$ erhalten. Intuitiv gesprochen: Wir sehen Au als einen Vektor aus Differenzen. Wenn die Komponenten des Vektors u allesamt C sind, ist jede Differenz in Au null. Folglich ist $u = (C,C,C,C)$ ein Vektor im Nullraum von A. Das gilt für die Inzidenzmatrizen aller vollständigen Graphen, aller Bäume und aller zusammenhängenden Graphen. $A^{\mathrm{T}}A$ hat denselben Nullraum wie A. Er enthält die konstanten Vektoren.

Der Begriff „zusammenhängend" bedeutet, dass alle Knotenpaare durch einen Kantenzug miteinander verbunden sind. Der Graph zerfällt nicht in zwei oder mehr Einzelgraphen. Wäre dies doch der Fall, könnte der Vektor u im ersten Graph der Vektor aus lauter Einsen sein und in den anderen Graphen derjenige aus lauter Nullen. Dabei wäre über alle existierenden Kanten immer noch $Au = 0$; der Vektor wäre daher im Nullraum. Die Dimension des Nullraums $N(A)$ ist die Anzahl der Einzelgraphen. Wir gehen stets davon aus, dass diese Zahl 1 ist: Wir haben also einen zusammenhängenden Graphen.

Der Rang von A ist $r = n - 1$. Alle beliebigen $n - 1$ Spalten der Inzidenzmatrix sind linear unabhängig. Aber alle n Spalten sind linear abhängig: Ihre Summe ist die Nullspalte. Wir müssen eine Spalte streichen (**einen Knoten erden**), um in A unabhängige Spalten zu erzeugen. Dann ist $A^{\mathrm{T}}A$ invertierbar (und positiv definit). Wir können nur nach den $n - 1$ Potentialen auflösen, nachdem ein Knoten geerdet wurde: Setzen wir $u_4 = 0$.

Vorgriff Bei einem Stromkreis mit m Strömen und $n - 1$ Spannungen brauchen wir $m + n - 1$ Gleichungen. Auf den m Kanten gilt das Ohmsche Gesetz (in dem A vorkommt), an den $n - 1$ Knoten das Kirchhoffsche Gesetz (in dem A^{T} vorkommt). Auf der rechten Seite stehen Spannungsquellen (Batterien $b_1, \ldots, b_m$) und Stromquellen f. Es folgt das Grundmuster und die überaus wichtige Blockmatrix (**KKT-Matrix**):

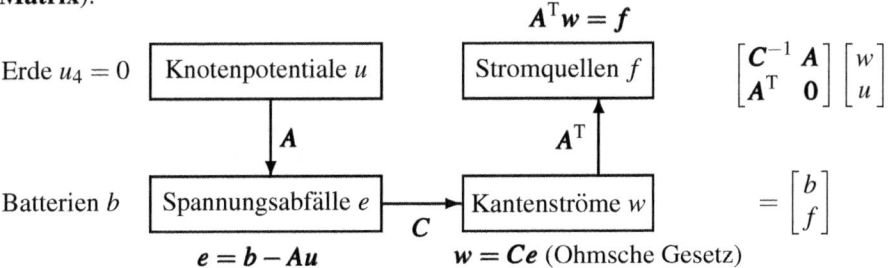

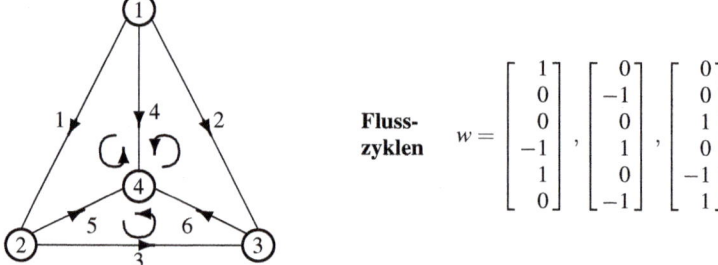

Abb. 2.18 Drei unabhängige Flusszyklen erfüllen das erste Kirchhoffsche Gesetz $A^T w = 0$.

Erstes Kirchhoffsches Gesetz (Knotenregel) $A^T w = 0$

Die Forderung $A^T w = 0$ bewirkt, dass die Summe aller Ströme in jedem Knoten null ist: **Der Eingangsstrom ist gleich dem Ausgangsstrom**. Das sind die Bilanzgleichungen für die Kantenströme $w_1, \ldots, w_m$. Es gibt n Gleichungen in $A^T w = 0$, eine für jeden Knoten. Wir suchen nach Strömen, die sich ohne äußere Stromquellen ausgleichen. Der Nullraum von A^T ist interessanter als der Nullraum von A aus der Gerade konstanter Vektoren.

$A^T w = 0$ ist **das erste Kirchhoffsche Gesetz (die Knotenregel)**. Es ist wesentlich für unser Grundmuster, dass wir durch Transponieren von A die korrekte Aussage $A^T w = 0$ des Kirchhoffschen Gesetzes erhalten.

$$A^T = \begin{bmatrix} -1 & -1 & 0 & -1 & 0 & 0 \\ 1 & 0 & -1 & 0 & -1 & 0 \\ 0 & 1 & 1 & 0 & 0 & -1 \\ 0 & 0 & 0 & 1 & 1 & 1 \end{bmatrix} \quad \begin{array}{l} -w_1 - w_2 - w_4 = 0 \\ w_1 - w_3 - w_5 = 0 \\ w_2 + w_3 - w_6 = 0 \\ w_4 + w_5 + w_6 = 0 \end{array} \quad \begin{array}{l} \text{am Knoten 1} \\ 2 \\ 3 \\ 4 \end{array} \quad (2.84)$$

Die Vorzeichen in den Gleichungen passen zu den Flussrichtungen. Am Knoten 1 zeigen alle Pfeile nach außen (w_1, w_2, w_4 können in beide Richtungen fließen!). Das Kirchhoffsche Gesetz besagt, dass die Summe dieser Flüsse (der Nettofluss) null ist. Die vier Gleichungen sind aber *nicht unabhängig*. **Wenn wir die Gleichungen addieren, heben sich alle Terme auf (0 = 0)**. Die Zeilen von A^T addieren sich zu null, weil sich die Spalten von A zu null addieren.

Wenn wir die vierte Spalten von A streichen (indem wir Knoten 4 erden), streichen wir auch die vierte Zeile von A^T. Diese vierte Gleichung $w_4 + w_5 + w_6 = 0$ ist eine Kombination der anderen drei Gleichungen. Damit hat $A^T w = 0$ genau $n - 1 = 3$ unabhängige Gleichungen in $m = 6$ Unbekannten $w_1, \ldots, w_6$. Wir erwarten daher $6 - 3 = 3$ unabhängige Lösungen. *Das ist* $m - (n - 1)$.

Was sind die Lösungen zu $A^T w = 0$? Welche sechs Kantenflüsse gleichen sich in jedem Knoten aus? Es ist selbstverständlich möglich, das System durch Elimination zu lösen, aber glücklicherweise gibt es eine direkte Möglichkeit, einen Fluss zu visualisieren, der „sich selbst ausgleicht".

2.4 Graphenmodelle und Kirchhoffsches Gesetz

Angenommen, eine Flusseinheit bewegt sich in einem Zyklus. Der Kantenflüsse aller Kanten, die nicht zum Zyklus gehören, seien null. Dieser Fluss w erfüllt das Kirchhoffsche Gesetz:

Fluss im Zyklus $\quad w_i = \begin{cases} +1 & \text{Kante } i \text{ im Zyklus, Fluss in Pfeilrichtung} \\ -1 & \text{Kante } i \text{ im Zyklus, Fluss gegen Pfeilrichtung} \\ 0 & \text{Kante } i \text{ nicht im Zyklus.} \end{cases}$ (2.85)

Der Zyklus mit den Knoten $1-2-4-1$ aus Abbildung 2.18 auf der vorherigen Seite besteht aus Kante 1, Kante 5 und Kante 4 in *entgegengesetzter* Richtung. Damit erfüllt $w_1 = 1, w_5 = 1, w_4 = -1$ das Kirchhoffsche Gesetz. Zwei weitere unabhängige Lösungen stammen von den beiden anderen kleinen Zyklen im Graph.

Im Graph gibt es noch andere Zyklen! Einer davon ist der große äußere Zyklus mit den Knoten $1-2-3-1$. Er liefert die Lösung $w_{\text{groß}} = (1,-1,1,0,0,0)$. *Das ist die Summe der drei w der kleinen Zyklen*. Die drei kleinen Zyklen bilden eine *Basis* des Nullraums von A^{T}. Der Fundamentalsatz der lineare Algebra bestätigt, dass **die Dimension des Nullraums** (Anzahl der Basisvektoren) $6-3 = 3$ ist:

Anzahl unabhängiger Lösungen = (Anzahl der Unbekannten) - (Rang) .

Es gibt sechs Unbekannte $w_1, \ldots, w_6$ (sechs Spalten in A^{T}). Nach dem Rang gibt es drei unabhängige Gleichungen. $A^{\text{T}} w = 0$ liefert scheinbar vier Gleichungen, die sich aber zu $0 = 0$ addieren. Drei Gleichungen für sechs Unbekannte führen zu einem dreidimensionalen Nullraum.

Der Baum enthält gar keine Zyklen. Der einzige Fluss, der das erste Kirchhoffsche Gesetz erfüllt, ist null. A^{T} hat drei unabhängige Spalten (also Rang $= 3$). Damit hat dieser Nullraum die Dimension $3-3 = 0$. Er enthält nur den einzelnen Punkt $(w_1, w_2, w_3) = (0,0,0)$.

Wenn ein zusammenhängender Graph n Knoten enthält, dann haben die Matrizen A und A^{T} den Rang $n-1$. Deshalb hat $A^{\text{T}} w = 0$ genau $m - (n-1)$ unabhängige Lösungen, die von Zyklen stammen:

Dimension des Nullraums = Anzahl der unabhängigen Zyklen = $m - n + 1$.

Wenn der Graph in einer Ebene liegt (wie in unseren Beispielen), kann man die kleinen Zyklen leicht abzählen. Das Ergebnis liefert im Rahmen der linearen Algebra einen Beweis der *Euler-Charakteristik* für jeden flächigen Graphen:

(Anzahl der Knoten) - (Anzahl der Kanten) + (Anzahl der Zyklen) = 1 . (2.86)

Ein Dreieck hat (3 Knoten)-(3 Kanten)+(1 Zyklus). Für unseren Graph mit sechs Kanten gilt $4-6+3 = 1$. Auf einem Baum mit sieben Knoten würde die Euler-Charakteristik $7-6+0 = 1$ ergeben. Alle Graphen liefern dieselbe Aussage $(n) - (m) + (m-n+1) = 1$.

Zweites Kirchhoffsches Gesetz (Maschenregel) Die beiden Gesetze der Theorie elektrischer Netzwerke sind das erste und das zweite Kirchhoffsche Gesetz, die Knotenregel und die Maschenregel. Die Maschenregel besagt, dass *die Summe der Spannungsabfälle e_i auf jedem Zyklus (auf jeder Masche) null ist.* In Matrixsprache heißt das: ***e = Au***.

Wenn w den Fluss auf einem Zyklus ($w_i = \pm 1$) angibt, liefert das Produkt $e^T w$ die Summe der Spannungsabfälle auf diesem Zyklus. Die Maschenregel lautet also: $e^T w = 0$. Der Fundamentalsatz der linearen Algebra besagt: Wenn e senkrecht auf dem Nullraum von A^T steht, dann ist e im Spaltenraum von A. Folglich muss e eine Kombination $e = Au$ der Spalten von A sein.

Hier ist der springende Punkt. Wenn $A^T w = 0$ in das Grundmuster passt, dann muss auch $e = Au$ dazu passen. Die Maschenregel besagt, dass die „Potenziale" $u_1, \ldots, u_n$ existieren müssen. **Die beiden Kirchhoffschen Gesetze sichern, dass sowohl A als auch A^T vorkommt.** Wir sind auf die Matrix A^T gestoßen, als wir die Bilanzgleichungen aufgeschrieben haben, aber Kirchhoff wusste schon, dass sie dort auf uns warten würde.

Die Laplace-Matrix $A^T A$

Die Inzidenzmatrix A ist eine Rechteckmatrix ($m \times n$). Sie erwarten, dass die Netzwerkgleichungen zunächst $A^T A$ und schließlich $A^T C A$ erzeugen. Diese Matrizen sind quadratisch ($n \times n$), symmetrisch und sehr bedeutend. Auch $A^T A$ zu berechnen, bereitet Vergnügen.

Wenn wir $A^T A$ für den vollständigen Graphen mit vier Knoten ausmultiplizieren, erhalten wir eine Matrix mit den Elementen 3 und -1:

$$\begin{bmatrix} -1 & -1 & 0 & -1 & 0 & 0 \\ 1 & 0 & -1 & 0 & -1 & 0 \\ 0 & 1 & 1 & 0 & 0 & -1 \\ 0 & 0 & 0 & 1 & 1 & 1 \end{bmatrix} \begin{bmatrix} -1 & 1 & 0 & 0 \\ -1 & 0 & 1 & 0 \\ 0 & -1 & 1 & 0 \\ -1 & 0 & 0 & 1 \\ 0 & -1 & 0 & 1 \\ 0 & 0 & -1 & 1 \end{bmatrix} = \begin{bmatrix} \mathbf{3} & -1 & -1 & -1 \\ -1 & \mathbf{3} & -1 & -1 \\ -1 & -1 & \mathbf{3} & -1 \\ -1 & -1 & -1 & \mathbf{3} \end{bmatrix}. \quad (2.87)$$

Die Summe der Spalten ist immer noch null. Der Vektor $u = (1, 1, 1, 1)$ ist im Nullraum von $A^T A$. Das muss zutreffen, weil $Au = 0$ unmittelbar $A^T A u = 0$ liefert. Die Matrix $A^T A$ hat stets denselben Rang und denselben Nullraum wie A. In diesem Fall ist der Rang $r = 3$, und der Nullraum ist die Gerade konstanter Vektoren.

Die Zahlen in $A^T A$ folgen einem eingängigen Muster. Ihre Diagonale ist die **Gradmatrix** D. Hier sind die Grade $3, 3, 3, 3$. Der Nebendiagonalteil von $A^T A$ ist $-W$. Hier sind alle möglichen Elemente der **Adjazenzmatrix** W gleich 1, weil der Graph alle möglichen Kanten enthält.

> **Hauptdiagonalelemente** $(A^T A)_{jj}$ = Grad = Zahl der Kanten, die sich im Knoten i treffen.

2.4 Graphenmodelle und Kirchhoffsches Gesetz

Die vierte Zeile von A^T und die vierte Spalte von A sind $(0,0,0,1,1,1)$. Multiplikation liefert $(A^T A)_{44} = 3$. Aber die Besetzung der vierten Spalte deckt sich mit der Besetzung der dritten Spalte nur im letzten Element:

Nebendiagonalelemente $\quad (A^T A)_{jk} = \begin{cases} -1 & \text{wenn es zwischen Knoten } j \\ & \text{und Knoten } k \text{ eine Kante gibt} \\ 0 & \text{wenn es zwischen beiden} \\ & \text{Knoten keine Kante gibt.} \end{cases}$

Bei einem vollständigen Graphen sind alle Nebendiagonalelemente in $A^T A$ gleich -1. Es gibt alle Kanten. Dagegen fehlen bei einem Baum Kanten, was Nullen in der Laplace-Matrix $A^T A$ produziert:

$$(A^T A)_{\text{Baum}} = \begin{bmatrix} 1 & -1 & 0 & 0 \\ -1 & 2 & -1 & 0 \\ 0 & -1 & 2 & -1 \\ 0 & 0 & -1 & 1 \end{bmatrix} = D - W. \quad \begin{array}{l}\text{Die Nullen kennzeichnen} \\ \text{die 3 Kanten, die in Abbil-} \\ \text{dung 2.17 auf Seite 166} \\ \text{entfernt wurden.}\end{array} \quad (2.88)$$

Die mittleren Knoten aus Abbildung 2.17 auf Seite 166 haben zwei Kanten. Die äußeren Knoten haben nur eine Kante, sodass diese Diagonaleinträge 1 sind. Die Nebendiagonalen enthalten Nullen, wenn Kanten fehlen. Unsere Matrix B_4 mit den Elementen $-1, 2, -1$ taucht hier auf, weil dieser Baum tatsächlich eine Gerade von vier Knoten ist.

Wenn Knoten 4 geerdet wird, was $u_4 = 0$ setzt, werden die letzte Zeile und die letzte Spalte von $A^T A$ gestrichen. Dann wird die Matrix $(A^T A)_{\text{reduziert}}$ invertierbar (sie ist genau die Matrix T_3).

In vielen Anwendungen ist ein anderes Potential fest, etwa $u_1 = V$ Volt. Dann verschwinden auch Zeile 1 und Spalte 1, weil u_1 bekannt ist. Diese Zahl V taucht nun auf der *rechten Seite* der Gleichungen auf. Die Ströme gleichen sich immer noch aus. Da u_1 mit Spalte 1 multipliziert wurde, erhalten wir $-V$ mal Spalte 1, wenn wir V auf die rechte Seite bringen:

Feste Spannung $u_1 = V$ $\quad 2u_2 - u_3 = V$
3 identische Widerstände $\quad -u_2 + 2u_3 = 0.$ $\quad\quad (2.89)$

Wir können diesen Baum mit einer Federkette vergleichen. Der geerdete Knoten 4 ist wie ein festes Ende bei $u_4 = 0$. ***Das Potential $u_1 = V$ ist wie eine von null verschiedene feste Auslenkung.*** Alle Federn werden gleich stark gedehnt und alle Kanten führen denselben Strom. Außerdem lässt sich Gleichung (2.89) leicht lösen:

Potentiale an den Knoten $\quad (u_1, u_2, u_3, u_4) = (V, \frac{2}{3}V, \frac{1}{3}V, 0).$ $\quad\quad (2.90)$

Frage: Welche Gestalt hat die Matrix $A^T A$ bei einem Baum mit den Kanten 1, 2, 4, die alle dem Knoten 1 entspringen?

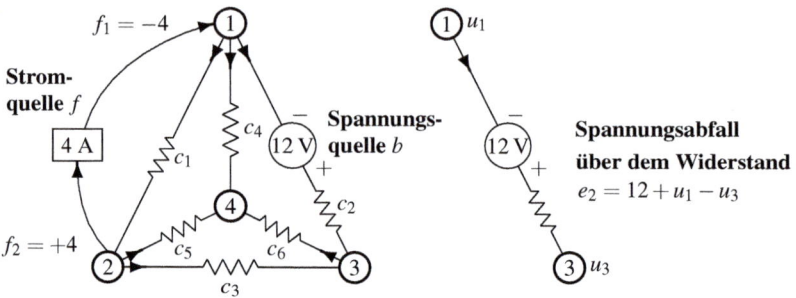

Abb. 2.19 Im Netzwerk gibt es Leitfähigkeiten c_i, Batterien b_i und Stromquellen f_j.

$$(A^\mathrm{T} A)_{\text{Baum}} = \begin{bmatrix} 3 & -1 & -1 & -1 \\ -1 & 1 & 0 & 0 \\ -1 & 0 & 1 & 0 \\ -1 & 0 & 0 & 1 \end{bmatrix} = D - W \quad \begin{array}{l} \text{3 Kanten zu Knoten 1} \\ \text{1 Kante zu den Knoten 2, 3, 4.} \end{array}$$

Wichtig: Die Matrix $A^\mathrm{T} A$ ist positiv *semidefinit* aber nicht positiv definit. Die Determinante ist null; $A^\mathrm{T} A$ ist nicht invertierbar. Wir müssen eine Spalte von A streichen (*einen Knoten erden*). Dadurch wird eine Zeile und eine Spalte von $A^\mathrm{T} A$ gestrichen. Dann ist $(A^\mathrm{T} A)_{\text{reduziert}}$ invertierbar.

Die Eingaben b, f und die Matrizen A, C, A^T

Ein *Netzwerk* besteht aus Knoten und Kanten. Außerdem weist es den Kanten Zahlen $c_1, \ldots, c_m$ zu. Folglich beginnt ein Netzwerk als Graph und dessen Inzidenzmatrix A. Die m Zahlen kommen in die Diagonalmatrix C. Diese positiven Zahlen sind die *Leitfähigkeiten*. Sie liefern das Flussgesetz für jede Kante. An die Stelle des Hookeschen Gesetzes tritt das Ohmsche Gesetz:

Ohmsches Gesetz	$w_i = c_i e_i$
Kantenstrom	= (**Leitfähigkeit**) × (**Spannungsabfall**).

Wichtig: *Spannungsabfälle e_i werden über den Widerständen gemessen.* Diese Abfälle lassen den Strom fließen. Einige oder alle Kanten können Batterien (Spannungsquellen) enthalten. Wir haben die Kante 2 aus Abbildung 2.19 einzeln herausgenommen, um die Vorzeichenkonvention in $e = b - Au$ zu veranschaulichen.

Wie bei der Methode der kleinsten Quadrate ist b ein gegebener Vektor ($b = 0$ bedeutet, dass es keine Batterien gibt). Die Matrix A bekommt ein negatives Vorzeichen, weil die Flussrichtung von einem höheren zu einem niedrigeren Potential gewählt wurde. Dieses negative Vorzeichen kommt auch bei der Wärmeleitung und der Flüssigkeitsströmung vor: Wärme wird von einem Reservoir mit höherer Temperatur auf ein Reservoir mit niedrigerer Temperatur übertragen, und die Strömung geht von einem Gebiet mit höherem Druck in ein Gebiet mit niedrigerem Druck.

Zusammensetzen der Matrix $K = A^T C A$

Die **gewichtete Laplace-Matrix** $K = A^T_{n \times m} C_{m \times m} A_{m \times n}$ ist immer noch eine $n \times n$-Matrix. Wenn C die Einheitsmatrix I ist und alle $c_i = 1$ sind, dann erhält man die ungewichtete Matrix $A^T A$ dadurch, dass man für jeden Knoten die Anzahl der in ihn eingehenden Kanten bestimmt. Nun berücksichtigen wir aber die Zahlen c_i, die zu diesen Kanten gehören. Bei einem vollständigen Graphen sind die vierte Zeile von A^T und die vierte Spalte von A gleich $(0,0,0,1,1,1)$. *Die Matrix C steht zwischen den beiden. Also liefert diese einzelne Multiplikation $c_4 + c_5 + c_6$.* Das ist das Element K_{44} in der unteren Ecke der **Leitfähigkeitsmatrix** $K = A^T C A = D - W$:

Hauptdiagonalelemente $\quad K_{jj} =$ Summe der Gewichte c_i der Kanten, die sich im Knoten j treffen.

Die Nebendiagonalelemente von $A^T A$ sind -1 oder 0, es gibt eine Kante oder keine Kante. Dann liefert $A^T C A$ entweder $-c_i$ oder 0:

Nebendiagonalelemente $\quad K_{jk} = \begin{cases} -c_i & \text{wenn Kante } i \text{ Knoten } j \text{ und } k \text{ verbindet} \\ 0 & \text{wenn es zwischen beiden Knoten keine Kante gibt.} \end{cases}$ (2.91)

Nicht geerdet, nicht invertierbar, $K = D - W$

$$K = \begin{bmatrix} c_1 + c_2 + c_4 & -c_1 & -c_2 & -c_4 \\ -c_1 & c_1 + c_3 + c_5 & -c_3 & -c_5 \\ -c_2 & -c_3 & c_2 + c_3 + c_6 & -c_6 \\ -c_4 & -c_5 & -c_6 & c_4 + c_5 + c_6 \end{bmatrix}. \quad (2.92)$$

Wir können die vierte Zeile und die vierte Spalte erden, wenn wir Knoten 4 erden. Dann wird $K_{\text{reduziert}}$ invertierbar.

Soll ich Ihnen verraten, wie die Matrix K aus kleinen Matrizen „zusammengesetzt" werden kann? Jede Kante des Netzwerks trägt eine 2×2 Matrix bei, die in K platziert werden muss. Sehen wir uns den Baum an. Seine Kanten $1, 3, 6$ tragen **drei Elementmatrizen** K_1, K_3, K_6:

$$K_{\text{Baum}} \text{ aus } \begin{bmatrix} c_1 & -c_1 \\ -c_1 & c_1 \end{bmatrix} ++ \begin{bmatrix} c_3 & -c_3 \\ -c_3 & c_3 \end{bmatrix} ++ \begin{bmatrix} c_6 & -c_6 \\ -c_6 & c_6 \end{bmatrix}. \quad (2.93)$$

Die typische Elementmatrix K_3 entsteht bei der Multiplikation der dritten Spalte von A^T mit c_3 und anschließend mit der dritten Zeile von A. Die Matrixmultiplikation kann so ausgeführt werden (*Spalten mal Zeilen*):

$$A^T C A = \text{ Anordnung der } K_i = \sum (\text{Spalte } i \text{ von } A^T)(c_i)(\text{Zeile } i \text{ von } A). \tag{2.94}$$

Die Elementmatrizen K_i sind in Wirklichkeit 4×4-Matrizen. Aber nur der in Gleichung (2.93) angegebene Teil ist von null verschieden. Die doppelten plus-Zeichen in Gleichung (2.93) weisen darauf hin, dass K_i *korrekt in K platziert* werden muss. Hier haben wir nun für unser Beispiel die Teile zu $K = A^T C A$ zusammengesetzt:

Kantenzug
tridiagonales K
$$K_{\text{Baum}} = \begin{bmatrix} c_1 & -c_1 & 0 & 0 \\ -c_1 & c_1+\mathbf{c_3} & -\mathbf{c_3} & 0 \\ 0 & -\mathbf{c_3} & \mathbf{c_3}+c_6 & -c_6 \\ 0 & 0 & -c_6 & c_6 \end{bmatrix}. \tag{2.95}$$

Die Matrix K ist singulär, weil $u = (1,1,1,1)$ in ihrem Nullraum liegt. Für $c_i = 1$ ist das die Matrix $B_4 = A^T A$ mit den Elementen $-1, 2, -1$. Die Matrix $A^T A$ wird zur Matrix T_3 (invertierbar), wenn der vierte Knoten geerdet wird.

Beispiel 2.13 Angenommen, alle Leitfähigkeiten aus Abbildung 2.19 sind $c_i = 1$. Ausnahmsweise können wir das System per Hand lösen. *Schauen Sie zunächst auf die Stromquelle mit 4 A in f*. Der Strom muss vom Knoten 1 zum Knoten 2 zurückfließen. Wir betrachten drei Pfade von Knoten 1 zu Knoten 2:

Kante 1 (vom Knoten 1 direkt zu Knoten 2) : Leitfähigkeit $= 1$

Kanten 2 und 3 in Reihe (über Knoten 3) :   Leitfähigkeit $= (1+1)^{-1} = 0.5$

Kanten 4 und 5 in Reihe (über Knoten 4) :   Leitfähigkeit $= (1+1)^{-1} = 0.5$.

Diese drei Pfade existieren parallel. Ihre Gesamtleitfähigkeit ist $1 + \frac{1}{2} + \frac{1}{2} = 2$. Der Strom von 4 A fließt auf diesen Pfaden im Verhältnis 2 : 1 : 1. Nach den angegebenen Richtungen ist:

$w_1 = 2 \; w_2 = 1 \; w_3 = -1 \; w_4 = 1 \; w_5 = -1 \; w_6 = 0$ (durch Symmetrie).

Die sechs Ströme erfüllen die Bilanzgleichungen $A^T w = f$. Der Spannungsabfall zwischen Knoten 1 und 2 ist Gesamtstrom/Gesamtleitfähigkeit $= 4/2 = u_1 - u_2$:

Spannungen $u_1 = 1 \; u_2 = -1 \; u_3 = 0$ (durch Symmetrie), $u_4 = 0$ (geerdet).

Der systematische Weg, um die Ströme w und die Potentiale u zu bestimmen, läuft über $A^T w = f$, $w = Ce$ und $e = b - Au$. Mit $e = C^{-1}w$ wird die Spannungsgleichung zu $C^{-1}w + Au = b$. Die vierte Spalte von A wurde durch $u_4 = 0$ gestrichen. Für sechs Ströme und drei Spannungen haben wir das Ohmsche Gesetz auf sechs Kanten und das erste Kirchhoffsche Gesetz an den Knoten 1, 2, 3:

2.4 Graphenmodelle und Kirchhoffsches Gesetz

$$\begin{array}{rl} w_1/c_1 + u_2 - u_1 = & 0 \\ w_2/c_2 + u_3 - u_1 = & 12 \\ w_3/c_3 + u_3 - u_2 = & 0 \\ w_4/c_4 \quad - u_1 = & 0 \\ w_5/c_5 \quad - u_2 = & 0 \\ w_6/c_6 \quad - u_3 = & 0 \\ -w_1 - w_2 - w_4 = & -4 \\ w_1 - w_3 - w_5 = & +4 \\ w_2 + w_3 - w_6 = & 0 \end{array} \quad \left[\begin{array}{cccccc|ccc} 1/c_1 & & & & & & -1 & 1 & 0 \\ & & & & & & -1 & 0 & 1 \\ & & & & & & 0 & -1 & 1 \\ & & & \cdot & & & -1 & 0 & 0 \\ & & & & & & 0 & -1 & 0 \\ & & & & & 1/c_6 & 0 & 0 & -1 \\ \hline -1 & -1 & 0 & -1 & 0 & 0 & 0 & 0 & 0 \\ 1 & 0 & -1 & 0 & -1 & 0 & 0 & 0 & 0 \\ 0 & 1 & 1 & 0 & 0 & -1 & 0 & 0 & 0 \end{array}\right] \left[\begin{array}{c} w_1 \\ w_2 \\ \cdot \\ \cdot \\ \cdot \\ w_6 \\ u_1 \\ u_2 \\ u_3 \end{array}\right] \quad (2.96)$$

Beachten Sie, wie sich -4 und $+4$ wie gewünscht zu null addieren. Unsere obigen Lösungen berücksichtigen die Stromquelle mit 4 A. In Aufgabe 2.4.11 auf Seite 178 wird die Batterie mit 12 Volt berücksichtigt. Durch Addition berücksichtigen wir die Stromquelle und die Spannungsquelle, und lösen das vollständige System (2.96) mit allen Leitfähigkeiten $c_i = 1$.

Die Sattelpunkt-KKT-Matrix

Die Karush-Kuhn-Tucker-Matrix (KKT-Matrix) aus Gleichung (2.96) ist für die angewandte Mathematik äußerst fundamental. Sie kommt bei Gleichgewichtsproblemen für Netzwerke vor (wie diesem). Außerdem kommt sie bei Optimierungsproblemen vor (Maximum oder Minimum mit Zwangsbedingungen). Die Matrix enthält in einer Ecke einen quadratischen, symmetrischen Block C^{-1} und einen quadratischen Block aus lauter Nullen. Die anderen Blöcke A und A^T machen die KKT-Matrix zu einer symmetrischen Matrix. Wenn ein Knoten geerdet wird, ist ihre Größe $m + n - 1 = 6 + 4 - 1$:

$$\begin{bmatrix} C^{-1} & A \\ A^T & 0 \end{bmatrix} \begin{bmatrix} w \\ u \end{bmatrix} = \begin{bmatrix} b \\ f \end{bmatrix} \quad \text{wird zu} \quad A^T C A u = A^T C b - f. \quad (2.97)$$

Wir sind bei $K = A^T C A$ angekommen, als wir w eliminiert haben. Multiplizieren Sie die erste Gleichung mit $A^T C$ und subtrahieren Sie sie von $A^T w = f$. Das liefert unsere Gleichung für u.

Ist diese Blockmatrix invertierbar? **Ja**, wenn sie geerdet wird. *Ist sie positiv definit?* **Nein**. Der Nullblock auf der Diagonalen schließt positive Definitheit aus. Zwar sind die ersten m Pivotelemente (die nur von C^{-1} abhängen) alle positiv, aber mit diesen Schritten kommt $-A^T C A$ in den $(2,2)$-Block, und dieser hat n negative Pivotelemente. **Damit haben wir einen Sattelpunkt**:

$$\begin{array}{l} m \text{ Zeilen} \\ n \text{ Zeilen} \end{array} \begin{bmatrix} C^{-1} & A \\ A^T & 0 \end{bmatrix} \longrightarrow \begin{bmatrix} C^{-1} & A \\ 0 & -A^T C A \end{bmatrix} \quad \begin{array}{l} \text{Löse } A^T C A u = A^T C b - f. \\ \text{Dann ist } w = C(b - Au). \end{array}$$

Jedes Gebiet der angewandten Mathematik interpretiert A, C, b und f auf eigene Weise. Sicher werden oft andere Buchstaben benutzt, manchmal ändert eine Aufgabenstellung den $(1,2)$-Block von A in $-A$. (Bei Federn und Massen war $e = Au$, also $C^{-1}w - Au = 0$.) Die Methode der kleinsten Quadrate brachte das negative Vorzeichen in $b - Au$. Nun begegnet es uns bei Netzwerken wieder. Der Fluss geht von einem höheren Potential zu einem niedrigeren Potential, in der Strömungsmechanik von einem Gebiet mit höherem Druck in eines mit niedrigerem Druck. Dasselbe Grundmuster wird uns bei Differentialgleichungen begegnen, sofern es keine Konvektions- und Dämpfungsterme gibt. Die Karush-Kuhn-Tucker-Matrix kommt in Abschnitt 8.1 auf Seite 691 wieder vor.

Wie lösen wir die Gleichungen? Bei Problemen moderater Größe ist die Antwort direkt: Benutzen Sie das Eliminationsverfahren auf der Matrix $K = A^\mathrm{T}CA$. Der MATLAB-Befehl K\ ist dafür genau richtig. Bei Anwendungen in drei Dimensionen können aber wirklich große Systeme entstehen. Dann muss das Eliminationsverfahren verfeinert werden, indem man eine Umordnung der Unbekannten vornimmt (der KLU-Code von Tim Davis ist auf Netzwerke abgestimmt). Außerdem werden in Kapitel 7 auf Seite 639 die „unvollständige LU-Zerlegung" und die (vorkonditionierte) Verfahren des konjugierten Gradienten (CG-Verfahren) erläutert.

Im Moment beschäftigen wir uns mit der Frage, wie man das Modell entwirft und wie $K = A^\mathrm{T}CA$, die Leitfähigkeitsmatrix (gewichtete Laplace-Matrix) für den Graphen und das Netzwerk, zu verstehen ist.

Anschauungsbeispiel

Gegeben ist ein vollständiger Graph mit n Knoten und Kanten zwischen allen Punktepaaren. Berechnen Sie

(1) $A^\mathrm{T}A$ **(2)** $K = (A^\mathrm{T}A)_\text{reduziert}$ **(3)** K^{-1} **(4)** Eigenwerte von K **(5)** $\det(K)$.

Lösung   Jeder Knoten hat $n-1$ Kanten, die ihn mit allen anderen Knoten verbinden. Daher sind alle Diagonalelemente von $A^\mathrm{T}A$ gleich $n-1$, alle Nebendiagonalelemente sind -1. Die unreduzierte Matrix ist eine $n \times n$-Matrix und singulär. Wenn ein Knoten geerdet wird, um die reduzierte Matrix K zu erzeugen, wird eine Zeile und eine Spalte von $A^\mathrm{T}A$ gestrichen. Die Größe von $K_\text{reduziert}$ ist dann $n-1$:

$$K_\text{reduziert} = \begin{bmatrix} n-1 & -1 & \cdot & -1 \\ -1 & n-1 & \cdot & -1 \\ \cdot & \cdot & \cdot & \cdot \\ -1 & -1 & \cdot & n-1 \end{bmatrix} \quad \text{hat} \quad K^{-1} = \frac{1}{n}\begin{bmatrix} 2 & 1 & \cdot & 1 \\ 1 & 2 & \cdot & 1 \\ \cdot & \cdot & \cdot & \cdot \\ 1 & 1 & \cdot & 2 \end{bmatrix}. \quad (2.98)$$

Es ist selten, dass man auf eine so hübsche Matrix K^{-1} stößt. Sie können aber schnell nachprüfen, dass $KK^{-1} = I$ gilt.

Die $n-1$ Eigenwerte der Matrix K sind $\lambda = 1, n, \ldots, n$. Das ergibt sich aus der Kenntnis der Eigenwerte der Einsmatrix $E = \text{ones}(n-1)$. Ihre Spur ist eine Summe von lauter Einsen:

Die Spur von E ist $n-1$. Ihr Rang ist 1. *Ihre Eigenwerte müssen $n-1, 0, \ldots, 0$ sein.*

Dann hat $K = nI - E$ den ersten Eigenwert $n - (n-1) = 1$. Die anderen $n-2$ Eigenwerte sind $n - 0 = n$. Die Determinante von K ist das Produkt der $n-1$ Eigenwerte:

2.4 Graphenmodelle und Kirchhoffsches Gesetz

Determinante: $(1)(n)\cdots(n) = n^{n-2}$ **Spur:** $n(n-2)+1 = (n-1)^2$ (2.99)

Zu unserem vollständigen Graphen mit $n = 4$ Knoten und 6 Kanten gehört eine 3×3-Matrix $K_{\text{reduziert}}$:

$$K = \begin{bmatrix} 3 & -1 & -1 \\ -1 & 3 & -1 \\ -1 & -1 & 3 \end{bmatrix} \qquad K^{-1} = \frac{1}{4}\begin{bmatrix} 2 & 1 & 1 \\ 1 & 2 & 1 \\ 1 & 1 & 2 \end{bmatrix} \qquad \begin{array}{l} \lambda(K) = 1, 4, 4 \\ \text{trace}(K) = 9 \\ \det(K) = 4^2 = 16. \end{array} \quad (2.100)$$

Am bemerkenswertesten ist, dass es im Graphen 16 Spannbäume (mit jeweils 4 Knoten gibt). **Bei jedem zusammenhängenden Graphen gibt die Determinante der reduzierten Matrix $A^{\mathrm{T}}A$ die Anzahl der Spannbäume an.** Der Wort „spannen" bedeutet in diesem Zusammenhang, dass der Baum alle Knoten erreicht.

Eigenvektoren von K
Nicht normiert
$$\begin{bmatrix} 1 & 1/2 & 1/3 \\ -1 & 1/2 & 1/3 \\ 0 & -1 & 1/3 \end{bmatrix} \qquad (2.101)$$

Aufgaben zu Abschnitt 2.4

2.4.1 Geben Sie die Inzidenzmatrizen A_{Dreieck} und A_{Quadrat} der beiden Graphen an. Bestimmen Sie $A^{\mathrm{T}}A$.

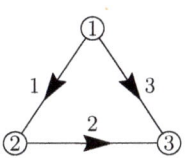
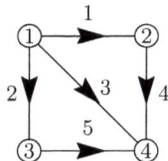

2.4.2 Bestimmen Sie alle Vektoren im Nullraum der Matrix A_{Dreieck} und ihre Transponierte.

2.4.3 Bestimmen Sie eine Lösung zu $A_{\text{Quadrat}}\, u = 0$. Bestimmen Sie zwei Lösungen zu $(A_{\text{Quadrat}})^{\mathrm{T}} w = 0$.

2.4.4 Stellen Sie sich ein Gitternetz aus 9 mal 9 Quadraten mit 100 Knoten vor (wie ein kariertes Blatt).

(a) Wie viele Kanten wird es darin geben? Das Verhältnis m/n ist ungefähr _____.

(b) Fügen Sie in jedes Gitterquadrat eine diagonale Kante mit dem Anstieg $+1$ ein. Wie viele Kanten m gibt es nun? Wie ist das Verhältnis m/n nun näherungsweise?

2.4.5 Erläutern Sie, warum bei jedem zusammenhängenden Graphen die *einzigen* Lösungen zu $Au = 0$ die konstanten Vektoren $u = (C, \ldots, C)$ sind. Woher wissen Sie, ob $u_j = u_k$ gilt, wenn die Knoten nicht direkt durch eine Kante verbunden sind?

2.4.6 Die Summe der Hauptdiagonalelemente einer Matrix ist die *Spur*. Die Spur von $A^T A$ ist bei einem vollständigen Graphen $3+3+3+3 = 12$ und bei einem Baum $1+2+2+1 = 6$. Warum ist die Spur von $A^T A$ für jeden Graph mit m Kanten $2m$?

2.4.7 Geben Sie $K = A^T C A$ für einen Baum mit vier Knoten an, dessen drei Kanten alle in Knoten 4 eingehen? Erden Sie einen Knoten, um das reduzierte (invertierbare) K und $\det K$ zu bestimmen.

2.4.8 Zeigen Sie, wie die 6 „Elementmatrizen" für den vollständigen Graphen zu $A^T C A$ in (2.92) zusammengesetzt werden. Jede 2×2-Elementmatrix gehört zu einer der Kanten:

Elementmatrix zur Kante i,
die Knoten j und k verbindet
$$K_i = \begin{bmatrix} c_i & -c_i \\ -c_i & c_i \end{bmatrix} \begin{array}{l} \text{Zeile } j \\ \text{Zeile } k. \end{array}$$

Im Fall $c_i = 1$ sollte das Zusammensetzen in Gleichung (2.87) $(A^T A)_{jj} = 3$ und $(A^T A)_{jk} = -1$ liefern.

2.4.9 (empfehlenswert) Beantworten Sie die Fragen aus dem Anschauungsbeispiel auf Seite 176 für einen Baum, der aus einer Reihe von fünf Knoten besteht (vier Kanten).

2.4.10 Gegeben sei eine Reihe aus drei Widerständen mit den Leitfähigkeiten $1, 4, 9$. Was ist $K = A^T C A$, und was ist $\det(K_{\text{reduziert}})$? Bestimmen Sie die Eigenwerte mithilfe von eig(K).

2.4.11 In Gleichung (2.96) mit einer Batterie von 12 V seien alle $c_i = 1$. Bestimmen Sie u und v, indem Sie sich die Spannungen im Netzwerk überlegen, oder durch direkte Lösung der Gleichung.

2.4.12 Prüfen Sie die Gültigkeit von $K K^{-1} = I$. Wie können Sie entscheiden, ob K positiv definit ist?

2.4.13 Bestimmen Sie alle Bäume des Graphen aus Aufgabe 2.4.1 auf der vorherigen Seite (Dreieck und Quadrat).

2.4.14 Ein Element der **Adjazenzmatrix** ist $w_{ij} = 1$, wenn die Knoten i und j durch eine Kante miteinander verbunden sind; anderenfalls gilt $w_{ij} = 0$ (einschließlich $w_{ii} = 0$). Zeigen Sie, wie (Spalte i von A) $\cdot$ (Spalte j von A) in der Laplace-Matrix $A^T A$ die Elemente $-w_{ij}$ liefert.

2.4.15 Bestimmen Sie die $n-1$ Eigenwerte von K^{-1} in (2.98) mit dem Wissen, dass die Einsmatrix E die Eigenwerte $\lambda = n-1, 0, \ldots, 0$ hat. Prüfen Sie Ihr Ergebnis anhand von $\lambda = 1, n, \ldots, n$ für K.

2.4.16 Schreiben Sie die einzelnen Kanten zu jedem der 16 Spannbäume aus Abbildung 2.16 auf Seite 165 auf. Die Anzahl dieser Spannbäume stimmt mit $\det(A^T A)$ in Gleichung (2.100) auf der vorherigen Seite überein, weil nach dem Satz von Binet-Cauchy $A^T_{n \times m} \times A_{m \times n}$: $\det(A^T A)$ = Summe von $\det(S^T S)$ aller $n \times n$ Teilmatrizen S von A ist. Bei einer Inzidenzmatrix ist $\det(S^T S) = 1$ oder 0 (der

Teilgraph muss nicht unbedingt ein Baum sein). Damit zählt die Summe die Spannbäume in einem einem beliebigen Graphen.

2.4.17 In einem 3×3 Quadratgitter gibt es $n = 9$ Knoten und $m = 12$ Kanten. Nummerieren Sie die Knoten zeilenweise.

(a) Wie viele der 81 Einträge in $A^T A$ sind null?
(b) Schreiben Sie die Hauptdiagonale von $A^T A$ (also die Gradmatrix) auf.
(c) Warum enthält die mittlere Zeile $d_{55} = 4$ und vier Einträge -1 in $-W$? Zweite Differenzen in zwei Dimensionen entspringen dem *kontinuierlichem Laplace-Operator* $-\partial^2/\partial x^2 - \partial^2/\partial y^2$.

Die Laplace-Matrix $L = A^T A$ eines $N \times N$-Gitters wird in MATLAB durch den Befehl kron **erzeugt.** $B = \text{toeplitz}([2\ -1\ \text{zeros}(1,\ N-2)]);\ B(1,1) = 1;\ B(N,N) = 1;\ L = \text{kron}(B,\text{eye}(N)) + \text{kron}(\text{eye}(N),B);$ % Der Befehl kron wird in Abschnitt 3.5 auf Seite 326 erläutert.

2.4.18 Sei $N = 3$. Vom Knoten $(1,1)$ zum Knoten $(3,3)$ soll ein Strom $f = 1$ fließen. Erden Sie Knoten $(3,3)$ durch $K = L(1:8, 1:8)$. Lösen Sie die 8 Gleichungen $Ku = f$, um die Spannung $u(1,1)$ zu bestimmen. Das ist der „Gitterwiderstand" über den gegenüberliegenden Ecken.

2.4.19 Sei $N = 4$ und Knoten $(2,2)$ durch $L(6,:) = [\ ];\ L(:,6) = [\ ];\ K = L$ geerdet. Am Knoten $(3,3)$ fließe der Strom $f = 1$. Lösen Sie $Ku = f$, um die Spannung $u(3,3)$ zu bestimmen, welche den Gitterwiderstand zwischen den entsprechenden Hauptdiagonalnachbarn (Knoten 6 und Knoten 11, umnummerierter Knoten 10) liefert.

2.4.20 Lösen Sie Aufgabe 2.4.19 im Fall $N = 10$ für die Knoten 45 und 56, also die Nachbarn $(5,5)$ und $(6,6)$. Der Widerstand zwischen den Diagonalnachbarn eines unendlichen Gitters ist $2/\pi$.

2.4.21 (empfehlenswert) Die Knoten 55 und 56 sind Nachbern in der Nähe des Mittelpunkts eines 10×10 Gitters. Erden Sie den Knoten 56 wie in Aufgabe 2.4.19, indem Sie die Zeile 56 und die Spalte 56 der Matrix L streichen. Setzen Sie $f_{55} = 1$. Lösen Sie $Ku = f$, um den Gitterwiderstand zwischen den beiden Knoten zu bestimmen.

2.4.22 Stellen Sie eine Vermutung über den Gitterwiderstand zwischen nächsten Nachbarn in einem unendlichen Gitter ($N \to \infty$) auf.

2.5 Schaltnetze und Übertragungsfunktionen

Ein gewöhnlicher Schwingkreis kann Kondensatoren, Spulen und Widerstände enthalten. Aus den algebraischen Gleichungen für u und v werden Differentialgleichungen für die Spannungen $V_i(t)$ und die Ströme $I_j(t)$. Die Schwingungen klingen ab, da der Widerstand Energie in Wärme umwandelt und somit Energie verbraucht.

Bei vielen Anwendungen ist ein **sinusförmiger Antrieb** mit fester Frequenz ω von großer Bedeutung. Eine typische Spannung wird in der Form $V\cos\omega t = \text{Re}(Ve^{i\omega t})$ geschrieben. Diese periodischen Spannungen führen zu periodischen

Strömen. Jeder Strom hängt mit demselben $e^{i\omega t}$ von der Zeit ab. Alle Unbekannten sind nun *komplexe Zahlen*.

Der Schaltkreis lässt sich genauso leicht untersuchen wie vorhin, wenn aus den reellen Widerständen R **komplexe Impedanzen** Z werden. Um Z zu bestimmen, sehen wir uns die Gleichung für einen einfachen Schwingkreis an. Die Induktivität sei L, die Kapazität sei C. Dann gelten $V = L\,dI/dt$ und $I = C\,dV/dt$. Für die Spannungsabfälle V über der Spule, dem Widerstand und dem Kondensator ($V = \int I\,dt/C$) gilt folgende Maschengleichung:

Spannung V
Strom I
$$L\frac{dI}{dt} + RI + \frac{1}{C}\int I\,dt = \mathrm{Re}(Ve^{i\omega t}). \qquad (2.102)$$

Das ist eine Gleichung für den Strom. Wenn wir $I = \mathrm{Re}(We^{i\omega t})$ einsetzen, erhalten wir in der Ableitung den Faktor $i\omega$ und im Integral den Faktor $1/i\omega$:

Maschengleichung für W
$$\left(i\omega L + R + \frac{1}{i\omega C}\right)We^{i\omega t} = Ve^{i\omega t}.$$

Wir können $e^{i\omega t}$ ausklammern, weil in jedem Term dieselbe Frequenz ω vorkommt:

Komplexe Impedanz Z $\quad V = WZ \quad$ mit $\quad Z = i\omega L + R + \dfrac{1}{i\omega C}. \qquad (2.103)$

Das ist das Ohmsche Gesetz $V = IR$ mit komplexem R. Bei der einfachen Schleife aus Abbildung 2.20 müssen wir nichts weiter tun. Der Strom ist der Realteil von $(V/Z)e^{i\omega t}$. Der Übergang von R zu Z liefert eine Impedanz mit dem Betrag $|Z|$:

$$|Z| \geq |R| \quad |Z| = \left|R + i\left(\omega L - \frac{1}{\omega C}\right)\right| = \left(R^2 + \left(\omega L - \frac{1}{\omega C}\right)^2\right)^{1/2}. \qquad (2.104)$$

Der Kondensator und die Spule behindern den Fluss nur bei einem ω nicht, bei dem sich kapazitiver und induktiver Widerstand gegenseitig aufheben:

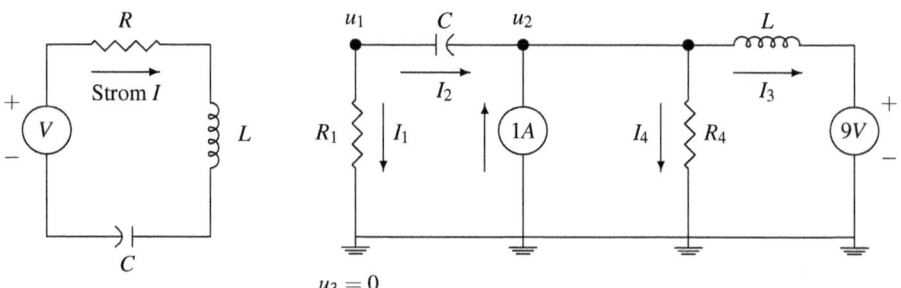

Abb. 2.20 Ein einfacher Schwingkreis (*RLC*-Schleife, links) und ein kleiner Parallelschwingkreis, der durch $u_3 = 0$ geerdet ist.

2.5 Schaltnetze und Übertragungsfunktionen

Reelle Impedanz $Z = R$ $\qquad \omega L = \dfrac{1}{wC}$ und $\omega = \sqrt{\dfrac{1}{LC}}.$ \hfill (2.105)

Genau das passiert, wenn Sie bei einem Radio einen Sender einstellen. Sie stellen den kapazitiven Widerstand auf die von Ihnen gewünschte Frequenz ein. Bei der durch Gleichung (2.105) gegebenen Resonanzfrequenz ist die Impedanz am geringsten, und sie können das Signal hören (nachdem es verstärkt wurde). Zwar werden auch andere Frequenzen empfangen, aber ihre Impedanz $|Z|$ ist wesentlich größer.

Der Kondensator und die Spule verschieben auch die *Phase* um θ:

Phasenverschiebung $\qquad I = \text{Re}\left(\dfrac{V}{Z}e^{i\omega t}\right) = \text{Re}\left(\dfrac{V}{|Z|}e^{i(\omega t - \theta)}\right).$ \hfill (2.106)

Die Schwingungen laufen in Abhängigkeit von θ entweder voraus oder nach. Wenn der Schaltkreis nur Widerstände enthält, ist $\theta = 0$. Wenn der Schaltkreis *keine* Widerstände enthält, dann ist Z eine rein imaginäre Zahl (aus $i\omega L$ und $-i/\omega C$). Die Phasenverschiebung von Z ist dann $\pi/2$ oder $3\pi/2$.

Zur Betrachtung eines allgemeineren Schwingkreises kehren wir zu unserem Grundmuster zurück. Alle Spannungsquellen und alle Stromquellen sowie alle Spannungen und Ströme werden durch komplexe Zahlen beschrieben. Nach der Lösung der (periodischen) Gleichgewichtsgleichungen enthalten die tatsächlich zeitabhängigen Ströme einen Faktor $e^{i\omega t}$. Die Koeffizientenmatrix ist immer noch $A^T CA$. Die Elemente der komplexen Diagonalmatrix C sind die „*Admittanzen*" $1/Z$, die auch als **komplexe Leitwerte** bezeichnet werden.

Beispiel 2.14 Die beiden Widerstände aus Abbildung 2.20 auf der vorherigen Seite werden durch einen konduktiven und einen induktiven Widerstand ersetzt. Die 4×2-Matrix A bleibt unverändert. Aber auf der Hauptdiagonalen von C^{-1} stehen keine Widerstände sondern Impedanzen:

$$\begin{bmatrix} C^{-1} & A \\ A^T & 0 \end{bmatrix} \begin{bmatrix} W \\ V \end{bmatrix} = \begin{bmatrix} R_1 & & & & -1 & 0 \\ & (i\omega C)^{-1} & & & -1 & 1 \\ & & i\omega L & & 0 & -1 \\ & & & R_4 & 0 & -1 \\ \hdashline -1 & -1 & 0 & 0 & 0 & 0 \\ 0 & 1 & -1 & -1 & 0 & 0 \end{bmatrix} \begin{bmatrix} W_1 \\ W_2 \\ W_3 \\ W_4 \\ V_1 \\ V_2 \end{bmatrix} = \begin{bmatrix} b \\ f \end{bmatrix}. \quad (2.107)$$

Außer den Batterien b könnte es auch *Transistoren* geben, die man als nichtlineare Spannungsquellen betrachten kann. Ihre Stärke hängt von der anliegenden Spannung ab. Mit anderen Worten: Ein Transistor ist eine „spannungsabhängige" Spannungsquelle. Die Kirchhoffschen Gesetze werden dann nichtlinear (und eine Diode macht das Ohmsche Gesetz nichtlinear). Ein Operationsverstärker (*OPAmp*) ist ein aktives Schaltelement (*RLC* ist passiv). Um die Ausgangsspannung v_{out} zu berechnen, wird die Spannungsdifferenz $v_1 - v_2$ mit dem *Steigerungsfaktor A* multipliziert.

Das führt auf das „modifizierte Knotenpotentialverfahren" im weitverbreiteten Code SPICE.

Zeitraum versus Frequenzraum

Die Einführung zu diesem Abschnitt enthielt implizit zwei Schlüsselentscheidungen über die Formulierung der Netzwerktheorie. Eine davon verbarg sich gleich im Schritt von Gleichung (2.102) zu Gleichung (2.103):

Gleichung (2.102) ist im **Zeitraum** formuliert. Die Unbekannten liegen im **Zustandsraum**.
Gleichung (2.103) ist im **Frequenzraum** formuliert. Sie enthält eine **Übertragungsfunktion**.

Der Übergang von Gleichung (2.102) zu Gleichung (2.103) ist eine Transformation. Bei einem Anfangswertproblem wäre das eine *Laplace-Transformation*. Die Einfachheit von Gleichung (2.103) verdeutlicht den Nutzen, den die Arbeit im Frequenzraum (insbesondere bei kleinen Netzwerken) bringt. In diesem Abschnitt führen wir die Laplace-Transformation ein, indem wir ihre Regeln auf ein paar Funktionen anwenden. Wir kommen zu einem fundamentalen Konzept in den modernen Ingenieurwissenschaften: Es ist die **Übertragungsfunktion**, welche die Eingaben mit den Ausgaben verknüpft.

Die Transformation von Differentialgleichungen in algebraische Gleichungen ist wunderbar (und sehr aufschlussreich), wenn sie funktioniert. Transientes Verhalten und Stabilität werden im Frequenzraum am klarsten. Ihre Anwendbarkeit ist aber auf **lineare zeitinvariante Gleichungen** beschränkt. Analog ist die Fourier-Transformation auf lineare rauminvariante Gleichungen beschränkt. Wenn es um nichtlineare Gleichungen und zeitabhängige Systeme geht, ist der **Zustandsraum** weitaus zweckmäßiger. Die Formulierung im Zeitraum wird von null verschiedenen Anfangsbedingungen und auch Mehrgrößensystemen (*englisch* Multiple Input Multiple Output – MIMO-Systemen) gerecht. Software wie SPICE zur allgemeinen Schaltkreisanalyse funktioniert in der Regel im Zustandsraum am besten.

Als kleiner Ausblick sei erwähnt, dass wir uns in Abschnitt 5.3 auf Seite 493 mit der Laplace-Transformation und ihrer Inversen befassen. Dazu brauchen wir die komplexe Analysis aus Abschnitt 5.1 auf Seite 467. Hier wenden wir die Transformation auf typische Beispiele und sehr kleine Netzwerke an. **Aus den Polen der Übertragungsfunktion werden in der linearen Algebra Eigenwerte**. Später folgen die Gleichungen im Zustandsraum, die im Mittelpunkt der Regelungstechnik stehen, und der Kalman-Filter mit der (A, B, C, D)-Darstellung:

Zustandsgleichung $x' = Ax + Bu$ (2.108)

Beobachtungsgleichung $y = Cx + Du$ (2.109)

Die andere wesentliche Entscheidung ist die Wahl zwischen Maschengleichungen für den Strom und Knotengleichungen für die Spannung. Die Maschengleichungen benutzen das zweite Kirchhoffsche Gesetz (die Maschenregel), die Kno-

2.5 Schaltnetze und Übertragungsfunktionen

tengleichungen benutzen das erste Kirchhoffsche Gesetz (die Knotenregel). In diesem Buch arbeiten wir konsequent mit dem Potential u und der Knotenregel. Wir diskutieren gleich diese Wahl, und werden sie von nun an befolgen.

Maschengleichungen versus Knotengleichungen

Im muss kurz innehalten, um etwas verwunderliches aber bedeutendes festzustellen. Es war natürlich, den einfachen Schwingkreis durch Gleichung (2.102) zu beschreiben. Ein kleines Netzwerk aus zwei Schleifen würde in gleicher Weise zwei gekoppelte „Maschengleichungen" liefern. Doch bemerken Sie wohl: **In Abschnitt 2.4 auf Seite 163 haben wir große Netzwerke durch ihre Knoten und nicht durch ihre Schleifen beschrieben**.

Die Schleifenbeschreibung stützt sich auf die Kirchhoffsche Maschenregel: *Summiere die Spannungsabfälle in einer Masche*. Die Knotenbeschreibung stützt sich auf die Kirchhoffsche Knotenregel: *Summiere die Ströme in Knoten*. Die Gemeinschaft der Netzwerksimulierer scheint ihre Wahl getroffen zu haben: **Knotenpotentialverfahren**. Die Gemeinschaft der Nutzer finiter Elemente hat sich genauso entschieden: **Weggrößenverfahren**. Das $A^T C A$-Grundmuster herrscht vor, gestützt auf C = Leitfähigkeit oder Admittanz mit den Strömen $w = C(e)$. Die Unbekannten u sind Spannungen und Auslenkungen.

Die alternative $N^T Z N$-Formulierung zieht das Grundmuster andersherum auf. Der Mittelschritt stützt sich auf Z = Widerstand oder Impedanz und $e = C^{-1}(w) = Z(w)$. Die Unbekannten sind Ströme (oder mechanische Spannungen). Die Einfachheit der Matrix A gegenüber der der Matrix N gab unserer Ansicht nach den Ausschlag für die Entscheidung für das Knotenpotentialverfahren und das Weggrößenverfahren.

Das Knotenpotentialverfahren verwendet *Kanten* im Graphen, das Maschenstromverfahren verwendet *Schleifen*. Der Fluss um eine Schleife erfüllt die Knotenregel $A^T w = 0$. ***Schleifenflüsse beschreiben den Nullraum von A^T***. In Matrixsprache ausgedrückt: $A^T N =$ ***Nullmatrix*** (diskrete Variante von div rot = 0). Wenn A n Spalten von n ungeerdeten Knoten besitzt, hat N $m - n$ Spalten von $m - n$ Schleifen. In schriftlichen Berechnungen ziehen wir den kleineren der beiden Werte von n und $m - n$ vor (bei einer Schleife gewinnt diese Methode). Doch wer rechnet heute noch per Hand? Das Urteil im SPICE-Code ist, dass das Knotenpotentialverfahren bei realistischen Netzwerken einfacher zu organisieren ist.

Die numerische Mechanik konfrontiert uns mit derselben Wahl und kommt zu demselben Schluss. Das Weggrößenverfahren und das Spannungstrapezverfahren sind wieder dual. In der einen Richtung ist der Vektor u die anfängliche Unbekannte und das Kräftegleichgewicht $A^T w = f$ die Zwangsbedingung. In der anderen Richtung wird $A^T w = 0$ gelöst, um eine vollständige Menge von Eigenspannungen zu erhalten (zu der ein spezielles w hinzukommt, das die Gleichung mit $f \neq 0$ löst). Folglich gehört auch das Spannungstrapezverfahren zu den **Nullraum-Methoden** (auch Reduktionsverfahren), die das Gleichgewichtsproblem direkt lösen.

Diese Bestimmung des Nullraums begegnet uns in Abschnitt 8.2 auf Seite 707 bei der Optimierung (wenn wir $Bu = d$ mit dem MATLAB-Befehl qr lösen). In Abschnitt 8.5 auf Seite 753 wird ein *gemischtes Verfahren* behandelt (in dem sowohl u als auch w Unbekannte sind). Diese **Sattelpunktsnäherung** oder dieses **Primal-Dual-Verfahren** hat sich in der Optimierung durchgesetzt, wenn die Zwangsbedingungen Ungleichungen enthalten.

n Knoten-spannungen	$\xrightarrow{A}$	Spannungs-abfälle	$\xrightarrow{C}$	Kanten-ströme	$\xrightarrow{A^T}$	Knotenregel an den Knoten
Maschenregel für Schleifen	$\xleftarrow{N^T}$	Spannungs-abfälle	$\xleftarrow{Z}$	Kanten-ströme	$\xleftarrow{N}$	$m-n$ Schleifenströme

Impedanzen und Admittanzen

Bisher ist die Variable „s" in diesem Buch noch nicht aufgetaucht, aber das holen wir gleich nach. Aus der Differentialgleichung im Zeitraum wird eine **algebraische Gleichung im Frequenzraum**. Die überaus wichtige **Übertragungsfunktion** ist eine Funktion in s. Die volle Laplace-Transformation und ihre Inverse, die wir in Kapitel 5 auf Seite 467 behandeln, brauchen komplexe Analysis mit $s = \sigma + i\omega$. In Kürze: Die Laplace-Transformation ist für einseitige Anfangswertprobleme ($0 \leq t < \infty$) geeignet. Die Fourier-Transformation wird bei zweiseitigen Randwertproblemen ($-\infty < x < \infty$) angewandt. Die Frequenzanalyse ist für lineare zeitinvariante Systeme eine enorme Vereinfachung.

Kommen wir kurz auf unsereren einfachen Schwingkreis zurück. Erst werde ich die Zeitvariable t durch die Frequenzvariable $s = i\omega$ ersetzen. Dann werde ich die Maschenanalyse mit der Knotenanalyse (Maschenregel und Knotenregel) vergleichen.

Abbildung 2.21 auf der nächsten Seite zeigt die Schleife mit den Impedanzen R, Ls und $1/Cs$ aus der folgenden Tabelle. In der ersten und dritten Spalte dieser Tabelle stehen Funktionen von t. In den Spalten zwei und vier wurde die Transformation zu s ausgeführt. Die Impedanzen sind $Z(s) = V(s)/I(s)$. Die Admittanzen in der letzten Spalte sind die Reziprokwerte $Y(s) = I(s)/V(s)$. Das ausgezeichnete Buch von Nise [118] dient uns als Anleitung.

Kondensator	$V = \dfrac{1}{C}\displaystyle\int_0^t I\,dt$	$\dfrac{1}{Cs}$	$I = C\dfrac{dV}{dt}$	Cs
Widerstand	$V = RI$	R	$I = V/R$	$1/R$
Spule	$V = L\dfrac{dI}{dt}$	Ls	$I = \dfrac{1}{L}\displaystyle\int_0^t V\,dt$	$\dfrac{1}{Ls}$

Anmerkung Bei der Schaltkreisanalyse wird $e^{j\omega t}$ mit $j = \sqrt{-1}$ bevorzugt. Dann wird $s = j\omega$ anstelle von $s = i\omega$ benutzt. Damit ist der Buchstabe i wieder frei als Variable für den Strom. Die Unbekannten u, e, w (aus vielen Anwendungen) in diesem Buch sind mit den gängigen Variablen $i(t)$ für den Strom und $v(t)$ für die Spannung vergleichbar:

2.5 Schaltnetze und Übertragungsfunktionen

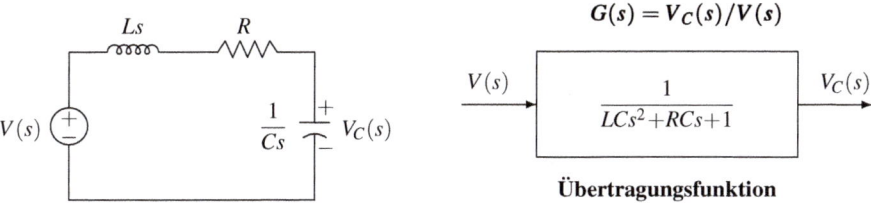

Abb. 2.21 Anwendung der Laplace-Transformation auf die Schleife und das zugehörige Block-Diagramm mit Übertragungsfunktion.

$$s = j\omega \quad \text{und} \quad i(t) = \text{Re}[I(s)e^{st}] \quad \text{und} \quad v(t) = \text{Re}[V(s)e^{st}]. \tag{2.110}$$

Der Buchstabe s deutet auf eine Laplace-Transformation hin. In diesem Abschnitt kommt $s = i\omega$ durch die Antriebsfrequenz in der Spannungsquelle. In Abschnitt 5.3 wird $s = \sigma + i\omega$ komplex und die Zeitabhängigkeit umspannt einen ganzen Frequenzbereich.

Transformationsverfahren am Beispiel einer einfachen Schleife

Abbildung 2.21 zeigt den Spannungsabfall V_C über dem Kondensator. ***Die Aufgabe besteht darin, $V_C(s)$ mit der Eingangsspannung $V(s)$ durch eine Übertragungsfunktion zu verknüpfen.***

In Gleichung (2.102) ist der Strom I die Unbekannte. Die transformierte Maschengleichung ist Gleichung (2.103). Die transformierte Gleichung für V_C können wir aus der Tabelle ablesen:

Transformierte Gleichungen

$$\left(Ls + R + \frac{1}{Cs}\right) I(s) = V(s) \quad \text{und} \quad V_C(s) = \frac{I(s)}{Cs}. \tag{2.111}$$

Eliminieren von I liefert die Übertragungsfunktion, die die Eingangsspannung V mit der Spannung V_C verknüpft:

Übertragungsfunktion $G = V_C/V$

$$\left(Ls + R + \frac{1}{Cs}\right) Cs\, V_C(s) = V(s). \tag{2.112}$$

Die Übertragungsfunktion $G(s)$ im Blockdiagramm aus Abbildung 2.21 dividiert $V_C(s)$ durch $LCs^2 + RCs + 1$.

Nise [118] verschafft sich dieselbe Übertragungsfunktion mit dem (bevorzugten) **Knotenpotentialverfahren**. Platzieren Sie einen Knoten am Kondensator und wenden Sie die Knotenregel an. Die Summe aus dem Strom, der durch den Kondensator fließt, ist gleich dem Strom, der durch den Widerstand und die Spule fließt:

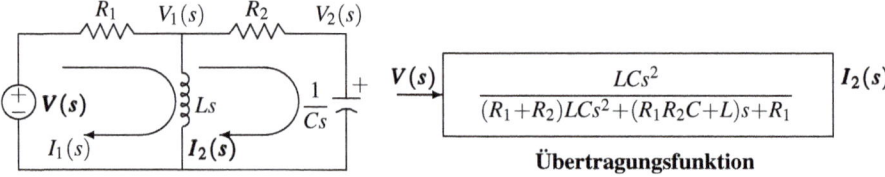

Abb. 2.22 Ein Netzwerk aus zwei Schleifen mit dem zugehörigen Blockdiagramm und der Übertragungsfunktion.

Knotenregel: Multipliziere mit $R + Ls$.
Dann ist $LCs^2 + RCs + 1)V_C(s) = V(s)$.
$$\frac{V_C(s)}{1/Cs} + \frac{V_C(s) - V(s)}{R + Ls} = 0 \quad (2.113)$$

Es sei darauf hingewiesen, dass das größte Anwendungsgebiet von MathWorks die Simulation und Steuerung elektrischer und mechanischer Systeme (bis hin zu Aufgaben in allen ingenieurwissenschaftlichen Bereichen) ist. Mit dem Paket SIMULINK können ganze Netzwerke aus Blockdiagrammen zusammengesetzt werden.

Maschenstromverfahren und Knotenpotentialverfahren

In Nise [118] gibt es auch ein Beispiel mit zwei Schleifen und zwei Gleichungen. Das transformierte Netzwerk aus Abbildung 2.22 hat die Übertragungsfunktion $I_2(s)/V(s)$ im Blockdiagramm. Diese wurde durch Anwendung der Maschenregel auf jede Schleife abgeleitet:

Analyse von
zwei Schleifen
$$(R_1 + Ls)I_1(s) - LsI_2(s) = V(s)$$
$$-LsI_1(s) + \left(Ls + R_2 + \frac{1}{Cs}\right)I_2(s) = 0. \quad (2.114)$$

Man kann dieses 2×2-System durch Elimination (oder die Cramersche Regel) lösen, um $I_2(s)/V(s)$ zu bestimmen. Auf große Netzwerke lässt sich aber das Knotenpotentialverfahren tatsächlich besser anwenden. Die Software SPICE würde sich dafür entscheiden. In diesem Beispiel ist $m - n = 2$ und auch $n = 2$:

Analyse von
zwei Knoten
$$(V_1 - V)/R_1 + V_1/Ls + (V_1 - V_2)/R_2 = 0$$
$$CsV_2 + (V_2 - V_1)/R_2 = 0. \quad (2.115)$$

Die Widerstände könnten durch Kapazitäten $c_1 = 1/R_1$ und $c_2 = 1/R_2$ ersetzt werden. Aus Impedanzen werden beim Knotenpotentialverfahren Admittanzen $1/Z$. Die beiden Verfahren haben einander entsprechende Beschreibungen, aber das Knotenpotentialverfahren wird als vorteilhafter angesehen:

Maschenstromverfahren	**Knotenpotentialverfahren**
1 Ersetze Elemente durch Impedanzen.	1' Ersetze Elemente durch Admittanzen.
2 Wende um Schleifen die Maschenregel an.	2' Wende an Knoten die Knotenregel an.
3 Löse nach den Schleifenströmen auf.	3' Löse nach den Knotenspannungen auf.

2.5 Schaltnetze und Übertragungsfunktionen

Das ist nichts als die Anwendung der Euler-Charakteristik, die wir in Abschnitt 2.4 auf Seite 163 geometrisch oder anhand der Dimension der Unterräume geprüft haben (prüfen Sie die Aussage für ein Dreieck).

Im Folgenden wollen wir die Bedeutung der *Pole der Übertragungsfunktion* für lineare, zeitinvariante Netzwerke herausstellen. Die Pole liefern die Exponenten, wenn wir Differentialgleichungen im Zeitraum lösen. In der modernen Netzwerktheorie, die sich mit nichtlinearen oder zeitabhängigen Problemen befasst, entscheidet man sich überwiegend für die Betrachtung im Zustandsraum.

Transientes Verhalten und die Pole der Übertragungsfunktion

Die Lösungen von Matrixgleichungen setzen sich aus zwei Teilen zusammen: einer **speziellen Lösung** zu $Au_p = b$ und einer beliebigen **Nullraumlösung** zur homogenen Gleichung $Au_n = 0$. Analog dazu haben Lösungen zu linearen Differentialgleichungen auch zwei Teile: einen Teil, der das **erzwungene Verhalten** beschreibt (für den *stationären Zustand*, der unabhängig von den Anfangsbedingungen ist), und einen Teil, der das **natürliche Verhalten** beschreibt (für den *transienten Zustand*, der durch die homogene Gleichung und die Anfangsbedingungen bestimmt ist). Wenn die Anfangsbedingung eine Stufenfunktion an der Stelle $t = 0$ ist, dann wird das Antwortverhalten durch die Lösung $u_p(t) + u_n(t)$ bestimmt.

Uns geht es darum, die **Exponenten** in der transienten Lösung als **Pole** der Übertragungsfunktion zu identifizieren. Das ist nichts mysteriöses. Jede Vorlesung über Differentialgleichungen behandelt zuerst Gleichungen mit konstanten Koeffizienten. Die Lösung ist linear und zeitinvariant (LTI - für *englisch* linear and time-invariant) und die Lösungen setzen sich aus Exponentialfunktionen zusammen. Wir setzen $u(t) = e^{st}$ in die homogene Gleichung ein (bei einem System ist es $u(t) = ve^{st}$) und klammern anschließend den Faktor e^{st} aus jedem Term aus. Danach haben wir nur noch ein Polynom in s. Bei einem System bleibt eine Eigenwert-Eigenvektor-Gleichung in s und v. Genau dieses Polynom kommt auch im Beispiel mit der einfachen Schleife vor. Sein Kehrwert ist die Übertragungsfunktion:

$$\textbf{Differentialgleichung} \quad LCu'' + RCu' + u = 0,$$
$$\textbf{Polynom} \quad LCs^2 + RCs + 1 = 0. \tag{2.116}$$

Die *Nullstellen* s_1 und s_2 des Polynoms P sind die *Pole* der Übertragungsfunktion G. Die Funktion $G = 1/P$ wird an den Stellen s_1 und s_2 unendlich. Der Planer des Schaltkreises wählt die Komponenten R, L und C so, dass die gewünschten Exponenten in $e^{s_1 t}$ und $e^{s_2 t}$ mit den geringsten Kosten erreicht werden.

Im Fall $R = 0$ (ohne Dämpfung) hat die Gleichung $s^2 = -1/LC$ rein imaginäre Lösungen $s = i\omega$. Die Pole liegen auf der imaginären Achse. Das transiente Verhalten wird durch reine Schwingungen mit $\cos \omega t$ und $\sin \omega t$ beschrieben. Das ist wie bei den Lösungen der Differentialgleichung $Mu'' + Ku = 0$ für den harmonischen Oszillator.

Wenn es eine Dämpfung R gibt, sind die Exponenten s_1 und s_2 (die Pole der Übertragungsfunktion) *komplexe Zahlen*. Dasselbe passiert, wenn Sie im System

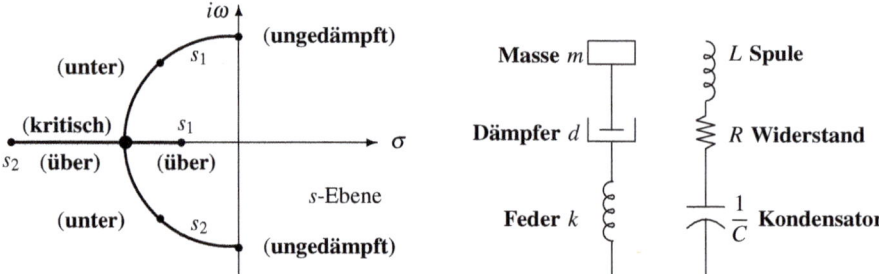

Abb. 2.23 Die Nullstellen s_1, s_2 werden reell, wenn die Dämpfung d bzw. R zunimmt.

aus Federn und Massen Dämpfer (viskose Dämpfungsterme D) einbauen: Die Eigenwerte werden zu komplexen Lösungen von $\det(Ms^2 + Ds + K) = 0$. Wir nehmen an, dass die Dämpfer Energie verbrauchen und für die Eigenwerte $\operatorname{Re} s < 0$ gilt: Das bedeutet **Stabilität**.

Also führen gedämpfte Systeme auf quadratische Eigenwertprobleme. Der skalare Fall ist für ein gedämpftes System aus Massen und Federn $ms^2 + ds + k = 0$ und für einen Schaltkreis mit einer Schleife $Ls^2 + Rs + 1/C = 0$. Die Lösungen behandeln wir gleich, um den Unterschied zwischen Unterdämpfung (die Nullstellen sind noch komplex) und Überdämpfung (die Nullstellen sind negativ und reel) zu veranschaulichen. Wir brauchen nicht zu erwähnen, dass wir bei großen Systemen nie die Koeffizienten von $\det(Ms^2 + Ds + K)$ berechnen und anschließend die Nullstellen des Polynoms bestimmen würden: *Das wäre ein Rechenverbrechen.*

Quadratische Eigenwertprobleme $(M\lambda^2 + D\lambda + K)v = 0$ können mithilfe des MATLAB-Befehls polyeig gelöst werden. Einen Überblick über quadratische Eigenwertprobleme liefert [154]. Versionen von SPICE, die im Frequenzraum arbeiten, enthalten Eigenwertlöser.

Unterdämpfung und Überdämpfung

Die Formel für die Nullstellen einer quadratischen Gleichung ist bekannt. Wir wollen die Werte dieser beiden Nullstellen s_1 und s_2 verfolgen, wenn der Koeffizient des Dämpfungsterms von null wächst. Die Nullstellen sind zunächst konjugiert komplex (*Unterdämpfung*) und werden dann reell (*Überdämpfung*). Im Moment des Übergangs haben beide Eigenwerte denselben Wert $s_1 = s_2 < 0$ (*kritische Dämpfung*).

Die **Wurzelortskurve** ist eine grafische Darstellung der Lage der Nullstellen in Abhängigkeit vom Dämpfungskoeffizienten d. Abbildung 2.23 zeigt eine solche Kurve. Außerdem vergleicht die Abbildung einen Schwingkreis mit einem gedämpften Federschwinger (beide System sind in Reihe). Bei einem rotierenden System tritt an die Stelle der Masse das *Trägheitsmoment*. Der Antriebskraft eines Motors kommt aus dem *Drehmoment*. Und an die Stelle der Auslenkung tritt ein *Winkel*. In unseren Betrachtungen bleiben wir bei einem Freiheitsgrad (wir haben also skalare Größen und keine Matrizen).

2.5 Schaltnetze und Übertragungsfunktionen

Die Lösungen der quadratischen Gleichung zeigen den Übergang von einer Schwingung zu einem exponentiellen Abfall:

$$ms^2 + ds + k = 0$$
$$s = \frac{-d \pm \sqrt{d^2 - 4km}}{2m}$$

$d^2 < 4km \ \overline{s_2} = s_1$ **Unterdämpfung**
$d^2 = 4km \ s_2 = s_1 < 0$ **kritische Dämpfung**
$d^2 > 4km \ s_2 < s_1 < 0$ **Überdämpfung**

Das ist alles über das natürliche (transiente) Verhalten. Ein Antriebsterm $f(t)$ führt zu einem erzwungenen Verhalten (Gleichgewichtszustand). Wenn an der Stelle $t = 0$ eine konstante Kraft eingeschaltet wird, lösen wir die Differentialgleichung mit der Stufenfunktion $f(t)$ und den Anfangsbedingungen null.

Sprungantwort $u(t)$ $\quad mu'' + du' + ku = 1 \quad \begin{array}{l} \text{für } t > 0, \\ u(0) = u'(0) = 0. \end{array}$ (2.117)

Lösung $\quad u(t) = u_{\text{speziell}} + u_{\text{Nullraum}} = u_{\text{Gleichgewicht}} + u_{\text{transient}}$.

Die Sprungantwort ist $\frac{1}{k} + Ae^{s_1 t} + Be^{s_2 t}$ = Konstante + Schwingung - Abfall.

Beispiel 2.15 Es sei $m = k = 1$. Der Dämpfungskoeffizient d wächst von null.

Die quadratische Gleichung ist $s^2 + ds + 1 = 0$. Die Gleichung lässt sich in Linearfaktoren $(s - s_1)(s - s_2)$ zerlegen. Nach dem Satz von Vieta ist $s_1 s_2 = 1$ und $s_1 + s_2 = -d$. In diesem Schlüsselbeispiel stellen wir nun die Nullstellen für vier Werte des Dämpfungskoeffizienten d ($d = 0, 1, 2, 2.05$) grafisch dar.

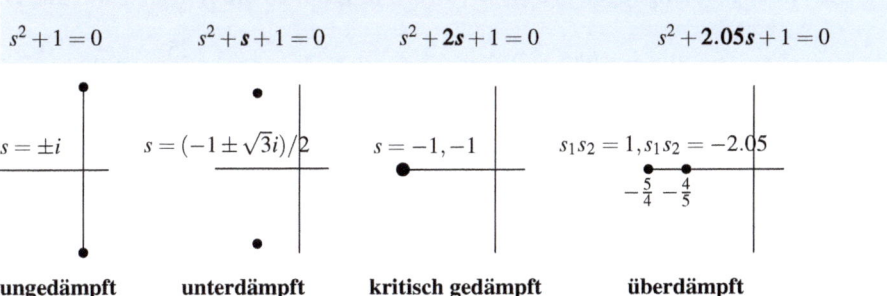

| $s^2 + 1 = 0$ | $s^2 + s + 1 = 0$ | $s^2 + 2s + 1 = 0$ | $s^2 + 2.05s + 1 = 0$ |

$s = \pm i$ $\quad\quad$ $s = (-1 \pm \sqrt{3}i)/2$ $\quad\quad$ $s = -1, -1$ $\quad\quad$ $s_1 s_2 = 1, s_1 s_2 = -2.05$
$\quad\quad\quad\quad\quad\quad\quad\quad\quad\quad\quad\quad\quad\quad\quad\quad\quad\quad\quad\quad\quad\quad\quad\quad\quad\quad\quad -\frac{5}{4} \ -\frac{4}{5}$

ungedämpft $\quad\quad$ **unterdämpft** $\quad\quad$ **kritisch gedämpft** $\quad\quad$ **überdämpft**

Die Koeffizienten A und B für das transiente Verhalten sind durch die Anfangsbedingungen $u(0) = u'(0) = 0$ bestimmt. Die Kurven in Abbildung 2.24 auf der nächsten Seite zeigen die vier Sprungantworten mit zunehmendem d.

Ein nützliches Maß für das Verhältnis aus Abfall und Schwingung ist der **Dämpfungsgrad**, der als $d/2\sqrt{km}$ definiert ist. Das ist der Quotient aus einer natürlichen Zeit und der Abfallzeit. (Bedanken Sie, dass die Konstante a in $e^{-aT} = 1$ die Dimension 1/Zeit hat.) Ein Planer interessiert sich außerdem für die **Anstiegszeit** in den beiden letzten Fällen. Nach Konvention ist das die Zeit, die zwischen dem Erreichen des Funktionswertes $u = .1$ und dem Erreichen des Funktionswertes $u = .9$ im Fall $u(\infty) = 1$ liegt.

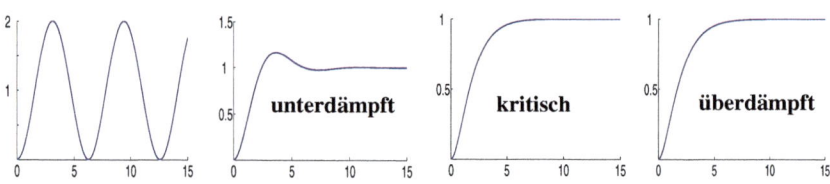

Abb. 2.24 Sprungantworten $u(t)$ = transientes Verhalten plus Gleichgewichtszustand ($u(\infty) = 1$).

Lassen Sie mich den überdämpften Fall (viertes Beispiel) im Detail betrachten. Die Gleichung lautet $u'' + 2.05\,u' + u = 1$ für $t \geq 0$. Die Gleichgewichtslösung für $t \to \infty$ ist $u = 1$. Um das transiente Verhalten zu bestimmen, wird $u = e^{st}$ in die homogene Gleichung eingesetzt $u'' + 2.05\,u' + u = 0$. Das liefert $s^2 + 2.05\,s + 1 = 0$. Daraus bestimmen wir $s_1 = -0.8$ und $s_2 = -1.25$:

$$s^2 + 2.05s + 1 = \left(s + \frac{4}{5}\right)\left(s + \frac{5}{4}\right) = 0 \text{ hat die Lösungen } s_1 = -\frac{4}{5} \text{ und } s_2 = -\frac{5}{4}.$$

Die Nullraumlösungen (Lösungen der homogenen Gleichung) sind Kombinationen dieser Exponentialfunktionen e^{st}.

Vollständige Lösung $u'' + 2.05u' + u = 1$ wird gelöst durch
$$u(t) = 1 + Ae^{-4t/5} + Be^{-5t/4}.$$
(2.118)

Die Anfangsbedingungen $u(0) = u'(0) = 0$ bestimmen die Konstanten A und B:

$$u(0) = 1 + A + B = 0, \, u'(0) = -\frac{4}{5}A - \frac{5}{4}B = 0 \text{ liefern } A = -\frac{25}{9} \text{ und } B = \frac{16}{9}.$$

Laplace-Transformation

Bedenken Sie, dass wir sofort in den Zeitraum zurückgekehrt sind, nachdem wir s_1 und s_2 bestimmt hatten. **Mithilfe der Laplace-Transformation können wir die gesamte Aufgabe im Frequenzraum lösen.** Wir werden die Transformierte $U(s)$ einschließlich der Konstanten A und B bestimmen. Der allerletzte Schritt ist dann die inverse Transformation von $U(s)$ in $u(t)$. Wir beginnen mit der Transformation:

Laplace-Transformation von $u(t)$ $\quad U(s) = \int_0^\infty u(t)\, e^{-st}\, dt.$ (2.119)

Zur Lösung von $u'' + 2.05\,u' + u = 1$ brauchen wir nur die Transformierte $U(s) = 1/(a+s)$ von $u = e^{-at}$:

$$U(s) = \int_0^\infty e^{-at} e^{-st}\, dt = \int_0^\infty e^{-(a+s)t}\, dt = \left[\frac{e^{-(a+s)t}}{-(a+s)}\right]_0^\infty = \frac{1}{a+s}.$$
(2.120)

2.5 Schaltnetze und Übertragungsfunktionen

Im Spezialfall $a = 0$ ist die Sprungfunktion $e^{-0t} = 1$, ihre Transformierte ist $1/s$.

Außerdem müssen wir eine Verbindung zwischen den Transformierten von u' und u'' mit $U(s)$ herstellen:

Schlüsselregel Die Transformierte von $u'(t)$ ist $sU(s) - u(0)$. (2.121)

Das ergibt sich durch partielle Integration (wie Sie wissen, ist $\int u'v + uv' = uv$):

$$\int_0^\infty u'(t)e^{-st}\,dt = -\int_0^\infty u(t)(e^{-st})'\,dt + \left[u(t)e^{-st}\right]_0^\infty = sU(s) - u(0).$$

Wenn wir die Regel wieder auf u' anwenden, erhalten wir die Laplace-Transformierte der zweiten Ableitung u'':

Transformierte von $u''(t)$

$s\left[Transformierte\ von\ u'\right] - u'(0) = s^2 U(s) - su(0) - u'(0)$.

In unserem Beispiel ist $u(0) = u'(0) = 0$. Nun benutzen wir die Linearität des Integrals (2.119), das $U(s)$ definiert. Die Transformierte einer Summe $u'' + 2.05\,u' + u = 1$ ist die **Summe der einzelnen Transformierten**: $s^2 U(s) + 2.05\,sU(s) + U(s) = 1/s$. Daraus ergibt sich:

$U(s) =$ (**Transformierte des Antriebs**) (**Übertragungsfunktion**)

$$U(s) = \left(\frac{1}{s}\right)\left(\frac{1}{s^2 + 2.05\,s + 1}\right). \quad (2.122)$$

Die Algebra der Partialbrüche

Wir haben nun eine Lösung, aber sie liegt im Frequenzraum. Die Gleichung für $u(t)$ wurde transformiert und nach $U(s)$ aufgelöst. Der letzte Schritt besteht immer darin, die Rücktransformation auszuführen, um $u(t)$ zu rekonstruieren. Dazu schreiben wir $U(s)$ als Summe von **drei Transformierten, die wir bereits kennen**:

Partialbrüche $\quad U(s) = \dfrac{1}{s\left(s+\frac{4}{5}\right)\left(s+\frac{5}{4}\right)} = \dfrac{1}{s} + \dfrac{A}{s+\frac{4}{5}} + \dfrac{B}{s+\frac{5}{4}}. \quad (2.123)$

Die Konstanten A und B sind genau die Koeffizienten in der Lösung $u(t) = 1 + Ae^{s_1 t} + Be^{s_2 t}$ im Zeitraum. Um A und B zu bestimmen, können wir zum Beispiel den MATLAB-Befehl ilaplace zur symbolischen Berechnung benutzen. Wir könnten auch die Formel für die inverse Laplace-Transformation aus Abschnitt 5.3 auf Seite 493 (ein Integral in der komplexen Ebene) anwenden. An dieser Stelle können wir aber auch gewöhnliche Algebra benutzen, um $A = -25/9$ und $B = 16/9$ aus Gleichung (2.123) zu bestimmen:

Multipliziere mit $s + \dfrac{4}{5}$ und setze $s = -\dfrac{4}{5}$ ein

$$\frac{1}{\left(-\frac{4}{5}\right)\left(-\frac{4}{5}+\frac{5}{4}\right)} = \frac{1}{\left(-\frac{4}{5}+\frac{9}{20}\right)} = -\frac{25}{9} = 0 + A + 0.$$

Analog können wir Gleichung (2.123) mit $\left(s+\frac{5}{4}\right)$ multiplizieren und $s = -\frac{5}{4}$ setzen, um $16/9 = 0 + 0 + B$ zu bestimmen.

Der letzte (inverse) Schritt besteht darin, die drei Brüche als einzelne Laplace-Transformierte aufzufassen:

$$U(s) = \frac{1}{s} + \frac{-25/9}{s+\frac{4}{5}} + \frac{16/9}{s+\frac{5}{4}} \quad \text{stammt von}$$

$$u(t) = 1 - \frac{25}{9} e^{-4t/5} + \frac{16}{9} e^{-5t/4}.$$

(2.124)

Das ist die bereits dargestellte Lösung für den überdämpften Fall, die gleichmäßig gegen $u(\infty) = 1$ strebt.

Schlüsselbeobachtung Die Exponentialfunktionen Ae^{st} enthalten die **Pole** s_1, s_2 und ihre **Residuen** A, B.

Fünf Transformierte und fünf Regeln

Die Lösung für den unterdämpften Fall schwingt während des Abfalls. Sie enthält die Terme $e^{-\sigma t} \cos \omega t$ und $e^{-\sigma t} \sin \omega t$. Die Lösung für den kritisch gedämpften Fall mit einem doppelten Pol enthält außer dem Term e^{-t} auch den Term te^{-t}. Um diese Lösungen im Frequenzbereich zu bestimmen und die Rücktransformation in den Zeitraum auszuführen, brauchen wir eine Reihe von Transformationen und Regeln. Alle Funktionen starten bei $t = 0^-$, sodass der Impuls $\delta(t)$ an der Stelle $t = 0$ durch die Transformierte $U(s) = \int \delta(t) e^{-st} dt = 1$ sichergestellt wird.

Transformierte

$\delta(t) \;\to\; 1$

$e^{-at} \;\to\; \dfrac{1}{s+a}$

$\cos \omega t \;\to\; \dfrac{s}{s^2 + \omega^2}$

$\sin \omega t \;\to\; \dfrac{\omega}{s^2 + \omega^2}$

$t^n \;\to\; \dfrac{n!}{s^{n+1}}$

Regeln

$u(t) + v(t) \;\to\; U(s) + V(s)$

$du/dt \;\to\; sU(s) - u(0)$

$d^2u/dt^2 \;\to\; s^2 U(s) - su(0) - u'(0)$

$e^{-at} u(t) \;\to\; U(s+a)$

$u(t - T) \;\to\; e^{-sT} U(s)$ for $T \geq 0$

2.5 Schaltnetze und Übertragungsfunktionen

Dadurch, dass wir $U(s)$ in einfachere Stücke (Partialbrüche) zerlegen, können wir die Rücktransformierte jedes Stückes aus der Tabelle einzeln ablesen, um die Lösung $u(t)$ zu bestimmen. Diese Vergehensweise ist auch bei den drei anderen Beispielen (im ungedämpften, kritisch gedämpften und unterdämpften Fall) erfolgreich. Die Sprungfunktion $f(t) = 1$ (für $t > 0$) liefert den einfachen Beitrag $1/s$ (Transformierte des Antriebs). Bei komplizierteren Antriebsfunktionen brauchen wir die ausführlichere Tabelle mit Transformierten aus Abschnitt 5.3 auf Seite 493 und die allgemeingültige Formel für die *inverse Laplace-Transformation* – die über den Fall von Quotienten von Polynomen hinausgeht.

Beispiel 2.16 (ungedämpfter Fall) Lösen Sie die Gleichung $u'' + u = 1$ durch Laplace-Transformation. Die Anfangsbedingungen sind $u(0) = u'(0) = 0$.

Lösung Transformation der Gleichung liefert $s^2 U(s) + U(s) = 1/s$. Auflösen nach $U(s)$ ergibt:

$$U(s) = \frac{1}{s(s^2+1)} = \frac{1}{s} - \frac{s}{s^2+1}.$$

Das ist die Transformierte von $u(t) = 1 - \cos t$ mit $\omega = 1$.

Beispiel 2.17 (kritischer Fall) Lösen Sie die Gleichung $u'' + 2u' + u = 1$, indem Sie zunächst $U(s)$ bestimmen und dann auf $u(t)$ schließen.

$$U(s) = \frac{1}{s(s^2+2s+1)} = \frac{1}{s} - \frac{1}{s+1} - \frac{1}{(s+1)^2}.$$

Das ist die Transformierte von $u(t) = \mathbf{1} - \mathbf{e}^{-t} - \mathbf{t}\mathbf{e}^{-t}$. Beachten Sie den Term te^{-t} in der Lösung. Er ist auf die doppelte Nullstelle bei $s = -1$ zurückzuführen. Das ist der Fall mit kritischer Dämpfung: Die komplexen Nullstellen fallen zusammen, bevor daraus zwei einzelne reelle Nullstellen werden. Bei der Rücktransformation von $1/(s+1)^2$ haben wir die letzte Transformation $t \to 1/s^2$ aus der Tabelle benutzt und die vierte Regel angewandt, sodass s zu $s+1$ und t zu te^{-t} wird.

Beispiel 2.18 (unterdämpfter Fall) Lösen Sie die Gleichung $u'' + u' + u = 1$. Die Lösungen werden Schwingungen sein, die mit e^{st} abklingen.

$$\begin{aligned} U(s) &= \frac{1}{s(s^2+s+1)} = \frac{1}{s} - \frac{s+1}{s^2+s+1} \\ &= \frac{1}{s} + \frac{1}{s_1 - s_2}\left[\frac{1-s_1}{s+s_1} - \frac{1-s_2}{s+s_2}\right]. \end{aligned} \quad (2.125)$$

Die Nullstellen von $s^2 + s + 1 = (s+s_1)(s+s_2)$ sind $s_1 = -\frac{1}{2} + \frac{\sqrt{3}}{2}i$ und $s_2 = -\frac{1}{2} - \frac{\sqrt{3}}{2}i$. Wir haben zwei Möglichkeiten, die Partialbruchzerlegung vorzunehmen: Wir können den Quotienten $s^2 + 2s + 1$ mit einem Linearfaktor $s+1$ stehen lassen oder ihn in $A/(s+s_1) + B/(s+s_2)$ zerlegen. Eine dritte Möglichkeit ist, auf den MATLAB-Befehl ilaplace zurückzugreifen.

Mit der Option linear/quadratisch (bevorzugt) wird angestrebt, die Transformierten von $\cos \omega t$ und $\sin \omega t$ aus der Tabelle wiederzuerkennen. Unser Nenner ist $s^2 + s + 1 = \left(s + \frac{1}{2}\right)^2 + \frac{3}{4}$. Wir können die vierte Regel anwenden, um $a = \frac{1}{2}$ nach $s^2 + \frac{3}{4}$ zu verschieben. Das bringt in $u(t)$ den Faktor $e^{-t/2}$. Dann finden wir $\omega^2 = \frac{3}{4}$:

$$\frac{s+1}{s^2+s+1} = \frac{s+\frac{1}{2}}{\left(s+\frac{1}{2}\right)^2 + \frac{3}{4}} + \frac{\frac{1}{2}}{\left(s+\frac{1}{2}\right)^2 + \frac{3}{4}} \quad \rightarrow \text{verschiebt } s+\tfrac{1}{2} \text{ nach } s \quad (2.126)$$

$$= \text{Verschiebung von } \frac{s}{s^2+\omega^2} + \frac{1/2}{s^2+\omega^2} \quad \rightarrow e^{-t/2}\left(\cos \omega t + \frac{1}{\sqrt{3}} \sin \omega t\right).$$

Erstaunlicherweise und zum Glück stimmt dieses Ergebnis mit der Lösung für den unterdämpften Fall aus Abbildung 2.24 auf Seite 190 überein.

Aufgaben zu Abschnitt 2.5

Die Aufgaben 2.5.1–2.5.9 befassen sich mit der Lösung der Differentialgleichung $u'' + du' + 4u = 1$ im Frequenzraum unter den Anfangsbedingungen $u(0) = u'(0) = 0$. Anschließend wird $U(s)$ rücktransformiert.

2.5.1 (keine Dämpfung) Transformieren Sie die Gleichung $u'' + 4u = 1$ und lösen Sie das Ergebnis $s^2 U(s) + 4U(s) = 1/s$ nach $U(s)$ auf. Schreiben Sie $U(s)$ wie in Beispiel 2.5.3 als Summe von zwei Brüchen. Bestimmen Sie die Funktion $u(t)$ mithilfe der Transformationstabelle.

2.5.2 (kritische Dämpfung) Transformieren Sie die Gleichung $u'' + 4u' + 4u = 1$. Das Ergebnis ist $(s^2 + 4s + 4)U(s) = 1/s$. Bestimmen Sie die Übertragungsfunktion $G(s)$. Beachten Sie, dass $G(s)$ den vom Antrieb herrührenden Term $1/s$ nicht enthält. Weil das Polynom $s^2 + 4s + 4$ an der Stelle $s = -2$ eine doppelte Nullstelle besitzt, hat die Übertragungsfunktion dort eine doppelte _____. Schreiben Sie $U(s)$ wie in Aufgabe 2.5.4 als Summe von drei Brüchen.

2.5.3 Führen Sie Aufgabe 2.5.2 weiter. Bestimmen Sie die Inversen der drei Brüche und daraus $u(t)$. Der spezielle Term $1/(s+2)^2$ ist die Transformierte von te^{-2t}, der zweiten Lösung von $u'' + 4u' + 4u = 0$. Setzen Sie te^{-2t} direkt in die Gleichung ein, um sich davon zu überzeugen.

2.5.4 (Überdämpfung) Transformieren Sie die Gleichung $u'' + 5u' + 4u = 1$. Das Ergebnis ist $(s^2 + 5s + 4)U(s) = 1/s$. Faktorisieren Sie diese quadratische Gleichung, um die beiden Pole der Übertragungsfunktion zu bestimmen. Schreiben Sie $U(s)$ als Summe von $1/s$, $A/(s+1)$ und $B/(s+4)$, um $u(t)$ zu bestimmen.

2.5.5 Wie nähern sich die beiden Nullstellen von $s^2 + ds + 4$ der doppelten Nullstelle bei $s = -2$, wenn der Dämpfungskoeffizient vom Wert $d = 5$ auf den kritischen Wert $d = 4$ sinkt?

(a) Stellen Sie die beiden Nullstellen im Intervall $d = [5, 4]$ in Schritten von -0.1 oder -0.01 als Funktion von d grafisch dar.

(b) Lösen Sie $s^2 + (4 + \varepsilon)s + 4 = 0$, um den führenden Term der Nullstellen im Limes $\varepsilon \to 0$ zu bestimmen.

2.5 Schaltnetze und Übertragungsfunktionen

2.5.6 (**Unterdämpfung**) Transformieren Sie die Gleichung $u'' + 2u' + 4u = 1$. Das Ergebnis ist $(s^2 + 2s + 4)U(s) = 1/s$. Bestimmen Sie die konjugiert komplexen Nullstellen dieser quadratischen Gleichung. Wie groß ist die Abfallrate a im Faktor e^{-at} der Lösung $u(t)$? Wie groß ist die Frequenz ω in den Faktoren $\cos \omega t$ und $\sin \omega t$ dieser Lösung?

2.5.7 Führen Sie Aufgabe 2.5.6 fort. Schreiben Sie $U(s) = 1/s(s^2 + 2s + 4)$ als Summe von $1/s$ und $(As+B)/(s^2 + 2s + 4)$. Sie können die Inverse der letzten Transformierten leicht bestimmen, wenn Sie

$$\frac{As+B}{s^2+2s+4} = \frac{A(s+1)}{(s+1)^2+3} + \frac{B-A}{(s+1)^2+3} =$$

als Verschiebung nach $\dfrac{As}{s^2+3} + \dfrac{B-A}{s^2+3}$

schreiben. Diese Verschiebung liefert den Faktor e^{-at} in der Lösung $u(t)$. Bestimmen Sie die Inversen dieser verschobenen Terme. Das sind die Schwingungsfaktoren $A\cos \omega t$ und $C\sin \omega t$ dieser Lösung.

2.5.8 Führen Sie Aufgabe 2.5.6 fort. Stellen Sie die Lösung $u(t)$ grafisch dar und lokalisieren Sie das Maximum $u_{\max}$. Zusatzaufgabe: Stellen Sie die Lösung $u(t)$ für die Werte $d = 2 : .5 : 4$ dar. Bestimmen Sie für jedes d die Werte $u_{\max}$ und $t_{\max}$ (im kritischen Fall $d = 4$ sind die Werte $u_{\max} = 1$ und $t_{\max} = +\infty$).

2.5.9 Transformieren Sie die Gleichung $u'' - 5u' + 4u = 1$ im Fall von *negativer Dämpfung* mit $d = -5$, um die Transformierte $U(s)$ zu bestimmen. Schreiben Sie $U(s)$ als $1/s + A/(s-1) + B/(s-4)$ und finden Sie die Inversen, um $u(t)$ zu bestimmen. Der Unterschied zu Aufgabe 2.5.4 auf der vorherigen Seite mit $d = +5$ besteht darin, dass für die Lösung hier im Limes $t \to \infty$ _____ gilt.

2.5.10 Lösen Sie die homogene Gleichung $u'' + 4u = 0$ mit den Anfangsbedingungen $u(0) = u'(0) = 1$, indem Sie zunächst die Laplace-Transformierte $U(s)$ bestimmen. Die Transformationstabelle zeigt, wie $u(0)$ und $u'(0)$ die Quellterme liefern, die nun nicht mehr vom Antriebsterm stammen. Schreiben Sie $U(s)$ als $A/(s-2i) + B/(s+2i)$ und bestimmen Sie $u(t) = Ae^{2it} + Be^{-2it}$.

2.5.11 Führen Sie Aufgabe 2.5.10 fort. Schreiben Sie die Lösung $u(t)$ als Kombination von $\cos 2t$ und $\sin 2t$. Überzeugen Sie sich mithilfe der Transformationstabelle davon, dass die Transformierte dieser Kombination mit $U(s)$ aus Aufgabe 2.5.10 übereinstimmt.

2.5.12 Im Fall mit kritischer Dämpfung hat das Polynom zu Gleichung $u'' + 4u' + 4u = 0$ eine doppelte Nullstelle bei $s = -2$ (siehe Aufgabe 2.5.2). Bestimmen Sie die Kombination $u(t)$ von e^{-2t} und te^{-2t}, welche die Anfangsbedingungen $u(0) = 4$ und $u'(0) = 8$ erfüllt. Überzeugen Sie sich mithilfe der Transformationstabelle davon, dass die Transformierte dieser Lösung $u(t)$ mit der Transformierten $U(s)$ übereinstimmt, die wir direkt aus $u'' + 4u' + 4u = 0$ bestimmt haben.

Die Aufgaben 2.5.13-2.5.15 befassen sich mit Impedanzen, Übertragungsfunktionen und dem Antwortverhalten in Schwingkreisen.

2.5.13 Die einfache Schleife aus Abbildung 2.20 auf Seite 180 mit $L = 0$ (keine Spule) führt auf Übertragungsfunktionen wie in den Gleichungen (2.111) und (2.112):

$$\frac{I(s)}{V(s)} = \frac{1}{R + \frac{1}{Cs}} \quad \text{und} \quad \frac{V_C(s)}{V(s)} = \frac{1}{RCs + 1}.$$

Was ist die Impedanz Z in dieser Schleife? Welcher Exponentialansatz $u = e^{-at}$ erfüllt die Differentialgleichung *erster Ordnung* $Ru' + u/C = 0$? Zeigen Sie, dass die Abfallrate $s = -a$ der Pol der Übertragungsfunktion ist.

2.5.14 Bestimmen Sie die Pole der Übertragungsfunktion, wenn die Konstanten R, L und C positiv sind. Welche Grenzwerte haben diese Pole im Limes $L \to 0$?

2.5.15 Ein Schwingkreis (in *Reihe*) hat die Impedanz $Z = Ls + R + (Cs)^{-1}$ und die Admittanz $Y = 1/Z$. Welche Werte haben Y und Z, wenn die drei Elemente *parallel* geschaltet sind? (In Parallelschaltung addieren sich die Admittanzen.)

2.5.16 Aus einer Federkette machen wir nun eine *RLC-Reihe* oder eine *Reihe aus Feder, Masse und Dämpfer*:

Die Ausgangsgleichungen sind $e_1 = u_1 - u_0 = RI(t)$ aus dem Ohmschen Gesetz und $e = w(t)/k$ aus dem Hookeschen Gesetz. Bestimmen Sie Differentialgleichungen für e_2 und e_3 in der *RLC*-Reihe. Der Strom $I(t)$ ist in jedem Knoten gleich (Stromgleichgewicht).

2.5.17 Beispiel 3.1 aus Nise [118] liefert Gleichungen im Zustandsraum (Darstellung im Zeitraum) für den Strom $I_R(t)$ in dem folgenden Netzwerk. Erläutern Sie die drei Gleichungen.

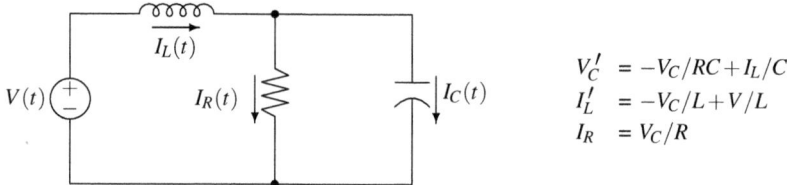

$$V_C' = -V_C/RC + I_L/C$$
$$I_L' = -V_C/L + V/L$$
$$I_R = V_C/R$$

2.5.18 (empfehlenswert) Identifizieren Sie in Aufgabe 2.5.17 die Zustandsvariablen x, die Eingabe u, die Ausgabe y und die Matrizen A, B, C und D in der **Zustandsgleichung** $x' = Ax + Bu$ und in der **Ausgangsgleichung** $y = Cx + Du$.

2.5.19 In der Mechanik sind die natürlichen Zustandsvariablen die Orte $u(t)$ und die Geschwindigkeiten $v(t)$ der Massen. Skizzieren Sie eine Reihe aus Dämpfer d, Masse m_1, Feder k, Masse m_2 und Kraft $f(t)$, wobei das linke Ende festgehalten

2.6 Nichtlineare Probleme

ist. Erläutern Sie die folgenden Zustandsgleichungen (Nise, Seite 143):

$$\begin{bmatrix} u'_1 \\ v'_1 \\ u'_2 \\ v'_2 \end{bmatrix} = \begin{bmatrix} 0 & 1 & 0 & 0 \\ -k/m_1 & -d/m_1 & k/m_1 & 0 \\ 0 & 0 & 0 & 1 \\ k/m_2 & 0 & -k/m_2 & 0 \end{bmatrix} \begin{bmatrix} u_1 \\ v_1 \\ u_2 \\ v_2 \end{bmatrix} + \begin{bmatrix} 0 \\ 0 \\ 0 \\ 1/m_2 \end{bmatrix} f(t).$$

2.5.20 (sehr empfehlenswert) Transformieren Sie für den Fall mit Anfangsbedingungen gleich null und konstanten Matrizen A, B, C und D die Zustandsgleichung $x' = Ax + Bu$ und die Ausgangsgleichung $y = Cx + Du$ in Gleichungen für $X(s)$ und $Y(s)$ im Frequenzraum. Lösen Sie zuerst nach $X(s)$ auf und setzen Sie das Ergebnis in $Y = CX + DU$ ein, um $Y(s) = [\textit{Übertragungsmatrix}]\, U(s)$ zu bestimmen. Ihre Gleichung enthält die Matrix $(sI - A)^{-1}$, sodass die Eigenwerte der Matrix A die Pole der Übertragungsfunktion $T(s)$ (der *Determinante der Übetragungsmatrix*) sind.

2.5.21 Bestimmen Sie die Matrix $(sI - A)^{-1}$, die 1×1-Übertragungsmatrix und ihre Pole $-1, -2, -3$:

$$A = \begin{bmatrix} 0 & 1 & 0 \\ 0 & 0 & 1 \\ -6 & -11 & -6 \end{bmatrix} \quad B = \begin{bmatrix} 1 \\ 0 \\ 0 \end{bmatrix} \quad C = \begin{bmatrix} 1 & 0 & 0 \end{bmatrix} \quad D = \begin{bmatrix} 0 \end{bmatrix}.$$

2.5.22 Bestimmen Sie den Strom auf dem einfachen Schwingkreis mit $R = 3$, $\omega L = 5$ und $\omega C = 1$. Stellen Sie die Spannung und den Strom grafisch dar. Was ist ihr Phasenunterschied? Kommen wir auf Abbildung 2.20 auf Seite 180 am Beginn dieses Abschnitts zurück. Stellen Sie für $R_1 = C = L = R_4 = 1$ das Gleichgewichtssystem (2.107) auf und eliminieren Sie W.

2.5.23 Angenommen, das System $Ax = b$ enthält komplexe Matrizen und Vektoren: $A = A_1 + iA_2$ und $b = b_1 + ib_2$ mit der Lösung $x = x_1 + ix_2$. Bestimmen Sie $2n$ reelle Gleichungen für die $2n$ reellen Unbekannten x_1 und x_2, indem Sie Real- und Imaginärteil des Systems $Ax = b$ getrennt betrachten.

2.6 Nichtlineare Probleme

Ihnen ist klar, dass die Natur nichtlinear ist. Unsere linearen Gleichungen $Ku = f$ und $Mu'' + Ku = 0$ sind für viele Probleme ausgezeichnete Näherungen. Aber sie sind nur die halbe Wahrheit. Wenn es etwa um Transistoren in Netzwerken, große Auslenkungen in der Mechanik, die Bewegung von Flüssigkeiten oder biologische Gesetze geht, sind wir gezwungen, nichtlineare Gleichungen zu lösen. Und das ist nur eine kleine Auswahl von Anwendungen. *Der Schlüssel dazu ist das Newton-Verfahren* (mit einer Reihe von Variationen).

Beginnen wir mit dem Grundmodell mit n Gleichungen in n Unbekannten:

Nichtlineares System $g(u) = 0$
$$g_1(u_1,\ldots,u_n) = 0 \ldots g_n(u_1,\ldots,u_n) = 0. \quad (2.127)$$

Im linearen Fall wäre $g(u) = Ku - f$. Die rechte Seite ist in $g(u)$ enthalten.

Wir erwarten, dass wir $g(u) = 0$ lösen können, indem wir von einem ersten Startwert u^0 ausgehen. Bei jedem Interationsschritt verbessern wir u^k auf u^{k+1}. Wenn wir Glück haben, können wir alle ersten Ableitungen berechnen:

Jacobi-Matrix J $J_{ij} = \dfrac{\partial g_i}{\partial u_j} = n \times n -$ Matrix der Ableitungen. (2.128)

Das lässt eine lineare Näherung von $g(u)$ um den Punkt $u^0 = (u_1^0,\ldots,u_n^0)$ zu:

Lineare Näherung $g(u) \approx g_{\text{cutoff}} = g(u^0) + J(u^0)(u - u^0).$ (2.129)

Das Newton-Verfahren wählt den Vektor $u = u^1$, der $g_{\text{cutoff}}(u^1) = 0$ liefert. Das ist eine lineare Gleichung mit der Koeffizientenmatrix $J(u^0)$. In jedem Iterationsschritt wird die aktualisierte Jacobi-Matrix J mit den Ableitungen an u^k benutzt, um das neue u^{k+1} zu bestimmen:

Newton-Verfahren $J\Delta u = -g$ $J(u^k)(u^{k+1} - u^k) = -g(u^k).$ (2.130)

Es folgt ein Beispiel für das Newton-Verfahren für die Funktion $g(u) = u^2 - 9$, die an der Stelle $u^* = 3$ eine Nullstelle hat. Ihre Jacobi-Matrix ist $J(u) = g' = 2u$. Wir starten an der Stelle $u^0 = 10/3$. Die Jacobi-Matrix hat dort den Wert $20/3$.

Beim Newton-Verfahren wird in jedem Iterationsschritt $J^k = 2u^k$ aktualisiert. Beim *modifizierten Newton-Verfahren* bleibt es bei der ersten Jacobi-Matrix $J^0 = 2u^0 = 20/3$. Die Fehler $|u^k - 3|$ offenbaren einen sehr großen Unterschied zwischen linearer und quadratischer Konvergenz.

	$2u^k(u^{k+1} - u^k) = 9 - (u^k)^2$		$2u^0(u^{k+1} - u^k) = 9 - (u^k)^2$	
		Error $|u^k - 3|$		Error $|u^k - 3|$
Newton	$k = 0$	.33333333333333	modifiziert	0	.33333333333333
	$k = 1$	.01666666666667		1	.01666666666667
	$k = 2$	.00004604051565		2	.00162500000000
	$k = 3$	.00000000035328		3	.00016210390625
	$k = 4$	.00000000000000		4	.00001620644897

Beim Newton-Verfahren wird der Fehler in jedem Iterationsschritt **quadriert**, was die Anzahl der korrekten Stellen verdoppelt:

Newton $u^{k+1} - 3 \approx \dfrac{1}{6}(u^k - 3)^2$ **modifiziert** $u^{k+1} - 3 \approx \left(1 - \dfrac{3}{u^0}\right)(u^k - 3)$
(2.131)

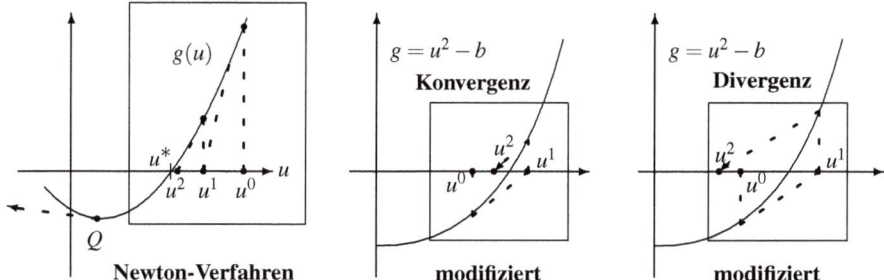

Abb. 2.25 Das Newton-Verfahren folgt den Tangenten, das modifizierte Newton-Verfahren beibt bei der ersten Tangente.

Aufgabe 2.6.2 auf Seite 212 wird zeigen, dass das Newton-Verfahren (2.130) u^k mit $9/u^k$ mittelt, um das neue u^{k+1} zu bestimmen. Es würde sich als Katastrophe herausstellen, wenn wir als Startwert $u^0 = 0$ mit $J = 0$ gewählt hätten (flache Tangente).

Beim modifizierten Newton-Verfahren wird der Fehler mit einer Konstanten $c \approx 1 - (3/u^0) = 1/10$ multipliziert. Dieses c liegt nahe bei null, wenn u^0 nahe bei $u^* = 3$ liegt (siehe Abbildung 2.25). Die Wahl $u^0 = 1$ liefert aber $c = -2$, und das Verfahren divergiert (der Fehler verdoppelt sich bei jedem Schritt). Der große Vorteil des modifizierten Verfahrens bei komplizierten Problemen besteht darin, dass die Jacobi-Matrix $J^0 = J(u^0)$ nur ein Mal berechnet werden muss. Das Newton-Verfahren $\boldsymbol{J^k \Delta u^k = -g(u^k)}$ ist großartig, aber es können trotzdem zwei große Schwierigkeiten auftreten:

1. Es kann unmachbar sein, jedes $J^k = J(u^k)$ und jedes Δu^k exakt zu berechnen.
2. Es kann sein, dass der Newton-Schritt $\Delta u^k = u^{k+1} - u^k$ gefährlich groß wird.

Diese Schwierigkeiten veranlassen uns dazu, das reine Newton-Verfahren abzuändern, wie wir es gerade beschrieben haben. Oft führen die Änderungen auf eine „Fixpunktiteration" $u^{k+1} = H(u^k)$. Sie liefert lineare Konvergenz (keine quadratische mehr). Den Faktor c für die Fehlerreduktion werden wir gleich bestimmen.

Fixpunktiterationen

Das Newton-Verfahren berechnet $u^{k+1} = u^k - J(u^k)^{-1} g(u^k)$. Beim modifizierten Newton-Verfahren wird die Matrix $J(u^k)$ durch die feste Matrix $J^0 = J(u^0)$ ersetzt. In jedem Schritt setzen wir die aktuelle Näherung u^k in eine Funktion $H(u)$ ein, um die neue Näherung u^{k+1} zu bestimmen. Das ist **Iteration**:

Iteration beim modifizierten Newton-Verfahren
$$u^{k+1} = H(u^k) \quad \text{mit} \quad H(u) = u - (J^0)^{-1} g(u). \tag{2.132}$$

Wenn u^k einen Grenzwert u^* erreicht, haben wir einen **Fixpunkt** $u^* = H(u^*)$.

Die Gleichung $g(u) = 0$ ist äquivalent zu $u = H(u)$. Wir haben das modifizierte Newton-Verfahren als **Fixpunktiteration** $u^{k+1} = H(u^k)$ geschrieben. Um den neuen Fehler zu erhalten, multiplizieren wir den alten Fehler $e^k = u^* - u^k$ mit einem Faktor, der ungefähr c ist:

Fehlerreduktion mit Faktor $c = H'(u^*)$

$$u^* - u^{k+1} = H(u^*) - H(u^k) \approx \mathbf{H'(u^*)}(u^* - u^k). \tag{2.133}$$

Das ist die Fehlergleichung $e^{k+1} \approx ce^k$ mit $c = H'(u^*)$. Sie liefert außer im Fall $c = 0$ lineare Konvergenz (je kleiner c, umso schneller die Konvergenz). Newton erreichte $c = 0$ durch seine Wahl $H_{\text{Newton}} = u - J^{-1}(u)g(u)$. In diesem Fall ist $e^{k+1} \approx C(e^k)^2$; das bedeutet quadratische Konvergenz.

Beispiel 2.19 $H = u - (J^0)^{-1}g(u)$ hat die Jacobi-Matrix $H'(u^*) = I - (J^0)^{-1}J(u^*)$. Das modifizierte Newton-Verfahren ist erfolgreich, wenn J^0 nahezu $J(u^*)$ ist. Dann ist $c = H'(u^*)$ klein und das modifizierte Verfahren ist nahezu exakt. Im Fall $c = H' > 1$ versagt das Verfahren dagegen, wenn J^0 und $J(u^*)$ entgegengesetzte Vorzeichen haben.

Beispiel 2.20 Für das Newton-Verfahren gilt $H_{\text{Newton}} = u - J^{-1}(u)g(u)$. An der Stelle mit $g(u^*) = 0$ ist die Jacobi-Matrix $H'_{\text{Newton}}(u^*) = I - J^{-1}J = 0$. Das ist die Schlüsselidee: Beim Newton-Verfahren wird H so eingestellt, dass der lineare Term in der Konvergenzgeschwindigkeit $c = 0$ ist.

Es wurden auch viele andere Iterationsverfahren entwickelt (Bisektion, Sekantenverfahren, Chord-Verfahren, Aitken-Verfahren, Regula-Falsi-Verfahren, Brent-Verfahren etc.). Wir könnten diese Verfahren mit dem Argument abtun, dass sie auf skalare Probleme beschränkt sind, das wissenschaftliche Rechnen aber mit langen Vektoren arbeitet. Das ist ein schwaches Argument, weil in der Regel bei jedem Schritt eine Suchrichtung d^k gewählt wird. Die Unbekannte in $g(u^k + \alpha d^k) = 0$ ist nur die Zahl α. Das ist „Liniensuche".

Wir brauchen an dieser Stelle nicht übermäßig ins Detail zu gehen, weil die meisten Leser nach einem MATLAB-Befehl wie fzero (oder roots für ein Polynom $g(u)$) suchen werden. Hinter diesen Befehlen verbirgt sich kein Newton-Verfahren, und fzero ist selbst bei der Lösung der einfachen Gleichung $u^2 - 1 = 0$ nicht robust:

```
g = @(u)  u^2 - 1;
u = fzero(g,10);      % Mit dem Startwert u^0 = 10 ist die Ausgabe u = 1.
u = fzero(g,11);      % Mit dem Startwert u⁰ = 11 ist die Ausgabe NaN.
```

Beachten Sie die praktische Definition @(u) der Funktion $g(u)$. Diese Darstellungsart scheint den Befehl inline('u^2-1') zu ersetzen. Beim Befehl roots, mit dem die Nullstellen eines Polynoms $g(u)$ bestimmt werden, wird eine „Begleitmatrix" C angelegt, deren Eigenwerte die Gleichung $g(\lambda) = 0$ erfüllen. Anschließend wird eig(C) berechnet.

2.6 Nichtlineare Probleme

Erstaunlicherweise ist MATLABs flexibler Algorithmus fsolve gegenwärtig auf die Optimization Toolbox beschränkt. Die Optionen für den Befehl fsolve(@g,u0, opts) sind online unter **Help Desk** beschrieben. Octave und netlib bieten freie Newton-Löser.

Wir erzeugen einen einfachen Newton-Code, mit dem wir n Gleichungen $g(u) = 0$ lösen können. Die skalare Gleichung $\sin(u) = 0$ dient uns als ein bescheidener aber aufschlussreicher Test: Es zeigt sich sehr schnelle Konvergenz.

$g = @(u) \sin(u); J = @(u)\cos(u); u = 1;$	% **Starte bei $u^0 = 1$.**
for $i = 1:10$	% **Führe 10 Itarationen aus.**
$\quad u = u - J(u)\backslash g(u);$ end	% **Newton-Schritt**
format long $[u, g(u)];$	% **Quadrieren der Fehler**

Der Code bestimmt schnell die Lösung $u^* = 0$ mit einem Fehler $|\sin(u^*)| < 10^{-8}$. Ein besserer Code würde auch einen Konvergenztest bezüglich Δu einschließen. Wenn wir probehalber verschiedene u^0 einsetzen, konvergiert das Verfahren sehr irregulär zu anderen Lösungen von $\sin(u) = 0$.

$u^0 = 5$ führt zu $u^* = 3\pi$, $\quad u^0 = 6$ führt zu $u^* = 2\pi$, $\quad u^0 = 1.5$ führt zu _____?

Varianten des Newton-Verfahrens

Das Newton-Verfahren ist erfolgreich, wenn: der Startwert u^0 nahe bei u^* liegt, die Ableitungen in der Matrix J bekannt sind und wir jede Gleichung $J(u^k)\Delta u^k = -g(u^k)$ genau und schnell lösen können. Im wissenschaftlichen Rechnen müssen wir uns aber mit der Realität beschäftigen, die diese Annahmen nicht erfüllt.

Eine Variante ist, die Matrix $J(u^k)$ zwar zu aktualisieren, das aber nicht in jedem Schritt. Ich erwähne fünf weitere Varianten, um Ihnen Stichworte für die Zukunft zu liefern.

Wir müssen über den **Umfang**, die **Genauigkeit** und die **Richtung** jedes Schrittes entscheiden.

1. Das **Gedämpfte Newton-Verfahren** reduziert den Schritt auf $\alpha \Delta u^k$, wenn ein ganzer Schritt unsicher ist. Damit bleiben wir in einem „*Vertrauensbereich*", in dem die lineare Näherung zu $g(u) = 0$ verlässlich ist. Wenn u^k die Lösung u^* erreicht, kann der Dämpfungsfaktor langsam zurückgenommen werden.
2. **Newton basierte Fortsetzungsverfahren** lösen einfachere Probleme $g^{(1)}(u) = 0, g^{(2)}(u) = 0, \ldots$, indem die numerisch berechnete Lösung zu jedem einzelnen Problem als Startvektor für das nächste Problem benutzt wird. Typischerweise wird ein großer Quellterm in kleinen Schritten eingeführt, um Divergenz zu vermeiden. Eine gute Beschreibung des *Source-Stepping* finden Sie auf ocw.mit.edu (Course 6.336). Schließlich umfasst das echte Problem $g(u) = g^{(N)}(u) = 0$ den ganzen Quellterm. Solche „Homotopieverfahren" sind bei vielen nichtlinearen Problemen nützlich.
3. **Inexakte Newton-Verfahren** sind vollkommen angebracht, wenn das lineare System $J\Delta u = -g$ groß und aufwändig ist. Die innere Iteration für Δu^k stoppt

früh. Häufig kommen bei dieser Iteration (etwa durch *konjugierte Gradienten*) die Krylov-Unterräume aus Kapitel 7 zum Einsatz. Diese **Newton-Krylov-Verfahren** arbeiten dann in jedem Schritt mit einer dünn besetzten Matrix J.
4. **Verfahren der nichtlinearen konjugierten Gradienten** bestimmen die neue Richtung d^k, indem sie die lokale Schrittrichtung $-g(u^k)$ mit der alten Richtung d^{k-1} kombinieren. Die *Schrittweite* wird gesondert betrachtet:

Nichlineare konjugierte   Richtung $d^k = -g(u^k)$
Gradienten mit α^k, β^k   Liniensuche $u^{k+1} = u^k + \alpha d^k$. (2.134)

$\beta = (g^k)^T(g^k - g^{k-1})/(g^{k-1})^T g^{k-1}$ ist eine beliebte Wahl, weil sie im linearen Fall $g = Au - b$ bemerkenswerte Eigenschaften liefert. Der Code aus Abschnitt 7.4 auf Seite 678 implementiert das Verfahren der konjugierten Gradienten für große lineare Systeme mit dünn besetzten, positiv definiten Matrizen.

5. Ein **Quasi-Newton-Verfahren** ist eine wichtige Variante des Newton-Verfahrens für große Systeme. Zwar wird bei jedem Schritt die Näherung J aktualisiert, aber nicht dadurch, dass Ableitungen von g neu berechnet werden. Der Rechenaufwand dafür ist oft zu hoch. Das gilt selbst zu Beginn des Verfahrens oder wenn man finite Differenzen um jeden Wert u^k benutzt. Ein bekanntes Quasi-Newton-Verfahren, das Broyden-Fletcher-Goldfarb-Shannon-Verfahren (BFGS-Aktualisierung), benutzt zum Aktualisieren der Matrix J nur Informationen, die bei der Berechnung von $g(u^k)$ gewonnen wurden. Die Aktualisierungsmatrix ist so gewählt, dass die Näherung J mit dem echten $J(u^k)$ in der Richtung des letzten Iterationsschrittes $\Delta u = u^k - u^{k-1}$ konsistent ist:

Quasi-Newton-Gleichung

$$(J^{k-1} + Aktualisierung)(\Delta u) = g(u^k) - g(u^{k-1}). \tag{2.135}$$

Minimieren einer Funktion $P(u)$

Bei vielen Problemen erhält man ein System aus n Gleichungen, wenn ursprünglich eine Funktion $P(u_1, \ldots, u_n)$ minimiert werden soll. Diese Gleichungen sind $g_i(u) = \partial P/\partial u_i = 0$. Die ersten Ableitungen der Funktionen g sind zweite Ableitungen der Funktion P. Dann haben wir drei Generationen von Funktionen von $u_1, \ldots, u_n$:

Eine Elternfunktion P, die minmiert werden soll, $P(u_1, \ldots, u_n)$.

Einen Gradientvektor g aus n Kindern, $g_i(u) = \partial P/\partial u_i = 0$.

Eine Matrix J aus n^2 Enkeln, $J_{ij}(u) = \dfrac{\partial g_i}{\partial u_j} = \dfrac{\partial^2 P}{\partial u_i \partial u_j}$.

Die n^3 Urenkel würden einen Tensor bilden, aber wir belassen es bei der Jacobi-Matrix J. Die ersten Ableitungen von g liefern die **Hesse-Matrix** (zweite Ableitungen) zur Funktion P. Ihre besondere neue Eigenschaft ist die **Symmetrie**: Es

2.6 Nichtlineare Probleme

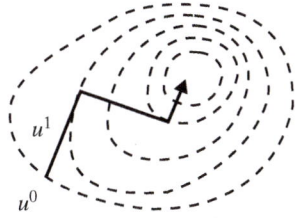
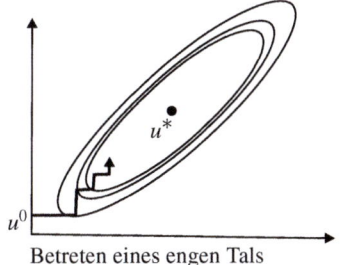

Abstieg an den Niveaulinien von P Betreten eines engen Tals

Abb. 2.26 Der steilste Abstieg ist empfindlich. Der Gradient zeigt nicht auf u^*.

gilt $J = J^T$, weil $\partial^2 P / \partial u_i \partial u_j = \partial^2 P / \partial u_j \partial u_i$ ist. Jede symmetrische Jacobi-Matrix stammt von einer Elternfunktion P, wie in [76] auf Seite 186 diskutiert.

In den ersten Gliedern der Taylor-Reihe, die $P(u)$ um u^0 approximiert, kommen die drei Generationen P, g und J vor:

$$P(u) \approx P_{\text{cutoff}}(u) = P(u^0) + (u-u^0)^T g(u^0) + \frac{1}{2}(u-u_0)^T J(u^0)(u-u^0). \quad (2.136)$$

Wenn wir die rechte Seite P_{cutoff} minimieren, erhalten wir wieder die Gleichungen aus dem Newton-Verfahren für das neue $u = u^1$:

Ableitung von $P_{\text{cutoff}}(u)$ $g(u^0) + J(u^0)(u^1 - u^0) = 0.$ (2.137)

Bei dieser Gleichung waren wir auch am Ende von Abschnitt 1.6 auf Seite 84 angekommen. Die positive Definitheit der Matrix J stellt sicher, dass die Gleichung $g(u) = 0$ tatsächlich ein Minimum von P liefert und nicht etwa ein Maximum oder einen Sattelpunkt. Der überaus wichtige Haltetest kann sich nun auf den Abfall von $P(u)$ stützen. Analog dazu kann P jede eindimensionale Suche entlang d^k entscheiden. Dann ist u^{k+1} ein Minimum von $P(u^k + \alpha d^k)$.

Verfahren des steilsten Abstiegs (Gradientenverfahren)

Auf den ersten Blick scheint der Gradient von P die beste Wahl zu sein, um ein Minimum zu erreichen. Die Funktion $P(u)$ fällt in Richtung des negativen Gradienten $-g(u)$ am stärksten. Bei dieser Wahl brauchen wir die Matrix J nicht. Aber **der steilste Abstieg entlang $-g$ führt nicht immer zum Erfolg.**

Es verhält sich wie mit einem Skifahrer auf der Abfahrtspiste, der nicht wenden kann. Nach dem ersten Schritt kommen wir bei u^1 an, das ist die erste Niveaulinie aus Abbildung 2.26 rechts. Die Gradient g^1, der senkrecht auf dieser Niveaulinie $P = $ konstant steht, bestimmt die Richtung des nächsten Schrittes. Aber geradlinige Schritte können sich Änderungen in g nicht anpassen.

Wenn der Graph von $P(u)$ ein enges Tal bildet, führt diese Vorgehensweise zu einer Vielzahl kurzer Schritte durch das Tal (siehe Abbildung 2.26 rechts). Eigentlich ist das Ziel aber ein langer Schritt in die richtige Richtung. Selbst in diesem einfachen Beispiel, in dem die Funktion an der Stelle $u^* = (0, 1)$ ein Minimum hat, ist die Gradientensuche zu langsam:

Beispiel 2.21 Minimieren Sie die Funktion $P(u_1, u_2) = 2u_1^2 - 2u_1u_2 + u_2^2 + 2u_1 - 2u_2$ mithilfe des Gradientenverfahrens.

Lösung Starten wir an der Stelle $u^0 = (0,0)$. Dort ist der Gradient $g^0 = (\partial P/\partial u_1, \partial P/\partial u_2) = (2, -2)$. In Abwärtsrichtung (nicht die beste Wahl), ist das Minimum von P an der Stelle $u^1 = -g^0/5$. An dieser Stelle ist der Gradient $g^1 = (-2, -2)/5$. Der beste zweite Schritt führt zu $u^2 = (0, 4)/5$.

Ursprünglich war der Abstand zwischen dem Startwert $(0,0)$ und dem Minimum $u^* = (0, 1)$ gleich 1. Nun ist der Abstand $1/5$. Nach zwei weiteren Schritten ist der Abstand $1/25$. Die Konvergenzgeschwindigkeit ist also $1/\sqrt{5}$, was für zwei einfache lineare Gleichungen ziemlich schwach ist. Wenn wir auf die Matrix J verzichten, verlieren wir die quadratische Konvergenz des Newton-Verfahrens.

Wir wiederholen: Mit dem **Verfahren des konjugierten Gradienten** wird eine wesentlich bessere Suchrichtung bestimmt. Mit diesem Verfahren ist u^k längst bei u^* angekommen, während u^k mit dem Gradientenverfahren noch durch das Tal kreuzt.

Implizite Differenzengleichungen

Das Erfolgsgeheimnis des Newton-Verfahrens liegt zum Teil in einem gut gewählten Startwert u^0. Ein nah bei u^* liegender Startwert ermöglicht quadratische Konvergenz. Diese Forderung wird von impliziten Differenzengleichungen erfüllt. In jedem Zeitschritt muss ein nichtlineares Gleichungssystem nach dem neuen Komponenten des Lösungsvektors U_{n+1} aufgelöst werden. *Das hat folgenden Grund:* Der Vektor U_n aus dem letzten Zeitschritt $n \Delta t$ liegt bereits nah bei u^*. Ein einfacher Prädiktor liefert ein u^0, dass noch näher an $u^* = U_{n+1}$ liegt, und wir erwarten, dass wir nur sehr wenige Iterationen brauchen, um das Minimum zu erreichen.

Das Aufstellen von finiten Differenzengleichungen für große nichtlineare Systeme $u' = f(u,t)$ ist zu einer Aufgabe für Experten geworden. Vielleicht wird aus Ihnen so ein Experte; ich werde es nie sein. Aber jeder von uns muss einen Code aus einer Vielzahl von Angeboten auswählen. Und es ist spannend zu beobachten, wie jeder von uns zwei fundamentale Fragen für sich beantwortet:

1. Was ist der Integrator?   **2. Was ist der Löser?**

Der Integrator übernimmt den Zeitschritt von U_n nach U_{n+1}. Der Löser arbeitet innerhalb dieses Schritts. Ein implizites Integrationsverfahren ist auf einen nichtlinearen Löser angewiesen, der U_{n+1} bestimmt. Auch eine große Jacobi-Matrix ist auf einen linearen Löser angewiesen, weil sonst $J \Delta u = -g$ leicht die ganze Rechenzeit in Anspruch nehmen kann. Das sind in aller Kürze die wichtigen Entscheidungen.

In diesem Abschnitt geht es um nichtlineare Löser (das Newton-Verfahren oder die Fixpunktiteration). Kapitel 7 auf Seite 639 widmet sich linearen Lösern (direkten oder iterativen). Im Abschnitt 6.2 auf Seite 534 geht es um Familien von Integratoren, wobei wir von solchen Verfahren wie dem Euler-Verfahren, dem Leapfrog-

2.6 Nichtlineare Probleme

Verfahren und dem Trapezverfahren ausgehen. Ich hoffe, dass die kurzen Kommentare zu den folgenden Codes für Sie interessant sind:

1. Universallöser wie ode45 und ode15s für $u' = f(u,t)$.
2. Finite-Elemente-Codes wie ABAQUS und ADINA.
3. Elektronische Codes wie SPICE, PISCES und SUNDIALS für $F(u',u,t) = 0$.

Einem Universallöser wie ode45 ist nicht im Voraus bekannt, auf welche Gleichung er angewandt wird. Daher muss der Code variable Ordnungen und variable Schrittweiten zulassen. Er passt sich jeder neuen Gleichung an, indem er bei jedem Zeitschritt die Genauigkeit (den lokalen Abschneidefehler) abschätzt. Wenn die zu lösende Differentialgleichung **steif** ist, also sehr unterschiedliche Zeitskalen enthält, muss das Differenzenverfahren aber implizit sein. Anderenfalls würde eine schnelle Skala e^{-1000t} einen kleinen Zeitschritt erzwingen. Die langsamere Skala $u_2' = -3u_2$ wäre dann schrecklich langsam, obwohl e^{-3t} weitaus bedeutender ist.

Der Buchstabe s in der Codebezeichnung des Universallösers ode15s deutet darauf hin, dass im Code ein implizites Verfahren implementiert ist, das zur Lösung von steifen Differentialgleichungen geeignet ist. In jedem Zeitschritt muss eine nichtlineare Gleichung, die $f_{n+1} = f(U_{n+1}, t_{n+1})$ enthält, nach den Komponenten von U_{n+1} aufgelöst werden. Die Ordnung der Genauigkeit liegt zwischen 1 und 5.

Die Realität des wissenschaftlichen Rechnens

Eine alltägliche Angelegenheit, wie etwa ein Autounfall, wird zu einer enormen Herausforderung, wenn man die Verformungen des Autos mithilfe finiter Elemente simulieren will. Für den Fall eines Frontalzusammenstoßes sind das die typischen Daten für die gegenwärtig besten Codes:

Eine Aufprallzeit von 1/10 einer Sekunde erfordert 10^5 explizite Zeitschritte.

Die Simulation von 5 Millionen Variablen benötigt auf 8 CPUs 30 Stunden.

Ein Schlüsselbegriff ist *explizit*. Das ist für schnelle Dynamik unerlässlich. *Kontaktprobleme sind wirklich schwierig* – es gibt große Verformungen an der Karosserie und starre Bewegung durch den Motorblock. Die Reifen gleiten mit Reibung über eine unbekannte Oberfläche. Diese großen Deformationen (das Versagen der Schweißnähte hinzugenommen) machen das Unfallproblem höchst nichtlinear.

Ein expliziter Integrator für die Gleichung $MU'' = F(U)$ benutzt für die Geschwindigkeit $V = U'$ eine zentrale Differenz:

Nichtlineare Funktion $F(U)$
$$V_{n+\frac{1}{2}} - V_{n-\frac{1}{2}} = \tfrac{1}{2}(\Delta t_{n+1} + \Delta t_n) M^{-1} F(U_n)$$
$$U_{n+1} - U_n = \Delta t_{n+1} V_{n+\frac{1}{2}}.$$
(2.138)

Die aufwändige Arbeit besteht darin, die äußeren und inneren Kräfte F während des Aufpralls zu aktualisieren. Mit einer Diagonalmatrix M (konzentrierte Massen) umgehen wir die Berechnung der vollen Matrix M^{-1}, zu der es bei der Finite-Elemente-Methode in Abschnitt 3.6 kommt.

Ein kleineres aber trotzdem wichtiges Beispiel ist die Bruchlandung eines *fallenden Mobiltelefons*. Die Aufpralle laufen schnell und höchst nichtlinear ab, und das Mobiltelefon ist im Wesentlichen elastisch – es muss die Erschütterung überleben und weiter funktionieren. (Mit einem weniger komplizierten Code kann bei der Simulation des Autounfalls Energiedissipation auftreten.)

Eine weitere Kategorie der nichtlinearen Gleichungen ist die der **quasistatischen** Gleichungen. Solche Gleichungen sind typisch, wenn es darum geht, Autos zusammenzubauen anstatt sie zu zerstören. Der Prozess läuft langsam ab, die Beschleunigung wird vernachlässigt und die Zeitschritte Δt sind größer. Aus der Zeit wird ein Parameter (*künstliche Zeit*); sie ist keine unabhängige Variable mehr.

Für langsame Dynamik gibt es vollständig implizite Differenzenverfahren. (Erstaunlicherweise fällt ein Erdbeben unter diese Kategorie). Die Zeitschritte liegen hier im Bereich von einer Sekunde im Vergleich zu einer Millisekunde bei quasistatischer Dynamik und einer Mikrosekunde bei schneller Dynamik. Wenn man die Bewegung eines vor der Küste treibenden Ölrings simulieren will, muss man die Trägheit beachten. Das Modell ist nichtlinear. Bei Anwendung des Newton-Verfahrens ist die Jacobi-Matrix riesig.

Der Integrator muss hinreichend starke numerische Dissipation produzieren, um die Stabilität aufrecht zu erhalten. Das Trapezverfahren wird durch das Rückwärts-Euler-Verfahren abgelöst, um ein hochfrequentes Überschwingen (das oft durch eine Änderung in Δt hervorgerufen wird) auszuschließen. ABAQUS wählt bei langsamer Dynamik den Hilber-Hughes-Taylor-Integrator [11]. Die Energiedissipation liegt bei typischen Problemen unter 1%.

Wir werden gleich ein neueres Split-Step-Verfahren analysieren, schließlich soll das hier ein Lehrbuch sein, und Anregungen lassen sich leicht nachvollziehen. Wir dürfen aber nie die lange Erfahrung und die ingenieurwissenschaftlichen Entscheidungen vergessen, die einen Code für ein nichtlineares Problem 30 Stunden lang zuverlässig laufen ließen.

Trapez-, Rückwärts-Euler- und Split-Step-Verfahren

Die ersten Codes für dynamische Probleme benutzten einen Prädiktor ohne Korrektor, was zu einem nichtlinearen Fehler führte. Heute wird meist das Trapezverfahren eingesetzt, dem eine Variante des Newton-Verfahrens als nichtlinearer Löser dient. Das **Trapezverfahren** ist so lange stabil, bis Sie es übertrieben haben.

1. Für den Wachstumsfaktor G im Trapezverfahren $U_{n+1} = GU_n$ gilt $|G| \leq 1$, wenn die Gleichung $u' = au$ eine Lösung u mit $|e^{-at}| \leq 1$ besitzt. Diese *A-Stabilität* bedeutet, dass Re $a \leq 0$ einen Wachstumsfaktor G mit $|G| \leq 1$ garantiert:

A-Stabilität des Trapezverfahrens (TR)

$$U_{n+1} - \frac{\Delta t}{2} f(U_{n+1}) = U_n + \frac{\Delta t}{2} f(U_n), \qquad G = \frac{1 + a\Delta t/2}{1 - a\Delta t/2}. \qquad (2.139)$$

Eine komplexe Zahl $a = i\omega$ mit Schwingungen $e^{i\omega t}$ in der echten Lösung liefert exakt $|G| = 1$. Das Verfahren sieht einfach aus und seine A-Stabilität scheint sicher

2.6 Nichtlineare Probleme

zu sein, aber bei zu vielen nichtlinearen Problemen ist das einfach falsch. Der Fall $|G| = 1$ kann für große ω zu gefährlich sein.

2. Um eine größere Stabilität zu erzielen, können wir in jedem Zeitschritt auf das vorhergehende U_{n-1} zurückgreifen:

Rückwärtsdifferenzen zweiter Ordnung (BDF2)
$$\frac{U_{n+1} - U_n}{\Delta t} + \frac{U_{n+1} - 2U_n + U_{n-1}}{2\Delta t} = f(U_{n+1}). \tag{2.140}$$

Für die Gleichung $u' = i\omega u$ ist nun der Wachstumsfaktor $|G| < 1$. Lösungen, in denen die Energie eigentlich erhalten bleiben sollte ($|e^{i\omega t}| = 1$), verlieren tatsächlich Energie. Aber die Nichtlinearität dieser Schwingungen zerstört nun die Stabilität des diskreten Problems nicht mehr. Wenn man die Finite-Elemente-Methode auf Strukturen anwendet, beispielsweise bei der Simulationen eines Frontalaufpralls, reicht eine Genauigkeit zweiter Ordnung oft aus. Eine Genauigkeit höherer Ordnung kann sinnlos aufwändig sein.

3. **Split-Step-Verfahren** Jeder Anwender muss sich zwischen den beiden Extremen TR und BDF2 entscheiden. Entweder versucht er waghalsig Energie zu erhalten oder er vergeudet sie vorsichtshalber. Das Split-Step-Verfahren bietet folgenden Kompromiss: Berechne $U_{n+\frac{1}{2}}$ aus U_n mit **TR**. Berechne U_{n+1} aus $U_{n+\frac{1}{2}}$ und U_n mit **BDF2**.

Die cse-Webpräsenz zeigt die erfolgreiche Simulation eines nichtlinearen Pendels und einer Konvektions-Diffusions-Reaktion. (Der Reaktions-Term ist das Produkt $u_1 u_2$.) Das Split-Step-Verfahren macht auch *ungleiche Schritte* möglich. In der Familie der PISCES-Codes, die zur Simulation von VLSI-Netzwerken und Bauteilen eingesetzt wird, ist der Term $\frac{1}{2}\Delta t$ im Trapezanteil durch $c\Delta t$ ersetzt:

TR+BDF2 mit $c\Delta t, (1-c)\Delta t$
$$\frac{U_{n+c} - U_n}{c\Delta t} = \frac{f_{n+c} + f_n}{2}, \quad AU_{n+1} - BU_{n+c} + CU_n = (1-c)\Delta t f_{n+1}. \tag{2.141}$$

Die Genauigkeit zweiter Ordnung im BDF-Anteil führt zu $A = 2 - c$, $B = 1/c$ und $C = (1-c)^2/c$.

Es stellt sich heraus, dass sich mit der Wahl $c = 2 - \sqrt{2}$ spezielle Eigenschaften ergeben [9]. In der Regel ist die Berechnung der Jacobi-Matrix der aufwändige Teil des Newton-Verfahrens. Mit BDF ist die Jacobi-Matrix das Produkt von A mit der Jacobi-Matrix aus dem Trapezverfahren, vorausgesetzt A mal $c\Delta t/2$ stimmt mit $(1-c)\Delta t$ überein. So kommen wir zu der geheimnisvollen Wahl $c = 2 - \sqrt{2}$, und die beiden Jacobi-Matrizen unterscheiden sich nur um den Faktor $A = \sqrt{2}$. Also bekommen wir die zusätzliche Sicherheit von BDF zu einem kleinen Zusatzpreis.

Zumindest akademisch betrachtet (in diesem Lehrbuch) hat die Wahl $c = 2 - \sqrt{2}$ drei große Vorteile:

(1) Die TR- und BDF2-Schritte haben effektiv dieselbe Jacobi-Matrix.
(2) Jede andere Wahl von c liefert einen größeren lokalen Fehler in $u' = au$.
(3) Die spezielle Wahl liefert die größte Menge stabiler komplexer Werte $-a\Delta t$ mit $|G| \leq 1$.

Mit den Eigenschaften (1) und (2) beschäftigen sich die beiden letzten Aufgaben zu diesem Abschnitt. Die Eigenschaft (3) wird anhand eines Graphen auf der cse-Webpräsenz am deutlichsten, der die Punkte mit $|G| \leq 1$ zeigt. Der Bereich wächst in dem Maße, wie BDF2 stärker benutzt wird und c abnimmt. Wenn aber c klein ist, liegt U_{n+c} in der Rückwärtsdifferenz sehr nah an U_n, worunter die Stabilität leidet. Dieses Beispiel veranschaulicht ein typisches Problem der Code-Entwicklung.

Nichtlineare Schaltungssimulation

Jeder, der mit der Simulation von Schaltnetzen zu tun hat, kennt SPICE-Code in irgendeiner Form. Der originale, von der Universität Berkeley herausgegebene SPICE-Code bot direkten Zugriff auf den C-Code. Die neueren, kommerziellen Versionen haben verbesserte Oberflächen und arbeiten mit neuen Lösungsverfahren. Es ist interessant, dass der ältere IBM-Code ASTAP eine Blockgleichung für Spannungen u und Ströme w benutzt, wie sie auch in unserer Sattelpunktsmatrix $S = [C^{-1}\ A;\ A^T\ 0]$ vorkommt. SPICE eliminiert w, um mit der Admittanzmatrix $A^T C A$ zu arbeiten, die dann komplex ist.

Das Problem ist auch nichtlinear. Es gibt (tausende) Transistoren. Die Spannungsabfälle $Ee^{i\omega t}$ werden durch ein nichtlineares Gesetz mit den Strömen $Ye^{i\omega t}$ verknüpft. Die Spannungsabfälle erhalten wir aus den Potentialen $Ve^{i\omega t}$ durch eine Inzidenzmatrix A in $E = AV$.

Schaltungsgleichungen

$$A^T C(AV) = \text{Quellen} \qquad \text{Jacobi-Matrix } J = A^T C' A. \tag{2.142}$$

In der Mechanik ist diese Jacobi-Matrix die **Tangenten-Steifigkeitsmatrix**. Das ist die Steifigkeitsmatrix K, die mithilfe des Anstiegs C' an einer bestimmten Stelle der Spannungs-Dehnung-Kurve $w = C(e)$ berechnet wird. Genau diese Jacobi-Matrix kommt in jedem Iterationsschritt des Newton-Verfahrens vor. Bei der Schaltungssimulation könnte die entsprechende Bezeichnung für die Matrix $J = A^T C' A$ *Tangenten-Leitfähigkeitsmatrix* oder **Tangenten-Admittanzmatrix** sein.

In Abschnitt 2.4 haben wir uns mit Widerstandsschaltungen und Gleichströmen befasst. Zeitabhängige Gleichungen für Schaltungen mit Spulen und Kondensatoren und Wechselströme waren Gegenstand des Abschnitts 2.5. Die Codes für nichtlineare Einheiten sind am besten gehütet. Sie werden vor jedem Autor geheimgehalten, so arglos er auch sei. Zu den Ausnahmen zählen der an der Universität Berkeley entwickelte Code SPICE und sein leistungsstarker, an den Sandia National Laboratories entwickelter Nachfolger XYCE. Diese beiden können wir sehr kurz und formlos miteinander vergleichen:

2.6 Nichtlineare Probleme

Lineare Löser: SPICE kann Schaltungen moderater Größe simulieren. In XYCE ist nun KLU von Tim Davis integriert, um den direkten linearen Löser auf großen Schaltungen zu optimieren. XYCE enthält auch Krylovs Iterationsverfahren (siehe Abschnitt 7.4 auf Seite 678) für sehr große dünn besetzte Gleichungssysteme.

Integratoren: An der Basis arbeitet SPICE mit TR und ähnlichen Optionen (nicht mit dem Split-Step-Verfahren). Am anderen Ende löst XYCE differential-algebraische Gleichungen, indem es SUNDIALS aufruft.

Das soll keine Kritik an dem in Berkeley entwickelten SPICE sein, der den Weitblick besaß, die Schaltungssimulation auf ein neues Feld zu führen. Heute kann man auf der Internetpräsenz www.llnl.gov/CASC/sundials verfolgen, wie gut ein Softwarepaket für ODEs, DAEs und Sensitivitätsanalyse organisiert sein kann:

CVODE Adams-Verfahren 1 bis 12 für nichtsteife ODEs
BDF 1 bis 5 für steife ODEs

IDA BDF-Verfahren (variable Ordnung und variable Koeffizienten) für differential-algebraische Gleichungen $F(u', u, t) = 0$

CVODES Sensitivitäten $\partial u / \partial p$ für $u' = f(u, t, p)$
adjungierte Methode für $\partial g(u) / \partial p$

KINSOL inexaktes Newton-Verfahren mit CG/GMRES für große algebraische Gleichungssysteme

Mit dem Problem der Sensitivität (Abhängigkeit der Funktion u von Parametern p) befasst sich Abschnitt 8.7 auf Seite 784. Konjugierte Gradienten und GMRES werden in Abschnitt 7.3 auf Seite 661 erläutert. Jetzt führen wir differential-algebraische Gleichungen ein, die mehr Aufmerksamkeit benötigen und verdienen als wie ihnen hier geben können. Sie werden gleich das Wesentliche an einer singulären Jacobi-Matrix $\partial F / \partial u'$ erkennen.

Zwangsbedingungen und differential-algebraische Gleichungen

Wenn ein Ball im Innern einer Kugel rollt, ist das ein mechanisches System mit Zwangsbedingungen. Die Bewegungsgleichungen verwandeln sich in eine **differential-algebraische Gleichung** für die Koordinaten u_1, u_2, u_3. Die Zwangsbedingung $g(u) = 0$ wird durch einen Lagrange-Multiplikator ℓ berücksichtigt:

Differentialgleichungen $mu_1'' = -2\ell u_1, mu_2'' = -2\ell u_2, mu_3'' = -2\ell u_3 - mg,$

Algebraische Gleichung $g(u) = 0$ $u_1^2 + u_2^2 + u_3^2 = R^2.$

Der Multiplikator ℓ ist die Kraft, die den Ball an der Kugeloberfläche hält. Das ist also eine algebraische Zwangsbedingung $g(u) = 0$ in einem dynamischen System. Wenn wir die Geschwindigkeiten als drei neue Variablen einführen, erhalten wir sechs gewöhnliche Differentialgleichungen erster Ordnung von insgesamt sieben differential-algebraischen Gleichungen (DAEs).

In diesem Beispiel sind die beiden Gleichungstypen klar getrennt. Üblicherweise sind sie zu $F(u', u, t) = 0$ vermischt. Die partiellen Ableitungen der n Komponenten von F nach den n Komponenten von u' bilden eine Jacobi-Matrix. Wenn diese

Jacobi-Matrix nichtsingulär ist, können die Gleichungen gelöst werden, sodass wir die gewöhnlichen Differentialgleichungen (ODEs) $u' = f(u,t)$ erhalten. Wenn die Matrix J' singulär ist, arbeiten wir mit einer DAE.

Linda R. Petzold entwickelte das Paket DASSL für DAEs, in dem u' durch eine Rückwärtsdifferenz von U ersetzt wird. Der Integrator in SUNDIALS benutzt die BDF-Gleichungen aus Abschnitt 6.2 auf Seite 534. In diesem Abschnitt konzentrieren wir uns auf den nichtlinearen Charakter jedes impliziten Zeitschrittes:

- **modifiziertes Newton-Verfahren** (nicht aktualisierte Jacobi-Matrix) mit direktem Löser für $J\Delta u = -g$,
- **inexaktes Newton-Verfahren** (Aktualisierung von J durch matrixfreie Produkte) mit einem iterativen Löser.

Umfangreiche Probleme bringen stets den Übergang von direkter Elimination zu inexakten Iterationen mit sich.

Herzflimmern und Zweierzyklus

Fixpunktiteration kann etwas mit Herzflimmern zu tun haben. In unserem Beispiel geht es um die iterative Lösung der Gleichung $\boldsymbol{u = au - au^2}$. Eine Lösung ist $u^* = 0$. Die Gleichung lässt sich auch in der Form $(a-1)u = au^2$ schreiben. So können wir die zweite Lösung $u^{**} = (a-1)/a$ ablesen.

Wir wollen u^* oder u^{**} nun durch Iteration mit einem Startwert $0 < u^0 < 1$ bestimmen:

Quadratisches Modell $\quad u^{k+1} = H(u^k) = au^k - a(u^k)^2.$ \hfill (2.143)

Das Konvergenzverhalten von u^k hängt von a ab. Im Fall $a > 3$ konvergiert die Iterierte u^k nicht:

(1) Für $0 \leq a \leq 1$ konvergiert die Iterierte u^k gegen $u^* = 0$.
(2) Für $1 \leq a < 3$ konvergiert die Iterierte u^k gegen $u^{**} = (a-1)/a$.
(3) Für $3 < a \leq 4$ konvergiert die Iterierte u^k nicht, *sie explodiert aber auch nicht*.

Denken Sie an den Konvergenzfaktor c in der Fehlergleichung $e^{k+1} \approx c e^k$. Dieser Faktor ist die Ableitung $\boldsymbol{H'(u) = a - 2au}$ am Grenzwert u^* oder u^{**}. In den Fällen (1) und (2) finden wir $|c| < 1$, was das Konvergenzverhalten erklärt:

(1) Für $0 \leq a \leq 1$ ist $c = H'(u^*) = \boldsymbol{a}$ am Grenzwert $u^* = 0$.
(2) Für $1 \leq a \leq 3$ ist $c = H'(u^{**}) = \boldsymbol{2-a}$ am Grenzwert u^{**}.
(3) Für $3 < a \leq 4$ ist sowohl mit $c = a$ als auch mit $c = 2-a$ der Betrag des Konvergenzfaktors $|c| > 1$.

Beispiel 2.22 Angenommen, es sei $a = 2.5$. Dann ist $u^{**} = \dfrac{1.5}{2.5} = \dfrac{3}{5}$, und es gilt $c = a - 2au^{**} = -\dfrac{1}{2}$.

Fehler $e^{k+1} = u - u^{k+1} = a(u - u^k) - a(u^2 - (u^k)^2) \approx c\,e^k.$ (2.144)

Der interessante Fall ist $3 < a < 4$. Konvergenz ist unmöglich, weil $H'(u^*) = a$ und $H'(u^{**}) = 2 - a$ ist. Für beide gilt $|H'| > 1$. Aber eine neue Form der Konvergenz ist möglich. Es gibt **zwei Häufungspunkte U^* und U^{**}**. Diese Werte sind keine Lösungen von $u = H(u)$, sondern Lösungen von $\boldsymbol{U = H\bigl(H(U)\bigr)}$. Es ist diese Gleichung mit zwei Häufungspunkten, die etwas mit Herzflimmern zu tun hat. Lassen Sie mich das erläutern.

Wenn $U^* = H\bigl(H(U^*)\bigr)$ ist, bedeutet das, dass wir nach zwei Iterationen wieder bei U^* ankommen. Die erste Iteration bringt uns zu $U^{**} = H(U^*)$. Die nächste Iteration ergibt $U^* = H(U^{**}) = H\bigl(H(U^*)\bigr)$. Mit der dritten Iteration gelangen wir wieder zu U^{**}.

Genau das passiert bei der Herzkrankheit *Alternans*. Die elektrische Aktivität des Herzens gerät außer Takt. Wenn der wichtige AV-Knoten (Atrioventrikularknoten) den Kontraktionsimpuls zu früh erhält, kann er keinen regelmäßigen Herzschlag aufbauen. Das Herz braucht die richtige Verzögerung, damit sich die Herzkammer mit Blut füllen kann. Zum Flimmern kommt es, wenn der Impuls abwechselnd zu früh und zu spät kommt.

Leider kann dieser Wechselmodus stabil werden. Dann hält das Flimmern zu lange an, mit negativen Folgen. Wenn ich durch Flughafengebäude laufe, fallen mir immer häufiger mysteriöse Türen mit der Aufschrift „Defibrillator" auf. Diese Geräte versetzen dem Herzen einen starken Schock, der die Aktivität aller Herzmuskeln zurücksetzt. Wenn Sie ein solches Gerät in ihrer Brust implantiert haben, überwacht es den Herzschlag, um Rhythmusstörungen zu erkennen. Weil zum Auslösen des Schocks eine hohe Stromstärke notwendig ist, bekommt es Ihrem Herz besser, wenn Sie es in anderer Weise wieder in den richtigen Rhythmus bringen können.

Warum ist dieser Wechselmodus stabil? Die beiden Häufungspunkte lösen die Gleichung $U^* = H\bigl(H(U^*)\bigr)$. Daher können wir anhand der Ableitung von $H\bigl(H(U)\bigr)$ eine Aussage über die Stabilität treffen. Mit der Kettenregel erhalten wir:

Konvergenzfaktor C an der Stelle U^*

$H\bigl(H(U)\bigr)$ mit Anstieg $C = H'\bigl(H(U)\bigr)H'(U) = H'(U^{**})H'(U^*)$. (2.145)

In unserem Beispiel ist $U = H\bigl(H(U)\bigr)$ vierter Ordnung. Der Graph aus Abbildung 2.27 auf der nächsten Seite zeigt, wie es an den neuen Häufungspunkten zu |Anstieg| < 1 kommt. Die Iterationen führen zu einem **Zweierzyklus**. Die Zahlen u^k erreichen $U^*, U^{**}, U^*, U^{**}, \ldots$, und das Herz schlägt weiter mit einem falschen und möglicherweise fatalen Rhythmus.

Christini und Collins haben eine kontrolltheoretische Lösung entwickelt, die an Menschen noch nicht getestet wurde. Sie verzögern oder beschleunigen den Herzschlag um eine geeignete Zeit λ. **Das System wird an den instabilen Fixpunkt u^* gebracht**, an dem der Rhythmus gut ist und sich die Herzkammer richtig füllen kann. Dann könnte auch ein Gerät mit niedriger Stromstärke das Flimmern stoppen.

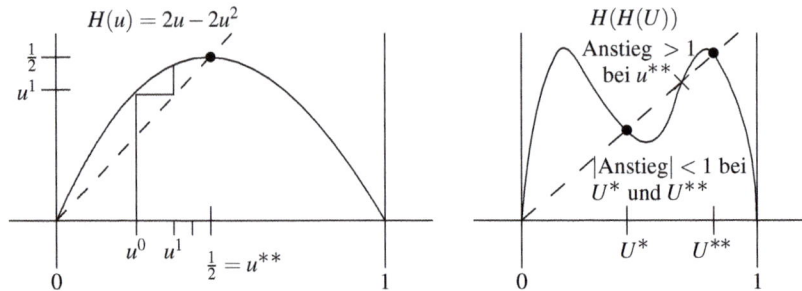

Abb. 2.27 Konvergenz gegen u^{**} im Fall $a = 2$. **Im Fall $a = 3.4$ gibt es zwei Häufungspunkte.**

Periodenverdopplung und Chaos

Wenn a über den Wert 3.45 zunimmt, wird auch der Zweierzyklus instabil: Dann ist $C > 1$. Es bildet sich anschließend ein *Viererzyklus* heraus, dessen Häufungspunkte $\boldsymbol{u} = H(H(H(H(\boldsymbol{u}))))$ lösen. Die Iterierte $u^{k+1} = H(u^k)$ alterniert nun zwischen $\boldsymbol{u}$, $H(\boldsymbol{u})$, $H(H(\boldsymbol{u}))$ und $H(H(H(\boldsymbol{u})))$. Schließlich erreicht sie wieder $\boldsymbol{u}$. Aber auch dieser Zyklus wird instabil, wenn a weiter zunimmt. Tatsächlich werden die Stabilitätsintervalle eines Zyklus immer kürzer, wenn sich die Periode von 2 auf 4 auf 8 usw. verdoppelt.

Das Verhältnis der Intervalllängen ist die **Feigenbaum-Konstante** $\delta = 4.669\ldots$, die u. a. auch in Zusammenhang mit Turbulenz auftritt. Die Folge der Stabilitätsintervalle zu den Perioden $2, 4, 8, \ldots$ endet kurz vor dem Wert $a = 3.57$. Das Verhalten im Intervall $3.57 < a < 4$ ist für die meisten a chaotisch und manche a stabil. In einer gewissen Reihenfolge treten immer wieder Zyklen auf. Der Buchumschlag meines ersten Lehrbuches [141] zeigt die Häufungspunkte, wenn a bis zum Wert 4 zunimmt. Die Möglichkeiten sind ziemlich fantastisch.

Chaos wurde in Differentialgleichungen von dem großen Meteorologen Ed Lorenz beobachtet. Mandelbrot begab sich in die komplexe Ebene, um die fraktalen Ränder von Wolken und Küstenlinien zu modellieren. Sein Werk *Die fraktale Geometrie der Natur* ist ein Buch mit beeindruckenden Bildern.

Aufgaben zu Abschnitt 2.6

2.6.1 Der Code zum Newton-Verfahren in diesem Abschnitt löst die Gleichung $\sin u = 0$ durch die Iteration $u^{k+1} = u^k - \sin u^k / \cos u^k$. Ordnen Sie den Lösungen $u^* = n\pi$ Intervalle von Startwerten u^0 zu. Starten Sie die Iterationen mit N äquidistanten Startwerten $u^0 = (1:N)\,\pi/N$.

2.6.2 Zeigen Sie, dass mit dem Newton-Verfahren zur Lösung der Gleichung $u^2 - a = 0$ die Iterierte u^{k+1} der Mittelwert von u^k und a/u^k ist. Stellen Sie eine Beziehung zwischen dem neuen Fehler $u^{k+1} - \sqrt{a}$ und dem Quadrat des alten Fehlers $u^k - \sqrt{a}$ her:

$$u^{k+1} - \sqrt{a} = \frac{1}{2}\left(u^k + \frac{a}{u^k}\right) - \sqrt{a} = \left(u^k - \sqrt{a}\right)^2 / 2u^k.$$

2.6 Nichtlineare Probleme

2.6.3 Testen Sie die MATLAB-Befehle fzero und roots sowie unser Newton-Verfahren auf einem Polynom höheren Grades $g(u) = (u-1)\cdots(u-N)$ mit den Nullstellen $u^* = 1,\ldots,N$. Ab welchem N gibt der Befehl roots komplexe Zahlen als Nullstellen aus (was gänzlich falsch ist)?

2.6.4 Die einfachste *Fixpunktiteration* für $g(u) = 0$ ist $u^{k+1} = H(u^k) = u^k - g(u^k)$.

(a) Es sei $g(u) = au - b$. Bestimmen Sie mit dem Startwert $u^0 = 1$ die Werte von u^1, u^2 und allen weiteren u^k.

(b) Für welche a konvergiert u^k gegen die korrekte Lösung $u^* = b/a$?

2.6.5 Es sei $g(u) = Au - b$ mit dem Vektor u. Zeigen Sie, dass das Newton-Verfahren in *einem Schritt* konvergiert: $u^1 = A^{-1}b$. Zur Fixpunktiteration $u^{k+1} = H(u^k) = u^k - (Au^k - b)$ gehört $H' = I - A$. Der Konvergenzfaktor c der Iteration ist der maximale Eigenwert $|1 - \lambda(A)|$.

Warum ist $c > 1$, wenn A die Matrix K mit den Elementen $-1, 2, -1$ ist, aber $c < 1$, wenn $A = K/2$ ist?

2.6.6 Stellen Sie den Graphen von $g(u) = ue^{-u}$ dar. Zeichnen Sie zwei Schritte des Newton-Verfahrens ein, indem Sie die Tangente an der Stelle u^0 (und später an der Stelle u^1) bis zu den Punkten u^1 (und später u^2) verfolgen, an denen die Tangenten die x-Achse schneiden. Beginnen Sie mit dem Startwert $u^0 = \frac{1}{2}$ und mit dem Startwert $u^0 = 1$.

2.6.7 Schreiben Sie einen 2×2-Newton-Code für den Fall $g_1 = u_1^3 - u_2 = 0$ und $g_2 = u_2^3 - u_1 = 0$. Diese beiden Gleichungen haben drei reelle Lösungen $(1,1)$, $(0,0)$, $(-1,-1)$.

Können Sie die (*fraktalen*) Einzugsgebiete (vier Gebiete von Startwerten (u_1^0, u_2^0), die zu den drei Lösungen oder zu unendlich führen) farbig darstellen?

2.6.8 Die Funktion $P_N(z) = 1 + z + \cdots + z^N/N!$ erhält man, wenn man die Reihenentwicklung für e^z abschneidet. Lösen Sie $P_N(z) = 0$ für $N = 20, 40, \cdots$ mithilfe des MATLAB-Befehls roots und stellen Sie die Lösungen $z = u + iv$ graphisch dar. Testen Sie das Newton-Verfahren auf den beiden reellen Gleichungen $\text{Re}\, P_N(u,v) = \text{Im}\, P_N(u,v) = 0$.

2.6.9 Bestimmen Sie die Jacobi-Matrix $\partial g_i/\partial u_j$ für $g_1 = u_1 + \sin u_2 = 0$ und $g_2 = u_1 \cos u_2 + u_2 = 0$. Wenn die Matrix J symmetrisch ist, dann bestimmen Sie die Funktion $P(u)$, die den Gradienten $g(u)$ hat.

2.6.10 Im Gradientenverfahren minimiert u^{k+1} die Funktion $P(u^k - \alpha g(u^k))$. Wenden Sie das Verfahren auf $P(u)$ in Aufgabe 2.6.9 mit dem Startwert $u^0 = (2,1)$ an. Bestimmen Sie die Konvergenzgeschwindigkeit anhand von $\lambda_{\max}(J)$ an der Stelle (u_1^*, u_2^*).

Die Aufgaben 2.6.11–2.6.13 führen auf Fraktale, die Mandelbrot-Menge und Chaos.

2.6.11 Was sind die Lösungen von $u = 2u - 2u^2 = H(u)$? Starten Sie die Fixpunktiteration $u^{k+1} = H(u^k)$ mit dem Wert $u^0 = 1/4$. Was ist der Grenzwert u^*, und was ist die Konvergenzgeschwindigkeit $c = H'(u^*)$?

2.6.12 Es sei $H(u) = au - au^2$. Untersuchen Sie das Verhalten von $u^{k+1} = H(u^k)$ für $a > 3$ wie folgt:

(a) Im Fall $a = 3.2$ haben die geraden Iterierten u^{2k} und die ungeraden Iterierten u^{2k+1} verschiedene Grenzwerte (**Zweierzyklus**).
(b) Im Fall $a = 3.46$ gibt es vier Grenzwerte, die jeweils zu u^{4k}, u^{4k+1}, u^{4k+2} und u^{4k+3} gehören.
(c) In welchem Fall $a = ?$ gibt es acht verschiedene Grenzwerte?
(d) In welchem Fall $a = ??$ < 4 wird das Verhalten von u^k chaotisch?

2.6.13 Zur **Mandelbrot-Menge** gehören alle komplexen Zahlen c, für welche die Fixpunktiterationen $u^{k+1} = (u^k)^2 + c$ beschränkt bleiben (Startwert $u_0 = 0$). Der fraktal erscheinende Rand der Menge M ist wunderbar. Zeichnen Sie 100 komplexe Zahlen c aus der Randmenge von M in die komplexe Ebene ein.

2.6.14 Mit $f' = \partial f / \partial u$ sind die Jacobi-Matrizen im Split-Step-Verfahren (2.141):

$$J_{\text{TR}} = I - c\Delta t f'/2 \qquad J_{\text{BDF}} = I - (1-c)\Delta t f'/A.$$

Zeigen Sie, dass $J_{\text{TR}} = J_{\text{BDF}}$ gilt, wenn $c = 2 - \sqrt{2}$ (optimal) ist.

2.6.15 Es sei $u' = au$. Bestimmen Sie U_{n+c} und anschließend U_{n+1} im Split-Step-Verfahren (2.141) mit $a\Delta t = z$. Der Wachstumsfaktor in $U_{n+1} = GU_n$ ist (linear in z)/(quadratisch in z). *Knobelaufgabe*: Was ist der Koeffizient von z^3 im lokalen Fehler $e^z - G(z)$? Können Sie zeigen, dass $c = 2 - \sqrt{2}$ diesen Koeffizienten minimiert?

2.7 Strukturen im Gleichgewicht

Ich hoffe, Sie finden diesen Abschnitt unterhaltsam. Stabwerke sind neue Beispiele für des $A^{\text{T}}CA$-Grundmuster, wenn die Federkette zweidimensional wird. Eine neue Eigenschaft ist, dass die Matrix A einen größeren Nullraum haben kann als $(c, c, \ldots, c)$. Andere Vektoren, die $Au = 0$ lösen, bezeichnet man als „**Klappmechanismen**". Die Struktur ist dann instabil (die Matrix $A^{\text{T}}CA$ ist singulär). Das Schöne an diesem Abschnitt sind die speziellen Beispiele, in denen wir diese Mechanismen bestimmen.

Ein dreidimensionales „Raumstabwerk" ist wie ein Klettergerüst, auf dem Kinder herumklettern. Darin würde es $3N$ Kräfte und Auslenkungen (drei an jedem Knoten) geben. Der Einfachheit halber bleiben wir in der Ebene mit platten Kindern. Das ist natürlich nur ein Scherz.

Ein Stabwerk ist aus elastischen Stäben aufgebaut (siehe Abbildung 2.28 auf der nächsten Seite). Die Verbindungen sind Gelenke, in denen sich die Stäbe frei wenden können. Die inneren Kräfte $w_1, \ldots, w_m$ wirken nur *entlang* der Stäbe. Anders als Balken biegen sich die Stäbe nicht, anders als Platten sind die Stäbe eindimensional, anders als Schalen sind sie einfach und gerade. In diesem Abschnitt liegen die Stäbe in einer Ebene.

Angenommen, das Stabwerk besteht aus m Stäben und N Knoten. **An jedem freien Knoten gibt es zwei Auslenkungen** u^{H} **und** u^{V} (horizontal und vertikal). An den festen Knoten gibt es insgesamt r bekannte Auslenkungen. Die Komponenten des Vektors u sind die $n = 2N - r$ unbekannten Auslenkungen.

2.7 Strukturen im Gleichgewicht

Analog dazu gibt es an jedem Knoten **zwei Kräfte** f^H und f^V. Der Vektor f der bekannten äußeren Kräfte hat $n = 2N - r$ Komponenten. Die r übrigen Kräfte (Reaktionskräfte an den Trägern) enthalten die r festen Auslenkungen. In den ebenen Stabwerken aus Abbildung 2.28 gibt es $n = 4$ unbekannte Auslenkungen und bekannte Kräfte an den oberen Knoten. Es gibt $r = 4$ Auslenkungen, die null sind, und unbekannte Reaktionskräfte an den Trägern.

Bekannt: f_j^H und f_j^V = *horizontale und vertikale Kräfte* am Knoten j.

Gesucht: u_j^H und u_j^V = *horizontale und vertikale Auslenkungen* am Knoten j.

Die $m \times n$-Matrix A enthält jeweils eine Zeile pro Stab und *zwei* Spalten pro Knoten.

Die Zahl der Stäbe verringert sich in den einzelnen Teilen von Abbildung 2.28 von 5 auf 3. Die Stäbe verhalten sich sehr unterschiedlich. In Graphen und Netzwerken war m nie kleiner als n. Nun ist die Form der Matrix A nicht so bestimmt. Wir beginnen mit kleinen Stabwerken und bauen sie aus.

Stabile und instabile Stabwerke

Stabile Stabwerke können allen Kräften f standhalten, sie stürzen nicht ein. Die Matrix A hat vollen Spaltenrang n. Bei einem instabilen Stabwerk ist rank$(A) < n$, und die Matrix $A^T C A$ ist singulär. Wir werden Stabilität und Instabilität beschreiben, noch bevor wir die Matrix A konstruieren!

Stabiles Stabwerk Die n Spalten der Matrix A sind **unabhängig**.

1. Die einzige Lösung der Gleichung $Au = 0$ ist $u = 0$ (**jede Auslenkung bewirkt Dehnung**).
2. Die Kräftebilanzgleichung $A^T w = f$ kann für alle f gelöst werden.

Beispiel 2.23 Das Stabwerk aus dem mittleren Teil von Abbildung 2.28 hat $m = 4$ Stäbe. A und A^T sind quadratische Matrizen. Das macht sie aber nicht automatisch invertierbar (in Beispiel 2.25' werden wir ein Stabwerk sehen, das auch mit $m > n$ instabil ist). Wir müssen entweder die Matrix A oder die Matrix A^T prüfen, indem wir die Matrix konstruieren oder das Stabwerk analysieren:

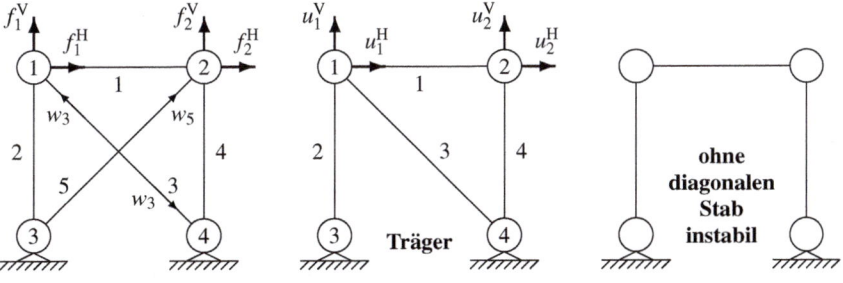

Abb. 2.28 Stabwerke mit $m = 5, 4, 3$ Stäben und $n = 4$ Auslenkungen $u_1^H, u_1^V, u_2^H, u_2^V$.

Stab 4 kann alle Kräfte f_2^V ausgleichen. Die Kraft in Stab 1 ist $f_2^H - f_1^H$. Die Kraft in Stab 3 stammt aus dem horizontalen Gleichgewicht am Knoten 1. Dann bringt Stab 2 das vertikale Gleichgewicht.

Wir könnten auch prüfen, dass $Au = 0$ (keine Dehnung) nur vorkommt, wenn $u = 0$ ist (keine Auslenkung). Sie werden sich wundern, wie viel man lernen kann, ohne die Matrix A zu konstruieren.

Auch das erste Stabwerk aus Abbildung 2.28 auf der vorherigen Seite (mit fünf Stäben) ist stabil. Das dritte Stabwerk ist instabil (große Auslenkungen durch kleine Kräfte). Bei einer Brücke ist das schlecht, bei einem Auto muss das nicht so sein. Die lineare Algebra beschreibt Instabilität in zweierlei Formen: Instabilität liegt vor, wenn $Au = 0$ ist und wenn $A^T w = f$ schiefgeht:

Instabiles Stabwerk   Die n Spalten der Matrix A sind **abhängig**.

1. Die Gleichung $e = Au = 0$ hat eine von null verschiedene Lösung: Es gibt Auslenkungen ohne Dehnung.
2. Die Gleichung $A^T w = f$ ist nicht für alle f lösbar: Einige Kräfte können nicht ausgeglichen werden.

Beispiel 2.24   Entfernen Sie die Träger, so dass A eine 4×8-Matrix ist. Plötzlich kann sich das Stabwerk bewegen. Wir haben $n = 8$ Auslenkungen (H und V an 4 Knoten x_i, y_i) und drei *starre Bewegungen*:

- horizontale Verschiebung: Bewegung nach rechts um $u = (1, 0, 1, 0, 1, 0, 1, 0)$,
- vertikale Verschiebung: Bewegung nach oben $u = (0, 1, 0, 1, 0, 1, 0, 1)$ und
- Drehung um Knoten 3: $u = (1, 0, 1, -1, 0, 0, 0, -1) = (y_1, -x_1, y_2, -x_2, \ldots)$.

Nach meiner Rechnung ist $n - m = 8 - 4 = 4$. Es muss eine vierte Bewegung (einen Mechanismus) geben.

Wenn wir den Träger an Knoten 3 wieder einsetzen, werden die beiden Verschiebungen unterbunden. Die starre Drehung um Knoten 3 wäre immer noch möglich. Bedenken Sie, dass bei der obigen Drehung $u_3^H = u_3^V = 0$ ist.

Es gibt zwei Arten von instabilen Stabwerken:

Starre Bewegung:	Das Stabwerk wird verschoben und/oder dreht sich als Ganzes.
Mechanismus:	Das Stabwerk deformiert sich – Änderung der Form ohne Dehnung.

Beispiel 2.25   Das dritte Stabwerk aus Abbildung 2.28 hat $m = 3$ Stäbe. Eine starre Bewegung ist aufgrund der Träger nicht möglich, aber es muss einen Mechanismus geben: Drei Gleichungen $Au = 0$ müssen eine von null verschiedene Lösung haben, weil $n = 4$ ist. Das Stabwerk kann sich ohne Dehnung deformieren, in diesem Beispiel kann es sich nach rechts oder links lehnen:

2.7 Strukturen im Gleichgewicht

Mechanismus
$e = Au = 0$
instabil

$u = \begin{bmatrix} 1 \\ 0 \\ 1 \\ 0 \end{bmatrix}$

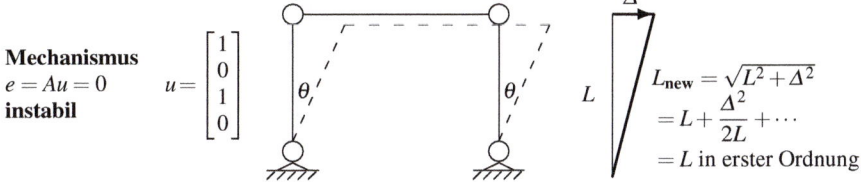

$L_{\text{new}} = \sqrt{L^2 + \Delta^2}$
$= L + \dfrac{\Delta^2}{2L} + \cdots$
$= L$ in erster Ordnung

Drei Stabkräfte (w_1, w_2, w_3) können die vier äußeren Kräfte f_1^H, f_1^V, f_2^H, f_2^V nicht ausgleichen. Tatsächlich kann w_1 die Kraft f_1^V ausgleichen und w_3 die Kraft f_2^V. Aber im Fall $f_1^H + f_2^H > 0$ werden diese Kräfte das Stabwerk wegdrücken. Stab 2 kann nur ein horizontales Gleichgewicht bringen, wenn $f_1^H + f_2^H = 0$ ist.

Bedenken Sie, dass der zulässige Kräftevektor $f = (f_1^H, 0, -f_1^H, 0)$ senkrecht auf dem Mechanismusvektor $u = (1, 0, 1, 0)$ steht. Die Kraft aktiviert den Mechanismus nicht. Daher stürzt das instabile Stabwerk in diesem Spezialfall nicht ein.

Wichtiger Kommentar Wenn Sie sich die Skizze zu diesem Mechanismus ansehen, werden Sie sagen, dass es kleine vertikale Auslenkungen u_1^V und u_2^V gibt. Ich werden Ihnen antworten, dass diese Auslenkungen null sind. Das liegt daran, dass ich linear denke, die vertikalen Auslenkungen aber *zweiter Ordnung* sind. Angenommen, der Winkel ist θ und die Stablänge ist 1. Die neue Position von Knoten 1 ist $(\sin\theta, \cos\theta)$. Die Auslenkung aus der Startposition $(0,1)$ ist u:

Exakte Auslenkung $\quad u_1^H = \sin\theta$ und $u_1^V = \cos\theta - 1$,

In erster Ordnung $\quad \sin\theta \approx \theta$ und $\cos\theta - 1 \approx -\dfrac{1}{2}\theta^2 = $ **null**. $\quad$ (2.146)

Wir betreiben hier eine Theorie der *kleinen Auslenkungen*. Es war irreführend für den Mechanismus $u = (1, 0, 1, 0)$ zu schreiben. Die Bewegung ist in erster Ordnung (unter Vernachlässigung von θ^2) nur $u = (\theta, 0, \theta, 0)$.

Die lineare Gleichung wird sogar durch $u = (1000, 0, 1000, 0)$ gelöst. Doch die physikalische Interpretation sollte sich auf kleine f und kleine u beschränken. Das rechtfertigt die linearen Gleichungen $e = Au$ und $A^T w = f$ für die Dehnung und das Kräftegleichgewicht. Bei der Konstruktion der Matrix A werden Sie sehen, wie die gesamte geometrische Nichtlinearität ignoriert wird.

Beispiel 2.25' Wir könnten auf das Stabwerk aus dem dritten Beispiel ein Stabwerk mit vielen Stäben setzen. Es wäre problemlos möglich, für das kombinierte Stabwerk $m > n$ zu erreichen. Aber dieses Stabwerk würde denselben Klappmechanismus haben – alle freien Knoten bewegen sich nach rechts. Daher garantiert $m > n$ *nicht*, dass die Matrix A n unabhängige Spalten hat, und damit auch keine Stabilität.

Die Konstruktion von A

Wir werden nun sehen, wie sich die Matrizen A und A^T in unser Grundmuster einordnen und wie sie durch das Hookesche Gesetz miteinander verknüpft werden.

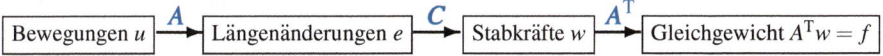

Jede Zeile der Matrix A gehört zur Dehnung eines Stabes ($e = Au$ ist die Längenänderung). Die n Spalten der Matrix A gehören zum Kräftegleichgewicht an diesem Knoten (zwei Spalten pro Knoten durch die Kräfte H und V). Wir werden die Matrix A auf beiden Wegen bestimmen.

Wir erwarten, dass es anstelle von zwei von null verschiedenen Elementen in jeder Zeile, nämlich $+1$ und -1, nun vier von null verschiedene Elemente gibt. Das werden die Elemente $\pm \cos\theta$ und $\pm \sin\theta$ sein, wobei θ der Anstiegswinkel des Stabes ist. (Die Summe der Elemente in einer Zeile ist weiterhin null.) Bei einem horizontalen oder einem vertikalen Stab sind wir wieder bei ± 1, weil $\sin\theta$ bzw. $\cos\theta$ null ist. Wenn ein Ende fest ist, hat die zugehörige Zeile der Matrix A nur zwei von null verschiedene Elemente durch das freie Ende.

Angenommen, die Enden eines Stabes werden bewegt: **Wie stark dehnt sich der Stab?** Seine ursprüngliche Länge ist L, sein Winkel ist θ. Dann erstreckt sich der Stab vor dem Dehnen horizontal bis $L\cos\theta$ und vertikal bis $L\sin\theta$. Wenn seine Enden bewegt werden, ist seine Länge $L+e$, wobei e die **Längenänderung** ist. Addieren Sie (horizontal)^2 + (vertikal)^2 und ziehen Sie dann die Wurzel:

$$L_{neu}^2 = (L\cos\theta + u_1^H - u_3^H)^2 + (L\sin\theta + u_1^V - u_3^V)^2$$
$$= L^2 + 2L(u_1^H \cos\theta + u_1^V \sin\theta - u_3^H \cos\theta - u_3^V \sin\theta) + \cdots$$
$$L_{neu} \approx L + (u_1^H \cos\theta + u_1^V \sin\theta - u_3^H \cos\theta - u_3^V \sin\theta)$$
$$= L + e$$

Zeile der Matrix $A = \begin{bmatrix} \cos\theta & \sin\theta & 0 & 0 & -\cos\theta & -\sin\theta & 0 & \ldots & 0 \\ u_1^H & u_1^V & u_2^H & u_2^V & u_3^H & u_3^V & u_4^H & \ldots & u_N^V \end{bmatrix}$

Durch eine horizontale Verschiebung wird der Stab nicht gedehnt: $[\text{Zeile}][u_{\text{starr}}^H] = \cos\theta - \cos\theta = 0$. Genauso steht bei einer vertikalen Verschiebung in den geradzahligen Spalten $[\text{Zeile}][u_{\text{starr}}^V] = \sin\theta - \sin\theta = 0$. Auch eine Drehung ruft keine Dehnung hervor. Die Knoten bewegen sich in eine Richtung, die senkrecht zu $(\cos\theta, \sin\theta)$ ist. Also ist $[\text{Zeile}][u_{\text{starr}}^{\text{Drehung}}] = 0$.

Eine reine Dehnung wird durch $u_1^H = \cos\theta$, $u_1^V = \sin\theta$, $u_3^H = u_3^V = 0$ erreicht. Das ist eine Einheitslängenänderung $[\text{Zeile}][u_{\text{Dehnung}}] = \cos^2\theta + \sin^2\theta = 1$. Also stammen die vier von null verschiedenen Elemente in der Zeile direkt aus dem Test der drei starren Bewegungen und u_{Dehnung}.

Bei kleinen Deformationen (wesentlich kleiner als in der Abbildung!) kann man die Korrekturen u^2/L ignorieren. Die von null verschiedenen Elemente in dieser Zeile sind $\pm\cos\theta, \pm\sin\theta$. In drei Dimensionen sind die sechs Elemente $\pm\cos\theta_1, \pm\cos\theta_2, \pm\cos\theta_3$ – die Richtungskosinusse des Stabes.

Die Konstruktion von A^T

Die Beziehung $e = Au$ zwischen den Längenänderungen des Stabes und den Auslenkungen der Knoten ist die *Elastizitätsgleichung*. Die Transponierte von A muss in der *Gleichgewichtsgleichung* vorkommen. Das ist das Gleichgewicht $A^T w = f$ zwischen den inneren Kräften w in den Stäben und den äußeren Kräften f an den

2.7 Strukturen im Gleichgewicht

Knoten. Da sich jeder Knoten im Gleichgewicht befindet, muss die auf ihn wirkende Nettokraft – sowohl horizontal als auch vertikal – null sein. Das Gleichgewicht der horizontalen Kräfte liefert

Zeile von $A^T w = f$ $\quad -w_1 \cos\theta_1 - w_2 \cos\theta_2 - w_3 \cos\theta_3 = f^H$. (2.147)

Es gibt noch ein weiteres Kräftegleichgewicht für die vertikalen Komponenten, das eine Zeile von Sinusfunktionen in A^T liefert. Manche bestimmen aus diesem Kräftegleichgewicht die Matrix A^T, andere bestimmen aus den Auslenkungen die Matrix A.

Positive und negative Vorzeichen. Jeder möchte eine einfache Regel. Bedenken Sie, dass $a_{ij} > 0$ ist, wenn eine positive Auslenkung u_j den Stab i *dehnt*. Um die Vorzeichen der Elemente der Matrix A zu bestimmen, stelle ich mir die Bewegung u^H oder u^V vor und frage mich, ob der Stab gedehnt oder zusammengedrückt wird.

Wir testen das anhand der Vorzeichen in (2.147). Ein positives w_1 bedeutet, dass Stab 1 in Spannung ist; er zieht am Befestigungspunkt. Der Anstiegswinkel von Stab 1 ist $\theta = \theta_1 - \pi$, sodass der Term $-w_1 \cos\theta$ zu $w_1 \cos\theta_1$ wird. Er stammt von demselben Matrixelement $+\cos\theta_1$ wie der Term in $e = Au$.

Wenn wir $e = Au$ konstruieren, betrachten wir jeden Stab.
Wenn wir A^T konstruieren, betrachten wir jeden Knoten.

Schließlich gibt es noch die Gleichung $w = Ce$, die Materialgleichung. Sie verknüpft die Kraft w_i in jedem Stab mit seiner Längenänderung e_i. Die $m \times m$-Matrix C ist eine Diagonalmatrix, deren Diagonalelemente die Elastizitätskonstanten c_i der Stäbe sind. C ist die „Materialmatrix", und das Hookesche Gesetz $w = Ce$ beschließt den Weg von den Auslenkungen u zu den äußeren Kräften f:

Steifigkeitsmatrix $\quad f = A^T w = A^T Ce = A^T CAu \quad$ oder $\quad f = Ku$. (2.148)

Anmerkung. Das Gleichgewicht gilt auch an denn Trägern! Es hat dieselbe Form wie $A^T w = f$, abgesehen davon, dass es von den r Spalten der ursprünglichen Matrix A_0 stammt, die wir gegenüber der Matrix A weggelassen haben. *Nachdem wir w kennen*, können wir aus den r zusätzlichen Gleichungen in $A_0^T w = f$ die r Reaktionskräfte bestimmen, die von den Trägern geliefert werden (um die r Auslenkungen zu fixieren).

Beispiele für die Matrizen A, A^T und $K = A^T CA$

Bevor wir die Matrix A für die nächsten Stabwerke aus Abbildung 2.29 konstruieren, möchte ich eine wichtige Anmerkung zum Matrixprodukt $K = A^T CA$ machen. Die Matrixmultiplikation kann auf zwei Arten ausgeführt werden:

Zeile mal Spalte liefert alle Elemente $K_{ij} =$(Zeile i von A^T)(Spalte j von CA).
Spalte mal Zeile liefert eine Matrix k_i für jeden Stab. Dann ist $K = k_1 + \cdots + k_m$.

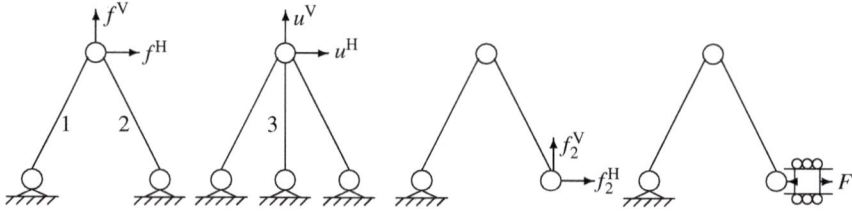

Abb. 2.29 Stabil: Bestimmt und unbestimmt. Instabil: Starr und Mechanismus.

Steifigkeitsmatrix für Stab i $k_i = ($Spalte i von $A^T) c_i ($Zeile i von $A)$.

Die Matrix K wird tatsächlich als Summe der Matrizen k_i aufgebaut. Die Matrizen k_i sind die **Elementsteifigkeitsmatrizen**. Da die Zeilen der Matrix A (und die Spalten der Matrix A^T) höchstens vier von null verschiedene Elemente haben, nämlich $\pm \cos\theta$ und $\pm \sin\theta$, enthält jede Matrix k_i höchstens 16 von null verschiedene Elemente:

$$\begin{bmatrix} \cos\theta \\ \sin\theta \\ -\cos\theta \\ -\sin\theta \end{bmatrix} [c_1] [\cos\theta \ \sin\theta \ -\cos\theta \ -\sin\theta] = \quad \textbf{Elementmatrix } k_1 \textbf{ mit nur maximal 16 von null verschiedene Elementen}.$$

Bei umfangreichen Anordnungen brauchen wir die Matrix k_i nicht einmal berechnen, bis im Eliminierungsprozess eines ihrer von null verschiedenen Elemente vorkommt. Das ist *frontale Elimination*: Eine Front aktiver Elemente hinterlässt die vollständig eliminierten Elemente und bewegt sich zu den noch unberührten Elementen. In jedem der folgenden Beispiele werde ich die Matrix K als Matrixprodukt $A^T C A$ und auch als Summe $k_1 + \cdots + k_m$ schreiben.

Beispiel 2.26 Das erste Stabwerk aus Abbildung 2.29 enthält $m = 2$ Stäbe und $n = 2$ unbekannte Auslenkungen. Wenn die Winkel θ gleich $\pm 45°$ sind, dann haben $\cos\theta$ und $\sin\theta$ die Werte $\pm 1/\sqrt{2}$. Aus dem Kräftegleichgewicht $A^T w = f$ entnehmen wir die entsprechenden Vorzeichen (wegen der Träger ist A eine 2×2-Matrix):

$$A^T w = f \qquad \frac{w_1}{\sqrt{2}} - \frac{w_2}{\sqrt{2}} = f^H \quad \text{und} \quad \frac{w_1}{\sqrt{2}} + \frac{w_2}{\sqrt{2}} = f^V \qquad A^T = \frac{1}{\sqrt{2}} \begin{bmatrix} 1 & -1 \\ 1 & 1 \end{bmatrix}.$$

Die Dehnungsgleichung $e = Au$ bringt das negative Vorzeichen vor A_{21}:

$$e = Au \qquad e_1 = \frac{u^H}{\sqrt{2}} + \frac{u^V}{\sqrt{2}} \quad \text{und} \quad e_2 = -\frac{u^H}{\sqrt{2}} + \frac{u^V}{\sqrt{2}} \qquad A = \frac{1}{\sqrt{2}} \begin{bmatrix} 1 & 1 \\ -1 & 1 \end{bmatrix}.$$

Die Matrix A ist quadratisch und invertierbar, sodass die Gleichung $A^T w = f$ den Vektor w bestimmt. Dann liefert das Hookesche Gesetz $e = C^{-1} w$. Schließlich be-

2.7 Strukturen im Gleichgewicht

stimmt die Gleichung $Au = e$ den Vektor u. Das Matrixprodukt $A^{\mathrm{T}}CA$ mussten wir dabei überhaupt nicht bilden.

In diesem *determinierten Fall* (die Matrizen sind quadratisch) ist der Vektor u gleich $(A^{-1})(C^{-1})(A^{\mathrm{T}})^{-1}f$, und die einzelnen Inversen existieren. Es folgt das Matrixprodukt $A^{\mathrm{T}}CA$, das wir einmal in der Form **Zeile mal Spalte** und einmal in der Form **Spalte mal Zeile** gebildet haben:

$$K = \begin{bmatrix} 1/\sqrt{2} & -1/\sqrt{2} \\ 1/\sqrt{2} & 1/\sqrt{2} \end{bmatrix} \begin{bmatrix} c_1 & 0 \\ 0 & c_2 \end{bmatrix} \begin{bmatrix} 1/\sqrt{2} & 1/\sqrt{2} \\ -1/\sqrt{2} & 1/\sqrt{2} \end{bmatrix} = \frac{1}{2}\begin{bmatrix} c_1+c_2 & c_1-c_2 \\ c_1-c_2 & c_1+c_2 \end{bmatrix}$$

Matrizen für Stab 1 und 2
jedes k ist (Spalte)(c)(Zeile)

$$K = k_1 + k_2 = \frac{c_1}{2}\begin{bmatrix} 1 & 1 \\ 1 & 1 \end{bmatrix} + \frac{c_2}{2}\begin{bmatrix} 1 & -1 \\ -1 & 1 \end{bmatrix}. \quad (2.149)$$

Beispiel 2.27 Mit dem dritten Stab in Abbildung 2.29 auf der vorherigen Seite wird A zu einer 3×2-Rechteckmatrix. Das vertikale Kräftegleichgewicht umfasst nun auch w_3 des mittleren Stabes. Nun können wir aus zwei Bilanzgleichungen die drei Stabkräfte nicht mehr bestimmen (unbestimmtes Stabwerk). Wenn wir aber die drei Gleichungen $e = Au$ hinzunehmen, können wir die drei Komponenten von w und die beiden Komponenten von u bestimmen. Die Matrix $K = A^{\mathrm{T}}CA$ liefert alles auf einmal:

$$\begin{bmatrix} 1/\sqrt{2} & -1/\sqrt{2} & 0 \\ 1/\sqrt{2} & 1/\sqrt{2} & 1 \end{bmatrix} \begin{bmatrix} c_1 & & \\ & c_2 & \\ & & c_3 \end{bmatrix} \begin{bmatrix} 1/\sqrt{2} & 1/\sqrt{2} \\ -1/\sqrt{2} & 1/\sqrt{2} \\ 0 & 1 \end{bmatrix} = \begin{bmatrix} \frac{c_1+c_2}{2} & \frac{c_1-c_2}{2} \\ \frac{c_1-c_2}{2} & \frac{c_1+c_2}{2}+c_3 \end{bmatrix}$$

Spalten×Zeilen $\quad k_1 + k_2 + k_3 = \dfrac{c_1}{2}\begin{bmatrix} 1 & 1 \\ 1 & 1 \end{bmatrix} + \dfrac{c_2}{2}\begin{bmatrix} 1 & -1 \\ -1 & 1 \end{bmatrix} + c_3\begin{bmatrix} 0 & 0 \\ 0 & 1 \end{bmatrix}. \quad (2.150)$

Diese Stabmatrizen (Elementmatrizen) haben nur den Rang 1, weil eine Spalte mit einer Zeile multipliziert wird. Für große n sind die von null verschiedenen Elemente von vielen Nullen umgeben. Wir berechnen nur die von null verschiedenen Elemente. Eine Liste von **lokal-zu-global-Indizes** sagt uns, an welche Stelle wir sie in die große Matrix K schreiben sollen. *Die Steifigkeitsmatrix wird aus $k_1 + \cdots + k_m$ „zusammengesetzt"*.

Beispiel 2.28 Der neue, nicht gestützte Knoten im dritten Stabwerk aus Abbildung 2.29 auf der vorherigen Seite bringt $n = 4$ mit sich. Aber die 2×4-Matrix A kann nur den Rang 2 haben. Die vier Spalten der Matrix A sind abhängig. Daher muss die Gleichung $Au = 0$ von null verschiedene Lösungen haben. *Tatsächlich gibt es $4 - 2$ Lösungen*:

- Eine Lösung gehört zu einer starren Bewegung: Das gesamte Stabwerk dreht sich um den festen Knoten.
- Die andere Lösung ist ein Mechanismus: Stab 2 schwenkt um den oberen Knoten.

Das Ende von Stab 1 ist fest. Daher enthält die Matrix k_1 zusätzliche Nullen. Alle Funktionswerte der Sinus- und Kosinusfunktionen sind $\pm 1/\sqrt{2}$:

$$K = k_1 + k_2 = \frac{c_1}{2}\begin{bmatrix} 1 & 1 & 0 & 0 \\ 1 & 1 & 0 & 0 \\ 0 & 0 & 0 & 0 \\ 0 & 0 & 0 & 0 \end{bmatrix} + \frac{c_2}{2}\begin{bmatrix} 1 & -1 & -1 & 1 \\ -1 & 1 & 1 & -1 \\ -1 & 1 & 1 & -1 \\ 1 & -1 & -1 & 1 \end{bmatrix}. \quad (2.151)$$

Beispiel 2.29 Der Walzenträger im vierten Stabwerk aus Abbildung 2.29 auf Seite 220 verhindert nur die vertikale Bewegung. Für das Stabwerk gibt es $n = 3$ Bilanzgleichungen $A^T w = f$, es enthält aber nur $m = 2$ Stabkräfte w_1 und w_2:

$$w_1 \cos\phi - w_2 \cos\theta = 0 \quad w_1 \sin\phi - w_2 \sin\theta = 0 \quad w_2 \cos\theta = F. \quad (2.152)$$

Wenn die äußere Kraft F am Walzenträger (oder Laufgewicht) von null verschieden ist, muss sich das Stabwerk bewegen. Und wenn es sich bewegt, bleibt es nicht starr. Es gibt ausreichend viele Stellen ($r = 3$), die eine starre Bewegung verhindern, sodass *das Stabwerk seine Form verändert*. Während F vor- und zurück zieht, bewegt sich Stab 1 um den festen Knoten (aus einer Verschiebung wird eine Drehung). Diese Deformation ist ein *Mechanismus*.

Anmerkung 2.2. Die $2N \times 2N$-Steifigkeitsmatrix (nicht reduziert und singulär) ist aus den Matrizen k_i für alle einzelnen Stäbe aufgebaut. Gute Codes machen das zuerst! Starre Bewegungen und Mechanismen liefern $K_{\text{nicht reduziert}} u = 0$. Außerdem verschwinden durch die Träger r Zeilen von A^T und r Spalten von A, sodass die Matrix $K_{\text{reduziert}}$ von der Größe $2N - r$ übrig bleibt. Bei einem stabilen Stabwerk ist diese reduzierte Matrix K invertierbar.

Anmerkung 2.3. Bei nur drei Reaktionskräften, also $r = 3$, können diese direkt aus den äußeren Kräften berechnet werden, und zwar ohne Kenntnis der Stabkräfte w. Die Reaktionskräfte wirken so mit f zusammen, dass starre Bewegungen verhindert werden, was drei Gleichungen liefert: horizontale Kraft gleich null, vertikale Kraft gleich null und Moment gleich null.

Anmerkung 2.4. In der Kontinuumsmechanik ist die Dehnung ε dimensionslos, und die Spannung σ hat die Einheit Kraft pro Flächeneinheit. Diese Größen entsprechen unserer Längenänderung e und unserer inneren Kraft w, wenn wir sie durch die Länge und den Querschnitt des Stabes dividieren: $\varepsilon = e/L$ und $\sigma = w/A$.

Dann hängt die Konstante im Hoookeschen Gesetz $\sigma = E\varepsilon$ nur vom Material und nicht von der Form des Stabes ab. Die Einheit des Elastizitätsmoduls (auch *Youngscher Modul*) ist die einer Spannung. Er liefert für jeden einzelnen Stab die Elastizitätskonstante in $w = ce$:

$$\boldsymbol{\sigma = E\varepsilon} \text{ **mit dem Youngschen Modul** } \quad c = \frac{w}{e} = \frac{\sigma A}{\varepsilon L} = \frac{EA}{L}. \quad (2.153)$$

Die schönsten Beispiele für Stabwerke sind die „Tensegrity[1]-Strukturen" des Herrn Buckminster Fuller. Jeder Stab steht unter Spannung, und ein Mechanismus wird gerade verhindert.

---

[1] Kofferwort aus den beiden englischen Begriffen *tensional* und *integrity* (Anm. d. Übers.).

Baumhäuser und Klappmechanismen

Das spezielle Interesse gilt bei diesen Stabwerkproblemen der Möglichkeit des Zusammenklappens. Angenommen, wir streichen die r Spalten, die zu festen Auslenkungen gehören. Sind die übrigen n Spalten dann unabhängig? Im Prinzip wird sich bei der Eliminierung zeigen, ob jede Spalte ein Pivotelement hat. (Wenn dem so ist, hat die Matrix A vollen Spaltenrang. Ihre Spalten sind unabhängig.) Abhängige Spalten liefern eine Lösung zu $Au = 0$ – einen *Klappmechnismus u* im Nullraum der Matrix A.

Im Fall des nichtgestützten Stabwerkes aus Abbildung 2.30 ist A eine 8×14-Matrix. Im zweiten Stabwerk liefern die Träger $u_6^H = u_6^V = u_7^H = u_7^V = 0$. Wir können vier Spalten der Matrix A streichen und erhalten damit eine 8×10-Matrix. In beiden Fällen hat die Matrix A mehr Spalten als Zeilen, sodass eine Lösung zu $e = Au = 0$ existieren muss. Das sind die **starren Bewegungen** und die **Mechanismen**, das beste an diesem Abschnitt.

Oft können Sie Mechanismen direkt am Stabwerk ablesen. Die Frage ist: ***Können sich die Knoten bewegen, ohne die Stäbe zu dehnen***? Das wäre eine Deformation u ohne Verlängerung der Stäbe, also $e = Au = 0$. Es wäre eine Bewegung erster Ordnung ohne Dehnung erster Ordnung. Das Stabwerk wäre instabil. Die Steifigkeitsmatrix $K = A^T CA$ wäre selbst dann singulär ($Au = 0$ liefert $Ku = 0$), wenn das Stabwerk ausreichend viele Träger hätte, die eine starre Bewegung verhindern.

Sehen Sie sich bitte das gestützte Stabwerk auf der rechten Seite von Abbildung 2.30 an. Wie könnte sich dieses Stabwerk ohne Dehnung bewegen? Weil die Matrix A eine 8×10-Matrix ist, muss es (mindestens) $10 - 8 = 2$ unabhängige Vektoren u geben, die $Au = 0$ liefern. Die Träger verhindern starre Bewegung.

Bei einem Mechanismus bewegt sich jeder Stab starr (sodass alle $e_i = 0$ sind), aber **nicht** *jeder Stab bewegt sich gleich*. Ich kann zwei herausragende Deformationen (und alle Kombinationen) erkennen:

1. Die rechte Seite des Stabwerkes klappt ab: $u_2^V = u_5^V \neq 0$. Alle anderen u sind null (erster Ordnung). Die Stäbe 2 und 6 drehen sich, Stab 4 fällt ohne Dehnung.
2. Das ganze Stabwerk bewegt sich nach rechts, ausgenommen $u_6^H = u_7^H = 0$ an den Trägern. Alle vertikalen Auslenkungen sind null (erster Ordnung). Die Stäbe 7 und 8 drehen sich.

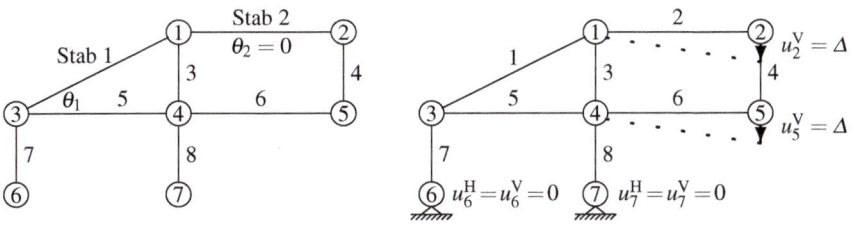

Abb. 2.30 Das ungestützte Baumhaus enthält $m = 8$ Stäbe und $2N = 14$ Kräfte. In diesem Fall lässt $Au = 0$ 3 starre Bewegungen und 3 Mechanismen zu. Mit Trägern ist $n = 10$: Es gibt keine starren Bewegungen und $10 - 8 = 2$ Mechanismen. Dargestellt ist Mechanismus **1** (*keine Dehnung*).

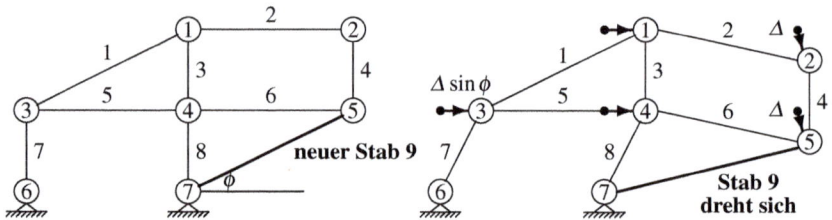

Abb. 2.31 Das Baumhaus aus der letzten Abbildung enthält einen neuen Stab. Die Matrix A ist eine 9×10-Matrix, und es gibt **einen Mechanismus**.

Nun kommen wir auf das ungestützte Stabwerk aus dem rechten Teil von Abbildung 2.30 auf der vorherigen Seite zurück. Die Matrix A ist hier eine 8×14-Matrix. Es muss (mindestens) $14 - 8 = 6$ Lösungen zu $Au = 0$ geben. Wir kennen bereits die Mechanismen **1** und **2**. Es gibt drei starre Bewegungen (weil es keine Träger gibt). Was ist die zusätzliche Lösung zu $e = Au = 0$, die das Bild des ungestützten Stabwerkes vervollständigt?

3. Stab 7 schwingt frei. *Er kann um den Knoten 3 schwingen* ($u_6^H = 1$). Natürlich könnte auch Stab 8 um den Knoten 4 schwingen ($u_7^H = 1$). Das bringt aber keine neue unabhängige Lösung zu $Au = 0$, weil ihre Summe mit $u_6^H = u_7^H = 1$ einer horizontalen Bewegung des ganzen Stabwerks *abzüglich* des Mechanismus **2** für die Knoten 1 bis 5 entspricht.

Neues Beispiel Das aus 9 Stäben bestehende Stabwerk aus Abbildung 2.31 veranschaulicht ein heikleres Problem. Wie viele Mechanismen gibt es, und welche sind das im Einzelnen? Durch den neuen Stab bekommt A eine neue Zeile, sodass A nun eine 9×10-Matrix ist. Es muss einen neuen Mechanismus geben (der nicht so leicht zu erkennen ist). Er muss die Mechanismen **1** und **2** in sich vereinen, weil die ersten acht Zeilen von $Au = 0$ wie vorhin sind. *Einige Kombinationen* der Mechanismen ($u_2^V = u_5^V$ und $u_1^H = u_2^H = u_3^H = u_4^H = u_5^H$) werden sicher senkrecht zu der neuen Zeile der Matrix A sein.

Der neue Stab 9 kann sich nur drehen. Knoten 5 bewegt sich um Δ senkrecht zu diesem Stab mit $u_5^H = \Delta \sin \phi$ und $u_5^V = -\Delta \cos \phi$. Alle anderen u_j^H sind auch $\Delta \sin \phi$ (wie in Mechanismus **2**). Und es gilt $u_2^V = u_5^V$ (wie in Mechanismus **1**). Das Stabwerk klappt zusammen.

Ich könnte mir vorstellen, das originale Stabwerk aus Abbildung 2.30 für Kinder zusammen zu zimmern und sie in das Baumhaus zu schicken. Würde es drohen zusammenzuklappen, würde ich es schnell mit Stab 9 stützen (wie in Abbildung 2.31). Doch das wäre nicht genug, die Kinder würden trotzdem fallen. Sie wären von der linearen Algebra verdammt, da A eine 9×10-Matrix ist.

Ich glaube, dass das Stabwerk keinen weiteren Mechanismus besitzt. Ich bin mir sogar sicher. Die Matrix A wird zu einer 10×10-Matrix, sie ist invertierbar. Das Stabwerk ist nun stabil, die Steifigkeitsmatrix $K = A^T C A$ ist invertierbar und positiv definit (Summe der zehn k_i). *Weil die Matrix A nun quadratisch ist, haben wir*

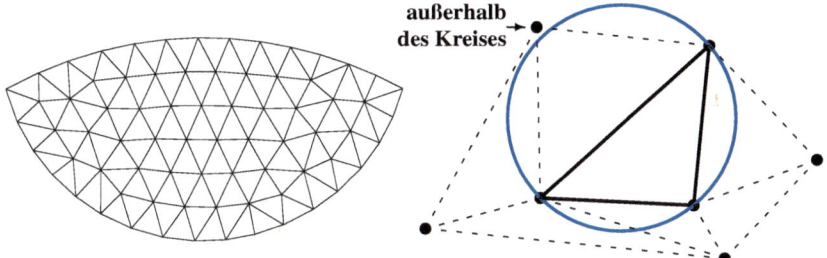

Abb. 2.32 Ein nahezu regelmäßiges Netz, das die Delaunaysche „Umkreisbedingung" erfüllt.

einen determinierten Fall vor uns: $K^{-1} = (A^{-1})(C^{-1})(A^{\mathrm{T}})^{-1}$ ist korrekt. Die zehn Stabkräfte w werden direkt durch die zehn Bilanzgleichungen $A^{\mathrm{T}}w = f$ bestimmt:

Determinierter Fall $w = (A^{\mathrm{T}})^{-1}f$ und $e = C^{-1}w$ und $u = A^{-1}e$. (2.154)

Erstellen eines Dreiecksnetzes

Ein grundlegendes Problem bei Computergraphik und finiten Elemente ist geometrischer Natur: **Ein Gebiet muss mit nahezu einheitlichen Dreiecken bedeckt werden**. Diese Dreiecke legen ein „*Netz*" über das Gebiet. Wir rechnen an den Ecken der Dreiecke und vielleicht auch an den Mittelpunkten der Kanten. Diese Berechnungen sind genauer, wenn die Dreiecke nahezu gleichseitig sind (Innenwinkel 60°). Schmale Dreiecke (mit Winkeln von fast 0° oder 180°) sind gefährlich.

Es ist nicht so einfach, ein gutes Netz zu erstellen. Wir müssen zwei Entscheidungen treffen:

1. **Knoten** wählen (gut verteilt und bis zum Rand),
2. **Kanten** wählen (das liefert die „Topologie" des Netzes).

Dass der Rand erreicht wird, ist die Voraussetzung dafür, Randbedingungen beachten zu können. Wir können im Innern des Gebietes mit einem Netz aus identischen, gleichseitigen Dreiecken beginnen. Irgendwie müssen diese Netzpunkte aber bis zum Rand gebracht werden. Wenn wir nur die äußeren Knoten verschieben, sind die Dreiecke am Rand schrecklich. Wir streben ein Netz wie in Abbildung 2.32 an.

Von Per-Olof Persson stammt ein kurzer MATLAB-Code, mit dem Sie ein Netz erstellen können. Einen Link dazu finden Sie auf math.mit.edu/cse. Die Schlüsselidee ist, sich das Netz als ein ebenes Stabwerk vorzustellen! *Er ersetzt das Hookesche Gesetz $w = ce$ auf einer Kante durch eine nichtlineare Funktion $w = c(e)$. Ausgehend von dem regelmäßigen Netz (innen liegend und zu klein), schieben alle Kräfte die Knoten nach außen*. Ein Zusammendrücken ist unzulässig, während der Algorithmus die Knoten in ihre Endposition schiebt.

Ziel: **Die Summe der Kantenkräfte ist an jedem inneren Knoten null** ($A^{\mathrm{T}}w = 0$).

In jedem Iterationsschritt werden die Knoten durch die unausgeglichenen Kantenkräfte verschoben. Wenn dabei ein Knoten das Gebiet verlässt, wird er auf den Rand zurückprojiziert. Der Rand liefert eine in die Kräftebilanz eingehende *Reaktionskraft*, die den Knoten in das Gebiet zurückschiebt.

Die vier folgenden Kommentare sollen Nutzern dieses Codes helfen:

1. Jedes Mal, wenn die Knoten bewegt werden, rufen wir die *Unterroutine Delaunay* auf, um neue Kanten zu wählen. Die Topologie kann sich ändern (meist ist das nicht der Fall!). Der Code delaunay.m trifft die eindeutige Wahl so, dass innerhalb des Kreises durch die drei Dreieckspunkte, keine anderen Netzpunkte liegen (Abbildung 2.32 auf der vorherigen Seite zeigt den leeren Kreis).
2. Der Anwender beschreibt das Gebiet durch seine *Metrik* und nicht durch Gleichungen für die Randkurven. Außerhalb des Gebietes ist der Abstand zum Rand $d > 0$, innerhalb des Gebietes ist $d < 0$. Dann ist der Rand die „Niveaumenge" mit $d = 0$. Der Code berechnet $d(P)$ nur an den Netzpunkten P. Wir brauchen keine Gleichung für $d(x,y)$.
3. Wir wollen gute Dreiecke, die aber nicht immer eine einheitliche Größe haben können. In der Nähe von Ecken oder in engen Randkurven des Gebietes liefern kleinere Dreiecke eine höhere Genauigkeit. Der Nutzer kann eine *Elementgrößenfunktion* angeben, die über dem Gebiet variiert.
4. Die Kraftfunktion $w = c(e)$ sollte *nicht linear* sein. Der Nutzer kann eine Länge L_0 definieren, die geringfügig größer ist als die Länge der meisten Kanten sein kann (ohne das Gebiet zu verlassen). Eine Wahl des Spannungs-Dehnung-Gesetzes ist $w = \max\{ce, 0\}$. Damit werden negative Kräfte vermieden. Dieses nichtlineare Gesetz $w = C(e)$ ändert unser Grundmuster in $A^T C(Au) = f$.

Angewandte lineare Algebra

Das fundamentale Grundmuster des Gleichgewichtes führt zu der positiv definiten Matrix $A^T CA$. Jede Anwendung hat ihre speziellen Eigenschaften, aber verlieren Sie dabei nicht den einfachen Faden.

Mechanik	Statistik	Netzwerke
u = Auslenkungen	$\hat{u}$ = beste Parameter	u = Knotenspannungen
$e = Au$ (Längenänderungen)	$e = b - A\hat{u}$ (Fehler)	$e = b - Au$ (Spannungsabfälle)
$w = Ce$ (Hookesches Gesetz)	$w = Ce$ (Gewicht $c_i = 1/\sigma_i^2$)	$w = Ce$ (Ohmsches Gesetz)
$f = A^T w$ (Kräftegleichgewicht)	$0 = A^T w$ (Projektion)	$f = A^T w$ (Kirchhoffsches Gesetz)
$A^T CAu = f$	$A^T CA\hat{u} = A^T Cb$	$A^T CAu = A^T Cb - f$

In der Mechanik sind die Quellterme äußere Kräfte f. Im Problem der kleinsten Fehlerquadrate gibt es Messwerte b. Das Netzwerkproblem kann sowohl f als auch b, Stromquellen und Spannungsquellen, enthalten. Bedenken Sie, dass b früh in das Grundmuster einbezogen wird, während f erst am Ende hinzukommt. Deshalb

2.7 Strukturen im Gleichgewicht

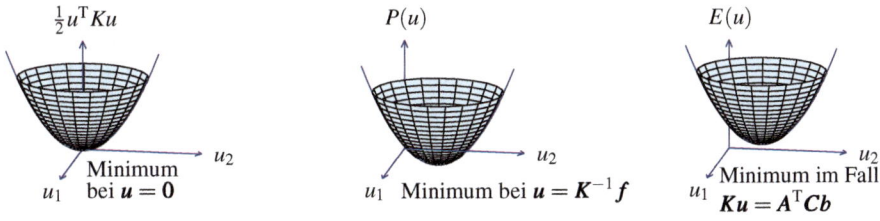

Abb. 2.33 Minima von $\frac{1}{2}u^T K u$, $\frac{1}{2}u^T K u - u^T f$ und $\frac{1}{2}(b-Au)^T C(b-Au)$.

wirken C und A^T auf b bevor $A^T C b$ zu f aufschließt. In der Netzwerkgleichung steht $-f$, weil der Strom von einem höheren zu einem niedrigeren Potential fließt.

Die Matrix $K = A^T C A$ ist unter der Voraussetzung *symmetrisch positiv definit*, dass die Matrix A unabhängige Spalten hat. (Wenn $Au = 0$ ist, dann gilt $Ku = 0$, und wir haben eine singuläre Matrix K, die positiv definit ist.) Jede positiv definite Matrix ist direkt mit einem Minimumproblem verknüpft:

Minimiere die quadratische Funktion $\quad P(u) = \dfrac{1}{2}(b - Au)^T C(b - Au) - u^T f$.

Die Symmetrie ist gesichert: Jede Matrix von zweiten Ableitungen ist symmetrisch.

$$\frac{\partial^2 P}{\partial u_i \partial u_j} = \frac{\partial^2 P}{\partial u_j \partial u_i} \quad \text{bedeutet} \quad (A^T C A)_{ij} = (A^T C A)_{ji}. \tag{2.155}$$

Die positive Definitheit sichert ein *eindeutiges Minimum*: $u^T K u > 0$ außer an der Stelle $u = 0$. Der Graph von $\frac{1}{2} u^T K u$ ist eine „Mulde", die am Ursprung bleibt. Dieselbe Mulde wird durch Quellterme f und b verschoben. In der Mechanik ist das Minimum nach $u = K^{-1} f$ verschoben. Im dritten Teil von Abbildung 2.33 (Statistik) lautet die Gleichung $A^T C A u = A^T C b$. Die Mulde ist in allen Fällen dieselbe, weil die Matrix der zweiten Ableitungen immer $K = A^T C A$ ist.

Es ist sehr hilfreich, $u^T K u$ als $(Au)^T C(Au)$ zu schreiben. In der Mechanik gilt $e = Au$, sodass *die Federenergie* $\frac{1}{2} e^T C e$ ist. Der lineare Teil ist $u^T f$:

Arbeit $\quad u^T f = u_1 f_1 + \cdots + u_n f_n =\;$ Auslenkung mal Kraft. $\hfill (2.156)$

Folglich steht $P(u) = \frac{1}{2} e^T C e - u^T f$ für die Differenz aus innerer Energie und äußerer Arbeit. Die Natur wählt die Auslenkungen so, dass $P(u)$ minimal wird (was bei $Ku = f$ passiert).

Im Problem der kleinsten Quadrate übernehmen Statistiker die Rolle der Natur. Sie minimieren die Kovarianzmatrix des Fehlers in $\widehat{u}$. Im Netzwerkproblem gibt $e^T C e$ den Wärmeverlust an, und $u^T f$ ist die Leistung (Produkt aus Spannung und Quellstrom). Wenn wir $P(u)$ minimieren, führt das auf *dieselben Gleichungen*, die wir direkt aus den Gesetzen der Netzwerktheorie abgeleitet haben.

Zum Schluss sei noch auf einen Sachverhalt hingewiesen, den die Mechanik gut illustriert. Zu jedem Minimumproblem gibt es ein duales Problem – ein anderes Problem, dass dieselbe Antwort liefert. Dual zum Minimum der potentiellen Energie $P(u)$ ist das *Minimum der Ergänzungsenergie $Q(w)$*:

Duales Problem Wähle w so, dass $Q(w) = \frac{1}{2}w^T C^{-1} w$ unter der Nebenbedingung $A^T w = f$ minimal wird.

Diese Nebenbedingungen $A^T w = f$ bringen in Abschnitt 8.1 die Lagrange-Multiplikatoren.

Aufgaben zu Abschnitt 2.7

2.7.1 Für meine Begriffe sieht Stabwerk A auf der nächsten Seite nicht sicher aus. Wie viele unabhängige Lösungen gibt es zu $Au = 0$? Skizzieren Sie diese und bestimmen Sie auch die Lösungen $u = (u_1^H, u_1^V, \ldots, u_4^H, u_4^V)$. Welche Gestalt haben die Matrizen A und $A^T A$? Was sind ihre ersten Zeilen?

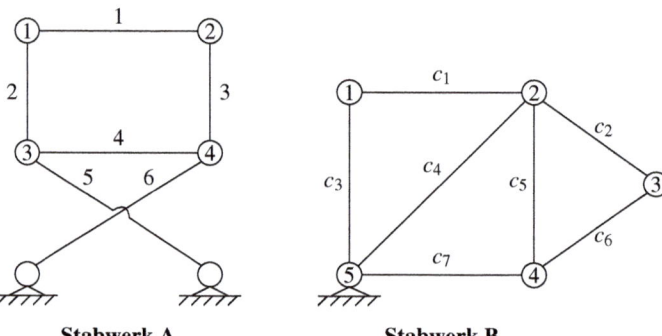

Stabwerk A **Stabwerk B**

2.7.2 Im Stabwerk B gibt es 7 Stäbe und $n = 2N - r = 10 - 2$ unbekannte Auslenkungen. Welche Bewegungen lösen $Au = 0$? Können Sie die Matrix A quadratisch und invertierbar machen, indem Sie einen Stab hinzufügen? Geben Sie die zweite Zeile der Matrix A (zu Stab 2 mit einem Winkel von 45°). Wie lautet die dritte Gleichung in $A^T w = f$ mit der rechten Seite f_2^H?

2.7.3 Das Stabwerk C ist ein Quadrat ohne Träger. Bestimmen Sie $8 - 4$ unabhängige Lösungen zu $Au = 0$. Bestimmen Sie 4 Mengen von f, sodass $A^T w = f$ eine Lösung hat. Prüfen Sie, dass für diese vier u und f die Gleichung $u^T f = 0$ gilt. *Die Kraft f darf die Instabilitäten u nicht aktivieren.*

2.7.4 Wie viele Zeilen und Spalten hat die Matrix A zu Stabwerk D? Bestimmen Sie die erste Spalte mit 8 Längenänderungen durch eine kleine Auslenkung u_1^H. Skizzieren Sie eine von null verschiedene Lösung zu $Au = 0$. Warum hat $A^T w = 0$ eine von null verschiedene Lösung (8 Stabkräfte im Gleichgewicht)?

2.7.5 Stabwerk E auf der nächsten Seite hat 8 Stäbe und 5 ungestützte Gelenkstücke. Skizzieren Sie die vollständige Menge der Mechanismen. Ist die Matrix $A^T A$ positiv definit oder semidefinit? Sie müssen $A^T A$ dazu nicht ausrechnen.

2.7 Strukturen im Gleichgewicht   229

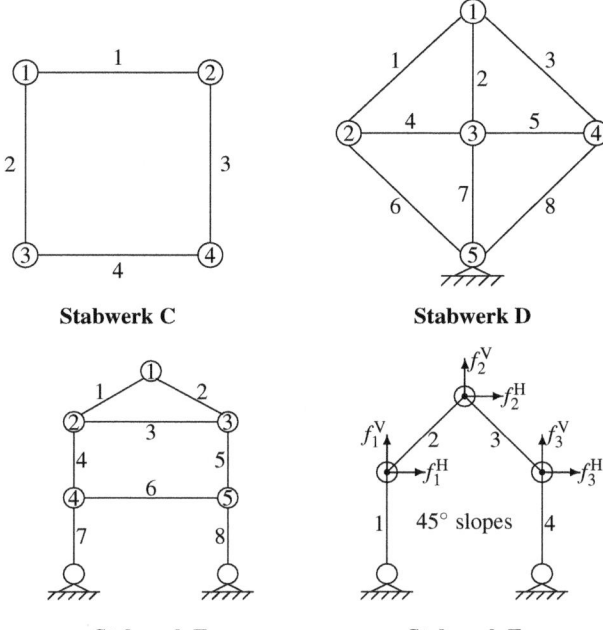

Stabwerk C   Stabwerk D

Stabwerk E   Stabwerk F

2.7.6 Wie viele Mechanismen hat Stabwerk F? Beschreiben Sie diese durch ein Bild oder eine Lösung zu $Au = 0$. Fügen Sie so viele Stäbe hinzu, dass das Stabwerk stabil wird. Wie viele Lösungen hat $A^T w = f$ nun?

2.7.7 Angenommen, ein *Raumstabwerk* hat die Form eines Würfels. Die vier Gelenke an der Grundfläche sind gestützt, zu den oberen gehören jeweils 3 Auslenkungen und 3 Kräfte. Warum ist die Matrix A eine 8×12 Matrix? Beschreiben Sie vier unabhängige Mechanismen des Würfels.

2.7.8 Skizzieren Sie ein sechsseitiges Stabwerk mit festen Trägern an zwei gegenüberliegenden Knoten. Wird das Stabwerk durch einen Querstab zwischen freien Knoten stabil oder was ist der Mechanismus? Welche Werte haben m und n? Wie verhält es sich, wenn Sie einen zweiten Querstab hinzufügen?

2.7.9 Angenommen, ein Stabwerk besteht aus *einem Stab*, der mit der Horizontalen einen Winkel θ einschließt. Skizzieren Sie die Kräfte f_1 und f_2 am oberen Ende, die in die positive x- und y-Richtung wirken, und die zugehörigen Kräfte f_3 und f_4 am unteren Ende. Geben Sie die 1×4-Matrix A_0, die 4×1-Matrix A_0^T und die 4×4-Matrix $A_0^T C A_0$ an. Das ist die Elementmatrix. Für welche Kräfte kann die Gleichung $A_0^T y = f$ gelöst werden?

2.7.10 Bei einem ebenen Stabwerk gibt es drei starre Bewegungen (horizontal, vertikal, Drehung um $(0,0)$). Warum zählt die Drehung um den Mittelpunkt nicht als vierte Bewegung? **Beschreiben Sie sechs starre Bewegungen eines Raumstabwerkes in drei Dimensionen.**

2.7.11 Wo könnten Sie einen zehnten Stab anbringen, damit das Stabwerk aus Abbildung 2.31 auf Seite 224 stabil wird?

2.7.12 Die „Steifigkeitskoeffizienten" k_{ij} in der Steifigkeitsmatrix K geben die Kräfte f_i an, die einer Einheitsauslenkung $u_j = 1$ entsprechen, da $Ku = f$ ist. Was sind die „Flexibilitätskoeffizienten", die die Auslenkungen u_i liefern, die durch eine Einheitskraft $f_j = 1$ hervorgerufen werden? Sind sie $1/k_{ij}$?

2.7.13 Bestimmen Sie die Elementsteifigkeitsmatrix k_i für jeden Stab des mittleren Stabwerkes aus Abbildung 2.28 auf Seite 215, und setzen Sie die einzelnen k_i zur Matrix K zusammen.

2.7.14 Schreiben Sie einen Code für die cse-Internetpräsenz, der für jeden Stab eine 4×4-Elementmatrix k_i liefert. Setzen Sie die Matrix K aus den einzelnen k_i zusammen und prüfen Sie die Stabilität. Die Eingaben sind $c = (c_1, \ldots, c_m)$, eine $N \times 2$-Liste der Gelenkkoordinaten x_i, y_i, eine $m \times n$-Liste der Stäbe (zwei Gelenkzahlen) und eine $r \times 2$-Liste bester Auslenkungen.

2.8 Kovarianzen und die rekursive Methode der kleinsten Quadrate

Bestandteil des wissenschaftlichen Rechnens ist das statistische Rechnen. Wenn die Ausgaben $\widehat{u}$ Ergebnisse der Eingaben b sind, *müssen wir die Verlässlichkeit von $\widehat{u}$ abschätzen*. Ein Maß für die Verlässlichkeit sind Varianzen und Kovarianzen. Die Hauptdiagonalelemente der **Kovarianzmatrix P** sind Varianzen, ihre Nichtdiagonalelemente sind Kovarianzen. Die Verlässlichkeit von $\widehat{u}$ hängt von der Verlässlichkeit der Eingabe b ab, die durch *ihre* Kovarianzmatrix Σ bestimmt ist.

Die Kovarianz P hat die wunderbare Gleichung $(A^\mathsf{T} C A)^{-1} = (A^\mathsf{T} \Sigma^{-1} A)^{-1}$.
Diese Matrix gibt an, wie zuverlässig (kleines P) oder unzuverlässig (großes P) das bestimmte $\widehat{u}$ sein wird. Bedenken Sie, dass die Matrix P nicht von einem speziellen b (den experimentellen Daten) abhängt. Sie hängt nur von den Matrizen A und Σ (dem experimentellen *Aufbau*) ab. Die Matrix P sagt uns, noch bevor wir einzelne Beobachtungen b machen, wie gut das Experiment sein sollte.

Wir leben im „Jahrhundert der Daten". Die Verlässlichkeit ist ein zentrales wissenschaftliches Problem. In diesem Abschnitt befassen wir uns eingehender mit der Methode der kleinsten Quadrate, nachdem wir in Abschnitt 2.3 mit $A^\mathsf{T} A \widehat{u} = A^\mathsf{T} b$ den Grundstein dazu gelegt haben. Wenn Sie sich das Grundmuster $A^\mathsf{T} C A$ und die rekursiven Algorithmen, die auf $\widehat{u}$ führen, ansehen, verstehen Sie, wie das die Statistik mit anderen Teilen der angewandten Mathematik verbindet. Die Verlässlichkeitsanalyse ist das entscheidende Bindeglied zwischen Experiment und Simulation.

Zuerst werden wir die Begriffe Mittelwert, Varianz und Kovarianz einführen. Anschließend zeigen wir, warum die Wichtungsmatrix C (die zum mittlerem Schritt in unserem Grundmuster gehört) die Inverse der Kovarianzmatrix Σ der Eingaben sein muss. Schließlich beantworten wir die Frage, wie wir neue Eingaben b_{neu} bearbeiten können, ohne Berechnungen zu wiederholen, die wir bereits mit b_{alt} angestellt haben. Die Antwort liefert die **rekursive Methode der kleinsten Quadrate**, wenn wir neue Gleichungen zu $Au \approx b$ hinzunehmen. Wenn sich der Zustand u und seine Statistik in jedem Schritt i ändert, wird aus der Rekursion für $\widehat{u}_i$ und P_i der berühmte **Kalman-Filter**.

Mittelwert und Varianz

Ich möchte die unlösbare Gleichung $Au = b$ als echte Gleichung (mit Rauschen) schreiben:

Beobachtungsgleichungen $\quad Au = b - e = b - $ **Rauschen**. $\hfill (2.157)$

In den Anwendungen kennen wir die einzelnen Messfehler e nicht. (Anderenfalls könnten wir sie in b berücksichtigen.) Es kann aber sein, dass wir etwas über die Wahrscheinlichkeiten der verschiedenen Rauschstärken wissen – die *Wahrscheinlichkeitsverteilung von e* kann uns bekannt sein. Dieser Information entnehmen wir, welches Gewicht wir den Gleichungen zuordnen müssen (die Gewichte sind gleich, wenn die Fehler e dieselbe Verteilung haben). Wir können die Verteilung der Fehler auch aus den Ausgaben $\widehat{u}$ bestimmen. Das ist wichtig!

Angenommen, wir schätzen das Alter eines Kindes in Jahren mit den Fehlern -1, 0 oder 1. Wenn die Wahrscheinlichkeiten dieser Fehler gleich sind, also $\frac{1}{3}, \frac{1}{3}, \frac{1}{3}$, ist der mittlere Fehler (der **Mittelwert** oder **Erwartungswert**) null:

$$\textbf{Mittelwert } = \mathrm{E}\,[e] = \frac{1}{3}(-1) + \frac{1}{3}(0) + \frac{1}{3}(1) = 0. \hfill (2.158)$$

Der Erwartungswert $\sum p_i e_i$ summiert über die Produkte aller möglichen Fehler mit ihren Wahrscheinlichkeiten p_i (deren Summe 1 ist). Häufig gilt $\mathrm{E}\,[e_i] = 0$: **Mittelwert null**.

Ein von null verschiedener Mittelwert kann von den einzelnen b_i subtrahiert werden, um „den Messapparat zurückzusetzen". Die Messungen sind dann zwar immer noch fehlerbehaftet aber *nicht mehr einseitig verschoben*.

Wenn uns die *Größe dieser Fehler* (und nicht ihr Vorzeichen) interessiert, sehen wir uns den Term e^2 an. Wenn wir die quadratischen Fehler mit ihren Wahrscheinlichkeiten wichten, wir also den Mittelwert von e^2 bilden, ist das die **Varianz σ^2**. Wenn der Mittelwert $\mathrm{E}\,[e] = 0$ ist, gilt für die Varianz:

$$\textbf{Varianz} \quad \sigma^2 = \mathrm{E}\,[e^2] = \frac{1}{3}(-1)^2 + \frac{1}{3}(0)^2 + \frac{1}{3}(1)^2 = \frac{2}{3}. \hfill (2.159)$$

Bedenken Sie, dass σ^2 nichts mit den tatsächlichen Messwerten b_i zu tun hat, die zufällige Stichproben aus unserer Population aller Kinder und Altersgruppen waren. Wir kennen Mittelwerte, aber wir kennen keine Einzelpersonen. Wäre der Mittelwert von e nicht null gewesen, hätten wir σ^2 berechnet, indem wir den Abstand $e - \mathrm{E}\,[e]$ **vom Mittelwert** quadriert hätten.

Angenommen, wir wollen das Alter von 100 Kindern schätzen. Der Gesamtfehler $e_{\mathsf{sum}} = e_1 + \cdots + e_{100}$ liegt nun zwischen -100 und 100. Es ist aber unwahrscheinlich, dass e_{sum} den Wert 100 erreicht (jeder Fehler müsste $+1$ sein). Die Wahrscheinlichkeit dafür ist $(\frac{1}{3})^{100}$. Der Mittelwert von e_{sum} ist weiterhin null. *Die Varianz von e_{sum} wird $100\,\sigma^2$ sein*:

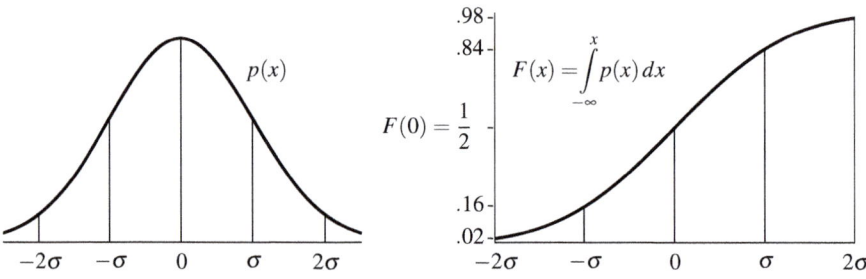

Abb. 2.34 Die Normalverteilung (Gauß-Verteilung) $p(x)$ und ihr Integral $F(x)$.

Test im Fall $m = 2$ Kinder : $e_{\text{sum}} = -2, -1, 0, 1$ oder 2,

Einzelwahrscheinlichkeiten $(\frac{1}{3} + \frac{1}{3} + \frac{1}{3})^2 = \frac{1}{9} + \frac{2}{9} + \frac{3}{9} + \frac{2}{9} + \frac{1}{9}$ (Summe 1)

Varianz $:= \frac{1}{9}(-2)^2 + \frac{2}{9}(-1)^2 + \frac{3}{9}(0)^2 + \frac{2}{9}(1)^2 + \frac{1}{9}(2^2) = \frac{12}{9} = 2(\frac{2}{3}) = \mathbf{2\sigma^2}$.

Zentraler Grenzwertsatz

Bei m Kindern liegt der Gesamtfehler e_{sum} zwischen $-m$ und m. Die zugehörige Wahrscheinlichkeitsverteilung kann aus $(\frac{1}{3} + \frac{1}{3} + \frac{1}{3})^m$ berechnet werden. **Ihre Varianz ist $m\sigma^2$**. Die natürliche Skalierung ist also, durch $\sqrt{m}$ zu dividieren und $x = e_{\text{sum}}/\sqrt{m}$ zu betrachten. Der zugehörige Mittelwert ist null. Die Varianz ist σ^2. Was sind die Wahrscheinlichkeiten für die verschiedenen x im Fall $m \to \infty$?

Die Antwort liefert der **zentrale Grenzwertsatz**. Die Wahrscheinlichkeitsverteilung wird (im Limes $m \to \infty$) zur **Normalverteilung** $p(x)$ mit der Varianz σ^2:

$$\textbf{Normalverteilung} \quad p(x) = \frac{1}{\sqrt{2\pi}\,\sigma} e^{-x^2/2\sigma^2}, \quad \int_{-\infty}^{\infty} p(x)\,dx = 1. \quad (2.160)$$

Dann ist $p(x)dx$ die Wahrscheinlichkeit dafür, dass eine zufällige Stichprobe zwischen x und $x + dx$ fällt. Da die Stichprobe irgendeinen Wert annehmen muss, ist das Integral über alle Wahrscheinlichkeiten 1. Der Graph von $p(x)$ ist die berühmte Glockenkurve aus Abbildung 2.34. Das Integral von $p(x)$ ist $F(x)$.

Das Integral $F(x)$ ist die **kumulative Wahrscheinlichkeit**. Sie lässt alle Fehler bis x zu. Ihre Ableitung ist die *Wahrscheinlichkeitsdichtefunktion* (WDF). Diese WDF gibt die Häufigkeit dafür an, dass eine der Stichproben in die Umgebung von x fällt. Die Wahrscheinlichkeit für Fehler unter x ist $F(x)$, Fehler unter $x + dx$ haben die Wahrscheinlichkeit $F(x + dx)$. Die Wahrscheinlichkeit dafür, dass der Fehler zwischen x und $x + dx$ ist $p(x)\,dx$:

2.8 Kovarianzen und die rekursive Methode der kleinsten Quadrate

$$F(x+dx) - F(x) = p(x)dx \quad \text{und folglich} \quad p(x) = \frac{dF}{dx}.$$

Zu dieser speziellen Wahrscheinlichkeitsdichtefunktion $p(x)$ gibt es keinen einfachen Ausdruck für $F(x)$. Das Integral hängt mit der „*Fehlerfunktion*" zusammen. Es ist sorgfältig tabelliert. Es gibt aber ein Integral, das wir tatsächlich ausführen können – die Varianz! Wir können $(x)(xe^{-x^2/2\sigma^2})$ partiell integrieren:

Varianz von $p(x)$ $\quad \int_{-\infty}^{\infty} x^2 p(x) dx = \frac{1}{\sqrt{2\pi}\,\sigma} \int_{-\infty}^{\infty} x^2 e^{-x^2/2\sigma^2} dx = \sigma^2. \quad (2.161)$

Die Varianz σ misst die **Breite der Glockenkurve** der Normalverteilung. Das kennzeichnet die Rauschstärke – die Größe der Fehler. Die rechte Seite von Abbildung 2.34 zeigt die Wahrscheinlichkeit $.84 - .16 = .68$ dafür an, dass eine Stichprobe einer normalverteilten Zufallsgröße weniger als σ vom Mittelwert entfernt ist. „Zwei Drittel der Stichproben liegen weniger als eine Standardabweichung σ vom Mittelwert entfernt."

Wahrscheinlichkeitsverteilungen

1. Gleichverteilung, 2. Binomialverteilung, 3. Poisson-Verteilung, 4. Normalverteilung (Gauß-Verteilung), 5. Chi-Quadrat-Verteilung. Das sind fünf wichtige Wahrscheinlichkeitsverteilungen.

In den Verteilungen 1 und 4 (Rechteckkurve und Glockenkurve) sind die Zufallsvariablen x *kontinuierlich*. Der Funktionswert $p(x)$ ist die **Wahrscheinlichkeitsdichte**. Die Wahrscheinlichkeit, dass eine Stichprobe zwischen x und $x + dx$ fällt, ist $p(x)dx$. Um den mittleren Fehler zu berechnen, wird jeder Fehler mit seiner Wahrscheinlichkeit gewichtet: $\mu = E[e] = \int p(x)e(x)\,dx$. Die Symmetrie bezüglich Null sichert, dass $E[e] = 0$ ist. Die Fehler der beiden Verteilungen haben den *Mittelwert null*. Bei den Verteilungen 2, 3 und 5 ist $\mu > 0$.

Die Verteilung 2 zählt, wie oft wir bei N fairen Münzwürfen das Ergebnis M Mal Kopf erwarten. Nun ist M eine *diskrete* Zufallsvariable. Die Summe der Wahrscheinlichkeiten $p_0, \ldots, p_N$ für $M = 0, \ldots, N$ ist 1. Der **Erwartungswert** $E[M]$ (die mittlere **Anzahl der Ergebnisse „Kopf"**) ist der Mittelwert $N/2$. Nach dem *starken Gesetz der großen Zahlen* ist die Wahrscheinlichkeit dafür null, dass M/N unendlich oft außerhalb eines festen Intervalls um $\frac{1}{2}$ liegt, wenn wir die Münze weiter werfen. (Das *schwache Gesetz* besagt dagegen nur, dass die Wahrscheinlichkeit, dass M/N außerhalb des Intervalls liegt, gegen null geht.)

Wir erwarten nicht $M \to \dfrac{N}{2}$ *(ein verbreiteter Irrtum), sondern* $\dfrac{M}{N} \to \dfrac{1}{2}$.

1. **Gleichverteilung** Angenommen, wir runden jedes Messergebnis auf die nächste ganze Zahl. Alle Messergebnisse, die zwischen 6.5 und 7.5 liegen, liefern dann $b = 7$. Der Rundungsfehler liegt zwischen $-.5$ und $.5$. Alle Fehler in diesem Intervall sind gleich wahrscheinlich (das erklärt die Bezeichnung ***Gleichverteilung***). Die Wahrscheinlichkeit, dass e zwischen $.1$ und $.3$ fällt, ist $.2$:

$p(x) = 1$ Wahrscheinlichkeit für $x <$ Fehler $< x + dx$ ist dx für $|x| \leq \frac{1}{2}$.

$\int p(x)\,dx$ Gesamtwahrscheinlichkeit für $-\frac{1}{2} < e < \frac{1}{2}$ ist $\int_{-\frac{1}{2}}^{\frac{1}{2}} dx = 1$.

Mittelwert m Erwartungswert $E[e] = \int_{-\frac{1}{2}}^{\frac{1}{2}} x p(x)\,dx = 0$.

Varianz σ^2 Erwartungswert des *quadratischen* Fehles $\int_{-\frac{1}{2}}^{\frac{1}{2}} x^2\, p(x)\,dx = \frac{1}{12}$.

2. Binomialverteilung Die Wahrscheinlichkeit für das Ergebnis „Kopf" ist bei einem fairen Münzwurf $\frac{1}{2}$. Bei $N = 3$ Würfen ist die Wahrscheinlichkeit, nur „Kopf" zu werfen, $\left(\frac{1}{2}\right)^3 = \frac{1}{8}$. Die Wahrscheinlichkeit für zwei Mal „Kopf" und ein Mal „Zahl" (drei Möglichkeiten: ZKK, KZK und KKZ) ist $\frac{3}{8}$. Die Zahlen $\frac{1}{8}$ und $\frac{3}{8}$ kommen in $\left(\frac{1}{2} + \frac{1}{2}\right)^3 = 1$ vor:

Gesamtwahr-scheinlichkeit
$$\left(\frac{1}{2}\right)^3 + 3\left(\frac{1}{2}\right)^3 + 3\left(\frac{1}{2}\right)^3 + \left(\frac{1}{2}\right)^3 = \frac{1}{8} + \frac{3}{8} + \frac{3}{8} + \frac{1}{8} = 1.$$

Die mittlere Anzahl der Münzwürfe mit dem Ergebnis „Kopf" ist $\frac{12}{8} = 1.5$, wenn wir diese Wahrscheinlichkeiten als Gewichte benutzen:

3 Würfe Mittelwert $= (3 \times \text{Kopf})\frac{1}{8} + (2 \times \text{Kopf})\frac{3}{8} + (1 \times \text{Kopf})\frac{3}{8} = \frac{12}{8}$.

Wie groß ist die Wahrscheinlichkeit, bei N Würfen M Mal „Kopf" zu werfen? Wieder sehen wir uns die einzelnen Terme in $\left(\frac{1}{2} + \frac{1}{2}\right)^N$ an. In der Wahrscheinlichkeit p_M, M Mal „Kopf" und $N-M$ Mal „Zahl" zu werfen, kommt der **Binomialkoeffizient** $\binom{M}{N} = $ „N über M" vor, den Spieler kennen und lieben:

Binomialverteilung $p_M = \dfrac{1}{2^N}\binom{M}{N} = \dfrac{1}{2^N}\dfrac{N!}{M!(N-M)!}$.

Die Gesamtwahrscheinlichkeit ist $p_0 + \cdots + p_N = \left(\frac{1}{2} + \frac{1}{2}\right)^N = 1$. Die erwartete Anzahl der Würfe mit dem Ergebnis „Kopf" ist $0p_0 + 1p_1 + \cdots + Np_N$. Diese Summe ist vernünftigerweise $N/2$.

Da die Summe $N/2$ ist, arbeiten wir mit dem *quadratischen Abstand vom Mittelwert*. Sein Erwartungswert (quadratischer Abstand mal Wahrscheinlichkeit) ist die **Varianz σ^2**:

Varianz $\sigma^2 = \left(0 - \dfrac{N}{2}\right)^2 p_0 + \left(1 - \dfrac{N}{2}\right)^2 p_1 + \cdots + \left(N - \dfrac{N}{2}\right)^2 p_N.$

Diese Varianz ist $\sigma^2 = N/4$. Die **Standardabweichung** ist die Quadratwurzel der Varianz $\sigma = \sqrt{N}/2$. Sie ist ein Maß für die Streubreite um den Mittelwert.

Bei einer unfairen Münze ist die Wahrscheinlichkeit für das Ergebnis „Kopf" p und für das Ergebnis „Zahl" $q = 1 - p$. **Die mittlere Anzahl der „Köpfe" ist bei N Würfen p mal N.** Solche Würfe heißen „Bernoulli-Versuche".

2.8 Kovarianzen und die rekursive Methode der kleinsten Quadrate 235

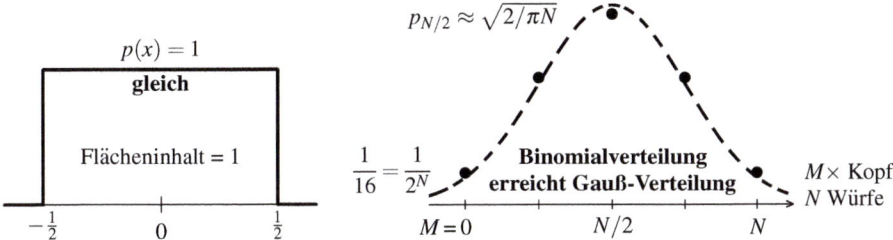

Abb. 2.35 Gleichverteilung zwischen $-\frac{1}{2}$ und $\frac{1}{2}$. Die Summe der Binomialwahrscheinlichkeiten $p = (1, 4, 6, 4, 1)/16$ ist 1. Für große N wird die Binomialverteilung eine Gauß-Verteilung mit der Varianz $\sigma^2 = N/4$ und der Höhe $1/(\sqrt{2\pi}\,\sigma) = \sqrt{2/\pi N}$.

3. Poisson-Verteilung Angenommen, wir haben eine sehr unfaire Münze vor uns (p ist *klein*), wir werfen sie aber sehr oft (N ist *groß*). Die erwartete Anzahl der Würfe mit dem Ergebnis „Kopf" ist $\lambda = pN$. Wir halten die Zahl λ für $p \to 0$ *und* $N \to \infty$ *fest*. Was sind die „Poisson-Wahrscheinlichkeiten" $p_0, p_1, p_2, \ldots$ dafür, in diesem Grenzfall einer sehr einseitigen Binomialverteilung $0, 1, 2, \ldots$ Mal „Kopf" zu werfen? Das ist die Wahrscheinlichkeitstheorie ziemlich seltener Ereignisse.

Wahrscheinlichkeit für 0 Mal „Kopf"

$$(1-p)^N = \left(1 - \frac{\lambda}{N}\right)^N \longrightarrow e^{-\lambda} = p_0. \tag{2.162}$$

Dieser Grenzwert gehört zu den wichtigsten der Analysis, ich hoffe Sie erinnern sich daran. Häufiger begegnet Ihnen ein ähnlicher Ausdruck mit einem „+", nämlich $(1 + (\lambda/N))^N \to e^\lambda$. Er stammt von den Zinsen in Höhe von λ Prozent, die in einem Jahr N Mal gezahlt werden. Am Ende des Jahres sind im Grenzfall $N \to \infty$ kontinuierlicher Aufzinsung aus einem Dollar e^λ Dollar geworden. Bei einer täglichen Aufzinsung mit $N = 365$ und $\lambda = .1$ würde man $e^\lambda = 1.10517$ sehr nahe kommen:

$$\left(1 + \frac{.1}{365}\right)^{365} = 1.10516, \quad \text{in unserem Fall} \quad \left(1 - \frac{.1}{365}\right)^{365} \approx e^{-.1}. \tag{2.163}$$

Vielleicht frisst Ihr Minussaldo Gebühren (typisch!) anstatt Zinsen abzuwerfen.

Nun berechnen wir die Wahrscheinlichkeit p_1 bei N Würfen mit $p = \lambda/N$ ein Mal „Kopf" zu werfen:

Wahrscheinlichkeit für 1 Mal „Kopf"

$$Np(1-p)^{N-1} = \lambda\left(1 - \frac{\lambda}{N}\right)^{N-1} \longrightarrow \lambda e^{-\lambda} = p_1. \tag{2.164}$$

Die Wahrscheinlichkeit für ein Mal „Kopf" gefolgt von $n-1$ Mal „Zahl" ist $p(1-p)^{N-1}$. Wir können aber an N verschiedenen Stellen ein Mal „Kopf" werfen, sodass wir noch mit N multiplizieren mussten.

Wenn wir uns den Fall mit **zwei Mal** „Kopf" gefolgt von $N-2$ Mal „Zahl" ansehen, ist die Wahrscheinlichkeit für genau diese Reihenfolge $p^2(1-p)^{N-2}$. Jetzt könnten die zwei Mal „Kopf" aber an $\binom{N}{2} = N(N-1)/2$ verschiedenen Stellenkombinationen auftreten:

Wahrscheinlichkeit für 2 Mal „Kopf"

$$\frac{N(N-1)}{2} p^2(1-p)^{N-2} = \frac{pN(pN-p)}{2}\left(1-\frac{\lambda}{N}\right)^{N-2} \longrightarrow \frac{\lambda^2}{2}e^{-\lambda} = p_2. \quad (2.165)$$

Im Fall k Mal „Kopf" ist das Muster ähnlich. Das Produkt aus Binomialkoeffizient $\begin{bmatrix}N\\k\end{bmatrix}$ und p^k geht für $N \to \infty$ gegen $\lambda^k/k!$. **Dann ist $p_k = \lambda^k e^{-\lambda}/k!$, und die Summe über alle Möglichkeiten ist $\sum p_k = 1$:**

Poisson-Wahrscheinlichkeiten

$$p_k = \frac{\lambda^k}{k!}e^{\lambda} \text{ und } \sum_{k=0}^{\infty}\frac{\lambda^k}{k!}e^{-\lambda} = e^{\lambda}e^{-\lambda} = 1. \quad (2.166)$$

Beispiel 2.30 (aus Feller [51]). Wie groß ist die Wahrscheinlichkeit, dass unter $N=500$ Personen k Personen am 1. Mai Geburtstag haben? Für den Einzelnen ist die Wahrscheinlichkeit klein, nämlich $p=1/365$.

Poisson betrachtet $\lambda = pN = 500/365 \approx 1.37$. Dann kommt in Poissons Näherung der exakten Binomialverteilung $e^{-\lambda} = .254\ldots$ vor. Das ist p_0 (keiner hat am 1. Mai Geburtstag):

$$p_0 = .254 \quad p_1 = .348 \quad p_2 = .239 \quad p_3 = .109 \quad p_4 = .037 \quad p_5 = .010 \quad p_6 = .002 \,.$$

Die Summe dieser Wahrscheinlichkeiten ist 0.999. Die Wahrscheinlichkeit, dass jemand am 1. Mai Geburtstag hat, ist also 3/4. Die Wahrscheinlichkeit, dass zwei Personen an *demselben* Tag Geburtstag haben, ist exakt 1! Bei 100 Personen ist diese Wahrscheinlichkeit _____.

Wie gewöhnlich geben wir den **Mittelwert** und die **Varianz** an. Beide sind λ:

Poisson-Mittelwert

$$\mu = 0 + \lambda e^{-\lambda} + 2\frac{\lambda^2}{2!}e^{-\lambda} + 3\frac{\lambda^3}{3!}e^{-\lambda} + \cdots = \lambda e^{-\lambda}\left(\sum_{0}^{\infty}\frac{\lambda^n}{n!}\right) = \boldsymbol{\lambda}$$

Poisson-Varianz

$$\sigma^2 = \left(0 + \lambda e^{-\lambda} + 2^2\frac{\lambda^2}{2!}e^{-\lambda} + 3^2\frac{\lambda^3}{3!}e^{-\lambda} + \cdots\right) - \mu^2 = \boldsymbol{\lambda}. \quad (2.167)$$

2.8 Kovarianzen und die rekursive Methode der kleinsten Quadrate

Die Varianz ist stets $\sigma^2 = \sum k^2 p_k - \mu^2$. Diese Summe steht in den Klammern von Gleichung (2.167):

$$\sum k^2 p_k = \lambda e^{-\lambda} \left(1 + 2\lambda + 3\frac{\lambda^2}{2!} + \cdots \right) = \lambda e^{-\lambda} \frac{d}{d\lambda}(\lambda e^{\lambda}) = \lambda^2 + \lambda. \quad (2.168)$$

Bei einer unfairen Münze haben wir eine Binomialverteilung. Der Mittelwert ist dann pN, die Varianz pqN. Die Werte sind exakt, bevor wir den Grenzwert $pN \to \lambda$ bilden. Dann werden beide Größen wegen $q = 1 - p$ zu λ. Nach Feller [51] sind die drei Hauptverteilungen: Binomialverteilung, Normalverteilung und Poisson-Verteilung.

Poisson-Wahrscheinlichkeiten gelten für seltene Ereignisse, die über eine Zeitspanne T gezählt werden. Viele Messgrößen liefern Poisson-Verteilungen. Wenn die Anzahl der erwarteten Ereignisse pro Zeiteinheit λ ist, erwarten wir λT solche Ereignisse in der Zeit T. Die Wahrscheinlichkeiten für 0, 1 oder 2 Ereignisse sind $e^{-\lambda T}, \lambda T e^{-\lambda T}, \frac{1}{2}\lambda^2 T^2 e^{-\lambda T}$. Das hängt mit zwei wichtigen Annahmen über das Experiment zusammen:

1. Die Bedingungen ändern sich nicht in Abhängigkeit von der Zeit (**Zeitinvarianz**).
2. Zwischen den Ereignissen in einzelnen Zeitintervallen gibt es keine Abhängigkeit (**Intervallunabhängikeit**).

Die Wahrscheinlichkeit, dass ein Ereignis in ein kleines Zeitintervall Δt fällt, ist $p = \lambda \Delta t$. Dass zwei oder mehr Ereignisse im Intervall Δt auftreten, ist so selten, dass wir solche Ereignisse vernachlässigen können. Die Annahmen 1 und 2 machen die Frage nach der Anzahl der Ereignisse in $N = T/\Delta t$ unabhängigen Zeitintervallen zu einem Binomialproblem mit $pN = (\lambda \Delta t)(T/\Delta t) = \lambda T$. Im Limes $\Delta t \to 0$ und $N \to \infty$ wird aus der Binomialverteilung eine Poisson-Verteilung.

4. **Normalverteilung** Diese „**Gauß**-Verteilung" ist die wichtigste Verteilung von allen. Sie kommt immer dann vor, wenn wir eine große Anzahl identischer und abhängiger Ereignisse oder Stichproben (wie Münzwürfe) kombinieren. Wenn wir die Anzahl der Ereignisse „Kopf" M normieren, indem wir ihre Abweichung vom Mittelwert $N/2$ betrachten und das Ergebnis durch die Standardabweichung $\sigma = \sqrt{N}/2$ dividieren, erhalten wir:

Normierte Anzahl der Ereignisse „Kopf" $\qquad x = \frac{1}{\sigma}(M - \text{Mittelwert}) = \frac{2}{\sqrt{N}}\left(M - \frac{N}{2}\right).$

Mit zunehmendem N füllen die Ergebnisse x das gesamte Intervall zwischen $-\infty$ und ∞. Der *zentrale Grenzwertsatz* besagt, dass sich die Wahrscheinlichkeiten für diese Zufallsvariablen x einer Gauß-Verteilung nähern. Die Wahrscheinlichkeit, dass die normierte Anzahl in das kleine Intervall zwischen x und $x + dx$ fällt, ist $p(x)\,dx$:

Normalverteilung

$$p(x) = \frac{1}{\sqrt{2\pi}} e^{-x^2/2}, \text{ Gesamtwahrscheinlichkeit } \int_{-\infty}^{\infty} p(x)\,dx = 1. \quad (2.169)$$

Der Faktor $\sqrt{2\pi}$ sichert, dass die Gesamtwahrscheinlichkeit gleich 1 ist. Der Graph von $e^{-x^2/2}$ ist die berühmte Glockenkurve. Aufgrund der Symmetrie der Verteilung ist der Mittelwert $\int x\,p(x)\,dx = 0$. Der MATLAB-Befehl randn benutzt diese Normalverteilung, während rand (ohne n) Zufallszahlen liefert, die über das Intervall $[0,1]$ gleichverteilt sind. *Die Varianz ist $\int x^2 p(x)\,dx = 1$.*

Varianz = 1 (mit partieller Integration)

$$\frac{1}{\sqrt{2\pi}} \int_{-\infty}^{\infty} (-x)(-x) e^{-x^2/2}\,dx = \frac{-x e^{-x^2/2}}{\sqrt{2\pi}} \Big|_{-\infty}^{\infty} + \int_{-\infty}^{\infty} p(x)\,dx = 0 + 1. \quad (2.170)$$

Diese „Standardnormalverteilung" $p(x)$ mit dem Mittelwert $\mu = 0$ und der Varianz $\sigma^2 = 1$ wird als $N(0,1)$ geschrieben. Sie ist aus der Normierung der Kopfzahl hervorgegangen. Eine Nicht-Standardnormalverteilung $N(\mu, \sigma)$ ist symmetrisch um ihren Mittelwert μ und die „Breite der Glockenkurve" ist σ:

$$p(x) = \frac{1}{\sigma\sqrt{2\pi}} e^{-(x-\mu)/2\sigma^2} \text{ hat } \int x\,p(x)\,dx = \mu \text{ und } \int (x-\mu)^2 p(x)\,dx = \sigma^2.$$

Wenn Sie die Ergebnisse einer Wahlumfrage verfolgen, finden Sie in den Zeitungen immer den Mittelwert μ. Sehr oft wird auch das Intervall von $\mu - 2\sigma$ bis $\mu + 2\sigma$ angegeben. Die Wahrscheinlichkeit ist 95%, dass die Stichprobe in diesem Intervall liegt. Abbildung 2.34 auf Seite 232 (mit $\sigma = 1$) zeigt, dass etwa 95% des Flächeninhalts unter $p(x)$ auf den Bereich zwischen -2σ und $+2\sigma$ fällt. Den Flächeninhalt gibt $F(x)$ an, das Integral von $p(x)$. Das endliche Integral $F(2) - F(-2)$ liegt sehr nahe bei 0.95.

5. **Chi-Quadrat-Verteilung (χ^2-Verteilung)** Wir beginnen mit n unabhängigen Stichproben $x_1, \ldots, x_n$ aus einer Standardnormalverteilung (also $\mu = 0$ und $\sigma^2 = 1$). Dann ist die χ^2-Variable S die **Summe der Quadrate**.

Chi-Quadrat $\quad S_n = \chi_n^2 = x_1^2 + x_2^2 + \cdots + x_n^2. \quad (2.171)$

χ_n ist der Abstand des Punktes $(x_1, \ldots, x_n)$ vom Ursprung. *Er hängt von n ab.*

$n = 1$ Wenn x_1^2 unter einem Wert S liegt, ist x_1 zwischen $-\sqrt{S}$ und $\sqrt{S}$. Die Wahrscheinlichkeit ist ein Integral von $p(x_1)$ zwischen diesen Grenzen. Wir bilden die Ableitung dieser kumulativen Wahrscheinlichkeit, um die Wahrscheinlichkeitsdichte $p(S)$ zu bestimmen:

2.8 Kovarianzen und die rekursive Methode der kleinsten Quadrate

$$\sqrt{2\pi}\,p(S) = \frac{d}{dS}\int_{-\sqrt{S}}^{\sqrt{S}} e^{-x^2/2}\,dx = e^{-S/2}\frac{d(\sqrt{S})}{dS} - e^{-S/2}\frac{d(-\sqrt{S})}{dS} = \frac{1}{\sqrt{S}}e^{-S/2}.$$
(2.172)

Sie beginnt bei $S=0$, weil $\chi^2 \geq 0$ ist. Ihr Integral ist $\int_0^\infty e^{-S/2}\,dx/\sqrt{2\pi S}$, also 1.

$n=2$ Die Wahrscheinlichkeit $F(R)$, dass $x_1^2 + x_2^2 \leq R^2$ ist, ist ein Doppelintegral über diesen Kreis:

$$\left(\frac{1}{\sqrt{2\pi}}\right)^2 \iint e^{-x_1^2/2}e^{-x_2^2/2}\,dx\,dy = \frac{1}{2\pi}\int_0^{2\pi}\int_0^R e^{-r^2/2}r\,dr\,d\theta = 1 - e^{-R^2/2}.$$
(2.173)

An der Stelle $S = R^2$ ergibt die Ableitung dieser Funktion F die Wahrscheinlichkeitsdichte für $S = x_1^2 + x_2^2$:

$$p_2(S) = \frac{d}{dS}\left(1 - e^{-S/2}\right) = \tfrac{1}{2}e^{-S/2} \quad \text{und} \quad \int_0^\infty \tfrac{1}{2}e^{-S/2}\,dS = 1.$$
(2.174)

Für alle n enthält die Dichte $p_n(S)$ von $S = \chi_n^2$ die Gammafunktion $\Gamma(n) = (n-1)!$.

Wahrscheinlichkeitsdichte

$$p_n(S) = \frac{1}{2^{n/2}\Gamma(n/2)}S^{(n/2)-1}e^{-S/2}, \quad S \geq 0.$$
(2.175)

Der Mittelwert ist n (Summe der n Mittelwerte). Die Varianz ist $2n$. Im Limes $n \to \infty$ muss auch die Verteilung des *mittleren* χ_n^2/n dem zentralen Grenzwertsatz folgen. Sie nähert sich der Normalverteilung mit Mittelwert 1 und Varianz $2/n$.

Die Kovarianzmatrix

Nun lassen wir n verschiedene Experimente gleichzeitig laufen. Sie können unabhängig sein, es können aber auch Korrelationen unter ihnen bestehen. Jede Messung x ist nun ein *Vektor* mit n Komponenten. Das sind die Ausgaben x_i der n Experimente.

Wenn wir die Abstände von den Mittelwerten μ_i messen, hat jeder Fehler $e_i = x_i - \mu_i$ den *Mittelwert null*. Sind zwei Fehler e_i und e_j unabhängig (es gibt keinen Zusammenhang), hat auch ihr Produkt $e_i e_j$ Mittelwert null. Wenn aber die Messungen von demselben Beobachter zu etwa derselben Zeit vorgenommen wurden, könnten die Fehler e_i und e_j tendenziell dieselbe Größe oder dasselbe Vorzeichen haben. **Die Fehler in den n Experimenten könnten korreliert sein.** Das mit der Wahrscheinlichkeit p_{ij} gewichtete Mittel des Produktes $e_i e_j$ ist die *Kovarianz* $\sigma_{ij} = \sum\sum p_{ij} e_i e_j$. Das Mittel von e_i^2 ist die Varianz σ_i^2:

Kovarianz

$$\sigma_{ij} = \sigma_{ji} = \mathrm{E}[e_i e_j] = \text{Erwartungswert von } (e_i \text{ mal } e_j). \tag{2.176}$$

Das sind die Elemente (i,j) und (j,i) der **Kovarianzmatrix** Σ. Das Element (i,i) ist σ_i^2.

Eine Möglichkeit, die Zahl σ_{ij} abzuschätzen, ist, das Experiment viele Mal laufen zu lassen. Bei einer Meinungsumfrage kann sich herausstellen, dass die Antworten von Ehepartnern korreliert sind. Das kann gleich oder entgegengesetzt sein. Wenn die Antworten vorwiegend gleich sind, ist die Kovarianz > 0. Im entgegengesetzten Fall ist die Kovarianz < 0. Es ist ein wichtiges und nichttriviales Problem, die Varianzen und Kovarianzen aus den Daten abzuschätzen.

Wenn wir ein Experiment N Mal laufen lassen, liefern die Ausgangsvektoren $x^1, x^2, \ldots, x^N$ *Durchschnittswerte* $\overline{\mu}_i$, *Varianzen* $\overline{\sigma}_i^2$ *und Kovarianzen* $\overline{\sigma}_{ij}$. Das ist eine natürliche Wahl (über die sich diskutieren lässt), wenn wir die echten μ_i, σ_i^2 und σ_{ij} nicht kennen:

Stichprobenwerte

$$\overline{\mu}_i = \frac{x_i^1 + \cdots + x_i^N}{N} \qquad \overline{\sigma}_{ij} = \frac{\text{Summe von } \left(x_i^k - \overline{\mu}_i\right)\left(x_j^k - \overline{\mu}_j\right)}{N-1}. \tag{2.177}$$

Beachten Sie, dass durch $N-1$ dividiert wird, wenn ein Freiheitsgrad in $\overline{\mu}$ steckt.

Angenommen, $p_{12}(x,y)$ ist die *gemeinsame Verteilung* oder *multivariate Verteilung* von zwei Fehlern e_1 und e_2. Sie liefert die Wahrscheinlichkeit, dass e_1 in der Nähe von x liegt und e_2 in der Nähe von y. Dann liefert ein Doppelintegral über alle x und y die Kovarianz von e_1 und e_2:

Kovarianz im kontinuierlichen Fall

$$\sigma_{12} = \iint xy \, p_{12}(x,y) \, dx \, dy. \tag{2.178}$$

Bei *unabhängigen* Fehlern ist $p_{12}(x,y)$ das Produkt $p_1(x) p_2(y)$. Dann ist das Integral $\sigma_{12} = 0$:

Unabhängigkeit

$$\sigma_{12} = \iint xy \, p_1(x) p_2(y) \, dx \, dy = \int x p_1(x) \, dx \int y p_2(y) \, dy = (0)(0).$$

Σ wird zu einer Diagonalmatrix, wenn die einzelnen Komponenten des Fehlervektors e unabhängig sind.

Die Diagonalelemente der Matrix Σ sind die Varianzen σ^2. Das sind die Mittelwerte von e_i^2, die stets positiv sind. Es gibt eine hübsche Art, alle Varianzen und Kovarianzen in eine Matrixgleichung zu bringen, indem man den Spaltenvektor e mit dem Zeilenvektor e^T multipliziert (**die Matrix Σ ist symmetrisch**):

2.8 Kovarianzen und die rekursive Methode der kleinsten Quadrate

Kovarianzmatrix $\quad \Sigma = E[ee^T] = E\begin{bmatrix} e_1^2 & e_1e_2 & \dots & e_1e_m \\ & & \dots & \\ e_me_1 & e_me_2 & \dots & e_m^2 \end{bmatrix}$. (2.179)

Der mittlere Wert dieses Produktes ee^T ist Σ. Diese Matrix ist immer symmetrisch und fast immer positiv definit. Sie ist semidefinit, wenn eine feste Kombination der Fehler die ganze Zeit über null ist. Das deutet auf ein mangelhaftes Experiment hin, was wir ausschließen.

Der „Korrelationskoeffizient" $\sigma_{ij}/\sigma_i\sigma_j$ ist dimensionslos. Die Diagonalelemente der Korrelationsmatrix sind $\sigma^2/\sigma^2 = 1$. Nichtdiagonalelemente sind ≤ 1. Die Konzepte der „Autokorrelation" und der „spektralen Leistungsdichte" spielen bei vielen Anwendungen eine Rolle. Diese Konzepte benutzen Fourier-Methoden, die wir an Abschnitt 4.5 auf Seite 423 behandeln.

Wir zeigen nun, dass die Wahl $C = \Sigma^{-1}$ den erwarteten Fehler in $\widehat{u}$ minimiert.

Die gewichtete Matrix $C = \Sigma^{-1}$

Die Normalgleichung zu jeder Wahl der Matrix C erzeugt $\widehat{u} = Lb$:

Gewichtetes $\widehat{u}$ $\quad A^TCA\widehat{u} = A^TCb \quad$ ergibt $\quad \widehat{u} = (A^TCA)^{-1}A^TCb = \mathbf{Lb}$. (2.180)

Beachten Sie, dass das Produkt der Matrizen L und A, was $(A^TCA)^{-1}A^TC$ mal A ist, immer $\mathbf{LA = I}$ ergibt.

Wir wollen die Kovarianzmatrix (alle Varianzen und Kovarianzen) zum Fehlervektor $u - \widehat{u}$. Das ist der *Ausgabe*fehler (in unseren Schätzungen), wenn $e = b - Au$ der Eingabefehler (in unseren Messungen) ist. Da $LA = I$ und $\widehat{u} = Lb$ gelten, ist dieser Ausgabefehler $-Le$:

Ausgabefehler $\quad u - \widehat{u} = LAu - Lb = L(Au - b) = -Le$. (2.181)

In Gleichung (2.179) erzeugte die Matrix ee^T alle Produkte e_ie_j. Analog dazu multiplizieren wir eine Spalte $u - \widehat{u}$ mit ihrer Transponierten, um eine $n \times n$-Matrix zu erhalten. Die **Kovarianzmatrix** P zum Fehler $u - \widehat{u}$ ist der Mittelwert (Erwartungswert) von $(u - \widehat{u})(u - \widehat{u})^T$:

Kovarianz

$\boldsymbol{P} = E[(u - \widehat{u})(u - \widehat{u})^T] = E[Lee^TL^T] = LE[ee^T]L^T = \boldsymbol{L\Sigma L^T}$. (2.182)

Das ist unsere Schlüsselgleichung. Im zweiten Schritt nutzen wir Gleichung (2.181). Der einzige neue Schritt bestand darin, die konstanten Matrizen L und L^T aus den Summen oder Integralen für den Erwartungswert $E[ee^T]$ herauszuziehen. Das ist eine Standardprozedur, und sie heißt „Varianzfortpflanzung". Nun können wir P minimieren, indem wir die beste Matrix C in dieser Matrix L wählen.

> $P = L\Sigma L^{\mathrm{T}}$ *ist am kleinsten, wenn die in L verwendete Matrix* $C = \Sigma^{-1}$ *ist.*
> **Das liefert die beste lineare erwartungstreue Schätzung** $\widehat{u}$ **(BLUE) von**
> *englisch* **best linear unbiased estimate**.
>
> **Ausgabekovarianzen** $\quad P = \mathrm{E}\left[(u - \widehat{u})(u - \widehat{u})^{\mathrm{T}}\right] = \left(A^{\mathrm{T}}\Sigma^{-1}A\right)^{-1}$. (2.183)

Um P zu prüfen, benutzen Sie in der Matrix L aus (2.180) die Matrix $C = \Sigma^{-1}$. Diese Wahl liefert eine spezielle Matrix L^*:

$$P = L^*\Sigma L^{*\mathrm{T}}$$
$$= \left[(A^{\mathrm{T}}\Sigma^{-1}A)^{-1}A^{\mathrm{T}}\Sigma^{-1}\right]\Sigma\left[\Sigma^{-1}A(A^{\mathrm{T}}\Sigma^{-1}A)^{-1}\right] = (A^{\mathrm{T}}\Sigma^{-1}A)^{-1}. \quad (2.184)$$

Eine andere Wahl der Matrix C liefert eine andere Matrix L. Um zu zeigen, dass diese Änderung eine größere Kovarianzmatrix P produziert, schreiben Sie $L = L^* + (L - L^*)$. Es gilt immer noch $LA = I$ und $L^*A = I$, sodass $(L - L^*)A = 0$ ist. Berechnen Sie $P = L\Sigma L^{\mathrm{T}}$ für diese andere Wahl:

$$P = L^*\Sigma L^{*\mathrm{T}} + (L - L^*)\Sigma L^{*\mathrm{T}} + L^*\Sigma(L - L^*)^{\mathrm{T}} + (L - L^*)\Sigma(L - L^*)^{\mathrm{T}}. \quad (2.185)$$

Die mittleren Terme in (2.185) sind zueinander transponiert und beide null:

$$(L - L^*)\Sigma\left[\Sigma^{-1}A(A^{\mathrm{T}}\Sigma^{-1}A)^{-1}\right] = (\boldsymbol{LA - L^*A})(A^{\mathrm{T}}\Sigma^{-1}A)^{-1} = 0. \quad (2.186)$$

Der letzte Term in (2.185) ist positiv semidefinit. Dieser Term ist null, und die Matrix P ist am kleinsten, wenn $L = L^*$ ist, was zu beweisen war. Die Matrix $P^{-1} = A^{\mathrm{T}}\Sigma^{-1}A$ heißt dann **Informationsmatrix**. Sie nimmt zu, wenn Σ abnimmt (bessere Messungen). Sie nimmt auch mit fortschreitendem Experiment zu. Wenn wir der Matrix A Zeilen hinzufügen, nimmt $A^{\mathrm{T}}\Sigma^{-1}A$ zu.

Bemerkung Wir können $\Sigma = I$ erzielen (*das Rauschen weiß machen*), indem wir eine Variablentransformation vornehmen. Faktorisieren Sie Σ^{-1} in $W^{\mathrm{T}}W$. Die normierten Fehler $\varepsilon = We = W(b - Au)$ haben $\Sigma = I$:

Normierte Kovarianzen $\quad \mathrm{E}\left[\boldsymbol{\varepsilon\varepsilon}^{\mathrm{T}}\right] = W\mathrm{E}\left[ee^{\mathrm{T}}\right]W^{\mathrm{T}} = W\Sigma W^{\mathrm{T}} = \boldsymbol{I}.$

Diese Wichtung bringt uns wieder auf ein weißes Rauschen (Standardnormalverteilung mit $\sigma_i^2 = 1$ und $\sigma_{ij} = 0$). *Das sind die gewöhnlichen kleinsten Fehlerquadrate.*

Rekursive Methode der kleinsten Quadrate am Beispiel

Beispiel 2.31 Angenommen, wir haben den Mittelwert $\widehat{u}_{99}$ aus allen 99 Zahlen $b_1, \ldots, b_{99}$ berechnet. Es kommt eine neue Zahl hinzu. Wie können wir den neuen Mittelwert $\widehat{u}_{100}$ der 100 Zahlen b bestimmen, *ohne die ersten 99 Zahlen noch einmal addieren zu müssen* (plus b_{100})? Wir wollen nur $\widehat{u}_{99}$ und b_{100} benutzen.

2.8 Kovarianzen und die rekursive Methode der kleinsten Quadrate

Lösung Hier ist die richtige Kombination $\widehat{u}_{100}$ der alten und neuen Zahlen in zwei Varianten:

Neuer Mittelwert
$$\widehat{u}_{100} = \frac{99}{100}\widehat{u}_{99} + \frac{1}{100}b_{100} = \widehat{u}_{99} + \frac{1}{100}(b_{100} - \widehat{u}_{99}). \tag{2.187}$$

Der erste Term $\frac{99}{100}\widehat{u}_{99}$ ist $\frac{99}{100} \cdot \frac{1}{99} \cdot b_1 + b_2 + \cdots + b_{99}$. Wenn wir 99 kürzen, ist das $\frac{1}{100}$ mal die Summe der 99 b (wir rechnen die Summe nicht nochmal aus). Wenn wir zusätzlich $\frac{1}{100}b_{100}$ addieren, haben wir die Summe aller b dividiert durch 100. Das ist der korrekte Mittelwert aller b.

Ich bevorzuge die zweite Form der Rekursionsgleichung (2.187). Die rechte Seite **aktualisiert $\widehat{u}_{99}$** durch ein Vielfaches der **Innovation $b_{100} - \widehat{u}_{99}$**. Diese Neuerung verrät uns, wie viel „neue Information" in b_{100} ist. Wenn b_{100} genauso groß ist wie der alte Mittelwert, ist die Innovation null. In diesem Fall ist das aktualisierte $\widehat{u}_{100}$ das alte $\widehat{u}_{99}$, und es gilt *Korrektor = Prädiktor*.

In der Aktualisierung (2.187) wird die Innovation mit dem Faktor $\frac{1}{100}$ multipliziert. Dieser **Korrekturfaktor** macht die Gleichung korrekt. Um den Verstärkungsfaktor für $Au = b$ zu ermitteln, starten wir mit der Lösung nach der Methode der kleinsten Quadrate $\widehat{u}_{\text{old}}$ zur Gleichung $A_{\text{old}}u = b_{\text{old}}$. *Neue Informationen kommen hinzu.* Es gibt neue Messwerte b_{new} und neue Zeilen in der Matrix A.

Kombiniertes System $Au = b$ $\begin{bmatrix} A_{\text{old}} \\ A_{\text{new}} \end{bmatrix} [u] = \begin{bmatrix} b_{\text{old}} \\ b_{\text{new}} \end{bmatrix}$ führt auf ein neues $\widehat{u}_{\text{new}}$. (2.188)

Die Schätzung $\widehat{u}_{\text{new}}$ gehört zum gesamten System $Au = b$. Die Daten in b_{old} tragen auch jetzt zu $\widehat{u}_{\text{new}}$ bei. Wir wollen aber nicht dieselbe Berechnung doppelt ausführen.

Frage *Können wir $\widehat{u}_{\text{old}}$ auf $\widehat{u}_{\text{new}}$ aktualisieren, indem wir nur auf A_{new} und b_{new} zurückgreifen?*

Antwort Da $A^{\text{T}} = \begin{bmatrix} A_{\text{old}}^{\text{T}} & A_{\text{new}}^{\text{T}} \end{bmatrix}$ ist, brauchen wir in der Normalgleichung $A^{\text{T}}A$:

Aktualisierung
$$A^{\text{T}}A = A_{\text{old}}^{\text{T}}A_{\text{old}} + A_{\text{new}}^{\text{T}}A_{\text{new}} = (\text{bekannt}) + (\text{neu}). \tag{2.189}$$

Auf der rechten Seite der Normalgleichung steht der Term $A^{\text{T}}b$, in dem ebenfalls alt und neu vorkommen:

$$A^{\text{T}}b = A_{\text{old}}^{\text{T}}b_{\text{old}} + A_{\text{new}}^{\text{T}}b_{\text{new}} = A_{\text{old}}^{\text{T}}A_{\text{old}}\widehat{u}_{\text{old}} + A_{\text{new}}^{\text{T}}b_{\text{new}}. \tag{2.190}$$

Wir ersetzen $A_{\text{old}}^{\text{T}}A_{\text{old}}$ durch $A^{\text{T}}A - A_{\text{new}}^{\text{T}}A_{\text{new}}$. Dann multiplizieren wir $A^{\text{T}}b$ mit $(A^{\text{T}}A)^{-1}$, um $\widehat{u}_{\text{new}}$ zu erhalten:

$$\widehat{u}_{\text{new}} = (A^{\text{T}}A)^{-1}\left[(A^{\text{T}}A - A_{\text{new}}^{\text{T}}A_{\text{new}})\widehat{u}_{\text{old}} + A_{\text{new}}^{\text{T}}b_{\text{new}}\right].$$

Unsere Aktualisierungsgleichung vereinfacht diese Zeile, sodass wir die neue Lösung $\widehat{u}$ aus der alten gewinnen können:

Rekursive Methode der kleinsten Quadrate
$$\widehat{u}_{\text{new}} = \widehat{u}_{\text{old}} + (A^{\text{T}}A)^{-1}A_{\text{new}}^{\text{T}}(b_{\text{new}} - A_{\text{new}}\widehat{u}_{\text{old}}). \tag{2.191}$$

Dieser letzte Term $b_{\text{new}} - A_{\text{new}}\widehat{u}_{\text{old}}$ ist die **Innovation**. Es ist der Fehler in unserer Vorhersage des neuen Messwertes b_{new}. Wenn dieser Fehler null ist, ist der Messwert b_{new} mit der alten Schätzung vollkommen konsistent. In diesem Fall gibt es keinen Grund zu einer Korrektur, also ist $\widehat{u}_{\text{new}} = \widehat{u}_{\text{old}}$.

In der Regel ist die Innovation $b_{\text{new}} - A_{\text{new}}\widehat{u}_{\text{old}}$ nicht null. Dann wird sie in Gleichung (2.191) mit der **Korrekturmatrix** $\boldsymbol{G = (A^{\text{T}}A)^{-1}A_{\text{new}}^{\text{T}}}$ multipliziert, um die Änderung in $\widehat{u}$ zu bestimmen. Die Korrekturmatrix ist der „Verstärker". Die Matrix wird oft mit K (für Kalman) bezeichnet. Da wir den Buchstaben K in diesem Buch bereits häufig in einem anderen Zusammenhang verwendet haben, bezeichnen wir auch die eigentliche Kalman-Matrix mit G.

Beachten Sie, dass $A^{\text{T}}A$ und $\widehat{u}$ in den Aktualisierungen (2.189) und (2.191) die Größe n kleiner m haben.

Fortsetzung von Beispiel 2.31 Der Mittelwert $\widehat{u}_{99} = \frac{1}{99}(b_1 + \cdots + b_{99})$ ist die Lösung zu 99 Gleichungen in einer Unbekannten nach der Methode der kleinsten Quadrate. Die zugehörige 99×1-Matrix ist die Einsmatrix:

$$\begin{bmatrix} 1 \\ \vdots \\ 1 \end{bmatrix} u = \begin{bmatrix} b_1 \\ \vdots \\ b_{99} \end{bmatrix} \qquad A_{\text{old}}^{\text{T}}A_{\text{old}}\widehat{u}_{\text{old}} = A_{\text{old}}^{\text{T}}b_{\text{old}} \quad \text{ist} \quad 99\widehat{u}_{\text{old}} = b_1 + \cdots + b_{99}.$$

Die 100-te Gleichung ist $u = b_{100} = b_{\text{new}}$. Die neue Zeile ist $A_{\text{new}} = [1]$. Prüfen Sie alles nach:

Gleichung (2.189) aktualisiert $A^{\text{T}}A$

$A^{\text{T}}A = 99\,(\text{old}) + 1\,(\text{new}) = 100$

Gleichung (2.191) aktualisiert $\widehat{u}$

$$\widehat{u}_{100} = \widehat{u}_{99} + \frac{1}{100}(b_{\text{new}} - A_{\text{new}}\widehat{u}_{\text{old}}) = \widehat{u}_{99} + \frac{1}{100}(b_{100} - \widehat{u}_{99}).$$

Diese Aktualisierungsgleichung stimmt mit Gleichung (2.187) überein. Die Korrektur G ist $(A^{\text{T}}A)^{-1}A_{\text{new}} = \frac{1}{100}$.

Wichtige Bemerkung Sie könnten glauben, dass $A^{\text{T}}A = 100$ nur ein nützlicher Schritt auf dem Weg zu $\widehat{u}_{100}$ sei. Das ist aber ein Irrtum. Bei der Methode der kleinsten Quadrate kann die Matrix $A^{\text{T}}A$ (und ihre Inverse) bedeutender sein als die

2.8 Kovarianzen und die rekursive Methode der kleinsten Quadrate

Lösung selbst! Wenn wir die Wichtungsmatrix $C = \Sigma^{-1}$ einbeziehen, liefert die Aktualisierungsgleichung (2.189) $A^T C A$. Sie wissen bereits, warum uns diese Matrix interessiert:

Die Inverse von $\mathbf{A}^T \mathbf{C} \mathbf{A} = \mathbf{A}^T \mathbf{\Sigma}^{-1} \mathbf{A}$ *ist ein Maß für die Verlässlichkeit* $\mathbf{P}$ *von* $\widehat{\mathbf{u}}$.

Im Beispiel mit 100 Gleichungen waren die Werte b_i gleich verlässlich. Sie hatten dieselbe Varianz σ^2. Ihre Summe hat die Varianz $100\sigma^2$. Die Wichtungsmatrix ist $C = I/\sigma^2$ (wie wir für $\sigma^2 = 1$ gewählt hatten). Dann ist die Inverse der Matrix $A^T C A = 100/\sigma^2$ ein genaues Maß für die Verlässlichkeit des Mittelwertes $\widehat{u}_{100}$.

Wenn 100 *Stichproben dieselbe Varianz* σ^2 *haben, hat ihr Mittelwert die Varianz* $\sigma^2/100$.

Bei der rekursiven Methode der kleinsten Quadrate wird im Zuge der Aktualisierung von $\widehat{u}$ auch $P = (A^T \Sigma^{-1} A)^{-1}$ aktualisiert.

Kalman-Filter am Beispiel

Der Kalman-Filter bezieht sich auf *zeitabhängige kleinste Quadrate*. Der Zustand u ändert sich. In diskreter Zeit erzeugen wir zu jeder Zeit $t = i$ eine Schätzung $\widehat{u}_i$. Frühere Messungen geben immer noch Information über diesen aktuellen Zustand, sodass diese Messwerte b in die Berechnung von $\widehat{u}_i$ eingehen. Es kann sein, dass sie weniger zählen, aber sie zählen noch.

Beispiel 2.32 Bleiben wir bei der Unbekannten u. Sie soll für Ihre Herzfrequenz stehen. Der Arzt misst dafür zuerst den Wert b_1 und später den Wert b_2. Wenn es keinen Anlass gibt, eine Änderung zu erwarten, ist die beste Schätzung $\widehat{u}$ der Mittelwert $\frac{1}{2}(b_1 + b_2)$. Wenn aber die Herzfrequenz erwartungsgemäß mit dem Alter abnimmt, drückt eine „Zustandsgleichung" *die erwartete Änderung* c_1 *über diesem Zeitintervall aus*:

Zustandsgleichung $u_2 - u_1 = c_1$ + Fehler ε_1.   (2.192)

Nun haben wir drei Gleichungen für zwei Zustände u_1 und u_2. Sie sind durch (2.192) miteinander verknüpft:

Beobachtungen und Zustandsgleichungen

$$\begin{matrix} u_1 = b_1 \\ -u_1 + u_2 = c_1 \\ u_2 = b_2 \end{matrix} \quad \text{ist} \quad \begin{bmatrix} A_{\text{old}} \\ A_{\text{state}} \\ A_{\text{new}} \end{bmatrix} \begin{bmatrix} u_{\text{old}} \\ u_{\text{new}} \end{bmatrix} = \begin{bmatrix} b_{\text{old}} \\ c_{\text{state}} \\ b_{\text{new}} \end{bmatrix}. \quad (2.193)$$

Wichtige Bemerkung   In allen drei Gleichungen gibt es Fehler. Die Zustandgleichung ist nicht exakt, weil nicht alle unsere Herzen auf die gleiche Art und Weise langsamer werden. Der Zustandsfehler ε_1 in Gleichung (2.192) hat seine eigene Varianz v_1^2. Wir nehmen an, dass die Fehler e_1, ε_1, e_2 unabhängig sind, was eine rekursive Berechnung (den Kalman-Filter) möglich macht.

Der Zustand u_i ist oft ein *Vektor*, dessen Komponenten beispielsweise Ort und Geschwindigkeit sein können (wenn Sie in einem fahrenden Fahrzeug einen Weltraumsatelliten oder GPS verfolgen). Dann sagt Gleichung (2.192) anhand der alten Positionen u_i die neuen Positionen u_{i+1} vorher. In der Regel wird es Kovarianzmatrizen Σ_i und V_i für die Messfehler in b_i und die Fehler in der Zustandsgleichung in $u_{i+1} = F_i u_i + c_i$ geben.

Lösung Das Prinzip der (gewichteten) kleinsten Quadrate für Gleichung (2.193) liefert immer noch $\widehat{u}_1$ und $\widehat{u}_2$:

Minimiere $\quad E = \dfrac{1}{\sigma_1^2}(b_1 - u_1)^2 + \dfrac{1}{v_1^2}(c_1 + u_1 - u_2)^2 + \dfrac{1}{\sigma_2^2}(b_2 - u_2)^2$. (2.194)

In den gewichteten Normalgleichungen $A^\mathrm{T} C A = A^\mathrm{T} C b$ steht $C^{-1} = \mathrm{diag}(\sigma_1^2, v_1^2, \sigma_2^2)$:

Mit $C = I, \sigma_1 = \sigma_2 = v_1 = 1$ liefert

$$\begin{bmatrix} 2 & -1 \\ -1 & 2 \end{bmatrix} \begin{bmatrix} \widehat{u}_1 \\ \widehat{u}_2 \end{bmatrix} = \begin{bmatrix} b_1 - c_1 \\ b_2 + c_1 \end{bmatrix} \text{ die Lösungen } \begin{array}{l} \widehat{u}_1 = \tfrac{1}{3}(2b_1 + b_2 - c_1), \\ \widehat{u}_2 = \tfrac{1}{3}(b_1 + 2b_2 + c_1). \end{array} \qquad (2.195)$$

Die letzte Schätzung $\widehat{u}_2$ gibt der letzten Messung b_2 mit dem Faktor $\tfrac{2}{3}$ ein stärkeres Gewicht.

Nun rechnen wir rekursiv. *Der wesentliche Punkt ist, dass die Matrix $A^\mathrm{T} C A$ tridiagonal ist.* (Wenn der Zustand u ein Vektor ist, ist die Matrix *blockweise* tridiagonal.) Messwertgleichungen $A_i u_i = b_i$ werden durch Zustandsgleichungen $u_{i+1} = F_i u_i + c_i$ miteinander verknüpft. Bei der Vorwärtselimininierung auf einer tridiagonalen Matrix werden Multiplikatoren und Pivotelemente durch Rekursion bestimmt. Das Rückwärtseinsetzen ist eine zweite Rekursion.

Wesentlicher Punkt An sich bestimmt die Vorwärtsrekursion die beste Schätzung für $\widehat{u}_{i|i}$ anhand der Messergebnisse und der Zustandsgleichungen *bis einschließlich Zeit $t = i$*. Sehr häufig wollen wir nur eine Schätzung $\widehat{u}_{n|n}$ des Endzustandes. Dann können wir das Rückwärtseinsetzen vergessen.

Der Schritt des Rückwärtseinsetzens passt die früheren $\widehat{u}_{i|i}$ so an, dass sie *spätere* Messungen und Zustandsgleichungen nach der Zeit i berücksichtigen. Dieser Prozess wird als „Glättung" bezeichnet. Er liefert die korrekten Lösungen $\widehat{u}_{i|n}$ zu den Normalgleichungen $A^\mathrm{T} C A \widehat{u} = A^\mathrm{T} C b$.

Sogar die Vorwärtsrekursion, mit der $\widehat{u}_{i|i}$ bestimmt wird, ist ein zweistufiger Prozess. Das letzte $\widehat{u}_{i-1|i-1}$ benutzt die gesamte Information bis zur Zeit $i - 1$. *Die nächste Zustandsgleichung liefert eine **Vorhersage** (**Prädiktion**). Anschließend bringt die Messung b_i eine **Korrektur**.* Beides zusammen ergibt $\widehat{u}_{i|i}$ (Kalman-Filter):

Vorhersage $\quad \widehat{u}_{i|i-1} = F_{i-1} \widehat{u}_{i-1|i-1} + c_i,$ (2.196)

Korrektur $\quad \widehat{u}_{i|i} = \widehat{u}_{i|i-1} + G_i(b_i - A_i \widehat{u}_{i|i-1}).$ (2.197)

2.8 Kovarianzen und die rekursive Methode der kleinsten Quadrate

Diese Korrektur ist als Aktualisierung mit der **Korrekturmatrix G** dargestellt. Die neuen Daten sind c_i und b_i. Wir lösen das gesamte System $Au = b$ mit der Methode der kleinsten Quadrate, wobei wir sukzessive eine Gleichung hinzunehmen.

Wie bei der rekursiven Methode der kleinsten Quadrate muss etwas mehr berechnet werden – die Verlässlichkeit dieser Schätzungen $\widehat{u}_{i|i}$. Die letzte Kovarianzmatrix $P_{i|i} = (A^{\mathrm{T}}CA)_i^{-1}$ wird auch aktualisiert. Jeder Schritt des Kalman-Filters fügt den Matrizen A und C eine (Block-) Zeile und den Matrizen A^{T} und C eine (Block-) Spalte hinzu. Die Prädiktor-Korrektor-Schritte berechnen $P_{i|i-1}$ und $P_{i|i}$, die Varianzen der Fehler in $\widehat{u}_{i|i-1}$ und $\widehat{u}_{i|i}$.

Fairerweise sollte man sagen, dass die Kalman-Filter-Gleichungen kompliziert werden, obwohl das Konzept überschaubar ist. Alle Autoren bemühen sich um eine klare Darstellung, wenn es darum geht, die Matrixgleichungen für $\widehat{u}_{i|i}$ und $P_{i|i}$ abzuleiten. (Es gibt mehrere Formen, die auf numerisch verschiedene Rekursionen führen. Alle benutzen aber Variationen des **Matrixinversionslemmas** von Woodbury und Morrison aus Aufgabe 2.8.14 auf Seite 249.) **Square-Root-Filter**, die LDL^{T} oder QR benutzen, wurden entwickelt, um die numerische Instabilität zu reduzieren, wenn die Varianzen sehr klein oder sehr groß werden. Unter den vielen möglichen Beschreibungen des Kalman-Filters verweisen wir auf [100]. Unsere eigene Darstellung in [143] ist für jemanden gedacht, der, um einen Leser zu zitieren, „nur nach den verdammten Gleichungen fragt".

Der wesentliche Punkt ist, dass die Kovarianzmatrizen $P_{i|i}$ dieselbe Größe haben wie die Zustände u_i. Diese Größe ist unabhängig von der Zahl m_i von Messungen im i-ten Schritt. Wenn wir die beste Anpassung durch eine Gerade aktualisieren, bleiben die Matrizen auch 2×2-Matrizen.

Fortsetzung von Beispiel 2.32 (Herzfrequenzen) Bestimmen Sie P und $\widehat{u}$ rekursiv mit $C = I$ (Einheitsvarianz):

Starte von $u_1 = b_1$

$A_{1|1} = \begin{bmatrix} 1 \end{bmatrix}$ liefert $P_{1|1} = (A^{\mathrm{T}}A)_{1|1}^{-1} = \begin{bmatrix} 1 \end{bmatrix}$.

Addiere $u_2 - u_1 = c_1$

$A_{2|1} = \begin{bmatrix} 1 & 0 \\ -1 & 1 \end{bmatrix}$ und $(A^{\mathrm{T}}A)_{2|1}^{-1} = \begin{bmatrix} 1 & 1 \\ 1 & 2 \end{bmatrix}$ liefern $P_{2|1} = 2$.

Berücksichtige $u_2 = b_2$

$A_{2|2} = \begin{bmatrix} 1 & 0 \\ -1 & 1 \\ 0 & 1 \end{bmatrix}$ und $(A^{\mathrm{T}}A)_{2|2}^{-1} = \frac{1}{3}\begin{bmatrix} 2 & 1 \\ 1 & 2 \end{bmatrix}$ liefern $P_{2|2} = \frac{2}{3}$.

Die erste Schätzung ist $\widehat{u}_{1|1} = b_1$ (nicht geglättet). Aus der Zustandsgleichung ergibt sich die nächste Prädiktion $\widehat{u}_{2|1} = b_1 + c_2$. Die Korrektur ist $\frac{1}{3}(b_1 + 2b_2 + c_1)$, wobei das letzte $A_{2|2}$ benutzt wurde.

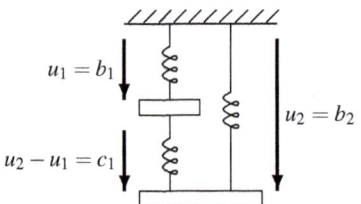

Kalman nimmt bei jeder Prädiktion/Korrektur eine Feder hinzu.

$\widehat{u}_{1|1} = b_1 \qquad \widehat{u}_{2|1} = b_1 + c_1$

$\widehat{u}_2 = \widehat{u}_{2|2} = \frac{1}{3}(b_1 + 2b_2 + c_1)$

Abb. 2.36 Masse-Feder-Pendant der Beobachtungen und Zustandsgleichungen (2.193).

Diese Varianzen $P_{2|1} = 2$ und $P_{2|2} = \frac{2}{3}$ sind die letzten Elemente der Matrizen $(A^{\mathsf{T}}A)^{-1}_{2|1}$ und $(A^{\mathsf{T}}A)^{-1}_{2|2}$. Die Vektoren u_i führen auf die *Block*-Pivots P^{-1}. Hier sind 2 und $\frac{2}{3}$ gleichzeitig die Summe der Quadrate der Koeffizienten in $b_1 + c_1$ und $\frac{1}{3}(b_1 + 2b_2 + c_1)$.

Die Rücksubstitution (Glättung) passt $\widehat{u}_{1|1} = b_1$ an $\widehat{u}_1 = \frac{1}{3}(2b_1 + b_2 - c_1)$ an, wie in Gleichung (2.195).

Aufgaben zu Abschnitt 2.8

2.8.1 Was sind die fünf Wahrscheinlichkeiten $p_0, \ldots, p_4$, nach $N = 4$ Münzwürfen (Binomialverteilung) $M = 0, \ldots, 4$ Mal „Kopf" zu werfen? Bestimmen Sie den Mittelwert $\overline{M} = \sum M \, p_M$. Zeigen Sie, dass die Varianz $\sigma^2 = \sum (M - \overline{M})^2 p_M$ mit $N/4 = 1$ übereinstimmt.

2.8.2 (a) Prüfen Sie, dass das tatsächliche Maximum $p_2 = \frac{6}{16}$ aus dem rechten Teil von Abbildung 2.35 auf Seite 235 mit $N = 4$ und $\sigma^2 = N/4 = 1$ geringfügig unter dem der Gauß-Kurve $p(x) = 1/\sqrt{2\pi}\,\sigma$ liegt.
(b) Das Maximum der Gauß-Kurve mit $\sigma = \sqrt{N}/2$ ist $\sqrt{2/\pi N}$. Zeigen Sie mithilfe der *Stirling-Formel für N!* und $(N/2)!$, dass sich der mittlere Binomialkoeffizient $p_{N/2}$ diesem Maximum nähert:

$$\left(M = \frac{N}{2}\right) \qquad p_{N/2} = \frac{N!}{[(N/2)!]^2} \approx \frac{(N/e)^N \sqrt{2\pi N}}{[(N/2e)^{N/2} \sqrt{\pi N}]^2} = \underline{\quad ? \quad}$$

2.8.3 Die Varianz $\sigma^2 = \sum (n - \overline{n}) p_n$ wird um den Mittelwert $\overline{n} = \sum n \, p_n$ berechnet. Zeigen Sie, dass diese Varianz σ^2 gleich $(\sum n^2 p_n) - \overline{n}^2$ ist.

2.8.4 Stellen Sie sich eine Kette aus Massen $p_0, \ldots, p_n$ an den Stellen $x = 0, \ldots, n$ vor. Erklären Sie den Zusammenhang zwischen dem Mittelwert $\mathrm{E}[x]$ und dem Schwerpunkt. Die Varianz σ^2 ist das Trägheitsmoment zu welchem Punkt?

2.8.5 Gegeben sind r *unabhängige* Zufallsvariablen $X_1, \ldots, X_r$ mit den Varianzen $\sigma_1^2, \ldots, \sigma_r^2$. Zeigen Sie, dass die Summe $X = X_1 + \cdots + X_r$ die Varianz $\sigma_1^2 + \cdots + \sigma_r^2$ hat.

2.8.6 Bei einem Wurf mit einer gewichteten Münze ist die Wahrscheinlichkeit für $M = 1$ („Kopf") p und für $M = 0$ („Zahl") $q = 1 - p$. Was ist der Mittelwert $\overline{M}$, und was ist die Varianz σ^2? Was sind der Mittelwert und die Varianz für die Zahl M von Würfen mit dem Ergebnis „Kopf" nach N Münzwürfen?

2.8 Kovarianzen und die rekursive Methode der kleinsten Quadrate

2.8.7 Was ändert sich an Beispiel 2.31 auf Seite 242, wenn jede Zahl auf die nächste ganze Zahl *abgerundet* wird? Die Verteilung von e ist immer noch eine Gleichverteilung, aber über welchem Intervall der e? Was ist der Mittelwert m? Was ist die Varianz um den Mittelwert $\int (x-m)^2 dx$?

2.8.8 Die Zufallsvariable X hat den Mittelwert $\int X p(X)\, dX = \mu$. Die zugehörige Varianz σ^2 ist $\int (X-\mu)^2 p(X)\, dX$. Beachten Sie, dass wir Abstände *vom Mittelwert* quadrieren.

(a) Zeigen Sie, dass jede neue Variable $Y = aX + b$ den Mittelwert $a\mu + b$ hat.
(b) Zeigen Sie, dass die Varianz von Y gleich $a^2 \sigma^2$ ist.

2.8.9 Angenommen, X sei ein Vektor von Zufallsvariablen, die jeweils den Mittelwert null haben, und $Y = LX$ ist mit X durch eine feste Matrix L ($m \times n$) verknüpft. Leiten Sie aus (2.179) „das Gesetz der Kovarianzfortpflanzung" her, das L und L^T nach außen bringt:

$$\Sigma_Y = L \Sigma_X L^T \quad \text{oder} \quad E\left[YY^T\right] = L E\left[XX^T\right] L^T.$$

Die Aufgaben 2.8.10–2.8.13 geben Ihnen eine gewissee Praxis im Umgang mit einem kleinen Kalman-Filter.

2.8.10 Erweitern Sie die Matrix A aus (2.193) mit $u_3 - u_2 = c_2$ und einer neuen Messung $u_3 = b_3$ auf eine 5×3-Matrix. Wählen Sie in $C = I$ die Einheitsvarianz. Lösen Sie $A^T A \hat{u} = A^T b$, um die besten Schätzungen $\hat{u}_1, \hat{u}_2, \hat{u}_3$ zu erhalten.

2.8.11 Setzen Sie in Aufgabe 2.8.10 die Kalman-Rekursion ausgehend von $\hat{u}_{2|2}$ aus dem Text fort, um eine Vorhersage $\hat{u}_{3|2}$ zu treffen und eine Korrektur zu $\hat{u}_{3|3}$ anzubringen. Bestimmen Sie ähnlich wie in (2.195) die Varianzen $P_{3|2}$ und $P_{3|3}$ aus den letzten Elementen in $(A^T A)_{3|2}^{-1}$ und $(A^T A)^{-1}$.

2.8.12 In diesem Beispiel für das Kalman-Filter sind die Determinanten von $A^T A$ die Fibonacci-Zahlen, wenn der Matrix A neue Zeilen hinzugefügt werden. Bestimmen Sie die drei Pivotelemente von $(A^T A)_{3|3}$ als *Verhältnisse von Fibonacci-Zahlen*:

$$A^T A = \begin{bmatrix} 2 & -1 & 0 \\ -1 & 3 & -1 \\ 0 & -1 & 2 \end{bmatrix} = LDL^T \quad \text{mit den Pivotelementen in } D.$$

2.8.13 Wenn in (2.194) $\sigma_1^2 = \sigma_2^2 = 1$ und v_1^2 beliebig ist, dann ist die Kovarianzmatrix $\Sigma = \text{diag}(1, v_1^2, 1)$. Lösen Sie $A^T \Sigma^{-1} A \hat{u} = A^T \Sigma^{-1} b$. Was sind die Grenzwerte von $\hat{u}_i$ im Limes $v_1 \to 0$?

2.8.14 Die Matrix M^{-1} zeigt die Änderungen in der Matrix A^{-1} (gut zu wissen), wenn von A eine andere Matrix subtrahiert wird. Direkte Multiplikation liefert $MM^{-1} = I$. Ich empfehle Ihnen, Nummer **3** anzuwenden:

1 $M = I - uv$ und $M^{-1} = I + uv/(1-vu)$,
2 $M = A - uv$ und $M^{-1} = A^{-1} + A^{-1}uvA^{-1}/(1-vA^{-1}u)$,
3 $M = I - UV$ und $M^{-1} = I_n + U(I_m - VU)^{-1}V$,
4 $M = A - UW^{-1}V$ und $M^{-1} = A^{-1} + A^{-1}U(W - VA^{-1}U)^{-1}VA^{-1}$.

Die **Woodbury-Morrison-Formel 4** ist das „Matrixinversionslemma" aus den Ingenieurwissenschaften. Die vier Identitäten stammen vom 1,1-Block, wenn die folgenden Matrizen invertiert werden (v ist $1 \times n$, u ist $n \times 1$, V ist $m \times n$, U ist $n \times m$, $m \leq n$):

$$\begin{bmatrix} I & u \\ v & 1 \end{bmatrix} \qquad \begin{bmatrix} A & u \\ v & 1 \end{bmatrix} \qquad \begin{bmatrix} I_n & U \\ V & I_m \end{bmatrix} \qquad \begin{bmatrix} A & U \\ V & W \end{bmatrix}.$$

2.8.15 Aus Abbildung 2.34 auf Seite 232 können wir die Wahrscheinlichkeit dafür ablesen, dass der Abstand einer Stichprobe einer normalverteilten Zufallsgröße vom Mittelwert größer als 2σ ist. Sie liegt etwa zwischen .04 und .05. Geben Sie mithilfe der Fehlerfunktion eine exakte Gleichung an.

2.8.16 Zeigen Sie, wie durch die Transformation $S = x^2$ aus der Gauß-Verteilung $\int p(x)\,dx = 1$ die Chi-Quadrat-Verteilung $\int p_1(S)\,dS = 1$ wird (*kein Faktor* $\frac{1}{2}$):

$$\int_{-\infty}^{\infty} \frac{1}{\sqrt{2\pi}} e^{-x^2/2}\,dx = 1 \quad \text{liefert} \quad \int_0^{\infty} \frac{1}{\sqrt{2\pi S}} e^{-S/2}\,dS = 1.$$

2.8.17 Angenommen, die Ergebnisse $x_i \geq 0$ treten mit den Wahrscheinlichkeiten $p_i > 0$ ($\sum p_i = 1$) auf. Die Markov-Ungleichung besagt, dass für alle $\lambda > 0$ gilt:

$$\text{Prob}\,[x \geq \lambda] \leq \frac{\mu}{\lambda} \quad \text{wegen} \quad \mu = \sum p_i x_i \geq \lambda \sum_{x_i \geq \lambda} p_i.$$ Erläutern Sie diesen Schritt.

Die Tschebyschow-Ungleichung ist $\text{Prob}\,[|x-\mu| \geq \lambda] = \text{Prob}\,[|x-\mu|^2 \geq \lambda^2] \leq \sigma^2/\lambda^2$. Das ist die Markov-Ungleichung, wenn λ durch λ^2 und x_i durch $(x_i - \mu)^2$ ersetzt wird.

2.9* Graphenschnitte und Gencluster

Dieser Abschnitt ist als 2.9* besonders nummeriert, weil er kein gewöhnlicher Abschnitt ist. Die Entwicklung der hier vorgestellten Theorie und der Algorithmen ist bei weitem noch nicht abgeschlossen. Fest steht allerdings, dass diese Probleme bedeutend sind. Oft lassen sie sich am besten in der Sprache der *Graphen* beschreiben (durch Knoten, Kanten, die Inzidenzmatrix A und die „Graphen Laplace-Matrix" $A^T C A = D - W$ aus Abschnitt 2.4 auf Seite 163). Dieser Abschnitt würde in das letzte Kapitel über Optimierung passen, aber ich scheue mich davor, die faszinierenden Probleme der Cluster an einer Stelle zu verstecken, an der sie Ihnen nicht auffallen werden. Hier ist eine erste Anwendung.

Ein DNA-Microarray misst den Expressionsgrad von tausenden von Genen in einem einzigen Experiment. Das liefert eine lange Spalte in einer Matrix G. Es ist zweckmäßig, diese Spalte in ein Rechteckfeld (*englisch* rectangular array) zu setzen. Es kann farbig visualisiert werden. G ist eine große schmale Matrix, weil die Proben von 20 Patienten 20 Spalten und tausende Zeilen liefern.

Ein Schlüsselschritt zum Verständnis dieser Daten ist, die *Gene zu clustern* (zu gruppieren), die stark korrelierte (und mitunter antikorrelierte) Expressionsgrade aufweisen. Diese Gene liegen möglicherweise auf demselben zellulären Signalweg. Die große Errungenschaft des Humangenomprojektes war, uns Auskunft über die Teile im Puzzle des Lebens zu geben: nämlich in Form der Zeilen von G. Jetzt stehen wir dem größeren Problem gegenüber, diese Teile so zusammenzubringen, dass sie eine *Funktion* ausüben: etwa Proteine erzeugen.

Drei Methoden zur Partitionierung

Aus der Vielzahl von möglichen Anwendungen starten wir mit dieser: *Wie zerlegt man einen Graphen in zwei Teile*? Wir sind auf zwei Knotencluster aus, die folgende Vorgaben erfüllen:

1. Jedes Stück soll grob die Hälfte der Knoten enthalten.
2. Die Anzahl der Kanten zwischen den Teilen soll klein sein.

Zum Lastausgleich wird bei Hochleistungsrechnern die Arbeit gleichmäßig auf zwei Prozessoren verteilt (wobei unter ihnen wenig Kommunikation besteht). Wir unterteilen ein soziales Netzwerk in zwei verschiedene Gruppen. Wir segmentieren ein Bild. Wir ordnen die Zeilen und Spalten einer Matrix so um, dass die Nichtdiagonalblöcke dünn besetzt werden.

Zur Lösung dieses Zerlegungsproblems wurden und werden auch künftig viele Algorithmen entwickelt. Ich werde mich auf drei erfolgreiche Methoden konzentrieren, die sich auf schwierigere Probleme erstrecken: **spektrales Clustering** (Fiedler-Vektor), **Minimieren des Normalized-Cut** und **gewichtete k-Mittel (k-Means)**.

I. Bestimmen Sie den **Fiedler-Vektor** z, der die Gleichung $A^TCAz = \lambda Dz$ löst. Die Matrix A^TCA ist die Laplace-Matrix des Graphen (unter vielen anderen Bedeutungen). Auf ihrer Diagonalen D stehen die Gesamtgewichte der Kanten, die in jeden der Knoten eingehen. *D normiert die Laplace-Matrix*.
Der Eigenvektor zum Eigenwert $\lambda_1 = 0$ ist $(1, \ldots, 1)$. Zum Fiedler-Eigenvektor gehört der Eigenwert $\lambda = \lambda_2$. Die Vektorkomponenten mit positivem und negativem Vorzeichen können die beiden Knotencluster kenntlich machen.

II. Bestimmen Sie den **minimalen normierten Schnitt** (*englisch* minimum normalized cut *Ncut*), der die Knoten in zwei Cluster P und Q unterteilt. Das nichtnormierte Maß eines Schnittes ist die Summe der Kantengewichte w_{ij} der Kanten über diesen Schnitt. Diese Kanten verbinden einen Knoten in P mit einem Knoten außerhalb von P:

Gewicht über dem Schnitt

$$\text{Verbindungen}(P) = \sum w_{ij} \quad \text{für} \quad i \text{ in } P \quad \text{und} \quad j \text{ nicht in } P. \tag{2.198}$$

Mit diesem Maß kann es sein, dass ein minimaler Schnitt keine Knoten in P enthält. *Wir normieren mit der Größe von P und Q.* Da die Gewichte vorkommen, handelt es sich um gewichtete Größen:

Clustergröße $Größe(P) = \sum w_{ij}$ für i in $P.$ (2.199)

Beachten Sie, dass ein Kante in P doppelt gezählt wird, nämlich als w_{ij} und als w_{ji}. Zur Berechnung der ungewichteten Größe würde man einfach die Knoten zählen, was auf den sogenannten „Ratio-Cut" führen würde. Hier dividieren wir das Gewicht über den Schnitt durch die gewichteten Größen von P und Q, um Ncut zu normieren:

Normiertes Kantengewicht
$$Ncut(P,Q) = \frac{\text{Verbindungen}(P)}{\text{Größe}(P)} + \frac{\text{Verbindungen}(Q)}{\text{Größe}(Q)}. \qquad (2.200)$$

Wenn wir $Ncut(P,Q)$ minimieren, erhalten wir eine gute Zerlegung des Graphen. Das ist ein Befund der bedeutenden Veröffentlichung von Shi und Malik [137]. In der dort behandelten Anwendung ging es um die Bildsegmentierung. Die Autoren deckten den wesentlichen Zusammenhang zur normierten Laplace-Matrix L auf.

Die Definition von Ncut lässt sich von zwei Clustern von Knoten auf k Cluster $P_1, \ldots, P_k$ übertragen:

Normierter k-cut $Ncut(P_1, \ldots, P_k) = \sum_{i=1}^{k} \frac{\text{Verbindungen}(P_i)}{\text{Größe}(P_i)}.$ (2.201)

Wir nähern uns nun der k-**Means-Zerlegung**. Wir beginnen mit $k = 2$ Clustern P und Q.

III. Stellen Sie die Knoten als Vektoren $a_1, \ldots, a_n$ dar. Unterteilen Sie sie in zwei Cluster:

k − Means-Zerlegung, c_P, c_Q = Schwerpunkte
$$\text{Minimiere } E = \sum_{i \text{ in } P} ||a_i - c_P||^2 + \sum_{i \text{ in } Q} ||a_i - c_Q||^2. \qquad (2.202)$$

Der *Schwerpunkt* c_P einer Menge von Vektoren ist ihr *Mittel* oder *Durchschnitt*. Dividieren Sie die Summe aller Vektoren in P durch die Anzahl der Vektoren in P. Folglich ist $c_P = (\sum a_i)/|P|$.

Der Vektor a_i kann den physikalischen Ort des Knoten i angeben oder auch nicht. Daher ist E nicht auf Euklidische Abstände beschränkt. Der allgemeingültigere **k-Means-Algorithmus** arbeitet gänzlich mit einer Kernelmatrix K, deren Elemente die Skalarprodukte $K_{ij} = a_i^T a_j$ sind. Abstände und Mittel werden aus einer gewichteten Matrix K berechnet.

Auch das Abstandsmaß E wird gewichtet, um die Cluster P und Q zu verbessern.

Die normierte Laplace-Matrix

Im ersten Schritt auf dem Weg zur Matrix L bilden wir das Produkt $A^{\mathrm{T}}A$ ($A = m \times n$-Inzidenzmatrix des Graphen). Die Nebendiagonalelemente von $A^{\mathrm{T}}A$ sind -1, wenn die Knoten i und j eine Kante verbindet. Die Diagonalelemente machen die Zeilensummen zu null. Dann ist $(A^{\mathrm{T}}A)_{ii}$ = Anzahl der eingehenden Kanten in Knoten i = Grad des Knotens i. Bevor wir eine Wichtung durchführen, ist $A^{\mathrm{T}}A = Gradmatrix - Adjazenzmatrix$.

Die Kantengewichte in C können Leitfähigkeiten, Federkonstanten oder Längen sein. Sie sind die Diagonal- und Nichtdiagonalelemente der Matrix $\mathbf{A^{\mathrm{T}}CA = D - W}$ = **Knotengewichtematrix – Kantengewichtematrix**. Die Nichtdiagonalelemente von $-W$ sind die Gewichte w_{ij} mit negativem Vorzeichen. Die Diagonalelemente d_i machen weiter alle Zeilensummen zu null: $D = \mathrm{diag}(\mathrm{sum}(W))$.

Der Einsvektor $\mathbf{1} = \mathrm{ones}(n,1)$ ist im Nullraum der Matrix $A^{\mathrm{T}}CA$, weil $A\mathbf{1} = 0$ gilt. Jede Zeile der Matrix A enthält die Elemente 1 und -1. Analog heben $D\mathbf{1}$ und $W\mathbf{1}$ einander auf (Zeilensummen sind null). Der nächste Eigenvektor ist wie die kleinste Schwingungsmode einer Trommel mit $\lambda_2 > 0$.

Um daraus die **normierte gewichtete Laplace-Matrix** zu erzeugen, multiplizieren Sie $A^{\mathrm{T}}CA$ auf beiden Seiten mit $D^{-1/2}$, was die Symmetrie erhält. Zeile i und Spalte j werden durch $\sqrt{d_i}$ und $\sqrt{d_j}$ dividiert, sodass das Element i,j von $A^{\mathrm{T}}CA$ durch $\sqrt{d_i d_j}$ dividiert wird. Die Diagonalelemente der Matrix L sind $d_i/d_i = 1$:

Normierte Laplace-Matrix L, normierte Gewichte n_{ij}

$$L = D^{-1/2} A^{\mathrm{T}} C A D^{-1/2} = I - N, \qquad n_{ij} = \frac{w_{ij}}{\sqrt{d_i d_j}}. \tag{2.203}$$

Der Graph eines Dreiecks hat $n = 3$ Knoten und $m = 3$ Kanten mit den Gewichten $c_1, c_2, c_3 = w_{12}, w_{13}, w_{23}$:

$$A^{\mathrm{T}}CA = \begin{bmatrix} d_1 & -w_{12} & -w_{13} \\ -w_{21} & d_2 & -w_{23} \\ -w_{31} & -w_{32} & d_3 \end{bmatrix} \begin{matrix} d_1 = w_{12} + w_{13} \\ d_2 = w_{21} + w_{23} \\ d_3 = w_{31} + w_{32} \end{matrix} \quad L = \begin{bmatrix} 1 & -n_{12} & -n_{13} \\ -n_{21} & 1 & -n_{23} \\ -n_{31} & -n_{32} & 1 \end{bmatrix}. \tag{2.204}$$

$$\mathbf{D - W} \qquad\qquad\qquad\qquad D^{-1/2} A^{\mathrm{T}} C A D^{-1/2}$$

Die normierte Laplace-Matrix $L = I - N$ ist wie eine *Korrelationsmatrix* in der Statistik, deren Hauptdiagonalelemente 1 sind. Drei ihrer Eigenschaften sind für die Zerlegung wesentlich:

1. Die Matrix L ist symmetrisch positiv definit: orthogonale Eigenvektoren, alle Eigenwerte $\lambda \geq 0$.
2. Der Eigenvektor zu $\lambda = 0$ ist $\boldsymbol{u} = (\sqrt{d_1}, \ldots, \sqrt{d_n})$. Dann ist $L\boldsymbol{u} = D^{-1/2} A^{\mathrm{T}} C A \mathbf{1} = 0$.
3. Der nächste Eigenvektor v der Matrix L minimiert den **Rayleigh-Quotienten** auf einen Unterraum:

> **Erster von null verschiedener Eigenwert der Matrix L**
> **Minimiere unter der Bedingung $x^T u = 0$**
> $$\min \frac{x^T L x}{x^T x} = \frac{v^T L v}{v^T v} = \lambda \quad \text{an der Stelle} \quad x = v. \qquad (2.205)$$

Der Quotient $x^T L x / x^T x$ liefert eine obere Schranke für λ_2 zu jedem Vektor x, der orthogonal zum ersten Eigenvektor $u = D^{1/2} \mathbf{1}$ ist. Eine untere Schranke für λ_2 lässt sich schwieriger bestimmen.

Normiert versus nicht normiert

Die Cluster-Algorithmen könnten die nicht normierte Matrix $A^T C A$ benutzen. Mit der Matrix L kommt man aber in der Regel zu besseren Ergebnissen. Der Zusammenhang zwischen beiden Matrizen ist $Lv = D^{-1/2} A^T C A D^{-1/2} v = \lambda v$. Mit $z = D^{-1/2} v$ hat dieser Ausdruck die einfache und bedeutende Form $A^T C A z = \lambda D z$:

> **Normierter Fiedler-Vektor z** $\quad A^T C A z = \lambda D z \quad$ mit $\quad \mathbf{1}^T D z = 0.$ $\qquad$ (2.206)

Bei diesem „verallgemeinerten" Eigenwertproblem ist der Eigenvektor zum Eigenwert $\lambda = 0$ gleich $\mathbf{1} = \text{ones}(n, 1)$. Der nächste Eigenvektor z ist D-orthogonal zu $\mathbf{1}$. Das bedeutet $\mathbf{1}^T D z = 0$ (siehe Abschnitt 2.2 auf Seite 127). Durch den Übergang von x zu $D^{1/2} y$ bestimmt der Rayleigh-Quotient diesen zweiten Eigenvektor z:

> **Derselbe Eigenwert λ_2, Fiedler $z = D^{-1/2} v$**
> $$\min_{\mathbf{1}^T D y = 0} \frac{y^T A^T C A y}{y^T D y} = \frac{\sum \sum w_{ij}(y_i - y_j)^2}{\sum d_i y_i^2} = \lambda_2 \text{ an der Stelle } y = z. \qquad (2.207)$$

In Ay liefert die Inzidenzmatrix A die Differenzen $y_i - y_j$. Die Matrix C multipliziert sie mit w_{ij}.

Der erste Eigenvektor von $D^{-1} A^T C A$ ist $\mathbf{1}$ mit $\lambda = 0$. Der nächste Eigenwert ist z.

Bemerkung *Einige Autoren bezeichnen v als Fiedler-Vektor. Wir bevorzugen es,* mit $z = D^{-1/2} v$ zu arbeiten. Dann ist $A^T C A z = \lambda_2 D z$. Experimente scheinen aus v und z ähnliche Cluster zu liefern. Die gewichteten Grade d_i (die Summe der Kantengewichte in Knoten i) haben das gewöhnliche $A^T C A$-Eigenwertproblem normiert, um die Zerlegung zu verbessern.

Beispiel 2.33 Ein Graph mit 20 Knoten hat zwei Cluster P und Q mit jeweils 10 Knoten (die aus z bestimmt werden sollen).

Der folgende Code erzeugt mit Wahrscheinlichkeit 0.7 Kanten in P und in Q. Kanten zwischen Knoten in P und Q haben die geringere Wahrscheinlichkeit 0.1. Alle

2.9* Graphenschnitte und Gencluster

Kanten haben das Gewicht $w_{ij} = 1$, sodass $C = I$ ist. P und Q sind im Graphen klar zu erkennen, an der dazugehörigen Adjazenzmatrix W aber nicht.

Mit $G = A^T A$ löst der Eigenwert-Befehl $[V, E] = \text{eig}(G, D)$ das Problem $A^T A x = \lambda D x$. Sortieren der Eigenwerte λ liefert λ_2 und den zugehörigen Fiedler-Vektor z. Der dritte Graph aus Abbildung 2.37 auf der nächsten Seite zeigt, wie die Komponenten von z in zwei Cluster fallen (positives und negatives Vorzeichen), sodass sie eine gute Umordnung liefern.

```
N = 10; W = zeros(2*N, 2*N);          % Erzeuge 2N Knoten in zwei Clustern.
rand('state', 100)                    % rand liefert wieder denselben Graphen
for i = 1:2*N-1
   for j = i+1:2*N
      p = 0.7-0.6*mod(j-i,2);         % p = 0.1 wenn j-i ungerade, 0.7 sonst
      W(i,j) = rand < p;              % Setzt Kanten mit Wahrscheinlichkeit p ein.
   end                                % Die Gewichte sind w_ij = 1 (oder null)
end                                   % Bis hier ist W obere Dreiecksmatrix
W = W + W'; D = diag(sum(W));         % Adjazenzmatrix W, Grade in D
G = D-W; [V,E] = eig(G,D);            % Eigenwerte von Gx = λDx in E
[a,b] = sort(diag(E)); z = V(:,b(2)); % Fiedler-Eigenvektor z zu λ_2
plot(sort(z), '.-');                  % Zeigt Gruppen von Fiedler-Komponenten.
theta = [1:N]*2*pi/N; x = zeros(2*N,1); y = x; % Winkel für Darstellung
x(1:2:2*N-1) = cos(theta)-1; x(2:2:2*N) = cos(theta)+1;
y(1:2:2*N-1) = sin(theta)-1; y(2:2:2*N) = sin(theta)+1;
subplot(2,2,1), gplot(W,[x,y]), title ('Graph')        % erster von vier Graphen
subplot(2,2,2), spy(W), title ('Adjazenzmatrix W')     % vermischte Cluster in W
subplot(2,2,3), plot(z(1:2:2*N-1),'ko'), hold on       % z trennt Cluster
plot(z(2:2:2*N),'r*'), hold off, title ('Fiedler-Komponenten')
[c,d] = sort(z); subplot(2,2,4), spy(W(d,d)), title ('umgeordnete Matrix W')
```

Warum sollten wir als ersten Schritt ein Eigenwertproblem $Lv = \lambda v$ lösen (in der Regel aufwändig), wenn wir ein lineares System $Ax = b$ umordnen wollen? Eine Antwort ist, dass wir keinen exakten Eigenvektor v brauchen. Ein „hierarchisches" *mehrstufiges Verfahren* fasst Knoten so zusammen, dass eine kleinere Matrix L entsteht und ein zufriedenstellender Vektor v herauskommt. Die schnellsten k-Means-Algorithmen vergröbern den Graphen von einem Gitter zum nächsten. Anschließend wird das grobe Clustering in der Verfeinerungsphase korrigiert. Diese Vorgehensweise kann mit Speicher $O(n)$ auskommen, um in umfangreichen Datenbeständen Gruppierungen vorzunehmen.

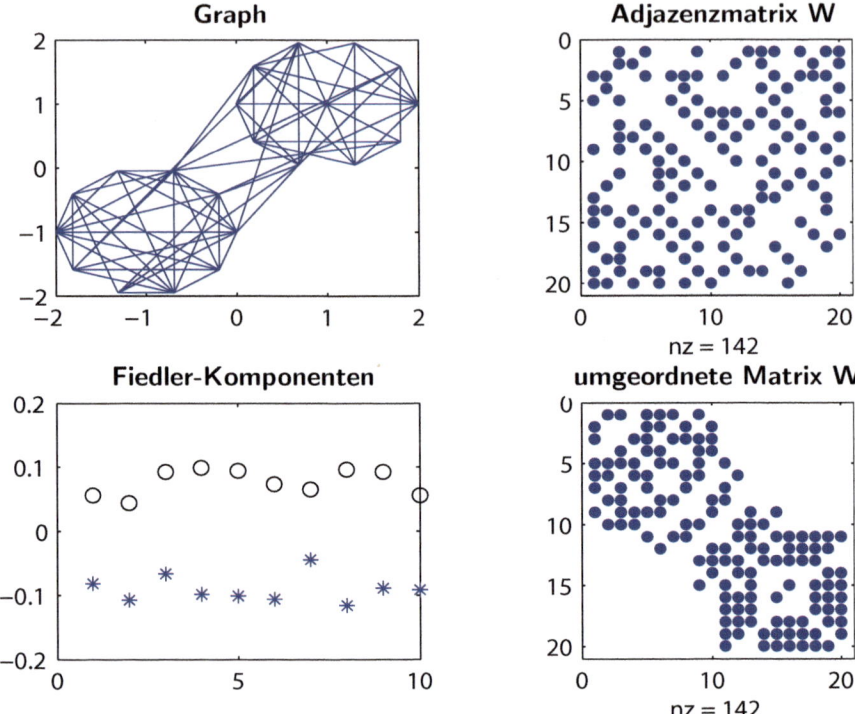

Abb. 2.37 Visualisierung zum Cluster-Algorithmus.

Anwendung auf Microarray-Daten

Microarray-Daten präsentieren sich als eine Matrix M aus m Genen und n Stichproben. Die Elemente m_{ij} der Matrix M speichern die Aktivität (den Expressionsgrad) des Gens i in der Stichprobe j. Die $n \times n$-Gewichtsmatrix $M^T M$ misst die Ähnlichkeit unter den Stichproben (den Knoten in einem vollständigen Graphen).

Die Nichtdiagonalelemente der Matrix $M^T M$ kommen in die Matrix W. Die Zeilensummen der Matrix W kommen in D. Dann ist $D - W$ die gewichtete Laplace-Matrix $A^T CA$. Wir lösen $A^T C A z = \lambda D z$.

Die nützliche Arbeit von Higham, Kalna und Kibble [88] endet mit einem Bericht über Testläufe auf drei Datenbeständen. Sie stammen von Patienten mit Leukämie ($m = 5000$ Gene, $n = 38$ Patienten), Gehirntumoren ($m = 7129$, $n = 40$) und Lymphknotengeschwüren. „Der normierte Spektralalgorithmus ist dem nichtnormierten Algorithmus weit überlegen, wenn es darum geht, biologisch relevante Information aufzudecken."

Die Experimente zeigen auch, wie der *auf den Fiedler-Vektor folgende Eigenvektor* hilft, $k = 3$ Cluster zu produzieren. Die k kleinsten Eigenwerte liefern Eigenvektoren, um k Cluster zu identifizieren.

Zusammenhang zwischen Schnitten und Eigenvektoren

Wie hängt der Schnitt, der die Menge P von der Menge Q trennt, mit dem Fiedler-Eigenvektor in $A^T C A z = \lambda D z$ zusammen? Die wesentliche Verbindung zeigt sich, wenn man $Ncut(P, Q)$ aus Gleichung (2.200) auf Seite 252 mit dem Rayleigh-Quotienten $y^T A^T C A y / y^T D y$ aus Gleichung (2.207) auf Seite 254 vergleicht. Der perfekte Indikator für einen Schnitt wäre ein Vektor y, dessen Komponenten p oder $-p$ sind (also nur zwei Werte annehmen):

Zwei Werte Knoten i fällt in P für $y_i = p$, Knoten i fällt in Q für $y_i = -q$.

$1^T D y$ multipliziert die eine Gruppe der d_i mit p und die andere Gruppe mit $-q$. Die Summe der ersten d_i ist $size(P)$ = Summe der w_{ij} (i in P) = Summe der d_i (i in P). Die Summe der zweiten Gruppe der d_i ist $size(Q)$. **Aus der Bedingung $1^T D y = 0$ wird $p\, size(P) = q\, size(Q)$.**

Wenn wir diesen Vektor y in den Rayleigh-Quotienten einsetzen, erhalten wir exakt $Ncut(P,Q)$. Innerhalb von P und Q sind die Differenzen $y_i - y_j$ null. Über dem Schnitt sind sie $p+q$:

Zähler $\quad y^T A^T C A y = \sum\sum w_{ij}(y_i - y_j)^2 = (p+q)^2\, links(P,Q)$ (2.208)

Nenner $\quad y^T D y = p^2\, size(P) + q^2\, size(Q) = p\,(p\,size(P)) + q\,(p\,size(P))$. (2.209)

Im letzten Schritt haben wir $p\, size(P) = q\, size(Q)$ benutzt. Nun kürzen wir $p+q$. Es bleibt:

Rayleigh-Quotient
$$\frac{(p+q)\, links(P,Q)}{p\, size(P)} = \frac{p\, links(P,Q)}{p\, size(P)} + \frac{q\, links(P,Q)}{q\, size(Q)} = Ncut(P,Q). \quad (2.210)$$

Das $Ncut$-Problem ist wie das Eigenwertproblem mit der zusätzlichen Bedingung, dass die Komponenten von y nur zwei Werte annehmen. (Dieses Problem ist NP-schwer, weil es so viele Möglichkeiten gibt, P und Q zu wählen.) Der Fiedler-Vektor erfüllt die Bedingung „zwei Werte" in der Regel nicht. Aber seine Komponenten lassen sich in diesem speziellen gutartigen Beispiel klar in zwei Gruppen teilen. Das Clustering mithilfe von z ist ein Erfolg, wenn wir es effizient machen können.

Clustering durch k-Means-Zerlegung

Das einfachste Problem startet mit einer Menge aus n Punkten $(a_1, \ldots, a_n)$ im d-dimensionalen Raum. Das Ziel ist, die Punkte in k Cluster aufzuteilen. Diese Cluster $P_1, \ldots P_k$ haben die Schwerpunkte $c_1, \ldots, c_k$. Jeder Schwerpunkt c_j ist so gewählt, dass der Gesamtabstand $D_j = \sum d(c_j, a)$ zu den Punkten a im Cluster P_j minimal wird. Wenn der Abstand zwischen zwei Punkten als $\|x - a\|^2$ definiert ist, dann ist der Schwerpunkt das Mittel (*englisch* mean) dieser n_j Punkte:

> **Schwerpunkt von P_j** c_j minimiert $D_j(x) = \sum_{a \text{ in } P_j} d(x,a),$
>
> $$c_j = \frac{\text{Summe der } a}{\text{Anzahl der } a} \quad \text{für} \quad d = \|x - a\|^2.$$

Das Ziel ist, die Zerlegung $P_1, \ldots, P_k$ zu finden, deren Gesamtabstand zu den Schwerpunkten minimal ist:

Clustering Minimiere $D = D_1 + \cdots + D_k = \sum d(c_j, a_i)$ für a_i in P_j. (2.211)

Schlüsselidee Jede Zerlegung $P_1, \ldots, P_k$ liefert k Schwerpunkte (1. Schritt). **Jede Schwerpunktmenge liefert eine Zerlegung** (2. Schritt). Dieser Schritt sortiert a in P_j, wenn c_j der Schwerpunkt mit dem geringsten Abstand zu a ist. (Wenn zwei Schwerpunkt gleich weit von a entfernt sind, entscheidet man willkürlich). Die Iteration bei einem klassischen „*k-Means-Algorithmus*" läuft von einer Zerlegung über deren Schwerpunkte zu einer neuen Zerlegung:

> 1. Bestimme die Schwerpunkte c_j der (alten) Zerlegung $P_1, \ldots, P_k$.
> 2. Bestimme die (neue) Zerlegung, die a in P setzt, wenn $d(c_j, a) \leq d(c_i, a)$ für alle i ist.

Bei jedem Schritt wird der Gesamtabstand D verringert. Wir gleichen die Schwerpunkte zu jedem P_j ab. Anschließend verbessern wir diese Zerlegung auf neue P_j um diese c_j. Da D in beiden Schritten abnimmt, konvergiert der k-Means-Algorithmus (aber nicht notwendigerweise zum globalen Minimum).

Leider kann man über die Grenzzerlegung P_j nicht viel sagen. Viele nichtoptimale Zerlegungen können auf lokale Minima führen. Bessere Zerlegungen erreicht man mit gewichteten Abständen.

Schritt 1 ist wegen der Berechnung aller Abstände $d(c_j, a)$ der aufwändigere der beiden Schritte. Die Komplexität ist pro Iteration in der Regel $O(n^2)$. Wenn der Algorithmus auf den Kernel-k-Mean-Algorithmus erweitert wird, kann der Aufwand für die Erzeugung einer Kernelmatrix K aus den Daten in $O(n^2 d)$ liegen. Schritt 2 beinhaltet die „Voronoi-Idee"zur Bestimmung der Menge, die am engsten am jeweiligen Schwerpunkt liegt. Dieser Code erlaubt einen ersten Vergleich zwischen dem k-Means-Algorithmus und der Spektralclusterung.

Auf der cse-Website finden Sie einen Code für einen k-Means-Algorithmus von Brian Kulis und Inderjit Dhillon. Auf dem Graphen mit 20 Knoten aus dem letzten Beispiel bestimmt dieser Algorithmus die beste Zerlegung. Der Code für den mehrstufigen Algorithmus vergröbert auf 11 und anschließend auf 6 Superknoten, clustert diesen kleinen Grundgraphen und wandert zurück. In diesem Beispiel sind alle Schritte zum Verschmelzen und zum anschließenden Verfeinern korrekt.

Gewichte und Kernel

Wenn die Abstände gewichtet sind, kommen die Gewichte auch in den Schwerpunkten vor:

> **Abstände** $d(x, a_i) = w_i \|x - a_i\|^2$,
>
> **Schwerpunkt von P_j** $c_j = \dfrac{\sum w_i a_i}{\sum w_i}$ (a_i in P_j). (2.212)

Der gewichtete Abstand $D_j = \sum w_i \|x - a_i\|^2$ wird in Schritt 1 durch $x = c_j$ minimiert. In Schritt 2 werden die Zerlegungen aktualisiert, um den Gesamtabstand $D = D_1 + \cdots + D_k$ zu verringern. Jedes a_i wird dem Schwerpunkt zugeordnet, der am nächsten liegt. Anschließend werden Schritt 1 (neue Schwerpunkte) und Schritt 2 (neue P_j) wiederholt.

Ein wesentlicher Punkt ist, dass für die Abstände zu den Schwerpunkten nur Skalarprodukte $a_i \cdot a_j$ berechnet werden müssen:

Für alle i in P_j

$$\|c_j - a_i\|^2 = c_j \cdot c_j - 2 c_j \cdot a_i + a_i \cdot a_i \qquad \text{[benutze } c_j \text{ aus (2.212)]}. \qquad (2.213)$$

Wir führen die gewichtete Kernelmatrix K mit den Elementen $a_i \cdot a_\ell$ ein. (Denken Sie daran, dass die Vektoren a_i keine echten Orte im Raum sein müssen. Jede Anwendung kann die Knoten eines Graphen beliebig linear oder *nichtlinear* auf Vektoren a_i abbilden.) Handelt es sich bei den Knoten um Punkte x_i im Eingangsraum, können ihre Darstellungsvektoren $a_i = \phi(x_i)$ Punkte in einem hoch-dimensionalen *Merkmalsraum* sein. Üblicherweise werden drei Kernel benutzt:

Bildverarbeitung	**polynomialer Kernel**	$K_{i\ell} = (x_i \cdot x_\ell + c)^d$
Statistik	**Gauß-Kernel**	$K_{i\ell} = \exp(-\|x_i - x_\ell\|^2 / 2\sigma^2)$
Neuronale Netzwerken	**sigmoidaler Kernel**	$K_{i\ell} = \tanh(c x_i \cdot x_\ell + \theta)$

Der Abstand in Gleichung (2.213) greift durch die Schwerpunktgleichung (2.212) nur auf die Kernelmatrix zurück:

Summe über alle Knoten in P_j

$$\sum \|c_j - a_i\|^2 = \frac{\sum \sum w_i w_\ell K_{i\ell}}{(\sum w_i)^2} - 2 \frac{\sum w_i K_{i\ell}}{\sum w_i} + K_{ii}. \qquad (2.214)$$

Der **Kernel-Batch-k-Means-Algorithmus** benutzt K, um diese Abstände zu berechnen.

Anmerkung Die gewichtete k-Means-Minimierung kann auch als Graphen-Schnitt-Problem formuliert werden. Dazu gibt es dann eine entsprechende Eigenwertform. Ein Unterschied ist, dass die Gewichte w_i nun den *Knoten* a_i (und nicht den Kanten) zugeordnet werden. Daher ist die Diagonalmatrix W eine $n \times n$-Matrix.

Die in das Eigenwertproblem eingehende Matrix ist $W^{1/2}KW^{1/2}$. Dhillon zeigt die Äquivalenz zu einem Eigenwertproblem, das wieder auf k Werte beschränkt ist (wie auf p und $-q$ im Beispiel). Wenn man diese Bedingung lockert, kommt man wieder auf Fiedler-Eigenvektoren und Spektralclusterung.

Mehrstufiges Clustering

Bei umfangreichen Datensätzen, in denen es viele Knoten a_i gibt, ist sowohl der k-Means-Algorithmus (mit den Schritten 1 und 2) als auch eig($A^\mathrm{T}CA, D$) aufwändig. Wir wollen zwei Herangehensweisen erwähnen, die eine Reihe handhabbarer Probleme erzeugen. Mit einer **Zufallsauswahl** wird die beste Zerlegung für eine Auswahl der Knoten bestimmt. Anschließend werden die bestimmten Schwerpunkte benutzt, um eine Zerlegung für alle Knoten zu finden, indem man jeden Knoten dem am nächsten gelegenen Schwerpunkt zuordnet. Diese Herangehensweise ist zum Gegenstand einer Hauptforschungsrichtung geworden, in der man zu beweisen versucht, dass die Zerlegung mit hoher Wahrscheinlichkeit gut ist.

Dhillons Code graclus verwendet die **mehrstufige Herangehensweise**, die von METIS eingeführt wurde: Vergröberung des Graphen, Clustering auf dem groben Niveau und anschließende Verfeinerung. Bei der Vergröberung werden Superknoten mit Supergewichten (Summe der Kantengewichte) gebildet. Dazu werden die Knoten in zufälliger Reihenfolge besucht. Dann wird die Kante von und zu einem unverschmolzenen Knoten bestimmt, die das höchste Gewicht trägt. Diese beiden Knoten werden verschmolzen. (In der normierten Version maximiert die schwerste Kante $w_{ij}/d_i + w_{ij}/d_j$.) Die Superknoten nehmen in jeder Vergröberungsstufe zu. Bei $5k$ Superknoten wird gestoppt.

Auf dem kleinen Supergraphen der gröbsten Stufe ist das Spektralclustering oder der 2-Means-Algorithmus hinreichend schnell. **Diese mehrstufige Herangehensweise ist wie das algebraische Mehrgitterverfahren** aus Abschnitt 7.3, wenn der Graph aus den Punkten a_i kein Gitter in zwei oder drei Dimensionen ist.

Bei der Verfeinerung bilden die Superknoten der Stufe L die Ausgangscluster für die Stufe $L-1$. Dieser Schritt kann gewichtete Kernel-k-Means benutzen (Vorberechnung der Clustergewichte). Ein *inkrementeller* k-Means-Algorithmus verlässt ein schlechtes lokales Minimum, indem er einzelne Knoten aus einem Cluster in ein anderes Cluster verschiebt.

Anwendungen

Dass wir diesen gesternten Abschnitt hier eingefügt haben, liegt an der großen Vielzahl von Anwendungen (das sind die letzten diskreten Probleme, bevor wir uns Differentialgleichungen zuwenden). Im Folgenden haben wir eine Liste von Anwendungen zusammengestellt, die über das Anwendungsgebiet des Clustering weit hinausgeht. Dieser Teil der angewandten Mathematik wächst sehr schnell – es gibt dazu ständig neue Algorithmen, Anwendungen, Theorien und natürlich Zeitschriften und Bücher. Ich denke, dass ein paar Schlüsselbegriffe aus verschiedenen Gebieten und die Kenntnis die Schlüsselidee des Clustering interessant sein könnten.

1. Lerntheorie, Trainingsdaten, neuronale Netzwerke.
2. Klassifikation, Regression, Mustererkennung, Hidden-Markov-Modell, Support Vector Machine, Vapnik-Chervonenkis-Dimension, überwachtes oder unüberwachtes Lernen.
3. Statistisches Lernen, maximale Wahrscheinlichkeit, Bayes-Statistik, Geostatistik, Kriging, Zeitreihen, ARMA-Modelle, stationärer Prozess, Prädiktion.
4. Soziale Netzwerke, Small-World-Netzwerke, Kleine-Welt-Phänomen, Organisationstheorie, Wahrscheinlichkeitsverteilungen mit unendlicher Varianz.
5. Gezielte Datensuche, Dokumentindexierung, semantische Indexierung, Term-Dokument-Matrix, Bildersuche, Kernel basiertes Lernen, Nyström-Verfahren, Approximation durch Matrizen mit niedrigem Rang.
6. Bioinformatik, Microarray-Daten, Systembiologie, Proteinhomologieerkennung.
7. Chemoinformatik, Wirkstoffdesign, Ligandbindung, paarweise Ähnlichkeit, Entscheidungsbäume.
8. Informationstheorie, Vektorquantisierung, Rate-Distortion-Theory, Verlustfunktion, Bregman-Divergenz.
9. Bildsegmentierung, maschinelles Sehen, Musterabbildung (Texture Mapping), minimaler Schnitt, normierte Schnitte.
10. Prädiktive Regelung, Rückkopplungsmuster, Robotik, adaptive Regelung, Sylvester-, Riccati- und Lyapunov-Gleichungen.

Nichtnegative Matrixfaktorisierung

Aus Sicht der linearen Algebra ist die SVD eine perfekte Art, Basisvektoren in der Reihenfolge ihrer Bedeutung zu behandeln. Es kann aber unmöglich sein, diese Hauptkomponenten zu erkennen. Die Daten können Bilder oder Dokumente in Matrixdarstellung sein, wobei die Matrixelemente nichtnegativ sind. Dann liefert eine **nichtnegative Faktorisierung** ohne Aufhebung wiedererkennbare Merkmale.

Eine symmetrische nichtnegative Faktorisierung der Matrix G ist VV^T, wobei für die Elemente $V_{ij} \geq 0$ gilt. Offensichtlich erfordert dies $G_{ij} \geq 0$ und auch $x^T G x = \|V^T x\|^2 \geq 0$. Die Matrix G muss sowohl *positiv* als auch *positiv semidefinit* sein (was zwei ganz verschiedene Dinge sind). Diese Vorgehensweise wäre wunderbar, wenn diese beiden Bedingungen hinreichend wären, um die Matrix G in $G = VV^T$ mit $V \geq 0$ faktorisieren zu können.

Aber das „Theorem" ist nicht echt. Die Matrix $G = \text{toeplitz}([1+\text{sqrt}(5)\ 2\ 0\ 0\ 2])$ veranschaulicht, dass die Faktorisierung $G = VV^T$ unmöglich sein kein, obwohl $V \geq 0$ gilt. Die Idee bei der **nichtnegativen Matrixfaktorisierung** (*englisch* nonnegative matrix factorization – NMF) ist, der korrekten Faktorisierung so nah wie möglich zu kommen. Dazu minimieren wir die Differenz $M = G - VV^T$ in der Frobenius-Norm $\|M\|_F^2 = \sum\sum M_{ij}^2 = \text{trace}(M^T M)$.

In den Anwendungen ist G die Kernelmatrix K. Das ist nachwievor die Gram-Matrix oder Ähnlichkeitsmatrix, deren Elemente die Skalarprodukte $K_{ij} = a_i \cdot a_j$ sind. Jeder Vektor a_i im hochdimensionalen Merkmalsraum ist eine (*nichtlineare*) Funktion des Knotens i im Eingangsraum. Wir brauchen nur die Kernelmatrix K, aber nicht diese Funktion von i nach a_i. Das ist die Stärke der Kernel.

Wir formulieren das Clustering anhand von V. Das j-te Cluster P_j ist durch den **Indikatorvektor** v_j bestimmt, der ein Einheitsvektor ist. Seine i-te Komponente ist $1/\sqrt{|P_j|}$, wenn a_i zum Cluster P_j gehört, anderenfalls ist sie null. Wenn wir die Datenmatrix A mit v_j multiplizieren, separieren wir die Spalten a_i in Cluster P_j. Die Summe $\sum \|c_j - a_i\|^2$ ihrer Abstände zum Schwerpunkt ist D_j. Wir wählen V so, dass der Gesamtabstand über alle Cluster minimal wird:

Clusterabstand $\quad D_j = \sum \|a_i\|^2 - \sum \sum a_i^T a_\ell / |P_j|$,

Gesamtabstand $\quad \sum D_j = \|A\|_F^2 - \|AV\|_F^2$. (2.215)

Da die Cluster disjunkt sind, überlappen sich die von null verschiedenen Komponenten in v_j und v_ℓ nicht. Die Spalten der Matrix V sind orthonormal, und es gilt $V^T V = I$. Die Spalten könnten beispielsweise $v_1 = (1,1,0,0)/\sqrt{2}$ und $v_2 = (0,0,1,1)/\sqrt{2}$ sein. Der erste Term $\|A\|_F^2 = \sum \sum a_{ij}^2$ ist durch die Daten gegeben. **Das Ziel eines k-Means-Algorithmus ist, $\|AV\|_F^2$ zu maximieren**, was gleichzeitig (2.215) minimiert.

Wesentlicher Punkt Bei k-Means haben die Spaltenvektoren v_j von V nur die Komponenten $1/\sqrt{|P_j|}$ und 0 mit $V^T V = I$. Wenn wir nur noch $V^T V = I$ fordern, erhalten wir die Hauptkomponentenanalyse. Wenn wir nur $V \geq 0$ fordern, sind wir nah an der nichtnegativen Matrixfaktorisierung (NMF). *Wir maximieren immer* $\|AV\|_F^2$, was der Spur von $V^T A^T A V$ entspricht.

Das neue Buch [40] von Ding und Zha ist eine Hauptreferenz, wenn es um NMF bei der gezielten Datensuche geht.

Paarweiser Abstand

Die Punkte aus einer langen Reihe eng benachbarter Punkte würden (bisher) nicht in einem Cluster bleiben. Die Endpunkte der Reihe liegen nicht eng beieinander. Um zu vermeiden, dass die Reihe in zwei Cluster zerlegt wird, bestimmt man den Abstand $d(P,Q)$ zwischen Clustern durch den Abstand zwischen *nächsten Nachbarn* (nächsten Punkten). Dann wird der Abstand zwischen zwei Clustern maximiert – das ist eine andere Clusterregel:

Wähle $P_1, \ldots, P_k$ **so, dass** D^* **maximal wird,**

$D^* = \min d(P_i, P_j) = \min d(a_i, a_j)$. (2.216)

Stellen Sie sich eine Punktreihe und einen davon getrennt liegenden Punkt q vor. Das sind nun die beiden besten Cluster P und Q. Wenn die Reihe auseinander geschnitten wird, ist der Abstand zwischen den Clustern sehr klein.

Es gibt einen **Greedy-Algorithmus**, der den Cluster bestimmt, der D^* maximiert. Er startet mit n Clustern, *in denen sich jeweils ein Punkt befindet*. Bei jedem

Schritt werden zwei nächste Cluster zu einem Cluster zusammengefasst. Nach $n-k$ Schritten erhalten Sie k Cluster mit maximaler Trennung.

Beispiel 2.34 Gegeben sind $n = 4$ Punkte $a = 1, 2, 4, 8$.

Im ersten Schritt werden 1 und 2 zu einem Cluster zusammengefasst. Die drei Cluster $\{1,2\}, \{4\}, \{8\}$ der besten Zerlegung haben die Abstände 2, 4 und 6. Der kleinste Abstand $D^* = 2$ zwischen $k = 3$ Clustern ist maximal. Wären 1 und 2 zwei verschiedenen Clustern zugewiesen worden, wäre D^* auf 1 gefallen.

Im zweiten Schritt werden die am nächsten beieinander liegenden Cluster $\{1,2\}$ und $\{4\}$ „agglomeriert". Die beste Zerlegung in zwei Cluster besteht aus den Clustern $\{1,2,4\}$ und $\{8\}$. Ihr Abstand $D^* = 4$ ist maximal.

Das Besondere an einem „Greedy-Algorithmus" ist, dass man schrittweise voranschreitet, ohne später Schritte rückgängig zu machen. Sie müssen nicht nach vorn schauen, es kommt alles richtig heraus. Bei der ursprünglichen Regel, die den Gesamtabstand D zwischen Punkten und Scherpunkten minimiert, gibt es keine Möglichkeit $n-k$ Schritte auszuführen, die nie rückgängig gemacht werden müssen.

Aufgaben zu Abschnitt 2.9

2.9.1 Gegeben sei eine Reihe aus 4 Knoten. Alle Gewichte sind 1 ($C = I$). Der beste Schnitt verläuft durch die Mitte der Reihe. Bestimmen Sie diesen Schnitt aus den $\pm$-Komponenten des Fiedler-Vektors z:

$$A^T C A z = \begin{bmatrix} 1 & -1 & & \\ -1 & 2 & -1 & \\ & -1 & 2 & -1 \\ & & -1 & 1 \end{bmatrix} \begin{bmatrix} z_1 \\ z_2 \\ z_3 \\ z_4 \end{bmatrix} = \lambda_2 \begin{bmatrix} 1 & & & \\ & 2 & & \\ & & 2 & \\ & & & 1 \end{bmatrix} \begin{bmatrix} z_1 \\ z_2 \\ z_3 \\ z_4 \end{bmatrix} = \lambda_2 D z.$$

Hier ist $\lambda_2 = \frac{1}{2}$. Lösen Sie per Hand nach z auf. Prüfen Sie $\begin{bmatrix} 1 & 1 & 1 & 1 \end{bmatrix} D z = 0$.

2.9.2 Gegeben sei derselbe Baum mit 4 Knoten. Berechnen Sie $links(P)$, $size(P)$ und $Ncut(P, Q)$ für den Schnitt durch die Mitte.

2.9.3 Starten Sie wieder mit den vier Punkten 1, 2, 3 und 4. Bestimmen Sie die Schwerpunkte c_P, c_Q und den Gesamtabstand D für die Zerlegung $P = \{1,2\}$ und $Q = \{3,4\}$. Der k-Means-Algorithmus ändert diese Zerlegung nicht, wenn er die vier Punkte den am nächsten liegenenden Schwerpunkten zuordnet.

2.9.4 Starten Sie den k-Means-Algorithmus mit der Zerlegung $P = \{1,2,4\}$ und $Q = \{3\}$. Bestimmen Sie die beiden Schwerpunkte und ordnen Sie die Punkte den am nächsten gelegenen Schwerpunkten neu zu.

2.9.5 Die Schwerpunkte zur Zerlegung $P = \{1,2,3\}$ und $Q = \{4\}$ sind $c_P = 2$ und $c_Q = 4$. Wenn man es verkehrt herum anfängt, bleibt diese Zerlegung unverändert. Bestimmen Sie aber den zugehörigen Gesamtabstand D.

2.9.6 Der Graph sei ein 2×4-Gitter aus 8 Knoten mit den Gewichten $C = I$. Benutzten Sie $eig(A^T A, D)$, um den Fiedler-Vektor z zu bestimmen. Die Inzidenzmatrix A ist eine 10×8-Matrix, und es gilt $D = diag(diag(A^T A))$. Welche Zerlegung ergibt sich aus den $\pm$-Komponenten von z?

2.9.7 Benutzen Sie den Fiedler-Code mit Wahrscheinlichkeiten, die von $p = 0.1$ und 0.7 auf $p = 0.5$ und 0.6 verringert wurden. Berechnen Sie z, und zeichnen Sie den Graphen und die zugehörige Zerlegung.

Die Aufgaben 2.9.8–2.9.12 befassen sich mit dem Graphen aus $n = 5$ Knoten: $(0,0), (1,0), (3,0), (0,4), (0,8)$. Die Abstände zwischen den Knoten (die Kantenlängen) sind gewöhnliche Abstände wie 1, 2 und $\sqrt{3^2 + 4^2}$.

2.9.8 Welche Cluster P und Q maximieren den minimalen Abstand D^*?

2.9.9 Bestimmen Sie die beste Cluster-Zerlegung mithilfe des *Greedy-Algorithmus*. Starten Sie mit fünf Clustern, und verschmelzen Sie die beiden Cluster mit dem geringsten Abstand. Was ist die beste Zerlegung in k Cluster im Fall $k = 4, 3, 2$?

2.9.10 Der **minimale Spannbaum** ist der kürzeste Kantenzug, der alle Knoten verbindet. Er enthält $n - 1$ Kanten und keine Schliefen, anderenfalls wäre die Gesamtlänge nicht minimal. Es gibt etliche Greedy-Algorithmen, mit denen man diesen kürzesten Baum bestimmen kann:

(Dijkstra-Algorithmus) Starten Sie mit einem Knoten, etwa mit $(0,0)$. Nehmen Sie in jedem Schritt die kürzeste Kanten hinzu, die einen neuen Knoten mit dem bereits erzeugten Teilbaum verbindet.

2.9.11 Der minimale Spannbaum kann auch durch *Greedy-Inklusion* bestimmt werden. Ordnen Sie die Kanten nach zunehmender Kantenlänge. Behalten Sie jede Kante, solange dadurch keine Schleife entsteht. Wenden Sie diesen Algorithmus auf den Graphen mit 5 Knoten an.

2.9.12 Bestimmen Sie den minimalen Spannbaum des Graphen mit 5 Knoten. Streichen Sie die längste Kante in diesem Baum, um die beste Zerlegung in zwei Cluster zu bestimmen. Streichen Sie anschließend die nächstlängste Kante, um die beste Zerlegung in drei Cluster zu bestimmen. Das ist ein weiterer Greedy-Algorithmus, der den Abstand zwischen den Clustern D^* aus (2.216) minimiert.

Kapitel 3
Randwertprobleme

3.1 Differentialgleichungen und finite Elemente

Dieser Abschnitt führt Differentialgleichungen der Form $-d/dx(c\,du/dx) = f(x)$ ein. **Aus der Differenzenmatrix A in $A^{\mathrm{T}}CA$ wird eine erste Ableitung d/dx**. Das Problem ist nicht mehr diskret sondern kontinuierlich, und es gibt Randbedingungen bei $x = 0$ und $x = 1$. Wir gehen mit unserer Analyse über die Modellprobleme $-u'' = 1$ und $-u'' = \delta(x-a)$ hinaus.

Eine Differentialgleichung dieser Form lässt eine exakte Lösung $u(x)$ durch zweifache Integration zu. Das wird uns eine gewisse Praxis im Umgang mit der Deltafunktion als $f(x)$ und der Sprungfunktion als $c(x)$ verschaffen. Die numerische Näherung $U(x)$ bringt uns neue und wichtige Erkenntnisse. **Neben finiten Differenzen werden wir finite Elemente erläutern und benutzen.**

Differentialgleichungen zweiter Ordnung

Vermutlich sind Ihnen Differentialgleichungen schon vertraut. Das ist gut aber nicht zwingend erforderlich. Im Grundkurs gibt es eine praktische Botschaft für den Fall einer linearen Differentialgleichung mit konstanten Koeffizienten. Ein wichtiges Beispiel dafür ist die Differentialgleichung $mu'' + ku = 0$. Die Botschaft ist, dass wir Lösungen der einfachen Form $Ae^{\lambda x}$ erwarten können:

> **Konstante Koffizienten**
>
> *Suche nach Lösungen $u(x) = A e^{\lambda x}$. Löse nach λ auf.*

Mit dem Ansatz $u(x) = A e^{\lambda x}$ wird aus der Differentialgleichung $mu'' + ku = 0$ eine rein algebraische Gleichung $m\lambda^2 + k = 0$. Wenn die höchste Ableitung $d^2 u/dx^2$ ist, was dem Term $\lambda^2 A e^{\lambda x}$ entspricht, erhalten wir eine quadratische Gleichung mit zwei Nullstellen λ_1 und λ_2 ($A e^{\lambda x}$ können wir ausklammern). Im Fall $\lambda_1 \neq \lambda_2$ ist die Lösung einer Gleichung ohne Antriebsterm eine **Kombination reiner Exponentialfunktionen**:

$$u(x) = Ae^{\lambda_1 x} + Be^{\lambda_2 x} \quad \text{mit beliebigen Konstanten } A \text{ und } B.$$

Bei Anfangswertproblemen sind A und B durch zwei Anfangsbedingungen bestimmt, bei Randwertproblemen sind es zwei Randbedingungen. Soviel dazu.

Die Gleichungen der angewandten Mathematik sind keine Zufallsbeispiele. Sie sind mit echten Problemen verknüpft, sie geben wichtige Prinzipien wieder, und wir können ein Grundmuster erkennen. Mit diesem Grundmuster werden wir uns zuerst beschäftigen, noch bevor wir die Differentialgleichungen lösen.

Wie lässt sich das Grundmuster $K = A^T CA$ auf Differentialgleichungen übertragen?

In unserem ersten Beispiel wird aus der Matrix A die Ableitung d/dx. Aus der Multiplikation mit den Zahlen $c_1, \ldots, c_m$ wird die Multiplikation mit $c(x)$. Wir haben eine Differentialgleichung in $u(x)$ mit Randbedingungen an u oder $w = c\, du/dx$:

$$A^T CAu = f \quad \text{mit} \quad A = \frac{d}{dx}$$

$$-\frac{d}{dx}\left(c(x)\frac{du}{dx}\right) = f(x), \quad \textbf{Rand fest: } u(0) = 0, \textbf{ frei: } w(1) = 0. \tag{3.1}$$

Oft ist die äußere Kraft konstant oder periodisch, wie in $f(x) = 1$ oder $f(x) = \cos \omega x$. Die Kraft kann *auf einen Punkt* wirken (Punktlast) oder *in einem Augenblick* (Impuls). Diese Spitze wird durch eine **Deltafunktion** modelliert. Sie ist eine Überlagerung aller Kosinusfunktionen mit allen Frequenzen, die sich außer an der Stelle (am Punkt) $x = a$ überall aufheben: $f(x) = \delta(x - a)$.

Ich nehme an, dass es Ihnen gefallen wird, mit Deltafunktionen zu arbeiten. Die Lösungen sind rein und explizit und keine komplizierten Integrale. Als Funktion kann man sich $\delta(x)$ kaum vorstellen – sie ist ein extremer Grenzfall. Die Breite der Spitze geht gegen null und die Höhe gegen unendlich, während der Flächeninhalt unter der Kurve 1 bleibt. Sie werden sagen, dass soetwas nicht vorkommen kann. Was das betrifft, muss ich Ihnen zustimmen. Es sind aber die Integrationsregeln mit $\delta(x - a)$, die diese „Nicht-Funktionen" auf eine solide mathematische Grundlage stellen. **Das Integral über $v(x)\,\delta(x - a)$ ist $v(a)$.**

Wir wollen vier Grenzfälle erwähnen, weil sich die *angewandte Mathematik immer sehr für null und unendlich interessiert*. Vielleicht sind einfache Beispiele wie $u'' - 3u' + 2u = 8$ zu langweilig. Die Eigenwerte sind $\lambda = 1, 2$, und die Lösung ist $u(x) = Ae^x + Be^{2x} + 4$. Häufig müssen wir durch fast null dividieren, sodass herkömmliche Lösungsmethoden versagen. Grenzschichten werden in den Aufgabenstellungen auf Seite 280 behandelt, steife Differentialgleichungen in Abschnitt 6.2 auf Seite 534 und Resonanz in Abschnitt 2.2 auf Seite 127:

$\lambda \to \infty$: Grenzschichten $\qquad\qquad \lambda_2 \to \lambda_1$: zweite Lösung $xe^{\lambda x}$

$\lambda \to -\infty$: steife Differentialgleichungen $\quad f(t) \to \cos \lambda_1 t$: Resonanz.

Die vollständigen technischen Details zur Behandlung aller Grenzfälle sind nicht Gegenstand dieses Buches (durch die Beispiele lernen wir aber schon viel). Oft

3.1 Differentialgleichungen und finite Elemente

liegen die wichtigen Fragen nicht *im Grenzfall*, in dem die Lösung der Gleichung eine neue Form annimmt. Die Schwierigkeit liegt in der Betrachtung des *nahen Grenzfalls*. Die alte Form der Lösung ist noch korrekt, wir können sie aber nicht mehr kontrollieren. Wir müssen einen Übergang zur neuen Form der Lösung finden.

Schließlich kommen wir zu einem Thema, das für das wissenschaftliche Rechnen äußerst wichtig ist: Wir erklären *finite Elemente*. Das ist eine fantastische Gelegenheit, Ihnen die „schwache Form" der Differentialgleichung näher zu bringen:

Schwache Form

$$\int c(x) \frac{du}{dx} \frac{dv}{dx} dx = \int f(x) v(x) dx \quad \text{für alle zulässigen } v(x).$$

Das $A^\mathrm{T}CA$-Grundmuster für einen hängenden Stab

Die Kräfte, die an einen hängenden Stab angreifen, sind sein eigenes Gewicht und eventuell zusätzliche Gewichte. Der Stab dehnt sich wie eine Federkette. Der Punkt, der sich auf dem ungedehnten Stab an der Stelle x befindet, bewegt sich $x + u(x)$ nach unten. Wir wollen diese Auslenkung $u(x)$ bestimmen.

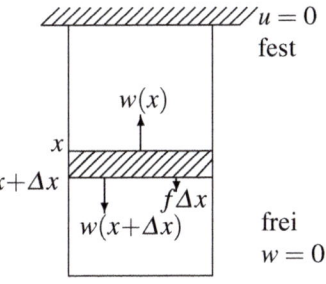

Das obere Ende an der Stelle $x = 0$ ist *fest*: Daher ist $u(0) = 0$. Das untere Ende an der Stelle $x = 1$ ist *frei*. Die innere Kraft muss an dieser Stelle null sein, weil es keine äußere Kraft gibt, die sie ausgleichen würde. Folglich ist $w(1) = 0$. Das sind die **fest-freien** Randbedingung für einen **frei hängenden** Stab.

Bedenken Sie, dass sich das untere Ende eigentlich an der Stelle $x = 1 + u(1)$ befindet. Trotzdem wird die Randbedingung an der Stelle $x = 1$ formuliert. Das liegt daran, dass wir von *kleinen Auslenkungen $u(x)$ ausgehen*. Große Auslenkungen führen zu echter Nichtlinearität, und wir sind nicht darauf vorbereitet, diesen Fall zu verfolgen.

Es gibt nach wie vor eine Unbekannte $e(x)$ zwischen $u(x)$ und $w(x)$. Das ist die „Dehnung" im Stab, die Längenänderung pro Längeneinheit. Es handelt sich dabei um eine lokale Größe, die unmittelbar an der Stelle x definiert ist. Rufen Sie sich ins Gedächtnis, dass die i-te Feder um $u_i - u_{i-1}$ – die Auslenkungsdifferenz an den Enden – gedehnt wurde. *Nun wird aus der Differenz eine Ableitung*:

Dehnung: 1. Schritt $\quad e(x) = A u(x) = \dfrac{du}{dx} \quad$ mit $u(0) = 0$. $\hfill (3.2)$

Diese Randbedingung (an u, nicht an w!) ist Teil der Definition von A.

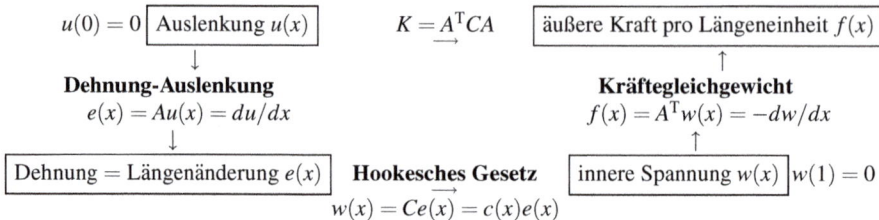

Abb. 3.1 Das Grundmuster $A^\mathrm{T}CAu = f$ aus drei Schritten mit dem Hookeschen Gesetz $w = Ce$.

Der zweite Schritt ist das Hookesche Gesetz $w = ce$, das Materialgesetz. Es gibt die lineare Beziehung zwischen Spannung und Dehnung wieder, bzw. die Beziehung zwischen innerer Kraft $w(x)$ und Dehnung $e(x)$:

Hookesches Gesetz: 2. Schritt $\quad w(x) = c(x)\,e(x) = c(x)\dfrac{du}{dx}.$ (3.3)

Bei einem gleichförmigen Stab ist $c(x)$ eine Konstante. Bei einem konischen Stab verändert sich $c(x)$ allmählich. Dort, wo sich das Stabmaterial ändert, hat die Funktion $c(x)$ einen Sprung. *Das Produkt $w(x) = c(x)u'(x)$ hat keinen Sprung.* Das Kräftegleichgewicht an dieser Stelle fordert aber, dass $w(x)$ kontinuierlich ist. Der Sprung in $c(x)$ muss also durch einen Sprung in $e(x) = du/dx$ kompensiert werden. Nur eine Punktlast $\delta(x - x_0)$ produziert in $w(x)$ eine Diskontinuität.

Der dritte Schritt ist das **Kräftegleichgewicht**. Die Skizze auf der vorherigen Seite zeigt einen kleinen Stabausschnitt der Dicke Δx. Die inneren Kräfte sind aufwärts $w(x)$ und abwärts $w(x + \Delta x)$. Die äußere Kraft ist das Integral von $f(x)$ über diesen kleinen Ausschnitt. Ohne Deltafunktionen ist das Integral ungefähr $f(x)\Delta x$. Dieser Ausschnitt ist im Gleichgewicht.

$$w(x) = w(x+\Delta x) + f(x)\Delta x \quad \text{oder} \quad -\left[\frac{w(x+\Delta x) - w(x)}{\Delta x}\right] = f(x).$$

Die Ableitung von w taucht im Limes Δx gegen null auf:

Kräftegleichgewicht: 3. Schritt

$$A^\mathrm{T} w = -\frac{dw}{dx} = f(x) \quad \text{mit } w(1) = 0.$$ (3.4)

Wir benutzen weiter die Notation T (für transponiert), obgleich A keine Matrix mehr ist. Streng genommen müssten wir einen neuen Begriff wie „*adjungiert*" und ein neues Symbol benutzen. In diesem Buch geht es aber darum, die Analogien zwischen Matrixgleichungen und Differentialgleichungen herauszustellen. $\boldsymbol{A^\mathrm{T} = -d/dx}$ **ist die „Transponierte" von** $\boldsymbol{A = d/dx}$: Das müssen wir noch erklären.

Die Differentialgleichung verknüpft A, C und A^T zu $K = A^\mathrm{T}CA$:

3.1 Differentialgleichungen und finite Elemente

Randwertproblem
$$Ku = -\frac{d}{dx}\left(c(x)\frac{du}{dx}\right) = f(x) \quad \text{mit } u(0) = 0, c(1)u'(1) = 0.$$

Allgemeine Lösung und Beispiele

Um die Differentialgleichung $-(cu')' = f$, das ist $-dw/dx = f(x)$), zu lösen, integrieren wir auf beiden Seiten:

Innere Kraft (Spannung) $\quad c(x)\dfrac{du}{dx} = w(x) = -\displaystyle\int_0^x f(s)\,ds + C.$ \hfill (3.5)

Wenn das Ende an der Stelle $x = 1$ frei ist (Randbedingung $w(1) = 0$), können wir C aus $-\int_0^1 f(s)\,ds + C = 0$ bestimmen:

Innere Kraft $\quad w(x) = -\displaystyle\int_0^x f(s)\,ds + \int_0^1 f(s)\,ds = \int_x^1 f(s)\,ds.$ \hfill (3.6)

Die letzte Gleichung hat (nur bei einem freien Ende) eine einfache Bedeutung: *Die innere Kraft w an der Stelle x gleicht die angewandte Gesamtkraft unter dieser Stelle aus*. Diese Gesamtkraft ist das Integral über die Last von x bis 1.

Nun lösen wir $c(x)\,du/dx = w(x)$, indem wir ein weiteres Mal integrieren.

Auslenkung $\quad \dfrac{du}{dx} = \dfrac{w(x)}{c(x)} \quad \text{und} \quad \displaystyle\int_0^x \dfrac{w(s)}{c(s)}\,ds = u(x).$ \hfill (3.7)

Die Randbedingung $u(0) = 0$ würde dadurch berücksichtigt, dass von $x = 0$ aus integriert wurde. Wenn das Ende an der Stelle $x = 1$ fest ist, also $u(1) = 0$, können wir daraus die Konstante in Gleichung (3.5) bestimmten.

Beispiel 3.1 Angenommen, $f(x)$ und $c(x)$ seien *Konstanten*. Ein gleichförmiger Stab hängt unter seinem Eigengewicht. Die Kraft pro Längeneinheit ist $f_0 = \rho g$

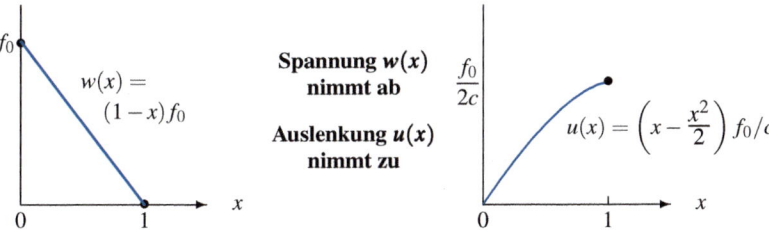

Abb. 3.2 Innere Kraft $w(x)$ und Auslenkung $u(x)$ für konstantes f_0 und c.

(ρ = Masse pro Längeneinheit). Die Integrale (3.6) und (3.7) sind einfach. Achten Sie aber auf die Randbedingungen:

$$w(x) = \int_x^1 f_0 \, ds = (1-x)f_0, \quad u(x) = \int_0^x \frac{(1-s)f_0}{c} ds = \left(x - \frac{1}{2}x^2\right)\frac{f_0}{c}. \quad (3.8)$$

Die lineare Funktion $w(x)$ gibt das Gesamtgewicht unterhalb von x an. Der Graph der Auslenkung $u(x)$ ist eine Parabel. Sie endet aufgrund der Randbedingung $w(1) = 0$ mit Anstieg null.

Beispiel 3.2 Es sei $c(x) = f(x) = 2 - x$ mit festen Randbedingungen $u(0) = u(1) = 0$. Bestimmen Sie $w(x)$ und $u(x)$.

Lösung Im ersten Schritt integrieren wir über $f(x)$ mit der unbestimmten Integrationskonstante C:

Innere Kraft (Spannung) $\quad w(x) = -\int_0^x (2-s) ds = \frac{(2-x)^2}{2} + C. \quad (3.9)$

Nun dividieren wir $w(x)$ durch $c(x) = 2 - x$ und integrieren abermals mit $u(0) = 0$:

$$u(x) = \int_0^x \left[\frac{2-x}{2} + \frac{C}{2-x}\right] dx = -\frac{(2-x)^2}{4} + 1 - C \log(2-x) + C \log 2. \quad (3.10)$$

Dann liefert $u(1) = 0$ die Konstante $C = -3/(4\log 2)$. Diese Lösung ist auf der cse-Webpräsenz zu finden. Mit einem freien Ende bei $x = 1$ liefert $w(1) = 0$ auch schon in Gleichung (3.9) $C = -1/2$.

Frei versus fest Mit der Randbedingung $w(1) = 0$ ist w durch $A^T w = f$ sofort bestimmt. Mit der Randbedingung $u(1) = 0$ können wir w erst nach u bestimmen. Wir müssen mit $A^T C A$ auf einmal arbeiten. Bei Stabwerken wurde ein invertierbares A^T als *statisch determiniert* bezeichnet. Stäbe mit fest-freien Randbedingungen haben diese Eigenschaft. Stäbe mit fest-festen Randbedingungen sind wie Rechteckmatrizen, sie sind *statisch indeterminiert*.

Kommentar Dieses $c(x) = 2 - x$ stammt von einem konischen Stab, dessen Breite sich von 2 auf 1 verringert. Für die Kraft, die vom Eigengewicht des Stabes stammt, gilt dasselbe. **Nehmen wir stattdessen $c(x) = f(x) = 1 - x$ an**. Nun ist $c(1) = f(1) = 0$, der Stab verjüngt sich zu einer Spitze. In $u(x)$ kommt nun $\log(1-x)$ anstelle von $\log(2-x)$ vor. Wenn wir $x = 1$ setzen, ist dieser Logarithmus unendlich. Kann es sein, dass der Stab nicht gehalten werden kann, wenn er sich zu einer Spitze verjüngt?

Punktlasten und Deltafunktionen

Im dritten Beispiel ist die gesamte Last f_0 an der Stelle $x = x_0$ konzentriert:

Punktlast

$$f(x) = f_0 \, \delta(x - x_0) = \{\text{null für } x \neq x_0 \text{ ihr Integral ist aber } f_0\}. \quad (3.11)$$

3.1 Differentialgleichungen und finite Elemente

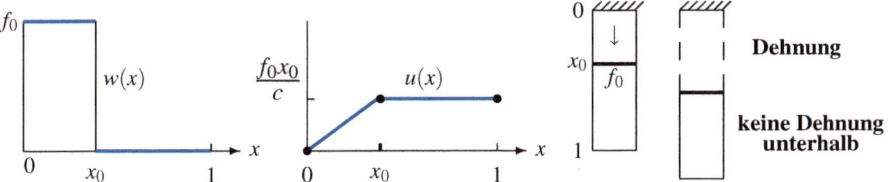

Abb. 3.3 Stückweise konstantes $w(x)$ und stückweise lineares $u(x)$ durch eine Punktlast an der Stelle x_0.

Integrieren Sie über diese Deltafunktion, um die innere Kraft oberhalb und unterhalb von x_0 zu bestimmen:

Sprung in der Kraft
$$w(x) = \int_x^1 f_0\,\delta(s-x_0)\,ds = \left\{ \begin{array}{l} f_0 \text{ für } x < x_0 \\ 0 \text{ für } x > x_0 \end{array} \right\}. \tag{3.12}$$

Unterhalb der Punktlast ist die innere Kraft $w = 0$. Der untere Teil des Stabes hängt frei. *Oberhalb der Punktlast* ist die innere Kraft $w = f_0$. Der obere Teil des Stabes ist gleichmäßig gedehnt. Der Graph von $w(x)$ aus Abbildung 3.3 zeigt eine *Stufenfunktion*. **Das erwarten wir von dem Integral über eine Deltafunktion.**

Sehen Sie sich die zweiteilige Gleichung für die Lösung $w(x)$ an. Das Integral liefert eine zweiteilige Gleichung für $u(x)$. Eine Gleichung gilt für die Verhältnisse über der Punktlast, die andere liefert die Auslenkung unterhalb der Punktlast. In diesem unteren Teil des Stabes sind die Auslenkungen konstant, weil sich das gesamte Teilstück unterhalb der Punktlast einfach nach unten bewegt:

Rampe in $u(x)$ $\quad u(x) = \int_0^x \dfrac{w(s)}{c}\,ds = \left\{ \begin{array}{l} f_0 x/c \text{ für } x \leq x_0 \\ f_0 x_0/c \text{ für } x \geq x_0 \end{array} \right\}. \tag{3.13}$

Die gleichmäßige Dehnung im oberen Teil liefert eine linear wachsende Auslenkung. Dass der untere Teil nicht gedehnt wird, liefert $u(x) =$ konstant. Da sich der Stab nicht spaltet, muss $u(x)$ stetig sein. Für beide Teile muss sich *derselbe Wert* $u(x_0)$ ergeben.

Die Transponierte von $A = d/dx$

Warum ist $A^T = A^* = -d/dx$ die Transponierte von $A = d/dx$? Was sind die korrekten Randbedingungen für A und A^T? Wir erlauben es uns stillschweigend, von „transponiert" zu sprechen, obwohl anstelle von Matrizen nun Ableitungen stehen.

Bei einer Matrix ist $(A^T)_{ij} = A_{ji}$. Um die Transponierte von $A = d/dx$ zu bestimmen, vergleichen wir zunächst mit Differenzmatrizen und gehen dann ins Detail:

Die Transponierte von A_- ist bei Differenzenmatrizen $-A_+$

$$A = \begin{bmatrix} 1 & & & \\ -1 & 1 & & \\ & -1 & 1 & \\ & & -1 & 1 \end{bmatrix} \quad A^T = \begin{bmatrix} 1 & -1 & & \\ & 1 & -1 & \\ & & 1 & -1 \\ & & & 1 \end{bmatrix}. \tag{3.14}$$

Die Elemente -1 sind von einer Seite der Hauptdiagonale auf die andere gewandert, sodass sie $-A_+$ bilden. Es gibt aber eine bessere Definition der Matrix A^T. Der physikalische Hintergrund ist dabei die Beziehung zwischen der Energie $e^T w$ und der Arbeit $u^T f$. Aus mathematischer Sicht steckt die folgende Forderung an Skalarprodukte dahinter:

$A^T w$ ist definiert durch $\quad (Au)^T w = u^T (A^T w) \quad$ *für alle u und w*. (3.15)

Um diese Regel auf $A = d/dx$ zu übertragen, brauchen wir das *Skalarprodukt von Funktion*. Anstelle der Summe bei $e^T w = e_1 w_1 + \cdots + e_m w_m$ steht im kontinuierlichen Fall ein Integral:

Skalarprodukt von Funktionen $\quad (e, w) = \int_0^1 e(x)\, w(x)\, dx.$ (3.16)

Die Funktionen sind „orthogonal" wenn $(e, w) = 0$ ist. Beispielsweise sind $\sin \pi x$ und $\sin 2\pi x$ orthogonal (was für Fourier-Reihen wesentlich ist). Das sind die ersten Eigenfunktionen von $-d^2/dx^2$. Die Transponierte von A muss Gleichung (3.15) erfüllen, wobei das Skalarprodukt das Integral ist:

$$(Au, w) = \int_0^1 \frac{du}{dx} w(x)\, dx = \int_0^1 u(x) \left(\frac{d}{dx}\right)^T w(x)\, dx \quad \text{für alle } u \text{ und } w. \tag{3.17}$$

Das verlangt geradezu nach **partieller Integration**, die eines der zentralen analytischen Werkzeuge ist:

Partielle Integration

$$\int_0^1 \frac{du}{dx} w(x) dx = \int_0^1 u(x) \left(-\frac{dw}{dx}\right) dx + \Big[u(x) w(x)\Big]_{x=0}^{x=1}. \tag{3.18}$$

Die linke Seite ist $(Au)^T w$. Damit sagt uns die rechte Seite, dass $A^T w = -dw/dx$ sein muss. Das ist noch nicht alles. Sie sagt uns auch, welche Randbedingungen wir an A^T stellen müssen, damit $[uw]_0^1 = 0$ ist:

Hat A die Bedingung $u(0) = 0$, *hat A^T die Bedingung $w(1) = 0$.* (3.19a)

Hat A die Bedingungen $u(0) = u(1) = 0$, *hat A^T keine Bedingungen.* (3.19b)

Hat A keine Bedingungen, *hat A^T zwei Bedingungen $w(0) = w(1) = 0$.* (3.19c)

3.1 Differentialgleichungen und finite Elemente

In zwei Dimensionen ist das Skalarprodukt ein Doppelintegral $\iint e(x,y) w(x,y) \, dx \, dy$. Dann wird aus $(Au)^T w = (u, A^T w)$ der Integralsatz von Gauß, die partielle Integration in 2D. Aus dem Randterm $[uw]$ wird ein Kurvenintegral von $uw \cdot n$.

Galerkin-Verfahren

Das hier ist ein wichtiger Moment – die Geburt der finiten Elemente! Sie in unser eindimensionales Problem einzuführen, liefert uns einen perfekten Start. Finite Differenzen stützen sich auf die *starke Form* der Differentialgleichung, nämlich $-d/dx(c\, du/dx) = f(x)$. **Die finiten Elemente stützen sich auf die „schwache Form" mit Testfunktionen** $v(x)$:

Schwache Form $\quad \int_0^1 c(x) \dfrac{du}{dx} \dfrac{dv}{dx} dx = \int_0^1 f(x) v(x) \, dx \quad$ für alle $v(x)$. $\quad$ (3.20)

Diese integrierte Form erhalten wir, indem wir beide Seiten der starken Form mit $v(x)$ multiplizieren. Wir integrieren die linke Seite partiell, um eine Ableitung auf v überzuwälzen:

Partiell integriert

$$\int_0^1 -\frac{d}{dx}\left(c \frac{du}{dx}\right) v(x) \, dx = \int_0^1 c(x) \frac{du}{dx} \frac{dv}{dx} dx \;-\; \left[c(x) \frac{du}{dx} v(x) \right]_{x=0}^{x=1}. \quad (3.21)$$

In unserem Beispiel mit fest-freien Randbedingungen gibt es am freien Ende mit $x = 1$ die Bedingung $w(1) = c(1) u'(1) = 0$. Am festen Ende mit $x = 0$ fordern wir $v(0) = 0$. Diese *Zulässigkeitsbedingung* an $v(x)$ beseitigt den integrierten Term aus Gleichung (3.21). Damit erhalten wir die schwache Form (3.20).

Bei einem Problem mit fest-festen Randbedingungen, in dem keine Randbedingungen an w gestellt werden, fordert die Zulässigkeit $v(0) = 0$ und $v(1) = 0$. In die Sprache der Mechanik übersetzt, heißt das: $v(x)$ ist eine virtuelle Auslenkung, die zum korrekten $u(x)$ addiert wird. Dann bedeutet die schwache Form, dass „von virtuellen Auslenkungen keine Arbeit verrichtet wird." *Das Galerkin-Verfahren diskretisiert die schwache Form*.

Galerkin-Verfahren: Wählen Sie n Ansatzfunktionen $\phi_1(x), \ldots, \phi_n(x)$. Finite Elemente erweisen sich als eine besonders einfache Wahl. Suchen Sie nach einer Lösung $U(x)$, die eine Kombination dieser Funktionen ϕ ist:

Kombination der Ansatzfunktionen

$$U(x) = U_1 \phi_1(x) + \cdots + U_n \phi_n(x). \quad (3.22)$$

Wählen Sie n zulässige „Testfunktionen" $V_1(x), \ldots, V_n(x)$, um $v(x)$ zu Diskretisieren. Häufig sind das dieselben Funktionen wie die Funktionen ϕ. Wenn wir in der schwachen Form (3.20) $u(x)$ durch $U(x)$ ersetzen, liefert jede Testfunktion $V_i(x)$ eine Gleichung, in der die Zahlen $U_1, \ldots, U_n$ vorkommen:

i-te Gleichung für $U_1, \ldots, U_n$

$$\int_0^1 c(x) \left(\sum_1^n U_j \frac{d\phi_j}{dx} \right) \frac{dV_i}{dx} dx = \int_0^1 f(x) V_i(x) dx. \tag{3.23}$$

Diese n Gleichungen sind $KU = F$. Die n Komponenten des Vektors F sind die Integrale auf der rechten Seite von Gleichung (3.23). Die Zahl K_{ij} ist der Faktor vor U_j in Gleichung i:

$$KU = F \quad K_{ij} = \int_0^1 c(x) \frac{dV_i}{dx} \frac{d\phi_j}{dx} dx \quad \text{und} \quad F_i = \int_0^1 f(x) V_i(x) dx. \tag{3.24}$$

Wenn die Testfunktionen V_i dieselben Funktionen sind wie die Ansatzfunktionen ϕ_i (was oft der Fall ist), sind K_{ij} und K_{ji} identisch. Die Steifigkeitsmatrix K ist dann symmetrisch. Wir werden gleich sehen, dass K positiv definit ist.

Bedenken Sie etwas Wichtiges: Wenn $f(x) = \delta(x-a)$ eine Punktlast ist, greift der Vektor F nicht auf die Funktionswerte $f(x_i)$ an den Gitterpunkten zurück. Wir sind in der glücklichen Lage, eine Deltafunktion integrieren zu können: $\int \delta(x-a) V_i(x) dx = V_i(a)$. Ähnliches gilt, wenn in $c(x)$ ein Sprung vorkommt (sich etwa das Stabmaterial ändert). Diese Sprungfunktion macht im Integral für K_{ij} keine Probleme. *Unzulässig ist dagegen $\phi_i(x) = V_i(x) = $ Sprungfunktion!* Die Ableitungen $\phi_i' = V_i'$ wären Deltafunktionen, und ihr Produkt δ^2 hätte ein unendliches Integral: Das ist natürlich unzulässig.

Konstruktion der Finite-Elemente-Methode (FEM)

1. Wählen Sie ϕ_i und V_i: Es gibt eine Unbekannte in jedem ϕ und eine Gleichung für jedes V.
2. Berechnen Sie die Integrale (3.24) exakt oder näherungsweise. Wenn alle $\phi_i = V_i$ sind, gilt $K_{ij} = K_{ji}$.
3. Die schwache Form wird $KU = F$. Die FEM-Näherung ist $\sum U_i \phi_i(x)$.

Lineare finite Elemente

Als Beispiele wähle ich die Hutfunktionen ϕ_1, ϕ_2, ϕ_3 aus Abbildung 3.4 auf der nächsten Seite. Das sind auch die Testfunktionen V_1, V_2, V_3. Die Funktionen sind *lokal* – sie sind außerhalb von Intervallen der Länge $2h, 2h, h$ null. Es gibt keinen Überlapp zwischen ϕ_1 und dem Halbhut ϕ_3, was das Integral zu null macht $K_{13} = K_{31} = 0$. Unsere Steifigkeitsmatrix K ist damit *tridiagonal*.

An der Stelle $x = h$ ist nur die erste Ansatzfunktion ϕ_1 von null verschieden. Damit ist ihr Koeffizient U_1 gleich der Näherung $U(x)$ an diesem Punkt. Der rechte Teil der Abbildung zeigt, dass jeder der Koeffizienten U_1, U_2, U_3 gleichzeitig ein Gitterwert von $U(x)$ ist: Das ist sehr praktisch.

3.1 Differentialgleichungen und finite Elemente

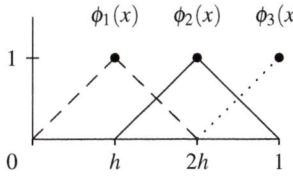 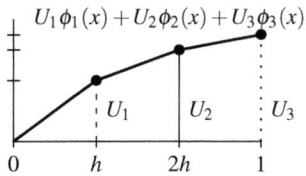

Abb. 3.4 Hutfunktionen ϕ_1, ϕ_2, Halbhut ϕ_3 und eine Kombination daraus (stückweise linear).

Wir werden diese linearen Elemente auf drei fest-freie Beispiele anwenden:

1. $-u'' = 1$ hat $c(x) = 1$, $f(x) = 1$, $w(x) = 1 - x$ und $u(x) = x - \frac{1}{2}x^2$.
2. $-\frac{d}{dx}\left(c(x)\frac{du}{dx}\right) = \delta\left(x - \frac{1}{2}\right)$, wenn $c(x)$ an der Stelle $x = \frac{1}{3}$ von 2 auf 4 springt.
3. Alle zulässigen $c(x)$ und $f(x)$ unter Anwendung numerischer Integration für K und F.

Beispiel 3.3 Die vollständige Lösung zu $-u'' = 1$ ist $u(x) = A + Bx - \frac{1}{2}x^2$ (Nullraumlösung plus spezielle Lösung). Die Konstanten $A = 0$ und $B = 1$ sind durch $u(0) = 0$ und $u'(1) = 0$ bestimmt. Dann ist $\boldsymbol{u(x) = x - \frac{1}{2}x^2}$. Die stückweise lineare Lösung $U(x)$ approximiert diese Parabel.

Um U_1, U_2, U_3 berechnen zu können, brauchen wir den Vektor F und die Matrix K mit $f(x) = c(x) = 1$. Erinnern Sie sich daran, dass die Testfunktionen V_1, V_2, V_3 zwei Hutfunktionen und ein Halbhut mit $h = \frac{1}{3}$ sind.

Flächeninhalte

$$F_1 = \int V_1\,dx = \tfrac{1}{3} \quad F_2 = \int V_2\,dx = \tfrac{1}{3} \quad F_3 = \int V_3\,dx = \tfrac{1}{6} \text{ (die Hälfte)}.$$

Mit $c(x) = 1$ hat die Steifigkeitsmatrix die Elemente $K_{ij} = \int V_i' \phi_j'\,dx$. Diese Anstiege sind konstant:

Anstiege $\phi' = V'$ sind 3 und -3

$$K_{11} = \int_0^1 \left(\frac{dV_1}{dx}\right)^2 dx = \int_0^{2/3} 9\,dx = 6 \quad K_{22} = 6 \quad K_{33} = 3,$$

Produkt der Anstiege $V_i' \phi_j'$

$$K_{12} = \int_{1/3}^{2/3} (3)(-3)\,dx = -3 \quad K_{23} = -3 \quad K_{13} = 0 \quad \text{(\textbf{kein Überlapp})}.$$

Nun wird die Finite-Elemente-Gleichung $KU = F$ nach den drei Gitterwerten in U aufgelöst:

KU = F

$$\begin{bmatrix} 6 & -3 & 0 \\ -3 & 6 & -3 \\ 0 & -3 & 3 \end{bmatrix} \begin{bmatrix} U_1 \\ U_2 \\ U_3 \end{bmatrix} = \begin{bmatrix} 1/3 \\ 1/3 \\ 1/6 \end{bmatrix} \quad \text{liefert} \quad \begin{bmatrix} U_1 \\ U_2 \\ U_3 \end{bmatrix} = \begin{bmatrix} 5/18 \\ 4/9 \\ 1/2 \end{bmatrix}. \tag{3.25}$$

Alle drei Werte U_1, U_2, U_3 stimmen exakt mit den Funktionswerten von $u(x) = x - \frac{1}{2}x^2$ an den Gitterpunkten überein.

Vergleich mit finiten Differenzen

Sie erinnern sich vielleicht, dass die Näherungswerte aus Abschnitt 1.2 auf Seite 14 im Fall mit frei-festen Randbedingungen *nicht* exakt waren. Abbildung 1.4 auf Seite 23 veranschaulichte die Fehler in $O(h)$, die aus der Differenzengleichung $Tu = f$ stammten. Im Anschauungsbeispiel konnten wir $O(h^2)$ erreichen, indem wir die Gleichung für den freien Rand verbesserten, sodass die rechte Seite mit $\frac{1}{2}$ multipliziert wurde, um Genauigkeit zweiter Ordnung zu erhalten.

Hier haben wir die freie Randbedingung am anderen Ende, an der Stelle $x = 1$. *Mit den finiten Elementen wurde automatisch $F_3 = \frac{1}{6}$ gewählt*, während $F_1 = F_2 = \frac{1}{3}$ war. Den wesentlichen Faktor $\frac{1}{2}$ brachte der Halbhut, ohne dass wir es speziell geplant hätten. Die Genauigkeit zweiter Ordnung wurde gesichert. Für die Parabel $u(x) = x - \frac{1}{2}x^2$ bedeutet das perfekte Genauigkeit in Gleichung (3.25).

Wenn wir finite Elemente mit finiten Differenzen vergleichen, stellen wir fest, dass ein Faktor h in F übergegangen ist:

$$KU = F \quad \text{ist wie} \quad \frac{1}{h}(-\Delta^2 U) = hf \quad \text{anstelle von} \quad \frac{1}{h^2}(-\Delta^2 U) = f.$$

Der Finite-Differenzen-Code auf Seite 282 erzeugt $K = A^T C A$ aus Rückwärtsdifferenzen in A und Mittelpunktswerten von $c(x)$ in C. Die Matrix K ist nach wie vor tridiagonal.

Beispiel 3.4 **Gegeben sei die Punktlast $f(x) = \delta(x - \frac{1}{2})$, und $c(x)$ springt an der Stelle $x = \frac{1}{3}$ von $c = 2$ auf $c = 4$.**

Lösung Die Differentialgleichung $A^T C A u = f$ untergliedert sich in $A^T w = f$ und $C A u = w$:

$$\mathbf{A^T w = f} \quad -\frac{dw}{dx} = \delta\left(x - \tfrac{1}{2}\right) \quad \text{mit} \quad w(1) = 0 \quad w(x) = \begin{cases} 1 & \text{für } x < \tfrac{1}{2} \\ 0 & \text{für } x > \tfrac{1}{2} \end{cases}$$

Die Kraft $w(x)$ ist auf jeder der beiden Stabhälften konstant. An der Punktlast ändert sie sich um 1. Aus diesem $w(x)$ bestimmen wir $u(x)$ durch eine weitere Integration (*unter Beachtung des Sprungs in c!*):

3.1 Differentialgleichungen und finite Elemente

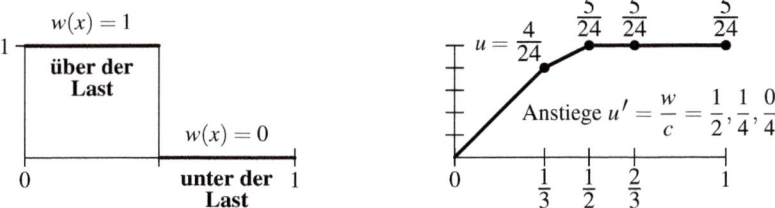

Abb. 3.5 Sprung in $w(x)$ durch eine Last an der Stelle $x = \frac{1}{2}$. Knicke in $u(x)$ bei $\frac{1}{3}$ und $\frac{1}{2}$.

$$\mathbf{CAu = w} \quad c(x)\frac{du}{dx} = w(x) \quad \text{mit} \quad u(0) = 0 \quad u(x) = \int_0^x \frac{w(x)}{c(x)}\, dx.$$

Dieses Integral über $\frac{1}{2}, \frac{1}{4}, \frac{0}{4}$ hat drei Teile – bis $x = \frac{1}{3}$, bis $x = \frac{1}{2}$ und schließlich bis $x = 1$:

$$u(x) = \int_0^x \frac{dx}{2} = \frac{x}{2}, \quad u(x) = \frac{1}{6} + \int_{1/3}^x \frac{dx}{4} = \frac{1}{12} + \frac{x}{4},$$

$$u(x) = \frac{1}{12} + \frac{1}{8} + \int_{1/2}^x 0\, dx = \frac{5}{24}.$$

Nun verwenden wir finite Elemente. Im Integral für F_i steht nach wie vor $V_i(x) =$ Hutfunktion:

$$F_1 = \int_0^1 \delta\left(x - \tfrac{1}{2}\right) V_1(x)\, dx = \tfrac{1}{2},$$

$$F_2 = \int_0^1 \delta\left(x - \tfrac{1}{2}\right) V_2(x)\, dx = \tfrac{1}{2}, \quad F_3 = 0 \quad \text{(keine Last)}.$$

Die Last, die zwischen den ersten beiden Gitterpunkten liegt, wird zwischen $F_1 = F_2 = \frac{1}{2}$ aufgeteilt. In der Matrix K schließt das Integral über $c V_i' V_j'$ (konstant!) den Sprung von $c = 2$ auf $c = 4$ ein:

$$K_{11} = \frac{1}{3}(2 \cdot 9) + \frac{1}{3}(4 \cdot 9) = \mathbf{18}, \quad K_{12} = K_{21} = \frac{1}{3} \cdot 4(-9) = \mathbf{-12},$$

$$K_{13} = K_{31} = \mathbf{0}, \quad K_{22} = \frac{1}{3}(4 \cdot 9) = \mathbf{24},$$

$$K_{23} = K_{32} = \frac{1}{3} \cdot 4(-9) = \mathbf{-12}, \quad K_{33} = \frac{1}{3}(4 \cdot 9) = \mathbf{12}.$$

Die Finite-Elemente-Gleichung $KU = F$ liefert die Werte U_1, U_2, U_3 an den Gitterpunkten exakt:

$$KU = F$$
$$\begin{bmatrix} 18 & -12 & 0 \\ -12 & 24 & -12 \\ 0 & -12 & 12 \end{bmatrix} \begin{bmatrix} U_1 \\ U_2 \\ U_3 \end{bmatrix} = \begin{bmatrix} 1/2 \\ 1/2 \\ 0 \end{bmatrix} \text{ liefert } \begin{bmatrix} U_1 \\ U_2 \\ U_3 \end{bmatrix} = \begin{bmatrix} 4/24 \\ 5/24 \\ 5/24 \end{bmatrix}. \quad (3.26)$$

Nach wie vor stimmen die Näherungswerte U_1, U_2, U_3 mit der echten Lösung $u(x)$ an den Gitterpunkten aus Abbildung 3.5 auf der vorherigen Seite überein. Im mittleren Intervall hat $u(x)$ an der Stelle $x = \frac{1}{2}$ einen Knick, die Näherungslösung $U(x)$ hat hingegen keinen Knick – sie bleibt linear. Das ist ein Fall von „*Superkonvergenz*" an den Gitterpunkten. Vermutlich war es hilfreich, dass der Sprung in $c(x)$ genau auf einen Gitterpunkt $x = \frac{1}{3}$ fiel.

Beispiel 3.5 **Wir lassen alle $c(x)$ und $f(x)$ zu, wobei wir auf numerische Integration für K und F zurückgreifen.**

Lösung Zur Bestimmung der Integrale $F_i = \int f(x) V_i \, dx$ und $K_{ij} = \int c(x) \phi_i' V_j' \, dx$ führen wir nun **numerische Integration** ein. Diese ist so schnell und so genau, wie wir es wollen. Wir können Werte an den Mittelpunkten $\frac{1}{6}, \frac{3}{6}, \frac{5}{6}$ (wo alle $V_i = \frac{1}{2}$ sind) verwenden, um die Integrale über die drei einzelnen Gitterintervalle zu approximieren. *Wir integrieren elementweise*:

Mittelpunkt $\dfrac{1}{6}$ des ersten Integrals $\quad \displaystyle\int_0^{1/3} f(x) V_1(x) \, dx \approx \frac{1}{3} \cdot f\left(\frac{1}{6}\right) \cdot \frac{1}{2}.$

Genauso liefern die Mittelpunktwerte an den Stellen $\frac{3}{6}$ und $\frac{5}{6}$ Näherungen für die Komponenten F_2 und F_3. Diese Integrationsregel ist für lineare Elemente ausreichend (für eine gleichförmige Last $f(x) = $ konstant) ist sie exakt.

$$\int_{1/3}^{2/3} f(x) V_1(x) \, dx \approx \frac{1}{3} \cdot f\left(\frac{3}{6}\right) \cdot \frac{1}{2} \qquad \int_{1/3}^{2/3} f(x) V_2(x) \, dx \approx \frac{1}{3} \cdot f\left(\frac{3}{6}\right) \cdot \frac{1}{2}$$

$$\int_{2/3}^{1} f(x) V_2(x) \, dx \approx \frac{1}{3} \cdot f\left(\frac{5}{6}\right) \cdot \frac{1}{2} \qquad \int_{2/3}^{1} f(x) V_3(x) \, dx \approx \frac{1}{3} \cdot f\left(\frac{5}{6}\right) \cdot \frac{1}{2}$$

Die Summe der Integrale von V_1 ist F_1. Die Summe der beiden nächsten Integrale ist F_2. Das letzte Integral ist F_3.

Genauso ist das Integral K_{11} die Summe von Teilstücken (von zwei Intervallen):

$$\int_0^{1/3} c(x) \phi_1' V_1' \, dx \approx \frac{1}{3} \cdot c\left(\frac{1}{6}\right) \cdot 9 \quad \text{plus} \quad \int_{1/3}^{2/3} c(x) \phi_1' V_1' \, dx \approx \frac{1}{3} \cdot c\left(\frac{3}{6}\right) \cdot 9.$$

Mir geht es darum, mit „Elementintegralen" und bald auch mit „Elementsteifigkeitsmatrizen" zu arbeiten. Sie brauchen keine gleichmäßigen Gitterpunkte! Es wird

3.1 Differentialgleichungen und finite Elemente

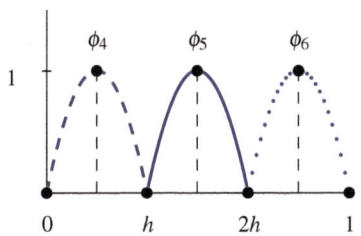
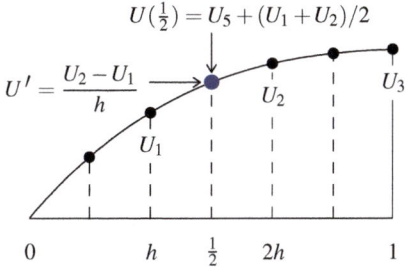

Abb. 3.6 Nehmen Sie Bubble-Funktionen hinzu, um eine stückweise quadratische Näherung $U(x) = U_1\phi_1 + \cdots + U_6\phi_6$ zu erhalten.

mühsam, mit finiten Differenzen zu arbeiten, wenn sich der Abstand der Gitterpunkte ändert (für die zweiten Differenzen brauchen wir dann eine neue Gleichung). Mit finiten Elementen brauchen wir dagegen nur ein Intervall nach dem anderen zu bearbeiten, um K und F zu konstruieren.

Davon werden wir uns bald überzeugen können, wenn wir in Abschnitt 3.6 auf Seite 337 Doppelintegrale über Dreiecke behandeln. Die **geometrische Flexibilität finiter Elemente** gewinnt in zwei Dimensionen wirklich an Wert – verglichen mit der Unflexibilität eines Finite-Differenzen-Gitters.

Finite Elemente mit höherer Genauigkeit

Lineare Elemente können Genauigkeit zweiter Ordnung in $u(x)$ und erster Ordnung in $u'(x)$ bringen. Die Näherungen $U(x)$ und $U'(x)$ sind stückweise linear und stückweise konstant. Wenn in einem technischen Problem eine Genauigkeit von 1% gefordert ist, werden (insbesondere in zwei oder drei Dimensionen) wahrscheinlich viele Gitterpunkte gebraucht. Anstatt das Gitter zu verfeinern, ist es besser und wenige aufwändig, den Fehler dadurch zu reduzieren, dass man *den Grad der finiten Elemente erhöht*.

Von linearen Elementen können wir ganz leicht zu quadratischen Elementen übergehen. Wir behalten die drei Hutfunktionen und addieren drei Parabeln ϕ_4, ϕ_5, ϕ_6 als „Bubble-Funktionen„. Jede Bubble-Funktion bleibt innerhalb eines Gitterintervalls, sodass sie dort nur mit zwei Hutfunktionen überlappt.

Der Anstieg $U'(x)$ ist nun stückweise linear. Er ist an den Gitterpunkten nicht stetig (weil U aus drei einzelnen Parabeln besteht). Wir können aber mit Verbesserungen in den Finite-Elemente-Fehlern zu $|u(x) - U(x)| = O(h^3)$ und $|u'(x) - U'(x)| = O(h^2)$ rechnen. Wir haben hohe Genauigkeit ohne das sehr feine Gitter erreicht, das mit linearen Elementen erforderlich gewesen wäre.

Wir bewegen uns einen weiteren Schritt in Richtung Integration über ein Element nach dem anderen. Das ist die Art und Weise, wie bedeutendere Codes den Aufbau von K und F organisieren. Abbildung 3.6 zeigt in der Mitte des mittleren Elements $U(\frac{1}{2})$ und $U'(\frac{1}{2})$. *Bedenken Sie, dass an diesem Mittelpunkt $\phi_5' = 0$ ist.* **Die Mittelpunktregel würde null liefern:** Das ist nicht gut genug!

Die Ordnung der Integrationsregel muss mit dem Grad der verwendeten Polynome wachsen. In diesem Fall funktioniert Simpsons Dreipunktregel (Simpson-Regel) mit den Gewichten $\frac{1}{6}, \frac{4}{6}, \frac{1}{6}$ gut:

Simpson-Regel

$$\int_h^{2h} c(x) \left(\phi_5'\right)^2 dx \approx \frac{h}{6} c(h) \left(\phi_5'(h)\right)^2 + \frac{4h}{6} c\left(\frac{3h}{2}\right)(0) + \frac{h}{6} c(2h) \left(\phi_5'(2h)\right)^2.$$

In jedem Finite-Elemente-System (ABAQUS, ADINA, ANSYS, FEMLAB,...) gibt es eine Bibliothek mit Elementen und Integrationsregeln, aus der man auswählen kann. Das nächste eindimensionale Element in der Bibliothek ist mit hoher Wahrscheinlichkeit stückweise kubisch. Wenn man in jedem Element eine kubische Bubble-Funktion benutzt, haben die neun Ansatzfunktionen $\phi_i(x)$ Sprünge im Anstieg (wie die Bubble-Funktionen aus Abbildung 3.6 auf der vorherigen Seite). Im nächsten Abschnitt konstruieren wir bessere stückweise kubische Funktionen, deren *Anstiege stetig* sind. Das sind sehr gute Elemente.

Aufgaben zu Abschnitt 3.1

3.1.1 Gegeben sei ein Stab mit konstantem c aber fallendem $f = 1 - x$. Bestimmen Sie $w(x)$ und $u(x)$ wie in den Gleichungen (3.10) und (3.11). Lösen Sie die Gleichungen mit $w(1) = 0$ und mit $u(1) = 0$.

3.1.2 Gegeben sei ein hängender Stab mit konstantem f aber schwächer werdender Elastizität $c(x) = 1 - x$. Bestimmen Sie die Auslenkung $u(x)$. Der erste Schritt $w = (1-x)f$ ist wie in Gleichung (3.8). Hier gibt es aber auch an der Stelle $x = 1$, wo es keine Kraft gibt, eine Dehnung. (Die Bedingung ist $w = c\, du/dx = 0$ am freien Ende, und $c = 0$ lässt $du/dx \neq 0$ zu).

3.1.3 Der Stab sei an beiden Enden frei. Welche Bedingung an $f(x)$ lässt zu, dass $-\frac{dw}{dx} = f(x)$ mit $w(0) = w(1) = 0$ eine Lösung hat? (Integrieren Sie beide Seiten der Gleichung von 0 bis 1). Dies entspricht im diskreten Fall der Lösung von $A^T w = f$. Zu den meisten f gibt es keine Lösung, weil die Zeilensumme der Matrixelemente in A^T null ist.

3.1.4 Bestimmen Sie die Auslenkung für eine exponentielle Kraft $-u'' = e^x$ mit $u(0) = u(1) = 0$.

Denken Sie daran, dass $A + Bx$ zu jeder speziellen Lösung addiert werden kann. Die Konstanten A und B können so eingestellt werden, dass die Randbedingungen $u(0) = u(1) = 0$ erfüllt sind.

3.1.5 Angenommen, die Kraft f ist konstant, die elastische Konstante c springt aber von c für $x \leq \frac{1}{2}$ auf $c = 2$ für $x > \frac{1}{2}$. Lösen Sie $-dw/dx = f$ mit $w(1) = 0$ wie vorhin. Lösen Sie anschließend $c\, du/dx = w$ mit $u(0) = 0$. Selbst wenn c springt, bleibt die Kombination $w = c\, du/dx$ glatt.

3.1.6 Bestimmen Sie die Exponentialfunktionen $u = e^{ax}$, die $-u'' + 5u' - 4u = 0$ erfüllen. Bestimmen Sie außerdem die Kombination, die $u(0) = 4$ und $u(1) = 4e$ erfüllt.

3.1 Differentialgleichungen und finite Elemente 281

3.1.7 Was ist die allgemeine Lösung zu $-u'' + pu' = 0$ mit konstantem p? Bedenken Sie, dass die Einführung des Terms pu' so ist, als würden wir zu $A^{\mathrm{T}}CA$ eine schiefsymmetrische Matrix addieren. Das illustriert den Unterschied zwischen Diffusion und Konvektion. Konvektion ist nicht symmetrisch.

3.1.8 Die Lösung zu $-u'' = 1$ mit $u(0) = 0$ und $w(1) = 0$ ist $u(x) = x - \frac{1}{2}x^2$. Lösen Sie die gestörte Gleichung $-u'' + pu' = 1$. Setzen Sie anschließend $u = x - \frac{1}{2}x^2 + pv(x)$ ein, und behalten Sie nur die Terme, die linear in p sind. Damit erhalten Sie eine Gleichung für v. Das ist eine „reguläre Störung" für kleine p.

3.1.9 Die Lösung zu $-cu'' + u' = 1$ ist $u = d_1 + d_2 e^{x/c} + x$. Bestimmen Sie d_1 und d_2 für den Fall $u(0) = u(1) = 0$. Bestimmen Sie die Grenzwerte im Limes $c \to 0$. Der Grenzwert von u sollte $U' = 1$ erfüllen. Welche Randbedingung erfüllt diese Bedingung? Welches Ende hat eine Grenzschicht (sehr schnelle Änderung in u, eine „singuläre Störung")?

3.1.10 Benutzen Sie drei Hutfunktionen mit $h = \frac{1}{4}$, um $-u'' = 2$ mit $u(0) = u(1) = 0$ zu lösen. Überzeugen Sie sich davon, dass die Näherung U an den Knoten mit $u = x - x^2$ übereinstimmt.

3.1.11 Lösen Sie $-u'' = x$ mit $u(0) = u(1) = 0$. Hier ist $u(x)$ kubisch. Lösen Sie die Gleichung anschließend mit zwei Hutfunktionen und $h = \frac{1}{3}$. Wo ist der Fehler am größten?

3.1.12 Was ist die Massenmatrix $M_{ij} = \int V_i V_j \, dx$ für die drei Hutfunktionen?

3.1.13 Die Produktregel lautet

$$\frac{d}{dx}(w(x)v(x)) = \frac{dw}{dx}v(x) + w(x)\frac{dv}{dx}.$$

Integrieren Sie beide Seiten von 0 bis 1, um die übliche Regel für *partielle Integration* zu bestimmen. Setzen Sie anschließend $w(x) = c(x)du/dx$, um Gleichung (3.21) auf Seite 273 und die schwache Form zu erhalten.

3.1.14 Nutzen Sie Simpsons $\frac{1}{6}, \frac{4}{6}, \frac{1}{6}$-Regel, um den Flächeninhalt unter der Bubble-Funktion $\phi_5 = V_5$ aus Abbildung 3.6 auf Seite 279 zu bestimmen. Das ist einfacher als eine quadratische Funktion analytisch zu integrieren:

$$\text{Flächeninhalt unter } \phi_5 = \int_h^{2h} \phi_5(x)\,dx = \frac{h}{6}\phi_5(h) + \frac{4h}{6}\phi_5(\tfrac{3h}{2}) + \frac{h}{6}\phi_5(2h).$$

3.1.15 Bestimmen Sie eine Gleichung für die zweite Bubble-Funktion $\phi_5(x)$ aus Abbildung 3.6 auf Seite 279. Es ist eine Parabel der Höhe 1 mit Nullstellen bei $x = h$ und $x = 2h$. Berechnen Sie anschließend die Anstiege ϕ_5' an diesen Endpunkten. Benutzen Sie die Simpson-Regel, die mit $c(x) = 1$ exakt ist:

$$K_{55} = \int_h^{2h} (\phi_5')^2\,dx = \frac{h}{6}\left(\phi_5'(h)\right)^2 + \frac{4h}{6}\left(\phi_5'(\tfrac{3h}{2})\right)^2 + \frac{h}{6}\left(\phi_5'(2h)\right)^2.$$

3.1.16 Die Matrix K ist mit beliebigen Ansatzfunktionen $(\phi_1, \ldots, \phi_n) = (V_1, \ldots, V_n)$ *positiv definit*. Wir nehmen an, dass die Anstiege $\phi_1', \ldots, \phi_n'$ unabhängig sind: Dann gilt $\boldsymbol{U}^{\mathrm{T}}\boldsymbol{KU} > \boldsymbol{0}$.

$$\sum_i \sum_j U_i K_{ij} U_j = \sum_i \sum_j \int_0^1 c(x) U_i \phi_i' U_j \phi_j' dx = \int_0^1 c(x) \left(\sum_i U_i \phi_i' \right)^2 dx > 0.$$

Mit $a_i = U_i \phi_i'$ können wir $\sum \sum a_i a_j$ als $\left(\sum a_i \right)^2$ schreiben. Warum gilt das?

3.1.17 Die Kombinationen $U(x)$ aus linearen und quadratischen Ansatzfunktionen $\phi_1, \ldots, \phi_6$ sind Parabeln $C + Dx + Ex^2$ über jedem Intervall $\left[0, \frac{1}{3}\right], \left[\frac{1}{3}, \frac{2}{3}\right], \left[\frac{2}{3}, 1\right]$. Warum ist $U(x)$ an den Knoten $\frac{1}{3}$ und $\frac{2}{3}$ stetig? Ist der Anstieg dU/dx stetig? Die Bedingung $U(0) = 0$ hinterlässt in $Dx + Ex^2$ auf $\left[0, \frac{1}{3}\right]$ zwei Parameter. Nach Einbezug der Anschlussbedingung bleiben in den beiden anderen Intervallen jeweils zwei weitere Parameter. Insgesamt verbleiben 6 Parameter, das ist die Anzahl der quadratischen Elemente.

3.1.18 Wir betrachten einen hängenden Stab mit fest-freien Randbedingungen. Die Bedingung $u'(1) = 0$ ist eine *natürliche Randbedingung*, die Ansatz- und Testfunktionen erfüllen müssen. Nehmen Sie zu den N Hutfunktionen ϕ_i an den inneren Gitterpunkten die „Halbhutfunktion" hinzu, die am Endpunkt $x = 1 = (N+1)h$ bis $U_{N+1} = 1$ reicht. Diese Funktion $\phi_{N+1} = V_{N+1}$ hat einen *von null verschiedenen Anstieg* $1/h$.

(a) Die $N \times N$-Steifigkeitsmatrix K für $-u_{xx}$ hat eine zusätzliche Zeile und eine zusätzliche Spalte. Wie repräsentiert diese neue letzte Zeile von K_{N+1} die Bedingung $u'(1) = 0$?

(b) Bestimmen Sie die neue letzte Komponente $F_{N+1} = \int f_0 V_{N+1} dx$ für eine konstante Last. Lösen Sie $K_{N+1} U = F$ und vergleichen Sie U mit den tatsächlichen Gitterwerten von $f_0(x - \frac{1}{2}x^2)$.

Anmerkungen zur Deltafunktion $\delta(x)$ (Einheitsimpuls an der Stelle $x = 0$)
Definierende Eigenschaft: $\int v(x) \delta(x) dx = v(0)$ für jede glatte Funktion v.
Integral von $-\infty$ bis x ist *Stufenfunktion*: Sprung von 0 auf 1 bei $x = 0$.
Zweites Integral ist *Rampenfunktion* ($= x$ für $x > 0$; Lösung zu $u'' = \delta$).
Drittes Integral ist *quadratischer Spline* ($= \frac{1}{2}x^2$, $x > 0$; zweite Ableitung springt).
Viertes Integral ist *kubischer Spline* ($= \frac{1}{6}x^3$ für $x > 0$; Lösung zu $u'''' = \delta$.
Für Ihre Ableitung δ' gilt $\int f(x) \delta'(x) dx = -f'(0)$.
Deltafunktion $\delta(x)\delta(y)$ zweidimensional: $\iint f(x,y) \delta(x) \delta(y) dx dy = f(0,0)$.

Anmerkungen zu finiten Differenzen in einer Dimension
Die Gleichung $-(cu')' = f$ kann durch finite Differenzen approximiert werden. Die erste Differenzmatrix A ist die Toeplitz-Matrix im Code. Beachten Sie die Einfachheit der Matrix $K = A' * C * A$, wenn die Mittelpunktwerte von $c(x)$ in der Diagonalmatrix C kommen. Lineare Elemente liefern mit der Mittelpunktregel dasselbe K. Wir erwarten Genauigkeit in $O(h^2)$.

3.2 Kubisches Splines und Gleichungen vierter Ordnung   283

```
n=4; h=1/(n+1); x=(1:n)'*h; f=2*ones(n,1)-x;
                            % f(x) = 2 − x an n inneren Knoten
mid=(.5:(n+.5))'*h; c=2*ones(n+1,1)-mid; C=diag(c);
                            % c(x)=2 − x an n+1 Mittelpunkten
A=toeplitz([1 -1 zeros(1,n-1)],[1 zeros(1,n-1)]);
                            % n+1 × n Rückwärtsdifferenzen
K=A'*C*A/h∧2;  % Diagonalelemente Steifigkeitsmatrix: c_links+c_rechts
U=K\f            % U_0 = 0 und U_{n+1} = 0 für u(0) = 0 und u(1) = 0
uexact=(-f.^2 + ones(n,1) + 3*log(f)/log(2))/4;   Fehler = uexact-U
```

$$A^\mathrm{T} CA = \begin{bmatrix} c\left(\frac{h}{2}\right)+c\left(\frac{3h}{2}\right) & -c\left(\frac{3h}{2}\right) & \\ -c\left(\frac{3h}{2}\right) & c\left(\frac{3h}{2}\right)+c\left(\frac{5h}{2}\right) & -c\left(\frac{5h}{2}\right) \\ & -c\left(\frac{5h}{2}\right) & \cdot \end{bmatrix} \text{ wie } \begin{bmatrix} c_1+c_2 & -c_2 & \\ -c_2 & c_2+c_3 & -c_3 \\ & -c_3 & \cdot \end{bmatrix}.$$

3.2 Kubisches Splines und Gleichungen vierter Ordnung

In diesem Abschnitt befassen wir uns mit Differentialgleichungen vierter Ordnung und Polynomen dritten Grades. Die Gleichungen stammen von Problemen, in denen nicht die Dehnung sondern die *Biegung* vorkommt. Die kubischen Polynome stammen von Punktlasten. Wo die Gleichung $u'' = \delta(x)$ zuvor einen Sprung im Anstieg u' liefert, produziert die neue Gleichung $u'''' = \delta(x)$ nun einen Sprung in der dritten Ableitung u'''. Dann ist $u(x)$ eine wesentlich glattere Funktion: $u'''' = 0$ liefert kubische Funktionen, so wie $u'' = 0$ lineare Funktionen $A + Bx$ lieferte.

$$\frac{d^4 u}{dx^4} = \delta(x) \quad u(x) = \begin{cases} A+Bx+Cx^2+dx^3 & \text{für } x \le 0 \\ A+Bx+Cx^2+Dx^3 & \text{für } x \ge 0 \end{cases} \quad D = d + \frac{1}{6}. \quad (3.27)$$

Stückweise kubische Elemente haben Anwendungen, die weit über das Gebiet der Biegungsmechanik hinausgehen. Vor allem werden sie zur Näherung von Funktionen aus Punktwerten $u(x_i)$ benutzt. Dieser Abschnitt wird Sie mit **kubischen Splines** und **kubischen finiten Elementen** vertraut machen:

Kubische Splines u, u', u'' sind stetig, und u''' springt wie oben.
Kubische finite Elemente u und u' sind stetig, aber u'' und u''' können springen.

Bei einen Spline-Knoten $x = ih$ kann nur der Term mit $(x − ih)^3$ springen. Somit gibt es pro Knoten einen freien Parameter, während es bei *finiten Elementen zwei sind*. Der Näherungsfehler fällt auf Ordnung $h^4 = (\Delta x)^4$, wenn man zur Näherung

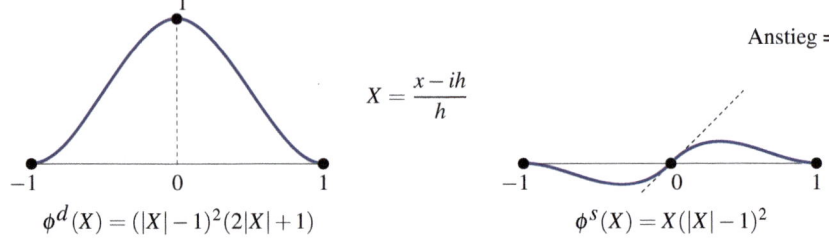

Abb. 3.7 Ansatzfunktion ϕ_i^d und Anstiegsfunktion ϕ_i^s: zwei Elemente pro Knoten.

stückweise kubische Funktionen benutzt. Das ist eine enorme Verbesserung gegenüber dem Fehler von $(\Delta x)^2$ bei linearer Näherung.

Kubische finite Elemente sind der erste Verbesserungsschritt nach den linearen und quadratischen Elementen, die wir in Abschnitt 3.1 behandelt haben. Anschließend führt die stabile Interpolation auf Splines.

Kubische finite Elemente

Eine Gerade ist durch ihre Werte U_i und U_{i+1} an den Endpunkten eines Intervalls bestimmt. *Um eine kubische Funktion zu bestimmen, braucht man vier Werte*. Die vier Koeffizienten von $a + bx + cx^2 + dx^3$ sind durch die Auslenkungen an den Endpunkten U_i^d, U_{i+1}^d und die dortigen *Anstiege* U_i^s, U_{i+1}^s bestimmt.

Beispiel 3.6 Mit den Werten $U_i^d = 1$ und $U_i^s = U_{i+1}^d = U_{i+1}^s = 0$ ergibt sich die kubische Funktion $\phi_i^d(x)$ aus Abbildung 3.7.

Beispiel 3.7 Mit den Werten $U_i^s = 1$ und $U_i^d = U_{i+1}^d = U_{i+1}^s = 0$ ergibt sich die kubische Funktion $\phi_i^s(x)$ aus Abbildung 3.7.

Im letzten Abschnitt gab es eine Zeile von Hutfunktionen $\phi_1, \ldots, \phi_N$. Ihre Maxima befanden sich an den Gitterpunkten $x = h, \ldots, Nh$. Nun haben wir eine Zeile von abgerundeten Hutfunktionen $\phi_1^d, \ldots, \phi_N^d$. Wir haben auch eine Zeile von Anstiegsfunktionen $\phi_1^s, \ldots, \phi_N^s$ (mit Anstieg 1 im mittleren Knoten). Die Finite-Elemente-Näherung $U(x)$ ist eine Kombination dieser $2N$ Ansatzfunktionen (die als kubische Hermite-Splines bezeichnet werden). Und zwar ist das die beste Kombination in der Energienorm:

Lösung mit finiten Elementen
$$U(x) = U_1^d \phi_1^d(x) + U_1^s \phi_1^s(x) + \cdots + U_N^d \phi_N^d(x) + U_N^s \phi_N^s(x). \tag{3.28}$$

Diese Lösung ergibt sich aus der schwachen Form der Differentialgleichung. Da wir $2N$ Ansatzfunktionen ϕ haben, brauchen wir $2N$ Testfunktionen V. Üblicherweise wählt man die Funktionen V wie die Funktionen ϕ, damit die Symmetrie der Matrix K erhalten bleibt. Bei unsymmetrischen Problemen mit Advektionstermen, die eine

3.2 Kubisches Splines und Gleichungen vierter Ordnung

erste Ableitung enthalten, in der finite Differenzen einseitig (upwind) sind, wählen wir die Funktionen V vielleicht anders.

An alle beliebigen Höhen U_i^d, U_{i+1}^d und Anstiege U_i^s, U_{i+1}^s können wir eine kubische Funktion über dem Intervall anpassen. Da Nachbarintervalle einen Rand mit derselben Höhe und demselben Anstieg gemeinsam haben, sind *Höhe und Anstieg* der stückweise kubischen Gesamtfunktion *stetig*. Das beschreibt unseren Raum der Ansatzfunktionen, Randbedingungen ausgenommen.

Fester Stab $u(0) = 0$: Beziehe die Anstiegsfunktion ϕ_0^s in (3.28) ein.
Fester Balken $u(0) = u'(0) = 0$: Beziehe ϕ_0^s nicht ein.

Im ersten Fall gibt es $2N + 1$ Unbekannte, im zweiten Fall sind es $2N$. Das bestimmt die Größe von $KU = F$. Wir übernehmen die letzten „Halbfunktionen", wenn das Ende an der Stelle $x = 1$ frei ist. Am freien Ende werden u keine Randbedingungen auferlegt. Natürliche Randbedingungen (Neumannsche Randbedingungen an w) werden nicht an die Ansatzfunktionen gestellt.

Beachten Sie bitte die unscheinbare aber bedeutende Gleichung $X = (x - ih)/h$ aus Abbildung 3.7 auf der vorherigen Seite. Sie verknüpft die globale Koordinate x mit der „lokalen" Koordinate X. Die lokale Koordinate bringt die kubische Funktion $(X - 1)^2(2X + 1)$ über einem Standardintervall $0 \leq X \leq 1$. Wir berechnen Integrale über diesem Standardintervall der Länge 1 und reskalieren auf das tatsächliche x-Intervall der Länge h. Diese lokal-globale Abbildung ist ein Grundschritt in Codes mit finiten Elementen.

Um uns $KU = F$ zu verschaffen, setzen wir die Ansatzfunktion $U(x)$ in die schwache Form der Differentialgleichung $-(cu')' = f(x)$ ein. Dann integrieren wir mit allen Testfunktionen $V_i^d = \phi_i^d$ und $V_i^s = \phi_i^s$:

Schwache Form $\int_0^1 c(x) \dfrac{dU}{dx} \dfrac{dV}{dx} dx = \int_0^1 f(x) V(x) dx$ für alle $V(x)$. (3.29)

Wie üblich führt das Integral auf der linken Seite auf die Matrixelemente K_{ij}, wenn $U = \phi_j$ und $V = \phi_j$ gilt. Sowohl dU/dx als auch dV/dx sind in jedem Intervall quadratisch (Ableitungen von kubischen Funktionen). Wir empfehlen numerische Integration und machen drei Anmerkungen.

1. Diese Ansatz- und Testfunktionen können auch für $u'''' = f$ noch benutzt werden. In der schwachen Form wird über das Produkt der beiden **zweiten Ableitungen** d^2U/dx^2 und d^2V/dx^2 integriert. Diese Ableitungen haben an den Knoten Sprungstellen (keine Deltafunktionen, da die Anstiege stetig sind). Hutfunktionen können bei Biegeproblemen *nicht* benutzt werden, weil wir dann Deltafunktionen in U'' und V'' miteinander multiplizieren müssten. Das Integral über δ^2 ist unendlich.

Deltafunktionen dennoch zu multiplizieren und die Unendlichkeiten zu ignorieren, ist ein „**Variationsvergehen**" (**variational crime**) [144]. Bekanntermaßen kommt soetwas in zwei Dimensionen vor, wo es schwerer ist, stetige Anstiege zu erreichen. Mitunter lässt sich dieses Vergehen im Nachhinein durch einen sogenannten „Patch-Test" rechtfertigen, der bestätigt, dass das so erzielte $KU = F$ glücklicherweise mit der Differentialgleichung konsistent ist.

2. Der Fehler $u(x) - U(x)$ ist von der Ordnung h^4, weil der Raum der Ansatzfunktionen kubische Funktionen enthält. Die Funktion $U(x)$ könnte mit der Taylor-Reihe der Funktion $u(x)$ in jedem Intervall übereinstimmen, bis der Term mit x^4 einen Fehler der Größenordnung h^4 liefert. Analog dazu ist $u'(x) - U'(x)$ in $O(h^3)$. Die tatsächliche Funktion $U(x)$ aus den finiten Elementen stimmt nicht mit der Tayler-Reihe überein, weil sie sich auf Integrale (die schwache Form) stützt. Die Funktion $U(x)$ **liefert den kleinstmöglichen Fehler in der Energie**.

In Abschnitt 8.4 auf Seite 746 werden wir zeigen, dass der Fehler $\int c(u' - U')^2 dx$ minimiert wird. Im „Energieskalarprodukt" ist $U(x)$ die *Projektion* des echten $u(x)$ auf den Raum der Ansatzfunktionen. Mit der Finite-Elemente-Methode wird die Funktion U bestimmt, die der Funktion u (in der Energienorm) am nächsten ist.

3. In der Praxis werden die Integrale in (3.29) über jedem Intervall $[ih, (i+1)h]$ separat berechnet. Über jedem einzelnen Intervall sind nur vier Ansatzfunktionen von null verschieden: ϕ_i^d, ϕ_i^s, ϕ_{i+1}^d, ϕ_{i+1}^s. Analog dazu sind auch nur vier Testfunktionen verschieden von null. Das bringt in $\int c\, U'V'$ genau 16 Integrale, die die 4×4 Elementsteifigkeitsmatrix K_i füllen.

Es ist wichtig zu sehen, wie sich die globale Steifigkeitsmatrix K aus diesen Elementsteifigkeitsmatrizen aufbaut. Da die Funktionen ϕ_i^d und ϕ_i^s auch zu der vorhergehenden Elementsteifigkeitsmatrix K_{i-1} beitragen, gibt es in der Matrix K einen 2×2-Überlapp der einzelnen Elementsteifigkeitsmatrizen und 6 von null verschiedene Elemente pro Zeile:

Zusammengesetzte Steifigkeitsmatrix

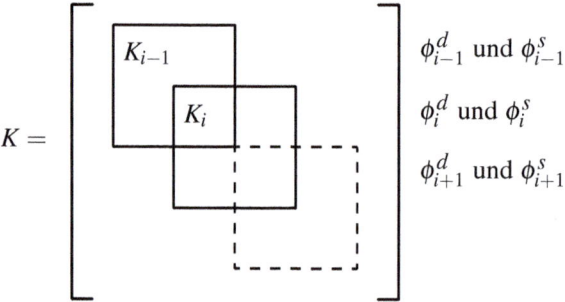

Differentialgleichungen vierter Ordnung: Balkenbiegung

Wir gehen nun von einem elastischen Stab zu einem Balken über. Der Unterschied besteht darin, dass sich **der Balken biegt**. Diese Biegung ruft innere Kräfte hervor, die den Balken zu strecken versuchen. Die Rückstellkraft wird nicht mehr durch die

3.2 Kubisches Splines und Gleichungen vierter Ordnung

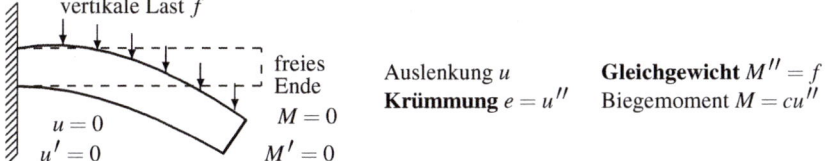

Abb. 3.8 Biegung eines freitragenden Balkens durch eine vertikale Last: $(cu'')'' = f(x)$.

Dehnung bestimmt, sondern durch die **Krümmung**. Die Auslenkung u und die Last f, die zuvor in Stabrichtung zeigten, sind nun *senkrecht* zum Balken.

Mathematisch betrachtet, besteht der Unterschied in A. Mit Dehnung war $Au = du/dx$, mit Biegung ist $\boldsymbol{Au = d^2u/dx^2}$. Das ist der führende Term in der Krümmung. Wenn dieser Term null ist, dann ist u linear und der Balken ist gestreckt. Anderenfalls gibt es ein *Biegemoment* $M = CAu$ oder $M = cu''$. Das Gleichgewicht zwischen der Rückstellkraft und der äußeren Kraft f liefert $M'' = f(x)$, das ist die Gleichgewichtsgleichung. Sie erkennen, dass M an die Stelle von w tritt; die Materialkonstante c ist die Biegesteifigkeit.

Wir können in zwei Dimensionen einen ähnlichen Vergleich zwischen einer Platte und einer elastischen Membran anstellen. Die Platte sträubt sich, wenn sie gebogen wird. Einer Membran macht das dagegen nichts aus. In der Membran wirken nur Kräfte „in der Ebene", die der Dehnung entgegenwirken. Ein Kombination aus Platte und Membran bezeichnet man als Schale. Es wirken sowohl Membrankräfte als auch Biegemomente, und es entstehen Differentialgleichungen achter Ordnung. In der Tat liegt die Stabilität von Eierschalen genau in dieser Möglichkeit, eine senkrecht angreifende Kraft durch eine in der Ebene wirkende innere Kraft auszugleichen. Die Schale dehnt sich leicht und bricht nicht.

Die mathematische Formulierung der Balkentheorie passt direkt in unser Grundmuster. Wir erwarten, dass A^T gleich d^2/dx^2 mit positivem Vorzeichen ist, da es unterwegs zwei partielle Integrationen geben wird. Das Quadrat von $(d/dx)^T = -d/dx$ sollte $(d^2/dx^2)^T = d^2/dx^2$ sein. Die zweite Ableitung ist von der Form her symmetrisch wie ihre diskrete Näherung in einer Matrix mit den Elementen $-1, 2, -1$. Diese Symmetrie wird an den Endpunkten (den Ecken der Matrix) zerstört, wenn u und M unterschiedliche Randbedingungen haben.

$A^T C A$ für einen Balken $\quad e = Au = u'', \quad M = ce, \quad f = A^T M = M''.$

Die Regel für homogene (null) Randbedingungen ist, (Au, M) und $(u, A^T M)$ gleichzusetzen. Dann integrieren wir beide Seiten der Gleichung partiell. Jede Seite wird zu $-\int u'M' dx$. Sie sind gleich, wenn sich die Randbedingungen aufheben:

$$\int_0^1 \frac{d^2u}{dx^2} M \, dx = \int_0^1 u \frac{d^2M}{dx^2} dx \, , \text{ wenn } \left[M\frac{du}{dx} - u\frac{dM}{dx} \right]_{x=0}^{x=1} = 0. \qquad (3.30)$$

Vier wichtige Kombinationen von Randbedingungen machen diesen Ausdruck zu null:

(1) **Einfach gestütztes Ende:** $\qquad u = 0$ und $\quad M = 0 \quad$ (Gleichung (3.31)).

(2) **Eingespanntes (festes) Ende:** $\qquad u = 0$ und $\quad \dfrac{du}{dx} = 0 \quad$ (Abbildung 3.8).

(3) **Freies Ende:** $\qquad M = 0$ und $\quad \dfrac{dM}{dx} = 0 \quad$ (Abbildung 3.8).

(4) **Gleitend eingespanntes Ende:** $\quad \dfrac{du}{dx} = 0$ und $\quad \dfrac{dM}{dx} = 0 \quad$ (scheint selten).

Wenn an jedem Ende eine der vier Kombinationen vorliegt, verschwindet der integrierte Term (3.30), und wir haben korrekte Randbedingungen. Die Bedingungen an u stammen von A, und die Bedingungen an M stammen von A^T. Die Kombination $M = du/dx = 0$ ist nicht zulässig. Sie bietet keine Kontrolle über $u\,dM/dx$, den letzten Term in Gleichung (3.30).

Ein **einfach gestützter Balken** hat keine Auslenkung und kein Biegemoment:

$$Au = \frac{d^2u}{dx^2} \quad \text{mit } u(0) = u(1) = 0,$$
$$A^T M = \frac{d^2 M}{dx^2} \quad \text{mit } M(0) = M(1) = 0. \tag{3.31}$$

Die Differentialgleichung kann als eine einzelne Gleichung $A^T C A u = f$ oder als ein Gleichungspaar für u und M geschrieben werden:

Biegung $\quad \dfrac{d^2}{dx^2}\left(c\,\dfrac{d^2 u}{dx^2}\right) = f(x) \quad$ oder $\quad M = c\,\dfrac{d^2 u}{dx^2}$ und $\dfrac{d^2 M}{dx^2} = f.$ (3.32)

Bei einer gleichförmigen Last $f = 1$ und einer konstanten Biegesteifigkeit $c = 1$ ist die Lösung ein Polynom vierten Grades. Eine spezielle Lösung ist $u(x) = x^4/24$:

Gleichförmiger Balken mit $u'''' = 1$ $\quad u(x) = \dfrac{x^4}{24} + A + Bx + Cx^2 + Dx^3.$ (3.33)

Für die schwache Form wird die starke Form (3.32) mit einer Testfunktion $v(x)$ multipliziert, anschließend wird integriert:

Schwache Form (unsymmetrisch)

$$\int_0^1 \frac{d^2}{dx^2}\left(c\,\frac{d^2 u}{dx^2}\right) v(x)\,dx = \int_0^1 f(x)\,v(x)\,dx. \tag{3.34}$$

In zwei partiellen Integrationen nutzen wir die wesentlichen Randbedingungen an $u(x)$ und $v(x)$:

3.2 Kubisches Splines und Gleichungen vierter Ordnung

Schwache Form (symmetrisch)
$$\int_0^1 c(x) \frac{d^2u}{dx^2} \frac{d^2v}{dx^2} \, dx = \int_0^1 f(x) v(x) \, dx. \tag{3.35}$$

Die Finite-Elemente-Methode ersetzt anschließend u und v durch kubische Elemente ϕ und V. Das liefert die diskrete Gleichung $KU = F$. Die Näherung zu $u(x)$ ist $U(x)$ aus Gleichung (3.28).

Kubische Splines zur Interpolation

Bei der **Interpolation** geht es darum, eine Funktion $y(x)$ zu wählen, die zu n Messwerten $y_1, \ldots, y_n$ an n Punkten $x_1, \ldots, x_n$ passt. Das ist eine **exakte Anpassung**, keine Anpassung nach der Methode der kleinsten Quadrate. Die Funktion $y(x)$ kann ein hochgradiges Polynom sein. Es kann aber auch ein gestückeltes Polynom sein (das in jedem Intervall verschieden ist, beispielsweise linear):

$$y(x) = a_0 + a_1 x + \cdots + a_{n-1} x^{n-1} \quad \text{oder} \quad y(x) = y_i \frac{x - x_{i+1}}{x_i - x_{i+1}} + y_{i+1} \frac{x - x_i}{x_{i+1} - x_i}. \tag{3.36}$$

Hochgradige Polynome sind nicht stabil! Wenn Sie zu viele Werte interpolieren, oszilliert das Polynom dazwischen weitgreifend (siehe Abbildung 5.6 auf Seite 511). Diese Methode ist nur für die besten Funktionen (analytische Funktionen) und die besten Knoten x_i sinnvoll. In Abschnitt 5.4 auf Seite 510 werden Tschebyschow-Knoten erfolgreich eingesetzt.

Die Interpolation durch lineare Teilstücke ist vollkommen stabil. Die Genauigkeit ist aber dürftig, und der Anstieg springt von einem Teilstück zum anderen. Die Idee hinter den **Splines** ist, kubische Teilstücke mit einer guten Genauigkeit $O(h^4)$ zu benutzen sowie *stetige Anstiege und zweite Ableitungen* zu erreichen.

Abbildung 3.9 auf der nächsten Seite zeigt eine Ausgabe des Befehls spline in MATLAB. Es gibt $n = 5$ Interpolationspunkte. Prinzipiell hat der kubische Spline $a + bx + cx^2 + dx^3$ im ersten Intervall vier freie Parameter. Anschließend gibt es an den $n - 2$ inneren Knoten nur einen Parameter – nämlich den Sprung in der dritten Ableitung y'''. Das liefert $n + 2$ verfügbare Parameter bei n Bedingungen $y(x_i) = Y_i$. Wir brauchen also zusätzlich zu den Randwerten y_1 und y_n zwei weitere Randbedingungen.

Stetigkeitsbedingungen

Der Spline kann nicht intervallweise berechnet werden. An den Endpunkten des Intervalls i kennen wir nur die Werte y_i und y_{i+1}. Die Anstiege s_i und s_{i+1} sind nicht gegeben. Die Stetigkeit von y'' an den inneren Knoten muss die $n - 2$ zusätzlichen Gleichungen liefern, die wir benötigen.

Diese Bedingung an y'' koppelt alle Daten aus Gleichung (3.37). Eine Änderung in einer beliebigen Eingabe y_i ändert den Spline auch an Stellen, die weit vom Kno-

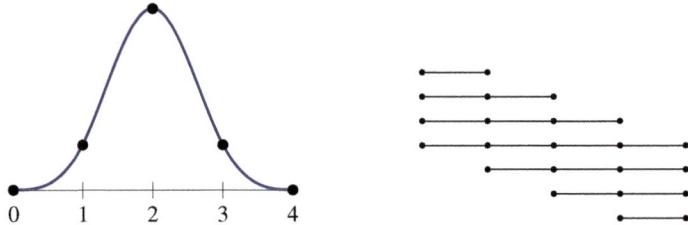

Abb. 3.9 Ein gleichmäßiger kubischer B-Spline. Fünf Knoten enthalten $n+2 = 7$ Verschiebungen von $B(x)$.

ten x_i entfernt sind. Glücklicherweise fällt der Betrag der Änderung exponentiell. Berechnungen von Splines sind sehr stabil.

Wir nehmen an, dass an den drei Knoten x_{i-1}, x_i, x_{i+1} die Höhen y_{i-1}, y_i, y_{i+1} und die Anstiege s_{i-1}, s_i, s_{i+1} gegeben sind. Diese Werte bestimmen eine kubische Funktion links von x_i und eine andere kubische Funktion rechts von x_i. Die kubischen Funktionen haben am mittleren Knoten dieselbe Höhe y_i und denselben Anstieg s_i, weil beide Funktionen die gegebenen Werte an dieser Stelle nutzen. Ein Spline muss außerdem auf beiden Seiten *dieselbe zweite Ableitung* y'' besitzen. Das ist eine Bedingung an die Höhen und Anstiege in jedem inneren Knoten. In Aufgabe 3.2.12 auf Seite 294 wird folgende Bedingung bestimmt:

Stetigkeit von y'' an der Stelle x_i $\quad 3y_{i+1} - 3y_{i-1} = h(s_{i+1} + 4s_i + s_{i-1})$. (3.37)

Lassen Sie mich erneut abzählen, wobei wir uns die y_i und s_i als $2n$ Werte vorstellen, die das kubische Teilstück in jedem Intervall bestimmen: Die $2n$ Gleichungen kommen aus $y(x_i) = y_i$ (n Gleichungen) und der Stetigkeit (3.37) von y'' ($n-2$ Gleichungen) sowie zwei weiteren Gleichungen im ersten und letzten Intervall. Hinter dem Befehl spline verbirgt sich die Wahl, die Enden festzuhalten: Anstiege $s_1 = s_n = 0$. Die Spline-Toolbox lässt auch eine andere Wahl zu, die als „not-a-knot" bezeichnet wird. Dann passt der Spline den Zwischenwert (stückweise linear) an:

Not-a-knot $\quad y\left(\dfrac{x_1+x_2}{2}\right) = \dfrac{y_1+y_2}{2} \quad \text{und} \quad y\left(\dfrac{x_{n-1}+x_n}{2}\right) = \dfrac{y_{n-1}+y_n}{2}$. (3.38)

In beiden Fällen kommen wir mit zwei zusätzlichen Bedingungen auf die korrekte Gesamtzahl an Bestimmungsgleichungen für ein Spline $y(x)$. Damit wird ein Problem (in 1D) gelöst, dass im wissenschaftlichen Rechnen sehr oft vorkommt.

B-Splines

Es gibt eine attraktive Basis für den gesamten $(n+2)$-dimensionalen Raum der Splines – stückweise kubische Funktionen, bei denen u, u', u'' stetig sind. Diese Basisfunktionen sind die sogenannten **B-Splines**. Es sind *gleichmäßige* B-Splines, weil wir von äquidistanten Knoten ausgehen.

3.2 Kubisches Splines und Gleichungen vierter Ordnung 291

Einen typischen B-Spline zeigt Abbildung 3.9 auf der vorherigen Seite. Er ist nur in vier Intervallen von null verschieden. Das ist die kleinste Entfernung über die ein Spline von null wachsen und wieder auf null fallen kann. Im ersten Intervall gilt $B(x) = x^3/6$, sodass alle Funktionen B, B', B'' an der Stelle $x = 0$ wie gewünscht null sind (B''' springt von 0 auf 1). Diese abgerundete Ecke an der Stelle $x = 0$ liefert die kubische Funktion als das vierte Integral der Deltafunktion $\delta(x)$:

Stufe	Rampe	quadratische Rampe	kubische Rampe	
1	x	$\dfrac{x^2}{2}$	$\dfrac{x^3}{6}$	für $x > 0$.

Die Funktion $B(x)$ hat an den Knoten die Werte $(0,1,4,1,0)/6$ und die Anstiege $(0,1,0,-1,0)/2$. Diese Werte y_i und s_i erfüllen Gleichung (3.37), sodass B'' stetig ist. Die Sprünge in B''' sind $1, -4, 6, -4, 1$.

Dieser B-Spline liefert die $n+2$ Basisfunktionen durch bloße Verschiebung seines Graphen. Der zweite Teil von Abbildung 3.9 auf der vorherigen Seite zeigt $n = 5$ Knoten und $n+2 = 7$ Verschiebungen von $B(x)$ mit von null verschiedenen Stücken zwischen x_1 und x_5. Jeder kubische Spline ist eine Kombination dieser Verschiebungen:

Basis für alle Splines über dem Intervall [0,4]
$$y(x) = c_3 B(x-3) + \cdots + c_0 B(x) + \cdots + c_{-3} B(x+3). \tag{3.39}$$

Der Befehl spline liefert eine stabile Berechnung des Splines mit den Werten $y_1, \ldots, y_n$ und eingespannten Enden $s_1 = 0$ und $s_n = 0$. Aus $y = (0,1,4,1,0)/6$ gewinnen wir den B-Spline:

```
x = 0:4; y = [0 1 4 1 0]/6; yB = spline(x,[0 y 0]);
xx = linspace(0,4,101); plot(x,y,'o',xx,ppval(yB,xx),'-');
```

Anmerkung Physikalisch betrachtet, kommt man auf Splines, wenn man einen langen dünnen Balken so biegt, dass er an den Interpolationspunkten (auch als Knoten bezeichnet) die richtige Höhe hat. Stellen Sie sich an diesen Punkten Ringe vor, durch die Sie den Balken schieben müssen. An allen anderen Stellen ist die Kraft null. Der Balken kann seine eigene Form annehmen. Die Lösung zu $d^4u/dx^4 = 0$ ist eine gewöhnliche kubische Funktion. An jedem Knoten vermittelt der Ring eine Punktlast.

Der Begriff „Spline" (englisch für Straklatte) stammt aus dem Schiffbau. Ich war überrascht, von meinen Studenten zu hören, dass echte Straklatten immer noch benutzt werden (vielleicht haben Schiffbauingenieure kein Vertrauen in MATLAB).

Finite Differenzen für $(cu'')'' = f(x)$

Bei einfachen Geometrien können es finite Differenzen mit finiten Elementen aufnehmen. Das eindimensionale Intervall ist einfach. Aus zweiten Differenzen können wir leicht $\Delta^4 u$ erzeugen:

Vierte Differenz $\Delta^4 u/(\Delta x)^4$

$\Delta^2 \Delta^2 u$ liefert $(\Delta^4 u)_i = u_{i+2} - 4u_{i+1} + 6u_i - 4u_{i-1} + u_{i-2}.$ (3.40)

Unsere Vierte-Differenzen-Matrix hat *fünf* Diagonalen mit von null verschiedenen Elementen. Die ersten und letzten beiden Zeilen sind durch die beiden Randbedingungen an den Enden bestimmt. Wenn $u = 0$ ist und an beiden Enden auch $w = cu'' = 0$ sein soll, sind die Matrizen A und A^T gleich der speziellen Matrix $-K$ mit den Elementen $1, -2, 1$. Dieses negative Vorzeichen verschwindet in $A^T A = K^2$ an den Stellen $x = h, 2h, \ldots, 1-h$:

Einfach gestützter Balken

$$\frac{d^4}{dx^4} \approx \frac{1}{h^4} \begin{bmatrix} -2 & 1 & & & \\ 1 & -2 & 1 & & \\ & 1 & -2 & 1 & \\ & & 1 & -2 & 1 \\ & & & 1 & -2 \end{bmatrix}^2 = \frac{1}{h^4} \begin{bmatrix} 5 & -4 & 1 & & \\ -4 & 6 & -4 & 1 & \\ 1 & -4 & 6 & -4 & 1 \\ & 1 & -4 & 6 & -4 \\ & & 1 & -4 & 5 \end{bmatrix}.$$

Ein freitragender Balken ist an einem Ende eingespannt ($u(0) = u'(0) = 0$) und an dem anderen Ende frei ($w(1) = w'(1) = 0$). In den inneren Zeilen der Matrix erscheint wieder das bekannte Muster $1, -4, 6, -4, 1$. In Aufgabe 3.2.11 auf der nächsten Seite sind aber die Randbedingungen geändert.

Der Balken mit fest-freien Randbedingungen ist statisch bestimmt. Die Gleichung $A^T w = f$ liefert w auf direktem Wege ohne $A^T CA$. Bezüglich der Differentialgleichung erlauben es uns die Randbedingungen $w(1) = w'(1) = 0$, die Gleichung $w'' = f(x)$ durch zwei Integrationen zu lösen. Anschließend können wir $u''(x) = w(x)/c(x)$ mit $u(0) = u'(0) = 0$ durch zwei weitere Integrationen lösen. In diesem Fall wird die Differentialgleichung vierter Ordnung in zwei Schritten (zwei Differentialgleichungen zweiter Ordnung) gelöst.

Aufgaben zu Abschnitt 3.2

3.2.1 Betrachten Sie einen freitragenden Balken mit den Randbedingungen $u(0) = u'(0) = 0$ und $M(1) = M'(1) = 0$. Lösen Sie die Gleichung $u''''(x) = \delta(x - \frac{1}{2})$ für eine Mittelpunktslast in zwei Schritten: $M'' = \delta(x - \frac{1}{2})$ und $u'' = M(x)$.

3.2.2 Ein freitragender Balken der Länge 2 hat die Bedingung $u(-1) = u'(-1) = 0$ am neuen linken Endpunkt an der Stelle $x = -1$ und die Bedingung $u''(1) = u'''(1) = 0$ am rechten Endpunkt. Lösen Sie die Gleichung $u'''' = \delta(x)$ für eine Punktlast am Mittelpunkt $x = 0$. Die zweiteilige Lösung aus Gleichung (3.27) auf Seite 283 enthält die Konstanten A, B, C und D, die aus den vier Randbedingungen bestimmt werden müssen.

3.2.3 Ein eingespannter Balken hat an beiden Enden $x = -1$ und $x = 1$ die Randbedingung $u = u' = 0$. Lösen Sie die Gleichung $u'''' = \delta(x)$, indem Sie die Kon-

3.2 Kubisches Splines und Gleichungen vierter Ordnung   293

stanten A, B, C und D aus Gleichung (3.27) aus den vier Randbedingungen bestimmen.

3.2.4 Ein einfach gestützter Balken hat an beiden Enden $x = -1$ und $x = 1$ die Bedingungen $u = u'' = 0$. Lösen Sie die Gleichung $u'''' = \delta(x)$, indem Sie die Konstanten A, B, C und D aus Gleichung (3.27) aus den vier Randbedingungen bestimmen.

In den Aufgaben 3.2.5–3.2.12 greifen wir auf die 8 kubischen finiten Elemente $\phi_0^d(x), \phi_3^s(x), \ldots, \phi_3^d(x), \phi_3^s(x)$ zurück, die sich auf die Gitterpunkte $x = 0, \frac{1}{3}, \frac{2}{3}, 1$ stützen.

3.2.5 Welche Funktionen ϕ fallen aufgrund der wesentlichen Randbedingungen zu $-u'' = f$ weg?

(a) **Fest-feste Randbedingungen**: $u(0) = u(1) = 0$.
(b) **Fest-freie Randbedingungen**: $u(0) = 0, u'(1) = 0$.

3.2.6 Welche Funktionen ϕ fallen aufgrund der wesentlichen Randbedingungen zu $u'''' = f$ weg?

(a) **Eingespannter Balken**: $u = u' = 0$ an beiden Enden.
(b) **Einfach gestützter Balken**: $u = u'' = 0$ an beiden Enden.
(c) **Freitragender Balken**: $u(0) = u'(0) = u''(1) = u'''(1) = 0$.

3.2.7 Ein kubisches Element $a + bx + cx^2 + dx^3$ hat im ersten Intervall $[0, \frac{1}{3}]$ vier freie Parameter. Unter der Bedingung, dass der Anstieg an der Anschlussstelle $x = \frac{1}{3}$ zum nächsten Intervall stetig ist („C^1-kubisch"), hat dieses kubische Element _____ freie Parameter. Dasselbe gilt dann an der Stelle $x = \frac{2}{3}$, sodass es insgesamt _____ freie Parameter gibt.

3.2.8 Bestimmen Sie die zweiten Ableitungen der vier kubischen finiten Elemente $\phi_0^d(x), \phi_0^s, \phi_1^d(x), \phi_1^s(x)$ auf dem ersten Intervall $[0, \frac{1}{3}]$.

3.2.9 Die **Elementsteifigkeitsmatrix** K_e zu u'''' auf dem ersten Intervall $[0, \frac{1}{3}]$ ist eine 4×4-Matrix. Bestimmen Sie die 16 Elemente der Matrix, indem Sie jedes Produkt $\phi'' V''$ mithilfe der zweiten Ableitungen aus Aufgabe 3.2.8 integrieren. Die Funktionen V und $\phi(s)$ sind identisch, sodass dieses Integral (über das Produkt von zwei linearen Funktionen) direkt oder mithilfe der Simpson-Regel mit den Gewichten $\frac{1}{18}, \frac{4}{18}, \frac{1}{18}$ an den Stellen $x = 0, \frac{1}{6}, \frac{1}{3}$ bestimmt werden kann.

3.2.10 Setzen Sie die globale 8×8-Steifigkeitsmatrix K wie in Anmerkung 3 aus den 4×4-Elementsteifigkeitsmatrizen K_e aus Aufgabe 3.2.9 für die drei einzelnen Intervalle $[0, \frac{1}{3}], [\frac{1}{3}, \frac{2}{3}], [\frac{2}{3}, 1]$ zusammen.

3.2.11 Die globale Steifigkeitsmatrix K aus Aufgabe 3.2.10 ist singulär. Nehmen Sie nun Randbedingungen hinzu:

(a) **Eingespannter Balken**: Streichen Sie Zeile und Spalte 1, 2, 7, 8 für $u = u' = 0$.
(b) **Einfach gestützter Balken**: Streichen Sie Zeile und Spalte 1, 7 für ϕ_0^d, ϕ_3^d, weil $u(0) = u(1) = 0$ gilt. Warum werden die Bedingungen $u''(0) = u''(1) = 0$ nicht gestellt?

(c) **Freitragender Balken**: Welchen Zeilen und Spalten müssen Sie streichen?

3.2.12 Bestimmen Sie die folgenden zweiten Ableitungen aus den Gleichungen in Abbildung 3.7 auf Seite 284 für $X \geq 0$:

$$(\phi^d)'' = -6 \quad \text{und} \quad (\phi^s)'' = -4 \quad \text{an der Stelle} \quad X = 0,$$
$$(\phi^d)'' = 6 \quad \text{und} \quad (\phi^s)'' = 2 \quad \text{an der Stelle} \quad X = 1.$$

Dann hat die stückweise kubische Funktion $U(x)$ aus Gleichung (3.28) an der Stelle $x = ih$ folgende Ableitungen:

$$\text{Von } x \geq ih \quad h^2 U''_{\text{rechts}} = -6U_i^d + 6U_{i+1}^d - 4hU_i^s - 2hU_{i+1}^s,$$
$$\text{Von } x \leq ih \quad h^2 U''_{\text{links}} = -6U_i^d + 6U_{i-1}^d + 4hU_i^s + 2hU_{i-1}^s.$$

Für Splines gilt $U''_{\text{links}} = U''_{\text{rechts}}$. Zeigen Sie, wie daraus Gleichung (3.37) auf Seite 290 folgt.

3.2.13 Bestimmen Sie die kubische Funktion $B(x)$ für den B-Spline zwischen $x = 1$ und $x = 2$.

3.2.14 Die Cox-de Boor-Rekursionsgleichung startet mit der Kastenfunktion vom Grad $d = 0$. Das ist der konstante B-Spline mit $B_{0,0}(x) = 1$ für $x_0 \leq x \leq x_1$. Anschließend wird jede Funktion vom Grad d rekursiv aus den vorherigen Funktionen vom Grad $d-1$ bestimmt [37, S. 131]. Die Schlüsseleigenschaften ergeben sich aus der Rekursion, und Sie können diese Eigenschaften anhand von Abbildung 3.9 auf Seite 290 direkt nachprüfen: $B(x) + B(x-1) + B(x+1) + \cdots = 1$.

3.2.15 Dieser Abschnitt endet mit der Vierte-Differenzen-Matrix Δ^4 für einen einfach gestützten Balken. Ersetzen Sie in der ersten und letzten Zeile von Δ^2 das Element -2 durch -1. Quadrieren Sie die so entstandene Matrix anschließend, um die singuläre Matrix Δ^4 (ohne Träger) zu bestimmen.

3.2.16 Angenommen, Sie ersetzen nur in der ersten Zeile von Δ^2 das Element -2 durch -1. Welcher Randbedingung entspricht $(\Delta^2)^2$ dann?

3.2.17 Benutzen Sie den Befehl spline, um die Funktion $f(x) = 1/(1+x^2)$ zunächst an 10 und anschließend an 20 äquidistanten Punkten über dem Intervall $0 \leq x \leq 1$ zu interpolieren. Plotten Sie $f(x)$ und die beiden interpolierenden Splines für $0 \leq x \leq 0.2$.

3.2.18 Bestimmen Sie die maximalen Fehler an den 9 beziehungsweise 19 inneren Punkten aus Aufgabe 3.2.17. Zeigt das Ergebnis einen $O(h^4)$-Interpolationsfehler für kubische Splines?

3.2.19 Die *Hutfunktion* ist $f(x) = \{x \text{ für } 0 \leq x \leq \frac{1}{2}, 1-x \text{ für } \frac{1}{2} < x \leq 1\}$. Benutzen Sie den Befehlspline, um $f(x)$ mit $\Delta x = \frac{1}{3}$ und $\frac{1}{9}$ zu interpolieren. Stellen Sie die beiden interpolierenden Splines gemeinsam grafisch dar. Sind die Fehler an der Stelle $x = \frac{1}{2}$ von der Ordnung $(\Delta x)^4$?

3.2.20 Die Stufenfunktion ist $f(x) = \{0 \text{ für } x < \frac{1}{2}, \frac{1}{2} \text{ für } x = \frac{1}{2}, 1 \text{ für } x > \frac{1}{2}\}$. Stellen Sie die Interpolierten aus dem Befehl spline mit $\Delta x = \frac{1}{3}$ und $\Delta x = \frac{1}{9}$ grafisch dar. Sind die Fehler für den Wert $f(\frac{1}{2}) = \frac{1}{2}$ von der Ordnung $(\Delta x)^4$?

3.3 Gradient und Divergenz

Dieser Abschnitt führt uns zur Laplace-Gleichung $u_{xx} + u_{yy} = 0$. Diese Gleichung entsteht durch zwei Operationen: **Gradienten** von u und **Divergenz** von $\text{grad}\,u$. Nacheinander ausgeführt, entsteht $\text{div}(\text{grad}\,u) = 0$, das ist die Laplace-Gleichung. Auf den folgenden Seiten geht es um die beiden einzelnen Operationen $v = \text{grad}\,u$ und $\text{div}\,w = 0$. Im nächsten Abschnitt lösen wir die Laplace-Gleichung mithilfe von komplexen Variablen, Fourier-Reihen, finiten Differenzen und finiten Elementen.

Zunächst werden wir den Gradienten und die Divergenz einzeln behandeln. Die wunderbaren Parallelen zwischen ihnen fassen wir danach in einer Tabelle zusammen, die der Schlüssel zur Vektoranalysis ist. Anschließend befassen wir uns mit der Gauß-Greenschen Formel, die einen Zusammenhang zwischen dem Gradienten und der Divergenz herstellt. Aus der Formel kann man ablesen, dass **(Gradient)**^{T} = $-$**Divergenz** gilt. Das ist partielle Integration in zwei Dimensionen, analog zu $(d/dx)^T = -d/dx$. Wie üblich werden Randbedingungen **entweder** an u (für A = Gradient) **oder** an w (für $A^T = -$Divergenz) aber nicht an beide gleichzeitig gestellt:

$$\textbf{Gradient} = \begin{bmatrix} \frac{\partial}{\partial x} \\ \frac{\partial}{\partial y} \end{bmatrix} \quad \text{grad}\,u = \begin{bmatrix} \frac{\partial u}{\partial x} \\ \frac{\partial u}{\partial y} \end{bmatrix} \quad \textbf{Divergenz} = \begin{bmatrix} \frac{\partial}{\partial x} & \frac{\partial}{\partial y} \end{bmatrix}$$

$$\text{div}(w_1, w_2) = \frac{\partial w_1}{\partial x} + \frac{\partial w_2}{\partial y}$$

Der Gradient eines Skalars u ist ein Vektor v. Die Divergenz eines Vektors w ist ein Skalar f. Diese Operationen bilden den ersten und den letzten Schritt in unserem Grundmuster, $v = \text{grad}\,u$ und $-\text{div}\,w = f$. Dazwischen gibt es eine Multiplikation mit $c(x, y)$, und in der *Laplace-Gleichung ist $c = 1$*:

Potential $u(x, y)$ **Quelle** $f(x, y) = -\text{div}\,w$

Rand-   Randbedingung $A = \text{grad}$ $A^T = -\text{div}$ bedingung
$u = u_0(x, y)$ $w \cdot n = F_0(x, y)$

Geschwindigkeit $v(x, y) = (v_1, v_2)$ $\xrightarrow{w = cv}$ **Flussrate** $w(x, y) = (w_1, w_2)$

Wenn es eine von null verschiedene Quelle $f(x, y)$ gibt, wird aus $A^T C A u = f$ die **Poisson-Gleichung**. Wenn $f = 0$ gilt und die Dichte $c(x, y)$ konstant ist, wird aus $A^T A u = 0$ die Laplace-Gleichung:

Poisson-Gleichung

$$-\text{div}(c\,\text{grad}\,u) = -\frac{\partial}{\partial x}\left(c\,\frac{\partial u}{\partial x}\right) - \frac{\partial}{\partial y}\left(c\,\frac{\partial u}{\partial y}\right) = f(x, y), \tag{3.41}$$

Laplace-Gleichung

$$\text{div}\,\text{grad}\,u = \nabla \cdot \nabla u = \nabla^2 u = \frac{\partial^2 u}{\partial x^2} + \frac{\partial^2 u}{\partial y^2} = 0. \tag{3.42}$$

Randbedingungen: An jedem Randpunkt (x,y) kennen wir u oder $w \cdot n$:
1. Das Potential $u = u_0(x,y)$ ist gegeben (**Dirichlet-Bedingung**).
2. Die Flussrate $w \cdot n = F_0(x,y)$ ist gegeben (**Neumann-Bedingung**).

Wenn u_0 oder F_0 null sind, entspricht das festen oder freien Endpunkten in einer Dimension. Beachten Sie, dass nicht beide Komponenten von w gegeben sind!

Abflussrate $\quad w \cdot n = (c \text{ grad} u) \cdot n = c \dfrac{\partial u}{\partial n} = F_0.$ (3.43)

In diesem Abschnitt geht es hauptsächlich um zwei Dinge: Wir wollen die Operatoren $A =$Gradient und $A^T = -$Divergenz verstehen. Was bedeuten sie einzeln betrachtet, und warum sind sie Transponierte? Wir können die Schlüsselideen kurz erläutern, bevor wir dann richtig anfangen.

1. Der Gradient überträgt das Konzept der Ableitung du/dx auf eine Funktion $u(x,y)$ mit zwei Variablen. Um die Ableitung von u in Richtung eines Einheitsvektors (n_1, n_2) zu bestimmen, brauchen wir nur die partiellen Ableitungen in $\text{grad} u = (\partial u/\partial x, \partial u/\partial y)$:

Ableitung in Richtung n $\quad \dfrac{\partial u}{\partial n} = \dfrac{\partial u}{\partial x} n_1 + \dfrac{\partial u}{\partial y} n_2 = (\text{grad} u) \cdot n.$ (3.44)

Die Gradientenvektor steht **senkrecht auf den Niveaulinien** $u(x,y) =$ konstant. Entlang dieser Linie ändert sich u nicht, und die Komponente von $\text{grad} u$ ist null. Senkrecht zu einer Niveaulinie ändert sich u am schnellsten (steilster Abstieg oder steilster Anstieg). Diese „Normalenrichtung" ist $n = \text{grad} u / |\text{grad} u|$, also ein Einheitsvektor in Richtung des Gradienten. Dann liefert $\partial u/\partial n = (\text{grad} u) \cdot n = |\text{grad} u|$ den steilsten Anstieg.
2. Der Fall Divergenz null ist das kontinuierliche Analogon zum ersten Kirchhoffschen Gesetz: *Der Abfluss ist gleich dem Zufluss.* Aus der Matrixgleichung $A^T w = 0$ wird die Differentialgleichung $\text{div} w = 0$. Das ist ein inkompressibler Fluss ohne Quellen und Senken.

Divergenzfrei $\quad \text{div} w = \nabla \cdot w = \dfrac{\partial w_1}{\partial x} + \dfrac{\partial w_2}{\partial y} = 0.$ (3.45)

3. Die Laplace-Gleichung $u_{xx} + u_{yy} = 0$ oder die Gleichung $\text{div grad} u = 0$ haben polynomiale Lösungen, die sich leicht bestimmen lassen. Die einfachsten Beispiele sind $u = 1$, $u = x$ und $u = y$. Ein Beispiel für ein Polynom zweiten Grades ist $u = 2xy$. Wenn wir den Term x^2 aufnehmen wollen, müssen wir ihn durch _____ ausgleichen. Nach dem Ausfüllen des Platzhalters haben wir zwei Lösungen ersten Grades (x und y) und zwei Lösungen zweiten Grades ($2xy$ und $x^2 - y^2$).
Das ist das großartige Muster, das es fortzusetzen gilt: *Wir suchen ein Paar von Lösungen für jeden Polynomialgrad.* Überraschenderweise liegt der Schlüssel dazu in der komplexen Variable $x + iy$. Die Lösungen der Laplace-Gleichung

3.3 Gradient und Divergenz

sind die „Realteile" und „Imaginärteile" von komplexen Funktionen $f(x+iy)$. Die Idee, $x+iy$ zu benutzen, wird in Abschnitt 3.4 auf Seite 310 entwickelt. Der Trick funktioniert in drei Dimensionen mit $u_{xx}+u_{yy}+u_{zz}=0$ aber nicht.

Es gibt keine Überraschungen in unserem A^TCA-Grundmuster, abgesehen von den Notationen ∇, $\nabla\cdot$ und ∇^2 (oder Δ) für Gradient, Divergenz und Laplace-Operator. Im Englischen heißt der Gradient $\nabla=(\partial/\partial x,\partial/\partial y)$ „del"– vermutlich eine Abkürzung für Delta – und der Laplace-Operator mitunter „del squared".

Gradienten und wirbelfreie Geschwindigkeitsfelder

In einem Netzwerk sind die Potentialdifferenzen $e=Au$. Jemand, der lineare Algebra betreibt, würde sagen: Der Vektor e muss im Spaltenraum der Matrix A liegen. Kirchhoff würde sagen: *Die Summe der Potentialdifferenzen in einer Masche muss null sein.* Seine „Maschenregel" liegt auf der Hand, wenn sich die Knoten 1, 2 3 in einer Masche befinden, weil $(u_2-u_1)+(u_3-u_2)+(u_1-u_3)$ automatisch null ist.

Im kontinuierlichen Fall ist A der Gradient. Wir schreiben dann $v=Au$ anstatt $e=Au$, weil wir nun Geschwindigkeiten im Hinterkopf haben (Strömungsmechanik) und nicht mehr Dehnungen und Spannungen (Festkörpermechanik). In der Physik ist der Gradient eines Potentials eine Kraft. Was verbirgt sich hinter den Geschwindigkeitsvektoren $v=(\partial u/\partial x,\partial u/\partial y)$, die aus Potentialen $u(x,y)$ stammen?

Wir suchen nach einer **kontinuierlichen Form des zweiten Kirchhoffschen Gesetzes**. Das Gesetz hat eine differentielle Form (an jedem Punkt) und eine integrale Form (um jede Masche).

Der Gradient $(\partial u/\partial x,\partial u/\partial y)=v$ eines Potentials $u(x,y)$ ist ein *wirbelfreies* Vektorfeld $\operatorname{grad} u=v(x,y)=(v_1,v_2)$:

Geschwindigkeit null
$$\frac{\partial v_2}{\partial x}-\frac{\partial v_1}{\partial y}=0 \quad \text{an jedem Punkt}, \qquad (3.46)$$

Zirkulation null
$$\int v_1\,dx+v_2\,dy=0 \quad \text{um jede Masche}. \qquad (3.47)$$

Eine von diesen Bedingungen sichert, dass das Vektorfeld v ein Gradient ist. Den Zusammenhang stellt der Satz von Stokes her, der Kurvenintegrale um eine Masche mit Doppelintegralen über das Gebiet innerhalb der Masche verknüpft:

Die Zirkulation um eine Masche ist das Geschwindigkeitsintegral

$$\int_C v_1\,dx+v_2\,dy=\iint_R\left(\frac{\partial v_2}{\partial x}-\frac{\partial v_1}{\partial y}\right)dx\,dy. \qquad (3.48)$$

Also ist Vortizität null (auf der rechten Seite) gleichbedeutend mit Zirkulation null (auf der linken Seite). Vortizität null heißt „keine Wirbel". Das lässt sich immer dann leicht überprüfen, wenn v ein Gradient ist:

Wenn $v_1 = \dfrac{\partial u}{\partial x}$ und $v_2 = \dfrac{\partial u}{\partial y}$, dann $\dfrac{\partial v_2}{\partial x} - \dfrac{\partial v_1}{\partial y} = \dfrac{\partial^2 u}{\partial x \partial y} - \dfrac{\partial^2 u}{\partial y \partial x} = \mathbf{0}$. (3.49)

Die gemischten Ableitungen u_{yx} und u_{xy} sind gleich! Die Vektoranalysis benutzt diese fundamentale Regel immer wieder. Am Ende dieses Abschnittes gehen wir zum dreidimensionalen Fall über. Dann gibt es drei Bedingungen an einen beliebigen Gradienten $v_1 = \partial u/\partial x, v_2 = \partial u/\partial y, v_3 = \partial u/\partial z$:

$$\mathbf{rot\ v = 0} \quad \frac{\partial v_3}{\partial y} - \frac{\partial v_2}{\partial z} = 0 \quad \frac{\partial v_1}{\partial z} - \frac{\partial v_3}{\partial x} = 0 \quad \frac{\partial v_2}{\partial x} - \frac{\partial v_1}{\partial y} = 0. \quad (3.50)$$

Die Vortizität eines Gradientenfeldes ist null: $\operatorname{rot} v = 0$. Das ist eine der bedeutendsten Identitäten der Vektoranalysis: $\operatorname{rot}\operatorname{grad} u = 0$ für alle Funktionen $u(x,y)$ und $u(x,y,z)$. **Bei einem Flächenfeld $(v_1(x,y), v_2(x,y), 0)$ wird $v = 0$ zu $\partial v_2/\partial x = \partial v_1/\partial y$.**

Beispiel 3.8 Die Geschwindigkeitsfelder v und V sind Gradienten von Potentialen u und U:

Flächenfelder $\quad v(x,y) = (2x, 2y) \quad$ und $\quad V(x,y) = (2x, -2y)$.

Den Test auf Vortizität null $\partial v_1/\partial y = \partial v_2/\partial x$ besteht das erste Geschwindigkeitsfeld ohne weiteres. Mit $v_1 = 2x$ ist die linke Seite $\partial v_1/\partial y = 0$. Mit $v_2 = 2y$ ist die rechte Seite $\partial v_2/\partial x = 0$. Das zweite Geschwindigkeitsfeld $V = (2x, -2y)$ besteht den Test genauso spielend.

Um das Potential u zum Geschwindigkeitsfeld v zu bestimmen, integrieren wir die erste Komponente $\partial u/\partial x$ des Gradienten:

$$\frac{\partial u}{\partial x} = v_1 = 2x, \text{ also } \quad u = x^2 + F(y).$$

Die zweite Komponente $\partial u/\partial y = v_2$ fordert $\partial u/\partial y = 2y$. Einsetzen von $u = x^2 + F(y)$ ergibt, dass $F(y)$ die Funktion $y^2 + C$ sein muss. Es gibt stets eine frei wählbare Konstante C im Potential $u(x,y)$, weil der Gradient jeder Konstante C null ist. Wir setzen $C = 0$, um ein spezifisches Potential $u = x^2 + y^2$ zu erhalten. Analog ist $\operatorname{grad} U = V$ für $U = x^2 - y^2$:

$$\operatorname{grad}(x^2 + y^2) = (2x, 2y) = v, \qquad \operatorname{grad}(x^2 - y^2) = (2x, -2y) = V.$$

Der einzige Unterschied ist, dass der Term $2y$ in $V(x,y)$ ein negatives Vorzeichen hat. Aber genau das macht den Unterschied zwischen Laplace und Poisson. Die Funktion $u = x^2 + y^2$ erfüllt die Laplace-Gleichung *nicht*, aber die Funktion $U = x^2 - y^2$ erfüllt sie. Die Divergenz des Abflusses $v = (2x, 2y)$ ist nicht null, was aber bei $V = (2x, -2y)$ der Fall ist.

$$u_{xx} + u_{yy} = 4 \quad \text{(Poisson mit Quelle 4)} \quad \text{und} \quad U_{xx} + U_{yy} = 0 \quad \text{(Laplace)}.$$

Wir wollen diese Geschwindigkeitsfelder v und V in Abbildung 3.10 auf der nächsten Seite grafisch darstellen. Es gibt an jedem Punkt einen Vektor (wir stellen

3.3 Gradient und Divergenz

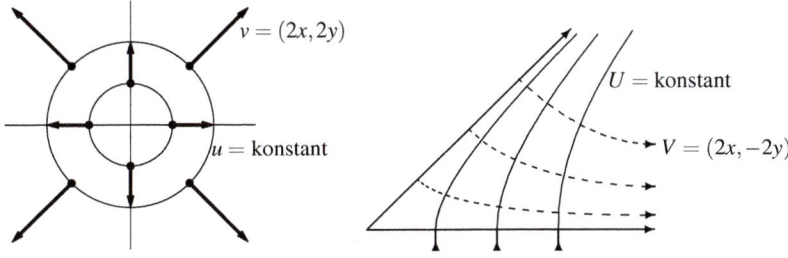

Abb. 3.10 Die Geschwindigkeitsfelder $v = (2x, 2y)$ und $V = (2x, -2y)$ stehen senkrecht auf den Äquipotenzialkurven $u = x^2 + y^2 = c$ (Kreise) und $U = x^2 - y^2 = c$ (Hyperbeln).

ein paar Punkte dar). Der Geschwindigkeitsvektor $v = (2x, 2y)$ zeigt radial nach außen und hat den Betrag $|v| = 2\sqrt{x^2 + y^2}$. Der Geschwindigkeitsvektor $V = (2x, -2y)$ hat denselben Betrag, zeigt aber in eine ganz andere Richtung.

Die Kurven aus Abbildung 3.10 sind Graphen von $u =$ konstant und $U =$ konstant. Da das Potential konstant ist, sind das **Äquipotenzialkurven**. Schlüsseleigenschaft: **Der Geschwindigkeitsvektor steht immer senkrecht auf den Äquipotenzialkurven**.

Ich stelle mir die Äquipotenzialkurven $u =$ konstant als Höhenlinien auf einer Karte vor. Die Höhenlinien verbinden Punkte, die dieselbe Höhe haben (dasselbe Potential). Sie sind **Niveaulinien**. Wenn Sie einen Berg besteigen, dann ist der steilste Aufstieg senkrecht zu den Niveaulinien. Das ist die Gradientenrichtung.

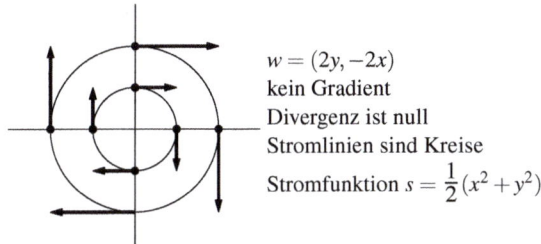

Abb. 3.11 $w = (2y, -2x)$ ist tangential zu den Kreisen: Wirbelfeld, kein Gradient.

Beispiel 3.9 Das Vektorfeld $w = (2y, -2x)$ ist kein Gradient.

Den Test auf Vortizität null $\partial w_1/\partial y = \partial w_2/\partial x$ besteht dieses Vektorfeld nicht, denn $2 \neq -2$. Wenn wir versuchen, ein Potential u dafür zu finden, bleiben wir stecken:

Scheitern $\quad \dfrac{\partial u}{\partial x} = 2y \quad$ liefert $\quad u = 2xy + F(y)$, dann ist aber $\quad \dfrac{\partial u}{\partial y} \neq -2x$.

Die Divergenz

Wir kommen nun vom zweiten Kirchhoffschen Gesetz – der Maschenregel (keine Wirbel) zum ersten Kirchhoffschen Gesetz – der Knotenregel (Abfluss gleich Zufluss). Bei der Inzidenzmatrix eines Netzwerkes führte uns das auf $A^T w = 0$. Wenn wir formal die Ableitungen einsetzen, kommen wir zu (Gradient)$^T = -$Divergenz:

$$A = \begin{bmatrix} \partial/\partial x \\ \partial/\partial y \end{bmatrix} \quad \text{führt auf} \quad A^T = [(\partial/\partial x)^T \ (\partial/\partial y)^T] = -\begin{bmatrix} \dfrac{\partial}{\partial x} & \dfrac{\partial}{\partial y} \end{bmatrix}. \tag{3.51}$$

Das legt die richtige Antwort nahe, ist aber bei weitem kein Beweis. Wir müssen uns dieser „Transponierten" tiefgründiger nähern, sowohl physikalisch als auch mathematisch. Außerdem müssen wir Randbedingungen berücksichtigen, weil diese Teil von A und A^T sind.

Wir beginnen mit der physikalischen Aussage: Der Zufluss ist genauso groß wie der Abfluss. Diese Knotenregel hat auch eine **differentielle Form** (an jedem Punkt) und eine **integrale Form** (um jede Masche).

> Der Flussvektor $w = (w_1(x, y), w_2(x, y))$ ist quellenfrei, wenn die Masse erhalten bleibt:
>
> **Divergenz null** $\quad \text{div} \, w = \dfrac{\partial w_1}{\partial x} + \dfrac{\partial w_2}{\partial y} = 0 \quad$ an jedem Punkt, $\qquad$ (3.52)
>
> **Fluss null** $\quad \displaystyle\int w_1 \, dy - w_2 \, dx = 0 \quad$ durch jede Masche. $\qquad$ (3.53)

Wichtige Anmerkung: Um die Zirkulation (den Fluss um die Masche) zu bestimmen, haben wir über die **Tangentialkomponente** $v \cdot t \, ds = v_1 \, dx + v_2 \, dy$ integriert. Um den Fluss (durch eine Masche) zu bestimmen, integrieren wir über die **Normalkomponente** $w \cdot n \, ds = w_1 \, dy - w_2 \, dx$. Das Symbol s misst die Länge entlang der Kurve. Es ist die Form der Kurve (nicht v oder w), die ds, t und n festlegt:

$$\boldsymbol{ds} = \sqrt{(dx)^2 + (dy)^2}, \quad \boldsymbol{t}\,\boldsymbol{ds} = (dx, dy), \quad \boldsymbol{n}\,\boldsymbol{ds} = (dy, -dx), \quad \int ds = \textbf{Länge}. \tag{3.54}$$

Den Zusammenhang zwischen differentieller und integraler Form stellte der Satz von Stokes (3.48) auf Seite 297 für die Zirkulation her. Es folgt der Divergenzsatz (oder Integralsatz von Gauß) für den Fluss. Diese wichtige Identität gilt für jedes beliebige Vektorfeld $w = (w_1, w_2)$. Wenn die Masse erhalten bleibt, sind beide Seiten der Gleichung null:

> **Divergenzsatz** $\quad \displaystyle\int_C w_1 \, dy - w_2 \, dx = \iint_R \text{div} \, w \, dx \, dy. \qquad (3.55)$

Beispiel 3.10 Wir greifen auf dieselben Vektorfelder zurück wie vorhin:

Bestimme die Divergenz von $\quad v = (2x, 2y) \quad V = (2x, -2y) \quad w = (2y, -2x).$

3.3 Gradient und Divergenz

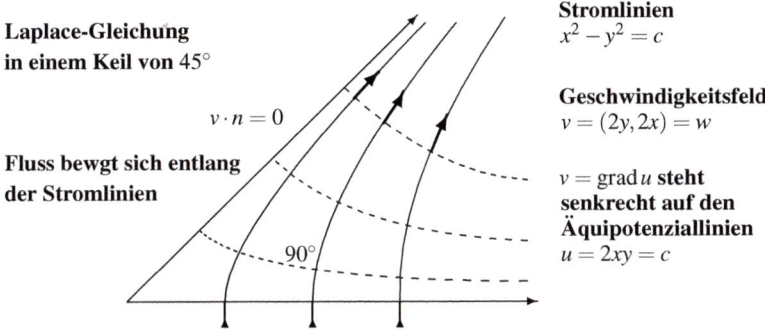

Abb. 3.12 Das Geschwindigkeitsfeld $(2y, 2x)$ ist wirbelfrei und auch quellenfrei: $\operatorname{div} v = 0$. Äquipotenziallinien und Stromlinien stehen senkrecht aufeinander. Alle Kurven sind Hyperbeln!

Die Divergenz des ersten Vektorfeldes ist $\frac{\partial}{\partial x}(2x) + \frac{\partial}{\partial y}(2y) = 4 = $ Quelle. **Es gilt keine Massenerhaltung**. Wir brauchen eine einheitliche Quelle (wie gleichmäßiger Regen), um dieses Flussfeld zu erzeugen. Der Fluss aus einem Gebiet R wird durch den Regen, der in R landet, ausgeglichen:

$$\textbf{Fluss} = \iint \operatorname{div}(2x, 2y)\, dx\, dy$$
$$= \iint 4\, dx\, dy = (4)(\text{Fläche von } R) = \textbf{Gesamtregenmenge}. \tag{3.56}$$

Die Divergenz der Vektorfelder V und w ist null. Die Felder sind quellenfrei. *Es gilt Massenerhaltung.*

Ich werde die Sache weiter vorantreiben und die **Stromfunktion** definieren. Immer dann, wenn die Vortizität null ist, gibt es eine Potentialfunktion $u(x, y)$. **Immer dann, wenn die Divergenz null ist ($\operatorname{div} w = 0$), gibt es eine Stromfunktion $s(x, y)$:**

$$\textbf{Stromfunktion } s(x, y) \quad w_1 = \frac{\partial s}{\partial y} \quad \text{und} \quad w_2 = -\frac{\partial s}{\partial x}. \tag{3.57}$$

Im Fall $V = (2x, -2y)$ werden diese Gleichungen von $s = 2xy$ erfüllt.

Sie können leicht einsehen, warum Gleichung (3.57) für die Stromfunktion konsistent mit Divergenz null ist. Wieder liegt der Schlüssel dazu in der automatisch vorliegenden Identität zwischen den Ableitungen s_{yx} und s_{xy}:

$$\textbf{div } w = 0, w = \textbf{rot}\, s \quad \frac{\partial w_1}{\partial x} + \frac{\partial w_2}{\partial y} = \frac{\partial^2 s}{\partial x \partial y} - \frac{\partial^2 s}{\partial y \partial x} = \textbf{0}. \tag{3.58}$$

Es kann nur dann eine Stromfunktion geben, wenn die Divergenz null ist.

Physikalisch betrachtet, sind die Kurven $s(x,y) = c$ **Stromlinien**. Der Fluss bewegt sich entlang dieser Stromlinien. Die Stromfunktion zu $w = (2y, -2x)$ ist $s = x^2 + y^2$. Die Kurven $x^2 + y^2 = c$ sind Kreise um den Ursprung. Ein Fluss, der sich um diese Kreise bewegt, ist quellenfrei. Es gibt aber einen Wirbel, sodass die Laplace-Gleichung nicht erfüllt ist. Das Feld $v = (2x, 2y)$ war ein Gradientenfeld, aber nicht quellenfrei; $w = (2y, -2x)$ ist quellenfrei, aber kein Gradientenfeld.

Am besten ist der Fluss, der beide Eigenschaften vereint, sodass die Laplace-Gleichung erfüllt ist. Es gibt dann eine Potentialfunktion $u(x,y)$ und eine Stromfunktion $s(x,y)$. Es gibt Äquipotenziallinien $u(x,y) = c$ und Stromlinien $s(x,y) = c$. Der Fluss ist *parallel* zu den Stromlinien und *senkrecht* zu den Äquipotenziallinien. Diese beiden Kurvenfamilien stehen also senkrecht aufeinander, wie sie Abbildung 3.12 auf der vorherigen Seite entnehmen können.

Der Divergenzsatz

Was verbirgt sich hinter der Divergenz? Für Kirchhoff ist es „Abfluss minus Zufluss" an jedem Knoten. Indem wir diese Nettoflüsse an allen Knoten aufsummieren, erhalten wir eine Bilanzgleichung für das ganze Netzwerk. Der Divergenzsatz integriert anstatt zu summieren, sodass sich eine Bilanzgleichung für das ganze Gebiet ergibt: *Gesamtquelle hinein = Gesamtfluss heraus.*

Divergenzsatz
$$\iint_R (\operatorname{div} w)\, dx\, dy = \int_B (w \cdot n)\, ds = \int_B (w_1\, dy - w_2\, dx). \quad (3.59)$$

Angenommen, es gelte an allen Punkten $\operatorname{div} w = 0$: Es gibt also keine Quellen oder Senken. Dann ist die linke Seite für jedes beliebige Gebiet R null. Damit ist auch das Integral über den Rand B null. Dieses Integral über den Abfluss $w \cdot n$ ist der **Fluss durch den Rand** (Abfluss minus Zufluss).

Abbildung 3.13 auf der nächsten Seite veranschaulicht den Fluss $w \cdot n\, ds$ durch ein Randsegment der Länge ds. Dieser Fluss ist das Produkt aus „Abflussrate" und ds. Die Abflussrate ist die Normalkomponente $w \cdot n$ von w (die andere Komponente von w zeigt in Richtung des Randes). Damit ist der Fluss $w \cdot n\, ds = w_1\, dy - w_2\, dx$, den wir über den Rand B integrieren.

Angenommen, wir betrachten nur die Horizontalkomponente w_1 des Flusses (setzen $w_2 = 0$ wie in Abbildung 3.13 auf der nächsten Seite). Dann wird die Aussage des Divergenzsatzes klarer:

Horizontalfluss $w = (w_1(x,y), 0)$
$$\iint_R \frac{\partial w_1}{\partial x}\, dx\, dy = \int_B w_1\, dy. \quad (3.60)$$

Über jeder Kurve in R braucht man für das x-Integral über $\partial w_1/\partial x$ nur gewöhnliche eindimensionale Analysis. Dieses Integral ist $w_1(\textbf{rechts}) - w_1(\textbf{links})$. Das y-Integral über $w_1(\textbf{rechts})$ liefert dann $\int w_1\, dy$ oben rechts herum über den Rand B. Da dy unten links herum über den Rand B negativ ist, gleicht dieser Teil von $\int w_1\, dy$ das negative Vorzeichen vor $w_1(\textbf{links})$ aus.

3.3 Gradient und Divergenz

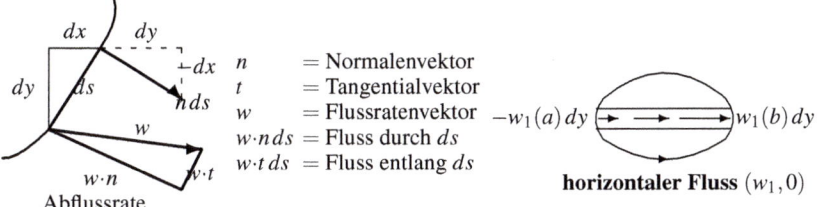

Abb. 3.13 Das Integral über $w \cdot n\,ds = (w_1, w_2) \cdot (dy, -dx) = w_1\,dy - w_2\,dx$ ist der Fluss. Im Fall $w_2 = 0$ ist $\oint w_1\,dy$ gleich $\iint \partial w_1/\partial x\,dx\,dy$: 1D Analysis auf jedem Streifen.

Dieselbe Argumentation für $w_2(x,y)$ führt auf $\iint (\partial w_2/\partial y)\,dy\,dx = -\int w_2\,dx$. (Beim Umfahren des Randes B ist dx oben negativ!) Wir addieren die Teile für w_1 und w_2, um Gleichung (3.59) auf der vorherigen Seite zu zeigen. Ich hoffe, dass dieser sehr formlose Beweis veranschaulicht, in welcher Weise der Divergenzsatz mit $w \cdot n$ die mehrdimensionale Version des Fundamentalsatzes der Analysis ist:

Divergenzsatz in 1D $\quad \int_a^b \dfrac{dw}{dx}\,dx = w(b) - w(a).\quad$ (3.61)

Der Normalenvektor n tritt im eindimensionalen Fall nicht explizit in Erscheinung, er wirkt aber. Am Ende $x = b$ zeigt der Normalenvektor n nach rechts (aus dem Intervall heraus). Das liefert $+w(b)$. Am Ende $x = a$ zeigt n nach links (ebenfalls nach außen). Das liefert $-w(a)$.

Der Satz von Gauß-Green

Wir kommen auf die Frage zurück, warum $A^T = -\mathrm{div}$ und $A = \mathrm{grad}$ „adjungiert" sind. Wir brauchen also eine kontinuierliche Form von $(Au)^T w = u^T(A^T w)$. Aus den Skalarprodukten werden Doppelintegrale. Ich schreibe alle Komponenten auf, damit Sie die partielle Integration verfolgen können:

$$\iint_R \left(\frac{\partial u}{\partial x} w_1 + \frac{\partial u}{\partial y} w_2 \right) dx\,dy = -\iint_R \left(u \frac{\partial w_1}{\partial x} + u \frac{\partial w_2}{\partial y} \right) dx\,dy + \int_C u(w_1\,dy - w_2\,dx). \quad (3.62)$$

Den Divergenzsatz auf uw angewandt, ergibt das $\iint \mathrm{div}(u\,w)\,dx\,dy = \int uw \cdot n\,ds$.

Die Ableitung nach x wurde von u auf w_1 gewälzt. Die Ableitung nach y wird auf w_2 gewälzt. Nun kehren wir besser zur Vektornotation zurück und stoßen wieder auf den Gradienten und die Divergenz:

Gauß-Green

$$\iint_R (\mathrm{grad}\,u) \cdot w\,dx\,dy = \iint_R u(-\mathrm{div}\,w)\,dx\,dy + \int_C uw \cdot n\,ds. \quad (3.63)$$

Um den Zusammenhang mit dem Divergenzsatz zu erkennen, brauchen Sie die Divergenz von uw:

$$\frac{\partial}{\partial x}(uw_1) + \frac{\partial}{\partial y}(uw_2) = \left(\frac{\partial u}{\partial x}w_1 + \frac{\partial u}{\partial y}w_2\right) + u\left(\frac{\partial w_1}{\partial x} + \frac{\partial w_2}{\partial y}\right) \quad (3.64)$$
$$= (\operatorname{grad} u) \cdot w + u \operatorname{div} w.$$

Nun ist der Divergenzsatz für uw genau die Gleichung von Gauß-Green (3.63).

Die Operationen div, grad und rot in drei Dimensionen

Der Gradient und die Divergenz lassen sich direkt von zwei auf drei Dimensionen übertragen:

Gradient $\quad \operatorname{grad} u = \nabla u = \begin{bmatrix} \partial/\partial x \\ \partial/\partial y \\ \partial/\partial z \end{bmatrix} u = \begin{bmatrix} \partial u/\partial x \\ \partial u/\partial y \\ \partial z/\partial z \end{bmatrix},$ (3.65)

Divergenz $\quad \operatorname{div} w = \nabla \cdot w = \begin{bmatrix} \dfrac{\partial}{\partial x} & \dfrac{\partial}{\partial y} & \dfrac{\partial}{\partial z} \end{bmatrix} \begin{bmatrix} w_1 \\ w_2 \\ w_3 \end{bmatrix} = \dfrac{\partial w_1}{\partial x} + \dfrac{\partial w_2}{\partial y} + \dfrac{\partial w_3}{\partial z}.$ (3.66)

Dabei ist $u = u(x,y,z)$ ein Skalar und $w = w(x,y,z)$ ein Vektor. Die Schlüsselfragen drehen sich immer noch um die Gleichungen $v = \operatorname{grad} u$ und $\operatorname{div} w = 0$. Wir betrachten beide Gleichungen zunächst einzeln und setzen sie anschließend zur Laplace-Gleichung $\operatorname{div} \operatorname{grad} u = u_{xx} + u_{yy} + u_{zz} = 0$ zusammen.

1. **Gradientenfelder**: Welche Vektorfelder $v(x,y,z)$ sind Gradienten? Wenn $v = (v_1, v_2, v_3) = \operatorname{grad} u$ gilt, dann ist das Integral um eine geschlossene Kurve (mit $Q = P$) null:

$$\textbf{Kurvenintegral = Arbeit} = \int_P^Q v_1 \, dx + v_2 \, dy + v_3 \, dz = u(Q) - u(P). \quad (3.67)$$

2. **Divergenzfreie Felder**: Welche Vektorfelder $w(x,y,z)$ haben Divergenz null? Wenn $\operatorname{div} w = 0$ ist, dann gilt *Fluss = null*:

Fluss durch eine geschlossene Oberfläche, Divergenzsatz in 3D

$$\iint w \cdot n \, dS = \iiint \operatorname{div} w \, dx\,dy\,dz. \quad (3.68)$$

Die Gleichung $\operatorname{div} w = 0$ ist das kontinuierliche Analogon zum ersten Kirchhoffschen Gesetz (Knotenregel). *Es gibt weder Quellen noch Senken.*

Wir wollen anhand von v testen, ob es zu $v_1 = \partial u/\partial x$, $v_2 = \partial u/\partial y$ und $v_3 = \partial u/\partial z$ eine Lösung u gibt (in der Regel ist das nicht der Fall). Den Test bringt die **Gleichheit der Kreuzprodukte**. In zwei Dimensionen brachte $\partial^2 u/\partial x \partial y =$

3.3 Gradient und Divergenz

$\partial^2 u/\partial y \partial x$ eine Bedingung $\partial v_2/\partial x = \partial v_1/\partial y$. In drei Dimensionen gibt es drei Kreuzableitungen und drei Bedingungen an v:

Gradiententest

$$v = \operatorname{grad} u \quad \frac{\partial v_3}{\partial y} \frac{\partial v_2}{\partial x} = \frac{\partial v_1}{\partial y}, \frac{\partial v_3}{\partial y} = \frac{\partial v_2}{\partial z}, \frac{\partial v_1}{\partial z} = \frac{\partial v_3}{\partial x} \quad \operatorname{rot} v = 0.$$

Die zweite Frage beschäftigt sich mit $\operatorname{div} w = 0$. In zwei Dimensionen war das $\partial w_1/\partial x + \partial w_2/\partial y = 0$. Die Lösungen hatten die Form $w_1 = \partial s/\partial y$ und $w_2 = -\partial s/\partial x$. Es gab eine Identität $\partial^2 s/\partial x \partial y = \partial^2 s/\partial y \partial x$. Die Stromfunktion $s(x,y)$ war ein Skalar.

In drei Dimensionen haben wir drei Kreuzableitungen und drei Identitäten. Die Stromfunktion $S(x,y,z)$ ist ein **Vektorpotential** (s_1,s_2,s_3). Der zweidimensionale Fall ist ein Spezialfall in drei Dimensionen. Die Komponenten des Vektorpotentials sind dann $(0,0,s)$. Die drei Identitäten verbinden sich zur Vektoridentität $\operatorname{div} \operatorname{rot} S \equiv 0$. Hier ist die Rotation von $S = (s_1,s_2,s_3)$:

$$\operatorname{rot} S = \nabla \times S = \begin{bmatrix} 0 & -\frac{\partial}{\partial z} & \frac{\partial}{\partial y} \\ \frac{\partial}{\partial z} & 0 & -\frac{\partial}{\partial x} \\ -\frac{\partial}{\partial y} & \frac{\partial}{\partial x} & 0 \end{bmatrix} \begin{bmatrix} s_1 \\ s_2 \\ s_3 \end{bmatrix} = \begin{bmatrix} \frac{\partial s_3}{\partial y} - \frac{\partial s_2}{\partial z} \\ \frac{\partial s_1}{\partial z} - \frac{\partial s_3}{\partial x} \\ \frac{\partial s_2}{\partial x} - \frac{\partial s_1}{\partial y} \end{bmatrix}. \quad (3.69)$$

Die Lösungen zu $\operatorname{div} w = 0$ sind „Wirbelfelder" $w = \operatorname{rot} S$. Wenn in einem Volumen ohne Löcher $\operatorname{div} w = 0$ gilt, dann ist w die Rotation eines dreidimensionalen Feldes $S = (s_1,s_2,s_3)$. Die Schlüsselidentität (der Zwilling von $\operatorname{rot} \operatorname{grad} u = 0$) ist die Summe der x,y,z-Ableitungen der Komponenten von $\operatorname{rot} S$:

Es gilt $\operatorname{div} \operatorname{rot} S = 0$, weil sich drei Paare von Kreuzdifferenzen aufheben:

$$\frac{\partial}{\partial x}\left(\frac{\partial s_3}{\partial y} - \frac{\partial s_2}{\partial z}\right) + \frac{\partial}{\partial y}\left(\frac{\partial s_1}{\partial z} - \frac{\partial s_3}{\partial x}\right) + \frac{\partial}{\partial z}\left(\frac{\partial s_2}{\partial x} - \frac{\partial s_1}{\partial y}\right) \text{ identisch } 0. \quad (3.70)$$

Ein Gradientenfeld gehört zu einem Potential: $v = \operatorname{grad} u$, wenn $\operatorname{rot} v = 0$ ist.

Ein Quellenfeld gehört zu einer Stromfunktion: $\operatorname{div} w = 0$, wenn $w = \operatorname{rot} S$ ist.

Die Identität $\operatorname{div} \operatorname{rot} = 0$ ist die „Transponierte" von $\operatorname{rot} \operatorname{grad} = 0$.

Die letzte Aussage ergibt sich aus $(\operatorname{grad})^T = -\operatorname{div}$ und $(\operatorname{rot})^T = \operatorname{rot}$.

Beispiel 3.11 Ist $v = (yz, xz, xy)$ ein Gradientenfeld? Ja, es ist das Gradientenfeld von $u = xyz$. Ist v auch divergenzfrei? Ja, seine Divergenz ist $0+0+0$. Dann ist $\operatorname{div} v = \operatorname{div} \operatorname{grad} u = 0$, und $u = xyz$ löst die Laplace-Gleichung $u_{xx} + u_{yy} + u_{zz} = 0$.

Für das Vektorpotential $S = \frac{1}{2}(y^2z, z^2x, x^2y)$ gilt $v = \operatorname{rot} S$ (was sich sofort nachprüfen lässt). Beachten Sie aber einen Umstand, der in drei Dimensionen auftritt: Wir können S durch ein beliebiges Gradientenfeld ergänzen, ohne $\operatorname{rot} S$ zu ändern (wegen $\operatorname{rot} \operatorname{grad} u = 0$). Das ist eine „Eichtransformation". In zwei Dimensionen könnten wir $s(x,y)$ nur eine Konstante hinzufügen.

Beispiel 3.12 Angenommen, (v_1, v_2, v_3) ist ein **Wirbelfeld**. Der Fluss bewegt sich um eine feste Achse. Dann ist $\operatorname{rot} v$ *nicht null*. Tatsächlich zeigt $\operatorname{rot} v$ in Richtung der Rotationsachse. Daher kann v nicht der Gradient irgendeines Potentials u sein. Wird ein Teilchen um die Achse getrieben (sei dieses v ein Kraftfeld), dann nimmt es Energie auf. Das Arbeitsintegral (3.67) auf Seite 304 ist nicht null.

Die Divergenz des Rotationsfeldes ist null. In zwei Dimensionen war das Rotationsfeld $v = (-y, x)$.

Beispiel 3.13 Das **Radialfeld** $v = (x, y, z)$ ist der Gradient von $u = \frac{1}{2}(x^2 + y^2 + z^2)$. Die Divergenz dieses Feldes ist aber $1 + 1 + 1 = 3$. Mit anderen Worten: $\operatorname{div} \operatorname{grad} u = u_{xx} + u_{yy} + u_{zz} = 3$.

Das ist die Poisson-Gleichung mit der Quelle $f = 3$. Der Abfluss aus einer geschlossenen Fläche S ist das 3-fache des eingeschlossenen Volumens V. Angenommen, diese Fläche ist die Kugeloberfläche $x^2 + y^2 + z^2 = R^2$:

$$V = \frac{4}{3}\pi R^3 \quad \text{Fluss} \iint v \cdot n \, d = \iint R,$$

Prüfen Sie nach: $(R)(\text{Flächeninhalt}) = 4\pi R^3 = 3V$.

Es folgt eine Tabelle mit den wesentlichen Fakten zur Vektoranalysis. In zwei Dimensionen stehen die Äquipotenziallinien und die Stromlinien senkrecht aufeinander. Die zugrundeliegenden Überlegungen sind aber analog.

Gradient und Divergenz, ebene Vektorfelder $v(x,y)$ und $w(x,y)$

$v = \operatorname{grad} u = \nabla u$ $\qquad\qquad$ $\operatorname{div} w = \nabla \cdot w = 0$

Potential u $\quad v_1 = \dfrac{\partial u}{\partial x}, v_2 = \dfrac{\partial u}{\partial y}$ $\qquad$ **Stromfunktion** s $\quad w_1 = \dfrac{\partial s}{\partial y}, w_2 = -\dfrac{\partial s}{\partial x}$

Test für v: $\operatorname{rot} v = \dfrac{\partial v_2}{\partial x} - \dfrac{\partial v_1}{\partial y} = 0$ $\qquad$ Test für w: $\operatorname{div} w = \dfrac{\partial w_1}{\partial x} + \dfrac{\partial w_2}{\partial y} = 0$

Wirbelfreie Strömung: Vortizität null $\qquad$ Quellenfreie Strömung: Quelle null

Gesamtzirkulation um Schleifen ist null: $\qquad$ Gesamtfluss durch Schleifen ist null:

$\oint v_{\text{tangential}} \, ds = \int v_1 \, dx + v_2 \, dy = 0$ $\qquad$ $\oint w_{\text{normal}} \, ds = \int w_1 \, dy - w_2 \, dx = 0$

Kontinuierliche Form der Maschenregel $\qquad$ Kontinuierliche Form der Knotenregel

Äquipotenziallinien: $u(x, y) =$ konstant $\qquad$ **Stromlinien:** $s(x, y) =$ konstant

v steht senkrecht auf den Äquipotenziallinien $\qquad$ w ist tangential zu den Stromlinien

3.3 Gradient und Divergenz

Gauß-Green
$$\iint w \cdot \operatorname{grad} u\, dx dy = \iint u(-\operatorname{div} w)\, dx dy + \int u w \cdot n\, ds. \quad (3.71)$$

$A^T = (\operatorname{grad})^T = -\operatorname{div}$ **partielle Integration** $(Au)^T w = u^T(A^T w)$. $\quad (3.72)$

Divergenzsatz im Fall $u = 1$ $\quad \iint (\operatorname{div} w)\, dx dy = \oint w \cdot n\, ds. \quad (3.73)$

Aufgaben zu Abschnitt 3.3

3.3.1 Was sind die Äquipotenziallinien und die Stromlinien bei gleichmäßigem Fluss $v = (1,0) = w$? Was sind die Stromlinien eines Flussfeldes $w = (0,x)$? (Lösen Sie nach s auf, es gibt kein u.)

3.3.2 Zeigen Sie, dass dieser *Schubfluss* $w = (0,x)$ kein Gradientenfeld ist. Die Stromlinien sind aber gerade vertikale Linien, die parallel zu w verlaufen. Wie kann es irgendwelche Wirbel geben, wenn der Fluss nur aufwärts oder abwärts zeigt?

3.3.3 *Divergenzsatz*: Die Flüsse, die aus den Knoten 1, 2, 4 austreten, sind $w_1 + w_3$, _____ und _____ . Die Summe dieser drei „Divergenzen" ist der Gesamtfluss _____ über die gestrichelte Linie.

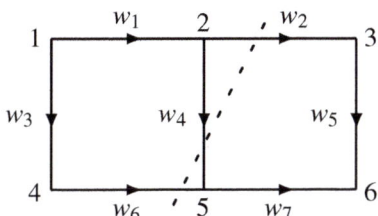

3.3.4 *Diskreter Satz von Stokes*: Die Zirkulation um das linke Rechteck ist $w_3 + w_6 - w_4 - w_1$. Addieren Sie die Zirkulation um das rechte Rechteck, um die Zirkulation um das große Rechteck zu bestimmen. (Der kontinuierliche Satz von Stokes ist eine Grundfeste der modernen Analysis.)

3.3.5 Setzen Sie in Gleichung (3.48) (Satz von Stokes) auf Seite 297 $v_1 = -y$ und $v_2 = 0$, um zu zeigen, dass der Flächeninhalt von S gleich dem Kurvenintegral $-\int_C y\, dx$ ist. Bestimmen Sie den Flächeninhalt einer Ellipse ($x = a\cos t$, $y = b\sin t, x^2/a^2 + y^2/b^2 = 1, 0 \leq t \leq 2\pi$).

3.3.6 Benutzen Sie rot v, um zu zeigen, dass $v = (y^2, x^2)$ kein Gradient einer Funktion u ist, $v = (y^2, 2xy)$ aber ein solcher Gradient ist. Bestimmen Sie in diesem Fall u.

3.3.7 Benutzen Sie div w, um zu zeigen, dass $w = (x^2, y^2)$ für beliebiges s nicht von der Form $(\partial s/\partial y, -\partial s/\partial x)$ ist. Zeigen Sie, dass aber $w = (y^2, x^2)$ diese Form hat, und bestimmen Sie die Stromfunktion s.

3.3.8 Sei $u = x^2$ im Quadrat $S = \{-1 < x, y < 1\}$. Berechnen Sie beide Seiten der folgenden Gleichung, wenn $w = \operatorname{grad} u$ ist:

Divergenzsatz $\iint_s \operatorname{div} \operatorname{grad} u \, dx \, dy = \int_c n \cdot \operatorname{grad} u \, ds$.

3.3.9 Die Kurven $u(x,y)$ = konstant sind orthogonal zur Familie $s(x,y)$ = konstant, wenn $\operatorname{grad} u$ orthogonal zu $\operatorname{grad} s$ ist. Diese Gradientenvektoren stehen senkrecht auf den Kurven, bei denen es sich um Äquipotenziallinien und Stromlinien handeln kann. Konstruieren Sie $s(x,y)$ und prüfen Sie die Richtigkeit der Gleichung $(\operatorname{grad} u)^T (\operatorname{grad} s) = 0$ nach:

(a) $u(x,y) = y$: Äquipotenziallinien sind parallel verlaufende horizontale Linien.
(b) $u(x,y) = x - y$: Äquipotenziallinien sind parallele Linien im Winkel von $45°$.
(c) $u(x,y) = \log(x^2 + y^2)^{1/2}$: Äquipotenziallinien sind konzentrische Kreise.

3.3.10 Welche Funktionen u und s gehören zu $v = (u_x, u_y) = (2xy, x^2 - y^2)$? Skizzieren Sie die Äquipotenziallinien und Stromlinien für den Fluss in einem Keil von $30°$ (in Abbildung 3.12 auf Seite 301 waren es $45°$). Zeigen Sie, dass am oberen Rand $y = x/\sqrt{3}$ $v \cdot n = 0$ ist.

3.3.11 Ersetzen Sie im Divergenzsatz in zwei Dimensionen w_1 durch v_2 und w_2 durch $-v_1$, um auf den Satz von Stokes zu kommen:

Vortizität in Innern
Zirkulation ringsherum $\iint \left(\dfrac{\partial v_2}{\partial x} - \dfrac{\partial v_1}{\partial y} \right) dx \, dy = \int v_1 \, dx + v_2 \, dy$.

Berechnen Sie beide Seiten im Fall $v = (0, x)$ und auch im Fall $v = \operatorname{grad} u = (u_x, u_y)$.

3.3.12 Überzeugen Sie sich davon, dass $\operatorname{rot} v = 0$ gilt, wenn $v = (x(y^2 + z^2), y(x^2 + z^2), z(x^2 + y^2))$ ist. Dieses Vektorfeld v muss der Gradient eines Potentials $u(x,y,z)$ sind. Was ist dieses Potential u?

3.3.13 (a) Ein *ebenes Vektorfeld* hat die Form $v = (v_1(x,y), v_2(x,y), 0)$. Bestimmen Sie die drei Komponenten von $\operatorname{rot} v$. In welche Richtung zeigt die Rotation eines ebenen Vektorfeldes?

(b) Angenommen, $u = u(x,y)$ hängt nur von x und y ab. Bestimmen Sie die drei Komponenten des ebenen Vektorfeldes $v = \operatorname{grad} u$. Zeigen Sie, dass die drei Komponenten von $\operatorname{rot}(\operatorname{grad} u) = 0$ die zweidimensionale Form (3.46) auf Seite 297 liefern: Vortizität null.

3.3.14 Angenommen, $S(x,y,z)$ hat die spezielle Form $S = (0, 0, s(x,y))$. Bestimmen Sie die drei Komponenten von $\operatorname{rot} S$. Überzeugen Sie sich davon, dass sich die Identität $\operatorname{div}(\operatorname{rot} S) = 0$ auf Gleichung (3.58) auf Seite 301 reduziert.

3.3.15 Das *Positionsfeld* ist einfach $R = (x,y,z)$. Bestimmen Sie seine Divergenz und seine Rotation. Die Richtung und die Stärke des Flussfeldes $w = (x,y,z)$ sind _____. Welcher Quellterm $f(x,y,z)$ ist vonnöten, um diesen Fluss aufrecht zu erhalten?

3.3.16 Ein *Wirbelfeld* lässt sich als Kreuzprodukt der Achse $A = (a_1, a_2, a_3)$ mit $R = (x,y,z)$ darstellen:

Wirbelfeld $v(x,y,z) = A \times R = (a_2 z - a_3 y, a_3 x - a_1 z, a_1 y - a_2 x)$.

3.3 Gradient und Divergenz

Zeigen Sie, dass rot $v = 2a$ und div $v = 0$ ist. Ist v ein Gradientenfeld? Ist v ein Wirbelfeld, und was ist die Stromfunktion S? Welche Wahl der Rotationsachse A führt zu einer Rotation in der $x-y$-Ebene, sodass v ein ebenes Vektorfeld ist?

3.3.17 Angenommen, w ist ein Wirbelfeld $w = \operatorname{rot} S$. Warum kann man zu S jedes Gradientenfeld hinzunehmen und weiter dasselbe $w = \operatorname{rot}(S+v)$ erhalten? Die drei Gleichungen $w = \operatorname{rot} S$ bestimmen $S = (s_1, s_2, s_3)$ nur bis auf ein additives grad u.

3.3.18 Der Rotationsoperator ist nicht invertierbar. Sein Nullraum enthält alle Gradientenfelder $v = \operatorname{grad} u$. Benutzen Sie die „Determinante" der 3×3-Rotationsmatrix aus Gleichung (3.69) auf Seite 305, um zu zeigen, dass formal $\det(\operatorname{rot}) = 0$ gilt. Bestimmen sie zwei „Vektorpotentiale" S_1 und S_2, deren Rotation gleich $(2x, 3y, -5z)$ ist.

3.3.19 Bestimmen Sie $S = (0, 0, s_3)$ so, dass $\operatorname{rot} S = (y, x^2, 0)$ ist.

3.3.20 Warum ist in drei Dimensionen div rot grad u auf zwei Arten automatisch null.

3.3.21 Prüfen Sie die Richtigkeit der folgenden Identitäten für das Potential u und die Vektorfelder $v(x,y,z)$ und $w(x,y,z)$:

(a) $\operatorname{div}(uw) = (\operatorname{grad} u) \cdot w + u(\operatorname{div} w)$,
(b) $\operatorname{rot}(uw) = (\operatorname{grad} u) \times w + u(\operatorname{rot} w)$,
(c) $\operatorname{div}(v \times w) = w \cdot (\operatorname{rot} v) - v \cdot (\operatorname{rot} w)$,
(d) $\operatorname{div}(\operatorname{grad} w) = \operatorname{grad}(\operatorname{div} w) - \operatorname{rot}(\operatorname{rot} w)$ (3 Komponenten $\operatorname{div}(\operatorname{grad} w_1), \ldots$).

Die Aufgaben 3.3.22–3.3.24 greifen auf die dreidimensionale Version des Satzes von Gauß-Green zurück. Das ist das **Gaußsche Gesetz** $(\operatorname{grad} u, \boldsymbol{w}) = (\boldsymbol{u}, -\operatorname{div} \boldsymbol{w})$ plus $\iint uw \cdot n \, dS$. Formal liefert diese Identität $(\operatorname{grad})^T = -\operatorname{div}$ und $(\operatorname{rot})^T = \operatorname{rot}$.

3.3.22 Schreiben Sie den Divergenzsatz für $u = 1$ in V auf. Berechnen Sie mit $(w_1, w_2, w_3) = (y, z, x)$ beide Seiten des Divergenzsatzes für V = Einheitswürfel.

3.3.23 Sehen Sie sich die zum Operator rot gehörige 3×3-Matrix an. Warum stimmt sie mit ihrer adjungierten (transponierten) Matrix überein? Schreiben Sie die Terme in $\iiint (s \cdot \operatorname{rot} v) dV = \iiint (v \cdot \operatorname{rot} s) dV$, wenn auf der Oberfläche S des Volumens V die Gleichung $v = s = 0$ gilt.

3.3.24 (a) In einem dreidimensionalen Volumen V sei rot $v = 0$ und div $w = 0$ mit $w \cdot n = 0$ auf dem Rand. Zeigen Sie, dass v und w orthogonal sind: $\iiint v^T w \, dV = 0$.

(b) Wie könnte man ein beliebiges Vektorfeld $f(x,y,z)$ in $v + w$ zerlegen?

3.3.25 Wählen Sie u und w in der Gauß-Greenschen Formel um zu zeigen, dass $\iint (\psi_{xx} + \psi_{yy}) dx\, dy = \int \partial \psi / \partial n \, ds$ gilt.

3.3.26 Setzen Sie $w = \operatorname{grad} v$ in die Gauß-Greenschen Formel ein, um Folgendes zu zeigen:

$$\iint (u \nabla^2 v + \nabla u \cdot \nabla v) dx\, dy = \int u \frac{\partial v}{\partial n} ds$$
$$\iint (u \nabla^2 v - v \nabla^2 u) dx\, dy = \int \left(u \frac{\partial v}{\partial n} - v \frac{\partial u}{\partial n} \right) ds.$$

3.3.27 Sei A der Gradient und C^{-1} die Rotation. Dann enthält die Sattelpunktsmatrix in unserem Grundmuster alle drei Schlüsseloperatoren der Vektoranalysis:

$$M = \begin{bmatrix} C^{-1} & A \\ A^T & 0 \end{bmatrix} = \begin{bmatrix} \text{rot} & \text{grad} \\ -\text{div} & 0 \end{bmatrix} = \begin{bmatrix} 0 & -\partial/\partial z & \partial/\partial y & \partial/\partial x \\ \partial/\partial z & 0 & -\partial/\partial x & \partial/\partial y \\ -\partial/\partial y & \partial/\partial x & 0 & \partial/\partial z \\ -\partial/\partial x & -\partial/\partial y & -\partial/\partial z & 0 \end{bmatrix}.$$

Zeigen Sie, dass M^2 eine Diagonalmatrix ist! Sie ist $-\triangle^2 I$, und die Multiplikation bestätigt die Richtigkeit der nützlichen Identität $\text{rot}\,\text{rot} - \text{grad}\,\text{div} = -\triangle^2$ sowie der Gleichungen $\text{rot}\,\text{grad} = 0$ und $\text{div}\,\text{rot} = 0$.

3.3.28 Das Feld $v = (v_1, v_2, v_3)$ sei ein Gradientenfeld $(\partial u/\partial x, \partial u/\partial y, \partial u/\partial z)$. Die Identität $u_{xy} = u_{yx}$ besagt, dass $\partial v_2/\partial x = \partial v_1/\partial y$ ist. Schreiben Sie (unter der Annahme, dass die Ableitungen existieren) die beiden anderen Identitäten von Kreuzableitungen auf. Zeigen Sie, dass diese **für jede Funktion $u(x, y, z)$** die Identität **rot(grad u) = 0** liefern. Alle Gradientenfelder sind wirbelfrei.

3.4 Die Laplace-Gleichung

Dieser Abschnitt beginnt mit einer Liste von Lösungen der Laplace-Gleichung $u_{xx} + u_{yy} = 0$. Bemerkenswert ist: *Diese Lösungen treten paarweise auf.* Zu jeder Lösung $u(x, y)$ gehört eine andere Lösung (wir taufen sie $s(x, y)$). Ein Paar können wir sofort nennen:

Die Laplace-Gleichung wird durch $u(x, y) = x^2 - y^2$ und $s(x, y) = 2xy$ gelöst.

Es lässt sich schnell überprüfen, dass die Summe von $u_{xx} = 2$ und $u_{yy} = -2$ null ist. Im speziellen Beispiel $2xy$ ist $s_{xx} = 0$ und $s_{yy} = 0$. Es ist leicht, ein einfacheres Paar, nämlich $u = x$ und $s = y$, zu finden. Mit etwas Aufwand können wir ein kubisches Paar finden (wir starten mit x^3 und subtrahieren $3xy^2$, sodass in der Laplace-Gleichung $u_{xx} = 6x$ und $u_{yy} = -6x$ stehen). Wenn wir alle Funktionen u und s in Polarkoordinaten mit $x = r\cos\theta$ und $y = r\sin\theta$ schreiben, beginnt sich das Muster abzuzeichnen:

$u(x,y)$	$s(x,y)$	$u(r,\theta)$	$s(r,\theta)$
x	y	$r\cos\theta$	$r\sin\theta$
$x^2 - y^2$	$2xy$	$r^2 \cos 2\theta$	$r^2 \sin 2\theta$
$x^3 - 3xy^2$	$3x^2y - y^3$	$r^3 \cos 3\theta$	$r^3 \sin 3\theta$
...	...	...	...

Wenn u das Potential ist, dann ist s die Stromfunktion. Wenn u die Temperatur ist, die sich über einem Gebiet ändert, dann breitet sich die Wärme entlang der Stromlinien $s =$ konstant aus. Die Verbindung zwischen u und s heißt Hilbert-Transformation. Wir wollen zunächst die Liste von Polynomen vervollständigen.

3.4 Die Laplace-Gleichung

Ich werde gleich zur Schlüsselerkenntnis kommen, weil ich keine bessere Art der Einführung kenne. Bei dieser Erkenntnis spielt die **komplexe Variable** $z = x + iy$ eine Rolle. Die Lösungen ersten Grades x und y sind Real- und Imaginärteil von z. Die Lösungen zweiten Grades stammen aus der Gleichung $(x+iy)^2 = (x^2 - y^2) + i(2xy)$. Dabei haben wir das erste Mal die Beziehung $i^2 = -1$ benutzt. Wir hoffen, dass die Lösungen dritten Grades Real- und Imaginärteil von $z^3 = (x+iy)^3$ sind. *Genauso ist es.* Neuland betreten wir mit den Lösungen vierten Grades:

$$u_4(x,y) + is_4(x,y) = \boldsymbol{(x+iy)^4} = (x^4 - 6x^2y^2 + y^4) + i(4x^3y - 4xy^3).$$

Durch direktes Einsetzen stellen wir fest, dass wir der Liste von Lösungen zur Laplace-Gleichung ein weiteres Paar u_4 und s_4 hinzufügen können.

Der bedeutende Schritt ist der Fall $z^n = (x+iy)^n$. Die Ableitungen von z^n nach x und y sind $n(x+iy)^{n-1}$ und $in(x+iy)^{n-1}$. Die Anwendung der Kettenregel bringt den Faktor i (Ableitung von $x+iy$ nach y). Dann bringt die zweite Ableitung nach y einen weiteren Faktor i, und $i^2 = -1$ liefert das negative Vorzeichen, das wir in der Laplace-Gleichung brauchen:

$$\frac{\partial^2}{\partial x^2}(x+iy)^n + \frac{\partial^2}{\partial y^2}(x+iy)^n = n(n-1)(x+iy)^{n-2} + i^2 n(n-1)(x+iy)^{n-2} = 0. \tag{3.74}$$

Gleich werden wir die Lösungen $u_n = \text{Re}(x+iy)^n$ und $s_n = \text{Im}(x+iy)^n$ in Polarkoordinaten als $\boldsymbol{u_n = r^n \cos n\theta}$ und $\boldsymbol{s_n = r^n \sin n\theta}$ schreiben.

Wichtig: *Die Überlegung, die auf Gleichung* (3.74) *führte, beschränkt sich nicht auf die speziellen Funktionen* $z^n = (x+iy)^n$. Wir könnten irgendeine nette Funktion $f(z) = f(x+iy)$ wählen, nicht nur einfach Potenzen z^n, und die Kettenregel würde weiterhin dasselbe $i^2 = -1$ erzeugen:

$$\frac{\partial^2}{\partial x^2} f(x+iy) + \frac{\partial^2}{\partial y^2} f(x+iy) = f''(x+iy) + i^2 f''(x+iy) = 0. \tag{3.75}$$

Diese Gleichung ist sehr formal, lassen Sie mich in anderer Weise zu diesem Schluss kommen. Wir wissen, dass jede Superposition von Lösungen zur Laplace-Gleichung (einer linearen Gleichung) wieder eine Lösung ist. Daher können wir jede Kombination von $1, z, z^2, \ldots$ mit Koeffizienten $c_0, c_1, c_2, \ldots$ wählen, solange die gewählte Summe konvergiert. Abschnitt 5.1 befasst sich mit dieser Konvergenz:

Analytische Funktion $\quad f(x+iy) = f(z) = c_0 + c_1 z + \cdots = \sum_{n=0}^{\infty} c_n z^n. \tag{3.76}$

Dann sind Real- und Imaginärteil von $f(z)$ Lösungen zur Laplace-Gleichung:

Harmonische Funktionen
$u(x,y) = \text{Re}[f(x+iy)] \quad s(x,y) = \text{Im}[f(x+iy)]. \tag{3.77}$

Beachten Sie die Begriffe „analytische Funktion" von z und „harmonische Funktionen" von x und y. Die analytische Funktion f ist komplex, die beiden harmonischen Funktionen u und s sind reell. Innerhalb jedes $x - y$-Gebietes, in dem die Potenzreihe aus Gleichung (3.76) konvergiert, lösen die beiden Funktionen $u(x,y)$ und $s(x,y)$ die Laplace-Gleichung. Tatsächlich haben wir so (ohne Beweis) alle Lösungen um den Entwicklungspunkt $z = 0$ bestimmt.

Beispiel 3.14 Eine Potenzreihe, die überall konvergiert, ist die Exponentialreihe, wobei $1/n!$ der n-te Koeffizient c_n ist:

$$\textbf{Reihenentwicklung für } e^z \quad \sum_{n=0}^{\infty} \frac{z^n}{n!} = e^z = e^{x+iy} = e^x e^{iy}. \tag{3.78}$$

Benutzen Sie die bedeutende Euler-Identität $e^{iy} = \cos y + i \sin y$, um Real- und Imaginärteil zu trennen:

$$e^x(\cos y + i \sin y) \quad \text{liefert} \quad u(x,y) = e^x \cos y \quad \text{und} \quad s(x,y) = e^x \sin y. \tag{3.79}$$

Wir überzeugen uns davon, dass $u_{yy} = -u_{xx}$ ist. Die Laplace-Gleichung wird von beiden Teilen von e^z erfüllt.

Beispiel 3.15 Die Funktion $f(z) = 1/z$ kann um $z = 0$ keine konvergente Potenzreihe sein, weil sie an dieser Stelle explodiert. An allen anderen Entwicklungspunkten ist $1/z$ aber analytisch:

$$\textbf{\textit{u} + i\textit{s}} \quad \frac{1}{z} = \frac{1}{x+iy} = \frac{1}{x+iy} \cdot \frac{x-iy}{x-iy} = \left(\frac{x}{x^2+y^2}\right) + i\left(\frac{-y}{x^2+y^2}\right). \tag{3.80}$$

Natürlich haben die beiden Lösungen u und s an der Stelle $z = 0$ ($x = y = 0$) Probleme.

Die Cauchy-Riemann-Differentialgleichungen

Das Potential u und die Stromfunktion s sind eng miteinander verknüpft. Physikalisch betrachtet, zeigt die Flussgeschwindigkeit $v = \text{grad}\, u$ in Richtung der Stromlinien $s = $ konstant. Geometrisch betrachtet, stehen die Äquipotenziallinie $u = $ konstant senkrecht auf diesen Stromlinien. Mathematisch betrachtet, stammen u und s von derselben analytischen Funktion $f(x+iy) = u(x,y) + is(x,y)$ ab.

Die direkte Verbindung zwischen u und s ergibt sich schnell aus den ersten Ableitungen:

$$\frac{\partial}{\partial y} f(x+iy) = i\frac{\partial}{\partial x} f(x+iy) \text{ aufgrund der Kettenregel. Das ist}$$

$$\frac{\partial}{\partial y}(u+is) = i\frac{\partial}{\partial x}(u+is).$$

Setzen Sie die Imaginärteile auf beiden Seiten gleich und anschließend die Realteile:

3.4 Die Laplace-Gleichung

Cauchy-Riemann-Differentialgleichungen
$$\frac{\partial u}{\partial x} = \frac{\partial s}{\partial y} \quad \text{und} \quad \frac{\partial u}{\partial y} = -\frac{\partial s}{\partial x}. \tag{3.81}$$

Diese beiden Gleichungen liefern die perfekte Verbindung zwischen $u(x,y)$ und $s(x,y)$:

Stromlinien stehen senkrecht auf den Äquipotenziallinien
$$\frac{\partial u}{\partial x}\frac{\partial s}{\partial x} + \frac{\partial u}{\partial y}\frac{\partial s}{\partial y} = \frac{\partial u}{\partial x}\left(-\frac{\partial u}{\partial y}\right) + \frac{\partial u}{\partial y}\left(\frac{\partial u}{\partial x}\right) = 0. \tag{3.82}$$

Folglich ist $\mathrm{grad}\,s$ gegenüber $\mathrm{grad}\,u$ um $90°$ gedreht. Die Ableitung von u über eine Kurve ist die Ableitung von s *entlang dieser Kurve*. Angenommen, wir integrieren entlang einer Kurve, die einen Punkt P mit einem anderen Punkt Q verknüpft. Das Integral von $\partial u/\partial n$ ist der durch diese Kurve gehende Fluss. Das Integral über die Ableitung von s ist $s_{\mathsf{Ende}} - s_{\mathsf{Start}} = s(Q) - s(P)$:

Die Differenz $s(Q) - s(P)$ misst den zwischen P und Q verlaufenden Fluss.

Zum Schluss kommen wir zur physikalischen Bedeutung der Stromfunktion! Die Stromlinien führen durch jede Kurve von P nach Q. Der Gesamtfluss zwischen den Punkten ist $s(Q) - s(P)$.

Polarkoordinaten: Laplace-Gleichung in einem Kreis

Unsere Polynome $\mathrm{Re}[(x+iy)^n]$ und $\mathrm{Im}[(x+iy)^n]$ sind in den Fällen $n = 1$ und 2 einfach. Ab $n = 4$ fangen sie an, komplizierter auszusehen. Das liegt daran, dass x und y die falschen Koordinaten sind, um Potenzen von $z = x + iy$ darzustellen. Polarkoordinaten, in denen $x = r\cos\theta$ und $y = r\sin\theta$ ist, eignen sich wesentlich besser dazu. Die Kombination $z = x + iy$ ist fantastisch, wenn wir sie als $re^{i\theta}$ schreiben:

Polarkoordinaten $\quad x + iy = r\cos\theta + ir\sin\theta = r(\cos\theta + i\sin\theta) = re^{i\theta}. \tag{3.83}$

Diese Koordinaten sind in Abbildung 3.14 auf der nächsten Seite dargestellt. Wir können z^n sofort bestimmen und trennen:

Potenzen von z $\quad (re^{i\theta})^n = r^n e^{in\theta} = r^n \cos n\theta + ir^n \sin n\theta. \tag{3.84}$

Der Realteil $u = r^n \cos n\theta$ und der Imaginärteil $s = r^n \sin n\theta$ sind die polynomialen Lösungen der Laplace-Gleichung. Ihre Kombinationen liefern alle Lösungen um $r = 0$:

Vollständige Lösung $\quad u(r,\theta) = \sum_{n=0}^{\infty}(a_n r^n \cos n\theta + b_n r^n \sin n\theta). \tag{3.85}$

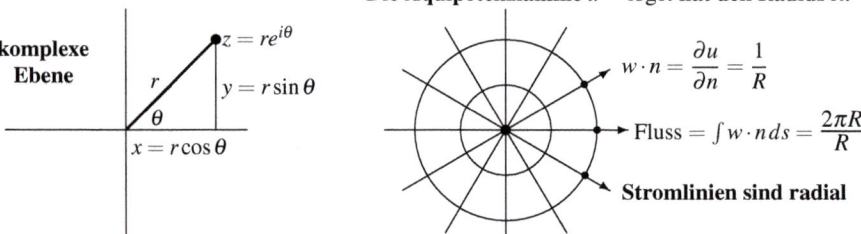

Abb. 3.14 Die x,y- und r,θ-Koordinaten von z. Fluss 2π aus einer Punktquelle $2\pi\delta$.

Um wirklich effizient zu sein, sollten wir die Laplace-Gleichung in Polarkoordinaten aufschreiben:

Laplace-Gleichung in r,θ $\quad \dfrac{\partial^2 u}{\partial r^2} + \dfrac{1}{r}\dfrac{\partial u}{\partial r} + \dfrac{1}{r^2}\dfrac{\partial^2 u}{\partial \theta^2} = 0.$ \hfill (3.86)

Einsetzen von $u = r^n \cos n\theta$ liefert $r^{n-2} \cos n\theta$ mal $[n(n-1) + n - n^2] = 0$.

Beispiel 3.16 Der Logarithmus von $z = re^{i\theta}$ wird zu einer Summe von zwei einfachen Logarithmen:

Radialer Fluss $\quad \log z = \log r + i\theta, \quad$ sodass $\quad u = \log r \quad$ und $\quad s = \theta$. \hfill (3.87)

Das ist ein sehr nützliches Paar von Lösungen der Laplace-Gleichung (abgesehen vom Mittelpunkt $z = 0$, an dem der Logarithmus unendlich ist). Die Äquipotenziallinien $\log r = c$ sind Kreise um den Ursprung. Die Stromlinien sind die Strahlen $\theta = c$, die senkrecht zu den Kreisen vom Ursprung nach außen führen. Der Fluss kommt von einer Punktquelle $\delta(x,y)$ im Ursprung.

Die Stärke dieser Quelle ist der Fluss durch einen Kreis vom Radius R. Der Fluss muss für alle Kreise (alle R) gleich sein, weil es keine anderen Quellen gibt:

Fluss $= \displaystyle\int_{r=R} w \cdot n\, ds = \int_0^{2\pi} \left(\dfrac{\partial u}{\partial n}\right)(R\, d\theta) = \int_0^{2\pi} \dfrac{1}{R} R\, d\theta = 2\pi.$ \hfill (3.88)

Die Funktion $u = \log r = \log \sqrt{x^2+y^2} = \tfrac{1}{2}\log(x^2+y^2)$ erfüllt die Poisson-Gleichung mit der Punktquelle $f = 2\pi\delta$. $\delta(x,y)$ ist eine *zweidimensionale Deltafunktion*:

$\delta(x,y)$ in 2D $\quad \displaystyle\iint \delta\, dx\, dy = 1 \qquad \iint F(x,y)\, \delta(x,y)\, dx\, dy = F(0,0).$ \hfill (3.89)

Da der Punkt $r = 0$ für das Potential $u = \log r$ speziell ist, muss er auch für die Stromfunktion $s = \theta$ speziell sein. An der Stelle $r = 0$ ist der Winkel θ nicht definiert. Wenn wir θ beobachten, während wir um den Ursprung kreisen (sodass $P = Q$ ist), nimmt θ um $s(Q) - s(P) = 2\pi$ zu. Das ist der Fluss.

3.4 Die Laplace-Gleichung

In unserer alten Sprache ausgedrückt, ist $(\log r)/2\pi$ **die Green-Funktion** der Laplace-Gleichung mit einer Einheitsquelle an der Stelle $r = 0$. Der Gradient von $\log r$ ist $v = w = (x/r^2, y/r^2)$. Die Green-Funktion für $u_{xx} + u_{yy} + u_{zz} = \delta(x,y,z)$ in drei Dimensionen ist $u = 1/4\pi r$.

Beispiel 3.17 *Wir können die Laplace-Gleichung auf dem Kreis lösen:*

$$\textbf{Laplace-Lösung} \quad u(r,\theta) = \sum_{n=0}^{\infty} (a_n r^n \cos n\theta + b_n r^n \sin n\theta). \tag{3.90}$$

Auf dem Kreis $r = 1$ kann diese Lösung jede Randbedingung $u(1,\theta) = u_0(\theta)$ erfüllen:

$$\textbf{Randbedingung an } u \quad u_0(\theta) = \sum_{n=0}^{\infty} (a_n \cos n\theta + b_n \sin n\theta). \tag{3.91}$$

Das ist die **Fourier-Reihe** für die Randfunktion $u_0(\theta)$. Die allgemeinen Gleichungen für a_n und b_n werden in Abschnitt 4.1 vorgestellt. Hier wählen wir $u_0 = 1$ auf der oberen Hälfte des Kreises und $u_0 = -1$ auf der unteren Hälfte (zwei Sprünge auf dem Kreis).

Die einzigen von null verschiedenen Fourier-Koeffizienten dieser ungeraden Funktion sind $b_n = 4/\pi n$ für ungerades n. Die Lösung innerhalb des Kreises ist glatt (kein Sprung im Inneren). Setzen Sie b_n in Gleichung (3.90) ein:

$$\textbf{Entlang der } x\textbf{-Achse null} \quad u(r,\theta) = \frac{4}{\pi}\left(\frac{r\sin\theta}{1} + \frac{r^3 \sin 3\theta}{3} + \cdots\right).$$

Poisson-Gleichung in einem Quadrat

In einem Kreis trennen wir r von θ. In einem Quadrat trennen wir x von y. Ein Beispiel wird veranschaulichen, wie wir damit zu einer Lösung der Poisson-Gleichung in Form einer unendlichen Reihe kommen, wenn die Randbedingung $u = 0$ auf dem Einheitsquadrat lautet. Anschließend können wir diese Lösung (indem wir die Reihe nach N^2 Termen abschneiden) mit den noch anstehenden Lösungen aus finiten Differenzen und finiten Elementen vergleichen. Diese arbeiten mit $N \times N$ Gittern, sodass sie auch N^2 Zahlen liefern.

Für die Arbeit mit $-u_{xx} - u_{yy}$ in einem Einheitsquadrat sind **die Eigenvektoren** $u_{mn}(x,y)$ **der Schlüssel**:

$$u_{mn} = (\sin m\pi x)(\sin n\pi y) \text{ liefert } -u_{xx} - u_{yy} = (m^2 + n^2)\pi^2 u = \lambda_{mn} u. \tag{3.92}$$

Unter Verwendung dieser Eigenvektoren, untergliedert sich die Lösung von $-u_{xx} - u_{yy} = f(x,y)$ in drei Schritte:

1. Schreiben Sie $f(x,y)$ als eine Kombination $f = \sum\sum b_{mn} u_{mn}$ der Eigenvektoren.

2. Dividieren Sie jeden Koeffizienten b_{mn} durch den Eigenwert $\lambda_{mn} = (m^2 + n^2)\pi^2$.

3. Die Lösung ist $u(x,y) = \sum_{m=1}^{\infty} \sum_{n=1}^{\infty} \dfrac{b_{mn}}{\lambda_{mn}} (\sin m\pi x)(\sin n\pi y)$.

Zweifellos gilt $u(x,y) = 0$ auf dem Rand des Quadrates: $\sin m\pi x = 0$ für $x = 0$ oder 1 und $\sin n\pi y = 0$ für $y = 0$ oder 1. Diese unendliche Reihe ist vom Rechenaufwand her effektiv, wenn die Koeffizienten b_{mn} schnell abfallen und schnell berechnet werden können. Beispiel 3.18 mit $f(x,y) = 1$ hat sowohl gute als auch schlechte Seiten: Die Koeffizienten b_{mn} haben eine einfache Gleichung, fallen aber nur langsam ab.

Beispiel 3.18 Lösen Sie $-u_{xx} - u_{yy} = 1$ mit $u = 0$ auf dem Rand des Einheitsquadrates.

Lösung Wenn die Eigenvektoren $u_{mn}(x,y)$ Sinusfunktionen sind, ist die Reihe $f = 1 = \sum\sum b_{mn} u_{mn}$ eine **doppelte Fourier-Sinusreihe**. Diese Funktion f lässt sich in 1 mal 1 trennen:

Doppelte Fourier-Sinusreihe in 2D

$$f(x,y) = 1 = \left(\sum_{\text{ungerade } m} \frac{4 \sin m\pi x}{m\pi} \right) \left(\sum_{\text{ungerade } n} \frac{4 \sin n\pi y}{n\pi} \right). \quad (3.93)$$

Im zweiten Schritt wird jedes $b_{mn} = 16/mn\pi^2$ durch $\lambda_{mn} = (m^2 + n^2)\pi^2$ dividiert. Die Lösung ist die Sinusreihe mit den Koeffizienten b_{mn}/λ_{mn}. Es folgt ein schneller Code poisson.m, der den mittleren Wert $u(\frac{1}{2}, \frac{1}{2})$ berechnet, indem er die unendliche Reihe bei $m = n = N$ abschneidet. Der Fehler ist die Größe $1/N^3$ der nachfolgenden Terme, deren Vorzeichen alterniert (oder sie würden sich zu einem größeren Fehler $1/N^2$ summieren). Diese Abfallrate $1/N^3$ ist normal, wenn $u_{xx} + u_{yy}$ auf dem Rand einen Sprung hat.

```
function u = poisson(x,y)       % Berechnungspunkte x = [ ] und y = [ ]
N = 39; u = zeros(size(x))      % size = 1,1 zur Berechnung am 1 Punkt
if nargin == 1                  % Nur x-Koordinaten, daher 1D Problem
    for k = 1:2:N               % Summiere N Terme in der 1D Sinus-Reihe
        u = u + 2^2/pi^3/k^3*sin(k*pi*x) ; end
% xx = 0:.01:1; yy = poisson(xx); plot(xx,yy) um u in 1D zu plotten (2D unten)
elseif nargin == 2              % x- und y-Koordinaten, daher 2D Problem
    for i = 1:2:N               % -u_xx - u_yy = 1 im Einheitsquadrat
        for j = 1:2:N           % Summiere N^2-Terme in der 2D Sinus-Reihe
            u = u + 2^4/pi^4/(i*j)/(i^2+j^2)*sin(i*pi*x).*sin(j*pi*y) ;
    end ; end ; end             % in 3D wäre (i*j*k)/(i^2+j^2+k^2)
% [xx,yy] = meshgrid(0:.1:1,0:.1:1); zz = poisson(xx,yy); contourf(xx,yy,zz)
```

Dieser Abschnitt befasst sich mit analytischen Lösungen der Laplace-Gleichung. Wir konzentrieren uns auf zwei klassische Methoden: **Fourier-Reihen und konfor-**

3.4 Die Laplace-Gleichung

me **Abbildungen**. Ihnen als Leser ist klar, dass diese Methoden am besten für spezielle Geometrien funktionieren. Sie gehören zu den bedeutendsten Werkzeugen der Wissenschaft und des Ingenieurwesens, selbst wenn ihre Anwendungen beschränkt sind. Ein Rechenkurs wird auf finite Elemente und finite Differenzen Wert legen – Fourier, Riemann und Cauchy werden trotzdem nicht von der Bildfläche verschwinden.

Fassen wir die speziellen Lösungen in zwei Dimensionen zusammen, die sich aus $f(x+iy)$ und der wunderbaren Beziehung zwischen $u(x,y)$ und $s(x,y)$ (Real- und Imaginärteil) ergeben.

Laplace-Gleichung $\Delta u = 0$, wenn $(v_1, v_2) = (w_1, w_2)$

1. **Äquipotenziallinien** $u(x,y) = c$ senkrecht zu **Stromlinien** $s(x,y) = C$

2. **Laplace-Gleichung** $\operatorname{div}(\operatorname{grad} u) = \dfrac{\partial}{\partial x}\left(\dfrac{\partial u}{\partial x}\right) + \dfrac{\partial}{\partial y}\left(\dfrac{\partial u}{\partial y}\right) = \nabla \cdot \nabla u = 0$

3. **Cauchy-Riemann-Gleichungen** $\dfrac{\partial u}{\partial x} = \dfrac{\partial s}{\partial y}$ und $\dfrac{\partial u}{\partial y} = -\dfrac{\partial s}{\partial x}$ verknüpfen u mit s

4. **Laplace-Gleichung** gilt auch für s: $\dfrac{\partial^2 s}{\partial x^2} + \dfrac{\partial^2 s}{\partial y^2} = -\dfrac{\partial^2 u}{\partial x \partial y} + \dfrac{\partial^2 u}{\partial y \partial x} = 0$

5. **Vortizität null** und **Quelle null**: ideale Potentialströmung oder idealer Wärmefluss

6. **Komplexe Variable** (nur 2D) $u(x,y) + is(x,y)$ ist Funktion von $z = x + iy$
$u + is = (x^2 - y^2) + i(2xy) = (x+iy)^2 = r^2 e^{2i\theta} = r^2 \cos 2\theta + i r^2 \sin 2\theta$

7. $A^T C A u = -\operatorname{div}(c(x,y) \operatorname{grad} u) = -\dfrac{\partial}{\partial x}\left(c\dfrac{\partial u}{\partial x}\right) - \dfrac{\partial}{\partial y}\left(c\dfrac{\partial u}{\partial y}\right) = f(x,y)$

Konforme Abbildung

Was ist zu tun, wenn der Rand kein Kreis ist? Eine Schlüsselidee besteht darin, Variablen zu ändern. Wenn der Rand in den neuen Variablen X und Y ein Kreis wird, liefern die Gleichungen (3.90)–(3.91) eine Lösung als Fourier-Reihe. Anschließend kehren Sie von $U(X,Y)$ zu den alten Variablen zurück, um $u(x,y)$ zu bestimmen.

Es scheint äußerst hoffnungsvoll zu sein, den Rand zu verbessern, ohne die Laplace-Gleichung zu verderben. Es ist bemerkenswert, dass der $x+iy$-Trick für die Lösung mit einem $X+iY$-Trick für die Variablentransformation kombiniert werden kann. Wir werden die Idee erläutern und Beispiele liefern, ohne Aussicht, dieses wunderbare Thema umfassend beleuchten zu können.

Eine Variablentransformation von x,y auf X,Y, die sich auf eine analytische Funktion $F(z)$ stützt, ist eine **konforme Abbildung**: Ein Gebiet in der x-y-Ebene hat in der X-Y-Ebene eine neue Form.

Konforme Abbildung $F(x+iy) = X(x,y) + iY(x,y)$. (3.94)

Wenn $U(X,Y)$ die Laplace-Gleichung in den Variablen X,Y löst, dann löst das dazugehörige $u(x,y)$ die Laplace-Gleichung in den Variablen x,y. Warum? Jede Lösung $U(X,Y)$ ist der Realteil einer Funktion $f(X+iY)$. Wir verlieren unsere magische Kombination nicht, weil Gleichung (3.94) $X + iY$ als eine Funktion F der ursprünglichen Variablen $x + iy$ liefert:

$$u(x,y) = U(X(x,y), Y(x,y)) = \operatorname{Re} f(X+iY) = \operatorname{Re} f(F(x+iy)). \quad (3.95)$$

Damit ist u der Realteil von $f(F(z))$. Diese Funktion u erfüllt automatisch die Laplace-Gleichung.

Beispiel 3.19 Die quadratische Funktion $F(z) = z^2$ verdoppelt den Winkel θ. Sie verteilt die Punkte z in der oberen Hälfte des Einheitskreises über den gesamten Kreis (was der Rand ist, den wir wünschen). Die neuen Variablen aus $Z = z^2$ sind $X = x^2 - y^2$ und $Y = 2xy$:

Halbkreis zu Kreis $(x+iy)^2 = x^2 - y^2 + 2ixy = X + iY$. (3.96)

X und Y lösen die Laplace-Gleichung in x, y. Und $U = \operatorname{Re}(X + iY)^n$ löst $U_{XX} + U_{YY} = 0$. Also muss die Funktion $u = \operatorname{Re} f(F(z)) = \operatorname{Re}(x+iy)^{2n}$ die Gleichung $u_{xx} + u_{yy} = 0$ lösen.

Eine Gefahr gibt es bei der konformen Abbildung, und das letzte Beispiel läuft genau in sie hinein. Bei der inversen Abbildung von X, Y nach x, y brauchen wir die Funktion $(dF/dz)^{-1}$. **Die Ableitung dF/dz sollte nicht null sein.** In unserem Beispiel hat $F = z^2$ die Ableitung $2z$. Damit macht der Punkt $z = 0$ Schwierigkeiten. An diesem Punkt werden die Winkel verdoppelt, und die Laplace-Gleichung bleibt nicht erhalten.

Wie kommt es zu diesen Schwierigkeiten bei der Abbildung eines Halbkreises auf einen Kreis? Der Halbkreis wird von der Geraden zwischen $x = -1$ und $x = 1$ abgeschlossen. Dieses Strecke war Teil des ursprünglichen Randes. Wenn wir mit $z \to z^2$ einen Halbkreis auf einen Kreis abbilden, erhalten wir einen „Schnitt" von $(0,0)$ bis $(1,0)$. Die Spitze des Schnittes befindet sich im Ursprung – das war der gefährliche Punkt, an dem $dF/dz = 0$ ist.

Tatsächlich können wir mit einem gefährlichen Punkt auf dem Rand leben (nicht aber im Inneren). Aus dem Punkt $re^{i\theta}$ wird $r^2 e^{2i\theta}$. Da der Winkel θ verdoppelt wird, werden vom Ursprung ausgehende Strahlen in eine andere Richtung gedreht. Kreisbogen vom Radius r werden in Kreisbogen vom Radius r^2 überführt.

Konforme Abbildungen haben eine besondere Eigenschaft, die in diesem Fall unglaublich scheint. Sie *erhalten auch Winkel*. Auf irgendeine Weise bleibt der Winkel zwischen zwei Gerade erhalten, obwohl jeder Winkel θ verdoppelt wird. Abbildung 3.15 auf der nächsten Seite zeigt die Abbildung von $z + \Delta$ in $z^2 + 2\Delta$ und $z + \delta$ in $z^2 + 2z\delta$. Die kleinen Segmente Δ und δ, deren Quadrate wir ignorieren, werden mit derselben Zahl $2z$ multipliziert – **was beide Segmente um denselben Winkel dreht**.

3.4 Die Laplace-Gleichung

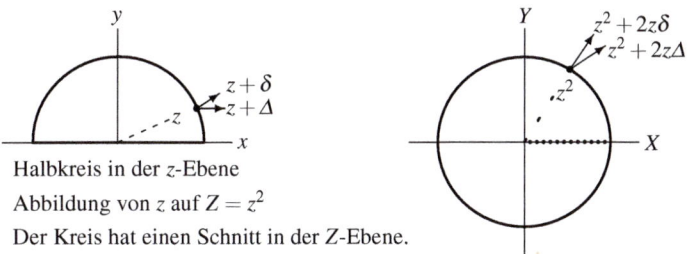

Halbkreis in der z-Ebene
Abbildung von z auf $Z = z^2$
Der Kreis hat einen Schnitt in der Z-Ebene.

Abb. 3.15 Konforme Abbildung auf $z^2 = X + iY = (x + iy)^2$. **Winkel bleiben erhalten**.

Frage: Warum benutzen wir nicht die Abbildung, die θ verdoppelt, ohne r zu quadrieren? Sie macht aus dem Keil von $45°$ einen Keil von $90°$, und sie macht aus dem Punkt $re^{i\theta}$ den Punkt $re^{2i\theta}$. Sie sieht einfach aus, hat aber einen schrecklichen Makel: Sie ist *nicht konform*. Die speziellen Kombinationen $x + iy$ und $re^{i\theta}$ bleiben nicht erhalten. Deshalb wird diese Abbildung nicht die Laplace-Gleichung in X, Y liefern.

Das kleine Dreieck ist in der zweiten Abbildung doppelt so groß, aber der eingeschlossene Winkel bleibt unverändert. Der Vergrößerungsfaktor ist $|2z|$, was sich aus der Ableitung von z^2 ergibt. Die gerade Linie zu $z + \Delta$ ist in der Z-Ebene aufgrund von Δ^2 gekrümmt. Die Strahlen treffen sich aber in demselben Winkel.

Dass die Winkel im Ursprung erhalten bleiben, werden Sie nicht glauben; und Sie haben Recht. Der Winkel von $45°$ aus Abbildung 3.16 wird unbestreitbar auf $90°$ verdoppelt. Die Abbildung ist an dem Punkt nicht konform, an dem die Ableitung von z^2 gleich $2z = 0$ ist.

Beispiel 3.20 Die Abbildung von z auf z^2 vereinfacht die Laplace-Gleichung im Keil. Es sei $u = 0$ auf der x-Achse und $\partial u/\partial n = 0$ senkrecht zur $45°$ Linie. Da die x-Achse zur X-Achse wird, wenn z quadriert wird, sieht die erste Bedingung genauso aus: $U = 0$ auf der Geraden $Y = 0$. Da Punkte auf der Geraden im Winkel von $45°$ in Punkte auf der Y-Achse übergehen und rechte Winkel auch rechte Winkel bleiben (*weil die Winkel erhalten bleiben*), ist die Bedingung auf dieser Achse $\partial U/\partial n = \partial U/\partial X = 0$. Die Lösung in den neuen Koordinaten ist einfach $U = cY$.

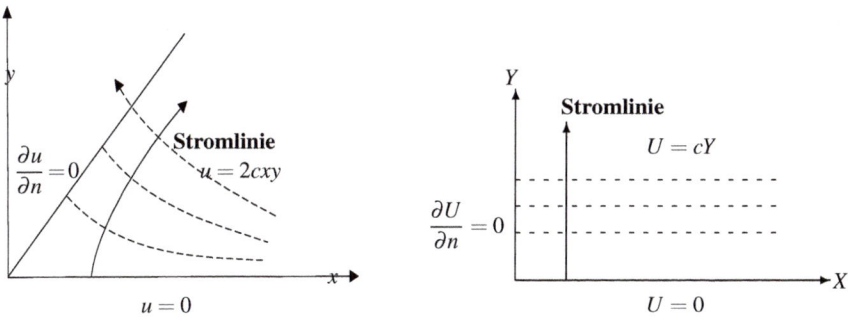

Abb. 3.16 Die Lösung $U = cY$ zur Laplace-Gleichung liefert $u = 2cxy$.

Bei der Rückkehr in die $x-y$-Ebene wird $U = cY$ zu $u = 2cxy$. Diese Lösung erfüllt die Laplace-Gleichung, und sie verschwindet auf der Geraden $y = 0$. Die Stromfunktion ist $s = c(y^2 - x^2)$. Überprüfen Sie, dass die Ableitung von $u = 2cxy$ senkrecht zur Geraden im Winkel von $45°$ $y = x$ gleich $\partial u/\partial n = 0$ ist:

$$\frac{\partial u}{\partial n} = n_1 \frac{\partial u}{\partial x} + n_2 \frac{\partial u}{\partial y} = \left(\frac{-1}{\sqrt{2}}\right) 2cy + \left(\frac{1}{\sqrt{2}}\right) 2cx = 0 \quad \text{auf} \quad y = x.$$

Senkrecht aufeinander stehende Geraden X und Y liefern senkrecht aufeinander stehende Hyperbeln $u = C$ und $s = C$.

Nach dem Riemannschen Abbildungssatz kann jedes Gebiet ohne Löcher (die gesamte $x-y$-Ebene ausgenommen) konform auf jedes andere gleichartige Gebiet abgebildet werden. Im Prinzip können wir den Rand immer zu einem Kreis oder einer Geraden machen. Die Schwierigkeit besteht in der praktischen Umsetzung. Für einem Rand, der sich aus Kreisbögen oder Liniensegmenten zusammensetzt, kann in MATLAB mithilfe der SC-Toolbox eine „*Schwarz-Christoffel-Transformation*" berechnet werden.

Wir wollen drei wichtige Abbildungen beschreiben. Die Letzte, $Z = \frac{1}{2}(z + z^{-1})$, ist der Schlüssel zur numerischen komplexen Analysis (Integration und die Spektralmethode aus Abschnitt 5.4 auf Seite 510). Bemerkenswerterweise liefert sie auch ein ziemlich realistisches Tragflächenprofil. Die Wirklichkeit der numerischen Aerodynamik spielt sich aber in drei Dimensionen ab und nicht in konformen Abbildungen.

Wichtige konforme Abbildungen

1. $Z = e^z = e^{x+iy} = e^x e^{iy}$ **unendlicher Streifen $0 \leq y \leq \pi$ auf obere Halbebene**

   Betrachten Sie die Randlinien $y = 0$ und $y = \pi$ des Streifens. Im Fall $y = 0$ liefert $Z = e^x$ die *positive* x-Achse. Im Fall $y = \pi$ liefert $Z = -e^x$ die *negative* x-Achse. Jede horizontale Linie $y =$ konstant wird auf den Strahl im Winkel y in der Halbebene $Y = \text{Im}\, Z \geq 0$ abgebildet.

   Diese konforme Abbildung erlaubt es uns, die Laplace-Gleichung in einer Halbebene zu lösen (eine vergleichsweise einfache Aufgabe) und dann die Geometrie wieder auf einen unendlichen Streifen zu bringen.

2. $Z = (az+b)/(cz+d)$ **Kreise auf Kreise, $z = 0$ auf Mittelpunkt $Z = b/d$**

   Wenn wir entscheiden, wohin der Punkt abgebildet werden soll, sind die Konstanten a, b, c und d (reell oder komplex) bestimmt. Die inverse Abbildung von Z nach z ist auch *gebrochen linear*:

$$\textbf{Löse nach } z = F^{-1}(Z) \textbf{ auf} \quad Z = \frac{az+b}{cz+d} \text{ liefert } z = \frac{-dZ+b}{cZ-a}. \tag{3.97}$$

Eine gerade Linie ist ein Spezialfall eines Kreises. Der Radius ist unendlich und der Mittelpunkt liegt im Unendlichen, aber es ist trotzdem noch ein Kreis. Es folgen spezielle Festlegungen von a, b, c, d:

3.4 Die Laplace-Gleichung

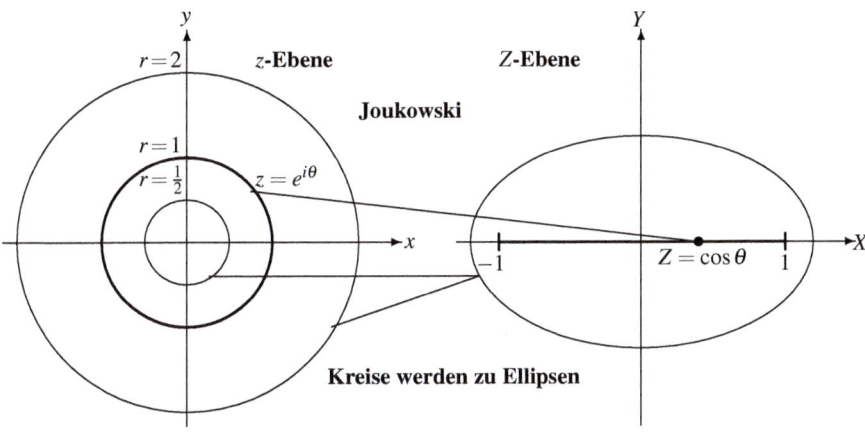

Abb. 3.17 Die 2 zu 1 Abbildung von z nach $Z = \frac{1}{2}(z + z^{-1})$. Kreis $|z| = 1$ auf $-1 \leq Z \leq 1$.

(a) $Z = az + b$: Alle Kreise werden um b verschoben und um a expandiert oder kontrahiert.

(b) $Z = 1/z$: Das Gebiet außerhalb des Einheitskreises $|z| = 1$ wird ins Innere von $|Z| = 1$ abgebildet. **Die Ebene wird invertiert.** Der Kreis mit dem Radius r um den Ursprung wird zu einem Kreis vom Radius $1/r$. Flüsse außerhalb des Kreises werden zu Flüssen innerhalb des Kreises.

(c) $Z = (z - z_0)/(\overline{z_0}z - 1)$: $z_0 = x_0 + iy_0$ ist ein beliebiger Punkt im Kreis und $\overline{z_0} = x_0 - iy_0$. **Der Kreis $|z| = 1$ wird auf den Kreis $|Z| = 1$ abgebildet, und $z = z_0$ auf $Z = 0$.**

$$\text{Wenn } |z| = 1 \text{ , dann } |Z| = \frac{|z - z_0|}{|\overline{z}||\overline{z_0}z - 1|} = \frac{|z - z_0|}{|\overline{z_0} - \overline{z}|} = 1.$$

(d) $Z = (1+z)/(1-z)$ **Einheitskreis $|z| = 1$ auf die imaginäre Achse $Z = iY$**

$$z = e^{i\theta} \text{ liefert } Z = \frac{1 + e^{i\theta}}{1 - e^{i\theta}} \frac{1 - e^{-i\theta}}{1 - e^{-i\theta}} = \frac{2i \sin\theta}{2 - 2\cos\theta} = iY. \tag{3.98}$$

3. $Z = \frac{1}{2}\left(z + \frac{1}{z}\right)$ **Kreis $|z| = r$ auf Ellipse, Kreis $|z| = 1$ auf $-1 \leq Z \leq 1$**

Diese Abbildung hat eine bemerkenswerte Eigenschaft. Für $z = e^{i\theta}$ auf dem Einheitskreis ist Z **gleich** $\cos\theta$:

Joukowski

$$Z = \frac{1}{2}\left(e^{i\theta} + e^{-i\theta}\right) = \frac{1}{2}(\cos\theta + i\sin\theta + \cos\theta - i\sin\theta) = \cos\theta. \tag{3.99}$$

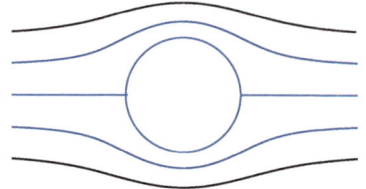 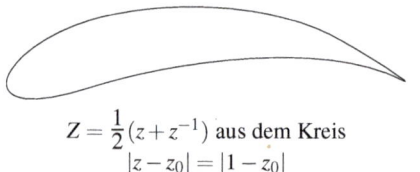

$$Z = \tfrac{1}{2}(z+z^{-1}) \text{ aus dem Kreis}$$
$$|z-z_0| = |1-z_0|$$

Abb. 3.18 Stromlinien $Y = y - \dfrac{y}{x^2+y^2} = c$. Tragflächenprofil aus einem Kreis, der nicht im Ursprung liegt.

Der Kosinus bleibt zwischen -1 und 1. Die Punkte aus dem Gebiet $|z| > 1$ füllen den Rest der Z-Ebene. Dasselbe gilt für die Punkte aus dem Gebiet $|z| < 1$. Zwei Werte von z werden auf dasselbe Z abgebildet.

Am besten sind die gekrümmten Linien aus der z-Ebene, die in der Z-Ebene zu geraden Linien werden. Diese Kurven sind die **Linien des Flusses um einen Kreis** aus Abbildung 3.18. Wenn wir eine dritte Dimension hinzunehmen, die aus der Buchseite herauszeigt, dann sind es die **Stromlinien** um einen Kreiszylinder.

Die Randbedingung $\partial u/\partial n = 0$ verhindert denn Fluss in den Kreis, was ein festes Hindernis ist. In der Z-Ebene wird das so einfach, dass Sie schmunzeln müssen: $\partial U/\partial Y = 0$ für $-1 \leq Z \leq 1$. Wenn die Funktion $U = aX$ ist, dann ist die Stromfunktion $S = aY$. Die Konstante a ist auf die Geschwindigkeit an der Stelle unendlich festgelegt, wo der Fluss gleichmäßig und horizontal ist.

Um zur z-Ebene zurückzukehren, benutzen wir Real- und Imaginärteil von $Z = \tfrac{1}{2}(z+z^{-1})$:

$$Z = \frac{1}{2}\left(x+iy+\frac{1}{x+iy}\right),\ X = \frac{1}{2}\left(x+\frac{x}{x^2+y^2}\right),\ Y = \frac{1}{2}\left(y-\frac{y}{x^2+y^2}\right). \quad (3.100)$$

Aerodynamik und Design

Die Stromlinien aus Abbildung 3.18 sind die Kurven $Y = c$. Äquipotenziallinien wären $X = c$. Sie stehen weiter senkrecht aufeinander, weil die Abbildung von z nach Z konform ist. Natürlich sind die meisten Tragflächen keine Kreise. Eine echte Tragfläche kann einen Querschnitt mit einer spitz zulaufenden Ecke wie in Abbildung 3.18b haben. Wirklich erstaunlich ist, dass diese Gestalt durch dieselbe konforme Abbildung aus einem Kreis hervorgeht. Der Kreis muss durch $z = 1$ verlaufen, damit die Singularität an der Stelle $Z = 1$ erzeugt wird. Der Mittelpunkt wird dagegen vom Ursprung wegbewegt. Die Stromlinien um den Kreis verlaufen nun um das Tragflächenprofil.

Um das Tragflächenprofil auf eine Strecke von -1 bis 1 abzubilden, nutzen wir sogar drei Abbildungen: vom Tragflächenprofil auf den Kreis aus Abbildung 3.18, dann von diesem Kreis auf den Einheitskreis und schließlich vom Einheitskreis auf eine Strecke aus Abbildung 3.17 auf der vorherigen Seite.

3.4 Die Laplace-Gleichung

Ich befürchte, dass es noch einen weiteren praktischen Punkt gibt. So wie es jetzt ist, würde ein Flugzeug mit einem solchen Tragflächenprofil nicht fliegen. Es muss *Zirkulation* um die Tragfläche geben, damit auftrieb entstehen kann. Das Potential braucht einen zusätzlichen Term $k\theta$, wobei $\theta(x,y)$ der übliche Winkel vom Ursprung zum Punkt (x,y) ist. Da θ auf Strahlen konstant ist, gilt auf dem Kreis $\partial \theta/\partial n = 0$. Bei unendlich ist $\partial \theta/\partial x = \partial \theta/\partial y = 0$.

Das Potential $u = k\theta$ ist nicht eindeutig, da sich θ um 2π erhöht, wenn wir uns um den Ursprung bewegen. Das ist die Zirkulationsquelle, die das Flugzeug anhebt:

Neuer Term hat den Realteil $k\theta$ $\quad Z = \dfrac{1}{2}\left(z + \dfrac{1}{z}\right) - ik\log z.\quad$ (3.101)

Angewandt auf ein Tragflächenprofil: Für welches k entscheidet sich die tatsächliche Lösung? Kutta und Joukowski haben eine richtige Vermutung angestellt: Die Zirkulation stellt sich selbstständig so ein, dass die Geschwindigkeit an der Profilhinterkante endlich wird. Die Auftriebskraft $-2\pi\rho V k$ hängt von der Dichte ρ, der Geschwindigkeit V bei unendlich und der Zirkulation k ab. Das ist unser ultimatives Beispiel zum Thema konforme Abbildung.

Bei Flüssigkeiten erhalten wir die Laplace-Gleichung aus dem stationären, wirbelfreien, inkompressiblen Fluss. Das ist „Potentialfluss". Beim Flug eines Flugzeuges ist die Luft nicht inkompressibel (und der Flug kann nicht so stationär sein). Dennoch kann ein Fall, der für die Flugzeugdesigner von wesentlicher Bedeutung ist, auf die Laplace-Gleichung zurückgeführt werden. Linearisieren Sie um ein gegebenes Flussfeld:

Mach-Zahl

$M = \dfrac{\text{Flugzeuggeschwindigkeit}}{\text{Schallgeschwindigkeit}} \qquad (1-M^2)\dfrac{\partial^2 u}{\partial x^2} + \dfrac{\partial^2 u}{\partial y^2} = 0.\quad$ (3.102)

Im Fall $M > 1$ bewegt sich das Flugzeug mit Überschallgeschwindigkeit, und wir erhalten nicht die Laplace-Gleichung, sondern die Wellengleichung. Im Fall $M < 1$ bewegt sich das Flugzeug mit Unterschallgeschwindigkeit, und durch Reskalierung von x – dem Abstand in Flugrichtung – verschwindet der konstante Koeffizient, sodass die Laplace-Gleichung stehenbleibt.

Es könnte beinah so sein, dass die Schlacht zwischen Boeing und Airbus an numerischen Simulation hängt (und an der Politik). Die Designer ändern die Gestalt, um das Verhältnis von Auftrieb zu Luftwiderstand zu erhöhen. **Design ist ein inverses Problem**. Das erfordert viele Vorwärtslösungen. Es lohnt sich, Sensitivitäten zu berechnen: Lösen Sie ein adjungiertes Problem für $d(output)/d(input)$.

Aufgaben zu Abschnitt 3.4

3.4.1 Wenn in der Greenschen Formel $u = \text{grad}\, v$ ist, dann liefert das die „erste Greensche Identität":

$$\iint u\Delta u\, dx dy = -\iint |\text{grad}\, u|^2\, dx dy + \int u(\text{grad}\, u)\cdot n\, ds.$$

Zeigen Sie, dass $u = 0$ gilt, wenn die Funktion u die Laplace-Gleichung erfüllt und an allen Randpunkten $u = 0$ ist. Zeigen Sie, dass unter Neumann-Randbedingungen die Funktion u = konstant ist. Das sind die *Eindeutigkeitssätze* für die Laplace-Gleichung.

3.4.2 Sei die Randbedingung $u = 0$ auf dem Kreis $x^2 + y^2 = 1$ gegeben. Lösen Sie die Poisson-Gleichung durch Versuch und Irrtum.

3.4.3 Bestimmen Sie eine quadratische Lösung der Laplace-Gleichung, wenn als Randbedingungen $u = 0$ auf den Achsen $x = 0$ und $y = 0$ sowie $u = 3$ auf der Kurve $xy = 1$ gegeben sind.

3.4.4 Zeigen Sie, dass $u = r\cos\theta + r^{-1}\cos\theta$ die Laplace-Gleichung (3.86) löst, und drücken Sie u als Funktion von x und y aus. Bestimmen Sie $v = (u_x, u_y)$ und überprüfen Sie, dass auf dem Kreis $x^2 + y^2 = 1$ die Gleichung $v \cdot n = 0$ gilt. Das ist die Flussgeschwindigkeit an einem Kreis aus Abbildung 3.18 auf Seite 322.

3.4.5 Zeigen Sie, dass die Funktionen $u = \log r$ und $U = \log r^2$ die Laplace-Gleichung erfüllen. Was sind $u + is$ und $U + iS$? Prüfen Sie die Cauchy-Riemann-Gleichungen für U und S nach.

3.4.6 Für alle r liegen die Punkte $Z = \frac{1}{2}(z + z^{-1}) = \frac{1}{2}(re^{i\theta} + r^{-1}e^{-i\theta})$ auf einer Ellipse.

Beweis. Trennen Sie Z in $X + iY$ mit $2X = (r+r^{-1})\cos\theta$ und $2Y = (r-r^{-1})\sin\theta$:

$$\frac{4X^2}{(r+r^{-1})^2} + \frac{4Y^2}{(r-r^{-1})^2} = \cos^2\theta + \sin^2\theta = 1 \quad \text{ergibt ein } X-Y\text{-Ellipse.}$$

Warum ergeben die Kreise $|z| = r$ und $|z| = r^{-1}$ dieselbe Ellipse?

3.4.7 Zeigen Sie, dass die Joukowski-Transformation $Z = \frac{1}{2}(z+z^{-1})$ einen Strahl θ = konstant auf eine Hyperbel in der Z-Ebene abbildet. Zeichnen Sie die Hyperbel für den Strahl $\theta = \pi/4$.

3.4.8 Betrachten Sie die Abbildung $Z = 1/z$. Geben Sie ein Beispiel einer z-Gerade, die auf einen Z-Kreis abgebildet wird, und ein Beispiel eines z-Kreises, der auf eine Z-Gerade abgebildet wird.

3.4.9 Bestimmen Sie eine fraktionale Abbildung $Z = (az+b)/(cz+d)$ und ihre Inverse $z(Z)$, die die obere Halbebene $\text{Im}\, z > 0$ auf die Einheitsscheibe $|Z| < 1$ abbildet.

3.4.10 Bestimmen Sie eine konforme Abbildung $Z(z)$ von $\text{Im}\, z > 0$ auf die Halbebene $\text{Re}\, Z > 0$. Bestimmen Sie eine andere Abbildung $Z(z)$ von $\text{Im}\, z > 0$ auf die Viertelebene $\text{Im}\, Z > 0$, $\text{Re}\, Z > 0$.

3.4.11 Zeigen Sie, dass die obere Halbebene $\text{Im}\, z > 0$ auf den Halbstreifen $Y > 0$ und $|X| < \pi/2$ abgebildet wird, wenn $Z = \sin^{-1}(z)$ ist. Versuchen Sie es zunächst mit $z = i$, indem Sie $\sin(X + iY) = i$ lösen.

3.4.12 Warum ist die Abbildung $Z = \bar{z}$ auf die konjugiert komplexe Variable z nicht konform?

3.4.13 Worauf wird die vertikale Linie $x = \text{Re}\, z = -2$ in der Z-Ebene durch $Z = i/z$ abgebildet? Bestimmen Sie eine Funktion $Z(z)$, die $|z| < 1$ auf $|Z| > 2$ abbildet, also von innen nach außen. Bestimmen Sie eine Funktion $Z(z)$, die $|z| < 1$ auf das verschobene Gebiet $|Z - i| < 2$ abbildet.

3.4 Die Laplace-Gleichung

3.4.14 Setzen Sie $Z = (az+b)/(cz+d)$ in die zweite Abbildung $w = (AZ+B)/(CZ+D)$ ein, um zu zeigen, dass $w(Z(z))$ wieder eine lineare fraktionale Transformation ist.

3.4.15 Eine lineare fraktionale Transformation $Z = (az+b)/(cz+d)$ hat vier komplexe Parameter a,b,c,d. Wir fordern $ad - bc \neq 0$ und können so reskalieren, dass $ad - bc = 1$ ist. Drei beliebige Punkte z_1, z_2, z_3 können auf Z_1, Z_2, Z_3 abgebildet werden, indem man die folgende Gleichung nach Z auflöst:

$$(Z_1 - Z)(Z_3 - Z_2)(z_1 - z_2)(z_3 - z) = (Z_1 - Z_2)(Z_3 - Z)(z_1 - z)(z_3 - z_2).$$

Bestimmen Sie die Funktion $Z(z)$, die $z = 0, 1, i$ auf $Z_1 = 1, Z_2 = 2, Z_3 = 3$ abbildet.

3.4.16 Im Fall $z = 1/z$ gehört zu einem großen z ein kleines Z, und $z = 1$ wird auf $Z = 1$ abgebildet. Die vertikale Linie $x = 1$ wird auf einen Kreis $|Z - \underline{\quad?\quad}| \leq \underline{\quad?\quad}$ abgebildet, der $Z = 0$ und 1 enthält.

3.4.17 Überzeugen Sie sich davon, dass $u_k(x,y) = \sin(\pi k x)\sinh(\pi k y)/\sinh(\pi k)$ die Laplace-Gleichung für $k = 1, 2, \ldots$ löst. Die Randwerte der Funktion sind auf dem Einheitsquadrat $u_0 = \sin(\pi k x)$ entlang von $y = 1$ und $u_0 = 0$ auf den anderen drei Kanten. Denken Sie daran, dass $\sinh z = (e^z - e^{-z})/2$ ist.

3.4.18 Auf der oberen Kante $y = 1$ des Einheitsquadrates gelte $u_0 = \sum b_k \sin(\pi k x)$ und $u_0 = 0$ auf den drei anderen Kanten. Aufgrund der Linearität löst $u(x,y) = \sum b_k u_k(x,y)$ die Laplace-Gleichung mit diesen Randwerten. Entnehmen Sie u_k Aufgabe 3.4.17.

Was ist die Lösung, wenn auf der *unteren Kante* $y = 0$ die Bedingung $u_0 = \sum B_k \sin(\pi k x)$ gelten soll und u_0 auf den drei anderen Kanten null sein soll?

Anmerkung Aufgabe 3.4.18 führt uns auf einen schnellen Algorithmus, mit dem die Laplace-Gleichung auf einem Quadrat gelöst wird. Wenn alle vier Eckwerte u_0 null sind, *lösen Sie die Gleichung auf jeder Seite separat und addieren die Lösungen.* (Vertauschen Sie x und y für die vertikalen Seiten.) Wenn die Eckwerte nicht null sind, erfassen Sie diese durch die einfache Gleichung $U = A + Bx + Cy + Dxy$.

Der schnelle Algorithmus bestimmt die Lösung $u - U$ mit den Randwerten $u_0 - U_0$ (an den Ecken null, damit sich auf jeder Kante eine Sinusreihe ergibt). Das ist die *Spektralmethode* mit voller Genauigkeit, nicht mit der Genauigkeit h^2 finiter Differenzen. Uns steht keine „Schnelle Sinh-Transformation" zur Verfügung, um $\sum b_k u_k(x,y)$ zu berechnen, ich empfehle Ihnen aber diesen Algorithmus.

3.4.19 Verwenden Sie den Kommentar aus dem Code poisson.m auf Seite 316, um die Lösung der Gleichung $-u_{xx} - u_{yy} = 1$ zu zeichnen.

3.4.20 Welche Eigenwerte hat der **Helmholtz-Operator** $Hu = -u_{xx} - u_{yy} - k^2 u$? Die Eigenfunktionen sind $(\sin m\pi x)(\sin n\pi y)$. Überarbeiten Sie den auf Seite 316 angegebenen Code so, dass $Hu = 1$ durch einen „Helmholtz-Code" gelöst wird. Berechnen Sie $u(\frac{1}{2}, \frac{1}{2})$ für verschiedene k bis maximal $k = \sqrt{2\pi}$.

3.5 Finite Differenzen und schnelle Poisson-Löser

Eigenvektoren zur Lösung eines linearen Gleichungssystems $KU = F$ zu benutzen, ist äußerst unüblich. Vor allem muss sich dazu die Matrix S, die die Eigenvektoren der Matrix K enthält, besonders schnell bearbeiten lassen. Sowohl die Matrix S als auch die Matrix S^{-1} werden gebraucht, weil $K^{-1} = S\Lambda^{-1}S^{-1}$ ist. Die Eigenwertmatrizen Λ und Λ^{-1} sind diagonal, sodass dieser mittlere Schritt schnell ist.

Zur Lösung der Poisson-Gleichung $-u_{xx} - u_{yy} = f(x,y)$ auf einem Quadrat werden die Ableitungen durch zweite Differenzen ersetzt. *Aus K wird K2D.* Die Eigenvektoren sind diskrete Sinusfunktionen, die in den Spalten der Matrix S stehen. Dann können die beiden Matrizen S^{-1} und S mithilfe der schnellen Sinustransformation rasch miteinander multipliziert werden: Das ist ein schneller Löser. Zum Schluss diskutieren wir B2D für eine Neumann-Bedingung $\partial u/\partial n = 0$.

Auf einem Quadratgitter enthalten die zweiten Differenzen die Koeffizienten $-1, 2, -1$ in x-Richtung und $-1, 2, -1$ in y-Richtung (dividiert durch h^2, h = Gitterabstand). Abbildung 3.19 veranschaulicht, wie die zweiten Differenzen ein „5-Punkte-Molekül" für den diskreten Laplace-Operator bilden. Es wird angenommen, dass die Randwerte entlang der Seiten eines Einheitsquadrates gegeben sind.

Das regelmäßige Gitter hat in jeder Richtung n innere Punkte (in der Abbildung ist $N = 5$). In diesem Fall gibt es $n = N^2 = 25$ unbekannte Gitterwerte U_{ij}. Wenn das Molekül am Punkt (i, j) zentriert ist, ergibt die diskrete Poisson-Gleichung eine Zeile von $(K2D)U = F$:

$$(K\text{2D})U = F \quad 4U_{ij} - U_{i,j-1} - U_{i-1,j} - U_{i+1,j} - U_{i,j+1} = h^2 f(ih, jh). \quad (3.103)$$

Die inneren Zeilen der Matrix enthalten fünf von null verschiedene Elemente $4, -1, -1, -1, -1$. Wenn sich der Punkt (i, j) neben einem Randpunkt des Quadrates befindet, wandert der bekannte Wert u_0 am benachbarten Randpunkt auf die rechte Seite von Gleichung (3.103). Er wird ein Bestandteil des Vektors F und ein

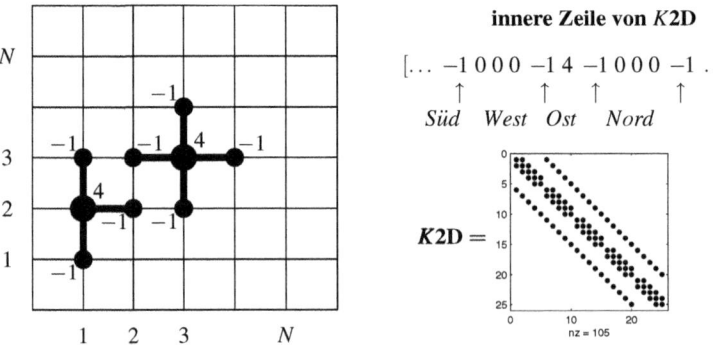

Abb. 3.19 5-Punkte-Molekül an inneren Punkten (Randzeilen enthalten weniger von null verschiedene Elemente).

3.5 Finite Differenzen und schnelle Poisson-Löser

Element -1 fällt aus der entsprechenden Zeile der Matrix K. Damit enthält die Matrix K2D fünf von null verschiedene Elemente in den inneren Zeilen und weniger von null verschiedene Elemente in den Randzeilen.

Diese Matrix K2D ist dünn besetzt. Aus der uns vertrauten $N \times N$-Matrix K zweiter Differenzen können wir mithilfe von Blöcken der Größe N eine Matrix K2D für den zweidimensionalen Fall erzeugen. Nummerieren Sie die Knoten des Quadrates Zeile für Zeile (diese „natürliche Nummerierung" ist nicht notwendigerweise die beste). Dann sind die Elemente -1 der oberen und unteren Nachbarn *N Positionen entfernt* von der Hauptdiagonale der Matrix K2D. Die zweidimensionale Matrix ist *blockweise tridiagonal mit tridiagonalen Blöcken*:

$$K = \begin{bmatrix} 2 & -1 & & \\ -1 & 2 & -1 & \\ & \cdot & \cdot & \cdot \\ & & -1 & 2 \end{bmatrix} \qquad K\mathbf{2D} = \begin{bmatrix} K+2I & -I & & \\ -I & K+2I & -I & \\ & \cdot & \cdot & \cdot \\ & & -I & K+2I \end{bmatrix} \qquad (3.104)$$

Größe N **Größe $n = N^2$** **Bandbreite $w = N$**
Zeit N   **Raum $nw = N^3$** **Zeit $nw^2 = N^4$**

Die Matrix K2D hat auf der Hauptdiagonalen das Element 4, wie man aus Gleichung (3.103) ablesen kann. Die Brandbreite $w = N$ der Matrix ist der Abstand der Hauptdiagonalen zu den von null verschiedenen Elementen in der Matrix $-I$. Bei der Elimination werden viele Elemente besetzt! Damit befassen wir uns in Abschnitt 7.1.

Kronecker-Produkt Eine gute Variante, die Matrix K2D aus den Matrizen K und I zu erzeugen, ist der Befehl kron. Wenn die Matrizen A und B die Größe $N \times N$ haben, dann hat die Matrix $\text{kron}(A,B)$ die Größe $N^2 \times N^2$. *Jedes Element A_{ij} wird durch den Block $A_{ij}B$ ersetzt.*

Um gleichzeitig in allen Zeilen die zweiten Differenzen zu bilden, produziert $\text{kron}(I,K)$ eine block-diagonale Matrix aus den Matrizen K. Die Einheitsmatrix $\text{diag}(1,\ldots,1)$ wächst zur Matrix $\text{diag}(K,\ldots,K)$. In der y-Richtung werden die Matrizen I und K vertauscht: $\text{kron}(K,I)$ macht aus den Elementen -1, 2 und -1 die Blöcke $-I$, $2I$ und $-I$ (wir behandeln jeweils eine Spalte von Gitterpunkten). Addieren wir diese zweiten Differenzen in x- und y-Richtung:

$$K\mathbf{2D} = \text{kron}(I,K) + \text{kron}(K,I) = \begin{bmatrix} K & & \\ & K & \\ & & \cdot \end{bmatrix} + \begin{bmatrix} 2I & -I & \cdot \\ -I & 2I & \cdot \\ & \cdot & \cdot \end{bmatrix}. \qquad (3.105)$$

Diese Summe stimmt mit der 5-Punkt-Matrix aus Gleichung (3.104) überein. Die numerische Frage ist nun, wie man mit der großen Matrix K2D arbeitet. Wir schlagen drei Varianten zur Lösung von $(K\text{2D})\, U = F$ vor:

1. Elimination in einer guten Reihenfolge (ohne Rückgriff auf die spezielle Struktur von K2D).
2. Schneller Poisson-Löser (Anwendung FFT = schnelle Fourier-Transformation).
3. Block-zyklische Reduktion (da die Matrix K2D blockweise tridiagonal ist).

$K2D =$ 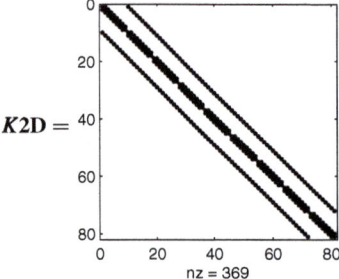 $L =$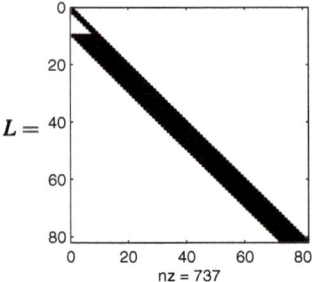

Abb. 3.20 Eine typische Zeile der Matrix $K2D$ enthält 5 von null verschiedene Elemente. Die Elimination füllt das Band auf.

Das Novum liegt im schnellen Poisson-Löser, der auf die bekannten Eigenwerte und Eigenvektoren der Matrizen K und $K2D$ zurückgreift. Es ist ungewöhnlich, lineare Gleichungen $KU = F$ zu lösen, indem man F und U nach Eigenvektoren entwickelt. Hier ist diese Vergehensweise (Entwicklung nach Sinusfunktionen) aber äußerst erfolgreich.

Elimination und Auffüllen

Bei den meisten zweidimensionalen Problemen ist Elimination die erste Wahl. Die Matrix, die aus einer partiellen Differentialgleichung hervorgegangen ist, ist dünn besetzt (wie $K2D$). Sie ist eine Bandmatrix, die Bandbreite ist aber nicht klein. (Die Gitterpunkte können nicht so nummeriert werden, dass alle fünf Nachbarn im Molekül benachbarte Nummern erhalten.) Das gehört zum „Fluch der Dimension".

Die Darstellung für die Besetzung der Matrix $K2D$ aus Abbildung 3.19 auf Seite 326 zeigt $1, \ldots, N$ Punkte in der ersten Zeile, und dann eine Zeile nach der anderen über das gesamte Quadrat. *Die Nachbarn über und unter dem Punkt j haben die Nummern $j - N$ und $j + N$*. Die zeilenweise Anordnung ergibt die Elemente -1 in der Matrix $K2D$, die N Stellen von der Hauptdiagonale entfernt sind. Die Matrix $K2D$ hat also die Bandbreite N, was sehr aufwändig sein kann.

Der wesentliche Punkt ist, dass die Elimination die Nullen innerhalb des Bandes füllt. Wir addieren Zeile 1 (mal $\frac{1}{4}$) zu Zeile 2, um das Element -1 an der Stelle $(2,1)$ zu eliminieren. Aus dem Band ist dadurch eine Null verschwunden. Wenn wir weiter eliminieren wird praktisch das ganze Band von Multiplikatoren in L aufgefüllt.

Am Ende enthält die Matrix L etwa 5×25 von null verschiedene Elemente (das ist N^3, der Platz, um L zu speichern). **Das gibt Anlass zu N^4 Operation**: Es gibt etwa N von null verschiedene Elemente neben dem Pivotelement, wenn wir in einer typischen Zeile sind, und N von null verschiedene Elemente unter diesem Pivotelement. Die Zeilenoperationen, mit denen wir diese von null verschiedenen Elemente verschwinden lassen, erfordern bis zu N^2 Multiplikationen. Es gibt N^2 Pivotelemente. Die Gesamtzahl der Multiplikationen ist etwa 25×25 (das ist N^4, für die Elimination in 2D).

3.5 Finite Differenzen und schnelle Poisson-Löser

In Abschnitt 7.1 werden wir die Gitterpunkte umnummerieren, um das Auffüllen einzudämmen, das wir in Abbildung 3.20 auf der vorherigen Seite beobachten. Dabei werden die Zeilen der Matrix $K2D$ durch eine Permutationsmatrix P und die Spalten durch P^T umgeordnet. Die neue Matrix $P(K2D)P^T$ bleibt symmetrisch, die Elimination (mit Auffüllen) erfolgt aber in einer vollkommen anderen Reihenfolge. Der MATLAB-Befehl symamd($K2D$) liefert eine nahezu optimale Wahl für die Umnummerierungsmatrix P.

In zwei Dimensionen ist die Elimination schnell (ein schneller Poisson-Löser ist aber schneller!). In drei Dimensionen ist die Größe der Matrix N^3 und die Bandbreite ist N^2. Durch ebenenweises Nummerieren der Knoten sind vertikal benachbarte Knoten N^2 Knoten voneinander entfernt. Die Zahl der Operationen (Größe)(Bandbreite)$^2 = N^7$ wird ernsthaft groß. In Kapitel 7 über die *Lösung großer Systeme* werden wir dringend notwendige Alternativen zur Elimination in 3D einführen.

Löser, die Eigenwerte verwenden

Unsere Matrizen K und $K2D$ sind äußerst speziell. Wir kennen die Eigenwerte und Eigenvektoren der Matrix K der zweiten Differenzen. Die Eigenwerte haben die spezielle Form $\lambda = 2 - 2\cos\theta$ für äquidistante Winkel θ. Die Eigenvektoren von K sind diskrete Sinusfunktionen. Für die Matrix $K2D$, die wir auf elegante Weise (durch das Kronecker-Produkt) aus der Matrix K erzeugt haben, wird sich ein ähnliches Muster ergeben. Dieser Poisson-Löser verwendet die eben genannten Eigenwerte und Eigenvektoren, um $(K2D)(U2D) = (F2D)$ schneller als die Elimination zu lösen.

Wir erläutern die Idee zunächst in einer Dimension. Die Matrix K hat die Eigenwerte $\lambda_1, \ldots, \lambda_N$ und die Eigenvektoren $y_1, \ldots, y_N$. In drei Schritten kommen wir zur Lösung von $KU = F$:

1. Entwickle F als Funktion $F = a_1 y_1 + \cdots + a_N y_N$ der Eigenvektoren.
2. Dividiere jeden Koeffizienten a_k durch λ_k.
3. Rekombiniere die Eigenvektoren in $U = (a_1/\lambda_1) y_1 + \cdots + (a_N/\lambda_N) y_N$.

Der Erfolg der Methode hängt davon ab, wie schnell die Schritte 1 und 3 sind. Schritt 2 ist schnell.

Um zu sehen, dass U korrekt ist, *multiplizieren wir mit K*. Jeder Eigenvektor liefert $Ky = \lambda y$. Dadurch kürzt sich das λ in jedem Nenner weg. Dann stimmt KU mit F in Schritt 1 überein.

Nun sehen wir uns die Berechnungen an, die wir in jedem Schritt ausführen müssen, wenn wir mit Matrizen arbeiten. Angenommen, die Matrix S ist die **Eigenvektormatrix**, in deren Spalten die Eigenvektoren der Matrix K stehen. Dann erhalten wir die Koeffizienten $a_1, \ldots, a_N$, indem wir die Gleichung $Sa = F$ lösen:

$$\textbf{Schritt 1} \quad \textbf{Löse } Sa = F \quad \begin{bmatrix} y_1 & \cdots & y_N \end{bmatrix} \begin{bmatrix} a_1 \\ \vdots \\ a_N \end{bmatrix} = a_1 y_1 + \cdots + a_N y_N = F. \quad (3.106)$$

Also ist $a = S^{-1}F$. In Schritt 2 dividieren wir die Koeffizienten a durch die Eigenwerte λ, um $\Lambda^{-1}a = \Lambda^{-1}S^{-1}F$ zu bestimmen. (Die **Eigenwertmatrix** Λ ist einfach die Diagonalmatrix aus den Eigenwerten λ.) In Schritt 3 benutzen wir diese Koeffizienten a_k/λ_k, um die Eigenvektoren zum Lösungsvektor $U = K^{-1}F$ zu rekombinieren:

$$\textbf{Schritt 3} \quad U = \begin{bmatrix} y_1 & \cdots & y_N \end{bmatrix} \begin{bmatrix} a_1/\lambda_1 \\ \vdots \\ a_N/\lambda_N \end{bmatrix} = S\Lambda^{-1}a = S\Lambda^{-1}S^{-1}F. \tag{3.107}$$

Die Eigenwertmethode verwendet anstelle der Zerlegung $K = LU$ die Faktorisierung $K = S\Lambda S^{-1}$.

Die Schnelligkeit der Schritte 1 und 3 hängt davon ab, ob die Matrizen S^{-1} und S schnell miteinander multipliziert werden können. Diese Matrizen sind voll im Gegensatz zur dünn besetzten Matrix K. In der Regel brauchen sie beide N^2 Operationen in einer Dimension (wo die Matrixgröße N ist). Die „**Sinuseigenvektoren**" in S liefern allerdings die diskrete Sinustransformation, und die *schnelle Fourier-Transformation* bearbeitet S und S^{-1} in $N\log_2 N$ Schritten. In einer Dimension ist das langsamer als die cN Schritte aus der tridiagonalen Elimination. In zwei Dimensionen gewinnt aber $N^2 \log_2(N^2)$ mit leichtem Vorsprung gegenüber N^4.

Die diskrete Sinustransformation

Die k-te Spalte der Matrix S enthält den Eigenvektor y_k. Die j-te Komponente dieses Eigenvektors ist $S_{jk} = \sin\frac{jk\pi}{N+1}$. In unserem Beispiel mit $N = 5$ und $N+1 = 6$ sind alle Winkel Vielfache von $\pi/6$. Es folgt eine Aufzählung von $\sin\pi/6, \sin 2\pi/6,\ldots$, die sich unendlich fortsetzt:

Sinusfunktionen

$$\frac{1}{2}, \frac{\sqrt{3}}{2}, 1, \frac{\sqrt{3}}{2}, \frac{1}{2}, 0 \text{ (wiederhole mit negativem Vorzeichen) (wiederhole 12 Zahlen)}.$$

In der k-ten Spalte der Matrix S (k-ter Eigenvektor y_k) stehen jeweils die k-ten Zahlen aus dieser Aufzählung:

$$y_1 = \begin{bmatrix} 1/2 \\ \sqrt{3}/2 \\ 1 \\ \sqrt{3}/2 \\ 1/2 \end{bmatrix}, y_2 = \begin{bmatrix} \sqrt{3}/2 \\ \sqrt{3}/2 \\ 0 \\ -\sqrt{3}/2 \\ -\sqrt{3}/2 \end{bmatrix}, y_3 = \begin{bmatrix} 1 \\ 0 \\ -1 \\ 0 \\ 1 \end{bmatrix}, y_4 = \begin{bmatrix} \sqrt{3}/2 \\ -\sqrt{3}/2 \\ 0 \\ \sqrt{3}/2 \\ -\sqrt{3}/2 \end{bmatrix}, y_5 = \begin{bmatrix} 1/2 \\ -\sqrt{3}/2 \\ 1 \\ -\sqrt{3}/2 \\ 1/2 \end{bmatrix}.$$

Diese Eigenvektoren sind orthogonal. Das garantiert die Symmetrie der Matrix K. Alle Eigenvektoren haben die Norm $\|y\|^2 = 3 = (N+1)/2$. Nach Division durch $\sqrt{3}$ haben wir *orthonormale Eigenvektoren*. Die Matrix $S/\sqrt{3}$ ist die orthogonale DST-Matrix mit $\text{DST} = \text{DST}^{-1} = \text{DST}^T$.

3.5 Finite Differenzen und schnelle Poisson-Löser

Bedenken Sie die $k-1$ Vorzeichenwechsel in den Komponenten von y_k. Diese ergeben sich aus den k Umläufen der Sinuskurve. Die Eigenwerte wachsen: $\lambda = 2-\sqrt{3},\ 2-1,\ 2-0,\ 2+1,\ 2+\sqrt{3}$. Die Summe der Eigenwerte ist 10, das ist die Summe über die Hauptdiagonalelemente (die *Spur*) der Matrix K_5. Das Produkt der 5 Eigenwerte (am einfachsten paarweise zu bilden) bestätigt, dass $\det(K_5) = 6$ ist.

Die diskrete Sinustransformation ist Bestandteil von FFTPACK. Das ist eine Quelle für effiziente Software. An dieser Stelle verknüpfen wir die DST in einer weniger effizienten aber einfacheren Weise mit der FFT, indem wir die Sinusfunktionen in S als **Imaginärteile** der Exponentialfunktionen in einer Fourier-Matrix F_M betrachten. Die Ineffizienz kommt dadurch, dass der Winkel (für Sinus 0 bis π) für die Exponentialfunktionen $w^k = \exp(i2\pi k/M)$ bis 2π geht. Wir wählen $M = 2(N+1)$, dann kürzt sich die 2 weg.

Die $N \times N$ Sinusmatrix S ist eine Untermatrix des Imaginärteils von F_M:

$$\text{S=imag(F(1:N,1:N))} \qquad \sin\frac{jk\pi}{N+1} = \text{Im } w^{jk} = \text{Im}\left(e^{i\pi jk/(N+1)}\right). \tag{3.108}$$

Bei der Matrix F beginnt die Nummerierung mit 0, sodass Zeile 0 und Spalte 0 von F nur Einsen enthält (in der Sinusmatrix S wollten wir das nicht). Um die Sinustransformation Su eines N-Vektors u zu erhalten, erweitern wir ihn durch Nullen auf einen M-Vektor v. Die FFT bringt uns eine schnelle Multiplikation mit der konjugiert komplexen Matrix $\overline{F}$, anschließend ziehen wir N-Komponenten aus $\overline{F}v$, um die DST Su zu erhalten:

```
v=[0; u; zeros(N+1,1)]; z = fft(v);    % Fourier-Transformation, Größe M
Su = -imag(z(2:N+1));                   % Sinustransformation, Größe N
```

Schnelle Poisson-Löser

Um diese Eigenwertmethode auf zwei Dimensionen zu übertragen, brauchen wir die Eigenwerte und Eigenvektoren der Matrix $K2D$. Diese N^2 Eigenvektoren sind *separabel*. Jeder Eigenvektor $y_{k\ell}$ (der Doppelindex liefert N^2 Vektoren) zerfällt in ein Produkt von Sinusfunktionen:

Eigenvektoren $y_{k\ell}$

Die (i,j)-te Komponente des Vektors $y_{k\ell}$ ist $\quad \sin\dfrac{ik\pi}{N+1}\sin\dfrac{j\ell\pi}{N+1}$. (3.109)

Diesen Eigenvektor mit der Matrix $K2D$ zu multiplizieren, bedeutet, seine zweiten Differenzen in x- und y-Richtung zu nehmen. Die zweiten Differenzen der ersten Sinusfunktion (x-Richtung) ergeben einen Faktor $\lambda_k = 2 - 2\cos\frac{k\pi}{N+1}$. Das ist der Eigenwert der Matrix K in 1D. Die zweiten Differenzen der anderen Sinusfunktionen (y-Richtung) ergeben einen Faktor $\lambda_\ell = 2 - 2\cos\frac{\ell\pi}{N+1}$. Der Eigenwert $\boldsymbol{\lambda}_{k\ell}$ in zwei Dimensionen ist die Summe $\lambda_k + \lambda_\ell$ von eindimensionalen Eigenwerten:

$$(K2D)y_{k\ell} = \lambda_{k\ell}\, y_{k\ell} \quad \lambda_{k\ell} = (2 - 2\cos\frac{k\pi}{N+1}) + (2 - 2\cos\frac{\ell\pi}{N+1}). \qquad (3.110)$$

Nun ergibt sich die Lösung von $K2D\mathbf{U} = \mathbf{F}$ durch eine *zweidimensionale Sinustransformation*:

$$F_{i,j} = \sum\sum a_{k\ell} \sin\frac{ik\pi}{N+1} \sin\frac{j\ell\pi}{N+1} \qquad U_{i,j} = \sum\sum \frac{a_{k\ell}}{\lambda_{k\ell}} \sin\frac{ik\pi}{N+1} \sin\frac{j\ell\pi}{N+1}. \qquad (3.111)$$

Wieder bestimmen wir die Koeffizienten a, dividieren durch die Eigenwerte λ und setzen die Matrix U aus den Eigenvektoren in S zusammen:

Schritt 1 $a = S^{-1}F$, **Schritt 2** $\Lambda^{-1}a = \Lambda^{-1}S^{-1}F$, **Schritt 3** $U = S\Lambda^{-1}S^{-1}F$.

Swartztrauber [SIAM Review **19** (1977) 490] gibt die Anzahl der Operationen mit $2N^2 \log_2 N$ an. Hier wird die schnelle Sinustransformation (gestützt auf die FFT) verwendet, um die Matrix S^{-1} mit der Matrix S zu multiplizieren. Die schnelle Fourier-Transformation wird in Abschnitt 4.3 auf Seite 399 erläutert.

Anmerkung Wir nutzen diese Gelegenheit, um auf die guten Eigenschaften des Kronecker-Produkts kron(A,B) hinzuweisen. Angenommen, die Eigenvektoren der Matrizen A und B befinden sich in den Spalten von S_A und S_B. Ihre Eigenwerte sind in Λ_A und Λ_B. Dann kennen wir S und Λ für kron(A,B):

Die Eigenvektoren und Eigenwerte sind in kron(S_A, S_B) *und* kron(Λ_A, Λ_B).

Die Diagonalblöcke in kron(Λ_A, Λ_B) sind die Elemente $\lambda_k(A)$ multipliziert mit der Diagonalmatrix Λ_B. Damit sind die Eigenwerte $\lambda_{k\ell}$ des Kronecker-Produkts einfach die Produkte $\lambda_k(A)\lambda_\ell(B)$.

In unserem Fall waren A und B die Matrizen I und K. Die Matrix $K2D$ war die Summe der beiden Produkte kron(I,K) und kron(K,I). In der Regel sind uns die Eigenvektoren und Eigenwerte einer Matrixsumme nicht bekannt – abgesehen von dem Fall, dass die Matrizen kommutieren. Da alle unsere Matrizen aus der Matrix K hervorgegangen sind, *kommutieren diese Kronecker-Produkte in der Tat*. (Das Gebiet ist ein Quadrat.) Das ergibt die separablen Eigenvektoren und Eigenwerte in (3.109) und (3.110).

Wie man zweidimensionale Vektoren in Matrizen verpackt

Jede Komponente von F und U ist mit einem Gitterpunkt verknüpft. Dieser Punkt befindet sich in Zeile i und Spalte j des Quadrats. Bei einer so hübschen Reihenfolge können wir die Zahlen F_{ij} und U_{ij} in $N \times N$-Matrizen FM und UM verpacken. Die Zeilen des Gitters stimmen mit den Matrixzeilen überein.

Die Eigenwerte $\lambda_{k\ell}$ der Matrix $K2D$ können wir genauso in eine Matrix LM (L steht für Lambda) einsortieren. Wenn F nach den Eigenvektoren $y_{k\ell}$ der Matrix $K2D$ entwickelt wird, werden die Koeffizienten $a_{k\ell}$ in eine $N \times N$-Matrix AM gepackt.

3.5 Finite Differenzen und schnelle Poisson-Löser

Bei einem Quadratgitter (nicht bei einem unstrukturiertem Gitter) können die drei Schritte von F zu U mithilfe von FM, AM, LM und UM beschrieben werden:

FM zu AM F ist eine Kombination der Eigenvektoren $\sum\sum a_{k\ell}\, y_{k\ell}$ mit $a_{k\ell}$ in AM.
$AM./LM$ Dividiere jeden Koeffizienten $a_{k\ell}$ durch $\lambda_{k\ell}$.
Finde UM Rekombiniere die Eigenvektoren $y_{k\ell}$ mit den Koeffizienten $a_{k\ell}/\lambda_{k\ell}$.

Zu jedem Schritt gibt es einen einfachen MATLAB-Befehl. Die Eigenwerte kommen in die Matrix LM:

```
L = 2*ones(1,N) - 2*cos(1:N)*pi/(N+1);   % Eigenwertzeile von K in 1D
LM = ones(N,1)*L + L'*ones(1,N);          % Eigenwertmatrix von K2D
```

Die Entwicklung der Matrix F nach Eigenvektoren ist eine zweidimensionale inverse Transformation. Dieser Schritt ist umwerfend hübsch: Einer eindimensionalen Transformation jeder Spalte von FM folgt eine eindimensionale Transformation jeder Zeile:

2D-Koeffizienten von F $\quad AM = \text{DST}*FM*\text{DST}.$ $\hspace{2cm}$ (3.112)

Rufen Sie sich ins Gedächtnis, dass die DST-Matrix mit dem Faktor $\sqrt{2/(N+1)}$ gleich ihrer Inversen und ihrer Transponierten ist. Die Vorwärts-Sinustransformation (zur Rekombination der Eigenvektoren) benutzt die DST ebenso:

2D-Koeffizienten von U $\quad UM = \text{DST}*(AM./LM)*\text{DST}.$ $\hspace{1cm}$ (3.113)

Die Inverse der Verpackungsoperation ist vec. Sie setzt die Matrixelemente (spaltenweise) in einen langen Vektor. Da unsere Liste von Gitterwerten zeilenweise vorliegt, wird vec auf die Transponierte von UM angewandt. Die Lösung zu $(K2D)U = F$ ist $U = \text{vec}(UM')$.

Software zur Lösung der Poisson-Gleichung

FORTRAN-Software zur Lösung der Poisson-Gleichung stellt FISHPACK bereit. Ihnen als Leser ist wahrscheinlich bekannt, dass das französische Wort *poisson* im Englischen *fish* ist. Der schnelle Poisson-Löser verwendet die doppelte Sinusreihe aus Gleichung (3.111) auf der vorherigen Seite. Mit der Option FACR(m) werden zunächst m Schritte der **zyklischen Reduktion** ausgeführt, bevor dieser FFT-Löser zum Einsatz kommt.

Wir erklären nun die zyklische Reduktion. In einer Dimension kann sie so lange wiederholt werden, bis das System sehr klein ist. In zwei Dimensionen werden spätere Schritte der *block-zyklischen Reduktion* aufwändig. Das optimale m wächst wie $\log\log N$ mit der Anzahl der Operationen $3mN^2$. Wenn N zwischen 128 und 1024 liegt, entscheidet man sich häufig für $m = 2$ zyklische Reduktionsschritte vor der schnellen Sinustransformation. Bei praktischen wissenschaftlichen Anwendungen, in denen mit N^2 Unbekannten gerechnet wird (und sogar mit N^3 Unbekannten in drei Dimensionen), gewinnt der schnelle Poisson-Löser.

Zyklische Odd-Even-Reduktion

Es gibt eine vollkommen andere (und sehr einfache) Herangehensweise an die Gleichung $KU = F$. Ich starte in einer Dimension, indem ich die drei Zeilen der gewöhnlichen zweite-Differenzen-Gleichung aufschreibe:

$$\begin{aligned}
\text{Zeile } i-1 \quad & -U_{i-2} + 2U_{i-1} - U_i && = F_{i-1} \\
\text{Zeile } i \quad & \phantom{-U_{i-2} +} -U_{i-1} + 2U_i - U_{i+1} && = F_i \\
\text{Zeile } i+1 \quad & \phantom{-U_{i-2} + 2U_{i-1}} - U_i + 2U_{i+1} - U_{i+2} && = F_{i+1}.
\end{aligned} \quad (3.114)$$

Wir multiplizieren die mittlere Gleichung mit 2 und addieren. **Das eliminiert U_{i-1} und U_{i+1}**:

> **Odd-Even-Reduktion in einer Dimension**
> $$-U_{i-2} + 2U_i - U_{i+2} = F_{i-1} + 2F_i + F_{i+1}. \qquad (3.115)$$

Nun haben wir ein **System halber Größe**, in dem nur halb soviele Unbekannte U (mit geraden Indizes) vorkommen. Das neue System (3.115) hat dieselbe tridiagonale Form wie zuvor. Wenn wir weitermachen, *erzeugt die zyklische Reduktion ein System mit Viertelgröße*. Schließlich können wir $KU = F$ auf ein sehr kleines Problem reduzieren, und dann ergibt zyklisches Rückwärtseinsetzen das ganze System.

Wie verhält es sich in zwei Dimensionen? Die große Matrix $K2\text{D}$ ist blockweise tridiagonal:

$$K2\text{D} = \begin{bmatrix} A & -I & & \\ -I & A & -I & \\ & \cdot & \cdot & \cdot \\ & & -I & A \end{bmatrix} \quad \text{mit } A = K + 2I \text{ aus Gleichung (3.104)}. \qquad (3.116)$$

Die drei Gleichungen in (3.114) werden zu *Blockgleichungen für ganze Zeilen von N Gitterwerten*. Wir nehmen die Unbekannten $\mathbf{U}_i = (U_{i1}, \ldots, U_{iN})$ Zeile für Zeile. Wenn wir drei Zeilen von (3.116) aufschreiben, ersetzt der Block A die Zahl 2 in der skalaren Gleichung. Der Block $-I$ ersetzt die Zahl -1. Um $(K2\text{D})(U2\text{D}) = (F2\text{D})$ auf ein halb so großes System zu reduzieren, multiplizieren Sie die mittlere Gleichung (mit i gerade) mit A und addieren die drei Blockgleichungen:

> **Reduktion in 2D**
> $$-I\mathbf{U}_{i-2} + (A^2 - 2I)\mathbf{U}_i - I\mathbf{U}_{i+2} = \mathbf{F}_{i-1} + A\mathbf{F}_i + \mathbf{F}_{i+1}. \qquad (3.117)$$

Die neue, nur halb so große Matrix ist immer noch block-tridiagonal. *Die Diagonalblöcke, die in Gleichung* (3.116) *die Matrix A waren, sind nun $A^2 - 2I$* mit denselben Eigenvektoren. Die Unbekannten sind die $\frac{1}{2}N^2$ Werte $U_{i,j}$ an den Gitterpunkten mit geradem Index i. Allerdings hat die Matrix $A^2 - 2I$ nun *fünf Diagonalen*.

Dieser Schwachpunkt verstärkt sich im Verlauf der zyklischen Reduktion. Bei jedem Schritt verdoppelt sich die Bandbreite. Speicherplatzbedarf, Rechenaufwand

3.5 Finite Differenzen und schnelle Poisson-Löser 335

und Rundungsfehler nehmen schnell zu. Von Buneman und Hockney wurden aber stabile Varianten entwickelt. Die klare Darstellung in [27] lässt andere Randbedingungen und andere separable Gleichungen zu.

Die zyklische Reduktion hängt mit der *rot-schwarz-Ordnung* zusammen. Keine Gleichung enthält zwei rote Unbekannte oder zwei schwarze Unbekannte auf einmal (D_{schw} und D_{rot} sind diagonal):

Rote Vriable in schwarzen Gleichungen
Schwarze Variablen in roten Gleichungen $\quad \begin{bmatrix} D_b & R \\ B & D_r \end{bmatrix} \begin{bmatrix} u_{schw} \\ u_{rot} \end{bmatrix} = \begin{bmatrix} f_{schw} \\ f_{rot} \end{bmatrix}.$

Neumann-Bedingungen und die Matrix *B*2D

Die Randbedingung auf den Seiten eines Quadrates sei $\partial u/\partial n = 0$. In einer Dimension führte diese Bedingung $du/dx = 0$ für Anstieg null (freies Ende) zur singulären Matrix B der zweiten Diferenzen. Die Eckelemente B_{11} und B_{NN} sind 1 und nicht 2. In zwei Dimensionen scheint die natürliche Wahl $\text{kron}(I,B) + \text{kron}(B,I)$ zu sein, das ist aber falsch. **In der korrekten Wahl für *B*2D wird die Matrix *I* durch die Matrix $D = \text{diag}\left(\begin{bmatrix} \frac{1}{2} & 1 & \cdots & 1 & \frac{1}{2} \end{bmatrix}\right)$ ersetzt.**

***B*2D mit $N = 3$, $\text{kron}(D,B) + \text{kron}(B,D)$**

$$B2D = \begin{bmatrix} B/2 & & \\ & B & \\ & & B/2 \end{bmatrix} + \begin{bmatrix} D & -D & 0 \\ -D & 2D & -D \\ 0 & -D & D \end{bmatrix}. \tag{3.118}$$

Der mysteriöse Faktor $\frac{1}{2}$ an einem freien Ende ist uns bereits im Anschauungsbeispiel aus Abschnitt 1.2 begegnet. Ohne diesen Faktor war die Näherung nur von Genauigkeit erster Ordnung. In einer Dimension und auch in zwei Dimensionen braucht die rechte Seite f die Faktoren $\frac{1}{2}$ an Randpunkten. Der neue Aspekt in zwei Dimensionen ist $-u_{xx} = f + u_{yy}$, und u_{yy} wird auch an den vertikalen Rändern mit $\frac{1}{2}$ multipliziert. Es folgen die ersten drei Zeilen der Matrix $B2D$:

Erste Blockzeile $\begin{bmatrix} \frac{B}{2} + D & -D & 0 \end{bmatrix}$ (Ecke/Mittelpunkt/Ecke)

$$\begin{bmatrix} 1 & -\frac{1}{2} & 0 & -\frac{1}{2} & 0 & 0 & 0 & 0 & 0 \\ -\frac{1}{2} & 2 & -\frac{1}{2} & 0 & -1 & 0 & 0 & 0 & 0 \\ 0 & -\frac{1}{2} & 1 & 0 & 0 & -\frac{1}{2} & 0 & 0 & 0 \end{bmatrix}. \tag{3.119}$$

Um die Matrix $B2D$ systematisch aufzubauen, verwendet Giles die **Kontrollvolumina** innerhalb der gestrichelten Linien.

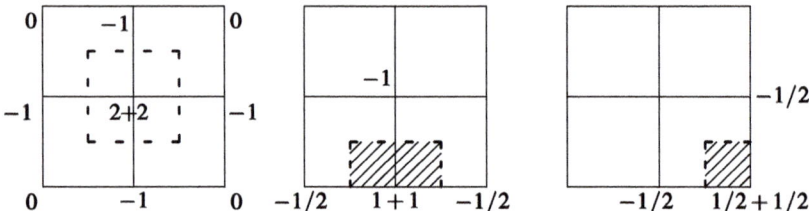

Um jedes Kontrollvolumen ist das Doppelintegral von div(grad u) = 0 gleich dem Randintegral von $\partial u/\partial n$ (Divergenzsatz). Ersetzen Sie $\partial u/\partial n$ an den Seiten des Kontrollvolumens durch Differenzen. **Die Seiten mit halber Länge in den beiden schraffierten Gebieten bringen automatisch $\frac{1}{2}\Delta y$ oder $\frac{1}{2}\Delta x$:**

> **Mittlere Box, Eckbox**
>
> $\frac{1}{2}(2U_{21} - U_{31} - U_{11}) + (U_{21} - U_{11}) \quad \frac{1}{2}(U_{31} - U_{21}) + \frac{1}{2}(U_{31} - U_{32}).$

Das sind die zweite und die dritte Zeile der Matrix $(B2D)U$ in Gleichung (3.119). Die Kontrollvolumina sichern eine symmetrische Matrix. Die Flüsse über die inneren Ränder heben sich gegenseitig auf. **So wird $c_+ \partial u/\partial n = c_- \partial u/\partial n$ modelliert, wenn der Strömungsleitwert c im Innern des Gebietes springt.**

Aufgaben zu Abschnitt 3.5

3.5.1 Die 7-Punkt-Laplace-Differenzengleichung in drei Dimensionen enthält das Element +6 auf der Hauptdiagonalen und die Elemente -1 auf den inneren Zeilen. Folglich hat die Matrix $K3D = -\Delta_x^2 - \Delta_y^2 - \Delta_z^2$ die Größe N^3.

Erzeugen Sie die Matrix $K3D$ mithilfe des Befehls kron aus den Matrizen $K2D$ und $I2D = \text{kron}(I,I)$ in der $x-y$-Ebene, indem Sie K und I der Größe N in z-Richtung verwenden.

3.5.2 Faktorisieren Sie $K3D = LU$ mithilfe des Befehls lu, und verwenden Sie spy, um die von null verschiedenen Elemente in L anzuzeigen.

3.5.3 Was sind die Eigenvektoren y_{klm} und die Eigenwerte λ_{klm} der Matrix $K3D$ in Analogie zu den Gleichungen (3.109) und (3.110) für $K2D$? (Geben Sie die i,j,s Komponente des Eigenvektors an.) Eine Dreifachsumme in Analogie zu (3.111) ergibt U aus F.

3.5.4 Entwerfen Sie einen 3D-MATLAB-Code (analog zu 2D), um $(K3D)U = F$ zu lösen.

3.5.5 Das „**9-Punkt-Schema**" für die Laplace-Gleichung in zwei Dimensionen liefert eine Genauigkeit in $O(h^4)$:

$$20U_{ij} - 4(U_{i+1,j} + U_{i-1,j} + U_{i,j+1} + U_{i,j-1})$$
$$- (U_{i+1,j+1} + U_{i+1,j-1} + U_{i-1,j+1} + U_{i-1,j-1}) = 0.$$

Skizzieren Sie das 9-Punkt-Molekül mit den Koeffizienten 20, −4 und −1. Was ist die Bandbreite der Matrix K2D9 mit N^2 Gitterpunkten und neun Diagonalen?

3.5.6 Die 9-Punkt-Matrix scheint sich in 6 mal K2D minus $\Delta_x^2 \Delta_y^2$ aufzutrennen (dieser Term ergibt an den Ecken des Moleküls −1). Gibt es eine schnelle Variante, K2D9 aus K, I und kron zu konstruieren?

3.5.7 Die Matrix K2D9 hat dieselben Eigenvektoren y_{kl} wie die Matrix K2D in Gleichung (3.109) auf Seite 331. Benutzen Sie Aufgabe 3.5.6. Was sind die Eigenwerte der Matrix K2D9? (Sei $y = 0$ an den Ecken des Quadrates.)

3.5.8 Warum ist die Transponierte von $C = \text{kron}(A,B)$ gleich $\text{kron}(A^T,B^T)$? Sie müssen jeden Block $A_{ij}B$ transponieren. Warum ist die Inverse gleich $C^{-1} = \text{kron}(A^{-1},B^{-1})$? Multiplizieren Sie C mit C^{-1}. Erläutern Sie, warum das Produkt Blockzeile $[A_{11}B;\ldots;A_{1n}B]$ mal Blockspalte $[(A^{-1})_{11}B^{-1};\ldots;(A^{-1})_{n1}B^{-1}]$ die Matrix I ist.

Die Matrix C ist symmetrisch (oder orthogonal), wenn die Matrizen A und B symmetrisch (oder orthogonal) sind.

3.5.9 Warum ist das Produkt der Matrizen $C = \text{kron}(A,B)$ und $D = \text{kron}(S,T)$ gleich $CD = \text{kron}(AS,BT)$? Um diese Frage zu beantworten, brauchen Sie etwas mehr Ausdauer bei der Blockmultiplikation.

Anmerkung Sind S und T Eigenvektormatrizen zu A und B, dann gilt

$$\text{kron}(A,B)\,\text{kron}(S,T) = \text{kron}(AS,BT) = \text{kron}(S,T)\,\text{kron}(\Lambda_A,\Lambda_B).$$

Das besagt $CD = D\Lambda_C$. Also ist $D = \text{kron}(S,T)$ die Eigenvektormatrix zu C.

3.5.10 Warum ist die zweidimensionale Gleichung $(K\text{2D})U = F$ äquivalent zur Matrixgleichung $K*UM + UM*K = FM$, wenn U und F in UM und FM gepackt sind?

3.5.11 Die Matrix $K+I$ hat die Diagonalen $-1, 3, -1$ zur Darstellung der eindimensionalen finiten Differenz $-\Delta^2 U + U$. Schreiben Sie analog zu Gleichung (3.115) drei Zeilen von $(K+I)U = F$ auf. Verwenden Sie die Odd-Even-Reduktion, um analog zu (3.116) ein halb so großes System zu erzeugen.

3.6 Die Finite-Elemente-Methode

In den Abschnitten 3.1 und 3.2 kamen nur finite Elemente in einer Dimension vor. Das waren Hutfunktionen sowie stückweise quadratische und kubische Funktionen. Den echten Erfolg erringen sie in zwei und drei Dimensionen, wo finite Differenzen meistens auf ein Quadrat, ein Rechteck oder einen Würfel hoffen.

Finite Elemente sind der beste Weg aus dieser Kiste. Der Rand kann gekrümmt sein und das Gitter unstrukturiert. Die Schritte der Methode bleiben dieselben:

1. Schreibe die Gleichung in ihrer **schwachen Form**, also integriert mit Testfunktionen $v(x,y)$.
2. **Unterteile das Gebiet** in Dreiecke oder Vierecke.

3. Wähle N einfache **Ansatzfunktionen** $\phi_j(x,y)$, und suche nach der Linearkombination $U = U_1\phi_1 + \cdots + U_N\phi_N$. Die eindimensionalen Hutfunktionen $\phi(x)$ können sich in zweidimensionale Pyramidenfunktionen $\phi(x,y)$ verwandeln.
4. Erzeuge N Gleichungen $KU = F$ aus den **Testfunktionen** $V_1, \ldots, V_N$ (häufig ist $V_j = \phi_j$).
5. **Setzen Sie die Steifigkeitsmatrix K und den Lastvektor F zusammen. Lösen Sie $KU = F$.**

Die Berechnungen finden alle in Schritt 5 statt, die ersten vier Schritte entscheiden aber darüber, ob die Methode effizient und genau sein wird. Der Schlüssel ist das Erscheinungsbild der *Ansatz- und Testfunktionen*.

Ich werde auf die schwache Form eingehen, die im wissenschaftlichen Rechnen von hoher Bedeutung ist. Wir fordern nicht direkt, dass die Laplace-Gleichung an jedem Punkt gilt. Diese starke Form enthält *zweite* Ableitungen von u. In der schwachen Form aus Gleichung (3.122) kommen nur *erste* Ableitungen von u und auch von Testfunktionen v vor. Durch partielle Integration wird $-u_{xx}v$ zu $u_x v_x$.

Im diskreten Fall, also bei Matrixgleichungen $A^TCAu = f$, bildet man Skalarprodukte mit allen Vektoren v. Wenn man anschließend transponiert, um (Av) zu erzeugen, ist das wie partielle Integration:

$$(A^T CAu)^T v = f^T v \quad \text{wird zur schwachen Form:} \quad (CAu)^T (Av) = f^T v \quad \text{für alle } v.$$
(3.120)

Die schwache Form lässt A^T verschwinden! In der Mechanik ist v eine beliebige „virtuelle Auslenkung", die zu u hinzukommt. Das Kräftegleichgewicht $A^T w = f$ ist in der schwachen Form als $w^T Av = f^T v$ versteckt.

Aus Skalarprodukten $f^T v$ werden nun Integrale über das Produkt von f und v. Um direkt zur schwachen Form zu gelangen, **wird die starke Form mit einer Testfunktion $v(x,y)$ multipliziert, und anschließend wird integriert**. Die partielle Integration in zwei Dimensionen wird zur Gauß-Greenschen Formal aus Abschnitt 3.3. $C = I$ setzt $(Au)^T(Av) = \iint (\operatorname{grad} u) \cdot (\operatorname{grad} v) = \iint u_x v_x + u_y v_y$ in der schwachen Form der Laplace-Gleichung:

Multipliziere mit $v(x,y)$ und integriere

$$\iint (-u_{xx} - u_{yy}) v(x,y)\, dx\, dy = 0,$$

Schwache Form mittels Greenscher Formel

$$\iint (u_x v_x + u_y v_y)\, dx\, dy = \int \frac{\partial u}{\partial n} v\, ds.$$
(3.121)

Welche Randbedingungen werden an die Funktionen u und v gestellt? Die Antwort lautet, dass *wesentliche* Randbedingungen gestellt werden, aber keine *natürlichen* Randbedingungen. So eine wesentliche Bedingung ist $u = u_0(x,y)$ in der Laplace-Gleichung. Dann ist an denselben Randpunkten $v = 0$ gefordert (sodass $u + v$ dieselben Randwerte hat).

3.6 Die Finite-Elemente-Methode

Eine natürliche Bedingung ist ein Randwert $w \cdot n = F_0(x, y)$. Streng genommen, können wir diese Randbedingung gar nicht stellen, weil w nicht mehr auftaucht. Machen wir also mit wesentlichen Bedingungen weiter.

Durch die Forderung $v = 0$ auf dem Rand von R ist das letzte Integral in Gleichung (3.121) null. Die schwache Form der Laplace-Gleichung enthält das Doppelintegral über $(\text{grad}\, u) \cdot (\text{grad}\, v) = u_x v_x + u_y v_y$:

Schwache Form
$$\iint \left(\frac{\partial u}{\partial x} \frac{\partial v}{\partial x} + \frac{\partial u}{\partial y} \frac{\partial v}{\partial y} \right) dx\, dy = 0 \text{ für alle zulässigen } v(x, y). \quad (3.122)$$

Ein Quellterm $f(x, y)$ auf der rechten Seite der starken Form macht aus der Laplace-Gleichung eine Poisson-Gleichung. Das ergibt $\iint fv\, dx\, dy$ in der schwachen Form der Gleichung $-u_{xx} - u_{yy} = f(x, y)$.

Die Schönheit dieser schwachen Form liegt darin, dass darin nur erste Ableitungen vorkommen. Sie enthält Au und Av anstelle von $A^T A u$. Wir können Ansatz- und Testfunktionen wesentlich einfacher gestalten, wenn nur erste Ableitungen gebraucht werden. Anstelle der **Hutfunktionen** in einer Dimension können das in zwei Dimensionen **Pyramidenfunktionen** sein. Das Ziel besteht darin, eine schnelle und exakte Methode zu entwickeln. Nach zwei Beispielen wenden wir uns dem wahren Problem zu (und geben auch einen Code an).

Ansatz- und Testfunktionen: Galerkin-Verfahren

Um sich eine diskrete Näherung zur schwachen Form zu verschaffen, hatte Galerkin einen einfachen aber ungeheuren Plan. Sei $U(x, y)$ eine Kombination von N gut gewählten **Ansatzfunktionen** $\phi_j(x, y)$:

Näherung $\quad U(x, y) = \sum_{j=1}^{N} U_j \phi_j(x, y) \quad$ (plus $U_B(x, y)$ falls notwendig). $\quad (3.123)$

Die Hauptentscheidung des wissenschaftlichen Rechnens liegt in der Wahl der Basisfunktionen ϕ_j. Die zusätzliche Funktion $U_B(x, y)$ erfüllt alle von null verschiedenen wesentlichen Bedingungen $U_B = u_0$ an den Randgitterpunkten. Die Ansatzfunktionen $\phi_1, \ldots, \phi_N$ sind am Rand *null* (sodass sie auch Testfunktionen V sein könnten). Bei einer Randbedingung wie $u(0) = u(1) = 0$, ist U_B identisch null und daher überflüssig. **Wir haben nun N Unbekannte Koeffizienten $U_1, \ldots, U_N$, für die wir N Gleichungen brauchen**.

Die Gleichungen verschaffen wir uns, indem wir N *Testfunktionen* $V_1, V_2, \ldots, V_N$ wählen. Jede Testfunktion V_i, die wir in die schwache Form einsetzen, liefert eine Gleichung für die Koeffizienten U. Ersetzen wir u in der schwachen Form (3.122) durch $U = \sum U_j \phi_j$, und ersetzen wir v durch jede Testfunktion V_i:

$$\iint \left[\left(\sum_1^N U_j \frac{\partial \phi_j}{\partial x} \right) \frac{\partial V_i}{\partial x} + \left(\sum_1^N U_j \frac{\partial \phi_j}{\partial y} \right) \frac{\partial V_i}{\partial y} \right] dx\,dy = \iint f(x,y)\,V_i(x,y)\,dx\,dy.$$

(3.124)

Können Sie darin das lineare System $KU = F$ erkennen? Es gibt N Gleichungen, die mit dem Index i indiziert sind. Die N Unbekannten U_j sind durch j indiziert. Die rechte Seite von Gleichung (3.124) ergibt die i-te Komponente des Lastvektors F. Multipliziert man die linke Seite mit U_j, ist das das Matrixelement K_{ij}.

Steifigkeitsmatrix $\quad K_{ij} = \iint \left[\frac{\partial \phi_j}{\partial x} \frac{\partial V_i}{\partial x} + \frac{\partial \phi_j}{\partial y} \frac{\partial V_i}{\partial y} \right] dx\,dy.$ (3.125)

Im Fall $V_i = \phi_i$ ist die Matrix K symmetrisch und *positiv definit*. Unter der Voraussetzung, dass die Ansatzfunktionen ϕ_j lokalisiert sind ($K_{ij} = 0$, wenn sich die Kurven von ϕ_j und V_i nicht überlappen), ist K *dünn besetzt*. Die Funktion F ergibt sich aus $f(x,y)$. Sie ergibt sich auch aus den von null verschiedenen Randwerten $u = u_0$ (in U_B) und aus jeder Bedingung $w \cdot n = \partial u/\partial n = F_0$ in Gleichung (3.122).

Im ersten Beispiel werden wir sehen, wie eine Pyramidenfunktion das herkömmliche 5-Punkt-Molekül für die Laplace-Gleichung ergibt. Das zweite Beispiel wird Elementmatrizen und Randbedingungen veranschaulichen. Anschließend setzt der „Erzeugungscode" $KU = F$ für ein triangulares Gitter zusammen.

Pyramidenfunktionen

Unser Schlüsselbeispiel ist die Laplace-Gleichung $u_{xx} + u_{yy} = 0$ in einem Quadrat. Die Randwerte sind um das ganze Quadrat mit der Seitenlänge $2h$ gegeben (dann haben die Testfunktionen die Randwerte $v = 0$). Das Quadrat wird in vier kleiner Quadrate mit den Seitenlängen h unterteilt, und jedes Quadrat wird in zwei Dreiecke zerlegt (siehe Abbildung 3.21 auf der nächsten Seite). Unsere Finite-Elemente-Näherung $U(x,y)$ ist dann *in jedem der acht Dreiecke linear*.

Also ist in jedem Dreieck $U = a + bx + cy$. Im Dreieck T_1, das horizontal schraffiert ist, sind die Zahlen a, b, c durch die Werte U, U_E, U_N an den Ecken bestimmt. Die Werte U_E und U_N sind durch $u_0(x,y)$ bekannt. Was wir bestimmen wollen, ist der innere Wert U. *Der vollständige Graph von $U(x,y)$ besteht aus acht ebenen Stücken, die sich an den Kanten treffen*. An der Kante von U nach E verlaufen die beiden Flächen in T_1 und T_2 linear von U nach U_E. Diese Ebenen treffen sich also, und wir haben ein stetiges Dach.

Wir verwenden nur eine Testfunktion V, weil es eine Unbekannte U gibt. Die Testfunktion (die naheliegendste Wahl) ist in jedem Dreieck ebenfalls linear. *Alle Randwerte von V sind null*, und wir können den inneren Wert $V = 1$ an der Stelle $x = y = 0$ wählen. In den Dreiecken T_1 und T_2 werden diese Werte 1,0,0 durch einfache Gleichungen erreicht:

3.6 Die Finite-Elemente-Methode

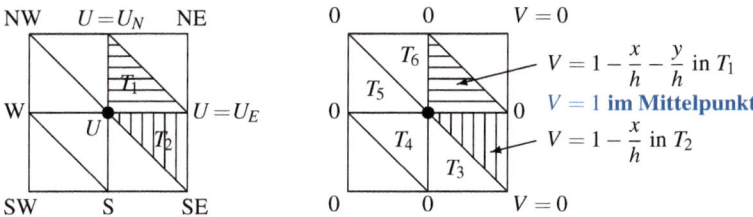

Abb. 3.21 Näherung $U(x,y)$ und Pyramidenfunktion $V = \phi$, linear in acht Dreiecken.

Testfunktion $V(x,y) = 1 - \dfrac{x}{h} - \dfrac{y}{h}$ in T_1 $\quad V(x,y) = 1 - \dfrac{x}{h}$ in T_2. (3.126)

Der Graph der vollständigen Funktion $V(x,y)$ ist eine sechsseitige Pyramide über sechs Dreiecken. Machen Sie an dieser Stelle eine Pause, um sich dieses stückweise lineare Dach bildlich vorzustellen. Es besteht aus sechs flachen Seiten, die sich zu $V = 1$ im Mittelpunkt erheben. Die Flächen in zwei Eckdreiecken verlassen null nie.

$U(x,y)$ passt $a + bx + cy$ so an, dass die Werte U, U_E, U_N an den Ecken des Dreiecks T_1 erreicht werden:

$$\begin{aligned} U + \frac{x}{h}(U_E - U) + \frac{y}{h}(U_N - U) & \quad \text{in } T_1, \\ U + \frac{x}{h}(U_E - U) + \frac{y}{h}(U_E - U_{SE}) & \quad \text{in } T_2. \end{aligned} \qquad (3.127)$$

Beachten Sie den gemeinsamen Anstieg entlang der horizontalen Kante, an der sich $U(x,y)$ über die Entfernung h von U auf U_E ändert. Die sechs flachen Teilstücke von $U(x,y)$ treffen sich auf alle Fälle.

Das Integral über $U_x V_x + U_y V_y$ ist in der schwachen Form einfach, weil *Ableitungen Konstanten sind.* Sie müssen nur mit dem Flächeninhalt $\frac{1}{2}h^2$ multipliziert werden:

Über T_1 $\displaystyle\iint \left[\left(\frac{U_E - U}{h}\right)\left(-\frac{1}{h}\right) + \left(\frac{U_N - U}{h}\right)\left(-\frac{1}{h}\right) \right] dx\,dy = \frac{1}{2}(-U_E + 2U - U_N)$

$\qquad\qquad\qquad\nearrow \qquad\qquad\quad \nearrow$
$\qquad\qquad\quad \partial V / \partial x \qquad\quad \partial V / \partial y$
$\qquad\qquad\qquad\searrow \qquad\qquad\quad \searrow$

Über T_2 $\displaystyle\iint \left[\left(\frac{U_E - U}{h}\right)\left(-\frac{1}{h}\right) + \left(\frac{U_E - U_{SE}}{h}\right)(0) \right] dx\,dy = \frac{1}{2}(U - U_E)$.

Es sind noch vier weitere Dreiecke zu bearbeiten. Wir geben die Integrale über diese Dreiecke nur an.

Das Dreieck T_4 im Südwesten liefert $\frac{1}{2}(-U_W + 2U - U_S)$ in Analogie zu T_1. Die Dreiecke T_3, T_5 und T_6 liefern $\frac{1}{2}(U - U_S)$, $\frac{1}{2}(U - U_W)$ und $\frac{1}{2}(U - U_N)$ in Analogie mit T_2. Wenn man die sechs Integrale addiert, ergibt das eine zusammengesetzte Gleichung $KU = F$:

$$KU = F \quad 4U = U_E + U_W + U_N + U_S. \tag{3.128}$$

Wir haben unser Ziel erreicht (mit einer Unbekannten U). Die 1×1-Steifigkeitsmatrix ist $K = [4]$. Die rechte Seite F ist die Summe über die vier Randwerte. Die Gleichung besagt, dass U das Mittel dieser Randwert ist! Das passt zu einer Schlüsseleigenschaft der echten Lösung: *Im Mittelpunkt eines beliebigen Kreises stimmt die Funktion $u(x, y)$ mit ihrem Mittel um den Kreis überein.*

Wenn wir Gleichung (3.128) umschreiben, können Sie erkennen, wie u_{xx} und u_{yy} durch zweite Differenzen ersetzt wurden, und zwar durch horizontal plus vertikal. **Das ist exakt das fünf-Punkte-Molekül für den Laplace-Operator**:

Zweite Differenzen $\quad (-U_E + 2U - U_W) + (-U_N + 2U - U_S) = 0. \tag{3.129}$

Rufen Sie sich dieses Schlüsselbeispiel ins Gedächtnis, wenn Sie etwas über die ganze Idee der finiten Elemente lesen. Umfangreichere Beispiele werden zeigen, wie sich die Matrix K aus den *Elementmatrizen* zusammensetzt.

Elementmatrizen und Elementvektoren

Es gibt einen guten Weg, die Steifigkeitsmatrix K Element für Element zu berechnen. Wir haben vor, jedes $V_i = \phi_i$ zu wählen. Wenn wir es mit einem einzelnen Intervall in einer Dimension oder mit einem Dreieck in zwei Dimensionen zu tun haben, kommen in der Näherungslösung U nur zwei oder drei der Ansatzfunktionen ϕ_i vor (die anderen sind in diesem Element null). Der Beitrag eines Elementes zur globalen Matrix K ist dann eine 2×3- oder eine 3×3-*Elementmatrix K_e*. Beim Zusammensetzen zur Matrix K überlappen dann andere Elementmatrizen von Dreiecken, die einen gemeinsamen Gitterpunkt haben.

Nach der schwachen Form ist dieses K_{ij} das Integral $(\text{grad}\,\phi_j) \cdot (\text{grad}\,V_i)$. Wir wählen $V_i = \phi_i$ und $U = \Sigma U_j \phi_j$. **Wenn Sie $U_x^2 + U_y^2$ integrieren, erhalten Sie eine Summe über $U_i U_j K_{ij}$, die gleich $U^T K U$ ist**:

$$\iint \left(U_x^2 + U_y^2 \right) dx\,dy = \sum_{i=1}^{N} \sum_{j=1}^{N} U_i U_j \iint \left(\frac{\partial \phi_i}{\partial x} \frac{\partial \phi_j}{\partial x} + \frac{\partial \phi_i}{\partial y} \frac{\partial \phi_j}{\partial y} \right) dx\,dy. \tag{3.130}$$

Das Integral über das gesamte Gebiet ist $U^T K U$ mit $U^T = [U_1\ U_2\ \ldots\ U_N]$. Das Integral über ein einzelnes Dreieck ist $U^T K_e U$. Darin kommen nur drei der Unbekannten U vor, nämlich die, die zu den drei Ecken des Dreiecks gehören. Streng formuliert: Wir haben eine $N \times N$-Matrix vor uns, die von null verschiedenen Elemente befinden sich aber nur in der 3×3-Matrix K_e. Am Ende ist die Matrix K eine Verbindung der Matrizen K_e aus allen Dreiecken.

3.6 Die Finite-Elemente-Methode

Abb. 3.22 Das Standarddreieck T (Länge 1 oder h) und ein beliebiges Dreieck e.

Ich werde das Beispiel mit den Pyramidenfunktionen für ein rechtwinkliges Standarddreieck mit 45-45-90 und anschließend für ein beliebiges Dreieck wiederholen. Die drei Unbekannten U_i, U_{i+1}, U_{i+2} sind die Ecken des Dreiecks T:

$$\iint_T (U_x^2 + U_y^2)\,dx\,dy = \left[\left(\frac{U_{i+1} - U_i}{h}\right)^2 + \left(\frac{U_{i+2} - U_i}{h}\right)^2\right] \text{ mal Flächeninhalt } \frac{h^2}{2} \tag{3.131}$$

Schreiben Sie die letzte Gleichung so um, dass Sie die Matrix K_T für das Dreieck aus Abbildung 3.22 ablesen können:

Elementmatrix K_T

$$U^T (K_T) U = \begin{bmatrix} U_i & U_{i+1} & U_{i+2} \end{bmatrix} \begin{bmatrix} 1 & -\frac{1}{2} & -\frac{1}{2} \\ -\frac{1}{2} & \frac{1}{2} & 0 \\ -\frac{1}{2} & 0 & \frac{1}{2} \end{bmatrix} \begin{bmatrix} U_i \\ U_{i+1} \\ U_{i+2} \end{bmatrix}. \tag{3.132}$$

Bei den sechs Dreiecken in unserem ersten Beispiel (siehe Abbildung 3.21) können wir die Matrix K per Hand zusammensetzen. Jeweils zwei Dreiecke teilen die horizontale Kante von i nach E. Die Verknüpfung von U_i nach U_E ist $-\frac{1}{2}$ vom darüberliegenden Dreieck und $-\frac{1}{2}$ vom darunterliegenden Dreieck. Die zusammengesetzte Matrix K enthält das Element -1 für U_E und ebenso für die anderen Nachbern U_S, U_N, U_W. Das Diagonalelement der Matrix K ist 4 (von zwei Dreiecken 1 und von vier Dreiecken $\frac{1}{2}$). *Die zweiten Ableitungen u_{xx} und u_{yy} werden durch zweite Differenzen ersetzt*:

$$4U_i - U_E - U_W - U_N - U_S = 0,$$
$$(-U_E + 2U_i - U_W) + (-U_N + 2U_i - U_S) = 0, \tag{3.133}$$
$$-(\text{zweite } x\text{-Differenz}) - (\text{zweite } y\text{-Differenz}) = 0.$$

Die Elementmatrix K_e hängt von den Tangenten der Eckwinkel ab. Diese Matrix ergibt sich in den Aufgaben 3.6.4 auf Seite 354 und 3.6.14 auf Seite 356 aus der

Integration von $U_x^2 + U_y^2$ über e (die Eckwinkel hatten beim 90–45–45-Dreieck T den Tangens $\infty, 1, 1$, so dass dann K_T mit K_e übereinstimmt):

Elementmatrix

$$K_e = \begin{bmatrix} c_2+c_3 & -c_3 & -c_2 \\ -c_3 & c_1+c_3 & -c_1 \\ -c_2 & -c_1 & c_1+c_2 \end{bmatrix} \quad \text{mit} \quad c_i = \frac{1}{2\tan\theta_i}. \tag{3.134}$$

Die Matrix K_e ist nur semidefinit. Der konstante Vektor $(1,1,1)$ liegt im Nullraum der Matrix. Das ist natürlich und unvermeidlich, weil $U = 1$ an allen drei Ecken $U =$ konstant ergibt und im Dreieck $\operatorname{grad} U \equiv 0$ ist. Ein fester Rand $U = u_0$ macht die Matrix K positiv definit.

Wie kommen Randwerte von U in die Gleichung $KU = F$? Wenn U an einem Gitterpunkt bekannt ist, wandert dieses U auf die rechte Seite (in F). Das ist genauso wie mit dem zusätzlichen Term $U_B(x,y)$ in Gleichung (3.123) auf Seite 339, der die Randbedingungen erfasst.

Der Lastvektor F ergibt sich, wenn man die Integrale über $f(x,y)$ mal U zusammensetzt:

Elementlastenvektor F_e

$$\iint\limits_{\text{Dreieck } e} f\left(\sum U_i \phi_i\right) dx dy = \sum U_i \iint\limits_{\text{Dreieck } e} f \phi_i dx dy = U^{\mathrm{T}}(F_e). \tag{3.135}$$

Jedes Dreieck liefert einen Vektor F_e mit 3 von null verschiedenen Komponenten. Beim Zusammensetzen überlappen diese F_e. Sie werden sehen, wie der in diesem Abschnitt angegebene Code Elementmatrizen und Vektoren mit 3 Komponenten zu globalen Matrizen K und Vektoren mit N Komponenten zusammensetzt. Zur Eingabe gehört die Geometrie des Gitters – die Positionen der Knoten und die Liste der Dreiecke.

Wir brauchen keine exakte Integration, eine Näherung reicht aus. Wir könnten einen Punkt P, den Schwerpunkt des Dreiecks, herausgreifen. Bei linearen Elementen ist $U(P)$ das Mittel $\frac{1}{3}(U_i + U_{i+1} + U_{i+2})$. Also berechnen wir $f(x,y)$ am Punkt P und multiplizieren mit dem Flächeninhalt von e:

Einpunktintegration

$$\iint\limits_{e} f(x,y) U(x,y) dx dy \approx f(P) \left(\frac{U_i + U_{i+1} + U_{i+2}}{3}\right) (\text{Fläche von } e). \tag{3.136}$$

Randbedingungen kommen zum Schluss

Drei Einzelheiten zu Finite-Elemente-Codes lassen sich am besten anhand eines eindimensionalen Beispiels erläutern. Unser Code für zwei Dimensionen wird sich aus diesen Ideen aufbauen, was das Gesamtkonzept einfach hält:

3.6 Die Finite-Elemente-Methode

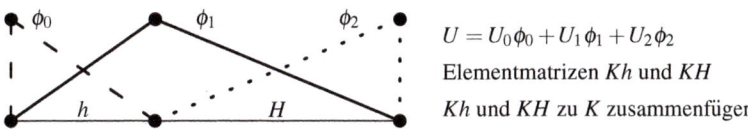

$U = U_0\phi_0 + U_1\phi_1 + U_2\phi_2$

Elementmatrizen Kh und KH

Kh und KH zu K zusammenfügen.

Abb. 3.23 Eine Hutfunktion und zwei halbe Hutfunktionen: K ist eine 3×3-Matrix und singulär.

1. Die Matrix K wird aus Elementmatrizen K_e zusammengesetzt und der Vektor F aus Lastvektoren F_e.
2. Die Intervalle und Dreiecke (oder Vierecke) können verschiedene Längen und Formen haben.
3. Am Anfang können K und F *ohne Berücksichtigung der Randbedingungen* konstruiert werden. Anschließend kommt zur Berücksichtigung der Randbedingungen an den Randpunkten I in K und u_0 in F.

Die schwache Form von $-u'' = 1$ ist $\int u_x v_x \, dx = \int 1 v \, dx$. Abbildung 3.23 zeigt *zwei halbe Hutfunktionen ϕ_0 und ϕ_2*, weil wir uns die Randbedingungen für später aufheben. Suchen Sie weiter im Text nach K und Kb sowie F und Fb – der Code arbeitet so in zwei Dimensionen.

Um die Elementmatrix Kh zu erhalten, integrieren wir $(dU/dx)^2$ über dem ersten Intervall von 0 bis h. Passen Sie $U = a + bx$ auf $U_0 + (U_1 - U_0)x/h$ an, sodass U an den Knoten U_0 und U_1 ist:

Erstes Intervall

$$\int_0^h \left(\frac{dU}{dx}\right)^2 dx = \int_0^h \left(\frac{U_1 - U_0}{h}\right)^2 dx = \frac{1}{h}(U_1 - U_0)^2. \tag{3.137}$$

Schreiben Sie die letzte Zeile mithilfe der Matrix $Kh = \frac{1}{h}\begin{bmatrix} 1 & -1 \\ -1 & 1 \end{bmatrix}$ und dem $[U_0 \ U_1]$:

Elementmatrix Kh $\quad \frac{1}{h}(U_1 - U_0)^2 = \begin{bmatrix} U_0 & U_1 \end{bmatrix} \frac{1}{h} \begin{bmatrix} 1 & -1 \\ -1 & 1 \end{bmatrix} \begin{bmatrix} U_0 \\ U_1 \end{bmatrix}. \tag{3.138}$

Über dem zweiten Intervall der Länge H ist der Anstieg von U gleich $(U_2 - U_1)/H$:

KH $\quad \int_h^{h+H} \left(\frac{dU}{dx}\right)^2 dx = \frac{1}{H}(U_2 - U_1)^2 = \begin{bmatrix} U_1 & U_2 \end{bmatrix} \frac{1}{H} \begin{bmatrix} 1 & -1 \\ -1 & 1 \end{bmatrix} \begin{bmatrix} U_1 \\ U_2 \end{bmatrix}.$

Nun setzen wir Kh und KH an ihre richtigen Plätze in der Matrix K. Sie überlappen:

Globale Matrix $\quad K = \begin{bmatrix} Kh & \\ & KH \end{bmatrix} = \begin{bmatrix} \frac{1}{h} & -\frac{1}{h} & 0 \\ -\frac{1}{h} & \frac{1}{h}+\frac{1}{H} & -\frac{1}{H} \\ 0 & -\frac{1}{H} & \frac{1}{H} \end{bmatrix}.$

Im Nullraum dieser Matrix liegt der Vektor $(1, 1, 1)$. Wenn $U_0 = U_1 = U_2$ gilt, ist $U =$ konstant und $dU/dx \equiv 0$. Beachten Sie, wie in der mittleren Zeile von K gleichzeitig h und H vorkommen:

Zweite Differenz
$$\left[-\frac{1}{h} \quad \frac{1}{h} + \frac{1}{H} \quad -\frac{1}{H}\right] \text{ mal } U \text{ ergibt } \frac{U_1 - U_0}{h} - \frac{U_2 - U_1}{H}. \tag{3.139}$$

Das ist eine Differenz erster Differenzen, so wie es sein sollte. Finite Elemente passen sich automatisch an Änderungen der Gitterweiter an. Sie können auch einen variablen Koeffizienten in $-(c(x)u'(x))' = f(x)$ händeln. Die Elementmatrizen werden mit c_1 und c_2 multipliziert, wenn $c(x)$ in den beiden Intervallen diese Werte annimmt. (Bei den Integralen würde ich $c(x)$ an den beiden Mittelpunkten wählen.) Zum ersten Mal bilden wir Differenzen bei nicht konstantem $c(x)$:

$$\left[-\frac{c_1}{h} \quad \frac{c_1}{h} + \frac{c_2}{H} \quad -\frac{c_2}{H}\right] \text{ führt auf } \frac{c_1(U_1 - U_0)}{h} - \frac{c_2(U_2 - U_1)}{h}. \tag{3.140}$$

Nun stellen wir eine wesentliche Randbedingung $U_0 = 0$ (die $u(0) = 0$ entspricht). In der Randzeile und der Randspalte wird die Einheitsmatrix eingefügt:

Verwandle K in Kb $\quad Kb = \begin{bmatrix} 1 & 0 & 0 \\ 0 & \frac{1}{h} + \frac{1}{H} & -\frac{1}{H} \\ 0 & -\frac{1}{H} & \frac{1}{H} \end{bmatrix}. \tag{3.141}$

Wenn wir auf der rechten Seite der Gleichung $F_0 = 0$ setzen, gilt für die Lösung $U_0 = 0$. Wir erhalten drei Gleichungen, auch wenn eine davon trivial ist. In der unteren 2×2-Teilmatrix können Sie im Fall $h = H$ die übliche Matrix $\begin{bmatrix} 2 & -1 \\ -1 & 1 \end{bmatrix}$ zu *fest-freien* Randbedingungen erkennen. Der wesentliche Punkt ist, die Einfachheit in der Logik beizubehalten, wenn die Elemente komplizierter werden.

Der 3×1-Lastvektor F folgt derselben Logik. Setzen Sie F aus den Elementvektoren Fh und FH über den Intervallen zusammen. Behalten Sie der Einfachheit halber $f(x) = 1$ und $h + H = 1$ bei:

$$\int_0^h f(x)U(x)\,dx = \int_0^h \left[U_0 + (U_1 - U_0)\frac{x}{h}\right]dx = \frac{h}{2}(U_0 + U_1)$$
$$= \begin{bmatrix} U_0 & U_1 \end{bmatrix} \frac{h}{2} \begin{bmatrix} 1 \\ 1 \end{bmatrix}. \tag{3.142}$$

Dann ist $Fh = \frac{h}{2}\begin{bmatrix} 1 \\ 1 \end{bmatrix}$ und $FH = \frac{H}{2}\begin{bmatrix} 1 \\ 1 \end{bmatrix}$. Setzen Sie diese 2×1-Vektoren korrekt in den Lastvektor F ein.

3.6 Die Finite-Elemente-Methode 347

Setzen Sie F zusammen, bevor Sie Randbedingungen berücksichtigen:

$$F = \begin{bmatrix} \overline{Fh} \\ \rule{1em}{0.4pt} \end{bmatrix} + \begin{bmatrix} \overline{FH} \end{bmatrix} = \frac{1}{2}\begin{bmatrix} h \\ h+H \\ H \end{bmatrix}. \tag{3.143}$$

Beachten Sie, dass $h/2$, $(h+H)/2$ und $H/2$ die Flächeninhalte unter den Graphen von ϕ_0, ϕ_1, ϕ_2 (zwei halbe Hutfunktionen und eine volle Hutfunktion aus Abbildung 3.23 auf Seite 345) sind. Um die Randbedingung $U_0 = 0$ am linken Endpunkt für einen fest-freien Stab zu berücksichtigen, machen wir aus der ersten Komponente von F eine Null. Das ergibt Fb.

Nun lösen wir die Finite-Elemente-Gleichung $(Kb)(Ub) = (Fb)$, um U_0, U_1, U_2 zu bestimmen:

Letzter Schritt

$$\begin{bmatrix} 1 & 0 & 0 \\ 0 & \frac{1}{h}+\frac{1}{H} & -\frac{1}{H} \\ 0 & -\frac{1}{H} & \frac{1}{H} \end{bmatrix} \begin{bmatrix} U_0 \\ U_1 \\ U_2 \end{bmatrix} = \frac{1}{2}\begin{bmatrix} 0 \\ 1 \\ H \end{bmatrix} \text{ ergibt } \begin{bmatrix} U_0 \\ U_1 \\ U_2 \end{bmatrix} = \frac{1}{2}\begin{bmatrix} 0 \\ h+hH \\ 1 \end{bmatrix}.$$

Die Lösung zu $-u'' = 1$ mit fest-freien Randbedingungen $u(0) = 0$ und $u'(1) = 0$ ist $u(x) = x - \frac{1}{2}x^2$. Das stimmt mit der Näherung U an den Knoten überein!

Am Ende dieses Beispiels wollen wir den Unterschied zwischen einer wesentlichen Bedingung $u(0) = A$ und einer natürlichen Bedingung $w(1) = c(1)u'(1) = G$ herausstellen:

Wesentlich   1. Die Bedingung $u(0) = A$ wird an U gestellt (durch U_B).
(Dirichlet)   2. Die Bedingung $v(0) = 0$ wird an V gestellt (sodass $U + V = A$).
(Fest)   3. Der integrierte Term $cu'v$ verschwindet bei $x = 0$ wegen $v = 0$.

Natürlich   1. An $u'(1)$ oder $U'(1)$ wird keine Bedingung gestellt.
(Neumann)   2. An $v'(1)$ oder $V'(1)$ wird keine Bedingung gestellt.
(Frei)   3. Der freie Term $cu'v = Gv(1)$ wandert in den Lastvektor F.

Zum Schluss wollen wir den Übergang von der Matrix K (singulär) zur Matrix Kb (invertierbar) und vom Lastvektor F zum Vektor Fb kommentieren. Angenommen, die wesentliche Bedingung ist $U_0 = u(0) = A$. Mit dieser Zahl wird $-1/h$ in der zweiten Zeile der Matrix K multipliziert, sodass $-A/h$ als A/h in den Lastvektor Fb wandern muss:

$$(Kb) * (Ub) = (Fb) \quad \begin{bmatrix} 1 & 0 & 0 \\ 0 & \frac{1}{h}+\frac{1}{H} & -\frac{1}{H} \\ 0 & -\frac{1}{H} & \frac{1}{H} \end{bmatrix} \begin{bmatrix} U_0 \\ U_1 \\ U_2 \end{bmatrix} = \begin{bmatrix} A \\ \frac{1}{2}(h+H) + A/h \\ \frac{1}{2}h \end{bmatrix}. \tag{3.144}$$

Elementmatrizen in zwei Dimensionen

Der Wert finiter Elemente bei komplizierten Formen lässt sich in zwei Dimensionen besser erkennen. Eindimensionale Beispiele bringen eine gute Praxis, Intervalle können aber nicht kompliziert werden. Abbildung 3.24 zeigt einen Vierteilkreis, der durch unseren Code distmesh in Dreiecke zerlegt wurde. Das *abgestufte Gitter* enthält kleine Dreiecke, um an der Ecke höhere Genauigkeit zu liefern, wo die Spannung wahrscheinlich am größten ist. Die Aufgabe wird realistisch.

Die Ansatzfunktionen sind in jedem Dreieck $\phi = a + bx + cy$. Die Koeffizienten a, b, c sind durch die drei Werte 1, 0 und 0 an den Ecken bestimmt. Wir brauchen für jedes Dreieck die Koordinaten dieser Ecken. Die Information über das Gitter ist vom Anwender oder durch distmesh in Form von zwei Listen p und t gegeben:

p = $N \times 2$-Matrix, die die x, y-Koordinaten aller Knoten 1 bis N liefert,
t = $T \times 3$-Matrix, die die Knotenzahlen der drei Ecken der Dreiecke T liefert.

Die i-te Zeile nodes = t(i,:) ist ein Vektor der drei Knotenzahlen des Dreiecks i. Die x, y-Koordinaten dieser Knoten befinden sich in der 3×2-Matrix p(nodes,:). Wir nehmen eine Spalte mit lauter Einsen hinzu, sodass sich eine 3×3-Positionsmatrix P für dieses Dreieck ergibt:

Positionsmatrix P für ein Standarddreieck

$$P = [\text{ones}(3,1), \text{p(nodes,:)}] = \begin{bmatrix} 1 & 0 & 0 \\ 1 & 1 & 0 \\ 1 & 0 & 1 \end{bmatrix} \begin{matrix} \text{Knoten 1 bei } (0,0) \\ \text{Knoten 2 bei } (1,0) \\ \text{Knoten 3 bei } (0,1) \end{matrix}.$$

Die Koeffizienten in den Gleichungen $a_i + b_i x + c_i y$ der Ansatzfunktionen ϕ_1, ϕ_2, ϕ_3 lassen sich am schönsten bestimmen, wenn man *die Positionsmatrix P für dieses Dreieck invertiert*. Hier ist $PC = I$:

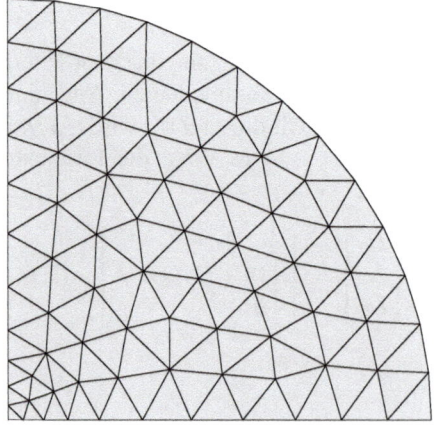
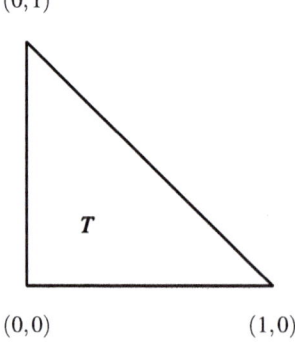

Abb. 3.24 Distmesh ergab 83 Knoten und 129 Dreiecke. Standarddreieck T.

3.6 Die Finite-Elemente-Methode

$C = P^{-1}$ **liefert die Koeffizienten** a, b, c **in den drei Ansatzfunktionen** ϕ

$$\begin{bmatrix} 1 & x_1 & y_1 \\ 1 & x_2 & y_2 \\ 1 & x_3 & y_3 \end{bmatrix} \begin{bmatrix} a_1 & a_2 & a_3 \\ b_1 & b_2 & b_3 \\ c_1 & c_2 & c_3 \end{bmatrix} = \begin{bmatrix} 1 & 0 & 0 \\ 0 & 1 & 0 \\ 0 & 0 & 1 \end{bmatrix} = I. \tag{3.145}$$

Die zweite Spalte von $PC = I$ liefert die Werte $0, 1, 0$ an den Knoten $1, 2, 3$: $\phi_2 = a_2 + b_2 x + c_2 y$. Bei einem Standarddreieck invertieren wir die Matrix P, um die Koeffizienten a, b, c für jedes ϕ zu bestimmen:

Standarddreieck

$$PC = \begin{bmatrix} 1 & 0 & 0 \\ 1 & 1 & 0 \\ 1 & 0 & 1 \end{bmatrix} \begin{bmatrix} 1 & 0 & 0 \\ -1 & 1 & 0 \\ -1 & 0 & 1 \end{bmatrix} = \begin{bmatrix} 1 & 0 & 0 \\ 0 & 1 & 0 \\ 0 & 0 & 1 \end{bmatrix} \quad \begin{matrix} \phi_1 = 1 - x - y, \\ \phi_2 = x, \\ \phi_3 = y. \end{matrix}$$

Die Ableitungen von $\phi = a + bx + cy$ sind b und c. Diese Werte b und c befinden sich in den Zeilen 2 und 3 der Matrix C, und sie kommen in die Integrale für die 3×3-Elementmatrix Ke:

Steifigkeitsmatrix für Element e

$$(Ke)_{ij} = \iint \left(\frac{\partial \phi_i}{\partial x} \frac{\partial V_j}{\partial x} + \frac{\partial \phi_i}{\partial y} \frac{\partial V_j}{\partial y} \right) dx\, dy = (\text{Fläche})(b_i b_j + c_i c_j). \tag{3.146}$$

Der Flächeninhalt des Dreieck ist $|\det(P)|/2$. Unser MATLAB-Code berechnet in der Zeile $Ke = \ldots$ diese neun Integrale ($i = 1:3, j = 1:3$) für die Laplace-Gleichung. Bei einem Standarddreieck ist $Ke = KT$ das zweidimensionale Analogon zur eindimensionalen Elementmatrix $\begin{bmatrix} 1 & -1 \\ -1 & 1 \end{bmatrix}$:

Standardelementmatrix

$$KT = (\text{Fläche})(b_i b_j + c_i c_j) = \frac{1}{2} \begin{bmatrix} 2 & -1 & -1 \\ -1 & 1 & 0 \\ -1 & 0 & 1 \end{bmatrix}. \tag{3.147}$$

Die Matrix KT ist eine singuläre Matrix mit dem Vektor $(1, 1, 1)$ im Nullraum. *Argumentation*: $U = \phi_1 + \phi_2 + \phi_3$ hat die Eckwerte $1, 1, 1$ und muss im Dreieck eine Konstante $U \equiv 1$ mit Anstieg null sein.

Wenn die Differentialgleichung $-\text{div}(c(x, y) \,\text{grad}\, u) = f$ ist, würde ich $c(x, y)$ im Schwerpunkt des Dreiecks e berechnen. Mit dieser Zahl wird Ke multipliziert, genauso wie der 3×1-Elementlastvektor Fe mit $f(\text{Schwerpunkt})$ multipliziert wird (vgl. Kommentare im Code). In Wirklichkeit kann in der Gleichung und im Code zwischen grad^T und grad eine positiv definite 3×3-Matrix stehen, wenn die Materialeigenschaften orientierungsabhängig (anisotrop) sind.

Wir verdanken diesen hübschen Code Per-Olof Persson. Beachten Sie, wie Ke zu drei Zeilen und Spalten (durch nodes gegeben) der $N \times N$-Matrix K addiert wird. Diese m-files auf der cse-Webpräsenz können einem Code zum Erzeugen eines Gitters (etwa squaregrid oder distmesh) folgen, der die Knotenkoordinaten in p und Dreiecke in t auflistet. Es folgt Perssons kommentierter Code:

```
% [p,t,b] = squaregrid(m,n)
% Erzeuge Gitter mit N = mn Knoten, die in p gelistet werden
% Erzeuge Gitter aus T = 2(m−1)(n−1) rechtw. Dreiecken im Einheitsq.
m=11; n=11; % umfasst Randknoten, Gitterabstand 1/(m−1) und 1/(n−1)
[x,y]=ndgrid((0:m−1)/(m−1),(0:n−1)/(n−1)); % matlab bildet x,y Listen
p=[x(:),y(:)]; % N × 2−Matrix mit x,y−Koordinaten aller N = mn Knoten.
t=[1,2,m+2; 1,m+2,m+1]; % 3 Knotenzahlen, 2 Dreiecke, erstes Quadrat
t=kron(t,ones(m−1,1))+kron(ones(size(t)),(0:m−2)');
% t listet nun 3 Knotenzahlen der 2(m−1) Dreiecke aus erster Gitterzeile
t=kron(t,ones(n−1,1))+kron(ones(size(t)),(0:n−2)'∗m);
% finales t listet 3 Knotenzahlen aller Dreiecke in T × 3−Matrix
b=[1:m,m+1:m:m∗n,2∗m:m:m∗n,m∗n−m+2:m∗n−1];
% unten, links, rechst, oben
% b = Zahlen aller 2m+2n Randknoten, vorbereitend für U(b)=0

% [K,F] = assemble(p,t) % K und F für jedes Dreieckgitter: lineare φ
N=size(p,1);T=size(t,1); % Zahl der Knoten, Zahl der Dreiecke
% p listet x,y−Koordinaten von N Knoten
% t listet Dreiecke durch 3 Knotenzahlen
K=sparse(N,N); % Nullmatrix im sparse−Format: zeros(N) wäre „dicht"
F=zeros(N,1); % Lastvektor F für Integrale über die φ mal Last f(x,y)

for e=1:T % Integration über jeweils ein Dreieckselement
  nodes=t(e,:); % Zeile mit t = Knotenzahlen der 3 Ecken des Dreiecks e
  Pe=[ones(3,1),p(nodes,:)]; % 3 × 3−Matrix mit Zeilen=[1 xcorner ycorner]
  Area=abs(det(Pe))/2; % Dreiecksfläche e = halbe Parallelogrammfläche
  C=inv(Pe); % Spalten sind Koeff. in a+bx+cy für φ = 1,0,0 an Knoten
  % berechne nun 3 × 3−Ke und 3 × 1−Fe für Element e
  grad=C(2:3,:);Ke=Area∗grad'∗grad; % Elementmatrix aus b,c in grad
  Fe=Area/3; % Integral über phi Dreieck ist Pyramidenvolumen: f(x,y) = 1
  % Fe mal f im Schwerpunkt für Last f(x,y): Einpunktintegration!
  % Schwerpunkt wäre mean(p(nodes,:)) = Mittel von 3 Knotenkoordinaten
  K(nodes,nodes)=K(nodes,nodes)+Ke;
  % addiere Ke zu 9 Elementen der globalen Matrix K
  F(nodes)=F(nodes)+Fe; % addiere Fe zu 3 Komponenten von F
end % alle T Elementmatrizen u. Vektoren sind zu K u. F zusammengesetzt
```

Hervorzuheben ist: *Die Elementmatrizen überlappen in der singulären Matrix K.* Zu ihr gehören freie (Neumann) Randbedingungen wie zu unserer Matrix B der zweiten Differenzen.

Eine Dirichlet-Bedingung legt $U(b) = 0$ für eine Menge b von Randknoten fest, ohne die $N \times N$-Form der Matrix K zu ändern. Anstatt Zeilen und Spalten für die Knotenzahlen aus b zu streichen, fügen wir in K die Einheitsmatrix und in F Nullen ein. Dann enthält $(Kb)U = (Fb)$ eine *nicht-singuläre Matrix Kb*. Für die Lösung gilt $U(b) = 0$:

3.6 Die Finite-Elemente-Methode

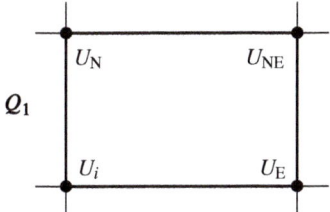
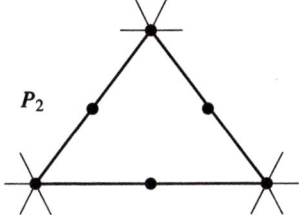

Abb. 3.25 Das bilineare Q_1-Element $U = a + bx + cy + dxy$ erfasst vier Eckwerte. Sechs Werte von U bestimmen $a + bx + cy + dxy + ex^2 + fy^2$ in einem Dreieck (P_2-Element).

```
% [Kb,Fb] = dirichlet(K,F,b)
% zusammengesetztes K war singulär! K*ones(N,1)=0
% Implementiere Dirichlet-Randbedingungen U(b)=0 an Knoten in Liste b
K(b,:)=0; K(:,b)=0; F(b)=0; % Nullen in Randzeilen/Spalten von K und F
K(b,b)=speye(length(b),length(b)); % I in Randteilmatrix von K
Kb=K; Fb=F; % Steifigkeitsmatrix Kb (sparse-Format) und Lastvektor Fb
% Auflösen nach Vektor U liefert U(b)=0 an Randknoten
U=Kb\Fb; % Die FEM-Näherung ist U₁φ₁ + ··· + U_N φ_N
% Plotte die FEM-Näherung U(x,y) mit Werten U₁ bis U_N an Knoten
trisurf(t,p(:,1),p(:,2),0*p(:,1),U,'edgecolor','k','facecolor','interp');
view(2),axis equal,colorbar
```

Viereckige Elemente

In einer Dimension sind wir von linearen Elementen $a + bx$ zu quadratischen und kubischen Elementen übergegangen. In zwei Dimensionen reicht es oft aus, einen xy-Term (Q_1-Element für Rechtecke) zuzulassen. Noch besser sind die Terme x^2, xy, y^2, die P_2 für Dreiecke liefern.

Bilineare Q_1-Elemente *Auf Rechtecken ist $U = a + bx + cy + dxy$*. In jedem Rechteck sind die vier Koeffizienten von U durch die Werte von U an den vier Ecken bestimmt. Die Elementmatrizen sind 4×4-Matrizen (wir haben es nun mit vier quadratischen Pyramiden zu tun).

Die Gesamtfunktion $U(x, y)$ ist über den kleinen Rechtecken stetig, weil U entlang jeder Kante eine lineare (keine quadratische) Funktion ist. Für horizontale Kanten gilt $y = $ konstant. Für vertikale Kanten gilt $x = $ konstant. Die beiden Eckwerte bestimmen U auf der ganzen Kante (und wir erhalten für Rechtecke, die diese Kante gemeinsam haben, dort dasselbe U). Daher gibt es in der Ableitung über die Kante keine Deltafunktionen.

Die bilineare Funktion aus Abbildung 3.25 hat die Eckwerte U_i, U_E, U_N, U_{NE}:

$$U(x,y) = U_i + \frac{x}{h}(U_E - U_i) + \frac{y}{h}(U_N - U_i) + \frac{xy}{h^2}(U_{NE} - U_N - U_E + U_i). \quad (3.148)$$

Wenn wir $U_x^2 + U_y^2$ über das Quadrat S integrieren, ergibt das eine 4×4-Elementmatrix KS. Wenn wir die Elementmatrizen (von vier Quadraten um Gitterpunkt i) zusammensetzen, liefert das eine *neunpunktige* diskrete Laplace-Gleichung. Jedes U_i ist das Mittel von **acht Nachbarn**:

$$KU = F \quad \frac{8}{3}U_i = \frac{1}{3}(U_E + U_W + U_N + U_S + U_{NE} + U_{SW} + U_{NW} + U_{SE}). \quad (3.149)$$

Quadratische P_2-Elemente *Auf Dreiecken ist* $U = a + bx + cy + dxy + ex^2 + fy^2$. Die darin enthaltenen sechs Koeffizienten $a, \ldots, f$ sind durch sechs Werte von U in jedem Dreieck T bestimmt – die Werte an den *drei Ecken und den drei Kantenmittelpunkten*. Die Elementmatrix KT ist eine 6×6-Matrix.

Wieder ist U beim Übergang von einem Dreieck zum anderen stetig. Zu jeder Kante gehören drei Knoten (zwei Ecken und ein Mittelpunkt). Die drei Werte bestimmen eine quadratische Funktion U auf der ganzen Kante exakt. Daher ist U auf beiden Seiten der Kante gleich.

Da quadratische Funktionen durch die Ansatzfunktionen exakt reproduziert werden können, ist der Fehler in $U - u$ von der Ordnung h^3 anstatt h^2. Diese Verbesserung wird in Abschnitt 8.4 auf Seite 746 erläutert.

Elemente höheren Grades greifen auf mehr Gitterpunkte zurück. Zehn Punkte, die wie Bowlingpins verteilt sind, ergeben zehn Terme mit x^3, x^2y, xy^2, y^3. Mit fünfzehn Punkten, die wie Billardkugeln verteilt sind, kommen wir zu Elementen vierten Grades. Dieses Element kann sich als zu aufwändig erweisen, wenn Ke dann eine 15×15-Matrix ist.

Wir könnten als Unbekannte auch Anstiege verwenden (wie bei kubischen Elementen in einer Dimension). Die vier Werte U, U_x, U_y, U_{xy} an den Rechteckecken würden sechzehn Terme (bis zum x^3y^3-Term) in einer „bikubischen" Funktion ergeben. Ingenieure hatten viel Vergnügen damit, solche Elemente zu erzeugen. Das war ein goldenes Zeitalter. Diese Elemente werden im Buch *An Analysis of the Finite Element Method* (Wellesley-Cambridge Press) beschreiben, das ich zusammen mit George Fix verfasst habe.

Die Massenmatrix

Wir können das Thema finite Elemente nicht abschließen, ohne die Massenmatrix erläutert zu haben. Sie ergibt sich aus einem Term ohne erste Ableitungen, wie in der Gleichung $-u_{xx} - u_{yy} + u = 0$. Sie würde sich auch aus der rechten Seite des Eigenwertproblems $-u_{xx} - u_{yy} = \lambda u$ ergeben sowie aus dem Anfangswertproblem $u_{xx} + u_{yy} = u_{tt}$. Diese neuen Terme u und u_{tt} werden üblicherweise mit einer Dichte ρ oder einer Masse m multipliziert. Neben K erhalten wir eine **Massenmatrix** M. Im Fall $h = 1$ ist $(K + M)U$ die diskrete Form der Gleichung $-u_{xx} - u_{yy} + u$. Das diskrete Eigenwertproblem ist $KU = \lambda MU$. Die diskrete Wellengleichung ist $MU'' + KU = 0$. Wir brauchen also die Matrix M häufig.

Die Integration von $U_x^2 + U_y^2$ führte auf $U^{\mathrm{T}}KU$. Die Integration von U^2 führt auf $\sum \sum U_i U_j M_{ij}$:

3.6 Die Finite-Elemente-Methode

$$\iint U^2 \, dx\, dy = \iint \left(\sum_1^N U_i \phi_i \right) \left(\sum_1^N U_j \phi_j \right) dx\, dy = \sum_1^N \sum_1^N U_i U_j \iint \phi_i \phi_j \, dx\, dy. \quad (3.150)$$

Das Integral über $\phi_i \phi_j$ ist das Element M_{ij} der Massenmatrix, wenn die Ansatz- und Testfunktionen ϕ_i sind. Wir integrieren elementweise über kleine Dreiecke oder Rechtecke. Bei einer linearen Funktion $U = U_1 + x(U_2 - U_1) + y(U_3 - U_1)$ im Standarddreieck mit $h = 1$ ist die Elementmassenmatrix MT eine 3×3-Matrix. Das Integral von $x^m y^n$ ist $m! \, n!/(m+n+2)!$.

Elementmassenmatrix

$$\iint_T U^2 \, dx\, dy = [U_1 \ U_2 \ U_3] \frac{1}{24} \begin{bmatrix} 2 & 1 & 1 \\ 1 & 2 & 1 \\ 1 & 1 & 2 \end{bmatrix} \begin{bmatrix} U_1 \\ U_2 \\ U_3 \end{bmatrix}. \quad (3.151)$$

Lineare Elemente (Hutfunktionen) in einer Dimension starten mit $U(x) = U_0 + (U_1 - U_0)x/h$. Die Elementmassenmatrix Me über diesem ersten Intervall ergibt sich aus der Integration von U^2:

Elementmassenmatrix

$$\int_0^h \left[U_0 + (U_1 - U_0)\frac{x}{h} \right]^2 dx = U_0^2 h + 2U_0(U_1 - U_0)\frac{h}{2} + (U_1 - U_0)^2 \frac{h}{3}$$
$$= [U_0 \ U_1] \begin{bmatrix} \mathbf{h/3} & \mathbf{h/6} \\ \mathbf{h/6} & \mathbf{h/3} \end{bmatrix} \begin{bmatrix} U_0 \\ U_1 \end{bmatrix}. \quad (3.152)$$

Wenn wir dieses Matrix Me mit der nächsten zusammensetzen (von h bis $2h$) verdoppeln wir das Diagonalelement, sodass sich $2h/3$ ergibt. Dann enthält eine typische Zeile der eindimensionalen globalen Massenmatrix M (mit der Dichte $P = 1$) die Elemente **h/6, 4h/6, h/6**.

Die Massenmatrix ist nicht diagonal. Das ist beim Rechnen mit finiten Elementen ein unerfreulicher Umstand. Jeder Ausdruck mit M^{-1} stellt eine volle Matrix dar – keine dünn besetzte. Eine Herangehensweise bestand darin, die Matrix M durch eine diagonale „konzentrierte Matrix" zu ersetzen. Mit einem gut organisierten Code kann man aber auch die Matrix M in LL^T faktorisieren (mit Cholesky) und tridiagonale Systeme lösen.

Eine neuerer Weg, sich eine diagonale Matrix M zu verschaffen, ist das *diskontinuierliche Galerkin-Verfahren*. Die finiten Elemente müssen dort nicht stetig sein. *Anstelle einer Hutfunktion an jedem Knoten gibt es eine Halbhutfunktion über jeder Kante*! Die Zahl der Ansatzfunktionen und der Unbekannten an den Knoten hat sich in einer Dimension verdoppelt, weil U_i von links nicht dasselbe wie U_i von rechts ist. Das diskontinuierliche Galerkin-Verfahren in zwei Dimensionen ist ein äußerst aktives Forschungsgebiet [85].

Das Wesentliche bei finiten Elementen ist, beim Übergang von kontinuierlich zu diskret einem klaren Prinzip zu folgen. Verwenden Sie die schwache Form, und wählen Sie N Ansatzfunktionen. Suchen Sie sich N einfache Testfunktionen aus, um N Gleichungen für die Knotenwerte der Finite-Elemente-Näherung U zu erhalten.

Aufgaben zu Abschnitt 3.6

3.6.1 Bestimmen Sie die Elemente von K, wenn Sie Hutfunktionen über Intervallen der Länge $h = 1$ verwenden:

$$\int \left(\frac{d\phi_j}{dx}\right)^2 dx = 2 \quad \text{und} \quad \int \frac{d\phi_j}{dx} \frac{d\phi_{j+1}}{dx} dx = -1.$$

3.6.2 Bestimmen Sie die Komponenten des Lastvektors $F_i = \int f(x) V_i(x) dx$, wenn V_i Hutfunktionen sind und die Punktlast $f(x) = \delta(x - a)$ gegeben ist.

3.6.3 Durch welche Form müssen Sie Dreiecke im dreidimensionalen Raum ersetzen, um lineare Elemente $U = a + bx + cy + dz$ zu erhalten? Bestimmen Sie U für eine „Standardform" mit den Werten $U = U_0, U_1, U_2, U_3$ an den vier Ecken.

3.6.4 Die Funktion U sei über eine Dreieck linear mit den Eckwerten U_1, U_2, U_3. Eine Berechnung ergibt dann

$$\iint_e (U_x^2 + U_y^2) dx dy = \frac{1}{2} \left[\frac{(U_2 - U_1)^2}{\tan \theta_3} + \frac{(U_3 - U_1)^2}{\tan \theta_2} + \frac{(U_3 - U_2)^2}{\tan \theta_1} \right].$$

(a) Zeigen Sie, dass dieser Ausdruck $[U_1\ U_2\ U_3] K_e [U_1\ U_2\ U_3]^T$ mit K_e aus Gleichung (3.134) auf Seite 344 ist.
(b) Berechnen Sie K_e für ein gleichseitiges Dreieck (Winkel = 60°).
(c) Zeichnen Sie ein Gitter aus gleichseitigen Dreiecken. Setzen Sie eine typische i-te Zeile der Matrix K aus den 7 von null verschiedenen Elementen zusammen, die zu den sechs Dreiecken gehören, die sich am Gitterpunkt i treffen.

3.6.5 Gegeben sei das Gitter aus acht Dreiecken aus Abbildung 3.21 auf Seite 341. Verwenden Sie Perssons Code, um die singuläre 9×9-Matrix K und den Lastvektor F mit $f(x) = 1$ zusammenzusetzen. Listen Sie anschließend die 8 Randknoten in b auf und reduzieren Sie K auf die 1×1-Matrix Kb.

3.6.6 Lösen Sie die Poisson-Gleichung $-u_{xx} - u_{yy} = 1$ unter der Bedingung $u = 0$ auf dem Einheitsquadrat mit dem Code von Persson und $h = 1/4$. Schreiben Sie die Information über das Gitter in die Listen p, t und b (Nummern der Randknoten). Geben Sie Kb, Ub und insbesondere Fb aus.

3.6.7 Das Quadrat $0 \leq x, y \leq 1$ wird durch die 45°-Linie $y = x$ in zwei Dreiecke zerlegt (siehe Skizze). Am Mittelpunkt dieser Diagonalen $(\frac{1}{2}, \frac{1}{2})$ sei $U = 1$, und an allen anderen Knoten sei $U = 0$. Bestimmen Sie $U(x,y) = a + bx + cy + dx^2 + exy + fy^2$ in beiden Dreiecken.

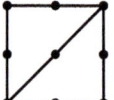 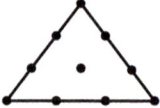 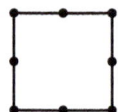

3.6.8 (a) Schreiben Sie die zehn Terme in einem kubischen Polynom $p(x,y)$ auf, mit denen die zehn Knoten im oben skizzierten Dreieck erfasst werden. Warum hat $p(x,y)$ in einem benachbarten Dreieck entlang der gemeinsamen Kante denselben Wert?
(b) Zählen Sie die Terme $1, x, y, \cdots, x^3 y^3$ in einem bikubischen Polynom, in dem die Exponenten von x und y jeweils bis 3 reichen. Wir können U, U_x, U_y, U_{xy} an den vier Ecken eines Rechtecks erfassen.

3.6.9 Das oben skizzierte Quadrat hat anstelle der üblichen 9 Knoten für biquadratische Elemente Q_2 nur 8 Knoten. Deshalb verzichten wir auf den Term $x^2 y^2$ und erhalten

$$U = a_1 + a_2 x + a_3 y + a_4 x^2 + a_5 xy + a_6 y^2 + a_7 x^2 y + a_8 xy^2.$$

Bestimmen Sie die Funktion $\phi(x,y)$ die an der Stelle $x = y = 0$ gleich 1 ist und an allen anderen Knoten null.

3.6.10 Ein Quadrat enthalte 9 Knoten – seine Ecken, die Kantenmittelpunkte und den Punkt im Zentrum. Die Anzahl der von null verschiedenen Elemente in den Zeilen der Matrix K variiert (variierende Bandbreite):

(a) Wie viele Nachbarn hat ein Eckknoten? Sie liegen in den vier Quadraten, die sich an dieser Ecke treffen.

(b) Wie viele Nachbarknoten hat ein Knoten im Kantenmittelpunkt?

(c) Betrachten Sie den Knoten im Zentrum. Warum darf in der Elementmatrix K_e eliminiert werden, bevor die Matrix mit den anderen Elementmatrizen zu K zusammengesetzt wird?

3.6.11 (a) Sei $U = a + bx + cy + dxy$. Bestimmen Sie die Koeffizienten a, b, c, d aus den vier Gleichungen $U = U_1, U_2, U_3, U_4$ an den Ecken $(\pm 1, \pm 1)$ eines Standardquadrates.

(b) Verwenden Sie Teil (a). Schreiben Sie die 2×4-Gradientenmatrix G für den Punkt im Ursprung $P = (0,0)$ auf. Die Ableitungen $b + dy$ und $c + dx$ reduzieren sich dort auf b und c:

Im Ursprung $\begin{bmatrix} \partial U / \partial x \\ \partial U / \partial y \end{bmatrix} = \begin{bmatrix} b \\ c \end{bmatrix} = G \begin{bmatrix} U_1 \\ U_2 \\ U_3 \\ U_4 \end{bmatrix}.$

(c) Zeigen Sie, dass $(1,1,1,1)$ und $(1,-1,1,-1)$ zum Nullraum der Matrix G gehören. Der erste Vektor ergibt sich aus einem konstanten $U = 1$ und hat ordnungsgemäß die Energie null. Der zweite Vektor ergibt sich aus einer „Sanduhrform" $U = xy$ und sollte positive Energie haben.

3.6.12 Bestimmen Sie unter Verwendung der letzten Aufgabe die Näherung $K_e = 4 G^T G$ für das bilineare Element Q_1 auf dem Quadrat mit dem Flächeninhalt 4. Vergleichen Sie das Ergebnis mit der korrekten Matrix K_e, die sich durch analytische Integration von $(b + dy)^2 + (c + dx)^2$ ergibt.

3.6.13 Sei auf dem unten skizzierten Dreieck $U = a + bx + cy$. Bestimmen Sie b und c aus den Gleichungen $U = U_1$, $U = U_2$, $U = U_3$ an den Knoten. Zeige Sie, dass die Gradientenmatrix G gegeben ist durch:

$$\begin{bmatrix} b \\ c \end{bmatrix} = GU = \begin{bmatrix} -\dfrac{1}{L} & \dfrac{1}{L} & 0 \\ \dfrac{d}{Lh} - \dfrac{1}{h} & -\dfrac{d}{Lh} & \dfrac{1}{h} \end{bmatrix} \begin{bmatrix} U_1 \\ U_2 \\ U_3 \end{bmatrix}.$$

Dreieck mit Ecken $(0,0)$, $(L,0)$, (d,h), Knoten 1, 2, 3.

3.6.14 (a) Verwenden Sie die Matrix G aus der letzten Aufgabe. Multiplizieren Sie $G^T G$ mit dem Flächeninhalt $Lh/2$, um die Elementsteifigkeitsmatrix K_e zu bestimmen. Reduzieren Sie die Matrix für ein Standarddreieck T auf Gleichung (3.147) auf Seite 349.

(b) Zeigen Sie, dass die Nichtdiagonalelemente mit den in Gleichung (3.134) auf Seite 344 vorhergesagten $c_1 = (2\tan\theta_1)^{-1}$ übereinstimmen. Den Tangens von θ_1 und θ_2 kann man aus der Abbildung ablesen. Damit ist

$$\tan\theta_3 = -\tan(\theta_1 + \theta_2) = \frac{\tan\theta_1 + \tan\theta_2}{\tan\theta_1 \tan\theta_2 - 1}.$$

3.6.15 Zeigen Sie, dass die numerische Integration unter Verwendung des Schwerpunktes aus Gleichung (3.135) auf Seite 344 vollkommen exakt ist, wenn f konstant ist. Ist sie im Fall $f = x$ exakt?

3.6.16 Bestimmen Sie die Eigenwerte von $KU = \lambda MU$ im Fall

$$K = \begin{bmatrix} 2 & -1 \\ -1 & 2 \end{bmatrix} \quad \text{and} \quad M = \begin{bmatrix} 1 & 0 \\ 0 & 2 \end{bmatrix}.$$

Das liefert die Frequenzen, mit denen zwei ungleiche Massen in einer Federkette oszillieren.

3.6.17 Wenn die symmetrischen Matrizen K und M nicht positiv definit sind, kann $KU = \lambda MU$ keine reellen Eigenwerte haben. Konstruieren Sie ein Beispiel mit 2×2-Matrizen.

3.6.18 Arbeiten Sie mit zwei Hutfunktionen auf dem Einheitsintervall, mit der Bedingung $U(0) = U(1) = 0$ und mit der Schrittweite $h = \frac{1}{3}$. Setzen Sie die Matrizen K und M zusammen:

$$K = \begin{bmatrix} 6 & -3 \\ -3 & 6 \end{bmatrix} \quad \text{und} \quad M = \frac{1}{18}\begin{bmatrix} 4 & 1 \\ 1 & 4 \end{bmatrix}.$$

Bestimmen Sie den kleinsten Eigenwert von $KU = \lambda MU$ und vergleichen Sie das Ergebnis mit dem tatsächlichen Eigenwert π^2 (die Eigenfunktion ist $u = \sin \pi x$) der Gleichung $-u'' = \lambda u$.

3.6.19 Die Finite-Elemente-Form der Gleichung $-u'' + u$ ist $K/h^2 + M$ – das ist die Summe aus Steifigkeitsmatrix und Massenmatrix. Bestimmen Sie für $-u'' +$

$u = 1$ die Näherung U_1 im Mittelpunkt $x = \frac{1}{2}$, indem Sie zwei Hutfunktionen verwenden. Was ist die exakte Lösung $u(x)$?

3.6.20 Das Standardelement Q_1 im Einheitsquadrat hat vier Ansatzfunktionen $\phi_i = (1-X)(1-Y), X(1-Y), XY, (1-X)Y$ für die vier Eckknoten. Zeigen Sie, dass die Elementmassenmatrix aus Skalarprodukten $\iint \phi_i \phi_j \, dx \, dy$ die Matrix $M_e =$ toeplitz$([4\ 2\ 1\ 2]/36)$ ist.

3.6.21 Verwenden Sie die vier ϕ_i aus Aufgabe 8.5.3 auf Seite 763. Eine *isoparametrische* Vertauschung der Variablen überführt die Ecken des Einheitsquadrates in die Ecken (x_i, y_i) eines beliebigen Vierecks (*quad*):

$$x(X,Y) = \sum x_i \phi_i(X,Y) \quad \text{und} \quad y(X,Y) = \sum y_i \phi_i(X,Y).$$

Welche Ecke des Rechtecks ergibt sich aus der Ecke $(X,Y) = (1,1)$?

3.6.22 Das Standard-Brick-Element Q_1 in drei Dimensionen enthält die Knoten an den 8 Ecken des Einheitswürfels. Was sind die acht Ansatzfunktionen ϕ_i (gleich null an 7 Knoten)? In ihnen kommen die Terme $1, X, Y, Z, XY, XZ, YZ, XYZ$ vor.

3.7 Elastizität und Festkörpermechanik

In diesem optionalen Abschnitt kommen wir von elastischen Stäben und Balken zu elastischen Festkörpern. Das Grundmuster $A^T C A$ lässt sich in drei Dimensionen weiterhin anwenden. Wir werden uns die Grundgleichungen der Kontinuumsmechanik ohne jedes Detail ansehen (aber natürlich Beispiele geben).

Aus der Verrückung u wird ein Vektor $u_1(x_1, x_2, x_3)$, $u_2(x_1, x_2, x_3)$, $u_3(x_1, x_2, x_3)$. Aus der Dehnung e und der Spannung σ (früher w) werden **symmetrische 3×3-Matrizen**. Gleichgewicht bedeutet dann ein Gleichgewicht $A^T \sigma = f$ zwischen inneren und äußeren Kräften. Oft sind diese äußeren Kräfte (f_1, f_2, f_3) innerhalb des Körpers null. Dann wird die Verrückung durch Oberflächenkräfte hervorgerufen (von null verschiedene Randbedingungen an σ).

Unser Ziel besteht darin, die drei Beziehungen $e = Au$, $\sigma = Ce$ und $f = A^T w$ zu verstehen. Sie verknüpfen die Vektoren u und f mit den symmetrischen Matrizen e und σ. Alle drei Gleichungen sind hier *linear* (wir betrachten kleine Verrückungen und kleine Spannungen). In der Gleichung $e = Au$ kommen nur erste Ableitungen von u vor (sie übeträgt die Dehnungsgleichung $e = du/dx$ in drei Dimensionen). Das Hookesche Gesetz $\sigma = Ce$ enthält Materialkonstanten (vorzugsweise nur zwei).

Eine lineare Beziehung $\sigma = Ce$ zwischen 3×3-Matrizen mit den Elementen e_{ij} und σ_{kl} würde theoretisch $9^2 = 81$ Koeffizienten $C_{ijkl}(x)$ zulassen. Zum Glück tritt dieser Fall aufgrund unserer Annahmen hier nicht ein:

(1) Das Material ist *gleichförmig* (keine Abhängigkeit vom Ort x).
(2) Das Material ist *isotrop* (keine Abhängigkeit von der Richtung).

Ein Material, das sich aus parallel verlaufenden Fasern zusammensetzt, wäre „anisotrop". Es besitzt in Faserrichtung Festigkeit und in den Richtungen senkrecht dazu

Labilität. Isotrope Materialien werden aber im Hookeschen Gesetz durch nur **zwei Koeffizienten** beschrieben, und das hat folgenden Grund:

(3) e und σ haben *dieselben Hauptrichtungen* (gleiche orthogonale Eigenvektoren).

Im Hookeschen Gesetz kann e mit einer Konstanten multipliziert werden, man schreibt üblicherweise 2μ. Außerdem kann ein Vielfaches von I addiert werden (Eigenvektoren werden nicht verändert). Um die Rotationsinvarianz zu erhalten, ist dieses Vielfache eine Konstante λ, die mit der Spur von e multipliziert wird (Summe der Hauptdehnungen, Eigenwerte von e). Diese „Lamé-Konstanten" liefern das Materialgesetz $\sigma = Ce$:

Hookesches Gesetz mit μ und λ $\quad \sigma = 2\mu e + \lambda(e_{11} + e_{22} + e_{33})I.$ (3.153)

Vier Beispiele

Um sich eine gewisse Vorstellung von den Matrizen e und σ zu verschaffen, sind vier spezielle Verrückungen $u(x)$ äußerst hilfreich. Die erste ist eine starre Bewegung (Verschiebung um einen Vektor t und Drehung um einen Winkel θ). Diese Bewegung erzeugt keine inneren Dehnungen oder Spannungen:

1. Starre Bewegung $\quad \begin{bmatrix} u_1 \\ u_2 \\ u_3 \end{bmatrix} = \begin{bmatrix} \cos\theta & -\sin\theta & 0 \\ \sin\theta & \cos\theta & 0 \\ 0 & 0 & 0 \end{bmatrix} \begin{bmatrix} x_1 \\ x_2 \\ x_3 \end{bmatrix} + \begin{bmatrix} t_1 \\ t_2 \\ t_3 \end{bmatrix} \quad$ hat $\begin{matrix} e = 0 \\ \sigma = 0. \\ f = 0 \end{matrix}$

Im zweiten Beispiel wird Spannung erzeugt. Bei einem Material auf dem Meeresgrund wirken die Kräfte auf die Oberfläche radial nach innen (*hydrostatischer Druck*). Dann sind die Verrückungen nach innen gerichtet (reine Kompression):

2. Kompression $(u_1, u_2, u_3) = \alpha(x_1, x_2, x_3)$ hat $e = \alpha I$ und $\sigma = 2\mu\alpha I + 3\lambda\alpha I$. Diese diagonale Spannungsmatrix σ sagt uns, dass es keine Scherspannung gibt. Wenn wir uns eine schmale Ebene im Material vorstellen, die senkrecht zur x_1-Richtung liegt, steht die einzige innere Kraft senkrecht auf dieser Ebene. Das ist σ_{11}, die Kraft pro Flächeneinheit. Da σ ein Vielfaches von I ist, wirkt diese Spannung senkrecht zu *allen* Ebenen im Material.

Im Beispiel 3 ist es genau andersherum – wir haben eine **Scherspannung** an einer Box, die an der Stelle $x = 0$ zentriert ist. Die Oberseite der Box wird in die positive x_1-Richtung geschoben, die Unterseite wird in die negative x_1-Richtung geschoben. Bewegung gibt es nur in der x_1-Richtung und sie *ist proportional zur Höhe x_3*.

3. Einfache Scherung $u = \begin{bmatrix} x_3 \\ 0 \\ 0 \end{bmatrix}$, $e = \dfrac{1}{2}\begin{bmatrix} 0 & 0 & 1 \\ 0 & 0 & 0 \\ 1 & 0 & 0 \end{bmatrix}$ und $\sigma = 2\mu e$ (Spur von e null).

Das zeigt, dass die Dehnung e nicht nur die Matrix J der ersten Ableitungen von u ist. Diese „Jacobi-Matrix" hätte die Elemente $J_{13} = \partial u_1/\partial x_3 = 1$ und $J_{31} = \partial u_3/\partial x_1 = 0$. **Die Spannung ist der symmetrische Teil** $e = \frac{1}{2}(J + J^T)$. Der

3.7 Elastizität und Festkörpermechanik

antisymmetrische Teil $\frac{1}{2}(J - J^{\mathrm{T}})$ erzeugt keine Längenänderung (erster Ordnung) und daher auch keine Dehnung.

Das vierte Beispiel ist das nützlichste von allen, weil in ihm beide Materialkonstanten μ und λ eine Rolle spielen. Dazu kommt es, wenn man an einem gleichförmigen Stab zieht. Diese Spannung erzeugt die Verrückung $u_1 = \alpha x_1$ und die Dehnung $e_{11} = \alpha$ in Stabrichtung (x_1-Richtung). Der Hauptunterschied zwischen Elastizität in einer Dimension und Elastizität in drei Dimensionen besteht darin, dass **sich der Stab in x_2- und in x_3-Richtung zusammenzieht:** $b < 0$.

Ein Spannungstest wird in diesen transversalen Richtungen $u_2 = bx_2$ und $u_3 = bx_3$ ergeben. Es gibt keine Scherkräfte, sodass e und σ diagonale Matrizen sind (aber trotzdem interessant).

4. Spannung in einer Richtung führt zu Kompression in zwei Richtungen.

$$e = \begin{bmatrix} a & & \\ & b & \\ & & b \end{bmatrix} \quad \text{und} \quad \sigma = \begin{bmatrix} \sigma_{11} & & \\ & 0 & \\ & & 0 \end{bmatrix} = 2\mu e + \lambda(a+2b)I. \quad (3.154)$$

Die beiden Nullen in der Matrix σ besagen, dass $2\mu b + \lambda(a+2b) = 0$ ist. Wir lösen nach $-b/a$ auf:

Poisson-Zahl
$$v = \frac{\textbf{Kontraktion}}{\textbf{Extension}} = -\frac{b}{a} = \frac{\lambda}{2(\mu+\lambda)}. \quad (3.155)$$

Das Verhältnis ist ein Maß für die Volumenänderung, wenn der Stab gedehnt wird. Ein Stab mit der Länge L und dem Querschnitt A hat nun die Länge $(1+a)L$ und den Querschnitt $(1+b)^2 A$. In erster Ordnung ist $1+a$ mal $(1+b)^2$ gleich $1+a+2b$. Also gibt es im Fall $a+2b = 0$ keine Volumenänderung. Und in diesem Fall ist die Poisson-Zahl $v = -b/a = 0.5$. Ein typisches Material hat $v = 0.3$, und es verliert damit Volumen, wenn es gedehnt wird.

Die andere experimentelle Konstante beim Zugtest ist der Youngscher Modul (auch Elastizitätsmodul) E:

Youngscher Modul $\quad Ee_{11} = \sigma_{11} \quad$ and $\quad Ee_{22} = Ee_{33} = -v\sigma_{11}. \quad (3.156)$

Nun verknüpft das Element 1,1 im Hookeschen Gesetz die Zahl E mit λ und μ:

$$Ee_{11} = (2\mu+\lambda)e_{11} + 2\lambda e_{33} \quad \text{und} \quad e_{33} = -ve_{11} = \frac{\lambda e_{11}}{2(\mu+\lambda)}$$

führen auf $E = \dfrac{\mu(2\mu+3\lambda)}{\mu+\lambda}.$ $\quad (3.157)$

Wenn im Zugexperiment E und v bestimmt werden, können wir in Aufgabe 3.7.9 auf Seite 364 nach λ und μ auflösen.

Dehnung durch Verrückung

Wir kommen als nächstes zu $e = Au$. Bei einem elastischen Stab ist A gleich d/dx. Nun haben drei Verrückungen u_1, u_2, u_3 Ableitungen in drei Richtungen x_1, x_2, x_3. Die Dehnung ist aber nicht nur die Jacobi-Matrix mit den Elementen $\partial u_i/\partial x_j$. (Dieses Element J_{ij} wird durch $u_{i,j}$ abgekürzt.) Die Ortsänderung ist nach der Kettenregel $du = J dx$: Die erste Komponente ist $du_1 = u_{1,1} dx_1 + u_{1,2} dx_2 + u_{1,3} dx_3$. **Die Dehnung erfasst aber auch Längenänderungen, nicht nur Ortsänderungen.** Drehung ändert die Länge nicht.

Dehnungsmatrix $\quad e = \dfrac{J + J^T}{2},$

Längenänderung $\quad e = Au \quad e_{ij} = \dfrac{1}{2}\left(\dfrac{\partial u_i}{\partial x_j} + \dfrac{\partial u_j}{\partial x_i}\right).$ (3.158)

Wenn zwei Punkten anfangs Δx voneinander entfernt sind, dann sind sie nach Verrückung $\Delta x + \Delta u \approx \Delta x + J \Delta x$ voneinander entfernt: Es gibt Dehnung aus $J + J^T$ und Drehung aus $J - J^T$:

Dehnung und Drehung $\quad J \Delta x = \dfrac{1}{2}(J + J^T)\Delta x + \dfrac{1}{2}(J - J^T)\Delta x.$ (3.159)

Die Dehnung liefert die Längenänderung, weil für die Drehung $\Delta x^T (J - J^T) \Delta x = 0$ ist:

Längenänderung $\quad |\Delta x + J \Delta x|^2 = |\Delta x|^2 + \Delta x^T (J + J^T) \Delta x + \cdots.$ (3.160)

Abbildung 3.26 zeigt Δx und Δu bei einer einfachen Scherung $u_1 = x_3$. Die Dehnung $\frac{1}{2}(J + J^T)$ enthält $e_{13} = e_{31} = \frac{1}{2}$. Bei dieser starken Deformation kann der Term zweiter Ordnung von $J^T J$ (Cauchy-Green-Tensor) nicht mehr vernachlässigt werden. Ein besseres Beispiel wäre $u_1 = \alpha x_3$ mit $\alpha \ll 1$.

Spannung und Kraft

Die Kräftebilanz $f = A^T \sigma = -\text{div } \sigma$ komplettiert die Gleichgewichtsgleichungen. (In der Dynamik kommt ein Beschleunigungsterm hinzu.) Um die Matrix A^T zu bestimmen, erinnern wir uns an zwei Wege, die uns auf $\text{grad}^T = -\text{div}$ führten. Ein

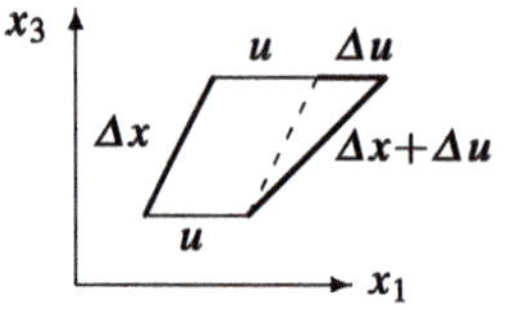

$\Delta u = (\Delta x_3, 0, 0)$
$|\Delta x + \Delta u|^2 = (\Delta x_1 + \Delta x_3)^2 + (\Delta x_2)^2 + (\Delta x_3)^2$
$2\Delta x_1 \Delta x_3 = \Delta x^T (J + J^T)\Delta x = \Delta x^T \begin{bmatrix} 0 & 0 & 1 \\ 0 & 0 & 0 \\ 1 & 0 & 0 \end{bmatrix} \Delta x$

Abb. 3.26 Längenänderung durch einfache Scherung (oben wird weiter verschoben als unten).

Weg war mathematisch motiviert, er führte über die Greensche Formel für die partielle Integration. Auf dem anderen Weg lag ein physikalischer Erhaltungssatz. Eine dritte Herangehensweise bestimmt A^T durch das Prinzip der virtuellen Arbeit: Im Gleichgewicht ist die Arbeit $u^T f$, die von den äußeren Kräften bei jeder virtuellen Verrückung verrichtet wird, genauso groß wie die von den inneren Spannungen verrichtete Arbeit $e^T \sigma$. Der wesentliche Schritt ist weiterhin partielle Integration und $(Au)^T \sigma = u^T (A^T \sigma)$.

In der Greenschen Formel wird ein Randterm auftauchen, den wir im Voraus erläutern. Bei Fluiden enthielt die Gleichung $w \cdot n$, die Flussrate durch den Rand. Bei Festkörpern enthält sie $\sigma^T n$, die Spannungsmatrix multipliziert mit dem normalen Einheitsvektor. Dieses Produkt ist ein Vektor, der **Oberflächenzugkraft** heißt. Das ist die Kraft, die vom Inneren des Körpers auf jedes Oberflächenelement ausgeübt wird. Sie ist wieder eine Mischung aus Scherung, die den Rand beiseite schiebt, und Extension oder Kontraktion, die den Rand nach außen oder nach innen drücken. Der Dehnungsteil ist $n^T \sigma^T n$, das ist „die Normalkomponente der Normalkomponente" der Spannung. Alle Komponenten von $\sigma^T n$ müssen an jeder Grenzschicht im Gleichgewicht sein, was auch die Randfläche S zwischen Körper und äußerer Umgebung einschließt.

Die Randbedingungen spezifizieren $\sigma^T n = F$ oder alternativ die Verrückung $u = u_0$. Wenn u_0 gegeben ist, muss eine Kraft ausgewandt werden, um diese Verrückung aufrecht zu erhalten – das ist die Reaktionskraft (*Oberflächenzugkraft*) an den Auflagen. Wenn F gegeben ist, dann ist die Verrückung des Randes u der Lagrange-Multiplikator zur Zwangsbedingung $\sigma^T n = F$. Sie werden sehen, wie $u^T \sigma^T n$ den Term $uw \cdot n$ ersetzt, wenn wir die Greensche Formel auf Matrizen übertragen. Dieser Randterm ist null, wenn komponentenweise entweder $u = 0$ oder $\sigma^T n = 0$ gilt:

Partielle Integration

$$\iiint e^T \sigma \, dV = - \iiint u^T \operatorname{div} \sigma \, dV + \iint u^T \sigma^T n \, dS. \tag{3.161}$$

Die Ableitungen von u (innerhalb von e) werden zu Ableitungen von σ. Das Produkt $e^T \sigma$ ist die Summe aller neun Terme $e_{ij} \sigma_{ij}$. Die linke Seite von Gleichung (3.161) ist das Skalarprodukt von Au und σ. Daher muss das Volumenintegral auf der rechten Seiten das Skalarprodukt von u und $A^T \sigma$ sein, und das bestimmt die Transponierte von A:

Kräftebilanz

$$A^T \sigma = -\operatorname{div} \sigma = - \begin{bmatrix} \dfrac{\partial \sigma_{11}}{\partial x_1} + \dfrac{\partial \sigma_{12}}{\partial x_2} + \dfrac{\partial \sigma_{13}}{\partial x_3} \\ \dfrac{\partial \sigma_{21}}{\partial x_1} + \dfrac{\partial \sigma_{22}}{\partial x_2} + \dfrac{\partial \sigma_{23}}{\partial x_3} \\ \dfrac{\partial \sigma_{31}}{\partial x_1} + \dfrac{\partial \sigma_{32}}{\partial x_2} + \dfrac{\partial \sigma_{33}}{\partial x_3} \end{bmatrix} = \begin{bmatrix} f_1 \\ f_2 \\ f_3 \end{bmatrix}. \tag{3.162}$$

Die Verdrehung eines Stabes

Dieses Beispiel ist gut, weil die meisten Komponenten von Dehnung und Spannung null sind. Wir beginnen mit einem vertikalen Stab, dessen Querschnitt kein Kreis sein muss. Wenn Sie eine Hand an das obere und die andere Hand an das untere Ende des Stabes legen und das obere Ende drehen während Sie das untere festhalten, dann drehen sich alle Querschnitte. Die Randbedingungen an den Seiten sind $\sigma^T n = 0$: Keine Kraft. Am oberen und am unteren Ende gibt es keine *vertikale* Kraft: $\sigma_{33} = 0$. Die anderen Bedingungen sind $u_1 = u_2 = 0$ unten und $u_1 = -\theta x_2 h$, $u_2 = \theta x_1 h$ oben – wobei h die Stabhöhe (x_3-Komponente) ist. Und θ ist der Verdrehungswinkel.

Die Verdrehung der Querschnitte nimmt linear mit ihrer Höhe x_3 zu:

Drehung und Verwölbung
$$u_1 = -\theta x_2 x_3, \quad u_2 = \theta x_1 x_3, \quad u_3 = w(x_1, x_2). \tag{3.163}$$

Die *Verwölbungsfunktion* w ist für alle Querschnitte identisch. Sie sind zunächst flach und verwölben sich durch die Drehung. Ihre Bewegung aus der Ebene ist w, was wir noch bestimmen müssen. Dehnungen und Spannungen sind symmetrische Matrizen:

$$e = Au = \begin{bmatrix} 0 & 0 & \frac{1}{2}(\partial w/\partial x_1 - \theta x_2) \\ 0 & 0 & \frac{1}{2}(\partial w/\partial x_2 + \theta x_1) \\ - & - & 0 \end{bmatrix} \quad \sigma = Ce = 2\mu e.$$

An den Seiten, wo $n = (n_1, n_2, 0)$ nach außen zeigt, liefert die Multiplikation mit σ^T in zwei Komponenten automatisch null. Die einzige erhebliche Randbedingung ist

$$(\sigma^T n)_3 = \mu \left(\frac{\partial w}{\partial x_1} - \theta x_2 \right) n_1 + \mu \left(\frac{\partial w}{\partial x_2} + \theta x_1 \right) n_2 = 0. \tag{3.164}$$

Die Gleichgewichtsgleichungen $\operatorname{div} \sigma = f = 0$ sind analog. Die beiden ersten Gleichungen ergeben sich automatisch und die dritte reduziert sich auf die Laplace-Gleichung durch Streichen von $\partial x_2/\partial x_1 = 0 = \partial x_1/\partial x_2$:

$$\frac{\partial}{\partial x_1}\left(\frac{\partial w}{\partial x_1} - \theta x_2\right) + \frac{\partial}{\partial x_2}\left(\frac{\partial w}{\partial x_2} + \theta x_1\right) + \frac{\partial}{\partial x_3} 0 = w_{,11} + w_{,22} = 0. \tag{3.165}$$

Schlussanmerkung Die Dehnung e und die Spannung σ sind Tensoren. Um korrekt zu sein: u und f sind Tensoren. Noch wichtiger ist: **Auch A, C und A^T sind Tensoren.** Sie sind lineare Transformationen. Was ihnen den Namen „Tensor" einbringt, ist die Tatsache, dass sie eine intrinsische Definition haben – die nicht vom Koordinatensystem abhängt.

Die Aussage $u = x_2$ hat solange keine Bedeutung, bis die Koordinaten bekannt sind; x_2 ist kein Tensor. Die Gleichung $e = \operatorname{grad} u$ hat eine Bedeutung; der Gradient ist ein Tensor. Es stimmt, dass wir Koordinaten brauchen, um den Gradienten *zu berechnen* – wenn es kartesische Koordinaten sind, was Sie und ich sofort im Fall $u = x_2$ angenommen haben, dann ist $\operatorname{grad} u = (0, 1, 0)$. Wenn wir Zylinderkoordinaten nehmen würden, und x_2 in Wirklichkeit θ wäre, kann der Gradient in diesem

System vorangehen – und er enthält $1/r$. Gradient und Divergenz sehen für verschiedene Koordinatensysteme verschieden aus; aber in sich ändern sie sich nicht.

Wir haben A, C und A^T in kartesischen Koordinaten aufgeschrieben. Ein Tensorspezialist wäre aber auf andere Systeme vorbereitet. Eine Achsendrehung liefert den Test, den ein Tensor bestehen muss, um seine **Invarianz unter Koordinatentransformationen** zu belegen. In der Relativitätstheorie kommen Transformationen zwischen bewegten Koordinatensystemen vor, Einstein musste sich also eingehender mit dem Thema beschäftigen. Er brauchte krummlinige Koordinaten und Schwarz-Christoffel-Symbole, in denen Ableitungen vorkommen. Das würde uns ziemlich weit führen, und das nicht mit Lichtgeschwindigkeit. Wir wollen aber drei weitere Tensoren erwähnen. Einer davon ist rot; der zweite ist der Laplace-Operator div grad; der dritte berechnet Beschleunigung aus Geschwindigkeit. Er enthält den Term $v \cdot \nabla$, was in kartesischen Koordinaten $\sum v_i \partial/\partial x_i$ ist. Er wird sich in Abschnitt 6.7 auf Seite 617 für Fluide als elementar erweisen.

Aufgaben zu Abschnitt 3.7

3.7.1 Eine reine Scherung hat die Verrückung $u = (\alpha x_2, \alpha x_1, 0)$. Skizzieren Sie das Einheitsquadrat vor und nach der Verrückung. Bestimmen Sie die symmetrische Dehnungsmatrix e aus den Ableitungen von u. Das ist dieselbe konstante Dehnung wie bei der einfachen Scherung (Beispiel 3 im Text), und nur Randbedingungen können den Unterschied machen.

3.7.2 Bestimmen Sie die Eigenvektoren der Matrix e aus Aufgabe 3.7.1 (die Hauptdehnungen). Erläutern Sie, warum die Scherung $u = (\alpha x_2, \alpha x_1, 0)$ eine Kombination aus reiner Dehnung in diesen Hauptrichtungen ist. Jede Dehnungsmatrix $e = Q \Lambda Q^T$ ist eine dreiseitige Dehnung in Richtung ihrer Eigenvektoren.

3.7.3 Was sind die Randbedingungen an das Quadrat bei einfacher Scherung und bei reiner Scherung (siehe Aufgabe 3.7.1)? Da u und σ konstant sind, ist die Körperkraft wie üblich $f = 0$.

3.7.4 Eine starre Bewegung setzt sich aus einer konstanten Verrückung u_0 (einer Verschiebung des ganzen Körpers) und einer reinen Drehung zusammen: $u = u_0 + \omega \times r$. Bestimmen Sie die Dehnung Au.

3.7.5 Bestimmen Sie aus den Gleichungen (3.153)-(3.158)-(3.162) Dehnung, Spannung und äußere Kraft für die folgenden Verrückungen:

(a) $u = (\lambda_1 x_1, \lambda_2 x_2, \lambda_3 x_3)$ (Dehnung).
(b) $u = (-x_2 v(x_1), v(x_1), 0)$ (Biegung eines Balkens).
(c) $u = (\partial \varphi / \partial x_1, \partial \varphi / \partial x_2, \partial \varphi / \partial x_3)$ (Verrückungspotenzial).

3.7.6 Das Prinzip der virtuellen Arbeit gilt für alle „virtuellen Verrückungen" v:

$$\iiint v^T f \, dV + \iint v^T F \, dS = \iiint (Av)^T \sigma \, dV.$$

Das ist die schwache Form der Gleichgewichtsgleichung; die Störung v muss dort null sein, wo $u = u_0$ gegeben ist. Verwenden Sie Gleichung (3.161), um die starke Form div $\sigma + f = 0$ in V, $\sigma^T n = F$ auf S zu erhalten.

3.7.7 Bei einem zweidimensionalen Fluss wurde die Kontinuitätsgleichung div $w = 0$ mithilfe der Stromfunktion gelöst: $w = (\partial s/\partial y, -\partial s/\partial x)$ ist divergenzfrei für alle s. Zeigen Sie, dass div $\sigma = 0$ in der zweidimensionalen Elastizitätstheorie durch eine Airy-Spannungsfunktion gelöst wird:

$$\sigma = \begin{bmatrix} \dfrac{\partial^2 A}{\partial y^2} & -\dfrac{\partial^2 A}{\partial x \partial y} & 0 \\ -\dfrac{\partial^2 A}{\partial x \partial y} & \dfrac{\partial^2 A}{\partial x^2} & 0 \\ 0 & 0 & 0 \end{bmatrix} \quad \text{mit div } \sigma = 0 \text{ für alle } A(x,y).$$

3.7.8 Überzeugen Sie sich davon, dass die Elastizitätsgleichung $A^T C A u = f$ umgeschrieben werden kann als:

$$\mu \text{ rot rot } u - (\lambda + 2\mu) \text{ grad div } u = f.$$

3.7.9 Bestimmen Sie μ und λ aus Youngschem Modul E und Poisson-Zahl ν:

$$E = \frac{\mu(2\mu + 3\lambda)}{\mu + \lambda}, \nu = \frac{\lambda}{2(\mu + \lambda)} \quad \text{liefern} \quad 2\mu = \frac{E}{1+\nu}, \lambda = \frac{\nu E}{(1+\nu)(1-2\nu)}.$$

3.7.10 (Wichtiger als die letzte Aufgabe) Invertieren Sie die isotrope Spannungs-Dehnungs-Beziehung $\sigma = 2\mu e + \lambda(\text{tr } e)I$, um die Dehnung aus der Spannung zu bestimmen: $e = C^{-1}\sigma$. Zeigen Sie zunächst, dass die Spur von σ gleich $(2\mu + 3\lambda)$ ist (Spur von e). Ersetzen Sie anschließend tr e, und bestimmen Sie

$$e = \frac{1}{2\mu}\sigma - \frac{\lambda}{2\mu + 3\lambda}(\text{tr }\sigma)I.$$

3.7.11 Zeigen Sie, dass die Dehnungsenergie $\frac{1}{2}e^T C e$ gleich $\mu \Sigma\Sigma e_{ij}^2 + \frac{1}{2}\lambda(\text{tr } e)^2$ ist. Bestimmen Sie die Ergänzungsenergie $\frac{1}{2}\sigma^T C^{-1}\sigma$ für die letzte Aufgabe.

3.7.12 Welche Minimumprinzipien spielen in der Gleichgewichts-Kontinuumsmechanik eine wesentliche Rolle?

3.7.13 Zeigen Sie, dass bei der Verdrehung eines Stabes der Term $\nabla w \cdot n = \theta(x_2 n_1 - x_1 n_2)$ um die Seite null ist – dort zeigt n radial nach außen. Die Verwölbung ist überall $w = 0$.

3.7.14 Gegeben sei ein Stab mit quadratischem Querschnitt $-1 \le x_1, x_2 \le 1$. Bestimmen Sie $F = \theta(x_2 n_1 - x_1 n_2)$ an allen vier Seiten, und überzeugen Sie sich davon, dass $\int F\, ds = 0$ ist.

3.7.15 Gegeben sei ein unendlich langer Stab mit festem Rand. Wir nehmen an, dass alle inneren Kräfte und Verrückungen nur eine x_3-Komponente haben, aber unabhängig vom Abstand x_3 entlang dieser Achse sind: $u = (0, 0, u_3(x_1, x_2))$. Bestimmen Sie die Dehnungen, die Spannungen, die Gleichgewichtgleichung $A^T C A u = f$ und die Randbedingung an Abhängigkeit von u_3.

3.7.16 Bestimmen Sie für die Verrückung $u = (x, xy, xyz)$ die Matrix J mit den Elementen $\partial u_i / \partial x_j$. Trennen Sie J in einen symmetrischen Teil für die Dehnung e und einen schiefsymmetrischen Teil für die Drehung.

Kapitel 4
Fourier-Reihen und Fourier-Integrale

4.1 Fourier-Reihen periodischer Funktionen

Dieser Abschnitt befasst sich mit Fourier-Reihen: der **Sinusreihe**, der **Kosinusreihe** und der **Exponentialreihe** e^{ikx}. Rechteckschwingungen (mit den Funktionswerten 1, 0 oder -1) sind großartige Beispiele für Funktionen mit Deltafunktionen in der Ableitung. Wir sehen uns einen Impuls, eine Stufenfunktion und eine Rampenfunktion an – und glattere Funktionen natürlich auch.

Beginnen wir mit der Funktion $\sin x$. Sie hat die Periode 2π, weil $\sin(x+2\pi) = \sin x$ ist. Sie ist eine ungerade Funktion, weil $\sin(-x) = -\sin x$ ist. Und außerdem ist sie an der Stelle $x = 0$ und $x = \pi$ null. Jede Funktion $\sin nx$ hat diese drei Eigenschaften. Fourier betrachtete eine *unendliche Kombination solcher Sinusfunktionen*:

Fourier-Sinusreihe
$$S(x) = b_1 \sin x + b_2 \sin 2x + b_3 \sin 3x + \cdots = \sum_{n=1}^{\infty} b_n \sin nx. \tag{4.1}$$

Wenn die Koeffizienten $b_1, b_2, \ldots$ hinreichend schnell kleiner werden (wir ahnen die Bedeutung der Abfallrate), dann erbt die Summe $S(x)$ alle drei Eigenschaften:

Periodisch $S(x+2\pi) = S(x)$ **Ungerade** $S(-x) = -S(x)$ $S(0) = S(\pi) = 0$.

Vor 200 Jahren überraschte Fourier die Mathematiker Frankreichs mit der Behauptung, dass sich *jede Funktion $S(x)$* mit diesen Eigenschaften als eine unendliche Reihe von Sinusfunktionen darstellen lässt. Diese Idee setzte eine enorme Entwicklung der Fourier-Reihen in Gang. Unser erster Schritt besteht darin, aus $S(x)$ den Koeffizienten b_k zu bestimmen, mit dem $\sin kx$ multipliziert wird.

Es sei $S(x) = \sum b_n \sin nx$. Wir multiplizieren beide Seiten mit $\sin kx$. *Anschließend integrieren wir von 0 bis π*:

$$\int_0^\pi S(x) \sin kx \, dx = \int_0^\pi b_1 \sin x \sin kx \, dx + \cdots + \int_0^\pi \boldsymbol{b_k \sin kx \sin kx} \, dx + \cdots \tag{4.2}$$

Bis auf das fett gedruckte Integral mit $n = k$ sind alle Integrale auf der rechten Seite null. Diese Eigenschaft der „**Orthogonalität**" wird sich durch das gesamte Kapitel ziehen. Die Sinusfunktionen bilden im Funktionenraum 90°-Winkel, wenn ihre Skalarprodukte Integrale von 0 bis π sind:

Orthogonalität $\quad \int_0^\pi \sin nx \, \sin kx \, dx = 0 \quad$ für $\quad n \neq k.$ $\hfill (4.3)$

Nullen können wir uns schnell verschaffen, wenn wir $\int \cos mx \, dx = \left[\frac{\sin mx}{m}\right]_0^\pi = 0 - 0$ integrieren. Das benutzen wir:

Produkt von Sinusfunktionen

$$\sin nx \, \sin kx = \frac{1}{2}\cos(n-k)x - \frac{1}{2}\cos(n+k)x. \hfill (4.4)$$

Die Integration von $\cos mx$ mit $m = n - k$ und $m = n + k$ zeigt die Orthogonalität der Sinusfunktionen.

Der Fall $n = k$ ist die Ausnahme. Dann integrieren wir $(\sin kx)^2 = \frac{1}{2} - \frac{1}{2}\cos 2kx$:

$$\int_0^\pi \sin kx \, \sin kx \, dx = \int_0^\pi \frac{1}{2} dx - \int_0^\pi \frac{1}{2} \cos 2kx \, dx = \frac{\pi}{2}. \hfill (4.5)$$

Der fett gedruckte Term aus Gleichung (4.2) ist $b_k \pi / 2$. Wir multiplizieren also beide Seiten von Gleichung (4.2) mit $2/\pi$:

Sinuskoeffizienten $S(-x) = -S(x)$

$$b_k = \frac{2}{\pi} \int_0^\pi S(x) \sin kx \, dx = \frac{1}{\pi} \int_{-\pi}^\pi S(x) \sin kx \, dx. \hfill (4.6)$$

Beachten Sie, dass $S(x) \sin kx$ eine *gerade* Funktion ist (die Integrale von $-\pi$ bis 0 und von 0 bis π sind gleich).

Ich werde sofort zum wichtigsten Beispiel für eine Fourier-Sinusreihe kommen. $S(x)$ ist eine **ungerade Rechteckschwingung** mit $SW(x) = 1$ für $0 < x < \pi$. Sie ist in Abbildung 4.1 auf der nächsten Seite als eine ungerade Funktion dargestellt (mit Periode 2π), die an den Stellen $x = 0$ und $x = \pi$ verschwindet.

Beispiel 4.1 Bestimmen Sie die Fourier-Sinuskoeffizienten b_k für die Rechteckschwingung $SW(x)$.

Lösung Verwenden Sie für $k = 1, 2, \ldots$ den ersten Teil von Gleichung (4.6) mit $S(x) = 1$ zwischen 0 und π:

$$b_k = \frac{2}{\pi} \int_0^\pi \sin kx \, dx = \frac{2}{\pi} \left[\frac{-\cos kx}{k}\right]_0^\pi = \frac{2}{\pi} \left\{\frac{\mathbf{2}}{\mathbf{1}}, \frac{0}{2}, \frac{\mathbf{2}}{\mathbf{3}}, \frac{0}{4}, \frac{\mathbf{2}}{\mathbf{5}}, \frac{0}{6}, \ldots\right\}. \hfill (4.7)$$

4.1 Fourier-Reihen periodischer Funktionen

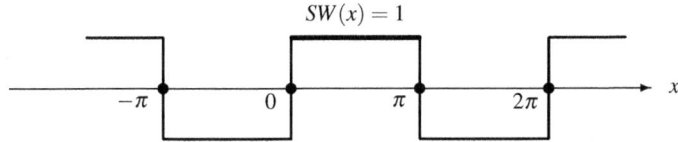

Abb. 4.1 Die ungerade Rechteckschwingung $SW(x+2\pi) = SW(x) = \{1, 0 \text{ oder } -1\}$.

Die geradzahligen Koeffizienten b_{2k} sind alle null, weil $\cos 2k\pi = \cos 0 = 1$ ist. Die ungeradzahligen Koeffizienten $b_k = 4/\pi k$ fallen mit $1/k$. Diese $1/k$-Abfallrate wird uns bei allen Funktionen begegnen, die sich aus *glatten Abschnitten und Sprüngen* zusammensetzen.

Setzen Sie die Koeffizienten $4/\pi k$ und null in die Fourier-Sinusreihe $SW(x)$ ein:

Rechteckschwingung

$$SW(x) = \frac{4}{\pi}\left[\frac{\sin x}{1} + \frac{\sin 3x}{3} + \frac{\sin 5x}{5} + \frac{\sin 7x}{7} + \cdots\right]. \tag{4.8}$$

Abbildung 4.2 skizziert diese Summe nach einem Term, den nächsten zehn Termen und fünf weiteren Termen. Sie können das ganz wichtige **Gibbs-Phänomen** beobachten, das auftritt, wenn diese „Partialsummen" mehr Terme einschließen. Fernab von den Sprungstellen nähern wir uns $SW(x) = 1$ oder -1 gut. An der Stelle $x = \pi/2$ liefert die Reihe eine wunderschön alternierende Summe für die Zahl π:

$$1 = \frac{4}{\pi}\left[\frac{1}{1} - \frac{1}{3} + \frac{1}{5} - \frac{1}{7} + \cdots\right] \quad \text{also} \quad \pi = 4\left[\frac{1}{1} - \frac{1}{3} + \frac{1}{5} - \frac{1}{7} + \cdots\right]. \tag{4.9}$$

Das Gibbs-Phänomen ist die Überschwingung, die immer näher an die Sprungstelle heranrückt. Ihre Höhe ist $1.18\ldots$. Die Höhe nimmt aber nicht ab, wenn wir mehr Terme der Reihe hinzunehmen! Das Überschwingen ist die einzige große Hürde bei der Berechnung aller diskontinuierlicher Funktionen (wie Schockwellen in einer Flüssigkeitsströmung). Wir bemühen uns sehr, das Gibbs-Phänomen zu umgehen, aber manchmal gelingt uns das nicht.

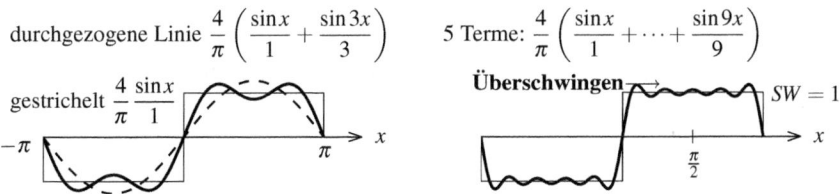

Abb. 4.2 Gibbs-Phänomen: Partialsummen $\sum_1^N b_n \sin nx$ überschwingen nahe der Sprungstellen.

Fourier-Koeffizienten sind am besten

Betrachten wir noch einmal den ersten Term $b_1 \sin x = (4/\pi)\sin x$. Das ist die **nächste Näherung** der Rechteckschwingung SW durch ein Vielfaches von $\sin x$ (nächste Näherung im Sinne kleinster Quadrate). Von dieser optimalen Eigenschaft der Fourier-Koeffizienten überzeugen wir uns, indem wir den Fehler über alle b_1 minimieren:

Der Fehler ist $\int_0^\pi (SW - b_1 \sin x)^2 \, dx$.

Die Ableitung nach b_1 ist $-2 \int_0^\pi (SW - b_1 \sin x) \sin x \, dx$.

Das Integral über $\sin^2 x$ ist $\pi/2$. Damit ist die Ableitung genau dann null, wenn $b_1 = (2/\pi) \int_0^\pi S(x) \sin x \, dx$ ist. Das ist Gleichung (4.6) für den Fourier-Koeffizienten.

Jeder Term $b_k \sin kx$ ist so nah wie möglich an $SW(x)$. Wir können die Koeffizienten b_k einzeln nacheinander bestimmen, *weil die Sinusfunktionen orthogonal sind*. Bei der Rechteckschwingung ist $b_2 = 0$, weil alle anderen Vielfachen von $\sin 2x$ den Fehler erhöhen. Term für Term „projizieren wir die Funktion auf jede Achse $\sin kx$."

Fourier-Kosinusreihen

Die Kosinusreihe lässt sich auf *gerade Funktionen* mit $C(-x) = C(x)$ anwenden:

Kosinusreihe $\quad C(x) = a_0 + a_1 \cos x + a_2 \cos 2x + \cdots = a_0 + \sum_{n=1}^{\infty} a_n \cos nx. \quad (4.10)$

Jede Kosinusfunktion hat die Periode 2π. Abbildung 4.3 auf der nächsten Seite zeigt zwei gerade Funktionen: die **periodische Rampe** $RR(x)$ und das **Auf/Ab-Training** $UD(x)$. Die Sägezahnrampe RR ist das Integral der Rechteckschwingung. Die Deltafunktionen in UD ergeben die Ableitung der Rechteckschwingung. (Bei Sinusfunktionen sind Ableitung und Integral Kosinusfunktionen.) RR und UD sind nützliche Beispiele, RR ist glatter als SW und UD ist weniger glatt.

Zunächst bestimmen wir Gleichungen für die Kosinuskoeffizienten a_0 und a_k. Der konstante Term a_0 ist das *Mittel* der Funktion $C(x)$:

$$\boldsymbol{a_0 = \text{Mittel}} \quad a_0 = \frac{1}{\pi} \int_0^\pi C(x) \, dx = \frac{1}{2\pi} \int_{-\pi}^{\pi} C(x) \, dx. \quad (4.11)$$

Ich habe einfach jeden Term in der Kosinusreihe (4.10) von 0 bis π integriert. Auf der rechten Seite ist das Integral über a_0 gleich $a_0 \pi$ (wir dividieren beide Seiten durch π). Alle anderen Integrale sind null:

$$\int_0^\pi \cos nx \, dx = \left[\frac{\sin nx}{n} \right]_0^\pi = 0 - 0 = 0. \quad (4.12)$$

Mit anderen Worten: Die konstante Funktion 1 ist über dem Intervall $[0, \pi]$ orthogonal zu $\cos nx$.

4.1 Fourier-Reihen periodischer Funktionen

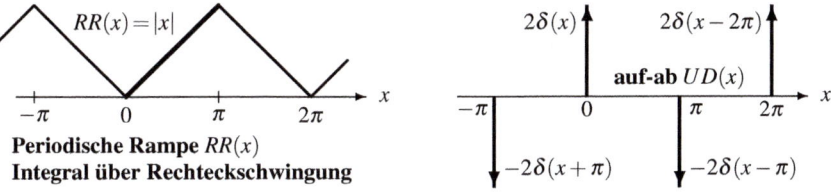

Periodische Rampe $RR(x)$
Integral über Rechteckschwingung

Abb. 4.3 Die periodische Rampe RR und das Auf/Ab-Training UD (periodische Impulse) sind gerade. Die Ableitung der periodischen Rampe RR ist die ungerade Rechteckschwingung SW. **Die Ableitung von SW ist UD.**

Die anderen Kosinuskoeffizienten a_k ergeben sich aus der *Orthogonalität der Kosinusfunktionen*. Wie bei den Sinusfunktionen multiplizieren wir beide Seiten der Gleichung (4.10) mit $\cos kx$ und integrieren von 0 bis π:

$$\int_0^\pi C(x)\cos kx\, dx =$$
$$\int_0^\pi a_0 \cos kx\, dx + \int_0^\pi a_1 \cos x \cos kx\, dx + \cdots + \int_0^\pi \boldsymbol{a_k(\cos kx)^2\, dx} + \cdots$$

Sie wissen, wie es nun weitergeht. Auf der rechten Seite kann nur der hervorgehobene Term von null verschieden sein. In Aufgabe 4.1.1 auf Seite 382 soll das mithilfe einer Identität für $\cos nx \cos kx$ gezeigt werden – in der rechten Seite von Gleichung (4.4) steht nun „+". Der fett gedruckte von null verschiedene Term ist $a_k \pi/2$, und wir multiplizieren beide Seiten mit $2/\pi$:

Kosinuskoeffizienten $C(-x) = C(x)$

$$a_k = \frac{2}{\pi}\int_0^\pi C(x)\cos kx\, dx = \frac{1}{\pi}\int_{-\pi}^\pi C(x)\cos kx\, dx. \qquad (4.13)$$

Wieder wird das Integral einfach verdoppelt, um eine volle Periode von $-\pi$ bis π (auch von 0 bis 2π) zu erhalten.

Beispiel 4.2 Bestimmen Sie die Kosinuskoeffizienten der periodischen Rampe $RR(x)$ und des Auf/Ab-Trainings $UD(x)$.

Lösung Der einfachste Weg ist, von der Sinusreihe der Rechteckschwingung auszugehen:

$$SW(x) = \frac{4}{\pi}\left[\frac{\sin x}{1} + \frac{\sin 3x}{3} + \frac{\sin 5x}{5} + \frac{\sin 7x}{7} + \cdots\right].$$

Bilden Sie die Ableitung jedes einzelnen Terms. Das ergibt Kosinusfunktionen im Auf/Ab-Training der Deltafunktionen:

Auf/Ab-Training $\quad UD(x) = \dfrac{4}{\pi} [\cos x + \cos 3x + \cos 5x + \cos 7x + \cdots]$. (4.14)

Die enthaltenen Koeffizienten fallen gar nicht ab. Die einzelnen Terme der Reihe gehen nicht gegen null, sodass die Reihe offiziell nicht konvergieren kann. Dennoch ist sie in gewisser Weise zutreffend und wichtig. Inoffiziell sind die Glieder dieser Summe an der Stelle $x = 0$ alle 1 und an der Stelle $x = \pi$ alle -1. Dann sind $+\infty$ und $-\infty$ konsistent mit $2\delta(x)$ und $-2\delta(x-\pi)$. Der richtige Weg, $\delta(x)$ zu identifizieren, ist der Test $\int \delta(x) f(x) \, dx = f(0)$. In Beispiel 4.3 machen wir genau das.

Bei der periodischen Rampe integrieren wir die Reihe der Rechteckschwingung $SW(x)$ und addieren die mittlere Rampenhöhe $a_0 = \pi/2$ genau zwischen 0 und π:

Rampenreihe

$$RR(x) = \frac{\pi}{2} - \frac{\pi}{4} \left[\frac{\cos x}{1^2} + \frac{\cos 3x}{3^2} + \frac{\cos 5x}{5^2} + \frac{\cos 7x}{7^2} + \cdots \right]. \quad (4.15)$$

Die Integrationskonstante ist a_0. *Die enthaltenen Koeffizienten a_k fallen wie $1/k^2$.* Wir hätten die Koeffizienten auch direkt aus Gleichung (4.13) durch $\int x \cos kx \, dx$ berechnen können, was aber eine partielle Integration (oder eine Integraltafel oder Zugang zu *Mathematica* oder *Maple*) erfordert hätte. Es war wesentlich einfacher, jede Sinusfunktion in $SW(x)$ einzeln zu integrieren, was den wesentlichen Punkt verdeutlicht: Jeder „Glattheitsgrad" in der Funktion spiegelt sich in einem schnelleren Abfall der Fourier-Koeffizienten a_k und b_k wider.

Kein Abfall	**Delta**funktionen (mit Impulsen)
$1/k$-**Abfall**	**Stufen**funktionen (mit Sprüngen)
$1/k^2$-**Abfall**	**Rampen**funktionen (mit Ecken)
$1/k^4$-**Abfall**	**Spline**funktionen (Sprünge in f''')
r^k-**Abfall mit** $r < 1$	**Analytische** Funktionen wie $1/(2-\cos x)$

Bei jeder Integration wird der k-te Koeffizient durch k dividiert. Das bringt in der Abfallrate einen zusätzlichen Faktor $1/k$. Nach dem „Riemann-Lebesgue-Lemma" konvergieren die Koeffizienten a_k und b_k jeder stetigen Funktion gegen null (eigentlich, wenn $\int |f(x)| dx$ endlich ist). Analytische Funktionen erreichen einen neuen Glattheitsgrad – sie können unendlich oft differenziert werden. Ihre Fourier-Reihen und Taylor-Reihen in Kapitel 5 konvergieren **exponentiell**.

Die Pole der Funktion $1/(2-\cos x)$ sind komplexe Lösungen von $\cos x = 2$. Die dazugehörige Fourier-Reihe konvergiert schnell, weil r^k schneller als jede Potenz $1/k^p$ fällt. Analytische Funktionen sind für Berechnungen ideal – das Gibbs-Phänomen tritt überhaupt nicht auf.

Nun kommen wir auf das Beispiel $\delta(x)$ zurück, was möglicherweise das wichtigste Beispiel von allen ist.

Beispiel 4.3 Bestimmen Sie die (Kosinus-) Koeffizienten der 2π-periodischen Deltafunktion $\delta(x)$.

Lösung Der Impuls liegt am Rand des Intervalls $[0, \pi]$, sodass es sicherer ist, von $-\pi$ bis π zu integrieren. Wir bestimmen den Koeffizienten $a_0 = 1/2\pi$ und die anderen Koeffizienten $a_k = 1/\pi$ (Kosinus, weil $\delta(x)$ ein gerade Funktion ist):

4.1 Fourier-Reihen periodischer Funktionen

Mittel $\quad a_0 = \dfrac{1}{2\pi} \displaystyle\int_{-\pi}^{\pi} \delta(x)\,dx = \dfrac{1}{2\pi},$

Kosinusfunktionen $\quad a_k = \dfrac{1}{\pi} \displaystyle\int_{-\pi}^{\pi} \delta(x)\cos kx\,dx = \dfrac{1}{\pi}.$

In dieser Reihe kommen also alle Kosinusfunktionen zu gleichen Anteilen vor:

Deltafunktion $\quad \delta(x) = \dfrac{1}{2\pi} + \dfrac{1}{\pi}\left[\cos x + \cos 2x + \cos 3x + \cdots\right].$ (4.16)

Auch diese Reihe kann nicht wirklich konvergieren (die einzelnen Terme gehen nicht gegen null). Wir können aber die Summe nach dem Term $\cos 5x$ und nach dem Term $\cos 10x$ darstellen. Abbildung 4.4 auf der nächsten Seite zeigt, wie diese „Partialsummen" $\delta(x)$ erreichen wollen. Von $x=0$ ausgehend oszillieren die Partialsummen immer schneller.

In der Tat gibt es eine hübsche Gleichung für die Partialsumme $\delta_N(x)$, die bei $\cos Nx$ aufhört. Wir schreiben zunächst jeden Term $2\cos\theta$ als $e^{i\theta} + e^{-i\theta}$:

$$\delta_N = \frac{1}{2\pi}\left[1 + 2\cos x + \cdots + 2\cos Nx\right] = \frac{1}{2\pi}\left[1 + e^{ix} + e^{-ix} + \cdots + e^{iNx} + e^{-iNx}\right].$$

Das ist eine geometrische Reihe, die von e^{-iNx} bis e^{iNx} läuft. In ihr kommen Potenzen des Faktors e^{ix} vor. Die Summe einer geometrischen Reihe kennen wir:

Partialsumme bis $\cos Nx$

$$\delta_N(x) = \frac{1}{2\pi}\,\frac{e^{i(N+\frac{1}{2})x} - e^{-i(N+\frac{1}{2})x}}{e^{ix/2} - e^{-ix/2}} = \frac{1}{2\pi}\,\frac{\sin(N+\frac{1}{2})x}{\sin \frac{1}{2}x}. \qquad (4.17)$$

Das ist die in Abbildung 4.4 auf der nächsten Seite dargestellte Funktion. Wir behaupten, dass für alle N die Fläche unter $\delta_N(x)$ gleich 1 ist. (Jedes Integral über eine Kosinusfunktion von $-\pi$ bis π ist null. Das Integral über $1/2\pi$ ist 1.) Die zentrale „Spitze" im Graphen endet dort, wo $\sin(N+\frac{1}{2})x$ null wird. Das ist bei $(N+\frac{1}{2})x = \pm\pi$ der Fall. Ich denke, dass die Fläche unter dieser Spitze (durch fette Punkte markiert) gegen dieselbe Zahl $1.18\ldots$ konvergiert, die uns bereits im Zusammenhang mit dem Gibbs-Phänomen begegnet ist.

In wiefern konvergiert $\delta_N(x)$ gegen $\delta(x)$? Die Reihenterme $\cos nx$ oszillieren an jedem Punkt $x \neq 0$ und gehen nicht gegen null. An der Stelle $x = \pi$ haben wir $\frac{1}{2\pi}[1 - 2 + 2 - 2 + \cdots]$, und die Summe ist $1/2\pi$ oder $-1/2\pi$. Die Höhe der Wellenberge in der Partialsumme wird nicht kleiner als $1/2\pi$. Ob wir tatsächlich die Deltafunktion $\delta(x)$ approximiert haben, können wir testen, indem wir die Partialsumme mit einer glatten Funktion $f(x) = \sum a_k \cos kx$ multiplizieren und anschließend integrieren. Wir kennen $\delta(x)$ nämlich nur durch ihr Integral $\int \delta(x)f(x)\,dx = f(0)$:

Schwache Konvergenz von $\delta_N(x)$ gegen $\delta(x)$

$$\int_{-\pi}^{\pi} \delta_N(x)f(x)\,dx = a_0 + \cdots + a_N \to f(0). \qquad (4.18)$$

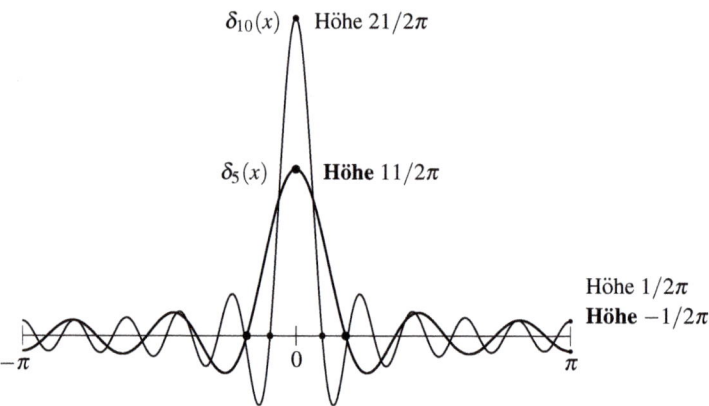

Abb. 4.4 Die Summen $\delta_N(x) = (1 + 2\cos x + \cdots + 2\cos Nx)/2\pi$ versuchen, $\delta(x)$ zu erreichen.

In diesem Integral (im schwachen Sinn) konvergieren die Summen $\delta_N(x)$ gegen die Deltafunktion! Die Konvergenz von $a_0 + \cdots + a_N$ sagt uns, dass die Fourier-Reihe einer glatten Funktion $f(x) = \sum a_k \cos kx$ an der Stelle $x = 0$ gegen die Zahl $f(0)$ konvergiert.

Komplette Reihen: Sinus- und Kosinusfunktionen

Über der Halbperiode $[0, \pi]$ sind die Sinusfunktionen nicht zu allen Kosinusfunktionen orthogonal. Und zwar ist das Integral über $\sin x$ mal 1 nicht null. Daher gehen wir bei Funktionen $F(x)$, die weder gerade noch ungerade sind, zu kompletten Reihen auf dem ganzen Intervall über (Sinus und Kosinus). Weil unsere Funktionen periodisch sind, kann dieses „ganze Intervall" $[-\pi, \pi]$ oder $[0, 2\pi]$ sein:

Komplette Fourier-Reihe

$$F(x) = a_0 + \sum_{n=1}^{\infty} a_n \cos nx + \sum_{n=1}^{\infty} b_n \sin nx. \tag{4.19}$$

Über jedem „2π-Intervall" sind alle Sinus- und Kosinusfunktionen wechselseitig orthogonal. Wir bestimmen die Fourier-Koeffizienten in der üblichen Weise: **Wir multiplizieren Gleichung (4.19) mit 1, $\cos kx$ und $\sin kx$ und integrieren beide Seiten von $-\pi$ bis π:**

$$a_0 = \frac{1}{2\pi} \int_{-\pi}^{\pi} F(x) \, dx \quad a_k = \frac{1}{\pi} \int_{-\pi}^{\pi} F(x) \cos kx \, dx \quad b_k = \frac{1}{\pi} \int_{-\pi}^{\pi} F(x) \sin kx \, dx. \tag{4.20}$$

Die Orthogonalität lässt unendlich viele Integrale verschwinden, sodass nur das gewünschte Integral übrig bleibt.

4.1 Fourier-Reihen periodischer Funktionen

Eine andere Herangehensweise ist, die Funktion $F(x) = C(x) + S(x)$ in einen geraden und einen ungeraden Anteil zu zerlegen. Dann können wir die Gleichungen von vorhin für die Kosinus- und die Sinusreihe benutzen. Die beiden Teil sind:

$$C(x) = F_{\text{gerade}}(x) = \frac{F(x) + F(-x)}{2}$$
$$S(x) = F_{\text{ungerade}}(x) = \frac{F(x) - F(-x)}{2}. \tag{4.21}$$

Der gerade Teil liefert die Koeffizienten a, und der ungerade Teil liefert die Koeffizienten b. Wir prüfen das anhand eines Quadratimpulses von $x = 0$ bis $x = h$ – diese einseitige Funktion ist weder gerade noch ungerade.

Beispiel 4.4 Bestimmen Sie die Koeffizienten a und b im Fall

$$F(x) = \textbf{Quadratimpuls} = \begin{cases} 1 & \text{für } 0 < x < h \\ 0 & \text{für } h < x < 2\pi \end{cases}.$$

Lösung Die Integrale für a_0, a_k und b_k gehen nur bis $x = h$, denn dort fällt $F(x)$ auf null. Die Koeffizienten fallen wie $1/k$, weil es an der Stelle $x = 0$ einen Sprung und an der Stelle $x = h$ einen Abfall gibt:

Koeffizienten eines Quadratimpulses $\quad a_0 = \frac{1}{2\pi}\int_0^h 1\, dx = \frac{h}{2\pi} = $ **Mittel**

$$a_k = \frac{1}{\pi}\int_0^h \cos kx\, dx = \frac{\sin kh}{\pi k} \qquad b_k = \frac{1}{\pi}\int_0^h \sin kx\, dx = \frac{1 - \cos kh}{\pi k}. \tag{4.22}$$

Wenn wir $F(x)$ durch h dividieren, erhalten wir ein schmales hohes Rechteck: Höhe $\frac{1}{h}$, Basis h und Flächeninhalt 1.

Im Limes h gegen null wird $F(x)/h$ in ein sehr schmales Intervall gequetscht. *Das hohe Rechteck geht (schwach) gegen die Deltafunktion $\delta(x)$.* Die mittlere Höhe ist Flächeninhalt$/2\pi = 1/2\pi$. Die anderen Koeffizienten a_k/h und b_k/h gehen gegen $1/\pi$ und null, was uns von $\delta(x)$ bereits bekannt ist:

$$\frac{F(x)}{h} \to \delta(x) \quad \frac{a_k}{h} = \frac{1}{\pi}\frac{\sin kh}{kh} \to \frac{1}{\pi} \quad \text{und} \quad \frac{b_k}{h} = \frac{1 - \cos kh}{\pi kh} \to 0 \text{ für } h \to 0. \tag{4.23}$$

Wenn die Funktion eine Sprungstelle hat, trifft die zugehörige Fourier-Reihe den Punkt auf halber Höhe. In diesem Beispiel sind die Grenzwerte demnach $F(0) = \frac{1}{2}$ und $F(h) = \frac{1}{2}$.

Dort, wo die Funktion glatt ist, konvergiert die Fourier-Reihe an jedem Punkt gegen $F(x)$. Das ist eine sehr hochentwickelte Theorie. Carleson wurde im Jahr 2006 mit dem Abel-Preis ausgezeichnet, weil er Konvergenz für alle x bis auf eine Menge vom Maß null bewies. Er konnte zeigen, dass die Fourier-Reihe „fast überall" konvergiert, wenn die Energie $\int |F(x)|^2\, dx$ der Funktion endlich ist.

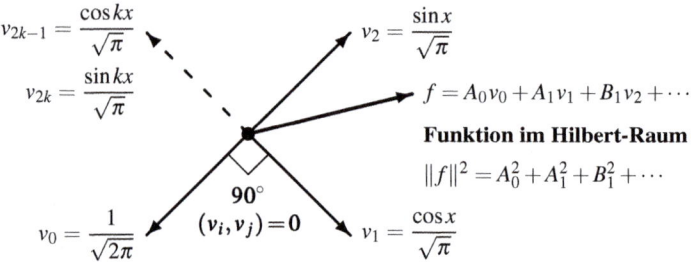

Abb. 4.5 Die Fourier-Reihe ist eine Kombination orthonormaler Funktionen v (Sinus- und Kosinusfunktionen).

Energie in der Funktion = Energie in den Koeffizienten

Es gibt eine äußerst wichtige Gleichung (*die Energieidentität*), die sich aus der Integration von $(F(x))^2$ ergibt. Wenn wir die Fourier-Reihe von $F(x)$ quadrieren und von $-\pi$ bis π integrieren, fallen alle „Kreuzterme" heraus. Von null verschiedene Integrale ergeben sich nur aus den Termen 1^2, $\cos^2 kx$ und $\sin^2 kx$, die mit a_0^2, a_k^2 und b_k^2 multipliziert sind:

$$\text{Energie in } F(x) = \int_{-\pi}^{\pi} (a_0 + \sum a_k \cos kx + \sum b_k \sin kx)^2 dx$$

$$\int_{-\pi}^{\pi} (F(x))^2 dx = 2\pi a_0^2 + \pi(a_1^2 + b_1^2 + a_2^2 + b_2^2 + \cdots). \tag{4.24}$$

Die Energie in $F(x)$ ist gleich der Energie in den Koeffizienten. Das Integral auf der linken Seite ist wie das Quadrat der Länge eines Vektors, bis auf die Tatsache, dass hier *der Vektor eine Funktion ist*. Die rechte Seite ist wie die quadrierte Länge eines unendlich langen Vektors, dessen Komponenten die Koeffizienten a und b sind. Beide Längen sind gleich, die Fourier-Transformation einer Funktion in einen Vektor verhält sich also wie eine orthogonale Matrix. Wenn wir mit den Konstanten $\sqrt{2\pi}$ und $\sqrt{\pi}$ normieren, erhalten wir eine *orthonormale Basis im Funktionenraum*.

Was ist dieser Funktionenraum? Er ist wie der gewöhnliche dreidimensionale Raum, bis auf die Tatsache, dass die „Vektoren" Funktionen sind. Ihre Länge $\|f\|$ ergibt sich, wenn wir integrieren anstatt zu addieren: $\|f\|^2 = \int |f(x)|^2 dx$. Diese Funktionen bilden einen **Hilbert-Raum**. Es gelten die geometrischen Regeln:

Länge $\|f\|^2 = (f, f)$ ergibt sich aus dem Skalarprodukt $(f, g) = \int f(x) g(x) \, dx$.

Orthogonale Funktionen $(f, g) = 0$ bilden ein rechtwinkliges Dreieck: $\|f + g\|^2 = \|f\|^2 + \|g\|^2$.

In Abbildung 4.5 habe ich versucht, den Hilbert-Raum zu zeichnen. Er besitzt unendlich viele Achsen. *Die Energieidentität (4.24) ist genau der Satz des Pythagoras im unendlich dimensionalen Raum.*

4.1 Fourier-Reihen periodischer Funktionen

Komplexe Exponentialfunktionen $c_k e^{ikx}$

Das hier ist kein großer Schritt, wir müssen ihn aber machen. An die Stelle der einzelnen Gleichungen für a_0, a_k und b_k tritt nun *eine Gleichung* für die komplexen Koeffizienten c_k. Auch die Funktion $F(x)$ kann komplex sein (wie in der Quantenmechanik). Die diskrete Fourier-Transformation ist wesentlich einfacher, wenn wir N komplexe Exponentialfunktionen als Vektor benutzen. Das tun wir vorab mit der komplexen unendlichen Reihe für eine 2π-periodische Funktion:

Komplexe Fourier-Reihe
$$F(x) = c_0 + c_1 e^{ix} + c_{-1} e^{-ix} + \cdots = \sum_{n=-\infty}^{\infty} c_n e^{inx}. \tag{4.25}$$

Wenn für alle Koeffizienten $c_n = c_{-n}$ gilt, können wir e^{inx} mit e^{-inx} zu $2\cos nx$ kombinieren. Dann ist Gleichung (4.25) die Kosinusreihe einer geraden Funktion. Wenn für alle Koeffizienten $c_n = -c_{-n}$ gilt, benutzen wir die Beziehung $e^{inx} - e^{-inx} = 2i\sin nx$. Dann ist Gleichung (4.25) die Sinusreihe einer ungeraden Funktion, und die Koeffizienten c sind rein imaginär.

Um die Koeffizienten c_k zu bestimmen, multiplizieren wir Gleichung (4.25) mit e^{-ikx} (nicht mit e^{ikx}) **und integrieren von $-\pi$ bis π**:

$$\int_{-\pi}^{\pi} F(x) e^{-ikx} dx = \int_{-\pi}^{\pi} c_0 e^{-ikx} dx + \int_{-\pi}^{\pi} c_1 e^{ix} e^{-ikx} dx + \cdots$$
$$+ \int_{-\pi}^{\pi} c_k e^{ikx} e^{-ikx} dx + \cdots.$$

Die komplexen Exponentialfunktionen sind orthogonal. Bis auf den hervorgehobenen Term (im Fall $n = k$ mit $e^{ikx} e^{-ikx} = 1$) ist jedes Integral auf der rechten Seite null. Das Integral von 1 ist 2π. Aus diesem verbleibenden Term ergibt sich die Gleichung für die Koeffizienten c_k:

Fourier-Koeffizienten $\quad \int_{-\pi}^{\pi} F(x) e^{-ikx} dx = 2\pi c_k \quad$ für $k = 0, \pm 1, \ldots$. (4.26)

Bedenken Sie, dass $c_0 = a_0$ das Mittel von $F(x)$ bleibt, weil $e^0 = 1$ gilt. Die Orthogonalität von e^{inx} und e^{ikx} können wir wie üblich prüfen, indem wir integrieren. Im komplexen Skalarprodukt (F, G) kommt allerdings die *konjugiert komplexe Funktion* $\overline{G}$ von G vor. Bevor wir integrieren, ersetzen wir e^{ikx} durch e^{-ikx}:

Komplexes Skalarprodukt $\qquad$ **Orthogonalität von e^{inx} und e^{ikx}**

$$(F, G) = \int_{-\pi}^{\pi} F(x) \overline{G(x)} \, dx \qquad \int_{-\pi}^{\pi} e^{i(n-k)x} dx = \left[\frac{e^{i(n-k)x}}{i(n-k)} \right]_{-\pi}^{\pi} = 0. \tag{4.27}$$

Beispiel 4.5 Addieren Sie die komplexen Reihen von $1/(2 - e^{ix})$ und $1/(2 - e^{-ix})$.

Diese geometrischen Reihen haben einen exponentiell schnellen Abfall von $1/2^k$. Die Funktionen sind analytisch.

$$\left(\frac{1}{2} + \frac{e^{ix}}{4} + \frac{e^{2ix}}{8} + \cdots\right) + \left(\frac{1}{2} + \frac{e^{-ix}}{4} + \frac{e^{-2ix}}{8} + \cdots\right) = 1 + \frac{\cos x}{2} + \frac{\cos 2x}{4} + \frac{\cos 3x}{8} + \cdots.$$

Wenn wir diese Funktionen addieren, erhalten wir eine reelle analytische Funktion:

$$\frac{1}{2-e^{ix}} + \frac{1}{2-e^{-ix}} = \frac{(2-e^{-ix}) + (2-e^{ix})}{(2-e^{ix})(2-e^{-ix})} = \frac{4-2\cos x}{5-4\cos x}. \tag{4.28}$$

Das Verhältnis ist die unendlich glatte Funktion mit den Kosinuskoeffizienten $1/2^k$.

Beispiel 4.6   Bestimmen Sie die Koeffizienten c_k des 2π-periodischen Impulses

$$F(x) = \begin{cases} 1 & \text{für } s \leq x \leq s+h \\ 0 & \text{sonst in } [-\pi, \pi]. \end{cases}$$

Lösung   Die Integrale von $-\pi$ bis π aus Gleichung (4.26) werden zu Integralen von s bis $s+h$:

$$c_k = \frac{1}{2\pi} \int_s^{s+h} 1 \cdot e^{-ikx}\, dx = \frac{1}{2\pi}\left[\frac{e^{-ikx}}{-ik}\right]_s^{s+h} = e^{-iks}\left(\frac{1-e^{-ikh}}{2\pi ik}\right). \tag{4.29}$$

Beachten Sie vor allem den einfachen Effekt der Verschiebung um s. Sie „moduliert" jeden Koeffizienten c_k mit e^{-iks}. Die Energie bleibt unverändert, das Integral über $|F|^2$ verschiebt sich einfach, und für alle Funktionen e^{-iks} ist $|e^{-iks}| = 1$:

Verschiebe $F(x)$ nach $F(x-s)$. $\longleftrightarrow$ **Multipliziere** c_k mit e^{-iks}. (4.30)

Beispiel 4.7 Zentrierter Impuls mit der Verschiebung $s = -h/2$. Der Quadratimpuls ist nun um $x = 0$ zentriert. Diese gerade Funktion ist über dem Intervall von $-h/2$ bis $h/2$ gleich 1:

Zentriert durch $s = -\dfrac{h}{2}$ $c_k = e^{ikh/2}\dfrac{1-e^{-ikh}}{2\pi ik} = \dfrac{1}{2\pi}\dfrac{\sin(kh/2)}{k/2}.$

Wenn wir durch h dividieren, erhalten wir einen hohen Impuls. Der Quotient aus $\sin(kh/2)$ und $kh/2$ ist die **sinc-Funktion**:

Hoher Impuls

$$\frac{F_{\text{zentriert}}}{h} = \frac{1}{2\pi}\sum_{-\infty}^{\infty}\operatorname{sinc}\left(\frac{kh}{2}\right)e^{ikx} = \begin{cases} 1/h & \text{für } -h/2 \leq x \leq h/2 \\ 0 & \text{sonst in } [-\pi, \pi]. \end{cases}$$

Die Division durch h bringt uns Flächeninhalt $= 1$. **Jeder Koeffizient geht für $h \to 0$ gegen $\frac{1}{2\pi}$**. Die Fourier-Reihe für den hohen, schmalen Impuls konvergiert wieder gegen die Fourier-Reihe für $\delta(x)$.

4.1 Fourier-Reihen periodischer Funktionen

Der Hilbert-Raum kann Vektoren $c = (c_0, c_1, c_{-1}, c_2, c_{-2}, \cdots)$ anstatt Funktionen $F(x)$ enthalten. Die Länge von c ist $2\pi \sum |c_k|^2 = \int |F|^2 dx$. Der Funktionenraum wird oft als L^2 und der Vektorraum als ℓ^2 bezeichnet. Die Energieidentität ist trivial (aber tiefgreifend). Wenn wir über das Produkt aus $F(x)$ und $\overline{F(x)}$ integrieren, beseitigt die Orthogonalität alle $c_n \overline{c_k}$ für $n \neq k$. Es bleibt $c_k \overline{c_k} = |c_k|^2$:

$$\int_{-\pi}^{\pi} |F(x)|^2 dx = \int_{-\pi}^{\pi} (\sum c_n e^{inx})(\sum \overline{c_k} e^{-ikx}) dx = 2\pi (|c_0|^2 + |c_1|^2 + |c_{-1}|^2 + \cdots). \tag{4.31}$$

Das ist die Identität von Plancharel: Die Energie im x-Raum ist gleich der Energie im k-Raum.

Zum Schluss möchte ich die drei wichtigen Regeln für das Rechnen mit $F(x) = \sum c_k e^{ikx}$ herausstellen:

1. **Die Ableitung $\dfrac{dF}{dx}$ hat die Fourier-Koeffizienten ikc_k**
   (Energie wandert in große k).

2. **Das Integral von $F(x)$ hat die Fourier-Koeffizienten $\dfrac{c_k}{ik}, k \neq 0$**
   (schnellerer Abfall).

3. **Die Verschiebung nach $F(x-s)$ hat die Fourier-Koeffizienten $e^{-iks} c_k$**
   (keine Änderung der Energie).

Anwendung: Laplace-Gleichung auf einem Kreis

Unsere erste Anwendung ist die Laplace-Gleichung. Die Idee besteht darin, $u(x,y)$ als unendliche Reihe zu konstruieren, wobei die Koeffizienten so gewählt sind, dass $u(x,y)$ die Randbedingung $u_0(x,y)$ erfüllt. Es hängt alles von der Form des Randes ab, und wir wählen einen Kreis vom Radius 1.

Wir beginnen mit den einfachen Lösungen der Laplace-Gleichung 1, $r \cos\theta$, $r \sin\theta$, $r^2 \cos 2\theta$, $r^2 \sin 2\theta$, ... Kombinationen dieser speziellen Lösungen liefern alle Lösungen auf dem Kreis:

$$u(r, \theta) = a_0 + a_1 r \cos\theta + b_1 r \sin\theta + a_2 r^2 \cos 2\theta + b_2 r^2 \sin 2\theta + \cdots. \tag{4.32}$$

Wir müssen die Konstanten a_k und b_k nur noch so wählen, dass auf dem Kreis $u = u_0$ gilt. Bei einem Kreis ist $u_0(\theta)$ periodisch, weil θ und $\theta + 2\pi$ denselben Punkt beschreiben:

Setze $r = 1$
$$u_0(\theta) = a_0 + a_1 \cos\theta + b_1 \sin\theta + a_2 \cos 2\theta + b_2 \sin 2\theta + \cdots. \tag{4.33}$$

Das ist genau die Fourier-Reihe für u_0. **Die Konstanten a_k und b_k müssen die Fourier-Koeffizienten von $u_0(\theta)$ sein**. Also ist die Aufgabe vollständig gelöst, wenn eine unendliche Reihe (4.32) als Lösung akzeptabel ist.

Beispiel 4.8 **Punktquelle** $u_0 = \delta(\theta)$ an der Stelle $\theta = 0$. Bis auf die Stelle $x = 1$, $y = 0$, an der sich die Punktquelle befindet, wird der ganze Rand auf $u_0 = 0$ gehalten. Bestimmen Sie die Temperatur $u(r, \theta)$ innerhalb des Gebietes.

Fourier-Reihe für δ

$$u_0(\theta) = \frac{1}{2\pi} + \frac{1}{\pi}(\cos\theta + \cos 2\theta + \cos 3\theta + \cdots) = \frac{1}{2\pi}\sum_{-\infty}^{\infty} e^{in\theta}.$$

Innerhalb des Kreises wird jedes $\cos n\theta$ mit r^n multipliziert:

Unendliche Reihe für u

$$u(r, \theta) = \frac{1}{2\pi} + \frac{1}{\pi}(r\cos\theta + r^2\cos 2\theta + r^3\cos 3\theta + \cdots). \tag{4.34}$$

Poisson hat es geschafft, diese unendliche Reihe aufzusummieren! Die Summe enthält eine Reihe von Potenzen von $re^{i\theta}$. Damit kennen wir die Antwort an jeder Stelle (r, θ) auf die Punktquelle an der Stelle $r = 1$, $\theta = 0$:

Temperatur im Kreis $\quad u(r, \theta) = \dfrac{1}{2\pi} \dfrac{1 - r^2}{1 + r^2 - 2r\cos\theta}.$ \hfill (4.35)

Das ergibt im Mittelpunkt $r = 0$ das Mittel von $u_0 = \delta(\theta)$, was $a_0 = 1/2\pi$ ist. An allen Randpunkten mit $r = 1$ ergibt das $u = 0$ bis auf die Stelle, an der sich die Punktquelle befindet. Dort ist $\cos 0 = 1$:

Auf dem Strahl $\theta = 0$ ist $\quad u(r, \theta) = \dfrac{1}{2\pi} \dfrac{1 - r^2}{1 + r^2 - 2r} = \dfrac{1}{2\pi} \dfrac{1 + r}{1 - r}.$ \hfill (4.36)

Für r gegen 1 wird diese Lösung unendlich, wie es die Punktquelle fordert.

Beispiel 4.9 Lösen Sie die Laplace-Gleichung für beliebige Randwerte $u_0(\theta)$ durch Integration über Punktquellen.

Wenn sich die Punktquelle nun auf dem Rand um einem Winkel φ verschiebt, steht in der Lösung (4.35) $\theta - \varphi$ anstatt θ. Wir integrieren diese Green-Funktion, um die Lösung im Kreis zu bestimmen:

Poisson-Formel $\quad u(r, \theta) = \dfrac{1}{2\pi} \displaystyle\int_{-\pi}^{\pi} u_0(\varphi) \dfrac{1 - r^2}{1 + r^2 - 2r\cos(\theta - \varphi)} \, d\varphi.$ \hfill (4.37)

An der Stelle $r = 0$ ist der Bruch 1, und die Lösung u ist das Mittel $u_0(\varphi)d\varphi/2\pi$. Die stationäre Temperatur im Mittelpunkt ist die mittlere Temperatur auf dem Kreis.

Die Poisson-Formel illustriert eine Schlüsselidee. Stellen Sie sich eine beliebige Bedingung $u_0(\theta)$ als einen Kreis aus lauter Punktquellen auf dem Rand vor. Die Quelle im Winkel $\varphi = \theta$ liefert die Lösung unter dem Integral (4.37). Wenn wir

4.1 Fourier-Reihen periodischer Funktionen

über den ganzen Kreis integrieren, summieren wir demnach über die Lösungen für alle einzelnen Quellen, was die Lösung zur Bedingung $u_0(\theta)$ liefert.

Beispiel 4.10 Die Randbedingungen sind: $u_0(\theta) = 1$ auf der oberen Hälfte und $u_0 = -1$ auf der unteren Hälfte des Kreises. Lösen Sie die Laplace-Gleichung.

Lösung Die Randwerte gehören zur Rechteckschwingung $SW(\theta)$. Die Sinusreihe dieser Funktion kennen wir aus Gleichung (4.8) auf Seite 367:

Rechteckschwingung für $u_0(\theta)$

$$SW(\theta) = \frac{4}{\pi}\left[\frac{\sin\theta}{1} + \frac{\sin 3\theta}{3} + \frac{\sin 5\theta}{5} + \cdots\right]. \tag{4.38}$$

Im Kreis liefern die Faktoren $r, r^2, r^3, \ldots$ den schnellen Abfall für hohe Frequenzen:

Schneller Abfall der Frequenzen im Kreis

$$u(r,\theta) = \frac{4}{\pi}\left[\frac{r\sin\theta}{1} + \frac{r^3\sin 3\theta}{3} + \frac{r^5\sin 5\theta}{5} + \cdots\right]. \tag{4.39}$$

Die Laplace-Gleichung hat auch glatte Lösungen, wenn $u_0(\theta)$ nicht glatt ist.

Anschauungsbeispiel

Ein heißer Metallstab wird in einen Kühlschrank (Temperatur null)[1] gelegt. Die Seiten des Stabes sind ummantelt, sodass Wärme nur an den Enden austreten kann. *Wie groß ist die Temperatur $u(x,t)$ entlang des Stabes zur Zeit t?* Die Lösung geht gegen $u = 0$, weil der Stab die gesamte Wärme abgibt.

Lösung Die Wärmeleitungsgleichung lautet $u_t = u_{xx}$. Zur Zeit $t = 0$ ist der gesamte Stab auf konstanter Temperatur, sagen wir $u = 1$. Die Enden des Stabes sind zu allen Zeiten $t > 0$ auf Temperatur null. Das ist ein **Anfangsrandwertproblem**:

Wärmeleitungsgleichung

$$u_t = u_{xx} \text{ mit } u(x,0) = 1 \text{ und } u(0,t) = u(\pi,t) = 0. \tag{4.40}$$

Diese Art von Randbedingung lässt als Lösung eine Sinusreihe vermuten. Die darin enthaltenen Koeffizienten hängen von t ab:

Lösung der Wärmeleitungsgleichung als Sinusreihe

$$u(x,t) = \sum_{1}^{\infty} b_n(t)\sin nx. \tag{4.41}$$

Die Form der Lösung zeigt **Trennung der Variablen**. In einer nachfolgenden Anmerkung suchen wir nach Produkten $A(x)B(t)$, die die Wärmeleitungsgleichung

---
[1] Der Autor betrachtet nur dimensionslose Größen. (Anm. d. Übers.)

erfüllen und den Randbedingungen genügen. Was wir erhalten, ist gerade $A(x) = \sin nx$ und die Sinusreihe (4.41).

Es bleiben zwei Schritte. Zuerst wählen wir alle $b_n(t)\sin nx$ so, dass die Wärmeleitungsgleichung erfüllt ist:

Einsetzen in $u_t = u_{xx}$ liefert

$$b_n'(t)\sin nx = -n^2 b_n(t) \sin nx \quad b_n(t) = e^{-n^2 t} b_n(0).$$

Beachten Sie die Gleichung $b_n' = -n^2 b_n$. Nun bestimmen wir alle $b_n(0)$ aus der Anfangsbedingung $u(x,0) = 1$ auf dem Intervall $(0,\pi)$. Diese Zahlen sind die Fourier-Sinuskoeffizienten der Rechteckschwingung $SW(x)$ aus Gleichung (4.38) auf der vorherigen Seite:

Kastenfunktion/Rechteckschwingung

$$\sum_1^\infty b_n(0)\sin nx = 1 \quad b_n(0) = \frac{4}{\pi n} \text{ für ungerade } n.$$

Damit ist die Reihenlösung des Anfangsrandwertproblems vollständig:

Stabtemperatur $\quad u(x,t) = \displaystyle\sum_{\text{ungerade } n} \frac{4}{\pi n} e^{-n^2 t} \sin nx.$ \hfill (4.42)

Für große n (hohe Frequenzen) fällt $e^{-n^2 t}$ sehr schnell. Für große Zeiten ist der dominante Term $(4/\pi)e^{-t}\sin x$ mit $n = 1$. Dass die Lösung (das Temperaturprofil) mit wachsendem t sehr glatt wird, ist typisch für die Wärmeleitungsgleichung und alle Diffusionsgleichungen.

Numerisches Problem: Ich bedaure, dass es zu einer so schönen Lösung schlechte Neuigkeiten gibt. Um $u(x,t)$ numerisch zu berechnen, würden wir die Reihe (4.42) vermutlich nach N Termen abbrechen. Wenn Sie sich die graphische Darstellung dieser endlichen Reihe auf der Website ansehen, werden Ihnen die gravierenden Wellen in $u_N(x,t)$ auffallen. Sie fragen sich, ob es dafür einen physikalischen Grund gibt. Dem ist nicht so. Die Lösung sollte die maximale Temperatur im Mittelpunkt $x = \pi/2$ erreichen und von dort glatt auf die Temperatur null an den Enden abfallen.

Diese unphysikalischen Wellen lassen sich gerade wieder auf das **Gibbs-Phänomen** zurückführen. Auf dem Intervall $(0,\pi)$ ist die Anfangsbedingung $u(x,0) = 1$, die ungerade Spiegelung auf dem Intervall $(-\pi,0)$ ist aber $u(x,0) = -1$. Dieser Sprung in $u(x,0)$ hatte den langsamen $4/\pi n$-Abfall der Koeffizienten mit Gibbs-Schwingungen um $x = 0$ und $x = \pi$ bewirkt. Die Lösung $u(x,t)$ als Sinusreihe darzustellen, ist aus numerischer Sicht also kein Erfolg. Könnten uns finite Differenzen weiterhelfen?

4.1 Fourier-Reihen periodischer Funktionen

Trennung der Variablen Wir haben $b_n(t)$ als Koeffizient einer Eigenfunktion $\sin nx$ bestimmt. Eine andere gute Herangehensweise ist, das Produkt $u = A(x)B(t)$ direkt in die Differentialgleichung $u_t = u_{xx}$ einzusetzen:

Trennung der Variablen

$$A(x)B'(t) = A''(x)B(t) \text{ fordert } \frac{A''(x)}{A(x)} = \frac{B'(t)}{B(t)} = \textbf{konstant}. \tag{4.43}$$

A''/A ist konstant im Raum, B'/B ist konstant in der Zeit, und beide Konstanten sind gleich:

$$\frac{A''}{A} = -\lambda \text{ liefert } A = \sin\sqrt{\lambda}\,x \text{ und } \cos\sqrt{\lambda}\,x, \qquad \frac{B'}{B} = -\lambda \text{ ergibt } B = e^{-\lambda t}.$$

Die Produkte $AB = e^{-\lambda t}\sin\sqrt{\lambda}\,x$ und $e^{-\lambda t}\cos\sqrt{\lambda}\,x$ lösen die Wärmeleitungsgleichung für alle λ. Die Randbedingung $u(0,t) = 0$ schließt aber die Kosinusfunktion aus. Dann ergibt sich aus der Bedingung $u(\pi,t) = 0$, dass für $\lambda = n^2 = 1, 4, 9, \ldots$ die Beziehung $\sin\sqrt{\lambda}\,\pi = 0$ gelten muss. Die Trennung der Variablen hat die Funktionen aufgedeckt, die sich hinter der Reihenlösung (4.42) verbergen.

Schließlich bestimmt die Bedingung $u(x,0) = 1$ die Werte $4/\pi n$ für ungerade n. Für gerade n erhalten wir null, weil dann $\sin nx$ genau $n/2$ positive Umläufe und $n/2$ negative Umläufe hat. Für ungerade n ist der zusätzliche positive Umlauf ein Bruchteil $1/n$ aller Umläufe, was den langsamen Abfall der Koeffizienten liefert.

Wärmebad (das umgekehrte Problem). Die auf der cse-Webpräsenz angegebene Lösung der Wärmeleitungsgleichung ist $1 - u(x,t)$, weil dort eine andere Aufgabe gestellt ist. **Der Stab ist am Anfang auf $U(x,0) = 0$ eingefroren.** Er wird in ein Wärmebad mit der festen Temperatur $U = 1$ (oder $U = T_0$) gebracht. Die neue Unbekannte ist U, und die zugehörige Randbedingung ist nicht mehr null.

Die Wärmeleitungsgleichung und die zugehörigen Randbedingungen werden zunächst durch $U_B(x,t)$ erfüllt. In diesem Beispiel ist $U_B \equiv 1$ konstant. Dann ist die Randbedingung für die Differenz $V = U - U_B$ null, und die zugehörigen Anfangswerte sind $V = -1$. Nun lösen wir die Gleichung mit der Methode der Eigenfunktionen (oder durch Trennung der Variablen) für V. (Die Reihe aus Gleichung (4.42) wird mit -1 multipliziert, damit $V(x,0) = -1$ erfüllt ist.) Wenn wir dazu wieder U_B addieren, haben wir die Lösung zum Wärmebadproblem: $U = U_B + V = 1 - u(x,t)$.

Dabei ist $U_B \equiv 1$ die *stationäre* Lösung für $t = \infty$, und V ist die *transiente* Lösung. Die transiente Lösung startet bei $V = -1$ und fällt schnell auf $V = 0$ ab.

Einseitiges Wärmebad: Das auf der cse-Seite dargestellte Problem unterscheidet sich auch noch in einer anderen Weise von unserem Problem. Die Dirichlet-Bedingung $u(\pi,t) = 1$ ist durch die Neumann-Bedingung $u'(1,t) = 0$ ersetzt. Nur das linke Stabende ist im Wärmebad. Die Wärme wird durch den Metallstab hindurch und aus dem anderen Ende heraus geleitet, das sich nun an der Stelle $x = 1$ befindet. Wie ändert sich die Lösung für fest-freie Randbedingungen?

Die stationäre Lösung ist wie vorhin $U_B = 1$. Die Randbedingungen werden an $V = 1 - U_B$ gestellt:

Eigenfunktionen zu fest-freien Randbedingungen

$V(0) = 0$ und $V'(1) = 0$ führen auf $A(x) = \sin\left(n + \dfrac{1}{2}\right)\pi x$. (4.44)

Diese Eigenfunktionen liefern eine neue Form der Summe von $B_n(t)A_n(x)$:

Lösung zu fest-freien Randbedingungen

$$V(x,t) = \sum_{\text{ungerade}\,n} B_n(0)\,e^{-(n+\frac{1}{2})^2\pi^2 t}\sin\left(n+\dfrac{1}{2}\right)\pi x. \qquad (4.45)$$

Alle Frequenzen werden um $\frac{1}{2}$ verschoben und mit π multipliziert, weil $A'' = -\lambda A$ an der Stelle $x = 1$ ein freies Ende hat. Die wesentliche Frage ist: **Sind diese neuen Eigenfunktionen $\sin\left(n+\dfrac{1}{2}\right)\pi x$ auf $[0,1]$ noch orthogonal?** Die Antwort lautet *ja*, weil dieses fest-freie „Sturm-Liouville-Problem" $A'' = -\lambda A$ immer noch symmetrisch ist.

Zusammenfassung Die Reihenlösungen sind überall erfolgreich, die abgeschnittenen Reihen versagen hingegen überall. Zwar können wir das allgemeine Verhalten von $u(x,t)$ und $V(x,t)$ ablesen, die Werte in der Nähe der Sprungstellen werden aber nicht korrekt berechnet, solange wir das Gibbs-Phänomen nicht in den Griff kriegen.

Wir hätten das fest-freie Problem auf dem Intervall $[0,1]$ mit der fest-festen Lösung auf dem Intervall $[0,2]$ lösen können. Diese Lösung wäre symmetrisch um $x = 1$, sodass der Anstieg der Lösung dort null ist. Dann macht die Reskalierung von x mit 2π aus $\sin(n+\frac{1}{2})\pi x$ die Lösung $\sin(2n+1)x$. Sie können dazu einen Blick auf die cse-Webpräsenz werfen. Ich hoffe, die von Aslan Kasimov erzeugten Grafiken werden Ihnen gefallen.

Aufgaben zu Abschnitt 4.1

4.1.1 Bestimmen Sie die Fourier-Reihe auf dem Intervall $-\pi \leq x \leq \pi$ für

   (a) $f(x) = \sin^3 x$ (ungerade Funktion),
   (b) $f(x) = |\sin x|$ (gerade Funktion),
   (c) $f(x) = x$,
   (d) $f(x) = e^x$ (mithilfe der komplexen Form der Reihe).

Was sind die geraden und ungeraden Anteile von $f(x) = e^x$ und $f(x) = e^{ix}$?

4.1.2 Aus der Parseval-Gleichung ergibt sich, dass die Sinuskoeffizienten für die Rechteckschwingung die Gleichung

$$\pi(b_1^2 + b_2^2 + \cdots) = \int_{-\pi}^{\pi} |f(x)|^2\,dx = \int_{-\pi}^{\pi} 1\,dx = 2\pi$$

erfüllen. Leiten Sie daraus die bemerkenswerte Summe $\pi^2 = 8(1 + \frac{1}{9} + \frac{1}{25} + \cdots)$ ab.

4.1 Fourier-Reihen periodischer Funktionen

4.1.3 Ein Quadratimpuls sei um die Stelle $x = 0$ zentriert:

$$f(x) = 1 \quad \text{für} \quad |x| < \frac{\pi}{2}, \quad f(x) = 0 \quad \text{für} \quad \frac{\pi}{2} < |x| < \pi.$$

Skizzieren Sie die Funktion, und bestimmen Sie die zugehörigen Fourier-Koeffizienten a_k und b_k.

4.1.4 Eine Funktion f habe die Periode T anstatt $2x$, sodass $f(x) = f(x+T)$ gilt. Ihr Graph von $-T/2$ bis $T/2$ wiederholt sich über aufeinanderfolgenden Intervallen. Ihre reellen und komplexen Fourier-Reihen sind:

$$f(x) = a_0 + a_1 \cos\frac{2\pi x}{T} + b_1 \sin\frac{2\pi x}{T} + \cdots = \sum_{-\infty}^{\infty} c_k e^{ik2\pi x/T}.$$

Bestimmen Sie die Koeffizienten a_k, b_k und c_k, indem Sie mit den geeigneten Funktionen multiplizieren und von $-T/2$ bis $T/2$ integrieren.

4.1.5 Stellen Sie die ersten drei Partialsummen und die eigentliche Funktion grafisch dar:

$$x(\pi - x) = \frac{8}{\pi}\left(\frac{\sin x}{1} + \frac{\sin 3x}{27} + \frac{\sin 5x}{125} + \cdots\right), 0 < x < \pi.$$

Warum ist die Abfallrate dieser Funktion $1/k^3$? Was ist ihre zweite Ableitung?

4.1.6 Welche konstante Funktion ist der Funktion $f = \cos^2 x$ im Sinne kleinster Quadrate am nächsten? Welches Vielfache von $\cos x$ ist $f = \cos^3 x$ am nächsten?

4.1.7 Skizzieren Sie die 2π-periodische Halbwelle mit $f(x) = \sin x$ für $0 < x < \pi$ und $f(x) = 0$ für $-\pi < x < 0$. Bestimmen Sie die Fourier-Reihe der Funktion.

4.1.8 (a) Bestimmen Sie die Länge der Vektoren $u = (1, \frac{1}{2}, \frac{1}{4}, \frac{1}{8}, \ldots)$ und $v = (1, \frac{1}{3}, \frac{1}{9}, \ldots)$ im Hilbert-Raum. Prüfen Sie die Gültigkeit der Schwarz-Ungleichung $|u^T v|^2 \leq (u^T u)(v^T v)$.

(b) Verwenden Sie das Ergebnis aus Teil (a), um für die Funktionen $f = 1 + \frac{1}{2}e^{ix} + \frac{1}{4}e^{2ix} + \cdots$ und $g = 1 + \frac{1}{3}e^{ix} + \frac{1}{9}e^{2ix} + \cdots$ die numerischen Werte jedes Terms in folgender Ungleichung zu bestimmen:

$$\left|\int_{-\pi}^{\pi} \overline{f}(x) g(x)\, dx\right|^2 \leq \int_{-\pi}^{\pi} |f(x)|^2\, dx \int_{-\pi}^{\pi} |g(x)|^2\, dx.$$

Setzen Sie f und g ein und benutzen Sie die Orthogonalität (oder Parseval).

4.1.9 Bestimmen Sie die Lösung der Laplace-Gleichung mit der Randbedingung $u_0 = \theta$. Warum ist das der Imaginärteil von $2(z - z^2/2 + z^3/3 \cdots) = 2\log(1+z)$? Überzeugen Sie sich davon, dass der Imaginärteil von $2\log(1+z)$ auf dem Kreis $z = e^{i\theta}$ mit θ übereinstimmt.

4.1.10 Die Randbedingung zur Laplace-Gleichung sei $u_0 = 1$ für $0 < \theta < \pi$ und $u_0 = 0$ für $-\pi < \theta < 0$. Bestimmen Sie die Lösung $u(r, \theta)$ innerhalb des Einheitskreises als Fourier-Reihe. Wie groß ist u im Ursprung?

4.1.11 Die Randbedingung sei $u_0(\theta) = 1 + \frac{1}{2}e^{i\theta} + \frac{1}{4}e^{2i\theta} + \cdots$. Was ist die Fourier-Lösung der Laplace-Gleichung innerhalb des Kreises? Summieren Sie die Reihe.

4.1.12 (a) Überzeugen Sie sich davon, dass der Bruch in der Poisson-Formel die Laplace-Gleichung erfüllt.
(b) Was ist die Antwort $u(r,\theta)$ auf einen Impuls im Punkt $(0,1)$ ($\varphi = \pi/2$)?
(c) Sei $u_0(\varphi) = 1$ im Viertelkreis $0 < \varphi < \pi/2$ und $u_0 = 0$ sonst. Zeigen Sie, dass dann für alle Punkte auf der horizontalen Achse (und insbesondere im Ursprung) folgendes gilt:

$$u(r,0) = \frac{1}{2} + \frac{1}{2\pi} \tan^{-1}\left(\frac{1-r^2}{-2r}\right) \quad \text{mithilfe von}$$

$$\int \frac{d\varphi}{b+c\cos\varphi} = \frac{1}{\sqrt{b^2-c^2}} \tan^{-1}\left(\frac{\sqrt{b^2-c^2}\sin\varphi}{c+b\cos\varphi}\right).$$

4.1.13 Der zentrierte Quadratimpuls aus Beispiel 4.7 auf Seite 376 habe die Breite $h = \pi$. Bestimmen Sie

(a) seine Energie $\int |F(x)|^2 dx$ durch direkte Integration,
(b) seine Fourier-Koeffizienten c_k als konkrete Zahlen,
(c) die Summe in der Energieidentität (4.31) oder (4.24).

4.1.14 In Beispiel 4.5 auf Seite 375 ist $F(x) = 1 + (\cos x)/2 + \cdots + (\cos nx)/2^n + \cdots$ unendlich glatt:

(a) Was ist die Fourier-Reihe von $d^{10}F/dx^{10}$ (bilden Sie zehn Ableitungen)?
(b) Konvergiert diese Reihe weiter schnell? Vergleichen Sie n^{10} mit 2^n für n^{1024}.

4.1.15 (*Eine Spur komplexe Analysis.*) Die analytische Funktion aus Beispiel 4.5 auf Seite 375 explodiert, wenn $4\cos x = 5$ ist. Bei reellem x kann das nicht passieren, für $e^{ix} = 2$ oder $\frac{1}{2}$ können wir das Explodieren aber beobachten. In diesem Fall haben wir es mit *Polstellen* bei $x = \pm i\log 2$ zu tun. Warum hat die Funktion auch bei allen komplexen Zahlen $x = \pm i\log 2 + 2\pi n$ Pole?

4.1.16 (*Eine zweite Spur.*) Ersetzen Sie in Gleichung (4.28) die Ziffer 2 durch 3, sodass auf der linken Seite der Gleichung nun $1/(3-e^{ix}) + 1/(3-e^{-ix})$ steht. Ergänzen Sie diese Gleichung, um die Funktion zu bestimmen, die die schnelle Abfallsrate $1/3^k$ liefert.

4.1.17 (*Nur für komplexe Profis.*) Ersetzen Sie die Ziffern 2 bzw. 3 durch 1:

$$\frac{1}{1-e^{ix}} + \frac{1}{1-e^{-ix}} = \frac{(1-e^{-ix}) + (1-e^{ix})}{(1-e^{ix})(1-e^{-ix})} = \frac{2-e^{ix}-e^{-ix}}{2-e^{ix}-e^{-ix}} = 1.$$

Das ist eine Konstante! Was passiert mit dem Pol bei $e^{ix} = 1$? Wo ist die gefährliche Reihe $(1 + e^{ix} + \cdots) + (1 + e^{-ix} + \cdots) = 2 + 2\cos x + \cdots$, die $\delta(x)$ mit sich bringt?

4.1.18 Lösen Sie entsprechend dem Anschauungsbeispiel die Wärmeleitungsgleichung $u_t = u_{xx}$ für eine Punktquelle $u(x,0) = \delta(x)$ mit freien Randbedingungen $u'(\pi,t) = u'(-\pi,t) = 0$. Verwenden Sie die unendliche Kosinusreihe für $\delta(x)$ mit den zeitabhängigen Koeffizienten $b_n(t)$.

4.2 Tschebyschow, Legendre und Bessel

Die Sinus- und Kosinusfunktionen sind über dem Intervall $[-\pi, \pi]$ orthogonal, das ist aber kein Zufall. Diese Nullen in einer Tabelle bestimmter Integrale sind keine Glückszufälle. Der tatsächliche Grund für diese Orthogonalität ist, dass $\sin kx$ und $\cos kx$ die *Eigenfunktionen eines symmetrischen Operators* sind. Dasselbe gilt für die Exponentialfunktionen e^{ikx}, wenn d^2/dx^2 periodische Randbedingungen hat.

Symmetrische Operatoren haben orthogonale Eigenfunktionen. In diesem Abschnitt sehen wir uns die Eigenfunktionen anderer symmetrischer Operatoren an. Sie bilden neue und wichtige Familien orthogonaler Funktionen, die nach ihren Entdeckern benannt sind.

Zweidimensionale Fourier-Reihen

Der Laplace-Operator ist in zwei Dimensionen $L = \partial^2/\partial x^2 + \partial^2/\partial y^2$. Die orthogonalen Funktionen sind $e^{inx}e^{imy}$ (alle Funktion e^{inx} werden mit allen Funktionen e^{imy} multipliziert). Das sind Eigenfunktionen von L, denn $Le^{inx}e^{imy}$ liefert $(-n^2 - m^2)e^{inx}e^{imy}$. Es liegt **Trennung der Variablen** vor (x ist von y getrennt):

Doppelte Fourier-Reihe
$$F(x,y) = \sum_{n=-\infty}^{\infty} \sum_{m=-\infty}^{\infty} c_{nm} e^{inx} e^{imy}. \tag{4.46}$$

Die Funktionen sind in x und auch in y periodisch: Es gilt $F(x+2\pi, y) = F(x, y+2\pi) = F(x,y)$. Wir überzeugen uns davon, dass $e^{inx}e^{imy}$ zu $e^{ikx}e^{i\ell y}$ auf einem Quadrat $-\pi \leq x \leq \pi, -\pi \leq y \leq \pi$ orthogonal ist. Das Doppelintegral zerfällt in zwei Einzelintegrale über x und y, von denen wir wissen, dass sie bis auf jeweils eine Ausnahme null sind:

Orthogonalität
$$\int_{-\pi}^{\pi} \int_{-\pi}^{\pi} \left(e^{inx} e^{imy}\right) \left(e^{-ikx} e^{-i\ell y}\right) dx \, dy = 0 \quad \text{außer} \quad n = k \text{ und } m = \ell. \tag{4.47}$$

Den Fourier-Koeffizienten $c_{k\ell}$ erhalten wir, wenn wir die Reihe (4.46) mit $e^{-ikx}e^{-i\ell y}$ multiplizieren und über das Quadrat integrieren. Es überlebt ein Term, und die Gleichung sieht wie gewohnt aus:

Doppelte Fourier-Koeffizienten
$$c_{k\ell} = \left(\frac{1}{2\pi}\right)^2 \int_{-\pi}^{\pi} \int_{-\pi}^{\pi} F(x,y) e^{-ikx} e^{-i\ell y} dx \, dy. \tag{4.48}$$

Bei der zweidimensionalen Deltafunktion $\delta(x)\delta(y)$ (periodisch gemacht) sind alle Fourier-Koeffizienten $c_{k\ell} = (1/2\pi)^2$.

Die Trennung von x und y vereinfacht die Berechnung von $c_{k\ell}$. Das Integral von $F(x,y)e^{-ikx}dx$ ist eine eindimensionale Transformation für jedes y. Das Ergebnis hängt von y und k ab. Dann multiplizieren wir mit $e^{-i\ell y}$ und integrieren von $y = -\pi$ bis $y = \pi$, um $c_{k\ell}$ zu bestimmen.

Ich finde diese Trennung der Variablen in der Bearbeitung eines quadratischen Bildes wieder. Die x-Transformation läuft über jede Pixelzeile. Die Ausgabe ist dann in Spalten angeordnet, und die y-Transformation läuft über jede Spalte. *Die zweidimensionale Transformation wird von einer eindimensional arbeitenden Software ausgeführt.* In der Praxis sind die Pixel äquidistant, und der Computer addiert anstatt zu integrieren – die diskrete Fourier-Transformation (DFT) aus dem nachfolgenden Abschnitt ist eine Summe an N äquidistanten Punkten. In zwei Dimensionen hat die DFT N^2 Punkte.

Ein Deltapuzzle

Die zweidimensionale Deltafunktion $\delta(x)\delta(y)$ ist an der Stelle $(0,0)$ konzentriert. Sie ist über das Integral definiert:

Delta in zwei Dimensionen
$$\int_{-\pi}^{\pi} \int_{-\pi}^{\pi} \delta(x)\delta(y)\, G(x,y)\, dx\, dy = G(0,0) \quad \text{für jedes glatte } G(x,y). \tag{4.49}$$

Die Wahl $G \equiv 1$ bestätigt, dass unter dem Impuls „Flächeninhalt =1" ist. Die Wahl $G = e^{-ikx}e^{-i\ell y}$ bestätigt, dass für $\delta(x)\delta(y)$ alle Fourier-Koeffizienten $c_{k\ell}$ gleich $1/4\pi^2$ sind, da $G(0,0) = 1$ ist:

Deltafunktion $\quad \delta(x)\delta(y) = \left(\sum \dfrac{e^{ikx}}{2\pi} \right) \left(\sum \dfrac{e^{i\ell y}}{2\pi} \right) = \dfrac{1}{4\pi^2} \sum \sum e^{ikx} e^{i\ell y}. \quad$ (4.50)

Nun nehmen wir eine *vertikale Abfolge von Deltaimpulsen* $F(x,y) = \delta(x)$. Die Impulse ziehen sich über die y-Achse mit $x = 0$. Jedes horizontale x-Integral kreuzt diese Gerade bei $x = 0$ und nimmt $G(0,y)$ heraus:

Gerade mit Deltaimpulsen $\delta(x)$
$$\int_{-\pi}^{\pi} \int_{-\pi}^{\pi} \delta(x)\, G(x,y)\, dx\, dy = \int_{-\pi}^{\pi} G(0,y)\, dy. \tag{4.51}$$

Die Wahl $G \equiv 1$ ergibt wieder, dass unter der Gerade mit Deltaimpulsen „Flächeninhalt = 1" ist. Die Gerade zieht sich über eine Länge von 2π. Wenn wir $\delta(x)\, e^{-ikx}e^{-i\ell y}$ integrieren, ergibt sich für alle $\ell \neq 0$ der Koeffizient $c_{k\ell} = 0$, weil $\int_{-\pi}^{\pi} e^{-i\ell y}\, dy = 0$ ist. Damit ist die zweidimensionale Reihe für $F(x,y) = \delta(x)$ tatsächlich eindimensional. Bis hier gibt es also noch kein Puzzle:

Deltaimpulse entlang $x = 0$
$$\delta(x) = \sum_{\ell}\sum_{k} c_{k\ell} e^{-ikx} e^{-i\ell y} = \sum_{k} \left(\dfrac{1}{2\pi}\right) e^{-ikx}. \tag{4.52}$$

4.2 Tschebyschow, Legendre und Bessel

Das Puzzle ergibt sich, wenn wir es mit einer diagonalen Geraden mit Deltaimpulsen $\delta(x+y)$ zu tun haben. Lassen Sie mich die Frage nach dem Flächeninhalt unter den Deltaimpulsen entlang der Geraden $x+y = 0$ stellen. Diese Gerade verläuft von $x = -\pi, y = \pi$ diagonal zur gegenüberliegenden Ecke $x = \pi, y = -\pi$. Ihre Länge ist 2π mal $\sqrt{2}$. Bei einem „Einheitsdelta" erwarte ich nun Flächeninhalt $= 2\pi\sqrt{2}$. Ich finde aber diesen Faktor $\sqrt{2}$ im Doppelintegral nicht. Jedes x-Integral trifft nur einen Impuls bei $x = -y$:

$\sqrt{2}$ verschwindet

$$\text{Flächeninhalt} = \int_{-\pi}^{\pi} \left[\int_{-\pi}^{\pi} \delta(x+y)\,dx \right] dy = \int_{-\pi}^{\pi} 1\,dy = 2\pi. \quad (4.53)$$

Der Flächeninhalt unter einem endlichen Diagonalpuls (Breite h und Höhe $1/h$) hat aber den Faktor $\sqrt{2}$. Er bleibt dort für $h \to 0$. Diagonalen müssen dicker sein als ich dachte!

Vielleicht sollte ich die Variablen aus Gleichung (4.53) in $X = x+y$ ändern. Nach vielen Vorschlägen aus den Reihen der Studentenschaft und des Lehrkörpers denke ich darüber (für den Moment) Folgendes:

Alle haben Recht. Die Fläche unter der Funktion $\delta(x+y)$ ist 2π. Die Fourier-Reihe der Funktion mit den periodischen Deltaimpulsen $\delta(x+y-2\pi n)$ ist $\frac{1}{2\pi} \sum e^{ik(x+y)}$. Das ist aber nicht der Einheitsimpuls, wie ich angenommen hatte. Der Einheitsimpuls entlang der Diagonalen ist eine andere Funktion, nämlich $\delta((x+y)/\sqrt{2})$. Unter dieser Funktion ist der Flächeninhalt $2\pi\sqrt{2}$.

Diese Division von $x+y$ durch $\sqrt{2}$ bringt mich dazu, über $\delta(2x)$ nachzudenken. Diese Funktion ist „null oder unendlich", tatsächlich ist aber **$\delta(2x)$ die Hälfte von $\delta(x)$**! Um $\delta(2x)$ zu verstehen, muss man korrekterweise wieder mit einer glatten Funktion G multiplizieren und integrieren. Setzen wir $2x = t$:

$$\delta(2x) = \frac{1}{2}\delta(x) \quad \int_{-\infty}^{\infty} \delta(2x)G(x)\,dx = \int_{-\infty}^{\infty} \delta(t)G(t/2)\,dt/2 = \frac{1}{2}G(0). \quad (4.54)$$

Der Flächeninhalt unter $\delta(2x)$ ist $\frac{1}{2}$. Multiplizieren wir mit einem beliebigen $G(x)$, ergibt dieser Deltaimpuls halber Breite bei der Integration $\frac{1}{2}G(0)$. Analog ist $\delta((x+y)/\sqrt{2}) = \sqrt{2}\,\delta(x+y)$.

In drei Dimensionen könnten wir es mit einem punktuellen Impuls $\delta(x)\delta(y)\delta(z)$, einer Geraden von Deltaimpulsen $\delta(x)\delta(y)$ entlang der z-Achse oder einer horizontalen Ebene $x = y = 0$ aus eindimensionalen Impulsen $\delta(z)$ zu tun haben. Physikalisch entspricht das einer Punktquelle f, einer Linienquelle oder einer Flächenquelle. Sie können alle in der Poisson-Gleichung $u_{xx} + u_{yy} + u_{zz} = f(x,y,z)$ vorkommen.

Tschebyschow-Polynome

Wir beginnen mit den Kosinusfunktionen 1, $\cos\theta$, $\cos 2\theta$, $\cos 3\theta$, ..., und **gehen von $\cos\theta$ zu x über**. Die ersten Tschebyschow-Polynome sind $T_0 = 1$ und $T_1 = x$. Die nächsten Polynome T_2 und T_3 ergeben sich aus den Identitäten für $\cos 2\theta$ und $\cos 3\theta$:

$$x = \cos\theta \qquad \begin{array}{ll} \cos 2\theta = 2\cos^2\theta - 1, & T_2(x) = \mathbf{2x^2 - 1}, \\ \cos 3\theta = 4\cos^3\theta - 3\cos\theta, & T_3(x) = \mathbf{4x^3 - 3x}. \end{array}$$

Diese Polynome $T_k(x)$ sind mit Sicherheit bedeutend, weil die Kosinusfunktionen so bedeutend sind. Man kann T_{k+1} auf elegantem Weg aus den vorangegangenen T_k und T_{k-1} bestimmen, indem man die Kosinusfunktionen benutzt:

Kosinusidentität $\qquad \cos(k+1)\theta + \cos(k-1)\theta = 2\cos\theta\cos k\theta$, $\qquad$ (4.55)

Tschebyschow-Rekursion $\qquad \boldsymbol{T_{k+1}(x) + T_{k-1}(x) = 2xT_k(x)}$. $\qquad$ (4.56)

Abbildung 4.6 zeigt die geraden Polynome $T_2(x)$ und $T_4(x) = 2xT_3(x) - T_2(x) = \cos 4\theta$ (vier Nullstellen).

Die kurze Formel $T_k(x) = \cos k\theta = \cos(k\cos^{-1}x)$ sieht etwas unangenehm aus, weil in ihr *arc cosine* (die Inverse der Kosinusfunktion) vorkommt:

Tschebyschow-Polynome

$x = \cos\theta$ und $\theta = \cos^{-1}x \qquad T_k(x) = \cos k\theta = \cos(k\cos^{-1}x)$. $\qquad$ (4.57)

Der Kosinus von $k\theta$ erreicht oben und unten an den $k+1$ Winkeln $\theta = 2\pi j/k$. Diese Winkel liefern $\cos k\theta = \cos 2\pi j = \pm 1$. Auf der x-Achse sind das die **Tschebyschow-Punkte**, an denen $T_k(x)$ sein Maximum $+1$ oder sein Minimum -1 annimmt:

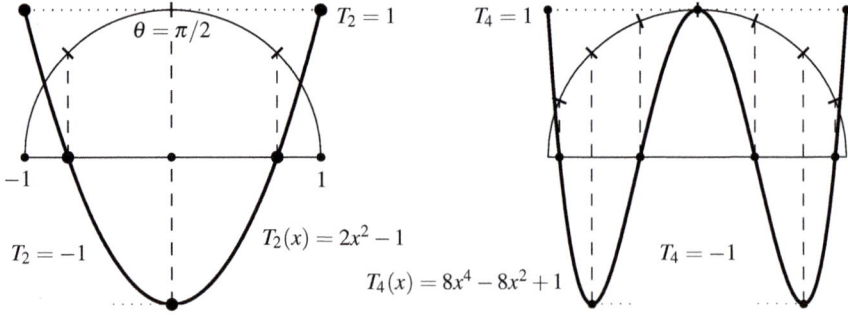

Abb. 4.6 Tschebyschow-Polynome oszillieren zwischen 1 und -1 (wie die Kosinusfunktionen).

4.2 Tschebyschow, Legendre und Bessel

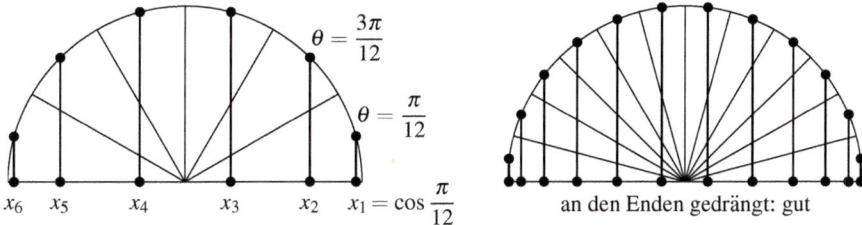

Abb. 4.7 Die sechs Lösungen $x = \cos\theta$ von $T_6(x) = \cos 6\theta = 0$. Bei $T_{12}(x)$ sind es zwölf.

Tschebyschow-Punkte $\quad x_j = \cos\dfrac{2\pi j}{k}\quad$ für $j = 0, 1, \ldots, k$. $\qquad(4.58)$

Diese Punkte werden in Abschnitt 5.4 auf Seite 510 über komplexe Analysis eine zentrale Rolle spielen. Eine Funktion $f(x)$ an den Tschebyschow-Punkten zu berechnen, ist wie die Berechnung von $f(\cos\theta)$ an den äquidistanten Winkeln $\theta = 2\pi j/k$. Bei diesen Berechnungen wird die schnelle Fourier-Transformation (FFT) eingesetzt, um eine exponentielle Konvergenzrate mit hochkarätiger numerischer Geschwindigkeit zu erhalten.

Die **Nullstellen der Tschebyschow-Polynome** liegen zwischen den Tschebyschow-Punkten. Wir wissen, dass $\cos k\theta = 0$ ist, wenn $k\theta$ ein ungerades Vielfaches von $\pi/2$ ist. Abbildung 4.7 zeigt diese äquidistanten Winkel $\theta_1, \ldots, \theta_k$ auf einem halben Einheitskreis. Um die Beziehung $x = \cos\theta$ zu behalten, nehmen wir die x-Koordinate einfach, indem wir eine senkrechte Linie nach unten zeichnen. Diese Linien treffen die x-Achse an den Nullstellen $x_1, \ldots, x_k$ der Tschebyschow-Polynome:

Nullstellen von $T_k(x)$

$\cos k\theta = 0 \quad\text{wenn}\quad k\theta = (2j-1)\dfrac{\pi}{2}$

$T_k(x_j) = 0 \quad\text{wenn}\quad x_j = \cos\theta_j = \cos\left[\dfrac{2j-1}{2}\dfrac{\pi}{k}\right].$
$\qquad(4.59)$

Beachten Sie den Abstand der Tschebyschow-Punkte und der Nullstellen im Intervall $-1 \leq x \leq 1$. In der Mitte liegen sie in größerem Abstand, am Rand sind sie dichter verteilt. Dieser ungleichmäßige Abstand ist unendlich viel besser als ein gleichmäßiger Abstand, wenn es darum geht, durch die Punkte ein Polynom anzupassen.

Sind die Tschebyschow-Polynome über dem Intervall $-1 \leq x \leq 1$ orthogonal? Die Antwort lautet „Ja", aber nur dann, wenn man ihre **Gewichtsfunktion** $1/\sqrt{1-x^2}$ in das Integral aufnimmt.

Gewichtete Orthogonalität

Das Tschebyschow-Gewicht $w(x) = 1/\sqrt{1-x^2}$ ergibt sich aus $dx = -\sin\theta\, d\theta = -\sqrt{1-x^2}\, d\theta$:

Gewichtete Orthogonalität

$$\int_{-1}^{1} T_n(x) T_k(x) \frac{dx}{\sqrt{1-x^2}} = \int_0^{\pi} \cos n\theta \cos k\theta\, d\theta = 0. \tag{4.60}$$

Sinus und Kosinus hatten die Gewichtsfunktion $w(x)=1$. Bei den Tschebyschow-Polynomen ist es $w(x) = 1/\sqrt{1-x^2}$. Es gibt außerdem Bessel-Funktionen auf dem Intervall $[0,1]$ mit $w(x) = x$, Laguerre-Polynome auf dem Intervall $[0,\infty)$ mit $w(x) = e^{-x}$ und Hermite-Polynome auf dem Intervall $(-\infty,\infty)$ mit $w(x) = e^{-x^2/2}$. Diese Gewichte sind *nie negativ*. Bei all diesen orthogonalen Funktionen werden die Koeffizienten in $F(x) = \sum c_k T_k(x)$ in gleicher Weise bestimmt:

Wir multiplizieren $F(x) = c_0 T_0(x) + c_1 T_1(x) + \cdots$ *mit $T_k(x)$ und auch mit $w(x)$. Dann integrieren wir*:

$$\int F(x) T_k(x) w(x)\, dx = \int c_0 T_0(x) T_k(x) w(x)\, dx + \cdots + \int c_k (T_k(x))^2 w(x)\, dx + \cdots.$$

Auf der rechten Seite überlebt nur der hervorgehobene Term, wie es in Fourier-Reihen der Fall ist. Dort war T_k gleich $\cos kx$, das Gewicht war $w(x) = 1$ und das Integral von $-\pi$ bis π war π mal c_k. Bei allen orthogonalen Funktionen bleibt nach Division die Formel für c_k übrig:

Orthogonale Funktionen $T_k(x)$, Gewicht $w(x)$,

$$\textbf{Koeffizienten } c_k = \frac{\int F(x) T_k(x) w(x)\, dx}{\int (T_k(x))^2 w(x)\, dx}.$$

Das positive Gewicht $w(x)$ ist wie die positiv definite Massenmatrix in $Ku = \lambda Mu$. Die Eigenvektoren u_k sind orthogonal, wenn sie mit M gewichtet werden: Zum Beispiel ist $u_1^T M u_2 = 0$. Im kontinuierlichen Fall sind die $T_k(x)$ **Eigenfunktionen** und es ist $\int T_k(x) T_n(x) w(x)\, dx = 0$.

Das Eigenwertproblem könnte die Tschebyschow-, Legendre- oder Bessel-Gleichung sein. Die Gewichte wären darin $w = 1/\sqrt{1-x^2}$, $w = 1$ oder $w = x$. Dass die Tschebyschow-Polynome Eigenfunktionen sind, kann man sehen, wenn man in $-d^2u/d\theta^2 = \lambda u$ von $\cos\theta$ zu x übergeht:

Tschebyschow-Gleichung $\quad -\dfrac{d}{dx}\left(\dfrac{1}{w}\dfrac{dT}{dx}\right) = \lambda\, w(x) T(x).$ \hfill (4.61)

Der Operator auf der linken Seite sieht in meinen Augen wie $A^T C A$ aus. Das ist eine kontinuierliche Form von $KT = \lambda MT$.

Legendre-Polynome

Der direkte Weg zu den Legendre-Polynomen $P_n(x)$ ist, von den einfachen Polynomen $1, x, x^2, \ldots$ auf dem Intervall $[-1, 1]$ mit dem Gewicht $w(x) = 1$ auszugehen. Diese Funktionen sind *nicht orthogonal*. Das Integral von 1 mal x ist $\int_{-1}^{1} x\,dx = 0$, das Integral von 1 mal x^2 ist aber $\int_{-1}^{1} x^2\,dx = \frac{2}{3}$. Die **Gram-Schmidt-Orthogonalisierung** erzeugt orthogonale Funktionen aus 1, x und x^2:

Subtrahiere von x^2 die Komponente $\frac{1}{3}$ in Richtung 1. Dann ist $\int_{-1}^{1}(x^2 - \frac{1}{3})\,1\,dx = 0$.

Dieses Legendre-Polynom $P_2(x) = x^2 - \frac{1}{3}$ ist auch orthogonal zum ungerade Polynom $P_1(x) = x$.

Um $P_3(x)$ zu erhalten, subtrahieren wir von x^3 die Komponente in Richtung $P_1(x) = x$. Dann ist $\int (x^3 - \frac{3}{5}x)\,x\,dx = 0$. Bei der Gram-Schmidt-Orthogonalisierung werden von jedem neuen x^n die richtigen Vielfachen von $P_0(x), \ldots, P_{n-1}(x)$ subtrahiert. Per Konvention ist jedes $P_n(x)$ an der Stelle $x = 1$ gleich 1. Daher reskalieren wir P_2 und P_3 auf ihre endgültige Formen $\frac{1}{2}(3x^2 - 1)$ und $\frac{1}{2}(5x^3 - 3x)$.

Ich möchte Ihnen die schöne Formel und die *Rekursionsgleichung mit drei Termen* nicht vorenthalten:

Rodrigues-Formel

$$P_n(x) = \frac{1}{2^n n!} \frac{d^n}{dx^n} (x^2 - 1)^n. \tag{4.62}$$

Rekursion mit drei Termen

$$P_n(x) = \frac{2n-1}{n} x P_{n-1}(x) - \frac{n-1}{n} P_{n-2}(x). \tag{4.63}$$

Der wesentliche Punkt an Gleichung (4.63) ist die *automatische Orthogonalität* zu allen Polynomen mit einem niedrigeren Grad. Die Gram-Schmidt-Orthogonalisierung bricht schnell ab, was die Berechnung sehr effizient macht. Auf der rechten Seite ist $\int x P_{n-1} P_{n-3}\,dx = 0$, weil x mal P_{n-3} nur den Grad $n-2$ hat. Deshalb ist $x P_{n-3}$ orthogonal zu P_{n-1}, was auch für P_{n-2} gilt. Dann ist P_n aus Gleichung (4.63) orthogonal zu P_{n-3}.

Dieselbe Rekursionsbeziehung mit drei Termen taucht auch im diskreten Fall auf, wenn wir in Abschnitt 7.4 auf Seite 678 mit Arnoldi $b, Ab, \ldots, A^{n-1}b$ orthogonalisieren. Die orthogonalen Vektoren führen auf die „Methode des konjugierten Gradienten". Bei Legendre ist $b \equiv 1$, und A ist eine Multiplikation mit x.

Bessel-Funktionen

Bei einem Quadrat ist das geeignete Koordinatensystem x, y. Eine doppelte Fourier-Reihe mit $e^{inx} e^{imy}$ ist perfekt. Bei einem Kreis sind Polarkoordinaten r, θ wesentlich besser geeignet. Wenn $u(r, \theta)$ nur vom Winkel θ abhängt, passen Sinus- und Kosinusfunktionen gut. Wenn aber u *nur* von r abhängt (der recht verbreitete Fall von Radialsymmetrie), dann brauchen wir neue Funktionen.

Das beste Beispiel liefert eine kreisförmige Trommel. Wenn Sie darauf schlagen, schwingt sie. Ihre Bewegung ist eine Mischung aus „reinen" Schwingungen bei einzelnen Frequenzen. Das Ziel besteht darin, diese natürlichen Frequenzen der Trommel (Eigenwerte) und die Profile des Trommelfells (Eigenfunktionen) zu bestimmen. Das Problem wird durch die Laplace-Gleichung in Polarkoordinaten beschrieben:

Laplace-Gleichung in r, θ $\quad \dfrac{\partial^2 u}{\partial r^2} + \dfrac{1}{r}\dfrac{\partial u}{\partial r} + \dfrac{1}{r^2}\dfrac{\partial^2 u}{\partial \theta^2} = -\lambda u. \qquad (4.64)$

Die Randbedingung ist $u = 0$ für $r = 1$; der Rand des Trommelfells ist fest. Die naheliegende Idee ist, r von θ zu trennen und nach Eigenfunktionen der speziellen Form $u = A(\theta)B(r)$ zu suchen. Das ist wieder **Trennung der Variablen**. Sie bedarf einer besonderen Geometrie, und der Kreis ist besonders. Nach Trennung der Variablen erhalten wir eine gewöhnliche Differentialgleichung für $A(\theta)$ und eine weitere für $B(r)$.

Einsetzen von $u = A(\theta)B(r)$ $\quad AB'' + \dfrac{1}{r}AB' + \dfrac{1}{r^2}A''B = -\lambda AB. \qquad (4.65)$

Nun multiplizieren wir mit r^2 und dividieren durch AB. *Der wesentliche Punkt dabei ist, r von θ zu trennen*:

Getrennte Variablen $\quad \dfrac{r^2 B'' + rB' + \lambda r^2 B}{B} = -\dfrac{A''(\theta)}{A(\theta)} = konstant. \qquad (4.66)$

Die linke Seite der Gleichung hängt nur von r ab. Aber $A''(\theta)/A(\theta)$ ist unabhängig von r. *Beide Seiten müssen konstant sein.* Wenn die Konstante n^2 ist, dann steht auf der rechten Seite $A'' = -n^2 A$. Das bestimmt $A(\theta)$ als $\sin n\theta$ und $\cos n\theta$. Insbesondere muss n eine ganze Zahl sein. Die Lösung muss bei $\theta = 0$ und $\theta = 2\pi$ dieselben Werte haben, weil das auf dem Kreis denselben Punkt beschreibt.

Die linke Seite von Gleichung (4.66) ergibt nun eine gewöhnliche Differentialgleichung für $B = B_n(r)$:

Bessel-Gleichung $\quad r^2 B'' + rB' + \lambda r^2 B = n^2 B \quad \text{mit } B(1) = 0. \qquad (4.67)$

Die Eigenfunktionen $u = A(\theta)B(r)$ des Laplace-Operators sind dann $\sin n\theta B_n(r)$ und $\cos n\theta B_n(r)$.

Die Bessel-Gleichung (4.67) zu lösen, ist nicht einfach. Bei einer direkten Herangehensweise suchen wir nach einer unendlichen Reihe $B(r) = \sum c_m r^m$. Mit dieser Methode können wir ein ganzes Kapitel füllen, was ich, ehrlich gesagt, im Rahmen dieses Buches für unangemessen halte (im Internet können Sie Informationen dazu finden). Wir konstruieren nur eine Potenzreihe, und zwar im radialsymmetrischen Fall $n = 0$ ohne θ-Abhängigkeit, damit wir wissen, wie eine Bessel-Funktion aussieht. Wir setzen $B = \sum c_m r^m$ in $r^2 B'' + rB' + \lambda r^2 B = 0$ ein:

$$\sum c_m m(m-1)r^m + \sum c_m m r^m + \lambda \sum c_m r^{m+2} = 0. \qquad (4.68)$$

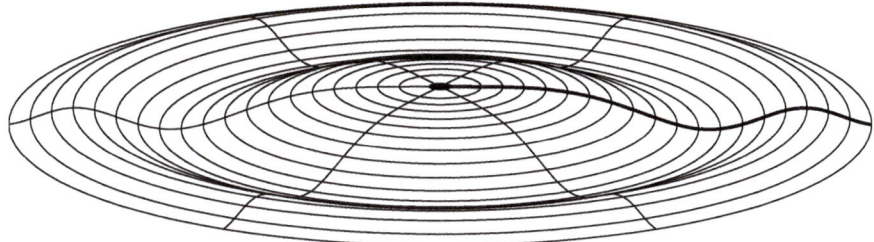

Abb. 4.8 Die Bessel-Funktion $J_0(\sqrt{\lambda_3}\,r)$ veranschaulicht die dritte radiale Eigenfunktion ($n = 0$) eines Trommelfells.

In der dritten Summe wird r^m mit λc_{m-2} multipliziert. *Wir vergleichen die Koeffizienten für jedes r^m*:

c_m **aus** c_{m-2} $\quad c_m m(m-1) + c_m m + \lambda c_{m-2} = 0.$ \hfill (4.69)

Mit anderen Worten: $m^2 c_m = -\lambda c_{m-2}$. Es sei $c_0 = 1$. Dann liefert die Rekursion $c_2 = -\lambda/2^2$. Der Koeffizient c_4 ist dann $-\lambda/4^2$ mal c_2. Bei jedem Schritt ergibt sich ein weiterer Koeffizient in der Reihe für B:

Bessel-Funktion

$$B(r) = c_0 + c_2 r^2 + \cdots = 1 - \frac{\lambda r^2}{2^2} + \frac{\lambda^2 r^4}{2^2 4^2} - \frac{\lambda^3 r^6}{2^2 4^2 6^2} + \cdots . \qquad (4.70)$$

Das ist eine Bessel-Funktion der Ordnung $n = 0$. Ihre Standardnotation ist $B = J_0(\sqrt{\lambda}\,r)$. Die Eigenwerte λ ergeben sich aus $J_0(\sqrt{\lambda}) = 0$ auf dem Rand $r = 1$. Am besten kann man diese Funktion einschätzen, wenn man sie mit der Kosinusfunktion vergleicht, deren Verhalten wir kennen:

$$\begin{aligned}\cos(\sqrt{\lambda}) &= 1 - \frac{\lambda}{2!} + \frac{\lambda^2}{4!} - \frac{\lambda^3}{6!} + \cdots \quad \text{und} \\ J_0(\sqrt{\lambda}) &= 1 - \frac{\lambda}{2^2} + \frac{\lambda^2}{2^2 4^2} - \frac{\lambda^3}{2^2 4^2 6^2} + \cdots \end{aligned} \qquad (4.71)$$

Die Nullstellen der Kosinusfunktion (auch wenn Sie sie aus der Reihe nicht ablesen können) haben einen konstanten Abstand. Die Nullstellen von $J_0(\sqrt{\lambda})$ liegen bei $\sqrt{\lambda} \approx 2.4, 5.5, 8.65, 11.8, \ldots$, und ihr Abstand konvergiert schnell gegen π (ein Glücksumstand für unsere Ohren). Die Funktion $J_0(r)$ geht gegen eine gedämpfte Kosinusfunktion $\sqrt{2/\pi r}\cos(r - \pi/4)$, deren Amplitude langsam abnimmt.

Beachten Sie die Analogie zwischen der Bessel-Funktion und der Kosinusfunktion. $B(r)$ ergibt sich aus den Schwingungen einer kreisförmigen Trommel; im Fall $C(x) = \cos(k - \frac{1}{2})\pi x$ ist die Trommel quadratisch. Die kreisförmige Trommel schwingt radial, wie in Abbildung 4.8 dargestellt. Im Mittelpunkt des Kreises und auf der linken Seite des Quadrats ist der Anstieg null (ein freier Rand). $B(r)$ und $C(x)$ sind Eigenfunktionen der Laplace-Gleichung (θ und y sind wegsepariert):

$$-\frac{d}{dr}\left(r\frac{dB}{dr}\right) = \lambda\, rB \quad \text{und} \quad -\frac{d^2C}{dx^2} = \lambda\, C. \tag{4.72}$$

Die erste Eigenfunktion B fällt wie die Kosinusfunktion von 1 auf 0. $B(\sqrt{\lambda_2}\,r)$ durchschreitet die Null und wächst wieder. Die k-te Eigenfunktion hat wie die k-te Sinusfunktion k Wölbungen (Abbildung 4.8 zeigt $k=3$). Zu jeder reinen Schwingung gehört eine eigene Frequenz.

Das sind Eigenfunktionen eines symmetrischen Problems. *Orthogonalität muss vorliegen.* Die Bessel-Funktionen sind über einem Einheitskreis orthogonal:

Orthogonalität mit $w = r$

$$\int_0^{2\pi}\int_0^1 B_k(r)B_l(r)\,r\,dr\,d\theta = 0 \quad \text{für} \quad k \neq l. \tag{4.73}$$

Die Kosinusfunktionen sind über einem Einheitsquadrat orthogonal (mit $w = 1$):

$$\int_0^1\int_0^1 \cos(k-\tfrac{1}{2})\pi x \cos(l-\tfrac{1}{2})\pi x\,dx\,dy = 0 \quad \text{für} \quad k \neq l. \tag{4.74}$$

θ-Integral und y-Integral bewirken keinen Unterschied und können daher ignoriert werden. Die Randbedingungen sind identisch: Anstieg null am linken Ende 0 und Funktionswert null am rechten Ende 1. Der Unterschied ist der Gewichtsfaktor $w = r$ bei den Bessel-Funktionen aus Gleichung (4.73).

Zum Schluss beschreiben wir die anderen Schwingungen einer kreisförmigen Trommel. Für $A(\theta) = \cos n\theta$ treten neue Bessel-Funktionen auf. Gleichung (4.67) auf Seite 392 hat eine Lösung, die an der Stelle $r = 0$ endlich ist. Das ist die *Bessel-Funktion n-ter Ordnung*. (Alle anderen Lösungen explodieren an der Stelle $r = 0$, sie enthalten Bessel-Funktionen zweiter Art). Für alle positiven λ wird die Lösung auf $J_n(\sqrt{\lambda}\,r)$ reskaliert. Die Randbedingung $J_n(\sqrt{\lambda}) = 0$ an der Stelle $r = 1$ bestimmt die Eigenwerte. Die Produkte $A(\theta)B(r) = \cos n\theta J_n(\sqrt{\lambda_k}\,r)$ und $\sin n\theta J_n(\sqrt{\lambda_k}\,r)$ sind die Eigenfunktionen der Trommel zu ihren reinen Schwingungen.

Die Frage „Kann man die Form einer Trommel hören?" war lange offen. Bestimmen die Laplace-Eigenwerte die Form eines Gebietes? Es stellte sich heraus, dass die Antwort **nein** ist. Trommeln mit verschiedenen Gestalten haben dieselben Eigenwerte λ und klingen gleich.

Entlang der „Knotenlinien" bewegt sich das Trommelfell nicht. Diese Stellen sind wie die Nullstellen der Sinusfunktion, an denen eine Violinenseite nicht ausgelenkt wird. Für $A(\theta)B(r)$ gibt es eine Knotenlinie, (zu $A = 0$), die vom Ursprung ausgeht, und einen Knotenkreis (zu $B = 0$). Abbildung 4.9 auf der nächsten Seite zeigt, wo das Trommelfell nicht ausgelenkt wird. Die Schwingungen $A(\theta)B(r)e^{i\sqrt{\lambda}t}$ erfüllen die Wellengleichung.

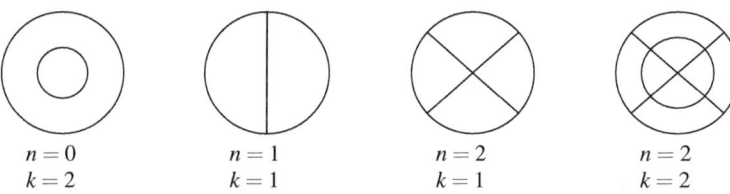

Abb. 4.9 Knotenlinien einer kreisförmigen Trommel = Nulllinien von $A(\theta)B(r)$.

Aufgaben zu Abschnitt 4.2

4.2.1 Bestimmen Sie die doppelten Fourier-Koeffizienten c_{mn} der folgenden periodischen Funktionen $F(x,y)$:

(a) $F = $ Viertelquadrat $= \begin{cases} 1 \text{ für } 0 \leq x \leq \pi,\ 0 \leq y \leq \pi \\ 0 \text{ falls } -\pi < x < 0 \text{ oder } -\pi < y < 0 \end{cases}$

(b) $F = $ Schachbrett $= \begin{cases} 1 \text{ falls } xy \geq 0 \quad -\pi < x \leq \pi \\ 0 \text{ falls } xy < 0 \quad -\pi < y \leq \pi \end{cases}$

4.2.2 Welche Funktionen $S(x,y)$ haben eine doppelte Sinusreihe

$$S(x,y) = \sum\sum b_{mn} \sin mx \sin ny\,?$$

Zeigen Sie die Orthogonalität der Basisfunktionen $\sin mx \sin ny$ (auf welchem Quadrat?).

4.2.3 Finden Sie eine Formel für die Koeffizienten b_{mn} in der doppelten Sinusreihe.

4.2.4 Welche Funktionen $C(x,y)$ haben eine doppelte Kosinusreihe

$$C(x,y) = \sum\sum a_{mn} \cos mx \cos ny\,?$$

Zeigen Sie, dass die Basis $\cos mx \cos ny$ auf dem Intervall $[0,\pi]^2$ orthogonal ist.

4.2.5 Finden Sie eine Formel für die Koeffizienten a_{mn} in der doppelten Kosinusreihe. Was ist der Koeffizient a_{00} im konstanten Term?

4.2.6 Jede Funktion $F(x) = C(x) + S(x) = \tfrac{1}{2}(F(x)+F(-x)) + \tfrac{1}{2}(F(x)-F(-x))$ hat einen geraden und einen ungeraden Anteil. Unterteilen Sie die Funktion $F(x,y)$ analog dazu in $C(x,y) + S(x,y) + $ (zwei gerade-ungerade Teile). In diesen Teilen kommen die Terme $\sin mx \cos ny$ und $\cos mx \sin ny$ vor.

4.2.7 Was ist die doppelte Fourier-Reihe von $\delta(x+y)$, der diagonalen Reihe von Deltaimpulsen?

4.2.8 Entwickeln Sie die Funktion $F(x) = x^4$ in eine Reihe von Tschebyschow-Polynomen.

4.2.9 Schätzen Sie den Abstand von $x = 1$ zum nächsten Tschebyschow-Punkt $x = \cos(2\pi/k)$ ab.

4.2.10 Das Tschebyschow-Polynom ist eine Determinante unserer Matrix T der zweiten Differenzen:

$$T_n(x) = \det \begin{bmatrix} x & -1 & & \\ -1 & 2x & -1 & \\ & -1 & 2x & \cdot \\ & & \cdot & \cdot \end{bmatrix} \quad \begin{array}{l} T_1(x) = x, \\ T_2(x) = 2x^2 - 1, \\ T_3(x) = 4x^3 - 4x. \end{array}$$

Mit der nächsten Zeile $-1, 2x, -1$ ergibt das nach den Rechenregeln für Determinanten $T_4 = 2xT_3 - T_2$. Erläutern Sie, warum für die Determinante immer dieselbe Rekursionsbeziehung $T_{n+1} = 2xT_n - T_{n-1}$ wie für die Tschebyschow-Polynome gilt, sodass sie also gleich sind.

4.2.11 Das Tschebyschow-Polynom $U_{n-1}(x)$ ist eine Determinante unserer Matrix K der zweiten Differenzen:

$$U_{n-1}(x) = \frac{\sin n\theta}{\sin \theta} = \det \begin{bmatrix} 2x & -1 & \\ -1 & 2x & \cdot \\ & \cdot & \cdot \end{bmatrix} \quad \begin{array}{l} U_1(x) = 2x, \\ U_2(x) = 4x^2 - 1. \end{array}$$

Die generelle Rekursionsbeziehung ist weiterhin $U_{n+1} = 2xU_n - U_{n-1}$, nun aber mit neuen Starttermen U_1, U_2. Zeigen Sie, dass das Polynom $U_3(x)$ an der Stelle $x = \left\{\cos \frac{\pi}{4}, \cos \frac{2\pi}{4}, \cos \frac{3\pi}{4}\right\} = \left\{\frac{1}{\sqrt{2}}, 0, -\frac{1}{\sqrt{2}}\right\}$ eine Nullstelle hat. Wie sind die Eigenwerte λ der Matrix K in Bezug auf die Nullstellen der Polynome $U_n(x)$?

4.2.12 Entwickeln Sie die Determinante für T_n an der ersten Zeile und der ersten Spalte, um Matrizen (Kofaktoren) der Größe $n-1$ und $n-2$ zu erhalten. Zeigen Sie damit, dass $T_n(x) = xU_{n-1}(x) - U_{n-2}(x)$ ist.

4.2.13 Mit $x = \cos \theta$ und $dx = -\sin \theta \, d\theta$ ist die Ableitung von $T_n(x) = \cos n\theta$ gleich nU_{n-1}:

$$T_n'(x) = -n \sin n\theta \frac{d\theta}{dx} = n \frac{\sin n\theta}{\sin \theta} = n U_{n-1}(x) = \text{Tschebyschow zweiter Art}.$$

Warum liegen die Extremstellen von T_n an den Nullstellen von U_{n-1}?

4.2.14 Aus der Rekursionsbeziehung lesen wir ab, dass U_n mit $2^n x^n$ anfängt. Bestimmen Sie den ersten Term in T_n.

4.2.15 Bestimmen Sie mithilfe der Rekursionsbeziehung (4.63) auf Seite 391 das Legendre-Polynom $P_4(x)$ aus $P_2 = (3x^2 - 1)/2$ und $P_3 = (5x^3 - 3x)/2$. Für welche Potenzen ist $\int x^k P_4(x) \, dx = 0$?

4.2.16 Verwenden Sie *partielle Integration* auf dem Intervall $-1 \leq x \leq 1$, um zu zeigen, dass die dritte Ableitung von $(x^2 - 1)^3$ orthogonal zur Ableitung von $(x^2 - 1)$ ist, die sich aus der Rodrigues-Formel (4.62) auf Seite 391 ergibt.

4.2.17 Wie muss a im Laguerre-Polynom $L_1 = x - a$ sein, damit $L_1(x)$ mit dem Gewicht $w(x) = e^{-x}$ auf $0 \leq x < \infty$ orthogonal zu $L_0 = 1$ ist?

4.2.18 Wie muss b im Hermite-Polynom $H_2 = x^2 - b$ sein, damit $H_2(x)$ mit dem Gewicht e^{-x^2} auf $-\infty < x < \infty$ orthogonal zu 1 und x ist?

4.2.19 Die Polynome $1, x, y, x^2 - y^2, 2xy, \ldots$ lösen die Laplace-Gleichung in zwei Dimensionen. Bestimmen Sie fünf Kombination von $x^2, y^2, z^2, xy, xz, yz$, die die Differentialgleichung $u_{xx} + u_{yy} + u_{zz} = 0$ erfüllen. Mit sphärischen Polynomen aller Grade können wir der Bedingung $u = u_0$ auf einer Kugel genügen.

4.2.20 Ein Sturm-Liouville-Eigenwertproblem ist $(pu')' + qu + \lambda wu = 0$. Multiplizieren Sie die Gleichung für u_1 (mit $\lambda = \lambda_1$) mit u_2. Multiplizieren Sie die Gleichung für u_2 mit u_1 und subtrahieren sie eine Gleichung von der anderen. Integrieren Sie unter der Annahme, dass die Randbedingungen null sind, $u_2(pu_1')'$ und $u_1(pu_2')'$ partiell, um zu zeigen, dass *gewichtete Orthogonalität* (für $\lambda_2 \neq \lambda_1$) vorliegt.

4.2.21 Ordnen Sie die Bessel-Gleichung (4.67) auf Seite 392 in das Schema einer Sturm-Liouville-Gleichung $(pu')' + qu + \lambda wu = 0$ ein. Was sind p, q und w? Wie sind diese Konstanten bei der Legendre-Gleichung $(1 - x^2)P'' - 2xP' + \lambda P = 0$?

4.2.22 Die Kosinusreihe enthält $n!$, wo die Bessel-Reihe $2^2 4^2 \cdots n^2$ enthält. Schreiben Sie letzteres als $2^n[(n/2)!]^2$, und zeigen Sie unter Verwendung der Stirling-Formel $n! \approx \sqrt{2\pi n}\, n^n e^{-n}$, dass das Verhältnis dieser Koeffizienten gegen $\sqrt{\pi n/2}$ geht. Sie haben dieselben alternierenden Vorzeichen.

4.2.23 Setzen Sie $B = \sum c_m r^m$ in die Bessel-Gleichung ein, und zeigen Sie in Analogie zu Gleichung (4.69) auf Seite 393, dass λc_{m-2} gleich $(n^2 - m^2)c_m$ sein muss. Diese Rekursion beginnt mit $c_n = 1$ und bestimmt daraus sukzessive $c_{n+2} = \lambda/(n^2 - (n+2)^2), c_{n+4}, \ldots$ als die Koeffizienten in einer *Bessel-Funktion der Ordnung n*:

$$B_n(r) = r^n \left[1 + \frac{\lambda r^2}{n^2 - (n+2)^2} + \frac{\lambda^2 r^2}{(n^2 - (n+2)^2)(n^2 - (n+4)^2)} + \cdots \right]$$

$$= \frac{n!}{2^n} \sum_{k=0}^{\infty} \frac{(-1)^k (\sqrt{\lambda}/2)^{2k+n}}{k!(k+n)!}.$$

4.2.24 Erläutern Sie, warum die dritte Bessel-Funktion $J_0(\sqrt{\lambda_3}\, r)$ an der Stelle $r = \sqrt{\lambda_1/\lambda_3}, \sqrt{\lambda_2/\lambda_3}, 1$ null ist.

4.2.25 Zeigen Sie, dass die ersten Legendre-Polynome $P_0 = 1, P_1 = \cos\varphi, P_2 = \cos^2\varphi - \frac{1}{3}$ Eigenfunktionen der Laplace-Gleichung $(wu_\varphi)_\varphi + w^{-1}u_{\theta\theta} = \lambda wu$ sind, wobei auf einer Kugeloberfläche $w = \sin\varphi$ ist. Bestimmen Sie die Eigenwerte λ dieser *Kugelfunktionen*. Diese $P_n(\cos\varphi)$ sind die Eigenfunktionen, die nicht vom Längengrad abhängen.

4.2.26 Wo liegen die Knotenlinien der Trommeln aus Abbildung 4.9 auf Seite 395 in den Fällen $n = 1, k = 2$ oder $n = 2, k = 3$?

Tabelle spezieller Funktionen: Gewichtete Orthogonalität, Rekursionsbeziehung, Differentialgleichung und Reihe

Legendre-Polynom $P_n(x)$ mit $w=1$ auf $-1 \leq x \leq 1$ $\quad \int_{-1}^{1} P_m(x)P_n(x)\,dx = 0$
$(n+1)P_{n+1} = (2n+1)xP_n - nP_{n-1}$ und $(1-x^2)P_n'' - 2xP_n' + n(n+1)P_n = 0$

$$P_n(x) = \sum_{k=0}^{[n/2]} (-1)^k \binom{-\frac{1}{2}}{n-k}\binom{n-k}{k}(2x)^{n-k} = \frac{1}{2^n n!}\left(\frac{d}{dx}\right)^n (x^2-1)^n$$

Tschebyschow-Polynom $T_n(x) = \cos n\theta$ mit $x = \cos\theta$ und $w = 1/\sqrt{1-x^2}$
$T_{n+1} = 2xT_n - T_{n-1}$ and $(1-x^2)T_n'' - xT_n' + n^2 T_n = 0$
$\int_{-1}^{1} T_m(x)T_n(x)\,dx/\sqrt{1-x^2} = \int_{-\pi}^{\pi} \cos m\theta \cos n\theta\,d\theta = 0$

$$T_n(x) = \frac{n}{2}\sum_{k=0}^{[n/2]} \frac{(-1)^k (n-k-1)!}{k!(n-2k)!}(2x)^{n-2k}$$

Bessel-Funktion $J_p(x)$ mit Gewicht $w = x$ auf $0 \leq x \leq 1$
$xJ_{p+1} = 2pJ_p - xJ_{p-1}$ und $x^2 J_p'' + xJ_p' + (x^2 - p^2)J_p = 0$
$\int_0^1 xJ_p(r_m x)J_p(r_n x)\,dx = 0$ für $J_p(r_m) = J_p(r_n) = 0$

$$J_p(x) = \frac{\Gamma(p+1)}{2^p}\sum_{k=0}^{\infty}\frac{(-1)^k (x/2)^{2k+p}}{k!\,\Gamma(k+p+1)}$$

Laguerre-Polynom $L_n(x)$ mit Gewicht $w = e^{-x}$ auf $0 \leq x < \infty$
$(n+1)L_{n+1} = (2n+1-x)L_n - nL_{n-1}$ und $xL_{n+1}'' + (1-x)L_n' + nL_n = 0$

$$L_n(x) = \sum_{k=0}^{n}\frac{(-1)^k n!}{(k!)^2 (n-k)!} x^k \qquad \int_0^{\infty} e^{-x} L_m(x)L_n(x)\,dx = 0$$

Hermite-Polynom $H_n(x)$ mit Gewicht $w = e^{-x^2}$ auf $-\infty < x < \infty$
$H_{n+1} = 2xH_n - 2nH_{n-1}$ und $H_n'' - 2xH_n' + 2nH_n = 0$

$$H_n(x) = \sum_{k=1}^{[n/2]}\frac{(-1)^k n!}{k!(n-2k)!}(2x)^{n-2k} \qquad \int_{-\infty}^{\infty} e^{-x^2} H_m(x)H_n(x)\,dx = 0$$

Gammafunktion $\Gamma(n+1) = n\Gamma(n)$ führt auf $\Gamma(n+1) = n!$
$\Gamma(n) = \int_0^{\infty} e^{-x} x^{n-1}\,dx$ liefert $\Gamma(1) = 0! = 1$ und $\Gamma(\tfrac{1}{2}) = \sqrt{\pi}$
$\Gamma(n+1) = n! \approx \sqrt{2\pi n}\left(\frac{n}{e}\right)^n$ (Stirling-Formel für große n)

Binomialkoeffizient $\binom{n}{m} = \frac{n!}{m!(n-m)!} = $ „n über m" $= \frac{\Gamma(n+1)}{\Gamma(m+1)\Gamma(n-m+1)}$

Binomischer Lehrsatz $(a+b)^n = \sum\limits_{m=0}^{\infty}\binom{n}{m}a^{n-m}b^m$ (außer für $n = 1, 2, \ldots$ unendliche Reihe)

4.3 Die diskrete Fourier-Transformation und die FFT

In diesem Abschnitt kommen wir von Funktionen $F(x)$ und unendlichen Reihen zu Vektoren $(f_0,\ldots,f_{N-1})$ und endlichen Reihen. Die Vektoren haben N Komponenten, und die Reihen haben N Terme. Die Exponentialfunktion e^{ikx} ist weiterhin fundamental, nun nimmt aber x nur N verschiedene Werte an. Diese Werte $x = 0, 2\pi/N, 4\pi/N, \ldots$ sind äquidistant und liegen $2\pi/N$ auseinander. Die N Zahlen e^{ix} sind also die Potenzen einer überaus wichtigen komplexen Zahl $w = \exp(i2\pi/N)$:

Potenzen von w $\quad e^{i0} = 1 = w^0 \quad e^{i2\pi/N} = w \quad e^{i4\pi/N} = w^2 \quad \ldots \quad w^{N-1}$.

Die **diskrete Fourier-Transformation (DFT)** beschäftigt sich gänzlich mit diesen Potenzen von w. Beachten Sie, dass wir mit der N-ten Potenz w^N wieder bei $e^{2\pi i N/N} = 1$ ankommen.

Die DFT und die inverse DFT stellen sich als Multiplikation mit der Fourier-Matrix F_N und ihrer inversen Matrix F_N^{-1} dar. Die **schnelle Fourier-Transformation (FFT)** ist eine brillante Art, diese Multiplikation schnell auszuführen. Bei einer Matrix mit N^2 Elementen braucht ein gewöhnliches Matrix-Vektor-Produkt N^2 Multiplikationen. Die schnelle Fourier-Transformation braucht nur N mal $\frac{1}{2}\log_2 N$ Multiplikationen. Dahinter verbirgt sich der mit Abstand nützlichste Algorithmus meines Lebens. Aus $(1024)(1024)$ macht er $(1024)(5)$. Ganze Industriezweige sind durch diese eine Idee gefördert worden.

Einheitswurzeln und die Fourier-Matrix

Quadratische Gleichungen haben zwei Nullstellen (oder eine doppelte Nullstelle). Gleichungen n-ten Grades haben n Nullstellen (Wiederholungen mitgezählt). Das besagt der Fundamentalsatz der Algebra. Und damit der Satz stimmt, müssen wir komplexe Nullstellen (Wurzeln) zulassen. In diesem Abschnitt geht es um die sehr spezielle Gleichung $z^N = 1$. **Die Lösungen $z = 1, w, \ldots, w^{N-1}$ sind die „N-ten Einheitswurzeln"**. Es handelt sich dabei um N äquidistant auf einem Kreis verteilte Punkte in der komplexen Ebene.

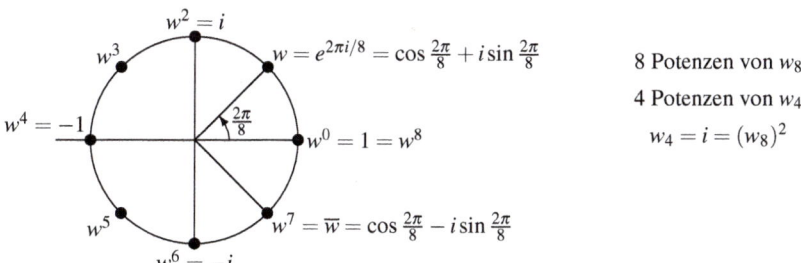

Abb. 4.10 Die acht Lösungen der Gleichung $z^8 = 1$ sind $1, w, w^2, \ldots, w^7$ mit $w = (1+i)/\sqrt{2}$.

Abbildung 4.10 auf der vorherigen Seite zeigt die acht Lösungen der Gleichung $z^8 = 1$. Ihr Abstand ist $\frac{1}{8}(360°) = 45°$. Die erste Wurzel liegt bei $45°$ oder $\theta = 2\pi/8$. **Das ist die komplexe Zahl $w = e^{i2\pi/8}$.** Wir nennen diese Zahl w_8 um hervorzuheben, dass es eine 8-te Wurzel ist. Sie könnten die Zahl auch als $\cos\frac{2\pi}{8} + i\sin\frac{2\pi}{8}$ schreiben, tun Sie das aber bitte nicht. Potenzen von w schreibt man am besten in der Form $e^{i\theta}$, weil wir nur mit dem Winkel arbeiten.

Die anderen sieben 8-ten Wurzeln auf dem Kreis sind: $w^2, w^3, \ldots, w^8$, und die letzte Wurzel ist $w^8 = 1$. Die zweitletzte Wurzel w^7 ist dieselbe Zahl wie die konjugiert komplexe Zahl $\overline{w} = e^{-i2\pi/8}$. (Wir können $\overline{w}$ mit w multiplizieren, um $e^0 = 1$ zu erhalten, also ist $\overline{w}$ auch w^{-1}.) Die Potenzen von $\overline{w}$ laufen einfach rückwärts über den Kreis (im Uhrzeigersinn). Sie werden uns bei der inversen Fourier-Matrix begegnen.

Bei den vierten Wurzeln von 1 ist der Trennungswinkel $2\pi/4$ oder $90°$. Die Zahl $e^{2\pi i/4} = \cos\frac{\pi}{2} + i\sin\frac{\pi}{2}$ ist nichts anderes als die Zahl i. Die vier Wurzeln sind i, $i^2 = -1$, $i^3 = -i$ und $i^4 = 1$.

Hinter der FFT steckt die Idee, von einer 8×8-Fourier-Matrix (Potenzen von w_8) zu einer 4×4-Matrix (Potenzen von $w_4 = i$) überzugehen. Wenn man die Zusammenhänge zwischen F_4, F_8, F_{16} und darüber hinaus ausnutzt, geht die Multiplikation mit F_{1024} sehr schnell. *Der Schlüsselzusammenhang für die schnelle Fourier-Transformation ist die einfache Tatsache, dass $(w_8)^2 = w_4$ ist.*

Hier ist die **Fourier-Matrix** F_N im Fall $N = 4$. Jedes Element ist eine Potenz von $w_4 = i$:

$$\textbf{Fourier-Matrix} \quad F_4 = \begin{bmatrix} 1 & 1 & 1 & 1 \\ 1 & w & w^2 & w^3 \\ 1 & w^2 & w^4 & w^6 \\ 1 & w^3 & w^6 & w^9 \end{bmatrix} = \begin{bmatrix} 1 & 1 & 1 & 1 \\ 1 & i & i^2 & i^3 \\ 1 & i^2 & i^4 & i^6 \\ 1 & i^3 & i^6 & i^9 \end{bmatrix}.$$

Diese vier Spalten sind orthogonal! Das Skalarprodukt der Spalten 0 und 1 ist null:

$$\begin{aligned}(\textbf{Spalte 0})^T(\textbf{Spalte 1}) &= w^0 + w^1 + w^2 + w^3 = \textbf{0}.\\ \text{Das ist } 1 + i + i^2 + i^3 &= 0.\end{aligned} \quad (4.75)$$

Wir addieren vier äquidistante Punkte aus Abbildung 4.10 auf der vorherigen Seite, und *jedes Paar gegenüberliegender Punkte hebt sich auf* (i^2 und 1 heben sich auf sowie i^3 und i). Bei der 8×8-Fourier-Matrix würden wir alle acht Punkte aus der Abbildung addieren. Die Summe $1 + w + \cdots + w^7$ wäre wieder null.

Nun sehen wir uns Spalte 1 und Spalte 3 an (die Nummerierung startete bei 0). Es sieht so aus, als wäre ihr gewöhnliches Skalarprodukt 4, was wir nicht wollen:

$$1 \cdot 1 + i \cdot i^3 + i^2 \cdot i^6 + i^3 \cdot i^9 = 1 + 1 + 1 + 1 \quad \textit{das ist aber falsch.}$$

Wir arbeiten nämlich nicht mit reellen Vektoren sondern mit komplexen. Im korrekten Skalarprodukt müssen wir daher einen Vektor **konjugiert komplex** (i durch $-i$ ersetzt) verwenden. Nun erkennen wir die Orthogonalität:

4.3 Die diskrete Fourier-Transformation und die FFT

$$(\overline{\mathbf{Spalte\ 1}})^{\mathrm{T}}(\mathbf{Spalte\ 3}) = 1\cdot 1 + (-i)\cdot i^3 + (-i)^2 \cdot i^6 + (-i)^3 \cdot i^9 \qquad (4.76)$$
$$= 1 - 1 + 1 - 1 = \mathbf{0}.$$

Das korrekte Skalarprodukt jeder Spalte mit sich selbst ist $1+1+1+1 = 4$:

$$\|\text{Spalte } 1\|^2 = (\overline{\text{Spalte } 1})^{\mathrm{T}}(\text{Spalte } 1) = 1\cdot 1 + (-i)\cdot i + (-i)^2\cdot i^2 + (-i)^3\cdot i^3 = 4. \qquad (4.77)$$

Die Spalten der Matrix F_4 sind keine Einheitsvektoren. Sie haben alle die Länge $\sqrt{4} = 2$, sodass $\frac{1}{2}F_4$ **orthonormale Spalten** hat. Die Multiplikation von $\frac{1}{2}\overline{F}_4$ mit $\frac{1}{2}F_4$ (Zeile mal Spalte) ergibt I.

Die Inverse der Matrix F_4 ist die Matrix mit $\overline{F}_4$ auf der linken Seite (einschließlich beider Faktoren $\frac{1}{2}$):

$$\frac{1}{2}\begin{bmatrix} 1 & 1 & 1 & 1 \\ 1 & (-i) & (-i)^2 & (-i)^3 \\ 1 & (-i)^2 & (-i)^4 & (-i)^6 \\ 1 & (-i)^3 & (-i)^6 & (-i)^9 \end{bmatrix} \frac{1}{2}\begin{bmatrix} 1 & 1 & 1 & 1 \\ 1 & i & i^2 & i^3 \\ 1 & i^2 & i^4 & i^6 \\ 1 & i^3 & i^6 & i^9 \end{bmatrix} = \begin{bmatrix} 1 & 0 & 0 & 0 \\ 0 & 1 & 0 & 0 \\ 0 & 0 & 1 & 0 \\ 0 & 0 & 0 & 1 \end{bmatrix} = I. \qquad (4.78)$$

Folglich ist F_4^{-1} gleich $\frac{1}{4}\overline{F}_4^{\mathrm{T}}$, was man auch als $\frac{1}{4}F_4^*$ schreibt. Es folgt die allgemeine Regel für F_N:

Die Spalten von $\frac{1}{\sqrt{N}}F_N$ sind orthonormal. Ihre Skalarprodukte ergeben I.

$$\left(\frac{1}{\sqrt{N}}\overline{F}_N^{\mathrm{T}}\right)\left(\frac{1}{\sqrt{N}}F_N\right) = I \quad \textit{bedeutet} \quad F_N^{-1} = \frac{1}{N}\overline{F}_N^{\mathrm{T}} = \frac{1}{N}F_N^*. \qquad (4.79)$$

Die Fourier-Matrix ist symmetrisch, sodass sich durch das Transponieren nichts ändert. Um die inverse Matrix zu erhalten, wird nur durch N dividiert und i durch $-i$ ersetzt. Das überführt alle $w = \exp(i2\pi/N)$ in $\omega = \overline{w} = \exp(-i2\pi/N)$. Für alle N enthält die Fourier-Matrix die Potenzen $(w_N)^{jk}$:

Fourier-Matrix

$$F_N = \begin{bmatrix} 1 & 1 & 1 & \cdot & 1 \\ 1 & w & w^2 & \cdot & w^{N-1} \\ 1 & w^2 & w^4 & \cdot & w^{2(N-1)} \\ \cdot & \cdot & \cdot & & \cdot \\ 1 & w^{N-1} & w^{2(N-1)} & \cdot & w^{(N-1)^2} \end{bmatrix} \begin{matrix} \longleftarrow \text{ Zeile 0} \\ \\ \text{mit } \mathbf{F_{jk} = w^{jk}} \\ \\ \longleftarrow \text{ Zeile N}-1 \end{matrix} \qquad (4.80)$$

Diese Matrix ist der Schlüssel zur diskreten Fourier-Transformation. Ihre spezielle Gestalt führt zur schnellen DFT, die als schnelle Fourier-Transformation (FFT) bezeichnet wird. Die Zeilen- und Spaltennummern j und k laufen von 0 bis $N-1$. **Das Element in Zeile j, Spalte k ist $w^{jk} = \exp(ijk2\pi/N)$.**

Fourier-Matrix in MATLAB $j = 0 : N-1;\ k = j';\ F = w.^{\wedge}(k*j);$

Wichtige Anmerkung. Viele Autoren arbeiten lieber mit $\omega = e^{-2\pi i/N}$, der *konjugiert komplexen* Variante unseres w. (Sie benutzen oft den griechischen Buchstaben Omega, und ich werde das tun, um die beiden Varianten zu unterscheiden.) Mit dieser Wahl enthält die DFT-Matrix Potenzen von ω und nicht von w. Sie ist $\operatorname{conj}(F) =$ konjugiert komplexe Form unserer Matrix F.

Das ist eine vollkommen vernünftige Wahl! MATLAB verwendet $\omega = e^{-2\pi i/N}$. Die DFT-Matrix fft(eye(N)) enthält Potenzen dieser Zahl $\omega = \overline{w}$. In unserer Notation ist diese Matrix $\overline{F}$. **Die Fourier-Matrix mit den Zahlen w rekonstruiert f aus c. Die Matrix $\overline{F}$ mit den Zahlen ω transformiert f in c, weshalb wir die Matrix als DFT-Matrix bezeichnen:**

$$\textbf{DFT-Matrix} = \overline{F} \qquad \overline{F}_{jk} = \omega^{jk} = e^{-2\pi i jk/N} = \text{fft}(\text{eye}(N)).$$

Der Faktor $1/N$ in der Matrix F^{-1} ist wie der frühere Faktor $1/2\pi$. Wir nehmen ihn in $c = F_N^{-1} f = \frac{1}{N}\overline{F}f$ auf.

Die diskrete Fourier-Transformation

Die Fourier-Matrizen F_N und F_N^{-1} liefern die diskrete Fourier-Transformation und ihre Inverse. Aus Funktionen mit unendlichen Reihen werden Vektoren $f_0, \ldots, f_{N-1}$ mit endlichen Summen:

$$F(x) = \sum_{-\infty}^{\infty} c_k e^{ikx} \quad \textbf{wird zu}\ f_j = \sum_{k=0}^{N-1} c_k w^{jk}, \textbf{ also } f = F_N c. \tag{4.81}$$

Andersherum wird aus einem Integral mit e^{-ikx} eine Summe mit $\overline{w}^{jk} = e^{-ikj2\pi/N}$:

$$c_k = \frac{1}{2\pi}\int_0^{2\pi} F(x)e^{-ikx}\,dx \quad \textbf{wird zu } c_k = \frac{1}{N}\sum_{j=0}^{N-1} f_j \overline{w}^{jk}, \textbf{ also } c = F_N^{-1} f. \tag{4.82}$$

Die Potenz w^{jk} ist dieselbe wie e^{ikx} am j-ten Punkt $x_j = j2\pi/N$. An diesen N Punkten rekonstruieren wir $f_0, \ldots, f_{N-1}$, indem wir die N Spalten der Fourier-Matrix kombinieren. Vorhin haben wir Funktionen $F(x)$ an allen Punkten durch eine unendliche Reihe rekonstruiert.

Der nullte Koeffizient c_0 ist immer das Mittel von f. Hier ist $c_0 = (f_0 + \cdots + f_{N-1})/N$.

Beispiel 4.11 Die **diskrete Deltafunktion** ist $\delta = (1,0,0,0)$. Bei den Funktionen waren die Fourier-Koeffizienten des Deltaimpulses alle gleich. Hier sind die Koeffizienten $c = F_4^{-1}\delta$ alle $\frac{1}{N} = \frac{1}{4}$:

4.3 Die diskrete Fourier-Transformation und die FFT

$$\begin{bmatrix} c_0 \\ c_1 \\ c_2 \\ c_3 \end{bmatrix} = \frac{1}{4} \begin{bmatrix} 1 & 1 & 1 & 1 \\ 1 & (-i) & (-i)^2 & (-i)^3 \\ 1 & (-i)^2 & (-i)^4 & (-i)^6 \\ 1 & (-i)^3 & (-i)^6 & (-i)^9 \end{bmatrix} \begin{bmatrix} 1 \\ 0 \\ 0 \\ 0 \end{bmatrix} = \frac{1}{4} \begin{bmatrix} 1 \\ 1 \\ 1 \\ 1 \end{bmatrix}. \tag{4.83}$$

Um $f = (1,0,0,0)$ aus ihrer Transformierten $c = (\frac{1}{4}, \frac{1}{4}, \frac{1}{4}, \frac{1}{4})$ zu rekonstruieren, multiplizieren wir F mit C. Beachten Sie wieder, dass die Zeilensummen von F bis auf die der ersten Zeile null sind:

$$Fc = \begin{bmatrix} f_0 \\ f_1 \\ f_2 \\ f_3 \end{bmatrix} = \begin{bmatrix} 1 & 1 & 1 & 1 \\ 1 & i & i^2 & i^3 \\ 1 & i^2 & i^4 & i^6 \\ 1 & i^3 & i^6 & i^9 \end{bmatrix} \frac{1}{4} \begin{bmatrix} 1 \\ 1 \\ 1 \\ 1 \end{bmatrix} = \begin{bmatrix} 1 \\ 0 \\ 0 \\ 0 \end{bmatrix}. \tag{4.84}$$

Beispiel 4.12 Der **konstante Vektor** $f = (1,1,1,1)$ liefert $c =$ Deltavektor $= (1,0,0,0)$. Das ist die Umkehrung des vorherigen Beispiels ohne den Faktor $1/N$. Wir sprechen davon, dass f und c „gerade" sind. Was bedeutet es, wenn ein Vektor gerade oder ungerade ist? **Denken Sie periodisch**.

Die Symmetrie oder Asymmetrie definiert sich über die nullte Position. **Das Element an der Position -1 ist per Definition das Element an der Position $N-1$.** Wir arbeiten „mod N" oder „mod 4", sodass $-1 \equiv 3$ und $-2 \equiv 2$ ist. In dieser mod 4-Arithmetik ist $2 + 2 \equiv 0$, weil w^2 mal w^2 gleich w^0 ist:

Gerader Vektor $f : f_k = f_{N-k}$ wie in (f_0, f_1, f_2, f_1) (4.85)

Ungerader Vektor $f : f_k = -f_{N-k}$ wie in $(0, f_1, 0, -f_1)$.   (4.86)

Beispiel 4.13 Der **diskrete Sinus** $f = (0,1,0,-1)$ ist ein ungerader Vektor. Seine Fourier-Koeffizienten c_k sind rein imaginär wie in $\sin x = \frac{1}{2i}e^{ix} - \frac{1}{2i}e^{-ix}$. Tatsächlich erhalten wir immer noch $\frac{1}{2i}$ und $-\frac{1}{2i}$:

$$c = F_4^{-1} f = \frac{1}{4} \begin{bmatrix} 1 & 1 & 1 & 1 \\ 1 & (-i) & (-i)^2 & (-i)^3 \\ 1 & (-i)^2 & (-i)^4 & (-i)^6 \\ 1 & (-i)^3 & (-i)^6 & (-i)^9 \end{bmatrix} \begin{bmatrix} 0 \\ 1 \\ 0 \\ -1 \end{bmatrix} = \begin{bmatrix} 0 \\ 1/2i \\ 0 \\ -1/2i \end{bmatrix}. \tag{4.87}$$

Ungerade f ergeben rein imaginäre Fourier-Koeffizienten $c_k = a_k + ib_k = ib_k$.

Die diskrete Kosinustransformation (**DCT**) ist der Schlüssel zur **JPEG-Komprimierung**. Alle .jpeg-Dateien wurden durch 8×8-DCT-Matrizen erzeugt bevor der JPEG2000-Standard aufkam. Der Kosinus ergibt eine symmetrische Fortsetzung an den Enden von Vektoren, so als würde man von einer Funktion über dem Intervall 0 bis π ausgehen und sie so reflektieren, dass sie gerade wird: $C(-x) = C(x)$. *An den Reflexionspunkten wird kein Sprung erzeugt.* Die Komprimierung von Daten, Bildern und Videos ist so bedeutend, dass wir in Abschnitt 4.7 auf Seite 448 darauf zurückkommen.

Ein Schritt der schnellen Fourier-Transformation

Im f zu rekonstruieren, wollen wir die Matrix F_N so schnell wie möglich mit dem Vektor **c** multiplizieren. Die Matrix hat N^2 Elemente, sodass wir in der Regel N^2 einzelne Multiplikationen ausführen müssen. Sie glauben möglicherweise, dass es keinen besseren Weg gibt. (Da F_N keine Nullelemente enthält, können wir keine Multiplikation überspringen). Wenn wir die spezielle Form w^{jk} für die Elemente benutzen, kann die Matrix F_N in einer Weise faktorisiert werden, die viele Nullen erzeugt. Das ist die **FFT**.

Die Schlüsselidee besteht darin, F_N mit der Fourier-Matrix $F_{N/2}$ halber Größe zu verknüpfen. Sei N eine Potenz von 2 (etwa $N = 2^{10} = 1024$). Dann werden wir F_{1024} mit F_{512} – oder besser gesagt mit *zwei Kopien* von F_{512} – verknüpfen. Im Fall $N = 4$ verknüpfen wir F_4 also mit $[F_2\ 0\ ;\ 0\ F_2]$:

$$F_4 = \begin{bmatrix} 1 & 1 & 1 & 1 \\ 1 & i & i^2 & i^3 \\ 1 & i^2 & i^4 & i^6 \\ 1 & i^3 & i^6 & i^9 \end{bmatrix} \quad \text{und} \quad \begin{bmatrix} F_2 & 0 \\ 0 & F_2 \end{bmatrix} = \begin{bmatrix} 1 & 1 & & \\ 1 & i^2 & & \\ & & 1 & 1 \\ & & 1 & i^2 \end{bmatrix}.$$

Auf der linken Seite steht die Matrix F_4 ohne Nullen. Auf der rechten Seite steht eine Matrix, deren Element zur Hälfte null sind. Die Arbeit ist halbiert. Aber Moment, diese Matrizen sind nicht identisch. Die Blockmatrix, die die Matrizen F_2 enthält, ist nur ein Teil der Faktorisierung von F_4. Die anderen Teile enthalten viele Nullen:

Schlüsselidee $\quad F_4 = \begin{bmatrix} 1 & & 1 & \\ & 1 & & i \\ 1 & & -1 & \\ & 1 & & -i \end{bmatrix} \begin{bmatrix} 1 & 1 & & \\ 1 & i^2 & & \\ & & 1 & 1 \\ & & 1 & i^2 \end{bmatrix} \begin{bmatrix} 1 & & & \\ & & 1 & \\ & 1 & & \\ & & & 1 \end{bmatrix}.$ (4.88)

Die Permutationsmatrix auf der rechten Seite bringt c_0 und c_2 (gerade Elemente) vor c_1 und c_3 (ungerade Elemente). Die mittlere Matrix führt separate Transformationen auf diesen geraden und ungeraden Elementen aus. Die Matrix links kombiniert die beiden Ausgabe halber Größe so, dass sich die korrekte Ausgabe $\mathbf{f} = F_4 \mathbf{c}$ voller Größe ergibt. Sie können diese drei Matrizen ausmultiplizieren, um die Matrix F_4 wiederzufinden.

Dieselbe Idee funktioniert auch im Fall $N = 1024$ und $M = \frac{1}{2}N = 512$. Die Zahl w ist $e^{2\pi i/1024}$. Sie befindet sich im Winkel $\theta = 2\pi/1024$ auf dem Einheitskreis. Die Fourier-Matrix F_{1024} ist mit Potenzen von w gefüllt. Der erste Schritt der FFT ist die bedeutende Faktorisierung, die von Cooley und Tukey entdeckt (und schon 1805 von Gauß vorausgeahnt) wurde:

FFT (Schritt 1)

$$F_{1024} = \begin{bmatrix} I_{512} & D_{512} \\ I_{512} & -D_{512} \end{bmatrix} \begin{bmatrix} F_{512} & \\ & F_{512} \end{bmatrix} \begin{bmatrix} \text{gerade-ungerade} \\ \text{Permutation} \end{bmatrix}. \quad (4.89)$$

Die Matrix I_{512} ist die Einheitsmatrix. D_{512} ist die Diagonalmatrix mit den Elementen $(1, w, \ldots, w^{511})$, die w_{1024} verwenden. Die beiden Kopien der Matrix F_{512}

sind das, was wir erwartet haben. Vergessen Sie nicht, dass sie die 512-te Einheitswurzel benutzen, die nicht anderes als $(w_{1024})^2$ ist. Die gerade-ungerade-Permutationsmatrix unterteilt den Eingangsvektor **c** in $\mathbf{c}' = (c_0, c_2, \ldots, c_{1022})$ und $\mathbf{c}'' = (c_1, c_3, \ldots, c_{1023})$.

Hier sind die algebraischen Gleichungen, die diese hübsche FFT-Faktorisierung der Matrix F_N wiedergeben:

(FFT) Setzen Sie $M = \frac{1}{2}N$. Die Komponenten von $\mathbf{f} = F_N \mathbf{c}$ sind Kombinationen der Transformationen $\mathbf{f}' = F_M \mathbf{c}'$ und $\mathbf{f}'' = F_M \mathbf{c}''$ halber Größe. Gleichung (4.89) zeigt $I\mathbf{f}' + D\mathbf{f}''$ und $I\mathbf{f}' - D\mathbf{f}''$:

Erste Hälfte $\quad \mathbf{f}_j = \mathbf{f}'_j + (w_N)^j \mathbf{f}''_j, \quad j = 0, \ldots, M-1,$
Zweite Hälfte $\quad \mathbf{f}_{j+M} = \mathbf{f}'_j - (w_N)^j \mathbf{f}''_j, \quad j = 0, \ldots, M-1.$ $\quad$ (4.90)

Folglich besteht jeder FFT-Schritt aus drei Teilen: **c** in $\mathbf{c}'$ und $\mathbf{c}''$ aufteilen, beide Teile separat durch F_M in $\mathbf{f}'$ und $\mathbf{f}''$ transformieren und **f** mithilfe von Gleichung (4.90) rekonstruieren. Dabei muss N gerade sein!

Die Algebra von Gleichung (4.90) unterteilt sich in die Behandlung gerader Indizes $2k$ und ungerader Indizes $2k+1$ mit $w = w_N$:

Gerade/Ungerade
$$f_j = \sum_0^{N-1} w^{jk} c_k = \sum_0^{M-1} w^{2jk} c_{2k} + \sum_0^{M-1} w^{j(2k+1)} c_{2k+1} \text{ mit } M = \frac{1}{2}N. \quad (4.91)$$

Die c mit geradem Index kommen in $c' = (c_0, c_2, \ldots)$ und die mit ungeradem Index in $c'' = (c_1, c_3, \ldots)$. Dann folgen die Transformationen $F_M c'$ und $F_M c''$. Der Schlüssel ist $\mathbf{w}_N^2 = \mathbf{w}_M$. Das ergibt $w_N^{2jk} = w_M^{jk}$.

Umschreiben $\quad f_j = \sum w_M^{jk} c'_k + (w_N)^j \sum w_M^{jk} c''_k = f'_j + (w_N)^j f''_j. \quad$ (4.92)

Für $j \geq M$ kommt das negative Vorzeichen in Gleichung (4.90) durch Herausziehen des Faktors $(w_N)^M = -1$.

MATLAB trennt spielend die geraden von den ungeraden c und multipliziert mit w_N^j. Wir verwenden conj(F) oder entsprechend MATLABs inverse Transformation ifft, weil fft auf $\omega = \overline{w} = e^{-2\pi i/N}$ basiert. In Aufgabe 4.3.2 auf Seite 407 wird gezeigt, dass F und conj(F) durch Zeilenvertauschungen miteinander verknüpft sind.

FFT Schritt von N zu $N/2$ in MATLAB

$f' = \text{ifft}(c(0:2:N-2)) * N/2;$
$f'' = \text{ifft}(c(1:2:N-1)) * N/2;$
$d = w.\wedge(0:N/2-1)';$
$f = [f' + d.*f''; f' - d.*f''];$

Der Flussgraph zeigt, wie c' und c'' durch die Matrix F_2 mit halber Größe laufen. Diese Darstellung nennt man aufgrund ihrer äußeren Form auch „Schmetterlingsgraph". Dann werden die Ausgaben f' und f'' (durch Multiplikation von f'' mit $1, i$ und auch mit $-1, -i$) zu $f = F_4 c$ kombiniert.

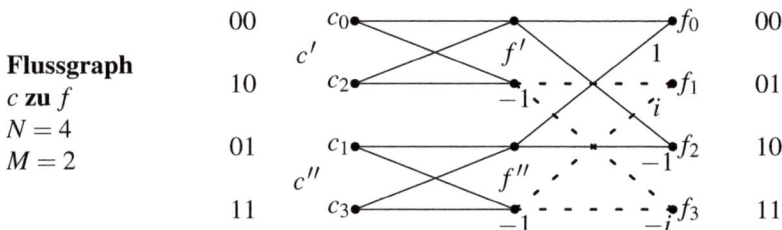

Flussgraph
c **zu** f
$N = 4$
$M = 2$

Die Reduktion der Matrix F_N auf zwei Matrizen F_M halbiert die Arbeit nahezu – Sie sehen die Nullen in der Matrixfaktorisierung (4.89). Das ist eine gute aber keine großartige Reduktion. Die ganze Idee der FFT ist wesentlich leistungsstarker. Sie spart mehr als 50% des Rechenaufwands.

Die volle FFT durch Rekursion

Wenn Sie den Abschnitt bis hierhin gelesen haben, ahnen Sie vermutlich, was nun kommt. Wir haben die Matrix F_N auf $F_{N/2}$ reduziert. **Machen wir mit $F_{N/4}$ weiter**. Die beiden Kopien von F_{512} führen auf vier Kopien von F_{256}. Dann führt 256 auf 128. *Das ist Rekursion* – ein Grundprinzip vieler schneller Algorithmen. Hier ist der zweite Schritt mit $F = F_{256}$ und $D = \text{diag}(1, w_{512}, \ldots, (w_{512})^{255})$:

$$\begin{bmatrix} F_{512} & 0 \\ 0 & F_{512} \end{bmatrix} = \begin{bmatrix} I & D & & \\ I & -D & & \\ & & I & D \\ & & I & -D \end{bmatrix} \begin{bmatrix} F & & & \\ & F & & \\ & & F & \\ & & & F \end{bmatrix} \begin{bmatrix} \text{pick } 0, 4, 8, \cdots \\ \text{pick } 2, 6, 10, \cdots \\ \text{pick } 1, 5, 9, \cdots \\ \text{pick } 3, 7, 11, \cdots \end{bmatrix}.$$

Wir können die einzelnen Multiplikation zählen, um festzustellen, wie viel eingespart wird. Bevor die FFT erfunden wurde, war die Anzahl $N^2 = (1024)^2$. Das sind etwa eine Million Multiplikationen. Ich behaupte nicht, dass wir dafür lange brauchen. Der Aufwand wird groß, wenn wir sehr viele Transformationen ausführen müssen – was ein typischer Fall ist. Dann ist auch die Ersparnis groß:

Für $N = 2^L$ wird die Gesamtzahl von N^2 auf $\frac{1}{2}NL$ reduziert.

Die Zahl $N = 1024$ ist 2^{10}, also ist $L = 10$. Die ursprüngliche Anzahl von $(1024)^2$ wird auf $(5)(1024)$ reduziert. Die Ersparnis ist ein Faktor 200, weil eine Million auf Fünftausend reduziert wird. Das ist der Grund, weshalb die FFT die Signalverarbeitung revolutioniert hat.

Die Zahl $\frac{1}{2}NL$ kommt wie folgt zustande: Es gibt N Schritte von $N = 2^L$ bis $N = 1$. In jedem Schritt müssen $\frac{1}{2}N$ Multiplikationen durch die Diagonalmatrix D ausgeführt werden, um die Ausgaben halber Größe zusammenzusetzen. Das ergibt schließlich die Anzahl $\frac{1}{2}NL$, was $\frac{1}{2}N \log_2 N$ ist.

4.3 Die diskrete Fourier-Transformation und die FFT

Dieselbe Idee führt auf eine schnelle inverse Transformation. Die Matrix F_N^{-1} enthält Potenzen der komplexen Zahl $\overline{w}$. Wir ersetzen in der Diagonalmatrix D und in Gleichung (4.90) auf Seite 405 w durch $\overline{w}$. Am Ende dividieren wir durch N.

Erlauben Sie mir eine letzte Anmerkung zu diesem bemerkenswerten Algorithmus. Es gibt eine verblüffende Regel für die Reihenfolge, in der die Komponenten von c nach allen L ungerade-gerade Permutationen den Schmetterling durchlaufen. Schreiben Sie die Zahlen 0 bis N in Binärdarstellung. *Kehren Sie die Reihenfolge ihrer Bits (Binärstellen) um.* Der vollständige Schmetterlingsgraph zeigt die bitumgekehrte Reihenfolge am Anfang und anschließend $L = \log_2 N$ Rekursionsschritte. Die Endausgabe ist F_N mal **c**.

Die schnellste FFT ist diejenige, die speziell auf den Prozessor und die Arbeitsspeicherkapazität des einzelnen Rechners zugeschnitten ist. Der Algorithmus wird sich dabei selbstverständlich von dem in einem Lehrbuch beschriebenen unterscheiden, die Idee der Rekursion bleibt aber weiter entscheidend. Für Software, die sich automatisch anpasst, empfehlen ich Ihnen wärmstens die Website fftw.org.

Aufgaben zu Abschnitt 4.3

4.3.1 Multiplizieren Sie die drei Matrizen aus Gleichung (4.88) auf Seite 404 aus, und vergleichen Sie das Ergebnis mit der Matrix F. Bei welchen sechs Elementen müssen Sie wissen, dass $i^2 = -1$ ist? Das ist $(w_4)^2 = w_2$. Warum ist $(w_N)^M = -1$ im Fall $M = N/2$?

4.3.2 *Warum ist die i-te Zeile der Matrix $\overline{F}$ mit der $(N-i)$-ten Zeile der Matrix F identisch (von 0 bis $N-1$ nummeriert)?*

4.3.3 Setzen Sie Aufgabe 4.3.2 fort. Bestimmen Sie die 4×4-Permutationsmatrix P, sodass $F = P\overline{F}$ gilt. Überprüfen Sie, dass $P^2 = I$ gilt, sodass $P = P^{-1}$ ist. Zeigen Sie anschließend mithilfe von $\overline{F}F = 4I$, dass $P = F^2/4$ ist. Es ist erstaunlich, dass $P^2 = F^4/16 = I$ ist! Vier Transformationen von c bringen $16c$ zurück. *Anmerkung*: Für alle N ist F^2/N eine symmetrische Permutationsmatrix P. In ihr kommen die Zeilen der Einheitsmatrix I in der Reihenfolge $1, N, N-1, \ldots, 2$ vor. Dann ist $P = \begin{bmatrix} 1 & 0 \\ 0 & J \end{bmatrix} = I([1,N:-1:2],:)$ für die *umgekehrte Einheitsmatrix J.* Aus $P^2 = I$ ergibt sich (überraschenderweise!) $F^4 = N^2 I$. Die Schlüsseleigenschaften der Matrizen P und F sowie ihre Eigenwerte finden Sie auf der cse-Website.

4.3.4 Invertieren Sie die drei Faktoren aus Gleichung (4.88) auf Seite 404, um eine schnelle Faktorisierung von F^{-1} zu bestimmen.

4.3.5 Die Matrix F ist symmetrisch. Transponieren Sie Gleichung (4.88) auf Seite 404, um eine neue schnelle Fourier-Transformation zu erhalten!

4.3.6 Bei der Faktorisierung der Matrix F_6 enthalten alle Elemente Potenzen von $w = $ sechste Einheitswurzel:

$$F_6 = \begin{bmatrix} I & D \\ I & -D \end{bmatrix} \begin{bmatrix} F_3 & \\ & F_3 \end{bmatrix} \begin{bmatrix} \text{gerade} \\ \text{ungerade} \end{bmatrix}.$$

Schreiben Sie diese Faktoren mit den Elementen $1, w, w^2$ in D und den Elementen $1, w^2 = \sqrt[3]{1}, w^4$ in F_3 auf. Multiplizieren Sie aus!

4.3.7 Was ist der diskrete Kosinusvektor (im Fall $N=4$) in Analogie zum diskreten Sinusvektor $(0,1,0,-1)$?

4.3.8 Führen Sie den Vektor $c=(1,0,1,0)$ durch die drei Schritte der FFT (das sind die drei Multiplikationen aus Gleichung (4.88)), um $y=Fc$ zu bestimmen. Verfahren Sie mit dem Vektor $c=(0,1,0,1)$ ebenso.

4.3.9 Berechnen Sie $y=F_8c$ durch die drei FFT-Schritte für $c=(1,0,1,0,1,0,1,0)$. Wiederholen Sie die Berechnung für $c=(0,1,0,1,0,1,0,1)$.

4.3.10 Wenn $w=e^{2\pi i/64}$ ist, dann sind w^2 und $\sqrt{w}$ unter den _____ und _____ Einheitswurzeln.

4.3.11 (a) Stellen Sie alle sechsten Einheitswurzeln auf dem Einheitskreis grafisch dar. Prüfen Sie, dass ihre Summe 1 ist.

(b) Was sind die drei kubischen Einheitswurzeln? Ist auch ihre Summe 1?

Die Aufgaben 4.3.12–4.3.14 zeigen, wie die Transformation von reellen Vektoren f wesentlich beschleunigt werden kann.

4.3.12 Der Vektor f sei reell. Zeigen Sie, dass seine Transformierte c die wesentliche Eigenschaft $\overline{c}_{N-k}=c_k$ besitzt. Das ist das Analogon von $\overline{c}_{-k}=c_k$ für Fourier-Reihen $f(x)=\sum c_k e^{ikx}$. Beginnen Sie mit

$$c_{N-k}=\frac{1}{N}\sum_{j=0}^{N-1}f_j w^{j(N-k)}.$$

Verwenden Sie $w^N=1, w^{-1}=\overline{w}, \overline{f}_j=f_j$, um $\overline{c}_{N-k}$ zu bestimmen.

4.3.13 Die DFT von *zwei reellen Vektoren f und g* ergibt sich aus einer komplexen DFT von $h=f+ig$. Verwenden Sie die Transformierte b von h, um zu zeigen, dass die Transformierten c und d von f und g wie folgt sind:

$$c_k=\frac{1}{2}(b_k+\overline{b}_{N-k}) \quad \text{and} \quad d_k=\frac{i}{2}(\overline{b}_{N-k}-b_k).$$

4.3.14 Um die DFT *eines reellen Vektors f* zu beschleunigen, unterteilen Sie ihn in zwei Vektoren f_{gerade} und f_{ungerade}. Bestimmen Sie aus $h=f_{\text{gerade}}+if_{\text{ungerade}}$ seine M-Punkt-Transformierte b (für $M=\frac{1}{2}N$). Bilden Sie dann die Transformierten c und d von f_{gerade} und f_{ungerade} wie in Aufgabe 4.3.13. Verwenden Sie Gleichung (4.91), um die Transformierte $\widehat{f}$ aus c und d zu konstruieren.
Anmerkung: Bei reellen Vektoren f reduziert das die Anzahl $\frac{1}{2}N\log_2 N$ komplexer Multiplikationen um den Faktor $\frac{1}{2}$. Jede komplexe Multiplikation $(a+ib)(c+id)$ erfordert nur drei (nicht vier) reelle Multiplikation und eine extra Addition.

4.3.15 Die Spalten der Fourier-Matrix F sind die *Eigenvektoren* der *zyklischen* Permutation P (nicht der ungerade-gerade Permutation). Multiplizieren Sie P mit F, um die Eigenwerte λ_1 bis λ_4 der Matrix P zu bestimmen:

$$\begin{bmatrix} 0 & 1 & 0 & 0 \\ 0 & 0 & 1 & 0 \\ 0 & 0 & 0 & 1 \\ 1 & 0 & 0 & 0 \end{bmatrix} \begin{bmatrix} 1 & 1 & 1 & 1 \\ 1 & i & i^2 & i^3 \\ 1 & i^2 & i^4 & i^6 \\ 1 & i^3 & i^6 & i^9 \end{bmatrix} = \begin{bmatrix} 1 & 1 & 1 & 1 \\ 1 & i & i^2 & i^3 \\ 1 & i^2 & i^4 & i^6 \\ 1 & i^3 & i^6 & i^9 \end{bmatrix} \begin{bmatrix} \lambda_1 & & & \\ & \lambda_2 & & \\ & & \lambda_3 & \\ & & & \lambda_4 \end{bmatrix}.$$

4.3 Die diskrete Fourier-Transformation und die FFT

Das ist $PF = F\Lambda$ oder $P = F\Lambda F^{-1}$. Die Eigenvektormatrix von P ist F.

4.3.16 Die Gleichung $\det(P - \lambda I) = 0$ reduziert sich auf $\lambda^4 = 1$. Die Eigenwerte der Permutationsmatrix P sind wieder _____. Welche Permutationsmatrix hat die Eigenwerte = dritte Einheitswurzeln?

4.3.17 Zwei Eigenvektoren der „zirkulanten Matrix" C sind die Vektoren $(1,1,1,1)$ und $(1,i,i^2,i^3)$. Multiplizieren Sie diese Vektoren mit C, um die beiden Eigenwerte λ_0 und λ_1 zu bestimmen:

Zirkulante Matrix $\begin{bmatrix} c_0 & c_1 & c_2 & c_3 \\ c_3 & c_0 & c_1 & c_2 \\ c_2 & c_3 & c_0 & c_1 \\ c_1 & c_2 & c_3 & c_0 \end{bmatrix}$ hat $C \begin{bmatrix} 1 \\ 1 \\ 1 \\ 1 \end{bmatrix} = \lambda_0 \begin{bmatrix} 1 \\ 1 \\ 1 \\ 1 \end{bmatrix}$.

Beachten Sie, dass $C = c_0 I + c_1 P + c_2 P^2 + c_3 P^3$ gilt, wobei P die zyklische Permutationsmatrix aus Aufgabe 4.3.15 ist. Daher ist $F(c_0 I + c_1 \Lambda + c_2 \Lambda^2 + c_3 \Lambda^3) F^{-1}$. Die Matrix in Klammern ist eine Diagonalmatrix. Sie enthält die _____ der Matrix C.

4.3.18 Bestimmen Sie die Eigenwerte der zyklischen Matrix mit den Elementen $-1, 2, -1$ mithilfe von $2I - \Lambda - \Lambda^3$ aus Aufgabe 4.3.17. Die Eckelemente -1 machen die Matrix der zweiten Differenzen periodisch:

$C = \begin{bmatrix} 2 & -1 & 0 & -1 \\ -1 & 2 & -1 & 0 \\ 0 & -1 & 2 & -1 \\ -1 & 0 & -1 & 2 \end{bmatrix}$ hat $(c_0, c_1, c_2, c_3) = (2, -1, 0, -1)$.

4.3.19 Ein gerader Vektor $c = (a,b,d,b)$ ergibt eine _____ zirkulante Matrix. Ihre Eigenwerte sind reell. Ein ungerader Vektor $c = (0,e,0,-e)$ ergibt eine _____ zirkulante Matrix mit imaginären Eigenwerten.

4.3.20 Um eine Matrix $C = FEF^{-1}$ mit einem Vektor x zu multiplizieren, können wir die Multiplikation $F(E(F^{-1}x))$ verwenden. Mit der direkten Variante Cx brauchen wir n^2 einzelne Multiplikationen. Die Fourier-Matrizen F und F^{-1} sowie die Eigenwertmatrix E brauchen insgesamt nur $n \log_2 n + n$ Multiplikationen. Wie viele davon stammen von E, von F und von F^{-1}?

4.3.21 Wie können Sie die vier Komponenten von Fc schnell berechnen, wenn Ihnen $c_0 + c_2$, $c_0 - c_2$, $c_1 + c_3$, $c_1 - c_3$ bekannt sind? Sie finden damit die schnelle Fourier-Transformation!

4.3.22 Die Fourier-Matrix $F2D$ in zwei Dimensionen (auf einem N^2 Gitter) ist $F2D = \text{kron}(F,F)$ (eindimensionale Transformation jeder Zeile, anschließend jeder Spalte).

(a) Schreiben Sie $F2D$ im Fall $N = 2$ (Größe $N^2 = 4$, „Hadamard-Matrix") auf.
(b) Die zweidimensionale DFT-Matrix conj$(F2D)$ ergibt sich aus $\omega = e^{-2\pi i/N}$. Erläutern Sie, warum $F2D$ mal conj$(F2D)$ gleich $N^2(I2D)$ ist.
(c) Was ist der zweidimensionale Deltavektor im Fall $N = 3$, und wie sind seine Fourier-Koeffizienten c_{jk} in zwei Dimensionen?
(d) Warum braucht man für $(F2D)u$ nur $O(N^2 \log N)$ Operationen?

4.4 Faltung und Signalverarbeitung

Die Faltung beantwortet eine Frage, auf die wir unvermeidlich stoßen. Wenn wir $\sum c_k e^{ikx}$ mit $\sum d_k e^{ikx}$ multiplizieren (diese Funktionen seien $f(x)$ und $g(x)$), **was sind dann die Fourier-Koeffizienten von** $f(x)g(x)$? Die Antwort ist nicht $c_k d_k$, denn das sind *nicht* die Koeffizienten von $h(x) = f(x)g(x)$. Die richtigen Koeffizienten von $(\sum c_k e^{ikx})(\sum d_k e^{ikx})$ ergeben sich aus der *Faltung* des Vektors aus den Koeffizienten c mit dem Vektor aus den Koeffizienten d. Für diese Faltung schreibt man $\boldsymbol{c * d}$.

Bevor ich die Faltung erläutere, möchte ich eine zweite Frage stellen. **Welche Funktion hat aber tatsächlich die Fourier-Koeffizienten** $c_k d_k$? Dieses Mal multiplizieren wir im „Raum der Transformierten". In diesem Fall müssen wir $f(x)$ mit $g(x)$ im „x-Raum" falten. **Die Multiplikation in einem Raum entspricht der Faltung im anderen Raum**:

> **Faltungsregeln**
>
> Das Produkt $f(x)g(x)$ hat die Fourier-Koeffizienten $\boldsymbol{c * d}$.
> Das Produkt $2\pi c_k d_k$ liefert die Koeffizienten von $\boldsymbol{f(x) * g(x)}$.

Unsere Aufgabe besteht nun darin, diese Faltungen $c * d$ und $f * g$ zu definieren und zu erkennen, wie nützlich sie sind.

Dieselben Faltungsregeln gelten für die diskreten N-Punkte-Transformationen. Sie lassen sich anhand von Beispielen leicht zeigen, weil die Summen endlich sind. Das Neue ist, dass die diskrete Faltung „zyklisch" sein muss. Daher schreiben wir $c \circledast d$. Alle Summen haben N-Terme, weil höhere Potenzen von w auf niedrigere Potenzen zurückgefaltet werden. Sie sind zyklisch. *Die N-te Potenz ist dasselbe wie die 0-te Potenz:* $w^N = w^0 = 1$.

Jeder der Vektoren c, d und $c \circledast d$ hat N Komponenten. Ich beginne mit $N-$ *Punkte – Beispielen*, weil sie leichter zu verstehen sind. Wir multiplizieren einfach Polynome, und zwar *zyklisch*.

Beispiel 4.14 Was sind die Koeffizienten von $f(w) = 1 + 2w + 4w^2$ mal $g(w) = 3 + 5w^2$, wenn $w^3 = 1$ ist? Das ist **zyklische Faltung** mit $N = 3$.

Nicht-zyklisch

$$(1 + 2w + 4w^2)(3 + 0w + 5w^2) = 3 + 6w + 17w^2 + 10w^3 + 20w^4 \quad (4.93)$$

Zyklisch

$$(1 + 2w + 4w^2)(3 + 0w + 5w^2) = \underline{\qquad} + \underline{\qquad} w + \underline{\qquad} w^2.$$

Der Term mit w^2 ergibt sich aus 1 mal $5w^2$, $2w$ mal $0w$ und $4w^2$ mal 3: Insgesamt sind das $\boldsymbol{17w^2}$.

Der Term mit w ergibt sich aus $2w$ mal 3 und $4w^2$ mal $5w^2$ (wegen $w^4 = w$): Insgesamt sind das $\boldsymbol{26w}$.

4.4 Faltung und Signalverarbeitung

Der konstante Term ist $(1)(3) + (2)(5) + (4)(0)$ (weil $(w)(w^2) = 1$ ist): Insgesamt sind das **13**.

Zyklische Faltung $c \circledast d = (1,2,4) \circledast (3,0,5) = (13, 26, 17)$. (4.94)

Hinter diesem Beispiel verbirgt sich nichts weiter als einfache Multiplikation. Im Fall $w = 10$ müssen Sie $f = 421$ mit $g = 503$ multiplizieren. Lehrer könnten aber verwirrt sein, wenn 17 vorkommt und Sie 1 nicht übertragen. Das ist aber nur ein Unterschied in der Auffassung. Richtig ist es, wenn Sie sagen, dass w^3 so viel zählt wie 1. Die zyklische Antwort lautet also 13 plus $26w$ plus $17w^2$.

Vergleichen Sie die zyklische Faltung $c \circledast d$ mit der nicht-zyklischen Faltung $c * d$. Lesen Sie von rechts nach links, weil $w = 10$ ist:

```
    4 2 1                           4 2 1
    5 0 3                           5 0 3
    ─────                           ─────
   12 6 3                          12 6 3
    0 0 0                           0 0 0
20 10 5        nicht-zyklisch    5 20 10       zyklisch
────────────   von rechts nach   ────────      von rechts nach links
20 10 17 6 3   links  c * d      17 26 13      c ⊛ d
```

Das Ergebnis $3 + 60 + 1700 + 10000 + 200000$ ist die richtige Antwort zur Aufgabe 421 mal 503. Wenn es Ihnen wegen des fehlenden Übertrags als falsch angestrichen wird, vergessen Sie nicht, dass das Lehrerleben (und das der Professoren ebenso) nicht leicht ist. Gerade wenn wir dachten, wie hätten die Multiplikation verstanden...

Beispiel 4.15 Multiplizieren Sie $f(x) = 1 + 2e^{ix} + 4e^{2ix}$ mit $g(x) = 3 + 5e^{2ix}$. Das Ergebnis ist $3 + 6e^{ix} + 17e^{2ix} + 10e^{3ix} + 20e^{4ix}$. Das ist ein Beispiel für **nicht-zyklische Faltung**.

Der Koeffizient von e^{2ix} in $f(x)g(x)$ ist derselbe wie vorhin, nämlich $(4)(3) + (2)(0) + (1)(5) = 17$. Nun gibt es auch die Terme $10e^{3ix} + 20e^{4ix}$, und die zyklische Eigenschaft $w^3 = 1$ fehlt:

Nicht-zyklische Faltung $c * d = (1,2,4) * (3,0,5) = (3, 6, 17, 10, 20)$. (4.95)

Diese nicht-zyklische Faltung wird von MATLAB mit dem Befehl **conv** erzeugt:

$c = [1\ 2\ 4]$; $d = [3\ 0\ 5]$; **conv**(c,d) ergibt $c * d$.

Wenn c die Länge L und d die Länge N hat, dann hat **conv**(c,d) die Länge $L + N - 1$.

Gleichung (4.97) auf der nächsten Seite können Sie entnehmen, dass die n-te Komponente von $c * d$ gleich $\sum c_k d_{n-k}$ ist.

Die Indizes k und $n - k$ ergänzen sich zu n. Wir sammeln **alle Paare $c_k w^k$ und $d_{n-k} w^{n-k}$, deren Produkt w^n** ergibt. Dieser auffällige Term $k + (n - k) = n$ ist das Markenzeichen einer Faltung.

Für die zyklische Faltung $c \circledast d$ gibt es keinen MATLAB-Befehl. Sie lässt sich aber leicht konstruieren, indem man den nicht-zyklischen Teil zurückfaltet. Nun haben c, d und $c \circledast d$ dieselbe Länge N:

$q = [\text{conv}(c,d)\ 0];$ % Die zusätzliche Null bringt Länge $2N$.
cconv $= q(1:N) + q(N+1:N+N);$ % **cconv** $= c \circledast d$ hat die Länge N.

Die n-te Komponente von $c \circledast d$ ist weiter eine Summe von $c_k d_l$, nun ist aber $k+l = n$ $(mod\ N)$ = Rest nach Division durch N. Dieser Ausdruck **mod N** ist der zyklische Teil, der sich aus $w^N = 1$ ergibt. Damit ist $\mathbf{1+2 = 0(mod\ 3)}$. Es folgen die Formeln für die Faltung und die zyklische Faltung:

Diskrete Faltung

$$(c*d)_n = \sum c_k d_{n-k} \qquad (c \circledast d)_n = \sum c_k d_l \text{ für } k+l = n(mod\ N). \qquad (4.96)$$

Unendliche Faltung

Die Faltung lässt sich auch dann anwenden, wenn $f(x)$, $g(x)$ und $f(x)g(x)$ unendlich viele Terme haben. Wir sind bereit für die Regel für $c * d$, wenn wir $\sum c_k e^{ikx}$ mit $\sum d_l e^{ilx}$ multiplizieren. *Was ist der Koeffizient von e^{inx} im Multiplikationsergebnis?*

1. Der Term e^{inx} ergibt sich aus der Multiplikation von e^{ikx} mit e^{ilx} im Fall $k+l = n$.
2. Das Produkt $(c_k e^{ikx})(d_l e^{ilx})$ ist im Fall $k+l = n$ gleich $c_k d_l e^{inx}$.
3. Der Term e^{inx} in $f(x)g(x)$ enthält *jedes Produkt $c_k d_l$, in dem $l = n - k$ ist*.

Wir addieren alle Produkte $c_k d_l = c_k d_{n-k}$, um den Koeffizienten von e^{inx} zu bestimmen. Die Faltung kombiniert alle Produkte $c_k d_{n-k}$, deren Indexsumme n ist:

Unendliche Faltung n-te Komponente von $c*d$ ist $\displaystyle\sum_{k=-\infty}^{\infty} c_k d_{n-k}$.   (4.97)

Beispiel 4.16 Der „Einheitsvektor" δ hat bei der Faltung exakt einen von null verschiedenen Koeffizienten $\delta_0 = 1$. Dann liefert δ die Fourier-Koeffizienten der Einheitsfunktion $f(x) = 1$. Die Multiplikation von $f(x) = 1$ mit $g(x)$ ergibt $g(x)$, sodass d das Ergebnis der Faltung $\delta * d$ ist:

$$\delta * d = (\ldots, 0, 1, 0, \ldots) * (\ldots, d_{-1}, d_0, d_1, \ldots) = \mathbf{d}. \qquad (4.98)$$

Der einzige Term in $\sum \delta_k d_{n-k}$ ist $\delta_0 d_n$. Dieser Term ist d_n. So bringt $\delta * d$ wieder d.

Beispiel 4.17 Die **Autokorrelation** eines Vektors c ist die Faltung von c mit seinem „Flip" („konjugiert Transponierten" oder „Zeitumkehrung") $d(n) = \overline{c(-n)}$. Das echte Signal $c = (1, 2, 4)$ hat die Koeffizienten $d_0 = 1$, $d_{-1} = 2$ und $d_{-2} = 4$. Die Faltung $c * d$ ist die Autokorrelation von c:

Autokorrelation

$$(\ldots,1,2,4,\ldots)*(\ldots,4,2,1,\ldots) = (\ldots,4,10,21,10,4,\ldots). \tag{4.99}$$

Die Punkte stehen für Nullen. Die Autokorrelation $4,10,21,10,4$ ist symmetrisch um die Nullposition. Ehrlich gesagt, habe ich die Faltungformel $\sum c_k d_{n-k}$ in Wirklichkeit gar nicht benutzt. Es ist einfacher, die Funktion $f(x) = \sum c_k e^{ikx}$ mir ihrer konjugiert komplexen Funktion $\overline{f(x)} = \sum \overline{c}_k e^{-ikx} = \sum d_k e^{ikx}$ zu multiplizieren:

$$\underbrace{(1 + 2e^{ix} + 4e^{2ix})}_{c_0 \quad c_1 \quad c_2}^{f(x)} \underbrace{(4e^{-2ix} + 2e^{-ix} + 1)}_{d_{-2} \quad d_{-1} \quad d_0}^{\overline{f(x)}} = \overbrace{4e^{-2ix} + 10e^{-ix} + 21 + 10e^{ix} + 4e^{2ix}}^{|f(x)|^2}.$$

Autokorrelation von c

(4.100)

Das Ergebnis $f(x)\overline{f(x)}$ (oft als $f(x)f^*(x)$ geschrieben) ist stets reell und nie negativ.

Anmerkung Die Autokorrelation $f(t) * \overline{f(-t)}$ ist äußerst bedeutend. Ihre Transformierte ist $|c_k|^2$ (im diskreten Fall) oder $|\widehat{f}(k)|^2$ (im kontinuierlichen Fall). Diese Transformierte ist nie negativ. Das ist die **spektrale Leistungsdichte**, die uns in Abschnitt 4.5 auf Seite 423 begegnen wird.

MATLAB liefert die Autokorrelation von c mit dem Befehl conv(c, fliplr(c)). Der links-rechts-Flip bringt das korrekte $d(n) = c(-n)$. Bei einem komplexen Vektor c verwenden Sie conj(fliplr(c)).

Faltung von Funktionen

Kehren wir den Prozess um und multiplizieren c_k mit d_k. Nun sind die Zahlen $2\pi c_k d_k$ die Koeffizienten der Faltung $f(x) * g(x)$. Das ist eine 2π-periodische Faltung, weil $f(x)$ und $g(x)$ periodisch sind. Anstelle der Summe über $c_k d_{n-k}$ bei der Faltung von Koeffizienten haben wir bei der Faltung von Funktionen nun das Integral über $f(t)g(x-t)$.

Beachten Sie bitte: *Die Summe der Indizes k und $n-k$ ist n. Analog dazu ist die Summe von t und $x-t$ gleich x:*

Faltung periodischer Funktionen

$$(f*g)(x) = \int_0^{2\pi} f(t)g(x-t)\,dt. \tag{4.101}$$

Beispiel 4.18 Falten Sie die Funktion $f(x) = \sin x$ mit sich selbst. Prüfen Sie die Faltungsregel: Das Produkt $2\pi c_k d_k$ liefert die Koeffizienten von $g(x) * g(x)$.

Lösung Die Faltung $(\sin x) * (\sin x)$ ist $\int_0^{2\pi} \sin t \sin(x-t)\,dt$. Wir zerlegen die Funktion $\sin(x-t)$ in $\sin x \cos t - \cos x \sin t$. Das Integral ergibt (für mich überraschend) $-\pi \cos x$:

$$(\sin x) * (\sin x) = \sin x \int_0^{2\pi} \sin t \cos t \, dt - \cos x \int_0^{2\pi} \sin^2 t \, dt = -\pi \cos x.$$

Für $(\sin x) * (\sin x)$ ist in der Faltungsregel $c_k = d_k$. Die Koeffizienten von $\sin x = \frac{1}{2i}(e^{ix} - e^{-ix})$ sind $\frac{1}{2i}$ und $-\frac{1}{2i}$. Ihr Quadrat ist $-\frac{1}{4}$. Anschließend multiplizieren wir mit 2π. Dann liefert $2\pi c_k d_k = -\frac{\pi}{2}$ die korrekten Koeffizienten von $-\pi \cos x = -\frac{\pi}{2}(e^{ix} + e^{-ix})$.

Beachten Sie, dass bei der *Autokorrelation* $f(x) = \sin x$ mit $f(-x) = -\sin x$ gefaltet wird. Das Ergebnis ist $+\pi \cos x$. Die Koeffizienten $+\frac{\pi}{2}$ sind nun positiv, weil sie durch $2\pi |c_k|^2$ gegeben sind.

Beispiel 4.19 Sei $I(x)$ das Integral von $f(x)$, und $D(x)$ sei die Ableitung von $g(x)$. Zeigen Sie, dass $I * D = f * g$ gilt. *Geben Sie die Begründung sowohl im x-Raum als auch im k-Raum.*

Lösung Im k-Raum ergibt sich $I * D = f * g$ schnell aus den Regeln für Integrale und Ableitungen. Das Integral $I(x)$ hat die Koeffizienten c_k/ik, und die Ableitung $D(x)$ hat die Koeffizienten $ik d_k$. Bei der Multiplikation kürzen sich ik und $1/ik$. Es ergibt sich dasselbe $c_k d_k$ für $I * D$ und $f * g$. Eigentlich sollten wir $c_0 = 0$ fordern, um eine Division durch $k = 0$ zu vermeiden.

Im x-Raum verwenden wir partielle Integration (ein großartiges Werkzeug). Das Integral von $f(t)$ ist $I(t)$. Die Ableitung von $g(x-t)$ ist *minus* $D(x-t)$. Da unsere Funktionen periodisch sind, hat der integrierte Term $I(t)g(x-t)$ an der Stelle 0 den gleichen Wert wie an der Stelle 2π. Damit liefert dieser Term keinen Beitrag, und es bleibt $f * g = I * D$ übrig.

Nach diesen Beispielen überzeugen wir uns davon, dass **$f * g$ die Koeffizienten $2\pi c_k d_k$ hat**. Zunächst ist

$$\int_0^{2\pi} (f*g)(x) e^{-ikx} dx = \int_0^{2\pi} \left[\int_0^{2\pi} f(t) g(x-t) e^{-ik[t+(x-t)]} dt \right] dx. \tag{4.102}$$

Wir können $f(t)e^{-ikt}$ aus dem x-Integral herausziehen. Das trennt (4.102) in zwei Integrale:

$$\int_0^{2\pi} f(t) e^{-ikt} dt \int_0^{2\pi} g(x-t) e^{-ik(x-t)} dx, \text{ was } (2\pi c_k)(2\pi d_k) \text{ ist.} \tag{4.103}$$

Im letzten Integral substituieren wir $s = x - t$. Die neuen Grenzen $s = 0 - t$ und $s = 2\pi - t$ erfassen immer noch eine volle Periode. Das Integral ist $2\pi d_k$. Wenn wir (4.102) und (4.103) durch 2π teilen, ergibt das die Funktions-/Koeffizienten-Faltungsregel: ***Die Koeffizienten von $f * g$ sind $2\pi c_k d_k$.***

Regeln für die zyklische Faltung

Dieser Abschnitt fing mit der zyklischen Faltung $(1,2,4) \circledast (3,0,5) = (13,26,17)$ an. Das sind die Koeffizienten in $fg = (1 + 2w + 4w^2)(3 + 5w^2) = (13 + 26w +$

$17w^2$), wenn $w^3 = 1$ ist. Ein nützlicher Test ist, $w = 1$ zu setzen. Dann ergibt sich durch Addition jeder Menge von Koeffizienten $(7)(8) = (56)$.

Die diskrete Faltungsregel verknüpft diese zyklische Faltung $c \circledast d$ mit einer Multiplikation von Funktionswerten. Halten Sie bitte die Vektoren f und g im j-Raum und die Vektoren c und d im k-Raum auseinander. Die Faltungsregel *besagt nicht*, dass $c_k \circledast d_k$ gleich $f_k g_k$ ist!

Mit der korrekten Regel für $c \circledast d$ transformieren wir den Vektor mit den Komponenten $f_j g_j$ zurück in den k-Raum. Wenn wir $f = Fc$ und $g = Fd$ schreiben, ergibt sich eine Identität, die für alle Vektoren gilt. In MATLAB ist das komponentenweise Produkt $(f_0 g_0, \ldots, f_{N-1} g_{N-1})$ der N-Vektor $f.*g$. Der Punkt unterbindet die Summation. Es bleiben N einzelne Komponenten $f_j g_j$. Allerdings steht das Symbol $*$ in MATLAB *nicht* für die Faltung, und die Komponenten werden von 1 bis N nummeriert.

Zyklische Faltung

Die Multiplikation im j-Raum $c \circledast d$ ist $F^{-1}((Fc).*(Fd))$. (4.104)

In MATLAB ist das $N*\text{fft}(\text{ifft}(c).*\text{ifft}(d))$.

Die Faltung sei $f \circledast g$. **Im k-Raum ist das eine Multiplikation**. Dass es in MATLAB keinen Befehl für die zyklische Faltung gibt, liegt möglicherweise an der Einfachheit dieses einzeiligen Codes für $\text{cconv}(f,g)$. Er kopiert (4.104), wobei ifft und fft vertauscht sind:

$$c = \text{fft}(f); \quad d = \text{fft}(g); \quad cd = c.*d; \quad f \circledast g = \text{ifft}(cd); \qquad (4.105)$$

Zu einem Befehl zusammengesetzt, ist dieses cconv $\text{ifft}(\text{fft}(f).*\text{fft}(g))$. Der Faktor N verschwindet, wenn wir in dieser Weise vorgehen und im k-Raum multiplizieren.

Ich muss sagen, dass die Faltungsregel noch mehr schlechte Neuigkeiten für die Schullehrer bringt. Die schriftliche Multiplikation wird in der langsamen Variante gelehrt (wie alle Drittklässler bereits vermutet haben). Wenn wir N-stellige Ziffern so miteinander multiplizieren, führen wir N^2 einzelne Multiplikationen für die Faltung aus. *Das ist ineffizient.* Drei schnelle Fourier-Transformationen machen die Faltung schneller.

Und noch etwas: Es kann sein, dass wir an der Faltung $c*d$ interessiert sind, die FFT aber die zyklische Faltung $c \circledast d$ liefert. Um dieses Problem zu beheben, fügen Sie c und d $N-1$ Nullen hinzu, sodass bei der zyklischen und bei der nichtzyklischen Faltung genau dieselben Multiplikationen vorkommen. Wenn die Vektoren c und d die Länge N haben, dann hat $c*d$ die Länge $2N-1$:

$$C = [c \text{ zeros}(1, N-1)]; \quad D = [d \text{ zeros}(1, N-1)];$$
$$\text{dann ist } c*d \text{ gleich } C \circledast D. \qquad (4.106)$$

Im Fall $N = 2$ ist diese Faltung $c*d$ gleich $(c_0, c_1, 0) \circledast (d_0, d_1, 0) = (c_0 d_0, c_0 d_1 + c_1 d_0, c_1 d_1) = C \circledast D$.

Faltung mithilfe von Matrizen

Sie kennen nun die Grundzüge von $c*d$ und $c \circledast d$ – ihre Verbindung zur Multiplikation ermöglicht es uns, schnell zu falten. Ich möchte mir diese Summen $\sum c_k d_{n-k}$ noch einmal unter dem Aspekt ansehen, sie als Multiplikation einer Matrix C mit einem Vektor d aufzufassen. Die Faltung ist linear, also muss es eine Matrix geben.

Im zyklischen Fall ist C eine **zirkulante Matrix** C. Im nicht-zyklischen Fall haben wir eine **unendliche Matrix C_∞ mit konstanter Diagonale** (die als *Toeplitz-Matrix* bezeichnet wird). Es folgen nun diese Faltungsmatrizen, nämlich C_N für den zyklischen und C_∞ für den nicht-zyklischen Fall mit den einzelnen Koeffizienten c jeder Zeile und Spalte. Beachten Sie, wie die Diagonalen in C_N umlaufen:

Zirkulante Matrix

$$C_N d = \begin{bmatrix} c_0 & c_{N-1} & \cdot & & \cdot & c_1 \\ c_1 & c_0 & c_{N-1} & \cdot & & c_2 \\ c_2 & c_1 & c_0 & \cdot & & \cdot \\ \cdot & & \cdot & c_1 & c_0 & \cdot \\ c_{N-1} & \cdot & & c_2 & c_1 & c_0 \end{bmatrix} \begin{bmatrix} d_0 \\ d_1 \\ \cdot \\ \cdot \\ d_{N-1} \end{bmatrix} = c \circledast d, \qquad (4.107)$$

Toeplitz-Matrix

$$C_\infty d = \begin{bmatrix} & & c_{-2} & \cdot & \cdot \\ & c_0 & c_{-1} & c_{-2} & \cdot \\ c_2 & c_1 & c_0 & c_{-1} & c_{-2} \\ \cdot & c_2 & c_1 & c_0 & \\ \cdot & \cdot & c_2 & & \end{bmatrix} \begin{bmatrix} \cdot \\ d_{-1} \\ d_0 \\ d_1 \\ \cdot \end{bmatrix} = c*d. \qquad (4.108)$$

Für die zirkulante Matrix C_N ist $C(w) = c_0 + c_1 w + \cdots + c_{N-1} w^{N-1}$ das ausschlaggebende Polynom. Die Multiplikation mit $D(w)$ bringt $c \circledast d$, wenn $w^N = 1$ ist. Was die unendliche Matrix betrifft, so entspricht $C_\infty d$ der Multiplikation mit unendlichen Fourier-Reihen: Aus w wird e^{ix}, und alle $|w| = 1$ kommen vor. In Abschnitt 4.6 auf Seite 439 werden wir zeigen, dass die Matrizen genau dann invertierbar sind, wenn $C(w) \neq 0$ gilt (die Inverse muss durch C dividieren). Die Matrizen sind genau dann positiv definit, wenn $C(w) > 0$ gilt. In diesem Fall ist $C(w) = |F(w)|^2$, und c ist die Autokorrelation von f wie in Gleichung (4.100) auf Seite 413. Aus Sicht der Matrizen ist das die Cholesky-Faktorisierung $C = F^T F$.

Bearbeitung eines Signals durch einen Filter

Das *Filtern* (der Schlüsselschritt bei der Singal- und Bildverarbeitung) ist eine Faltung. Ein Beispiel ist ein begleitendes Mittel A (*Tiefpassfilter*). Die Matrix $D = K/4$ der zweiten Differenzen ist ein *Hochpassfilter*. Für den Moment nehmen wir an, dass das Signal keinen Anfang und kein Ende hat. Bei einem langen Signal, wie dem Audiosignal auf einer CD, stellen die Randfehler kein ernsthaftes Problem dar. Daher verwenden wir die unendliche Matrix und nicht die endliche zirkulante Matrix.

4.4 Faltung und Signalverarbeitung

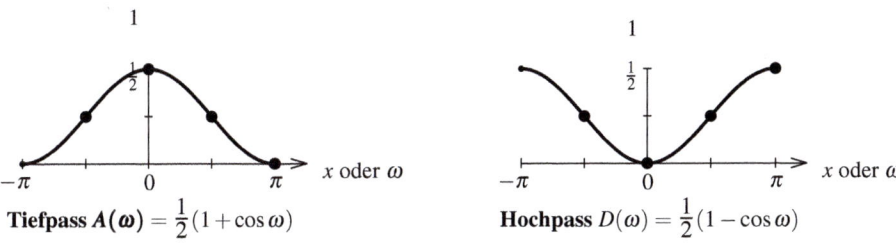

Tiefpass $A(\omega) = \frac{1}{2}(1+\cos\omega)$ **Hochpass** $D(\omega) = \frac{1}{2}(1-\cos\omega)$

Abb. 4.11 Frequenzantworten des Filters A der zweiten Mittel und des Filters D der zweiten Differenzen. Die Hochpassantwort $D(\omega)$ ist die um π verschobene Tiefpassantwort $A(\omega)$.

Der Filter A des „zweiten Mittels" hat zentrierte Koeffizienten $\frac{1}{4}, \frac{2}{4}, \frac{1}{4}$, deren Summe 1 ist:

Ausgabe zur Zeit n = Mittel von drei Eingaben
$$y_n = \frac{1}{4}x_{n-1} + \frac{2}{4}x_n + \frac{1}{4}x_{n+1}.$$

In Matrixnotation entspricht $y = a * x$ der Gleichung $y = Ax$. Die Filtermatrix A ist eine Toeplitz-Matrix:

Mittelungsfilter ist eine Faltung
$a = \frac{1}{4}(., 1, 2, 1, .)$

$$\begin{bmatrix} \cdot \\ y_0 \\ y_1 \\ y_2 \\ \cdot \end{bmatrix} = \frac{1}{4} \begin{bmatrix} \cdot & \cdot & & & \\ 1 & 2 & 1 & & \\ & 1 & 2 & 1 & \\ & & 1 & 2 & \cdot \\ & & & \cdot & \cdot \end{bmatrix} \begin{bmatrix} x_{-1} \\ x_0 \\ x_1 \\ x_2 \\ \cdot \end{bmatrix} = Ax = a * x. \quad (4.109)$$

Mit der Eingabe $x_{\text{tief}} = (., 1, 1, 1, 1, .)$ lautet die Ausgabe $y = x$. Diese DC-Komponente mit Frequenz null passiert den Filter unverändert, es handelt sich also um einen **Tiefpassfilter**. Die Eingabe mit der höchsten Frequenz ist der alternierende Vektor $x_{\text{hoch}} = (., 1, -1, 1, -1, .)$. In diesem Fall ist die Ausgabe $y = (0,0,0,0)$, und die höchste Frequenz $\omega = \pi$ wird ausgeblendet.

Ein Tiefpassfilter wie A befreit das Signal von Rauschen (da Rauschen tendenziell hochfrequent ist). Das Filtern verwischt aber auch signifikante Details der Eingabe x. Das Hauptproblem der Signalverarbeitung besteht darin, den besten Filter zu wählen.

Frequenzantwort
$$A(\omega) = \frac{1}{4}e^{-i\omega} + \frac{2}{4} + \frac{1}{4}e^{i\omega} = \frac{1}{2}(1+\cos\omega) \quad A(0) = 1, A(\pi) = 0. \quad (4.110)$$

Abbildung 4.11 zeigt den Graphen der Frequenzantwort $A(\omega)$, die auch als $A(e^{i\omega})$ geschrieben wird. Der zweite Graph veranschaulicht die Frequenzantwort auf einen Hochpassfilter $D = K/4$.

Hochpassfilter ist $D = K/4$

$$D = \frac{1}{4}\begin{bmatrix} \cdot & \cdot & & & \\ -1 & 2 & -1 & & \\ & -1 & 2 & -1 & \\ & & -1 & 2 & -1 \\ & & & \cdot & \cdot \end{bmatrix} \qquad \text{Ausgabe } y = Dx = d*x.$$

Nun wird durch den Filter die niedrigste Frequenz $\omega = 0$ (der DC-Term) ausgeblendet. Die Eingabe aus lauter Einsen $x(n) = 1$ führt zu einer Nullausgabe $y(n) = 0$. Die höchste Frequenz $\omega = \pi$ wird durchgelassen: Zur alternierenden Eingabe $x(n) = (-1)^n$ gehört $Dx = x$ mit dem Eigenwert 1. Zu den Frequenzen zwischen 0 und π gehören Eigenwerte $D(\omega)$ zwischen 0 und 1, wie auf der rechten Seite von Abbildung 4.11 auf der vorherigen Seite dargestellt:

Hochpassantwort $\quad D(\omega) = -\frac{1}{4}e^{-i\omega} + \frac{1}{2} - \frac{1}{4}e^{i\omega} = \frac{1}{2}(1 - \cos \omega).$ \qquad (4.111)

Alle reinen Frequenzen $-\pi \le \omega \le \pi$ ergeben Eigenvektoren mit den Komponenten $x(n) = e^{-i\omega n}$. Die niedrigste Frequenz $\omega = 0$ ergab $x(n) = 1$, und die höchste Frequenz $\omega = \pi$ ergab $x(n) = (-1)^n$. Der Schlüssel zum Verständnis der Filter ist, sich die Antwort $y(n)$, y_n oder $y[n]$ auf die reine Eingabe $x(n) = e^{-i\omega n}$ anzusehen. Diese Antwort ist einfach $A(\omega)e^{-i\omega n}$.

Bessere Filter

Die Wahrheit ist, dass die Filter A und D nicht besonders scharf sind. Die Aufgabe eines Filters besteht darin, ein Frequenzband zu erhalten und ein anderes Band auszublenden. In den Graphen aus Abbildung 4.11 passiert das Ausblenden zwischen 1 und 0 nur allmählich. Die Antwort $I(\omega)$ eines **idealen Tiefpassfilters** ist genau 1 oder 0. Dieses Ideal können wir aber mit einer endlichen Anzahl von Filterkoeffizienten nicht erreichen. Abbildung 4.12 auf der nächsten Seite zeigt die Antwort eines nahezu idealen Filters.

Der Vektor a wird als **Impulsantwort** bezeichnet, weil $a*\delta = a$ ist. Seine Komponenten sind die Fourier-Koeffizienten von $A(\omega) = \sum a_n e^{-i\omega n}$. Der Filter ist **FIR** (von englisch *finite impulse response*), wenn er eine *endliche* Impulsantwort liefert – es gibt nur $d+1$ von null verschiedene Koeffizienten a_n. Der ideale Tiefpassfilter ist **IIR** (von englisch *infinite impulse response*), weil sich die Fourier-Koeffizienten der Kastenfunktion $A(\omega)$ aus der sinc-Funktion ergeben.

Welches Polynom sollen wir wählen? Wenn wir den idealen Filter abschneiden, ist das Ergebnis nicht gut! Das Abschneiden der Fourier-Reihe für die Kastenfunktion führt zu *großer Überschwingung* im Zusammenhang mit dem Gibbs-Phänomen. Dieses Abschneiden minimiert zwar die Energie im Fehler (mittlere quadratische Fehler), aber der maximale Fehler und das Überschwingen ist inakzeptabel.

Eine gängige Wahl ist ein Filter mit konstanter Welligkeit, ein sogenannter **Equiripple-Filter**. Die Schwingungen in der Frequenzantwort $A(\omega)$ haben alle dieselbe Höhe (oder Tiefe), wie Abbildung 4.12 auf der nächsten Seite zeigt. Wenn wir

4.4 Faltung und Signalverarbeitung

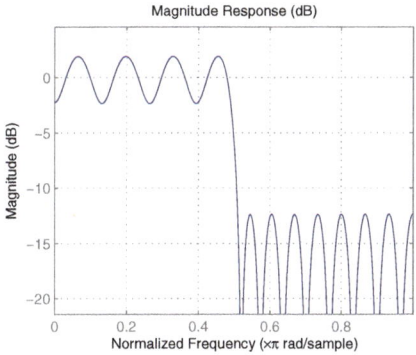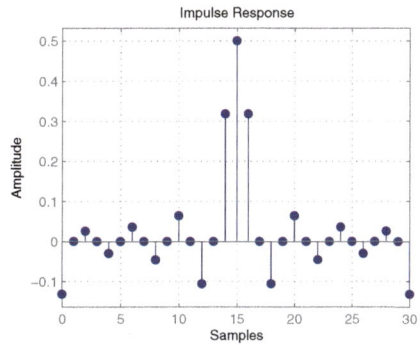

Abb. 4.12 $A(\omega)$ und $a = \text{firpm}(30, [0, .49, .51, 1], [1\ 1\ 0\ 0])$. Verwenden Sie fvtool($a$).

versuchen, den Fehler an einem dieser Maxima zu reduzieren, würden andere Fehler größer werden. **Ein Polynom vom Grad d kann nicht an $d+2$ aufeinanderfolgenden Punkten das Vorzeichen wechseln. Wenn der Fehler $d+2$ gleichhohe Wellen hat, ist der maximale Fehler minimiert.**

Der MATLAB-Befehl firpm (früher remez) erzeugt diesen symmetrischen Equiripple-Filter der Länge $30+1$. Der Übergangsbereich zwischen Durchlassbereich und Sperrbereich ist $.49 \leq f \leq .51$. Die Signal Processing Toolbox normiert durch $f = \omega/\pi \leq 1$ (help firpm spezifiziert die Eingaben).

Signale mit endlicher Länge

Der Schlüsselpunkt für dieses Buch ist, dass *Filter Faltungen* sind: fortwährend gebraucht. Wir sehen die Matrix der zweiten Differenzen in einem neuen Zusammenhang, nämlich als Hochpassfilter. Die Matrix A ist unendlich, wenn sich die Signale $x(n)$ und $y(n)$ über den Bereich $-\infty < n < \infty$ erstrecken. Wenn wir mit Signalen endlicher Länge arbeiten wollen, besteht eine Möglichkeit darin, einen *Umlauf* anzunehmen. Das Signal wird periodisch. Aus den unendlichen Toeplitz-Matrizen, die zu $a * x$ und $d * x$ führen, werden zirkulante $N \times N$-Matrizen, die zu $a \circledast x$ und $d \circledast x$ führen:

Periodische Signale, zirkulante Matrizen, zyklische Faltung

$$A = \frac{1}{4}\begin{bmatrix} 2 & 1 & 0 & 1 \\ 1 & 2 & 1 & 0 \\ 0 & 1 & 2 & 1 \\ 1 & 0 & 1 & 2 \end{bmatrix} \text{ und } D = \frac{1}{4}\begin{bmatrix} 2 & -1 & 0 & -1 \\ -1 & 2 & -1 & 0 \\ 0 & -1 & 2 & -1 \\ -1 & 0 & -1 & 2 \end{bmatrix}. \tag{4.112}$$

Die rechte Seite von Abbildung 4.11 auf Seite 417 zeigt die Frequenzantwortfunktion $D(e^{i\omega})$ für diesen *Hochpass*filter aus zweiten Differenzen bei den vier Frequenzen $\omega = 0, \pm\pi/2, \pi$:

$$D(e^{i\omega}) = -\frac{1}{4}e^{-i\omega} + \frac{2}{4} - \frac{1}{4}e^{i\omega} = \frac{1}{2}(1 - \cos\omega), \quad \text{Werte } \lambda = 0, \frac{1}{2}, \frac{1}{2}, 1. \tag{4.113}$$

Die niedrigste Frequenz $\omega = 0$ gehört zur DC-Eingabe $x = (1,1,1,1)$. Diese wird durch den Filter ausgeblendet ($\lambda = 0$ wegen $2 - 1 - 1 = 0$). Die zweiten Differenzen einer Konstanten sind null. Die höchste Frequenz gehört zur AC-Eingabe $x = (1,-1,1,-1)$, die vom Filter durchgelassen wird, es ist $Dx = x$. Dazwischen haben die Eingaben $(1,i,-1,-i)$ und $(1,-i,-1,i)$ bei $\omega = \pm\frac{\pi}{2}$ Ausgaben, die mit $\lambda = \frac{1}{2}$ multipliziert sind. Der diskrete Kosinus $(1,0,-1,0)$ und der diskrete Sinus $(0,1,0,-1)$ sind Kombinationen dieser Eigenvektoren der Matrix D.

Die Eigenwerte der Matrix D sind die diskreten Transformierten der Filterkoeffizienten:

$$\text{Eigenwerte eig}(D) = 0, \frac{1}{2}, 1, \frac{1}{2} \quad \overset{\text{Transformation}}{\longleftrightarrow} \quad \text{Koeffizienten } d_k = \frac{2}{4}, -\frac{1}{4}, 0, -\frac{1}{4}.$$

Es ist nicht überraschend, dass sich die Theorie der Signalverarbeitung vorwiegend im *Frequenzraum* abspielt. Die Antwortfunktion gibt uns alle Informationen. Der Filter könnte sogar durch die Faltungsregel implementiert werden. Hier würden wir aber zweifellos Cx und Dx direkt aus x berechnen, und zwar mit einem Schaltkreis, in dem Vervielfacher, Addierer und Verzögerungen vorkommen.

Wir schließen diesen Abschnitt mit einem unterhaltsamen Puzzle, in dem diese beiden speziellen Filter vorkommen.

Puzzle. Die Matrizen A und D illustrieren eine merkwürdige Situation, die in der linearen Algebra vorkommen kann. A und D haben *dieselben Eigenwerte und Eigenvektoren*, sind aber nicht indentisch. Das scheint unglaublich, denn beide Matrizen lassen sich in $S\Lambda S^{-1}$ (mit $S =$ Eigenvektormatrix und $\Lambda =$ Eigenwertmatrix) faktorisieren. Wie kann es sein, dass A und D unterschiedliche Matrizen sind?

Der Trick besteht in der Reihenfolge. Der Eigenvektor $(1,1,1,1)$ gehört zum Eigenwert $\lambda = 1$ von A und zum Eigenwert $\lambda = 0$ von D. Der alternierende Eigenvektor $(1,-1,1,-1)$ hat die umgekehrten Eigenwerte. *Die Spalten von F^{-1} (auch die von F) sind bei allen zirkulanten Matrizen die Eigenvektoren*, was wir in Abschnitt 4.6 erläutern. Die Matrix Λ kann aber die Eigenwerte $1, \frac{1}{2}, \frac{1}{2}, 0$ in unterschiedlicher Reihenfolge enthalten.

Anschauungsbeispiel: Faltung von Wahrscheinlichkeiten

Sei p_i die Wahrscheinlichkeit, dass eine Zufallsvariable gleich i ist ($p_i \geq 0$ und $\sum p_i = 1$). Wir betrachten die *Summe* $i + j$ von zwei unabhängigen Stichproben. Was ist die Wahrscheinlichkeit c_k, dass $i + j = k$ ist? Wenn wir mit zwei Würfeln spielen, wie hoch ist dann die Wahrscheinlichkeit c_7, insgesamt sieben Augen zu würfeln? Die einzelnen Wahrscheinlichkeiten sind $p_i = \frac{1}{6}$.

Lösung 4.1. Dass auf die Stichprobe i die Stichprobe j folgt, kommt mit der Wahrscheinlichkeit $p_i p_j$ vor. Das Ergebnis $i + j = k$ ist die Verbindung sich gegenseitig ausschließender Ereignisse (Stichprobe i gefolgt von $j = k - i$). Diese Wahrscheinlichkeit ist $p_i p_{k-i}$. Die Kombination aller Möglichkeiten, die Summe k zu erreichen, führt auf eine **Faltung**:

Wahrscheinlichkeit von $i + j = k$ $\quad c_k = \sum p_i p_{k-i} \quad$ oder $\quad c = p * p.$ (4.114)

4.4 Faltung und Signalverarbeitung

Für jeden der beiden Würfel ist die Wahrscheinlichkeit für das Ergebnis $i = 1, 2, \ldots, 6$ gleich $p_i = 1/6$. Die Wahrscheinlichkeit, mit zwei Würfeln $k = 12$ zu werfen, ist $\frac{1}{36}$. Im Fall $k = 11$ ist sie $\frac{2}{36}$, denn es gibt die beiden Kombinationen 5 + 6 und 6 + 5. Zwei Würfel zeigen $k = 2, 3, \ldots, 12$ mit den Wahrscheinlichkeiten $\boldsymbol{p} * \boldsymbol{p} = \boldsymbol{c}$ (Kasten * Kasten = Hut):

$$\frac{1}{6}(1,1,1,1,1,1) * \frac{1}{6}(1,1,1,1,1,1) = \frac{1}{36}(1,2,3,4,5,6,5,4,3,2,1). \quad (4.115)$$

Lösung 4.2. Die „**erzeugende Funktion**" ist $P(z) = (z + z^2 + \cdots + z^6)/6$, das Polynom mit den Koeffizienten p_i. Bei zwei Würfeln ist die erzeugende Funktion $\boldsymbol{P^2(z)}$.

Das ist $C(z) = \frac{1}{36}z^2 + \frac{2}{36}z^3 + \cdots + \frac{1}{36}z^{12}$ (Koeffizienten c_k multipliziert mit den Potenzen z^k), was sich aus der Faltungsregel (4.115) ergibt. Multiplizieren Sie P mit P, wenn Sie p mit p falten wollen.

Wiederholte Versuche: Binomial- und Poisson-Verteilung

Binomiale Wahrscheinlichkeiten ergeben sich aus n Münzwürfen. Die Wahrscheinlichkeit für „Kopf" ist bei jedem Wurf p. Die Wahrscheinlichkeit b_i bei n Würfen i Mal „Kopf" zu sehen, ergibt sich aus der Faltung von n Kopien von $(1-p, p)$:

Binomial $b_i = \binom{n}{i} p^i (1-p)^{n-i}$ aus $(1-p, p) * \cdots * (1-p, p)$,
Erzeugende Funktion $B(z) = (pz + 1 - p)^n$.

Der Faktor $pz + 1 - p$ ist die einfache erzeugende Funktion für einen Versuch (Wahrscheinlichkeit p und $1 - p$ für die Ereignisse 1 und 0). Wenn wir die n-te Potenz nehmen, ist b_i die korrekte Wahrscheinlichkeit für die Summe von n unabhängigen Stichproben: Faltungsregel! Die Ableitung von $B(z)$ an der Stelle $z = 1$ ergibt den Mittelwert np (erwartete Anzahl der Ergebnisse „Kopf" bei n Münzwürfen). Nun versuchen wir es mit der Poisson-Verteilung:

Poisson-Wahrscheinlichkeiten $p_i = e^{-\lambda} \lambda^i / i!$,
Erzeugende Funktion $P(z) = \sum p_i z^i = e^{-\lambda} \sum \lambda^i z^i / i! = e^{-\lambda} e^{\lambda z}$.

Wenn wir diese erzeugende Funktion quadrieren, ist $P^2 = e^{-2\lambda} e^{2\lambda z}$ die korrekte Wahrscheinlichkeit für die Summe von zwei Poisson-verteilten Stichproben. Damit ist die Summe weiterhin Poisson-verteilt. Der Parameter ist 2λ. Und die Ableitung von $P(z)$ an der Stelle $z = 1$ ergibt für jede Stichprobe Mittelwert = λ.

Der zentrale Grenzwertsatz betrachtet die Summe von n Stichproben im Limes $n \to \infty$. Er besagt, dass der (skalierte) Limes vieler Faltungen eine Gauß-Verteilung ergibt.

Aufgaben zu Abschnitt 4.4

4.4.1 (ab 7 Jahre) **Wenn Sie Zahlen miteinander multiplizieren, falten Sie ihre Ziffern.** Bei der tatsächlichen Multiplikation müssen wir Zahlen „übertragen", während sie die Faltung an derselben Dezimalstelle belässt. Was ist t?

$$(12)(15) = (180) \quad \text{aber} \quad (\ldots, 1, 2, \ldots) * (\ldots, 1, 5, \ldots) = (\ldots, 1, 7, t, \ldots).$$

4.4.2 Prüfen Sie die Regel für die zyklische Faltung $F(c \circledast d) = (Fc).*(Fd)$ direkt für $N = 2$:

$$F = \begin{bmatrix} 1 & 1 \\ 1 & -1 \end{bmatrix} \quad Fc = \begin{bmatrix} c_0 + c_1 \\ c_0 - c_1 \end{bmatrix} \quad Fd = \begin{bmatrix} d_0 + d_1 \\ d_0 - d_1 \end{bmatrix} \quad c \circledast d = \begin{bmatrix} c_0 d_0 + c_1 d_1 \\ c_0 d_1 + c_1 d_0 \end{bmatrix}.$$

4.4.3 Faktorisieren Sie die zirkulante 2×2-Matrix $C = \begin{bmatrix} c_0 & c_1 \\ c_1 & c_0 \end{bmatrix}$ in $F^{-1} \text{diag}(Fc) F$ aus Aufgabe 4.4.2.

4.4.4 Die rechte Seite von Gleichung (4.104) auf Seite 415 zeigt den schnellen Weg der Faltung. Drei schnelle Transformationen berechnen Fc und Fd und transformieren mit F^{-1} zurück. Erzeugen Sie in den Fällen $N = 128, 1024, 8192$ Zufallsvektoren c und d. Vergleichen Sie tic; cconv(c,d); toc; mit diesem FFT-Weg.

4.4.5 Schreiben Sie die Schritte des Beweises für die Regel zur zyklischen Faltung (4.105) auf Seite 415 auf. Orientieren Sie sich dabei an folgender Skizze: $F(c \circledast d)$ hat die Komponenten $\sum (\sum c_n d_{k-n}) w^{jk}$. Die innere Summe über n ergibt $c \circledast d$, und die äußere Summe über k multipliziert mit F. Schreiben Sie w^{jk} als w^{jn} mal $w^{j(k-n)}$. Wenn Sie zuerst über k und dann über n summieren, zerfällt die Doppelsumme in $\sum c_n w^{jn} \sum d_k w^{jk}$.

4.4.6 Was ist der Einheitsvektor δ_N der zyklischen Faltung? Er liefert $\delta_N \circledast d = d$.

4.4.7 Welche Vektoren s und s_N ergeben **Verzögerungen um einen Schritt** bei der nichtzyklischen und der zyklischen Faltung?

$s * (\ldots, d_0, d_1, \ldots) = (\ldots, d_{-1}, d_0, \ldots)$ und $s_N \circledast (d_0, \ldots, d_{N-1}) = (d_{N-1}, d_0, \ldots)$.

4.4.8 (a) Berechnen Sie die Faltung $f \circledast f$ für $f = (0,0,0,1,0,0)$ direkt (zyklische Faltung mit $N = 6$). Verknüpfen Sie $(f_0, \ldots, f_5)$ mit $f_0 + f_1 w + \cdots + f_5 w^5$.
(b) Was ist die diskrete Transformierte $c = (c_0, c_1, c_2, c_3, c_4, c_5)$ von f?
(c) Berechnen Sie $f \circledast f$, indem Sie c im „Raum der Transformierten" berechnen und rücktransformieren.

4.4.9 Die Multiplikation von unendlichen Toeplitz-Matrizen $C_\infty D_\infty$ ist die Faltung $c * d$ der Zahlen in ihren Diagonalen. Wenn in der Matrix C_∞ in Gleichung (4.108) auf Seite 416 die Elemente $c_0 = 1, c_1 = 2, c_2 = 4$ stehen, dann ist C_∞^T eine obere Dreiecksmatrix. Multiplizieren Sie $C_\infty C_\infty^T$, um die *Autokorrelation* $(1,2,4) * (4,2,1) = (4,10,21,10,4)$ auf ihren Diagonalen zu erkennen. Warum ist diese Matrix positiv definit? [Die Multiplikation von zirkulanten Matrizen ist die *zyklische* Faltung ihrer Diagonalelemente.]

4.4.10 Die Wahrscheinlichkeit für die Bewertung $i = (70, 80, 90, 100)$ bei einem Test ist $p = (.3, .4, .2, .1)$. Was sind die Wahrscheinlichkeiten c_k dafür, dass die Summe zweier Bewertungen $k = (140, 150, \ldots, 200)$ ist? Sie müssen $c = p * p$ falten oder 3421 mit 3421 multiplizieren (ohne Übertrag).

4.4.11 Was ist der Erwartungswert (Mittelwert m) für die Bewertung bei diesem Test? Die erzeugende Funktion ist $P(z) = .3z^{70} + .4z^{80} + .2z^{90} + .1z^{100}$. Zeigen Sie, dass $m = p'(1)$ ist.

4.4.12 Was ist der Mittelwert M der Gesamtbewertung bei zwei Tests mit diesen Wahrscheinlichkeiten c_k? Ich erwarte $M = 2m$. Die Ableitung von $(P(z))^2$ an der Stelle $z = 1$ ist $2P(z)P'(z) = (2)(1)(m)$.

4.4.13 Welcher firpm-Filter kommt bei 9 Koeffizienten dem idealen Filter aus Abbildung 4.12 auf Seite 419 am nächsten?

4.5 Fourier-Integrale

Eine Fourier-Reihe eignet sich perfekt für eine 2π-periodische Funktion. Die einzigen Frequenzen in $\sum c_k e^{ikx}$ sind ganze Zahlen k. Wenn $f(x)$ *nicht periodisch ist, sind alle Frequenzen k erlaubt.* Die Summe muss durch ein Integral $\int \widehat{f}(k)e^{ikx}\,dk$ über dem Intervall $-\infty < k < \infty$ ersetzt werden.

Die **Fourier-Transformierte** $\widehat{f}(k)$ misst das Vorhandensein von e^{ikx} in $f(x)$. Sie werden sehen, wie beim Übergang von c_k zu $\widehat{f}(k)$ die wichtigen Dinge überleben.

Ich kann die Integraltransformationen in Analogie zur den Formeln für die Fourier-Reihen aufschreiben:

Transformation von $f(x)$ nach $\widehat{f}(k)$

$$c_k = \frac{1}{2\pi}\int_{-\pi}^{\pi} f(x)e^{-ikx}\,dx \text{ wird zu } \widehat{f}(k) = \int_{-\infty}^{\infty} f(x)e^{-ikx}\,dx, \quad (4.116)$$

Rücktransformation von $\widehat{f}(k)$ nach $f(x)$

$$f(x) = \sum_{k=-\infty}^{\infty} c_k e^{-ikx} \text{ wird zu } f(x) = \frac{1}{2\pi}\int_{-\infty}^{\infty} \widehat{f}(k)e^{ikx}\,dk. \quad (4.117)$$

Der Analyseschritt (4.116) bestimmt die Dichte $\widehat{f}(k)$ jeder reinen Schwingung e^{ikx} in $f(x)$. Der Syntheseschritt (4.117) kombiniert jene Schwingungen $\widehat{f}(k)e^{ikx}$, um $f(x)$ zu rekonstruieren.

Beachten Sie, dass für die Frequenz $k = 0$ das Integral $\widehat{f}(0) = \int_{-\infty}^{\infty} f(x)\,dx$ ist. Das ist der Flächeninhalt unter dem Graphen von $f(x)$. Damit entspricht $\widehat{f}(0)$ dem *Mittelwert* c_0 in Fourier-Reihen.

Wir gehen davon aus, dass der Graph von $|f(x)|$ ein endliches Gebiet einschließt. In Anwendungen kann $f(x)$ so schnell wie e^{-x} oder e^{-x^2} fallen. Die Funktion kann einen „langen Schwanz" haben oder wie eine Potenz von $1/x$ abfallen. **Die Glattheit der Funktion $f(x)$ steuert den Abfall in der Transformierten $\widehat{f}(k)$.** Wir nähern uns diesem Thema anhand von Beispielen – es folgen die ersten fünf.

Fünf wesentliche Transformierte

Beispiel 4.20 Die Transformierte von $f(x) =$ **Deltafunktion** $= \delta(x)$ ist eine Konstante (kein Abfall):

$$\widehat{f}(k) = \widehat{\delta}(k) = \int_{-\infty}^{\infty} \delta(x)e^{-ikx}\,dx = 1 \quad \text{für alle Frequenzen } k. \quad (4.118)$$

Das Integral wählt den Wert 1 von e^{-ikx} am Impulspunkt $x = 0$ aus.

Beispiel 4.21 Die Transformierte eines **zentrierten Quadratimpulses** ist eine **sinc-Funktion** von k:

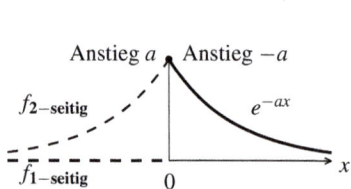
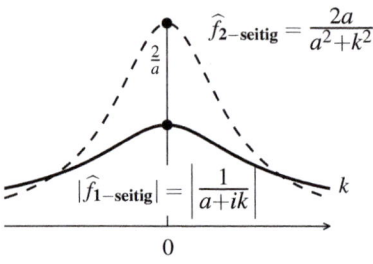

Abb. 4.13 Der einseitige Impuls hat an der Stelle $x = 0$ einen Sprung und demzufolge einen langsamen $1/k$-Abfall in $\widehat{f}(k)$. Der zweiseitige Impuls hat an der Stelle $x = 0$ nur einen Knick und demzufolge einen $1/k^2$-Abfall in $2a/(a^2 + k^2)$.

Quadratimpuls $f(x) = \begin{Bmatrix} 1 & -L \leq x \leq L \\ 0 & |x| > L \end{Bmatrix} =$ Kastenfunktion.

Das Integral von $-\infty$ bis ∞ reduziert sich auf ein einfaches Integral von $-L$ bis L. Beachten Sie, dass $\widehat{f}(0) = 2L$ ist:

2L sinc kL $\quad \widehat{f}(k) = \int_{-L}^{L} e^{-ikx}\, dx = \dfrac{e^{-ikL} - e^{ikL}}{-ik} = \dfrac{2\sin kL}{k}.$ (4.119)

Beispiel 4.22 Ein **einseitig abfallender Impuls** hat die Transformierte $1/(a+ik)$:

Exponentieller Abfall $\quad f(x) = \begin{Bmatrix} e^{-ax} & x \geq 0 \\ 0 & x < 0 \end{Bmatrix}.$

Nun läuft das Integral von 0 bis ∞, und wir integrieren $e^{-(a+ik)x}$. Der Flächeninhalt ist $\widehat{f}(0) = \frac{1}{a}$:

Pol an der Stelle $k = -ia$

$$\widehat{f}(k) = \int_0^\infty e^{-ax} e^{-ikx}\, dx = \left[\dfrac{e^{-(a+ik)x}}{-(a+ik)} \right]_0^\infty = \dfrac{1}{a+ik}. \qquad (4.120)$$

Wir nehmen $a > 0$ (Abfall) an. Es ist sehr angenehm, $e^{-a\infty} = 0$ zu benutzen. Diese Transformierte $1/(a+ik)$ fällt langsam ab, nämlich wie $1/k$, weil $f(x)$ an der Stelle $x = 0$ einen Sprung hat.

Beispiel 4.23 Ein **gerader, abfallender Impuls** hat eine gerade Transformierte $\widehat{f}(k) = 2a/(a^2 + k^2)$:

Zweiseitiger Impuls $\quad f(x) = e^{-a|x|} = \begin{Bmatrix} e^{-ax} & \text{for } x \geq 0 \\ e^{ax} & \text{for } x \leq 0 \end{Bmatrix}$

Einseitig + Einseitig $\quad \widehat{f}(k) = \dfrac{1}{a+ik} + \dfrac{1}{a-ik} = \dfrac{2a}{a^2+k^2}.$ (4.121)

4.5 Fourier-Integrale

Wir addieren zwei einseitige Impulse, also addieren wir auch ihre Transformierten. Der gerade Impuls aus Abbildung 4.13 auf der vorherigen Seite hat an der Stelle $x = 0$ keinen Sprung. Der Anstieg fällt aber von a auf $-a$, sodass $\widehat{f}(k)$ wie $2a/k^2$ fällt.

Reellwertige gerade Funktionen $f(x) = f(-x)$ führen weiter auf Kosinusfunktionen. Für das Fourier-Integral bedeutet das $\widehat{f}(k) = \widehat{f}(-k)$, weil $\cos kx = (e^{ikx} + e^{-ikx})/2$ ist. Reellwertige ungerade Funktionen führen auf Sinusfunktionen. In Beispiel 4.25 auf Seite 427 ist $\widehat{f}(k)$ dann auch imaginär und ungerade.

Beispiel 4.24 Die Transformierte von $f(x) =$ **konstante Funktion** $= 1$ ist eine Deltafunktion $\widehat{f}(k) = 2\pi\delta(k)$.

Das ist ein gefährliches Beispiel, denn unter $f(x) = 1$ ist eine unendliche Fläche. Ich betrachte es am besten als Grenzfall von Beispiel 4.23 im Limes $a \to 0$. Zweifellos geht $e^{-a|x|}$ gegen 1, wenn die Abfallrate a gegen null geht. Für alle Frequenzen $k \neq 0$ ist der Limes von $\widehat{f}(k) = 2a/(a^2 + k^2)$ gleich $\widehat{f}(k) = 0$.

Bei der Frequenz $k = 0$ brauchen wir eine Deltafunktion mal 2π, um $f(x) = 1$ zurückzugewinnen:

Gleichung (4.117) transformiert $e^{-a|x|} = \dfrac{1}{2\pi} \displaystyle\int_{-\infty}^{\infty} \dfrac{2a}{a^2 + k^2} e^{ikx} dk$ zurück. (4.122)

Im Limes $a \to 0$ wird daraus $\quad 1 = \dfrac{1}{2\pi} \displaystyle\int_{-\infty}^{\infty} 2\pi \delta(k) e^{ikx} dk$. (4.123)

Um die Gleichungen (4.116) und (4.117) zu verstehen, gehen wir zunächst von der Fourier-Reihe aus. Die Schlüsselidee ist: *Verwenden Sie eine Periode T, die wesentlich größer als 2π ist.* Die Funktion $f_T(x)$ ist so gewählt, dass sie von $-T/2$ bis $T/2$ mit $f(x)$ übereinstimmt und sich dann mit der Periode T fortsetzt. Im Limes $T \to \infty$ sollte die Fourier-Reihe für f_T (mit der richtigen Skalierung) gegen das Fourier-Integral gehen.

Wenn die Periode T anstatt 2π ist, ergibt sich der Koeffizient c_k von e^{iKx} aus $f_T(x)$:

Periode T mit $K = k\dfrac{2\pi}{T}$ $\quad c_k = \dfrac{1}{T} \displaystyle\int_{-T/2}^{T/2} f_T(x) e^{-iKx} dx$. (4.124)

Die Exponentialfunktionen e^{iKx} haben die richtige Periode T. Sie kombinieren so, dass $f_T(x)$ reproduziert wird:

Fourier-Reihe mit Periode T

$$f_T(x) = \sum_{k=-\infty}^{\infty} c_k e^{iKx} = \sum_{k=-\infty}^{\infty} \frac{1}{T} \left[\int_{-T/2}^{T/2} f_T(x) e^{-iKx} dx \right] e^{iKx}. \quad (4.125)$$

Mit zunehmendem T stimmt die Funktion $f_T(x)$ über einem längeren Intervall mit $f(x)$ überein. **Die Summe von $k = -\infty$ bis ∞ geht gegen ein Integral.** Bei jedem

Glied der Summe ändert sich k um eins, sodass sich K um $2\pi/T$ ändert; das ist ΔK. Wir ersetzen $1/T$ durch $\Delta K/2\pi$. Im Limes $T \to \infty$ sollte die Summe aus Gleichung (4.125) ein Integral über K werden, und f_T sollte gegen f gehen.

Transformiere nach $\widehat{f}(k)$ und transformiere anschließend $f(x)$ zurück:

$$f(x) = \int_{K=-\infty}^{\infty} \left[\int_{x=-\infty}^{\infty} f(x) e^{-iKx} dx \right] e^{iKx} \frac{dK}{2\pi}. \tag{4.126}$$

Es steht uns frei, die „Hilfsvariable" K in k zurückzubenennen. Das Integral in Klammern ist Gleichung (4.116) auf Seite 423, die $\widehat{f}(k)$ liefert. Das äußere Integral, das $f(x)$ rekonstruiert, ist Gleichung (4.117) auf Seite 423.

Ableitungen, Integrale und Verschiebungen: Die Schlüsselregeln

Die Transformation von df/dx folgt einer einfachen Regel. Bei Fourier-Reihen wird c_k mit ik multipliziert:

Die Ableitung von $f(x) = \sum_{-\infty}^{\infty} c_k e^{ikx}$ führt auf $\dfrac{df}{dx} = \sum_{-\infty}^{\infty} ik c_k e^{ikx}$.

Bei Fourier-Integralen ist die Transformierte von df/dx gleich $ik\widehat{f}(k)$:

$$f(x) = \frac{1}{2\pi} \int_{-\infty}^{\infty} \widehat{f}(k) e^{ikx} dk \quad \text{führt auf} \quad \frac{df}{dx} = \frac{1}{2\pi} \int_{-\infty}^{\infty} ik\widehat{f}(k) e^{ikx} dk.$$

Dem zugrunde liegt, dass e^{ikx} eine Eigenfunktion von d/dx mit dem Eigenwert ik ist. Fouriers Formeln drücken $f(x)$ einfach als Linearkombination dieser Eigenfunktionen aus:

$$\frac{d}{dx} e^{ikx} = ik e^{ikx}. \tag{4.127}$$

Die Regel für unbestimmte Integrale ist das Gegenstück. Da die Integration die inverse Operation zur Diffentiation ist, *dividieren* wir durch ik anstatt mit ik zu multiplizieren. **Die Transformierte des Integrals ist $\widehat{f}(k)/ik$.** Es gibt eine Ausnahme: $k = 0$ ist ausgeschlossen. Damit das Integral von $f(x)$ im Limes $|x| \to \infty$ gegen null geht, brauchen wir $\widehat{f}(0) = \int_{-\infty}^{\infty} f(x)\,dx = 0$.

Eine dritte Operation bezüglich $f(x)$ ist eine *Verschiebung des Graphen*. Mit $f(x-d)$ wandert der Graph um eine Strecke d nach rechts. **Die Fourier-Transformierte von $f(x-d)$ ist $\widehat{f}(k)$ mal e^{-ikd}:**

Verschiebung von $f(x)$

$$\int_{-\infty}^{\infty} e^{-ikx} f(x-d)\,dx = \int_{-\infty}^{\infty} e^{-ik(y+d)} f(y)\,dy = e^{-ikd} \widehat{f}(k). \tag{4.128}$$

4.5 Fourier-Integrale

Das ist insbesondere für die Deltafunktion $\delta(x)$ klar, deren Transformierte $\widehat{\delta}(k) = 1$ ist. Wenn wir den Impuls nach $x = d$ verschieben, wird die Transformierte mit e^{-ikd} multipliziert. Und die Multiplikation einer Funktion $f(x)$ mit einer Exponentialfunktion e^{+ikd} verschiebt ihre Transformierte! Wir fassen nun die vier Schlüsselregeln zusammen:

> **Regel 1**
> Transformierte von df/dx ist $ik\widehat{f}(k)$ (hohe Frequenzen verstärkt).
>
> **Regel 2**
> Transformierte von $\int_{-\infty}^{x} f(x)\,dx$ ist $\widehat{f}(k)/ik$ (hohe Frequenzen gedämpft).
>
> **Regel 3**
> Transformierte von $f(x-d)$ ist $e^{-ikd}\widehat{f}(k)$ (Verschiebung ändert Phase).
>
> **Regel 4**
> Transformierte von $e^{ixc}f(x)$ ist $\widehat{f}(k-c)$ (Phasenänderung verschiebt).

Beispiel 4.25 Die Ableitung des zweiseitigen Impulses aus Beispiel 4.23 auf Seite 424 ist ein *ungerader Impuls*:

$$\frac{d}{dx}\begin{Bmatrix} e^{-ax} & \text{für } x \geq 0 \\ e^{ax} & \text{für } x \leq 0 \end{Bmatrix} = \begin{Bmatrix} -ae^{-ax} & \text{für } x > 0 \\ +ae^{ax} & \text{für } x < 0 \end{Bmatrix} = \textbf{ungerader Impuls (mal } -a\textbf{)}.$$

Die Transformierte dieser Ableitung df/dx muss $ik\widehat{f}(k) = 2ika/(a^2 + k^2)$ sein. Prüfen Sie das anhand von Beispiel 4.22 auf Seite 424!

Transformierte eines ungeraden Impulses

$$(-a)\left(\frac{1}{a+ik} - \frac{1}{a-ik}\right) = \frac{(-a)(-2ik)}{(a+ik)(a-ik)} = \frac{2ika}{a^2+k^2}.$$

Der Abfall um $2a$ in df/dx an der Stelle erzeugt diesen langsameren $2a/k$-Abfall in der Transformierten.

Beispiel 4.26 Die Kastenfunktion (der Quadratimpuls) aus Beispiel 4.21 auf Seite 423 hat die Transformierte $\widehat{f}(k) = (e^{ikL} - e^{-ikL})/ik$. Die Ableitung der Kastenfunktion ist $\delta(x+L) - \delta(x-L)$ mit einer Spitze an der Stelle $x = -L$, an der die Kastenfunktion auf 1 springt, und einer Spitze an der Stelle $x = L$, an der sie wieder auf 0 zurückspringt. *Test*: Diese Spitzen transformieren sich nach **Regel 3** zu $e^{ikL} - e^{-ikL}$. Das stimmt mit $ik\widehat{f}(k)$ nach **Regel 1** überein.

Bei der Hutfunktion brauchen wir *zwei Ableitungen*, um Deltafunktionen aus Rampenfunktionen zu erhalten:

Hutfunktion $H(x) = \begin{Bmatrix} 1+x & \text{for } -1 \leq x \leq 0 \\ 1-x & \text{for } 0 \leq x \leq 1 \end{Bmatrix}$ $H'(x) = \begin{Bmatrix} 1 \\ -1 \end{Bmatrix}.$

Der Anstieg $H'(x)$ hat Sprünge an den Stellen $+1, -2, +1$, und die zweite Ableitung hat dort drei Spitzen. Nach **Regel 3** ist die Transformierte dieser zweiten Ableitung H'' gleich $e^{ik} - 2 + e^{-ik} = 2\cos k - 2$. Verwenden Sie dann **Regel 2**:

Transformierte der Hutfunktion

$$\frac{\text{Transformierte von } H''}{(ik)^2} = \frac{2 - 2\cos k}{k^2}. \tag{4.129}$$

Beispiel 4.27 Die Transformierte der **glockenförmige Gauß-Kurve** $f(x) = e^{-x^2/2}$ ist $\widehat{f}(k) = \sqrt{2\pi}e^{-k^2/2}$. Das ist ein faszinierendes und wichtige Beispiel. Die Funktion $f(x)$ ist unendlich glatt, und $\widehat{f}(k)$ fällt schnell. Gleichzeitig fällt $f(x)$ schnell, und $\widehat{f}(k)$ ist unendlich glatt. Um $\widehat{f}(k)$ zu bestimmen, nutzen wir die Tatsache aus, dass $df/dx =$ die Ableitung von $e^{-x^2/2} = -xf(x)$ ist:

$$ik\widehat{f}(k) = \int_{-\infty}^{\infty} -xe^{-x^2/2}e^{-ikx}\,dx \quad \text{(Transformierte von } \frac{df}{dx} \text{ nach \textbf{Regel 1})}$$

$$= \frac{1}{i}\frac{d}{dk}\int_{-\infty}^{\infty} e^{-x^2/2}e^{-ikx}\,dx = \frac{1}{i}\frac{d}{dk}\widehat{f}(k).$$

Folglich löst $\widehat{f}(k)$ dieselbe Gleichung $d\widehat{f}/dk = -k\widehat{f}(k)$ wie $f(x)$! Diese Gleichung muss abgesehen von einer multiplikativen Konstante dieselbe Lösung haben: $\widehat{f}(k) = Ce^{-k^2/2}$. Die Konstante $C = \sqrt{2\pi}$ ist an der Stelle $k = 0$ durch das bekannte Integral $\widehat{f}(0) = \int e^{-x^2/2}\,dx = \sqrt{2\pi}$ bestimmt.

Diese Beispiel führt auf die wichtigste Wahrscheinlichkeitsverteilung $p(x) = e^{-(x-m)^2/2\sigma^2}$, die durch $\sqrt{2\pi}\sigma$ dividiert wird, damit $\int p(x)\,dx = \widehat{p}(0) =$ Gesamtwahrscheinlichkeit $= 1$ ist. Wenn wir das Maximum auf den Mittelwert m verschieben, wird $\widehat{p}(k)$ mit e^{-ikm} multipliziert (das ist **Regel 3**). Die Reskalierung von x auf x/σ reskaliert k auf σk (das ist Aufgabe 4.5.9 auf Seite 437). *Die Normalverteilung hat die Transformierte* $\widehat{p}(k) = e^{-ikm}e^{-\sigma^2 k^2/2}$.

Wenn alle Ableitungen von $f(x)$ glatt sind, fallen ihre Transformierten $(ik)^n\widehat{f}(k)$ für große k allesamt schnell. Umgekehrt gehört zu einer schnell fallenden Funktion $f(x)$ eine glatte Transformierte $\widehat{f}(k)$. Der einseitige Impuls e^{-ax} fällt schnell, ist aber (an der Stelle $x = 0$) nicht glatt. Seine Transformierte $1/(a + ik)$ ist glatt, aber nicht schnell fallend.

Die glockenförmige Gauß-Kurve $e^{-x^2/2}$ und ihre Transformierte $\sqrt{2\pi}e^{-k^2/2}$ illustrieren, dass sowohl $f(x)$ als auch $\widehat{f}(k)$ glatt und schnell fallend sein können. Die Heisenbergsche Unschärferelation setzt dem eine Grenze; all diese Gauß-Funktionen erreichen sie.

Green-Funktionen

Mithilfe dieser Regeln für die Ableitung können wir Differentialgleichungen lösen (wenn sie konstante Koeffizienten besitzen und es keine Schwierigkeiten mit Randbedingungen gibt). Es folgt ein Beispiel:

Gleichung in x $\quad -\dfrac{d^2u}{dx^2} + a^2u = h(x) \quad \text{für } -\infty < x < \infty.$ \hfill (4.130)

4.5 Fourier-Integrale

Die Lösung vollzieht sich in drei Schritten. Der erste Schritt besteht darin, die Fourier-Transformierte jedes Terms zu bilden:

Gleichung in k $\quad -(ik)^2 \widehat{u}(k) + a^2 \widehat{u}(k) = \widehat{h}(k) \quad$ für alle k. $\hfill (4.131)$

Der zweite Schritt besteht darin, die Transformierte $\widehat{u}(k)$ der Lösung zu bestimmen (Sie müssen nur dividieren):

Lösung in k $\quad \widehat{u}(k) = \dfrac{\widehat{h}(k)}{a^2 + k^2}.$ $\hfill (4.132)$

Im dritten Schritt (dem schweren Schritt) muss diese Transformation invertiert werden, um $u(x)$ zu rekonstruieren.

Die bedeutendste rechte Seite ist eine *Deltafunktion*: $h(x) = \delta(x)$. Ihre Transformierte ist $\widehat{\delta}(k) = 1$. Dann ist $\widehat{u}(k) = 1/(a^2 + k^2)$, und wir kennen diese Transformierte schon aus Beispiel 4.23 auf Seite 424. Die Lösung mit $h(x) = \delta(x)$ heißt **Green-Funktion**. Ich schreibe daher $G(x)$ anstatt $u(x)$:

Green-Funktion

$$G(x) = \frac{1}{2a} e^{-a|x|} = \text{gerader, abfallender Impuls dividiert durch } 2a. \quad (4.133)$$

In den Ingenieurwissenschaften ist $G(x)$ die **Impulsantwort** (die Antwort an der Stelle x auf einen Impuls an der Stelle 0). In der Mathematik ist $G(x)$ die **Fundamentallösung** der Differentialgleichung. Das Verhältnis $\widehat{G}(k) = 1/(a^2 + k^2)$ heißt *Übertragungsfunktion* für jede Frequenz k.

Test. Zwei Ableitungen von e^{-ax} (und auch von e^{ax}) ergeben $-G'' + a^2 G = 0$. Damit ist Gleichung (4.130) abgesehen von $x = 0$ korrekt. An dieser Stelle ist der Anstieg $G'(x)$ von links $a/2a$ und von rechts $-a/2a$. Daher ist $-G''$ die Einheitsdeltafunktion $\delta(x)$, wie gefordert.

Faltung mit der Green-Funktion

Mithilfe dieser Green-Funktion $G(x)$ können wir Differentialgleichungen mit einer beliebigen rechten Seite $h(x)$ lösen. Aus Gleichung (4.132) kennen wir das Produkt $\widehat{G}(k)\widehat{h}(k)$ im Frequenzraum:

Produkt im Frequenzraum $\quad \widehat{u}(k) = \dfrac{\widehat{h}(k)}{a^2 + k^2} = \widehat{G}(k)\widehat{h}(k).$ $\hfill (4.134)$

Welche Funktion hat diese Transformierte? Die Antwort ist nicht $G(x)h(x)$! Die Lösung $u(x)$ von Gleichung (4.130) auf der vorherigen Seite ist nicht das Produkt sondern die **Faltung** von $G(x)$ und $h(x)$. Sie kombiniert alle Antworten an der Stelle x auf Impulse $h(y)$ an allen y durch Integration über $G(x-y)h(y)$:

Die Faltung $G(x) * h(x)$ ist das Analogon zu $\sum G_{j-k} h_k$. Aus der Summe wird ein Integral:

Lösung = Faltung $\quad u(x) = \int_{y=-\infty}^{\infty} G(x-y)h(y)\,dy = G(x) * h(x)$. $\quad$ (4.135)

Die Fourier-Transformierte von $u(x)$ ist $\widehat{u}(k) = \widehat{G}(k)\widehat{h}(k)$. Das ist die **Faltungsregel**.

Beispiel 4.28 Lösen Sie Differentialgleichung (4.130) auf Seite 428 mit $h(x) = \delta(x-d) =$ **Punktlast an der Stelle** d. Ihre Transformierte ist $\widehat{h}(k) = e^{-ikd}$. Dann ist $\widehat{u}(k) = e^{-ikd}/(a^2 + k^2)$. Wir bestimmen $u(x)$ auf drei Wegen:

(1) Wird $\widehat{u}(k)$ mit e^{-ikd} multipliziert, so wird $u(x)$ um d verschoben: $u(x) = G(x-d)$.
(2) Die Faltung ergibt $u(x) = G(x) * h(x) = \int G(x-y)\delta(y-d)\,dy = G(x-d)$.
(3) Wird $h(x)$ um d verschoben, so trifft das auch auf die Lösung zu! Konstante Koeffizienten sind verschiebungsinvariant.

Es verhält sich hier also ganz anders als bei der Laplace-Gleichung auf einem Kreis. Dort musste sich die Green-Funktion ändern, wenn der Impuls zum Rand wandert. Hier gibt es keinen Rand. Das ganze Problem verschiebt sich um d. Es verhält sich wie bei der Laplace-Gleichung im freien Raum, wo die Green-Funktion $1/4\pi r$ ist, wobei r der Abstand vom Impuls ist. **Unser Problem ist verschiebungsinvariant**.

Ein direkte Beweis der Faltungsregel $\widehat{u} = \widehat{G}\widehat{h}$ beginnt mit der Gleichung für $\widehat{u}(k)$:

$$\widehat{u}(k) = \int_{-\infty}^{\infty} e^{-ikx} u(x)\,dx = \int_{x=-\infty}^{\infty}\int_{y=-\infty}^{\infty} e^{-ik(x-y)} e^{-iky} G(x-y) h(y)\,dy\,dx.$$

Auf der rechten Seite ziehen wir e^{-iky} und $h(y)$ aus dem x-Integral. Dann gehen wir von den Variablen $x - y$ zu z über. Die beiden Integrale sind $\widehat{h}(k)$ und $\widehat{G}(k)$, wie gewünscht:

Faltungsregel: Integrale

$$\widehat{u}(k) = \int_{y=-\infty}^{\infty} e^{-iky} h(y)\,dy \int_{z=-\infty}^{\infty} e^{-ikz} G(z)\,dz = \widehat{h}(k)\widehat{G}(k). \quad (4.136)$$

Beispiel 4.29 Die Faltung **Kastenfunktion** ∗ **Kastenfunktion** ergibt eine Hutfunktion! Das Faltungsintegral im x-Raum auszuführen, ist kein Vergnügen! Im k-Raum zu multiplizieren (zu quadrieren) ist dagegen großartig. Setzen Sie in Beispiel 4.21 auf Seite 423 $L = \frac{1}{2}$, um die Hutfunktion $H(x)$ aus Beispiel 4.26 auf Seite 427 zu erhalten:

4.5 Fourier-Integrale

$$\widehat{H}(k) = \left(\frac{e^{ik/2} - e^{-ik/2}}{ik}\right)^2 = \frac{e^{ik} - 2 + e^{-ik}}{-k^2} = \frac{2 - 2\cos k}{k^2}. \tag{4.137}$$

Beispiel 4.30 Die Faltung von zwei glockenförmigen Gauß-Funktionen $e^{-x^2/2\sigma}$ und $e^{-x^2/2\tau}$ ist wieder eine glockenförmige Gauß-Funktion. Ich hätte σ^2 und τ^2 benutzen können, aber so **addieren wir einfach σ und τ:**

Faltung von Gauß-Funktionen

$$\frac{1}{\sqrt{2\pi\sigma}} e^{-x^2/2\sigma} * \frac{1}{\sqrt{2\pi\tau}} e^{-x^2/2\tau} = \frac{1}{\sqrt{2\pi(\sigma+\tau)}} e^{-x^2/2(\sigma+\tau)}. \tag{4.138}$$

Das Faltungintegral ist berechenbar, die Multiplikation ist aber viel einfacher:

Transformierte multipliziert $\quad (e^{-\sigma k^2/2})(e^{-\tau k^2/2}) = e^{-(\sigma+\tau)k^2/2}. \tag{4.139}$

Die Rücktransformation in den x-Raum ergibt die Gauß-Funktion (4.138), wobei $\sigma + \tau$ in den Nenner kommt. Die Konstanten in Gleichung (4.138) ergeben „Gesamtwahrscheinlichkeit = Integral = 1".

Beispiel 6.9 auf Seite 580 aus Abschnitt 6.5 beschreibt einen anderen Beweis, nämlich durch Lösung der Wärmeleitungsgleichung $u_t = u_{xx}$. Die Lösung zur Zeit 2σ mit der Anfangsfunktion $u = \delta(x)$ ist die erste Gauß-Funktion. Die zweite Gauß-Funktion bringt uns bis zur Zeit $T = 2\sigma + 2\tau$ vorwärts. Die dritte Gauß-Funktion kommt in einem Schritt bis T. Für alle Gauß-Funktionen gilt in der Heisenbergschen Unschärferelation das Gleichheitszeichen.

Beispiel 4.31 Der Graph von $e^{-x^2/2\sigma}$ wird *schmaler*, wenn σ gegen null geht. Durch den Nenner $\sqrt{2\pi\sigma}$ wird sie auch *höher*. Der Flächeninhalt unter der Kurve bleibt 1.

Der Grenzwert im Limes σ gegen null ist die Deltafunktion. Sie könnten sagen: Was denn sonst? Mit $-x^2/2\sigma$ im Exponenten ist der punktweise Grenzwert für $\sigma \to 0$ selbstverständlich null (außer an der Stelle $x = 0$). Das Integral bleibt 1, weil wir durch $\sqrt{2\pi\sigma}$ dividieren. Damit geht die höhere und schmalere Glockenkurve gegen den unendlich hohen Impuls an der Stelle $x = 0$. Die Fourier-Transformation bestätigt das: $e^{-\sigma k^2/2} \to 1$ für $\sigma \to 0$.

Die Energiegleichung

Die Energie in $f(x)$ ist so groß wie die Energie in ihren Fourier-Koeffizienten. Bei Fourier-Reihen ist die Länge (die Norm) von $f(x)$ im Hilbert-Raum L^2 der Funktionen so groß wie die Länge des Vektors c im Hilbert-Raum ℓ^2 der Vektoren. Die Parseval-Gleichung war:

Energie bei Fourier-Reihen $\quad \displaystyle\int_{-\pi}^{\pi} |f(x)|^2 \, dx = 2\pi \sum_{-\infty}^{\infty} |c_k|^2. \tag{4.140}$

Das hatten wir in Abschnitt 4.1 bewiesen, indem wir $(\sum c_k e^{ikx}) (\sum \overline{c}_k e^{-ikx})$ multipliziert und anschließend integriert haben. Nun stellen wir eine ähnliche Energiegleichung für das Fourier-*Integral*-Paar $f(x)$ und $\widehat{f}(k)$ auf:

Energie bei Fourier-Integralen $\quad \int_{-\infty}^{\infty} |f(x)|^2 \, dx = \frac{1}{2\pi} \int_{-\infty}^{\infty} |\widehat{f}(k)|^2 \, dk.$ (4.141)

Genauso transformieren sich Skalarprodukte von $f(x)$ und $g(x)$ in Skalarprodukte von $\widehat{f}(k)$ und $\widehat{g}(k)$:

Skalarprodukte $\quad \int_{-\infty}^{\infty} f(x)\overline{g(x)} \, dx = \frac{1}{2\pi} \int_{-\infty}^{\infty} \widehat{f}(k)\overline{\widehat{g}(k)} \, dk.$ (4.142)

Beispiel 4.32 Der einseitig abfallende Impuls $f(x) = e^{-x}$ auf dem Intervall $0 \leq x < \infty$ hat die Energie $\frac{1}{2}$:

$$\int_{-\infty}^{\infty} |f(x)|^2 \, dx = \int_0^{\infty} e^{-2x} \, dx = \frac{1}{2}.$$

Ihre Transformierte $\widehat{f}(k)$ hat dieselbe Energie, nachdem wir mit 2π multipliziert haben:

$$\int_{-\infty}^{\infty} \left| \frac{1}{1+ik} \right|^2 dk = \int_{-\infty}^{\infty} \frac{dk}{1+k^2} = \left[\tan^{-1} k \right]_{-\infty}^{\infty} = \pi.$$

Reskalierung Der Faktor 2π in der Transformierten kann beseitigt werden. Dazu dividieren wir $\widehat{f}(k)$ durch $\sqrt{2\pi}$ und nennen diese neue Transformierte $F(k)$. Nach dem Quadrieren verschwindet der Faktor 2π aus der Energiegleichung. Diese „symmetrisierte" Transformation ist wie eine orthogonale Matrix mit $Q^T Q = I$:

Energie in F = Energie in f $\quad F^T F = f^T Q^T Q f = f^T f.$

Um korrekter zu sein: Die Fourier-Transformation erhält die Länge (die Norm) jedes *komplexen* Vektors:

$$\overline{F}^T F = \overline{f}^T f \text{ entspricht } \int |F(k)|^2 \, dk = \int |f(x)|^2 \, dx.$$

Diese komplexe, symmetrisierte Fourier-Transformation ist unitär, wie $\overline{Q}^T Q = I$:

$$F(k) = Qf = \frac{1}{\sqrt{2\pi}} \int e^{-ikx} f(x) \, dx \text{ und}$$
$$f(x) = \overline{Q}^T F = \frac{1}{\sqrt{2\pi}} \int e^{ikx} F(k) \, dk.$$
(4.143)

Heisenbergsche Unschärferelation

Heisenberg beschäftigte sich mit dem Ort und dem Impuls in der Quantenmechanik. Je genauer eine Größe gemessen wird, umso unschärfer wird die andere. Es gibt ein gleichartiges „Unschärfeprodukt" für die Phase und die Amplitude von Schwingungen und auch für Zeit und Energie.

Hier kommen in der Unschärferelation $f(x)$ und $\widehat{f}(k)$ vor. *Wenn eine Größe auf ein schmales Band konzentriert ist, füllt die andere ein breites Band.* Ein Impuls $\delta(x)$ mit der Breite null hat eine Transformierte $\widehat{\delta}(k) = 1$ mit unendlicher Breite. Die Wahrscheinlichkeit suggeriert, dass die Wurzel σ der Varianz (normiert durch die Energie in f) das richtige Maß für die Breite ist:

Breiten σ_x und σ_k $\quad \sigma_x^2 = \dfrac{\int x^2 (f(x))^2 \, dx}{\int (f(x))^2 \, dx} \qquad \sigma_k^2 = \dfrac{\int k^2 |\widehat{f}(k)|^2 \, dk}{\int |\widehat{f}(k)|^2 \, dk}.$

Die Integrale gehen von $-\infty$ bis ∞ und die Unschärferelation ist schnell aufgestellt.

Heisenbergsche Unschärferelation : *Für jede Funktion gilt* $\sigma_x \sigma_k \geq \frac{1}{2}$.

Der Kosinus des Winkels zwischen $xf(x)$ und $f'(x)$ ist höchstens eins, selbst im Hilbert-Raum. Die Schwarz-Ungleichung $|a^T b|^2 \leq (a^T a)(b^T b)$ wird zu

$$\left| \int x f(x) f'(x) \, dx \right|^2 \leq \left(\int (xf(x))^2 \, dx \right) \left(\int (f'(x))^2 \, dx \right). \tag{4.144}$$

Da $f(x) f'(x)$ die Ableitung von $\frac{1}{2}(f(x))^2$ ist, integrieren wir die linke Seite partiell:

$$\int x f(x) f'(x) \, dx = \left[x \frac{(f(x))^2}{2} \right]_{-\infty}^{\infty} - \int \frac{(f(x))^2}{2} \, dx. \tag{4.145}$$

Bei endlicher Bandbreite ist der integrierte Term an den Grenzen $\pm \infty$ null.

Plancherels Energiegleichung erlaubt es uns, von $\int (f(x))^2 \, dx$ und $\int (f'(x))^2 \, dx$ zu $\int |\widehat{f}(k)|^2 \, dk$ und $\int |k\widehat{f}(k)|^2 \, dk$ überzugehen. Die Faktoren 2π kürzen sich, wenn wir Gleichung (4.144) und Gleichung (4.145) kombinieren:

$$\left(\int \frac{(f(x))^2}{2} \, dx \right) \left(\int \frac{|\widehat{f}(k)|^2}{2} \, dk \right) \leq \left(\int (xf(x))^2 \, dx \right) \left(\int |k\widehat{f}(k)|^2 \, dk \right). \tag{4.146}$$

Wenn wir die Wurzel ziehen, ist das die Unschärferelation $\sigma_x \sigma_k \geq \frac{1}{2}$.

Zweiter Beweis Die Quantenmechanik verbindet mit dem Ort die Multiplikation $xf(x)$. Der Impuls entspricht der Ableitung df/dx (in anderen Worten $ik\widehat{f}(k)$). Diese Operationen $Bf = xf$ und $Af = df/dx$ kommutieren nicht:

$$\frac{d}{dx}(xf(x)) - x\frac{d}{dx}f(x) = f(x) \quad \text{bedeutet} \quad \boldsymbol{AB - BA = I}.$$

Die Unschärferelation für $\|Af\|$ mal $\|Bf\|$ ist wieder die Schwarz-Ungleichung:

Heisenberg-Ungleichung $\quad \|f\|^2 = |f^T(AB - BA)f| \leq 2\,\|Af\|\,\|Bf\|.$ (4.147)

Autokorrelation und spektrale Leistungsdichte

Die Autokorrelation eines Vektors ist $f(n) * \overline{f(-n)}$. Die Autokorrelation einer Funktion ist $f(t) * \overline{f(-t)}$. Anstatt x verwenden wir die Variable t, weil die wichtigsten Anwendungen aus dem Bereich der Kommunikation, der Elektronik und der Leistung kommen.

Nach der Faltungsregel ist diese Faltung das Produkt aus $\widehat{f}(k)$ und ihrer konjugiert komplexen Funktion. Dieses Produkt ist $|\widehat{f}(k)|^2$, die **spektrale Leistungsdichte** von $f(t)$.

Autokorrelation $R(t)$, spektrale Leistungsdichte $G(t)$

$$R(t) = \int_{-\infty}^{\infty} f(s)\overline{f(t-s)}\,ds, \quad G(k) = \widehat{R}(k) = |\widehat{f}(k)|^2. \quad (4.148)$$

Ein Vorteil ist die Tatsache $G \geq 0$. Der Schlüsselvorteil ist die Energieidentität (nun für die *Leistung*):

Leistung $= \displaystyle\int_{-\infty}^{\infty} |f(t)|^2\,dt = \frac{1}{2\pi} \int_{-\infty}^{\infty} |\widehat{f}(k)|^2\,dk = \frac{1}{2\pi} \int_{-\infty}^{\infty} G(k)\,dk.$ (4.149)

$G(k)$ ist die Leistungsdichte bei der Frequenz k im Spektrum. Daher kommt der Name spektrale Leistungsdichte.

Echte Signale sind rauschbehaftet. Der Schwingungsverlauf ist nie perfekt sinusförmig, sondern es gibt schnelle, zufällige, in der Regel kleine Störungen. Das Signal-Rausch-Verhältnis (SRV) misst ihr Gewicht. Da das Rauschen eine Zufallsvariable ist, bestimmen wir ihre erwartete Leistung aus ihrer Wahrscheinlichkeitsverteilung:

Weißes Rauschen hat $G(k) = $ konstant.
$1/f$-Rauschen hat $G(k) = $ konstant$/k^\alpha$. (4.150)

Die unabhängigen Sprünge vieler Elektronen nähern sich dem weißen Rauschen (thermisches Rauschen). Unter den Sprüngen gibt es keine Korrelation, sodass die Autokorrelation R eine Deltafunktion und G eine konstante Funktion ist. Aber auch das $1/f$-Rauschen ist überall: Wir finden es zum Beispiel in Wirtschaftsdaten, im Verkehrsfluss und im Funkelrauschen in Metallen und Halbleitern. *Anmerkung*: $R = $ konstant und $R = 1/k$ haben unendliche Integrale. Es ist die **mittlere Leistung**, die bei zeitinvarianten (stationären) Rauschverteilungen endlich bleibt.

Ein fundamentaler, nichtstationärer Prozess ist ein **Random Walk**.

4.5 Fourier-Integrale

Beispiel 4.33 Ein Random Walk $x(t)$ kann in jedem Zeitschritt Δt um 1 und -1 springen.

Dieser Random Walk ist, wie in einer Folge von Münzwürfen die Differenz „Kopf minus Zahl" abzuzählen. Die Verteilung wird in [51] ausführlich untersucht. Der Grenzwert ist im Limes $\Delta t \to 0$ der Wiener-Prozess (auch als **Brownsche Bewegung** bekannt). Er begegnet uns in Abschnitt 6.5 im Zusammenhang mit einem Modell für Aktienkurse.

Als Sprungverteilung kommt eine Binomialverteilung (± 1), eine Gleichverteilung, eine Gauß-Verteilung usw. in Frage. Der Schlüssel ist *Unabhängigkeit* aufeinanderfolgender Sprünge: *Wir können Spektraldichten addieren.* Jeder Sprung trägt eine Sprungfunktion zu $x(t)$ bei, und ihre Fourier-Transformierte (von der Sprungzeit zur Endzeit) ist eine sinc-Funktion. Die Summe der Quadrate dieser sinc-Funktionen ergibt $G(k) \approx 1/k^2$ für $k\Delta t \gg 1$. Damit liefern diese zufälligen Sprünge $1/f$-Rauschen.

Periodische Komponenten über unendlicher Zeit

Durch die Unterscheidung zwischen Fourier-Reihen (periodisch in der Zeit) und Fourier-Integralen (unendliche Zeit) sind die beiden Transformationen c_k und $\widehat{f}(k)$ klar. In der Realität könnte aber $f(t)$ *über unendlicher Zeit periodische Komponenten* haben. Das einfachste Beispiel $f(t) = \cos \omega t = (e^{i\omega t} + e^{-i\omega t})/2$ enthält zwei unbequeme Schwierigkeiten für die Fourier-Analyse:

1 $f(t) = \cos \omega t$ geht nicht gegen null. **2** $\widehat{f}(k)$ hat Deltafunktionen bei $k = \pm\omega$.

Die Leistung P, die Autokorrelation R und die spektrale Leistungsdichte G haben Probleme mit der unendlichen Zeit. Wir müssen mit der *mittleren Leistung* $0 \leq t \leq T$ arbeiten. Über einem endlichen Intervall mit endlicher Leistung verknüpft die Parseval-Identität $f(t)$ mit der Transformierten $\widehat{f}(T,k)$:

Mittlere Leistung

$$\overline{P}(T) = \frac{1}{T} \int_0^T |f(t)|^2 \, dt = \int_{-\infty}^{\infty} \frac{|\widehat{f}(T,k)|^2}{T} \, dk = \int_{-\infty}^{\infty} G(T,k) \, dk. \quad (4.151)$$

Diese Identität lässt unseren Plan erkennen: *Wir nehmen den Limes $T \to \infty$.* Ein scharfes Auge erkennt die Schwierigkeit: *In den k-Integralen geht auch $k \to \infty$.* Zwei unendliche Grenzwerte zu vertauschen, ist nicht sicher.

Ein ähnliches Problem (wir haben es nicht erwähnt) verbarg sich in der Inversionsformel von $\widehat{f}(k)$ nach $f(x)$. Die Fourier-Reihe über einem immer länger werdenen Intervall hat die Koeffizienten c_k aus Gleichung (4.124) auf Seite 425, die nun $\widehat{f}(T,k)$ heißen. In der Energieidentität (4.141) auf Seite 432 für Fourier-Integrale enthält auch $\int |\widehat{f}(k)|^2 \, dk$ ein unendliches Integral für $\widehat{f}(k)$ innerhalb dieses unendlichen Integrals über k.

Grenzwerte zu vertauschen, ist für die hübschesten Funktionen $f(t)$ und $\widehat{f}(k)$ (glatt und abklingend) legitim. Dann lassen sich die Definitionen ausweiten, wie wir von $\int \delta(x)\,dx = 1$ wissen. Hier ist die Erweiterung $\widehat{R} = G$, die Transformierte der Autokorrelation ist gleich der spektralen Leistungsdichte. Starten Sie mit der Identität (4.151) für die mittlere Leistung, die für sich genommen ein nützliches Maß ist; $G(T,k)$ ist ein *Periodogramm*. Dann arbeiten Sie mit dem Integral von G, was immer sicherer ist als G:

Wiener-Khintchine

$$F(k) = \lim_{T\to\infty} \int_{-\infty}^{k} G(T,\omega)\,d\omega \quad \text{ist die Transformation von}$$

$$R(t) = \int_{-\infty}^{\infty} e^{ikt}\,dF(k). \tag{4.152}$$

Diese „Stieltjes-Integral" lässt Stufen in F zu, wie etwa in $\int \delta(x)\,dx = \int dF = 1$.

Zusammenfassung über Fourier-Integrale

In diesem Abschnitt haben wir folgende Themen behandelt:

1. Transformation in Gleichung (4.116), Rücktransformation in Gleichung (4.117)
2. Transformation von $\delta(x)$, Quadratimpuls, abfallendem Impuls und Gauß-Funktion
3. Regeln für Ableitungen, Integrale und Verschiebungen
4. Lösung von Gleichungen mit konstanten Koeffizienten durch Faltung (4.135)
5. Energieidentität (4.141) für $f(x)$ und $\widehat{f}(k)$. Anwendung auf Autokorrelation und $|\widehat{f}(k)|^2$.

Aufgaben zu Abschnitt 4.5

4.5.1 Bestimmen Sie die Transformierte $\widehat{g}(k)$ des ungeraden zweiseitigen Impulses $g(x)$:

$$g(x) = -e^{ax} \quad \text{für } x < 0, \quad g(x) = e^{-ax} \quad \text{für } x > 0.$$

Die Abfallrate von $\widehat{g}(k)$ ist _____ . Es gibt _____ in $g(x)$.

4.5.2 Bestimmen Sie die Fourier-Transformierten der folgenden Funktionen (mit $f(x) = 0$ außerhalb des angegebenen Gebietes):

(a) $f(x) = 1$ für $0 < x < L$,
(b) $f(x) = 1$ für $x > 0$ und $f(x) = -1$ für $x < 0$ ($a = 0$ in Aufgabe 4.5.1),
(c) $f(x) = \int_0^1 e^{ikx}\,dk$ (es ist keine Berechnung notwendig, um $\widehat{f}(k)$ zu erhalten),
(d) doppelte Sinuswelle $f(x) = \sin x$ für $0 \leq x \leq 4\pi$.

4.5.3 Bestimmen Sie die Rücktransformierten von

(a) $\widehat{f}(k) = \delta(k)$,
(b) $\widehat{f}(k) = e^{-|k|}$ (behandeln Sie bitte $k < 0$ und $k > 0$ getrennt).

4.5 Fourier-Integrale

4.5.4 Wenden Sie die Plancharel-Formel $2\pi \int |f(x)|^2 \, dx = \int |\hat{f}(k)|^2 \, dk$ auf folgende Funktionen an:

(a) Quadratimpuls $f(x) = 1$ für $-1 < x < 1$, um $\int_{-\infty}^{\infty} \frac{\sin^2 t}{t^2} \, dt$ zu bestimmen,

(b) den geraden abfallenden Impuls, um $\int_{-\infty}^{\infty} \frac{dt}{(a^2 + t^2)^2}$ zu bestimmen.

Die Aufgaben 4.5.5–4.5.9 befassen sich mit der Funktion $f(x) = e^{-x^2/2}$. Ihre Transformierte ist $\hat{f}(k) = \sqrt{2\pi} e^{-k^2/2}$. Das ergibt sich aus Beispiel 4.27 auf Seite 428 und auch aus der Integralformel von Cauchy über die komplex Integration (x bis $x + ik$):

$$\hat{f}(k) = \int_{-\infty}^{\infty} e^{-x^2/2} e^{-ikx} \, dx = e^{-k^2/2} \int_{-\infty}^{\infty} e^{-(x+ik)^2/2} \, dx = \sqrt{2\pi} e^{-k^2/2}.$$

4.5.5 Prüfen Sie Plancherels Energiegleichung für $\delta(x)$ und $e^{-x^2/2}$. Unendliche Energie ist zulässig.

4.5.6 Was sind die Halbwertsbreiten σ_x und σ_k der Glockenkurve $f(x) = e^{-x^2/2}$ und ihrer Transformierten? Zeigen Sie, dass in der Unschärferelation das Gleichheitszeichen gilt.

4.5.7 Benutzen Sie die Regel für die Transformierte einer Ableitung, um die Transformierte von $xe^{-x^2/2}$ zu bestimmen. Was ist die Transformierte von $x^2 e^{-x^2/2}$?

4.5.8 Die Funktion g sei eine gestreckte Version der Funktion f, also $g(x) = f(ax)$. Zeigen Sie, dass $\hat{g}(k) = a^{-1} \hat{f}(k/a)$ gilt. Illustrieren Sie das anhand des geraden Impulses $f(x) = e^{-|x|}$.

4.5.9 Verwenden Sie die vorherige Aufgabe, um die Transformierte der Funktion $g(x) = e^{-a^2 x^2/2}$ zu bestimmen. Zeigen Sie anschließend, dass $e^{-x^2/2} * e^{-x^2/2} = \sqrt{\pi} e^{-x^2/4}$ ist, indem Sie die linke Seite mit der Faltungsregel (4.135) auf Seite 430 und die rechte Seite mit der Wahl $a^2 = \frac{1}{2}$ transformieren.

4.5.10 Der abfallende Impuls $f(x) = e^{-ax}$ hat die Ableitung $df/dx = -ae^{-ax}$ (und 0 für $x < 0$). Warum ist die Transformierte von df/dx nicht einfach $-a\hat{f}(k)$ anstatt $ik\hat{f}(k)$? Was habe ich bei der Überlegung, die von df/dx gleich $-af(x)$ ausgeht, nicht berücksichtigt?

4.5.11 Bestimmen Sie $\hat{u}(k)$ für eine Punktlast an der Stelle d durch Fourier-Transformation der Gleichung $u' + au = \delta(x-d)$. Bestimmen Sie die Green-Funktion $u(x) = G(x,d)$ durch inverse Transformation (oder direkte Lösung).

4.5.12 Bilden Sie die Fourier-Transformierte der folgenden ungewöhnlichen Gleichung, um $\hat{u}(k)$ und anschließend $u(x)$ zu bestimmen:

(Integral von $u(x)$) $-$ (Ableitung von $u(x)$) $= \delta(x)$.

4.5.13 Die Faltung $f(x) * f(-x)$ eines abfallenden Impulses (Beispiel 4.5.3 auf der vorherigen Seite) und eines steigenden Impulses ist eine Autokorrelation:

$$C(x) = \int_{-\infty}^{\infty} f(x-y)f(-y)\,dy$$

mit der Transformierten $\widehat{C}(k) = \dfrac{1}{a+ik}\dfrac{1}{a-ik} = \dfrac{1}{a^2+k^2}$.

Bestimme Sie $C(x)$ aus der Transformierten und auch durch direkte Berechnung des Integrals.

4.5.14 Die Hutfunktion (Kastenfunktion) * (Kastenfunktion) hat die Transformierte $2(1-\cos k)/k^2$, wie Sie aus den Beispielen 4.26 auf Seite 427 und 4.29 auf Seite 430 wissen. Wenden Sie auf $S(x) =$ (Hutfunktion) * (Hutfunktion) die Faltungsregel an, um $\widehat{S}(k)$ zu bestimmen. Zeigen Sie mithilfe von $(ik)^4 \widehat{S}(k)$, dass die vierte Ableitung von $S(x)$ eine Kombination von Deltaimpulsen an den Stellen $x = -2, -1, 0, 1, 2$ ist. Somit ist die vierte Ableitung an allen anderen Stellen null. Daher ist die Funktion $S(x) =$ (Hutfunktion) * (Hutfunktion) = (Kastenfunktion) * (Kastenfunktion) * (Kastenfunktion) * (Kastenfunktion) *stückweise kubisch*. Sie hat in der dritten Ableitung fünf Sprungstellen. $S(x)$ ist die berühmte **kubische B-Spline** für $-2 \leq x \leq 2$.

4.5.15 Zeigen Sie, dass die Fourier-Transformierte von $g(x)h(x)$ die Faltung $\widehat{g}(k) * \widehat{h}(k)/2\pi$ ist, indem Sie den Beweis für die Faltungsregel wiederholen, aber e^{+ikx} verwenden, um auf die inverse Transformierte zu kommen.

4.5.16 Die Ableitung $\delta'(x)$ (englisch *doublet*) der Deltafunktion ist eine „Distribution", die wie die Deltafunktion an der Stelle $x = 0$ konzentriert ist. Bei der partiellen Integration nehmen wir nicht den Funktionswert $f(0)$ sondern $-f'(0)$ heraus:

$$\int f(x)\delta'(x)\,dx = -\int f'(x)\delta(x)\,dx = -f'(0).$$

(a) Warum sollte die Fourier-Transformierte von $\delta'(x)$ gleich ik sein?
(b) Was ergibt die Gleichung (4.117) zur Rücktransformation für $\int k e^{ikx}\,dk$?
(c) Vertauschen wir k und x. Was ist die Fourier-Transformierte von $f(x) = x$?

4.5.17 Die Funktion g sei das Spiegelbild von f, also $g(x) = f(-x)$. Zeigen Sie mithilfe von Gleichung (4.116), dass $\widehat{g}(k) = \widehat{f}(-k)$ ist. Sei $f(x)$ reell. Zeigen Sie, dass $\widehat{f}(-k)$ dann die Konjugierte von $\widehat{f}(k)$ ist.

4.5.18 Wenn $f(x)$ eine gerade Funktion ist, verbinden sich die Integrale für $x > 0$ und $x < 0$ wie folgt:

$$\widehat{f}(k) = \int_{-\infty}^{\infty} f(x)e^{-ikx}\,dx = 2\int_0^{\infty} f(x)\cos kx\,dx$$

$$f(x) = \frac{1}{2\pi}\int_{-\infty}^{\infty} \widehat{f}(k)e^{ikx}\,dk = \frac{1}{\pi}\int_0^{\infty} \widehat{f}(k)\cos kx\,dk.$$

Bestimmen Sie auf diese Weise $\widehat{f}(k)$ für den geraden abfallenden Impuls $e^{-a|x|}$. Was sind die entsprechenden Gleichungen für die Sinustransformation, wenn $f(x)$ ungerade ist?

4.5.19 Sei $f(x)$ eine Abfolge äquidistant verteilter Deltafunktionen. Erläutern Sie, warum das für $\widehat{f}(k)$ ebenso gilt:

Die Transformierte von $f(x) = \sum_{n=-\infty}^{\infty} \delta(x - 2\pi n)$ ist $\widehat{f}(k) = \sum_{n=-\infty}^{\infty} \delta(k-n)$.

4.5.20 (a) Warum ist $F(x) = \sum_{n=-\infty}^{\infty} f(x + 2\pi n)$ eine 2π-periodische Funktion?
(b) Zeigen Sie, dass ihre Fourier-Koeffizienten $c_k = \frac{1}{2\pi} \int_{-\pi}^{\pi} F(x) e^{-ikx} dx$ gleich $\widehat{f}(k)/2\pi$ sind.
(c) Finden Sie mithilfe von $F(x) = \sum c_k e^{ikx}$ an der Stelle $x = 0$ die **Poissonsche Summenformel**:

$$\sum_{n=-\infty}^{\infty} f(2\pi n) = \frac{1}{2\pi} \sum_{k=-\infty}^{\infty} \widehat{f}(k).$$

4.5.21 Die Funktion $u(x) = 1$ ist eine Eigenfunktion für die Faltung mit einer beliebigen Funktion $g(x)$. Bestimmen Sie den Eigenwert.

4.5.22 Bilden Sie in der Gleichung $G''''(x) - 2G''(x) + G(x) = \delta(x)$ die Fourier-Transformierten, um die Transformierte $\widehat{G}(k)$ der Green-Funktion zu bestimmen. Wie könnte man $G(x)$ bestimmen?

4.5.23 Was ist $\delta * \delta$?

4.5.24 Was ist $\widehat{f}(k)$, wenn $f(x) = e^{5x}$ für $x \leq 0$, $f(x) = e^{-3x}$ für $x \geq 0$ ist? Bestimmen Sie die Funktion $f(x)$, deren Fourier-Transformierte $\widehat{f}(k) = e^{-|k|}$ ist.

4.5.25 Stellen Sie eine Gleichung für die zweidimensionale Fourier-Transformation von $f(x,y)$ nach $\widehat{f}(k_1, k_2)$ auf. Sei $\widehat{f}(k_1, k_2)$ gegeben. Welches Integral invertiert analog zu Gleichung (4.117) die Transformation, um $f(x,y)$ zurückzugewinnen?

4.5.26 Bestimmen Sie die zweidimensionale Fourier-Transformierte $\widehat{f}(k_1, k_2)$ von $e^{-(x^2+y^2)/2}$.

Anspruchsvoll: Bestimmen Sie die zweidimensionale Transformierte von $e^{-Q/2}$, indem Sie die Matrix in $Q = ax^2 + 2bxy + cy^2$ diagonalisieren.

4.6 Entfaltung und Integralgleichungen

Bei der Einführung von $f * g$ und $c \circledast d$ waren die Eingaben gegeben. Aus den Funktionen f und g oder den Vektoren c und d haben wir die Faltung bestimmt. **Bei der Entfaltung verhält es sich umgekehrt.** Die unbekannte Funktion $U(x)$ oder der unbekannte Vektor u verbergen sich *in* der Faltung (zyklisch oder nicht-zyklisch). Lassen Sie mich die Schlüsselideen aufzeigen, bevor wir zu den wichtigen Beispielen kommen.

Gegeben ist uns nun das Ergebnis $B(x) = G(x) * U(x)$ oder $b = c \circledast u$. Wir kennen die Kernfunktion $G(x)$ oder den Kernvektor c. Die Aufgabe besteht darin, nach $U(x)$ oder u aufzulösen.

Die Gleichung $G(x) * U(x) = B(x)$ sieht im x-Raum kompliziert aus (die Faltung führt auf eine Integralgleichung). Im Frequenzraum wird aus dieser Faltung ein Produkt. Und die Inverse der Multiplikation ist die Division:

Aus $G*U = B$ wird $\widehat{G}\widehat{U} = \widehat{B}$, was $\widehat{U} = \widehat{B}/\widehat{G}$ ergibt. (4.153)

Der letzte Schritt besteht darin, $\widehat{U}$ in den x-Raum zurückzutransformieren, um die Lösung $U(x)$ zu bestimmen.

Darf ich Ihnen verraten, dass dies dieselbe Lösung in drei Schritten ist, auf die alle Transformationsmethoden zurückgreifen? Bei der Fourier-Transformation sind die Basisfunktionen e^{ikx}:

1. Entwickeln Sie das gegebene $B(x)$ in eine Kombination von Eigenfunktionen e^{ikx} mal $\widehat{B}(k)$.
2. Teilen Sie alle $\widehat{B}(k)$ durch den bekannten Eigenwert $\widehat{G}(k)$.
3. Rekonstruieren Sie $U(x)$ aus der Fourier-Transformierten $\widehat{U} = \widehat{B}/\widehat{G}$.

Die Faltung $G * U$ hat die Eigenfunktionen e^{ikx} und die Eigenwerte $\widehat{G}(k)$. In diesem Abschnitt werden die einfachsten und schönsten linearen Gleichungen der angewandten Mathematik gelöst: verschiebungsinvariant, zeitinvariant, konstante Koeffizienten (diese Dinge sind hier äquivalent).

Punktspreizfunktionen

Zusammen mit den Beispielen für die Faltungsregel sollte ich Ihnen etwas über die Anwendungen erzählen. Sie beobachten Faltungen (buchstäblich) in einem Teleskop. *Ein Stern sieht verschmiert aus.* Das echte Signal (des Sterns) ist praktisch eine Punktquelle $\delta(x,y)$ an der Stelle $(0,0)$. Die Unschärfe kommt durch die **Punktspreizfunktion $G(x,y)$**. Das ist die Antwort an der Stelle (x,y) auf eine Deltafunktion an der Stelle $(0,0)$.

Wenn die Punktquelle an die Stelle (t,s) bewegt wird, dann bewegt sich die verschmierte Ausgabe $G(x-t, y-s)$ mit. Das ist *Verschiebungsinvarianz*, die äußerst wichtig ist. Wenn es sich bei der Eingabe um ein Integral handelt, das Punktquellen der Stärke $U(t,s)$ kombiniert, dann ist die Ausgabe ein Integral, das verschmierte Punkte $G(x-t, y-s)$ multipliziert mit U kombiniert:

$$U(t,s) = \textbf{Leuchtdichte der Eingabe bei } (t,s), \qquad (4.154)$$

$$\iint U(t,s)\, G(x-t, y-s)\, dt\, ds = \textbf{Leuchtdichte der Ausgabe bei } (x,y).$$

Das Teleskop hat die Eingabe U mit seiner internen Punktspreizfunktion gefaltet, um die Ausgabe $G * U$ zu erzeugen. Wir brauchen **Entfaltung** (Dekonvolution), um die Eingabe U zu bestimmen.

Bei allen Arten von bildgebenden Instrumenten tritt dieses Problem auf: Bestimmen Sie die Eingabe aus ihrer Faltung mit G. Die Lösung dieses Problems ist für die

4.6 Entfaltung und Integralgleichungen

Computertomographie wesentlich (im Jahr 1979 erhielten Cormack und Nounsfield den Nobelpreis für Medizin für die Entwicklung der Computertomographie und des Computertomographen). Das Unternehmen, das die Tomographen herstellt, misst seine Punktspreizfunktion G ein für allemal. Dasselbe Problem tritt bei der Kernspintomographie (MRI für englisch *magnetic resonance imaging*) und bei Sensoren auf Satelliten auf.

Bedenken Sie, dass eine perfekte Faltung *Verschiebungsinvarianz und Linearität* erfordert. In der Regel gibt es aber Fehlstellen, die insbesondere am Rand des Sichtfeldes auftreten. Im Beispiel mit dem Teleskop kommen zwei Dimensionen und Fourier-Integrale vor. Wir beginnen mit einer Dimension.

Beispiel 4.34 Angenommen, eine Punktquelle $\delta(x)$ zerfließt in eine Hutfunktion $G(x) = 1 - |x|$ mit dem Flächeninhalt 1. Warum gibt es ein Problem, eine unbekannte verteilte Quelle $U(x)$ aus der Ausgabe $B = G * U$ zurückzugewinnen?

Lösung Bei der Entfaltung im Frequenzraum wird $\widehat{B}(k)$ durch $\widehat{G}(k)$ dividiert. Das ist nur dann zulässig, wenn $\widehat{G}(k)$ nie null wird. Ob die Faltung invertierbar ist, erkennt man an einer von null verschiedenen Transformierten.

Die Transformierte der Hutfunktion $G(x)$ wurde im vorherigen Abschnitt berechnet. Die zweite Ableitung der Hutfunktion ist $G'' = \delta(x+1) - 2\delta(x) + \delta(x-1)$, sodass wir ihre Transformierte $e^{ikx} - 2 + e^{-ikx}$ durch $(ik)^2$ dividieren:

Transformierte der Hutfunktion $\quad \widehat{G}(k) = \dfrac{2 - 2\cos k}{k^2}.$ (4.155)

Das Problem besteht darin, dass $\widehat{G}(k) = 0$ ist, wenn k ein von null verschiedenes Vielfaches von 2π ist. (Für $k = 0$ erhalten wir $\widehat{G}(0) = 1 =$ Flächeninhalt unter der Kurve.) Wenn wir in $\widehat{U} = \widehat{B}/\widehat{G}$ durch null dividieren, erhalten wir üblicherweise eine inakzeptable Transformierte $\widehat{U}$. Das signalisiert, dass unsere Faltungsgleichung $G * U = B$ **schlecht gestellt** ist. Das passiert bei Integralgleichungen oft:

Integralgleichung erster Art

$$G * U = \int_{-\infty}^{\infty} G(x-t) U(t) \, dt = B(x). \qquad (4.156)$$

Wenn $U(k) = e^{ikx}$ ist, dann ergibt das Integral $\widehat{G}(k)e^{ikx}$. Folglich ist $\widehat{G}(k)$ ein Eigenwert der Faltung mit G. Die Invertierbarkeit verlangt immer von null verschiedene Eigenwerte.

Ich werde eine Modifikation erwähnen, die aus der Integralgleichung ein **korrekt oder gut gestelltes** Problem macht, wenn wir von $\widehat{G}(k) \geq 0$ starten. Fügen Sie auf der linken Seite ein beliebiges positives Vielfaches von $U(x)$ hinzu:

Integralgleichung zweiter Art

$$\alpha U(x) + \int_{-\infty}^{\infty} G(x-t) U(t) \, dt = B(x). \qquad (4.157)$$

Nun ist die Transformierte $\alpha + \widehat{G}(k)$, und dieser Ausdruck ist nie null. Die Lösung U ergibt sich sicher aus der Division $\widehat{B}/(\alpha + \widehat{G})$, auf die eine inverse Transformation folgt. Das ist so, wie wenn man zu einer positiv semidefiniten zirkulanten Matrix C den Term αI addiert, um sie positiv definit zu machen.

Bei einem Teleskop kann sich die Invertierbarkeit durch eine andere Punktspreizfunktion G (keine Hutfunktion) ergeben. Oder das Problem ist tatsächlich singulär. Es ist unmöglich, die gesamte Information über den Körper zu rekonstruieren, wenn bei der Computertomographie nur in N Richtungen gescannt wird. Dabei integriert der Scanner nämlich Ihre Dichte entlang des Strahlengangs in jeder Richtung, und manche Gebilde sind nahezu unsichtbar (wie das bei Tarnkappenflugzeugen der Fall ist). Die Computertomographie im Spiralverfahren liefert ein vollständigeres Bild.

Anmerkung Bei der **Blindentfaltung** (englisch *blind deconvolution*) ist G unbekannt. Aus der Gleichung $G * U = B$ wird die Minimierung von $\|G * U - B\|^2 + \alpha \|u\|_{TV}$. Dieser Term mit der totalen Variation (TV) wird in Abschnitt 4.7 auf Seite 448 erläutert. In Abschnitt 8.2 auf Seite 707 kommen wir auf schlecht gestellte Gleichungen zurück. **Inverse Probleme** versuchen, die Differentialgleichung aus ihren Lösungen zu rekonstruieren. Oder sie lösen die Gleichung $Au = b$, wenn die Matrix $A^T A$ singulär ist. Die Justierung durch α ist ein **Strafterm**, der $A^T A + \alpha I$ erzeugt.

Integralgleichungen liegen nicht zwangsläufig in einer verschiebungsinvarianten Faltungsform vor:

Integralgleichung erster Art [zweiter Art]

$$[\alpha U(x)] + \int G(x,t) U(t) dt = B(x). \qquad (4.158)$$

In Faltungen hängt $G(x,t)$ nur von der Differenz $x - t$ ab (wie bei Toeplitz-Matrizen G_{i-j} mit konstanten Diagonalen). Die Summe von $x-t$ und t auf der linken Seite ist gleich x auf der rechten Seite – das ist ein zuverlässiger Indikator für eine Faltung. Bei Kernen wie $G = xt$ liegt *keine Faltung* vor.

Entfaltung durch Matrizen

Beispiel 4.35 (Diskrete Entfaltung) Sei C eine **zirkulante Matrix**. Lösen Sie die Gleichung $Cu = b$.

Dieses Beispiel macht sofort einen wesentlichen Punkt klar: *Die Multiplikation mit der Matrix C ist wie die zyklische Faltung mit ihrer nullten Spalte c.* Für die zirkulante Matrix C der zweiten Differenzen aus Abschnitt 1.1 auf Seite 1 können wir die vier Gleichungen als $Cu = b$ oder $c \circledast u = b$ schreiben:

4.6 Entfaltung und Integralgleichungen

Zirkulant $CU =$ **Faltung** $c \circledast u, (2, -1, 0, -1) \circledast (u_0, u_1, u_2, u_3)$

$$Cu = \begin{bmatrix} 2 & -1 & 0 & -1 \\ -1 & 2 & -1 & 0 \\ 0 & -1 & 2 & -1 \\ -1 & 0 & -1 & 2 \end{bmatrix} \begin{bmatrix} u_0 \\ u_1 \\ u_2 \\ u_3 \end{bmatrix}. \quad (4.159)$$

Diese spezielle Matrix C ist singulär. Der Einsvektor $(1,1,1,1)$ gehört zu ihrem Nullraum. Der zugehörige Eigenwert ist null. Die Inverse C^{-1} existiert nicht, weil die Eigenwerte der Matrix C gleich $0, 2, 4$ und 2 sind.

Es wird sich als äußerst nützlich erweisen, zu sehen, weshalb die Entfaltung in diesem Beispiel fehlschlägt. Den Vektor $\widehat{b}$ durch $\widehat{c}$ zu dividieren (komponentenweise), ist nicht möglich, weil eine Komponente von $\widehat{c}$ null ist. Dieser Vektor $\widehat{c} = (0, 2, 4, 2)$ enthält die Eigenwerte der Matrix C:

Diskrete Transformation von c
$$\begin{bmatrix} 1 & 1 & 1 & 1 \\ 1 & i & i^2 & i^3 \\ 1 & i^2 & i^4 & i^6 \\ 1 & i^3 & i^6 & i^9 \end{bmatrix} \begin{bmatrix} 2 \\ -1 \\ 0 \\ -1 \end{bmatrix} = \begin{bmatrix} 0 \\ 2 \\ 4 \\ 2 \end{bmatrix} = \widehat{c}. \quad (4.160)$$

Die Eigenvektoren der Matrix C sind die Spalten der Fourier-Matrix! Der erste Eigenwert ist null, und sein Eigenvektor ist die Spalte $(1,1,1,1)$. Die Summe der vier Eigenwerte ist 8. Das ist der richtige Wert für die Spur der Matrix C (Summe der Hauptdiagonalelemente).

Lassen Sie mich die Gleichung $CF = F\Lambda$ nachprüfen, solange wir diese Matrizen vor uns haben:

Die Eigenvektoren v, w, y, z sind Spalten der Matrix F

$$\begin{bmatrix} 2 & -1 & 0 & -1 \\ -1 & 2 & -1 & 0 \\ 0 & -1 & 2 & -1 \\ -1 & 0 & -1 & 2 \end{bmatrix} \begin{bmatrix} 1 & 1 & 1 & 1 \\ 1 & i & i^2 & i^3 \\ 1 & i^2 & i^4 & i^6 \\ 1 & i^3 & i^6 & i^9 \end{bmatrix} = \begin{bmatrix} 0v & 2w & 4y & 2z \end{bmatrix}. \quad (4.161)$$

$ v\ w\ y\ z c \circledast v \cdots c \circledast z$

Die Fourier-Matrix F ist die Eigenvektormatrix für jede zirkulante Matrix.

Beispiel 4.36 Nach der Addition von I ist die zirkulante Matrix $C + I$ invertierbar. Die Entfaltung ist für $c = (3, -1, 0, -1)$ erfolgreich. Die Eigenwerte sind um 1 auf $1, 3, 5, 3$ erhöht:

$$(C + I)u = b \quad \begin{bmatrix} 3 & -1 & 0 & -1 \\ -1 & 3 & -1 & 0 \\ 0 & -1 & 3 & -1 \\ -1 & 0 & -1 & 3 \end{bmatrix} \begin{bmatrix} u_0 \\ u_1 \\ u_2 \\ u_3 \end{bmatrix} = \begin{bmatrix} 4 \\ 0 \\ 0 \\ 0 \end{bmatrix}. \quad (4.162)$$

Die vier Spalten v, w, y, z sind weiterhin Eigenvektoren der Matrix $C + I$. Die rechte Seite $b = (4, 0, 0, 0)$ ist die Summe $v + w + y + z$ aller vier Eigenvektoren. Das besagt nur, dass die diskrete Transformierte $\widehat{b} = (1,1,1,1)$ ist. Bei der Entfaltung wird durch die Eigenwerte der Matrix C dividiert, um die Lösung u zu konstruieren:

$$u = \frac{1}{1}v + \frac{1}{3}w + \frac{1}{5}y + \frac{1}{3}z = \frac{1}{15}(18,12,8,12). \text{ Das ist } \boldsymbol{u = F\Lambda^{-1}F^{-1}b}. \quad (4.163)$$

Jede zirkulante Matrix hat die Gestalt $C = F\Lambda F^{-1}$. Die Eigenwerte in Λ stammen aus $\widehat{c}$. Die Fourier-Eigenvektoren in F zeigen die drei Schritte von $u = C^{-1}b = F\Lambda^{-1}F^{-1}b$:

$\boldsymbol{F^{-1}b}$ **bestimmt $\widehat{b}$** $\boldsymbol{\Lambda^{-1}}$ **ergibt** $\widehat{u} = \widehat{b}/\widehat{c}$ $\boldsymbol{F\widehat{u}}$ **rekonstruiert** $\boldsymbol{u}$.

Folglich löst die Entfaltung die Gleichung $Cu = c \circledast u = b$ mit FFT-Geschwindigkeit:

bhat = fft(b); chat = fft(c); uhat = bhat./chat; u = ifft(uhat). (4.164)

Entfaltung für unendliche Matrizen

Zirkulante Matrizen enthalten periodische Randbedingungen, sodass sie eine zyklische Faltung $c \circledast u$ ergeben. Unendliche Toeplitz-Matrizen ergeben eine nicht-zyklische Faltung $C_\infty u = c * u$. Dann ist die Aufgabe einer nicht-zyklischen Entfaltung, $c * u = b$ zu lösen.

In der Sprache der Signalverarbeitung ausgedrückt, invertieren wir einen Filter. Seine Impulsantwort ist $c * \delta = c$. Die Inverse einer unendlichen Toeplitz-Matrix (konstante Diagonalen, zeitinvariant) ist eine weitere Toeplitz-Matrix. Es gibt aber einen großen Unterschied: Wenn C_∞ eine **Bandmatrix** aus einem **FIR-Filter** (FIR – englisch *finite impulse response* c) ist, dann ist C_∞^{-1} eine volle Matrix aus einen **IIR-Filter** (IIR – englisch *infinite impulse response*).

Wenn $C(\omega) = \sum c_k e^{i\omega k}$ ein Polynom ist, dann ist $1/C(\omega)$ kein Polynom. Die einzige Ausnahme ist ein nutzloser Filter mit nur einem Koeffizienten. Die Entfaltung (diskret und kontinuierlich) erhält also eine Bandstruktur nicht.

Beispiel 4.37 Die Matrix K_∞ der zweiten Differenzen ist nur semidefinit. Machen Sie daraus die Matrix $C_\infty = 2K_\infty + I$, deren Elemente $-2, 5, -2$ die Autokorrelation $(-1,2,0) * (0,2,-1)$ sind:

$$C_\infty = \begin{bmatrix} \cdot & \cdot & & & \\ -2 & 5 & -2 & & \\ & -2 & 5 & -2 & \\ & & \cdot & \cdot & \end{bmatrix} = \begin{bmatrix} \cdot & & & \\ \cdot & 2 & & \\ & -1 & 2 & \\ & & -1 & \cdot \end{bmatrix} \begin{bmatrix} \cdot & & & \\ & 2 & -1 & \\ & & 2 & -1 \\ & & & \cdot \end{bmatrix} = L_\infty U_\infty. \quad (4.165)$$

Eine tridiagonale Matrix C_∞ hat bidiagonale Faktoren. Sie können Matrizen oder Polynome betrachten:

$$C(\omega) = L(\omega)U(\omega)$$
$$-2e^{i\omega} + 5 - 2e^{-i\omega} = (2 - e^{i\omega})(2 - e^{-i\omega}) = |2 - e^{i\omega}|^2. \quad (4.166)$$

4.6 Entfaltung und Integralgleichungen

Die positive Definitheit der Matrix C_∞ entspricht der Positivität des Polynoms $C_\infty(\omega)$. Dann hat diese Frequenzantwort mit drei Termen eine *spektrale Faktorisierung* (4.166) in $|A(\omega)|^2$. Die inverse Matrix ist aber voll!

$$C_\infty^{-1} = U_\infty^{-1} L_\infty^{-1} = \begin{bmatrix} \cdot & \frac{1}{4} & \frac{1}{8} & \frac{1}{16} \\ & \frac{1}{2} & \frac{1}{4} & \frac{1}{8} \\ & & \frac{1}{2} & \frac{1}{4} \\ & & & \cdot \end{bmatrix} \begin{bmatrix} \cdot & & & \\ \frac{1}{4} & \frac{1}{2} & & \\ \frac{1}{8} & \frac{1}{4} & \frac{1}{2} & \\ \frac{1}{16} & \frac{1}{8} & \frac{1}{4} & \cdot \end{bmatrix}. \tag{4.167}$$

Diese triangularen Inversen ergeben sich aus $1/(2-e^{i\omega}) = \frac{1}{2} + \frac{1}{4}e^{i\omega} + \frac{1}{8}e^{2i\omega} + \cdots$, und sie sind keine Polynome. Auch ihr Produkt $1/C(\omega)$ ist kein Polynom. *Diese Matrizen sind aber alle weiterhin Faltungen.*

Faltung	$c*u=b$	**Teile durch $C(\omega)$**	$D(\omega)=1/C(\omega)$
Toeplitz-Matrix	$C_\infty u=b$	**Toeplitz-Inverse**	$D_\infty=(C_\infty)^{-1}$
Frequenzraum	$C(\omega)U(\omega)=B(\omega)$	**Entfaltung**	$U(\omega)=B(\omega)/C(\omega)$

(4.168)

Dreiecksmatrizen und Kausalfilter

Die Toeplitz-Matrix L_∞ ist eine **untere Dreiecksmatrix**, wenn der Filter $\ell = (\ell_0, \ell_1, \ldots)$ **kausal** ist. Die Vergangenheit beeinflusst die Zukunft, aber die Zukunft hat keinen Einfluss auf die Vergangenheit. Es gibt einen Zeitpfeil, und die Ursache kommt vor der Wirkung.

Eine obere Dreiecksmatrix U_∞ ist akausal. Eine Toeplitz-Matrix mit Bandstruktur ist ein Produkt $L_\infty U_\infty$, das durch Faktorisierung der Polynome bestimmt werden kann. *Die Inverse existiert, wenn für alle ω die Beziehung $C(\omega) \neq 0$ gilt*. Es gibt aber einen Besorgnis erregenden Punkt. Die sich aus $1/L(\omega)$ ergebende Inverse mit der Form einer unteren Dreiecksmatrix kann eine **unbeschränkte Matrix** sein:

$$\frac{1}{L(\omega)} = \frac{1}{1 - 3e^{-i\omega}}$$

$$L_\infty = \begin{bmatrix} \cdot & & & \\ -3 & 1 & & \\ & -3 & 1 & \\ & & -3 & 1 \end{bmatrix} \quad L_\infty^{-1} = \begin{bmatrix} \cdot & & & \\ 3 & 1 & & \\ 9 & 3 & 1 & \\ 27 & 9 & 3 & 1 \end{bmatrix}. \tag{4.169}$$

Sei die Matrix nun kausal oder akausal, es gibt für Dreiecksmatrizen eine strengere Bedingung, wenn die inverse Matrix beschränkt und weiterhin triangular sein soll. Das ist bei *einseitigen* Problemen der Fall, bei denen nicht mehr $-\infty < x < \infty$ ist sondern $0 \leq t < \infty$. *Die Laplace-Transformation ersetzt dann die Fourier-Transformation.*

Eine beschränkte Inverse von L_∞ mit unterer Dreiecksgestalt hängt immer noch von den Nullstellen von $L(\omega)$ ab. Nun verbietet aber die Bedingung $3 - e^{-i\omega} = 0$ oder $z = 1/3$. $L(z)$ darf keine Nullstellen mit $|z| \leq 1$ haben, und $U(z)$ darf keine Nullstellen mit $|z| \geq 1$ haben. Die erwähnte stärkere Bedingung wird in Abschnitt 5.3 auf Seite 493 über Laplace-Transformation behandelt.

Entfaltung in zwei Dimensionen

Unser erstes Beispiel für die Entfaltung (bei einem Teleskop) war zweidimensional. Gleichung (4.154) auf Seite 440 war ein Doppelintegral, und $G * U$ war eine zweidimensionale Faltung. In den berechneten Beispielen haben wir uns auf eine Dimension beschränkt. Das hatte aber keinen tieferen Grund, sondern war nur der Einfachheit halber. Zweidimensionale Probleme brauchen doppelte Fourier-Reihen oder doppelte Fourier-Integrale, das Prinzip bleibt aber dasselbe:

$$G(x,y) * U(x,y) = B(x,y) \quad \widehat{G}(\omega,\theta)\,\widehat{U}(\omega,\theta) = \widehat{B}(\omega,\theta) \quad \widehat{U} = \widehat{B}/\widehat{G}. \quad (4.170)$$

Die Faltungsregel ist weiterhin von zentraler Bedeutung. Die Algebra kann aber in zwei Dimensionen ganz anders sein als in einer. In einer Dimension ist die Faktorisierung der Schlüssel zu expliziten Formeln. Bei der Berechnung der Nullstellen eines Polynoms $C(\omega)$ erhalten wir lineare Faktoren mit einfachen Inversen. Das wird bei $C(\omega, \theta) = \sum\sum c_{k\ell} e^{-ik\omega} e^{-i\ell\theta}$ nicht passieren, außer in dem Spezialfall, auf den wir immer hoffen und den wir oft konstruieren:

Trennung der Variablen
$$C(\omega, \theta) = C_1(\omega)C_2(\theta) \quad 1/C = (1/C_1)(1/C_2),$$

Tensorprodukte aus 1D
$$C = \text{kron}(C_1, C_2) \quad C^{-1} = \text{kron}(C_1^{-1}, C_2^{-1}).$$
(4.171)

Das reduziert zwar die Möglichkeiten in zwei Dimensionen, macht aber die Lösung unendlich viel einfacher.

Bilder schärfen

Ein digitales Bild ist eine Matrix X mit Pixelwerten. Diese Matrix X wird mit einer Unschärfematrix G multipliziert, und wir beobachten das unscharfe Bild GX (mit zusätzlichem Rauschen, dem wir uns weiter unten separat widmen). Wir kennen G und suchen nach einem effizienten Weg, die Matrix X aus GX zu rekonstruieren.

Wenn die Unschärfematrix verschiebungsinvariant ist, dann ist G eine (zweidimensionale) Toeplitz-Matrix. Der Bildrand muss gesondert behandelt werden. Es gibt drei Methoden, die in dem Buch *Deblurring Images* (Hansen, Nagy und O'Leary, SIAM, 2006) gut beschrieben sind:

4.6 Entfaltung und Integralgleichungen

1. *Null-Padding*, um X in ein größeres Bild einzubetten (diese Nullen können sich sehr von den Pixelwerten in der Matrix unterschieden und Überschwingen verursachen).
2. *Periodische Ergänzung*, um X in einer größeren Matrix mit wiederholten Blöcken von x einzubetten.
3. *Symmetrische Ergänzung* verwendet fliplr(X) und flipud(X), um hinter dem Rand Spiegelbilder zu erzeugen. Die Verschiebungsinvarianz geht verloren, es sind aber schnelle Algorithmen verfügbar.

Wenn Verschiebungsinvarianz vorliegt, ist die Unschärfematrix G eine Faltung mit einer *Punktspreizfunktion* wie in Gleichung (4.170). Bei einer symmetrischen (geraden) Ergänzung ersetzt die schnelle Kosinustransformation die FFT. Es ist hilfreich, wenn sich die horizontale Unschärfe von der vertikalen Unschärfe trennen lässt, wie es in Gleichung (4.171) der Fall ist. Das Schärfen durch eine zweidimensionale Gaußkurve ist auch Bestandteil der Image Processing Toolbox von MATLAB.

Nun schließt die beobachtete Matrix $Y = GX + N$ eine Rauschmatrix ein. *Filtern* ist erforderlich. Im Ortsraum können wir Y mit einem mittelnden Tiefpassfilter multiplizieren

$$\frac{1}{9}\begin{bmatrix} 1 & 1 & 1 \\ 1 & 1 & 1 \\ 1 & 1 & 1 \end{bmatrix} \quad \text{oder} \quad \frac{1}{10}\begin{bmatrix} 1 & 1 & 1 \\ 1 & 2 & 1 \\ 1 & 1 & 1 \end{bmatrix} \quad \text{oder} \quad \frac{1}{16}\begin{bmatrix} 1 & 2 & 1 \\ 2 & 4 & 2 \\ 1 & 2 & 1 \end{bmatrix}.$$

Bei Verschiebungsinvarianz bringt eine zweidimensionale DFT die Matrix Y in den Frequenzraum.

Bei einer beliebigen Matrix $G = U\Sigma V^T$ können wir die kleinsten Singulärwerte in Σ streichen oder dämpfen. Das ist eine „**sichere Invertierung**", die $VD\Sigma^{-1}U^T$ mit Filterfaktoren in der Diagonalmatrix D verwendet: Faktoren $d_i = 1$ oder 0 ergeben eine verkürzte SVD. Die Dämpfung von $1/\sigma_i$ durch $d_i = \sigma_i^2/(\sigma_i^2 + \alpha)$ ergibt die Tychonov-Regularisierung aus Abschnitt 8.2, bei der die Matrix X den Ausdruck $\|Y - GX\|^2 + \alpha\|X\|^2$ minimiert. Eine höhere Strafe α entfernt mehr Rauschen (und natürlich auch mehr Signal).

Aufgaben zu Abschnitt 4.6

4.6.1 Lösen Sie diese Gleichung für die *zyklische Faltung* nach dem Vektor d auf. (Ich würde die Faltung in eine Multiplikation umwandeln.) Berücksichtigen Sie $c = (5, 0, 0, 0) - (1, 1, 1, 1)$.

Entfaltung $c \circledast d = (4, -1, -1, -1) \circledast (d_0, d_1, d_2, d_3) = (1, 0, 0, 0)$.

4.6.2 Es gibt keine Lösung d, wenn c zu $C = (3, -1, -1, -1)$ wird. Bestimmen Sie die diskrete Transformierte dieses C. Bestimmen Sie dann ein von null verschiedenes D, sodass $C \circledast D = (0, 0, 0, 0)$ ist.

4.6.3 Diese zyklischen Permutationen sind invers. Was sind ihre Eigenwerte?

$$C = \begin{bmatrix} 0 & 0 & 0 & 1 \\ 1 & 0 & 0 & 0 \\ 0 & 1 & 0 & 0 \\ 0 & 0 & 1 & 0 \end{bmatrix} \qquad D = \begin{bmatrix} 0 & 1 & 0 & 0 \\ 0 & 0 & 1 & 0 \\ 0 & 0 & 0 & 1 \\ 1 & 0 & 0 & 0 \end{bmatrix}.$$

4.6.4 Diese zyklische Verzögerung C wird nun zu einem doppelt unendlichen C_∞ (einer nicht-zyklischen Verzögerung) ergänzt. Zeigen Sie, dass D_∞ (ein nicht-zyklischer Vorgriff) dann immer noch ihre Inverse ist. Für welche komplexen Zahlen λ ist $C_\infty - \lambda I$ nicht invertierbar? Verwenden Sie den Test $e^{-i\omega} - \lambda \neq 0$ für alle ω.

4.6.5 Sei nun C_+ eine *einfach unendliche Verzögerung* (untere Dreiecksmatrix mit den Elementen 1 auf der Nebendiagonalen), die *nicht invertierbar* ist. Für welche komplexen Zahlen λ ist C_+ nicht invertierbar?

4.6.6 Zeigen Sie, dass für einfach unendliche, triangulare Toeplitz-Matrizen (die von $n = 0$ starten, nicht $-\infty < n < \infty$) $U_+ L_+$ eine *Toeplitz-Matrix bleibt*, das für $L_+ U_+$ aber nicht gilt. Die **Wiener-Hopf-Methode** für $A_+ u_+ = b_+$ faktorisiert $A(z) = U(z)L(z)$ und $A_+ = U_+ L_+$.

4.6.7 Was ist die Inverse der eindimensionalen Gauß-Faltung $G * U = \int e^{-s^2/2} U(x - 3)\,ds$? Was ist die zweidimensionale Gauß-Faltung $G(x,y) * U(x,y)$ und ihre Inverse?

4.7 Wavelets und Signalverarbeitung

Hinter den Wavelets steckt die Schlüsselidee, eingehende Signale in *Mittelwerte* (glatte Teile) und *Differenzen* (unruhige Teile) zu zerlegen. Lassen Sie mich jeweils zwei nicht überlappende Eingaben auf einmal verwenden, um die einfachste Wavelet-Transformation zu konstruieren. Diese „Zweipunkt-DFT" ist nach Haar benannt:

Haar-Wavelet $x = x_1, x_2, x_3, x_4 \longrightarrow$

Mittelwerte $y = \dfrac{x_2 + x_1}{2}$ und $\dfrac{x_4 + x_3}{2}$

Differenzen $z = \dfrac{x_2 - x_1}{2}$ und $\dfrac{x_4 - x_3}{2}$.

Ich werde die inverse Transformation, die nächste Iteration und dann den Zweck erläutern.

Erster Punkt Sie könnten die vier Werte x schnell aus den jeweils zwei Werten y und z rekonstruieren. Die Addition würde x_2 und x_4 ergeben. Die Subtraktion würde x_1 und x_3 ergeben. Diese **inverse Transformation** verwendet dieselben Operationen (plus und minus) wie die Vorwärtstransformation.

Zweiter Punkt Wir könnten **iterieren**, indem wir die Mittelwerte und die Differenzen der Werte y bilden:

4.7 Wavelets und Signalverarbeitung

Nächste Skala
$$y = \frac{x_2 + x_1}{2}$$
$$y = \frac{x_4 + x_3}{2}$$
$\longrightarrow$
Mittelwert $yy = \dfrac{x_4 + x_3 + x_2 + x_1}{4}$

Differenz $zy = \dfrac{x_4 + x_3 - x_2 - x_1}{4}$

Aus den Werten yy und zy könnten wir schnell die Werte y rekonstruieren. Anschließend könnten wir daraus zusammen mit den beiden Werten für z alle vier Werte x rekonstruieren. Die Information ist immer vorhanden, wir sind aber zu einer „Wavelet-Basis" übergegangen. In Matrixsprache bedeutet das: Die Transformation ist einfach eine Multiplikation von x mit einer invertierbaren Matrix A. Bei der inversen Transformation (um x zu rekonstruieren) wird mit einer Synthesematrix $S = A^{-1}$ multipliziert.

Dritter Punkt Eine Schlüsselanwendung der Wavelet-Transformation ist die **Komprimierung**. Signale, Bilder und Videos werden mit mehr Bits aufgenommen als wir hören oder sehen können. Hochauflösendes Fernsehen und medizinische bildgebende Verfahren erzeugen enorme Bitströme (ein Bild hat 8 Bit pro Pixel, 24 für Farbe, bei Millionen von Pixeln). Wir können nicht kleine x weglassen und weiße Stellen im Bild hinterlassen. Wir können aber ohne signifikanten Verlust kleine z weglassen. Die Kompression erfolgt zwischen den Transformationen A und S:

Eingangs- $\xrightarrow{A}$ Wavelet- $\begin{bmatrix} y \\ z \end{bmatrix}$ $\longrightarrow$ kompimierte $\begin{bmatrix} \widehat{y} \\ \widehat{z} \end{bmatrix}$ $\xrightarrow{S = A^{-1}}$ Ausgangs-
signal x Transformation Transformation signal $\widehat{x}$

Die Kompression ist nichtlinear und verlustbehaftet. Die Transformationen sind linear und verlustfrei. Die Wavelet-Theorie konzentriert sich darauf, Transformationen zu finden, die diese Gesamtstruktur erhalten, aber verfeinerte Filter verwenden. Die Koeffizienten des Haar-Filters sind $\frac{1}{2}, \frac{1}{2}$ für „begleitende Mittel" und $\frac{1}{2}, -\frac{1}{2}$ für „begleitende Differenzen". Bessere Filter in A enthalten mehr Koeffizienten (ein bevorzugtes Paar ist 9/7), die sorgfältig ausgewählt werden müssen, damit die inverse Transformation einfach und schnell bleibt.

Signale und Bilder

Dieser Abschnitt hat zwei Dinge zum Ziel. Zum einen soll die Wavelet-Transformation entwickelt werden. Die Mittelwerte und Differenzen von Haar sind ein erster Schritt – sie bahnten den Weg für bessere diskrete Wavelet-Transformationen. Die diskrete Wavelet-Transformation (DWT) erzeugt die Wavelet-Koeffizienten aus *Filtern*, nicht aus solchen Formeln wie $c_k = \sum f_j w^{-jk}$. Der Schlüssel besteht darin, die Transformation aus leicht invertierbaren Stücken aufzubauen.

Zum anderen wollen wir Signale und Bilder (häufig medizinische Bilder) in einer **dünn besetzten und stückweise glatten Weise** darstellen. Dünn besetzt bedeutet in diesem Zusammenhang wenige Koeffizienten, um Kosten, Speicherplatzedarf und Übertragungsrate zu regulieren. Glattheit bedeutet in diesem Zusammenhang enge Approximation an natürliche Bilder. „Stückweise" trägt unserer Erkenntnis Rechnung, dass die **Kanten in diesen Bildern äußerst wichtig sind**. An dieser

Stelle fällt Fourier heraus. Selbst in einer Dimension kommt es durch das Gibbs-Phänomen und den langsamen $1/k$-Abfall der Koeffizienten an einem Sprung in $f(t)$ zum Überschwingen und Verschmieren.

Ein l^1-Strafterm vermeidet eine Menge kleiner Koeffizienten. Ein **Strafterm mit totaler Variation** (l^1-Norm des Gradienten) vermeidet Schwingungen. Die Aufgabe lautet: Überwinde den Sprung und bleibe auf beiden Seiten glatt. In Abschnitt 8.6 auf Seite 764 werden wir auf die Algorithmen und die Dualitätstheorie, die hinter einer dünn besetzten und glatten Kompression stecken, zurückkommen. Dieser Abschnitt motiviert die Minimierung der Energie, die aus JPEG und diskreter Kosinustransformation besseres Codecs macht. Es folgen vier Schritte in $f \approx \sum c_k \phi_k$.

1. **Lineare Transformation**: Verwende die ersten n Koeffizienten (Fourier, Wavelet, ...).
2. **Nichtlineare Transformation**: Verwende die n größten Koeffizienten (eine Form von Basis Pursuit).
3. **Dünn besetzte Transformation**: Minimiere $\left\|f-\sum c_k\phi_k\right\|_2^2+\alpha\sum|c_k|$ (die LASSO-Idee).
4. **Glatte Transformation**: Minimiere $\left\|f-\sum c_k\phi_k\right\|^2+\alpha\left|\sum c_k\phi_k\right|_{\mathsf{TV}}$ (totale Variation).

Fourier versus Wavelets

So viel Mathematik steckt hinter der Darstellung von Funktionen – **der Wahl der Basis**. Ein zentrales Beispiel der reinen und angwandten Mathematik ist die Fourier-Reihe. Ihre diskrete Version wird durch die schnelle Fourier-Transformation berechnet. Das ist der bedeutendste Algorithmus des 20. Jahrhunderts. Die Fourier-Basis ist sagenhaft – keine Basis wird jemals so wunderbar sein – aber sie ist nicht perfekt. Sinus und Kosinus sind global anstatt lokal, und sie liefern nurr eine schwache Approximation an einem Sprung (Gibbs-Phänomen).

Wir wollen die vier folgenden Eigenschaften: *lokale Basis, leicht zu verfeinern, schnell zu berechnen, gute Approximation durch wenige Terme*. Splines und finite Elemente haben die ersten drei Eigenschaften. Das Weglassen von Termen hinterlässt aber blanke Intervalle. Wavelets erlauben die Kompression von Daten – was bei so vielen Anwendungen notwendig ist, in denen das Datenvolumen überwältigend ist.

Um Wavelets mit Sinus- und Kosinusfunktionen zu vergleichen, brauchen wir Funktionen und keine Vektoren. Aus der Welt der diskreten Zeit bewegen wir uns in die parallele Welt der kontinuierlichen Zeit. Ein Tiefpassfilter wie $\frac{1}{2}, \frac{1}{2}$ führt auf eine *Skalierungsfunktion* $\phi(t)$. Ein Hochpassfilter wie $\frac{1}{2}, -\frac{1}{2}$ führt auf das *Wavelet* $w(t)$. Einem halblangen Vektor wie y entspricht im kontinuierlichen Fall die *Komprimierung der t-Achse*. Wir treffen nun auf die Skalierungsfunktion $\phi(2t)$, die den Graph von $\phi(t)$ zusammendrückt:

4.7 Wavelets und Signalverarbeitung

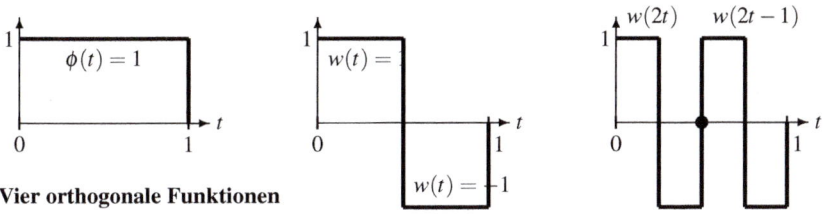

Vier orthogonale Funktionen

Abb. 4.14 Kastenfunktion $\phi(t)$. **Haar-Wavelet** $w(t)$. Reskaliertes $w(2t)$ und $w(2t-1)$.

Mittelwerte führen auf die Haar-Skalierungsfunktion ϕ

$$\phi(t) = \phi(2t) + \phi(2t-1), \tag{4.172}$$

Differenzen führen auf das Haar-Wavelet w

$$w(t) = \phi(2t) - \phi(2t-1). \tag{4.173}$$

Diese zweiskalige „Verfeinerungsgleichung" verlangt, dass $\phi(t)$ die Summe ihrer Kompression $\phi(2t)$ und der verschobenen Kompression $\phi(2t-1)$ ist. Die Lösung ist die **Kastenfunktion** aus Abbildung 4.14. Dann ist das Wavelet $w(t)$ die Differenz der beiden „Halbkästen".

Skalierungsfunktionen liefern Mittelwerte und Wavelets liefern Details. Wenn Details nicht signifikant sind, können sie wegkomprimiert werden, sodass ein geglättetes Signal übrig bleibt. Der Bildverarbeitungsstandard JPEG2000 wählt Filterpaare, die unter den Namen „9/7" und „5/3" bekannt sind, die sich aus der Anzahl der Koeffizienten ergeben. Die Koeffizienten entscheiden über die Qualität der Wavelet-Basis.

Auch Wavelets sind nicht perfekt, und wir erahnen bereits weiterführende Ideen. Um ein Gesicht, eine Unterschrift oder das Gavitationspotential darzustellen, brauchen wir Basis-Funktionen, die bestimmten Eingabedaten entsprechen. Wenn ein Video im Internet wegen Überlastung der Datenleitung stoppt, dann ist Ihnen klar, dass eine effizientere Darstellung gebraucht wird (und gefunden werden wird).

Mehrskalige Zeit-Frequenz-Analyse

Insgesamt betrachtet, dienen Wavelets dazu, Signale im **Zeit- und Frequenzraum** darzustellen. Die Fourier-Beschreibung geschieht gänzlich im Frequenzraum. Um zu wissen, *wann* etwas geschah (wie beispielsweise eine Sprung), muss die Transformierte $\widehat{f}(k)$ in $f(t)$ rücktransformiert werden. Die „Short-Time-Fourier-Transformation" arbeitet auf einer Folge von Fenstern von $f(t)$, um einen Teil der Zeitinformation zu erhalten – das ist aber nicht optimal.

Wavelets erfassen hohe Frequenzen über kurze Zeiten (schnelle Impulse). Sie nehmen niedrigere Frequenzen über längere Zeiten wahr. Die Bausteine sind Funktionen $w_{jk}(t) = w(2^j t - k)$, in denen j über die Skala entscheidet ($w(2t)$ verdoppelt alle Frequenzen) und k über den Ort entscheidet ($w(t-k)$ verschiebt alle Zeitpunk-

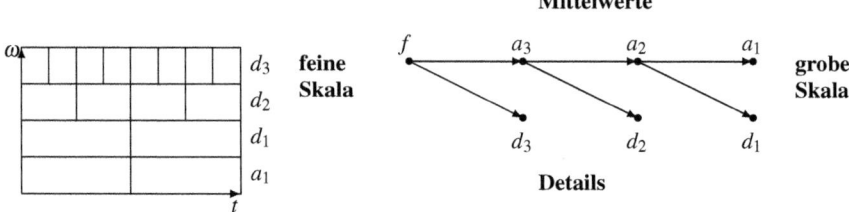

Abb. 4.15 Zeit-Frequenz-LEGO-Blöcke: Mittelwert + Details in der Zeitskala 2^j.

te). Diese Wavelet-Basis-Funktionen sind bei Haar-Wavelets von auf und ab laufenden Rechteckschwingungen LEGO-Blöcke (siehe Abbildung 4.15). Neue und geschicktere Wavelets verwenden bessere Filter (kurze schnelle Faltungen) auf einander überlappenden Intervallen. Die Konstruktion erfordert Geduld, aber das Ziel ist klar: Es geht darum, höhere Genauigkeit mit rechnerischer Geschwindigkeit zu kombinieren (was auch für die Inverse gilt).

Auf jeder Skala erfasst ein Tiefpassfilter Mittelwerte und ein Hochpassfilter erfasst Details. Die Details haben in der Regel niedrige Energie. Die Kompression weist ihnen sehr wenige Bits zu. Die Mittelwerte $y(n)$ enthalten die meiste Energie. Durch Downsampling (Heruntertaktung) auf $y(2n)$ skalieren wir die Zeit. Anschließend werden wieder Tiefpass- und Hochpassfilter angewandt, um die Mittelwerte und die Details auf der gröberen Skala auf der rechten Seite von Abbildung 4.15 zu erfassen. Das sind **Teilbandfilter** (englisch *subband filter*).

Sie könnten dieses Zeit-Frequenz-Bild mit dem Notensatz vergleichen. Die Zeit schreitet voran, während Sie die Noten lesen. Die Frequenz geht vom tiefen C zum mittleren C und schließlich zum hohen C. Haar-Wavelets könnten mit zwei Fingern gespielt werden, der an der linken Hand für die Mittelwerte und der an der rechten Hand für Details. Ein Akkord gibt Ihnen einige Frequenzen, und $F(t, \omega)$ kann *alle* Frequenzen enthalten. Wir müssen aber auf einen Umstand hinweisen, der dieses Thema schwierig macht: $F(t, \omega)$ *ist redundant*. Wenn wir $f(t)$ kennen, wissen wir alles. Das ist ein tiefgreifendes Themengebiet [72], das Unschärferelationen, Weyl-Heisenberg-Gruppen und faszinierende Transformationen umfasst.

Insgesamt betrachtet, erzeugt diese mehrratige Filterbank eine **diskrete Wavelet-Transformation** (DWT). Die inverse Transformation setzt die a_j aus den Mittelwerten a_{j-1} und den Details wieder zusammen. Dieser inverse Prozess verwendet ebenfalls ein Tiefpass/Hochpass-Filterpaar. Kurze Filter sind scharf, symmetrische Filter sehen am besten aus, orthogonale Filter erhalten Energie, längere Filter ergeben scharfe Abschneidefrequenzen. Diese Eigenschaften können wir nicht alle auf einmal haben!

Wavelet-Basis und Verfeinerungsgleichung

Eine Wavelet-Basis wird aus der Funktion $w(t)$ erzeugt, indem ihr Graph reskaliert (um $2, 4, 8, \ldots$ komprimiert) wird. Außerdem wird er gleichzeitig entlang der t-Achse verschoben, sodass er mehr Intervalle überdeckt:

Reskaliert durch 2^j und verschoben um k $\quad w_{jk}(t) = 2^{j/2} w(2^j t - k).\quad$ (4.174)

Die reskalierte Funktion $w(2^j t)$ ist (im Gegensatz zur Kosinusfunktion) nach einem Intervall der Länge $2^{-j}N$ null. Eine fundamentale Eigenschaft aller Wavelets, wie die des Haar-Wavelets $w(t)$, ist *Mittelwert gleich null*:

Mittelwert null $\quad \int_{-\infty}^{\infty} w(t)\,dt = 0 \quad$ und dann $\quad \int_{-\infty}^{\infty} w_{jk}(t)\,dt = 0.\quad$ (4.175)

Folglich sind die Wavelets orthogonal zur konstanten Funktion 1. Um Funktionen mit einem von null verschiedenen Integral zu approximieren, werden die Skalierungsfunktion $\phi(t)$ und ihre verschobene Funktion $\phi(t - k)$ zur Basis hinzugenommen. Die kontinuierliche Zeitentwicklung von $f(t)$ schließt alle ϕ und w ein:

Wavelet-Reihe $\quad f(t) = \sum_{k=-\infty}^{\infty} a_k \phi(t - k) + \sum_{k=-\infty}^{\infty} \sum_{j=0}^{\infty} b_{jk} w_{jk}(t).\quad$ (4.176)

Diese Reihe (das Gegenstück zu Fourier) zeigt die Schlüsselideen der Wavelet-Basis:

1. Alle Basisfunktionen sind nun in der Zeit lokalisiert (kompakter Träger).
2. Die Skalierungsfunktionen $\phi(t-k)$ erzeugen ein „gemitteltes" oder „geglättetes" Signal.
3. Wavelets $w_{jk}(t)$ füllen die mehrskaligen Details in allen Skalen $j = 0, 1, 2, \ldots$ auf.

Niedrige Frequenzen sind an $\phi(t)$ und hohe Frequenzen an $w(t)$ gekoppelt. Da ein typisches Signal glatt oder zumindest stückweise glatt ist, *wird der überwiegende Teil der Information durch die Skalierungsfunktionen getragen*. Die einfachste Form einer Wavelet-Kompression ist, den Wavelet-Teil zu löschen und die feinen Details zu vernichten (wir erkennen das Bild immer noch).

Um das Signal vom Rauschen zu trennen, werden beim „Schwellwertverfahren" nur Koeffizienten a_k und b_{jk} übernommen, die größer als ein spezifizierter Wert sind. Ein raffinierterer Kompressionsalgorithmus ersetzt jeden Koeffizienten a_k und b_{jk} durch eine binäre Zahl (die kleinsten Koeffizienten werden durch null ersetzt). Die nach dieser „Quantisierung" vorliegenden Binärzahlen, lassen sich leicht speichern und übertragen.

Der wesentliche Punkt ist, dass $\phi(t)$ *eine Kombination der reskalierten Funktionen $\phi(2t - k)$ ist*:

Verfeinerungsgleichung $\quad \phi(t) = 2 \sum_{k=0}^{N} h(k) \phi(2t - k).$ (4.177)

Das ist die wichtigste Gleichung der Wavelet-Theorie. Die Filterkoeffizienten $h(k)$ sind die einzigen Zahlen, die gebraucht und verwendet werden, um zusammen mit den zugehörigen Zahlen $g(k)$ eine Wavelet-Basis in der *Wavelet-Gleichung* zu implementieren:

Wavelet-Gleichung $\quad w(t) = 2 \sum_{k=0}^{M} g(k) \phi(2t - k).$ (4.178)

Die $h(k)$ sind die Koeffizienten in einem Tiefpassfilter, und die $g(k)$ sind die Koeffizienten in einem Hochpassfilter. Das verknüpft Filterbänke mit Wavelets. Die Wahl dieser Zahlen bestimmt $\phi(t)$ und $w(t)$. Dieses Muster heißt **Multiskalenanalyse**.

Zur Analyse und zur Synthese können verschiedene Filterpaare gehören, die zwei ϕ-w-Paare erzeugen. Ein Paar bestimmt die Koeffizienten a_k und b_{jk} in der Reihe (4.176); das ist der Analyseschritt. Das andere Paar ergibt $\phi(t)$ und $w(t)$ aus Gleichung (4.177) und Gleichung (4.178); das ist der Syntheseschritt. Wir können Gleichung (4.177) und Gleichung (4.178) als Beschreibung von drei Funktionenräumen auffassen:

Grobe Mittelwerte	V_0 = alle Kombinationen von $\phi(t - k)$,	
Grobe Details	W_0 = alle Kombinationen von $w(t - k)$,	(4.179)
Feinere Skala	V_1 = alle Kombinationen von $\phi(2t - k)$.	

Durch die Gleichungen (4.177) und (4.178) sind V_0 und W_0 in V_1 enthalten. **Wir wollen $V_0 + W_0 = V_1$.**

Die Wavelet-Transformation ist eine Änderung der Basis, mit der die Mittelwerte von den Details separiert werden sollen (die y und z von den x). Feine Signale in V_1 teilen sich in Stücke in V_0 und W_0 auf. Dann ist rekursiv $V_1 + W_1 = V_2$. Wavelets liefern Skala + Zeit; Fourier liefert Frequenz.

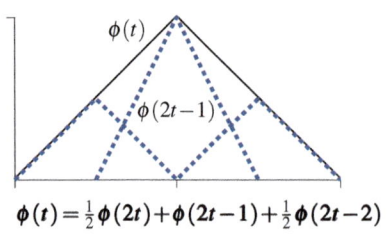
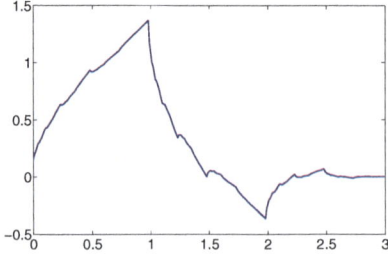

Abb. 4.16 Skalierungsfunktionen, die sich aus den Tiefpassfiltern $(1, 2, 1)/4$ und dem Daubechies-Wavelet (4.185) auf Seite 459 ergeben.

4.7 Wavelets und Signalverarbeitung

Beispiel 4.38 Die nach der Kastenfunktion einfachste Funktion $\phi(t)$ ergibt sich aus dem Filter $(1,2,1)/4$. Diese Funktion $\phi(t)$ ist die **Hutfunktion**. Abbildung 4.16 auf der vorherigen Seite zeigt $\phi(t)$ als eine Kombination von drei Halbhutfunktionen. Das Wavelet $w(t)$ wäre die Kombination von Halbhutfunktionen in (4.178), deren Mittelwert durch $g(k)$ null ist.

Der Filter $(1,4,6,4,1)/16$ führt auf eine kubische B-Spline (Hutfunktionen sind lineare B-Splines). Tatsächlich sind Splines fast *die einzigen einfachen Lösung* von Gleichung (4.177). Die rechte Seite von Abbildung 4.16 ist wesentlich typischer für $\phi(t)$. Der **Cascade-Algorithmus** löst Gleichung (4.177) – setzt $\phi^{(i)}(t)$ in die rechte Seite $\sum 2h(k)\phi^{(i)}(2t-k)$ ein, um $\phi^{(i+1)}(t)$ zu bestimmen. Den Code finden Sie auf der cse-Website.

```
h = [1+sqrt(3), 3+sqrt(3), 3-sqrt(3), 1-sqrt(3)]/8; n = length(h)-1;
tsplit = 100; tt = 0:1/tsplit:n; ntt = length(tt); phi = double(tt < 1);

while 1             % Iteriere bis Konvergenz oder Divergenz vorliegt.
  phinew = 0*phi;
  for j = 1:ntt
    for k = 0:n
      index = 2*j-k*tsplit+1;
      if index >= 1 & index <= n*tsplit+1
        phinew(j) = phinew(j) + 2*h(k+1)*phi(index);
      end
    end
  end
  plot(tt, phinew), pause(1e-1)
  if max(abs(phinew)) > 100, error('Divergenz'); end
  if max(abs(phinew-phi)) < 1e-3, break; end
  phi = phinew;
end
```

Filterbänke

Der fundamentale Schritt ist die Wahl der Filterkoeffizienten $h(k)$ und $g(k)$. Sie bestimmen alle Eigenschaften (gute oder schlechte) der Wavelets. Wir illustrieren das anhand von acht Zahlen in einer sehr bedeutenden 5/3 Filterbank (beachten Sie die Symmetrie jedes einzelnen Filters):

Koeffizienten des Tiefpasses

$h(0), h(1), h(2), h(3), h(4) = \mathbf{-1, 2, 6, 2, -1}$ (dividiere durch 8),

Koeffizienten des Hochpasses

$g(0), g(1), g(2) = \mathbf{1, -2, 1}$ (dividiere durch 4).

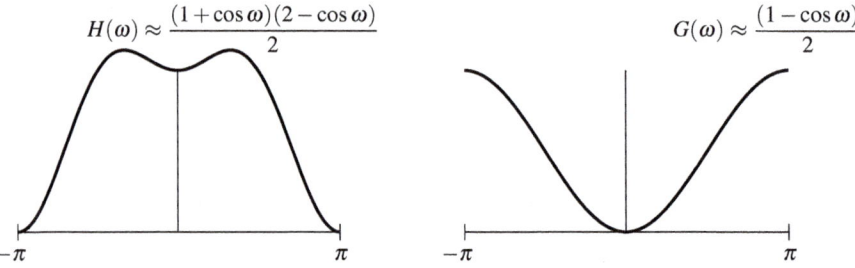

Abb. 4.17 Frequenzantwortfunktionen, Tiefpass $H(\omega)$ und Hochpass $G(\omega)$.

Ein Filter ist eine **diskrete Faltung**, die auf die Eingaben $x(n) = (\ldots, x(0), x(1), \ldots)$ wirkt:

Filterpaar $\quad y(n) = \sum_{k=0}^{4} h(k) x(n-k) \quad \text{und} \quad z(n) = \sum_{k=0}^{2} g(k) x(n-k).$ \quad (4.180)

Die Eingabe $x = (\ldots, 1, 1, 1, \ldots)$ wird durch den Tiefpassfilter nicht geändert, weil $\sum h(k) = 1$ ist. Das konstante Signal wird durch den Hochpassfilter ausgeblendet, weil $\sum g(k) = 0$ ist.

Bei der schnellsten Schwingung $x = (\ldots, 1, -1, 1, -1, \ldots)$ zeigt sich der umgekehrte Effekt. Sie wird durch den Tiefpassfilter ($\sum (-1)^k h(k) = 0$) ausgeblendet und vom Hochpassfilter ($\sum (-1)^k g(k) = 1$) durchgelassen. Beim Filtern einer Eingabe mit einer reinen Frequenz $x(n) = e^{in\omega}$ wird diese mit $H(\omega)$ und $G(\omega)$ multipliziert. Das sind die Antwortfunktionen, die man kennen muss:

Frequenzantworten $\quad H(\omega) = \sum h(k) e^{-ik\omega}, \; G(\omega) = \sum g(k) e^{-ik\omega}.$ (4.181)

Für den Einsvektor ist $H = 1$ und $G = 0$ bei $\omega = 0$. Der Schwingungsvektor $x(n) = (-1)^n = e^{in\pi}$ hat die entgegengesetzten Antworten $H(\pi) = 0$ und $G(\pi) = 1$. *Die Vielfachheit dieser „Nullstelle bei π" ist eine wesentliche Eigenschaft für die Wavelet-Konstruktion.* In diesem 5/3-Beispiel hat $H(\omega)$ aus Abbildung 4.17 eine doppelte Nullstelle bei $\omega = \pi$, weil in $H(\omega)$ durch $(1 + e^{-i\omega})^2$ dividiert wird. Analog dazu hat $G(\omega) = (1 - e^{-i\omega})^2$ eine doppelte Nullstelle bei $\omega = 0$.

Die beiden Filter bilden eine *Filterbank* (die Wavelet-Transformation!). Die Eingabe ist x, die Filter liefern verallgemeinerte Mittel y und Differenzen z. Um eine gleiche Anzahl von Ausgaben und Eingaben zu erhalten, nehmen wir ein *Downsampling von y und z* vor. Indem wir nur die geradzahligen Komponenten $y(2n)$ und $z(2n)$ behalten, wird die Länge von y und z halbiert. Bei der Haar-Transformation wurde $x_3 \pm x_2$ weggelassen. Das folgende Blockdiagramm veranschaulicht das Filtern und das Downsampling.

In der Matrixsprache ausgedrückt, ist die *Wavelet-Transformation* eine Multiplikation Ax mit einer *Doppelverschiebung* in den Zeilen der Matrix A (durch das Downsampling, bei dem ungeradzahlige Zeilen gestrichen werden):

4.7 Wavelets und Signalverarbeitung

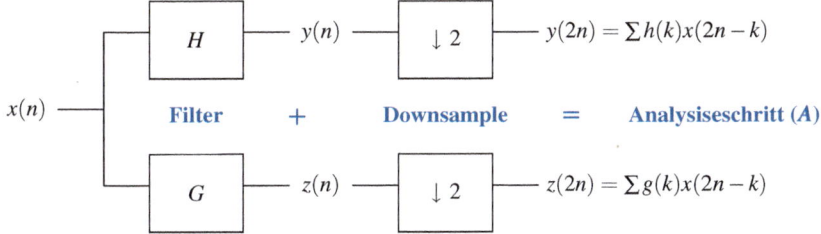

Abb. 4.18 Die diskrete Wavelet-Transformation (**DWT**) separiert Mittelwerte und Details.

DWT-Matrix $\quad A = \begin{bmatrix} (\downarrow 2)H \\ (\downarrow 2)G \end{bmatrix} = \begin{bmatrix} -1 & 2 & 6 & 2 & -1 & & & \\ & & -1 & 2 & 6 & 2 & -1 & \\ & & & \cdot & \cdot & & \cdots & \\ 0 & 1 & -2 & 1 & 0 & & & \\ & & 0 & 1 & -2 & 1 & 0 & \\ & & & \cdot & \cdot & & \cdots & \end{bmatrix}.$

Ein gewöhnlicher Filter enthält Zeilen, die um eins und nicht um zwei verschoben sind. H und G sind vor der Operation $\downarrow 2$ Toeplitz-Matrizen mit konstanten Diagonalen. Bei langen Signalen $x(n)$ ist im Modell $-\infty < n < \infty$. Die Matrizen sind doppelt unendlich. Bei einer Eingabe mit endlicher Länge könnten wir Periodizität annehmen und umlaufen. Die symmetrische Fortsetzung von $x(n)$ an beiden Enden (siehe Aufgabe 4.7.2 auf Seite 464) ist besser als der im nächsten Abschnitt beschriebene Umlauf (zyklische Faltung) in der Matrix S.

Bei 1024 Samples $x(n)$ enthalten die Zeilen weiter nur drei oder fünf von null verschiedene Elemente. Ax wird in 4 mal 1024 Multiplikationen und Additionen berechnet. Auch mit Iteration **ist die Transformation $O(N)$**, weil die Signale kürzer werden und $\frac{1}{2} + \frac{1}{4} + \cdots = 1$ ist.

Perfekte Rekonstruktion

Bisher waren die beiden Filter $h(k)$ und $g(k)$ getrennt – es gab keine Verbindung. Aber nur durch ihr Zusammenspiel funktioniert alles. Um diese Verbindung darzustellen, setzen wir ein zweites Filterpaar in die *Spalten* einer Matrix S, die in den Spalten wieder Doppelverschiebungen enthält. Diese „Synthese"-Filter f und e ergeben sich durch Umkehr der Vorzeichen im ersten Paar g und h. Weil wir gut gewählt haben, **ist die Matrix S die Inverse der Matrix A**. Ich werde mich des Umlaufs bedienen, um die Matrix S endlich zu machen:

Synthese $\quad A^{-1} = S = \dfrac{1}{16} \begin{bmatrix} 0 & 0 & 2 & 2 & 0 & 2 \\ 1 & 0 & 1 & -6 & 1 & 1 \\ 2 & 0 & 0 & 2 & 2 & 0 \\ 1 & 1 & 0 & 1 & -6 & 1 \\ 0 & 2 & 0 & 0 & 2 & 2 \\ 0 & 1 & 1 & 1 & 1 & -6 \end{bmatrix} \quad \begin{array}{l} \text{Tiefpass} \ (1,2,1) \\ \text{Hochpass} \ (1,2,-6,2,1) \end{array}$

S erzeugt die **inverse Wavelet-Transformation**. Eine direkte Berechnung bestätigt $AS = I$. Die inverse Transformation ist so schnell, wie *A* vorgibt. Es ist nicht üblich, dass eine dünn besetzte Matrix *A* eine dünn besetzte Inverse *S* hat, aber durch die Wavelet-Konstruktion tritt dieser Fall ein.

Die Spalten der Matrix *S* sind die Vektoren *f* und *e* der Wavelet-Basis (diskrete Skalierungsfunktionen ϕ und Wavelets w). Die Multiplikation mit *A* ergibt die Koeffizienten *Ax* in der diskreten Wavelet-Transformation. Dann wird *x* mit *SAx* rekonstruiert, weil $SA = I$ ist:

Perfekte Rekonstruktion
$$x = S(Ax) = \sum (\text{Basisvektoren in } S)(\text{Koeffizienten in } Ax). \qquad (4.182)$$

Es ist nützlich, sich die Blockform der Synthesebank *S* anzusehen, die die inverse Wavelet-Transformation liefert:

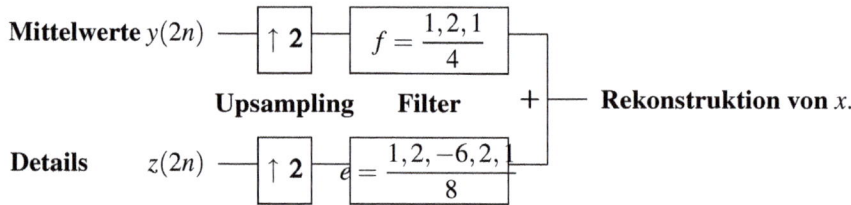

Der *Upsampling*-Schritt $(\uparrow 2)y$ liefert den Vektor $(\ldots, y(0), 0, y(2), 0, \ldots)$ mit voller Länge. Die Endausgabe von *SAx* ist eine Verzögerung nach $x(n-\ell)$, weil die Filter „kausal" sind. Das bedeutet, dass die Koeffizienten $h(0), \ldots, h(4)$ anstatt $h(-2), \ldots, h(2)$ sind. Dann kann *SA* Einsen auf der Diagonale ℓ (eine ℓ-Schritt-Verzögerung) anstatt auf der Diagonale 0 enthalten.

Welche Bedingung an die Filter, zwei Filter bei der Analyse und zwei Filter bei der Synthese, sichert $S = A^{-1}$? Die obere Hälfte von *A* und die linke Hälfte von *S* enthalten die Tiefpassfilter *h* und *f*:

Tiefpass
$$\frac{1}{16}(-1, 2, 6, 2, -1) * (1, 2, 1) = \frac{1}{16}(-1, 0, 9, 16, 9, 0, -1) = \boldsymbol{p}. \qquad (4.183)$$

Diese Faltung ist das Produkt der Frequenzantworten $H(\omega)$ und $F(\omega)$:

$$\left(\sum h(k)e^{-ik\omega}\right)\left(\sum f(k)e^{-ik\omega}\right) = \frac{1}{16}\left(-1 + 9e^{-i2\omega} + 16e^{-i3\omega} + 9e^{-i4\omega} - e^{-i6\omega}\right). \qquad (4.184)$$

Zeile null der Matrix *A* mit Spalte null der Matrix *S* multipliziert, liefert den Koeffizienten $\frac{1}{16}(16) = 1$. Mit der Doppelverschiebung in den Zeilen von *A* und den Spalten von *S* ist der Schlüssel zur perfekten Rekonstruktion wie folgt:

$AS = I$ **Das Produkt der Tiefpassantworten $H(\omega)F(\omega)$ darf nur eine ungerade Potenz enthalten (etwa $e^{-i3\omega}$).**

Diese Bedingung sichert auch, dass das Hochpassprodukt korrekt ist. Die Produkte aus den letzten Zeilen von A (mit $1, -2, 1$) und den letzten Spalten von S (mit $1, 2, -6, 2, 1$) sehen wie (4.183) und (4.184) aus, die Vorzeichen der geraden Potenzen sind aber entgegengesetzt. Diese Potenzen heben sich auf, wenn wir Tiefpass und Hochpass kombinieren. Nur der ungerade Term überlebt, sodass in AS nur eine Diagonale bleibt.

Die Konstruktion guter Filterbänke A und S reduziert sich nun auf drei schnelle Schritte:

1. Wähle einen symmetrischen Filter p wie (4.183) mit $P(\omega) = \sum p(k)e^{-ik\omega}$.
2. Faktorisiere $P(\omega)$ in $H(\omega)F(\omega)$, um Tiefpassfilter $h(k)$ und $f(k)$ zu erhalten.
3. Kehre die Reihenfolge um und wechsle die Vorzeichen, um die Hochpasskoeffizienten $e(k)$ und $g(k)$ zu erhalten.

Orthogonale Filter und Wavelets

Eine Filterbank ist **orthogonal**, wenn $S = A^T$ gilt. In diskreter Zeit haben wir dann $A^T A = I$. Die Funktionen in kontinuierlicher Zeit $\phi(t)$ und $w(t)$ verwenden diese Filterkoeffizienten und erben die Orthogonalität. Alle Funktionen in der Wavelet-Reihe (4.176) auf Seite 453 sind orthogonal. (Wir wissen das nur aus der Konstruktion – es gibt keine einfachen Formeln für $\phi(t)$ und $w(t)$!) Also können es die Wavelets auch bezüglich dieser Eigenschaft mit Fourier-Reihen aufnehmen.

Der Schlüssel zu $S = A^T$ ist eine „spektrale Faktorisierung" $P(\omega) = H(\omega)\overline{H(\omega)} = |H(\omega)|^2$. Für den Filter $p(k)$ aus Gleichung (4.183) führt diese Faktorisierung von (4.184) auf die orthogonalen Wavelets, die von Ingrid Daubechies entdeckt wurden. Ihre Funktionen $H(\omega)$ und $\overline{H(\omega)}$ haben die folgenden hübschen Koeffizienten:

Daubechies 4/4-Wavelet, orthogonal $S = A^T$

$$h = (1+\sqrt{3}, 3+\sqrt{3}, 3-\sqrt{3}, 1-\sqrt{3})/8$$
$$g = (1-\sqrt{3}, -3+\sqrt{3}, 3+\sqrt{3}, -1-\sqrt{3})/8. \qquad (4.185)$$

Orthogonale Filterbänke haben eine spezielle Bedeutung (aber keine umfassende Bedeutung). Die Zeilen der Matrix A sind die Spalten der Matrix S, sodass die Inverse gleichzeitig die Transponierte ist: $S = A^{-1} = A^T$. Das Produktpolynom P wird eigens in $|H(e^{-i\omega})|^2$ faktorisiert.

Bei der Bildverarbeitung ist Symmetrie wichtiger als Orthogonalität, und wir wählen 5/3 oder 9/7. Orthogonale Filter führen auf *ein* Paar von Funktionen $\phi(t)$ und $w(t)$, die orthogonal zu ihren verschobenen Funktionen sind. Anderenfalls ergeben vier Filter h, g, f, e zwei Skalierungsfunktionen und Wavelets [145]. Die Analysefunktionen $\phi(t)$ und $w(t)$ sind „**biorthogonal**" zu den Synthesefunktionen. Biorthogonalität ist das, was wir immer in den Zeilen einer Matrix und den Spalten ihrer inversen beobachten:

Biorthogonalität $AA^{-1} = I$ bedeutet (Zeile i von A)·(Spalte j von A^{-1}) = δ_{ij}.

Die Nullen an geradzahligen Stellen in p führen zur Orthogonalität der Wavelet-Basen auf allen Skalen (Analysefunktionen mal Synthesefunktionen). Das ist das Geheimnis der Wavelets:

$$\int_{-\infty}^{\infty} \phi_A(t) w_S(2^j t - k)\, dt = \int_{-\infty}^{\infty} \phi_S(t) w_A(2^j t - k)\, dt = 0 \text{ für alle } k \text{ und } j \quad (4.186)$$

$$\int_{-\infty}^{\infty} \phi_A(t) \phi_S(t - k)\, dt = \int_{-\infty}^{\infty} w_A(t) w_S(2^j t - k)\, dt = \delta_{0j}. \quad (4.187)$$

Ausgedünnte Kompression

Sinus- und Kosinusfunktionen erfassen glatte Signale. Die Wavelet-Transformation speichert kleinskalige Merkmale. Wenn Wavelets an ein $x - y$-Gitter gebunden werden, vermeiden *Ridgelets* und *Curvelets* Stufenbildung (englisch *staircasing*) über Kanten. Am Ende haben wir ein ganzes **Lexikon** von Ansatzfunktionen ϕ_i. Sie sind nicht unabhängig, und „Basis" ist nicht das richtige Wort. Wie können wir in einem äußerst redundanten und nicht orthogonalen Lexikon von Funktionen schnell eine Approximation (mit wenigen Termen) eines Eingangssignals s finden?

Es folgt ein Lösungsweg nach der Greedy-Methode und ein Lösungsweg mit Optimierung [160]:

1. **Orthogonaler Matching-Pursuit-Algorithmus**: Im k-ten Schritt wird das ϕ_k hinzugenommen, dass mit dem aktuellen Rest $r = s - (c_1\phi_1 + \cdots + c_{k-1}\phi_{k-1})$ das größte Skalarprodukt bildet. Die Koeffizienten c sind diejenigen, die im $k-1$-ten Schritt gewählt wurden, um $\|r\|$ zu minimieren.
2. **Basis-Pursuit-Rauschminderung**: Minimiere $\frac{1}{2}\|s - \sum c_i\phi_i\|^2 + L\sum |c_i|$. Dieser ℓ^1-Strafterm bewirkt, dass es mit zunehmendem L weniger von null verschiedene Koeffizienten c_i gibt. Diese Herangehensweise hat eine enorme Entwicklung erfahren. Der beste Weg, sich vom Ausdünnungseffekt des Term $L\sum |c_i|$ zu überzeugen, ist vielleicht ein einfaches Beispiel.

Ein Beispiel für dünn besetzte Lösungen

Bei zwei Gleichungen $Ax = b$ mit drei Unbekannten ist die vollständige Lösung des Systems $x_{\text{seziell}} + x_{\text{Nullraum}}$:

$$\begin{bmatrix} -1 & 1 & 0 \\ 0 & -1 & 1 \end{bmatrix} \begin{bmatrix} u \\ v \\ w \end{bmatrix} = \begin{bmatrix} 1 \\ 4 \end{bmatrix} \text{ wird gelöst durch } x = \begin{bmatrix} u \\ v \\ w \end{bmatrix} = \begin{bmatrix} 0 \\ 1 \\ 5 \end{bmatrix} + \begin{bmatrix} c \\ c \\ c \end{bmatrix}. \quad (4.188)$$

Diese spezielle Lösung $x = (0, 1, 5)$ ist eine der Lösungen mit zwei von null verschiedenen Komponenten. MATLABs Lösung $x = $ A\b $= (-5, -4, 0)$ ist eine ande-

4.7 Wavelets und Signalverarbeitung

re (mit einer größeren ℓ^1-Norm). Die LASSO-Lösung $x = (-1, 0, 4)$ hat die kleinste ℓ^1-Norm $\|x\| = 5$.

Die kleinste ℓ^2-Norm ergibt sich aus der Pseudoinversen der Matrix A. Diese Lösung $x^+ = \text{pinv}(A) * b = (-2, -1, 3)$ ist aber überhaupt nicht dünn besetzt. (Erinnern Sie sich daran, dass x^+ orthogonal zu $y = (1, 1, 1)$ im Nullraum der Matrix A ist.) Unser Ziel ist **mehr Ausdünnung** und nicht weniger.

Um zu erreichen, dass x nur noch *eine* von null verschiedene Komponente hat, müssen wir uns von exakten Lösungen zu $Ax = b$ verabschieden. Für rauschbehaftete Messergebnisse b ist das vollkommen akzeptabel. Eine Minimierung mit dem Strafterm $L\|x\|_1$ bringt uns zum Ziel:

Basis-Pursuit-Rauschminderung

$$\text{Minimiere } \frac{1}{2}\|Ax - b\|^2 + L(|u| + |v| + |w|). \tag{4.189}$$

Lösung mit $L = 2$ $x = (u, v, w) = (\mathbf{0, 0, 3})$ **sehr dünn besetzt**,
Lösung mit $L = 8$ $x = (u, v, w) = (\mathbf{0, 0, 0})$ **ganz dünn besetzt**.

Alle L werden durch $x = (-(1 - L/2)_+, 0, (4 - L/2)_+)$ minimiert. Die Komponenten von x fallen auf null und bleiben dort. Wenn L den Wert $\|A^\mathrm{T}b\|_1 = 8$ erreicht, ist der ganz dünn besetzte Vektor $x = 0$ optimal. Die Strafe ist dann zu schwer.

Vom ℓ^0 zum ℓ^1

Sie als Leser könnten sich nun fragen, warum die ℓ^1-Norm vorkommt, obwohl in Wirklichkeit die **Anzahl der von null verschiedenen Komponenten** in x darüber entscheidet, ob ein Vektor dünn besetzt ist. Die „Kardinalität" der Vektors x ist seine ℓ^0-Norm $\|x\|_0$. Eigentlich suchen wir nach Lösungen zu $Ax = b$ (im rauschlosen Fall) mit minimalem $\|x\|_0$, was maximale Dünnbesetztheit bedeutet. Bei festen Kosten L und Rauschen in B wollen wir $\frac{1}{2}\|Ax - b\|^2 + L\|x\|_0$ minimieren. Warum wird $\|x\|_0$ durch $\|x\|_1$ ersetzt?

Diese **Zählnorm** ist bei Anwendungen wichtig: Das betrifft die Anzahl der von null verschiedenen Elemente in einem Filter, der Verzweigungen in einem Fernleitungsnetz, der Stäbe in einem Fachwerk oder der Aktien in einem Depot. Einen Zähler zu minimieren, ist aber exponentiell schwer (**NP-schwer**).

Es gibt eine plötzliche Änderung in $\|x\|_0$ und eine allmähliche Änderung in $\|x\|_1$. Ganzzahlige (boolesche) Probleme sind schwer, fraktionale (konvexe) Probleme sind leichter.

Ein Packproblem mit großen Boxen ist einfacher, wenn Sie die Boxen unterteilen. Das mathematische Äquivalent dazu ist, jedes von null verschiedene Element x_i in Stücke der Größe $< \varepsilon$ zu unterteilen und wieder zu zählen:

$\|x\|_0$ **zählt große Stücke** $\|x_\varepsilon\|_0$ zählt Stücke $< \varepsilon$ $\boldsymbol{\varepsilon}\|\boldsymbol{x}_\varepsilon\|_0$ **geht gegen** $\|\boldsymbol{x}\|_1$.

Was die Minimierung in Abschnitt 8.6 einfach macht, ist die **Konvexität**. Der Betrag $|x|$ ist konvex (sein Anstieg ist nie negativ). Die eins-null-Kardinalität von x ist *nicht konvex* (sie fällt bei $x = 0$ von 1 auf 0). Genauso ist $\|x\|_1$ der beste konvexe Ersatz für die Zählnorm $\|x\|_0$.

Die bemerkenswerte Entdeckung dies Jahrhunderts ist, dass die ℓ^1-Lösung fast immer von null verschiedene Komponenten an den richtigen Stellen hat! Diese Aussage ist wahrscheinlichkeitstheoretisch zu verstehen, nicht deterministisch. Angenommen, wir wissen, dass $Ax = b$ eine dünn besetzte Lösung x_S mit nur S von null verschiedenen Komponenten hat (also $\|x\|_0 = S$). Um diese Lösung x_S zu bestimmen, lösen wir ein ℓ^1-Problem:

Lineare Optimierung x^* minimiert $\|x\|_1$ unter $Ax = b$. (4.190)

Die Analyse von Donoho, Candès, Romberg, Tao... zeigt, dass **mit hoher Wahrscheinlichkeit $x^* = x_S$ ist, vorausgesetzt $m > S \log n$**. Es ist nicht notwendig, mehr Punkte abzutasten, es nützt nichts, weniger abzutasten. Wenn zum Abtasten viele oder sehr teure Sensoren gebraucht werden, dann ist bei vielen Anwendungen $m << n$ eine günstige Alternative. Das Abtasten muss dazu aber entsprechend inkohärent vorgenommen werden, was sich in der $m \times n$ Abtastmatrix widerspiegelt:

- m zufällige Fourier-Koeffizienten aus n möglichen Fourier-Koeffizienten,
- 1024 Pixel auf 22 Zeilen aus $(1024)^2$ möglichen Pixeln in einem MR-Scan (Magnetresonanztomographie).

Diese 50 : 1-Reduktion hat weiterhin zum Ziel, die von null verschiedenen Bildpunkte zu lokalisieren. In gewisser Weise wird damit die *Nyquist-Bedingung* umgangen, die sich auf bandbreitenbegrenzte Funktionen bezieht: Es muss mindestens zwei Abtastungen innerhalb der kürzesten Wellenlänge geben. Eine mögliche Anwendung ist ein Analog-Digital-Wandler, der mit einer sehr großen Bandbreite umgehen kann. Wenn die Nyquist-Bedingung eine Abtastrate von 1 Gigahertz erfordert, kann das zufällige Abtasten die einzige Realisierungsmöglichkeit sein.

Eine Besonderheit ist bei NP-schweren Problemen zu beachten. *Ein schneller Algorithmus ist mit hoher Wahrscheinlichkeit nahezu korrekt.* Man muss sich aber der gewissen Gefahr bewusst sein, dass er nicht immer korrekt ist.

Die totale Variation

Die Rauschminderung ist ein fundamentales Problem der numerischen Bildverarbeitung. Das Ziel besteht darin, wichtige Merkmale zu bewahren, die das visuelle Wahrnehmungssystem erfasst (Kanten, Struktur, Regelmäßigkeit). Alle erfolgreichen Modelle nutzen die Tatsache aus, dass natürliche Bilder gleichmäßig sind und Rauschen ungleichmäßig ist. Variationsmethoden **lassen Diskontinuitäten zu, Schwingungen unterdrücken sie hingegen**, indem sie die entsprechende Energie minimieren.

Die L^1-Norm des Gradienten misst die Variation in $u(x, y)$:

Totale Variation

$$\|u\|_{TV} = \iint |\operatorname{grad} u|\, dx\, dy = \sup_{|w|\leq 1} \iint u \operatorname{div} w\, dx\, dy. \tag{4.191}$$

Um die Wirkungsweise dieser totalen Variation zu verstehen, betrachten wir ein Bild, das auf der linken Seite schwarz und auf der rechten Seite weiß ist. Dazwischen fehlen Pixel. Wie „malen" wir diese Pixel aus, damit diese TV-Norm minimal wird?

Am besten ist eine monotone Funktion u, weil durch $\iint |\operatorname{grad} u|\, dx\, dy$ Schwingungen betraft werden. In unserem Beispiel springt dieses u über einer Kante von 0 auf 1. Die zugehörige TV-Norm ist die **Länge der Kante**. (Ich stelle mir u als eine Reihe von Deltafunktionen entlang dieser Kante vor. Integration ergibt die Länge der Kante. Die duale Definition aus Gleichung (4.191) vermeidet Deltafunktionen und liefert dieselbe Antwort.) Damit lässt die Minimierung die Kante nicht nur zu, sondern sie versucht auch die Kante kurz zu machen (und daher glatt). Hierzu drei Anmerkungen:

1. Wenn $\iint |\operatorname{grad} u|^2\, dx\, dy$ minimiert wird, ergibt das eine graduelle Rampe und keinen Sprung. Das minimale u löst nun die Laplace-Gleichung. Es ist weit von einer Deltafunktion entfernt, die in dieser quadratischen Norm unendliche Energie hat.
2. Die Rampenfunktion $u = x$ (von $x = 0$ bis $x = 1$) minimiert die Norm in diesem Beispiel ebenfalls. Das Integral von $\operatorname{grad} u = (1,0)$ ist für die Einheitsrampe gleich dem Integral von $\operatorname{grad} u = (\delta(x), 0)$. *Die TV-Norm ist konvex, aber nicht streng konvex.* Wie bei der linearen Optimierung kann es mehrere Minima geben. Wenn $\|u\|_{TV}$ mit der L^2-Norm kombiniert wird, wird das nicht vorkommen.
3. Ein erster Erfolg Oshers, der der TV-Norm den Weg in die Bildverarbeitung bahnte, war die Rekonstruktion eines sehr verrauschten Bildes in einem Kriminalfall. Heutzutage liegt die Hauptanwendung in der medizinischen Bildbearbeitung, bei der keine Diebe, sondern Tumore aufgespürt werden.

Bildkompression und Restauration

Imaging Science ist die moderne Bezeichnung für ein klassisches Problem: Es geht darum, Bilder exakt darzustellen und sie schnell zu bearbeiten. Das ist zwar ein Bestandteil der angewandten Mathematik, aber vielleicht haben Sie als Leser das Gefühl, dass der Begriff „Wissenschaft" heutzutage immer mehr überstrapaziert wird. In der Wissenschaft des Elektromagnetismus, der Elektrodynamik, gibt es fundamentale Gesetze (die Maxwell-Gleichungen). Auch die TV-Norm ist an eine partielle Differentialgleichung (für Minimalflächen) geknüpft. Nun kommen aber auch menschliche Parameter ins Spiel. Vielleicht ist „Ingenieurwissenschaft" eine sinnvolle Beschreibung, die unterstreicht, dass dieses Thema Tiefe mit praktischer Bedeutung verbindet. Das fundamentale Problem, die Statistik von natürlichen Bildern zu verstehen, ist weiter ungelöst.

Die Kompression hängt von der Wahl einer guten Basis ab. Diskrete Kosinusfunktionen waren lange Zeit führend im **jpeg**-Format. Bei JPEG 2000 wurden Wavelets die Basis der Wahl, um die Blockartefakte zu reduzieren. Der andere Feind ist allerdings das Überschwingen (englisch *ringing*), das sich tendenziell verstärkt, wenn die Basisfunktionen länger werden. Wir suchen nach einem erfolgreichen Kompromiss, unter dem sich die Anpassung der Daten $g(x,y)$ mit dem Erhalt der stückweisen Glattheit natürlicher Bilder vereinbaren lässt. Ein Weg ist, diesen Kompromiss in die Minimierung aufzunehmen.

Restauration per totaler Variation:

$$\text{Minimiere } \tfrac{1}{2} \iint |u-g|^2 dx\,dy + \alpha \iint |\operatorname{grad} u| dx\,dy. \qquad (4.192)$$

Die Dualität spielt beim Aufstellen der Optimalitätsgleichungen (Abschnitt 8.6) eine wesentliche Rolle. Die Dualität von u und w, von Auslenkungen und Kräften oder von Spannungen und Strömen zog sich bisher als eine mächtige Idee durch dieses Buch. Sie hat noch mehr aufzudecken; wir kommen aber zunächst auf klassische Mathematik und Funktionen $f(x+iy)$ zurück – es erwartet uns im nächsten Kapitel die komplexe Analysis mit ihren Anwendungen.

Aufgaben zu Abschnitt 4.7

4.7.1 Im Fall $h = \tfrac{1}{2}, \tfrac{1}{2}$ haben die Haar-Gleichungen (4.177)-(4.178) auf Seite 454 ungewöhnlich einfache Lösungen:

$$\phi(t) = \phi(2t) + \phi(2t-1) = \text{Kastenfunktion} + \text{Kastenfunktion}$$
$$= \text{Skalierungsfunktion},$$
$$w(t) = \phi(2t) - \phi(2t-1) = \text{Kastenfunktion} - \text{Kastenfunktion} = \text{Wavelet}.$$

Skizzieren Sie die Summe und die Differenz dieser beiden Halbkastenfunktionen $\phi(2t)$ und $\phi(2t-1)$. Zeigen Sie, dass alle Wavelets $w(2^j t - k)$ orthogonal zu $\phi(t)$ sind.

4.7.2 Das Daubechies-Polynom (Tiefpass) $p(z) = -1 + 9z^2 + 16z^3 + 9z^4 - z^6$ aus Gleichung (4.183) auf Seite 458 hat die Nullstelle $p(-1) = 0$. Zeigen Sie, dass sich $(z+1)^4$ aus $p(z)$ ausklammern lässt, es also *vier Nullstellen* bei $z = -1$ gibt. Bestimmen Sie die beiden anderen Nullstellen z_5 und z_6 aus $p(z)/(z+1)^4$.

4.7.3 Welche kubische Funktion hat die Nullstellen $-1, -1$ und z_5? Verknüpfen Sie die Koeffizienten des Polynoms mit h oder g aus Gleichung (4.185) auf Seite 459 für Daubechies 4/4-Wavelet.

4.7.4 Welche biquadratische Funktion hat die Nullstellen $-1, -1, z_5$ und z_6? Stellen Sie eine Verbindung zu Gleichung (4.183) auf Seite 458 und zu symmetrischen 5/3-Filtern her.

4.7.5 Entwerfen Sie eine 2/6-Filterbank, deren Tiefpasskoeffizienten die Haar-Koeffizienten $h = \frac{1}{2}, \frac{1}{2}$ sind. Die sechs Hochpasskoeffizienten ergeben sich aus dem Quotienten $p(z)/\frac{1}{2}(z-1)$, der ein Polynom fünften Grades ist.

4.7.6 Zeigen Sie, dass die Hutfunktion $H(t)$ die Verfeinerungsgleichung (4.177) auf Seite 454 mit den Tiefpasskoeffizienten $h = (1,2,1)/4$ löst.

4.7.7 Zeigen Sie, dass die kubische B-Spline $S(t) = H(t) * H(t)$ aus Abschnitt 3.2 die Verfeinerungsgleichung (4.177) auf Seite 454 für $h = (1,2,1) * (1,2,1)/16$ löst. (Sie können den Cascade-Algorithmus auf der cse-Website verwenden, um $S(t)$ zu skizzieren.)

4.7.8 Gegeben sei

$$A_6 = \begin{bmatrix} -1 & 2 & 6 & 2 & -1 & 0 \\ -1 & 0 & -1 & 2 & 6 & 2 \\ 6 & 2 & -1 & 0 & -1 & 2 \\ 0 & 1 & -2 & 1 & 0 & 0 \\ 0 & 0 & 0 & 1 & -2 & 1 \\ -2 & 1 & 0 & 0 & 0 & 1 \end{bmatrix}.$$

Ist A_6 eine zirkulante Matrix?
Ist sie eine zirkulante Blockmatrix (2×2)?
Welche Inverse hat A_6 in MATLAB?
Zu welcher Matrix A_8 lässt sich A_6 erweitern?

4.7.9 Der *ideale Tiefpassfilter* h hat die Frequenzantwort $H(\omega) = \sum h(k)e^{-ik\omega} = 1$ für $|\omega| \leq \pi/2$ (null für $\pi/2 < |\omega| < \pi$). Was sind die Koeffizienten $h(k)$? Welche Hochpasskoeffizienten $g(k)$ ergeben $G = 1 - H$?

4.7.10 Beim Upsampling eines Signals $x(n)$ werden in $u = (\uparrow 2)x$ nach der Regel $u(2n+1) = 0$ und $u(2n) = x(n)$ Nullen eingefügt. Zeigen Sie, dass $U(\omega) = X(2\omega)$ ist.

4.7.11 Anstelle eines eindimensionalen Signals $x(n)$ sei ein zweidimensionales Bild $x(m,n)$ gegeben. Welche Mittelwerte liefert der zweidimensionale Haar-Filter? Es gibt nun drei Differenzen: z_H (horizontal), z_V (vertikal) und z_{HV}. Was sind die vier Ausgaben für eine Schachbretteingabe $x(m,n) = 1$ oder 0 ($m+n$ gerade oder ungerade)?

4.7.12 Wenden Sie den Cascade-Algorithmus auf der cse-Website an, um $\phi(t)$ für $h = (-1,2,6,2,-1)/8$ zu bestimmen.

4.7.13 (Lösung unbekannt) Verwenden Sie im Beispiel mit $A = [-1\ 1\ 0; 0\ -1\ 1]$ und $b = [1;4]$ auf Seite 460 die ℓ^0-Norm (Anzahl der von null verschiedenen Komponenten) direkt in $\frac{1}{2}\|Ax-b\|^2 + L\|x\|_0$. Minimieren Sie für wachsendes L.

4.7.14 Minimieren Sie $\frac{1}{2}(u+2v+3w-6)^2 + L(|u|+|v|+|w|)$ mit einer Gleichung. Bei welchem Wert von L wird $(0,0,0)$ zum Minimum?

4.7.15 Was ist die TV-Norm von $u(x,y)$, wenn in der Einheitsscheibe $u = 1$ für $x^2+y^2 \leq 1$ $u = 1$ ist (sonst null)? Was ist $\|u\|_{TV}$ für $u = (\sin 2\pi x)(\sin 2\pi y)$ im Einheitsquadrat?

Kapitel 5
Analytische Funktionen

5.1 Taylor-Reihen und komplexe Integration

In diesem Kapitel beschäftigen wir uns mit den besten Funktionen. Wir beginnen mit e^x, $\sin x$ und rationalen Funktionen wie $1/(1+x^2)$. Diese und viele weitere sind als Funktionen von x (einer reellen Variablen) attraktiv. Die komplexen Funktionen e^z, $\sin z$ und $1/(1+z^2)$ sehen noch besser aus. Sie sind **analytische Funktionen** in der Variablen $z = x+iy$. Sie verdienen unsere Aufmerksamkeit.

Woran erkennt man eine analytische Funktion? Ihre Taylor-Reihe ist eine exzellente Orientierungshilfe. Um den Mittelpunkt $z = 0$ sind die Potenzen $z^n = (x+iy)^n$ und nicht nur Potenzen x^n:

$$e^z = 1 + \frac{z}{1!} + \frac{z^2}{2!} + \cdots \quad \sin z = \frac{z}{1!} - \frac{z^3}{3!} + \frac{z^5}{5!} - \cdots$$
$$\frac{1}{1+z^2} = 1 - z^2 + z^4 - \cdots \tag{5.1}$$

Die Taylor-Reihe ist so konstruiert, dass sie mit allen Ableitungen der Funktion im Mittelpunkt übereinstimmt. Die n-te Ableitung von e^z ist e^z. Im Mittelpunkt $z = 0$ ist jede Ableitung von e^z gleich 1. In der Reihe hat z^n die Ableitung nz^{n-1}, die nächste Ableitung ist $n(n-1)z^{n-2}$. Die n-te Ableitung von z^n ist die Konstante $n(n-1)\cdots(1) = n!$. Alle weiteren Ableitungen sind null.

Schlussfolgerung: Um auf die Ableitungen $1, 1, 1, \ldots$ von e^z zu kommen, müssen wir *alle z^n durch $n!$ dividieren*. Der Koeffizient a_n von z^n ist damit $1/n!$:

Taylor-Reihe für e^z um $z = 0$ $\quad e^z = \sum_{n=0}^{\infty} a_n z^n = \sum_{n=0}^{\infty} \frac{z^n}{n!}.$ (5.2)

Der Abgleich der n-ten Ableitung durch $a_n = f^{(n)}(0)/n!$ ist rein formal. *Was die Funktion analytisch macht, ist die Tatsache, dass sich die Reihenglieder tatsächlich zu e^z aufsummieren*. Die Reihe konvergiert für alle z, sodass e^z überall analytisch ist (keine Singularität bei endlichem z).

Wir haben es mit einer Art *Fernwirkung* zu tun. Die Ableitungen an der Stelle $z = 0$ sagen $f(z)$ weit entfernt von diesem Punkt voraus. Wenn $f(z)$ in der Umgebung von $z = 0$ gleich 1 ist, dann gilt überall $f(z) = 1$.

Die Ableitungen von $\sin z$ sind $\cos z, -\sin z, -\cos z$ (und dann wieder $\sin z$). An der Stelle $z = 0$ sind die Funktionswerte $0, 1, -0, -1$ (und dann wieder von vorn). Um diese Zahlen mit den Ableitungen von $1, z, z^2, z^3$ abzugleichen, dividieren wir wie vorhin durch $n!$. Die ersten Glieder der Taylor-Reihe von $\sin z$ sind also $z/1$ und $-z^3/6$. Jede gerade Potenz hat den Koeffizienten $a_n = 0$.

Singularitäten verhindern Konvergenz

Bei $1/(1+z^2)$ sieht die Sache ganz anders aus. Die Reihe $1 - z^2 + z^4 - z^6 + \cdots$ konvergiert nur für $|z| < 1$. Für $|z| \geq 1$ gehen die einzelnen Glieder nicht gegen null, sodass Konvergenz unmöglich wird. Außerdem ist die Funktion $1/(1+z^2)$ an den beiden „*Polen*" $z = i$ und $z = -i$ nicht analytisch. Dabei handelt es sich um **Singularitäten**, an denen $1 + z^2 = 0$ ist, und die Funktion $1/0$ wird.

Die komplexe Analysis stellt einen Zusammenhang zwischen dem Versagen der Reihe und den Singularitäten der Funktion her. Potenzreihen $\sum a_n(z - z_0)^n$ konvergieren stets innerhalb eines Kreises um den Mittelpunkt z_0. Diese Kreise der Konvergenz reichen bis zur nächsten Singularität, an der die *Konvergenz aufhört*:

$f(z) = \sum a_n z^n$ **konvergiert für** $|z| < R \Longleftrightarrow f(z)$ **ist analytisch für** $|z| < R$.

$1 - z^2 + z^4 - \cdots$ hat um $z = 0$ den „Konvergenzradius" $R = 1$. Die Konvergenz der Reihe ergibt, dass die Funktion auf dem Einheitskreis analytisch ist. An der Stelle $z = 2$ ist diese Funktion $f(z)$ allerdings perfekt analytisch. Dasselbe gilt für $z = 10$ und $z = 10i$. **Wir bewegen nun den Mittelpunkt von $z = 0$ weg**.

Ein neuer Mittelpunkt z_0 führt auf Konvergenzkreise um z_0 (*wenn $f(z)$ in diesen Kreisen analytisch ist*). Die Reihe enthält Potenzen von $(z - z_0)^n$ anstatt von z^n. Zweifellos sind die Ableitungen von $(z - z_0)^n$ an der Stelle z_0 alle null, abgesehen von der n-ten Ableitung $n!$. Dann stimmt $a_n(z - z_0)^n$ mit der n-ten Ableitung $f^{(n)}(z_0)$ überein, die *nun an der Stelle z_0 berechnet wird*, wenn der Koeffizient der Taylor-Reihe $f^{(n)}(z_0)/n! = a_n$ ist:

Taylor-Reihe um z_0

$$f(z) = f(z_0) + f'(z_0)(z - z_0) + \cdots = \sum_{n=0}^{\infty} \frac{f^{(n)}(z_0)}{n!}(z - z_0)^n. \tag{5.3}$$

Frage Wir entwickeln um $z_0 = 10i$. Innerhalb welcher Kreisscheibe $|z - 10i| < R$ konvergiert dann die Reihe für $1/(1+z^2)$?

Antwort Der Radius ist $R = 9$, weil der nächste Pol bei $z = i$ liegt. Die Reihe um $z_0 = 1$ konvergiert bis $|z - 1| = \sqrt{2}$. Abbildung 5.1 auf der nächsten Seite veranschaulicht, warum das so ist.

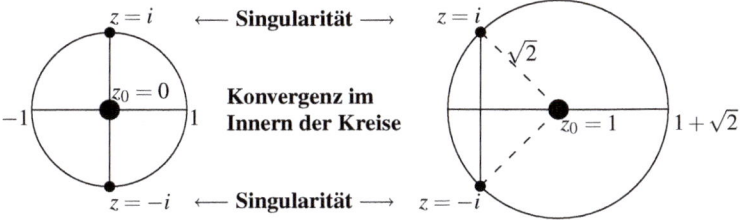

Abb. 5.1 Taylor-Reihen für $1/(1+z^2)$ konvergieren innerhalb von Kreisen, die bis $z = \pm i$ reichen.

Rechnen mit analytischen Funktionen

Sie sehen, dass diese ersten Seiten von *Kreisen* dominiert werden. Ableitungen an der Stelle z_0 kontrollieren $f(z)$ entfernt von z_0. Bald werden wir diese Ableitungen berechnen, indem wir um einen Kreis integrieren (Integralformel von Cauchy). Die Integrale werden sich schnell und genau aus der schnellen Fourier-Transformation ergeben, die auf Kreise spezialisiert ist. **Wissenschaftliches Rechnen wird exponentiell schnell, wenn die Funktionen analytisch sind**.

Lassen Sie mich auf andere Codes in Abschnitt 5.4 nach vorn verweisen. Ich denke zuerst an Integration, Differentiation und Interpolation. Das Erfolgsgeheimnis ist, dass **Polynome exponentiell nah an analytischen Funktionen liegen**. Vielleicht können Sie erraten, dass der Exponent von der Lage der Singularitäten abhängt. Sogar bei einer reellwertige Funktion $f(x)$ über einem Intervall $-1 \leq x \leq 1$ übt die zugehörige komplexe Fortsetzung $f(z)$ die Kontrolle aus.

Viele Vorlesungen befassen sich mit analytischen Funktionen, gerechnet wird aber nicht mit ihnen. Die Art des Polynoms richtet sich nach der Lage des Problems (*Punkt, Kreis, Intervall*):

Punkt	Potenzen $(x-x_0)^n$	**Taylor-Reihe**
Kreis	Exponentialfunktionen e^{ikx}	**Fourier-Reihe**
Intervall	Polynome $T_n(x)$	**Tschebyschow-Polynom**

Der erste Schritt besteht darin, die komplexen Singularitäten der Funktion $f(z)$ zu verstehen, *was insbesondere die Pole betrifft*. Die Integration von a/z auf einem Kreis um den Pol an der Stelle $z = 0$ ergibt $2\pi i a$. Dieses spezielle Integral wird sich als Schlüssel erweisen – es ergibt sich aus dem „Residuum" der Funktion $f(z)$ an ihrer Polstelle $z = a$. Wenn wir $f(z_0)$ bestimmen wollen, erzeugen wir einen Pol und integrieren $f(z)/(z-z_0)$. Wenn wir Ableitungen $f^{(n)}(z_0)$ bestimmen wollen, erzeugen wir einen Pol höherer Ordnung und integrieren $f(z)/(z-z_0)^{n+1}$.

Der zentrale und wunderbare Dreh- und Angelpunkt der komplexen Analysis ist der Integralsatz von Cauchy, der es uns gestattet, uns sofort und vollkommen von Kreisen zu verabschieden. *„Das Integral jeder analytischen Funktion $f(z)$ um einen geschlossenen Weg ist null."* Das führt auf sehr bemerkenswerte Integrale. Der Weg oder Pfad kann zu einem Kreis deformiert werden, wenn die Funktion im dazwischen liegenden Gebiet analytisch ist.

Die komplexe Ableitung

In sechs Beispielen werden wir analytische Funktionen und ihre Singularitäten behandeln. Die Konvergenz der unendlichen Reihe ist der Weierstraß-Test. Im Riemann-Test muss $f(z)$ eine Ableitung $f'(z)$ haben, die in allen komplexen Richtungen dieselbe ist. *Der springende Punkt dabei ist*: $f(z)$ ist genau dann analytisch (erfüllt die Weierstraß-Bedingung), wenn $f(z)$ „holomorph" ist (die Riemann-Bedingung erfüllt). Das erste Beispiel fällt in beiden Tests durch.

Beispiel 5.1 Die Funktion $f(x+iy) = x$ ist weder analytisch noch holomorph. Diese Funktion $f(z) = \operatorname{Re} z = x$ hat in der reellen und in der imaginären Richtung verschiedene Ableitungen, nämlich 1 und 0:

Reell Δx
$$\frac{f(z+\Delta x) - f(z)}{\Delta x} = \frac{x + \Delta x - x}{\Delta x},$$

Komplex $i\Delta y$
$$\frac{f(z+i\Delta y) - f(z)}{i\Delta y} = \frac{x - x}{i\Delta y}.$$

Wir können eine Tayler-Reihe nicht einmal beginnen, weil wir keine eindeutige Ableitung $f'(z_0)$ haben. Ihre Terme können nicht reell bleiben, also kann eine komplexe Reihe keine reelle Funktion darstellen.

In gleicher Weise ist die Funktion $u(x,y) = x^2 - y^2$ nicht analytisch. Sie ist keine Kombination von Potenzen von $x + iy$. Sie ist der *Realteil* der analytischen Funktion $z^2 = (x+iy)^2$. Der Realteil $u(x,y)$ und der Imaginärteil $s(x,y)$ einer analytischen Funktion $f(z)$ sind **harmonische Funktionen**.

Riemanns Test, dass $f'(z)$ in der reellen und imaginären Richtung gleich sein muss, führte in Abschnitt 3.3 auf die Schlüsselverbindungen zwischen den beiden harmonischen Funktionen u und s. Beide erfüllen die Laplace-Gleichung (ergibt sich aus $u_{xx} = s_{yx} = s_{xy} = -u_{yy}$).

Cauchy-Riemann-Gleichungen $\quad \dfrac{\partial u}{\partial x} = \dfrac{\partial s}{\partial y} \quad$ und $\quad \dfrac{\partial u}{\partial y} = -\dfrac{\partial s}{\partial x}.$ (5.4)

Weierstraß ist auch nützlich, weil sich df/dz Term für Term aus der Reihe ergibt:

Die Ableitung von $\sin z = z - \dfrac{z^3}{3!} + \dfrac{z^5}{5!} - \cdots$ ist $\cos z = 1 - \dfrac{z^2}{2!} + \dfrac{z^4}{4!} - \cdots.$

Pole und Laurent-Reihen

Beispiel 5.2 Die Funktion $f(z) = 1/(1+z^2)$ ist an den Stellen $z = i$ und $z = -i$ nicht analytisch. Weil an diesen Stellen $1 + z^2 = 0$ ist, explodiert der Betrag $|f(z)|$ an diesen Polen. Es handelt sich dabei um Singularitäten der einfachsten Art, nämlich um **einfache Pole. Wenn wir durch Multiplikation von $f(z)$ mit $(z - z_0)$ eine Singularität beseitigen können, ist der Punkt z_0 ein einfacher Pol.**

$z = i$ ist ein einfacher Pol, weil $(z-i)f(z) = \dfrac{z-i}{1+z^2} = \dfrac{1}{z+i}$ dort analytisch ist.

5.1 Taylor-Reihen und komplexe Integration

Wenn $f(z)$ analytisch ist, hat dann $f(z)/z$ einen einfachen Pol an der Stelle $z = 0$? Das trifft zu, wenn $f(0) \neq 0$ ist. Die Division durch z erzeugt den Pol, die Multiplikation mit z beseitigt ihn. Um bei der Funktion $f(z) = \sin z$ mit $f(0) = 0$ einen Pol zu erzeugen, müssten wir durch z^2 dividieren, weil $(\sin z)/z$ analytisch ist.

Beispiel 5.3 Die Funktionen $\dfrac{1}{z-1}$ und $\dfrac{e^z}{z-1}$ haben bei $z = 1$ einfache Polstellen. Das gilt nicht für $\dfrac{e^z - e}{z-1}$, weil $e^1 = e$ ist.

Beispiel 5.4 Die Funktionen $\dfrac{7}{z^2}$ und $\dfrac{\sin z}{z^3}$ haben bei $z = 0$ **doppelte Polstellen**. Um sie zu beseitigen, multiplizieren Sie mit $(z-0)^2$.

Mit einem Pol an der Stelle z_0 schlägt die Entwicklung der Funktion in eine Taylor-Reihe fehl. Wenn wir aber **negative Potenzen** von $z - z_0$ zulassen, kann eine „Laurent-Reihe" die Funktion $f(z)$ in einem Kreisring korrekt darstellen:

Laurent-Reihe

$$f(z) = \sum_{n=-\infty}^{\infty} a_n (z-z_0)^n \text{ konvergiert in einem Kreisring } 0 < |z - z_0| < R.$$

Bei einem Pol der Ordnung N ist die höchste negative Potenz $(z - z_0)^{-N}$. Zum einfachen Pol von $e^z/z = (1 + z + \cdots)/z$ gehört eine negative Potenz $1/z$. Bei einer wesentlichen Singularität nehmen die negativen Potenzen kein Ende:

Laurent-Reihe für $|z| > 0$ $\quad e^{-1/z^2} = 1 - \dfrac{1}{z^2} + \dfrac{1}{2!\,z^4} - \dfrac{1}{3!\,z^6} + \cdots.$ (5.5)

Beispiel 5.5 Die Funktion $f(z) = e^{-1/z^2}$ hat bei $z = 0$ eine *wesentliche Singularität*.

Wenn wir uns auf der reellen Achse der Null nähern, geht $f(x) = e^{-1/x^2}$ schnell gegen null. Auch alle Ableitungen von $f(x)$ sind null! Wir haben es hier mit einer unendlich oft differenzierbaren reellwertigen Funktion zu tun, die nicht die Summe ihrer Taylor-Reihe $0 + 0x + 0x^2 + \cdots$ ist. Das zeigt, dass e^{-1/z^2} an der Stelle $z = 0$ nicht analytisch ist.

Ein größeres Problem kommt auf Sie zu, wenn Sie sich nach unten auf die imaginäre Achse begeben. Wenn Sie sich von dort der Null nähern, explodiert $f(iy) = e^{+1/y^2}$. Tatsächlich ist e^{-1/z^2} außer an der Stelle $z = 0$ analytisch.

Verzweigungspunkte

Beispiel 5.6 Die Quadratwurzelfunktion $f(z) = z^{1/2}$ hat an der Stelle $z = 0$ einen *Verzweigungspunkt*. Außer an $z = 0$ hat die Quadratwurzel zwei Werte. Es gibt eine Taylor-Reihe um $z_0 = 4$, die mit $\sqrt{4} = 2$ beginnt, und eine weitere Reihe, die mit $\sqrt{4} = -2$ beginnt. Diese Reihen konvergieren innerhalb des Kreises mit dem Radius $R = 4$, der die Singularität von $\sqrt{z}$ an der Stelle $z = 0$ erreicht.

Dieses Beispiel veranschaulicht, wie es zu einer **Riemannschen Fläche** kommt. Die beiden Blätter treffen sich am Verzweigungspunkt $z = 0$. Wir haben nicht vor, Riemannsche Flächen zu untersuchen. Sie können sich aber vielleicht vorstellen, dass man auf das andere Blatt gelangt, indem man $z = 0$ umläuft. Die Funktion $\log z$ hat unendlich viele Blätter, weil Sie jedes Mal, wenn Sie $z = 0$ umrunden, $2\pi i$ zum Logarithmus addieren. Der Imaginärteil von $\log(re^{i\theta})$ ist θ. Der Betrag des Winkel erhöht sich bei jeder Umrundung um 2π.

Integral von z^n über einen Kreis

Hier ist eine weitere Variation des Themas „Fernwirkung". Die Funktion $f(z)$ sei innerhalb eines Kreises analytisch. Aus den Funktionswerten $f(z)$ auf dem Kreis können wir die Ableitungen der Funktion im Mittelpunkt rekonstruieren. Es gibt ein spezielles Integral (um einen einfachen Pol), das uns immer zum Erfolg führt:

Integral von $\dfrac{1}{z}$ oder $\dfrac{1}{z-z_0}$

$$\int_{|z|=r} \frac{dz}{z} = 2\pi i \quad \int_{|z-z_0|=r} \frac{dz}{z-z_0} = 2\pi i. \tag{5.6}$$

Das erste Integral ergibt sich direkt aus $z = re^{i\theta}$ auf dem Kreis von $\theta = 0$ bis 2π:

Setze $z = re^{i\theta}$ $\quad \displaystyle\int_{|z|=r} \frac{dz}{z} = \int_0^{2\pi} \frac{ire^{i\theta}\,d\theta}{re^{i\theta}} = \int_0^{2\pi} i\,d\theta = 2\pi i. \tag{5.7}$

Das Integral um z_0 ist dasselbe, wenn $z = z_0 + re^{i\theta}$ ist. Wir hätten auch $\log z$ verwenden können:

Dasselbe Integral $\quad \displaystyle\int \frac{dz}{z} = \Big[\log z\Big]_{\text{Anfang}}^{\text{Ende}} = (\log r + 2\pi i) - (\log r) = 2\pi i.$

Ein Schlüsselbeispiel für die Laplace-Gleichung war genau dieses Integral in seiner reellen Form – in der Tat wichtig. Dort hatten wir eine Punktquelle an der Stelle $(x,y) = (0,0)$. Das Potential war $u(x,y) = \log r$, das ist der Realteil von $\log z$. Nach dem Divergenzsatz ist der Fluss durch jeden Kreis $|z| = r$ gleich 2π. Das stimmt mit der Änderung in der Stromfunktion $s(x,y) = \theta$ überein.

Es sind die mannigfaltigen Werte von θ an derselben Stelle $re^{i\theta}$, durch die es zu einem von null verschiedenen Ergebnis kommt. Bei einer einwertigen Funktion $F(z)$ wäre $F(\text{Ende}) - F(\text{Anfang}) = 0$. Null ist das normale Ergebnis auf einem geschlossenen Kreis. In Cauchys großartigem Satz kommt kein $1/z$-Pol vor, und das Integral ist null.

Diese Diskussion bringt uns dazu, über andere Polstellen $1/z^2, 1/z^3, \cdots$ zu integrieren (jetzt erhalten wir 0):

5.1 Taylor-Reihen und komplexe Integration

Integral von $z^n, n \neq -1$ $\quad \int_{|z|=r} z^n dz = \left[\dfrac{z^{n+1}}{n+1}\right]_{\text{Anfang}}^{\text{Ende}} = 0.$ (5.8)

Daraus wird auch für positive Potenzen eine reelle Integration, wenn wir $z = re^{i\theta}$ setzen:

Integral über θ

$$\int_0^{2\pi} (re^{i\theta})^n \, ire^{i\theta} \, d\theta = \left[\dfrac{ir^{n+1}e^{i(n+1)\theta}}{n+1}\right]_0^{2\pi} = 0. \text{ Beachten Sie } n+1 \neq 0.$$

Integralformel von Cauchy

Der konstante Term in der Taylor-Reihe ist der Funktionswert im Mittelpunkt $a_0 = f(0)$. Um $f(0)$ zu erhalten, *dividieren wir $f(z)$ durch z und integrieren um einen Kreis $|z| = r$*. Damit haben wir außer im Fall $a_0 = 0$ für a_0/z einen Pol erzeugt. Die übrigen Glieder der Taylor-Reihe $a_1z + a_2z^2 + \cdots$ werden ebenfalls durch z dividiert, ihre Integrale sind aber wegen Gleichung (5.8) null. Das Integral der ganzen Funktion $f(z)/z$ ist das Integral dieses singulären Teils a_0/z, was $2\pi i a_0$ ist.

Dieselbe Idee lässt sich auf jede Taylor-Reihe $f(z) = a_0 + a_1(z - z_0) + \cdots$ um einen beliebigen Mittelpunkt z_0 anwenden. **Dividiere durch $z - z_0$ und integriere**. Außer dem ersten Integral für $a_0/(z - z_0)$ sind alle Integrale null. Dieses eine Integral liefert im speziellen Integral (5.6) $2\pi i a_0$. Erzeugen eines Pols und Integration ergibt die Integralformel von Cauchy für $a_0 = f(z_0)$:

Integralformel von Cauchy auf Kreisen um ein beliebiges z_0

$$\dfrac{1}{2\pi i} \int_{|z-z_0|=r} \dfrac{f(z)}{z - z_0} dz = f(z_0). \quad (5.9)$$

Beispiel 5.7 Eine komplizierte Funktion wie $f(z)/(z-3) = e^{10/(1+z^2)}/(z-3)$ zu integrieren, ist nun einfach geworden. Indem wir an der Stelle $z_0 = 3$ einen Pol erzeugen, erhalten wir $2\pi i f(3)$:

$$\int_C \dfrac{f(z)}{z-3} dz = 2\pi i f(3) = 2\pi i \, e^{10/10} = 2\pi i \, e.$$

Machen Sie sich klar, wodurch die Sache einfach wird. Das Integral läuft über einen *einfach geschlossenen Weg* (Anfang = Ende). Der Weg umläuft den Kreis ein Mal entgegen dem Uhrzeigersinn. Die Funktion $e^{10/(1+z^2)}$ bleibt innerhalb des Weges analytisch. Wir müssen also die Singularitäten an den Stellen $z = i$ und $z = -i$ nicht berücksichtigen.

Eine Matrixform von (5.9) ist $\int f(z)(zI - A)^{-1} dz = 2\pi i f(A)$. Das Integral muss alle Eigenwerte der Matrix A erfassen. Für $f(z) = e^{zt}$ erhalten wir $f(A) = e^{At}$. Das ist eine äußerst bedeutende Matrixfunktion (siehe dazu Abschnitt 5.3 und das Buch von Higham [90]).

Ableitungen *an der Stelle* z_0 ergeben sich aus Integralen *um* z_0 (wenn f analytisch ist). Um die *n*-te Ableitung von $f(z)$ an der Stelle $z = 0$ oder $z = z_0$ zu bestimmen, **dividieren Sie durch** z^{n+1} **oder** $(z - z_0)^{n+1}$. Jedes Glied der Reihe hat wegen Gleichung (5.8) um den Mittelpunkt das Integral null, *abgesehen von einer Ausnahme*. Die *n*-te Potenz $a_n z^n$ wird durch z^{n+1} dividiert, und **das Integral dieses Gliedes nimmt den Wert $2\pi i\, a_n$ heraus**.

Diese Zahl a_n ist $n!$ mal *n*-te Ableitung von $f(z)$, was $f^{(n)}(0)$ beziehungsweise $f^{(n)}(z_0)$ ist:

Integralformel von Cauchy für die *n*-te Ableitung

$$\frac{n!}{2\pi i} \int_{|z-z_0|=r} \frac{f(z)}{(z-z_0)^{n+1}}\, dz = f^{(n)}(z_0). \tag{5.10}$$

Beispiel 5.8 Die dritte Ableitung von $\sin z$ ist -1 an der Stelle $z = 0$. Wir dividieren $\sin z$ durch z^4:

Achten Sie auf $\dfrac{1}{z}$ $\quad \dfrac{3!}{2\pi i} \int \left(\dfrac{z}{z^4} - \dfrac{z^3}{3!\, z^4} + \dfrac{z^5}{5!\, z^4} - \cdots \right) dz = \dfrac{1}{2\pi i} \int -\dfrac{1}{z}\, dz = -1.$

Bis hierher waren alle Wege Kreise. Der Satz von Cauchy wird das bald ändern.

Berechnung von Ableitungen mithilfe der FFT

Die Ableitungen im Mittelpunkt $z = 0$ stimmen mit Integralen um einen Kreis überein. Wir können jeden Radius r wählen, solange $f(z)$ innerhalb des Kreises und auf dem Kreis $|z| = r$ analytisch ist. Das Integral wird durch eine Summe über äquidistante Punkte genau approximiert. (Das ist die Trapezregel, die über einem Intervall $a \leq x \leq b$ eine geringe Genauigkeit hat, aber sehr hohe Genauigkeit erreicht, wenn um einen Kreis integriert wird. Es ist die Periodizität, die exponentielle Genauigkeit liefert.) Zur Summenbildung über äquidistante Punkte auf einem Kreis ist die FFT perfekt geeignet.

Die *N*-Punkt-FFT berechnet N Summen auf einmal. Für alle Zahlen $f(0), f'(0), \ldots, f^{(N-1)}(0)$ liefert sie Näherungswerte. Niedrigere Ableitungen sind am genauesten, und die Berechnung ist *extrem stabil* (weil die FFT stabil ist). „Die Hauptschwierigkeiten, die üblicherweise mit der numerischen Differentiation verbunden sind, verschwinden einfach." Im folgenden Code konnten wir $N = 64$ Punkte mit einer reellen FFT verwenden, weil $f(x) = e^x$ reell bleibt.

```
f = @(x) exp(x);                  % f(x) = e^x hat f^(n)(0) = 1 und a_n = 1/n!
z = exp(2*i*pi*(0:N-1)'/N);       % N äquidistante Punkte auf |z| = 1
a = fft(f(z)/N);                  % FFT liefert a_0 bis a_{N-1} sehr genau
a = real(a);                      % aufgrund der Symmetrie reell
disp([a 1./gamma(1:N)'])          % Anzeige berechnete und exakte a_n = 1/n!
```

5.1 Taylor-Reihen und komplexe Integration

Die berechneten Koeffizienten sind aufgrund von *Treppeneffekten* fehlerbehaftet. Die $(n+kN)$-te Potenz jedes Wertes z ist identisch mit seiner n-ten Potenz, weil für jeden Berechnungspunkt $z^N = 1$ ist:

Treppeneffekte in a

Berechnetes a_j = Exaktes $a_j + a_{j+N} + a_{j+2N} + \cdots$. (5.11)

Diese Fehler durch spätere Koeffizienten (höhere Ableitungen) fallen schnell ab, wenn $f(z)$ in einem größeren Kreis als $|z| = 1$ analytisch ist. Sehr kleine Fehler ergeben sich für e^z (überall analytisch).

Integralsatz von Cauchy

Cauchy untersuchte die Integration von analytischen Funktionen $f(z)$ um einfach geschlossene Wege. Wenn der Weg ein Kreis um $z = 0$ ist, können wir jedes Glied der zugehörigen Taylor-Reihe $a_0 + a_1 z + \cdots$ integrieren. ***Das Integral um den Kreis ist null***.

Integralsatz von Cauchy um einen Kreis

$$\int_{|z|=r} f(z)\,dz = \int (a_0 + a_1 z + \cdots)\,dz = 0 + 0 + \cdots = 0. \tag{5.12}$$

Eine andere Herangehensweise verwendet das gliedweise Integral $g(z) = a_0 z + \frac{1}{2} a_1 z^2 + \cdots$. Diese Reihe für $g(z) = \int f(z)\,dz$ konvergiert in demselben Kreis. Der Fundamentalsatz der Analysis liefert für dieses Integral den Wert null, weil der Anfangspunkt gleichzeitig der Endpunkt ist:

Komplexe Integration, für einen geschlossenen Weg ist $z_1 = z_2$

$$\int_{z_1}^{z_2} f(z)\,dz = g(z_2) - g(z_1) \quad \text{und} \quad \int_{|z|=r} f(z)\,dz = 0. \tag{5.13}$$

Was passiert, wenn der Weg C kein Kreis ist? Freunde der komplexen Analysis können sehr komplizierte Wege konstruieren (auf denen der Integralsatz von Cauchy immer noch gilt). Es ist ausreichend, glatte Kurven zu betrachten, die durch eine endliche Anzahl von Ecken miteinander verbunden sind, beispielsweise ein Quadrat oder einen Halbkreis. Der Weg C muss stets geschlossen sein. Das vom Weg eingeschlossene Gebiet darf keine Löcher haben!

Integralsatz von Cauchy

$$\int_C f(z)\,dz = 0 \text{ wenn } f(z) \text{ auf und innerhalb von } C \text{ analytisch ist.} \tag{5.14}$$

Ich kann zwei Vorgehensweisen für einen Beweis von (5.14) skizzieren, die einen guten Eindruck erwecken. Damit kann ich vermutlich Sie und mich davon überzeugen, dass $\int f(z)\,dz = 0$ ist. Ein vollkommen strenger Beweis braucht mehr als einen mäßigen Platz, und wir weisen einen dritten Weg. Er ist nicht zu Ende geführt, aber Sie werden erkennen, worum es geht.

Erste Vorgehensweise Konstruieren Sie eine Anti-Ableitung mit $g'(z) = f(z)$, wie für den Kreis. Der Fundamentalsatz der Analysis besagt, dass $\int g'(z)\,dz = g(\mathbf{Ende}) - g(\mathbf{Anfang})$ ist. Das ist $\int f(z)\,dz = 0$, vorausgesetzt $g(z)$ kehrt zu demselben Wert zurück.

Was $g(z)$ einwertig macht, ist die Tatsache, dass $f(z)$ *im Innern des Weges C* analytisch ist. Das war der springende Punkt bei $f(z) = 1/z$, als das Integral $g(z) = \log z$ *nicht* einwertig war. Das Integral von $1/z$ um den Kreis ist $2\pi i$ und nicht null.

Im analytischen Fall hängt das Integral von $f(z)$ von z_1 bis z_2 *nicht vom Weg ab*. Zwei Wege liefern dasselbe Ergebnis, wenn $f(z)$ zwischen ihnen analytisch ist. Wenn wir auf dem einen Weg hinlaufen und auf dem anderen zurück, dann ist das Integral über den geschlossenen Weg null.

Zweite Vorgehensweise Integrieren Sie Real- und Imaginärteil von $f(z)\,dz$ getrennt:

$$\int f(z)\,dz = \int (u+is)(dx+i\,dy) = \int (u\,dx - s\,dy) + i\int (u\,dy + s\,dx). \qquad (5.15)$$

Die Gleichung von Gauß-Green aus Abschnitt 3.3 lieferte Doppelintegrale. Anschließend ergibt sich aus den Cauchy-Riemann-Differentialgleichungen null:

$$\int_C (u\,dy + s\,dx) = \iint_R \left(\frac{\partial u}{\partial x} - \frac{\partial s}{\partial y}\right) dx\,dy = \iint_R 0\,dx\,dy = 0, \qquad (5.16)$$

$$\int_C (u\,dx - s\,dy) = \iint_R \left(-\frac{\partial s}{\partial x} - \frac{\partial u}{\partial y}\right) dx\,dy = \iint_R 0\,dx\,dy = 0. \qquad (5.17)$$

Das war der Beweis von Cauchy. Die technische Schwierigkeit besteht darin, zu zeigen, dass $f'(z)$ stetig ist.

Dritte Vorgehensweise In sehr kleinen Dreiecken ist $f(z_0) + f'(z_0)(z - z_0)$ nahezu $f(z)$. Der Fehler liegt unter $\varepsilon|z - z_0|$, weil f' existiert. Der Schlüsselschritt ist, das mit ein und demselben ε für alle Dreiecke zu beweisen. Dann füllen Sie anschließend ein beliebiges Polygon mit eben diesen Dreiecken, indem Sie die Dreiecke aneinander legen. Die Integrale von $f(z)$ heben sich entlang der gemeinsamen Seiten gegenseitig auf, sodass sich um das große Polygon $|\int f(z)\,dz| < C\varepsilon$ ergibt. Diese Vorgehensweise geht von einem Kreis zu einem beliebigen Polygon [127] über und konstruiert sogar eine Anti-Ableitung $g(z)$. Zum Schluss ergibt sich $\int f(z)\,dz = 0$.

Änderung des Weges

Lassen Sie mich mit der bedeutendsten Anwendung des Integralsatzes von Cauchy anfangen. Sie ist für *Funktionen mit Polstellen* (nichtanalytische Funktionen) nützlich. Wir erwarten nicht mehr $\int f(z)\,dz = 0$, wenn das Wegintegral einen Pol einschließt. Die Integration von $1/z$ und $1/z^2$ auf einem Kreis brachte die Ergebnisse

5.1 Taylor-Reihen und komplexe Integration

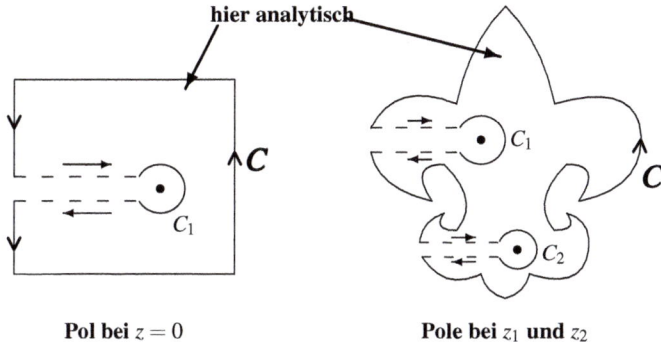

Abb. 5.2 $\int_C f(z)\,dz$ ist gleich der Summe der Integrale um alle Pole innerhalb von C.

$2\pi i$ und 0. Nun können wir auf einem beliebigen Weg um diese Polstelle integrieren, *indem wir aus dem Weg einen Kreis machen*. Cauchy macht dies möglich.

Warum können wir Wege ändern? Wenden Sie den Integralsatz von Cauchy $\int f(z)\,dz = 0$ auf das Gebiet zwischen den beiden Wegen – dem ursprünglichen Weg C und dem Kreis (den Kreisen) – an. Wenn es mehrere Pole innerhalb des Weges C gibt, haben wir auch mehrere Kreise. Der Integralsatz von Cauchy gilt für Gebiete ohne Löcher, sodass wir Verbindungslinien zwischen C und den Kreisen ziehen müssen, wie in Abbildung 5.2 dargestellt.

Die Integrale entlang der Verbindungslinien heben sich gegenseitig auf, wenn sich diese gestrichelten Linien einander nähern. Innerhalb des deformierten Weges und außerhalb der kleinen Kreise ist $f(z)$ analytisch. Das Integral ist deshalb nach dem Integralsatz von Cauchy null. Dieser deformierte Weg umläuft die Kreise $C_1, \ldots, C_N$ um die Pole in der falschen Richtung (im Uhrzeigersinn). Daher ist das Integral um C minus die Summe der Integrale um die Pole null. Wir sind wieder bei Kreisen angekommen.

Änderung des Weges von C auf $C_1, \ldots, C_N$, $f(z)$ dazwischen analytisch

$$\int_C f(z)\,dz = \int_{C_1} f(z)\,dz + \cdots + \int_{C_N} f(z)\,dz. \tag{5.18}$$

Residuen und Umlaufintegrale

Gibt es an der Stelle $z = z_0$ einen Pol der Ordnung m, dann hat $f(z)$ eine Laurent-Reihe, die mit $a_{-m}/(z-z_0)^m$ anfängt. Wenn wir jeden Term in der Reihe integrieren und der Weg keine weiteren Singularitäten einschließt, *überlebt nur das Integral von* $a_{-1}/(z-z_0)$:

$$f(z) = \frac{a_{-m}}{(z-z_0)^m} + \cdots + \frac{a_{-1}}{z-z_0} + \sum_0^\infty a_n(z-z_0)^n \quad \text{hat} \quad \int f(z)\,dz = 2\pi i\, a_{-1}.$$
(5.19)

Diese wichtige Zahl a_{-1} ist das „Residuum" der Funktion $f(z)$ an ihrer Polstelle z_0. Falls $f(z)$ weitere Pole hat, dann hat sie auch an diesen Polen Residuen. Das Residuum an einer doppelten Polstelle kann null sein, wie es bei $1/z^2$ der Fall ist. Das Residuum kann von null verscheiden sein, wie bei $1/z + 1/z^2$. Wenn wir um mehrere Polstellen integrieren, *addieren wir die Residuen* – weil wir den Weg C wie in Abbildung 5.2 auf der vorherigen Seite auf einen kleinen Kreis um jeden Pol abändern können:

Residuensatz, Polstellen bei $z_1, \ldots, z_N$

$$\oint_C f(z)\,dz = 2\pi i \sum_{j=1}^N \left(\text{Residuum von } f(z) \text{ an der Stelle } z_j\right). \tag{5.20}$$

Beispiel 5.9 Integrieren Sie $f(z) = 1/(1+z^2)$ entlang eines kleinen Quadrates um $z = i$.

Lösung Weil $1/(1+z^2)$ an der Stelle $z_0 = i$ einen einfachen Pol hat, ist die einzige negative Potenz um diese Stelle $a_{-1}/(z-i)$. Ob wir über ein Quadrat oder über einen Kreis integrieren, macht keinen Unterschied, weil wir den Weg ändern können. **Das Residuum an der einfachen Polstelle $z = i$ ist $a_{-1} = \lim_{z\to i}(z-i)f(z) = 1/2i$.** Dann ist das Integral um $z = i$ gleich $(2\pi i)(1/2i) = \pi$.

Wir kennen zwei Wege, uns von dieser Tatsache zu überzeugen:

Pol herausdividieren $\quad a_{-1} = \lim_{z\to i}\dfrac{z-i}{1+z^2} = \lim_{z\to i}\dfrac{1}{z+i} = \dfrac{1}{2i},$ (5.21)

Regel von L'Hôpital $\quad a_{-1} = \lim_{z\to i}\dfrac{z-i}{1+z^2} = \lim_{z\to i}\dfrac{1}{2z} = \dfrac{1}{2i}.$ (5.22)

Beispiel 5.10 Machen Sie aus dem kleinen Quadrat den großen Halbkreis aus Abbildung 5.3 auf Seite 480. Dieser Weg umschließt immer noch den einen Pol an der Stelle $z = i$. Berechnen Sie ein reelles Integral von $-\infty$ bis ∞, wenn der Radius des Halbkreises R gegen unendlich geht:

Integral entlang der reellen Achse $\quad \displaystyle\int_{x=-\infty}^\infty \frac{dx}{1+x^2} = 2\pi i\left(\frac{1}{2i}\right) = \pi.$ (5.23)

Lösung Die Unterkante des Halbkreises ist $z = x$, und der Kreisbogen ist $z = Re^{i\theta}$. *Auf dem Kreisbogen geht das Integral für $R \to \infty$ gegen null.* Das ist der springende Punkt, den es zu beweisen gilt. Übrig bleibt das reelle Integral (5.23), dass dann gleich $2\pi i(\text{Residuum}) = \pi$ ist.

5.1 Taylor-Reihen und komplexe Integration

Wir schätzen das Integral entlang des Kreisbogens $z = Re^{i\theta}$ durch „Maximum M von $|f(z)|$ mal Weglänge $L = \pi R$" ab:

Kreisbogen $\quad \int \left|\dfrac{dz}{1+z^2}\right| = \int_0^\pi \left|\dfrac{iRe^{i\theta}\,d\theta}{1+R^2 e^{2i\theta}}\right| \leq \dfrac{\pi R}{R^2 - 1} \to 0$ für $R \to \infty$. (5.24)

Die Auswahl des Weges und die Abschätzung des Integrals sind die Schlüsselschritte bei der Umlaufintegration:

Integralabschätzung $\quad \left|\int_{z_1}^{z_2} f(z)\,dz\right| \leq (\max |f(z)|) \int_{z_1}^{z_2} |dz|$. (5.25)

Es folgt eine Fourier-Transformation, die denselben Halbkreis verwendet. Sie ist nur für $k \geq 0$ erfolgreich.

Beispiel 5.11 Zeigen Sie, dass die Transformierte von $1/(1+x^2)$ der abfallende Impuls ist:

Aus Fourier-Integralen ergibt sich $\quad \displaystyle\int_{-\infty}^{\infty} \dfrac{e^{ikx}\,dx}{\pi(1+x^2)} = e^{-k} \quad$ für $k \geq 0$. (5.26)

Lösung $f(z) = e^{ikz}/\pi(1+z^2)$ hat weiterhin einen Pol an der Stelle $z = i$ innerhalb des Halbkreises:

Residuum an der Stelle $z = i$

$$\lim_{z \to i} \dfrac{(z-i)e^{ikz}}{\pi(1+z^2)} = \lim_{z \to i} \dfrac{e^{ikz}}{\pi(z+i)} = \dfrac{e^{-k}}{2\pi i}.$$

Die Multiplikation mit $2\pi i$ liefert das gewünschte Ergebnis e^{-k} für das Integral entlang der reellen Achse $z = x$. Auf dem Kreisbogen gilt für den neuen Faktor die Ungleichung $|e^{ikz}| \leq 1$, was die Abschätzung nicht ändert:

Halbkreis mit $y \geq 0$ $\quad |e^{ik(x+iy)}| = e^{-ky} \leq 1$ und wieder $\dfrac{R}{R^2-1} \to 0$.

Anmerkung Wenn $k < 0$ ist, versagt die Abschätzung gänzlich. Der Faktor e^{ikz} wird an der Stelle $z = iR$ exponentiell *groß*. **Gehen Sie zu einem Halbkreis unter der reellen Achse über!** Dann ist $z = -i$ der Pol innerhalb des neuen Halbkreises, und wir brauchen das folgende neue Residuum:

Residuum an der Stelle $z = -i$

$$\lim_{z \to -i} \dfrac{(z+i)e^{ikz}}{\pi(1+z^2)} = \lim_{z \to -i} \dfrac{e^{ikz}}{\pi(z-i)} = \dfrac{e^k}{-2\pi i}. \qquad (5.27)$$

Die Multiplikation mit $2\pi i$ liefert das Integral um den unteren Halbkreis. Das Integral über den Kreisbogen geht gegen null, weil $k < 0$ ist (nun wird e^{ikz} an der Stelle

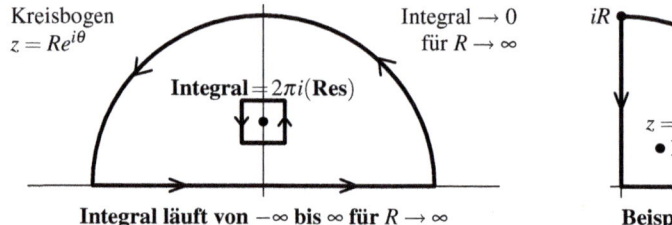
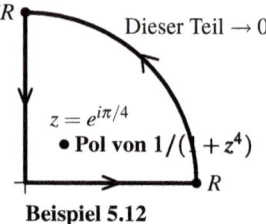

Abb. 5.3 Kleine Wege und große Wege um einen Pol. Reelles Integral für $R \to \infty$

$z = -iR$ exponentiell *klein*). Beachten Sie aber, dass der flache obere Teil dieses unteren Halbkreises rückwärts durchlaufen wird. Daher muss das Vorzeichen umgekehrt werden, um das Integral zu erhalten. Der gerade Impuls fällt auch in der negativen Richtung ab:

Für $k < 0$ $\quad \int_{-\infty}^{\infty} \frac{e^{ikx} dx}{\pi(1+x^2)} = -2\pi i \left(\frac{e^k}{-2\pi i} \right) = e^k.$ (5.28)

Mithilfe des Fourier-Integrals haben wir in Abschnitt 4.5 die Transformierte dieses zweiseitigen Impulses berechnet. Damals konnten wir die Transformation nicht umkehren. Nun integrieren wir in der komplexen Analysis entlang der ganzen Achse (nicht über einen Teil davon, das ist immer noch unmöglich).

Beispiel 5.12 Berechnen Sie das Integral $I = \int_0^\infty \frac{dx}{1+x^4}$. Die Funktion $f(z) = \frac{1}{1+z^4}$ hat vier einfache Polstellen.

Lösung Die Polstellen befinden sich an den Einheitswurzeln von $z^4 = -1 = e^{\pi i} = e^{3\pi i}$. Sie liegen oberhalb der reellen Achse bei $z_1 = e^{i\pi/4}$ und $z_2 = e^{3i\pi/4}$ (Winkel 45° und 135°) sowie unterhalb der reellen Achse bei $z_3 = -z_1$ und $z_4 = -z_2$. Wir verwenden denselben oberen Halbkreis wie vorhin und summieren die Residuen bei z_1 und z_2 und multiplizieren sie mit $2\pi i$. Der reelle Teil dieses Weges ergibt das Integral von $-\infty$ bis ∞. Das ist $2I$. Anschließend dividieren wir durch 2.

Eine andere Möglichkeit besteht darin, den Viertelkreis aus Abbildung 5.3 zu betrachten. Dieser enthält nur eine Polstelle bei $z_1 = e^{i\pi/4}$. Nun ist auf der imaginären Achse $z = iy$ und $z^4 = y^4$:

Abwärts $\quad \int_{iR}^{0} \frac{dz}{1+z^4} = \int_R^0 \frac{i\, dy}{1+y^4} = -i \int_0^R \frac{dy}{1+y^4} \longrightarrow -iI$ für $R \to \infty.$

Auf dem Kreisbogen liefert $z = Re^{i\theta}$ die Ungleichung $|1+z^4| \geq R^4 - 1$. Das Integral über diesen Teil ist kleiner als die Länge des Viertelkreisbogens $\pi R/2$ dividiert durch $R^4 - 1$. Dieser Quotient geht für $R \to \infty$ gegen null, sodass zwei gerade Stücke

5.1 Taylor-Reihen und komplexe Integration

(nämlich die positive reelle Achse $x > 0$ und die positive imaginäre Achse $y > 0$) übrig bleiben:

$$(1-i)I = 2\pi i (\text{Residuum}) = \frac{2\pi i}{4e^{3\pi i/4}} = \frac{2\pi}{4}e^{-\pi i/4} = \frac{\pi}{2}\left(\frac{1-i}{\sqrt{2}}\right)$$

ergibt $I = \dfrac{\pi}{2\sqrt{2}}$. (5.29)

Das Residuum $1/4e^{3\pi i/4} = 1/4z_1^3$ wurde mithilfe der Regel von L'Hôpital für $(z-z_1)f(z)$ bestimmt. Wenn dieser Grenzwert $0/0$ ist, bilden wir den *Quotienten der Ableitungen*:

L'Hôpital = $\dfrac{\textbf{Ableitung}}{\textbf{Ableitung}}$ $\quad \lim\limits_{z \to z_1} \dfrac{z-z_1}{1+z^4} = \lim\limits_{z \to z_1} \dfrac{1}{4z_1^3} = \dfrac{1}{4e^{3\pi i/4}}$.

Wir könnten auch direkt dividieren, was auf $1/(z^3 + z^2 z_1 + z z_1^2 + z_1^3)$ führen würde. Dieser Ausdruck geht gegen $1/4z_1^3$, L'Hôpitals Weg ist aber einfacher. Er führt auf eine nützliche Regel für das Residuum jedes Quotienten $f(z) = n(z)/d(z)$ an einem einfachen Pol, wo $d(z_0) = 0$ ist.

Der Pol ist einfach, wenn $d'(z_0) \neq 0$ und $n(z_0) \neq 0$ gilt. L'Hôpital geht zu den Ableitungen über:

Residuum von $\dfrac{n(z)}{d(z)}$ $\quad \lim\limits_{z \to z_0} \dfrac{(z-z_0)n(z)}{d(z)} = \lim\limits_{z \to z_0} \dfrac{n(z)}{d(z)/(z-z_0)} = \dfrac{n(z_0)}{d'(z_0)}$. (5.30)

In unserem Beispiel war $n(z) = 1$ und $d(z) = 1 + z^4$. Das Residuum ist $1/4z^3$ an jedem Pol.

Puzzle Ich war versucht, im ursprünglichen Integral $I = \int_0^\infty dx/(1+x^4)$ aus Beispiel 5.12 auf der vorherigen Seite $x = iy$ zu setzen. Dann ist $dx = i\,dy$, und das Integral wird zu iI. Wenn dieser Übergang zulässig ist, würde die falsche Gleichheit $I = iI$ auf den falschen Schluss führen, dass $I = 0$ ist.

Der Übergang von x nach iy hat den Weg in der komplexen Ebene vollkommen geändert. Sie müssen prüfen, ob auf dem Viertelkreisbogen, der die beiden geraden Teile verbindet, das Integral nach null geht. Und Sie müssen die Residuen aller Pole berücksichtigen, die der Weg einschließt.

In unserem letzten Beispiel ersetzen wir $\cos\theta$ durch $\frac{1}{2}(e^{i\theta} + e^{-i\theta})$. Anstatt ein reelles Integral auszuführen, bewegen wir uns auf dem Einheitskreis und verwenden Residuen.

Beispiel 5.13 Berechnen Sie

$$J = \int_0^{2\pi} \cos^2\theta\, d\theta = \pi \quad \text{und} \quad K = \int_0^{2\pi} \frac{d\theta}{20 + 2\cos\theta} = \frac{\pi}{\sqrt{99}}.$$

Lösung Auf dem Einheitskreis führt $z = e^{i\theta}$ auf $\cos\theta = \frac{1}{2}(z+\frac{1}{z})$ und $d\theta = dz/iz$:

Auf dem Kreis $\quad J = \int \frac{1}{4}\left(z+\frac{1}{z}\right)^2 \frac{dz}{iz} \quad$ und $\quad K = \int \frac{dz}{iz(20+z+z^{-1})}.$

Wir können J direkt oder mithilfe des Residuum $1/2i$ mal $2\pi i$ bestimmen:

Berücksichtige $1/2iz \quad J = \int \left(\frac{z^2}{4iz} + \frac{1}{2iz} + \frac{1}{4iz^3}\right) dz = 0 + \frac{2\pi i}{2i} + 0 = \pi.$

Die Pole von K sind durch $20z + z^2 + 1 = 0$ bestimmt. Sie sind $z_1 = -10 + \sqrt{99}$ innerhalb des Einheitskreises und $z_2 = -10 - \sqrt{99}$ außerhalb (nicht berücksichtigt). Verwenden Sie Gleichung (5.30) für das Residuum mit $n(z) = 1$:

Residuum von $1/i(20z + z^2 + 1) \quad \frac{n(z_1)}{d'(z_1)} = \frac{1}{i(20+2z_1)} = \frac{1}{i2\sqrt{99}}.$

Wenn wir mit $2\pi i$ multiplizieren, ergibt dies das Integral $K = \pi/\sqrt{99}$.

Andere Integrale enthalten Pole höherer Ordnung, Logarithmen, und Wurzeln mit Verzweigungspunkten. Wenn eine Singularität auf die reelle Achse fällt, können wir sie mit einem kleinen Halbkreis umgehen. In den Aufgabenstellungen finden Sie mehr von diesen bemerkenswerten Umlaufintegralen. Zum Schluss aber noch ein Gedanke.

Ich glaube kaum, dass dieser bemerkenswerte Kunstgriff, so magisch er auch sein mag, einen großen Abschnitt in einer Vorlesung verdient, in der es um das wissenschaftliche Rechnen geht. Dennoch konnte ich ihn nicht weglassen.

Aufgaben zu Abschnitt 5.1

Die Aufgaben 5.1.1–5.1.7 befassen sich mit Taylor-Reihen und mit Konvergenzradien.

5.1.1 Bestimmen Sie die Taylor-Reihe $\sum a_n z^n$ und den zugehörigen Konvergenzradius der folgenden Funktionen:

(a) $\dfrac{2}{2z+1}$, (b) $\dfrac{1+iz}{1-iz}$, (c) $\dfrac{1}{(1+z)^2}$, (d) $\dfrac{\sin z}{z}$.

5.1.2 Bestimmen Sie zwei Terme der Taylor-Reihe $\sum a_n(z-1)^n$ für dieselben vier Funktionen.

5.1.3 Angenommen, $a_{n+1}/a_n \to \frac{1}{3}$ für $n \to \infty$. Erläutern Sie, warum $f(z) = \sum a_n z^n$ den Konvergenzradius $R = 3$ hat. (Beweisen Sie Konvergenz im Fall $|z| < 3$.) Erläutern Sie, warum auch $f'(z) = \sum n a_n z^{n-1}$ den Konvergenzradius $R = 3$ hat.

5.1.4 Erläutern Sie, warum $\int f(z)\,dz = \sum a_n z^{n+1}/(n+1)$ auch den Konvergenzradius $R = 3$ hat. Geben Sie ein Beispiel einer Funktion $f(z)$ an, deren Taylor-Reihe um $z = 0$ den Konvergenzradius $R = 3$ hat.

5.1.5 Bestimmen Sie den Konvergenzradius der Taylor-Reihe für $1/z^{10}$ um z_0.

5.1 Taylor-Reihen und komplexe Integration

5.1.6 Angenommen, L ist der größte Grenzwert der Zahlen $|a_n|^{1/n}$ (wobei wir $L = \infty$ zulassen). Erläutern Sie, warum die Glieder $a_n z^n$ der Taylor-Reihe im Fall $|z| > 1/L$ nicht gegen null gehen. z liegt dann außerhalb des Konvergenzradius.

5.1.7 Angenommen, $|z| < 1/L$ wie in Aufgabe 5.1.6. Erläutern Sie, warum für x im Intervall $L|z| < x < 1$ die Reihenglieder durch $|a_n z^n| < Cx^n$ mit einer Konstanten C abgeschätzt werden können. Dass die Taylor-Reihe konvergiert, ergibt sich dann aus dem Vergleich mit $\sum Cx^n = C/(1-x)$.

Schlussfolgerung *Die Taylor-Reihe hat genau den Konvergenzradius $1/L$.*

Die Aufgaben 5.1.8–5.1.26 befassen sich mit komplexer Integration und Residuen.

5.1.8 (a) Berechnen Sie $\int dz/z^2$ um den Kreis $z = re^{i\theta}$, $0 \leq \theta \leq 2\pi$.
(b) Obwohl es an der Stelle $z = 0$ einen Pol gibt, ist dieses Integral null. Was ist das Residuum von $1/z^2$?
(c) Warum ist $\int dz/z^2$ auch um Kreise null, die nicht im Ursprung zentriert sind?

5.1.9 Sei $f(z) = z^2$ auf dem Kreis $z = a + re^{i\theta}$ um den Punkt a. Setzen Sie das direkt in die Integralformel von Cauchy (5.10) auf Seite 474 ein, und zeigen Sie, dass sie korrekt $f(a) = a^2$ liefert. Was ist der Mittelwert von e^z um dem Einheitskreis?

5.1.10 Berechnen Sie die folgenden Integrale:

(a) $\int dz/z$ von 1 bis i auf dem kurzen und dem langen Weg auf dem Kreis $z = e^{i\theta}$,
(b) $\int x\,dz$ um den Einheitskreis mit $x = \cos\theta$ und $z = e^{i\theta}$ oder $x = \frac{1}{2}(z + z^{-1})$.

5.1.11 Bestimmen Sie die Lage der Pole und die Residuen für

(a) $\dfrac{1}{z^2 - 4}$, (b) $\dfrac{z^2}{z - 3}$, (c) $\dfrac{1}{(z^2 - 1)^2}$, (d) $\dfrac{e^z}{z^3}$, (e) $\dfrac{1}{1 - e^z}$, (f) $\dfrac{1}{\sin z}$.

5.1.12 Werten Sie die folgenden Integrale um den Einheitskreis aus:

(a) $\displaystyle\int \dfrac{dz}{z^2 - 2z}$, (b) $\displaystyle\int \dfrac{e^z dz}{z^2}$, (c) $\displaystyle\int \dfrac{dz}{\sin z}$.

5.1.13 Berechnen Sie diese reellen Integrale durch komplexe Integration:

(a) $\displaystyle\int_0^{2\pi} (\cos\theta)^6 d\theta$, (b) $\displaystyle\int_0^{2\pi} \dfrac{d\theta}{a + \cos\theta}$, $a > 1$, (c) $\displaystyle\int_0^{2\pi} \cos^3\theta\, d\theta$.

5.1.14 Bestimmen Sie die Pole der folgenden Funktionen oberhalb der reellen Achse und berechnen Sie die folgenden Integrale:

(a) $\displaystyle\int_{-\infty}^{\infty} \dfrac{dx}{(1 + x^2)^2}$, (b) $\displaystyle\int_{-\infty}^{\infty} \dfrac{dx}{4 + x^2}$, (c) $\displaystyle\int_{-\infty}^{\infty} \dfrac{dx}{x^2 - 2x + 3}$.

5.1.15 Bestimmen Sie alle Pole, Verzweigungspunkte und wesentlichen Singularitäten der acht Funktionen:

(a) $\dfrac{1}{z^4 - 1}$, (b) $\dfrac{1}{\sin^2 z}$, (c) $\dfrac{1}{e^z - 1}$, (d) $\log(1 - z)$,

(e) $\sqrt{4 - z^2}$, (f) $z\log z$, (g) $e^{2/z}$, (h) e^z/z^e.

Um $z = \infty$ zu erfassen, setzen wir $w = 1/z$ und untersuchen $w = 0$. Folglich hat $z^3 = 1/w^3$ eine dreifache Polstelle bei $z = \infty$.

5.1.16 Die beiden Residuen von $f(z) = 1/(1+z^2)$ sind $1/2i$ und $-1/2i$. Ihre Summe ist null. Nach der Integralformel von Cauchy ist das Integral um $|z| = R$ für alle R gleich. Warum ist dieses Integral null?

5.1.17 ($1 = -1$) Wo versagt die Regel von L'Hôpital im Limes $x \to \infty$?

$$1 = \lim \frac{x - \sin x^2}{x + \sin x^2} = \lim \frac{1 - 2x\cos x^2}{1 + 2x\cos x^2} = \lim \frac{1/x - 2\cos x^2}{1/x + 2\cos x^2} = -1.$$

5.1.18 Folgen Sie Beispiel 5.13 auf Seite 481 ($\cos\theta = \frac{1}{2}(e^{i\theta} + e^{-i\theta}) = \frac{1}{2}(z+z^{-1})$), um das folgende Integral zu bestimmen:

$$\int_0^{2\pi} \frac{\sin^2\theta}{5 + 4\cos\theta} d\theta = \frac{\pi}{4}.$$

5.1.19 Gehen Sie von $d\theta/(1+a\cos\theta)$ zu $dz/\underline{\quad?\quad}$ über, indem Sie $z = e^{i\theta}$ substituieren. Wo befindet sich der Pol im Einheitskreis im Fall $0 \leq a < 1$? Bestätigen Sie $\int_0^{2\pi} d\theta/(1+a\cos\theta) = 2\pi/\sqrt{1-a^2}$.

5.1.20 Bestimmen Sie die Ordnung m jeder Polstelle ($m = 1$: einfacher Pol) und das Residuum:

(a) $\dfrac{z-2}{z(z-1)}$, (b) $\dfrac{z-2}{z^2}$, (c) $\dfrac{z}{\sin\pi z}$, (d) $\dfrac{1-e^{iz}}{z^3}$.

5.1.21 Schätzen Sie die folgenden Integrale durch $ML = $ (Maximum von $|f(z)|$) mal (Länge des Weges) ab:

(a) $\left| \int_{|z+1|=2} \dfrac{dz}{z} \right| \leq 4\pi$, (b) $\left| \int_{|z-i|=1} \dfrac{dz}{1+z^2} \right| \leq 2\pi$.

Berechnen Sie anschließend die Residuen und die tatsächlichen Integrale.

5.1.22 Die Kurve C sei eine Raute mit den Ecken $1, i, -1, -i$. Bestimmen Sie eine Schranke ML für

(a) $\left| \int_C z^n dz \right|$, (b) $\left| \int_C e^{iz} dz \right|$.

5.1.23 Erläutern Sie die Jordansche Ungleichung $\sin\theta \geq 2\theta/\pi$, indem Sie die Kurve $y = \sin\theta$ und die Gerade $y = 2\theta/\pi$ von $\theta = 0$ bis $\theta = \pi/2$ skizzieren. Integrieren Sie um einen Halbkreis $z = Re^{i\theta}$:

Kleines Integral für große R

$$\int_{\theta=0}^{\pi} \left| \frac{e^{iz} dz}{z} \right| = \int e^{-R\sin\theta} d\theta \leq \int e^{-2R\theta/\pi} < \frac{\pi}{2R}.$$

Die übliche Ungleichung $|e^{iz}| \leq 1$ beschränkt dieses Integral nur durch π (das ist im Limes $R \to \infty$ nutzlos).

5.1.24 Die Funktion $\sin z/z$ hat keine Polstellen, trotzdem ist das Integral von $x = -\infty$ bis ∞ nicht null. *Begründung*: $\sin z/z$ ist _____ entlang des oberen Halbkreises mit dem Radius R. *Lösung*: Gehen Sie zu e^{iz}/z über und verwenden Sie Aufgabe 5.1.23 (kleines Integral entlang des Halbkreises). *Neue Aufgabe*: e^{iz}/z

hat einen Pol an der Stelle $z = 0$. *Neue Lösung*: Folgen Sie einem kleinen Halbkreis um diese Polstelle. *Letzte Frage*: Warum zählt das Residuum 1 von e^{iz}/z nur als $\frac{1}{2}$?

$$\int_0^\infty \frac{\sin x}{x} dx = \frac{\pi}{2}, \quad \text{weil} \quad \operatorname{Im} \int_{-\infty}^\infty \frac{e^{iz}}{z} dz = \operatorname{Im}\left(\frac{2\pi i}{2}\right) = \pi \text{ ist.}$$

5.1.25 Das Integral von $\sin^2 x/x^2$ ist überraschenderweise ebenfalls $\pi/2$. Wieder war $\sin^2 z$ auf dem Halbkreis viel zu groß. Die Lösung besteht dieses Mal darin, mit der Funktion $1 - e^{2iz}$ zu arbeiten. Ihr Realteil ist $1 - \cos 2x = 2\sin^2 x$, wenn $z = x$ reell ist.

(a) Zeigen Sie, dass $(1 - e^{2iz})/z^2$ an der Stelle $z = 0$ das Residuum $-2i$ hat (dieses zählt nur halb).

(b) Erläutern Sie die Schritt im letzten Ergebnis:

$$\int_0^\infty \frac{\sin^2 x}{x^2} dx = \frac{1}{4}, \quad \text{weil} \quad \operatorname{Re} \int_{-\infty}^\infty \frac{1 - e^{2ix}}{x^2} dx = \frac{2\pi i(-2i)}{8} = \frac{\pi}{2} \text{ ist.}$$

Wieder *zählt* das Residuum $-2i$ bei einem kleinen Halbkreis um $z = 0$ *nur halb*.

5.1.26 In Beispiel 5.13 auf Seite 481 wurde $\int_0^{2\pi} \cos^2 \theta \, d\theta$ bestimmt. Verwenden Sie dieselbe Methode, um $\int_0^{2\pi} \cos^4 \theta \, d\theta$ zu bestimmen.

5.2 Berühmte Funktionen und große Sätze

Dieser Abschnitt wird ganz anders aussehen als die anderen. Analytische Funktionen sind ziemlich schön, und ich hoffe, einen Teil dieser Schönheit in ein paar Seiten einfangen zu können. Meine Plan ist es, herausragende Eigenschaften dieser Funktionen *ohne Beweis* vorzustellen. Auch die Beweise sind schön, aber so können Sie sich zurücklehnen und die Übersicht genießen. Geschrieben wurde dieser Abschnitt zu Ihrem und meinem Vergnügen.

Immer wieder wird Ihnen dieselbe Annahme begegnen: $f(z)$ *ist analytisch innerhalb und auf einer einfach geschlossenen Kurve* C. Die Werte der Funktion $f(z)$ auf C entscheiden über die Werte im Innern von C. Ist die Funktion f auf C null, ist sie auch im Innern null. Gilt $|f(z)| \leq M$ auf C, dann gilt diese Schranke auch im Innern der Kurve. Der Integralsatz von Cauchy ist das Herzstück der komplexen Analysis. Er besagt, dass das Integral von $f(z)$ um C mit Sicherheit null ist.

Die Schönheit dieses Themas liegt in speziellen, besonderen, oft berühmten Funktionen. Ein Liebhaber der komplexen Analysis wird mit diesen Funktionen eng vertraut sein. Wie Sie, bin ich ein Bewunderer – zwar mit den Funktionen bekannt, aber nicht so gut. Wir fangen damit an, uns einfach zwei dieser speziellen analytischen Funktionen anzuschauen, nämlich die Exponentialfunktion e^z und die Riemannsche Zetafunktion $\zeta(z)$.

―――― **Exponentialfunktion** ――――

Die Exponentialfunktion $e^z = 1 + z + z^2/2 + z^3/6 + \cdots$ ist analytisch (für alle z außer $z = \infty$). Die Reihe konvergiert für alle z. Die guten Eigenschaften 1–6 führen auf $e^{z+2\pi i} = e^z$. Das macht aber in 7 Schwierigkeiten bei der Bildung der inversen Funktion $\log z$.

1. Die Ableitung von e^z ist e^z, und es gilt $e^0 = 1$. (Bilden Sie die Ableitung gliedweise.)
2. Die Ableitung von $e^{-z}e^z$ ist null (Produktregel). Dann ist $e^z e^{-z} = 1$ und $e^z \neq 0$.
3. $e^z e^w = e^{z+w}$ (die herausragende Eigenschaft von Exponentialfunktionen).
4. $e^{iy} = \left(1 - \dfrac{y^2}{2!} + \cdots\right) + i\left(y - \dfrac{y^3}{3!} + \cdots\right) = \cos y + i \sin y$.
5. Wenn y reell ist, dann gilt $|e^{iy}| = 1$. Ist auch x reell, dann gilt $|e^{x+iy}| = e^x$.
6. $e^{2\pi i} = 1$. Dann gilt $e^{z+2\pi i} = e^z$, $\cos(y+2\pi) = \cos y$ und $\sin(y+2\pi) = \sin y$.
7. Die inverse Funktion von $e^{\log z} = z$ ist die Funktion $\log z = \log|z| + i\theta$, *die an der Stelle $z = 0$ nicht definiert ist*. Der Logarithmus hat unendlich viele Werte, die sich um $2\pi i$ unterscheiden. Um einen Wert mit $-\pi < \theta < \pi$ zu erhalten, können wir der Kurve C verbieten, die negative reelle Achse zu schneiden. Dann ist $\log z$ in der „Schnittebene" analytisch, und es gilt $\log(1+z) = z - z^2/2 + z^3/3 - \cdots$.

―――― **Zetafunktion** ――――

Die Riemannsche Zetafunktion ist $\zeta(z) = 1 + 1/2^z + 1/3^z + \cdots$. Diese Reihe konvergiert für $\operatorname{Re} z > 1$, weil $|n^z| = n^{\operatorname{Re} z}$ ist. Mithilfe der „analytischen Fortsetzung", die wir gleich beschreiben, können wir alle Punkte außer $z = 1$ (wo $\zeta(z)$ einen einfachen Pol mit dem Residuum 1 hat) erreichen.

In der **Riemannschen Vermutung** geht es um die Lösungen von $\zeta(z) = 0$. Im Jahr 1859 vermutete Riemann, dass jede nicht-reelle Lösung den Realteil $\operatorname{Re} z = \frac{1}{2}$ hat. Für Berechnungen der ersten 10^{13} Nullstellen $x + iy$ verweisen wir auf dtc.umn.edu/~odlyzko. *Jede dieser Nullstellen hat den Realteil $x = \frac{1}{2}$*. Zwischen der Verteilung der Nullstellen und Zufallsmatrizen gibt es mysteriöse Zusammenhänge. Nach den letzten großen Erfolgen, wie beispielsweise dem Beweis von Fermats letztem Satz, scheint die Untersuchung der Nullstellen der Zetafunktion noch härter und tiefgreifender. Die Riemannsche Vermutung ist das herausragende offene Problem der Mathematik.

Der *Primzahlsatz* macht eine fundamentale Aussage über das Wachstum von $p(x)$, der Anzahl der Primzahlen $\leq x$. Diese Sprungfunktion ist nicht analytisch. Die komplexe Analysis liefert aber einen erstaunlichen Beweis dafür, dass die Primzahldichte wie $(\log x)/x$ abnimmt:

Primzahlsatz $\quad \dfrac{p(x) \log x}{x}$ geht gegen 1 für $x \to \infty$.

5.2 Berühmte Funktionen und große Sätze

Die Zetafunktion ist eng mit der irregulären (aber nicht vollkommen irregulären!) Verteilung der Primzahlen verknüpft. Kürzlich wurde ein neuer Satz bewiesen: Unter den Primzahlen gibt es Primzahlfolgen $x, x+k, \ldots, x+nk$ aller Längen $n+1$.

Große Sätze der komplexen Analysis

Der Inhalt der nächsten Seiten kommt von der anderen Seite der Mathematik. Die Aussagen sind eher allgemein als spezifisch. Die „großen Sätze" gelten nicht nur für eine Funktion, sondern für eine Funktionenklasse. Die Funktionen sind, von Singularitäten abgesehen, alle analytisch. Und diese Eigenschaft hat sehr bemerkenswerte Konsequenzen. Die Sätze sind in sieben Gruppen zusammengefasst:

Reihen Pole Integrale Schranken Nullstellen Funktionen Abbildungen

———— Reihen ————

R1 Taylor-Reihe. Um jeden Punkt z_0 ist eine analytische Funktion durch eine Potenzreihe gegeben:

$$f(z) = \sum_{n=0}^{\infty} a_n(z-z_0)^n = a_0 + a_1(z-z_0) + \cdots \quad \text{mit } a_n = \frac{f^{(n)}(z_0)}{n!}.$$

Die Reihe um z_0 konvergiert innerhalb eines Kreises, der die am nächsten bei z_0 gelegene Singularität berührt.

R2 Konvergenzradius. $\sum a_n(z-z_0)^n$ konvergiert für $|z-z_0| < \frac{1}{L}$, $L = \limsup |a_n|^{1/n}$.

$a_n = 2^n$ hat $L = 2$, $R = \frac{1}{2}$.

Also konvergiert $\sum 2^n z^n = \dfrac{1}{1-2z}$ für $|2z| < 1$ oder $|z| < \dfrac{1}{2}$.

„lim sup" ist der größte Grenzwert L der n-ten Wurzeln $|a_n|^{1/n}$. Der Radius ist $R = \frac{1}{L}$.

R3 Laurent-Reihe. Die Funktion $f(z)$ sei innerhalb eines Rings $R_1 < |z-z_0| < R_2$ analytisch. Dann konvergiert

$$f(z) = \sum_{-\infty}^{\infty} a_n(z-z_0)^n \text{ innerhalb des Rings mit } a_n = \frac{1}{2\pi i} \int \frac{f(z)\,dz}{(z-z_0)^{n+1}}. \quad (5.31)$$

Negative Potenzen von $z-z_0$ ergeben sich aus eingeschlossenen Singularitäten, für die $|z-z_0| \leq R_1$ ist.

R4 Energieidentität. Die Funktion $f(z) = \sum a_n z^n$ sei in der Einheitsscheibe $|z| \leq 1$ analytisch.

Energie $\quad \dfrac{1}{2\pi} \displaystyle\int_0^{2\pi} |f(e^{i\theta})|^2 d\theta = |a_0|^2 + |a_1|^2 + \cdots = \sum_0^{\infty} |a_n|^2.$

Es gilt: Energie in der Funktion = Energie in den Koeffizienten (Abschnitt 4.1).

──────── **Pole** ────────

P1 Pol oder wesentliche Singularität. Wenn $\sum_{-\infty}^{\infty} a_n(z-z_0)^n$ für $0 < |z-z_0| < R$ konvergiert, dann ist

z_0 **ein Pol der Ordnung m, falls** $\quad a_{-m} \neq 0 \quad$ und $a_{-n} = 0$ für alle $n > m$

z_0 **eine wesentliche Singularität, falls** $\quad a_{-m} \neq 0 \quad$ für unendlich viele $m \geq 0$.

Negative Potenzen in dieser Laurent-Reihe beschreiben Singularitäten bei z_0.

P2 Residuum. Das Residuum an einer Polstelle z_0 ist $a_{-1} = \dfrac{1}{2\pi i}\int f(z)\,dz$, integriert um z_0. Das Residuum von

$$f(z) = \frac{A}{z-z_0} + \frac{B}{(z-z_0)^2} + \frac{C}{z-z_1} \quad \text{an der Stelle } z_0 \text{ ist } A.$$

Das Residuum von

$$\frac{n(z)}{d(z)} \text{ an einer einfachen Polstelle ist } a_{-1} = \lim_{z \to z_0}(z-z_0)f(z) = \frac{n(z_0)}{d'(z_0)}.$$

P3 Nur Pole. Wir nehmen an, dass die Funktion $f(z)$, abgesehen von den Polstellen, analytisch ist und $f(z) \to 0$ für $|z| \to \infty$ gilt. Dann ist

$$f(z) = \textit{rationale Funktion } \frac{n(z)}{d(z)} = \frac{\text{Polynom vom Grad } N}{\text{Polynom vom Grad } D} \quad (N < D). \tag{5.32}$$

Funktionen, die innerhalb von C nur Pole haben, sind in diesem Gebiet *meromorph*.

P4 Partialbruchzerlegung. Eine Funktion $f(z)$ sei wie in (5.32) mit einfachen Polstellen bei $z_1, \ldots, z_d$.

$$\text{Dann ist } f(z) = \frac{A_1}{z-z_1} + \cdots + \frac{A_d}{z-z_d} \quad \text{mit den Residuen } A_1, \ldots, A_d. \tag{5.33}$$

Wenn sich an der Stelle z_1 ein Pol der Ordnung m befindet, liefert die Laurent-Reihe m Terme $c_{-1}/(z-z_1) + \cdots + c_{-m}/(z-z_1)^m$.

P5 Satz von Picard. Sei z_0 eine isolierte wesentliche Singularität von $f(z)$. Dann

nimmt $f(z)$ in $0 < |z-z_0| < \varepsilon$ *alle Werte* (mit maximal einer Ausnahme) an.

In jedem Ring um $z = 0$ nimmt $f(z) = e^{1/z}$ alle Werte außer 0 an ($e^{1/z} \neq 0$).

P6 Verzweigungspunkt. Berechnen Sie $f(z_0 + re^{i\theta})$ um einen kleinen Kreis (θ von 0 bis 2π). Dann ist

z_0 ein **Verzweigungspunkt** von $f(z)$, wenn $f(0)$ und $f(2\pi)$ verschieden sind.

Die Funktionen $\log(z-z_0)$ und $(z-z_0)^\alpha$ (α nicht ganzzahlig) haben bei $z = z_0$ Verzweigungspunkte.

5.2 Berühmte Funktionen und große Sätze

———— **Integrale** ————

I1 Einfach geschlossene Kurve. $C(t) = (x(t), y(t))$ hat ein stetige Parametrisierung $x(t), y(t)$ für $0 \leq t \leq T$.

Geschlossen $C(T) = C(0)$,
Einfach $C(t_1) \neq C(t_2)$ für $0 \leq t_1 < t_2 < T$ (Kurve schneidet sich nicht).

C ist **stückweise glatt**, wenn $C'(t)$ für $0 \leq t \leq t_1, \ldots, t_N \leq t \leq T$ stetig ist.

I2 Jordanscher Kurvensatz. Eine einfach geschlossene Kurve C hat ein Inneres und ein Äußeres.

Komplement von C =Vereinigung von „Innen" und „Außen"
(disjunkte, zusammenhängende, offene Mengen).

Für sehr allgemeine Kurven C ist dieser Satz schwer zu beweisen.

I3 Integralsatz von Cauchy. Die Funktion $f(z)$ sei im Innern und auf einer geschlossenen Kurve C analytisch.

Integral = null $\int_C f(z)\,dz = 0$.

Auf einem Kreis in C $\int_0^{2\pi} f(z_0 + re^{i\theta})e^{i\theta}\,d\theta = 0$.

Wenn $f(z)$ außer bei z_0 analytisch ist, gilt **Integral um C = Integral um Kreis**.

I4 Integralformel von Cauchy. Die Funktion $f(z)$ sei im Innern und auf einer geschlossenen Kurve C analytisch.

Punkt z_0 im Innern von C

$$f(z_0) = \frac{1}{2\pi i} \int_C \frac{f(z)}{z - z_0}\,dz \quad \text{und} \quad \frac{d^n f}{dz^n}(z_0) = \frac{n!}{2\pi i} \int_C \frac{f(z)\,dz}{(z - z_0)^{n+1}}.$$

Die Ableitungen an der Stelle z_0 sind durch die Funktionswerte auf C bestimmt (FFT Code aus Abschnitt 5.1).

I5 Residuensatz. Die Funktion $f(z)$ sei außer an den Polstellen $z_1, \ldots, z_N$ im Innern und auf einer geschlossenen Kurve C analytisch.

Addiere Residuen

$$\int_C f(z)\,dz = 2\pi i \left[\text{Residuum bei } z_1 + \cdots + \text{Residuum bei } z_N\right]. \tag{5.34}$$

Die Kurve C deformiert sich zu N kleinen Kreisen um die Polstellen (mithilfe des Integralsatzes von Cauchy).

I6 Abschätzung von Integralen. Sei $|f(z)| \leq M$ entlang eines gekrümmten Weges der Länge L.

Offener oder geschlossener Integrationsweg $\quad \left| \int_{\text{Weg}} f(z)\,dz \right| \leq ML.$ (5.35)

Zum Beispiel ist $|\int dz/z| \leq \frac{1}{r}(2\pi r) = 2\pi$ um den Kreis $|z| = r$. Das Integral ist $2\pi i$.

— Schranken —

S1 Satz von Liouville. Wenn für alle z die Ungleichung $|f(z)| \leq M$ gilt ($f(z)$ analytisch), dann ist $f(z) = $ *konstant*.

Wenn $f(z) = \sum a_n z^n$, dann $|a_n| = \left| \int_{|z|=R} \frac{f(z)\,dz}{z^{n+1} 2\pi} \right| \leq \frac{M}{R^n}$ (Abschätztheorem).

Das gilt für einen beliebig großen Radius R. Damit ist jedes $a_n = 0$ (abgesehen von der Konstante a_0).

B2 Mittelwert. Sei $f(z) = \sum a_n (z - z_0)^n$ auf der Kreisscheibe $|z - z_0| \leq r$ analytisch.

Im Mittelpunkt $\quad a_0 = f(z_0) = \dfrac{1}{2\pi} \int_0^{2\pi} f(z_0 + re^{i\theta})\,d\theta = $ **Mittelwert um Kreis**.

Dasselbe gilt für Lösungen $u(x,y) = \operatorname{Re} f$ und $s(x,y) = \operatorname{Im} f$ der Laplace-Gleichung.

B3 Maximum-Modulus-Prinzip. Die Funktion $f(z)$ sei analytisch im Innern von C und stetig bis C.

$|f(z)|$ hat nur ein Maximum bei z_0 im Innern von C, wenn $f(z) = $ *konstant* ist.

Der Mittelwertsatz verlangt $f = $ konstant auf Kreisen um jedes z_0.

B4 Lemma von Schwarz. Die Funktion $f(z)$ sei analytisch für $|z| \leq R$, und $f(0)$ sei *null*. Dann ist die

Schranke auf kleineren Kreisen $\quad \max |f(re^{i\theta})| \leq \dfrac{r}{R} \max |f(Re^{i\theta})|.$

Das ist das Maximum-Modulus-Prinzip angewandt auf die Funktion $f(z)/z$.

— Nullstellen —

N1 Fundamentalsatz der Algebra. Ein Polynom $p(z)$ vom Grad n hat n Nullstellen.

Hat $p(z)$ keine Nullstelle, ist $\left| \dfrac{1}{p(z)} \right| \leq$ konstant. Also ist $p(z) = $ konstant (nach dem Satz von Liouville).

Mit einer ersten Nullstelle z_1 wiederholen Sie die Überlegung für $\dfrac{p(z)}{z - z_1}$ (Grad $n - 1$), um eine zweite Nullstelle z_2 zu bestimmen. Enden Sie bei z_n.

5.2 Berühmte Funktionen und große Sätze

Z2 Anzahl der Nullstellen. Die Funktion $f(z)$ sei auf einer Kurve C und in ihrem Innern analytisch, und es gelte $f(z) \neq 0$ auf C.

$$\frac{1}{2\pi i} \int_C \frac{f'(z)}{f(z)} dz = \text{Anzahl der Nullstellen in } C \text{ (mit Vielfachheit gezählt)}.$$

Das Integral ist $\log f(z)$. Dieses Integral ändert sich bei jeder einfachen Nullstelle von $f(z)$ um $2\pi i$.

Z3 Satz von Rouché. Sei $|f(z)| > |g(z)|$ auf C (f und g sind im Innern von und auf C analytisch).

Dann haben f und $f - g$ **dieselbe Anzahl von Nullstellen** im Innern von C.

Ist $|g(z)| < 1$ auf dem Kreis $|z| = 1$, so ist an *einem z* im Innern des Kreises $g(z) = z$. Verwenden Sie $f(z) = z$.

Funktionen

F1 Ableitungen. Wenn die Funktion im Innern von C analytisch ist, gilt das auch für ihre Ableitungen $f'(z), f''(z), \ldots$

$$f'(z) = \sum_{n=1}^{\infty} n a_n (z-z_0)^{n-1} = a_1 + 2a_2(z-z_0) + \cdots \text{ konvergiert in demselben } C.$$

$f(z)$ ist die Ableitung der Funktion $g(z) = \sum a_n (z-z_0)^{n+1}/(n+1)$, die in C ebenfalls analytisch ist.

F2 Holomorphe Funktion. Die Funktion $f(z)$ muss im Innern von $|z - z_0| < r$ **differenzierbar** sein. Differenzierbar an der Stelle z bedeutet

$$\frac{f(z+\Delta z) - f(z)}{\Delta z} \to f'(z) \text{ für alle } \textit{komplexen } \Delta z \to 0.$$

Dann ist $f(z)$ in der offenen Kreisscheibe $|z - z_0| < r$ „holomorph" (r kann klein sein).

F3 Cauchy-Riemann-Differentialgleichungen. Wenn in einer Kreisscheibe die Funktion $f(x+iy) = u(x,y) + is(x,y)$ holomorph ist, dann gilt

$$\frac{\partial u}{\partial x} = \frac{\partial s}{\partial y} \quad \text{und} \quad \frac{\partial u}{\partial y} = -\frac{\partial s}{\partial x} \quad \text{in der offenen Kreisscheibe.} \tag{5.36}$$

Die reellen Funktionen u und s sind *harmonisch*: Sie erfüllen die Laplace-Gleichung.

F4 Holomorph = Analytisch. Die Funktion $f(z)$ sei in der offenen Kreisscheibe $|z - z_0| < r$ holomorph. Dann konvergiert die Entwicklung

$f(z_0) + f'(z_0)(z-z_0) + \dfrac{1}{2!}f''(z_0)(z-z_0)^2 + \cdots$ in der Kreisscheibe gegen $f(z)$.

Diese konvergente Taylor-Reihe $\sum a_n(z-z_0)^n$ macht $f(z)$ in der Kreisscheibe analytisch.

F5 Eindeutigkeitssatz. Angenommen, es gelte $f(z) = g(z)$ an unendlich vielen Punkten im Innern von C.

> **Eine Funktion** Wenn die Funktionen f und g in und auf C analytisch sind, dann ist $f(z) = g(z)$ in C.

Beachten Sie, dass $e^{1/z} = 1 = e^{-1/z}$ an allen Punkten $z = 1/2\pi i n \to 0$ gilt, die Funktion $e^{1/z}$ aber an der Stelle 0 nicht analytisch ist.

F6 Satz von der impliziten Funktion. Die Funktion $f(z)$ sei analytisch in C. Dann gilt $f(z_1) = f(z_2)$ *nur dann*, wenn $z_1 = z_2$ ist. Die durch

$$f^{-1}(f(z)) = z \text{ definierte inverse Funktion ist an allen Punkten } f(z) \text{ analytisch.}$$

Die Ableitung von $f^{-1}(w)$ an der Stelle $w = f(z)$ ist $1/f'(z)$ (Kettenregel für $f^{-1}(f(z)) = z$).

F7 Analytische Fortsetzung. Die Funktionen f_1, f_2 seien in überlappenden Kreisscheiben $|z-z_1| < r_1$, $|z-z_2| < r_2$ analytisch.

> Wenn im Überlapp $f_1(z) = f_2(z)$ gilt, bilden beide Funktionen eine analytische Funktion $f(z)$ in der Vereinigung der beiden Kreisscheiben.

Wenn $f_1 = \sum a_n(z-z_1)^n$ in einer Kreisscheibe gilt, die z_2 enthält, dann kann $\sum A_n(z-z_2)^n$ weiter konvergieren.

Abbildungen

A1 Konforme Abbildung. Die Funktion $f(z)$ sei auf Strahlen $re^{i\alpha}$ und $re^{i\beta}$ in $z=0$ analytisch, und es sei $f'(0) \neq 0$. Die Strahlen bilden den Winkel $\alpha - \beta$.

> **Konform** Die Kurven $f(re^{i\alpha})$ und $f(re^{i\beta})$ bilden denselben Winkel $\alpha - \beta$.

In der Nähe des Ursprungs dreht $f(z) - f(0) \approx zf'(0)$ jeden Strahl um einen festen Winkel aus $f'(0)$.

A2 Substitutionslemma. Wenn $w = f(z)$ und $h = g(w)$ analytisch sind, dann ist $g(f(z))$ ebenfalls analytisch.

> **Analytisch $g(f(z))$** $f(z) = \dfrac{z-1}{z+1}$, $g(w) = \sin w$, $g(f(z)) = \sin\left(\dfrac{z-1}{z+1}\right)$.

Hier ist $|f| < 1$ falls $\operatorname{Re} z > 0$: g analytisch für $|w| < 1$ macht $g(f(z))$ analytisch für $\operatorname{Re} z > 0$.

M3 Riemannscher Abbildungssatz. G sei ein einfach zusammenhängendes Gebiet (nicht die gesamte komplexe Ebene). Es gibt eine

Konforme 1–1-Abbildung $w = f(z)$ von G auf die Kreisscheibe $|w| < 1$.

Wegen $f'(z) \neq 0$ und $f(z_1) \neq f(z_2)$ ist auch die Abbildung $z = f^{-1}(w)$ von $|w| < 1$ zurück auf G konform.

M4 Schwarz-Christoffel-Abbildung. Eine konforme Abbildung w bildet ein Polygon auf die Kreisscheibe $|z| \leq 1$ ab.

Schwarz-Christoffel w hat die spezielle Form $\int (z-z_1)^{-k_1} \cdots (z-z_N)^{-k_N} dz$.

Die SC Toolbox berechnet $z_1, \ldots, z_n$ aus den Ecken des Polygons $w_1, \ldots, w_n$.

5.3 Die Laplace-Transformation und die z-Transformation

Mithilfe der Fourier-Transformation können wir Randwertprobleme lösen. Die Laplace-Transformation wird verwendet, um Anfangswertprobleme zu lösen. Beide Transformationen bedienen sich der Exponentialfunktionen (e^{ikx} und e^{st}). In beiden Fällen hoffen wir, dass die Differentialgleichung konstante Koeffizienten hat. Und beide Transformationen sind aus demselben Grund erfolgreich, denn Exponentialfunktionen sind Eigenfunktionen von d/dx und d/dt:

$$\frac{d}{dx} e^{ikx} = ik e^{ikx} \quad \text{und} \quad \frac{d}{dt} e^{st} = s e^{st}. \tag{5.37}$$

Aus der Differentiation wird eine Multiplikation mit ik oder s. Bei der Fourier-Transformation ist $-\infty < x < \infty$, bei der Laplace-Transformation ist $0 \leq t < \infty$. Die Laplace-Transformation muss jeden Sprung zur Zeit $t = 0$ berücksichtigen. Vergleichen Sie den Exponenten ik bei der Fourier-Transformation mit dem Exponenten s bei der Laplace-Transformation.

$$\textbf{Fourier-Transformation} \quad \widehat{f}(k) = \int_{-\infty}^{\infty} f(x) e^{-ikx} dx,$$
$$\textbf{Laplace-Transformation} \quad F(s) = \int_{0}^{\infty} f(t) e^{-st} dt. \tag{5.38}$$

Ich werde gleich die wichtigste Laplace-Transformation von allen berechnen:

e^{at} **transformiert sich zu** $\dfrac{1}{s-a}$

$$F(s) = \int_0^\infty e^{at} e^{-st} dt = \left[\frac{e^{(a-s)t}}{a-s} \right]_0^\infty = \frac{1}{s-a}. \tag{5.39}$$

*Der Exponent a in f(t) wird zu einem **Pol** der Transformierten F(s).* Genau an dieser Stelle kommen komplexe Variablen ins Spiel. Der Realteil von a ist die Wachstums- oder Abfallrate, und der Imaginärteil von a ergibt Schwingungen. Das leichte Integral (5.39) liefert vier wichtige Transformierte, nämlich die Transformierten von 1, e^{-ct}, $\cos \omega t = (e^{i\omega t} + e^{-i\omega t})/2$ und $\sin \omega t = (e^{i\omega t} - e^{-i\omega t})/2i$:

$$a = \text{null} \qquad f(t) = 1 \qquad \text{ergibt } F(s) = \frac{1}{s} \quad \text{für die Einheitsstufenfunktion,}$$

$$a = -c \qquad f(t) = e^{-ct} \qquad \text{ergibt } F(s) = \frac{1}{s+c} \quad \text{für den transienten Abfall,}$$

$$a = i\omega, -i\omega \quad f(t) = \cos \boldsymbol{\omega t} \quad \text{ergibt } F(s) = \frac{1}{2}\left(\frac{1}{s-i\omega} + \frac{1}{s+i\omega}\right) = \frac{s}{s^2+\omega^2},$$

$$a = i\omega, -i\omega \quad f(t) = \sin \boldsymbol{\omega t} \quad \text{ergibt } F(s) = \frac{1}{2i}\left(\frac{1}{s-i\omega} - \frac{1}{s+i\omega}\right) = \frac{\omega}{s^2+\omega^2}.$$

Was Ihnen sofort auffallen sollte: Die Transformierte von $f = 1$ ist keine Deltafunktion. Die Abfallrate ist $a = 0$, und der Pol von $F(s) = 1/s$ ist an der Stelle $s = 0$. Der Schritt weg von Fourier macht aus einer ganzen Achse eine **Halbachse** $0 \leq t < \infty$. Die Stufenfunktion $f(t) = 1$ *springt* an der Stelle $t = 0$.

Mithilfe von neun Regeln können wir uns die wichtigsten Transformierten verschaffen. Lassen Sie mich die Regeln kurz aufstellen, bevor wir sie ausführlich anwenden. In Abschnitt 2.5 haben wir die gedämpfte Gleichung $mu'' + du' + ku = 1$ gelöst, nun können wir jede beliebige Kraft $f(t)$ zulassen. Am Ende dieses Abschnittes behandeln wir die inverse Laplace-Tranformation. Für dieses komplexe Integral addieren wir die Residuen an den Polstellen.

Die ersten Regeln verknüpfen d/dt und d/ds mit der Multiplikationen mit s oder t. Bilden Sie in Gleichung (5.38) auf der vorherigen Seite die Ableitung $-dF/ds$, um die Laplace-Transformierte von $tf(t)$ zu erhalten. Die Stufenfunktion transformiert sich zu $F = 1/s$, sodass sich ihr Integral, die Rampenfunktion, zu $1/s^2$ transformiert (nach Regel 4 und auch Regel 1). Genauso transformiert sich te^{at} zu einem doppelten Pol $1/(s-a)^2$.

1. Mal t	$tf(t)$	transformiert sich zu $-dF/ds$.
2. Ableitung	df/dt	transformiert sich zu $sF(s) - f(0)$.
3. Zweite Ableitung d^2f/dt^2		transformiert sich zu $s[sF(s) - f(0)] - f'(0)$.
4. Integral	$\int_0^t f(x)\,dx$	transformiert sich zu $F(s)/s$.

Plötzlich taucht in Regel 2 der Wert $f(0)$ auf. Das wird sich bei der Lösung von Anfangswertproblemen durch Laplace-Transformation als wesentlich erweisen. Die Transformierte von df/dt ergibt sich durch partielle Integration:

$$\int_0^\infty \frac{df}{dt} e^{-st}\,dt = \int_0^\infty f(t)\frac{d}{dt}(e^{-st})\,dt + \left[f(t)e^{-st}\right]_0^\infty = sF(s) - f(0). \qquad (5.40)$$

5.3 Die Laplace-Transformation und die z-Transformation

Die verbleibenden Regeln umfassen Verschiebungen $f(t-T)$ oder $F(s-S)$. Bei der Fourier-Transformation brachte das Multiplikationen mit e^{-ikT} und e^{ixS} mit sich. Bei der Laplace-Transformation muss $T \geq 0$ sein, weil bei einer Verschiebung nach links ein Teil des Graphen verloren gehen würde. Wir multiplizieren hier F oder f mit e^{-sT} oder e^{St}:

5. Verschiebung in f $f(t-T)$ transformiert sich zu $e^{-sT}F(s)$.
6. Verschiebung in F $e^{St}f(t)$ transformiert sich zu $F(s-S)$.
7. Reskalierung $f(t/r)$ transformiert sich zu $rF(rs)$.
8. Faltung $\int_0^t f(T)g(t-T)\,dT$ transformiert sich zu $F(s)G(s)$.
9. Deltafunktion $\delta(t-T)$ transformiert sich zu e^{-sT}.

Beispiele und Anwendungen

Beispiel 5.14 Wenn $f(t)$ die Wachstumsraten a und c besitzt, dann hat die Transformierte $F(s)$ zwei Polstellen:

Pole a und c, Residuen A und C

$$f(t) = Ae^{at} + Ce^{ct} \text{ transformiert sich zu } \frac{A}{s-a} + \frac{C}{s-c}.$$

Beispiel 5.15 Lösen Sie die Differentialgleichung $u'' + 4u = 0$ mit dem Anfangsort $u(0)$ und der Anfangsgeschwindigkeit $u'(0)$.

Lösung $u'' + 4u = 0$ wird zu $s^2 U(s) - su(0) - u'(0) + 4U(s) = 0$.

Im zweiten Schritt lösen wir dieses algebraische Problem für jedes s getrennt:

$$(s^2+4)U(s) = su(0) + u'(0) \text{ liefert } U(s) = \frac{s}{s^2+4}u(0) + \frac{1}{s^2+4}u'(0).$$

Mithilfe der Tabelle können wir diese Brüche als die Transformierten von $\cos 2t$ und $\frac{1}{2}\sin 2t$ identifizieren:

$$u(t) = u(0)(\cos 2t) + u'(0)\left(\tfrac{1}{2}\sin 2t\right).$$

Herausgestellt sei: Die Pole von U bei $s = 2i$ und $s = -2i$ ergeben die Frequenz $\omega = 2$ in $u(t)$.

Beispiel 5.16 Lösen Sie die Differentialgleichung $mu'' + cu' + ku = \delta(t-T)$ mit den Anfangsbedingungen $u(0) = u'(0) = 0$.

Der verzögerte Impuls $\delta(t-T)$ transformiert sich zu e^{-sT}. Transformieren Sie u'', u' und u:

$$(ms^2 + cs + k)U(s) = e^{-sT} \text{ liefert } U(s) = \frac{Ae^{-sT}}{s-a} + \frac{Ce^{-sT}}{s-c}. \tag{5.41}$$

Die Faktorisierung dieses quadratischen Polynoms in $m(s-a)(s-c)$ erzeugte die Pole a und c der Transformierten. Das zerlegt die Übertragungsfunktion (ein Bruch) in zwei „Partialbrüche":

Übertragungsfunktion, Partialbrüche
$$\frac{1}{ms^2+cs+k} = \frac{A}{s-a} + \frac{C}{s-c}. \tag{5.42}$$

Nach der Multiplikation mit e^{-sT} sind das die Transformierten der Exponentialfunktionen, die bei T anfangen:

Lösung $\quad u(t) = Ae^{a(t-T)} + Ce^{c(t-T)} \quad$ (und $u(t) = 0$ für $t < T$). $\quad$ (5.43)

Beispiel 5.17 Die Differentialgleichung $mv'' + cv' + kv = f(t)$ führt auf die Transformierte $(ms^2 + cs + k)V(s) = F(s)$ mit $v_0 = v_0' = 0$.

Lösung Die Laplace-Transformierte $F(s)$ steht auf der rechten Seite. Wir verwenden Gleichung (5.42) und multiplizieren diese Transformierte mit $A/(s-a)$ und $C/(s-c)$. In dieser Stelle brauchen wir die Faltungsregel:

$$F(s)\left(\frac{A}{s-a}\right) \text{ ist die Transformierte von } f(t)*Ae^{at} = \int_0^t f(T)Ae^{a(t-T)}\,dT. \tag{5.44}$$

Aus dem Produkt $F(s)$ mal $C/(s-c)$ geht ein weiteres Faltungsintegral $f(t)*Ce^{ct}$ hervor. Die Addition liefert das hübsche Ergebnis $\boldsymbol{v(t) = f(t) * u(t)}$, wobei $u(t)$ die Lösung aus Beispiel 5.16 ist.

Sie müssen sich $v = f*u$ noch einmal ansehen. Der Impuls $\delta(t-T)$ startet zur Zeit T zwei Exponentialfunktionen $e^{a(t-T)}$ und $e^{c(t-T)}$. Diese Impulsantworten aus Gleichung (5.43) sind wie Green-Funktionen. Die Kraft zur Zeit T startet die Antwort $u(t-T)$, multipliziert mit $f(T)$. Somit ist die Lösung aus Gleichung (5.44) *eine Kombinationen (ein Integral) dieser Antworten*:

f = Faltung von Impulsen
$$f(t) = \int_0^t f(T)\delta(t-T)\,dT = f*\delta, \tag{5.45}$$

v = Faltung von Antworten
$$v(t) = \int_0^t f(T)u(t-T)\,dT = f*u. \tag{5.46}$$

Diese Faltung (5.46) liefert die Ausgabe $v(t)$ aus der Eingabe $f(t)$. Im Raum der Transformierten ist das ein Produkt $V(s) = F(s)G(s)$ mit der **Übertragungsfunktion** $G(s)$.

Bei *RLC*-Schwingkreisen und zwei oder drei Polstellen wird diese algebraische Gleichung durch „Partialbruchzerlegung" vereinfacht. Darüber hinaus sind Berechnungen per Hand unzumutbar. Der wirkliche Wert der Transformationen liegt im Einblick, den sie in Analyse und Design geben. Ein Beispiel dafür ist eine **Rückkopplungsschleife**, mit deren Hilfe die Verzerrung reduziert oder das System gesteuert werden soll.

Eine Rückkopplungsschleife

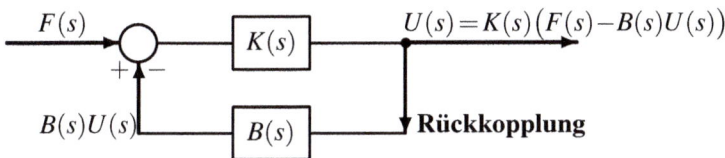

Die Eingabe in das System ist F. Die Übertragungsfunktion G wird zu $K/(1+BK)$:

Ausgabe mit Rückkopplung

$$U = K(F - BU) \quad \text{führt auf} \quad U = \frac{K}{1+BK} F. \tag{5.47}$$

Der K-Baustein ist ein aktives Element. Einzeln könnte es einen Verstärkungsfaktor (englisch *gain* oder *amplification factor*) von $K = 10$ haben. Mit der Rückkopplung $B = 0.1$ könnten wir einen Vorverstärker mit $K = 1000$ hinzunehmen. Durch die Rückkopplung ändert sich die Übertragungsfunktion kaum:

$$\boldsymbol{BK \gg 1 \text{ liefert } G \approx 1/B} \quad G = \frac{K}{1+BK} = \frac{1000}{1+(0.1)1000} \approx 9.9. \tag{5.48}$$

Das neue System ist gegenüber Alterungs- und Degenerationseffekten im Verstärker unempfindlich. Reduziert sich K auf 500, dann rutscht G nur auf 9.8. Beachten Sie, dass $BK \ll 1$ nur $G \approx K$ liefert.

Es gibt auch eine *positive Rückkopplung*, bei der BK wieder auf die Eingabe F wirkt. Das misst Fluktuationen. Sie fördert Freunde, während negative Rückkopplung Freunde kontrolliert:

Positive Rückkopplung $\quad G = \dfrac{K}{1-BK} \quad$ liefert $G \to \infty \quad$ für $BK \to 1$. $\tag{5.49}$

Die inverse Laplace-Transformation

Bei der Fourier-Transformation haben wir die inverse Transformation zusammen mit der Hintransformation behandelt. Die Hintransformation findet auf der *Halbachse* $t \geq 0$ statt. Die inverse Laplace-Transformation läuft über den **Rand einer**

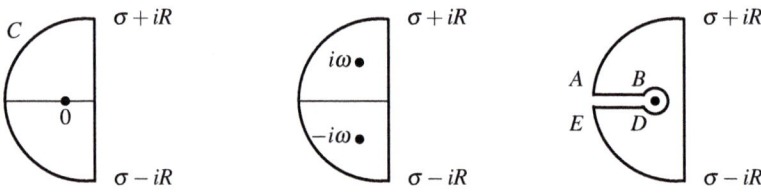

Abb. 5.4 Integrationswege für $F(s)e^{st}$ um Polstellen und einen Verzweigungspunkt.

Halbebene. Das Integral läuft über die imaginäre Achse $\sigma = 0$ oder parallel dazu (von $s = \sigma - i\infty$ bis $s = \sigma + i\infty$):

Inverse Laplace-Transformation $\quad f(t) = \dfrac{1}{2\pi i} \displaystyle\int_{\sigma - i\infty}^{\sigma + i\infty} F(s)e^{st} \, ds.$ \quad (5.50)

Alle Polstellen und Singularitäten von $F(s)$ müssen links dieser vertikalen Integrationslinie liegen. Ich werde um den großen Halbkreis C aus Abbildung 5.4 integrieren. Wenn $F(s)$ nur Polstellen $a_1, \ldots, a_N$ hat, liegen sie im Innern von C. Dann ergibt sich die inverse Transformation $f(t)$ direkt aus dem Residuensatz aus Abschnitt 5.1 (Integration um Polstellen):

N Polstellen von $F(s)$

$$f(t) = \sum_{i=1}^{N} \left(\text{Residuum von } F(s)e^{st} \text{ an der Stelle } s = a_i \right). \quad (5.51)$$

Lassen Sie mich drei Beispiele ausführen. Die ersten beiden stehen bereits in unser Liste der Transformationen.

Beispiel 5.18 Bestimmen Sie die inverse Transformation von $F(s) = 1/s^3$.

Lösung e^{st}/s^3 hat einen Pol dritter Ordnung an der Stelle $s = 0$. Das Residuum $f(t)$ steht als Faktor vor $1/s$:

$$F(s)e^{st} = \frac{e^{st}}{s^3} = \frac{1 + st + s^2 t^2/2 + \cdots}{s^3} \quad \text{hat das Residuum} \quad f(t) = \frac{t^2}{2}.$$

Beispiel 5.19 Bestimmen Sie die inverse Transformation von $F(s) = \dfrac{s}{s^2 + \omega^2}$.

Lösung Anhand der Pole bei $i\omega$ und $-i\omega$ kann man aus den Partialbrüchen die beiden Residuen ablesen:

$$\frac{se^{st}}{s^2 + \omega^2} = \frac{1}{2}\left(\frac{e^{st}}{s - i\omega} + \frac{e^{st}}{s + i\omega}\right) \quad \text{liefert} \quad f(t) = \frac{1}{2}\left(e^{i\omega t} + e^{-i\omega t}\right) = \cos \omega t.$$

5.3 Die Laplace-Transformation und die z-Transformation

Beispiel 5.20 Sei $F(s) = 1/\sqrt{s}$ mit $\sqrt{s} = \sqrt{|s|}e^{i\theta/2}$. Bestimmen Sie die inverse Transformierte $f(t)$.

Hier haben wir einen ernsthaften Fall von komplexer Integration. Die Wurzelfunktion hat an der Stelle $s = 0$ einen **Verzweigungspunkt**. Wir dürfen diesen Punkt nicht umschließen. Wir müssen das komplexe Umkehrintegral (5.50) für $f(t)$ so anpassen, dass wir den Schnitt entlang der reellen Halbachse $-\infty < s \leq 0$ nicht kreuzen. Abbildung 5.4 auf der vorherigen Seite rechts zeigt den Weg, den wir in der s-Ebene brauchen.

Das Integral ist null, weil $1/\sqrt{s}$ auf und im Innern von C analytisch ist (und einwertig!). Die Integrale entlang der beiden Viertelkreise gehen für $R \to \infty$ beide nach null. Hier brauchen wir eine bessere Abschätzung als ML = $(\max |e^{st}/\sqrt{s}|)$ (Weglänge) $\approx (e^{\sigma t}/\sqrt{R})(\pi R)$. Tatsächlich ist e^{st} äußerst klein, wenn auf den Viertelkreisen $\text{Re}\, s \ll 0$ ist. Das besagt die Jordansche Ungleichung $\sin\theta \geq 2\theta/\pi$ aus Aufgabe 5.1.23 auf Seite 484. Damit bleibt nur das Integral vorwärts auf AB und zurück auf DE, nachdem wir den Verzweigungspunkt umrundet haben. Da wir den Limes $R \to \infty$ bilden, verlaufen AB und DE zwischen 0 und $-\infty$.

Auf der AB-Richtung ist $\sqrt{s} = i\sqrt{x}$ ($x > 0$). Nach der Umrundung des Verzweigungspunktes ist für DE die Wurzel $\sqrt{s} = -i\sqrt{x}$ mit dem entgegengesetzten Vorzeichen. Damit lassen sich die beiden Integrale zusammenfassen, und wir können integrieren, indem wir xt durch y^2 substituieren. Wir erhalten eine Gauß-Funktion:

Inverse Transformation für $F(s) = 1/\sqrt{s}$

$$f(t) = \frac{-2}{2\pi i}\int_0^\infty \frac{e^{-xt}dx}{i\sqrt{x}} = \frac{2}{\pi\sqrt{t}}\int_0^\infty e^{-y^2}dy = \frac{1}{\sqrt{\pi t}}. \tag{5.52}$$

Beispiel 5.21 Wir könnten die Reihe für $F(s)$ mithilfe von $t^n \leftrightarrow \left(\dfrac{d}{ds}\right)^n \dfrac{1}{s} = \dfrac{n!}{s^{n+1}}$ rücktransformieren:

Lauren-Reihe in s $\quad F(s) = \sum_0^\infty \dfrac{c_n}{s^{n+1}}$,

Taylor-Reihe in t $\quad f(t) = \sum_0^\infty \dfrac{c_n t^n}{n!}$. $\tag{5.53}$

Wenn wir eine geometrische Reihe für F und eine Exponentialreihe für f haben, zeigt sich wieder, dass $F(s) = 1/(s+a)$ von $f(t) = e^{-at}$ stammt. Der Pol an der Stelle $s = -a$ liefert die Abfallrate von f.

Vergegenwärtigen Sie sich bitte, was die komplexe Analysis erreicht hat: Bei den Fourier-Integralen war unser erstes Beispiel der einseitig abfallende Impuls $f(x) = e^{-ax}$ mit $f = 0$ für negative x. Seine Fourier-Transformierte ist $\widehat{f}(k) = 1/(a+ik)$. Wir konnten $\widehat{f}(k)$ aber nicht rücktransformieren. Erst die komplexe Integration machte dies durch den Rückgriff auf das Residuum an einer Polstelle möglich.

Die numerische Umkehrung der Laplace-Transformation bedient sich ganz des Integralsatzes von Cauchy, um den Integrationsweg größtenteils nach $\text{Re}(s) \ll 0$ zu verschieben, wo e^{st} sehr klein ist. Der Weg kann eine Parabel sein, die sich nach links öffnet [168]. Er muss alle Singularitäten von $F(s)$ einschließen, die sich in der Nähe der reellen Achse befinden sollten. Durch Symmetrie (wenn $F(s)$ für reelle s reell ist) erhalten wir durch N Berechnungen eine Mittelpunktsregel mit $2N$ Werten. André Weideman modifizierte den von Talbot vorgeschlagenen kotangentialen Weg und stimmte die Konstanten a, b, c, d so ab, dass man in $e^{-2.7}N$ den besten Fehlerexponenten erhält. Wenn wir N verdoppeln, quadriert sich der Fehler. Mit $N = 14$ kommen wir in der Regel nah an die volle Genauigkeit in MATLAB heran.

```
function f = inverselaplace(F,t,N)           % Bestimme f(t) durch num-
                                             % erische Invertierung, t > 0.
a = -1.2244*N/t; b = 1.0035*N/t;
c = 0.5272; d = 0.6407;                      % abgestimmte Parameter
theta = (2*[0:N-1]+1)*pi/(2*N);              % äquidistante Winkel
s = a+b*(theta.*cot(d*theta)+c*i*theta);     % modifizierter Weg
D = b*(cot(d*theta)-d*theta.*csc(d*theta).^2+c*i); % D = ds/dtheta
f = imag(sum(exp(s*t).*F(s).*D))/N;          % f(t) = Mittelpunktssumme
% Beispiel F = @(s) exp(-sqrt(s)); f = inverselaplace(F,1,8) in Aufgabe 5.3.30
```

Lineare Kontrolltheorie

Ein Gleichungssystem $dx/dt = Ax(t)$ enthält anstelle eines Skalars a eine Matrix A. Die Lösung ist $e^{At}x(0)$ anstatt $e^{at}x(0)$. Die Laplace-Transformation von e^{At} erzeugt die Übertragungsfunktion $\int e^{At} e^{-st} dt = (sI - A)^{-1}$. Das ist die Matrixform von $1/(s-a)$.

Matrixexponential

$$e^{At} = \sum_0^\infty \frac{t^k}{k!} A^k \quad \text{transformiert sich zu} \quad \sum_0^\infty \frac{A^k}{s^{k+1}} = (sI - A)^{-1}. \qquad (5.54)$$

Jeder Kontrollingenieur sieht sich die Pole von $(sI - A)^{-1}$ an. Diese Matrix explodiert, wenn s ein *Eigenwert* λ der Matrix A ist (dann ist $sI - A$ singulär). In den Residuen $x_i x_i^T$ an den Polstellen $\lambda_1, \ldots, \lambda_n$ kommen die Eigenvektoren vor: $(sI - A)^{-1} = \sum x_i x_i^T / (s - \lambda_i)$.

Die wesentlichen Eigenschaften der Matrix A kommen in $x(t) = e^{At} x(0)$ und $X(s) = (sI - A)^{-1} X(0)$ zum Tragen. Die Kontrolltheorie untersucht die **Zustandsvariable**, wenn das System durch **m Kontrollvariablen** getrieben wird. Eine Matrix B koppelt die Kontrollvariablen an n interne Zustandsvariablen x:

5.3 Die Laplace-Transformation und die z-Transformation

Zustandsgleichung

$$\frac{dx}{dt} = Ax(t) + Bu(t) \quad (A \text{ ist eine } n \times n\text{-Matrix, } B \text{ ist eine } n \times m\text{-Matrix}). \quad (5.55)$$

Mit dem Anfangswert $x(0) = 0$ ist die Transformierte dieser Gleichung $sX(s) = AX(s) + BU(s)$. Wenn wir nach X auflösen, kommt in $X(s) = (sI - A)^{-1}BU(s)$ die Übertragungsfunktion vor. Es gibt aber noch einen weiteren Schritt, weil wir nur r Ausgaben $y(t) = Cx(t)$ und nicht den gesamten Zustand $x(t)$ beobachten. Diese Ausgabegleichung transformiert sich zu $Y(s) = CX(s)$:

m Eingaben u, r Ausgaben y

$$Y(s) = CX(s) = C(sI - A)^{-1}BU(s) = G(s)U(s). \quad (5.56)$$

Diese $r \times m$-Matrix $G(s) = C(sI - A)^{-1}B$ ist die Übertragungsfunktion in der Kontrolltheorie. Sie sagt uns, zu welchem Verhalten das System in der Lage ist. In vielen Fällen konstruieren wir das System so, dass wir eine gewünschte Eingabe-Ausgabe-Funktion $G(s)$ erhalten. Dann besteht die Aufgabe darin, A, B und C zu entwerfen. Beachten Sie, dass ein Übergang zu $\widetilde{A} = S^{-1}AS$, $\widetilde{B} = S^{-1}B$ und $\widetilde{C} = CS$ die Übertragungsfunktion $\widetilde{G} = G$ unverändert lässt:

Äquivalenz $\quad \widetilde{G} = \widetilde{C}(sI - \widetilde{A})^{-1}\widetilde{B} = C(sI - A)^{-1}B = G. \quad (5.57)$

Die Übertragungsfunktionen G und $\widetilde{G}$ sehen für einen Beobachter gleich aus. Mathematisch betrachtet, haben wir nur eine Variablensubstitution in x, u, y vorgenommen. Daher können wir beim Entwurf des Systems (Realisierung der Übertragungsfunktion) S geeignet wählen.

Bei einem „**Deskriptorsystem**" wird in der Zustandsgleichung (5.55) dx/dt mit einer singulären Matrix multipliziert. Das ist die kontrolltheoretische Version einer differential-algebraischen Gleichung.

Realisierung einer Übertragungsfunktion

Die guten Systeme (die wir entwerfen wollen) sind **steuerbar und beobachtbar**. Steuerbarkeit bedeutet, dass wir von einem Anfangszustand $x(0)$ mithilfe einer geeigneten Kontrollvariable $u(t)$ zu einem beliebigen Endzustand $x(T)$ gelangen können. Damit hängt die Steuerbarkeit von den Matrizen A und B in Gleichung (5.55) ab.

Die duale Forderung ist die nach Beobachtbarkeit. Darunter verstehen wir, dass wir auf $x(0)$ rückschließen können, indem wir die Ausgaben $y(t)$ bis zur Zeit T beobachten. Die Beobachtbarkeit hängt von den Matrizen A und C ab. In den Aufgaben 5.3.28 auf Seite 509 und 5.3.29 auf Seite 510 geht es darum, die Bedingungen zu bestimmen, die an den Rang der Matrizen A, B und C gestellt werden müssen, damit das System steuerbar und beobachtbar ist. Ein Entwurf, der diese Bedingungen erfüllt, heißt **minimale Realisierung**. Dieser Entwurf verwendet nicht mehr

Kontrollvariablen u und Beobachtungsvariablen y (Eingaben und Ausgaben) als die gewünschte Übertragungsfunktion $G(s)$ erfordert.

Der wesentliche Punkt ist, mit der Laplace-Transformation zu arbeiten. Anstatt eine Differentialgleichung zu lösen, lösen wir ein algebraisches Problem: Wähle die Matrizen A, B und C so, dass sie eine gegebene Übertragungsfunktion $G(s) = C(sI - A)^{-1}B$ realisieren. Im günstigsten Fall, wenn A eine Diagonalmatrix ist, hat die Matrix G einfache Pole $\lambda_1, \ldots, \lambda_n$. Ihre Residuen sind für $s \to \lambda_i$ Matrizen vom Rang eins:

$$\textbf{Residuen von } G \frac{G(s)}{s - \lambda_i} \longrightarrow (\textbf{Spaltenvektor } c_i)(\textbf{Zeilenvektor } b_i^T). \quad (5.58)$$

Wir nehmen an, dass C die Spalten c_i und B die Zeilen b_i^T hat, und dass $A = \Lambda = \text{diag}(\lambda_1, \ldots, \lambda_n)$ ist. Dann haben wir eine Realisierung von G:

$$(\textbf{Spalte})(\textbf{Diagonale})(\textbf{Zeile}) \quad G(s) = C(sI - \Lambda)^{-1}B = \sum_{i=1}^{n} \frac{c_i b_i^T}{s - \lambda_i}. \quad (5.59)$$

Aufgabe 5.3.28 auf Seite 509 bestätigt, dass die Matrizen A und B steuerbar und A und C beobachtbar sind.

Beispiel 5.22 Wählen Sie A, B, C so, dass $G = 1/(s+1)(s+2)$ ist. Diese Übertragungsfunktion hat $n = 2$ Polstellen.

Die negativen Pole $\lambda = -1$ und -2 zeigen, dass ein stabiles System entworfen werden soll. Die Residuen von G sind bei -1 und -2 gleich 1 und -1. Wählen Sie $c_1 = c_2 = b_1 = 1$ und $b_2 = -1$.

Die z-Transformation

Die z-Transformation ist soetwas wie eine „Laplace-Reihe", aber dieser Begriff wird nie verwendet. Vergleichen wir die Fourier-Transformation mit der Laplace-Transformation. Die kontinuierlichen Transformationen arbeiten auf der gesamten Achse und auf der halben Achse. Eine Fourier-Reihe verknüpft eine doppelt unendliche Reihe c_k mit einer Funktion $\sum c_k e^{ik\theta}$ auf dem Einheitskreis. Eine z-Transformation verknüpft eine **einfach unendliche Reihe** u_k (nur die ganzen Zahlen $k = 0, 1, 2, \ldots$) mit einer Funktion $U(z)$, die *auf dem Kreis $|z| = 1$ und außerhalb davon* definiert ist:

z-**Transformation von** $u = (u_0, u_1, u_2, \ldots)$

$$U(z) = u_0 + u_1/z + u_2/z^2 + \ldots. \quad (5.60)$$

Negative Potenzen $1/z^n$ sind außerhalb des Kreises gut. Sie explodieren nur im Kreis an der Stelle $z = 0$. Die Summe von $u_n z^{-n}$ entspricht dem Integral von $u(t)e^{-st}$, und es ist $|z| = |e^{st}| \geq 1$.

5.3 Die Laplace-Transformation und die z-Transformation

Die Laplace-Transformation arbeitet mit **kausalen** Operatoren. Anfangswertprobleme **schreiten in der Zeit voran**. Die Ursache kommt vor der Wirkung, und untere Dreiecksmatrizen sind kausal. Eine Komponente von u kommt nicht in früheren Komponenten von $f = Lu$ vor. Beachten Sie, wie u_2 das erste Mal in f_2 auftaucht:

$$L(z)U(z) = F(z) \quad \begin{bmatrix} \ell_0 & & & \\ \ell_1 & \ell_0 & & \\ \ell_2 & \ell_1 & \ell_0 & \\ \cdot & \cdot & \cdot & \cdot \end{bmatrix} \begin{bmatrix} u_0 \\ u_1 \\ u_2 \\ \cdot \end{bmatrix} = \begin{bmatrix} \ell_0 u_0 \\ \ell_1 u_0 + \ell_0 u_1 \\ \ell_2 u_0 + \ell_1 u_1 + \boldsymbol{\ell_0 u_2} \\ \cdots \end{bmatrix} = \begin{bmatrix} f_0 \\ f_1 \\ f_2 \\ \cdot \end{bmatrix}.$$

Das ist eine diskrete Faltung $\ell * u = f$, die zu einem Produkt $L(z)U(z) = F(z)$ wird. Die Matrix L ist sowohl eine Toeplitz-Matrix (konstante Diagonalen ab der nullten Zeile) als auch eine untere Dreiecksmatrix. Wann hat die Matrix L als Inverse eine untere Dreiecksmatrix? Bei endlichen Matrizen ist L außer im Fall $\ell_0 = 0$ invertierbar. Probieren Sie bei unendlichen Matrizen $\ell_0 = 1$ und $\ell_1 = -2$ aus:

$$\begin{bmatrix} 1 & & & \\ -2 & 1 & & \\ 0 & -2 & 1 & \\ 0 & 0 & -2 & 1 \\ \cdot & \cdot & \cdot & \cdot & \cdot \end{bmatrix}^{-1} = \begin{bmatrix} 1 & & & \\ 2 & 1 & & \\ 4 & 2 & 1 & \\ 8 & 4 & 2 & 1 \\ \cdot & \cdot & \cdot & \cdot & \cdot \end{bmatrix} \quad \text{ist keine beschränkte Matrix!}$$

Das entspricht der Gleichung $u_n - 2u_{n-1} = f_n$ mit $u_0 = 0$. Sie ist kausal, weil $u_1 = f_1$, $u_2 = 2f_1 + f_2$ und $u_3 = 4f_1 + 2f_2 + f_3$ ist. Ein Impuls $f = (1,0,0,\ldots)$ erzeugt aber eine unbeschränkte Antwort $u = (1,2,4,\ldots)$. Wir suchen in der z-Transformierten $L(z) = 1 - (2/z)$ des Spaltenvektors $\ell = (1,-2,0,0,\ldots)$ nach einem Grund dafür:

Die Matrix L^{-1} ist nicht beschränkt, wenn $L(z)$ eine Wurzel mit $|z| \geq 1$ hat.

Lassen Sie mich das andersherum formulieren. Lösungen $u = (1,A,A^2,\ldots)$ zu einer Differenzengleichung sind stabil, wenn $|A| < 1$ ist. Lösungen $u(t) = e^{at}$ zu einer Differentialgleichung sind stabil, wenn $\text{Re}\, a < 0$ ist. Der Einheitskreis entspricht der imaginären Achse $a = i\omega$:

Abfall von A^n und e^{at}	**Schwingung**	**Explosion**
$|A| < 1$ und $\text{Re}\, a < 0$	$|A| = 1$ und $a = i\omega$	$|A| > 1$ und $\text{Re}\, a > 0$

Ich habe nur dieses eine Beispiel angegeben, ich hoffe aber stark, dass Sie sehen, worum es geht. Die Faltung mit der Folge $\ell_0, \ell_1, \ldots$ ist Multiplikation mit der z-Transformierten $L(z)$. Die Matrixgleichung $Lu = f$ ist eine Faltung $\ell * u = f$ und eine Multiplikation $L(z)U(z) = F(z)$. Die Gleichung $Lu = f$ zu lösen, bedeutet **Entfaltung** im diskreten Zeitraum und *Division* im z-Raum. In Abschnitt 4.6 wird erläutert, warum Fourier $|z| = 1$ betrachtet und Laplace $|z| \geq 1$.

$$\boxed{L(z)U(z) = F(z) \quad U(z) = \frac{F(z)}{L(z)} \quad \text{braucht} \quad L(z) \neq 0 \text{ für } |z| \geq 1.} \quad (5.61)$$

Beispiele und Regeln

Die Regeln für die z-Transformation sind wie die Regeln für die Laplace-Transformation, in denen Ableitungen und Exponentialfunktionen durch Potenzen und Differenzen ersetzt werden.

Potenzvektor $\quad u = (1, A, A^2, \ldots) \quad U(z) = 1 + \dfrac{A}{z} + \dfrac{A^2}{z^2} + \cdots = \dfrac{z}{z-A}$.

Deltavektor $\quad u = (1, 0, 0, \ldots) \quad U(z) = 1$, weil $A = 0$.

Einsvektor $\quad u = (1, 1, 1, \ldots) \quad U(z) = z/(z-1)$, weil $A = 1$.

Verzögern (Shift rechts)	$(0, u_0, u_1, \ldots)$	$U(z)/z$.
Vorgreifen (Shift links)	$(u_1, u_2, u_3, \ldots)$	$z(U(z) - u_0)$.
Dekomprimieren (Upsamplen)	$(u_0, 0, u_1, 0, \ldots)$	$U(z^2)$.
Komprimieren (Downsamplen)	$(u_0, u_2, u_4, \ldots)$	$\frac{1}{2}U(\sqrt{z}) + \frac{1}{2}U(-\sqrt{z})$.
Falten ($w = u * v$)	$(u_0 v_0, u_0 v_1 + u_1 v_0, \ldots)$	$W(z) = U(z)V(z)$.

Beispiel 5.23 Analog zu du/dt ist $\Delta u = (u_1 - u_0, u_2 - u_1, \ldots) = u_{\text{advance}} - u$:

Transformation von Δu

$$\sum_0^\infty (u_{n+1} - u_n) z^{-n} = \sum_0^\infty u_n (z^{1-n} - z^{-n}) - u_0 z = (z-1) U(z) - u_0 z.$$

Beispiel 5.24 Löse die Differenzengleichung $u_{n+2} - \frac{1}{4} u_n = 0$ aus $u_0 = 1$, $u_1 = 0$.

Lösung Ich sehe vier Wege, die Folge $u = \left(1, 0, \frac{1}{4}, 0, \frac{1}{16}, \ldots\right)$ zu bestimmen:

1. Multipliziere u bei jedem Doppelschritt mit $\frac{1}{4}$. Trenne gerade und ungerade n.
2. Substituiere $u_n = A^n$. Bestimme zwei Wurzeln $A = \frac{1}{2}$ und $-\frac{1}{2}$ aus $A^{n+2} = \frac{1}{4} A^n$. Erfülle die Anfangsbedingung durch $u_n = C \left(\frac{1}{2}\right)^n + D \left(-\frac{1}{2}\right)^n$.
3. Verwandle die einzelne Gleichung $u_{n+2} = \frac{1}{4} u_n$ zweiter Ordnung in ein Gleichungssystem erster Ordnung:

$$\begin{bmatrix} u \\ v \end{bmatrix}_{n+1} = \begin{bmatrix} 0 & 1 \\ \frac{1}{4} & 0 \end{bmatrix} \begin{bmatrix} u \\ v \end{bmatrix}_n \quad \text{mit den Eigenwerten } \frac{1}{2} \text{ und } -\frac{1}{2}.$$

4. Verwende Beispiel 5.23, um $z^2 U(z) - z^2 u_0 - z u_1 - \frac{1}{4} U(z) = 0$ zu bestimmen. Invertiere $U(z)$ zu u_n:

$$U(z) = \frac{z^2}{z^2 - \frac{1}{4}} = \frac{1}{2} \left(\frac{z}{z - \frac{1}{2}} + \frac{z}{z + \frac{1}{2}} \right) \quad \text{ergibt sich aus}$$

$$u = \tfrac{1}{2}\left(1, \tfrac{1}{2}, \tfrac{1}{4}, \ldots\right) + \tfrac{1}{2}\left(1, -\tfrac{1}{2}, \tfrac{1}{4}, \ldots\right).$$

5.3 Die Laplace-Transformation und die z-Transformation

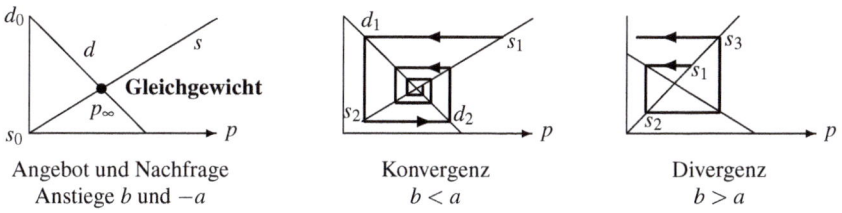

Abb. 5.5 Das Spinnwebmodell für Angebot und Nachfrage kann konvergieren oder divergieren.

Das Spinnwebmodell in den Wirtschaftswissenschaften

In den Wirtschaftswissenschaften wird kausal gedacht. Die Preise zur Zeit t beeinflussen die Nachfrage d und das Angebot s zu Zeiten $T \geq t$. Wenn sich der Preis p erhöht, verringert sich die Nachfrage auf $d_0 - ap$ und das Angebot erhöht sich auf $s_0 + bp$. Bewegen sich Angebot und Nachfrage zu einem Gleichgewicht, wenn es einen Monat dauert, bis das Angebot auf den neuen Preis p_{n+1} reagieren kann?

$$d_{n+1} = d_0 - a\, p_{n+1} \text{ (reagiert sofort), aber } s_{n+1} = s_0 + b\, p_n \text{ (verzögert).} \quad (5.62)$$

Die Spinnweben (englisch *cobweb*) aus Abbildung 5.5 verfolgen die Zusammenhänge graphisch. Bei einem niedrigen Preis ist die Nachfrage d_1 hoch, das nachfolgende Angebot s_2 ist aber niedrig. Anschließend ist d_2 niedrig, wenn der Preis p_2 hoch ist. Die mittlere Skizze legt die Vermutung nahe, dass das Spinnwebmodell konvergiert, wenn $b < a$ ist. In der dritten Skizze überreagiert das Angebot auf die Preisänderung ($b > a$) und das Spinnennetz wächst nach außen.

Wir könnten die Gleichgewichtsgleichung (Nachfrage = Angebot) durch z-Transformation lösen:

$$a\, p_{n+1} + b\, p_n = d_0 - s_0 \text{ oder } az(P(z) - p_0) + bP(z) = (d_0 - s_0)z/(z-1). \quad (5.63)$$

Eine direkte Lösung ist aber einfacher, weil die homogene Gleichung $a\, p_{n+1} = -b\, p_n$ lautet:

Lösung $\quad p_n = p_{\text{stationär}} + p_{\text{transient}} = p_\infty + C\left(-\dfrac{b}{a}\right)^n. \quad (5.64)$

Benutzen Sie C, um p_0 zu erfüllen. Die transiente Lösung fällt für $b < a$, und die Produzenten sind weniger preisempfindlich als die Konsumenten. Im instabilen Fall mit $b > a$ gerät das Szenario außer Kontrolle.

Angenommen, die Preise würden durch die Regierung und nicht durch die Gesetze von Angebot und Nachfrage eingestellt. Das wird in der **Kontrolltheorie mit diskreter Zeit** zu einem Problem. Der Zustand ist $x = (s,d)$, und die Steuerung ist $u = p$:

Zustandsgleichung $\begin{bmatrix} s \\ d \end{bmatrix}_{n+1} = A \begin{bmatrix} s \\ d \end{bmatrix}_n + Bp_n$

(5.65)

Ausgabegleichung $y_n = C \begin{bmatrix} s \\ d \end{bmatrix}_n = s_n - d_n$.

Die Regierung zielt auf $y = 0$ ab, um den Preis zu regulieren. Bilden Sie die z-Transformation:

$$\begin{bmatrix} zS(z) \\ zD(z) \end{bmatrix} = A \begin{bmatrix} S(z) \\ D(z) \end{bmatrix} + BP(z) \text{ und } Y(z) = C \begin{bmatrix} S(z) \\ D(z) \end{bmatrix} = S(z) - D(z) \quad (5.66)$$

Die Übertragungsfunktion in $Y(z) = G(z)P(z)$ ist $G(z) = C(zI - A)^{-1}B$, was sich durch Elimination von S und D ergibt. Eine **optimale Steuerung** würde versuchen, $y = 0$ mit der geringsten Steuerung zu erreichen.

Die inverse z-Transformation

Uns ist $U(z)$ gegeben, und wir wollen die Folge $(u_0, u_1, u_2, \ldots)$ rekonstruieren. Wenn wir die Laurent-Reihe für $U(z)$ kennen, dann sind die Glieder u_n einfach die Koeffizienten. Die Integralformel von Cauchy für diese Koeffizienten ist die inverse Formel für die z-Transformation:

Koeffizienten $\quad U(z) = u_0 + \dfrac{u_1}{z} + \dfrac{u_2}{z^2} + \cdots \quad u_n = \dfrac{1}{2\pi i} \int_C U(z) z^{n-1} \, dz.$ (5.67)

Sei C der Kreis mit $|z| = R$. Für die Spektralmethode wählen wir dann N äquidistante Punkte $z_k = Re^{2\pi i k/N}$ um den Kreis aus. Wir approximieren das Integral (5.67) durch eine Summe von $U(z_k)z_k^{n-1}$. Das ist eine diskrete inverse Fourier-Transformation! Damit ergeben sich die ersten N approximierten Werte u_n schnell aus der inversen FFT von N Werten von $U(z)$ auf einem Kreis:

N = 32; R = 2; k = [0:N-1]; theta = 2*pi*k/N;   % N Punkte auf Kreis |z|=R.
U = @(z) (1./z)./(1-1./z).^2;   % Inverse Transformierte von U(z) ist $u_n = n$.
% Versuchen Sie auch U = @(z) (1./z).*(1+1./z)./(1-1./z).^3
% U invertiert zu $u_n = n^2$.
z = R*exp(i*theta); u = (R.^k).*ifft(U(z));   % u durch Summe um |z|=R.

Aufgaben zu Abschnitt 5.3

5.3.1 Bestimmen Sie die Laplace-Transformierten $U(s)$ aller Funktionen $u(t)$ sowie die Polstellen von $U(s)$:

(a) $u = 1+t$, (b) $u = t\cos\omega t$, (c) $u = \cos(\omega t - \theta)$,
(d) $u = \cos^2 t$, (e) $u = 1 - e^{-t}$, (f) $u = te^{-t}\sin\omega t$.

5.3 Die Laplace-Transformation und die z-Transformation

5.3.2 Bestimmen Sie die Laplace-Transformierten der folgenden Funktionen $u(t)$ mithilfe der Regeltabelle:

(a) $u = 1$ für $t \leq 1, u = 0$ sonst, (b) $u =$ nächste ganze Zahl über t, (c) $u = t\delta(t)$.

5.3.3 *Inverse Laplace-Transformation*: Bestimmen Sie die Funktion $u(t)$ aus ihrer Transformierten $U(s)$:

(a) $\dfrac{1}{s - 2\pi i}$, (b) $\dfrac{s+1}{s^2+1}$, (c) $\dfrac{1}{(s-1)(s-2)}$,

(d) e^{-s}, (e) $e^{-s}/(s-a)$, (f) $U(s) = s$.

5.3.4 Lösen Sie die Differentialgleichung $u'' + u = 0$ mit den Anfangswerten $u(0)$ und $u'(0)$, indem Sie $U(s)$ als Kombination von $s/(s^2+1)$ und $1/(s^2+1)$ ausdrücken. Bestimmen Sie die inverse Transformierte $u(t)$ mithilfe der Tabelle.

5.3.5 Lösen Sie die Differentialgleichung $u'' + 2u' + 2u = \delta$ mit den Anfangswerten $u(0) = 0$, $u'(0) = 1$ durch Laplace-Transformation. Bestimmen Sie die Pole und die Partialbrüche zu $U(s)$ oder suchen Sie in der Tabelle direkt nach $u(t)$.

5.3.6 Lösen Sie folgende Anfangswertprobleme durch Laplace-Transformation:

(a) $u' + u = e^{i\omega t}, u(0) = 8$, (b) $u'' - u = e^t, u(0) = 0, u'(0) = 0$,

(c) $u' + u = e^{-t}, u(0) = 2$, (d) $u'' + u = 6t, u(0) = 0, u'(0) = 0$,

(e) $u' - i\omega u = \delta(t), u(0) = 0$, (f) $mu'' + cu' + ku = 0, u(0) = 1, u'(0) = 0$.

5.3.7 Zeigen Sie, dass eine passive Antwort $G = 1/(s^2 + s + 1)$ eine **positiv-reelle Funktion** ist: Re $G \geq 0$, wenn Re $s \geq 0$.

5.3.8 Die Transformierte von e^{At} ist $(sI - A)^{-1}$. Berechnen Sie die Übertragungsfunktion, wenn $A = [1\ 1;\ 1\ 1]$ ist. Vergleichen Sie die Pole der Übertragungsfunktion mit den Eigenwerten der Matrix A.

5.3.9 Angenommen, du/dt fällt exponentiell. Verwenden Sie ihre Transformierte, um zu zeigen:

(i) $sU(s) \to u(0)$ für $s \to \infty$ (ii) $sU(s) \to u(\infty)$ für $s \to 0$.

5.3.10 Transformieren Sie die Bessel-Differentialgleichung $tu'' + u' + tu = 0$, um eine Gleichung erster Ordnung für U zu bestimmen. Bestimmen Sie durch Trennung der Variablen oder durch direkte Substitution $U(s) = C/\sqrt{1+s^2}$. Das ist die Laplace-Transformierte der Bessel-Funktion $J_0(t)$.

5.3.11 Bestimmen Sie die Laplace-Transformierte von (a) einem einzelnen Schwingungsbogen von $u = \sin \pi t$ und (b) einer kurzen Rampe $u = t$. Skizzieren Sie zunächst beide Funktionen, die nach $t = 1$ null sind.

5.3.12 Bestimmen Sie die Laplace-Transformierte der gleichgerichteten Sinuswelle $u = |\sin \pi t|$ und der Sägezahnfunktion $S(t) =$ gebrochener Teil von t. Das ist Aufgabe 5.3.11 erweitert auf alle positiven t. Verwenden Sie die Verschiebungsregel und $1 + x + x^2 + \cdots = (1-x)^{-1}$.

5.3.13 Ihre Beschleunigung $v' = c(v^* - v)$ hängt von der Geschwindigkeit v^* des Autos vor Ihnen ab:

(a) Bestimmen Sie das Verhältnis der Laplace-Transformierten $V^*(s)/V(s)$ (die Übertragungsfunktion).

(b) Bestimmen Sie Ihre Geschwindigkeit $v(t)$ bei einer Anfangsgeschwindigkeit von $v(0) = 0$, wenn dieses Auto die Geschwindigkeit $v^* = t$ hat.

5.3.14 Die Autos in einer Autokolonne fahren mit den Geschwindigkeiten $v'_n = c[v_{n-1}(t-T) - v_n(t-T)]$, wobei die Geschwindigkeit des ersten Autos $v_0(t) = \cos \omega t$ mit $v_0(t) = \cos \omega t$ ist.

(a) Bestimmen Sie den Wachstumsfaktor $A = 1/(1 + i\omega e^{i\omega T}/c)$ in der Schwingung $v_n = A^n e^{i\omega t}$.
(b) Zeigen Sie, dass $|A| < 1$ ist und dass die Amplitude ohne Gefahr abnimmt, wenn $cT < \frac{1}{2}$ gilt.
(c) Zeigen Sie, dass im umgekehrten Fall, also $cT > \frac{1}{2}$, $|A| > 1$ für kleine ω gilt (gefährlich). (Verwenden Sie $\sin \theta < \theta$.) Die Reaktionszeit eines Menschen ist $T \geq 1\,\text{s}$ und seine Aggressivität $c = 0.4/\text{s}$. Gefahr ist im Verzug. Vermutlich passen sich die Fahrer so an, dass sie gerade noch sicher sind.

5.3.15 *Pontrjagins Maximumprinzip* besagt, dass die optimale Steuerung „bangbang" ist. Es werden nur die Extremwerte angenommen, die durch die Nebenbedingungen erlaubt sind.

(a) Die maximalen Beschleunigungen seien A und $-A$. Wie gelangen Sie in minimaler Zeit aus der Ruhelage bei $x = 0$ in die Ruhelage bei $x = 1$?
(b) Bestimmen Sie das optimale dx/dt und die minimale Zeit, wenn die maximale Abbremsung $-B$ ist.

Die Aufgaben 5.3.16–5.3.31 befassen sich mit der z-Transformation und Differenzengleichungen.

5.3.16 Transformieren Sie ein verschobenes $v = (0, 1, A, A^2, \ldots)$ und ein herunterskaliertes $w = (1, A^2, A^4, \ldots)$.

5.3.17 Bestimmen Sie die z-Transformationen $U(z)$ der Folgen $(u_0, u_1, u_2, \ldots)$:

(a) $u_n = (-1)^n$, (b) $(0, 0, 1, 0, 0, 1, \ldots)$, (c) $u_n = \sin n\theta$, (d) $(u_2, u_3, u_4, \ldots)$.

5.3.18 (a) Bestimmen Sie $u = (u_0, u_1, u_2, \ldots)$, indem Sie $U(z) = \dfrac{2}{z^2 - 1}$ als $\dfrac{1}{z-1} - \dfrac{1}{z+1}$ schreiben.

(b) Bestimmen Sie $v = (v_0, v_1, v_2, \ldots)$, indem Sie $V(z) = \dfrac{2i}{z^2 + 1}$ als $\dfrac{1}{z-i} + \dfrac{1}{z+i}$ schreiben.

5.3.19 Verwenden Sie die z-Transformationsregel für die Faltung mit $u = v$, um w_0, w_1, w_2, w_3 zu bestimmen:

(a) $w(z) = 1/z^2$ (das ist $1/z$ mal $1/z$),
(b) $w(z) = 1/(z-2)^2$ (das ist $1/(z-2)$ mal $1/(z-2)$),
(c) $w(z) = 1/z^2(z-2)^2$ (das ist $1/z(z-2)$ mal $1/z(z-2)$).

5.3.20 Die Fibonacci-Zahlen haben die Bestimmungsgleichung $u_{n+2} = u_{n+1} + u_n$ mit $u_0 = 0, u_1 = 1$. Bestimmen Sie $U(z)$ mithilfe der Verschiebungsregel. Bestimmen Sie aus $U(z)$ eine Formel für die Fibonacci-Zahlen u_n.

5.3 Die Laplace-Transformation und die z-Transformation

5.3.21 Lösen Sie die folgenden Differenzengleichungen durch z-Transformation:

(a) $u_{n+1} - 2u_n = 0$, $u_0 = 5$, (b) $u_{n+2} - 3u_{n+1} + 2u_n = 0$, $u_0 = 1, u_1 = 0$,

(c) $u_{n+1} - u_n = 2^n$, $u_0 = 0$, (d) $u_{n+1} - nu_n - u_n = 0$, $u_0 = 1$.

5.3.22 Zeigen Sie, dass $p_{n+1} - Ap_n = f_{n+1}$ durch $p_n = \sum_{k=1}^{n} A^{n-k} f_k$ gelöst wird, wenn $p_0 = 0$ ist, weil f_k $n - k$ Schritte übertragen wird. Bestimmen Sie die analoge Lösung zu $u' - au = f(t)$.

5.3.23 Angenommen, Sie haben k Chips, das Haus hat $N - k$ Chips und bei jedem Spiel ist Ihre Chance $5/11$, einen Chip zu gewinnen. Wie groß ist die Wahrscheinlichkeit u_k, die Bank zu knacken, bevor sie Sie knackt? Natürlich ist $u_0 = 0$ (keine Chance) und $u_N = 1$.

(a) Erläutern Sie, warum $u_k = \frac{5}{11} u_{k+1} + \frac{6}{11} u_{k-1}$ ist.
(b) Bestimmen Sie λ in $u_k = C\lambda^k + D$. Wählen Sie C und D so, dass $u_0 = 0$ und $u_N = 1$ erfüllt sind.
(c) Wenn Sie mit $k = 100$ von $N = 1000$ Chips anfangen, ist Ihre Chance gegenüber der Bank $(5/6)^{900}$, also fast null. Ist es besser mit einem Superchip von $N = 10$ anzufangen?

5.3.24 (Genetik) Die Häufigkeit eines rezessiven Gens in den Generationen k und $k+1$ erfüllt die Gleichung $u_{k+1} = u_k/(1 + u_k)$, wenn die Übertragung des Gens von beiden Eltern die Fortpflanzung verhindert.

(a) Überprüfen Sie, dass $u_k = u_0/(1 + ku_0)$ die Gleichung erfüllt.
(b) Schreiben Sie $u_{k+1} = u_k/(1 + u_k)$ als eine Gleichung für $v_k = 1/u_k$, um diese Lösung zu bestimmen.
(c) Welche Generation hat $u_k = \frac{1}{100}$, wenn die Genhäufigkeit anfangs $u_0 = \frac{1}{2}$ war?

5.3.25 Transformieren Sie das skalare Steuersystem $x_{k+1} = ax_k + bu_k$, $y_k = cx_u$ zu $Y(z) = [bc/(z-a)]U(z)$. Welche Folge von y hat diese Übertragunsfunktion $G(z) = bc/(z-a)$?

5.3.26 Schreiben Sie vier Aussagen über die Fourier-Transformation auf, die analog zu diesen vier über die Laplace-Transformation sind:

Halbachse $t \geq 0$, Transiente e^{at}, Re $a \leq 0$, Eingabe $f(t)$ beeinflusst späteres $u(t)$.

5.3.27 Es sei $f(t) = 0$ für $t < 0$. Wie muss die Bedingung an $f(0)$ lauten, damit die Fourier-Transformierte $\widehat{f}(k)$ und die Laplace-Transformierte $F(s)$ für $s = ik$ identisch sind?

5.3.28 Ob die Matrizen A, B **steuerbar** und A, C **beobachtbar** sind, lässt sich testen anhand von:

$$\text{rank}[B \; AB \; \ldots \; A^{n-1}B] = n \qquad \text{rank}[C \; CA \; \ldots \; CA^{n-1}] = n.$$

Zeigen Sie, dass Beispiel 5.22 auf Seite 502 steuerbar und beobachtbar ist, wobei die Matrizen A, B und C durch Gleichung (5.59) auf Seite 502 gegeben sind.

5.3.29 Gleichung (5.65) auf Seite 506 ist steuerbar, wenn sie jeden Zustand (s, d) in endlicher Zeit von (s_0, d_0) aus erreichen kann. Zeigen Sie, dass Gleichung (5.65) *nicht steuerbar* ist, wenn B ein Eigenvektor von A ist. Das System besteht den Test aus Aufgabe 5.3.28 nicht, wenn $m = 1$ und $AB = \lambda B$ ist.

5.3.30 Testen Sie den inverselaplace-Code auf $F(s) = e^{-\sqrt{s}}$. Das ist die Laplace-Transformierte der Funktion $f(t) = e^{-1/4t}/\sqrt{4\pi t^3}$. Probieren Sie $N = 2, 4, 8$ bei $t = 0.5, 1, 1.5, 2$.

5.3.31 Testen Sie den Code zur inversen z-Transformation auf $U(z) = (z - \pi i)^{-1}$. Wie viele verlässliche u_n gibt es?

5.4 Spektralmethoden von exponentieller Genauigkeit

Wir kommen zu einem wesentlichen Thema dieses Kapitels. **Polynome können analytische Funktionen exponentiell gut approximieren.** Uns war schon immer klar, dass eine lineare Näherung $f(h) \approx f(0) + hf'(0)$ eine Genauigkeit in $O(h^2)$ hat. Wird h durch 2 dividiert, wird der Fehler nahezu durch 4 dividiert. Das ist für viele Berechnungen beim wissenschaftlichen Rechnen ein Erfolg, während Methoden mit einer Genauigkeit erster Ordnung $O(h)$ in der Regel schwach sind. Und wenn es N Ableitungen in $f(x)$ gibt, verbesserte eine Approximation mit N Termen die Genauigkeit auf $O(h^N)$.

Die Frage ist: *Welche Genauigkeit ist für $N \to \infty$ (nicht für $h \to 0$) möglich?*

Diese neue Frage hängt mit den Zahlen zusammen, die sich hinter $O(h^N)$ verbergen. Diese Zahlen werden durch die Ableitungen von f gesteuert. Der Fehler in $f(0) + hf'(0)$ ist an einem beliebigen Punkt x zwischen 0 und h gleich $\frac{1}{2}h^2 f''(x)$. Bei N Termen sieht der Fehler wie der erste fehlende Term $h^N f^{(N)}(x)/N!$ aus, und genau das ist der springende Punkt.

Die Zahl $f^{(N)}(0)/N!$ ist exakt der Koeffizient a_N in der Taylor-Reihe. Bei analytischen Funktionen, und *nur bei analytischen Funktionen*, haben diese Koeffizienten von N-ten Ableitungen Schranken $|a_N| \leq M/r^N = Me^{-N \log r}$. *Schlussfolgerung*: Methoden N-ter Ordnung liefern exponentielle Genauigkeit für $N \to \infty$, wenn die Singularitäten der Funktion $r > 1$ zulassen.

Zur Approximation nahe $x = 0$ sehen wir uns die Funktion $f(z)$ in Kreisen um $z = 0$ an. Zur Integration oder Interpolation auf einem Intervall $-1 \leq x \leq 1$ zieht die komplexe Analysis *Ellipsen* um dieses Intervall heran. Selbst bei reellwertigen Berechnungen mit reellen Funktionen $f(x)$ übt die komplexe Funktion $f(z)$ die Kontrolle aus. **Spektralmethoden** (unendlicher Ordnung) **können spektrale Genauigkeit** (exponentiell kleine Fehler) **liefern, wenn die Funktion $f(z)$ analytisch ist**.

Die Funktion $1/(1 + 25x^2)$ ist für reelle x unendlich glatt. Aber ihre komplexen Pole dominieren viele Berechnungen. In Runges klassischem Beispiel interpolieren wir an äquidistanten Punkten. Die Pole an den Stellen $z = 5i$ und $z = -5i$ führen an den Rändern von Abbildung 5.6 auf der nächsten Seite zu einem Desaster. Viel besser ist es, mit ungleichmäßig verteilten Punkten zu arbeiten! Die Tschebyschow-Punkte $x_j = \cos(j\pi/N)$ führen auf einen exponentiell guten Erfolg, und die komplexe Analysis wird aufzeigen, woran das liegt.

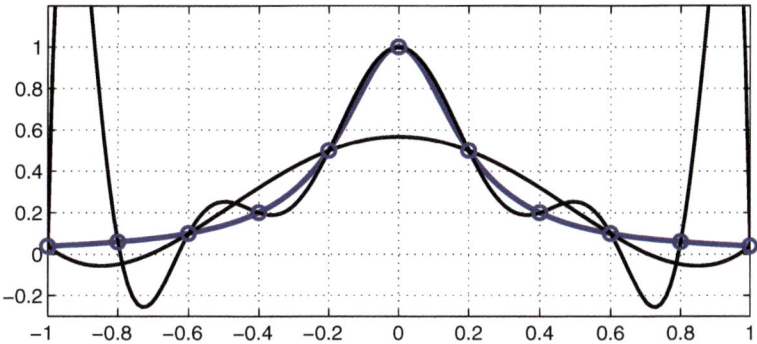

Abb. 5.6 Runge-Interpolation von $1/(1+25x^2)$ durch Polynome vom Grad 5 und 10.

Vandermonde-Matrix zur Interpolation

Das Polynom $p(x) = a_0 + a_1 x + \cdots + a_n x^n$ hat $n+1$ Koeffizienten. Wir können diese Koeffizienten a_j wählen, um beliebige $n+1$ Funktionswerte $y_0, \ldots, y_n$ an beliebigen $n+1$ Punkten $x_0, \ldots, x_n$ zu treffen (zu interpolieren). Jeder Interpolationspunkt liefert eine lineare Gleichung für die Koeffizienten a:

$$p(x_0) = y_0, \cdots, \cdots, p(x_n) = y_n$$

$$\begin{aligned} a_0 + a_1 x_0 + \cdots + a_n x_0^n &= y_0 \\ &\cdots \\ &\cdots \\ a_0 + a_1 x_n + \cdots + a_n x_n^n &= y_n \end{aligned} \qquad \begin{bmatrix} 1 & x_0 & \cdots & x_0^n \\ 1 & x_1 & \cdots & x_1^n \\ & & \cdots & \\ 1 & x_n & \cdots & x_n^n \end{bmatrix} \begin{bmatrix} a_0 \\ a_1 \\ \cdot \\ a_n \end{bmatrix} = \begin{bmatrix} y_0 \\ y_1 \\ \cdot \\ y_n \end{bmatrix} \qquad (5.68)$$

Das ist die **Vandermonde-Matrix V**. Ihre Determinante ist das Produkt der Differenzen $x_j - x_i$ zwischen den Interpolationspunkten. Überprüfen Sie die linearen und quadratischen Fälle $n = 1$ und 2:

$$\det \begin{bmatrix} 1 & x_0 \\ 1 & x_1 \end{bmatrix} = x_1 - x_0 \qquad \det \begin{bmatrix} 1 & x_0 & x_0^2 \\ 1 & x_1 & x_1^2 \\ 1 & x_2 & x_2^2 \end{bmatrix} = (x_1 - x_0)(x_2 - x_0)(x_2 - x_1). \qquad (5.69)$$

Wenn zwei x-Werte identisch sind, dann sind zwei Zeilen der Matrix V identisch, und es gilt $\det V = 0$. Sind alle x-Werte verschieden, dann ist die Determinante nicht null und V ist invertierbar. Die *Lagrange-Interpolation* liefert dann ein eindeutiges Polynom $p(x)$ durch $n+1$ Punkte (x_i, y_i).

Beim wissenschaftlichen Rechnen stellt sich immer noch eine weitere Frage: **Wie sollen wir $p(x)$ berechnen**? Ich muss Ihnen gleich sagen: Nehmen Sie sich vor Gleichung (5.68) in Acht! Die Vandermonde-Matrix V kann sehr schlecht konditioniert sein. Die Spalten von V sind häufig eine schwache Basis, und Abschnitt 7.4 wird diese Warnung bestätigen. Der Befehl polyfit (der mit dieser Matrix V funktioniert) muss mit besonderer Vorsicht eingesetzt werden. In Aufgabe 5.4.5 auf Seite 527 treiben wir polyfit bis zum Zusammenbruch.

Hier suchen wir nach einem besseren Weg, die Interpolation $p(x)$ zu berechnen. Oft können wir sowohl die Punkte $x_0, \ldots, x_n$ als auch den Algorithmus wählen. Lassen Sie mich die beiden folgenden Fragen explizit stellen und Ihnen meinen (nicht ganz fachmännischen) Rat geben:

1. Welche Interpolationspunkte x_j soll ich wählen?
   Wählen Sie die Tschebyschow-Punkte $\cos \dfrac{j\pi}{n}$.

2. Welchen Algorithmus soll ich zur Berechnung von $p(x)$ verwenden?
   Wählen Sie die baryzentrische Formel (5.76) auf der nächsten Seite.

Der Algorithmus muss so stabil wie möglich sein (in Abhängigkeit von x_j) und auch *schnell*. Wir werden $O(n^2)$ Schritte akzeptieren, um $q_0, \ldots, q_n$ in Gleichung (5.76) auf der nächsten Seite zu bestimmen. Die Berechnung von $p(x)$ an einem neuen Punkt x_{n+1} oder die Aktualisierung von $p(x)$, um aus x_{n+1} einen neuen Interpolationspunkt zu machen, sollte nur $O(n)$ Schritte brauchen. Sie werden sehen, dass diese Formel (5.76) die Koeffizienten $a_0, \ldots, a_n$ nicht verwendet.

Dieser Abschnitt ist in hohem Maße von den Ideen und Veröffentlichungen von Nick Trefethen geprägt. Wir beide schulden wiederum meinem Betreuer Peter Henrici und seinen Büchern speziellen Dank.

Die Lagrange-Formel

Nehmen wir zunächst an, dass alle Interpolationswerte $y_i = 0$ sind, abgesehen von $y_j = p(x_j) = 1$:

$$p(x_i) = 0 \text{ für } i \neq j, \qquad (x_j) = 1 \text{ für } i = j$$
$$p(x) = \ell_j(x) = \frac{(x - x_0) \cdots \cancel{(x - x_j)} \cdots (x - x_n)}{(x_j - x_0) \cdots \cancel{(x_j - x_j)} \cdots (x_j - x_n)}. \tag{5.70}$$

Der Faktor $(x - x_j)$ wird gestrichen, sodass ein Polynom vom Grad n bleibt. Seine n Nullstellen befinden sich an den Punkten $x_0, \ldots, x_n$, ausgenommen x_j. Die angepassten Zahlen im Nenner stellen sicher, dass $\ell_j(x) = 1$ für $x = x_j$ ist. Somit ist dieses $\ell_j(x)$ für diese spezielle Wahl von 0 und 1 korrekt.

Aufgrund der Linearität ist die Interpolierende $p(x)$ an $n+1$ Punkten eine Kombination dieser $\ell_j(x)$:

Lagrange-Formel $\quad p(x) = y_0 \ell_0(x) + \cdots + y_n \ell_n(x) \text{ hat } p(x_j) = y_j.$ (5.71)

Das ist die hübscheste Form für $p(x)$, numerisch sieht sie aber schlecht aus. Eine Berechnung von $p(x)$ braucht $O(n^2)$ Schritte ($O(n)$ für jedes ℓ_j). Ein neuer Punkt braucht x_{n+1} neue $\ell_j(x)$. Oft wurde (5.71) durch eine „Formel der dividierten Differenzen" ersetzt, die von Newton stammt. Eine weniger berühmte „baryzentrische Formel" hat Vorteile, die wir Ihnen näher bringen möchten.

5.4 Spektralmethoden von exponentieller Genauigkeit

Die baryzentrische Formel

Das Schlüsselpolynom für die Interpolation ist das Lagrange-Polynom $L(x)$ mit $n+1$ Nullstellen:

Nullstellen bei allen x_j $\quad L(x) = (x-x_0)(x-x_1)\cdots(x-x_n).$ (5.72)

Die Zähler aus Gleichung (5.70) heben jeweils einen Faktor von L auf. Die Nenner aus Gleichung (5.70) sind *Ableitungen*:

Zähler von $\ell_j(x)$	**Nenner von $\ell_j(x)$**	**Gewicht**
$\dfrac{L(x)}{x-x_j}$	$L'(x_j)$	$q_j = \dfrac{1}{L'(x_j)}.$

(5.73)

Multiplizieren Sie den Zähler $L(x)/(x-x_j)$ mit dem „Gewicht" q_j, um $\ell_j(x)$ zu erhalten. Da alle Zähler den Faktor $L(x)$ teilen, können wir diesen Faktor vor die Summe ziehen:

$$p(x) = y_0 \ell_0(x) + \cdots + y_n \ell_n(x) = L(x)\left(\frac{q_0 y_0}{x-x_0} + \cdots + \frac{q_n y_n}{x-x_n}\right). \quad (5.74)$$

Sind alle $y_j = 1$, ist das interpolierende Polynom einfach die Konstante $p(x) = 1$:

Interpoliere alle $y_j = 1$

$$1 = \ell_0(x) + \cdots + \ell_n(x) = L(x)\left(\frac{q_0}{x-x_0} + \cdots + \frac{q_n}{x-x_n}\right). \quad (5.75)$$

Wenn wir Gleichung (5.74) durch Gleichung (5.75) dividieren, kürzt sich $L(x)$ heraus. Der Nenner sieht wie der Zähler aus:

Baryzentrische Formel

$$p(x) = \frac{q_0 y_0/(x-x_0) + \cdots + q_n y_n/(x-x_n)}{q_0/(x-x_0) + \cdots + q_n/(x-x_n)}. \quad (5.76)$$

Eine Berechnung von $p(x)$ benötigt $2n$ Additionen mit $n+1$ Subtraktionen $x-x_j$, Multiplikationen (mit den y) und Divisionen (durch $x-x_j$). Eine letzte Division ergibt $5n+4$ Operationen. Wenn es in allen Gewichten einen gemeinsamen Faktor q_j gibt, können wir ihn ausklammern.

Die Aktualisierung von $p(x)$, um einen neuen Interpolationspunkt x_{n+1} einzubinden, ist ebenfalls schnell. Dann haben die n alten Gewichte q_j jeweils einen neuen Faktor. Das eine neue Gewicht q_{n+1} hat n Faktoren. Die Aktualisierung ist in $O(n)$.

Die Vorberechnung der Gewichte $q_0, \ldots, q_n$ braucht $O(n^2)$ Operationen. Ausgehend von $d_0^{(0)} = 1$, erzeugen n Aktualisierungen die Nenner $d_0^{(n)}, \ldots, d_n^{(n)}$. Anschließend kennen wir die Gewichte $q_j^{(n)} = 1/d_j^{(n)}$. Die Rekursion ist for $j = 1:n$:

Aktualisiere j bekannten Nenner durch $\quad d_i^{(j)} = (x_i - x_j) d_i^{(j-1)}$,

Berechne einen neuen Nenner durch $\quad d_j^{(j)} = (x_j - x_0) \cdots (x_j - x_{j-1})$.

Tschebyschow-Punkte und Gewichte

Eine gute baryzentrische Formel ist bei einer schlechten Wahl der Interpolationspunkte x_j nutzlos. Die äquidistante Verteilung der Punkte entlang eines Intervalls ist eine schlechte Wahl. Der Quotient aus größtem Gewicht und kleinstem Gewicht wächst wie $n!$, und die Vandermonde-Matrix V ist sehr schlecht konditioniert (großer Quotient der Singulärwerte). Und Polynome hoher Ordnung sollten nicht durch ihre Koeffizienten ausgedrückt werden: $x(x-1)\cdots(x-20)$ ist Wilkinsons berühmtes Beispiel, wo eine geringfügige Änderung des Koeffizienten von x^{19} plötzlich komplexe Wurzeln erzeugt. Die Knoten äquidistant zu verteilen, scheint attraktiv, es ist aber instabil.

Die Tschebyschow-Punkte sind wesentlich besser. **Wir nehmen an, dass unser Intervall $-1 \leq x \leq 1$ ist**. Wählen Sie die $n+1$ Punkte dort, wo das Polynom $T_n(x) = \cos n\theta = \cos(n\cos^{-1} x)$ die Werte $+1$ und -1 erreicht. Die Wurzeln dieser Tschebyschow-Polynome liegen zwischen diesen x_j:

$n+1$ Punkte

$$x_j = \cos\frac{j\pi}{n} \text{ durchflechtet } n \text{ Wurzeln } \cos\left(j+\frac{1}{2}\right)\frac{\pi}{n} \text{ aus Abbildung 4.7.} \quad (5.77)$$

Diese x_j sind die Wurzeln des Tschebyschow-Polynoms $U_{n-1} = T_n'/n$ zweiter Art:

$$U_{n-1} = \frac{\sin n\theta}{\sin \theta} = 0 \text{ an der Stelle } \theta = \frac{j\pi}{n}.$$
$$\text{Das ist } x_j = \cos\frac{j\pi}{n} \text{ (plus } x_0 = 1 \text{ und } x_n = -1\text{).} \quad (5.78)$$

Die Punkte x_j (und auch die Wurzeln=Nullstellen) haben die wesentliche Eigenschaft, sich in der Nähe der Endpunkte -1 und $+1$ zu häufen. Ihre Dichte in der Nähe von x ist proportional zu $1/\sqrt{1-x^2}$. Dieselbe Dichte lässt sich beobachten, wenn sich Punktladungen auf einem Draht gegenseitig mit der Kraft $= 1/\text{Abstand}$ abstoßen. Die Tschebyschow-*Wurzeln* sind in natürlicher Weise mit der Matrix K der zweiten Differenzen verknüpft, und die *Punkte* sind mit der Matrix T verknüpft.

Ein zusätzlicher Bonus für die Interpolation ist, dass die Gewichte q_j unglaublich einfache Formeln haben. Jedes Gewicht hat n Faktoren $x_j - x_i$, aber es ist immer noch $q_j = C(-1)^j$ mal $\frac{1}{2}$ für $j = 0$ oder n. Die Konstante lässt sich ausklammern, um die baryzentrische Formel (5.76) zu vereinfachen.

Es folgt der Berrut-Trefethen-Code, mit dem $p(x)$ an N äquidistanten Punkten xx berechnet wird. Stets interpoliert $p(x)$ die Funktion $f(x)$ an den Tschebyschow-Punkten $x_j = \cos(j\pi/n)$ für gerades n.

5.4 Spektralmethoden von exponentieller Genauigkeit

```
x = cos(pi * (0 : n)'/n); y = feval(x); q = [.5;(−1).^((1 : n)');.5]; % Gewichte
xx = linspace(−1,1,N)'; numer = zeros(N,1); denom = zeros(N,1);
for j = 1:(n+1)
   diff = xx − x(j); ratio = q(j)./diff;      % Bestimme $q_j/(xx − x_j)$ für alle $xx$
   numer = numer + ratio * y(j);              % Summiere $q_k y_k/(xx − x_k)$ bis $k = j$
   denom = denom + ratio;                     % Summiere $q_k/(xx − x_k)$ bis $k = j$
end                    % numer und denom umfassen nun alle Terme in (5.76)
yy = numer./denom;     % $N$ Werte $yy = p(xx)$ des interpolierenden Polynoms
plot(x,y,'.',xx,yy,'−')
```

Wenn die Punktmengen x und xx überlappen, und diff einen Exponent null hat, enthält ratio NaN (*not a number*). Zwei neue Zeilen weisen $p(xx)$ den korrekten Wert $f(x)$ zu:

Nach diff $= xx − x(j)$;   **Zeile** exact(diff $== 0) = j$; % $==$ meint Gleichheit

Nach $yy =$ numer./denom; **Zeile** $jj =$ find(exact); $yy(jj) =$ feval(exact(jj));

Der direkte MATLAB-Befehl, mit dem die interpolierende Funktion $p(xx)$ bestimmt wird, verwendet $yy =$ polyval(polyfit).

Exponentielle Genauigkeit

Der schnelle Interpolationsalgorithmus erlaubt es uns, den Grad n mit geringen Kosten zu verdoppeln. Die Punkte $\cos(j\pi/n)$ werden für $2n$ wieder vorkommen, sodass die Funktionswerte feval(x) wiederverwendet werden können. Diese maximale Differenz $|f(xx) − p(xx)|$ auf dem Intervall $−1 \leq xx \leq 1$ ist durch C/n^q beschränkt, wenn die Funktion $f(x)$ gerade q Ableitungen hat. Das ist **polynomiale Konvergenz**. Wir suchen nach **exponentieller Konvergenz** mit der schnelleren Rate $C/r^n = Ce^{−n\log r}$ mit $r > 1$.

Exponentielle Genauigkeit erfordert, dass f eine *analytische Funktion* ist. Natürlich hängt r von der Lage ihrer Singularitäten ab. Die Funktion $1/(1+z^2)$ hat Polstellen bei $z = \pm i$, und Sie erwarten vielleicht $r = 1$ als Cutoff-Exponent: Das ist nicht so gut. **Der wahre Cutoff-Exponent ist $r = \sqrt{2}+1$**. Es sind keine Kreise um $z = 0$, die die Rate r für die Tschebyschow-Interpolation bestimmen. Stattdessen ergibt sich r aus einer Ellipse um das gesamte Intervall $−1 \leq x \leq 1$.

Der Exponent r

Die Ellipse $(x/a)^2 + (y/b)^2 = 1$ hat Brennpunkte bei ± 1, wenn $a^2 − b^2 = 1$ ist. Wenn f im Innern und auf dieser Ellipse analytisch ist, dann gilt

$$|f − p| \leq C/r^n \quad \text{mit} \quad r = a+b.$$

Die Ellipse $(x/\sqrt{2})^2 + y^2 = 1$ verläuft durch die Polstellen $\pm i$ (mit den Koordinaten $x = 0, y = \pm 1$). Für diese Ellipse gilt $a+b = \sqrt{2}+1$. Dieser Wert von r wird *nicht ganz* erreicht, weil *auf* der Ellipse ein Pol liegt. Jeder kleinere Wert von r wird aber erreicht, und $\sqrt{2}+1$ ist der Cutoff-Exponent.

Das ist die Tschebyschow-Interpolation. Die Ellipsen ergaben sich bereits in Abschnitt 3.4 aus der Joukowski-Abbildung $Z = \frac{1}{2}(z + z^{-1})$, die Kreise in der z-Ebene mit Ellipsen in der Z-Ebene verknüpft. Ein analytisches $f(Z)$ in der Ellipse führt auf ein analytisches $F(z)$ im Kreis.

Spektralmethoden

Die ersten Methoden hatten eine Genauigkeit fester Ordnung $O(h^p)$. Eine **Spektralmethode** ist eine Folge von Approximationen, die immer höhere Werte für p liefert. Um die Genauigkeit einer zweiten Differenz $[u(x+h) - 2u(x) + u(x-h)]/h^2$ zu erhöhen, würden wir bei einer gängigen *h-Methode* h reduzieren. Eine spektrale *p-Methode* verwendet mehr Terme, um genauere Formeln zu erhalten.

Spektralgleichungen können sehr kompliziert werden, und sie sind auf hübschen Problemen erfolgreich. Glücklicherweise produzieren reale Anwendungen häufig Gleichungen mit konstanten Koeffizienten. Die Gebiete sind Rechtecke, Kreise und Kästen. Die FFT erlaubt es, Schlüsselberechnungen in den Raum der Transformierten zu verlagern, in dem Differenzen und Ableitungen zu Multiplikationen werden.

Wir werden Spektralmethoden für die folgenden Probleme des wissenschaftlichen Rechnens beschreiben:

Numerische Integration (Quadratur) und **numerische Differentiation**

Lösen von Differentialgleichungen (Spektralkollokation, Spektralelemente).

In jedem Fall ist das Prinzip dasselbe: *Ersetze Funktionen durch Polynome hohen Grades. Integriere oder differenziere diese Polynome.*

Numerische Integration

Die numerische Quadratur approximiert ein Integral durch eine Summe an $n+1$ Berechnungspunkten:

> **Gewichte w_j, Knoten x_j**
>
> $$I = \int_{-1}^{1} f(x)\,dx \quad \text{wird ersetzt durch} \quad I_n = \sum_{j=0}^{n} w_j f(x_j). \qquad (5.79)$$

Die Gewichte werden so gewählt, dass I_n gleich I ist, wenn $f(x)$ ein Polynom vom Grad n ist. Die $n+1$ Koeffizienten in f führen auf $n+1$ lineare Gleichungen für die Gewichte $w_0, \ldots, w_n$.

Alles hängt von der Wahl der Knoten $x_0, \ldots, x_n$ ab. Wenn diese äquidistant zwischen -1 und 1 verteilt sind, haben wir eine **Newton-Cotes-Formel**. Wenn die Knoten so gewählt sind, dass sie $I = I_n$ für alle Polynome vom Grad $2n+1$ liefern, haben wir eine **Gauß-Formel**. Diese Formeln sind korrekt, wenn $f(x)$ eine kubische Funktion ist (also $n = 2$ für Newton und $n = 1$ für Gauß):

$$\textbf{Newton-Cotes} \quad \frac{1}{3}f(-1) + \frac{4}{3}f(0) + \frac{1}{3}f(1) \qquad \textbf{Gauß} \quad f\left(-\frac{1}{\sqrt{3}}\right) + f\left(\frac{1}{\sqrt{3}}\right).$$

5.4 Spektralmethoden von exponentieller Genauigkeit

Beide Formeln liefern das korrekte Ergebnis, nämlich $I = 2$ für $f(x) = 1$ und $I = 2/3$ für $f(x) = x^2$ (integriert von -1 bis 1). Die Integrale von x und x^3 sind $I = 0$, weil die Funktionen ungerade und die Integrationsregeln gerade sind. Diese Methoden sind vierter Ordnung, weil sich das erste nicht korrekte Integral für $f(x) = x^4$ ergibt:

$$\int_{-1}^{1} x^4 \, dx = \frac{1}{5} \text{ aber } \frac{1}{3}(1) + 0 + \frac{1}{3}(1) = \frac{2}{3} \text{ und } \left(\frac{-1}{\sqrt{3}}\right)^4 + \left(\frac{1}{\sqrt{3}}\right)^4 = \frac{2}{9}. \quad (5.80)$$

Newton-Cotes-Formeln lassen sich auch in allen höheren Ordnungen aufstellen, soweit wollen wir aber nicht gehen. Äquidistanz ist für Interpolation und Integration höherer Ordnung ein Problem. Die Gewichte niedrigerer Ordnung $\frac{1}{3}, \frac{4}{3}, \frac{1}{3}$ nehmen im wissenschaftlichen Rechnen einen besonderen Platz ein, weil sie auf die **Simpson-Regel** führen. Unterteile das Intervall $[-1, 1]$ in N Teilintervalle der Länge $2h = 2/N$ und wende die Regel niedriger Ordnung in jedem Teilintervall an. Dort, wo die Teilintervall aneinander angrenzen, addieren sich die Gewichte zu $\frac{1}{3} + \frac{1}{3} = \frac{2}{3}$, sodass sich das Simpson-Muster ergibt:

$$I_N = \tfrac{1}{3} h \Big[f(-1) + 4f(-1+h) + 2f(-1+2h) + \cdots + $$
$$2f(1-2h) + 4f(1-h) + f(1) \Big].$$

Im Fall $f(x) = 1$ ergibt das $I_N = 6N(h/3) = 2$. Die Formel ist einfach, und sie liefert Ergebnisse mit moderater Genauigkeit. Das Integral zu zerlegen, ist auch bei Methoden höherer Ordnung eine gute Idee. Das gilt insbesondere dann, wenn sich die Funktion selbst in glatte Stück unterteilen lässt:

Ist $f(x)$ stückweise glatt, integriert man die Stücke einzeln und addiert sie dann.

Als Goldstandard dient die Gauß-Formel mit der höchsten Genauigkeit. Die darin vorkommenden Knoten x_j sind die Nullstellen der *Legendre-Polynome*, die mit $x, x^2 - \frac{1}{3}, x^3 - \frac{3}{5}x$ anfangen. Diese Berechnungspunkte sind die Eigenwerte einer speziellen Matrix L. Die Gewichte w_j sind 2 (Quadrate der ersten Komponenten der Eigenvektoren). Die Theorie ist wunderschön, und die Berechnungen sind effizient. Der Golub-Welsch-Code von Trefethen erzeugt die w_j und x_j.

```
b = 1/2 * sqrt(1 - (2*(1:n)).^(-2)); % Nichtdiagonalelemente der Matrix L
L = diag(b,1) + diag(b,-1);          % L: symmetrisch, tridiagonal, Größe n+1
[V,X] = eig(L);                       % Eigenvektoren in V, Eigenwerte in X
x = diag(X); [x,j] = sort(x);         % Gauß-Knoten x_j sind Eigenwerte von L
w = 2*V(1,j).^2;                      % die Gewichte w_j sind alle positiv
I = w*f(x);                           % exakte Quadratur für Grad 2n+1
```

Das Legendre-Polynom $P_{n+1}(x)$ hat an diesen Punkten $x_0, \ldots, x_n$ Nullstellen. Dieses Polynom P_{n+1} ist orthogonal zu allen Polynomen $q(x)$ vom Grad $\leq n$. Das ist der Grund dafür, dass sich bei der Gauß-Quadratur eine zusätzliche Genauigkeit ergibt ($I(f) = I_n(f)$ *für jedes Polynom* $f(x)$ *vom Grad* $2n+1$). Diese doppelte Genauigkeit können wir uns veranschaulichen, wenn wir $f(x)$ durch $P_{n+1}(x)$ dividieren. Das ergibt einen Quotienten $q(x)$ und einen Rest $r(x)$:

Grad 2n+1 $f(x) = P_{n+1}(x) q(x) + r(x)$ mit Grad $q \leq n$ und Grad $r \leq n$.

Das Integral des Terms $P_{n+1}(x)q(x)$ ist exakt null (weil P_{n+1} orthogonal zu einem beliebigen q vom Grad n ist). Auch die Gauß-Quadratur ergibt für diesen Term null (weil aufgrund der Wahl der Knoten $P_{n+1}(x_j) = 0$ ist). Also bleibt die Quadraturformel für $r(x)$ übrig:

$$I = \int_{-1}^{1} f(x)\,dx = \int_{-1}^{1} r(x)\,dx \quad \text{ist gleich} \quad I_n = \sum w_j f(x_j) = \sum w_j r(x_j), \quad (5.81)$$

weil die Gewichte w_j so gewählt sind, dass sie $I = I_n$ für Grad $r \leq n$ ergeben. Also ist $I(f) = I_n(f)$.

Diese Gauß-Knoten x_j liegen in der Umgebung von -1 und 1 dichter, wie es bei den Punkten $\cos(\pi j/n)$ der Fall ist. Die einfachen Gewichte $(-1)^j$ bei der Tschebyschow-Interpolation erlauben es uns, bei der Approximation des Integrals auf die FFT zurückzugreifen. Diese „Tschebyschow-Quadratur" wurde im Jahr 1960 von Clenshaw und Curtis eingeführt, und ihre Namen werden immer noch gebraucht.

Kosinustransformation und Clenshaw-Curtis-Quadratur

Nun wählen wir in der ersten Zeile des Codes die Knoten $x_j = \cos(\pi j/n)$. Wir interpolieren $f(x)$ durch ein Polynom $p(x)$ an diesen Knoten. Die Clenshaw-Curtis-Quadratur ist das Integral von $p(x)$. Der alte Interpolationscode bestimmte $p(x)$ an anderen Punkten. Wenn wir nur an den Tschebyschow-Punkten x_j Berechnungen anstellen wollen, bringt uns die FFT weiter:

Übergang von x zu $\cos$ $I = \int_{-1}^{1} f(x)\,dx = \int_{0}^{\pi} f(\cos\theta)\sin\theta\,d\theta.$ (5.82)

Die Kosinusreihe ist der gerade Anteil der Fourier-Reihe. Sie stellt die gerade Funktion $F(\theta) = f(\cos\theta)$ mit der Periode 2π als eine Summe von Kosinusfunktionen dar. Jedes Integral von $\cos k\theta \sin\theta$ ist für ungerade k null und für gerade k gleich $2/(1-k^2)$, und diese Integrale summieren wir:

$$F(\theta) = f(\cos\theta) = \sum_{k=0}^{\infty} a_k \cos k\theta \text{ hat } \int_{-1}^{1} F(\theta)\sin\theta\,d\theta = \sum_{\text{even } k} \frac{2a_k}{1-k^2}. \quad (5.83)$$

Das ist das exakte Integral I. Numerische Berechnungen verwenden die **diskrete Kosinustransformation**. Die Funktion $F(\theta)$ wird an den $n+1$ äquidistanten Punkten $\theta = j\pi/n$ (Tschebyschow-Punkte in der Variablen x) abgetastet. Die diskrete Kosinustransformation liefert Koeffizienten A_k. Sie umfassen die korrekten a_k sowie alle Pseudokoeffizienten unter den höheren Kosinuskoeffizienten. Das ist der Preis des Samplings. Die Clenshaw-Curtis-Quadratur verwendet diese Koeffizienten A_k. Das Symbol $\sum''$ bedeutet ein halbes Gewicht für $k = 0$ und n:

5.4 Spektralmethoden von exponentieller Genauigkeit

Clenshaw-Curtis-Quadratur $\quad I \approx I_n = \sum_{\text{gerade } k}^{n} {}'' \frac{2A_k}{1-k^2}.$ (5.84)

Am Ende des folgenden Codes steht die Summe $w * A$. Bedenken Sie, dass hier die reelle diskrete Kosinustransformierte aus der komplexen Fourier-Transformierten berechnet wird. Es war Gentleman, der diese Verbindung erkannte, welche die Clenshaw-Curtis-Quadratur so schnell macht. Der Befehl dct wäre schneller, aber im Jahr 2007 war dieser Befehl nur Bestandteil der Signal Processing Toolbox (DCT und IDCT werden am Ende von Abschnitt 1.5 auf Seite 53 beschrieben). Bei reellen und geraden Eingaben ist auch die Kosinustransformierte reell und gerade – sodass die FFT einen potenziellen Faktor 4 an Effizienz verliert.

$x = \cos(\text{pi} * (0:n)'/n); fx = \text{feval}(f,x)/(2*n);$ % f an Tschebyschow-Punkten
$g = \text{real}(\text{fft}(fx([1:n+1 \ n:-1:2])));$ % die FFT liefert modifizierte a_k
$A = [g(1); g(2:n)+g(2*n:-1:n+2); g(n+1)];$ % Kosinuskoeffizienten für $\sum''$
$w = 0*x'; w(1:2:\text{end}) = 2./(1-(0:2:n).^2);$ % Integrale=Gewichte für (5.84)
$I = w*A;$ % Clenshaw-Curtis-Quadratur ist exakt, wenn f den Grad $n+1$ hat

Wie verhält sich dieses Ergebnis im Vergleich zum Ergebnis der Gauß-Quadratur? Der Unterschied in der Ordnung der Genauigkeit ($n+1$ gegenüber $2n+1$) scheint sich in der Praxis nicht so stark bemerkbar zu machen. Experimente in [158] offenbaren einen signifikanten Unterschied nur bei analytischen Funktionen $f(x)$, die von beiden Formeln mit großer Genauigkeit integriert werden. Trefethen hat gezeigt, dass sich der Clenshaw-Curtis-Fehler bei weniger glatten Funktionen mit einer Rate von $1/(2n)^k$ verringert, was mit der Rate bei der Gauß-Quadratur vergleichbar ist:

Abschätzung des Fehlers bei der Clenshaw-Curtis-Quadratur

$$|I - I_n| \leq \frac{64 \|f^{(k)}\|_T}{15\pi k(2n+1-k)^k}.$$ (5.85)

Aufgrund der guten Abtastung an den Tschebyschow-Punkten können wir den erwarteten Faktor $1/n^k$ durch $1/(2n)^k$ ersetzen. *Für alle $\theta = j\pi/n$ ist der Kosinus von $(n+p)\theta$ gleich dem Kosinus von $(n-p)\theta$.* Dann liefert die Quadratur im Fall $p \leq n$ für beide Kosinusse dasselbe Ergebnis – und zwar für $\cos((n-p)\theta)$ exakt und für $\cos((n+p)\theta)$ mit einem Fehler von nur $O(p/n^3)$:

Aliasing-Fehler $\quad I - I_n = \frac{2}{1-(n+p)^2} - \frac{2}{1-(n-p)^2} \leq \frac{Cp}{n^3}.$ (5.86)

Die Fehler der Clenshaw-Curtis-Quadratur mit 51 Punkten liegen für das 60-te und das 90-te Tschebyschow-Polynom bei .0006 und .006. Mit Gauß integrieren wir exakt, da $2n+1$ gleich 101 ist. Der Fehler für die Gauß-Integration von $T_{102}(x)$ springt aber auf -1.6.

Beachten Sie die Fehlerschranke (5.85) für Funktionen $f(x)$ mit k Ableitungen. Die Fourier-Koeffizienten fallen wie $\max |f^{(k)}(x)|/n^{k+1}$. Bei der linearen Hutfunktion ist $k = 1$, auch wenn $f'(x)$ Sprünge hat. Diese Sprünge sind in f'' Deltafunktionen, und sie verhindern $k = 2$. Funktionen, die zwar glatt aber nicht analytisch sind, führen im wissenschaftlichen Rechnen typischerweise auf **polynomiale Konvergenzraten** $\boldsymbol{h^{k+1} = 1/n^{k+1}}$.

Hier macht die erhöhte Punktdichte von $x = \cos\theta$ bei -1 und 1 aus der Maximumnorm $\|f^{(k)}\|_T =$ Integral von $|f^{(k+1)}(x)/\sqrt{1-x^2}|$. An den Endpunkten darf es Sprünge geben.

Der große Vorteil der Clenshaw-Curtis-Quadratur ist die Geschwindigkeit der Transformation. Wir können Tausende (sogar Millionen) Berechnungspunkte verwenden. Die Stabilität der FFT und die Tatsache, dass alle Gewichte w_k dasselbe Vorzeichen haben, garantieren die numerische Stabilität von I_n. Die Differenz $I_{2n} - I_n$ gibt eine einfache und realistische Abschätzung für die Genauigkeit.

Spektrale Ableitung: Äquidistante Knoten

Ableitungen von $u(x)$ aus diskreten Abtastpunkten zu bestimmen, ist ein fundamentales (und schwieriges Problem). Das in u enthaltene Rauschen wird in u' sehr verstärkt. Hier ist unser Plan zur Lösung dieses Problems:

Wir passen die Abtastpunkte von u durch eine glatte Funktion $p(x)$ an.

Wir verwenden $p'(x)$ und $p''(x)$, um $u'(x)$ und $u''(x)$ zu approximieren.

Wir beginnen mit unendlich vielen Abtastpunkten. Anschließend machen wir die Funktion periodisch. Auf den nächsten Seiten sind die Funktionen mit Tschebyschow-Knoten nicht periodisch. In Abschnitt 8.2 auf Seite 707 werden wir auf diese Idee sowie auf das schlecht gestellte und wichtige Problem der numerischen Differentiation zurückkommen (Bestimmung der Geschwindigkeit aus dem Ort).

Die zentrierte Differenz $(u(x+h) - u(x-h))/2h$ approximiert $u'(x)$ mit einer Genauigkeit von h^2. Sie verwendet nur zwei Werte von u. Wenn vier Werte u_{-2}, u_{-1}, u_1, u_2 mit den Koeffizienten $1, -8, 8, -1$, dividiert durch $12h$, verwendet werden, erhöht sich die Genauigkeit auf $O(h^4)$. Es muss Formeln geben, die sechs und acht Werte verwenden, um Ordnungen h^6 und h^8 zu erreichen. *Spektralmethoden erreichen unendliche Genauigkeit* (sie sind für Polynome exakt), *indem sie die Anzahl der Werte u_i erhöhen*. Bei äquidistanten Abtastpunkten $u_j = u(x+jh)$ werden die Koeffizienten zu $\pm 1/jh$:

Formel für die spektrale Ableitung bei unendlich vielen Knoten

$$u'(x) \approx \frac{u_1 - u_{-1}}{h} - \frac{u_2 - u_{-2}}{2h} + \frac{u_3 - u_{-3}}{3h} - \cdots \qquad (5.87)$$

Wenn die Funktion $u(x) = x$ ist, ergibt diese Formel $2 - 2 + 2 - 2 + \cdots$. Die Partialsummen $2, 0, 2, 0, \ldots$ oszillieren um den korrekten Anstieg $u'(x) = 1$.

Es liegt auf der Hand, dass wir diese Formel mit unendlich vielen Gliedern in der Praxis nicht verwenden. Das ergibt sich aus Shannons Abtasttheorem im Anhang.

5.4 Spektralmethoden von exponentieller Genauigkeit

Shannon verwendete die sinc-Funktionen, um den Deltavektor zu interpolieren. Die Zahlen in Gleichung (5.87) sind die Ableitungen dieser Funktion:

Ableitungen an Gitterpunkten

$$\frac{d}{dx}\left(\text{sinc}\,\frac{\pi x}{h}\right) = \frac{d}{dx}\frac{\sin(\pi x/h)}{\pi x/h} = \frac{(-1)^j}{jh} \quad \text{at } x = jh,\, j \neq 0. \tag{5.88}$$

Um uns eine praktischere Formel für die spektrale Differenz zu verschaffen, machen wir alle Funktionen periodisch. Wir verwenden eine gerade Anzahl $N = 2\pi/h$ von Gitterpunkten. **Die periodische sinc-Funktion psinc(x) interpoliert den periodischen Deltavektor an N Punkten mit dem Abstand h**:

Periodische sinc-Funktion

$$\text{psinc}(x) = \frac{1}{N}\sum_{-N/2}^{N/2}{}'' e^{ikx} = \frac{\sin(\pi x/h)}{(2\pi/h)\tan(x/2)} = \begin{cases} 1 & \text{bei } x = 0, \pm Nh, \ldots \\ 0 & \text{bei } x = h, \ldots, (N-1)h \end{cases}$$

Wie die Funktion sinc(x) ist diese Funktion psinc(x) bandbegrenzt. Sie enthält nur die Frequenzen $|k| \leq N/2$. (Das Symbol $\sum''$ bedeutet wieder, dass der erste und der letzte Term nur halbes Gewicht haben.) Indem wir Verschiebungen von psinc(x) kombinieren, können wir jeden beliebigen n-periodische Vektor $(u_0, \ldots, u_{N-1})$ interpolieren:

Periodische Shannon-Interpolation $\quad p(x) = \sum_{j=0}^{N-1} u_j \,\text{psinc}\,(x - jh). \tag{5.89}$

Die Ableitungen dieser Funktion $p(x)$ ergeben die periodische spektrale Ableitung. Alles, was wir brauchen, sind die Ableitungen von psinc(x) an den Gitterpunkten $x = jh$. Die Funktion psinc(x) ist gerade, sodass der Anstieg von psinc(x) an der Stelle $x = 0$ null ist. Das Analogon zu $(-1)^j/jh$ von vorhin ist periodisch:

$$\frac{d}{dx}\text{psinc}(x) = \tfrac{1}{2}(-1)^j/\tan(jh/2) \quad \text{at } x = jh,\, j \neq 0, N, \ldots \tag{5.90}$$

Wenn wir (5.90) in (5.89) einsetzen, ergibt das die Ableitungen $p'(x)$ an den Gitterpunkten $x = jh$. Eine ähnliche Formel liefert die zweiten Ableitungen $p''(jh)$. Da alles linear ist, müssen es die $N \times N$-Matrizen DP und $DP^{(2)}$ sein, mit denen die N Abtastpunkte von u multipliziert werden:

Ableitungen an den Gitterpunkten

$$p(jh) = u_j \text{ ergibt } p'(jh) = DP u_j \text{ und } p''(jh) = DP^{(2)} u_j. \tag{5.91}$$

Diese periodischen Matrizen DP und $DP^{(2)}$ für die spektrale Ableitung sind zirkulant. Ihre Diagonalen zirkulieren, sodass jedes Element N Mal vorkommt. Es folgen die Elemente von DP und $DP^{(2)}$ im Fall $N = 6$ und $h = 2\pi/6$ mit zwei der sechs zyklischen Diagonalen:

$$\begin{bmatrix} 0 & -1/2\tan(2h/2) & & & & \\ 0 & 1/2\tan(h/2) & * & & & \\ & 0 & & * & & \\ & -1/2\tan(h/2) & 0 & & * & \\ * & 1/2\tan(2h/2) & 0 & & & \\ * & -1/2\tan(3h/2) & & & 0 & \end{bmatrix} \quad \begin{bmatrix} * & -1/2\sin^2(2h/2) & & & & \\ & * & 1/2\sin^2(h/2) & * & & \\ & & -(h^2+2\pi^2)/6h^2 & & * & \\ & -1/2\sin^2(h/2) & & * & & * \\ * & 1/2\sin^2(2h/2) & & & * & \\ * & -1/2\sin^2(3h/2) & & & & * \end{bmatrix}$$

Mithilfe eines zweizeiligen Codes (N gerade) können wir die Matrix DP auf der linken Seite aus ihrer ersten Spalte erzeugen:

$c = [0 \ .5*(-1).^\wedge(1:N-1)./\tan((1:N-1)*\text{pi}/N)]'$; % erste Spalte von DP
$DP = \text{toeplitz}(c, c([1\ N:-1:2]))$; % periodische spektrale Ableitung

Da DP eine zirkulante Matrix ist, handelt es sich bei DPu um eine Faltung. In Aufgabe 5.4.13 auf Seite 527 haben Sie die Wahl zwischen direkter Multiplikation DPu und ifft(fft(c).*fft(u)) mit Rückgriff auf die FFT.

Spektrale Ableitung: Tschebyschow-Knoten

Spektralmethoden lösen Differentialgleichungen mit sehr hoher Genauigkeit, insofern sie erfolgreich sind. Sind die Gleichungen und die Randbedingungen periodisch, eignen sich äquidistante Punkte gut. Bei nichtperiodischen Funktionen $u(x)$ ist die Genauigkeit der angegebenen Formeln in der Nähe der Randpunkte dürftig.

Mit den Tschebyschow-Punkten $x_j = \cos(j\pi/h)$ verhält es sich unendlich viel besser. In diesem Abschnitt könnte ich auch davon sprechen, dass diese $N+1$ Punkte spektral besser sind. Die Ableitungsmatrix DC wird an diesen Punkten nach dem üblichen Prinzip der **spektralen Kollokation** konstruiert:

Interpolieren Sie $u(x_j)$ durch $p(x_j)$. Dann sind die Komponenten von DCu die $p'(x_j)$.

Im Fall $N = 1$ sind die Punkte $x_0 = 1$ und $x_1 = -1$. Die Interpolation liefert eine Gerade:

$$p(x) = \ell_0(x)u_0 + \ell_1(x)u_1 = \frac{1+x}{2}u_0 + \frac{1-x}{2}u_1 \qquad p'(x) = \frac{1}{2}(u_0 - u_1).$$

Im Fall $N = 2$ sind die Punkte $x_0 = 1, x_1 = 0, x_2 = -1$. Die Interpolation liefert eine Parabel:

$$p(x) = \frac{x(x+1)}{2}u_0 + (1-x^2)u_1 + \frac{x(x-1)}{2}u_2,$$
$$p'(x) = \left(x+\frac{1}{2}\right)u_0 - 2xu_1 + \left(x-\frac{1}{2}\right)u_2.$$

Die Werte $p'(x_j)$ kommen in die j-te Zeile der Matrix DC. Mit diesen Werten werden die einzelnen u multipliziert, um $u'(x_j)$ zu approximieren:

5.4 Spektralmethoden von exponentieller Genauigkeit

$$DC_1 u = \frac{1}{2}\begin{bmatrix} 1 & -1 \\ 1 & -1 \end{bmatrix}\begin{bmatrix} u_0 \\ u_1 \end{bmatrix} \quad \text{und} \quad DC_2 u = \frac{1}{2}\begin{bmatrix} 3 & -4 & 1 \\ 1 & 0 & -1 \\ -1 & 4 & -3 \end{bmatrix}\begin{bmatrix} u_0 \\ u_1 \\ u_2 \end{bmatrix}. \quad (5.92)$$

Die Zeilensumme der Elemente in jeder Matrix DC ist null, weil $u = (1,\ldots,1)$ Ableitung = null liefern muss. Die mittlere Zeile der Matrix DC_2 liefert die zentrierte Differenz zweiter Ordnung. Die erste und die dritte Zeile der Matrix DC_2 sind bei *einseitigen Differenzen* (nützliche Formeln) auch von der Genauigkeit zweiter Ordnung. Alle drei Zeilen der Matrix $(DC_2)^2$ ergeben $1,-2,1$. Das ist $p''(x)$ für die Parabel. Der Sinn von DC_N besteht darin, spektrale Genauigkeit $O(h^N)$ zu bieten, indem $N+1$ Werte von u verwendet werden.

```
function [DC,x] = chebdiff(N)     % DC=Ableitungsmatrix auf Tschebyschow-Gitter
x = cos(pi*(0:N)/N)';  c = [2; ones(N-1,1); 2] .*(-1).^(0:N)';
X = repmat(x,1,N+1); dX = X - X';
DC = (c*(1./c)')./(dX+(eye(N+1)));   % Nichtdiagonalelement von DC
DC = DC - diag(sum(DC'));            % Zeilensumme von DC = DC_N ist null
```

Spektralmethoden für Differentialgleichungen

Spektralmethoden sind die numerische Umsetzung des klassischen Prinzips „Trennung der Variablen". Sie führen auf Lösungen in Form von unendlichen Reihen. Oft sind die Funktionen Sinus- oder Kosinusfunktionen in x, die mit Exponentialfunktionen in t multipliziert werden. Solche Formeln dominierten das Thema, bevor finite Differenzen und finite Elemente in der Praxis schnell handhabbar wurden. Mit dem Einzug der schnellen Computer gerieten die speziellen Formeln ins Hintertreffen, weil sie unflexibel sind – häufig auf Gleichungen mit konstanten Koeffizienten auf einem Quadrat, einem Kreis, einem Kasten oder einer Kugel beschränkt.

Diese alten Methoden haben ein Comeback erfahren. Wir werden sie in Abschnitt 6.1 auf Seite 529 verwenden, um den Unterschied zwischen $u_t = u_x$, $u_t = u_{xx}$ und $u_t = u_{xxx}$ zu erkennen. Es springen spezielle Lösungen heraus, wenn wir uns $u = e^{-i\omega t}e^{ikx}$ ansehen. In der Praxis kann die FFT Spektralmethoden beeindruckend schnell machen, wenn die Eigenfunktionen Fourier-Reihen sind. (Das Wort *Spektrum* bezieht sich auf die Menge der Eigenwerte.) In der Regel arbeitet die FFT mit äquidistanten Punkten. Trotzdem wurde der C-Code unter math.uni-luebeck.de/potts/nfft so geschrieben, dass er ungleiche Abstände zulässt.

In diesem Abschnitt ging es hauptsächlich darum, dass wir in der Nähe des Randes mehr Gitterpunkte brauchen. Tschebyschow besiegt hier Fourier, wenn wir auf stabilen Berechnungen bestehen, die Randbedingungen berücksichtigen. Daher entwerfen wir auf den nächsten Seiten „Ableitungsmatrizen", die die exponentielle Genauigkeit der klassischen Reihenlösungen retten können. Wir verlieren die enorme Einfachheit von $(e^{ikx})' = ike^{ikx}$. Und wir können die Flexibilität finiter Elemente nicht erreichen. Dennoch haben Tschebyschow-Spektralmethoden, mit denen exponentielle Genauigkeit erreicht werden soll, ihren Platz gefunden.

Beispiel 5.25 Lösen Sie die Differentialgleichung $u'' = 12x^2$ mit der Tschebyschow-Spektralmethode. Die Randbedingungen lauten $u(1) = u(-1) = 0$. Die tatsächliche Lösung ist $u(x) = (x^4 - 1)$.

Lösung Ersetzen Sie d^2/dx^2 durch die Quadratmatrix DC^2. Streichen Sie die ersten und letzten Zeilen und Spalten, um die Randbedingungen $U(-1) = U(1) = 0$ einzuführen. Da der DC-Code von vorhin bei null startete, brauchen wir die kleinere Matrix $A = DC^{\wedge}2\,(2:\text{end}-1, 2:\text{end}-1)$.

Das ist **spektrale Kollokation**. Die Gleichung $U'' = 12x^2$ ist an den Tschebyschow-Punkten x_j exakt erfüllt. Die rechte Seite von $AU = F$ muss $F = \cos^{\wedge}2(\text{pi} * (1:N-1)/N)$ sein. In Aufgabe 5.4.17 auf Seite 528 sollen Sie prüfen, ob an den Tschebyschow-Punkten $U = u = x^4 - 1$ gilt.

Beispiel 5.26 Lösen Sie die nichtlineare Differentialgleichung $u'' = e^u$ mit der Tschebyschow-Spektralmethode. Die Randbedingungen lauten $u(1) = u(-1) = 0$.

Lösung Nun ist die diskrete Gleichung $AU = F(U)$. Wir können $AU^{i+1} = F(U^i)$ iterieren oder das Newton-Verfahren anwenden, denn die Ableitungen in der Jacobi-Matrix $J = A - F'(U)$ lassen sich leicht berechnen: $F(U) = U.*U$ ergibt $F'(U) = \text{diag}(2*U)$.

Beispiel 5.27 Die Eigenwerte von $u'' = \lambda u$ mit $u(1) = u(-1) = 0$ sind $\lambda = -k^2\pi^2/4$. Vergleichen Sie das mit eig(A).

Lösung Trefethen unterstreicht den Wert dieses Beispiels. Bei $N = 36$ bestimmt sein Code 15 Eigenwerte sehr gut und 6 weitere mit annehmbarer Genauigkeit. Eigenwert 25 ist hingegen nur auf eine Stelle genau, und Eigenwert 30 liegt um einen Faktor 30 daneben. Dass die Fehler $\lambda_k - \lambda_{k,N}$ schnell mit k wachsen, ist auch typisch für Eigenwerte aus finiten Differenzen und finiten Elementen. Nur ein Teil (bei A ist es $2/\pi$) der N berechneten Eigenwerte ist verlässlich.

Der Grund liegt in den Eigenfunktionen $u_k(x) = \sin(k\pi(x+1)/2)$. Sie oszillieren mit zunehmendem k schneller. Die gewöhnlichen Fehlerschranken enthalten Ableitungen von $u_k(x)$ und daher Potenzen von k. Direkter gesagt: **Das Gitter ist nicht fein genug, um die Oszillationen in** $\sin(15\pi(x+1))$ **aufzulösen**. Bei $N = 36$ hat das Gitter in der Nähe des Mittelpunkts $x = 0$ keine zwei Punkte pro Wellenlänge. Daher kann das Gitter die Welle nicht erfassen. Der maximale Eigenwert von A wächst wie N^4, also viel zu schnell.

Für den Laplace-Operator in zwei Dimensionen ist die Kollokationsmatrix $A2D = \text{kron}(I,A) + \text{kron}(A,I)$. Denken Sie daran, dass die Matrix A für spektrale Genauigkeit eine volle Matrix ist. Dann sind die Blöcke auf der Diagonalen von kron(I,A) voll. Noch wichtiger ist, dass kron(A,I) ein Vielfaches von I in allen N^2 Blöcken enthält. Wenn wir mit spektraler Genauigkeit arbeiten, können die Matrizen $A2D$ allerdings wesentlich kleiner sein als bei finiten Differenzen, um eine Lösung von gleicher Qualität zu erzielen. Darüber hinaus erzeugt die Spektralmethode ein Polynom, das an jedem Punkt x berechnet werden kann, und nicht nur eine Finite-Differenzen-Approximation U an den Gitterpunkten.

5.4 Spektralmethoden von exponentieller Genauigkeit

Bei unserer spektralen Kollokation ist *die Matrix A nicht symmetrisch*. Wir erkennen das in Gleichung (5.87) für *DC* auf Seite 520. Das Spektral-Galerkin-Verfahren verwandelt $U'' = \lambda U$ in dieselbe integrierte Form (schwache Form), die auf Gleichungen finiter Elemente führten. An den Gitterpunkten haben wir nicht $U'' = \lambda U$ (Kollokation wird auch als **pseudospektral** bezeichnet). Was wir haben, ist $-\int U'V' dx = \lambda \int UV dx$ für geeignete Testfunktionen V. Diese Integrale werden durch Gauß-Quadratur an Legendre-Punkten oder durch Clenshaw-Curtis-Quadratur an Tschebyschow-Punkten berechnet.

Kollokation oder Galerkin-Verfahren, für welches Verfahren soll man sich entscheiden? Viele Autoren sind der Ansicht, dass das Galerkin-Verfahren zuverlässiger und effektiver ist und sich die Beweise leichter führen lassen. (Spektralmethoden können anspruchsvoll sein, aber sie bieten eine so verlockende Genauigkeit). Die Lehrbücher [30, 53, 157, u. a.] helfen Ihnen, das Bild zu vervollständigen, das wir hier nur skizzieren können. Ich erwähne die Begriffe „Spektralelemente" und „Mortar-Elemente" als Bindeglieder zu der umfangreichen und wachsenden Literatur zu diesem Thema.

Historisch betrachtet, umfasst diese Literatur erste Ideen von Lanczos (1938). Die schnelle Entwicklung setzte ein, nachdem Orszag 1971 im Journal of Fluid Mechanics einen Artikel veröffentlichte, in dem er sich mit der Reynolds-Zahl beim Einsetzen von Turbulenz in einer laminaren Strömung beschäftigte. Die beiden anderen führenden Techniken zur Lösung von Differentialgleichungen waren zu diesem Zeitpunkt bereits etabliert:

1950er Jahre: Finite-Differenzen-Methoden
1960er Jahre: Finite-Elemente-Methoden
1970er Jahre: Spektralmethoden

In unserer Zusammenstellung von Schlüsselanwendungen dürfen Anfangswertprobleme nicht fehlen. Der Einfachheit halber wählen wir $u_t = u_x$ und $u_t = u_{xx}$. Die räumliche Diskretisierung könnte äquidistant mit der Matrix *DP* (periodischer Fall, durch Spektral-Fourier) sein oder durch Tschebyschow-Punkte mit der Matrix *DP* (nicht periodischer Fall auf dem Intervall $[-1,1]$) erfolgen. Die Zeitdiskretisierung kann das Leapfrog-Verfahren oder die Trapezregel aus Abschnitt 2.2 verwenden. Runge-Kutta-Verfahren und ganze Familien von expliziten, impliziten und steifen Verfahren werden wir noch in Abschnitt 6.2 behandeln.

Beispiel 5.28 Lösen Sie die Differentialgleichungen $u_t = u_x$ und $u_t = u_{xx}$ mit der Anfangsbedingung $u(x,0) = \text{sign}(x)$ (Rechteckwelle) auf $-1 \leq x \leq 1$.

Lösung Periodische Randbedingungen für $u_t = u_x$ führen auf $U_t = DPU$, wobei *DP* die zirkulante Matrix aus Gleichung (5.91) auf Seite 521 ist. Die echte Lösung dieser Gleichung ist $u(x,t) = \text{sign}(x+t)$, eine Rechteckwelle, die sich nach links bewegt (und aufgrund der Periodizität wieder am rechten Rand $x = 1$ auftaucht). Eine Spektralmethode kann mit den Sprüngen in der Rechteckwelle erfolgreich umgehen, obwohl sie insbesondere für analytische Funktionen entwickelt wurde.

Wenn die Randbedingungen zur Gleichung $u_t = u_{xx}$ null sind, ergibt das $U_t = AU$. Dabei ist *A* weiterhin die quadrierte Tschebyschow-Ableitungsmatrix DC^2, in der alle Randelemente gestrichen wurden. Die echte Lösung der Wärmeleitungsgleichung $u_t = u_{xx}$ weist einen sehr schnellen Abfall aller hohen Frequenzen von $e^{-k^2 t}$ auf:

Rechteckwelle aus Abschnitt 4.1

$$u(x,0) = \frac{\sin \pi x}{1} - \frac{\sin 3\pi x}{3} + \frac{\sin 5\pi x}{5} - \cdots \qquad (5.93)$$

Echte Lösung

$$u(x,t) = \frac{e^{-\pi^2 t} \sin \pi x}{1} - \frac{e^{-9\pi^2 t} \sin 3\pi x}{3} + \frac{e^{-25\pi^2 t} \sin 5\pi x}{5} - \cdots . \qquad (5.94)$$

Die Lösung von $U_t = AU$ (diskret in x) hat aus den Eigenwerten denselben $e^{-\lambda t}$-Abfall. Anfangs sind die Eigenvektoren von A nahe bei $\sin k\pi x$, und auch der Eigenwert λ liegt nahe bei $-k^2 \pi^2$, sodass $U - u$ klein ist. Kommt aber die Zeitdiskretisierung ins Spiel, wird die Größe von Δt zu einem ernsthaften Problem. Das gilt insbesondere für das Leapfrog-Verfahren.

Dieses Stabilitätsproblem ist Gegenstand von Kapitel 6. Lassen Sie mich im Moment dazu nur sagen, dass dieses Problem für Tschebyschow schlimmer ist als für Fourier, weil sich die Gitterpunkte bei Tschebyschow in der Nähe der Randpunkte von $[-1,1]$ häufen. Die Grenzen für Δt werden durch die maximalen Eigenwerte der Matrizen DP und A bestimmt, die $O(N)$ und $O(N^4)$ sind. Zur Lösung von $u_t = u_x$ sind explizite Verfahren attraktiv, aber mit Sicherheit nicht für $u_t = u_{xx}$ mit Spektral-Tschebyschow-Verfahren. Und die folgenden maximalen Eigenwerte sagen uns, warum das so ist:

$$\text{(Fourier für } u_x\text{)} \quad \Delta t \leq \frac{C}{N} \qquad \text{(Tschebyschow für } u_{xx}\text{)} \quad \Delta t \leq \frac{C}{N^4}.$$

Ich erspare Ihnen die wilden Oszillationen, die sich bei zu groß gewählten Zeitschritten ergeben. Mit impliziten Verfahren kann man das umgehen. Beachten Sie, dass wir Linienverfahren verwenden, indem wir uns zuerst $U_t = DPu$ und $U_t = AU$ widmen und anschließend separat den finiten Differenzen in der Zeit.

Das Linienverfahren ist sehr effizient. Wählen Sie eine räumliche Diskretisierung durch finite Differenzen, finite Elemente oder eine Spektralmethode. Dann rufen Sie einen zeitdifferenzierenden Code wie ode45 oder ode15s auf, der von Experten so entworfen wurde, dass er auch bei steifen Problemen wie $U_t = AU$ die gewünschte Genauigkeit liefert. Mit all diesen Dingen werden wir uns gleich in Kapitel 6 beschäftigen.

Aufgaben zu Abschnitt 5.4

Die Aufgaben 5.4.1–5.4.2 befassen sich mit Eigenschaften der Tschebyschow-Polynome.

5.4.1 Integrieren Sie $T_n(x)$, indem Sie die Formel $\cos n\theta \sin \theta = \frac{1}{2}[\sin(n-1)\theta - \sin(n+1)\theta]$ für gerade n verwenden:

5.4 Spektralmethoden von exponentieller Genauigkeit

$$\int_{-1}^{1} T_n(x)\,dx = \int_0^{\pi} \cos n\theta \sin\theta\,d\theta = \frac{1}{2}\left[\frac{-2}{n-1} - \frac{-2}{n+1}\right] = \frac{2}{1-n^2} \text{ in (5.83)}.$$

5.4.2 Die „**erzeugende Funktion**" $G(x,u) = \sum_0^\infty T_n(x)u^n$ kodiert alle Tschebyschow-Polynome in einer wichtigen Weise. Bestimmen Sie den Realteil von $\sum e^{in\theta} u^n$:

$$\mathrm{Re}\left(\sum_0^\infty e^{in\theta} u^n\right) = \mathrm{Re}\left(\frac{1}{1-ue^{i\theta}}\right) \stackrel{?}{=} \frac{1 - u\cos\theta}{1 - 2u\cos\theta + u^2} = \frac{1-ux}{1-2ux+u^2} = G.$$

5.4.3 Was ist $T_m(T_n(x))$?

5.4.4 Versuchen Sie, $y = e^x$ mit dem MATLAB-Befehl $a = \text{polyfit}(x,y,N)$ an $N+1$ äquidistanten Punkten $x = (0:N)/N$ zu interpolieren. Bei welchem Wert von N bricht diese Berechnung der Koeffizienten in $p_N(x) = a_0 + \cdots + a_N x^N$ zusammen?

5.4.5 Stellen Sie die interpolierenden Polynome $p_N(x)$ aus Aufgabe 5.4.4 mithilfe des Befehls polyval(polyfit) grafisch dar. Bei welchem N macht die Instabilität der äquidistanten Interpolation $p_N(x)$ nutzlos?

5.4.6 Wiederholen Sie die Aufgaben 5.4.4 und 5.4.5 für die Interpolation an den Tschebyschow-Punkten $\cos(j\pi/N)$: polyfit arbeitet für die Koeffizienten schlechter, polyval liefert aber ein besseres Polynom p_N.

5.4.7 Liefert der im Text angegebene Code von Berrut-Trefethen für größere N ein besseres Polynom $p_N(x)$ als polyval(polyfit), wenn Sie die Werte von $y = 1/(1+x^2)$ an den Tschebyschow-Knoten verwenden?

5.4.8 Berechnen Sie die folgenden Integrale (und Fehler) mithilfe des Codes zur Gauß-Quadratur: (a) $\int_{-1}^{1} x^{2N+2}\,dx$, $N = 1,3,5$, (b) $\int_{-1}^{1} \frac{dx}{\sqrt{1-x^2}}$, $N = 3,7,11$.

5.4.9 Berechnen Sie dieselben Integrale mithilfe des Clenshaw-Curtis-Codes (für dasselbe N). Vergleichen Sie die Ergebnisse für den Fall $N = 1024$.

5.4.10 Bestimmen Sie den Unterschied zwischen Gauß, Clenshaw-Curtis und der gewöhnlichen Trapezregel mit 10 Punkten für die periodische Funktion $f(x) = 1/(5+4\cos\pi x)$ auf dem Intervall $[-1,1]$:

$$I_{\text{Trapez}}(f) = \frac{2}{10}\left[\frac{1}{2}f(-1) + f(-.8) + \cdots + f(.8) + \frac{1}{2}f(1)\right].$$

5.4.11 Was sind die periodischen Spektral-Ableitungsmatrizen DP und $DP^{(2)}$ (aus dem Code oder direkt bestimmt) für $N = 2$?

5.4.12 Vergleichen Sie für die Funktion $u(x) = \sin k\pi x$ die exakte Ableitung an der Stelle $x = \frac{1}{2}$ mit dem Ergebnis aus DPu für die großen $k = 100$ und 1000. Versuchen Sie es mit dem kleinen $N = 6$ und den großen $N = 1024$ und $N = 4096$ mithilfe der Matrix DP direkt oder mithilfe der Faltungsregel ifft(fft(c).*fft(u)).

5.4.13 Überzeugen Sie sich mithilfe des MATLAB-Codes für die 6-Punkt-Spektral-Ableitungsmatrix DP, dass $(DP)^2$ die über dem Code angegebene zirkulante Matrix ist.

5.4.14 Wenden Sie die periodische Spektralableitung auf die glatte Funktion $p(x) = \exp(\sin(x))$ an, um die Abbildungen auf Seite 22 von [157] zu reproduzieren.

5.4.15 Wenden Sie die Tschebyschow-Ableitung $DC_2 u$ aus Gleichung (5.92) auf Seite 523 solange auf die Potenzen $u = 1, x, x^2, \ldots$ an, bis das Ergebnis falsch ist.

5.4.16 Verwenden Sie den Code chebdiff, um DC_4 zu bestimmen. Wenden Sie $DC_4 u$ solange auf $u = 1, x, x^2, \ldots$ an, bis die Antwort falsch ist. Denken Sie dabei daran, dass dies u' an den Tschebyschow-Punkten ergibt.

5.4.17 In Beispiel 5.25 auf Seite 524 wird die Differentialgleichung $u'' = 12x^2$ durch spektrale Kollokation mithilfe von DC^2 gelöst. Bestimmen Sie die Fehler $U - u$ an den Tschebyschow-Punkten für $N = 2, 3, 4$, wenn $u = x^4 - 1$ ist.

5.4.18 In Beispiel 5.26 auf Seite 524 geht es um $u'' = e^u$ mit $u(1) = u(-1) = 0$. Die diskrete Matrix A ist $(DC_N)^2$. Erste und letzte Zeile sowie erste und letzte Spalte wurden gestrichen.

(a) Lösen Sie die einzelne Gleichung $AU = F(U)$ per Hand, indem Sie $(DC_2)^2$ aus Gleichung (5.92) auf Seite 523 verwenden.

(b) Lösen Sie $AU = F(U)$ mithilfe von $(DC_4)^2$, indem Sie $AU^{i+1} = F(U^i)$ mit $U^0 = 0$ iterieren.

5.4.19 In Beispiel 5.27 auf Seite 524 wird $u'' = \lambda u$ durch $AU = \Lambda U$ approximiert. Stellen Sie die Fehler $\lambda_k - \Lambda_k$ für $k = 1, \ldots, 10$ grafisch dar. Verwenden Sie DC_{12} und DC_{20}, um die Matrix A zu erzeugen.

Kapitel 6
Anfangswertprobleme

6.1 Einführung

Die Laplace-Gleichung funktioniert nicht als Anfangswertproblem. Bei $t = 0$ startend wird fast jede Lösung der Gleichung $u_{tt} + u_{xx} = 0$ divergieren. Die einfachsten Lösungen, denen man folgen kann, sind reine Exponentialfunktionen $\boldsymbol{u} = e^{-i\omega t} e^{ikx}$, wo t und x separiert sind:

Substituiere $u = e^{-i\omega t} e^{ikx}$: $\qquad (-\omega^2 - k^2) e^{-i\omega t} e^{ikx} = 0$. $\hfill (6.1)$

Dies führt auf $\omega^2 = -k^2$ und $\omega = \pm ik$. Für die beiden Lösungen ergibt sich $u = e^{-kt} e^{ikx}$ und $\boldsymbol{u} = e^{kt} e^{ikx}$. Die divergierende Lösung ist fett gedruckt. Eine hohe Frequenz k für die räumliche Komponente erzeugt exponentielles Wachstum e^{kt}, es sei denn, dies wird durch eine Randbedingung verhindert.

In diesem Kapitel behandeln wir Anfangswertprobleme. Der Test, dem wir eben die Laplace-Gleichung unterzogen haben (und den diese nicht bestanden hat), verbindet ω mit k. Diese $k-\omega$-Relation bestimmt das zeitliche Verhalten $e^{-i\omega t}$ für jede Frequenz e^{ikx} im Raum. Nach Fourier lassen sich sehr allgemeine Funktionen aus den Oszillationen e^{ikx} zusammensetzen. Deshalb ist die Relation zwischen ω und k so wichtig, insbesondere für lineare Gleichungen mit konstanten Koeffizienten.

Im Folgenden sind fünf wichtige Gleichungen zusammengestellt, die uns in diesem Kapitel begleiten werden. Durch die Substitution $u = e^{-i\omega t} e^{ikx}$ findet man jeweils die sogenannte Dispersionsrelation, d. h. die eben kurz diskutierte Relation zwischen ω und k.

- **Wellengleichung** $u_{tt} = c^2 u_{xx}$ $\qquad \omega = \pm ck$, konservativ
- **Wärmeleitungsgleichung** $u_t = u_{xx}$ $\qquad \omega = -ik^2$, dissipativ
- **Konvektion-Diffusion** $u_t = cu_x + u_{xx}$ $\qquad \omega = -ck - ik^2$, dissipativ
- **Schrödinger-Gleichung** $iu_t = u_{xx}$ $\qquad \omega = -k^2$, dispersiv
- **Airy-Gleichung** $u_t = u_{xxx}$ $\qquad \omega = k^3$, dispersiv

Diesen Gleichungen sowie ihren Verallgemeinerungen auf variable Koeffizienten (c abhängig von x) und auf Nichtlinearitäten (c abhängig von u) werden wir den größten Teil unsrer Aufmerksamkeit widmen. Die Wellengleichung ist fundamental für die Mechanik und die Physik überhaupt, spielt aber auch eine wichtige Rolle in der Biologie und in den Ingenieurwissenschaften.

Es ist recht nützlich, den Faktor $e^{-i\omega t}$ für jede der fünf Gleichungen explizit aufzuschreiben:

$$|e^{ickt}| = 1 \quad e^{-k^2 t} \to 0 \quad e^{ickt - k^2 t} \to 0 \quad |e^{ik^2 t}| = 1 \quad |e^{-ik^3 t}| = 1 \qquad (6.2)$$

Die dissipativen Gleichungen verlieren Energie (zuerst in den hohen Frequenzen). Die Oszillationen der Anfangsfunktion $u(x,0)$ werden geglättet. Die Konvektions-Diffusions-Gleichung transportiert diese Anfangsfunktion wie eine Welle mit der Geschwindigkeit c und glättet sie gleichzeitig. In den Navier-Stokes-Gleichungen tritt die gleiche Konkurrenz zwischen Wellenbewegung und Dissipation auf, dort sind aber die Wellen nichtlinear ($(c = c(u))$) und werden häufig steiler. Dieser nichtlineare Wettstreit zwischen *globaler Glättung* und *lokalen Schocks* (kontrolliert durch die Reynolds-Zahl) macht die Flüssigkeitsdynamik zu einem so faszinierenden und komplizierten Thema.

Die $G - k$-Relation für finite Differenzen

All diese Eigenschaften finden sich auch bei finiten Differenzen wieder. Außerdem kommt eine neue und potentiell sehr unangenehme Möglichkeit hinzu: *numerische Instabilität*. Eine Differenzengleichung hat ihre eigene $\omega - k$-Relation.

Nur in bestimmten Fällen entspricht sie der Relation für den stetigen Fall, nämlich für kleine k. Für große k kann sie völlig anders aussehen. Hierzu ein Beispiel auf Grundlage der Wärmeleitungsgleichung $u_t = u_{xx}$, bei dem zeitliche Vorwärtsdifferenzen der Approximation U verwendet werden. Die Matrix $-K$ der zweiten Differenzen erzeugt $U(x + \Delta x, t) - 2U(x,t) + U(x - \Delta x, t)$:

Finite Differenz Wärmeleitungsgleichung
$$\frac{U(x, t + \Delta t) - U(x,t)}{\Delta t} = -\frac{KU(x,t)}{(\Delta x)^2}. \qquad (6.3)$$

Wiederum sehen wir uns an, was mit reinen Exponentialfunktionen e^{ikx} passiert. Die zeitliche Entwicklung wird durch einen **Einschritt-Wachstumsfaktor** $G(k)$ bestimmt. Für einen einzelnen Zeitschritt und für eine kleine Frequenz k liegt dieser Faktor in der Nähe des korrekten $e^{-i\omega \Delta t}$, doch für hohe Frequenzen sieht G anders aus. Wir setzen $U = G^n e^{ikx}$ in die obige Differenzengleichung ein, um den Wachstumsfaktor G zu bestimmen:

$$\boldsymbol{U(x, n\Delta t) = G^n e^{ikx}} \quad \left(\frac{G-1}{\Delta t}\right) U = \left(\frac{2\cos k\Delta x - 2}{(\Delta x)^2}\right). \qquad (6.4)$$

Schlussfolgerung: Der Faktor G hängt stark vom Gitterverhältnis $R = \Delta t/(\Delta x)^2$ ab:

Wachstumsfaktor $\quad G = 1 + R(2\cos k\Delta x - 2). \qquad (6.5)$

6.1 Einführung

Die Größe von G sagt etwas aus über die **Stabilität des Verfahrens**: Für $|G| > 1$ wächst G^n zu schnell. Nehmen wir $k\Delta x = \pi$ und $\cos k\Delta x = -1$ an. Dann ist im Fall $R > \frac{1}{2}$ die finite Differenzengleichung instabil, denn es gilt $|G| > 1$. Die Testlösung $U = G^n e^{ikx}$ divergiert:

Instabilität Für $R = \dfrac{\Delta t}{(\Delta x)^2} > \dfrac{1}{2}$ ist $G = 1 + R(-4)$ kleiner als -1. (6.6)

Die Stabilitätsbedingung $R \le \frac{1}{2}$ schränkt Δt stark ein. Wenn Δx klein ist (was für eine gute Genauigkeit erforderlich ist), dann muss Δt aus Stabilitätsgründen kleiner sein als $\frac{1}{2}(\Delta x)^2$. Gesucht ist deshalb eine stabilere Differenzenapproximation. Die Konstruktion solcher Approximationen ist ein wichtiges Thema dieses Kapitels.

Ob stabil oder nicht, ist G zumindest konsistent mit dem korrekten Faktor $e^{-k^2 \Delta t}$, solange k klein ist (niedrige Frequenz, glatte Funktion). Dann ist $\theta = k\Delta x$ ein kleiner Winkel und es gilt näherungsweise $2\cos\theta - 2 \approx -\theta^2$:

Konsistenz $G \approx 1 + \dfrac{\Delta t}{(\Delta x)^2}(-k^2(\Delta x)^2) = 1 - k^2\Delta t \approx e^{-k^2\Delta t}$. (6.7)

Fourier-Lösung

Wenn eine Gleichung konstante Koeffizienten hat und keine Randbedingungen zu erfüllen sind, dann ist die Lösung $u(x,t)$ eine Kombination aus reinen Exponentialfunktionen $e^{-i\omega t}e^{ikx}$. Dies ist das Ziel der Fourier-Analyse: **Schreiben Sie $u(x,0)$ als Kombination von Exponentialtermen $\widehat{u}(k,0)\,e^{ikx}$ und betrachten Sie die zeitliche Entwicklung jeder einzelnen Komponente.** Diese Lösungen $e^{-i\omega t}e^{ikx}$ rekombinieren sich zu $u(x,t)$:

Fourier-Lösung $u(x,t) = \displaystyle\int_{k=-\infty}^{\infty} e^{-i\omega t} e^{ikx} \widehat{u}(k,0)\, dk$ mit $\omega = \omega(k)$. (6.8)

Beispiel 6.1 Um die Effekte von Dissipation und Dispersion zu sehen, lösen wir drei Gleichungen:

- $u_t = u_x$ ($\omega = -k$, die Lösungen $e^{ik(x+t)}$ bewegen sich nach links),
- $u_t = u_{xx}$ ($\omega = -ik^2$, die Energie wird wegen $e^{-k^2 t}$ dissipiert),
- $u_t = u_{xxx}$ ($\omega = k^3$, konstante Energie, Frequenzen zerlaufen wegen $e^{-ik^3 t}$).

Die Anfangsbedingung $u(x,0)$ ist in allen drei Fällen gleich. Wir wählen eine periodische Rechteckfunktion, die für $|x| \le \frac{\pi}{2}$ gleich 1 ist. Die gestrichelte Kurve in Abbildung 6.1 ist $\cos x + \cos 2x$.

Die Lösung der Gleichung $u_t = u_x$ ist eine sich in eine Richtung ausbreitende Welle. In Abschnitt 6.3 werden wir sehen, dass sich $u(x,t)$ formstabil nach links bewegt, bis der Rand erreicht ist. Für die Diffusionsgleichung $u_t = u_{xx}$ enthält das

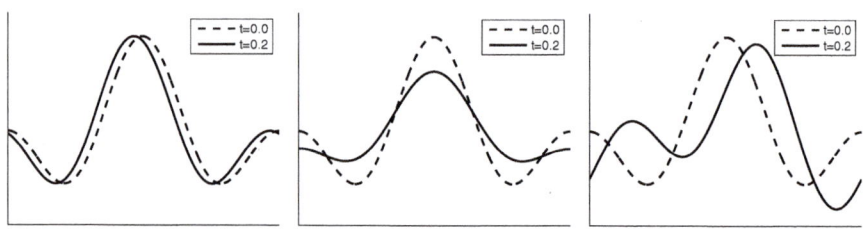

Abb. 6.1 Lösungen für $u_t = u_x$, $u_t = u_{xx}$, $u_t = u_{xxx}$; Start jeweils mit $u(x,0) = \cos x + \cos 2x$. Die höhere Frequenz bewegt sich schneller mit u_{xxx} und zerfällt schneller mit u_{xx}.

Integral in der Fourier-Formel (6.8) die „Fehler-Funktion", die sich nicht in geschlossener Form ausdrücken lässt, aber wegen ihrer großen Bedeutung in sorgfältig tabulierter Form vorliegt.

Für $u_t = u_{xxx}$ begegnen wir der Airy-Funktion, die zwar nicht ganz so berühmt ist, aber auf perfekte Weise das Wesen der **Dispersion** illustriert: **Unterschiedliche Frequenzen bewegen sich mit unterschiedlichen Geschwindigkeiten.** Aus diesem Grund laufen, wie im rechten Teil von Abbildung 6.1 zu sehen ist, die Fourier-Moden auseinander.

Im Folgenden ein Programmcode, der es Ihnen gestattet, mit verschiedenen c in $u(x,0) = \sum_{0}^{n} c_k e^{ikx}$ zu experimentieren. Für $n = 3$ oder $n = 5$ sehen Sie jede einzelne Welle; $n = 40$ zeigt das Paket.

```
n = 40;                                    % Anzahl der Fourier-Moden
c = [.5 2/pi*i.^(0:n-2)./(1:n-1).*mod(1:n-1,2)]; % die Hälfte der c_k sind 0
x = linspace(-pi,pi,1000);                 % 1000 äquidistante Punkte
u0 = real(c*exp(i*(0:n-1)'*x));            % approximierte Rechteckfunktion
for t = 0:.01:1;
  clf
  for xderiv = 1:3                         % Anzahl der Ableitungen
    subplot(2,2,xderiv)
    ct = c.*exp((i*(0:n-1)).^xderiv*t);    % Koeffizienten c_k e^{-iωt} in u
    plot(x,u0,'c:',x,real(ct*exp(i*(0:n-1)'*x)),'r-')
    axis([-pi pi -.5 1.5])
    title(sprintf('u_t = u_{%dx}',xderiv))
  end
  drawnow
end
```

Duhamel-Formel

Zur Zeit t wird ein Quellterm $f(x,t)$ hinzugefügt. Diese Eingabe beginnt in der gleichen Weise zu wachsen oder zu fallen wie $u(x,0)$ wächst oder fällt. Zu einem späteren Zeitpunkt T hat sich die **Quelle $f(x,t)$ über eine Zeitspanne $T - t$** ent-

6.1 Einführung

wickelt. Dann werden für die Lösung unserer linearen Gleichung $u_t = Lu + f(x,t)$ einfach alle Beiträge zur Zeit T von allen Quellen $f(x,t)$ zu früheren Zeiten $t < T$ aufsummiert:

Duhamel-Formel mit den Eingaben $u(x,0)$ und f

$$u(x,T) = e^{LT}u(x,0) + \int_0^T e^{L(T-t)}f(x,t)\,dt. \qquad (6.9)$$

Jede Eingabe $f(x,t)$ hat die Zeitspanne $T-t$, in der sie mit $e^{L(T-t)}$ wachsen oder fallen kann.

Wünschenswert ist eine Duhamel-Formel für Differenzengleichungen. Hinzu kommt nun der Quellterm F_n zur Zeit $t = n\Delta t$. Diese Eingabe entwickelt sich (wie alles andere) bis zur Zeit $T = N\Delta t$ über $N-n$ Schritte. Im Folgenden bezeichnen wir mit S den Wachstumsoperator über einen Zeitschritt (S multipliziert jedes e^{ikx} mit seinem eigenen Wachstumsfaktor G).

Um die Idee der Duhamel-Formel zu übertragen, summieren wir alle Beiträge zur Zeit $T = N\Delta t$:

Diskrete Quellen F_n

$$U_n = SU_{n-1} + F_n \quad \text{wird gelöst durch} \quad U_N = S^N U_0 + \sum_{n=1}^N S^{N-n} F_n. \qquad (6.10)$$

Wichtig ist hierbei natürlich nicht die Notation, sondern die Idee: *der Zufluss aus der Quelle und dann das Wachstum. Das ist die maßgebliche Idee, mit der die Konvergenz $U \to u$ für $\Delta t \to 0$ bewiesen wird. Wenn Stabilität vorliegt, dann wachsen die mit den Quellen hinzukommenden Fehler nicht.* Die Potenzen von S (und aller G) bleiben beschränkt.

Die Helmholtz-Gleichung

Als nächstes wollen wir zwei räumliche Dimensionen x und y betrachten. Die exponentielle Lösung lautet in diesem Fall $u(x,y,t) = e^{-i\omega t} e^{ikx} e^{iny}$. Durch Einsetzen in die Wellengleichung $u_{tt} = u_{xx} + u_{yy}$ erhalten wir für ω, k und n die Relation $\boldsymbol{\omega^2 = k^2 + n^2}$. Beachten Sie den wichtigen Unterschied zwischen der Wellengleichung und der Laplace-Gleichung gemäß (6.1): **Die Zahl ω ist jetzt reell.**

Die Wellengleichung erhält die Energie, da $|e^{-i\omega t}| = 1$ gilt. Die Lösung hat eine Fourier-Transformierte wie (6.8), die über k und n integriert (es handelt sich um eine zweidimensionale Transformierte). Dies sind Wellen im freien Raum ohne Ränder.

Reale Probleme aus Wissenschaft und Technik haben selbstverständlich Randbedingungen! Die Fourier-Transformation bringt uns ein ganzes Stück weiter, ist letzten Endes aber doch durch ihre Einfachheit beschränkt. Was ist zu tun, wenn Spektralmethoden mit reinen Exponentialfunktionen nicht verfügbar sind? In diesem Kapitel werden Differentialgleichungen durch Differenzengleichungen ersetzt, doch ich werde versuchen, die Einfachheit von $e^{-i\omega t}$ so lange wie möglich auszunutzen. Dadurch wird die zeitliche Variable separiert.

Wir setzen $u = e^{-i\omega t} v(x,y)$ **in** $u_{tt} = u_{xx} + u_{yy}$ **ein und kürzen** $e^{-i\omega t}$:

Helmholtz-Gleichung

$$-\omega^2 v = v_{xx} + v_{yy} \quad \text{(mit Ranbedingungen an } v\text{)}. \tag{6.11}$$

Das ist die Laplace-Gleichung mit einem zusätzlichen linearen Term. Dieser Term mag harmlos aussehen, doch er sorgt dafür, dass die Helmholtz-Gleichung wesentlich komplizierter wird. Der unmittelbare Grund ist, dass die *positive Definitheit verlorengeht*. Bringen wir nun alle Terme auf die linke Seite und notieren wir $(K2D)v$ für den positiv definiten Teil (die zweiten Ableitungen mit negativen Vorzeichen):

$$-v_{xx} - v_{yy} - \omega^2 v = 0 \quad \text{ist} \quad (\boldsymbol{K2D} - \omega^2 \boldsymbol{I})v = 0. \tag{6.12}$$

Hierbei kann $K2D$ der stetige Laplace-Operator $-\partial^2/\partial x^2 - \partial^2/\partial y^2$ sein, oder eine seiner Approximationen durch finite Differenzen oder finite Elemente. Randbedingungen sind eingeschlossen. Die Schwierigkeit resultiert aus der Tatsache, dass **alle Eigenwerte** $\lambda \geq 0$ **von** $K2D$ **verschoben sind nach** $\lambda - \omega^2$.

Für hohe Frequenzen ω ergeben sich aus dieser Verschiebung stark negative Eigenwerte. In der Physik entsprechen den Eigenfunktionen „gebundene Zustände". Wir sind wirklich noch nicht ausreichend vorbereitet, uns mit Systemen ohne positive Definitheit zu beschäftigen, und die numerischen Verfahren zur Behandlung der Helmholtz-Gleichung sind keineswegs einfach. Softwarepakete wie ANSOFT oder COMSOL lösen die Helmholtz-Gleichung mittels der Methode der finiten Elemente (vorzugsweise durch Elimination, denn iterative Verfahren sind für indefinite Systeme weniger effektiv).

Oft geben wir den Vorteil der Einfachheit von $e^{-i\omega t}$ auf und gehen die Wellengleichung direkt mit finiten Differenzen an. Ein stabiles Verfahren berechnet gute Lösungen (durch kürzere Schritte und zusätzliche Zeit für große ω). Der nächste Abschnitt beginnt mit gewöhnlichen Differentialgleichungen $u' = f(u,t)$ und Stabilitätsbetrachtungen für Verfahren mit finiten Differenzen.

6.2 Finite-Differenzen-Verfahren

Wir haben nicht vor, uns mit allzu komplizierten Differentialgleichungen zu befassen. Unser primäres Ziel ist es, zu sehen, warum ein Differenzenverfahren erfolgreich (oder nicht erfolgreich) ist. Die wesentlichen Fragen, nämlich die nach **Stabilität** und **Genauigkeit** sind ohne Weiteres anhand linearer Gleichungen zu verstehen. Anschließend sind wir in der Lage, für eine Vielzahl praktischer Probleme Differenzenapproximationen zu konstruieren.

Eine weitere wichtige Eigenschaft, mit der wir uns beschäftigen müssen, ist die **Rechengeschwindigkeit**. Diese hängt unter anderem von der Komplexität der Gleichung $u' = f(u,t)$ ab. Häufig bemessen wir die Geschwindigkeit durch die Anzahl der Berechnungen von $f(u,t)$ pro Zeitschritt (diese Zahl kann auch eins sein).

6.2 Finite-Differenzen-Verfahren

Wenn wir uns *impliziten* und *Prädiktor-Korrektor-Verfahren* zuwenden, um die Stabilität zu verbessern, dann gehen die Kosten pro Schritt zwar in die Höhe, doch wir gewinnen Geschwindigkeit dadurch, dass wir größere Schrittweiten Δt verwenden können.

Wir beginnen diesen Abschnitt mit grundlegenden Verfahren (vorwärts-Euler und rückwärts-Euler) und betrachten dann deren Verbesserungen. Jedes Mal werden wir die Stabilität auf $u' = au$ testen. Für negative a ist Δt oft durch $-a\Delta t \leq C$ beschränkt. Diese Tatsache hat eine unmittelbare Auswirkung: Die Gleichung mit $a = -99$ erfordert ein wesentlich kleineres Δt als mit $a = -1$. Im Folgenden habe ich die Gleichungen nach skalar und vektoriell sowie nichtlinearem f und linear mit konstanten Koeffizienten geordnet:

1 Gleichung $u' = f(u,t)$ $u' = au$ $\boldsymbol{a \approx \partial f/\partial u}$ stabil $\boldsymbol{a \leq 0}$,

N Gleichungen $u'_i = f_i(u,t)$ $u' = Au$ $\boldsymbol{A_{ij} \approx \partial f_i/\partial u_j}$ $\operatorname{Re}\boldsymbol{\lambda(A) \leq 0}$.

Eine gute Programmierung vorausgesetzt, wird sich die Genauigkeit stark verbessern (wobei die Stabilität erhalten bleibt) und weit jenseits des $O(\Delta t)$-Fehlers von Euler-Verfahren liegen. Sie können sich auf frei verfügbare Software wie ode45 stützen, um die beiden folgenden wichtigen Entscheidungen zu treffen (wechseln Sie zu ode15s bei steifen Gleichungen und impliziten Verfahren):

1. Wahl eines genauen Differenzenverfahrens (und Anpassung der Formel).
2. Wahl eines stabilen Zeitschritts (und Anpassung von Δt).

Wir werden **Verfahren vom Runge-Kutta-Typ, Rückwärtsdifferenzen und Mehrschritt-Adams-Verfahren** einführen. Dabei finden wir Stabilitätsgrenzen für Δt und die Ordnung der Genauigkeit p. Für Verfahren vom Euler-Typ gilt $p = 1$ (was gewöhnlich zu ungenau ist) und dann kommt $p = 2$.

Steife Differentialgleichungen

Zunächst wollen wir unsere Aufmerksamkeit auf eine andere Frage richten: *Ist die Gleichung steif?* Beginnen möchte ich mit einem auf diese Frage zurechtgeschnittenen Beispiel, anhand dessen sich der Begriff der Steifheit sowie dessen Bedeutung gut einführen lässt:

$$v(t) = e^{-t} + e^{-99t}$$
$$\uparrow \phantom{+ e^{-99t}}\uparrow$$
bestimmen den Abfall   bestimmt Δt

Der Zeitschritt Δt muss wegen dem Term e^{-99t} 99-mal kleiner gewählt werden, obwohl der Term selbst schnell abklingt.

Die Zerfallsraten -1 und -99 sind Eigenwerte der Matrix A aus dem nächsten Beispiel.

Zwei Zeitskalen $\dfrac{d}{dt}\begin{bmatrix} v \\ w \end{bmatrix} = \begin{bmatrix} -50 & 49 \\ 49 & -50 \end{bmatrix}\begin{bmatrix} v \\ w \end{bmatrix}$ mit $\begin{bmatrix} v(0) \\ w(0) \end{bmatrix} = \begin{bmatrix} 2 \\ 0 \end{bmatrix}.$ (6.13)

Die Lösung lautet $v(t) = e^{-t} + e^{-99t}$ und $w(t) = e^{-t} - e^{-99t}$. Die Zeitskalen unterscheiden sich um den Faktor 99 (die Konditionszahl von A). **Die Lösung fällt gemäß der langsamen Zeitskala wie e^{-t} ab, doch die Berechnung von e^{-99t} kann aus Stabilitätsgründen ein sehr kleines Δt erfordern.** Es ist frustrierend, dass Δt durch die so schnell abfallende Komponente bestimmt wird.

Für jedes explizite Verfahren gilt die Forderung $99\Delta t \leq C$. Wir werden in Kürze sehen, warum das so ist und wie sich diese Forderung durch die impliziten steifen Lösungsmethoden ode15s und ode23t umgehen lässt.

Nach Trefethen [156] gibt es vier Anwendungsfälle, wo die Steifigkeit im Problem verankert ist:

1. **Chemische Kinetik** (Reaktionen laufen mit sehr unterschiedlichen Geschwindigkeiten ab),
2. **Kontrolltheorie** (vermutlich das größte Anwendungsgebiet von MATLAB),
3. **Simulation von Schaltkreisen** (Komponenten reagieren auf sehr unterschiedlichen Zeitskalen),
4. **Linienverfahren** (große Systeme, die aus partiellen Differentialgleichungen entstehen).

Beispiel 6.2 Die $N \times N$-Matrix K führt auf ein großes steifes System:

$$\textbf{Linienverfahren} \quad \frac{du}{dt} = \frac{-Ku}{(\Delta x)^2} \quad \Rightarrow \quad \frac{du_i}{dt} = \frac{u_{i+1} - 2u_i + u_{i-1}}{(\Delta x)^2}. \quad (6.14)$$

Dies folgt aus der Wärmeleitungsgleichung $\partial u/\partial t = \partial^2 u/\partial x^2$, indem man nur die räumliche Ableitung diskretisiert. Gleichung (6.13) hatte die Eigenwerte -1 und -99. Nun hat $-K$ N Eigenwerte, aber die Schwierigkeit bleibt im Wesentlichen dieselbe. Der betragsgrößte negative Eigenwert ist in diesem Fall $a = -4/(\Delta x)^2$. Ein so kleines Δx (notwendig wegen der Genauigkeit) erfordert ein *sehr kleines Δt* (wegen der Stabilität).

Diese „semidiskrete" Linienmethode ist eine sehr wichtige Idee. Die Diskretisierung der räumlichen Variablen erzeugt zunächst ein großes System, das an ein Lösungsverfahren für gewöhnliche Differentialgleichungen übergeben werden kann. (Es liegen gewöhnliche Differentialgleichungen in der Zeit vor.) Falls gewünscht, kann das Lösungsverfahren den Zeitschritt Δt oder sogar die Diskretisierungsvorschrift variieren, falls $u(t)$ sich beschleunigt oder verlangsamt.

Die Linienmethode spaltet die Approximation einer partiellen Differentialgleichung in zwei Teile auf. Verfahren mit finiten Elementen / finiten Differenzen, die wir in früheren Kapiteln kennengelernt haben, liefern den ersten Teil (diskret im Raum). Die anstehende Stabilitäts-Genauigkeitsanalyse wird im zweiten Teil angewendet (diskret in der Zeit). Diese Idee ist sehr einfach und nützlich, auch wenn einige gute Verfahren, die später in diesem Kapitel vorgestellt werden, hier noch nicht voll zum Tragen kommen. Für die Wärmeleitungsgleichung, $u_t = u_{xx}$, erlaubt uns die nützliche Eigenschaft $u_{tt} = u_{xxxx}$, Fehler im Raum gegen Fehler in der Zeit aufzuheben – was wir gar nicht bemerken, wenn wir den Raum separat von der Zeit diskretisieren.

Vorwärts-Euler und Rückwärts-Euler

Die Gleichung $u' = f(u,t)$ startet bei einem Anfangswert $u(0)$. Der wesentliche Punkt ist, dass die Änderungsrate u' zu jedem Zeitpunkt t durch den aktuellen Zustand u vollständig bestimmt ist. Dieses Modell der Realität, in dem die gesamte Geschichte im gegenwärtigen Zustand $u(t)$ enthalten ist, war ein gewaltiger Fortschritt in Wissenschaft und Technik. (Es macht die Differentialrechnung fast ebenso wichtig wie die lineare Algebra.) Auf dem Computer sind wir jedoch gezwungen, von der stetigen zu einer diskreten Zeit überzugehen. Eine Differentialgleichung führt somit auf mehrere Differenzengleichungen.

Das einfachste Verfahren verwendet Vorwärtsdifferenzen:

Vorwärts-Euler $\quad \dfrac{U_{n+1} - U_n}{\Delta t} = f(U_n, t_n) \;\Rightarrow\; U_{n+1} = U_n + \Delta t\, f_n.$ (6.15)

Für jedes Intervall Δt bleibt der Anstieg von U der gleiche. Abbildung 6.2 zeigt, wie die exakte Lösung von $u' = au$ einer glatten Kurve folgt, während $U(t)$ stückweise linear ist. Ein besseres Verfahren (höhere Genauigkeit) würde viel näher an der Kurve bleiben, indem sie neben dem Anstieg $f_n = f(U_n, t_n)$ am Anfang jedes Schritts weitere Informationen verwendet.

Das Rückwärts-Euler-Verfahren verwendet den Anstieg f_{n+1} *am Ende des Schrittes*, also für $t = t_{n+1}$:

Rückwärts-Euler

$bs\dfrac{U_{n+1} - U_n}{\Delta t} = f(U_{n+1}, t_{n+1}) \;\Rightarrow\; U_{n+1} - \Delta t\, f_{n+1} = U_n.$ (6.16)

Dies ist ein *implizites Verfahren*. Um U_{n+1} zu bestimmen, ist Gleichung (6.16) zu lösen. Wenn f linear in u ist, lösen wir in jedem Schritt ein lineares System (mit geringem Aufwand, falls die Matrix wie in Beispiel 6.14 tridiagonal ist). In Abschnitt 2.6 wurden Iterationsverfahren wie das Newton-Verfahren sowie Prädiktor-Korrektor-Verfahren für den nichtlinearen Fall eingeführt.

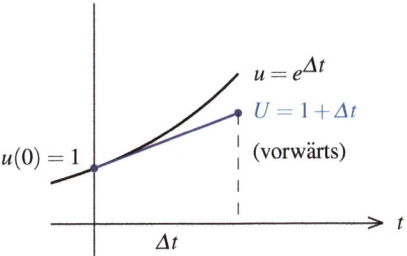
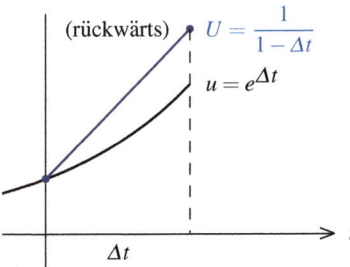

Abb. 6.2 Vorwärts-Euler und Rückwärts-Euler für $u' = u$; Einschrittfehler $\approx \tfrac{1}{2}(\Delta t)^2$.

Das erste Beispiel, das wir untersuchen wollen, ist die lineare, skalare Gleichung $u' = au$. Vergleichen wir das Vorwärts- mit dem Rückwärts-Euler-Verfahren, und zwar für einen Schritt und für n Schritte:

Vorwärts $U_{n+1} = (1 + a\Delta t)U_n$ führt auf $\boldsymbol{U_n = (1 + a\Delta t)^n U_0}$, (6.17)

Rückwärts $(1 - a\Delta t)U_{n+1} = U_n$ führt auf $\boldsymbol{U_n = (1 - a\Delta t)^{-n} U_0}$. (6.18)

Das Vorwärts-Euler-Verfahren entspricht dem Prinzip des Zinseszins mit der Rate (dem Zinssatz) a. Jeder Schritt beginnt bei U_n und fügt den Zins $a\Delta t\, U_n$ hinzu. Wenn die Schrittweite Δt gegen null geht und wir $T/\Delta t$ Schritte benötigen, um die Zeit T zu erreichen, näher sich diese diskrete Verzinsung der stetigen Verzinsung. Die diskrete Lösung U_n nähert sich der stetigen Lösung von $u' = au$:

Konvergenz $(1 + a\Delta t)^{T/\Delta t}$ geht gegen e^{aT} wenn $\Delta t \to 0$.

Dies ist die Konvergenz von U gegen u, die wir weiter unten allgemeiner beweisen werden. Sie gilt wegen $(1 - a\Delta t)^{-1} = 1 + a\Delta t +$ Terme höherer Ordnung auch für das Rückwärts-Euler-Verfahren.

Die Stabilitätsfrage stellt sich für negative a mit großem Betrag. Die exakte Lösung $e^{-at}u(0)$ ist sehr stabil und geht gegen null. (Wenn es um Ihr eigenes Geld geht, sollten Sie zu einer Bank mit $a > 0$ wechseln.) Das Rückwärts-Euler-Verfahren ist stabil, weil durch $1 - a\Delta t$ geteilt wird (was für negative a größer ist als 1). **Das Vorwärts-Euler-Verfahren dagegen divergiert, falls $1 + a\Delta t$ kleiner ist als -1, da die Potenzen exponentiell wachsen:**

Instabilität $1 + a\Delta t < -1$ (6.19)

Dies ist eine recht scharfe Grenze zwischen Stabilität und Instabilität; sie liegt bei $-a\Delta t = 2$. Für $u' = -20u$ ($a = -20$) ist die Grenze bei $\Delta t = \frac{2}{20} = \frac{1}{10}$. Vergleichen wir die Ergebnisse zum Zeitpunkt $T = 2$, wenn entweder $\Delta t = \frac{1}{11}$ (22 Schritte) oder $\Delta t = \frac{1}{9}$ (18 Schritte) verwendet wird:

Stabil $\Delta t = \dfrac{1}{11}$ $(1 + a\Delta t)^{22} = \left(-\dfrac{9}{11}\right)^{22} \approx \mathbf{0.012}$,

Instabil $\Delta t = \dfrac{1}{9}$ $(1 + a\Delta t)^{18} = \left(-\dfrac{11}{9}\right)^{18} \approx \mathbf{37.043}$.

Ich würde das Rückwärts-Euler-Verfahren als absolut stabil (**A-stabil**) beschreiben, weil es immer stabil ist, wenn die Gleichung $u' = au$ selbst stabil ist (Re $a < 0$). Nur implizite Verfahren können A-stabil sein. Das **Vorwärts-Euler-Verfahren** ist **bedingt stabil**, weil es für $\Delta t \to 0$ stabil ist. Für hinreichend kleine Δ liegt es auf der stabilen Seite der Grenze.

In diesem Beispiel ist für eine *gute Qualität der Approximation* mehr als Stabilität notwendig (selbst $\Delta t = \frac{1}{11}$ ist zu groß). Die Potenzen von $-\frac{9}{11}$ haben alternierende Vorzeichen, während e^{-20t} immer positiv bleibt. Die Spirale auf dem Buchcover zeigt, wie sich die Eulersche Lösung U_n von der exakten Lösung – dem Kreis – entfernt.

Genauigkeit und Konvergenz

Da Vorwärts- und Rückwärtsdifferenzen *in erster Ordnung exakt* sind, ist es keine Überraschung, dass der Fehler beim Vorwärts- wie auch beim Rückwärts-Euler-Verfahren von der Ordnung $O(\Delta t)$ ist. Dieser Fehler $e = u - U$ wird zu einer festen Zeit T gemessen. Wenn Δt kleiner wird, gilt das gleiche für den zusätzlichen Fehler, der je Schritt hinzukommt. Dabei steigt jedoch die Anzahl der Schritte, die nötig sind, um den festgesetzten Zeitpunkt zu erreichen (es gilt $n \Delta t = T$).

Um zu sehen, warum der Fehler $u(T) - U(T)$ von der Ordnung $O(\Delta t)$ ist, müssen wir die **Stabilität** betrachten. **Frühere Fehler wachsen nicht an, während sie bis zur Zeit T mitgeführt werden.** Das Vorwärts-Euler-Verfahren ist die einfachste Differenzengleichung und somit das perfekte Beispiel, an dem sich die grundlegenden Prinzipien demonstrieren lassen. In den folgenden Abschnitten werden wir die gleiche Idee auf partielle Differentialgleichungen anwenden.

Die Eulersche Vorwärts-Differenzengleichung zu $u' = f(u,t) = au$ ist

$$U_{n+1} = U_n + \Delta t \, f(U_n, t_n) = U_n + a \Delta t \, U_n. \tag{6.20}$$

Die exakte Lösung zur Zeit $n \Delta t$ erfüllt Gleichung (6.20) bis auf den **Diskretisierungsfehler DF**:

Exakt $\quad u_{n+1} = u_n + \Delta t \, u_n' + \text{DF} = u_n + a \Delta t \, u_n + \text{DF}_{n+1}. \tag{6.21}$

Dieser Fehler DF ist von der Ordnung $(\Delta t)^2$, weil der Term zweiter Ordnung fehlt (er wäre $\frac{1}{2}(\Delta t)^2 u_n''$, aber das Euler-Verfahren nimmt ihn nicht mit.) Zieht man (6.20) von (6.21) ab, erhält man eine Differenzengleichung für den Fehler $e = u - U$, der in der Zeit vorwärts propagiert:

Fehlergleichung $\quad e_{n+1} = e_n + a \Delta t \, e_n + \text{DF}_{n+1}. \tag{6.22}$

Sie können sich diesen Einschrittfehler DF_{n+1} als eine Art Guthaben $(\Delta t)^2$ auf Ihrem Konto vorstellen. Wenn das Guthaben einmal da ist, dann wächst oder fällt es entsprechend der Fehlergleichung. Um die Zeit $T = N \Delta t$ zu erreichen, muss jeder Fehler DF_k im Schritt k $N-k$ weitere Schritte gehen:

Lösung der Fehlergleichung
$$e_N = (1 + a \Delta t)^{N-1} \text{DF}_1 + \cdots + (1 + a \Delta t)^{N-k} \text{DF}_k + \cdots + \text{DF}_N. \tag{6.23}$$

Nun kommt die Stabilität ins Spiel. Falls a negativ ist und $1 + a \Delta t$ *nicht unter -1 fällt*, dann sind sämtliche Potenzen betragsmäßig kleiner als eins. Für positive a sind die Potenzen von $1 + a \Delta t$ alle kleiner als $(e^{a \Delta t})^N = e^{aT}$. Der Fehler e_N setzt sich gemäß (6.23) aus N Termen zusammen, wobei jeder einzelne Term kleiner ist als $c(\Delta t)^2$ (für eine gegebene Konstante c):

Gesamtfehler $\quad |e_N| = |u_N - U_N| \leq N c (\Delta t)^2 = c T \Delta t. \tag{6.24}$

Die Einschrittfehler der Größe $(\Delta t)^2$ akkumulieren sich nach $N = T/\Delta t$ Schritten zu einem Gesamtfehler der Ordnung Δt. Dank der Stabilität divergieren die lokalen Fehler nicht.

Das Fehlerwachstum folgt der Differenzengleichung (6.22), nicht der Differentialgleichung. In dem steifen Beispiel mit $a\Delta t = (-20)(\frac{1}{9})$ ergab sich selbst für kleine $e^{a\Delta t}$ ein großes $1 + a\Delta t$. Trotzdem können wir das Vorwärts-Euler-Verfahren als ein **stabiles Verfahren** betrachten, denn sobald Δt hinreichend klein ist, ist die Gefahr gebannt. Das Rückwärts-Euler-Verfahren führt ebenfalls auf $|e_N| = O(\Delta t)$. Das Problem bei diesen Verfahren erster Ordnung liegt in ihrer geringen Genauigkeit.

Der lokale Diskretisierungsfehler DF sagt uns etwas über die Genauigkeit. Für Verfahren vom Euler-Typ entspricht der Fehler DF $\approx \frac{1}{2}(\Delta t)^2 u''$ dem ersten Term der Taylor-Entwicklung für $u(t + \Delta t)$, den das Euler-Verfahren nicht berücksichtigt. Bessere Verfahren nehmen diesen Term mit und brechen die Entwicklung erst bei einem höheren Term ab. Wir finden DF, indem wir $u(t + \Delta t)$ mit U_{n+1} vergleichen, wobei wir annehmen, dass $u(t)$ mit U_n übereinstimmt. Der Fehler zeigt die erste Potenz $(\Delta t)^{p+1}$, die von dem Verfahren falsch berechnet wird:

$$\textbf{Lokaler Diskretisierungsfehler} \quad \text{DE} \approx c(\Delta t)^{p+1}\frac{d^{p+1}u}{dt^{p+1}}. \tag{6.25}$$

Das Verfahren legt c und $p+1$ fest. Bei Stabilität liefert $T/\Delta t$ einen globalen Fehler der Ordnung $(\Delta t)^p$. Die Ableitung von u zeigt, ob ein bestimmtes Problem schwierig oder einfach ist.

Fehlerabschätzungen mit Potenzen von Δt oder Δx treten überall in der numerischen Mathematik auf. Die $(1,-2,1)$-Differenz hat den Fehler $\frac{1}{12}(\Delta x)^4 u''''$. Partielle Differentialgleichungen (Laplace-Gleichung, Wellengleichung, Wärmeleitungsgleichung) produzieren ähnliche Terme. Für nichtlineare Gleichungen ist der wesentliche Schritt das Subtrahieren von (6.20) von (6.21). Dadurch wird $f(U,t)$ von $f(u,t)$ subtrahiert. Eine einseitige **Lipschitz-Schranke L** an $\partial f/\partial u$ ersetzt die Zahl a in der Fehlergleichung (6.22):

$$f(u,t) - f(U,t) \le L(u-U) \quad \text{ergibt} \quad e_{n+1} \le (1+L\Delta t)e_n + \text{DE}_{n+1} \tag{6.26}$$

Verfahren zweiter Ordnung

Um die Genauigkeit zu erhöhen, zentrieren wir die Gleichung im Mittelpunkt $(n+\frac{1}{2})\Delta t$. Durch Mitteln von $f_n = f(U_n,t_n)$ und $f_{n+1} = f(U_{n+1},t_{n+1})$ erhalten wir ein *Verfahren zweiter Ordnung*. In Abschnitt 2.2 hatten wir mit der impliziten Trapezregel experimentiert, die in ode23t entwickelt wurde:

$$\textbf{Trapezregel / Crank-Nicolson} \quad \frac{U_{n+1} - U_n}{\Delta t} = \frac{1}{2}(f_{n+1} + f_n). \tag{6.27}$$

6.2 Finite-Differenzen-Verfahren

Nun ist $U_{n+1} - \frac{1}{2}\Delta t f_{n+1} = U_n + \frac{1}{2}\Delta t f_n$. Für unser Modellsystem $u' = f(u) = au$ bedeutet dies

$$(1 - \frac{1}{2}a\Delta t)U_{n+1} = (1 + \frac{1}{2}a\Delta t)U_n \quad \Rightarrow \quad U_{n+1} = \left(\frac{1 + \frac{1}{2}a\Delta t}{1 - \frac{1}{2}a\Delta t}\right) U_n. \qquad (6.28)$$

Für die exakte Lösung gilt $u_{n+1} = e^{a\Delta t} u_n$. In Aufgabe 6.2.1 werden Sie feststellen, dass für den Fehler DF $\approx c(\Delta t)^3$ gilt. Gleichung (6.27) ist stabil für $\text{Re}\,a \leq 0$. Somit ergeben $N = T/\Delta t$ Schritte den Gesamtfehler $|e_N| = |u_N - U_N| \leq cT(\Delta t)^2$.

Wie kann man nun das Euler-Verfahren verbessern und gleichzeitig bei einer expliziten Berechnungsvorschrift bleiben? Wir wollen U_{n+1} nicht auf der rechten Seite der Gleichung haben, aber U_{n-1} wäre in Ordnung (vorheriger Schritt). Die folgende Kombination liefert eine Genauigkeit zweiter Ordnung in einem **Zweischrittverfahren**:

Adams-Bashforth $\quad \dfrac{U_{n+1} - U_n}{\Delta t} = \dfrac{3}{2} f(U_n, t_n) - \dfrac{1}{2} f(U_{n-1}, t_{n-1}).$ (6.29)

Es sei daran erinnert, dass $f(U_{n-1}, t_{n-1})$ bereits im vorhergehenden Schritt, von $n-1$ nach n, berechnet wurde. Daher erfordert dieses **explizite Mehrschrittverfahren** keine zusätzliche Arbeit und verbessert gleichzeitig die Genauigkeit. Um zu sehen, dass $\frac{1}{2}(\Delta t)^2 u''$ exakt ist, schreiben wir u' für f:

$$\frac{3}{2} u'_n - \frac{1}{2} u'_{n-1} \approx \frac{3}{2} u'_n - \frac{1}{2}(u'_n - \Delta t\, u''_n) = u'_n + \frac{1}{2}\Delta t\, u''_n. \qquad (6.30)$$

Multiplizieren wir dies mit Δt laut (6.29), so sehen wir, dass dieser neue Term $\frac{1}{2}(\Delta t)^2 u''_n$ genau das ist, was beim Euler-Verfahren fehlt. *Jeder zusätzliche Term in der Differenzengleichung kann die Genauigkeit um eine Potenz von Δt erhöhen.*

Eine dritte Möglichkeit verwendet den bereits berechneten Wert U_{n-1} (anstelle des Anstiegs f_{n-1}). Mit $\frac{3}{2}, -\frac{4}{2}, \frac{1}{2}$ (wegen der Genauigkeit in zweiter Ordnung) erhalten wir ein **implizites Rückwärtsdifferenzen-Verfahren**. Dabei muss in jedem Schritt nach U_{n+1} aufgelöst werden. Das ist die nützliche Rückwärtsdifferenz BDF2.

Rückwärtsdifferenzen/BDF2
$$\dfrac{3U_{n+1} - 4U_n + U_{n-1}}{2\Delta t} = f(U_{n+1}, t_{n+1}). \qquad (6.31)$$

Wie sieht es mit der Stabilität aus? Die Trapezmethode (6.27) ist selbst für steife Gleichungen stabil, wenn a stark negativ ist: $1 - \frac{1}{2}a\Delta t$ (linke Seite) ist dann größer als $1 + \frac{1}{2}a\Delta t$ (rechte Seite). (6.31) ist noch stabiler und genauer. Das Adams-Verfahren (6.29) ist für hinreichend kleine Δt stabil, aber für explizite Systeme gibt es immer eine Schranke für Δt.

Im Folgenden eine schnelle Methode, wie man für reelle a die Stabilitätsgrenze $-a\Delta t \leq C$ gemäß (6.29) herausfinden kann. Der Grenzfall liegt vor, wenn der Wachstumsfaktor genau $G = -1$ ist. **Wir setzen in (6.29) $U_{n+1} = -1, U_n = 1$ und $U_{n-1} = -1$ und lösen nach a auf, wenn $f(u,t) = au$:**

Stabilitätsgrenze in (6.29) $\quad \dfrac{-2}{\Delta t} = \dfrac{3}{2}a + \dfrac{1}{2}a \quad$ ergibt $\quad a\Delta t = -1$. $\hfill (6.32)$

Somit ist $C = 1$.

Wir haben nun drei Verfahren zweiter Ordnung, nämlich (6.27), (6.29) und (6.31), die definitiv alle nützlich sind. Der Leser könnte vielleicht auf die Idee kommen, sowohl U_{n-1} als auch f_{n-1} zu verwenden, um die Genauigkeit auf die dritte Ordnung zu verbessern. Leider sind solche Verfahren extrem instabil (siehe Aufgabe 6.2.5). Möglich wäre es, die Rückwärtsdifferenzen in (6.31) auf noch frühere Werte von U auszudehnen oder in (6.29) frühere $f(U)$ hinzuzunehmen. Doch die Verwendung von U und $f(U)$ mit dem Ziel einer sehr guten Genauigkeit führt für beliebige Δt zur Instabilität.

Mehrschrittverfahren: explizit und implizit

Durch die Verwendung von p früheren Werten von U kann die Genauigkeit um den Faktor p erhöht werden. Für das Rückwärts-Euler-Verfahren ist $p = 1$ und für BDF2 (siehe 6.31) ist $p = 2$. Jedes ∇U ist $U(t) - U(t - \Delta t)$:

Rückwärtsdifferenzen

$$\left(\nabla + \frac{1}{2}\nabla^2 + \cdots + \frac{1}{p}\nabla^p\right)U_{n+1} = \Delta t \, f(U_{n+1}, t_{n+1}). \hfill (6.33)$$

MATLABs Code für steife Gleichungen, ode15s, variiert von $p = 1$ bis $p = 5$ in Abhängigkeit vom lokalen Fehler.

Die Alternative besteht darin, frühere Werte von $f(U,t)$ anstatt von U zu verwenden. *Zuerst die explizite Form:*

Adams-Bashforth $\quad U_{n+1} - U_n = \Delta t(b_1 f_n + \cdots + b_p f_{n-p+1}). \hfill (6.34)$

Die Tabelle zeigt die Zahlen b bis zu $p = 4$ beginnend beim Euler-Verfahren ($p = 1$).

Ordnung der Genauigkeit	b_1	b_2	b_3	b_4	Stabilitätsschranke an $-a\Delta t$	Konstante c im Fehler DF
$p = 1$	1				2	1/2
$p = 2$	3/2	$-1/2$			1	5/12
$p = 3$	23/12	$-16/12$	5/12		6/11	3/8
$p = 4$	55/24	$-59/24$	37/24	$-9/24$	3/10	251/720

6.2 Finite-Differenzen-Verfahren

Verfahren vierter Ordnung sind oft eine gute Wahl. In einigen Fällen wird sogar $p = 8$ verwendet.

Der lokale Fehler DF $\approx c(\Delta t)^{p+1} u^{(p+1)}$ ist ein Problem der Schrittweitensteuerung. Ob dieser Fehler durch nachfolgende Schritte verstärkt wird, ist ein Problem der Stabilitätskontrolle.

Implizite Adams-Moulton-Verfahren verwenden einen zusätzlichen Term $c_0 f_{n+1}$ und gewinnen dadurch eine zusätzliche Ordnung an Genauigkeit (und Stabilität). Die A-stabile Trapezregel benutzt $c_0 = c_1 = \frac{1}{2}$ mit $p = 2$:

Ordnung der Genauigkeit	c_0	c_1	c_2	c_3	Stabilitätsgrenze an $-a\Delta t$	Konstante c im Fehler DF
$p = 1$	1				∞ A-stabil	$-1/2$
$p = 2$	1/2	1/2			∞ A-stabil	$-1/12$
$p = 3$	5/12	8/12	$-1/12$		6	$-1/24$
$p = 4$	9/24	19/24	$-5/24$	1/24	3	$-19/720$

Die b's und c's addieren sich zeilenweise zu 1, sodass $u' = 1$ durch alle Verfahren exakt gelöst wird.

Wie Sie sehen, sprechen die Fehlerkonstanten und die Stabilität für die Verwendung von impliziten Verfahren. Allerdings kann das Auflösen nach U_{n+1} aufwändig werden. Hierfür gibt es ein einfaches und gutes **Prädiktor-Korrektor-Verfahren**, oder man verwendet ein **Newton-Verfahren**.

Prädiktor-Korrektor

V: Verwende die explizite Formel, um ein neues U_{n+1}^* *vorherzusagen*

A: Verwende U_{n+1}^* um die rechte Seite f_{n+1}^* *auszuwerten*

K: Verwende f_{n+1}^* in der impliziten Formel, um auf ein neues U_{n+1} zu *korrigieren*.

Die Stabilität wird wesentlich verbessert, wenn ein weiterer Auswertungsschritt f_{n+1} mit dem korrigierten U_{n+1} auswertet. Oft genügen ein oder zwei Korrekturen. Durch Vergleich des vorhergesagten U_{n+1}^* mit dem korrigierten U_{n+1} kann das Programm den lokalen Fehler abschätzen. Ändern Sie den Zeitschritt Δt, falls dieser Fehler zu groß oder zu klein wird. (Hier ist das Runge-Kutta-Verfahren im Vorteil, weil sich Δt bei diesem besonders einfach ändern lässt.)

Abschätzung des lokalen Fehlers $\quad \text{DF} \approx \dfrac{c}{c^* - c}(U_{n+1} - U_{n+1}^*). \quad (6.35)$

Hierbei sind c^* und c die Fehlerkonstanten aus den Tabellen für den Prädiktor und den Korrektor.

Implizite Verfahren arbeiten oft mit einer **Newton-Schleife** innerhalb jedes Zeitschritts, um U_{n+1} zu berechnen. Die k-te Iteration in der Newton-Schleife ist ein lineares System, in dem die Jacobi-Matrix $A_{ij} = \partial f_i / \partial u_j$ für die letzte Approximation $U_{n+1}^{(k)}$ mit $t = t_{n+1}$ ausgewertet wird.

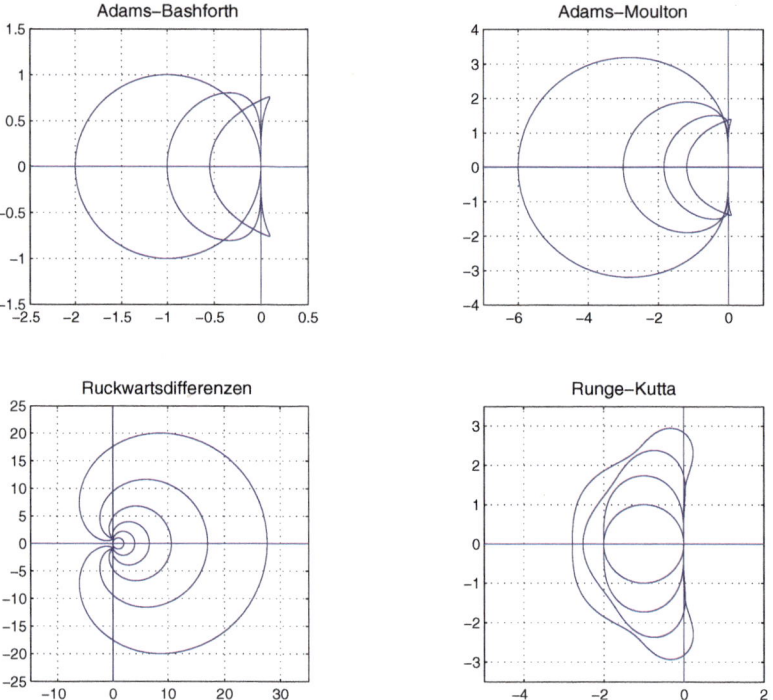

Abb. 6.3 Stabilitätsgebiete $|G| \leq 1$ für verbreitete Verfahren (stability.m auf der cse Website). Explizite Verfahren sind stabil, wenn $a\Delta t$ **innerhalb** der Kurven liegt; implizite Verfahren **außerhalb**.

Im Folgenden die k-te Iteration, die $U_{n+1} - c_0 f(U_{n+1}, t_{n+1}) =$ (bekannte alte Werte) löst:

Newton-Iteration $\quad (I - c_0 A^{(k)}) \Delta U_{n+1} = c_0 f(U_{n+1}^{(k)}, t_{n+1}) + $ (bekannt) $\qquad$ (6.36)

Für nichtlineare $f(u)$ konvergiert das Newton-Verfahren schnell und quadriert in jedem Schritt den Fehler. Der Preis ist eine zusätzliche Auswertung der Funktion $f(u)$ sowie der Matrix $A^{(k)}$ ihrer Ableitungen. In Abschnitt 2.6 wurden das Newton-Verfahren und seine zahlreichen Varianten ausführlich diskutiert. Ein Prädiktor liefert einen exzellenten Startwert $U_{n+1}^{(0)}$. Aus (6.36) erhält man schließlich $\Delta U = U_{n+1}^{(1)} - U_{n+1}^{(0)}$.

Runge-Kutta-Verfahren

Wenn die Auswertungen von $f(u,t)$ nicht zu aufwändig sind, sind **Runge-Kutta-Verfahren** sehr vorteilhaft. Runge-Kutta-Verfahren der Ordnungen 4 und 5 sind die Basis für ode45. Sie gehören zu den *zusammengesetzten* Einschrittverfahren, die

6.2 Finite-Differenzen-Verfahren

innerhalb von **f** das Eulersche $U_n + \Delta t \, f_n$ verwenden:

Vereinfachtes Runge-Kutta-Verfahren
$$\frac{U_{n+1} - U_n}{\Delta t} = \frac{1}{2}\left[f_n + f(U_n + \Delta t \, f_n, t_{n+1})\right]. \tag{6.37}$$

Sie sehen die Zusammensetzung von f. Für $u' = au$ ist der Wachstumsfaktor an $(\Delta t)^2$ gebunden:

$$u_{n+1} = u_n + \frac{1}{2}\Delta t \left[au_n + a(u_n + \Delta t \, au_n)\right] = \left(1 + a\Delta t + \frac{1}{2}a^2 \Delta t^2\right) u_n = G u_n. \tag{6.38}$$

Ein Vergleich mit dem exakten Wachstum $e^{a\Delta t}$ zeigt, dass dies eine Genauigkeit zweiter Ordnung bringt. Für die Stabilität gibt es eine Schranke bei $a\Delta t = -2$, wo $G = 1$ ist. **Nehmen wir nun an, dass $a\, \Delta t = z$ komplex ist:**

Stabilitätsgrenze für RK2 $\quad |G| = \left|1 + z + \frac{1}{2}z^2\right| = 1 \quad$ für $z = a + ib$.

Diese Stabilitätsgrenze ist eine geschlossene Kurve in der komplexen Ebene durch $z = a\Delta t = -2$. Abbildung 6.3 zeigt alle Zahlen z (im Matrixfall die Eigenwerte), für die $|G| \leq 1$ gilt.

Die klassische Version der Runge-Kutta-Verfahren ist vierfach zusammengesetzt und erreicht $p = 4$:

Klassisches Runge-Kutta-Verfahren (vierte Ordnung)
$$\frac{U_{n+1} - U_n}{\Delta t} = \frac{1}{3}(k_1 + 2k_2 + 2k_3 + k_4), \tag{6.39}$$

$k_1 = f(U_n, t_n)/2, \qquad\qquad k_3 = f(U_n + \Delta t \, k_2, t_{n+1/2})/2,$
$k_2 = f(U_n + \Delta t \, k_1, t_{n+1/2})/2, \qquad k_4 = f(U_n + 2\Delta t \, k_3, t_{n+1})/2.$

Bei diesem Einschrittverfahren sind keine speziellen Vorkehrungen für die Startwerte notwendig. Es ist einfach, Δt zu ändern, falls dies notwendig wird. Der Wachstumsfaktor reproduziert $e^{a\Delta t}$ durch $\frac{1}{24}a^4(\Delta t)^4$. Die Fehlerkonstante ist der nächste Koeffizient, also $\frac{1}{120}$. Unter allen sehr exakten Verfahren zeichnet sich das Runge-Kutta-Verfahren dadurch aus, dass es sehr einfach zu programmieren ist – möglicherweise ist es das einfachste der hier beschriebenen Verfahren.

Die Stabilitätsgrenze ist $-a\Delta t < 2.78$ (linker Rand der Runge-Kutta-Kurve). Lösen Sie $u' = -100u + 100\sin t$ ($a = -100$). Hier die Werte des Runge-Kutta-Verfahrens für $t = 3$, wenn bei $u(0) = 0$ gestartet wird:

$$\begin{aligned} U_{120} &= 0.151 = u(3) \quad \text{mit } \Delta t = 3/120 \; -a\Delta t = 2.5, \\ U_{100} &= 670{,}000{,}000{,}000 \quad \text{mit } \Delta t = 3/100 \; -a\Delta t = 3.0. \end{aligned} \tag{6.40}$$

In Abschnitt 2.6 wurde ein Split-Step-Trapez/BDF2-Kombination erwähnt und SUNDIALS als ein nützliches Programm für **Differential-algebraische Gleichungen** (DAE) beschrieben (für den Fall, dass es Nebenbedingungen $g(u) = 0$ gibt).

Aufgaben zu Abschnitt 6.2

6.2.1 Der Einschrittfehler für die Trapezregel (6.27) entsteht durch die Differenz

$$e^{a\Delta t} - \left[\frac{1 + (a\Delta t/2)}{1 - (a\Delta t/2)}\right] = e^{a\Delta t} - \left[\left(1 + \frac{a\Delta t}{2}\right)\left(1 + \frac{a\Delta t}{2} + \left(\frac{a\Delta t}{2}\right)^2 + \cdots\right)\right]$$

Dieser Ausdruck enthält zwei wichtige Reihen: die Reihenentwicklung für $e^{a\Delta t}$ und die geometrische Reihe $1 + x + x^2 + \cdots$ für $1/(1-x)$.
Führen Sie die Multiplikation in der eckigen Klammer aus, um das korrekte $\frac{1}{2}(a\Delta t)^2$ zu erhalten. Zeigen Sie, dass der $(a\Delta t)^3$-Term um den Faktor $c = \frac{1}{12}$ falsch ist. Damit ist der Fehler DF $\approx \frac{1}{12}(\Delta t)^3 u'''$.

6.2.2 Betrachten Sie noch einmal den Rückwärtsdifferenzenfehler in 6.31 und entwickeln Sie $\frac{1}{2}(3e^{a\Delta t} - 4 + e^{-a\Delta t}) - a\Delta t\, e^{a\Delta t}$ in eine Reihe in $a\Delta t$. Zeigen Sie, dass der führende Fehlerterm $-\frac{1}{3}(a\Delta t)^3$ und somit $c = -\frac{1}{3}$ ist.

6.2.3 Für den *Rückwärts-Euler-Schritt* finden wir $c = -\frac{1}{2}$ für den lokalen Fehler DF $\approx -\frac{1}{2}(\Delta t)^2 u''$:

$$(u_{n+1} - u_n) - \Delta t\, u'_{n+1} \approx \left(\Delta t\, u'_n + \frac{(\Delta t)^2}{2} u''_n\right) - \Delta t(u'_n + \Delta t\, u''_n) \approx -\frac{(\Delta t)^2}{2} u''_n.$$

Dies bedeutet, dass es keinen Fehler gibt, wenn u linear und u'' null ist. (Die Eulersche Näherung des konstanten Anstiegs wird exakt.) Bestimmen Sie für $u' = u$ mit $u_0 = 1$ den exakten Fehler in u_1.

6.2.4 Testen Sie das Runge-Kutta-Verfahren auf $u' = -100u + 100\sin t$ mit $\Delta t = -0.0275$ und -0.028. Diese Werte liegen in der Nähe der Stabilitätsgrenze -0.0278.

6.2.5 Bestimmen Sie die Koeffizienten, die $AU_{n+1} + BU_n + CU_{n-1} = Df_n + Ef_{n-1}$ für $u' = f(u) = au$ in dritter Ordnung exakt machen. Zeigen Sie außerdem, dass $Az^2 + Bz + C = 0$ eine Nullstelle mit $|z| > 1$ besitzt. Dort liegt exponentielle Instabilität vor.

6.2.6 Lösen Sie die folgenden Räuber-Beute-Gleichungen für kleine c und für große c:

$$v' = v - v^2 - bvw \quad \text{und} \quad w' = w - w^2 + cvw.$$

6.2.7 Ein Beispiel aus der Epidemiologie: Angenommen, es sind $v(t)$ Personen gesund und $w(t)$ Personen infiziert. Erläutern Sie die Terme in den folgenden Gleichungen und bestimmen Sie numerisch $w_{\max}$ in Abhängigkeit von $v(0)$:

$$v' = -avw \quad \text{und} \quad w' = avw - bw.$$

6.2.8 Lösen Sie die Differentialgleichung $u' = -Ku$, wenn die Anfangsfunktion durch den Deltavektor $u(0) = [\text{zeros}(N,1); 1; \text{zeros}(N,1)]$ genähert wird. Vergleichen Sie für große $n = 2N+1 = 201$ und 2001 möglichst viele Verfahren hinsichtlich Genauigkeit und Zeitschritt Δt:

Rückwärts-Euler   BDF2   Runge-Kutta   ode45   ode15s

6.2.9 Die Lösung von $u' = f(t)$ ist einfach das Integral über $f(t)$. Zeigen Sie, dass sich das Runge-Kutta-Verfahren (6.39) auf die Simpson-Regel (von vierter Ordnung genau) reduziert:

$$\int_0^{\Delta t} f(t)\,dt = \frac{\Delta t}{6}\left[f(0) + 4f\left(\frac{\Delta t}{2}\right) + f(\Delta t)\right].$$

6.2.10 Die semidiskrete Form von $\partial u/\partial t = \partial^2 u/\partial x^2$ ist ein System gewöhnlicher Differentialgleichungen. Periodische Randbedingungen erzeugen die $-1, 2, -1$ zirkulante Matrix C in $u' = -n^2 Cu$. Testen Sie, ausgehend von $u(0) = (1:n)/n$ ($n = 11$ und $n = 101$), diese Verfahren auf ihre Stabilitätsgrenzen und bestimmen Sie den stationären Zustand $u(\infty)$ für große t:

Vorwärts-Euler   Runge-Kutta   Trapezregel   Adams-Bashforth.

6.3 Genauigkeit und Stabilität für $u_t = cu_x$

Mit diesem Abschnitt betreten wir ein sehr wichtiges Gebiet des Wissenschaftlichen Rechnens: **Anfangswertprobleme für partielle Differentialgleichungen.** Ein natürlicher Ausgangspunkt sind lineare Differentialgleichungen, die sich nur in einer räumlichen Dimension (und außerdem in der Zeit) entwickeln. Die exakte Lösung ist $u(x,t)$ und deren diskrete Näherung auf einem Raum-Zeit-Gitter hat die Form $U_{j,n} = U(j\Delta x, n\Delta t)$. Wir wollen wissen, ob U nahe an u liegt, wie nah beide beieinander liegen und wie stabil U ist.

Beginnen wir mit der einfachsten Form der Wellengleichung (lineare Gleichung erster Ordnung mit konstanten Koeffizienten):

Einweg-Wellengleichung $\quad \dfrac{\partial u}{\partial t} = c\dfrac{\partial u}{\partial x}.$ \hfill (6.41)

Gegeben ist $u(x,0)$ zur Zeit $t = 0$. Bestimmen wollen wir $u(x,t)$ für alle $t > 0$. Der Einfachheit halber definieren wir diese Funktionen auf der gesamten Achse $-\infty < x < \infty$. Auf diese Weise entledigen wir uns des Problems der Ränder (wo die Wellen ihr Vorzeichen ändern und zurücklaufen können).

Es wird sich zeigen, dass die Lösung $u(x,t)$ die typische Eigenschaft besitzt, die aus *hyperbolischen Gleichungen* resultiert: *Signale pflanzen sich mit endlicher Ge-*

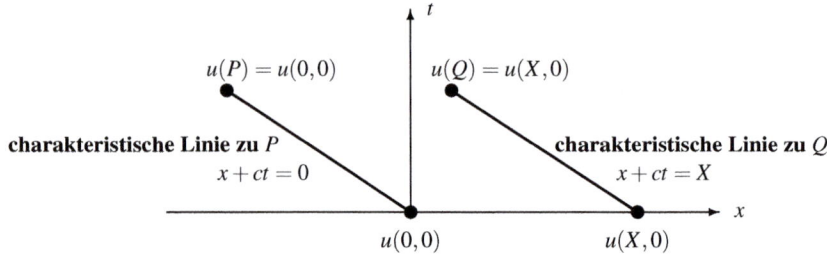

Abb. 6.4 Die Lösung $u(x,t)$ bewegt sich mit der Geschwindigkeit c entlang charakteristischen Linien.

schwindigkeit fort. Im Unterschied zur Wellengleichung $u_{tt} = c^2 u_{xx}$, die von zweiter Ordnung ist, sendet die Gleichung erster Ordnung Signale in nur eine Richtung.

Lösung für $u(x,0) = e^{ikx}$

In diesem Kapitel betrachten wir immer die reine Exponentiallösung $u(x,0) = e^{ikx}$. **Die Lösung bleibt zu jeder Zeit t ein Vielfaches Ge^{ikx}.** Der Wachstumsfaktor G hängt von der Frequenz k und der Zeit t ab, aber unterschiedliche Frequenzen mischen sich nicht. Einsetzen von $u = G(k,t)e^{ikx}$ in $u_t = cu_x$ führt auf eine gewöhnliche Differentialgleichung für G, weil wir e^{ikx} herauskürzen können. Die Ableitung von e^{ikx} liefert den Faktor ik:

$$u_t = cu_x \quad \text{ist} \quad \frac{dG}{dt}e^{ikx} = ikcGe^{ikx} \quad \text{oder} \quad \frac{dG}{dt} = ikcG. \tag{6.42}$$

Der Wachstumsfaktor ist $G(k,t) = e^{ikct}$. Der Anfangswert ist $G = 1$.

Eine Exponentiallösung von $\dfrac{\partial u}{\partial t} = c\dfrac{\partial u}{\partial x}$ **ist** $u(x,t) = e^{ikct}e^{ikx} = \boldsymbol{e^{ik(x+ct)}}$. (6.43)

Zwei wichtige Eigenschaften dieser Lösung sind unmittelbar ersichtlich:

1. Der Wachstumsfaktor $G = e^{ikct}$ hat den Absolutwert $|G| = 1$.
2. Die Anfangsfunktion e^{ikx} bewegt sich mit konstanter Geschwindigkeit c nach links, gegen $e^{ik(x+ct)}$.

Der Anfangswert im Ursprung ist $u(0,0) = e^{ik0} = 1$. Der Wert $u = 1$ erscheint in allen Punkten der Linie $x + ct = 0$. **Die Anfangsdaten propagieren entlang der charakteristischen Linie $x + ct = $ constant** (Abbildung 6.4). Im Moment wissen wir dies für die speziellen Lösungen $e^{ik(x+ct)}$. Es wird sich zeigen, dass diese Eigenschaft für alle Lösungen gilt.

Abbildung 6.4 zeigt den Weg einer Lösung in der $x-t$-Ebene (wir führen den Begriff der charakteristischen Linie ein). In Abbildung 6.5 ist der Graph der Lösung für die Zeiten 0 und t zu sehen. Diese Treppenfunktion kombiniert Exponentialfunk-

6.3 Genauigkeit und Stabilität für $u_t = cu_x$

tionen $e^{ik(x+ct)}$ für verschiedene Frequenzen k. Wegen der Linearität ist es möglich, die Startfunktion $u(x,0)$ aus solchen Lösungen zu kombinieren.

Jedes $u(x,0)$ wandert mit konstanter Geschwindigkeit nach links

Bei fast allen wichtigen partiellen Differentialgleichungen verändert die Lösung im Verlauf ihrer zeitlichen Entwicklung ihre Form. In dem hier betrachteten Spezialfall bleibt die Form gleich. Da sich alle reinen Exponentialfunktionen mit der gleichen Geschwindigkeit c bewegen, bewegt sich *jede beliebige* Anfangsfunktion mit dieser Geschwindigkeit. Wir können also folgende Lösung notieren:

Allgemeine Lösung

$$\frac{\partial u}{\partial t} = c \frac{\partial u}{\partial x} \quad \text{wird gelöst durch} \quad u(x,t) = u(x+ct,0). \tag{6.44}$$

Die Lösung ist eine Funktion von $x+ct$. Damit ist sie entlang charakteristischer Linien konstant, nämlich da, wo $x+ct$ konstant ist. Diese Abhängigkeit von $x+c$ bewirkt auch, dass die Funktion die Gleichung $u_t = cu_x$ erfüllt (Anwendung der Kettenregel). Wenn wir zum Beispiel $u = (x+ct)^n$ nehmen, dann erscheint in $\partial u/\partial t$ der zusätzliche Faktor c:

$$\frac{\partial u}{\partial x} = n(x+ct)^{n-1} \quad \text{und} \quad \frac{\partial u}{\partial t} = cn(x+ct)^{n-1} \quad \Rightarrow \quad c\frac{\partial u}{\partial x}.$$

Wer gern mit Taylor-Reihen arbeitet, könnte diese Potenzen (verschiedene n) zu einer großen Familie von Lösungen kombinieren. Wer mit Fourier-Reihen vertraut ist, kann durch Kombination von Exponentialfunktionen (verschiedene k) eine noch größere Familie von Lösungen konstruieren. Tatsächlich sind *alle* Lösungen Funktionen allein von $x+ct$.

Im Folgenden zwei wichtige Anfangsfunktionen – ein Licht blinkt oder ein Damm bricht.

Beispiel 6.3 $u(x,0) = $ Deltafunktion $\delta(x) = $ **Lichtblitz** bei $x = 0, t = 0$
Gemäß (6.44) ist die Lösung $u(x,t) = \delta(x+ct)$. Der Lichtblitz erreicht den Punkt $x = -c$ zur Zeit $t = 1$ und den Punkt $x = -2c$ zur Zeit $t = 2$. Der Impuls pflanzt sich mit der Geschwindigkeit $|dx/dt| = c$ nach links fort. In diesem Beispiel treten alle Frequenzen k in gleicher Stärke auf, weil die Fourier-Transformierte einer Deltafunktion eine Konstante ist.

Beachten Sie, dass in diesem Modell ein Punkt sofort wieder dunkel wird, nachdem der Lichtblitz ihn durchlaufen hat. Dies ist das Huygenssche Prinzip in einer und drei Dimensionen. Wenn wir in vier Dimensionen leben würden, würde die Welle einen Punkt nicht instantan passieren und wir würden nicht klar sehen.

Beispiel 6.4 $u(x,0) = $ Treppenfunktion $S(x) = $ **Wasserwand** bei $x = 0, t = 0$

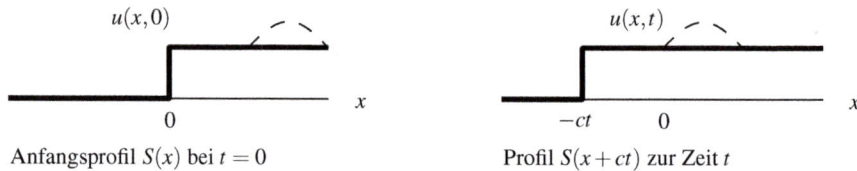

Abb. 6.5 Die Wand bewegt sich mit der Geschwindigkeit c nach links (alle Wellen e^{ikx} ebenfalls).

Die Lösung $S(x+ct)$ ist eine sich bewegende Treppenfunktion (siehe Abbildung 6.5). Die Wasserwand bewegt sich nach links (Einweg-Welle). Zur Zeit t erreicht der „Tsunami" den Punkt $x = -ct$. Der Lichtblitz wird zuerst dort eintreffen, weil seine Geschwindigkeit größer ist als die des Tsunamis. Aus diesem Grund ist eine Warnung vor dem sich nähernden Tsunami möglich.

Ein echter Tsunami wird durch nichtlineare Gleichungen für Flachwasserwellen beschrieben. Die Eigenschaft der *endlichen Geschwindigkeit* gilt auch hier.

Finite-Differenzen-Verfahren für $u_t = cu_x$

Die Einweg-Wellengleichung ist ein perfektes Beispiel für das Aufstellen und Testen von finiten-Differenzen-Approximationen. Wir können $\partial u/\partial t$ durch eine Vorwärtsdifferenz mit der Schrittweite Δt ersetzen. *Konditionelle Stabilität* bedeutet, dass Δt beschränkt ist. Entscheidend ist das Verhältnis $r = c\,\Delta t/\Delta x$. Im Folgenden vier Möglichkeiten für die diskrete Form von $\partial u/\partial x$ im Gitterpunkt $i\Delta x$:

1. **Vorwärts:** $\dfrac{U_{i+1} - U_i}{\Delta x} =$ Upwind $\Rightarrow$ geringe Genauigkeit, stabil für $0 \leq r \leq 1$.
2. **Zentriert:** $\dfrac{U_{i+1} - U_{i-1}}{2\Delta x}$ $\Rightarrow$ nach wenigen Schritten instabil, was wir beweisen werden.
3. **Lax-Friedrichs:** (6.60) hat nur geringe Genauigkeit, stabil für $-1 \leq r \leq 1$.
4. **Lax-Wendroff:** (6.50) ist besonders genau, stabil für $-1 \leq r \leq 1$.

Die Liste ist natürlich nicht vollständig. Wir haben ein zentrales Problem des Wissenschaftlichen Rechnens erreicht, nämlich die Konstruktion von Näherungen, die *stabil, genau* und *schnell* sind. Dieses Thema kann nicht auf einer Buchseite entwickelt werden, vor allem dann nicht, wenn wir zu nichtlinearen Gleichungen übergehen.

Die Notwendigkeit zur Beschränkung des Zeitschritts wurde von Courant, Friedrichs und Lewy bemerkt. Wenn die räumliche Differenz nur bis $x + \Delta x$ geht, gibt es automatisch eine Beschränkung:

CFL-Forderung für Stabilität $\quad r = c\dfrac{\Delta t}{\Delta x} \leq 1.$ $\hfill(6.45)$

6.3 Genauigkeit und Stabilität für $u_t = cu_x$

Die Zahl $c\frac{\Delta t}{\Delta x}$ wird auch **Courant-Zahl** genannt. (Tatsächlich war es Lewy, der erkannte, dass $r \leq 1$ für Stabilität und Konvergenz notwendig ist.) Der Beweis ist wenig trickreich. Er geht einfach vom Anfangswert aus, der $u(x,t)$ kontrolliert:

> Die exakte Lösung bei (x,t) ist gleich dem Anfangswert $u(x+ct,0)$. Das Ausführen der n diskreten Schritte, mit denen $t = n\Delta t$ erreicht wird, verwendet Informationen über die Anfangswerte bis $x + n\Delta x$. Falls $x + ct$ weiter entfernt ist als $x + n\Delta x$, funktioniert das Verfahren nicht:

CFL-Bedingung

$$x + ct \leq x + n\Delta x \quad \text{oder} \quad cn\Delta t \leq n\Delta x \quad \text{oder} \quad r = c\frac{\Delta t}{\Delta x} \leq 1. \tag{6.46}$$

Wenn die Differenzengleichung $U(x+2\Delta x, t)$ verwendet, dann relaxiert CFL nach $r \leq 2$.

Eine spezielle finite Differenzengleichung kann wegen der Stabilität eine strengere Beschränkung an Δt erfordern. Sie kann sogar für alle Verhältnisse r instabil sein (was wir natürlich nicht hoffen). Der einzige Weg zu *unbedingter Stabilität* für alle Δt ist ein *implizites Verfahren*, die x-Differenzen zur neuen Zeit $t + \Delta t$ berechnet. Dies wird später für Diffusionsterme wie u_{xx} nützlich sein. Für Advektionsterme (erste Ableitungen) werden explizite Verfahren mit CFL-Schranke gewöhnlich akzeptiert, weil bei wesentlich größerem Δt die Genauigkeit ebenso wie die Stabilität verloren ginge.

Es sei noch einmal wiederholt: Für $r > 1$ verwendet die Vorwärts-Differenzengleichung keine Anfangswertinformation in der Nähe des exakten Punktes $x^* = x + ct$. Das ist hoffnungslos.

Genauigkeit der Upwind-Differenzengleichung

Als erstes müssen wir lineare Probleme mit konstanten Koeffizienten verstehen. Genau wie bei Differentialgleichungen können wir jeder reinen Exponentialfunktion e^{ikx} folgen. Nach einem einzelnen Zeitschritt wird es einen Wachstumsfaktor in $U(x,\Delta t) = Ge^{ikx}$ geben. Für diesen Wachstumsfaktor $G(k,\Delta t, \Delta x)$ gilt entweder $|G| < 1$ oder $|G| > 1$. Er entscheidet über Stabilität oder Instabilität. Die **Ordnung der Genauigkeit** (falls wir im k-ω-Bereich rechnen) ergibt sich aus dem *Vergleich von G mit dem exakten Faktor $e^{ikc\Delta t}$ aus der Differentialgleichung*.

Wir zeigen nun, dass die Ordnung der Genauigkeit für das *Vorwärts-Verfahren* $p = 1$ ist.

Vorwärtsdifferenzen

$$\frac{U(x, t+\Delta t) - U(x,t)}{\Delta t} = c\frac{U(x+\Delta x, t) - U(x,t)}{\Delta x}. \tag{6.47}$$

Wir werden die Genauigkeit in der x-t-Ebene und in der k-ω-Ebene testen. In beiden Fällen nutzen wir Taylor-Entwicklungen und prüfen die führenden Terme. Durch Einsetzen der exakten Lösung $u(x,t)$ an die Stelle von $U(x,t)$ erhalten wir die Vorwärtsdifferenzen

Zeit $\quad \dfrac{1}{\Delta t}[u(x,t+\Delta t) - u(x,t)] = u_t + \dfrac{1}{2}\Delta t\, u_{tt} + \cdots,$ (6.48)

Raum $\quad \dfrac{c}{\Delta x}[u(x+\Delta x,t) - u(x,t)] = c\, u_x + \dfrac{1}{2}c\,\Delta x\, u_{xx} + \cdots.$ (6.49)

Auf der rechten Seite ist $u_t = c\, u_x$ gut. Eine weitere Ableitung ergibt $u_{tt} = c\, u_{xt} = c^2 u_{xx}$. Beachten Sie den Faktor c^2. Dann stimmt $\Delta t\, u_{tt}$ nur im Spezialfall $c\,\Delta t = \Delta x$ ($r = 1$) mit $c\,\Delta x\, u_{xx}$ überein:

$$\frac{1}{2}\Delta t\, c^2 u_{xx} \quad \text{gleich} \quad \frac{1}{2} c\,\Delta x\, u_{xx} \quad \text{nur falls} \quad r = \frac{c\,\Delta t}{\Delta x} = 1.$$

Für jedes Verhältnis $r \neq 1$ liefert die Differenz zwischen (6.48) und (6.49) einen **Fehler erster Ordnung.** Lassen Sie mich dies im k-ω-Fourier-Bild zeigen und dann auf zweite Ordnung verbessern.

Dazu lassen wir Δx und Δt bei konstantem Verhältnis $r = c\,\Delta t/\Delta x$ gegen null gehen. In der Differenzengleichung (6.47) schreiben wir jeden neuen Wert zur Zeit $t + \Delta t$ als Kombination von zwei alten Werten von U:

Differenzengleichung $\quad U(x,t+\Delta t) = (\mathbf{1} - \boldsymbol{r})\, U(x,t) + \boldsymbol{r}\, U(x+\Delta x,t).$ (6.50)

Startend von $U(x,0) = e^{ikx}$ finden wir den Wachstumsfaktor **G** zur Zeit Δt:

Nach 1 Schritt $\quad (1-r)e^{ikx} + r\, e^{ik(x+\Delta x)} = \left[1 - r + r\, e^{ik\Delta x}\right] e^{ikx} = \boldsymbol{G}\, e^{ikx}.$ (6.51)

Um die Genauigkeit zu überprüfen, vergleichen wir dieses $G = G_{\text{approx}}$ mit dem exakten Wachstumsfaktor $e^{ick\Delta t}$. Dabei verwenden wir die Potenzreihe $1 + x + x^2/2! + \cdots$ für e^x:

$$G_{\text{approx}} = \mathbf{1} - \boldsymbol{r} + \boldsymbol{r}\, e^{ik\Delta x} = (1-r) + r + r(ik\Delta x) + \frac{1}{2}r(ik\Delta x)^2 + \cdots,$$

$$G_{\text{exakt}} = e^{ick\Delta t} = e^{irk\Delta x} = 1 + irk\Delta x + \frac{1}{2}(irk\Delta x)^2 + \cdots. \quad (6.52)$$

Die ersten Terme, 1 und $irk\Delta x$, stimmen erwartungsgemäß überein. Das Verfahren ist **konsistent** mit $u_t = c\, u_x$. Die nächsten Terme *stimmen nicht überein*, es sei denn, es gilt $r = r^2$:

vergleiche $\dfrac{1}{2}r(ik\Delta x)^2$ mit $\dfrac{1}{2}r^2(ik\Delta x)^2$ (6.53)

$\Rightarrow$ **Einschrittfehler hat die Ordnung** $(k\Delta t)^2$.

Nach $1/\Delta t$ Schritten ergeben diese Fehler der Ordnung $k^2(\Delta t)^2$ den Gesamtfehler $O(k^2\Delta t)$. Vorwärtsdifferenzen sind nur von erster Ordnung genau, und das gleiche gilt für das gesamte Verfahren.

Der Spezialfall $r = 1$ bedeutet $c\,\Delta t = \Delta x$. *Die Differenzengleichung ist exakt.* Die exakte und die Näherungslösung sind bei $(x, \Delta t)$ beide $u(x + \Delta x, 0)$. Wir befinden

6.3 Genauigkeit und Stabilität für $u_t = c u_x$

uns *auf der charakteristischen Linie* in Abbildung 6.4. Dies ist ein interessanter Spezialfall (das ideale Δt ist schwer zu halten, wenn c variiert).

Schlussfolgerung: Außer für $r = r^2$ ist das ***Upwind-Verfahren von erster Ordnung genau.***

Höhere Genauigkeit durch Lax-Wendroff

Um die Genauigkeit zu verbessern, zentrieren wir die Differenzen. Die Version von Lax-Wendroff passt den zeitlichen Fehler $\frac{1}{2}\Delta t\, u_{tt}$ an eine räumliche Differenz an, die $\frac{1}{2}\Delta t\, c^2 u_{xx}$ liefert.

Lax-Wendroff-Verfahren

$$\frac{U(x, t+\Delta t) - U(x,t)}{\Delta t} = c\, \frac{U(x+\Delta x,t) - U(x-\Delta x,t)}{2\Delta x} \qquad (6.54)$$
$$+ \frac{\Delta t}{2} c^2 \left(\frac{U(x+\Delta x,t) - 2U(x,t) + U(x-\Delta x,t)}{(\Delta x)^2} \right).$$

Nach Substitution der exakten Lösung ergibt diese zweite Differenz $\frac{1}{2}c^2 \Delta t\, u_{xx}$ plus Terme höherer Ordnung. Damit kürzt sich der Fehlerterm $\frac{1}{2}\Delta t\, u_{tt}$ heraus, der in Gleichung (6.48) berechnet wurde. (Denn wir betrachten hier $u_{tt} = cu_{xt} = c^2 u_{xx}$. Die zentrierte Differenz hat keinen Δx-Term.) Daher ist Lax-Wendroff **von zweiter Ordnung genau.**

Um dies im Frequenzraum zu sehen, schreiben wir die Lax-Wendroff-Differenz folgendermaßen um:

$$U(x,t+\Delta t) = (1-r^2)U(x,t) + \frac{1}{2}(r^2+r)U(x+\Delta x,t) + \frac{1}{2}(r^2-r)U(x-\Delta x,t).$$
(6.55)

Nun substituieren wir $U(x,t) = e^{ikx}$, um den Einschritt-Wachstumsfaktor G zur Zeit $t+\Delta t$ zu finden:

Wachstumsfaktor für Lax-Wendroff

$$G = (\mathbf{1-r^2}) + \frac{1}{2}(\mathbf{r^2}+\mathbf{r})e^{ik\Delta x} + \frac{1}{2}(\mathbf{r^2}-\mathbf{r})e^{-ik\Delta x}.$$

Um G mit G_{exakt} zu vergleichen, entwickeln wir $e^{ik\Delta x}$ und $e^{-ik\Delta x}$ (siehe (6.52)) nach Potenzen von $ik\Delta x$:

Vergleich mit $e^{irk\Delta x}$ $\quad G = 1 + r(ik\Delta x) + \frac{1}{2}r^2(ik\Delta x)^2 + O(k\Delta x)^3.$ (6.56)

Die ersten drei Terme stimmen überein. Der Einschritt-Fehler ist von der Ordnung $(k\Delta x)^3$. Nach $1/\Delta t$ Schritten bestätigt sich die Genauigkeit zweiter Ordnung der Lax-Wendroff-Differenz.

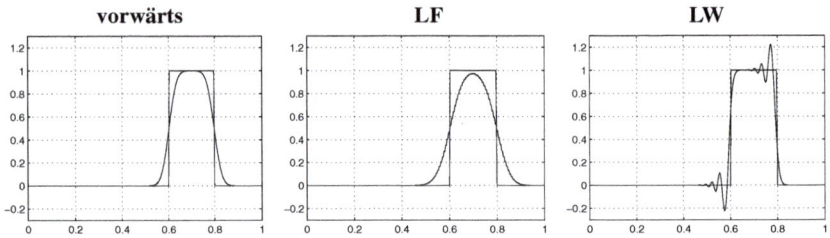

Abb. 6.6 Drei Approximationen eines scharfen Signals. Es zeigen sich Verschmierungseffekte und Oszillationen.

Abbildung 6.6 zeigt die Verbesserung der Genauigkeit. Ein Verfahren erster Ordnung verschmiert die „Wasserwand". Höhere Frequenzen haben Wachstumsfaktoren $|G(k)|$, die wesentlich kleiner sind als 1. Die Dissipation ist zu stark. Beim Verfahren von Lax-Friedrich (erster Ordnung) sind die Dissipationseffekte sogar noch stärker (Aufgabe 6.3.2). Das Lax-Wendroff-Verfahren erhält die Stufe wesentlich besser. Perfekt ist es jedoch nicht – die Oszillationen an den Rändern sind nicht gut.

Anmerkung Bei Verfahren zweiter Ordnung können nicht alle Koeffizienten positiv sein (Aufgabe 6.3.4). Für Lax-Wendroff ist $r^2 < |r|$. Der negative Koeffizient produziert die Oszillationen.

Eine bessere Genauigkeit lässt sich erreichen, indem man in der Differenzengleichung mehr Terme berücksichtigt. Wenn wir von den drei Termen in der Lax-Wendroff-Differenz zu fünf Termen übergehen, erreichen wir eine Genauigkeit vierter Ordnung. Wenn wir in jedem Zeitschritt *alle* Terme $U(j\Delta x, n\Delta t)$ verwenden, gelangen wir zur **spektralen Genauigkeit**. Dann fällt der Fehler schneller als jede Potenz von Δx, vorausgesetzt, $u(x,t)$ ist hinreichend glatt. Diese **spektrale Methode** wurde in Abschnitt 5.4 diskutiert.

Für eine ideale Differenzengleichung fordern wir nur, dass die Dissipation sehr nah am Schock bleibt. Damit lassen sich Oszillationen ohne Verlust der Genauigkeit vermeiden. Viele Überlegungen sind in die Entwicklung hochauflösender Verfahren (Abschnitt 6.6) geflossen, mit denen sich Schockwellen sauber behandeln lassen.

Stabilität für vier finite-Differenzen-Verfahren

Genauigkeit bedeutet, dass G nahe am exakten $e^{ick\Delta t}$ bleibt. Für die Stabilität muss G **innerhalb des Einheitskreises** bleiben. Ist für eine Frequenz $|G| > 1$, wird die Lösung $G^n e^{ikx}$ divergieren.

In diesem Abschnitt wollen wir die Bedingung $|G| \leq 1$ für vier Verfahren überprüfen. CFL war lediglich eine notwendige Bedingung!

1. Vorwärtsdifferenzen in Raum und Zeit: $\Delta U / \Delta t = c\, \Delta U / \Delta x$.
Nach Gleichung (6.51) ist $G = 1 - r + r e^{ik\Delta x}$. Wenn für die Courant-Zahl $0 \leq r \leq 1$ gilt, sind $1 - r$ und r positiv. Aus der Dreiecksungleichung folgt $|G| \leq 1$:

Stabilität für $0 \leq r \leq 1$ $\quad |G| \leq |1 - r| + |re^{ik\Delta x}| = 1 - r + r = 1.$ (6.57)

6.3 Genauigkeit und Stabilität für $u_t = cu_x$

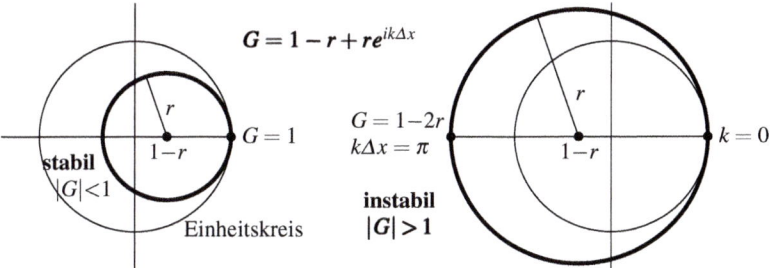

Abb. 6.7 Das Verfahren mit Vorwärtsdifferenzen ist stabil für $r = \frac{2}{3}$, nicht aber für $\frac{4}{3}$.

Die hinreichende Bedingung $0 \leq c\Delta t/\Delta x \leq 1$ stimmt mit der notwendigen CFL-Bedingung überein. $U(x, n\Delta t)$ hängt von den Anfangswerten zwischen x und $x + n\Delta x$ ab. Dieser **Abhängigkeitsbereich** muss den Punkt $x + cn\Delta t$ einschließen. (Anderenfalls würde das Ändern des Anfangswerts im Punkt $x + cn\Delta t$ die exakte Lösung u ändern, aber nicht die Approximation U.) Die Bedingung $0 \leq cn\Delta t \leq n\Delta x$ bedeutet dann $0 \leq r \leq 1$.

Abbildung 6.7 zeigt G für den stabilen Fall $r = \frac{2}{3}$ und den instabilen Fall $r = \frac{4}{3}$ (wenn Δt zu groß ist). Wenn k variiert und $e^{ik\Delta x}$ einmal im Einheitskreis umläuft, dann beschreibt $G = 1 - r + re^{ik\Delta x}$ einen Kreis vom Radius r. Dessen Mittelpunkt ist $1 - r$. Für die Frequenz null (konstante Lösung, kein Wachstum) ist G immer 1.

2. Vorwärts-Differenz in der Zeit, zentrierte Differenz im Raum.

Diese Kombination ist nie stabil! Im Folgenden verwenden wir für $U(j\Delta x, n\Delta t)$ die Abkürzung $U_{j,n}$:

$$\frac{U_{j,n+1} - U_{j,n}}{\Delta t} = c \frac{U_{j+1,n} - U_{j-1,n}}{2\Delta x} \quad \text{bzw.}$$
$$U_{j,n+1} = U_{j,n} + \frac{r}{2} \left(U_{j+1,n} - U_{j-1,n} \right). \tag{6.58}$$

Die Koeffizienten $1, r/2$ und $-r/2$ gehen in den Wachstumsfaktor G ein, wenn die Lösung eine reine Exponentialfunktion ist und e^{ikx} herausgezogen werden kann:

Instabil: $|G| > 1 \quad G = 1 + \frac{r}{2} e^{ik\Delta x} - \frac{r}{2} e^{-ik\Delta x} = 1 + ir \sin k\Delta x.$ \quad (6.59)

Der Realteil ist 1. Für den Betrag gilt $|G| \geq 1$. Der zugehörige Graph ist im linken Teil der Abbildung 6.8 dargestellt.

3. Lax-Friedrichs stellt die Stabilität für zentrierte Differenzen her, indem eine andere Zeitdifferenz verwendet wird. Wir ersetzen $U_{j,n}$ durch das Mittel seiner Nachbarn $\frac{1}{2}(U_{j+1,n} + U_{j-1,n})$:

Lax-Friedrichs $\quad \dfrac{U_{j,n+1} - \frac{1}{2}(U_{j+1,n} + U_{j-1,n})}{\Delta t} = c \dfrac{U_{j+1,n} - U_{j-1,n}}{2\Delta x}.$ \quad (6.60)

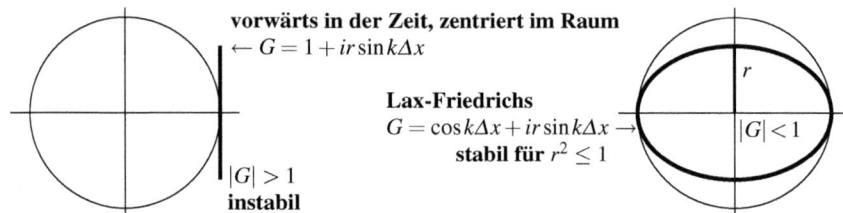

Abb. 6.8 Gleichung (6.58) ist für alle r instabil. Gleichung (6.60) ist für $r^2 \leq 1$ stabil.

Die alten Werte $U_{j+1,n}$ und $U_{j-1,n}$ liefern den neuen Wert $U_{j,n+1}$. Indem wir die Terme auf die rechte Seite bringen, erhalten wir die Koeffizienten $\frac{1}{2}(1+r)$ und $\frac{1}{2}(1-r)$. Der Wachstumsfaktor ist

$$G = \frac{1+r}{2}e^{ik\Delta x} + \frac{1-r}{2}e^{-ik\Delta x} = \cos k\Delta x + ir\sin k\Delta x. \tag{6.61}$$

Der Absolutwert ist $|G|^2 = (\cos k\Delta x)^2 + r^2(\sin k\Delta x)^2$. In Abbildung 6.8 sehen Sie, dass der Wachstumsfakor für $r^2 \leq 1$ innerhalb des Einheitskreises bleibt. Diese Stabilitätsbedingung stimmt wiederum mit der CFL-Bedingung überein.

Beachten Sie, dass c und r negativ sein können. Die Welle kann in beide Richtungen laufen. Das ist sinnvoll für die Zweiweg-Wellengleichung, aber die Genauigkeit ist weiterhin von erster Ordnung. Der Wachstumsfaktor G für Lax-Friedrich-Differenzen passt sich dem nächsten Term des exakten Wachstumsfaktors nur dann an, wenn $r^2 = 1$ gilt:

$$G_{\text{LF}} = \cos k\Delta x + ir\sin k\Delta x = 1 + irk\Delta x - \tfrac{1}{2}(k\Delta x)^2 + \cdots \tag{6.62}$$
$$G_{\text{exakt}} = e^{irk\Delta x} = 1 + irk\Delta x + \tfrac{1}{2}i^2r^2(k\Delta x)^2 + \cdots$$

In den Ausnahmefällen $r=1$ und $r=-1$ stimmt G mit G_{exakt} überein. Genau auf der charakteristischen Linie trifft $U_{j,n+1}$ das exakte $u(j\Delta x, t+\Delta t)$. Für $r^2 < 1$ hat Lax-Friedrichs einen bedeutenden Vorteil, aber auch einen ebenso bedeutenden Nachteil: $U_{j,n+1}$ ist eine **positive** Kombination alter Werte. Die Genauigkeit ist jedoch nur **von erster Ordnung**.

4. Lax-Wendroff ist stabil für $-1 \leq r \leq 1$.
Die LW-Differenzengleichung berechnet aus $U_{j,n}, U_{j-1,n}$ und $U_{j+1,n}$ den neuen Wert $U_{j,n+1}$:

Lax-Wendroff $\quad G = (1-r^2) + \dfrac{1}{2}(r^2+r)e^{ik\Delta x} + \dfrac{1}{2}(r^2-r)e^{-ik\Delta x}$. (6.63)

Damit ist $G = 1 - r^2 + r^2\cos k\Delta x + ir\sin k\Delta x$. Für die kritische Frequenz $k\Delta x = \pi$ ist der Wachstumsfaktor $1 - 2r^2$. Dieser Wert bleibt über -1, falls $r^2 \leq 1$.

In Aufgabe 6.3.5 sollen Sie zeigen, dass $|G| \leq 1$ für alle $k\Delta x$ gilt. **Lax-Wendroff-Differenzen sind immer stabil, wenn die CFL-Bedingung $r^2 \leq 1$ erfüllt ist.** Die

6.3 Genauigkeit und Stabilität für $u_t = cu_x$

Welle kann in beide Richtungen laufen, da c negativ sein kann. Lax-Wendroff ist von den fünf hier vorgestellten Verfahren das genaueste.

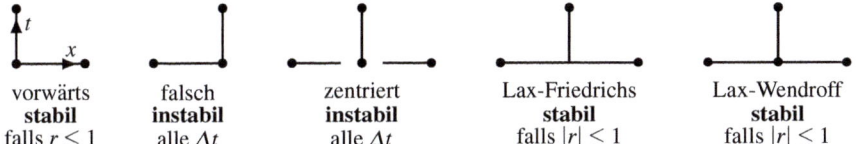

vorwärts	falsch	zentriert	Lax-Friedrichs	Lax-Wendroff
stabil	**instabil**	**instabil**	**stabil**	**stabil**
falls $r \leq 1$	alle Δt	alle Δt	falls $|r| \leq 1$	falls $|r| \leq 1$

5. Zentrierte Verfahren mit maximaler Genauigkeit sind stabil für $-1 \leq r \leq 1$.
Lax-Wendroff verwendet drei Werte je Schritt und erreicht die Genauigkeit zwei. Für jedes gerade $p = 2q$ gibt es $p + 1$ Koeffizienten $a_{-q}, \ldots, a_q$, mit denen die Differenzengleichung $U_{j,n+1} = \sum a_m U_{j+m,n}$ die Genauigkeit p hat. Das Anpassen von $G = \sum a_m e^{imk\Delta x}$ an den exakten Faktor $e^{ikc\Delta t} = e^{ikr\Delta x}$ liefert $p + 1$ Gleichungen $\sum a_m m^j = r^j$ für die a's.

Unter Verwendung all dieser Werte lässt die CFL-Bedingung zu, dass der Stabilitätsbereich auf $-q \leq c\Delta t / \Delta x \leq q$ ausgedehnt wird. Die tatsächliche Forderung ist $-1 \leq r \leq 1$.

Äquivalenz von Stabilität und Konvergenz

Nähert sich die diskrete Lösung U der exakten Lösung u, wenn Δt gegen null geht? Wir erwarten natürlich, dass diese Frage mit ja beantwortet wird. Es gibt jedoch zwei Bedingungen für die Konvergenz, und eine davon – die *Stabilität* – ist keineswegs automatisch erfüllt. Die andere Bedingung ist die *Konsistenz* – das diskrete Problem muss das exakte stetige Problem approximieren. Die Aussage, dass diese beiden Eigenschaften hinreichend und *notwendig* für die Konvergenz sind, ist der *Fundamentalsatz der numerischen Analysis*:

> **Äquivalenzsatz von Lax**
>
> Für eine konsistente Approximation eines wohlgeformten linearen Problems sind Stabilität und Konvergenz äquivalent.

Lax bewies den Äquivalenzsatz für Anfangswertprobleme. Die Konvergenzrate ist in (6.66) angegeben. Der Satz ist gleichermaßen gültig für Randwertprobleme sowie für die Approximation von Funktionen und und Integralen. Er gilt für beliebige Diskretisierungen, die das gegebene Problem $Lu = f$ durch $L_h U_h = f_h$ ersetzen. Unter der Annahme, dass die Eingaben f und f_h dicht beieinander liegen, werden wir beweisen, dass u und U_h dicht beieinander liegen – vorausgesetzt L_h ist stabil. Wenn die Gleichung linear ist, genügen für den Beweis wenige Zeilen. Gleichzeitig wird die Bedeutung dieses fundamentalen Satzes ersichtlich.

Angenommen, f wird in f_h geändert und L wird durch L_h ersetzt. Die Forderungen lauten

Konsistent $f_h \to f$ und $L_h u \to Lu$ für glatte Lösungen u.
Wohlgeformt   Die Inverse von L ist beschränkt: $\|u\| = \|L^{-1}f\| \leq C\|f\|$.
Stabil   Die Inversen L_h^{-1} sind gleichmäßig beschränkt: $\|L_h^{-1} f_h\| \leq C\|f_h\|$.

Unter diesen Bedingungen geht die Näherung $U_h = L_h^{-1} f_h$ gegen u, wenn h gegen null geht. Für glatte u subtrahieren wir $L_h^{-1} L u$ und addieren $L_h^{-1} f = L_h^{-1} L u$:

Konvergenz $\quad u - U_h = L_h^{-1}(L_h u - L u) + L_h^{-1}(f - f_h) \to 0.$ (6.64)

Die Konsistenz kontrolliert die Größen in den Klammern (sie gehen gegen null). Die Stabilität kontrolliert die Operatoren L_h^{-1}, die auf diese Größen angewendet werden. Die Wohlgeformtheit kontrolliert die Näherung aller Lösungen durch glatte Lösungen. Dann konvergiert U_h immer gegen u.

Wenn keine Stabilität vorliegt, gibt es Eingaben, für die die Approximationen $U_h = L_h^{-1} f$ nicht beschränkt sind. Nach dem *Satz über die gleichmäßige Beschränktheit* resultiert dieses schlechte f aus Eingaben f_h, für die wegen der Instabilität $\|L_h^{-1} f_h\| \to \infty$ gilt. Für dieses f liegt auch keine Konvergenz vor.

Ein perfektes Äquivalenztheorem geht noch etwas weiter. Mit ein paar sorgfältigen Definitionen erhält man folgende Aussage:

Konsistenz + Stabilität $\iff$ **Wohlgeformtheit + Konvergenz**.

Unsere Bemühungen werden sich nun auf Anfangswertprobleme konzentrieren, für die wir die Konvergenzrate, ausgedrückt durch den Fehler in $u - U$, abschätzen wollen. Der Parameter h wird zu Δt. Wir führen n Schritte aus.

Die Konvergenzrate

Konsistenz bedeutet, dass der Fehler in jedem Zeitschritt gegen null geht, wenn das Gitternetz verfeinert wird. Aus unsren Taylor-Abschätzungen wissen wir mehr: **Die Ordnung der Genauigkeit liefert die Rate,** mit der der Einschrittfehler gegen null geht. Das Problem besteht nun darin, aus dieser lokalen Rate eine globale Konvergenzrate abzuleiten, in der die Fehler über n Schritte akkumuliert sind.

Mit der Bezeichnung S für einen einzelnen Differenzenschritt haben wir $U(t + \Delta t) = S U(t)$. Der exakte Lösungsschritt ist $u(t + \Delta t) = R u(t)$. Dann bedeutet Konsistenz, dass Su nahe bei Ru liegt, und die Ordnung der Genauigkeit p sagt uns, wie nahe:

Genauigkeit der Diskretisierung $\quad \|Su - Ru\| \leq C_1 (\Delta t)^{p+1}$ für glatte Lösungen u
Wohlgeformtes Problem $\quad \|R^n u\| \leq C_2 \|u\|$ für $n \Delta t \leq T$
Stabile Approximationen $\quad \|S^n U\| \leq C_3 \|U\|$ für $n \Delta t \leq T$

Die Differenz zwischen $U = S^n u(0)$ und dem exakten $u = R^n u(0)$ ist $(S^n - R^n) u(0)$. Die Schlüsselidee ist eine „Teleskopgleichung", in der n Einschrittdifferenezn $S - R$ vorkommen:

$$S^n - R^n = S^{n-1}(S-R) + S^{n-2}(S-R)R + \cdots + (S-R)R^{n-1}.$$ (6.65)

Jeder der n Terme in dieser Gleichung hat eine offensichtliche Bedeutung. Erstens überführt eine Potenz R^k den Anfangswert $u(0)$ in die exakte Lösung $u(k \Delta t)$. Für

6.3 Genauigkeit und Stabilität für $u_t = cu_x$ 559

glatte Lösungen liefert $(S-R)u(k\Delta t)$ den Fehler der Ordnung $(\Delta t)^{p+1}$ im Schritt k. Die Potenzen von S tragen diesen Einschrittfehler dann in der Zeit vorwärts bis zur Zeit $n\Delta t$. Wegen der Stabilität verstärken die Potenzen von S den Fehler höchstens um den Faktor C_3. Es gibt $n \leq T/\Delta t$ Schritte. **Die endgültige Konvergenzrate für glatte Lösungen ist $(\Delta t)^p$**:

$$\|U(n\Delta t) - u(n\Delta t)\| = \|(S^n - R^n)u(0)\| \leq C_1 C_2 C_3 \frac{T}{\Delta t}(\Delta t)^{p+1} = CT(\Delta t)^p. \tag{6.66}$$

Die Glattheit wurde in den Taylor-Entwicklungen (6.48) und (6.49) benötigt, als Δt und Δx mit u_{tt} und u_{xx} multipliziert wurden. Diese Genauigkeit erster Ordnung würde nicht gelten, wenn u, u_t oder u_x einen Sprung hätten. Weiterhin liefert p, die Ordnung der Genauigkeit p eine praktische Abschätzung des Gesamtfehlers $u - U$. Das Problem des Wissenschaftlichen Rechnens besteht darin, über $p = 1$ hinaus zu kommen, ohne Stabilität und Geschwindigkeit zu verlieren.

Aufgaben zu Abschnitt 6.3

6.3.1 Integrieren Sie $u_t = cu_x$ von $-\infty$ bis ∞ um zu beweisen, dass die Masse erhalten bleibt: $dM/dt = 0$. Multiplizieren Sie mit u und integrieren Sie $uu_t = cuu_x$ um zu beweisen, dass auch die Energie erhalten wird:

$$M(t) = \int_{-\infty}^{\infty} u(x,t)\,dx \quad \text{und} \quad E(t) = \frac{1}{2}\int_{-\infty}^{\infty} (u(x,t))^2\,dx \quad \text{bleibt zeitlich konstant.}$$

6.3.2 Setzen Sie das exakte $u(x,t)$ in den Lax-Friedrich-Ansatz (6.61) ein und verwenden Sie $u_t = cu_x$ und $u_{tt} = c^2 u_{xx}$, um die Koeffizienten der *numerischen Dissipation* u_{xx} zu bestimmen.

6.3.3 Der Wachstumsfaktor für $U_{j,n+1} = \sum a_m U_{j+m,n}$ ist $G = \sum a_m e^{imk\Delta x}$. Entwickeln Sie die einzelnen Terme nach Potenzen von Δx, um die Konsistenz mit $G_{\text{exakt}} = e^{ick\Delta t}$ (wenigstens in erster Ordnung genau) zu zeigen, wenn $\sum a_m = 1$ und $\sum m a_m = c\Delta t/\Delta x = r$ gilt.

6.3.4 Genauigkeit zweiter Ordnung erfordert $\sum m^2 a_m = r^2$. Überprüfen Sie diesbezüglich das Lax-Wendroff-Verfahren, für das $a_0 = 1 - r^2$, $a_1 = \frac{1}{2}(r^2 + r)$, $a_{-1} = \frac{1}{2}(r^2 - r)$ gilt. *Wenn alle a_m größer oder gleich null sind*, reduziert sich die Schwarzsche Ungleichung $(\sum m\sqrt{a_m}\sqrt{a_m})^2 \leq (\sum m^2 a_m)(\sum a_m)$ auf $r^2 = r^2$. Diese Gleichung ist nur für $m\sqrt{a_m} = (\text{constant})\sqrt{a_m}$ erfüllt. *Genauigkeit zweiter Ordnung ist mit $a_m \geq 0$ unmöglich*, es sei denn, es gibt nur einen Term $U_{j,n+1} = U_{j+m,n}$.

6.3.5 Für das Lax-Wendroff-Verfahren gilt $G = 1 - r^2 + r^2 \cos k\Delta x + ir\sin kx$. Quadrieren Sie Real- und Imaginärteil, um $|G|^2 = 1 - (r^2 - r^4)(1 - \cos k\Delta x)^2$ zu erhalten. Beweisen Sie die Stabilität des Lax-Wendroff-Verfahrens, also $|G|^2 \leq 1$ falls $r^2 \leq 1$.

6.3.6 Gegeben sei eine lineare Differentialgleichung mit zeitabhängigen Koeffizienten. Die Einschritt-Lösungsoperatoren sind dann S_k und R_k für den Schritt von

$k\Delta t$ nach $(k+1)\Delta t$. Nach n Schritten ersetzen Produkte die Potenzen S^n und R^n in U und u:

$$U(n\Delta t) = S_{n-1}S_{n-2}\ldots S_1 S_0 u(0) \quad \text{und} \quad u(n\Delta t) = R_{n-1}R_{n-2}\ldots R_1 R_0 u(0).$$

Modifizieren Sie die Teleskopgleichung so, dass sie dieses $U - u$ erzeugt. Welche Teile werden durch die Stabilität kontrolliert und welche durch die Wohlgeformtheit (d.h. die Stabilität der Differentialgleichung)? Die Konsistenz kontrolliert auch hier $S_k - R_k$.

6.3.7 Auch bei einem instabilen Verfahren konvergiert die Näherungslösung für *jede separate Frequenz k* gegen die exakte Lösung $u = e^{ickt}e^{ikx}$. Die Konsistenz stellt sicher, dass der Einschritt-Wachstumsfaktor G gleich $1 + ick\Delta t + O(\Delta t)^2$ ist. Dann konvergiert G^n für $\Delta t = t/n$:

$$G^n = \left(1 + \frac{ickt}{n} + O\left(\frac{1}{n^2}\right)\right)^n \longrightarrow e^{ickt} \quad \text{selbst für} \quad |G| > 1.$$

Wie ist es möglich, dass für jedes e^{ikx} Konvergenz vorliegt, für $u(x,0) = \sum c_k e^{ikx}$ dagegen Divergenz?

6.3.8 Das Vorwärtsverfahren mit $r > 1$ ist instabil, weil die CFL-Bedingung nicht erfüllt ist. Nach Aufgabe 6.3.7 konvergiert es gegen $e^{ik(x+ct)}$, selbst wenn Werte von $u(x,0) = e^{ikx}$ verwendet werden, die nicht bis $x + ct$ reichen. Das Verfahren muss eine „korrekte" Extrapolation von e^{ikx} finden. Zeigen Sie, dass es für e^{ikx} keine Konvergenz gibt.

6.3.9 Beim Lax-Friedrichs-Verfahren wird $U_{j,n}$ in jeder Zeitdifferenz durch den Term $\frac{1}{2}(U_{j+1,n} + U_{j-1,n})$ ersetzt. Subtrahieren Sie $U_{j,n}$ um zu zeigen, dass die verbesserte Stabilität des Lax-Friedrichs-Verfahrens aus der zweiten Differenz resultiert (numerische Viskosität).

Die Aufgaben 6.3.10-6.3.14 beschäftigen sich mit Airys dispersiver Wellengleichung $u_t = u_{xxx}$.

6.3.10 Eine *zentrierte* dritte Differenz Δ_c^3 besitzt die Koeffizienten $1, -2, 0, 2, -1$. Testen Sie an e^{ikx}, ob $\Delta_c^3 e^{ikx}$ den korrekten Faktor $(ik\Delta x)^3 = (i\theta)^3$ hat:

$$e^{i2\theta} - 2e^{i\theta} + 2e^{-i\theta} - e^{-i2\theta} = i\sin 2\theta - 2i\sin\theta = 2i\sin\theta(\cos\theta - 1) \approx (i\theta)^3$$

(a) Zeigen Sie, dass $(U_{j,n+1} - U_{j,n})/\Delta t = \Delta_c^3 U/(\Delta x)^3$ **instabil** ist.
(b) Beim Lax-Friedrichs-Verfahren ändert sich $U_{j,n}$ in $\frac{1}{2}(U_{j+1,n} + U_{j-1,n})$. Beweisen Sie $|G| \leq 1$ für $r \leq 1/4$:

L-F Wachstumsfaktor $\quad G(\theta) = \cos\theta + 2ir\sin\theta(\cos\theta - 1)$ mit $r = \Delta t/(\Delta x)^3$.

6.3.11 Eine nicht zentrierte Differenz $\Delta^3 U$ mit den Koeffizienten $1, -3, 3, -1$ benötigt nur vier Werte von U. Beweisen Sie die Instabilität für den Fall, dass $\Delta_t U = r\Delta^3 U$ vollständig vorwärts oder vollständig rückwärts gerichtet ist:

6.4 Wellengleichungen und Leapfrog-Verfahren

Für $G = 1 \pm r(e^{i\theta} - 1)^3$ kann nicht $|G| \leq 1$ gelten, wenn $\theta = k\Delta x$ klein ist.

6.3.12 Typische Lösungen der Gleichung $u_t = u_{xxx}$ sind $\sin(x-t)$ und $\sin(2x-8t)$. *Der Wind weht von links nach rechts.* Weisen Sie die Stabilität für $r \leq 1/4$ nach, wenn $\Delta^3 U$ zu zwei Dritteln eine Vorwärtsdifferenz ist:

Für $\Delta_t U = r(U_{j+1,n} - 3U_{j,n} + 3U_{j-1,n} - U_{j-2,n})$ ist $G = 1 + re^{-2i\theta}(e^{i\theta}-1)^3$.

Schreiben Sie $e^{i\theta/2}G$ in Termen von $\cos(\theta/2)$ und $\sin(\theta/2)$.

6.3.13 Aus Aufgabe 6.3.12 sehen wir, dass die Gleichung $u_t = u_{xxx}$ auf dem Intervall $0 \leq x \leq 1$ *zwei* Randbedingungen bei $x=0$ und *eine* Bedingung bei $x=1$ benötigt. Dies war nicht von vornherein offensichtlich. Zeigen Sie, dass die Energie $E = \int u^2\, dx$ abfällt, wenn $u(1) = u(0) = u'(0) = 0$ gilt:

Integriere $uu_t = uu_{xxx} = \dfrac{d}{dx}\left(uu_{xx} - \dfrac{1}{2}u_x^2\right)$ von $x=0$ bis 1 für dE/dt.

6.3.14 Lösen Sie $u_t = u_{xxx}$ auf $0 \leq x \leq 1$ mit $u(x,0) = x^2(1-x)$ unter Verwendung des stabilen Verfahrens aus Aufgabe 6.3.12. Die Randbedingungen sind $U_{0,n} = U_{1,n} = U_{10,n} = 0$ mit $\Delta x = 1/10$.

6.3.15 Welche der beiden folgenden Differentialgleichungen ist wohlgeformt: $u_t = u_{xxxx}$ oder $u_t = -u_{xxxx}$? Welche Differenzengleichung ist stabil: $\Delta_t U = r\Delta_x^4 U$ oder $\Delta_t U = -r\Delta_x^4 U$? Bilden Sie mit den Koeffizienten $1,-4,6,-4,1$ die zentrierte Differenz Δ^4, um die Stabilitätsgrenze für $r = \Delta t/(\Delta x)^4$ zu finden.

6.4 Wellengleichungen und Leapfrog-Verfahren

Dieser Abschnitt befasst sich mit der **Wellengleichung** $u_{tt} = c^2 u_{xx}$, dem Prototyp für Gleichungen zweiter Ordnung. Wir werden die exakte Lösung $u(x,t)$ bestimmen. Für das Leapfrog-Verfahren (zentrierte zweite Differenzen in t und x) werden wir die Genauigkeit und die Stabilität zeigen. Dieses Zweischrittverfahren macht es nötig, dass wir uns nochmals mit dem Wachstumsfaktor G befassen, was wir zuvor für einen einzelnen Schritt getan hatten. Als Ergebnis werden wir $p = 2$ für die Genauigkeit und $c\Delta t/\Delta x \leq 1$ für die Stabilität erhalten.

Es wird sich als hilfreich erweisen, $u_{tt} = c^2 u_{xx}$ als System erster Ordnung, $\partial v/\partial t = A\, \partial v/\partial x$, zu schreiben. Die Komponenten v_1 und v_2 des unbekannten Vektors können $\partial u/\partial t$ und $c\, \partial u/\partial x$ sein. Dann haben wir es wieder mit einem Einschritt-Wachstumsfaktor zu tun, allerdings ist G nun eine 2×2-Matrix.

Die Genauigkeit zweiter Ordnung lässt sich auf das System $v_t = Av_x$ ausdehnen, wenn wir ein **versetztes Gitter** verwenden. Die Gitterpunkte für v_2 liegen zwischen den Gitterpunkten für v_1. Dieses Vorgehen ist mittlerweile Standard in der Akustik und der Elektrodynamik (Lösen der Maxwell-Gleichungen). Die physikalischen Gesetze des elektrischen Feldes E und des Magnetfelds H werden in schöner Weise durch die Differenzen auf das versetzte Gitter übertragen. Besonders wichtig wird dieses Gitter, wenn mehr räumliche Variablen ins Spiel kommen sowie bei finite-Volumen-Verfahren.

Dieser Abschnitt geht in wenigstens fünf Aspekten über die Einweg-Wellengleichung hinaus:

1. *Charakteristische Linien*
   $x + ct = C_\text{links}$ gehen durch jedes (x, t).
2. *Leapfrog-Verfahren*
   arbeiten mit drei zeitlichen Niveaus: $t + \Delta t$, t und $t - \Delta t$.
3. *Systeme erster Ordnung*
   haben vektorielle Unbekannte $v(x, t)$ und Wachstumsmatrizen G.
4. *Versetzte Gitter*
   führen auf das vielfach benutzte FDTD-Verfahren für die Maxwell-Gleichungen.
5. *Zusätzliche räumliche Dimensionen*
   führen zu neuen CFL- und vN-Bedingungen für die Stabilität.

Die Struktur der Wellengleichung

Diese Einführung enthält einen weiteren kurzen Abstecher in die Physik, um die formale Struktur der Wellengleichung auf eine physikalische Grundlage zu stellen. In Kapitel 3 war A zu $\frac{d}{dx}$ geworden und damit $K = A^\mathsf{T} C A$ zu $-\frac{d}{dx}\left(c(x)\frac{d}{dx}\right)$. Nun schreiben wir drei Wellengleichungen auf, die $\partial/\partial x$ und $\partial/\partial t$ enthalten:

Dichte ρ, Festigkeit k $\quad \dfrac{\partial}{\partial t}\left(\rho \dfrac{\partial u}{\partial t}\right) - \dfrac{\partial}{\partial x}\left(k \dfrac{\partial u}{\partial x}\right) = 0,$ (6.67)

Kapazität C, Widerstand L $\quad \dfrac{\partial}{\partial t}\left(C \dfrac{\partial V}{\partial t}\right) - \dfrac{\partial}{\partial x}\left(\dfrac{1}{L} \dfrac{\partial V}{\partial x}\right) = 0,$ (6.68)

Permeabilität μ, Permittivität ε $\quad \dfrac{\partial}{\partial t}\left(\mu \dfrac{\partial u}{\partial t}\right) - \dfrac{\partial}{\partial x}\left(\dfrac{1}{\varepsilon} \dfrac{\partial u}{\partial x}\right) = 0.$ (6.69)

Die erste Gleichung beschreibt Oszillationen in einem hängenden Balken. Die zweite beschreibt die Spannung entlang einer Übertragungsleitung und die dritte die Propagation einer elektromagnetischen Welle durch ein Dielektrikum. In allen räumlichen Ableitungen finden Sie den Term $A^\mathsf{T} C A$ wieder. Außerdem sehen Sie, dass die zeitlichen Ableitungen alle eine ähnliche Form haben. Beide Bestandteile bleiben symmetrisch wie in $Mu'' + Ku = 0$.

Lösung der Wellengleichung

Genau wie für die Einweg-Wellengleichung $u_t = cu_x$ lösen wir nun $u_{tt} = c^2 u_{xx}$ mit dem Exponentialansatz e^{ikx}. Dies erlaubt es uns, die **Variable in $u(x,t) = G(t)e^{ikx}$ zu trennen:**

Konstante Geschwindigkeit c, Wellenzahl k

$$\frac{\partial^2 u}{\partial t^2} = c^2 \frac{\partial^2 u}{\partial x^2} \quad \text{wird zu} \quad \frac{d^2 G}{dt^2} e^{ikx} = i^2 c^2 k^2 G e^{ikx}. \tag{6.70}$$

6.4 Wellengleichungen und Leapfrog-Verfahren

Damit ist $G_{tt} = i^2 c^2 k^2 G$. Diese Gleichung zweiter Ordnung hat zwei Lösungen, $G_{\text{links}} = e^{ickt}$ und $G_{\text{rechts}} = e^{-ickt}$. Es gibt also zwei Lösungen mit den Geschwindigkeiten c und $-c$:

Traveling Waves $\quad u_{\text{links}}(x,t) = e^{ik(x+ct)} \quad u_{\text{rechts}}(x,t) = e^{ik(x-ct)}$. (6.71)

Kombinationen aus nach links wandernden Wellen $e^{ik(x+ct)}$ ergeben eine allgemeine Funktion $F_1(x+ct)$. Entsprechendes gilt für Kombinationen aus $e^{ik(x-ct)}$, was $F_2(x-ct)$ ergibt. Die vollständige Lösung umfasst beides:

$$u(x,t) = u_{\text{links}}(x,t) + u_{\text{rechts}}(x,t) = F_1(x+ct) + F_2(x-ct). \quad (6.72)$$

Wir brauchen diese beiden Funktionen, um das Anfangsprofil $u(x,0)$ und die Anfangsgeschwindigkeit $u_t(x,0)$ anzupassen:

Bei $t = 0$ $\quad u(x,0) = F_1(x) + F_2(x) \quad$ und $\quad u_t(x,0) = cF_1'(x) - cF_2'(x)$. (6.73)

Auflösen nach F_1 und F_2 liefert die eindeutige Lösung zum vorgegebenen Anfangsprofil $u(x,0)$ und mit der vorgegebenen Anfangsgeschwindigkeit $u_t(x,0)$:

Lösung $\quad u(x,t) = \dfrac{u(x+ct,0) + u(x-ct,0)}{2} + \dfrac{1}{2c}\displaystyle\int_{x-ct}^{x+ct} u_t(x,0)\,dx$. (6.74)

Der „Abhängigkeitsbereich" läuft rückwärts zu den Anfangswerten von $x - ct$ bis $x + ct$.

Beispiel 6.5 Eine Stufenfunktion $S(x)$ (Wasserwand) pflanzt sich in beide Richtungen fort:

Zwei halbe Wände
$u(x,0) = S(x)$ $\quad u(x,t) = \dfrac{1}{2}S(x+ct) + \dfrac{1}{2}S(x-ct) = \left\{0 \text{ oder } \dfrac{1}{2} \text{ oder } 1\right\}$.

Zur Zeit T ist aus der Anfangsstufe bei $x = 0$ die „halbe Stufe" $u = \frac{1}{2}$ zwischen $x = -ct$ und $x = ct$ geworden. Dies ist der „Einflussbereich" von $x = 0, t = 0$, der sich in Abbildung 6.9 vorwärts bewegt.

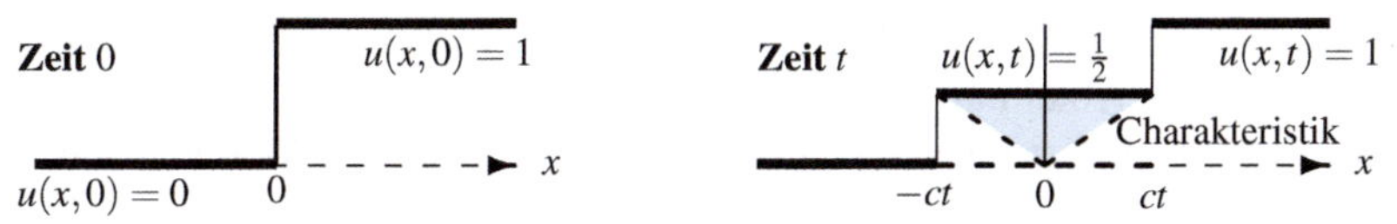

Abb. 6.9 Die Hälfte der Stufe geht nach links, die andere Hälfte nach rechts, wenn $u_t(x,0) = 0$.

Die semidiskrete Wellengleichung

Beginnen möchte ich damit, zunächst nur die räumliche Ableitung u_{xx} zu diskretisieren. Die natürliche Wahl ist die zweite Differenz $U_{j+1} - 2U_j + U_{j-1}$, dividiert durch $(\Delta x)^2$. Als Näherungen $U_j(t)$ an den Gitterpunkten $x = j\Delta x$ haben wir eine *Familie gewöhnlicher Differentialgleichungen* in der Zeit. Das ist das **Linienverfahren,** diskret im Raum, aber stetig in der Zeit:

Semidiskrete Gleichung $\quad U_j'' = \dfrac{c^2}{(\Delta x)^2}(U_{j+1} - 2U_j + U_{j-1}).$ (6.75)

Auch hier verfolgen wir wieder die Entwicklung einzelner Exponentialfunktionen und suchen nach $U_j(t) = G(t)e^{ikj\Delta x}$. Wir setzen diesen Ansatz in (6.75) ein und kürzen den gemeinsamen Faktor $e^{ikj\Delta x}$. Anstelle von $G_{tt} = -c^2k^2G$ erhalten wir neue Geschwindigkeiten:

Wachstumsgleichung

$$G_{tt} = \frac{c^2}{(\Delta x)^2}(e^{ik\Delta x} - 2 + e^{-ik\Delta x})G = -\frac{c^2}{(\Delta x)^2}(2 - 2\cos k\Delta x)G. \quad (6.76)$$

Die exakte rechte Seite $-c^2k^2G$ ist zu $-c^2F^2k^2G$ geworden. Der Faktor F^2 tritt so häufig auf, dass es wichtig ist, ihn zu erkennen. Wir verwenden die Identität $2 - 2\cos\theta = 4\sin^2(\theta/2)$:

Phasenfaktor

$$F^2 = \frac{2 - 2\cos k\Delta x}{k^2(\Delta x)^2} = \frac{4\sin^2(k\Delta x/2)}{k^2(\Delta x)^2} = \left(\frac{\sin(k\Delta x/2)}{k\Delta x/2}\right)^2. \quad (6.77)$$

Die *sinc-Funktion* ist definiert als $\sin\theta$ dividiert durch θ. Wenn $\theta = k\Delta x/2$ klein ist, ist F in guter Näherung $1 + O(\theta^2)$. Dann ist Gleichung (6.76) nahe dem exakten $G_{tt} = -c^2k^2G$.

Für jedes $k\Delta x$ hat die Wachstumsgleichung (6.76) zwei exponentielle Lösungen:

Semidiskretes Wachstum $\quad G_{tt} = -c^2F^2k^2G \Rightarrow \mathbf{G(t)} = e^{\pm icFkt}.$ (6.78)

Beachten Sie, dass F von k abhängt. Unterschiedliche Frequenzen e^{ikx} reisen mit unterschiedlichen Phasengeschwindigkeiten $cF(k)$. Das ist die sogenannte **Dispersion:** Ein Puls zerfällt in separate Wellen. Die *Gruppengeschwindigkeit* (siehe z.B. [169]) ist die Ableitung von $cF(k)k$ nach k.

Die semidiskrete Form legt einen guten Algorithmus für die Wellengleichung mit Randbedingungen nahe (beispielsweise $u = 0$ auf den Geraden $x = 0$ und $x = \pi$). Für $h = \Delta x = \frac{\pi}{n+1}$ hat dieses Intervall n Gitterpunkte. Dann ist die $n \times n$-Matrix der zweiten Differenzen das spezielle K, das wir aus früheren Kapiteln kennen (jetzt haben wir allerdings $-K$):

Semidiskret mit Rändern $\quad U''(t) = -c^2KU/(\Delta x)^2.$ (6.79)

Das ist die Gleichung $MU'' + KU = 0$ für oszillierende Federn aus Abschnitt 2.2.

Die n Eigenwerte der Matrix K sind positive Zahlen $2 - 2\cos k\Delta x$. Die einzige Änderung, die sich für eine Gleichung auf einer unendlichen Linie ergibt, ist dass k nur die Werte $1, 2, \ldots, n$ annehmen kann. Die Oszillationen gehen wie in (6.78) immer weiter, die Energie wird erhalten und die Wellen werden nun an den Rändern reflektiert anstatt nach $x = \pm\infty$ weiter zu laufen.

Leapfrog-Verfahren mit zentrierten Differenzen

Bei einem vollständig diskreten Verfahren wird auch u_{tt} durch zentrierte Differenzen approximiert. Die Zeitdifferenz „überspringt" die räumliche Differenz bei $t = n\Delta t$:

Leapfrog-Verfahren
$$\frac{U_{j,n+1} - 2U_{j,n} + U_{j,n-1}}{(\Delta t)^2} = c^2 \frac{U_{j+1,n} - 2U_{j,n} + U_{j-1,n}}{(\Delta x)^2}. \tag{6.80}$$

Hierbei gibt es zwei wichtige Unterschiede zum 5-Punkte-Molekül für $u_{xx} + u_{yy} = 0$ (Laplace-Gleichung). Erstens enthält $u_{tt} - c^2 u_{xx} = 0$ ein Minuszeichen. Zweitens haben wir zwei Bedingungen zur Zeit $t = 0$, aber keine Bedingungen für spätere Zeitpunkte. Wir schreiten in der Zeit vorwärts (was bei der Laplace-Gleichung total instabil wäre). Eine separate Rechnung für den ersten Zeitschritt bestimmt $U_{j,1}$ aus dem Anfangsprofil $u(x, 0)$ und der Anfangsgeschwindigkeit $u_t(x, 0)$.

Das Leapfrog-Verfahren ist normalerweise von zweiter Ordnung. Setzen wir das exakte $u(x,t)$ in (6.80) ein und verwenden wir dessen Taylor-Entwicklung. Für zweite Differenzen enthalten die Fehler Terme der Ordnung $(\Delta t)^2$ und $(\Delta x)^2$:

Zweite Ordnung
$$u_{tt} + \frac{1}{12}(\Delta t)^2 u_{tttt} + \cdots = c^2(u_{xx} + \frac{1}{12}(\Delta x)^2 u_{xxxx} + \cdots). \tag{6.81}$$

In diesem Fall gilt $u_{tttt} = c^2 u_{xxtt} = c^2 u_{ttxx} = c^4 u_{xxxx}$. Die beiden Seiten von (6.81) unterscheiden sich um folgenden Term

Lokaler Diskretisierungsfehler $\quad \frac{1}{12}[(\Delta t)^2 c^4 - (\Delta x)^2 c^2] u_{xxxx} + \cdots. \tag{6.82}$

Wiederum ist $c\Delta t = \Delta x$ der perfekte Zeitschritt, der der Charakteristik exakt folgt. Die beiden Dreiecke in Abbildung 6.10 sind im Grenzfall $r = 1$ genau gleich. Aus der CFL-Bedingung folgt die Instabilität für $r > 1$. Wir zeigen nun, dass $r \leq 1$ stabiler ist.

Stabilität des Leapfrog-Verfahren

Damit Konvergenz überhaupt möglich ist, muss eine Differenzengleichung die Anfangsbedingungen verwenden, die $u(x,t)$ bestimmen. **Der Abhängigkeitsbereich**

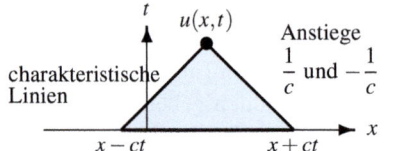
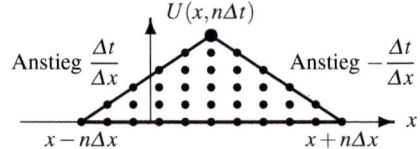

Abb. 6.10 Abhängigkeitsbereiche für u (aus der Wellengleichung) und U (aus dem Leapfrog-Verfahren).

für U muss den Abhängigkeitsbereich von u umfassen. Für die Anstiege muss $\Delta t/\Delta x \leq 1/c$ gelten. Die CFL-Bedingung ist also eine notwendige Voraussetzung. Als nächstes werden wir zeigen, dass sie auch hinreichend ist.

CFL-Stabilitätsbedingung
Das Leapfrog-Verfahren erfordert $r = c\,\Delta t/\Delta x \leq 1$.

Für eine Doppelschritt-Differenzengleichung suchen wir noch nach reinen Lösungen $U(x, n\Delta t) = G^n e^{ikx}$, die die Zeit vom Raum separieren. In der Bocksprunggleichung (6.80) ergibt dies

$$\left[\frac{G^{n+1} - 2G^n + G^{n-1}}{(\Delta t)^2}\right] e^{ikx} = c^2 G^n \left[\frac{e^{ik\Delta x} - 2 + e^{-ik\Delta x}}{(\Delta x)^2}\right] e^{ikx}.$$

Wir setzen $r = c\Delta t/\Delta x$ ein und kürzen $G^{n-1} e^{ikx}$. Damit haben wir eine quadratische Gleichung für G:

$$G^2 - 2G + 1 = r^2 G\,(2\cos k\Delta x - 2). \tag{6.83}$$

Die Zweischritt-Leapfrog-Gleichung gestattet (natürlich!) zwei G's. Zur Sicherung der Stabilität müssen beide für alle Frequenzen k die Bedingung $|G| \leq 1$ erfüllen. Wir bringen Gleichung (6.83) in die Form $G^2 - 2[a]G + 1 = 0$:

Gleichung für G $\quad G^2 - 2\left[1 - r^2 + r^2 \cos k\Delta x\right] G + 1 = 0. \tag{6.84}$

Die Lösungen von $G^2 - 2[a]G + 1 = 0$ sind $G = a \pm \sqrt{a^2 - 1}$. Die Stabilität hängt von dieser Quadratwurzel ab, die für $[a]^2 = [1 - r^2 + r^2 \cos k\Delta x]^2 \leq 1$ eine komplexe Zahl ist:

Falls $a^2 \leq 1$ gilt für $G = a \pm i\sqrt{1-a^2}$ $\quad |G|^2 = a^2 + (1-a^2) = 1$.

Ein instabiles $r > 1$ würde für das kritische $k\Delta x = \pi$ auf $|a| = |1 - 2r^2| > 1$ führen. Dann sind beide G's reell, ihr Produkt ist 1 und für eines von beiden gilt $|G| > 1$.

6.4 Wellengleichungen und Leapfrog-Verfahren

Anmerkung 1 Betrachten wir den Fall $r = 1$, für den $c\,\Delta t = \Delta x$ gilt. Dieses perfekte Verhältnis führt zu maximaler Genauigkeit. Die mittleren Terme $-2U_{j,n}$ und $-2r^2 U_{j,n}$ in der Leapfrog-Gleichung (6.80) kürzen sich heraus, sodass es für $r = 1$ einen vollständigen Sprung über den zentralen Punkt gibt:

Exaktes Leapfrog-Verfahren $(r = 1)$ $\quad U_{j,n+1} + U_{j,n-1} = U_{j+1,n} + U_{j-1,n}$.
$$\tag{6.85}$$

Diese Differenzengleichung wird von $u(x,t)$ erfüllt, da sie von allen Wellen $U(x+ct)$ und $U(x-ct)$ erfüllt wird. Mit $U_{j,n} = U(j\Delta x + cn\Delta t)$ und $c\,\Delta t = \Delta x$ haben wir:

$U_{j,n+1} = U_{j+1,n}$ $\quad$ denn beide sind gleich $\quad U(j\Delta x + cn\Delta t + \Delta x)$,
$U_{j,n-1} = U_{j-1,n}$ $\quad$ denn beide sind gleich $\quad U(j\Delta x + cn\Delta t - \Delta x)$.

Somit wird (6.85) von Travelling Waves $U(x+ct)$ und $U(x-ct)$ exakt erfüllt.

Anmerkung 2 Sie können das Leapfrog-Verfahren auch auf die Einweggleichung $u_t = c u_x$ anwenden:

Einweg-Leapfrog-Verfahren $\quad U_{j,n+1} - U_{j,n-1} = r(U_{j+1,n} - U_{j-1,n})$. $\quad$ (6.86)

Die Gleichung für den Wachstumsfaktor lautet nun $G^2 - 2(ir\sin k\Delta x)G - 1 = 0$. Im stabilen Fall (immer noch gilt $r = c\Delta t/\Delta x \leq 1$) verhält sich einer der Wachstumsfaktoren vernünftig, der andere jedoch seltsam:

$$G_1 = e^{ir\sin k\Delta x} \approx e^{ick\Delta t} \quad \text{und} \quad G_2 = -e^{-ir\sin k\Delta x} \approx -1. \tag{6.87}$$

G_1 und G_2 liegen *genau auf dem Einheitskreis*. Mit $|G| = 1$ gibt es keinen Raum für Bewegung. Die numerische Diffusion $\alpha(U_{j+1,n} - 2U_{j,n} + U_{j-1,n})$ verstärkt gewöhnlich die Stabilität. Hier jedoch nicht. Deshalb kann das Leapfrog-Verfahren für Gleichungen erster Ordnung riskant sein.

Die Wellengleichung in höheren Dimensionen

Die Wellengleichung gilt im dreidimensionalen Raum (wir setzen hier für die Geschwindigkeit $c = 1$):

Dreidimensionale Wellengleichung $\quad u_{tt} = u_{xx} + u_{yy} + u_{zz}$. $\quad$ (6.88)

Wellen laufen in alle Richtungen und die Lösung ist eine Superposition aus reinen Harmonischen. Diese ebenen Wellen haben jetzt drei Wellenzahlen k, ℓ, m und die Frequenz ω:

Ebene-Wellen-Lösung $\quad u(x,y,z,t) = e^{i(kx + \ell y + mz - \omega t)}$.

Einsetzen in die Wellengleichung ergibt $\omega^2 = k^2 + \ell^2 + m^2$. Es gibt also jeweils zwei Frequenzen $\pm \omega$ für einen Satz von Wellenzahlen k, ℓ, m. Diese Exponentiallösungen werden kombiniert, um das Anfangsprofil $u(x,y,z,0)$ der Welle und die Anfangsgeschwindigkeit $u_t(x,y,z,0)$ anzupassen.

Angenommen, die Anfangsgeschwindigkeit ist eine **dreidimensionale Deltafunktion** $\boldsymbol{\delta(x,y,z)}$:

$$\delta(x,y,z) = \delta(x)\delta(y)\delta(z) \;\Rightarrow\; \iiint f(x,y,z)\,\delta(x,y,z)\,dV = f(0,0,0). \quad (6.89)$$

Das resultierende $u(x,y,z,t)$ ist für die Wellengleichung die Green-Funktion. Sie ergibt sich aus der Deltafunktion, die allen Harmonischen das gleiche Gewicht gibt. Anstatt diese Superposition auszurechnen, können wir sie aus der Wellengleichung selbst ableiten. Die sphärische Symmetrie, d.h. die Tatsache, dass u nur von r und t abhängt, vereinfacht $u_{xx} + u_{yy} + u_{zz}$ stark:

$$\textbf{Symmetrie} \;\Rightarrow\; \boldsymbol{u = u(r,t)} \quad \frac{\partial^2 u}{\partial t^2} = \frac{\partial^2 u}{\partial r^2} + \frac{2}{r}\frac{\partial u}{\partial r}. \quad (6.90)$$

Nach Multiplikation mit r ist dies eine eindimensionale Gleichung, $(ru)_{tt} = (ru)_{rr}$. Ihre Lösungen ru sind Funktionen von $r-t$ und $r+t$. Eine Deltafunktion als Anfangsfunktion entspricht beispielsweise einem Ton, der sich von einer Glocke ausbreitet oder der Ausbreitung von Licht von einer punktförmigen Quelle. *Die Lösung ist nur auf der Kugel $r = t$ von null verschieden.* Dies bedeutet, dass die Glocke an jedem Punkt nur einmal zu hören ist. Ein dreidimensionaler Impuls erzeugt eine scharfe Antwort (dies ist das Huygenssche Prinzip).

In zwei Dimensionen kehrt die Lösung für $t > r$ *nicht* nach null zurück. Wir könnten in der Ebene weder klar sehen noch hören. Stellen Sie sich eine Punktquelle in zwei Dimensionen als eine *linienförmige Quelle* in drei Dimensionen vor, wobei die Linie in z-Richtung verläuft. Die Lösung ist unabhängig von z, sodass sie die Gleichung $u_{tt} = u_{xx} + u_{yy}$ erfüllt. In drei Dimensionen dagegen können Sphären, die an Quellen entlang einer Linien gestartet sind, kontinuierlich das Ohr des Hörers treffen. Sie entfernen sich immer weiter und die Lösungen zerfallen, werden jedoch nicht null. Die Wellenfront passiert den Hörer, aber weiterhin kommen Wellen an.

Leapfrog-Verfahren in höheren Dimensionen

In höheren Dimensionen gehen zwei Charakteristiken von jedem Punkt $(x, 0)$ aus. In zwei und drei Dimensionen wächst aus $(x,y,0)$ bzw. $(x,y,z,0)$ ein *charakteristischer Kegel*, der beispielsweise durch die Gleichung $x^2 + y^2 = c^2 t^2$ beschrieben wird. Die Bedingung $r \leq 1$ ändert sich in der Dimension d. Und die Kosten wachsen mit $1/(\Delta x)^{d+1}$. Das Leapfrog-Verfahren ersetzt u_{xx} und u_{yy} durch zentrierte Differenzen zur Zeit $n\Delta t$:

Leapfrog-Verfahren für $\boldsymbol{u_{tt} = u_{xx} + u_{yy}}$ $\quad \dfrac{U_{n+1} - 2U_n + U_{n-1}}{(\Delta t)^2} = \dfrac{\Delta_x^2 U_n}{(\Delta x)^2} + \dfrac{\Delta_y^2 U_n}{(\Delta y)^2}.$

6.4 Wellengleichungen und Leapfrog-Verfahren

U_0 und U_1 kommen aus den gegebenen Anfangsbedingungen $u(x,y,0)$ und $u_t(x,y,0)$. Wir wollen eine Lösung $U_n = G^n e^{ikx} e^{i\ell y}$ mittels **Trennung der Variablen** finden. Einsetzen in die Leapfrog-Gleichung und Kürzen von $G^{n-1} e^{ikx} e^{i\ell y}$ führt auf die zweidimensionale Gleichung für die beiden G's:

Wachstumsfaktor
$$\frac{G^2 - 2G + 1}{(\Delta t)^2} = G \frac{(2\cos k \Delta x - 2)}{(\Delta x)^2} + G \frac{(2\cos \ell \Delta y - 2)}{(\Delta y)^2}. \quad (6.91)$$

Dies hat wieder die Form $G^2 - 2aG + 1 = 0$. In der Klammer sehen Sie den Koeffizienten a:

$$G^2 - 2\left[1 - \left(\frac{\Delta t}{\Delta x}\right)^2 (1 - \cos k \Delta x) - \left(\frac{\Delta t}{\Delta y}\right)^2 (1 - \cos \ell \Delta y)\right] G + 1 = 0. \quad (6.92)$$

Zur Sicherung der Stabilität muss für beide Wurzeln $|G| = 1$ gelten. Dies wiederum erfordert $-1 \leq a \leq 1$. Wir finden die Stabilitätsbedingung für das Leapfrog-Verfahren, wenn wir uns anschauen, wo die Kosinusse -1 sind (der gefährliche Wert):

Stabilität
$$-1 \leq 1 - 2\left(\frac{\Delta t}{\Delta x}\right)^2 - 2\left(\frac{\Delta t}{\Delta y}\right)^2 \quad \text{erfordert} \quad \left(\frac{\Delta t}{\Delta x}\right)^2 + \left(\frac{\Delta t}{\Delta y}\right)^2 \leq 1. \quad (6.93)$$

Auf einem quadratischen Gitter bedeutet dies $\Delta t \leq \Delta x/\sqrt{2}$. In drei Dimension lautet die Bedingung $\Delta t \leq \Delta x/\sqrt{3}$. Beides lässt sich auch aus der CFL-Bedingung ableiten. Diese besagt, dass der charakteristische Kegel innerhalb der Pyramide liegen muss, die beim Leapfrog-Verfahren den Abhängigkeitsbereich definiert. Abbildung 6.11 zeigt die Grundflächen des Kegels und der Pyramide, die sich für $\Delta t = \Delta x/\sqrt{2}$ berühren.

Ein äquivalentes System erster Ordnung

Hier ein System aus zwei Gleichungen $v_t = Av_x$, das äquivalent ist zu folgendem System erster Ordnung:

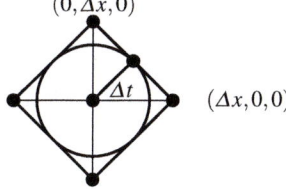

Für $u_{tt} = u_{xx} + u_{yy}$ hat der Kegel eine kreisförmige Grundfläche.
Die Pyramide hat für das Leapfrog-Verfahren eine quadratische Grundfläche.
Die Spitze von Kegel und Pyramide liegt im Punkt $(0,0,\Delta t)$.

Abb. 6.11 Die Pyramide enthält den Kegel und berührt ihn für $(\Delta t)^2 = (\Delta x)^2/2$.

System erster Ordnung

$\partial v/\partial t = A\, \partial v/\partial x$

$$\frac{\partial}{\partial t}\begin{bmatrix} u_t \\ cu_x \end{bmatrix} = \begin{bmatrix} 0 & c \\ c & 0 \end{bmatrix}\frac{\partial}{\partial x}\begin{bmatrix} u_t \\ cu_x \end{bmatrix}. \qquad (6.94)$$

Die erste Gleichung reproduziert $u_{tt} = c^2 u_{xx}$. Die zweite ist die Identität $cu_{xt} = cu_{tx}$. Beachten Sie, dass die 2×2-Matrix symmetrisch ist und ihre Eigenwerte die Geschwindigkeiten $\pm c$ der Welle sind.

Diese „symmetrisch hyperbolische" Form $v_t = Av_x$ ist nützlich in Theorie und Praxis. Die Energie $E(t) = \int \frac{1}{2}\|v(x,t)\|^2 dx$ ist automatisch zeitlich konstant! Hier der Beweis für eine beliebige Gleichung $v_t = Av_x$ mit einer symmetrischen (reellen und nicht variierenden) Matrix A:

$$\frac{\partial}{\partial t}\left(\frac{1}{2}\|v\|^2\right) = \sum v_i \frac{\partial v_i}{\partial t} = v^T v_t = v^T A v_x = \frac{\partial}{\partial x}\left(\frac{1}{2}v^T A v\right). \qquad (6.95)$$

Wenn wir über alle x integrieren, erhalten wir auf der linken Seite $\partial E/\partial t$. Die rechte Seite ist an den Rändern $x = \pm\infty$ gleich $\frac{1}{2}v^T A v$. Diese Ränder liefern null (bisher kein Signal eingetroffen). Somit ist die Ableitung der Energie $E(t)$ null und $E(t)$ bleibt konstant.

Die Euler-Gleichungen für kompressible Flüsse sind ebenfalls ein System erster Ordnung, allerdings ein nichtlineares. Kleine Störungen werden in der Physik und den Ingenieurwissenschaften durch lineare Gleichungen behandelt: Eine Störung von außen treibt das System aus dem Gleichgewicht, aber nicht zu stark. Beispiele finden sich unter anderem

in der Akustik – dort modellieren sie einen sich langsam bewegenden Körper
in der Aerodynamik – ein schmaler Flügel
in der Elastizitätslehre – eine kleine Belastung
in der Elektrodynamik – eine schwache Ladungsquelle.

Unterhalb einer bestimmten Schwelle ist die Ursache-Wirkung-Beziehung in sehr guter Näherung linear. Der Schall (Akustik) breitet sich beispielsweise gleichförmig aus, wenn der Druck nahezu konstant ist. Das Hookesche Gesetz (Elastizitätslehre) gilt, solange sich die Geometrie nicht ändert und das Material stabil bleibt. In der Elektrodynamik kommt die Nichtlinearität durch relativistische Effekte ins Spiel.

Der Fall, denn wir von Grund auf verstehen müssen, ist der, dass A eine konstante Matrix mit n reellen Eigenwerten λ und Eigenvektoren w ist. Für $Aw = \lambda w$ suchen wir nach einer Lösung $v(x,t) = U(x,t)w$. Die vektorielle Gleichung $v_t = Av_x$ lässt sich dann in n skalare Einweg-Wellengleichungen $U_t = \lambda U_x$ separieren:

$$\begin{aligned}v_t &= Av_x \\ v &= Uw\end{aligned} \qquad \frac{\partial U}{\partial t}w = A\frac{\partial U}{\partial x}w = \lambda \frac{\partial U}{\partial x}w \quad \Rightarrow \quad \frac{\partial U}{\partial t} = \lambda \frac{\partial U}{\partial x}. \qquad (6.96)$$

Der vollständige Lösungsvektor v ist $v(x,t) = U_1(x+\lambda_1 t)w_1 + \cdots + U_n(x+\lambda_n t)w_n$.
Die Gleichung $v_t = Av_x$ hat n Signalgeschwindigkeiten λ_i und sendet n Wellen aus.

6.4 Wellengleichungen und Leapfrog-Verfahren

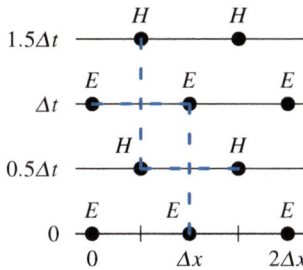 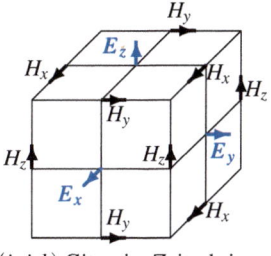

(i, j, k) Gitter im Zeitschritt n n

Abb. 6.12 $\frac{\Delta E}{\Delta t} = c \frac{\Delta H}{\Delta x}$ und $\frac{\Delta H}{\Delta t} = c \frac{\Delta E}{\Delta x}$ sind versetzt und jeweils zentriert.

Beispiel 6.6 Für die Wellengleichung hat A die Form $\begin{bmatrix} 0 & c \\ c & 0 \end{bmatrix}$ und die Eigenwerte $\lambda = c$ und $\lambda = -c$. Dann erzeugen die beiden skalaren Gleichungen $U_t = \lambda U_x$ linke und rechte Wellen:

$$\lambda_1 = +c \quad \frac{\partial U_1}{\partial t} = \frac{\partial}{\partial t}(u_t + c u_x) = +c \frac{\partial}{\partial x}(u_t + c u_x),$$

$$\lambda_2 = -c \quad \frac{\partial U_2}{\partial t} = \frac{\partial}{\partial t}(u_t - c u_x) = -c \frac{\partial}{\partial x}(u_t - c u_x).$$

(6.97)

Beide Gleichungen sind mit $u_{tt} = c^2 u_{xx}$ erfüllt. Die Einweg-Wellen nach links und rechts sind $U_1(x+ct)w_1$ und $U_2(x-ct)w_2$. Die vektorielle Lösung $v(x,t)$ wird durch $U_1 w_1 + U_2 w_2$ reproduziert:

$$v = \begin{bmatrix} u_t \\ c u_x \end{bmatrix} = (u_t + c u_x) \begin{bmatrix} \frac{1}{2} \\ -\frac{1}{2} \end{bmatrix} + (u_t - c u_x) \begin{bmatrix} \frac{1}{2} \\ \frac{1}{2} \end{bmatrix}.$$

(6.98)

Stabile Differenzenverfahren für $v_t = A v_x$ leiten sich aus stabilen Verfahren für $u_t = \pm c u_x$ ab. Ersetzen Sie das c im Lax-Friedrichs- oder im Lax-Wendroff-Verfahren durch A oder verwenden Sie das Leapfrog-Verfahren.

Leapfrog-Verfahren auf versetztem Gitter

Der diskrete Fall sollte den stetigen richtig widerspiegeln. Die Zweischritt-Bocksprung-Differenzengleichung sollte sich auf ein Paar Einschrittgleichungen reduzieren. Wenn wir jedoch die einzelnen Gleichungen nicht zentriert halten, verlieren wir die Genauigkeit zweiter Ordnung. **Eine Möglichkeit, beide Gleichungen erster Ordnung zu zentrieren, besteht in der Verwendung versetzter Gitter** (siehe Abbildung 6.12).

Das versetzte Gitter für die Wellengleichung entspricht dem *Verfahren von Yee für die Maxwell-Gleichungen*. Yees Idee hat die Numerik des Elektromagnetismus stark verändert. Das Verfahren wird heute als FDTD-Verfahren bezeichnet (Abkürzung für englisch finite differences in the time domain). Zuvor dominierte das Momentenverfahren (Galerkin-Verfahren), aber versetzte Gitter sind für **E** und

H eine so natürliche Wahl, dass sie sich durchgesetzt haben. Im Folgenden sind die Einheiten so gewählt, dass sich das einfachste Paar von Gleichungen ergibt:

Wellen in 1D $\quad \partial E/\partial t = c\,\partial H/\partial x \quad$ wird $\quad \Delta_t E/\Delta t = c\,\Delta_x H/\Delta x$
$u_t = E, cu_x = H \quad \partial H/\partial t = c\,\partial E/\partial x \qquad\quad\; \Delta_t H/\Delta t = c\,\Delta_x E/\Delta x$. (6.99)

Wir werden E auf das Standardgitter und H auf das versetzte Gitter legen. *Beachten Sie, dass gemäß Abbildung 6.12a alle Differenzen zentriert sind. Dies liefert eine Genauigkeit zweiter Ordnung.*

Die Identitäten $E_{tx} = E_{xt}, H_{tx} = H_{xt}$ führen auf Wellengleichungen mit $c^2 = \varepsilon\mu$:

$$E_t = cH_x \qquad\qquad E_{tt} = cH_{xt} = cH_{tx} = c^2 E_{xx}$$
$$H_t = cE_x \quad \text{wird} \quad H_{tt} = cE_{xt} = cE_{tx} = c^2 H_{xx}. \qquad (6.100)$$

Im diskreten Fall ergibt sich durch **Elimination von H die Zweischritt-Bocksprunggleichung für E**. Differenzen kopieren Ableitungen. Dies kommt aus dem finite-Differenzen-Analogon $\Delta_x(\Delta_t U) = \Delta_t(\Delta_x U)$ der Identität $u_{tx} = u_{xt}$ für die gemischten Ableitungen:

$$\frac{\partial}{\partial x}\left(\frac{\partial u}{\partial t}\right) = \frac{\partial}{\partial t}\left(\frac{\partial u}{\partial x}\right) \quad \text{entspricht} \quad \frac{\Delta_x(\Delta_t U)}{(\Delta x)(\Delta t)} = \frac{\Delta_t(\Delta_x U)}{(\Delta t)(\Delta x)}. \qquad (6.101)$$

Da die Nenner gleich sind, müssen wir nur die Zähler überprüfen. In $\Delta_x\Delta_t$ und $\Delta_t\Delta_x$ treten die gleichen Elemente 1 und -1 auf, nur die Reihenfolge ist verschieden:

$$\Delta_x(\Delta_t U) = (U_{n+1,j+1} - U_{n,j+1}) - (U_{n+1,j} - U_{n,j}),$$
$$\Delta_t(\Delta_x U) = (U_{n+1,j+1} - U_{n+1,j}) - (U_{n,j+1} - U_{n,j}).$$

Sie können (6.100) mit den Cauchy-Riemann-Gleichungen $u_x = s_y$ und $u_y = -s_x$ für das Potenzial $u(x,y)$ und die Stromfunktion $s(x,y)$ vergleichen. Es wäre ein natürliches Vorgehen, die Cauchy-Riemann-Gleichungen auf einem versetzten Gitter zu diskretisieren.

Ich möchte betonen, dass diese Gitter auch für viele andere Gleichungen hilfreich sind. In Abschnitt 6.3 werden wir die Halbpunkt-Gitterwerte für den Fluss $F(u)$ in der Erhaltungsgleichung $u_t + F(u)_x = 0$ sehen, die eine nichtlineare Erweiterung der Einwegwellengleichung ist. Halbpunktwerte sind von zentraler Bedeutung für das *finite-Volumen-Verfahren.*

Die Maxwell-Gleichungen

In der Elektrodynamik ist die Zahl $c = \sqrt{\varepsilon\mu}$ in der Wellengleichung die Lichtgeschwindigkeit. Es handelt sich um die gleiche Zahl, die in Einsteins berühmter Gleichung $e = mc^2$ auftritt. Die CFL-Stabilitätsbedingung $r \leq 1/\sqrt{\text{Dimension}}$ für das

6.4 Wellengleichungen und Leapfrog-Verfahren

Leapfrog-Verfahren kann viele kleine Zeitschritte erfordern. Oft ist das Leapfrog-Verfahren sehr gut geeignet und wir schreiben die Maxwell-Gleichungen in drei Dimensionen ohne Quellterme:

Maxwell-Gleichungen im freien Raum
$$\frac{\partial E}{\partial t} = \frac{1}{\varepsilon}\operatorname{rot} H \qquad \frac{\partial H}{\partial t} = -\frac{1}{\mu}\operatorname{rot} E. \tag{6.102}$$

Die erste dieser sechs Gleichungen ist die Gleichung für die x-Komponente des elektrischen Feldes:

Erste Gleichung
$$\frac{\partial}{\partial t} E_x = \frac{1}{\varepsilon}\left[\frac{\partial}{\partial y} H_z - \frac{\partial}{\partial z} H_y\right]. \tag{6.103}$$

Yees Differenzengleichung berechnet E_x im Level $n+1$ aus E_x zur Zeit $n\Delta t$ und den räumlichen Differenzen von H_z und H_y *im Level $n + \frac{1}{2}$*. Abbildung 6.12 zeigt die Komponenten des magnetischen Feldes $\boldsymbol{H}$ auf einem versetzten Gitter. Wir haben sechs Gleichungen für E_x, E_y, E_z bei $n+1$ sowie H_x, H_y, H_z zur Zeit $(n+1.5)\Delta t$ (oberer Teil von Abbildung 6.12).

Die Stabilitätsbedingung $c\Delta t \leq \Delta x/\sqrt{3}$ ist auf einem kubischen Gitter akzeptabel. Dieses feste Gitter ist ein großer Nachteil. Aber dafür ist das FDTD-Verfahren für bis zu 10^9 Gitterpunkten angewendet worden, was auf einem unstrukturierten Netz für finite Elemente nicht zu leisten ist.

Finite Differenzen zeigen numerische Dispersion – die diskrete Wellengeschwindigkeit hängt von der Wellenzahl $\boldsymbol{k} = (k_x, k_y, k_z)$ ab. Die tatsächliche Geschwindigkeit wird um einen Phasenfaktor reduziert, wie F in Gleichung (6.77). Wenn die Dispersion signifikante Fehler produziert, können wir auf Genauigkeit vierter Ordnung erhöhen; allerdings machen breitere Differenzen die Randbedingungen komplizierter. **Materialgrenzen führen zu größeren Fehlern als die numerische Dispersion.** Ich empfehle **10 Gitterpunkte / Wellenlänge** als Auflösung für die kürzeste Welle.

Das ist der übliche Kompromiss in der numerischen Mathematik: die Erhöhung der Genauigkeit führt zu höherer Komplexität. Wir können größere Schritte Δt machen, aber damit wird auch jeder Schritt langsamer (und schwieriger zu codieren).

Perfekt angepasste Schichten

Eine wichtige Anwendung ist die Reflexion eines Radarsignals an einem Flugzeug. Das interessante Gebiet liegt *außerhalb des Flugzeugs*. Im Prinzip erstreckt sich dieses Gebiet unendlich weit in alle Richtungen. In der Praxis beschränken wir unsere Berechnung auf eine große, aber endliche Box. Dabei ist es wichtig, Reflexionen an den Begrenzungsflächen dieser Box (also wieder nach innen) auszuschalten.

Eine schöne Möglichkeit hierfür wurde von Berenger [14] beschrieben. Die Idee besteht darin, eine *absorbierende Randschicht* an den Begrenzungsflächen hinzuzufügen. In dieser Schicht zerfallen die Lösungen exponentiell, und nach weniger als einer Wellenlänge gibt es nur noch sehr wenig zu reflektieren. Im Idealfall hat man eine **perfekt angepasste Schicht (PAS)** für die Box, in der die Berechnung stattfindet. In diesem Idealfall gibt es für die exakte Lösung keine Reflexionen an den Rändern der Box und für die diskretisierte Form nur geringfügige.

Die Konstruktion der PAS kann als eine Transformation des *Materials* oder der *Gleichung* beschrieben werden. In beiden Fällen werden aus den reellen Koeffizienten der Wellengleichung komplexe Koeffizienten. Unter der Annahme dass x senkrecht zur Seitenfläche steht, haben wir:

Komplexe PAS-Transformation $\quad \dfrac{\partial}{\partial x} \;\Rightarrow\; \left(1 + i\dfrac{\sigma(x)}{\omega}\right)^{-1} \dfrac{\partial}{\partial x}.$ (6.104)

Das $\sigma(x)$ in dieser Differentialgleichung kann eine Stufenfunktion sein. Für die diskrete Gleichung wäre dies zu abrupt, und in der Praxis wächst σ in der Schicht wie x^2 oder x^3.

Wichtig ist, wie die Schicht auf ebene Wellen wirkt:

Die ebene Welle $Ae^{i(kx+\ell y + mz - \omega t)}$ **wird mit** $e^{-k\int^x \sigma(s)\,ds/\omega}$ **multipliziert.** (6.105)

In einer eindimensionalen Wellengleichung ist k/ω konstant. Die Dämpfungsrate in der PAS-Schicht ist *unabhängig von der Frequenz*. Ein Physiker würde sagen, dass die Rate in drei Dimensionen vom Einfallswinkel der Welle auf die Seitenfläche abhängt (dieser Winkel enthält ℓy, mz und kx). Das ist richtig. Für eine streifende Welle ist k/ω klein. Wenn sich die Welle jedoch radial von einer punktförmigen Quelle ausbreitet, gilt für ihren Einfallswinkel $\cos\theta > 1/\sqrt{3}$. Die Reflexion ist unter Kontrolle.

Im Frequenzbereich rechnen wir zu jeder Zeit mit einem festen ω. Populär ist die PAS-Verfahren jedoch für finite Differenzen im Zeitbereich (FDTD). Die Lösung beinhaltet viele Wellen und wir können ω nicht explizit sehen (nur t). Wenn alle Frequenzen in der Nähe von ω_0 liegen, kann der Dehnfaktor $1 + (i\sigma/\omega_0)$ sein. Johnsons Anmerkungen zur PAS-Verfahren auf der Website beschreibt, wie das Material der Schicht zu einem anisotropen Absorber wird.

Diese Anmerkungen sind eine gute Ergänzung zur Standardreferenz [152]. Zum Schluss eine kurze Zusammenfassung des Reflexionsproblems und seiner erfolgreichen Lösung:

1. Freie oder feste Randbedingungen (von Neumann oder Dirichlet) führen bei gewöhnlichen Rändern zu unakzeptablen Reflexionen. Diese Reflexionen zerfallen für Wellengleichungen langsam: $1/r^{(d-1)/2}$ für die Dimension d.
2. Eine perfekt angepasste Schicht führt zum exponentiellen Abfall in der Lösung der Differentialgleichung. Wenn die Breite der Schicht $5\Delta x$ beträgt, führt die Materialänderung (= Koordinatenänderung) zu geringen Reflexionen in der diskreten Lösung.

Antisymmetrische Operatoren in Wellengleichungen

Die einfachste skalare Wellengleichung ist $\partial u/\partial t = c\,\partial u/\partial x$ (Einweg). Der *antisymmetrische* Operator $c\,\partial/\partial x$ wirkt auf u. Die Schrödinger-Gleichung $\partial \psi/\partial t = i(\Delta \psi - V(x)\psi)$ ist (wegen dem Faktor i) ebenfalls antisymmetrisch. In seinen Anmerkungen auf der cse-Website hebt Johnson hervor, dass die Energieerhaltung und die Orthogonalität der Normalmoden für $\partial u/\partial t = Lu$ immer gewährleistet sind, sofern $(Lu,w) = -(u,Lw)$ gilt:

Energieerhaltung $\quad \frac{\partial}{\partial t}(u,u) = (Lu,u) + (u,Lu) = 0$,

Orthogonalität $\quad u(x,t) = M(x,y,z)e^{-i\omega t} \Rightarrow -i\omega M = LM$.

Hier ist L linear, zeitinvariant und antisymmetrisch. Damit ist der Operator iL Hermitesch. Seine Eigenwerte $\omega_1, \omega_2, \ldots$ sind reell und seine Eigenfunktionen $M_1, M_2, \ldots$ bilden eine vollständige, orthogonale Basis. Dies sind nichttriviale Eigenschaften, die jedes Mal neu zu überprüfen sind, wenn die Randbedingungen und das Skalarprodukt spezifiziert werden.

Beispiel 6.7 Die Maxwell-Gleichungen (6.102) haben sechs Komponenten von u und einen Block L:

$$\frac{\partial u}{\partial t} = Lu \qquad \frac{\partial}{\partial t}\begin{bmatrix}E\\H\end{bmatrix} = \begin{bmatrix}0 & (1/\varepsilon(x))\mathrm{rot}\\ -(1/\mu(x))\mathrm{rot} & 0\end{bmatrix}\begin{bmatrix}E\\H\end{bmatrix}. \tag{6.106}$$

Die Symmetrie des Rotationsoperators (rot) ist der Grund für die Antisymmetrie von L, wenn das korrekte Skalarprodukt benutzt wird:

$$\begin{aligned}(E,E')+(H,H')\\ ([E\ H],[E'\ H']) = \frac{1}{2}\iiint (\overline{E}\cdot\varepsilon E' + \overline{H}\cdot\mu H')\,dx\,dy\,dz.\end{aligned} \tag{6.107}$$

Durch partielle Integration kann man zeigen, dass der Blockoperator L antisymmetrisch ist. (Da wir es hier mit dem komplexen Fall zu tun haben, sollten wir besser antihermitesch sagen). Die Gleichung für die Normalmoden, $-i\omega M = LM$, sieht mit rot rot vertrauter aus, nachdem $M = [E(x,y,z)\ H(x,y,z)]$ separiert wurde:

$$\begin{aligned}-i\omega E &= (1/\varepsilon)\mathrm{rot}H\\ -i\omega H &= -(1/\mu)\mathrm{rot}E\end{aligned} \Rightarrow \begin{aligned}(1/\varepsilon)\mathrm{rot}[(1/\mu)\mathrm{rot}E] &= \omega^2 E\\ (1/\mu)\mathrm{rot}[(1/\varepsilon)\mathrm{rot}H] &= \omega^2 H.\end{aligned} \tag{6.108}$$

Quellterme Viele wichtige Quellen haben die harmonische Form $s = S(x,y,z)e^{-i\omega t}$. Dann hat die Lösung die Form $u = U(x,y,z)e^{-i\omega t}$. Setzen wir das in die Gleichung $\partial u/\partial t = Lu + s$ ein:

Harmonische Quelle

$$-i\omega U e^{-i\omega t} = LUe^{-i\omega t} + Se^{-i\omega t} \quad \text{wird} \quad (L+i\omega)U = -S. \tag{6.109}$$

$L + i\omega$ ist weiterhin antihermitesch. $U(x,y,z)$ wird durch Kombination von Normalmoden gebildet oder aus finiten Differenzen oder aus finiten Elementen. Der Name Helmholtz ist mit unserem letzten und fundamentalsten Beispiel verbunden: der **skalaren Wellengleichung**.

Beispiel 6.8 Die Wellengleichung $u_{tt} = \Delta u = \text{div}(\text{grad}\,u)$ hat eine antisymmetrische Blockform:

$$\frac{\partial}{\partial t}\begin{bmatrix} \partial u/\partial t \\ \text{grad}\,u \end{bmatrix} = \begin{bmatrix} 0 & \text{div} \\ \text{grad} & 0 \end{bmatrix}\begin{bmatrix} \partial u/\partial t \\ \text{grad}\,u \end{bmatrix}. \qquad (6.110)$$

1. Die Energie ist ein Integral von $\frac{1}{2}(u_t^2 + |\text{grad}\,u|^2) = \frac{1}{2}(u_t^2 + u_x^2 + u_y^2 + u_z^2)$: *konstant*.
2. Die Gleichung für die Orthogonalität der Normalmoden ist das **Laplacesche Eigenwertproblem** $\Delta M = -\omega^2 M$.
3. Das Quellenproblem (6.109) reduziert sich auf die **Helmholtz-Gleichung** $-\Delta U - \omega^2 U = S$.

Aufgaben zu Abschnitt 6.4

6.4.1 Eine Zweiweg-Wasserwand (Rechteckfunktion $u(x,0) = 1$ für $-1 \leq x \leq 1$) startet ruhend mit $u_t(x,0) = 0$. Bestimmen Sie aus (6.74) die Lösung $u(x,t)$.

6.4.2 Trennung der Variablen liefert für die Gleichung $u_{tt} = u_{xx}$ die Lösung $u(x,t) = (\sin nx)(\sin nt)$ sowie drei ähnliche 2π-periodische Lösungen. Wie lauten diese anderen Lösungen? Wann löst die komplexe Funktion $e^{ikx}e^{int}$ die Wellengleichung?

6.4.3 Eine ungerade 2π-periodische Sägezahnfunktion $ST(x)$ ist das Integral einer geraden quadratischen Welle $SW(x)$. Lösen Sie $u_{tt} = u_{xx}$ ausgehend von SW und dann ausgehend von ST mit $u_t(x,0) = 0$ durch eine doppelte Fourier-Reihe in x und t:

$$SW(x) = \frac{\cos x}{1} - \frac{\cos 3x}{3} + \frac{\cos 5x}{5} \cdots \qquad ST(x) = \frac{\sin x}{1} - \frac{\sin 3x}{9} + \frac{\sin 5x}{25} \cdots.$$

6.4.4 Zeichnen Sie die Graphen von $SW(x)$ und $ST(x)$ für $|x| \leq \pi$. Wenn sie so fortgesetzt werden, dass sie für alle x 2π-periodisch sind, wie lautet dann die d'Alembertsche Lösung $u_{SW} = \frac{1}{2}SW(x+t) + \frac{1}{2}SW(x-t)$? Zeichen Sie die Graphen für $t = 1$ und $t = \pi$ sowie die entsprechenden Graphen für ST.

6.4.5 Lösen Sie die Wellengleichung $u_{tt} = u_{xx}$ mittels Leapfrog-Verfahren ausgehend von der Ruhelage mit $u(x,0) = SW(x)$. Periodische Randbedingungen ersetzen u_{xx} durch die zirkulante Matrix der zweiten Differenzen $-CU/(\Delta x)^2$. Vergleichen Sie mit der exakten Lösung aus Aufgabe 6.4.4 bei $t = \pi$ für die CFL-Zahlen $\Delta t/\Delta x = 0.8, 0.9, 1.0, 1.1$.

6.4.6 Lösen Sie die dreidimensionale Wellengleichung (6.90) mit Rotationssymmetrie durch $ru = F(r+t) + G(r-t)$, wenn als Anfangsbedingung $u(r,0) = 1$ für $0 \leq r \leq 1$ gegeben ist. Zu welcher Zeit erreicht das Signal $(x,y,z) = (1,1,1)$?

6.4 Wellengleichungen und Leapfrog-Verfahren

6.4.7 Ebene Wellenlösungen der dreidimensionalen Wellengleichung $u_{tt} = \Delta u$ haben die Form $u = e^{i(k \cdot x - \omega t)}$. Wie lautet die Relation zwischen ω und $k = (k_1, k_2, k_3)$? Bestimmen Sie eine entsprechende Lösung der semidiskreten Gleichung $U_{tt} = (\Delta_x^2 + \Delta_y^2 + \Delta_z^2)U/h^2$.

6.4.8 Die elastische Wellengleichung (6.67) ist $(\rho u_t)_t = (k u_x)_x$ mit der Massendichte ρ und der Festigkeit k. Wie groß ist in $u_{tt} = c^2 u_{xx}$ die Geschwindigkeit c der Welle? Wie lautet das ω in der Fundamentalmode $u = \sin(\pi x/L) \cos \omega t$ einer schwingenden Saite?

6.4.9 Angenommen, das Ende $x = L$ wird wie bei einem Springseil durch $u(L, t) = \sin \omega t$ bewegt. Schreiben Sie $u = U(x,t) + x(\sin \omega t)/L$ für $u_{tt} = c^2 u_{xx}$ auf, wenn das linke Ende bei $u(0, t) = 0$ fixiert ist. Leiten Sie die Differentialgleichung und die Randbedingungen für U her.

6.4.10 Die kleinen Vibrationen eines Trägers erfüllen die Gleichung vierter Ordnung $u_{tt} = -c^2 u_{xxxx}$. Leiten Sie durch Trennung der Variablen $u = A(x)B(t)$ getrennte Gleichungen für A und B her. Bestimmen Sie dann *vier* Lösungen $A(x)$, die mit $B(t) = a \cos \omega t + b \sin \omega t$ verträglich sind.

6.4.11 Angenommen, der Träger aus Aufgabe 6.4.10 ist an den beiden Enden $x = 0$ und $x = L$ festgespannt ($u = 0$, $u' = 0$). Zeigen Sie, dass dann die zulässigen Frequenzen ω die Gleichung $(\cos \omega L)(\cosh \omega L) = 1$ erfüllen müssen.

6.4.12 Betrachten Sie die zeitlich zentrierte Leapfrog-Gleichung $\Delta_t^2 U/(\Delta t)^2 = -KU/(\Delta x)^2$. Bestimmen Sie hierfür die quadratische Gleichung $G^2 - 2aG + 1 = 0$ für den Wachstumsfaktor $U = G^n v$, wenn $Kv = \lambda v$ ist. Wie muss die Stabilitätsbedingung an das reelle λ und $r = \Delta t/\Delta x$ lauten, damit $|a| \leq 1$ sichergestellt ist? Dann ist $|G| = 1$.

6.4.13 Schreiben Sie die Gleichung $u_{tt} = u_{xx} + u_{yy}$ als System erster Ordnung $v_t = Av_x + Bv_y$ mit der vektoriellen Unbekannten $v = (u_t, u_x, u_y)$. Die Matrizen A und B sollten symmetrisch sein. Dann ist die Energie $\frac{1}{2}\int (u_t^2 + u_x^2 + u_y^2)\, dx$ konstant.

6.4.14 Wie wird in $v^T A v_x = (\frac{1}{2} v^T A v)_x$ die Symmetrie von A benutzt? Dies war der entscheidende Punkt für die Energieerhaltung in Gleichung (6.95). Sie können $v^T A v = \sum \sum a_{ij} v_i(x) v_j(x)$ ausschreiben und für jeden einzelnen Term mithilfe der Produktregel die Ableitung bilden.

6.4.15 Kombinieren Sie die beiden Maxwell-Gleichungen $\partial E/\partial t = (\text{rot} H)/\varepsilon$ und $\partial H/\partial t = -(\text{rot} E)/\mu$ zu einer dreidimensionalen Wellengleichung, um die Lichtgeschwindigkeit c als Funktion von ε und μ zu bestimmen.

6.4.16 Codieren Sie für die Wellengleichung $u_{tt} = c^2 u_{xx}$ einen Zeitschritt für Yees Verfahren auf einem versetzten $x - t$-Gitter.

6.4.17 Schreiben Sie die inhomogene Wellengleichung $(b u_t)_t = \text{div}(d \,\text{grad}\, u)$ in ihrer Blockform (6.110). Die korrekte Energie (u, u) ist nun das Integral von $b u_t^2 + d|\text{grad}\, u|^2$. Zeigen Sie, dass $(\partial/\partial t)(u, u) = 0$ gilt.

6.4.18 Angenommen, die Maxwell-Gleichungen haben eine harmonische Quelle $s = [Se^{-i\omega t}, 0]$. Reduzieren Sie die Blockgleichung $(L + i\omega)U = -S$ auf eine "rot-rot-Gleichung" für das elektrische Feld $E(x,y,z)e^{-i\omega t}$. Dies ist die Maxwell-Gleichung im Frequenzraum, siehe cse-Website.

6.5 Diffusion, Konvektion und Finanzmathematik

Die Wellengleichung erhält die Energie. Die Wärmeleitungsgleichung, $u_t = u_{xx}$ dagegen dissipiert Energie. Die Anfangsbedingungen einer Wellengleichung lassen sich reproduzieren, indem man in der Zeit rückwärts schreitet. Im Unterschied dazu sind die Anfangsbedingungen für die Wärmeleitungsgleichung nicht reproduzierbar. Vergleichen Sie $u_t = cu_x$ mit $u_t = u_{xx}$ und betrachten Sie reine Exponentiallösungen $u(x,t) = G(t)\,e^{ikx}$:

Wellengleichung

$\boldsymbol{G' = ickG}$ $G(t) = e^{ickt}$ mit $|G| = 1$ (Energie bleibt erhalten).

Wärmeleitungsgleichung

$\boldsymbol{G' = -k^2 G}$ $G(t) = e^{-k^2 t}$ mit $G < 1$ (Energie wird dissipiert).

Diskontinuitäten werden durch die Wärmeleitungsgleichung rasch geglättet, denn für große k ist G exponentiell klein. In diesem Abschnitt werden wir $u_t = u_{xx}$ zunächst analytisch lösen und dann mittels finiter Differenzen. Die Grundidee der Analyse ist die von einer Punktquelle (Deltafunktion) startende **Fundamentallösung**. Mit Gleichung (6.118) werden wir zeigen, dass diese spezielle Lösung die Form einer Glockenkurve hat, die mit $\sqrt{t}$ breiter und flacher wird:

$$u(x,t) = \frac{1}{\sqrt{4\pi t}}\,e^{-x^2/4t} \;\Leftarrow\; \text{Anfangsbedingung } u(x,0) = \delta(x) \quad (6.111)$$

Die Konvektions-Diffusionsgleichung $u_t = cu_x + du_{xx}$ glättet eine Welle, während diese voranschreitet. Dies ist ein wichtiges Modellsystem für diffundierende Teilchen, wie es beispielsweise in der Chemie und den Umweltwissenschaften angewendet wird. Zur Beschreibung der relativen Stärke der Konvektion cu_x gegenüber der Diffusion du_{xx} führen wir die Peclet-Zahl ein. Um Oszillationen zu vermeiden, muss $c\Delta x < 2d$ gelten.

Die **Black-Scholes-Gleichung** für Optionspreise leitet sich aus der Annahme ab, dass Aktienkurse eine Art *Brownsche Bewegung* ausführen. Dieses Thema wird am Ende des Abschnitts angerissen.

Bei expliziten Verfahren müssen die entsprechenden Differenzengleichungen strikte Stabilitätsforderungen wie $\Delta t \leq \frac{1}{2}(\Delta x)^2$ erfüllen. Ein solcher, sehr kurzer Zeitschritt macht das Verfahren wesentlich aufwändiger als $c\Delta t \leq \Delta x$. **Implizite Verfahren** vermeiden das Problem der Instabilität, indem sie die räumliche Differenz $\Delta^2 U$ im neuen Zeitpunkt $n+1$ berechnen. Dies erfordert in jedem Zeitschritt die Lösung eines linearen Systems.

Schon jetzt werden zwei wichtige Unterschiede zwischen der Wärmeleitungsgleichung und der Wellengleichung deutlich:

1. *Unendliche Signalgeschwindigkeit.* Die Anfangsbedingung in einem speziellen Punkt wirkt sich *sofort* auf die Lösung in allen anderen Punkten aus. In großer

6.5 Diffusion, Konvektion und Finanzmathematik

Entfernung ist der Effekt wegen des sehr kleinen Exponenten in der Fundamentallösung $e^{-x^2/4t}$ nur schwach. Aber er ist nicht null. (Eine Welle hat solange überhaupt keinen Effekt, bis das Signal eintrifft, das sich mit der Geschwindigkeit c fortpflanzt.)

2. *Dissipation von Energie.* Die Energie $\frac{1}{2}\int(u(x,t))^2\,dx$ ist eine *fallende* Funktion von t. Um dies zu sehen, multiplizieren wir die Wärmeleitungsgleichung $u_t = u_{xx}$ mit u. Partielle Integration von uu_{xx} zwischen den Grenzen $u(\infty) = u(-\infty) = 0$ liefert das Integral von $-(u_x)^2$:

Energieabfall $\quad \dfrac{d}{dt}\displaystyle\int_{-\infty}^{\infty}\frac{1}{2}u^2\,dx = \int_{-\infty}^{\infty}uu_{xx}\,dx = -\int_{-\infty}^{\infty}(u_x)^2\,dx \leq 0.$ (6.112)

3. *Erhaltung der Wärme* (analog zur Erhaltung der Masse):

Erhaltung der Wärme

$$\frac{d}{dt}\int_{-\infty}^{\infty} u(x,t)\,dx = \int_{-\infty}^{\infty} u_{xx}\,dx = \Big[u_x(x,t)\Big]_{x=-\infty}^{\infty} = 0. \qquad (6.113)$$

Analytische Lösung der Wärmeleitungsgleichung

Durch **Trennung der Variablen** finden wir Lösungen der Wärmeleitungsgleichung:

$$u(x,t) = G(t)E(x) \quad \frac{\partial u}{\partial t} = \frac{\partial^2 u}{\partial x^2} \quad \text{liefert } G'E = GE'' \text{ und } \frac{G'}{G} = \frac{E''}{E}. \qquad (6.114)$$

Das Verhältnis G'/G hängt nur von t ab. Das Verhältnis E''/E hängt nur von x ab. Da beide Terme laut Gleichung (6.114) gleich sind, müssen sie konstant sein. Diese Überlegung führt auf eine nützliche Familie von Lösungen der Gleichung $u_t = u_{xx}$:

$$\frac{E''}{E} = \frac{G'}{G} \quad \text{wird gelöst durch} \quad E(x) = e^{ikx} \text{ und } G(t) = e^{-k^2 t}.$$

Zwei Ableitungen nach x ergeben das gleiche $-k^2$ wie eine Ableitung nach t. Dies führt auf exponentielle Lösungen $e^{ikx}e^{-k^2 t}$ und ihre Linearkombinationen (Integrale über alle k):

Allgemeine Lösung $\quad u(x,t) = \dfrac{1}{2\pi}\displaystyle\int_{-\infty}^{\infty}\widehat{u}_0(k)e^{ikx}e^{-k^2 t}\,dk.$ (6.115)

Für $t = 0$ reproduziert Formel (6.115) die Anfangsbedingung $u(x,0)$, denn sie macht nichts anderes, als die Fourier-Transformierte $\widehat{u}_0(k)$ zu invertieren (siehe Abschnitt 4.5). Damit haben wir die analytische Lösung der Wärmeleitungsgleichung, allerdings in einer Form, die nicht unbedingt leicht zu berechnen ist! Gewöhnlich erfordert diese Form zwei Integrale, eines um die Transformierte $\widehat{u}_0(k)$ der Anfangsfunktion $u(x,0)$ zu bestimmen und eines zur Bildung der inversen Transformierten $\widehat{u}_0(k)e^{-k^2 t}$ in (6.115).

Beispiel 6.9 Gegeben sei eine Anfangsfunktion mit gaußscher Glockenform, $u(x,0) = e^{-x^2/2\sigma}$. Mit dieser Anfangsfunktion bleibt die Lösung gaußsch. Der Parameter σ, der ein Maß für die Breite der Glocke ist, wächst bis zur Zeit t auf $\sigma + 2t$ an. Die ist eines der wenigen Integrale mit dem Term e^{-x^2}, die sich exakt berechnen lassen. Aber wir müssen das Integral gar nicht ausführen.

Die Funktion $e^{-x^2/2\sigma}$ ist die Impulsantwort (Fundamentallösung) zur Zeit $t = 0$ auf eine Deltafunktion $\delta(x)$, die zu einem früheren Zeitpunkt, nämlich bei $t = -\frac{1}{2}\sigma$ auftrat. Somit ist die Antwort, die uns interessiert (zur Zeit t), das was man erhält, wenn man von $\delta(x)$ ausgeht und um die Zeitspanne $\frac{1}{2}\sigma + t$ vorwärtsschreitet:

Verbreiterung der Gaußkurve

$$u(x,t) = \frac{\sqrt{\pi(2\sigma)}}{\sqrt{\pi(2\sigma + 4t)}} e^{-x^2/(2\sigma + 4t)}. \qquad (6.116)$$

Dieser Ausdruck erfüllt die Wärmeleitungsgleichung für den Startzeitpunkt $t = 0$.

Die Fundamentallösung

Für eine Deltafunktion $u(x,0) = \delta(x)$ bei $t = 0$ lautet die Fourier-Transformierte $\widehat{u}_0(k) = 1$. Dann liefert die inverse Transformation (6.115) $u(x,t) = \frac{1}{2\pi} \int e^{ikx} e^{-k^2 t} dk$. Eine Möglichkeit zur Berechnung von u verwendet eine partielle Integration für $\partial u / \partial x$. Dabei tritt dreimal der Faktor -1 auf: durch die Integration von $ke^{-k^2 t}$, die Ableitung von ie^{ikx} und die partielle Integration selbst:

$$\frac{\partial u}{\partial x} = \frac{1}{2\pi} \int_{-\infty}^{\infty} (e^{-k^2 t} k)(ie^{ikx}) dk = -\frac{1}{4\pi t} \int_{-\infty}^{\infty} (e^{-k^2 t})(xe^{ikx}) dk = -\frac{xu}{2t}. \qquad (6.117)$$

Die lineare Gleichung $\partial u / \partial x = -xu/2t$ wird durch $u = c e^{-x^2/4t}$ gelöst. Die Konstante $c = 1/\sqrt{4\pi t}$ ist durch die Forderung $\int u(x,t) dx = 1$ festgelegt (Erhaltung der Wärme $\int u(x,0) dx = \int \delta(x) dx = 1$, mit der wir gestartet sind; die Fläche unter einer glockenförmigen Kurve). Die Lösung (6.111) für die Diffusion von einer Punktquelle bestätigt sich:

Fundamentallösung von $u(x,0) = \delta(x)$

$$u(x,t) = \frac{1}{\sqrt{4\pi t}} e^{-x^2/4t}. \qquad (6.118)$$

In zwei Dimensionen können wir x von y separieren und die Gleichung $u_t = u_{xx} + u_{yy}$ lösen:

Fundamentallösung von $u(x,y,0) = \delta(x)\delta(y)$

$$u(x,y,t) = \left(\frac{1}{\sqrt{4\pi t}}\right)^2 e^{-x^2/4t} e^{-y^2/4t}. \qquad (6.119)$$

6.5 Diffusion, Konvektion und Finanzmathematik

Mit etwas Geduld können Sie überprüfen, dass $u(x,t)$ und $u(x,y,t)$ die eindimensionale bzw. die zweidimensionale Wärmeleitungsgleichung erfüllen (Aufgabe 6.5.1). Dass die Anfangsfunktion abseits von $x = 0$ null ist, wird für $t \to 0$ reproduziert, da $e^{-x^2/4t}$ viel schneller gegen null geht, als $1/\sqrt{t}$ anwächst. Und da die Gesamtwärme bei $\int u\,dx = 1$ bzw. $\iint u\,dx\,dy = 1$ bleibt, haben wir eine gültige Lösung.

Wenn die Quelle in einem anderen Punkt $x = s$ liegt, verschiebt sich die Antwort um s. Der Exponent wird $-(x-s)^2/4t$. Wenn die Anfangsfunktion $u(x,0)$ eine *Kombination* aus Deltafunktionen ist, setzt sich die Antwort wegen der Linearität aus derselben Kombination zusammen. Nun kann aber jede Anfangsfunktion als Integral $\int \delta(x-s)\,u(s,0)\,ds$ über Punktquellen aufgefasst werden! Somit ist die Lösung von $u_t = u_{xx}$ ein Integral über die Antworten auf $\delta(x-s)$. Diese Antworten sind Fundamentallösungen (*Green-Funktionen*), die von allen Punkten $x = s$ starten:

Lösung mit beliebigem $u(x,0)$ fällt zusammen mit der Green-Funktion

$$u(x,t) = \frac{1}{\sqrt{4\pi t}} \int_{-\infty}^{\infty} u(s,0)\, e^{-(x-s)^2/4t}\, ds\,. \tag{6.120}$$

Damit haben wir die Formel auf ein Integral von $-\infty$ bis $+\infty$ reduziert, aber dies ist noch immer kein einfacher Ausdruck. Und für ein Problem mit Randbedingungen bei $x = 0$ und $x = 1$ (die Temperatur in einem endlichen Intervall, was viel realistischer ist), müssen wir noch einmal nachdenken. Auch für Gleichungen $u_t = (c(x)u_x)_x$ mit variabler Leitfähigkeit oder variablem Diffusionskoeffizienten wird es Änderungen geben. Solche Überlegungen führen uns sehr wahrscheinlich zu finiten Differenzen.

Drei wichtige Eigenschaften von $u(x,t)$ lassen sich unmittelbar aus (6.120) ablesen:

1. *Falls $u(x,0) \geq 0$ für alle x, dann ist $u(x,t) \geq 0$ für alle x und t.* Im Integral (6.120) ist nichts negativ.
2. *Die Lösung ist unendlich glatt.* Die Fourier-Transformierte $\widehat{u}_0(k)$ in (6.115) wird mit $e^{-k^2 t}$ multipliziert. Von (6.120) können wir so viele Ableitungen nach x und t bilden, wie wir wollen.
3. *Die Skalierung passt x^2 an t an.* Eine Diffusionskonstante D in der Gleichung $u_t = Du_{xx}$ führt auf die gleiche Lösung, die wir erhalten, wenn wir die Gleichung in der Form $\partial u/\partial(Dt) = \partial^2 u/\partial x^2$ schreiben und t durch DT ersetzen. Für die Fundamentallösung gilt $e^{-x^2/4Dt}$ und für ihre Fourier-Transformierte $e^{-Dk^2 t}$.

Beispiel 6.10 Die Anfangstemperatur sei in Form einer *Stufenfunktion* gegeben, d.h., es gilt $u(x,0) = 0$ für negative x und $u(x,0) = 1$ für positive x. Die Unstetigkeit wird sofort geglättet, während Wärme nach links fließt. Das Integral in Formel (6.120) ist außer an der Sprungstelle null.:

Start mit Stufenfunktion $\quad u(x,t) = \dfrac{1}{\sqrt{4\pi t}} \displaystyle\int_0^\infty e^{-(x-s)^2/4t}\, ds\,. \tag{6.121}$

Mit diesem Integral kommen wir nicht weit! Wir können zwar die Fläche unter einer vollständig glockenförmigen Kurve (oder einer Halbkurve) bestimmen, aber es gibt keine elementare Formel für die Fläche unter einem Stück der Kurve. Keine elementare Funktion besitzt die Ableitung e^{-x^2}. Das ist bedauerlich, denn solche Integrale sind *kumulative gaußsche Wahrscheinlichkeiten*, welche von Statistikern andauernd benötigt werden. Deshalb sind die in Gestalt der **Fehlerfunktion** normiert worden und liegen in hoher Genauigkeit in tabellierter Form vor:

$$\textbf{Fehlerfunktion} \quad \text{erf}(x) = \frac{2}{\sqrt{\pi}} \int_0^x e^{-s^2} ds. \tag{6.122}$$

Das Integral von $-x$ bis 0 ergibt ebenfalls erf(x). Die Normierung mit $2/\sqrt{\pi}$ liefert erf(∞) = 1.

Wir erhalten die Fehlerfunktion auch aus dem Integral der Wärmeleitungsgleichung (6.121), indem wir dort $S = (s-x)/\sqrt{4t}$ setzen. Dann wird die untere Grenze des Integrals zu $S = -x/\sqrt{4t}$ (vorher $s = 0$) und das Differential zu $dS = ds/\sqrt{4t}$. Das Integral von 0 bis ∞ ist $\frac{1}{2}$, sodass wir uns noch um das Intervall $-x/\sqrt{4t}$ bis 0 kümmern müssen:

$$u(x,t) = \frac{\sqrt{4t}}{\sqrt{4\pi t}} \int_{-x/\sqrt{4t}}^{\infty} e^{-S^2} dS = \frac{1}{2}\left(1 + \text{erf}\left(\frac{x}{\sqrt{4t}}\right)\right). \tag{6.123}$$

Die einzige Temperatur, die wir exakt kennen, ist $u = \frac{1}{2}$ bei $x = 0$, was aus der links-rechts-Symmetrie folgt.

Übersicht Im Rest dieses Abschnitts diskutieren wir drei Gleichung aus der Technik und der Finanzmathematik:

1. **Wärmeleitungsgleichung** (für explizite Verfahren muss $\Delta t \leq C(\Delta x)^2$ gelten, implizite Verfahren sind stabil)
2. **Konvektion-Diffusionsgleichung** (Fluss entlang von Stromlinien, Randschichten für Peclet-Zahl >> 1). Die *Zell-Peclet-Zahl* $c\Delta x/2d$ kontrolliert Oszillationen.
3. **Black-Scholes-Gleichung** (Preisbildung für Optionsscheine unter Annahme von Brownscher Bewegung).

Explizite finite Differenzen

Die einfachsten finiten Differenzen sind *Vorwärtsdifferenzen* für $\partial u/\partial t$ und *zentrierte Differenzen* für $\partial^2 u/\partial x^2$:

Explizites Verfahren

$$\frac{\Delta_t U}{\Delta t} = \frac{\Delta_x^2 U}{(\Delta x)^2} \quad \frac{U_{j,n+1} - U_{j,n}}{\Delta t} = \frac{U_{j+1,n} - 2U_{j,n} + U_{j-1,n}}{(\Delta x)^2}. \tag{6.124}$$

6.5 Diffusion, Konvektion und Finanzmathematik

Jeder neue Wert $U_{j,n+1}$ ist explizit durch $U_{j,n} + R(U_{j+1,n} - 2U_{j,n} + U_{j,n-1})$ gegeben. Das entscheidende Verhältnis für die Wärmeleitungsgleichung $u_t = u_{xx}$ ist nun $R = \Delta t/(\Delta x)^2$.

Wir substituieren $U_{j,n} = G^n e^{ikj\Delta x}$, um den Wachstumsfaktor $G = G(k, \Delta t, \Delta x)$ zu finden:

Einschritt-Wachstumsfaktor

$$G = 1 + R(e^{ik\Delta x} - 2 + e^{-ik\Delta x}) = \mathbf{1 + 2R(\cos k \Delta x - 1)}. \tag{6.125}$$

G ist reell, ebenso wie der exakte Einschrittfaktor $e^{-k^2 \Delta t}$. Die Stabilität erfordert $|G| \leq 1$. Auch hier liegt der gefährlichste Fall vor, wenn der Kosinus bei $k\Delta x = \pi$ -1 wird:

Stabilitätsbedingung $\quad |G| = |1 - 4R| \leq 1 \quad$ **erfordert** $\quad R = \dfrac{\Delta t}{(\Delta x)^2} \leq \dfrac{1}{2}. \tag{6.126}$

Für nichtlineare Probleme ist dieser kleine Zeitschritt akzeptabel, sodass wir dieses einfache Verfahren verwenden können. Die Genauigkeit für zeitliche Vorwärtsdifferenzen Δ_t und räumlich zentrierte Differenzen Δ_x^2 ist $|U - u| = O(\Delta t + (\Delta x)^2)$.

Dieses explizite Verfahren ist in der Zeit „vorwärts-Euler" und im Raum zentriert. Normalerweise wollen wir etwas Besseres haben. Rückwärts-Euler ist wesentlich stabiler, und die Trapezregel kombiniert Stabilität mit zusätzlicher Genauigkeit. Diese beiden Verfahren werden wir als nächstes behandeln (siehe Gleichungen (6.128) und (6.130)).

In der Praxis werden all diese Einschrittverfahren verbessert, indem sie zu **Mehrschrittverfahren** erweitert werden. Es sind keine komplizierten neuen Codes erforderlich, wenn wir einen ODE-Löser für ein System von Differentialgleichungen (zeitlich stetig, räumlich diskret) aufrufen. Es gibt eine Gleichung für jeden Gitterpunkt $x = jh$:

Linienverfahren $\quad \dfrac{dU}{dt} = \dfrac{\Delta_x^2 U}{(\Delta x)^2} \qquad \dfrac{dU_j}{dt} = \dfrac{U_{j+1} - 2U_j + U_{j-1}}{(\Delta x)^2}. \tag{6.127}$

Dies ist ein **steifes System**, denn die Matrix $-K$ (der zweiten Differenzen) hat eine große Konditionszahl. Das Verhältnis $\lambda_{\max}(K)/\lambda_{\min}(K)$ wächst wie $1/(\Delta x)^2$. Wenn wir einen steifen Löser wie ode15s wählen, bleibt damit automatisch eine passende Schrittweite Δt erhalten.

Implizite finite Differenzen

Ein vollständig implizites Verfahren für $u_t = u_{xx}$ berechnet $\Delta_x^2 U$ zur neuen Zeit $(n+1)\Delta t$:

Implizit

$$\frac{\Delta_t U_n}{\Delta t} = \frac{\Delta_x^2 U_{n+1}}{(\Delta x)^2} \quad \frac{U_{j,n+1} - U_{j,n}}{\Delta t} = \frac{U_{j+1,n+1} - 2U_{j,n+1} + U_{j-1,n+1}}{(\Delta x)^2}. \quad (6.128)$$

Die Genauigkeit ist weiterhin von erster Ordnung in der Zeit und von zweiter Ordnung im Raum. Das Verhältnis $R = \Delta t/(\Delta x)^2$ kann jedoch groß sein. Es liegt unbedingte Stabilität mit $0 < G \leq 1$ für alle k vor.

Um den impliziten Wachstumsfaktor zu finden, setzen wir $U_{j,n} = G^n e^{ijk\Delta x}$ in (6.128) ein:

$$G = 1 + RG(e^{ik\Delta x} - 2 + e^{-ik\Delta x}) \quad \Rightarrow \quad G = \frac{1}{1 + 2R(1 - \cos k\Delta x)}. \quad (6.129)$$

Der Nenner ist mindestens 1, womit $0 < G \leq 1$ sichergestellt ist. Der Zeitschritt wird durch die Genauigkeit kontrolliert, da die Stabilität nun kein Problem mehr darstellt.

Es gibt eine einfache Möglichkeit, die Genauigkeit auf zweite Ordnung zu verbessern. *Dazu wird alles im Schritt $n + \frac{1}{2}$ zentriert.* Wir mitteln ein explizites $\Delta_x^2 U_n$ mit einem impliziten $\Delta_x^2 U_{n+1}$. Dies führt auf das bekannte **Crank-Nicolson-Verfahren** (ähnlich der Trapezregel):

Crank-Nicolson (Trapezoidal)

$$\frac{U_{j,n+1} - U_{j,n}}{\Delta t} = \frac{1}{2(\Delta x)^2} \left(\Delta_x^2 U_{j,n} + \Delta_x^2 U_{j,n+1} \right). \quad (6.130)$$

Nun können wir den Wachstumsfaktor G bestimmen, indem wir $U_{j,n} = G^n e^{ijk\Delta x}$ in (6.130) einsetzen:

Wachstumsgleichung $\quad \dfrac{G-1}{\Delta t} = \dfrac{G+1}{2(\Delta x)^2} (2\cos k\Delta x - 2). \quad (6.131)$

Durch Umstellen und mit $R = \Delta t/(\Delta x)^2$ erhalten wir:

Unbedingte Stabilität $\quad$ für $\quad G = \dfrac{1 + R(\cos k\Delta x - 1)}{1 - R(\cos k\Delta x - 1)} \quad$ ist $\quad |G| \leq 1. \quad (6.132)$

Wegen $\cos k\Delta x \leq 1$ ist der Zähler kleiner als der Nenner. Wir stellen fest, dass immer dann $\cos k\Delta x = 1$ gilt, wenn $k\Delta x$ ein Vielfaches von 2π ist. Für diese Frequenzen ist G gleich 1, sodass das Crank-Nicolson-Verfahren nicht den strengen Abfall des vollständig impliziten Verfahrens zeigt.

Durch Gewichtung des impliziten Anteils $\Delta_x^2 U_{n+1}$ mit $a \geq \frac{1}{2}$ und des expliziten Anteils $\Delta_x^2 U_n$ mit $1 - a \leq \frac{1}{2}$, erhält man eine ganze Familie unbedingt stabiler Verfahren (Aufgabe 6.5.7). Allerdings ist nur die zentrierte Variante ($a = \frac{1}{2}$) von zweiter Ordnung genau.

Finite Intervalle mit Randbedingungen

Eingeführt haben wir die Wärmeleitungsgleichung auf der gesamten Geraden $-\infty < x < \infty$. In physikalischen Problemen treten jedoch stets endliche Intervalle wie $0 \leq x \leq 1$ auf. Wir kommen wieder auf Fourier-Reihen (nicht Fourier-Integrale) für $u(x,t)$ zurück. Zweite Differenzen bringen wieder die großen Matrizen K, T und B ins Spiel, die für feste oder freie Randbedingungen zuständig sind:

Absorbierender Rand bei $x = 0$: Die Temperatur wird auf $u(0,t) = 0$ gehalten.

Isolierender Rand: Für $u_x(0,t) = 0$ fließt keine Wärme durch den linken Rand.

Wenn beide Ränder auf der Temperatur null gehalten werden, fällt die Lösung auf $u(x,t) = 0$. Wenn die Ränder wie in einem Gefrierschrank isoliert sind, nähert sich die Lösung einer Konstante. Es kann keine Wärme entweichen, und sie wird für $t \to \infty$ gleichmäßig über das Intervall verteilt. In diesem Fall gilt weiterhin der Erhaltungssatz $\int_0^1 u(x,t)\,dx = $ constant.

Beispiel 6.11 (*Lösung als Fourier-Reihe*) Wir wissen, dass e^{ikx} multipliziert mit $e^{-k^2 t}$ eine Lösung der Wärmeleitungsgleichung liefert. Damit ist $u = e^{-k^2 t} \sin kx$ ebenfalls eine Lösung (sie kombiniert $+k$ und $-k$). Mit $u(0,t) = u(1,t) = 0$ sind die einzigen erlaubten Frequenzen $k = n\pi$ (dann ist $\sin n\pi x = 0$ an beiden Rändern $x = 0$ und $x = 1$). Die vollständige Lösung ist eine Kombination:

Vollständige Lösung
$$u(x,t) = \sum_{n=1}^{\infty} b_n e^{-n^2\pi^2 t} \sin n\pi x. \qquad (6.133)$$

Für dieses Beispiel finden Sie Programmcode und Graphen von $u(x,t)$ auf der cse-Website. Die Fourier-Koeffizienten b_n werden so gewählt, dass $u(x,0) = \sum b_n \sin n\pi x$ at $t = 0$ gilt.

Sie können erwarten, dass für isolierte Ränder, wo der Anstieg (nicht die Temperatur) null ist, Kosinusse auftreten. Fourier-Reihen liefern exakte Lösungen, die mit finiten-Differenzen-Lösungen verglichen werden. Bei finiten Differenzen führen *absorbierende Randbedingungen auf die Matrix K* (nicht B oder C). Mit $R = \Delta t/(\Delta x)^2$ entscheidet die Wahl zwischen explizit und implizit darüber, ob wir zweite Differenzen $-KU$ im Zeitschritt n oder $n+1$ haben:

Explizites Verfahren	$U_{n+1} - U_n = -RKU_n$,	(6.134)
Vollständig implizit	$U_{n+1} - U_n = -RKU_{n+1}$,	(6.135)
Crank-Nicolson implizit	$U_{n+1} - U_n = -RK(U_n + U_{n+1})/2$.	(6.136)

Die explizite Stabilitätsbedingung ist wieder $R \leq \frac{1}{2}$ (Aufgabe 6.5.8). Die beiden impliziten Verfahren sind unbedingt stabil (theoretisch). Machen Sie den Praxistest!

Der isolierende Rand bei $x = 0$ bringt den Übergang von K nach T mit sich. Bei zwei isolierenden Rändern kommt die Matrix B ins Spiel. Periodische Randbedingungen führen auf die zirkulante Matrix C. Die Tatsache, dass B und C singulär sind, hält die Berechnungen nicht mehr auf. Bei dem impliziten Verfahren $(I+RB)U_{n+1} = U_n$ sorgt die zusätzliche Einheitsmatrix dafür, dass $I+RB$ invertierbar wird.

Die **zweidimensionale Wärmeleitungsgleichung** $u_t = u_{xx} + u_{yy}$ beschreibt die Temperaturverteilung auf einer Platte. Für eine quadratische Platte mit absorbierenden Randbedingungen geht K in K2D über. Die Breite des Bandes springt von 1 (Tridiagonalmatrix K) auf N (wenn die Gitterpunkte zeitlich in Reihen angeordnet werden). In jedem Zeitschritt des impliziten Verfahrens (6.135) ist ein lineares System mit der Matrix $I + R(K2D)$ zu lösen. Implizite Verfahren erfordern also einen hohen Preis pro Schritt für die Stabilität, um die explizite Beschränkung $\Delta t \leq \frac{1}{4}(\Delta x)^2$ zu vermeiden.

Beispiel 6.12 Für die Wärmeleitungsgleichung sei die Anfangsfunktion $u(x,y,0) = (\sin kx)(\sin \ell y)$ gegeben. Die exakte Lösung $u(x,y,t)$ hat den Wachstumsfaktor $e^{-(k^2+\ell^2)t}$. Durch Sampling an äquidistanten Gitterpunkten erhalten wir einen Eigenvektor für das diskrete Problem $U_{n+1} = U_n - R(K2D)U_n$:

$$U_n = G^n U_0 \text{ mit } G = 1 - R(2 - 2\cos k \Delta x) - R(2 - 2\cos \ell \Delta y)$$

Für die schlechtesten Frequenzen $k\Delta x = \ell \Delta y = \pi$ bedeutet dies $G = 1 - 8R$. Stabilität erfordert $1 - 8R \geq -1$. Somit ist $R \leq \frac{1}{4}$ stabil in zwei Dimensionen (und $R \leq \frac{1}{6}$ in drei Dimensionen).

Konvektion-Diffusion

Geben Sie eine chemische Substanz in fließendes Wasser. Während sie von der Strömung weitergetragen wird, wird sie diffundieren. Hier tritt ein Diffusionsterm u_{xx} oder $u_{xx} + u_{yy}$ zusammen mit einem Konvektionsterm auf. Dies ist das Modell für zwei der wichtigsten Differentialgleichungen, die in der Technik vorkommen:

Konvektion mit Diffusion; unstetig 1D, stetig 2D
$$u_t = cu_x + du_{xx} \quad -\varepsilon(u_{xx}+u_{yy}) + w \cdot \nabla u = f \,. \tag{6.137}$$

Auf der gesamten Geraden $-\infty < x < \infty$ gibt es keine Wechselwirkung zwischen Fluss und Diffusion. Die Konvektion bewirkt einfach nur, dass die diffundierende Lösung h weitergetragen wird (Flussgeschwindigkeit c und $h_t = d h_{xx}$):

Diffundierende Welle $\quad u(x,t) = h(x+ct,t) \,.$ (6.138)

Setzen wir dies in (6.137) ein, bestätigt sich, dass dadurch eine Lösung gegeben ist (korrekt bei $t = 0$):

6.5 Diffusion, Konvektion und Finanzmathematik

Kettenregel $\quad \dfrac{\partial u}{\partial t} = c\dfrac{\partial h}{\partial x} + \dfrac{\partial h}{\partial t} = c\dfrac{\partial h}{\partial x} + d\dfrac{\partial^2 h}{\partial x^2} = c\dfrac{\partial u}{\partial x} + d\dfrac{\partial^2 u}{\partial x^2}.$ (6.139)

Exponentiallösungen zeigen ebenfalls diese Separation von Konvektion e^{ikct} und Diffusion $e^{-dk^2 t}$:

Start mit $\quad e^{ikx} u(x,t) = e^{-dk^2 t} e^{ik(x+ct)}.$ (6.140)

Konvektion-Diffusion ist ein hervorragendes Modellproblem, und die Koeffizienten c und d haben offensichtlich verschiedenen Einheiten. Wir machen deshalb eine kurze *Dimensionsanalyse:*

$$\text{Konvektionskoeffizient } c: \ \frac{\text{Abstand}}{\text{Zeit}}, \quad \text{Diffusionskoeffizient } d: \ \frac{(\text{Abstand})^2}{\text{Zeit}}.$$

Sei L eine typische Längenskala des Problems. **Die Peclet-Zahl Pe $= cL/d$** ist dimensionslos. Sieht misst das Verhältnis von Konvektion und Diffusion. Die Peclet-Zahl korrespondiert mit der *Reynolds-Zahl*, die in den Navier-Stokes-Gleichungen auftritt. Dort hängt c von u ab (siehe Abschnitt 6.7).

Das zweite Problem $-\varepsilon(u_{xx} + u_{yy}) + w_1 u_x + w_2 u_y = f(x,y)$ hat eine große Peclet-Zahl, wenn $\varepsilon \ll \|w\|$ gilt. Dann spielt die Diffusion im Vergleich zur Konvektion eine untergeordnete Rolle. Dies ist ein wichtiges Modellsystem für die Umweltchemie, wenn sich ein Schadstoff mit der Windgeschwindigkeit $w = (w_1, w_2)$ mitbewegt und dabei langsam diffundiert. Für $\varepsilon \to 0$ *verschwinden die zweiten Ableitungen.* Die elliptische Gleichung für $u(x,y,\varepsilon)$ wird für das limitierende $U(x,y,0)$ hyperbolisch.

Grenzgleichung bei $\varepsilon = 0$ $\quad w \cdot \operatorname{grad} U = w_1 U_x + w_2 U_y = f(x,y).$ (6.141)

Die Stromlinien $s(x,y) =$ konstant sind die Windkurven mit den Tangenten $w(x,y)$. Das Skalarprodukt $w \cdot \operatorname{grad} s$ ist null. Entlang einer Stromlinie $x(t), y(t)$ wird die Grenzgleichung (6.141) eine gewöhnliche Differentialgleichung in der Variablen t:

Entlang der Stromlinien

$$\frac{d}{dt}[U(x(t),y(t))] = \frac{\partial U}{\partial x}\frac{dx}{dt} + \frac{\partial U}{\partial y}\frac{dy}{dt} = (\operatorname{grad} U) \cdot w = f(x(t),y(t)).$$

Steile Gradienten und Randschichten

Die Rückführung auf eine Gleichung erster Ordnung (6.141) scheint das Problem $\varepsilon = 0$ zu vereinfachen. Leider hat die Sache einen Haken: Die Gleichung zweiter Ordnung (6.137) hatte eine Randbedingung für u **an beiden Enden der Stromlinie.** Die Grenzgleichung (6.141) bestimmt jedoch den Wert von U an einem Ende aus dem Wert am anderen Ende.

Wenn sich eine Gleichung zweiter Ordnung auf eine Gleichung erster Ordnung reduziert, **dürfen wir nicht erwarten, dass beide Randbedingungen der ursprünglichen Gleichung erfüllt sind.** Das einfachste Modell ist eindimensional, und die Grenzgleichung lautet einfach $U' = 1$:

Zweite Ordnung $\quad -\varepsilon u'' + u' = 1$ mit $u(0) = 0 = u(1)$,

Erste Ordnung $\quad\quad U' = 1$ mit $U(0) = 0$. (6.142)

Beide Gleichungen besitzen exakte Lösungen. Beachten Sie jedoch, dass zwar $u(1) = 0$ gilt, aber $U(1) \neq 0$:

$u(x)$ hat $\varepsilon > 0$
$U(x)$ hat $\varepsilon = 0$ $\quad u(x) = x - \dfrac{e^{x/\varepsilon} - 1}{e^{1/\varepsilon} - 1}\quad$ und $\quad U(x) = x$. (6.143)

In Abbildung 6.13a sehen Sie, dass die Lösungen relativ lange zusammenbleiben. Dann fällt die erste Lösung schnell ab und erreicht $u(1) = 0$. Diese **Randschicht** ist notwendig, um die Abflussbedingung erfüllen zu können. Die Breite der Randschicht ist $O(\varepsilon)$, was in Aufgabe 6.5.12 zu beweisen ist.

Der Sprung zwischen $\varepsilon = 0$ und $\varepsilon > 0$ wird als **singuläre Störung** bezeichnet. Eine Änderung eines Koeffizienten von 1 auf $1 + \varepsilon$ ist dagegen eine **reguläre Störung** (keine Schicht).

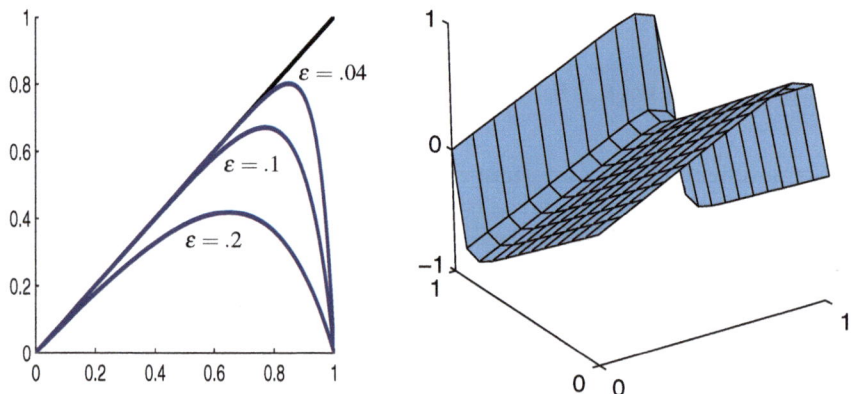

Abb. 6.13 Randschichten in einer Dimension gemäß (6.143) und in zwei Dimensionen gemäß (6.145): kleines ε.

Beispiel 6.13 Schräg einfallender Wind und keine Quelle in zwei Dimensionen: $-\varepsilon(u_{xx} + u_{yy}) + u_x + u_y = 0$. Die Windgeschwindigkeit ist $w = (1,1)$. Die Strömungslinien $x - y = constant$ verlaufen im 45°-Winkel. Die Grenzgleichung bei $\varepsilon = 0$ ist $U_x + U_y = 0$. Um ein Quadrat herum sind die untere und die linke

6.5 Diffusion, Konvektion und Finanzmathematik

Kante Zuflussränder (es laufen Stromlinien ein) und die obere und die rechte Kante Abflussränder:

Zufluss $w \cdot n < 0$ **Abfluss** $w \cdot n > 0$ **Charakteristik** $w \cdot n = 0$. (6.144)

Die ursprüngliche und die reduzierte Gleichung ($U_x + U_y = 0$ für $\varepsilon = 0$) haben exakte Lösungen:

$$u(x,y) = x - y - \frac{e^{x/\varepsilon} - e^{y/\varepsilon}}{e^{1/\varepsilon} - 1} \qquad U(x,y) = x - y. \tag{6.145}$$

Für dieses Paar gilt an den Zuflussrändern $u \approx U$, wo $x = 0$ oder $y = 0$ gilt. Der Bruch in $u(x,y)$ ist sehr klein. Für den Abflussrand ist $x = 1$ oder $y = 1$. Dann wächst der Bruch schnell an und liefert $u \approx 0$ am Abfluss. Dies ist korrekt für das u der ursprünglichen Gleichung und falsch für das U aus der Grenzgleichung.

Die vertikalen Schichten in Abbildung 6.13b zeigen die Differenz $u - U$. An der rechten oberen Ecke $(x,y) = (1,1)$ verschwindet die Schicht und es ist $u = U = 0$. Dieser Punkt liegt auf einer Stromlinie aus dem charakteristischen Zuflusspunkt $(x,y) = (0,0)$. Sprünge in den Zuflussbedingungen propagieren entlang der Stromlinien (zwei parallele Flüsse mit langsamer Diffusion zwischen beiden).

Stromliniendiffusion hilft, steile Schichten parallel zum Wind w zu überwinden (siehe [47,98]). Es handelt sich um eine zusätzliche Diffusion $c(w_1 u_{xx} + w_2 u_{yy})$, die durch *Änderung der Testfunktion* entsteht. Dies ist der Weg, finite-Elemente-Gleichungen von zentriert in upwind umzuwandeln. In den IFISS-Codes [48] wird $cw \cdot \text{grad}\, \phi$ zu den Testfunktionen für Stromliniendiffusion hinzugefügt.

Finite Differenzen für Konvektion-Diffusion

Für finite-Differenzen-Gleichungen sind die Quotienten $r = c\Delta t/\Delta x$ und $2R = 2d\Delta t/(\Delta x)^2$ dimensionslos. Dies ist der Grund, warum die Stabilitätsbedingungen $r \leq 1$ und $2R \leq 1$ für die Wellen- bzw. die Wärmeleitungsgleichung ganz natürlich waren. Das neue Problem kombiniert $c u_x$ mit $d u_{xx}$, und die **Zell-Peclet-Zahl P** verwendet $\Delta x/2$ als Längenskala in cL/d:

$$\textbf{Zell-Peclet-Zahl} \quad P = \frac{r}{2R} = \frac{c\Delta x}{2d}. \tag{6.146}$$

Wir sind noch im Unklaren, welches die beste finite-Differenzen-Approximation ist! Hier sind drei naheliegende Kandidaten (möglicherweise haben Sie eine Meinung dazu, nachdem Sie sie ausprobiert haben):

1. Vorwärts in der Zeit, zentrierte Konvektion, zentrierte explizite Diffusion.
2. Vorwärts in der Zeit, upwind Konvektion, zentrierte explizite Diffusion.
3. Explizite Konvektion (zentriert oder upwind), mit impliziter Diffusion.

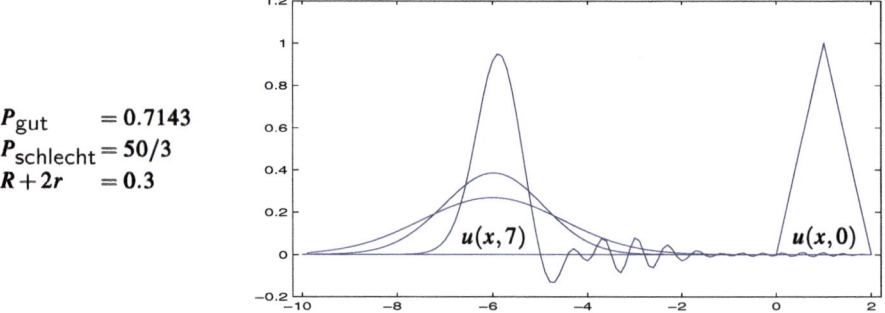

$P_{\text{gut}} = 0.7143$
$P_{\text{schlecht}} = 50/3$
$R + 2r = 0.3$

Abb. 6.14 Konvektion-Diffusion mit und ohne numerische Oszillationen durch $P > 1$.

Jedes Verfahren wirkt sich in bestimmter Weise auf r, R und P aus (*wir ersetzen $r/2$ durch RP*):

1. Zentriert explizit $\quad \dfrac{U_{j,n+1} - U_{j,n}}{\Delta t} = c\,\dfrac{U_{j+1,n} - U_{j-1,n}}{2\Delta x} + d\,\dfrac{\Delta_x^2 U_{j,n}}{(\Delta x)^2}. \quad (6.147)$

Unter Verwendung von R und P ist jeder neue Wert $U_{j,n+1}$ eine Kombination der drei Werte zur Zeit n.

Explizit $\quad U_{j,n+1} = (1-2R)U_{j,n} + (R+RP)U_{j+1,n} + (R-RP)U_{j-1,n} \quad (6.148)$

Diese drei Koeffizienten addieren sich zu 1, und $U = \text{constant}$ löst mit Sicherheit Gleichung (6.147). **Wenn alle drei Koeffizienten positiv sind, ist das Verfahren mit Sicherheit stabil.** Mehr noch: *Es treten keine Oszillationen auf.* Die Positivität von $1 - 2R$ ist gleichbedeutend mit $R \leq \frac{1}{2}$, wie für Diffusion üblich. Die Positivität der anderen beiden Koeffizienten erfordert $|P| \leq 1$. Um numerische Oszillationen zu vermeiden und eine gute Qualität von U zu erreichen, muss für die Zellgröße $\Delta x \leq 2d/c$ gelten.

Abbildung 6.14 (aus Strikwerda [146]) zeigt die Oszillationen für $P > 1$. Sie sehen, wie die Anfangsfunktion (eine Hutfunktion) durch die Diffusion geglättet wird, sich verbreitert und schrumpft. Die Oszillationen bestehen möglicherweise den üblichen Stabilitätstest $|G| \leq 1$, aber sie sind natürlich unakzeptabel.

2. Upwind-Konvektion falls $c > 0$

$$\dfrac{U_{j,n+1} - U_{j,n}}{\Delta t} = c\,\dfrac{U_{j+1,n} - U_{j,n}}{\Delta x} + d\,\dfrac{\Delta_x^2 U_{j,n}}{(\Delta x)^2}. \qquad (6.149)$$

Die einseitige Genauigkeit ist auf erste Ordnung gefallen. Aber die Oszillationen werden eliminiert, sofern $r + 2R \leq 1$ ist. Wenn diese Bedingung erfüllt ist, sind alle drei Koeffizienten in (6.149) positiv:

6.5 Diffusion, Konvektion und Finanzmathematik

$$U_{j,n+1} = (r+R)U_{j+1,n} + (1-r-2R)U_{j,n} + RU_{j-1,n}. \tag{6.150}$$

Der Vergleich zwischen dem zentrierten und dem Upwind-Verfahren ist noch in der Diskussion. Die Differenz zwischen den beiden Konvektionstermen, **upwind minus zentriert**, ist ein in (6.149) versteckter Diffusionsterm: Dies ist eine interessante Identität!

Zusätzliche Diffusion durch Upwind

$$\frac{U_{j+1}-U_j}{\Delta x} - \frac{U_{j+1}-U_{j-1}}{2\Delta x} = \left(\frac{\Delta x}{2}\right)\frac{U_{j+1}-2U_j+U_{j-1}}{(\Delta x)^2}. \tag{6.151}$$

Beim Upwind-Verfahren gibt es also eine zusätzliche numerische Diffusion oder „**künstliche Viskosität**". Es handelt sich um eine nichtphysikalische Dämpfung, die die Genauigkeit reduziert. Die Upwind-Approximation bleibt *deutlich unter* der exakten Lösung. Niemand ist perfekt.

3. Implizite Diffusion $\quad \dfrac{U_{j,n+1}-U_{j,n}}{\Delta t} = c\dfrac{U_{j+1,n}-U_{j,n}}{\Delta x} + d\dfrac{\Delta_x^2 U_{j,n+1}}{(\Delta x)^2}. \tag{6.152}$

Auch hier ist die semidiskrete Linienmethode eine attraktive Option. Die räumliche Diskretisierung erzeugt ein System gewöhnlicher Differentialgleichungen, das problemlos zu lösen ist.

Aktienkurse und Optionspreise

Die nächsten Seiten sind einem kleinen Teilgebiet der Finanzmathematik gewidmet: dem Verhalten von Aktienkursen und der Bewertung von Optionsscheinen. Die gesamte Finanzmathematik hat sich in den letzten Jahrzehnten stürmisch entwickelt, wofür es zwei gute Gründe gibt. Zum einen ist das Thema mathematisch interessant und anspruchsvoll, zum anderen sind die Anwendungen für Individuen, Unternehmen und Volkswirtschaften extrem wichtig.

Die mathematischen Schwierigkeiten resultieren aus der zufälligen, unvorhersagbaren Natur von Märkten. Wir müssen die *Unbestimmtheit modellieren*. Gleichungen, die fluktuierende Preise beschreiben (einschließlich des Preises von Geld), sind **stochastisch.** Solche Modelle führen zu *Entscheidungen*. Investoren müssen entscheiden, ob sie kaufen, verkaufen oder ihre Aktien halten. Zentralbanken müssen entscheiden, ob sie die Zinsen erhöhen oder senken. Derartige Entscheidungen sind folgenreich und nicht leicht zu treffen. Ebenso schwierig ist die Bereitstellung eines vernünftigen Preismodells, auf dessen Grundlage solide Entscheidungen getroffen werden können.

Im Folgenden behandeln wir zwei berühmte Gleichungen der Finanzmathematik, nämlich die Modellgleichungen für den Aktienkurs $S(t)$ (selbstverständlich eine Näherung) und für Optionspreise $V(S,t)$. Beachten Sie, dass S die Ausgabe des Modells für den Aktienkurs ist und die Eingabe für das Optionspreismodell:

Stochastische Gleichung für den Aktienkurs S

$$dS/S = \sigma\, dW + \mu\, dt. \tag{6.153}$$

Black-Scholes-Gleichung für Optionen

$$V_t + \frac{1}{2}\sigma^2 S^2 V_{SS} = rV - rSV_S. \tag{6.154}$$

Die Gleichung für den Aktienkurs enthält einen stochastischen Term dW, der einen **Wiener-Prozess** repräsentiert. Es gibt keine „Lösung" der Gleichung im gewöhnlichen Sinn. Jedesmal, wenn wir das Modell sich zeitlich entwickeln lassen, erhalten wir ein anderes $S(t)$. Jedoch führt dieses stochastische Modell für den Aktienkurs auf ein deterministisches Modell für den Optionspreis V (in Abhängigkeit vom aktuellen Wert von S). Wir werden (6.154) aus (6.153) ableiten.

Die Black-Scholes-Gleichung ist *parabolisch* (mit $\partial/\partial t$ und $\partial^2/\partial S^2$) wie die Wärmeleitungsgleichung. Mit konstanter Volatilität σ und konstantem Zinssatz r gelangen wir durch geeignete Variablentransformation zu $u_t = u_{xx}$. Die eigentliche Bedeutung der Black-Scholes-Gleichung liegt in ihrem großen Anwendungsfeld. Jede derivative Sicherheit, deren Wert nur von einer primären Sicherheit und der Zeit abhängt (also von S und t), füllt eine Gleichung dieser Form. Die Randbedingungen können am Anfang, am Ende oder im Inneren zu erfüllen sein.

Brownsche Bewegung

Die Faszination und Subtilität von stochastischen Gleichungen geht von dem unscheinbaren Term dW aus. Die zufällige Funktion $W(t)$ führt eine sehr irreguläre Bewegung aus. Jedes $W(t)$ ist stetig aber nicht differenzierbar. Der Zuwachs dW ist **normalverteilt mit Mittelwert null und Varianz dt**. Die Standardabweichung ist $\sqrt{dt}$.

Brownsche Bewegung $\quad dW = Z\sqrt{dt} \quad Z \in \mathbf{N}(0,1)$ für alle t. $\tag{6.155}$

Jedes $W(t)$ ist ein **Random Walk**. Die Zahl $Z(t)$ wird zu jedem Zeitpunkt zufällig aus einer Standard-Normalverteilung mit Varianz 1 ausgewählt:

Wahrscheinlichkeitsdichte $\quad \dfrac{1}{\sqrt{2\pi}} e^{-Z^2/2}$, **Momente** $\mathrm{E}[Z] = 0$ und $\mathrm{E}[Z^2] = 1$.

Mittels Monte-Carlo-Simulation kann ein diskreter Random Walk für feste Zeitpunkte t_i konstruiert werden:

Diskreter Random Walk

$$W(t_{i+1}) = W(t_i) + \sqrt{t_{i+1} - t_i}\, Z_{i+1} \quad \text{mit} \quad W(0) = 0. \tag{6.156}$$

6.5 Diffusion, Konvektion und Finanzmathematik

Diese Quadratwurzel zeigt unmittelbar, dass wir es hier nicht mit einer gewöhnlichen Differenzengleichung zu tun haben. **Bei diesen tritt Δt auf, hier dagegen $\sqrt{\Delta t}$.** Gewöhnliche Differenzengleichung nähern die zugrunde liegende Differentialgleichung nicht exakt, während (6.156) auf die exakte gemeinsame (multivariate) Wahrscheinlichkeitsverteilung der Werte $W(t_1),\ldots,W(t_n)$ einer Brownschen Bewegung führt. Natürlich sagt sie nichts aus über die wilden Oszillationen in $W(t)$ zwischen den festgelegten Zeitpunkten t_i.

Lognormal-verteilter Random Walk

Der Gewinn für ein Investment ist dS/S. Wenn die Rendite auf $dS/S = \mu\, dt$ festgesetzt ist, gilt für den Kurs $S' = \mu S$, und er zeigt exponentielles Wachstum: $S(t) = S_0 e^{\mu t}$. Aber Aktienkurse reagieren auf äußere Einflüsse. Diese werden durch den stochastischen Teil $\sigma\, dW$ modelliert (Brownsche Bewegung), der mit der Volatilität σ multipliziert wird:

Lognormal Random Walk
Normal für $\log S$
$$\frac{dS}{S} = \sigma\, dW + \mu\, dt. \tag{6.157}$$

Die „Drift" ist μ und die Diffusion ist σ^2. Beachten Sie die **Markov-Eigenschaft**: Änderungen des Preises hängen nur vom aktuellen Preis, nicht aber von früheren Preisen ab. Der Mittelwert ist $\mathrm{E}[dS] = \mu S\, dt + 0$. Von besonderer Bedeutung ist die Varianz:

Varianz $\quad \mathrm{Var}[dS] = \mathrm{E}[(dS - \mathrm{mean})^2] = \mathrm{E}[\sigma^2 S^2 (dW)^2] = \sigma^2 S^2\, dt. \tag{6.158}$

Die Gleichung für das zweite Moment, $\mathrm{E}[(dW)^2] = dt$, ist die bemerkenswerteste und verwirrendste Gleichung der Finanzmathematik. Sie macht Taylor-Reihen unbrauchbar und führt das **Lemma vom Ito** ein.

Der Wert $V(S,t)$ eines Optionspreises kann in eine Taylor-Reihe entwickelt werden:

Für jede glatte Funktion $V(S,t)$
$$dV = \frac{\partial V}{\partial S}\, dS + \frac{\partial V}{\partial t}\, dt + \frac{1}{2}\frac{\partial^2 V}{\partial S^2}(dS)^2 + \cdots. \tag{6.159}$$

Der entscheidende Punkt ist, dass $(dW)^2$ von der Ordnung dt, nicht $(dt)^2$, ist (siehe Gleichung (6.157). Der führende Term ist $(dS)^2 = \sigma^2 S^2 dt$ wie in (6.158). Einsetzen von dS und $(dS)^2$ in (6.159) ergibt das Lemma von Ito:

Lemma von Ito
$$dV = \frac{\partial V}{\partial S}(\sigma S\, dW + \mu S\, dt) + \frac{\partial V}{\partial t}\, dt + \frac{1}{2}\frac{\partial^2 V}{\partial S^2}\sigma^2 S^2\, dt. \tag{6.160}$$

Das Lemma setzt dV in Beziehung zu dS, wobei dW von der Ordnung $\sqrt{dt}$ ist. Nach Gleichung (6.160) hat dV eine zufällige Komponente, die dW enthält, und eine deterministische Komponente mit dt.

Beispiel 6.14 Sei $V(s) = \log S$ und damit $dV/dS = 1/S$ sowie $d^2V/dS^2 = -1/S^2$:

Nach Ito $\quad d(\log S) = \sigma\, dW + \left(\mu - \tfrac{1}{2}\sigma^2\right) dt.$ (6.161)

Jede Summe von normalverteilten Zufallsvariablen ist selbst wieder normalverteilt. Das Integral $(\log S - \log S_0)$ als Grenzwert einer Summe ist normalverteilt mit dem Erwartungswert $(\mu - \tfrac{1}{2}\sigma^2)t$ und der Varianz $\sigma^2 t$. Damit hat der Exponent Q in der Wahrscheinlichkeitsdichte von $\log S$ bzw. S eine vertraute Form:

Normal für $\log S \quad e^{-Q}/\sigma\sqrt{2\pi t},$

Lognormal für $S \quad e^{-Q}/\sigma S\sqrt{2\pi t},$

$$Q = \left(\log(S/S_0) - \left(\mu - \tfrac{1}{2}\sigma^2\right)t\right)^2 / 2\sigma^2 t. \tag{6.162}$$

Aktienoptionen: European Call

Die einfachste „Vanilla Option" unter den Finanzderivaten ist der *European Call*. Damit haben Sie die Option, eine Aktie zu einem festen Zeitpunkt T und zu einem festen Preis E zu kaufen (dies ist der Aktienkurs). Sie werden diese Option genau dann ausüben, wenn der Aktienkurs $S(T)$ zu diesem Zeitpunkt größer ist als E. Der Call ist „im Geld", falls $S > E$. Der Wert $V(S,t)$ der Call-Option ist also zum Ausübungszeitpunkt $t = T$ bekannt:

Finaler Wert bei $t = T \quad V(S,T) = \max(S - E, 0).$ (6.163)

Das Gegenteil hiervon ist der **Put** – die Option, die Aktie zum Wert $\max(E - S, 0)$ zu verkaufen.

Zu jeder Zeit t hängt der Wert V der Call-Option vom aktuellen Preis S und der verbleibenden Zeit $T - t$ ab Außerdem hängt er von den Parametern μ und σ ab, die das erwartete Verhalten von S in dieser Zeitspanne beschreiben. V ist niemals negativ, da Sie abspringen können (Sie haben die Option gekauft, nicht die Aktie). Es war eine geniale Leistung, eine Differentialgleichung für $V(S,t)$ abzuleiten (auch wenn diese auf Annahmen fußt, die nicht immer erfüllt sind). Robert Merton und Myron Scholes erhielten hierfür den Wirtschaftsnobelpreis, nachdem Fischer Black bereits verstorben war.

Die Black-Scholes-Gleichung

Die Gleichung liefert einen Wert $V(S,t)$ für die Call-Option. Wir nehmen an, dass stetig gehandelt wird, dass es keine Transaktionskosten gibt und keine Arbitrage-

6.5 Diffusion, Konvektion und Finanzmathematik

Möglichkeit. Dies bedeutet, dass alle risikofreien Investments den gleichen Gewinn r abwerfen. Die Volatilität σ ist bekannt (und wird hier als konstant vorausgesetzt). All diese Annahmen sind in Zweifel gestellt worden, was zur Verfeinerung der Analyse geführt hat. Bei der Herleitung der Black-Scholes-Gleichung folgen wir [170]

Wir konstruieren ein Portfolio aus der Call-Option **minus dem Anteil** $\Delta = \partial V/\partial S$ **der Aktie:**

Portfoliowert $\quad P = V - \dfrac{\partial V}{\partial S} S \qquad dP = dV - \dfrac{\partial V}{\partial S} dS.$ \hfill (6.164)

Aus dem Lemma von Ito und $dS = S(\mu\,dt + \sigma\,dW)$ erhalten wir dP **ohne stochastischen Anteil dW!**

$$dP = \frac{\partial V}{\partial S}\sigma S\,dW + \left(\mu S\frac{\partial V}{\partial S} + \frac{\partial V}{\partial t} + \frac{1}{2}\sigma^2 S^2 \frac{\partial^2 V}{\partial S^2}\right)dt - \frac{\partial V}{\partial S}(\mu S\,dt + \sigma S\,dW).$$
(6.165)

Das ist ein risikofreier Gewinn $dP = \left(\partial V/\partial t + \frac{1}{2}\sigma^2 S^2 \partial^2 V/\partial S^2\right)dt$. Der Ausdruck ist deterministisch. Er muss gleich dem Gewinn $rP\,dt$ sein, den man erhält, wenn man den gleichen Betrag P in irgendein anderes risikoloses Asset investiert. *Das Fehlen einer Arbitrage macht alle risikofreien Gewinne gleich.* Dies ist ein wesentlicher Punkt im Black-Scholes-Modell. Somit ist dP in (6.165) gleich $rP\,dt$ mit $P = V - S(\partial V/\partial S)$:

Black-Scholes-Gleichung $\quad \dfrac{\partial V}{\partial t} + \dfrac{1}{2}\sigma^2 S^2 \dfrac{\partial^2 V}{\partial S^2} = rV - rS\dfrac{\partial V}{\partial S}.$ \hfill (6.166)

Auf den ersten Blick sieht dies nicht aus wie die Wärmeleitungsgleichung $u_t = u_{xx}$. Sie ist linear in V, aber die Koeffizienten hängen von S ab. Die zweite Ableitung V_{SS} hat das falsche Vorzeichen. Für ein Anfangswertproblem wäre das unsinnig, aber wir haben es hier mit einem *Endwert* zu tun. Gleichung (6.166) läuft von $V = \max(S-E,0)$ zum Ausübungszeitpunkt T rückwärts.

Die Variablen S und t werden in [170] durch $x = \log S$ und $\tau = \frac{1}{2}\sigma^2(T-t)$ ersetzt. Mit der anschließenden Skalentransformation $u = e^{ax+b\tau}V$ erhalten wir die Wärmeleitungsgleichung. Die Integrallösung (6.120) liefert eine direkte, aber unkomplizierte Formel für $V(S,t)$. In Maple erhält man diesen Optionswert durch blackscholes($E, T-t, S, r, \sigma$).

Eine Anmerkung zur Bedeutung von $\Delta = \partial V/\partial S$: Dies ist der erste der sogenannten „Griechen", die die Ableitungen (die Sensitivitäten) von V liefern. Delta verbindet den Optionspreis V mit zugrundeliegenden Aktienkurs S. Diese Zahl ist der Schlüssel zur *Kurssicherung*, weil das Portfolio $P = V - S\Delta$ in (6.164) „Δ-neutral" ist. Ein vollständig abgesicherter Investor wird den Anteil Δ einer Aktien verkaufen, den er zum Verkaufszeitpunkt gar nicht besitzt (sog. Leerverkauf oder *Short Selling*).

Weitere Abhängigkeiten des Optionswertes sind durch andere sogenannte Griechen gegeben:

Gamma $\dfrac{\partial^2 V}{\partial S^2}$ **Theta** $-\dfrac{\partial V}{\partial t}$ **Vega** $\dfrac{\partial V}{\partial \sigma}$ **Rho** $\dfrac{\partial V}{\partial r}$. (6.167)

Die Berechnung von V und den Griechen ist ein wichtiges Problem der Finanzmathematik. Unter speziellen Annahmen und Randbedingungen sind exakte Formeln möglich. Die realen Komplikationen auf Märkten machen das Black-Scholes-Modell jedoch zu einem numerischen Problem. Gebräuchliche Verfahren sind finite Differenzen und *Monte-Carlo-Simulationen*.

Wie alle Ableitungen lösen die Griechen ein adjungiertes (duales) Problem. In Abschnitt 8.7 werden adjungierte Methoden vorgestellt, wobei besonders ein Werkzeug zur Sprache kommt, dass sich noch nicht voll durchgesetzt hat: die *automatische Differentiation*. Der Umkehrmodus der AD berechnet wichtige Ableitungen wie $\Delta = \partial V/\partial S$ mit großer Effizienz.

Aufgaben zu Abschnitt 6.5

Die Aufgaben 6.5.1-6.5.6 befassen sich mit exakten Lösungen der Wärmeleitungsgleichung.

6.5.1 Setzen Sie $u(x,t) = e^{-x^2/4t}/\sqrt{4\pi t}$ in $u_t = u_{xx}$ ein, um diese Lösung zu überprüfen. Wie können Sie feststellen, ob die zweidimensionale Gleichung durch (6.119) gelöst wird?

6.5.2 Lösen Sie $u_t = u_{xx}$, wenn die Anfangsfunktion aus drei Deltafunktionen kombiniert ist: $u(x,0) = \delta(x+1) - 2\delta(x) + \delta(x-1)$. Wie groß ist die Gesamtwärme $\int u(x,t)\,dx$ zur Zeit t? Zeichnen Sie per Hand oder mit MATLAB einen Graphen von $u(x,1)$.

6.5.3 Integration der Lösung von Aufgabe 6.5.2 liefert eine weitere Lösung der Wärmeleitungsgleichung. Zeigen Sie, dass

$$w(x,t) = \int_0^x u(X,t)\,dX$$

$w_t = w_{xx}$ löst.

6.5.4 Eine weitere Integration liefert eine Lösung der Wärmeleitungsgleichung $h_t = h_{xx}$ ausgehend von $h(x,0) = \int w(X,0)\,dX =$ *Hutfunktion*. Zeichnen Sie den Graphen von $h(x,0)$. Abbildung 6.14 zeigt den Graphen von $h(x,t)$, der durch Konvektion nach $h(x+ct,t)$ verschoben wird.

6.5.5 Ein anderes exaktes Integral mit $e^{-x^2/4t}$ ist

$$\int_0^\infty x e^{-x^2/4t}\,dx = \left[-2t\,e^{-x^2/4t}\right]_0^\infty = 2t\,.$$

Zeigen Sie ausgehend von (6.120), dass die Temperatur im Mittelpunkt $x = 0$ durch $u = \sqrt{t}$ gegeben ist, wenn die Anfangsfunktion eine Rampe ist, d.h. $u(x,0) = \max(0,x)$.

6.5 Diffusion, Konvektion und Finanzmathematik

6.5.6 Eine Rampe ist das Integral einer Stufenfunktion. Somit ist die Lösung von $u_t = u_{xx}$ startend mit einer Rampe (siehe Aufgabe 6.5.5) das Integral der Lösung startend mit einer Stufenfunktion (siehe Beispiel 2). Dann muss $\sqrt{t}$ die gesamte Wärmemenge sein, die in Beispiel 2 nach der Zeit t von $x > 0$ nach $x < 0$ übergegangen ist. Erklären Sie diese Sätze.

6.5.7 Kombinieren Sie für die Gleichung $u_t = u_{xx}$ implizite und explizite Verfahren mit den Gewichten a und $1 - a$:

$$\frac{U_{j,n+1} - U_{j,n}}{\Delta t} = \frac{a \Delta_x^2 U_{j,n+1} + (1-a) \Delta_x^2 U_{j,n}}{(\Delta x)^2}.$$

Bestimmen Sie den Wachstumsfaktor G durch Substitution von $U_{j,n} = G^n e^{ijk\Delta x}$. *Zeigen Sie, dass der Wachstumsfaktor für $a \geq \frac{1}{2}$ die Bedingung $|G| \leq 1$ erfüllt.* Bestimmen Sie für $a < \frac{1}{2}$ die Stabilitätsschranke an $R = \Delta t/(\Delta x)^2$, wahrscheinlich bei $k\Delta x = \pi$.

6.5.8 Auf einem endlichen Intervall hat das explizite Verfahren (6.134) die Form $U_{n+1} = (I - RK)U_n$. Wie lauten die Eigenwerte G von $I - RK$? Zeigen Sie, dass $|G| \leq 1$ gilt, falls $R = \Delta t/(\Delta x)^2 \leq 1/2$. Zeigen Sie darüberhinaus, dass $U_{j,n+1}$ eine positive Linearkombination aus $U_{j,n}$, $U_{j-1,n}$ und $U_{j+1,n}$ ist.

6.5.9 Durch welche Skalentransformation von x, t und u kann $u_t = cu_x + du_{xx}$ in die dimensionslose Gleichung $U_T = U_X + U_{XX}/\text{Pe}$ überführt werden? Die Peclet-Zahl ist $\text{Pe} = cL/d$.

6.5.10 Die n Eigenwerte der Matrix K der zweiten Differenzen sind durch $\lambda_k = 2 - 2\cos\frac{k\pi}{n+1}$ gegeben. Die Eigenvektoren y_k bestehen aus diskreten Werten von $\sin k\pi x$ (siehe Abschnitte 1.5). Wie lauten die allgemeinen Lösungen für die vollständig expliziten und für die vollständig impliziten Gleichungen (6.124) und (6.128) nach N Schritten, geschrieben als Kombinationen der y_k und λ_k?

6.5.11 Vergleichen Sie für die Konvektions-Diffusionsgleichung die Bedingung $R \leq \frac{1}{2}, P \leq 1$ (für positive Koeffizienten beim zentrierten Verfahren) mit $r + 2R \leq 1$ (für das Upwind-Verfahren). Für welche Werte von c und d ist die Upwind-Bedingung weniger restriktiv, was die Vermeidung von Oszillationen betrifft?

6.5.12 Die Dicke der Randschicht in $u(x) = x - (e^{x/\varepsilon} - 1)/(e^{1/\varepsilon} - 1)$ ist $O(\varepsilon)$. Werten Sie $u(1 - \varepsilon)$ aus, um zu sehen, wie die Lösung nach $u(1) = 0$ abfällt.

6.5.13 Betrachten Sie noch einmal die Brownsche Bewegung. Die Berechnung der Kovarianz von $W(s)$ und $W(t)$ ($s < t$) macht Gebrauch von der Tatsache, dass der Zuwachs $W(t) - W(s)$ unabhängig von $W(s)$ ist (und den Mittelwert null hat):

$$\text{E}[W(s)W(t)] = \text{E}[W(s)^2] + \text{E}[W(s)(W(t) - W(s))] = s + 0 = s$$

Somit hat die Kovarianzmatrix von $W = (W(t_1), \ldots, W(t_n))$ die Form $\Sigma_{ij} = \min(t_i, t_j)$. Schreiben Sie Σ für die Zeitpunkte $t_i = 1, 2, 3$ sowie $t_i = 1, 5, 14$ auf und führen Sie die Faktorisierung $\Sigma = A^T A$ aus.

6.5.14 Verifizieren Sie, dass für aufeinanderfolgende Zeitpunkte $t = t_1, \ldots, t_n$ mit $\Sigma_{ij} = \min(t_i, t_j)$ $A^T A = \Sigma$ gilt:

$$A = \text{chol}(\Sigma) = \begin{bmatrix} \sqrt{t_1} & \sqrt{t_1} & \cdot & \sqrt{t_1} \\ 0 & \sqrt{t_2 - t_1} & \cdot & \sqrt{t_2 - t_1} \\ 0 & 0 & \cdot & \cdot \\ 0 & 0 & 0 & \sqrt{t_n - t_{n-1}} \end{bmatrix} \quad \begin{array}{l} \text{Für } t = 1, 2, \ldots, n \\ A = \text{Summenmatrix} \\ A^{-1} = \text{erste Differenz} \\ \Sigma^{-1} = \text{zweite Differenz} \end{array}$$

6.5.15 Der Brownsche Random Walk (6.156) entspricht der Matrix-Vektor-Multiplikation $W = A^T Z$. Die Komponenten $Z_1, \ldots, Z_n$ sind unabhängige, normalverteilte Zufallsvariablen aus $N(0, 1)$. Es sieht so aus, als würde die Multiplikation $A^T Z \; O(n^2)$ Operationen benötigen, aber tatsächlich sind für den Random Walk nur $O(n)$ Operationen nötig. Zeigen Sie, dass dies möglich ist, indem Sie die bidiagonale inverse Matrix A^{-1} berechnen.

6.5.16 Eine Brownsche Brücke ist ein ähnlicher stochastischer Prozess wie die Brownsche Bewegung, hat aber im Gegensatz zu dieser einen festen Endwert (Zielwert) $W_{n+1} = 1$. Die Kovarianzmatrix der Werte $W_1, \ldots, W_n$ einer Brownschen Brücke ist $\Sigma = K_n^{-1}/n$. Wie lauten die Eigenwerte und Eigenvektoren von Σ^{-1}? Giles merkte in [62] an, dass die Summe W der $Z_k \sqrt{\lambda_k} y_k$ mittels FFT schnell ausgeführt werden kann.

6.5.17 Die **Reaktions-Diffusions-Gleichung** $u_t = \varepsilon u_{xx} + u - u^3$ besitzt die stationären Zustände $u = 1, u = 0, u = -1$. Der Zustand $u = 0$ ist instabil, denn für eine Störung $u = \varepsilon v$ ist $v_t = v$ und $v \approx e^t$. Zeigen Sie, wie $u = 1 + \varepsilon V$ auf $V_t = -2V$ führt ($u = 1$ ist stabil). Lösen Sie die Gleichung mittels finiter Differenzen von $u(x, 0) = x + \sin \pi x$ mit $u(0, t) = 0$ und $u(1, t) = 1$, um zu sehen wie $u(x, t)$ auf 1 und -1 abflacht. (Auf der cse-Website finden Sie das kombinierte Problem Konvektion-Diffusion-**Reaktion** für $b_t = d\Delta b - \nabla \cdot (b\nabla c)$, $c_t = D\Delta c - bc$.)

6.6 Nichtlineare Strömungen und Erhaltungssätze

Die Natur ist nichtlinear. Die Koeffizienten der entsprechenden Gleichung *hängen von der Lösung u ab*. Anstatt $u_t = c u_x$ werden wir die Gleichung $u_t + u u_x = 0$ oder allgemeiner $u_t + f(u)_x = 0$ untersuchen. Diese Gleichungen sind „Erhaltungssätze" und die erhaltene Größe ist das Integral von u.

Im ersten Teil dieses Buches lag der Fokus auf *Balancegleichungen*. Bei den ausbalancierten Größen kann es sich um Kräfte oder Ströme handeln. Für eine stationäre Strömung entspricht dies der Kirchhoffschen Knotenregel: Zufluss gleich Abfluss. Jetzt haben wir es mit einer *nicht stationären* Strömung zu tun, die sich mit t ändert. In einem beliebigen Kontrollvolumen wird sich die Masse oder die Energie ändern. Aus diesem Grund tritt im Erhaltungssatz ein neuer Term $\partial/\partial t$ auf.

Es gibt einen Fluss durch die äußere Begrenzung. **Die Änderungsrate der Masse innerhalb eines Gebietes ist gleich dem einströmenden Fluss.** Für jedes Intervall $[a, b]$ ist diese der Fluss, der bei $x = a$ eintritt minus dem Fluss $f(u(b, t))$, der bei $x = b$ austritt. Die „innere Masse" ist $\int_a^b u(x, t) \, dx$:

6.6 Nichtlineare Strömungen und Erhaltungssätze

Erhaltungssatz
Integralform
$$\frac{d}{dt}\int_a^b u(x,t)\,dx = f(u(a,t)) - f(u(b,t)).\qquad(6.168)$$

Die Integralform ist fundamental. Wir können eine Differentialform ableiten, indem wir b gegen a gehen lassen. Schreiben wir $b - a = \Delta x$. Wenn $u(x,t)$ eine glatte Funktion ist, hat ihr Integral über das Intervall Δx einen führenden Term $\Delta x\, u(a,t)$. Wenn wir also Gleichung (6.168) durch Δx teilen und Δx gegen null gehen lassen, ist der Grenzwert an einem typischen Punkt a gleich $\partial u/\partial t = -\partial f(u)/\partial x$:

Erhaltungssatz
Differentialform
$$\frac{\partial u}{\partial t} + \frac{\partial}{\partial x}f(u) = \frac{\partial u}{\partial t} + f'(u)\frac{\partial u}{\partial x} = 0.\qquad(6.169)$$

In Anwendungen kann u beispielsweise die Verkehrsdichte auf einer Autobahn sein. Das Integral über u liefert die Anzahl der Autos zwischen a und b. Diese Zahl ändert sich mit der Zeit, während Autos im Punkt a in den Abschnitt hinein- und im Punkt b aus dem Abschnitt herausfahren. Der Verkehrsstrom f ist die **Dichte u mal der Geschwindigkeit v.**

Beispiel 6.15 **Konvektionsgleichung** (Flüssigkeitstemperatur $T(x,t)$, thermische Energie $\int T\,dX$). Der Energiefluss ist $f(T) = cT$, wobei c die Fließgeschwindigkeit bezeichnet. Die Wärmekapazität pro Längeneinheit wurde auf 1 normiert. Die Energiebalance hat zwei Formen (lineare Gleichungen):

Integralform
$$\frac{d}{dt}\int_a^b T\,dx = -[cT]_a^b,$$
Differentialform
$$\frac{\partial T}{\partial t} + \frac{\partial}{\partial x}(cT) = 0.\qquad(6.170)$$

Beispiel 6.16 **Diffusionsgleichung** Hier ist der Wärmefluss auf eine Temperaturdifferenz zurückzuführen.

Der Fluss ist $-k\,dT/dx$, also von hoher zu tiefer Temperatur gerichtet (k ist die Wärmeleitfähigkeit):

Integralform
$$\frac{d}{dt}\int_a^b T\,dx = \left[k\frac{\partial T}{\partial x}\right]_a^b,$$
Differentialform
$$\frac{\partial T}{\partial t} = \frac{\partial}{\partial x}\left(k\frac{\partial T}{\partial x}\right).\qquad(6.171)$$

Bei diesen Beispielen können die Geschwindigkeit c und die Leitfähigkeit k von der Temperatur T abhängen. Dadurch werden die Gleichungen (die **Erhaltungssätze** sind) nichtlinear.

Beachten Sie außerdem: Die Integralform kann mittels Differentialrechnung in ein Integral umgewandelt werden.

$$\frac{d}{dt}\int_a^b T\,dx = -[cT]_a^b \Leftrightarrow \int_a^b \left[\frac{\partial T}{\partial t} + \frac{\partial}{\partial x}(cT)\right]dx = 0 \text{ für alle } [a,b]. \quad (6.172)$$

Der Ausdruck in der letzten Klammer muss null sein, was der Differentialform entspricht.

Bei diesem Vorgehen kommt der Schritt mit Δx nicht vor. In zwei Dimensionen muss für den Schritt nach (6.172) das Divergenztheorem benutzt werden: Der Abfluss ist gleich dem Integral der Divergenz im Inneren. Die Konvektionsgleichung wird dann zu $\partial T/\partial t + \text{div}(cT) = 0$.

Für eine Diffusion in zwei Dimensionen muss die Ableitung $\partial T/\partial x$ durch grad T ersetzt werden. Der Fluss durch den Rand resultiert aus der Divergenz im Inneren. Damit wird $\partial/\partial x(k\,\partial T/\partial x)$ in Beispiel 6.16 zu $\text{div}(k\,\text{grad}\,T)$. Dies ist gleich $\partial T/\partial t$, mit Randbedingungen an T:

1. *Dirichlet-Bedingung* zur Spezifizierung der Randtemperatur T.
2. *Neumann-Bedingung* für einen isolierten Rand (adiabatische Bedingung):

Kein Wärmefluss $\quad -k\dfrac{\partial T}{\partial x} = 0 \quad$ oder $\quad -k\,\text{grad}\,T = 0.$

3. *Schwarzer Strahler* $\quad -k\dfrac{\partial T}{\partial x} = CT^4.$

Beispiel 6.18 behandelt den Vorgang des Schmelzens und Beispiel 6.20 die Verbrennung. Beispiel 6.19 ist ein **System aus Erhaltungssätzen** für Masse, Impuls und Energie in der Gasdynamik. Außerdem werden wir die *Burgers-Gleichung* $u_t = -uu_x$ diskutieren und lösen.

Zunächst ein Überblick über numerische Methoden für Erhaltungssätze.

Drei Herausforderungen

Idealerweise hat ein Algorithmus für Erhaltungssätze $u_t = -f(u)_x$ drei Eigenschaften:

1. Hohe Genauigkeit (mindestens zweiter Ordnung)
2. Geometrische Flexibilität (irreguläre und unstrukturierte Netze)
3. Numerische Stabilität (auch wenn die Konvektion die Diffusion dominiert)

Die in diesem Abschnitt behandelten Verfahren können zwei dieser Forderungen erfüllen, sicher aber nicht alle drei gleichzeitig. Nützlich ist es, im Voraus zu wissen, wann welche Eigenschaft fehlt:

I. **Finite-Volumen-Verfahren** haben keine hohe Genauigkeit.
II. **Finite-Differenzen-Verfahren** haben Schwierigkeiten mit allgemeinen Netzen.
III. **Finite-Elemente-Methoden** sind marginal stabil (Oszillationen vom Gibbs-Typ).

6.6 Nichtlineare Strömungen und Erhaltungssätze

Alle Verfahren tragen zur nichtlinearen Analyse bei und kompensieren somit in gewisser Weise ihre Schwäche in einem bestimmten Punkt. Zu allen drei Typen gibt es nach wie vor Forschungsarbeiten, wobei permanent neue Ideen vorgeschlagen und getestet werden.

An dieser Stelle seien zwei Vorschläge erwähnt, durch die im Prinzip alle drei Forderungen gleichzeitig erfüllt werden können. Allerdings stellt eine vierte Forderung, nämlich die nach *Rechenzeiteffizienz*, nach wie vor eine Herausforderung dar:

IV. Spektralmethoden (häufig in Form von finiten Elementen)
V. Diskontinuierliche Galerkin-Verfahren (in jedem Element mit unterschiedlichen Polynomen)

Diese Liste könnte fast eine Themenübersicht für Konferenzen über numerische Methoden sein. Suchen Sie bei Spektralmethoden nach Genauigkeiten $p > 10$ und bei diskontinuierlichen Galerkin-Verfahren nach $p > 4$. Finite-Volumen-Verfahren können durch Hinzufügen eines Diffusionsterms stabilisiert werden. Finite Differenzen können Upwinding verwenden.

Dieser Abschnitt wird die Erklärung liefern, wie sich $p = 2$ erreichen lässt, *ohne das bei Schocks Oszillationen auftreten*. Beim Lax-Wendroff-Verfahren werden nichtlineare Glätter hinzugenommen. Dieses Ergebnis ist nicht gering zu schätzen. Die Genauigkeit ist ein großer Schritt vorwärts, und Oszillationen schienen zuvor fast unvermeidbar.

Burgers-Gleichung und Charakteristiken

Ein besonders wichtiges Beispiel ist neben Verkehrsströmen die **Burgers-Gleichung mit dem Fluss** $f(u) = \frac{1}{2}u^2$. Die reibungsfreie Gleichung hat keinen Viskositätsterm zur Vermeidung von Schocks:

Reibungsfreie Burgers-Gleichung
$$\frac{\partial u}{\partial t} + \frac{\partial}{\partial x}\left(\frac{u^2}{2}\right) = \frac{\partial u}{\partial t} + u\frac{\partial u}{\partial x} = 0. \tag{6.173}$$

Wir werden uns diesem Erhaltungssatz auf drei Wegen nähern:

1. Durch Verfolgen der Charakteristiken, bis diese auseinanderlaufen oder kollidieren.
2. Mithilfe einer exakten Formel (6.184), die für eine räumliche Dimension gilt.
3. Mit finiten-Differenzen- und finiten-Volumen-Verfahren, was die pragmatische Vorgehensweise ist.

Eine vierte (gute) Variante berücksichtigt zusätzlich einen Term νu_{xx}. Der Grenzfall von u für $\nu \to 0$ ist die **Viskositätslösung.**

Beginnen wir mit der linearen Gleichung $u_t = c u_x$ und $u(x,t) = u(x+ct, 0)$. Der Anfangswert bei x_0 wird entlang der charakteristischen Linie $x + ct = x_0$ geführt.

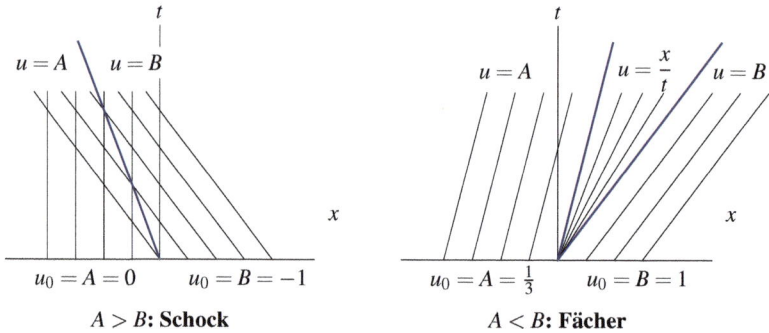

Abb. 6.15 Ein Schock tritt auf, wenn sich Charakterisktiken treffen, ein Fächer, wenn sie auseinanderlaufen.

Diese Linien verlaufen parallel, wenn die Geschwindigkeit c konstant ist. Die Möglichkeit, dass sich charakteristische Linien treffen, besteht nicht.

Die Erhaltungsgleichung $\boldsymbol{u_t + u u_x = 0}$ wird durch $u(x,t) = u(x - ut, 0)$ gelöst. Jeder Anfangswert $u_0 = u(x_0, 0)$ wird entlang einer charakteristischen Linie $\boldsymbol{x - u_0 t = x_0}$ geführt. Diese Linien sind *nicht parallel,* weil ihr Anstieg jeweils vom Anfangswert u_0 abhängt. Für die Erhaltungsgleichung $u_t + f(u)_x = 0$ sind die charakteristischen Linien $x - f'(u_0)t = x_0$.

Beispiel 6.17 Die Formel $\boldsymbol{u(x,t) = u(x - ut, 0)}$ enthält u auf beiden Seiten. Sie liefert die Lösung „implizit". Wenn am Anfang $u(x,0) = 1 - x$ gilt, muss die Formel nach u aufgelöst werden:

Lösung $\boldsymbol{u = 1 - (x - ut)}$ ergibt $(1-t)u = 1-x$ und $\boldsymbol{u = \dfrac{1-x}{1-t}}$. (6.174)

Dieses u löst die Burgers-Gleichung, da $u_t = (1-x)/(1-t)^2$ gleich $-uu_x$ ist.

Wenn charakteristische Linien unterschiedliche Anstiege haben (unterschiedliche u_0 fortführen), können sich sich schneiden. In dem hier betrachteten extremen Beispiel treffen sich alle Linien $x - (1-x_0)t = x_0$ im gleichen Punkt ($x = 1$, $t = 1$). Die Lösung $u = (1-x)/(1-t)$ wird in diesem Punkt 0/0. Hinter dem Punkt ihres Zusammentreffens können die Charakteristiken $u(x,t)$ nicht festlegen.

Ein wichtiges Beispiel ist das **Riemann-Problem**, das von zwei konstanten Werten $u = A$ und $u = B$ ausgeht. Alles hängt davon ab, ob $A > B$ oder $A < B$ ist. Im linken Teil von Abbildung 6.15 ist $A > B$; *die Charakteristiken treffen sich*. Im rechten Teil ist $A < B$; *die Charakteristiken trennen sich*. In beiden Fällen haben wir nicht für jeden einzelnen Punkt eine separate Charakteristik, die einen korrekt gesetzten Anfangswert fortführt. Für das Riemann-Problem gibt es durch manche Punkte *zwei* Charakteristiken, oder auch *keine*:

Schock Charakteristiken *kollidieren* (Ampel wird rot: Geschwindigkeit fällt auf 0)
Fächer Charakteristiken *trennen sich* (Ampel wird grün: Geschwindigkeit wächst)

6.6 Nichtlineare Strömungen und Erhaltungssätze

Das Rieman-Problem besteht darin, wie die Maximalgeschwindigkeit mit der Geschwindigkeit 0 zu verbinden ist, wenn sich die Antwort nicht aus den Charakteristiken ableitet. Ein Schock bedeutet scharfes Abbremsen, ein Fächer allmähliches Beschleunigen.

Schocks

Nachdem das Problem einmal da ist, weist die *Integralform* den Weg zur Wahl der korrekten Lösung u. Wir nehmen an, dass u am linken bzw. rechten Rand, nahe am Schock, die Werte u_L und u_R hat. Gleichung (6.168) entscheidet darüber, wo der Sprung hauptsächlich auftritt:

Integralform $\quad \dfrac{d}{dt}\displaystyle\int_{x_L}^{x_R} u(x,t)\,dx + f(u_R) - f(u_L) = 0.$ \hfill (6.175)

Weiter nehmen wir an, dass der Schock an der Stelle $x = X(t)$ auftritt. Wir integrieren von x_L nach X nach x_R. Die Werte von $u(x,t)$ innerhalb des Integrals liegen nahe bei den Konstanten u_L und u_R:

linke Seite x_L, u_L, rechte Seite x_R, u_R

$$\frac{d}{dt}\left[(X - x_L)u_L + (x_R - X)u_R\right] + f(u_R) - f(u_L) \approx 0. \qquad (6.176)$$

Dies verbindet die Geschwindigkeit $s = dX/dt$ der Schockkurve mit den Sprüngen in u und $f(u)$. Nach Gleichung (6.176) gilt $s u_L - s u_R + f(u_R) - f(u_L) = 0$:

Sprungbedingung

Schockgeschwindigkeit $\quad s = \dfrac{f(u_R) - f(u_L)}{u_R - u_L} = \dfrac{[f]}{[u]}.$ \hfill (6.177)

Für das Riemann-Problem sind die Randwerte u_L und u_R Konstanten (A und B). Die Schockgeschwindigkeit s ist das Verhältnis zwischen dem Sprung $[f] = f(B) - f(A)$ und dem Sprung $[u] = B - A$. Da dieses Verhältnis einen konstanten Anstieg liefert, ist die Schocklinie eine Gerade.

Bei anderen Problemen führen die Charakteristiken Werte von u in den Schock. Dann ist die Schockgeschwindigkeit gemäß (6.177) keine Konstante und die Schocklinie ist gekrümmt.

Der Schock liefert die Lösung, wenn die Charakteristiken zusammentreffen ($A > B$). Mit $f(u) = \frac{1}{2}u^2$ in der Burgers-Gleichung bleibt die Schockgeschwindigkeit in der Mitte zwischen u_L und u_R:

Burgers-Gleichung

Schockgeschwindigkeit $\quad s = \dfrac{1}{2}\dfrac{u_R^2 - u_L^2}{u_R - u_L} = \dfrac{1}{2}(u_R + u_L).$ \hfill (6.178)

Für das Riemann-Problem ist $u_L = A$ und $u_R = B$. Dann ist s das Mittel aus diesen beiden Werten. Abbildung 6.15 zeigt, wie die Integralform durch die korrekte Platzierung des Schocks gelöst wird.

Fächer und Verkehrsströme

Sie erwarten vielleicht, dass sich das Bild für $A < B$ umkehrt. *Falsch*. Die Gleichung wird durch einen Schock gelöst, aber auch durch einen *Fächer* (eine Expansionswelle).

Ob es zu einem Schock oder zu einem Fächer kommt, entscheidet sich anhand der **„Entropie-Bedingung."** *Charakteristiken müssen in einen Schock einlaufen*. Sie laufen niemals aus diesem heraus. Die Wellengeschwindigkeit $f'(u)$ muss schneller als die Geschwindigkeit des Schocks auf der linken Seite sein und langsamer als die Geschwindigkeit des Schocks auf der rechten Seite:

Entropiebedingung für Schocks $\quad f'(u_L) > s > f'(u_R),$ (6.179)

Sonst ein Fächer in $u_t = -u u_x \quad u = \dfrac{x}{t} \quad$ für $\quad At < x < Bt.$ (6.180)

Da für die Burgers-Gleichung $f'(u) = u$ gilt, kann sie nur dann Schocks haben, wenn u_L größer ist als u_R. Andernfalls muss der kleinere Wert $u_L = A$ durch einen Fächer mit $u_R = B$ verbunden werden.

Bei Verkehrsströmen *sinkt* die Geschwindigkeit $v(u)$, wenn die Verkehrsdichte u wächst. Ein vernünftiges Modell ist linear zwischen $v_{\max}$, wo die Dichte null ist, und $v = 0$, wo die Dichte ihr Maximum $u_{\max}$ erreicht. Der Verkehrsstrom $f(u)$ ist eine sich nach unten öffnende Parabel (im Gegensatz zu $u^2/2$ für die Burgers-Gleichung):

Geschwindigkeit $v(u)$
Strömung $f(u) = u v(u)$ $\quad v(u) = v_{\max}\left(1 - \dfrac{u}{u_{\max}}\right), f(u) = v_{\max}\left(u - \dfrac{u^2}{u_{\max}}\right).$

Der maximale Fluss für eine einzelne Straße wurde mit $f = 1600$ Fahrzeugen pro Stunde gemessen, wobei die Dichte $u = 80$ Fahrzeuge pro Meile (50 Kilometer) war. Bei dieser maximalen Flussrate beträgt die Geschwindigkeit $v = f/u = 20$ Meilen pro Stunde. Den sportlichen Fahrer wird es kaum trösten, aber eine gleichmäßige Geschwindigkeit ist nun einmal besser als der ständige Wechsel zwischen Bremsen und Beschleunigen zwischen Schocks und Fächern. Zu solch zähflüssigem Verkehr kommt es, wenn eine zu kurze Grünphase den Schock nicht durchlässt.

In den Aufgaben 6.6.2 und 6.6.3 soll die Dichte $u(x,t)$ berechnet werden, wenn eine Ampel auf Rot schaltet (ein Schock breitet sich nach hinten aus) bzw. wenn sie auf Grün schaltet (ein Fächer bewegt sich nach vorn). Schauen Sie auf Abbildung 6.19. Die Fahrzeugtrajektorien sind den Charakteristiken zufolge völlig verschieden.

6.6 Nichtlineare Strömungen und Erhaltungssätze

Lösung für eine Punktquelle

Im Folgenden möchte ich ein paar Anmerkungen zu drei nichtlinearen Gleichungen machen. Es handelt sich um sehr spezielle Modellsysteme, für die es jeweils – trotz des nichtlinearen Terms uu_x – eine exakte Lösungsformel gibt:

Erhaltungsgleichung	$u_t + uu_x = 0,$
Viskose Burgers-Gleichung	$u_t + uu_x = \nu u_{xx},$
Korteweg - deVries	$u_t + uu_x = -u_{xxx}.$

Die Erhaltungsgleichung kann Schocks produzieren. Bei der zweiten Gleichung wird dies nicht passieren, weil der Term u_{xx} (Viskosität) diesen stoppt. Dieser Term bleibt klein, wenn die Lösung glatt ist, aber u_{xx} verhindert das Ausbrechen, wenn die Welle steil wird. Den gleichen Effekt hat der Term u_{xxx} in der Korteweg-deVries-Gleichung.

Beginnen wir mit der Erhaltungsgleichung und einer Punktquelle $\delta(x)$. Wir können eine Lösung erraten und die Sprungbedingung sowie die Entropiebedingung für die Schocks überprüfen. Dann finden wir eine exakte Formel, wenn der Term νu_{xx} mitgenommen wird. Dazu machen wir eine Variablentransformation, die auf $h_t = \nu h_{xx}$ führt. Für den Grenzübergang $\nu \to 0$ erhalten wir eine korrekte Lösung der Gleichung $u_t + uu_x = 0$.

Lösung mit $u(x,0) = \delta(x)$ Wenn $u(x,0)$ nach oben springt, erwarten wir einen Fächer; wenn es nach unten springt, erwarten wir einen Schock. Die Deltafunktion ist ein extremer Fall (sehr große Sprünge, die sehr dicht beieinander liegen). Eine Schockkurve $x = X(t)$ sitzt an der Front eines Fächers.

Erwartete Lösung		
Fächer → Schock	$u(x,t) = \dfrac{x}{t}$ für $0 \leq x \leq X(t);$ sonst $u = 0.$	(6.181)

Die Gesamtmasse zu Beginn ist $\int \delta(x)\,dx = 1$. Das Integral von $u(x,t)$ über alle x ändert sich aufgrund der Erhaltungsgleichung nie. Dadurch ist die Position $X(t)$ des Schocks bereits festgelegt:

$$\text{Masse zur Zeit } t: \int_0^X \frac{x}{t}\,dx = \frac{X^2}{2t} = 1, \quad \textbf{Schock bei } X(t) = \sqrt{2t}. \tag{6.182}$$

Erfüllt der Abfall von $u = X/t = \sqrt{2t}/t$ nach $u = 0$ an der Stelle X die Sprungbedingung?

$$\text{Schockgeschwindigkeit } s = \frac{dX}{dt} = \frac{\sqrt{2}}{2\sqrt{t}} \quad \text{gleich}$$

$$\frac{\text{Sprung } [u^2/2]}{\text{Sprung } [u]} = \frac{X^2/2t^2}{X/t} = \frac{X}{2t} = \frac{\sqrt{2t}}{2t}.$$

Die Entropiebedingung $u_L > s > u_R = 0$ ist ebenfalls erfüllt. Die Lösung (6.181) sieht gut aus. Sie *ist* gut, aber wegen der Deltafunktion überprüfen wir die Antwort auf einem anderen Weg.

Eine Lösungsformel für die Burgers-Gleichung

Wir beginnen mit $u_t + u u_x = \nu u_{xx}$ und lösen diese Gleichung exakt. Wenn $u(x)$ gleich $\partial U/\partial x$ ist, führt das Integrieren unserer Gleichung auf $U_t + \frac{1}{2} U_x^2 = \nu U_{xx}$. Die Variablentransformation $U = -2\nu \log h$ erzeugt die *lineare* Wärmeleitungsgleichung $h_t = \nu h_{xx}$ (Aufgabe 6.6.7).

Der Anfangswert ist nun $h(x,0) = e^{-U_0(x)/2\nu}$. In Abschnitt 6.5 hatten wir die Wärmeleitungsgleichung $u_t = u_{xx}$ mit einer beliebigen Anfangsfunktion $h(x,0)$ gelöst. Wir gehen einfach von t zu νt über:

$$U_{\text{exakt}} = -2\nu \log h(x,t)$$
$$= -2\nu \log \left[\frac{1}{\sqrt{4\pi \nu t}} \int_{-\infty}^{\infty} e^{-U_0(y)/2\nu} e^{-(x-y)^2/4\nu t} \, dy \right]. \quad (6.183)$$

Es scheint nicht ganz einfach, ν gegen null zu schicken, aber es ist möglich. Die Exponantiallösungen kombinieren sich zu $e^{-B(x,y)/2\nu}$. Dieser Ausdruck ist groß, wenn B klein ist. Ein asymptotisches Verfahren, die „Methode des steilsten Abstiegs", zeigt, dass für $\nu \to 0$ der Klammerausdruck in (6.183) gegen $ce^{-B_{\min}/2\nu}$ geht. Indem wir den Logarithmus bilden und mit -2ν multiplizieren, erreichen wir $U = B_{\min}$:

Lösung bei $\nu = 0$
$u(x,t) = \partial U/\partial x$
$$U(x,t) = B_{\min} = \min_y \left[U_0(y) + \frac{1}{2t}(x-y)^2 \right]. \quad (6.184)$$

Dies ist die Lösungsformel für $U_t + \frac{1}{2} U_x^2 = 0$. Ihre Ableitung $u = \partial U/\partial x$ löst die Erhaltungsgleichung $u_t + u u_x = 0$. Unter Berücksichtigung des Viskositätsterms νu_{xx} mit $\nu \to 0$ finden wir dasjenige $u(x,t)$, das die Sprungbedingung und die Entropiebedingung erfüllt.

Punktquelle Startend bei $u(x,0) = \delta(x)$ springt das Integral von 0 auf 1. Das Minimum von B tritt für $y = x$ oder $y = 0$ ein. Überprüfen Sie alle Fälle:

$$U(x,t) = B_{\min} = \min_y \left[\begin{matrix} 0 \ (y \leq 0) \\ 1 \ (y > 0) \end{matrix} + \frac{(x-y)^2}{2t} \right] = \begin{cases} 0 & \text{für } x \leq 0 \\ x^2/2t & \text{für } 0 \leq x \leq \sqrt{2t} \\ 1 & \text{für } x \geq \sqrt{2t} \end{cases}$$

Die Ableitung $\partial U/\partial x$ ist $u = 0$ bzw. x/t bzw. 0. Dies stimmt überein mit Gleichung (6.181). Ein Fächer x/t wächst aus 0. Der Fächer endet in einem Schock, der bei $x = \sqrt{2}$ zurück auf 0 fällt.

6.6 Nichtlineare Strömungen und Erhaltungssätze

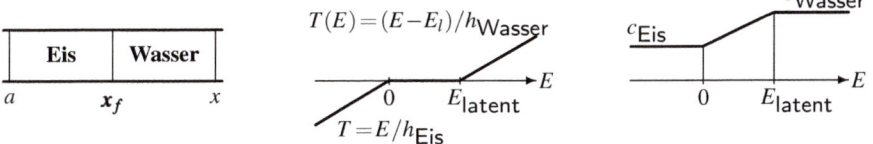

Abb. 6.16 Das Stefan-Problem hat einen unbekannten Rand x_f am Schmelzpunkt.

Drei Beispiele für nichtlineare Erhaltungsgleichungen

Beispiel 6.18 Das Schmelzen von Eis (Stefan-Problem) wird durch eine Erhaltungsgleichung für die Energie beschrieben.
Die Änderung der thermischen Energie E ist gleich dem Wärmefluss. Giles zeigte, wie sich das Stefan-Problem in Form einer Erhaltungsgleichung ausdrücken lässt. Die Position x_f des „freien Randes" in Abbildung 6.16 ist ein wichtiger Bestandteil des Problems. Dies ist der Schmelzpunkt von Eis

Integralform **Differentialform**
$$\frac{d}{dt}\int_a^x E\,dx = -\left[c\frac{\partial T}{\partial x}\right]_a^x, \qquad \frac{\partial E}{\partial t} = \frac{\partial}{\partial x}\left(c(E)\frac{\partial T(E)}{\partial x}\right). \qquad (6.185)$$

Wir setzen $T=0$ als Schmelztemperatur und drücken $T(E)$ mithilfe der spezifischen Wärme für Eis h_{Eis} und Wasser h_{Wasser} aus. In die Leitfähigkeit $c(E)$ gehen c_{Eis} und c_{Wasser} ein. Außerdem erlauben wir ein Intervall für „numerischen Abfall" am freien Rand, das normalerweise nur einen Gitterpunkt umfasst.

Beispiel 6.19 Euler-Gleichungen für die dreidimensionale Gasdynamik (kompressibel, keine Viskosität)
Die fünf Unbekannten sind die Dichte ρ, die Geschwindigkeit $v=(v_1,v_2,v_3)$ und der Druck p. Alle Unbekannten hängen von $x, y,$ und z sowie von t ab. Fünf unabhängige Größen werden erhalten (siehe [113]):

Erhaltung der Masse $\qquad \dfrac{\partial \rho}{\partial t} + \sum \dfrac{\partial}{\partial x_j}(\rho v_j) = 0,$ (6.186)

Erhaltung des Impulses $\qquad \dfrac{\partial}{\partial t}(\rho v_i) + \sum \dfrac{\partial}{\partial x_j}(\rho v_i v_j + \delta_{ij} p) = 0,$ (6.187)

Erhaltung der Energie $\qquad \dfrac{\partial}{\partial t}(\rho E) + \sum \dfrac{\partial}{\partial x_j}(\rho E v_j + p v_j) = 0.$ (6.188)

Die Gesamtenergie E ist die Summe aus der kinetischen Energie $\frac{1}{2}(v_1^2+v_2^2+v_3^2)$ und der inneren Energie e. Im Falle eines idealen Gases verbindet eine Konstante $\gamma > 1$ die innere Energie e mit der Temperatur und der Entropie:

Innere Energie $e = \dfrac{T}{\gamma - 1}$ **Temperatur** $T = \dfrac{p}{\rho}$ **Entropie** $e^S = pe^{-\gamma}$.

Für kleine Störungen können wir die Gleichungen der Gasdynamik linearisieren und erhalten auf diese Weise die Wellengleichung. Der wesentliche Punkt ist hier, dass die nichtlinearen Euler-Gleichungen ein System von Erhaltungsgleichungen liefern (und die Wellengleichung ebenfalls):

$$\textbf{Wellengleichung } u_{tt} = u_{xx} \qquad \frac{\partial}{\partial t}\begin{bmatrix} u_x \\ u_t \end{bmatrix} = \frac{\partial}{\partial x}\begin{bmatrix} u_t \\ u_x \end{bmatrix}. \tag{6.189}$$
Zwei Erhaltungsgrößen

Beispiel 6.20 **Verbrennung, Reaktion und Detonation** (in Automotoren oder bei Explosionen)
Eine chemische Reaktion (Verbrennung) wird durch eine stark nichtlineare Gleichung beschrieben. Wir bezeichnen mit Z den Masseanteil des unverbrannten Gases. Bei diesem Problem kommt eine sechste Erhaltungsgröße hinzu:

$$\textbf{Kontinuumschemie} \quad \frac{\partial}{\partial t}(\rho Z) + \sum \frac{\partial}{\partial x_j}(\rho Z v_j) = -\rho k e^{-E/RT} Z. \tag{6.190}$$

Der verbrannte Anteil $1 - Z$ trägt zur inneren Energie e bei, die durch das fünfte Erhaltungsgesetz bestimmt ist: $e = Z e_u + (1 - Z) e_b$. Wir haben nun Quellterme auf der rechten Seite von (6.190).

Die Reaktionsvariable Z sagt uns etwas über den Zustand der Verbrennung (es ist viel Energie e_b im verbrannten Gas enthalten). Bei einem Automotor führen Schockwellen zum „Klopfen", das den Motor beschädigen kann. Der Verbrennungsvorgang ist eine große Herausforderung für Designer und für das wissenschaftliche Rechnen.

Beispiel 6.21 Zwei-Phasen-Strömung (Öl und Wasser) in einem porösen Medium. Die Gleichung für die Reibung des Wassers kann als Erhaltungssatz geschrieben werden:

$$\textbf{Buckley-Leverett} \quad \frac{\partial u}{\partial t} + \frac{\partial}{\partial x}\left[\frac{u^2}{u^2 + a(1-u)^2}\right] = 0.$$

Diese Erhaltungsgleichungen *enthalten keine Dissipation*. Nach Möglichkeit wollen wir vermeiden, kleinskalige Prozesse wie Viskosität, Diffusion und Wärmeleitung auflösen zu müssen. Die Effekte dieser Prozesse werden spürbar in der „Entropiebedingung", die die physikalisch korrekte Lösung auswählt (im eindimensionalen Fall einen Schock oder einen Fächer).

Differenzenverfahren und Flussfunktionen

Wir kommen nun zu **numerischen Methoden für Erhaltungsgleichungen.** Der Schlüssel zu einem funktionierenden Differenzenverfahren ist die Bewahrung des Erhaltungssatzes! *Wir ersetzen $\partial f/\partial x$ durch Differenzen Δf des Flusses.*

$$\text{Starte von} \quad \frac{\partial u}{\partial t} + \frac{\partial}{\partial x} f(u) = 0 \quad \text{und nicht von} \quad \frac{\partial u}{\partial t} + f'(u)\frac{\partial u}{\partial x} = 0.$$

Sie werden die Idee sofort anhand der Upwind-Approximation erster Ordnung verstehen:

Upwind (für $f'>0$) $\quad \dfrac{U_{j,n+1} - U_{j,n}}{\Delta t} + \dfrac{f(U_{j+1,n}) - f(U_{j,n})}{\Delta x} = 0.$ \hfill (6.191)

Diese Approximation bewahrt die Erhaltungseigenschaft. Da die Gleichung diskret ist, wird das Integral $\int u(x,t)dx$ durch eine **Summe von U_{jn}** ersetzt. Das Integral über $a \leq x \leq b$ in Gleichung (6.168) wird zu einer Summe aus Gleichung (6.191) über alle j mit $A \leq j \leq B$. Die zeitliche Ableitung von u wird zu einer Vorwärtsdifferenz:

Diskrete Formulierung der Erhaltungseigenschaft

$$\frac{1}{\Delta t} \left(\sum_{j=A}^{B} U_{j,n+1} - \sum_{j=A}^{B} U_{j,n} \right) + \frac{1}{\Delta x}(F_{B+1,n} - F_{A,n}) = 0. \qquad (6.192)$$

Die Änderung in der Masse $\sum U_{jn}$ kommt weiterhin durch den Fluss. An inneren Punkten zwischen A und B wurde der Fluss $f(U_{jn})$ addiert und wieder subtrahiert (sodass er verschwunden ist). Die diskrete Summenform in (6.192) ist das Analogon zu der stetigen Integralform in (6.168).

Die wichtigste Entscheidung, die für nichtlineare finite-Differenzen-Methoden zu treffen ist, ist die Wahl der Flussfunktion. Mit Sicherheit wollen wir andere Verfahren als Upwind-Verfahren haben. Wir werden im Folgenden nichtlineare Varianten von Lax-Friedrichs, Lax-Wendroff und weiteren besprechen. Ein wertvoller Schritt für alle Näherungsverfahren ist die Überlegung, dass die **Erhaltungseigenschaft automatisch aus einer numerischen Flussfunktion F folgt:**

Erhaltungsform $\quad U_{j,n+1} - U_{j,n} + \dfrac{\Delta t}{\Delta x}\left[F_{j+1,n} - F_{j,n}\right] = 0.$ \hfill (6.193)

Beim Upwind-Verfahren ist der numerische Fluss einfach $F_{j,n} = f(U_{j,n})$. Beim Lax-Friedrichs- und beim Lax-Wendroff-Verfahren enthält der Fluss sowohl $U_{j,n}$ als auch $U_{j-1,n}$. Andere Verfahren haben Flussfunktionen, die von verschiedenen benachbarten U's abhängen. Wir brauchen eine Konsistenzbedingung, um zu garantieren, dass der numerische Fluss F mit dem tatsächlichen Fluss f übereinstimmt:

Konsistenz

Der Fluss $F(U_{j+p}, \ldots, U_{j-q})$ erfüllt $F(u, \ldots, u) = f(u)$. (6.194)

Unter dieser Bedingung löst ein konvergentes Verfahren die richtige Erhaltungsgleichung. Die Konstruktion von numerischen Verfahren stützt sich auf eine geschickte Wahl der Flussfunktion F.

Beispiel 6.22 Schauen Sie, wie das nichtlineare Lax-Friedrichs-Verfahren in diese Erhaltungsform passt:

$$\textbf{LF} \quad U_{j,n+1} - \frac{1}{2}(U_{j+1,n} + U_{j-1,n}) + \frac{\Delta t}{2\Delta x}\left[f(U_{j+1,n}) - f(U_{j-1,n})\right] = 0. \quad (6.195)$$

Um dies in die Form von Gleichung (6.193) zu bringen, fügen wir in der Klammer $U_{j,n} - U_{j,n}$ ein. Dies führt auf $\Delta_t U/\Delta t + \Delta_x F/\Delta x = 0$ mit einem neuen Fluss F:

$$\textbf{LF-Fluss} \quad F^{\text{LF}} = \frac{1}{2}\left[f(U_j) + f(U_{j+1})\right] - \frac{\Delta x}{2\Delta t}(U_{j+1} - U_j) \quad (6.196)$$

Finite-Volumen-Verfahren

Finite-Volumen-Verfahren fassen $U_{j,n}$ *nicht* als Approximation von $u(j\Delta x, n\Delta t)$ auf. Vielmehr sind sie direkt mit der **Integralform** der Erhaltungsgleichung verbunden. Somit ist es natürlich für $U_{j,n}$ das **Zellenmittel** $\overline{u}_{j,n}$ von $(j-\frac{1}{2})\Delta x$ bis $(j+\frac{1}{2})\Delta x$ zu approximieren:

$$\textbf{Zellenmittel} \quad U_{j,n} \text{ approximiert } \overline{u}_{j,n} = \frac{1}{\Delta x}\int_{(j-\frac{1}{2})\Delta x}^{(j+\frac{1}{2})\Delta x} u(x, n\Delta t)\, dx. \quad (6.197)$$

Integrieren wir $u_t + f(u)_x = 0$ über eine Zelle, so sehen wir, dass das exakte Mittel die Integralform (6.168) erfüllt:

$$\begin{array}{l}\textbf{Änderung des}\\ \textbf{Zellenmittels}\end{array} \quad \frac{d}{dt}\int_{(j-\frac{1}{2})\Delta x}^{(j+\frac{1}{2})\Delta x} u(x,t)\, dx + \left[f(u_{j+\frac{1}{2},n}) - f(u_{j-\frac{1}{2},n})\right] = 0. \quad (6.198)$$

Die Flüsse sind an den Mittelpunkten, wo sich die Zellen treffen. Und wenn wir auch über einen Zeitschritt integrieren, dann ist $u_t + f(u)_x = 0$ perfekt über eine Raum-Zeit-Zelle gemittelt:

Für Zellenintegrale in x und t ist $\Delta_t \overline{u} + \Delta_x \overline{f} = 0$

$$\int_{(j-\frac{1}{2})\Delta x}^{(j+\frac{1}{2})\Delta x} u(x, t_{n+1})\, dx - \int_{(j-\frac{1}{2})\Delta x}^{(j+\frac{1}{2})\Delta x} u(x, t_n)\, dx +$$

$$\int_{n\Delta t}^{(n+1)\Delta t} f(u_{j+\frac{1}{2}}, t)\, dt - \int_{n\Delta t}^{(n+1)\Delta t} f(u_{j-\frac{1}{2}}, t)\, dt = 0. \quad (6.199)$$

6.6 Nichtlineare Strömungen und Erhaltungssätze

Die Gesamtmasse in einer Zelle ändert sich von t_n bis T_{n+1} um den totalen Zufluss in diese Zelle. Somit sind finite-Volumen-Verfahren mit einem versetzten Raum-Zeit-Gitter verbunden (Abbildung 6.17). Auf diesem versetzten Gitter müssen wir den numerischen Fluss als $F_{j+\frac{1}{2}}$ anstatt F_j schreiben:

Finite Volumen $\quad \dfrac{1}{\Delta t}(U_{j,n+1} - U_{j,n}) + \dfrac{1}{\Delta x}(F_{j+\frac{1}{2},n} - F_{j-\frac{1}{2},n}) = 0.$ (6.200)

In [117] geben Morton und Sonar eine detaillierte Analyse für finite-Volumen-Verfahren.

Upwind und Godunov-Flüsse

Das einfache Upwind-Verfahren ist komplexer als es aussieht, da es seine Richtung während des Voranschreitens ändert. Die Information kommt aus der Charakteristik. Für $u_t = c u_x$ hängt die Richtung vom (festen) Vorzeichen von c ab. Für $u_t + f(u)_x = 0$ hängt die Richtung vom (möglicherweise variablen) Vorzeichen von $f'(u)$ ab. Diese Vorzeichen bestimmen den Upwind-Fluss F^{UP}:

Der numerische Upwind-Fluss $F^{\text{UP}}_{j+\frac{1}{2}}$ ist entweder $f(U_{j,n})$ oder $f(U_{j+1,n})$.

Beim Lax-Friedrichs-Verfahren wird diese Vorzeichenabhängigkeit vermieden, indem in (6.196) das Mittel verwendet wird. Die Genauigkeit ist dort jedoch gering. Das Lax-Friedrichs-Verfahren hat eine größere Dissipation als das Upwind-Verfahren. (Es verwendet U_{j+1} und U_{j-1}, während das Upwind-Verfahren innerhalb einer Zelle bleibt.) Wir brauchen einen systematischen Ansatz, durch den die Genauigkeit verbessert und eine *hohe Auflösung* erreicht werden kann.

Der erste Schritt in diese Richtung wurde von Godunov unternommen (und zwar im Zusammenhang mit der Gasdynamik):

1. Konstruiere $\overline{u}(x) = U_{j,n} =$ zur Zeit $n\Delta t$ für alle Zellen j.
2. Löse $u_t + f(u)_x = 0$ ausgehend von diesem stückweise konstanten $\overline{u}(x)$ zur Zeit $n\Delta t$.
3. Nimm die Zellenmittel dieser Lösung zur Zeit $(n+1)\Delta t$ als $U_{j,n+1}$.

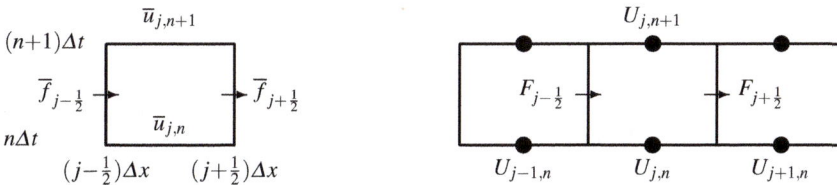

Abb. 6.17 Die Balance des Flusses gilt exakt für $\overline{u}, \overline{f}$ und näherungsweise für U, F in (6.200).

Da $U_{j,n}$ und $U_{j,n+1}$ mit den exakten x-Integralen in der exakten Erhaltungsgleichung (6.199) übereinstimmen, können wir aus dieser Gleichung die numerische Flussfunktion des Godunov-Verfahrens ablesen:

Godunov-Fluss $\qquad F^{\mathsf{GOD}}_{j+\frac{1}{2},n} = \dfrac{1}{\Delta t} \displaystyle\int_{n\Delta t}^{(n+1)\Delta t} f(\overline{u}(x_{j+\frac{1}{2}},t))\, dt$. $\qquad$ (6.201)

Das Integral des Godunov-Verfahrens ist einfach, da die Lösung $\overline{u}$ entlang der Linie $x = x_{j+\frac{1}{2}}$ konstant ist. Es ist verbunden mit Charakteristiken zu dem konstanten Anfangswert $U_{j,n}$. Wir müssen nur sicherstellen, dass keine Charakteristiken, die aus den benachbarten Konstanten $U_{j-1,n}$ oder $U_{j+1,n}$ kommen, diese Linie erreichen, bevor der Zeitschritt endet. Die CFL-Stabilitätsbedingung lautet $r = |f'(u)|\Delta t/\Delta x \leq \frac{1}{2}$, da eine Charakteristik von außen nur eine halbe Zelle kreuzen muss, um $x_{j+\frac{1}{2}}$ zu erreichen.

Für $u_t = c u_x$ ist das Godunov-Verfahren mit dem Upwind-Verfahren identisch. Der entscheidende Punkt ist, dass das Godunov-Verfahren auf natürliche Weise mit **Systemen aus Erhaltungsgleichungen** verfährt. Diese liefern n Riemann-Probleme und n Charakteristiken. Der Nachteil ist, dass die stückweise konstante Konstruktion nur eine Genauigkeit erster Ordnung zulässt. Dies lässt sich durch eine Kombination aus Godunov und Lax-Wendroff beheben. Vor allem werden Oszillationen durch einen „**Flussbegrenzer**" kontrolliert.

Diese Verfahren erster Ordnung (Upwind, Lax-Friedrichs und Godunov) korrespondieren mit Differenzengleichungen $U_{j,n+1} = \sum a_k U_{j+k,n}$, in denen *für alle Koeffizienten* $a_k \geq 0$ *gilt*. Man bezeichnet diese als **monotone Schemata;** sie sind stabil aber nur von erster Ordnung genau (siehe auch Aufgabe 6.6.4 aus Abschnitt 6.3). Ein nichtlineares Schema ist monoton, vorausgesetzt die Flussfunktion F fällt, wenn irgendein $U_{j+k,n}$ steigt. Wir wenden uns nun dem Lax-Wendroff-Verfahren zu, das nicht monoton ist.

Lax-Wendroff mit Flussbegrenzer

Für lineare Gleichungen $u_t + a u_x = 0$ mit $r = a\Delta t/\Delta x$ fügt das Lax-Wendroff-Verfahren den Term $\frac{1}{2} r^2 \Delta_x^2 U_{j,n}$ zur Lax-Friedrichs-Formel für $U_{j,n+1}$ hinzu. Zur Upwind-Formel kommt der Term $\frac{1}{2}(r^2 - r)\Delta_x^2 U_{j,n}$ hinzu. Dies beseitigt den Fehler erster Ordnung und erhöht die Genauigkeit auf zweite Ordnung. Dafür kommen allerdings Oszillationen ins Spiel. Wir schreiben den Lax-Wendroff-Fluss für diesen linearen Fall $f(u) = au$, um den neuen Term zu sehen, der zum Upwind-Fluss $F^{\mathsf{UP}} = aU$ hinzukommt.

Lax-Wendroff-Fluss
$a > 0$, **Wind von links** $\qquad F^{\mathsf{LW}}_{j+\frac{1}{2}} = aU_j + \dfrac{a}{2}\left(1 - \dfrac{a\Delta t}{\Delta x}\right)(U_{j+1} - U_j)$. $\quad$ (6.202)

Schauen wir uns den letzten Term genau an. Es war viel Sorgfalt nötig, diese Formel so zu modifizieren, dass Oszillationen unter Kontrolle bleiben. Ein gutes Maß für Oszillationen von u und U ist die **totale Variation,** die alle Bewegungen nach oben

6.6 Nichtlineare Strömungen und Erhaltungssätze

und unten aufsummiert:

Totale Variation $\quad \text{TV}(u) = \int_{-\infty}^{\infty} \left|\frac{du}{dx}\right| dx \quad \text{TV}(U) = \sum_{-\infty}^{\infty} |U_{j+1} - U_j|.$ (6.203)

Ein TVD-Verfahren (von englisch *total variation dimishing*, die totale Variation vermindernd) erreicht $\text{TV}(U_{n+1}) \leq \text{TV}(U_n)$. Damit bleibt die Eigenschaft der exakten Lösung erhalten, dass $\text{TV}(u(t))$ niemals wächst. Schocks können $\text{TV}(u)$ nur reduzieren, was an der für nichtlineare Erhaltungsgleichungen gültigen Entropiebedingung liegt. Ein lineares TVD-Verfahren kann jedoch keine bessere Genauigkeit als erste Ordnung erreichen. Die Lax-Wendroff-Oszillationen erhöhen $\text{TV}(U)$. Wir benötigen also auch für ein lineares Problem ein nichtlineares Verfahren!

Die grundlegende Idee besteht darin, den Term höherer Genauigkeit im Lax-Wendroff-Schritt durch einen „Flussbegrenzer" $\phi_{j+\frac{1}{2}}$ zu beschränken. Entscheidend ist die Wahl von ϕ:

Lax-Wendroff mit Flussbegrenzer $\quad F_{j+\frac{1}{2}}^{\text{limit}} = aU_j + \frac{a}{2}\left(1 - \frac{a\Delta t}{\Delta x}\right)\boldsymbol{\phi}_{j+\frac{1}{2}}(U_{j+1} - U_j).$ (6.204)

Für $\phi = 1$ erhalten wir also Lax-Wendroff und für $\phi = 0$ Upwind. Für die bestmögliche Genauigkeit liegt ϕ so nahe bei 1, wie die TVD-Bedingung gerade noch zulässt. Woher wissen wir nun, ob ϕ die Oszillationen beseitigt?

Ein Schock wird durch das Anstiegsverhältnis r_j angezeigt, das aufeinanderfolgende Differenzen miteinander vergleicht:

Anstiegsverhältnis $\quad r_j = \dfrac{U_j - U_{j-1}}{U_{j+1} - U_j} = \begin{cases} \text{nahe 0 bei einem Schock} \\ \text{nahe 1 für glatte } U \end{cases}$ (6.205)

Dieses Verhältnis ist im Flussfaktor $\phi_{j+\frac{1}{2}}$ enthalten. Für eine monotone Flussfunktion F in (6.204) und ein TVD-Differenzenverfahren sind zwei Bedingungen zu erfüllen, die in [109, 110] hergeleitet werden:

TVD-Bedingungen $\quad 0 \leq \phi(r) \leq 2r \quad \text{und} \quad 0 \leq \phi(r) \leq 2.$ (6.206)

Zusammenfassung Wir haben eine hohe Genauigkeit bei gleichzeitiger Ausschaltung von unakzeptablen Oszillationen erreicht. Das lineare Lax-Wendroff-Verfahren verletzt (6.206) für kleine r, aber Abbildung 6.18 zeigt drei Möglichkeiten für die Wahl des Flussbegrenzers $\phi(r)$, die die Flussfunktion monoton halten. Ein wichtiger Schritt nach vorn.

Die KdV-Gleichung

Enden möchte ich mit der Korteweg-deVries-Gleichung, und zwar nicht, weil sie besonders typisch wäre, sondern wegen ihrer Außergewöhnlichkeit. Aus der Glei-

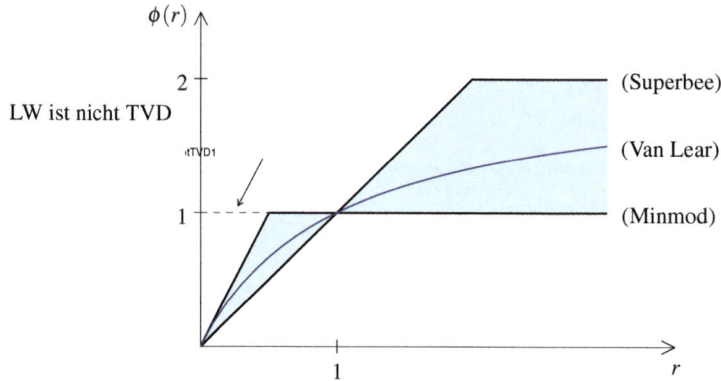

Abb. 6.18 Drei Flussbegrenzer $\phi(r)$, die die Bedingungen (6.206) für TVD erfüllen.

chung selbst sind ihre bemerkenswerten Eigenschaften nicht ohne Weiteres abzulesen:

KdV-Gleichung $\quad u_t + 6uu_x + u_{xxx} = 0 \qquad (6.207)$

Wenn wir nach einer in eine Richtung laufenden „solitären Welle" mit der Geschwindigkeit c suchen, so finden wir sech $x = 2/(e^x + e^{-x})$:

Solitonenlösung $\quad u_c(x,t) = F(x - ct) = \dfrac{c}{2} \operatorname{sech}^2 \left(\dfrac{\sqrt{c}}{2} (x - ct) \right). \qquad (6.208)$

Da $u_t + 6uu_x + u_{xxx} = 0$ nichtlinear ist, können wir Solitonen nicht einfach addieren. Die Welle, die sich mit der Geschwindigkeit $C > c$ bewegt, holt u_c ein. Wir können die sich veränderte Form numerisch verfolgen. Das beeindruckende und unerwartete Ergebnis zeigt sich in dem Moment, wo das schnellere Soliton u_C in Bewegungsrichtung vorn aus der Überlagerung der beiden Solitonen heraustritt: **Beide Solitonen haben nun wieder ihre ursprüngliche Form.**

Im Falle periodischer Randbedingungen taucht das schnellere Soliton am linken Rand wieder auf, wenn es am rechten verschwunden ist. Es holt das langsamere u_c wieder ein, wechselwirkt mit diesem und erscheint dann (nach einer gewissen Zeitverzögerung wegen der Wechselwirkung) wieder in seiner ursprünglichen Form. Nach vielen solcher Zyklen ist die Lösung u zu einer bestimmten Zeit $t = T$ nahezu identisch mit dem doppelten Soliton $u_c + u_C$ vom Anfang.

Dies ist das Gegenteil von „Chaos" und „seltsamen Attraktoren". Letztere sind so etwas wie mathematische schwarze Löcher, aus denen sich die Vergangenheit nicht rekonstruieren lässt. Bei der KdV-Gleichung dagegen können wir von $t = T$ bis $t = 0$ zurückgehen, was bei der Wärmeleitungsgleichung unmöglich ist.

Die Erklärung für dieses Verhalten beginnt mit der Beobachtung, dass die Integrale $\int u\,dx$ und $\int u^2\,dx$ für die KdV-Gleichung konstant sind. Was äußerst ungewöhnlich ist: Es wurden unendlich viele weitere Erhaltungsgrößen gefunden. Der

6.6 Nichtlineare Strömungen und Erhaltungssätze

Durchbruch kam mit dem Schrödingerschen Eigenwertproblem mit $u(x,t)$ als Potential:

Schrödinger-Gleichung $\quad w_{xx} + u(x,t)w = \lambda(t)w.$ (6.209)

Wenn u die KdV-Gleichung löst, *bleiben diese Eigenwerte $\lambda(t)$ konstant.* Diese Tatsache eröffnet die Möglichkeit, exakte Lösungen zu erhalten. Mittlerweile sind andere „integrierbare" nichtlineare Gleichungen entdeckt worden, darunter die inzwischen gut erforschte Sinus-Gordon-Gleichung. Ein wichtiger Beitrag zum Verständnis stammt von Peter Lax, der ein übergreifendes Muster in den konstanten Eigenwerten erkannte. Dazu kommt es immer dann, wenn die Gleichung aus einem *Lax-Paar L* und *B* abgeleitet ist:

Lax-Gleichung $\quad$ Für $\dfrac{dL}{dt} = BL - LB$ hat $L(t) = e^{Bt}L(0)e^{-Bt}$ konstante λ's.

Für $L(0)w = \lambda w$ ist $L(t)(e^{Bt}w) = e^{Bt}L(0)w = \lambda(e^{Bt}w)$. Somit hat $L(t)$ die gleichen Eigenwerte λ wie $L(0)$. Ein Spezialfall der Lax-Gleichung (für eine spezielle Wahl von L und B) ist die KdV-Gleichung.

Ich würde mir wünschen, dass der eine oder andere Leser sich an den berühmten numerischen Experimenten mit Solitonen versucht. Der Term u_{xxx} in der KdV-Gleichung verhindert durch Dispersion hervorgerufene Schocks (die Energie bleibt nach wie vor erhalten). In der Burgers-Gleichung und in den Navier-Stokes-Gleichungen verhindert u_{xx} Schocks durch Diffusion (die Energie geht in Wärme über).

Aufgaben zu Abschnitt 6.6

6.6.1 Schreiben Sie für das Problem der Verkehrsdichte die Integralform des Erhaltungssatzes für die Anzahl der Fahrzeuge auf, wenn der Fluss f das Produkt aus der Dichte u und der Geschwindigkeit $v = 80(1-u)$ ist. Schreiben Sie dann die Differentialgleichung für u und die Sprungbedingung (6.177) an einem Schock auf.

6.6.2 An einer roten Ampel bei $x = 0$ ist die Verkehrsdichte links $u_0 = 1$ und rechts $u_0 = 0$. Wenn die Ampel zur Zeit $t = 0$ auf grün schaltet, breitet sich ein Fächer von Autos aus. Erläutern Sie die Lösung, die in den ersten beiden Teilabbildungen (ohne Schock) skizziert ist.
Die Abbildungen stammen aus Peraires Lecture 11: Erhaltungsgleichungen auf ocw.mit.edu [Kurs 16.920, Folien 43–44]. Diese Website ist eine exzellente Möglichkeit, den Stoff von Kapitel 6 zu vertiefen (insbesondere hinsichtlich *Integralgleichungen* und *Randelementmethoden*.)

6.6.3 Wie lautet die Entropiebedingung (6.179) für die Schockgeschwindigkeit in der Gleichung für den Verkehrsfluss? Wenn die Ampel bei $x = 0, t = 0$ auf Rot schaltet, ist die Verkehrsdichte für $x > 0, t > 0$ gleich null. *Ein Schock breitet sich rückwärts aus.* Verifizieren Sie die Sprungbedingung und die Entropiebedingung für die Lösung in den obigen Abbildungen.

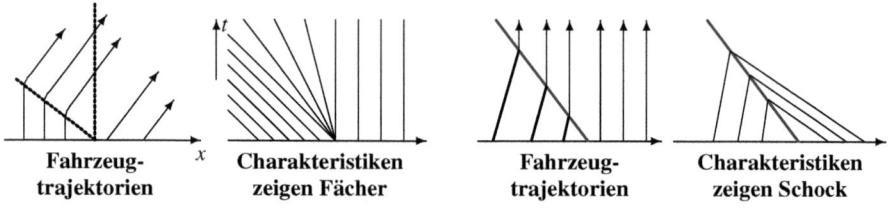

| Fahrzeug- | Charakteristiken | Fahrzeug- | Charakteristiken |
| trajektorien | zeigen Fächer | trajektorien | zeigen Schock |

Abb. 6.19 Fahrzeugwege und Charakteristiken nach Wechsel auf Grün bzw. Rot.

6.6.4 In Beispiel 6.17 folgt aus $u = u_0(x - ut)$ implizit $u = u(x,t)$. Lösen Sie die Gleichung nach $u(x,t)$ auf, wenn bei $u_0(x) = Cx$ gestartet wird. Zeigen Sie, dass u entlang den Geraden $x - u_0 t = x_0$ konstant ist und zeichnen Sie vier dieser Geraden. Für welche Werte von C entstehen Schocks?

6.6.5 Zeichnen Sie die Lösung $u(x,1)$ gemäß (6.181) ausgehend von einer Punktquelle $\delta(x)$. Skizzieren Sie die Gestalt von $u(x,1)$ für kleine ν in der viskosen Burgers-Gleichung $u_t + uu_x = \nu u_{xx}$.

6.6.6 Lösen Sie die Burgers-Gleichung mithilfe der Formel (6.184) ausgehend von $u(x,0) = -\delta(x)$.

6.6.7 Zeigen Sie, dass $U = -2\nu \log h$ die Gleichung $U_t + \frac{1}{2}U_x^2 = \nu U_{xx}$ in $h_t = \nu h_{xx}$ überführt.

6.6.8 Lösen Sie $u_t + uu_x = 0$ durch (6.184), wenn u_0 für das Riemann-Problem von A auf B springt:

$$u(x,t) = \tfrac{\partial}{\partial x} \min_y \left[\begin{matrix} -Ay \, (y < 0) \\ By \, (y > 0) \end{matrix} + \tfrac{1}{2t}(x-y)^2 \right]$$

Für $A > B$ sollte dies den Schock entlang der Geraden $x = \frac{1}{2}(A+B)t$ produzieren. Vergleichen Sie dies mit dem Fächer $u = x/t$ für $A < B$.

6.6.9 Zeigen Sie, dass die Euler-Gleichungen (6.186–6.188) für ein ideales Gas äquivalent sind mit

$$\frac{Dp}{Dt} + \gamma p \operatorname{div} v = 0, \qquad \rho \frac{Dv}{Dt} + \operatorname{grad} p = 0, \qquad \frac{DS}{Dt} = 0.$$

Hierbei ist D/Dt die konvektive Ableitung $\partial/\partial t + \sum v_j \partial/\partial x_j$, die in der Transportregel für Teilchentrajektorien (Abschnitt 6.7) auftritt.

6.6.10 Die lineare Wellengleichung $u_{tt} = u_{xx}$ ist das System der beiden Erhaltungsgleichungen (6.189). Schreiben Sie die nichtlineare Wellengleichung $u_{tt} = (C(u_x))_x$ in einer ähnlichen Form.

6.6.11 Zeigen Sie, dass der Godunov-Fluss F^{GOD} in (6.201) der größere bzw. der kleiner Wert von $f(U_{j,n})$ und $f(U_{j+1,n})$ ist, je nachdem, ob $U_{j,n}$ größer oder kleiner ist als $U_{j+1,n}$.

6.6.12 Bestimmen Sie die Gleichungen für die Geraden, die den Fächer in Abbildung F^{GOD} in (6.201) beschränken.

6.6.13 *Herausforderung:* Lösen Sie die Burgers-Gleichung durch (6.184) ausgehend von $u(x,0) = \delta(x) - \delta(x-1)$.

6.6.14 Finden Sie zu $u_t + f(u)_x = 0$ die lineare Gleichung für eine Störung $v(x,t)$, indem Sie $u + \varepsilon v$ in die Erhaltungsgleichung einsetzen.

6.7 Strömungsdynamik und die Navier-Stokes-Gleichungen

Die Geschwindigkeit einer viskosen, inkompressiblen Flüssigkeit wird durch die Navier-Stokes-Gleichungen beschrieben. Deren dimensionslose Form offenbart die Bedeutung der Reynolds-Zahl Re. Die Geschwindigkeit ist ein divergenzfreier Vektor $\boldsymbol{u}$ und der Druck p ist eine skalare Größe.

Navier-Stokes-Gleichung $\quad \dfrac{\partial \boldsymbol{u}}{\partial t} + (\boldsymbol{u} \cdot \nabla)\boldsymbol{u} = -\nabla p + \dfrac{1}{\text{Re}}\Delta \boldsymbol{u} + \boldsymbol{f},$ (6.210)

Kontinuitätsgleichung $\quad \text{div}\, \boldsymbol{u} = \nabla \cdot \boldsymbol{u} = 0.$ (6.211)

Gleichung (6.210) ist das Newtonsche Gesetz für den Impuls mit einer auf 1 normierten Massendichte. Die externe Kraft $\boldsymbol{f}$ entfällt oft. Vier Terme erfordern jeweils eine Anmerkung:

1. Der Laplace-Operator $\Delta \boldsymbol{u}$ wird auf jede Komponente von $\boldsymbol{u}$ angewendet. Die Viskosität bewirkt Dissipation.
2. Die Nebenbedingung div $\boldsymbol{u} = 0$ (in dieser Gleichung kommt keine Zeitableitung vor) resultiert aus der Inkompressibilität und der Erhaltung der Masse ($\Rightarrow$ konstante Dichte).
3. Der Druck $p(x,y,t)$ ist der Lagrange-Multiplikator für die Nebenbedingung $\nabla \cdot \boldsymbol{u} = 0$. Der Druckgradient $-\nabla p$ treibt den Fluss in Gleichung (6.210) an.
4. Der nichtlineare Term $(\boldsymbol{u} \cdot \nabla)\boldsymbol{u}$ resultiert aus der Bewegung der Flüssigkeit. Das Newtonsche Gesetz wird auf die sich bewegenden Partikel angewendet, und während sie sich bewegen, müssen wir ihnen folgen. Der Schlüssel hierfür ist die Transportregel (6.237). In zwei Dimensionen hat die Geschwindigkeit $\boldsymbol{u}$ die Komponenten $u(x,y,t)$ und $v(x,y,t)$, und $(\boldsymbol{u} \cdot \nabla)\boldsymbol{u}$ hat ebenfalls zwei Komponenten.

Komponenten von $(\boldsymbol{u} \cdot \nabla)\boldsymbol{u}$ $\quad \left(u\dfrac{\partial}{\partial x} + v\dfrac{\partial}{\partial y} \right) \begin{bmatrix} u \\ v \end{bmatrix} = \begin{bmatrix} uu_x + vu_y \\ uv_x + vv_y \end{bmatrix}.$ (6.212)

Der erste Term sieht hübscher aus, wenn wir uu_x als $\frac{1}{2}(u^2)_x$ schreiben. Es sieht schwierig aus, dies für vu_y zu tun. Die Produktregel für $(uv)_y$ liefert einen zusätzlichen Term uv_y. Da wir aber wissen, dass die Divergenz null ist, haben wir $u_x = -v_y$. Das Subtrahieren des unerwünschten uv_y ist das Gleiche wie das Addieren eines weiteren uu_x:

Vereinfache $\quad uu_x + vu_y = uu_x + (uv)_y + uu_x = (u^2)_x + (uv)_y.$ (6.213)

Genauso können wir für $uv_x + vv_y$ vorgehen. (*Das Gleiche gilt für drei Dimensionen.*) Die folgende Notation für die beiden Komponenten der zweidimensionalen Impulsgleichung (6.210) ist bereit für finite Differenzen:

$$\begin{aligned}\textbf{\textit{x}-Richtung} \quad u_t + p_x &= (u_{xx}+u_{yy})/\text{Re} - (u^2)_x - (uv)_y + f_1, \\ \textbf{\textit{y}-Richtung} \quad v_t + p_y &= (v_{xx}+v_{yy})/\text{Re} - (uv)_x - (v^2)_y + f_2.\end{aligned} \qquad (6.214)$$

Die Ableitung dieser Navier-Stokes-Gleichungen basiert auf der Erhaltung der Masse und des Impulses. Das ist das Standardvorgehen (wichtig ist die Wahl zwischen Euler und Lagrange in Gleichung (6.235) für die Erhaltung der Masse). Um direkt zu einer numerischen Lösung zu kommen, müssen wir einige der möglichen Randbedingungen kennen.

Randbedingungen für zweidimensionale Flüsse

Wir nehmen an, dass die physikalischen Ränder horizontal und vertikal entlang der Koordinatenrichtungen verlaufen. Der Geschwindigkeitsvektor $\boldsymbol{u}$ ist weiterhin (u,v). An einem vertikal verlaufenden Rand ist u die Vertikalkomponente der Geschwindigkeit und v die Tangentialkomponente. Wir nehmen an, dass es eine *Zuflussbedingung* an der linken Seite und eine *Abflussbedingung* an der rechten Seite gibt:

Zufluss durch einen vertikalen Rand

$u = u_0$ und $v = v_0$ sind vorgegeben, \hfill (6.215)

Abfluss an einem vertikalen Rand

$$\frac{1}{\text{Re}} \frac{\partial u}{\partial x} - p = 0 \quad \text{und} \quad \frac{\partial v}{\partial x} = 0. \qquad (6.216)$$

Die Flüssigkeit kann den Kanal am oberen und unteren Rand nicht verlassen. Die Reibungsfreiheit fordert außerdem, dass sich die Flüssigkeit in Ruhe befindet:

Keine Reibung am horizontalen Rand

$u = 0$ (Viskosität) und $v = 0$ (Flüssigkeit kann nicht entweichen). \hfill (6.217)

Entlang eines ansteigenden Randes kann der Geschwindigkeitsvektor in eine Normal- und eine Tangentialkomponente zerlegt werden. Durch die Zuflussbedingung und die Reibungsfreiheit am Rand sind beide Komponenten weiterhin festgelegt und in (6.216) ändert sich die Ableitung $\partial/\partial x$ für den Abfluss in $\partial/\partial n$ (wie bei einem freien Ende). In den Beispielen finden sich auch andere Varianten, wobei wir bei horizontalen und vertikalen Rändern bleiben.

Wenn wir den nach außen gerichteten Fluss $\boldsymbol{u} \cdot \boldsymbol{n}$ auf dem gesamten Rand vorgeben, dann folgt aus div $\boldsymbol{u} = 0$ die Bedingung $\int \boldsymbol{u} \cdot \boldsymbol{n}\, ds = 0$. Beachten Sie den Unterschied zwischen $\boldsymbol{u}\cdot\boldsymbol{n}$ und $\partial u/\partial n = \nabla u \cdot \boldsymbol{n}$ (das eine ist eine Normalkomponente, das andere eine Normalableitung).

Die Reynolds-Zahl

Die **Reynolds-Zahl** Re kommt ins Spiel, wenn die Navier-Stokes-Gleichungen in ihre dimensionslose Form überführt werden. In physikalischen Erhaltungssätzen treten natürlich Einheiten auf. Die Physik steckt in dem Verhältnis von **inneren Kräften** und **viskosen Kräften**.

Reynolds-Zahl
$$\text{Re} = \frac{\text{innere Kräfte}}{\text{viskose Kräfte}} \approx \frac{(\text{Geschwindigkeit } U)\,(\text{Länge } L)}{(\text{kinematische Viskosität } \nu)} \quad (6.218)$$

Beispiel 6.23 **Fluss durch einen langen Kanal** L ist in diesem Fall die Breite des Kanals und U die Zuflussgeschwindigkeit. Die Zahl ν ist das Verhältnis aus der Materialkonstante μ (dynamische Viskosität) und der Dichte ρ.

Es erfordert eine gewisse Erfahrung, die geeigneten Skalen für die Länge L und die Geschwindigkeit U festzulegen, die für den gegebenen Fluss charakteristisch sind. Hier ein paar Beispiele für bekannte Bewegungen:

Reynolds-Zahl Re

$10^{-3} \longrightarrow 10^{0} \longrightarrow 10^{3} \longrightarrow 10^{6} \longrightarrow 10^{9}$
Bakterien *Blut* *Baseball* *Schiff*

Es liegt auf der Hand, Re mit der **Péclet-Zahl** Pe (dem Verhältnis aus Konvektion und Diffusion, siehe Abschnitt 6.5) zu vergleichen. Für eine Strömung, die durch die Gravitation angetrieben wird, ist außerdem die **Froude-Zahl** $\text{Fr} = U/\sqrt{Lg}$ von Bedeutung. Die praktische Bedeutung von Re zeigt sich beispielsweise bei einer Flugsimulation in einem Windkanal. Man kann versuchen, Re auf einem konstanten Wert zu halten (nicht ganz einfach bei einem Modellflugzeug mit reduzierter Länge L), indem man das Gas kühlt.

Ein Vorgang, der unter Laborbedingungen einfacher zu untersuchen ist, ist das Auslaufen von Öl aus einem Tanker. Er wird durch Diffusion in Glyzerin simuliert (siehe [66]). Möglich ist dies, weil Vorgänge mit gleicher Reynolds-Zahl sich nach Justierung der Dimensionen ähnlich verhalten.

Beispiel 6.24 Stationäre dreidimensionale Strömung $\boldsymbol{u} = (u, 0, 0)$ zwischen zwei Platten $y = \pm h$ (**Poiseuille-Strömung**). Das ist eines der wenigen Beispiele, für die es einfache Lösungen gibt. Wir wenden die Navier-Stokes-Gleichungen mit $\partial \boldsymbol{u}/\partial t = 0$ an:

div $\boldsymbol{u} = \dfrac{\partial u}{\partial x} = 0$, somit hängt u nur von y ab.

(6.214) $\Rightarrow\quad \dfrac{\partial p}{\partial x} = u_{yy}/\,\text{Re},\ \dfrac{\partial p}{\partial y} = 0,\ \dfrac{\partial p}{\partial z} = 0;$ somit hängt p nur von x ab.

Beide Seiten von $\partial p/\partial x = u_{yy}/\text{Re}$ müssen konstant sein. Damit lautet $u(\pm h) = 0$ für den reibungsfreien Fall:

Linearer Druck $p(x) = cx + p_0$,

Quadratisches Geschwindigkeitsprofil $u(y) = \dfrac{c\,\text{Re}}{2}(y^2 - h^2)$.

Ein Beispiel für einen zweidimensionale Strömung

Unser erstes Beispiel betrifft einen durch eine Klappe angetriebenen Hohlraum. Ein Quadrat wird mit einer Flüssigkeit gefüllt. Die Bedingung der Reibungsfreiheit, $u = v = 0$, gilt für drei Seiten. Die obere Seite (die Klappe) bewegt sich mit fester horizontaler Geschwindigkeit $u = 1$, während die vertikale Geschwindigkeit v null ist. Stellen Sie sich beispielsweise ein quadratisches Loch in einem Flussbett vor. Die Geschwindigkeit $u = 1$ des Flusses wird zu einer Randbedingung für die obere Kante des quadratischen Querschnitts des Hohlraums (siehe Abbildung 6.20).

Die Flüssigkeit beginnt, innerhalb des Quadrates zu rotieren. Theoretisch gibt es eine unendliche Abfolge von gegenläufig rotierenden Wirbeln. Ihre Größe hängt von der Reynolds-Zahl $UL/\nu = (1)(1)/\nu$ ab. Die explizit-impliziten Berechnungen von Seybold auf der cse-Website lösen das zeitabhängige Problem.

Im Folgenden möchte ich für den zweidimensionalen Fall beschreiben, wie die ursprünglichen Variablen u und v durch eine *Stromfunktion* ersetzt werden. Das Problem wird dann beschrieben durch die Kontinuitätsgleichung $u_x + v_y = 0$ und eine *Vortex-Gleichung* $u_y - v_x$, wodurch p eliminiert werden kann. Den Randbedingungen kommt für eine solche Wahl eine Schlüsselstellung zu.

Die numerische Strömungsdynamik ist ein sehr umfangreiches Fachgebiet. Der in Los Alamos (einer der Geburtsstätten des Wissenschaftlichen Rechnens) wirkende John von Neumann führte die numerische Viskosität ein, um die Instabilität zu kontrollieren. Viele weitere Ideen folgten. Die Problematik ist so vielfältig und komplex, dass sie sich nicht anhand einzelner Algorithmen oder Codes abhandeln lässt.

Ein Basisalgorithmus

Ein einfacher und effektiver Löser für die Navier-Stokes-Gleichungen **separiert drei Teile** des Problems. Die Konvektion $(\boldsymbol{u} \cdot \nabla)\boldsymbol{u}$ ist explizit, die Diffusion $\Delta \boldsymbol{u}$ ist implizit, und die Kontinuität div$\boldsymbol{u} = 0$ führt auf die Poisson-Gleichung für den Druck. Diese Splitting-Verfahren erzeugt am Anfang eines Schrittes einen Geschwindigkeitsvektor $\boldsymbol{U}^*$ aus $\boldsymbol{U}^n$. Dann wird $\boldsymbol{U}^{n+1}$ aus $\boldsymbol{U}^*$ berechnet:

6.7 Strömungsdynamik und die Navier-Stokes-Gleichungen

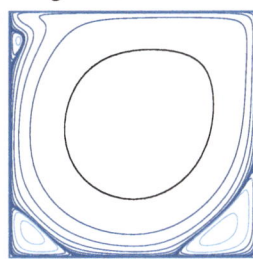
ausgewählte Stromlinien

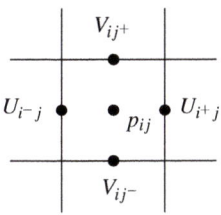

Abb. 6.20 Fluss in einem Hohlraum, angetrieben durch eine Klappe $\boldsymbol{u} = (u,v)$ in 2D. Ein Tripel p, U, V in einer Zelle.

Konvektion explizit, Diffusion implizit
$$\frac{\boldsymbol{U}^* - \boldsymbol{U}^n}{\Delta t} + (\boldsymbol{U}^n \cdot \nabla)\boldsymbol{U}^n = -\nabla p^n + \frac{\Delta \boldsymbol{U}^*}{\text{Re}} + \boldsymbol{f}^n. \tag{6.219}$$

$\boldsymbol{U}^{n+1}$ ist der divergenzfreie Teil von $\boldsymbol{U}^*$. Der Druck p^{n+1} bestimmt $\operatorname{div} \boldsymbol{U}^*$:

Poisson-Gleichung für p
$$\boldsymbol{U}^* = \boldsymbol{U}^{n+1} + \operatorname{grad}(p^{n+1} - p^n) \text{ liefert } \Delta p^{n+1} = \operatorname{div} \boldsymbol{U}^* + \Delta p^n. \tag{6.220}$$

Die Poisson-Gleichung ist die Gleichung, die wir am besten kennen (allerdings auch die aufwändigste). Sie separiert $\boldsymbol{U}^*$ in einen divergenzfreien Anteil $\boldsymbol{U}^{n+1}$ und einen wirbelfreien Feldgradienten $\operatorname{grad}(p^{n+1} - p^n)$. Diese Unterräume sind orthogonale Komplemente mit korrekten Randbedingungen. Die Berechnung von p auf einem Differenzengitter wird auch *Chorins Projektionsmethode* genannt.

Stark verschsetzte Gitter

Diese Schritte müssen auf einem Gitter ausgeführt werden. Normalerweise sind U, V und p an verschiedenen Punkten definiert (wie in Abbildung 6.20). Der Druck p_{ij} ist im **Mittelpunkt** der Zelle (i, j) lokalisiert. Die Horizontalgeschwindigkeit U ist auf gleicher Höhe mit diesem Punkt, aber an den **Kanten** der Zelle gegeben (p und U sind entlang der Zeile i gegeneinander verschoben). Die Vertikalgeschwindigkeit V ist auf den Kanten **über** und **unter** dem Mittelpunkt gegeben, d.h., V und p sind entlang einer Spalte gegeneinander verschoben. Die drei Gitter für p, U und V bringen viele Vorteile und einige unvermeidliche Probleme mit sich.

Eine erste Frage ist die nach der Notation für die Gitterwerte von U und V. Hier mein Vorschlag. Die diskreten Werte rechts und über (i, j) wären eigentlich $U_{i+\frac{1}{2},j}$ und $V_{i,j+\frac{1}{2}}$. Das unvorteilhafte „$+\frac{1}{2}$" wird in [66] einfach weggelassen, sodass wir

$U_{i,j}$ und $V_{i,j}$ haben. Allerdings müssen wir aufpassen, dass es hier nicht zur Verwirrung kommt, da sich (i, j) auf drei verschiedene Punkte bezieht.

Mein Vorschlag ist deshalb, das „$\frac{1}{2}$" tatsächlich wegzulassen, das Vorzeichen + aber beizubehalten, also beispielsweise $U_{i^+ j}$ und V_{ij^+}. Entsprechend bezeichnen $U_{i^- j}$ und V_{ij^-} Werte auf der linken und der unteren Kante (siehe Abbildung 6.20).

Mithilfe dieses Tripel-Gitters können Schachbrett-Oszillationen der zentrierten Differenzen p_x und p_y vermieden werden:

Schachbrettdruck p^* auf Weiß und p^{**} auf Schwarz. $\qquad$ (6.221)

Es ist nicht gut, eine verschobene Lösung auf einem unverschobenen Gitter zu bestimmen. Auf dem Tripel-Gitter kann dies nicht passieren. Hier sind die auftretenden räumlichen Differenzen natürlich:

Kontinuitätsgleichung $\quad u_x + v_y = 0 \dfrac{U_{i^+ j} - U_{i^- j}}{\Delta x} + \dfrac{V_{ij^+} - V_{ij^-}}{\Delta y} = 0,$ $\quad$ (6.222)

Diffusion durch rechten Rand $\quad \dfrac{U_{i+1^+ j} - 2U_{i^+ j} + U_{i^- j}}{(\Delta x)^2},$ $\qquad$ (6.223)

Druckgradient $\quad \dfrac{p_{i+1,j} - p_{ij}}{\Delta x}$ an der vertikalen Kante $i^+ j$. $\quad$ (6.224)

Mittelung, Wichtung, Randterme

Gleichung (6.214) benötigt UV, aber nun liegen U und V auf verschiedenen Gittern. Die drei Gitter haben unterschiedliche Randbedingungen. Außerdem haben wir Bedenken, zentrierte Differenzen allein für $(u^2)_x$ zu verwenden. *Für hohe Geschwindigkeiten (und große Re) sind oft Upwind-Differenzen nötig.*

Ein zum Erfolg führender Kompromiss besteht in der Festlegung einer „Spenderzelle", die in Upwind-Richtung des benötigten Wertes liegt. Diese Upwind-Differenz wird in (6.225) mit dem Parameter α gewichtet. Am Gitterpunkt $i^+ j$, d.h. auf der rechten Kante der Zelle (i, j), kombiniert der Term $(u^2)_x$ zentrierte und Upwind-Differenzen. Wir arbeiten mit **gemittelten Geschwindigkeiten** $\overline{U}_{ij} = (U_{i^+ j} + U_{i^- j})/2$:

$$(u^2)_x \approx \frac{\overline{U}_{i+1,j}^2 - \overline{U}_{ij}^2}{\Delta x} + \frac{\alpha}{2\Delta x}\left(|\overline{U}_{i+1,j}|(U_{i^+ j} - U_{i+1^+ j}) - |\overline{U}_{ij}|(U_{i^- j} - U_{i^+ j})\right). \quad (6.225)$$

Der Code auf der cse-Website verwendet ähnliche Differenzen von Mittelwerten für die anderen nichtlinearen Terme: $(uv)_y$ am Mittelpunkt $i^+ j$ der rechten Kante und $(uv)_x + (v^2)_y$ am Mittelpunkt ij^+ der oberen Kante. Die Differenzen sind vollständig zentriert für $\alpha = 0$ und vollständig upwind für $\alpha = 1$. Für glatte Flüsse sollte $\alpha = 0$ gesichert sein.

Die Randwerte von U und V enthalten ebenfalls eine Mittelung. Der Grund ist, dass V auf vertikalen Rändern nicht definiert ist und U nicht auf horizontalen

Rändern. Die Bedingung der Reibungsfreiheit $u = v = 0$ verwendet Randwerte U und V, wo sie verfügbar sind, und mittelt falls nötig:

Bedingung der Reibungsfreiheit

$U = 0$ und $\overline{V} = 0$ (vertikale Seiten) $\overline{U} = 0$ und $V = 0$ (horizontale Seiten).

Die Zuflussbedingung (6.215) sieht ähnlich aus, die Werte sind dort aber nicht null. Am Abflussrand setzen wir die Geschwindigkeit U oder V gleich der Nachbargeschwindigkeit innerhalb des Gebietes.

Navier-Stokes-Gleichungen für stationäre Strömungen

Wir nehmen an, dass in der Navier-Stokes-Gleichung (6.210) die zeitliche Ableitung $\partial \boldsymbol{u}/\partial t$ verschwindet. Geschwindigkeit und Druck sind dann unabhängig von der Zeit. Übrig bleibt ein lineares Randwertproblem:

Stationäre Strömung $\left(\dfrac{\partial \boldsymbol{u}}{\partial t} = 0\right)$

$$(\boldsymbol{u} \cdot \boldsymbol{\nabla})\boldsymbol{u} - \frac{\Delta \boldsymbol{u}}{\mathrm{Re}} + \nabla p = \boldsymbol{f} \quad \text{und} \quad \boldsymbol{\nabla} \cdot \boldsymbol{u} = 0. \tag{6.226}$$

Die Randbedingungen sind $\boldsymbol{u} = \boldsymbol{u_0}$ an einem festen Rand (Dirichlet-Teil) und $\partial \boldsymbol{u}/\partial n = (\mathrm{Re})p\boldsymbol{n}$ an einem freien Rand (von-Neumann-Teil mit Normalvektor $\boldsymbol{n}$). Wenn $\boldsymbol{u} = \boldsymbol{u_0}$ auf dem gesamten Rand gegeben ist, ist p nur bis auf eine Konstante bekannt (hydrostatischer Druck).

Wenn der nichtlineare Konvektionsterm $(\boldsymbol{u} \cdot \boldsymbol{\nabla})\boldsymbol{u}$ groß ist, besteht die Lösung aus sich schnell ändernden Schichten. Das richtige Gitter zu finden, kann schwierig sein. Der Grenzübergang $\mathrm{Re} \to \infty$ in (6.226) liefert die **inkompressiblen Euler-Gleichungen** für nichtviskose Strömungen. Im Folgenden ein Beispiel von vielen für eine stationäre Strömung.

Beispiel 6.25 Die **Blasius-Strömung** gegen eine ebene Platte $0 \leq x \leq L$, $y = 0$ hat eine analytische Lösung.
Der linke Rand bei $x = -1$ hat einen horizontalen Zufluss $u = U, v = 0$. Auch am oberen und unteren Rand ($y = \pm 1$) gilt $u = U, v = 0$. Am Abflussrand $x = L$ ist wie gewöhnlich $\partial u/\partial x = (\mathrm{Re})p$ und $\partial v/\partial x = 0$. Auf der im Inneren befindlichen ebenen Platte gilt die Bedingung der Reibungsfreiheit $u = v = 0$.
Die Geschwindigkeit u muss zwischen der Platte und den Rändern $y = \pm 1$ von $u = 0$ auf $u = U$ ansteigen. Dies geschieht sehr rasch in der Umgebung der Platte, und zwar in einer „Scherschicht" der Dicke $1/\sqrt{\mathrm{Re}}$. Die IFISS-Toolbox [47, 48] stellt Software für dieses Problem zur Verfügung.

Schwache Form und gemischte finite Elemente

Bei der schwachen Form der Laplace-Gleichung hatten wir $\Delta u = 0$ mit einer beliebigen Testfunktion multipliziert. Anschließend wurde $v\Delta u$ partiell integriert (Gauß-Green-Identität), wodurch wir $\iint u_x v_x + u_y v_y = 0$ erhalten haben. In Gleichung (6.226) tritt nun eine zweite Unbekannte, nämlich $p(x,y)$, auf. Für den Druck verwenden wir eine zusätzliche Testfunktion $q(x,y)$, die mit der Kontinuitätsgleichung $\operatorname{div} \boldsymbol{u} = 0$ multipliziert wird:

Schwache Form der Kontinuitätsgleichung

$$\iint q \operatorname{div} \boldsymbol{u}\, dx dy = 0 \quad \text{für alle erlaubten } q(x,y). \tag{6.227}$$

Die Impulsgleichung in (6.226) wird mit *vektoriellen* Testfunktionen $\boldsymbol{v}(x,y)$ multipliziert:

Schwache Form der Impulsgleichung

$$\iint \left[\nabla \boldsymbol{u} \cdot \nabla \boldsymbol{v}/\mathrm{Re} + (\boldsymbol{u} \cdot \nabla \boldsymbol{u}) \cdot \boldsymbol{v} - p(\nabla \cdot \boldsymbol{v}) - \boldsymbol{f} \cdot \boldsymbol{v}\right] dx dy = 0. \tag{6.228}$$

Der viskose Term $\Delta \boldsymbol{u} \cdot \boldsymbol{v}$ und der Druckterm $\nabla p \cdot \boldsymbol{v}$ wurden partiell integriert. Das Neue ist der Konvektionsterm sowie die Tatsache, dass finite Elemente Ansatzfunktionen und Testfunktionen $\phi_i(x,y)$ für die Geschwindigkeit und $Q_i(x,y)$ für den Druck erfordern:

Finite-Elemente-Näherungen $\quad \boldsymbol{U} = \boldsymbol{U}_1 \phi_1 + \cdots + \boldsymbol{U}_N \phi_N + \boldsymbol{U}_b,$

Ansatzfunktionen = Testfunktionen $\quad P = P_1 Q_1 + \cdots + P_M Q_M.$ (6.229)

Für das diskrete Problem werden die Variablen $\boldsymbol{u}$ und p in (6.227) und (6.228) durch $\boldsymbol{U}$ und P ersetzt. Die M Testfunktionen in (6.227) liefern M diskrete Gleichungen. Außerdem ersetzen wir $\boldsymbol{v}$ in beiden Komponenten von (6.228) durch die ϕ_i, wodurch wir $2N$ Gleichungen erhalten. Die $M + 2N$ Unbekannten sind die Koeffizienten P_i und $\boldsymbol{U}_i$. Für finite Elemente (Polynomstücke) sind die Unbekannten die Drücke und Geschwindigkeiten an Gitterpunkten.

Dies sind **gemischte finite Elemente.** Sie repräsentieren die eigentliche Unbekannte $\boldsymbol{u}$ sowie den Lagrange-Multiplikator p (wahrscheinlich gegeben durch Polynome verschiedenen Grades). Eine wichtige **inf-sup-Bedingung** stellt eine Forderung an die Ansatzfunktionen ϕ_i und Q_i. Zunächst einmal müssen wir $M > 2N$ ausschließen. Die Details der inf-sup-Bedingung werden in Abschnitt 8.5 für Stokessche Flüsse ausgearbeitet. Dies ist der lineare Fall sehr kleiner Geschwindigkeit, wo der nichtlineare Konvektionsterm entfällt.

Mit dem nichtlinearen Term, den wir hier beibehalten, werden die $M + 2N$ Gleichungen für Q_i und $\boldsymbol{U}_i$ durch Iteration gelöst. In Abschnitt 2.5 wurden Fixpunktiterationen vorgestellt sowie Newtonsche Iterationen, bei denen die Jacobi-Matrix J der nichtlinearen Terme verwendet wird. Jede Iteration ist ein lineares System für die Vektoren der Updates für die Geschwindigkeit $\Delta \boldsymbol{U}_k$ und den Druck ΔP_k:

6.7 Strömungsdynamik und die Navier-Stokes-Gleichungen

Fixpunktiteration
$$\begin{bmatrix} L+N_k & A \\ A^{\mathrm{T}} & 0 \end{bmatrix} \begin{bmatrix} \Delta U_k \\ \Delta P_k \end{bmatrix} = \begin{bmatrix} F_k \\ 0 \end{bmatrix}, \quad (6.230)$$

Newton-Iteration
$$\begin{bmatrix} L+N_k+J_k & A \\ A^{\mathrm{T}} & 0 \end{bmatrix} \begin{bmatrix} \Delta U_k \\ \Delta P_k \end{bmatrix} = \begin{bmatrix} F_k \\ 0 \end{bmatrix}. \quad (6.231)$$

Die Blockmatrizen A und A^{T} repräsentieren den Gradienten und die Divergenz (mit Minuszeichen). L ist die Laplace-Matrix wie $K2D$ (von dieser gibt es im Vektorfall zwei Kopien und sie wird geteilt durch die Reynolds-Zahl Re). Verglichen mit dem aus Splitting und Projektion ((6.219) und (6.220)) zusammengesetzten Verfahren sind diese Methoden „aus einem Guss". Große Systeme müssen allerdings vorkonditioniert werden (Kapitel 7).

Die Fixpunktiteration („Picard-Iteration") wertet N_k unter Verwendung der aktuellen Geschwindigkeit U_k als Konvektionskoeffizient aus. Dies ist eine diskrete *Oseen-Gleichung*. Die Newton-Iteration konvergiert quadratisch, ist aber viel weniger robust (eine Schrittweitensteuerung ist zu empfehlen). Die Terme, die aus der Nichtlinearität in der Geschwindigkeitsgleichung resultieren, sind N und J:

Konvektionsmatrix $\quad N_{ij} = \iint (\boldsymbol{U} \cdot \nabla \boldsymbol{\phi}_j) \boldsymbol{\phi}_i \, dx \, dy,$

Jacobi-Matrix $\quad J_{ij} = \iint (\boldsymbol{\phi}_j \cdot \nabla \boldsymbol{U}) \boldsymbol{\phi}_i \, dx \, dy \qquad \text{mit } \boldsymbol{\phi}_i = \begin{bmatrix} \phi_i \\ \phi_i \end{bmatrix}. \quad (6.232)$

Die Matrixelemente N_{ij} und J_{ij} sind 2×2-Blöcke. Die stetige Form (6.227)-(6.228), die diskrete Form, die (6.229) verwendet, sowie die Iterationen (6.230)-(6.231) werden in [47] genau analysiert: ihre Lösbarkeit mithilfe der *diskreten inf-sup-Bedingung*, die Eindeutigkeit und Fehlerabschätzungen.

Der wesentliche Punkt ist, dass in (6.230) und (6.231) **Sattelpunktsmatrizen** vorkommen. Die bekannte Struktur $A^{\mathrm{T}}CA$ tritt auch für gemischte Elemente wieder auf. Der 1,1-Block, der C^{-1} enthält ist nun allerdings nicht mehr diagonal und auch nicht einfach: Es ist das Laplacesche L in (6.230). *Multiplikation mit C liefert die Lösung einer diskreten Poisson-Gleichung.*

Poisson-Gleichungen

Für nicht stationäre Strömungen erzeugt jeder Zeitschritt aus finiten Differenzen oder finiten Elementen Poisson-Gleichungen. Dies ist der größte Aufwand. Die Gleichungen für U und V resultieren aus der einfachen Behandlung der Viskosität in (6.219), was ein größeres Δt ermöglicht. Für große Reynolds-Zahlen kann es sein, dass diese Laplace-Terme explizit werden, sodass U^n anstelle von U^* auftritt. Für kleine Reynolds-Zahlen sollte ein trapezoidales Crank-Nicolson-Mittel $(U^n + U^*)/2$ eine bessere Genauigkeit liefern. Diese Genauigkeit zweiter Ordnung geht durch explizite nichtlineare Terme verloren, es sei denn man konstruiert eine vollständige Approximation zweiter Ordnung.

Die Poisson-Gleichungen erlauben die Anwendung aller schnellen Algorithmen, die in diesem Buch vorgestellt werden:

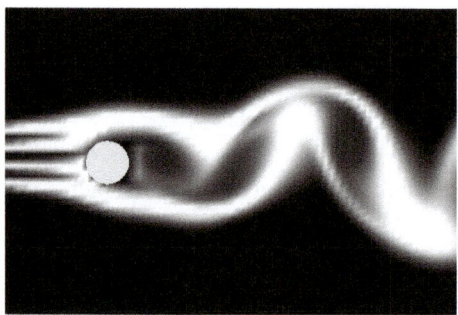 

Abb. 6.21 (a) Das Hindernis erzeugt Wirbel in Strömungsrichtung. (b) Die Flüssigkeit wird von unten erhitzt. Diese Abbildungen hat Jos Stam nach einem inspirierenden Gespräch auf dem CSE-Meeting der SIAM zur Verfügung gestellt.

1. Schnelle Poisson-Löser auf Rechtecken mit K2D oder B2D (Abschnitt 3.5)
2. Elimination mit Umordnung der Knoten (Abschnitt 7.1)
3. Mehrfachgitter mit Glättung (Abschnitt 7.3)
4. Verfahren mit konjugierten Gradienten und Vorkonditionierung (Abschnitt 7.4)

Randbedingungen können die Dirichlet-Matrix K2D durch eine von-Neumann-Matrix ersetzen. In der Impulsgleichung (6.219) werden nur Druckdifferenzen benötigt.

Durch die Forderung nach Stabilität wird der Schrittweite Δt eine Courant-Friedrichs-Lewy-Bedingung auferlegt:

Stabilität $\quad |U|_{\max} \Delta t < \Delta x \text{ und } |V|_{\max} \Delta t < \Delta y.$ \hfill (6.233)

Falls die Viskosität explizit behandelt wird, kommt $2\Delta t \left(1/(\Delta x)^2 + 1/(\Delta y)^2 \right) < \text{Re}$ als eine strengere Forderung an Δt ins Spiel. Testen Sie den cse-Code für verschiedene Viskositäten und Klappengeschwindigkeiten. Neben anderen Verfahren finden Sie einen guten finite-Elemente-Code in der IFISS-Toolbox.

Bevor wir mit der Theorie fortfahren, wollen wir uns zwei wichtige Beispiele ansehen.

Beispiel 6.26 Die **Strömung um ein Hindernis** ist ein klassisches Problem von großer praktischer Bedeutung. Abbildung 6.21a zeigt einen zweidimensionalen Querschnitt für eine Strömung um einen langen Zylinder. Zwischen dem Zufluss am linken Rand und dem Abfluss am rechten Rand verlaufen die Stromlinien um das Hindernis. Gegenüber der Zirkulation in einem Hohlraum, die wir weiter vorn betrachtet hatten, tritt hier für größer werdende Reynolds-Zahlen ein neues Phänomen auf, nämlich eine **Vortex-Straße**.

Beispiel 6.27 **Rayleigh-Benard-Zellen in einer von unten erhitzten Flüssigkeit.** Heiße Flüssigkeit steigt nach oben und sinkt nach Abkühlung in der Umgebung der kühl gehaltenen Oberfläche wieder nach unten.

6.7 Strömungsdynamik und die Navier-Stokes-Gleichungen

Abbildung 6.21b zeigt den Effekt des Wärmetransports. Die Temperatur $T(x,y,t)$ kommt mit einer Konvektion-Diffusionsgleichung ins Spiel, die sich aus der Energieerhaltung ableitet:

Wärmefluss $\qquad \dfrac{\partial T}{\partial t} + \boldsymbol{u} \cdot \operatorname{grad} T = d\,\Delta T \;+\; $ Wärmequelle. $\qquad$ (6.234)

In Flüssigkeiten besteht ein wichtiger Effekt der Temperatur darin, *Dichteschwankungen* zu erzeugen. Diese erzeugen eine Auftriebskraft. Andere dimensionslose Größen werden wichtig, wenn die Temperatur in das Problem eingeht. Wikipedia listet 37 solcher Größen auf, von denen ich hier lediglich zwei erwähnen möchte. Die Prandtl-Zahl Pr ist für ein Gas etwa 0.7, für Wasser 7 und für Öl 1000:

Prandtl-Zahl $\qquad \text{Pr} = \dfrac{\text{viskose Diffusion}}{\text{thermische Diffusion}},$

Rayleigh-Zahl $\qquad \text{Ra} = \dfrac{\text{Konvektion}}{\text{Wärmeleitung}}.$

Euler versus Lagrange

Die Navier-Stokes-Gleichungen bestimmen in jedem Punkt des Raumes die Geschwindigkeit. Dies ist die **Eulersche** Betrachtungsweise einer Strömung. Die Beschreibung nach **Lagrange** ordnet die Gechwindigkeit den einzelnen Partikeln zu, während diese sich durch verschiedene Punkte bewegen. Die Flüssigkeit fließt sozusagen an Euler vorbei, der an einem festen Punkt sitzt und Lagrange vorbeifließen sieht.

Die Entscheidung zwischen den Betrachtungsweisen von Euler und Lagrange bestimmt die Gleichungen und damit die zu verwendenden numerischen Verfahren. Am deutlichsten wird der Unterschied anhand der Kontinuitätsgleichung (**Erhaltung der Masse**) für die Dichte $\rho(x,y,t)$:

Euler $\quad \dfrac{\partial \rho}{\partial t} + \operatorname{div}(\rho \boldsymbol{u}) = 0, \qquad$ **Lagrange** $\quad \dfrac{D\rho}{Dt} + \rho\,\operatorname{div}\boldsymbol{u} = 0. \qquad$ (6.235)

Für eine stationäre, kompressible Strömung gilt $\partial \rho / \partial t = 0$. Wenn wir gemäß Euler einen festen Punkt betrachten, sehen wir keine Veränderung der Dichte. Die **konvektive Ableitung** $D\rho/Dt$ (Materialableitung), die wir nach Lagrange betrachten, ist dagegen von null verschieden, denn ein Flüssigkeitspartikel wird durch Punkte mit verschiedener Dichte getragen. Um die beiden Formen in (6.235) in Einklang zu bringen, vergleichen wir $\operatorname{div}(\rho\boldsymbol{u})$ mit $\rho\,\operatorname{div}\boldsymbol{u} = \rho(\partial u/\partial x + \partial v/\partial y)$:

$$\operatorname{div}(\rho\boldsymbol{u}) = \dfrac{\partial}{\partial x}(\rho u) + \dfrac{\partial}{\partial y}(\rho v) = \rho\,\operatorname{div}\boldsymbol{u} + \boldsymbol{u} \cdot \operatorname{grad}\rho. \qquad (6.236)$$

Der „Konvektionsterm" $\boldsymbol{u} \cdot \operatorname{grad}\rho$ ist in der konvektiven Ableitung $D\rho/Dt$ enthalten. Er ist für die Bewegung der Flüssigkeit verantwortlich. Die Transportregel bringt diesen zusätzlichen Term in jede Ableitung von F, nicht nur in die Dichte ρ:

Transportregel $\quad \dfrac{DF}{Dt} = \dfrac{\partial F}{\partial t} + \boldsymbol{u} \cdot \operatorname{grad} F\,.$ \hfill (6.237)

Euler verwendet $\partial F/\partial t$ an einem festen Punkt. Lagrange verwendet DF/Dt und bewegt sich mit der Flüssigkeit. Das Newtonsche Gesetz bezieht sich auf den Impuls $\rho \boldsymbol{u}$ eines Partikels (*nicht auf das $\rho \boldsymbol{u}$ an einem festen Punkt*). Die Navier-Stokes-Gleichungen müssen dann den nichtlinearen Term $(\boldsymbol{u} \cdot \operatorname{grad})\rho \boldsymbol{u}$ enthalten.

Überprüfen der Transportregel Wir betrachten den eindimensionalen Fall und nehmen an, dass $F = tx$ und somit $\partial F/\partial t = x$ gilt. Nach einer kurzen Zeit dt hat sich der Partikel, der anfangs an der Stelle x war, nach $x + u\,dt$ bewegt. Lagrange sieht die Änderung DF von tx nach $(t+dt)(x+u\,dt)$:

$$DF = x\,dt + t\,u\,dt \quad \text{ist die Transportregel} \quad \dfrac{DF}{Dt} = \dfrac{\partial F}{\partial t} + u\,\dfrac{\partial F}{\partial x}\,. \qquad (6.238)$$

Integralform: Transporttheorem Ein fundamentalerer Zugang zur Kontinuitätsgleichung startet bei einer ihrer Integralformen ohne Quellterm:

Erhaltung der Masse

$$\dfrac{\partial}{\partial t}\int_{V_E} \rho\,dV = -\int_{S_E} \rho \boldsymbol{u}\cdot\boldsymbol{n}\,dS \quad \text{oder} \quad \dfrac{D}{Dt}\int_{V_L} \rho\,dV = 0\,. \qquad (6.239)$$

Das erste Volumen V_E ist räumlich fest; Euler sieht in den Fluss in V_E minus den Abfluss. Das zweite Volumen bewegt sich mit der Flüssigkeit: Lagrange sieht keine Änderung der Masse innerhalb von V_L. Beide sind durch Integration der Transportregel (6.235) verbunden, wobei die Variablen von Euler in Lagrange geändert werden: $D|J|/Dt = |J|\operatorname{div}\boldsymbol{u}$ liefert die Änderung in der Jacobi-Determinante. Die Impulsgleichung enthält DF/Dt, wenn F gleich $\boldsymbol{u}$ ist.

Partikelmethoden Anstatt die finiten Differenzen für die Navier-Stokes-Gleichungen, verfolgt der Ansatz von Lagrange eine endliche Anzahl von Partikeln. Für diese Verfahren verweise ich auf die cse-Website. An dieser Stelle muss das größte Problem bei diesen Verfahren erwähnt werden: **Die Partikel clustern sich oder breiten sich aus.** Das feste Raumgitter der Euler-Variante hat sich dadurch erledigt, und das Partikelnetz der Lagrange-Variante wird stark gestört.

ALE-Verfahren Für Wechselwirkungen in Flüssigkeitsstrukturen (wie der Blutfluss im Herzen) können ALE-Verfahren (Arbitrary Lagrangian-Eulerian) angewendet werden. Die Schnittstelle zwischen Flüssigkeit und Struktur bewegt sich mit Kräften zwischen diesen auf einem festen Gitter auf der Euler-Seite (wo starke Deformationen handhabbar sind). Das Lagrange-Gitter folgt der Bewegung (große Störungen zerstören dieses Gitter, das demzufolge dynamisch sein muss).

6.7 Strömungsdynamik und die Navier-Stokes-Gleichungen

Beschleunigung und Balance der Impulse

Die Navier-Stokes-Gleichungen drücken das Newtonsche Gesetz $F = ma$ aus. In Flüssigkeiten gilt wie auch sonst: Kraft ist gleich Masse mal Beschleunigung. Der entscheidende Punkt ist hier, dass die Beschleunigung nicht durch $\partial \boldsymbol{u}/\partial t$ gegeben ist. Das Newtonsche Gesetz gilt für *Flüssigkeitspartikel*. Der Vektor $D\boldsymbol{u}/Dt$ resultiert aus der Transportregel für eine einzelne Komponente $\boldsymbol{u} = (u,v)$:

Beschleunigung in y-Richtung $\qquad \dfrac{Dv}{Dt} = \dfrac{\partial v}{\partial t} + \boldsymbol{u} \cdot \operatorname{grad} v.$ $\qquad$ (6.240)

Multiplikation mit ρ ergibt eine Seite des Newtonschen Gesetzes, und die Kraftdichte kommt aus der inneren Spannung $\boldsymbol{T}$. Hier sind zwei wichtige Kategorien, nach denen Flüssigkeiten unterteilt werden können:

In einer *perfekten Flüssigkeit* gibt es keine tangentiale Spannung: $\boldsymbol{T} = -p\boldsymbol{I}$.

In einer *viskosen Flüssigkeit* gibt es Reibung:
$\boldsymbol{T} = -p\boldsymbol{I} + \boldsymbol{\sigma} = -p\boldsymbol{I} + \lambda(\operatorname{div}\boldsymbol{u}) + 2\mu\boldsymbol{D}$.

Ohne Viskosität resultiert die gesamte Spannung aus dem Druck. Die auf jede Oberfläche wirkende Kraft ist senkrecht zu dieser, weshalb es in einer perfekten Flüssigkeit keine Scherkräfte gibt.

Eine viskose Flüssigkeit hat eine Spannungsmatrix σ mit von null verschiedenen Diagonalelementen (wegen der Scherkräfte in D). Der Unterschied zwischen Festkörpern und Flüssigkeiten besteht darin, dass es in einer Flüssigkeit eine inneren Bewegung gibt! An die Stelle der Auslenkung tritt die Auslenkungs*rate* – mit anderen Worten die Geschwindigkeit $\boldsymbol{u}$. Die in Abschnitt 3.7 eingeführte Dehnung wird ersetzt durch die Dehnungsrate $D_{ij} = (\partial u_i/\partial x_j + \partial u_j/\partial x_i)/2$:

$$\boxed{\text{Geschwindigkeit } \boldsymbol{u}} \to \boxed{\text{Dehnungsrate } \boldsymbol{D}} \to \boxed{\text{Spannung } \boldsymbol{T}} \to \boxed{\rho \dfrac{D\boldsymbol{u}}{Dt} = \rho \boldsymbol{f} + \operatorname{div}\boldsymbol{T}}.$$
(6.241)

Das ist die Bewegungsgleichung für eine Newtonsche Flüssigkeit. Wie bei Festkörpern liefert die Divergenz der Spannung die inneren Kräfte. Wir berechnen $\operatorname{div}\boldsymbol{T}$ spaltenweise:

Perfekte Flüssigkeiten $\qquad \boldsymbol{T} = -p\boldsymbol{I}$ und $\operatorname{div}\boldsymbol{T} = -\operatorname{grad} p$,

Viskose inkompressible Flüssigkeiten $\quad \operatorname{div}\boldsymbol{T} = -\operatorname{grad} p + \mu \Delta \boldsymbol{u}$.

Die letzte Berechnung wird in Aufgabe 6.7.3 ausgeführt. Der Druck $p(\rho, T)$ in einer kompressiblen Strömung ist eine Funktion von Dichte und Temperatur; es gibt eine Zustandsgleichung. Bei einer inkompressiblen Strömung ist p der Lagrange-Multiplikator für die Kontinuitätsgleichung $\operatorname{div}\boldsymbol{u} = 0$. Damit sind wir bei den beiden zentralen Gleichungen für Flüssigkeiten angelangt:

Perfekte Flüssigkeiten erfüllen die Euler-Gleichung

$$\rho \frac{D\boldsymbol{u}}{Dt} = \rho \boldsymbol{f} - \operatorname{grad} p. \qquad (6.242)$$

Viskose Flüssigkeiten erfüllen die Navier-Stokes-Gleichung $(\nu = \mu/\rho)$

$$\rho \frac{D\boldsymbol{u}}{Dt} = \rho \boldsymbol{f} - \operatorname{grad} p + \mu \Delta \boldsymbol{u}. \qquad (6.243)$$

Die Inkompressibilität und die Kontinuität werden durch $D\rho/Dt = 0$ und $\operatorname{div} \boldsymbol{u} = 0$ ausgedrückt.

Die Gleichungen von Euler und Bernoulli

Wenn alle Terme Gradienten sind, kann die Euler-Gleichung (6.242) einmal integriert werden. Der Trick besteht darin, den Advektionsterm mithilfe der Vektoridentität für $\boldsymbol{u} = (u_1, u_2, u_3)$ auszudrücken:

$$(\boldsymbol{u} \cdot \operatorname{grad}) \boldsymbol{u} = \frac{1}{2} \operatorname{grad}(u_1^2 + u_2^2 + u_3^2) - \boldsymbol{u} \times \operatorname{rot} \boldsymbol{u}. \qquad (6.244)$$

Wir nehmen an, dass die Strömung stationär und wirbelfrei ist ($\partial \boldsymbol{u}/\partial t = 0$ und $\operatorname{rot} \boldsymbol{u} = 0$) und dass $\boldsymbol{f}$ eine konservative Kraft wie die Gravitation ist: $\boldsymbol{f} = -\operatorname{grad} G$. Wir dividieren nun die Euler-Gleichung durch ρ:

Reduzierte Euler-Gleichung

$$\frac{1}{2} \operatorname{grad}(u_1^2 + u_2^2 + u_3^2) = -\frac{1}{\rho} \operatorname{grad} p - \operatorname{grad} G. \qquad (6.245)$$

Für konstantes ρ besagt diese Gleichung, dass der Gradient von $\frac{1}{2}(u_1^2 + u_2^2 + u_3^2) + p/\rho + G$ null ist. Die Funktion muss also konstant sein – was auf die wichtigste Gleichung der nichtlinearen Strömungsmechanik führt:

Bernoulli-Gleichung $\qquad \dfrac{1}{2}(u_1^2 + u_2^2 + u_3^2) + \dfrac{p}{\rho} + G = \operatorname{konstant}. \qquad (6.246)$

Je höher die Geschwindigkeit $\boldsymbol{u}$, umso geringer ist der Druck p. Beim Baseball ist dieser Zusammenhang unter anderem dafür verantwortlich, dass man einen Curveball werfen kann. Wenn der Ball mit entsprechendem Effet geworfen wird, bewegt sich die Luft unter dem Ball schneller und verringert den Druck, was den Ball zum Sinken bringt. Bei einem Knuckleball dagegen spielt die Bernoulli-Gleichung keine Rolle, da es bei diesem keinen stabilisierenden Effekt gibt und der Ball eine unberechenbare Bahn beschreibt („Flatterball"). Tatsächlich wäre hier eine andere Bernoulli-Gleichung nötig – ein anderes erstes Integral der Bewegungsgleichung, das die Rotation verbietet.

Beispiel 6.28 Über einem Loch in einem Tank steht eine Flüssigkeit mit der Höhe h. Wie schnell tritt die Flüssigkeit aus?

Kraftpotenzial $G = gz \quad \frac{1}{2}(u_1^2 + u_2^2 + u_3^2) + \frac{p}{\rho} + gz =$ konstant.

Im oberen Bereich des Tanks sind sämtliche Terme null. Direkt am Loch, also bei $z = -h$, ist der Druck ebenfalls null, da die Flüssigkeit dort ungehindert abfließen kann. Durch Multiplikation mit 2 und Bilden der Quadratwurzel erhalten wir für die Geschwindigkeit $|u| = \sqrt{2gh}$, was interessanterweise das gleiche ist wie für Teilchen, die frei durch das Loch fallen.

Die Unterscheidung von zweidimensionalen und dreidimensionalen Strömungen führt uns über die Bernoulli-Gleichung hinaus. Wir wenden auf beiden Seiten der Euler-Gleichung (6.242) den Rotationsoperator an. Auf der rechten Seite steht die Rotation eines Gradienten, was null ist, und wir nehmen $f = 0$ an. Das Ergebnis auf der linken Seite ist sehr schön. Die Vortizität $\boldsymbol{\omega} = $ rot $\boldsymbol{u}$ erfüllt folgende nichtlineare Gleichung:

Vortizität in 3D $\quad \dfrac{D\boldsymbol{\omega}}{Dt} = (\boldsymbol{\omega} \cdot \text{grad})\,\boldsymbol{u}$ \hfill (6.247)

In einer zweidimensionalen Strömung mit $\boldsymbol{u} = (u, v, 0)$ ist die Vortizität $\boldsymbol{\omega} = (0, 0, \omega_3)$. Es gibt keine Abhängigkeit von z. Daher gilt $D\boldsymbol{\omega}/Dt = 0$ und es gibt eine neue Erhaltungsgröße: **Entlang jeder Stromlinie bleibt die Vortizität ω erhalten** (Stromfunktion s):

$$(u,v) = \left(\frac{\partial s}{\partial y}, -\frac{\partial s}{\partial x}\right) \quad \omega_3 = -\frac{\partial}{\partial x}\left(\frac{\partial s}{\partial x}\right) - \frac{\partial}{\partial y}\left(\frac{\partial s}{\partial y}\right) = -\Delta s. \quad (6.248)$$

In drei Dimensionen werden Wirbel verzerrt und die Strömung ist wesentlich komplexer. Gültig bleibt aber weiterhin, dass sich Wirbellinien und Wirbelblätter mit der Strömung bewegen. Gleichung (6.247) ist die Grundlage für ein mächtiges numerisches Verfahren – das **Vortexverfahren**. Dieses folgt diskreten Wirbeln durch die heftige Bewegungen: turbulente Verbrennungsvorgänge, Randschichten, Instabilitäten für hohe Reynolds-Zahlen und Wirbelablösungen.

Das Einsetzen von Turbulenz

Wenn die viskosen Terme zu schwach sind, um Oszillationen zu verhindern, kommt es zur **Turbulenz.** Bei einem von der Geometrie abhängigen Schwellwert (etwa Re ≈ 20.000) sind gemittelte Gleichungen notwendig, da es zu schwierig wird, einzelne Punkte zu berechnen und zu interpretieren. Kleinskalige Bewegungen haben große Auswirkungen auf großen Skalen, und die dahinterstehende Physik ist noch nicht ausreichend verstanden.

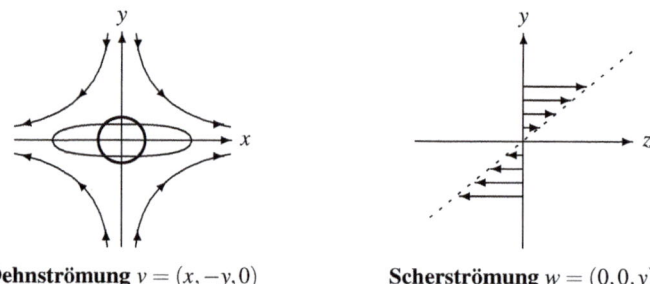

Dehnströmung $v = (x, -y, 0)$ **Scherströmung** $w = (0, 0, y)$

Abb. 6.22 Dehnen von Wirbeln und Pirouetten von Eiskunstläufern: Kombination von v und w.

Im Folgenden eine Auflistung von numerischen Verfahren an der Schwelle zur Turbulenz:

DNS Direkte numerische Lösung (engl. direct numerical solution) der Navier-Stokes-Gleichungen
LES Simulation großer Wirbel (engl. large eddy simulation)
RANS Reynolds Averaged Navier-Stokes

Die lineare Konvektions-Diffusionsgleichung $u_t = cu_x + du_{xx}$ weist eine ähnliche Schwierigkeit auf. Wenn das Verhältnis c/d groß ist, dominiert die Konvektion über die Diffusion. Die Nichtlinearität der Navier-Stokes-Gleichung, die daraus resultiert, dass c von u abhängig ist, bringt viel größere Probleme mit sich. In Abschnitt 6.6 über nichtlineare Erhaltungsgleichungen haben wir gesehen, wie $c(u)\, du/dx$ auf stabile Weise behandelt werden kann.

Beispiel 6.29 (Pirouetten auf dem Eis) Das Geschwindigkeitsfeld $v = (x, -y, 0)$ ist wirbelfrei und hat die Divergenz null (Potential ϕ und Stromfunktion):

Potentialströmung $\phi = -\frac{1}{2}(x^2 - y^2)$ und $v = \operatorname{grad} \phi$ und $s = xy$.

Die Pirouettenbewegung resultiert aus einer **Scherströmung**: $w = (0, 0, y)$ hat die Divergenz $\operatorname{div} w = 0$ aber die Rotation $\operatorname{rot} w = (1, 0, 0)$. Es gibt eine Stromfunktion $s = -\frac{1}{2}y^2$ aber kein Potential. Die Flüssigkeit bewegt sich in z-Richtung (Abbildung 6.22), wobei einige Partikel schneller sind als andere. Es gibt eine Rotation um die x-Achse (wobei kein einzelner Partikel um die Achse rotiert!), da dies die Richtung von $\operatorname{rot} w$ ist.

Nun kombinieren wir die beiden Strömungen. Wegen der Nichtlinearität der Bewegungsgleichungen können die Geschwindigkeiten v und w nicht einfach addiert werden. Die Mischung der Potentialströmung v mit der Scherströmung w liefert eine *nicht stationären* Geschwindigkeitsvektor u mit wachsender Rotationsrate e^t:

Lösung $u = (x, -y, e^t y)$ mit $\operatorname{div} u = 0$ und $w = \operatorname{rot} u = (e^t, 0, 0)$.

Die Strömung ist dreidimensional. Partikel steigen nach oben bzw. sinken nach unten, während sich ihre Projektionen auf Hyperbeln bewegen. Die Vortizität $\boldsymbol{\omega} =$

6.7 Strömungsdynamik und die Navier-Stokes-Gleichungen

rot $\boldsymbol{u} = (e^t, 0, 0)$ erfüllt die Gleichung (6.247). Kreise werden zu Ellipsen gestreckt, die wegen $\boldsymbol{\omega}$ um die x-Achse rotieren.

Wenn ein Eiskunstläufer seine Arme nach oben streckt, wird seine Gestalt vergleichsweise lang und dünn. Infolgedessen dreht er sich schneller und schneller (natürlich nicht um die x-Achse).

Aufgaben zu Abschnitt 6.7

6.7.1 Wenden Sie das Divergenztheorem auf die Gleichung (6.239) für die Erhaltung der Masse an. Leiten Sie dann aus div$^T = -$ grad die Eulersche Kontinuitätsgleichung $\partial \rho / \partial t + \text{div}(\rho \boldsymbol{u}) = 0$ ab.

6.7.2 Bestimmen Sie die Materialableitungen $D\rho/Dt$ und $D\boldsymbol{u}/Dt$ für die folgenden beiden Strömungen:

$$\rho = x^2 + y^2, \quad \boldsymbol{u} = (y, x, 0) \quad \text{und} \quad \rho = z e^t, \quad \boldsymbol{u} = (x, 0, -z).$$

Welche Strömung erfüllt die Kontinuitätsgleichung (6.235) und welche ist inkompressibel?

6.7.3 Für eine viskose, inkompressible Flüssigkeit gelten die Gleichungen div $\boldsymbol{u} = 0$ und $\sigma_{ij} = \mu(\partial u_i/\partial x_j + \partial u_j/\partial x_i)$. Zeigen Sie, dass die resultierende Kraft div σ gleich $\mu \Delta \boldsymbol{u}$ ist. Dies ist der Viskositätsterm in der Navier-Stokes-Gleichung.

6.7.4 Angenommen, zur Navier-Stokes-Gleichung wird die Gravitationsbeschleunigung g (Einheit cm/s^2) hinzugefügt. Zeigen Sie, dass die *Froude-Zahl* Fr $= V^2/Lg$ eine dimensionslose Größe ist. Zwei Strömungen unter dem Einfluss der Schwerkraft ähneln sich, wenn sie die gleiche Reynolds-Zahl und die gleiche Froude-Zahl besitzen.

6.7.5 Die *kompressible* dynamische Gasgleichung ergibt sich aus der Relation zwischen p und ρ ab:

$$\rho(\boldsymbol{u} \cdot \text{grad})\boldsymbol{u} = -\text{grad} \, p = -c^2 \, \text{grad} \, \rho \quad \left(c^2 = \frac{dp}{d\rho} = \text{Schallgeschwindigkeit} \right).$$

Leiten Sie das Erhaltungsgesetz in Beispiel 6.19, Abschnitt 6.6, her.

6.7.6 Eine ideale Flüssigkeit fließt unter dem Druck p und mit der Geschwindigkeit v durch ein Rohr mit der Querschnittsfläche A. Wie groß ist die neue Geschwindigkeit, wenn sich der Querschnitt auf $\frac{1}{2}A$ verengt (und keine Flüssigkeit entweichen kann)? Wie ändert sich der Druck?

6.7.7 Warum gilt die Bernoulli-Gleichung für die Poiseuille-Strömung aus Beispiel 6.24 nicht?

6.7.8 Eine viskose Flüssigkeit in einem horizontalen Rohr hat die Geschwindigkeit $u = c(y^2 + z^2 - R^2)/4\mu$ und den Druck $p = cx + p_0$. Es gibt keine Reibung am Rand des Rohres, der durch die Gleichung $y^2 + z^2 = R^2$ gegeben ist.

(a) Überprüfen Sie, dass die Navier-Stokes-Gleichungen für $\boldsymbol{u} = (u, 0, 0)$ erfüllt sind.

(b) Integrieren Sie u über den kreisförmigen Querschnitt und zeigen Sie so, dass $-\pi c R^4/8\mu$ die Netto-Strömungsrate ist. Dies ist das klassische Experiment zur Bestimmung der Viskosität μ.

6.7.9 (a) Verifizieren Sie die wichtige Vektoridentität (6.244).
(b) Wenden Sie auf beiden Seiten den Rotationsoperator an um $-(\text{rot}\,\boldsymbol{u} \cdot \text{grad})\boldsymbol{u}$ zu erhalten, wenn div $\boldsymbol{u} = 0$ ist.

6.7.10 Eine Flüssigkeit in einem rotierenden Fass hat das Kraftpotenzial $G = -gz - \frac{1}{2}\omega^2(x^2+y^2)$, das sich aus Schwerkraft und Zentrifugalkraft zusammensetzt. Ihre Geschwindigkeit relativ zum Fass ist null. Zeigen Sie mithilfe der Bernoulli-Gleichung, dass die Flüssigkeitsoberfläche die parabolische Form $z = -\omega^2(x^2+y^2)/2g$ hat.

6.7.11 Durch die Viskosität wird eine zusätzliche Randbedingung eingeführt. Wir betrachten als Beispiel eine zweidimensionale Strömung:

Mit Viskosität   Wegen der Reibungsfreiheit gilt $u = 0$ und $v = 0$.
                    Zwei Bedingungen.
Ohne Viskosität   Fluss entlang aber nicht durch: $\boldsymbol{u} \cdot \boldsymbol{n} = 0$. *Eine* Bedingung.

Bestätigen Sie das, indem Sie die Ableitungen in den Navier-Stokes-Gleichungen und den Euler-Gleichungen zählen.

6.8 Level-Set-Methode und Fast-Marching-Methode

Die Level-Sets von $f(x,y)$ sind Mengen, auf denen die Funktion einen konstanten Wert annimmt. Beispielsweise ist $f(x,y) = x^2+y^2$ auf Kreisen um den Ursprung konstant. Eine Niveauebene $z =$ constant durchstößt die Fläche $z = f(x,y)$ auf einer Level-Set. Eine Eigenschaft, die Level-Sets attraktiv macht, ist, dass man ihre Topologie ändern kann (Teile der Level-Set können sich separieren oder zusammenkommen), einfach indem man die Konstante ändert.

Eine wichtige Funktion für das Arbeiten mit Level-Sets ist die **vorzeichenbehaftete Abstandsfunktion** $d(x,y)$. Sie definiert für jeden Punkt den *Abstand* zur Level-Set sowie das Vorzeichen. Üblicherweise ist d für äußere Punkte positiv und für Punkte, die von der Level-Set eingeschlossen sind, negativ.

Der Gradient einer Funktion $f(x,y)$ ist immer senkrecht zu seinen Level-Sets. Der Grund ist, dass sich $f(x,y)$ in der Tangentialrichtung t zur Level-Set nicht ändert und $(\text{grad}\,f) \cdot t$ null ist. Somit liegt $\text{grad}\,f$ in der Normalrichtung. Für die Funktion x^2+y^2 zeigt der Gradient $(2x,2y)$ aus den kreisförmigen Level-Sets heraus. Der Gradient von $d(x,y) = \sqrt{x^2+y^2} - 1$ zeigt in die gleiche Richtung und hat eine spezielle Eigenschaft: **Der Gradient einer Abstandsfunktion ist ein Einheitsvektor.** Er ist die Einheitsnormale $n(x,y)$ zu den Level-Sets. Für Kreise gilt

$$\text{grad}(\sqrt{x^2+y^2} - 1) = \left(\frac{x}{r}, \frac{y}{r}\right) \quad \text{und} \quad |\text{grad}|^2 = \frac{x^2}{r^2} + \frac{y^2}{r^2} = 1. \tag{6.249}$$

6.8 Level-Set-Methode und Fast-Marching-Methode

Wir können uns die Level-Set $d(x,y) = 0$ als eine Feuerwand vorstellen. Diese Feuerwand bewegt sich in ihrer Normalrichtung. Wenn sie die konstante Geschwindigkeit 1 hat, wird sie zur Zeit T alle Punkte auf der Level-Set $d(x,y) = T$ erreicht haben.

Das Beispiel mit der Feuerwand veranschaulicht einen wichtigen Punkt, nämlich, was passiert, wenn die Null-Level-Set eine Ecke hat (wir nehmen an, dass sie wie ein **V** geformt ist). Die Punkte im Abstand d außerhalb dieser Menge (die Feuerfront zur Zeit d) liegen auf Linien, die parallel zu den Flanken des **V** verlaufen, sowie auf einem Kreisbogen vom Radius d am die Ecke. Für $d < 0$ bewegt sich das **V** *einwärts* und behält seine V-Form (die Spitze wird nicht geglättet).

Verwendet werden Level-Sets für Aufgabenstellungen, wo Kurven ähnlich wie die Feuerfront **propagieren.** Ein Geschwindigkeitsfeld $v = (v_1, v_2)$ gibt für jeden Punkt die Richtung und die Geschwindigkeit der Bewegung an. Zur Zeit $t = 0$ ist die Kurve diejenige Level-Set, für die $d(x,y) = 0$ gilt. Zu späteren Zeitpunkten ist die Kurve die Null-Level-Set einer Funktion $\phi(x,y,t)$. Die fundamentale **Level-Set-Gleichung** lautet in ihrer ersten Formulierung

$$\frac{d\phi}{dt} + v \cdot \operatorname{grad} \phi = 0, \quad \text{mit } \phi = d(x,y) \text{ bei } t = 0. \quad (6.250)$$

Im Beispiel mit der Feuerwand ist v der Einheitsvektor in Normalrichtung zur Feuerfront: $v = n = \operatorname{grad} \phi / |\operatorname{grad} \phi|$. In jedem Fall ist es immer nur die Normalkomponente $F = v \cdot n$, die die Kurve bewegt! Eine tangentiale Bewegung (wie das Drehen eines Kreises um seinen Mittelpunkt) ergibt keine Veränderung der Kurve als Ganzes. Unter Verwendung der Größe $v \cdot \operatorname{grad} \phi$ kann die Level-Set-Gleichung in einer anderen Formulierung geschrieben werden, die für Berechnungen nützlicher ist:

$$v \cdot \operatorname{grad} \phi = v \cdot \frac{\operatorname{grad} \phi}{|\operatorname{grad} \phi|} |\operatorname{grad} \phi| = F|\operatorname{grad} \phi| \quad \Rightarrow \quad \frac{d\phi}{dt} + F|\operatorname{grad} \phi| = 0. \quad (6.251)$$

Wir müssen lediglich das Geschwindigkeitsfeld v (und zwar nur dessen Normalkomponente F) in der *aktuellen Umgebung* der Level-Kurve kennen – nirgendwo sonst. Woran wir interessiert sind, ist das Propagieren der Kurve. Das Geschwindigkeitsfeld kann konstant sein (dies ist der einfachste Fall) oder von der lokalen Form der Kurve abhängen (nichtlinearer Fall). Ein wichtiges Beispiel ist die **Bewegung entsprechend der mittleren Krümmung:** $F = -\kappa$. Die hübsche Eigenschaft $|\operatorname{grad} \phi| = 1$ der Abstandsfunktion vereinfacht die Formeln für die Normale n und die Krümmung κ:

Für Abstandsfunktionen ϕ gilt

$$n = \frac{\operatorname{grad} \phi}{|\operatorname{grad} \phi|} \quad \text{wird zu } n = \operatorname{grad} \phi \quad (6.252)$$
$$\kappa = \operatorname{div} n \quad \text{wird zu } \kappa = \operatorname{div}(\operatorname{grad} \phi)$$

Eine Sache ist für $t > 0$ allerdings unschön. Bei konstanter Geschwindigkeit ($F > 1$) in der Normalrichtung bleibt die Eigenschaft $|\operatorname{grad} \phi| = 1$ der Abstandsfunktion erhalten. Die Bewegung nach der mittleren Krümmung und auch andere Bewegungen zerstören diese Eigenschaft. Um zurück zu den einfachen Formeln (6.252) für Abstandsfunktionen zu gelangen, wird bei der Level-Set-Methode das ursprüngliche Problem oft **reinitialisiert.** Dabei wird von der aktuellen Zeit t_0 gestartet und die Abstandsfunktion $d(x,y)$ von der aktuellen Level-Set $\phi(x,y,t_0)$ berechnet. Diese Reinitialisierung führt auf die **Fast-Marching-Methode,** welche die Abstände von benachbarten Gitterpunkten zur aktuellen Level-Set bestimmt.

Im Folgenden wird diese schnelle Methode der Berechnung von Abständen von Gitterpunkten beschrieben. Anschließend diskutieren wir die numerische Lösung der Level-Set-Gleichung (6.251) auf dem Gitter.

Fast Marching

Betrachtet wird die Aufgabenstellung, nach außen voranzuschreiten und dabei gleichzeitig die Abstände von Gitterpunkten zur Schnittstelle (der aktuellen Level-Set mit $\phi = 0$) zu berechnen. Wir stellen uns vor, dass wir diese Abstände für die Gitterpunkte nahe der Schnittstelle kennen. (Wir beschreiben hier lediglich Fast Marching, aber nicht den vollständigen Algorithmus der Reinitialisierung.) Der entscheidende Schritt ist die Berechnung des Abstands zum *nächstliegenden Gitterpunkt.* Dann bewegt sich die Front mit der Geschwindigkeit $F = 1$ weiter nach außen. Wenn die Front einen neuen Gitterpunkt kreuzt, wird dieser zum nächstliegenden und sein Abstand wird als nächstes festgesetzt.

Wir akzeptieren also mit jedem Zeitschritt einen Gitterpunkt. Abstände zu weiteren Gitterpunkten sind vorläufig (nicht akzeptiert). Sie müssen unter Verwendung der neu akzeptierten Gitterpunkte und deren Abständen neu berechnet werden. Die Methode des Fast Marching führt diese Schritte auf effiziente Weise rekursiv aus:

1. Bestimme den vorläufigen Gitterpunkt p mit dem kleinsten Abstand (dieser wird akzeptiert).
2. Aktualisiere die vorläufigen Abstände zu allen Nachbarn von p.

Um Schritt 1 zu beschleunigen, pflegen wir die nicht akzeptierten Gitterpunkte und ihre Abstände in einem binären Baum. Der Knoten mit dem kleinsten Abstand (nämlich p) befindet sich an der Wurzel des Baumes. Wenn dieser Knoten aus dem Baum entfernt wird, steigen andere nach oben, wobei sich der aktualisierte Baum formiert.

Rekursiv wird jede Leerstelle mit demjenigen der beiden darunterliegenden Knoten gefüllt, der den kleineren Abstandswert hat. Anschließend aktualisiert Schritt 2 die Werte für Nachbarknoten von p. Diese aktualisierten Werte steigen im Baum eventuell ein wenig auf oder ab, wenn dieser sich neu formiert. Im Allgemeinen sollten die aktualisierten Werte kleiner sein (d.h., sie steigen meistens auf, da sie den letzten Gitterpunkt p als neuen Kandidaten für das Auffinden des kürzesten Weges zur ursprünglichen Schnittstelle verwenden).

Fast Marching findet Abstände zu N Gitterpunkten in der Zeit $O(N \log N)$. Die Methode ist anwendbar, wenn sich die Front *in nur eine Richtung bewegt.* Die zugrundeliegende Gleichung ist $F|\nabla T| = 1$ (Eikonal-Gleichung mit $F > 0$). Die Front kreuzt niemals einen Punkt ein zweites Mal, d.h. es gibt einen eindeutigen Zeitpunkt T für das Überqueren. Wenn wir zulassen, dass sich die Front in beide Richtungen bewegt, F also das Vorzeichen wechseln kann, müssen wir (6.251) als Anfangswertproblem formulieren.

Lagrange versus Euler

Eine fundamentale Entscheidung bei der Analyse und Berechnung von Strömungen ist die zwischen der Betrachtungsweise von Lagrange und der von Euler. Für die minimierende Funktion bei Optimierungsproblemen lief beides in der „Euler-Lagrange-Gleichung" zusammen. In der Strömungsdynamik dagegen führen sie zu *sehr verschiedenen* Ansätzen:

Lagrange folgt dem Weg jedes einzelnen Flüssigkeitspartikels. Er bewegt sich.
Euler sieht für jeden Punkt die Flüssigkeitspartikel, die ihn durchqueren. Er befindet sich in Ruhe.

Der Ansatz von Lagrange ist der direktere. Er „verfolgt" die Front. Zur Zeit null haben Punkte an der Front die Position $x(0)$. Sie bewegen sich gemäß der vektoriellen Differentialgleichung $dx/dt = V(x)$. Wenn wir eine endliche Menge von äquidistanten Punkten markieren und verfolgen, können ernsthafte Schwierigkeiten auftreten. Die Punkte können sehr eng zusammen- oder sehr weit auseinanderrücken (was uns zwingt, Marker-Punkte zu entfernen oder hinzuzunehmen). Die Kurve kann sich teilen oder selbst schneiden (was die Topologie ändert). Die Level-Set-Methode ist von diesen Schwierigkeiten frei, weil sie den Eulerschen Ansatz verfolgt.

Nach der Eulerschen Betrachtungsweise ist das *x-y*-Koordinatensystem fest. Die Front wird implizit erfasst, nämlich als Level-Set von $\phi(x,y,t)$. Wenn das Rechengitter gleichfalls fest ist, können wir durch fortgesetzte Interpolation die Level-Sets lokalisieren und Abstandsfunktionen berechnen. Das Stauchen, Strecken und Verwirren der Front schlägt sich als Änderung von ϕ nieder und nicht als Desaster für das Gitter.

Die Geschwindigkeit v *auf der Schnittstelle* bestimmt die Bewegung. Falls die Level-Set-Methode v an einem Gitterpunkt abseits der Schnittstelle benötigt, ist der zur Schnittstelle nächstgelegene Punkt ein guter Kandidat für einen Näherungswert.

Upwind-Differenzen

Das finite-Differenzen-Verfahren für Level-Sets wird in den Büchern seiner Erfinder ausführlich dargelegt (siehe Sethian [133] sowie Osher and Fedkiw [122]). Hier konzentrieren wir uns auf einen wesentlichen Bestandteil: die upwind-Differenzen. Aus Abschnitt 1.2 kennen Sie die drei einfachsten Näherungen für die erste Ableitung $d\phi/dx$: *vorwärts*, *rückwärts* und *zentriert*:

$$\frac{\phi(x+h) - \phi(x)}{h}, \quad \frac{\phi(x) - \phi(x-h)}{h}, \quad \frac{\phi(x+h) - \phi(x-h)}{2h}.$$

Welche dieser Varianten verwenden wir für die einfache Konvektionsgleichung $d\phi/dt + a d\phi/dx = 0$? Ihre exakte Lösung ist $\phi(x-at, 0)$. *Die Wahl der finiten Differenz hängt vom Vorzeichen von a ab.* Für $a < 0$ verläuft die Strömung von links nach rechts. In diesem Fall ist die Rückwärtsdifferenz die natürliche Wahl – der „Upwind-Wert" links sollte den Beitrag $\phi(x, t + \Delta t)$ liefern. Der Downwind-Wert $\phi(x+h, t)$ rechts bewegt sich während des Zeitschritts weiter downwind und hat an der Stelle x keinen Einfluss.

Wenn die Bewegung der Lösung (und des Windes) von rechts nach links verläuft ($a > 0$), dann wird durch die Vorwärtsdifferenz der geeignete Upwind-Wert zur Berechnung des neuen $\phi(x, t + \Delta t)$ verwendet.

Beachten Sie die Beschränkung des Zeitschritts $|a|\Delta t \leq h$. In der Zeit Δt treibt der „Wind" den wahren Wert für ϕ von $x + a\Delta t$ zum Punkt x. Im Falle $a > 0$ und wenn finite Differenzen upwind nach $x + h$ reichen, ist dies ausreichend, um Information über $x + a\Delta t$ zu erfassen. Somit lautet die CFL-Bedingung $a\Delta t \leq h$. Die numerischen Wellen müssen mindestens so schnell propagieren wie die physikalischen (und in der richtigen Richtung). Downwind-Differenzen verwenden Informationen von der falschen Seite des Punktes x und sind deshalb zum Scheitern verurteilt. Räumlich zentrierte Differenzen sind für das gewöhnliche Vorwärts-Euler-Verfahren instabil.

Durch sorgfältige Wahl der richtigen finiten Differenzen gelang es Osher, sogenannte ENO-Schemen (englisch essentially non-oscillatory) höherer Ordnung zu konstruieren. Ein zentraler Punkt bei nichtlinearen Problemen, in denen die Differentialgleichung mehrere Lösungen hat (siehe Abschnitt 6.6) ist die Wahl der „*Viskositätslösung*". Diese physikalisch korrekte Lösung tritt im Grenzfall eines gegen null gehenden zusätzlichen Diffusionsterms auf. Mit gut gewählten Differenzen ist die Viskositätslösung diejenige, die für $\Delta x \to 0$ auftritt.

Zum gegenwärtigen Zeitpunkt ist die Level-Set-Methode in großen kommerziellen Software-Paketen nicht enthalten. In Forschungsarbeiten jedoch wurden damit schon viele komplizierte nichtlineare Probleme gelöst.

Kapitel 7
Große Systeme

7.1 Elimination mit Umordnung

Finite Elemente und finite Differenzen erzeugen große lineare Systeme $KU = F$. *Die Matrix K ist extrem dünn besetzt.* In einer typischen Zeile stehen nur wenige von null verschiedene Elemente. Im „physikalischen Raum" sind diese Elemente stark geclustert, denn sie kommen durch benachbarte Knoten und Gitterpunkte zustande. In der Regel ist es nicht möglich, N^2 Knoten so in der Ebene anzuordnen, dass alle Nachbarn dicht beieinander liegen. Deshalb müssen wir für zweidimensionale und erst recht für dreidimensionale Probleme dringend drei Fragen beantworten:

1. Was ist die günstigste Anzahl für die Knoten?
2. Wie können wir die Tatsache ausnutzen, dass K dünn besetzt ist (und zwar, wenn die von null verschiedene Elemente weit entfernt voneinander liegen).
3. Ist es günstiger, eine **direkte Elimination** oder ein **iteratives Verfahren** anzuwenden?

Der letzte Punkt trennt diesen Abschnitt über Elimination (für die die **Knotenanordnung** wichtig ist) von späteren Abschnitten über iterative Verfahren (die wesentlich von der **Vorkonditionierung** abhängen).

Um eine erste Vorstellung zu bekommen, werden wir die n Gleichungen $KU = F$ aus der Laplaceschen Differenzengleichung in einem Intervall, einem Quadrat und einem Kubus erzeugen. Mit N Unbekannten für jede Richtung hat K die Ordnung N bzw. N^2 oder N^3. Es gibt 3, 5 oder 7 von null verschiedene Elemente in einer typischen Zeile der Matrix. Differenzen zweiter Ordnung für eine, zwei und drei Dimensionen sind in Abbildung 7.1 dargestellt.

Innerhalb der Matrix addieren sich die Elemente einer Zeile zu null. In zwei Dimensionen haben wir $4 - 1 - 1 - 1 - 1 = 0$. Diese „Nullsummeneigenschaft" bleibt auch für finite Elemente erhalten (die genauen Zahlen werden von den Formen bestimmt). Sie widerspiegelt die Tatsache, dass $u = 1$ die Laplace-Gleichung löst und $U = \text{ones}(n, 1)$ Differenzen hat, die gleich null sind.

Der konstante Vektor löst $KU = 0$ *außer in der Nähe der Ränder.* Wenn ein Nachbar ein Randpunkt ist, bewegt sich sein bekannter Wert auf die rechte Seite

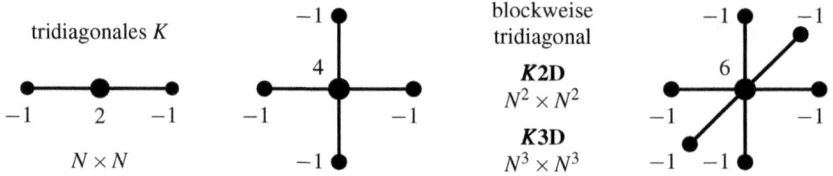

Abb. 7.1 Differenzelemente mit 3, 5 und 7 Punkten für $-u_{xx}, -u_{xx}-u_{yy}, -u_{xx}-u_{yy}-u_{zz}$.

von $KU = F$. Dann ist die *Zeilensumme nicht null*. In den „Randzeilen" von K2D steht nicht viermal die -1. Andernfalls wäre die Matrix singulär wie B2D, falls $K2D * \text{ones}(n, 1) = \text{zeros}(n, 1)$.

Unter Verwendung der Notation für Blockmatrizen können wir die Matrix **K2D** aus der gewöhnlichen $N \times N$-Matrix K der zweiten Differenzen erzeugen. Wir nummerieren die Knoten des Quadrats zeilenweise durch. (Diese „natürliche Nummerierung" ist nicht immer die beste). Damit ist die -1 des oberen Nachbarn und die des unteren Nachbarn N Positionen von der Hauptdiagonale von **K2D** entfernt.

Die 2D-Matrix ist *blockweise tridiagonal mit tridiagonalen Blöcken*:

$$K = \begin{bmatrix} 2 & -1 & & \\ -1 & 2 & -1 & \\ & & \ddots & \\ & & -1 & 2 \end{bmatrix} \quad \mathbf{K2D} = \begin{bmatrix} K+2I & -I & & \\ -I & K+2I & -I & \\ & \xleftrightarrow{\hspace{1cm}} & \ddots & \\ & \text{Breite } w=N & -I & K+2I \end{bmatrix} \quad (7.1)$$

Länge N   **Elimination in dieser Reihenfolge: Länge $n = N^2$**
Zeit N   **Raum $nw = N^3$ Zeit $nw^2 = N^4$**

In der Matrix K2D stehen unterhalb der Hauptdiagonale lauter Vieren. Ihre Bandbreite $w = N$ ist der Abstand von der Diagonale zu den von null verschiedenen Elementen von I. Viele der Zwischenräume werden im Zuge der Elimination mit Nichtnullen aufgefüllt. Dann ist der für die Faktoren in $K2D = LU$ erforderliche Speicherplatz von der Ordnung $nw = N^3$. Die Zeit ist proportional zu $nw^2 = N^4$, wenn n Zeilen jeweils w von null verschiedene Elemente enthalten und w von null verschiedene Elemente unterhalb des Pivots eliminiert werden müssen.

Wiederum wächst die Zahl der Operationen wie nw^2. In jedem Eliminationsschritt wird eine Zeile der Länge w benutzt. Es kann nw von null verschiedene Elemente unterhalb der Diagonale geben, die eliminiert werden müssen. Wenn innerhalb des Bandes einige Elemente null bleiben, kann die Elimination schneller als nw^2 sein – *das zu erreichen, ist unser Ziel*.

In vielen praktischen zweidimensionalen Problemen ist die Anzahl der Schritte nicht so groß, dass die Elimination nicht zu bewältigen wäre (und wir werden zeigen, wie die Ausgangsprobleme reduziert werden können). Für die Elimination auf K3D wird die furchtbar große Zahl $\mathbf{N^7}$ auftreten. Angenommen, in einem drei-

7.1 Elimination mit Umordnung

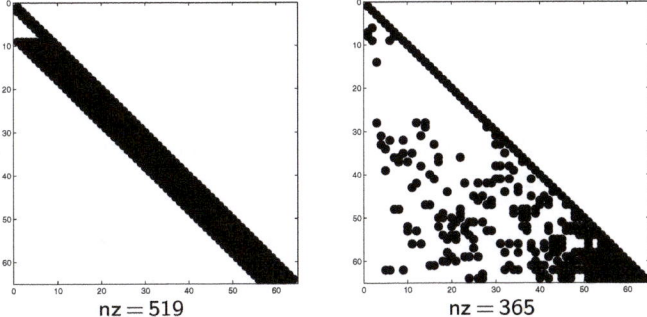

Abb. 7.2 (a) Das Band wird durch die Elimination aufgefüllt. (b) L nach gutem Umordnen.

dimensionalen kubischen Gitter sind die Ebenen durchnummeriert. In jeder Ebene sehen wir zweidimensionale Quadrate, und $K3D$ besteht aus Blöcken der Ordnung N^2 dieser Quadrate. Die Blöcke sind also aus $K2D$ und $I = I2D$ zusammengesetzt:

$$K3D = \begin{bmatrix} K2D+2I & -I & & \\ -I & K2D+2I & -I & \\ \xleftarrow{\hspace{3cm}} & & \cdot & \cdot \\ & mit\ w = N^2 & -I & K2D+2I \end{bmatrix} \quad \begin{array}{l} \textbf{3D Länge } n = N^3 \\ \textbf{Bandbreit } w = N^2 \\ \textbf{Elimination Raum } N^5 \\ \textbf{Elimination Zeit } N^7 \end{array}$$

Die Hauptdiagonale von $K3D$ enthält Sechsen, und in „inneren Zeilen" steht die -1. Angrenzend an eine Fläche, eine Kante oder eine Ecke des Kubus verlieren wir eins, zwei oder drei von diesen -1-Elementen. Von jedem Knoten zu dem darüberliegenden Knoten zählen wir N^2 Knoten. Die $-I$-Blöcke sind weit von der Hauptdiagonale entfernt, und die Bandbreite ist $w = N^2$. Dann ist $nw^2 = N^7$.

Neue Nichtnullen und neue Kanten

Ich komme nun direkt zu dem Hauptproblem, das bei der Elimination von dünn besetzten Matrizen auftritt. *Es kann passieren, dass eine Null „innerhalb des Bandes" durch die Elimination durch ein von null verschiedenes Element ersetzt wird.* Diese Nichtnullen gelangen in die triangularen Faktoren von $K = LL^T$ (siehe Abbildung 7.2 (a)). Wir sehen sie mithilfe von spy(L) und zählen die Nichtnullen mit nnz(L). Wenn die Pivotzeile mit ℓ_{ij} multipliziert und von einer unteren Zeile subtrahiert wird, *dann wird jede Nichtnull in der Pivotzeile diese untere Zeile infizieren.*

Manchmal hat eine Matrix eine voll besetzte Zeile, beispielsweise durch eine Zeile wie $\sum U_j = 1$ (siehe Abbildung 7.3 auf Seite 643). Eine solche Zeile kommt am besten zum Schluss! Andernfalls würden sich alle nachfolgenden Zeilen füllen.

Durch einen Graphen lässt sich die Verteilung der Nullen in K (die Besetzungsstruktur) gut visualisieren. Die Zeilen von K sind die Knoten dieses Graphen. Ein von null verschiedenes Element K_{ij} erzeugt eine Kante zwischen den Knoten i und j. **Der Graph von $K2D$ ist genau das Gitter im x-y-Raum.** Durch das Einfügen eines von null verschiedenen Elements entsteht eine neue Kante:

Auffüllen   *neue Nichtnull in der Matrix / neue Kante im Graphen*

Angenommen, a_{ij} wurde eliminiert. Ein Vielfaches von Zeile j wird von einer späteren Zeile i subtrahiert. Wenn a_{jk} von null verschieden ist, dann wird in Zeile i das Element a_{ik}^{neu} eingefügt:

$$\begin{matrix}\textbf{Matrix} \\ \textbf{Nichtnullen}\end{matrix} \quad \begin{matrix}a_{jj}\ a_{jk} \\ a_{ij}\ \ 0\end{matrix} \longrightarrow \begin{matrix}a_{jj}\ a_{jk} \\ 0\ \ a_{ik}^{neu}\end{matrix} \quad \begin{matrix}\textbf{Graph} \\ \textbf{Kanten}\end{matrix} \quad \begin{matrix}j\!\bullet\!\!-\!\!\bullet k \\ i\bullet\end{matrix} \longrightarrow \begin{matrix}j\!\bullet\!\!-\!\!\bullet k \\ i\bullet\end{matrix}\ \text{aufgefüllt}$$

Das Kronecker-Produkt

Eine gute Möglichkeit, K2D aus K und I ($N \times N$) zu erzeugen, ist der Befehl kron(A,B). Dieser ersetzt jede Zahl a_{ij} durch den Block $a_{ij}B$. Um die zweiten Differenzen in allen Spalten und für alle Zeilen gleichzeitig zu nehmen, liefert kron I-Blöcke und K-Blöcke:

$$\boldsymbol{K}\textbf{2D} = \text{kron}(K,I) + \text{kron}(I,K) = \begin{bmatrix} 2I & -I & \cdot \\ -I & 2I & \cdot \\ \cdot & \cdot & \cdot \end{bmatrix} + \begin{bmatrix} K & & \\ & K & \\ & & \cdot \end{bmatrix} \qquad (7.2)$$

Diese Summe stimmt mit dem $\boldsymbol{K}$**2D** überein, wie es gemäß Gleichung (7.1) aussieht. Eine dreidimensionale Box benötigt dann K2D und I2D = kron(I,I) in jeder Ebene. Dies lässt sich leicht auf Rechtecke verallgemeinern, für die die I's und die K's unterschiedlich groß sind. Für einen Kubus bilden wir die zweiten Differenzen innerhalb aller Ebenen mit kron(K2D,I). Dann fügen wir die Differenzen in z-Richtung mit kron(I2D,K) hinzu:

$$\boldsymbol{K}\textbf{3D} = \text{kron}(K\text{2D},I) + \text{kron}(I\text{2D},K) \quad \text{hat die Größe} \quad (N^2)(N) = N^3 \qquad (7.3)$$

Hier dienen die Matrizen K, K2D und K3D der Größen N, N^2 bzw. N^3 als *Modelle für einen bestimmten Typ von Matrizen.* Für diese Typen gibt es spezielle Methoden, um mit diesen besonderen Matrizen umzugehen. Es ist möglich, die Richtungen x, y und y zu separieren. In Abschnitt 3.5 über schnelle Poisson-Löser haben wir Verfahren vom FFT-Typ unabhängig für jede Richtung angewendet.

MATLAB muss wissen, dass die Matrizen dünn besetzt sind. Wenn wir I = speye(N) erzeugen und K wie in Abschnitt 1.1 aus spdiags entsteht, dann bleibt die dünne Besetzung bei Anwendung des kron-Befehls erhalten. In Abbildung 7.2 ist spy(L) für den triangularen Faktor L vor und nach dem Umordnen von K2D gezeigt. Im rechten Teil sind viel weniger Positionen besetzt. Dies ist vielleicht nicht ohne Weiteres zu sehen, doch das Zählen der von null verschiedenen Elemente führt zu einem überzeugenden Ergebnis (365 gegenüber 519 Nichtnullen). **Sehen Sie sich hierzu auch einmal die Animation auf** math.mit.edu/18086 **an.**

7.1 Elimination mit Umordnung 643

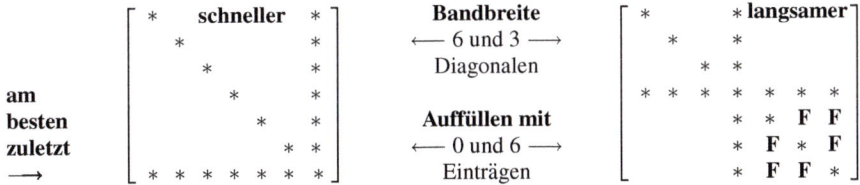

Abb. 7.3 Minimalgrad (Pfeilmatrix) schlägt minimale Bandbreite.

Der Minimalgrad-Algorithmus

Wir beschreiben nun einen nützliche Methode, mit der die Gitterpunkte und die Gleichungen in $KU = F$ umgeordnet werden können. Die Anordnung erreicht in jedem Schritt *näherungsweise den minimalen Grad* – **die Anzahl der von null verschiedenen Elemente unter dem Pivot wird fast minimiert.** Dies ist im Wesentlichen der Algorithmus, der beim MATLAB-Befehl $U = K\backslash F$ verwendet wird, wobei K eine dünn besetzte Matrix ist. Zu den Funktionen im Verzeichnis sparfun gehören sparse und find, für die gilt sparse(find(K)) = K:

find (Positionen und Werte der Nichtnullen) sparse (K aus Positionen und Werten)
spy (visualisiert das dünn besetzte Muster) nnz (Anzahl der Nichtnullen)
colamd und symamd (Permutation von K mit näherungsweise minimalem Grad)

Sie können einen Test machen und den Minimalgrad-Algorithmus ohne sorgfältige Analyse verwenden. Die Approximationen sind schneller als die exakten Minimalgrad-Permutationen colmmd und symmmd. Die Geschwindigkeit (in zwei Dimensionen) und die Rundungsfehler sind akzeptabel.

Bei den Laplace-Beispielen ist die Minimalgrad-Ordnung der Knoten sehr irregulär im Vergleich zu dem Verfahren mit „einer Zeile pro Schritt". Die finale Bandbreite wird wahrscheinlich nicht verringert. Aber viele Nichtnullen werden so lange wie möglich zurückgestellt. Dies ist der wesentliche Punkt.

Für eine **Pfeilmatrix** erzeugt dieser Minimalgrad-Algorithmus eine große Bandbreite aber ***kein Auffüllen***. Die triangularen Matrizen L und U behalten immer die gleichen Nullen. *Nehmen Sie die volle Zeile zuletzt.*

Die zweite Anordnung in Abbildung 7.3 reduziert die Bandbreite von 6 auf 3. Wenn aber Zeile 3 als Pivotzeile genommen wird, werden die mit **F** gekennzeichneten Elemente aufgefüllt. Das Viertel rechts unten wird mit $O(n^2)$ Nichtnullen in L und U voll besetzt. Wie Sie sehen, entscheidet also die gesamte Besetzungsstruktur und nicht allein die Bandbreite der Matrix über das Auffüllen.

Hier noch ein weiteres Beispiel mit einer **rot-schwarz-Anordnung** auf einem quadratischen Gitter. Färben Sie die Gitterpunkte gemäß eines Schachbrettmusters ein. Alle vier Nachbarn eines roten Punktes sind dann schwarz und umgekehrt. Wenn wir die roten Punkte vor den schwarzen nummerieren, hat die *permutierte* Matrix K2D (sie wird nicht explizit gebildet) Blöcke von $4I$ auf ihrer Diagonale:

Rot-Schwarz-Permutation $\quad P(K2D)P^T = \begin{bmatrix} 4I_{\text{rot}} & -1\text{'s} \\ -1\text{'s} & 4I_{\text{schwarz}} \end{bmatrix}.$ (7.4)

Dies verschiebt die -1 und die Auffüllungen in die unteren Zeilen. Beachten Sie, wie P die Zeilen (die Gleichungen) permutiert und $P^T = P^{-1}$ die Spalten (die Unbekannten).

Der **Minimalgrad-Algorithmus** wählt die $(k+1)$-te Pivotzeile, nachdem k Spalten unterhalb der Diagonale eliminiert wurden. Der Algorithmus sucht nach den Nichtnullen in der unteren rechten Teilmatrix der Größe $n-k$.

Symmetrischer Fall:
  Wähle den verbleibenden Gitterpunkt mit den **wenigsten Nachbarn**.

Asymmetrischer Fall:
  Wähle die verbleibende Spalte mit den **wenigsten Nichtnullen**.

Die Komponente von U, die zu dieser Spalte gehört, erhält den neuen Index $k+1$. Das Gleiche gilt für den Gitterpunkt im Gitter der finiten Differenzen. Natürlich werden durch die Elimination in dieser Spalte neue Nichtnullen in den verbleibenden Spalten entstehen. Ein gewisses Auffüllen mit Nichtnullen ist unvermeidlich. Der Algorithmus verfolgt die neuen Positionen der Nichtnullen sowie die Einträge selbst. Es sind die *Positionen*, die über die *Anordnung* der Unbekannten entscheiden (ein Permutationsvektor gibt die neue Anordnung an). Die *Einträge* in K bestimmen dann die *Zahlen*, die in L und U stehen.

Elimination auf dem Graphen der Knoten

Der **Grad eines Knotens** ist die Anzahl seiner Verbindungen mit anderen Knoten. Er ist gleich der Anzahl von Nichtnullen dieser Spalte von K (abzüglich des Diagonalelements). In Abbildung 7.4 haben die Eckknoten 1, 3, 4 und 6 alle den Grad 2. Die beiden inneren Knoten 2 und 5 haben jeweils den Grad 3. *Die Grade ändern sich mit fortschreitender Elimination!* **Knoten, die mit dem Pivot verbunden sind, werden miteinander verbunden, und diese Position der Matrix wird gefüllt.**

Sie werden sehen, wie durch eine Umnummerierung der Gitterpunkte die Symmetrie von K erhalten wird. Die Zeilen und Spalten werden auf die gleiche Weise umgeordnet. Dann gilt $PK_{\text{alt}}P^T = K_{\text{neu}} = K_{\text{neu}}^T$.

Beispiel 7.1 Abbildung 7.4 auf der nächsten Seite zeigt ein kleines Beispiel für die Minimalgrad-Anordnung, nämlich für das Laplacesche Fünfpunktschema. **Die Kanten des Graphen liefern die Nichtnullen in der Matrix.** Durch die Elimination entstehende neue Kanten führen zum Auffüllen der Matrix mit **F**.

Im ersten Schritt wird Zeile 1 als Pivotzeile gewählt, denn Knoten 1 hat den Minimalgrad 2. (Es hätte auch jeder andere Knoten vom Grad 2 als erstes kommen können.) Das Pivot ist **P**; die anderen Nichtnullen dieser Zeile sind mit einem Kästchen gekennzeichnet. *An den beiden mit **F** gekennzeichneten Positionen werden*

7.1 Elimination mit Umordnung

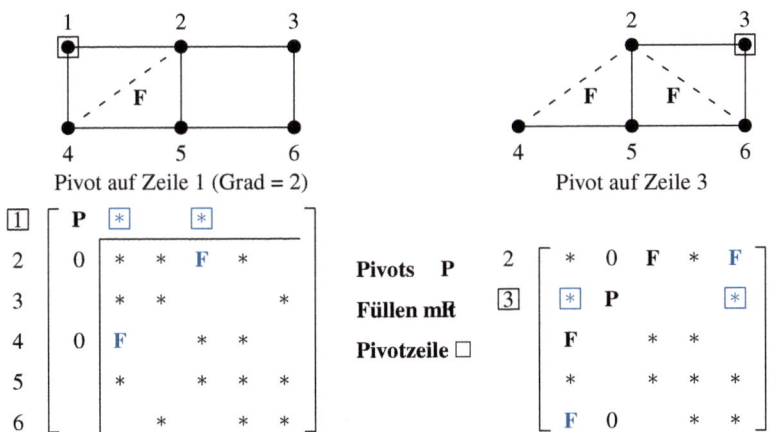

Abb. 7.4 Minimalgrad-Knoten 1 und 3 liefern die Pivots **P**. Neue Diagonalkanten 2–4 und 2–6 im Graphen entsprechen den Einträgen **F** die während der Elimination aufgefüllt werden.

Nichtnullen aufgefüllt. Diesem Auffüllen bei $(2,4)$ und $(4,2)$ entspricht die gestrichelte Linie, die Knoten 2 und 4 des Graphen verbindet.

Die Elimination geht auf der 5×5-Matrix (bzw. auf dem Graphen mit 5 Knoten) weiter. Knoten 2 hat immer noch den Grad 3 und wird deshalb nicht als nächstes eliminiert. Wenn wir die Verbindung trennen, indem wir Knoten 3 wählen, dann füllt die Elimination mit dem neuen Pivot **P** die Positionen $(2,6)$ und $(6,2)$ auf. *Knoten 2 wird mit Knoten 6 verbunden, weil beide zuvor mit dem eliminierten Knoten 3 verbunden waren.*

In Problem 6 sollen Sie den nächsten Schritt ausführen – einen Knoten mit Minimalgrad auswählen und das 4×4-System auf ein 3×3-System reduzieren. Abbildung 7.5 zeigt den Anfang einer Minimalgrad-Anordnung für ein größeres Gitter. Sie sehen, wie durch das Auffüllen (16 Kanten, 32 **F**'s) die Grade wachsen.

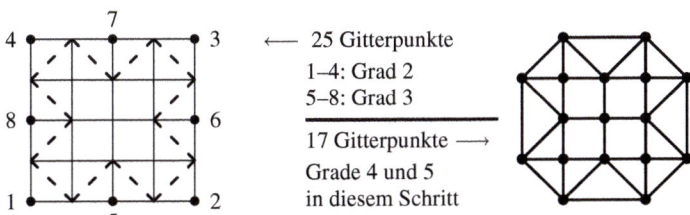

Abb. 7.5 Knoten, die mit einem eliminierten Knoten verbunden waren, werden miteinander verbunden.

Speichern des Besetzungsmusters

Für große Systeme $KU = F$ benötigen wir ein schnelles und ökonomisches Verfahren zum Speichern der Knotenverbindungen (also der Positionen der Nichtnullen in der Matrix). Die Liste der Tripel $i, j, s = $ *Zeile, Spalte, Wert* ändert sich, solange der Eliminationsprozess fortschreitet. Normalerweise sehen wir diese interne Liste nicht.

Hier wollen wir die Liste für $N = 4$ mithilfe $[i, j, s] = \text{find}(K)$ erzeugen. Es gilt $\text{nnz}(K) = 10$:

$$i = 1\ 2\ 1\ 2\ 3\ 2\ 3\ 4\ 3\ 4 \qquad j = 1\ 1\ 2\ 2\ 2\ 3\ 3\ 3\ 4\ 4$$
$$\qquad\qquad\quad \uparrow\ \uparrow\qquad\ \uparrow\qquad\ \uparrow\quad\ \uparrow$$

$$s = 2\ -1\ -1\ 2\ -1\ -1\ 2\ -1\ -1\ 2$$

Die fünfte Nichtnull steht in Zeile 3 und Spalte 2. Dieser Wert ist $s = K_{32} = -1$.

Alles, was wir aus der Liste der Spaltenindizes j brauchen, sind Zeiger (Pointer), die anzeigen, wann eine neue Spalte auftaucht. In der Praxis werden die j durch die kürzere Liste pointers ersetzt, die leichter zu aktualisieren ist und als letztes Element einen Zeiger auf Position $11 = \text{nnz} + 1$ enthält, um *stopp* zu signalisieren:

Pointer $= 1\ 3\ 6\ 9\ 11$ kann aktualisiert werden durch perm(pointers)

Anmerkungen zum MATLAB-Backslash   Der Backslash-Befehl $U = K\backslash F$ verwendet einen approximativen Minimalgrad-Algorithmus. Als erstes prüft er das Besetzungsmuster, um zu sehen, ob sich durch Zeilen- und Spaltenpermutationen P_1 und P_2 eine *blockweise Triangularform* herstellen lässt. Das umgeordnete System ist $(P_1 K P_2^T)(P_2 U) = P_1 F$:

Blockweise triangulare Matrix
$$P_1 K P_2^T = \begin{bmatrix} B_{11} & B_{12} & \cdot & \cdot \\ 0 & B_{22} & \cdot & \cdot \\ 0 & 0 & \cdot & \cdot \\ 0 & 0 & 0 & B_{mm} \end{bmatrix} \qquad P_1 F = \begin{bmatrix} f_1 \\ f_2 \\ \cdot \\ f_m \end{bmatrix}.$$

Die *blockweise Rücksubstitution* beginnt mit dem (möglicherweise) kleineren Problem $B_{mm} U_m = f_m$. Dieses wird nach Minimalgrad umgeordnet. Während wir uns aufwärts arbeiten, hoffen wir auf kleine Blöcke B_{ii} auf der Diagonale. Erstaunlich oft treten diese tatsächlich auf.

Damit die Symmetrie erhalten bleibt, muss $P_1 = P_2$ gelten. Im Falle positiver Definitheit ist das Cholesky-Verfahren chol dem LU-Verfahren lu vorzuziehen, weil dann sinnlose Zeilenvertauschungen sicher vermieden werden. Wenn $\text{diag}(K)$ positiv ist, besteht die Chance (keine Sicherheit!) auf positiv-Definitheit. Backslash versucht zuerst chol und geht zu lu über, wenn ein Pivot nicht positiv ist.

Allgemein wird MATLAB nachgesagt, nicht auf schnelle Performanz hin optimiert zu sein. Verwenden Sie es für Tests und zur Feinjustierung. Schnellere Programme basieren oft auf C.

7.1 Elimination mit Umordnung

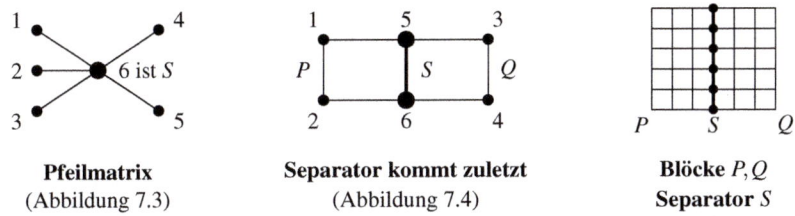

Pfeilmatrix	Separator kommt zuletzt	Blöcke P, Q
(Abbildung 7.3)	(Abbildung 7.4)	Separator S

Abb. 7.6 Ein Graphenseparator, dessen Knoten in der Nummerierung die letzten sind, erzeugt eine Blockpfeilmatrix K.

Graphenseparatoren

In diesem Abschnitt behandeln wir eine alternative Methode zum Umordnen. Dabei wird der Graph oder das Gitter durch einen Schnitt in zwei disjunkte Teile zerlegt. Dieser Schnitt – der Separator – verläuft durch eine geringe Anzahl von Knoten oder Gitterpunkten. *Es ist eine gute Idee, die zum Separator gehörenden Knoten zum Schluss zu nummerieren.* Für die disjunkten Teile P und Q ist die Elimination relativ schnell. Sie verlangsamt sich erst am Ende, für den (im Vergleich zu den Teilgraphen kleinen) Separator S.

Die Knoten in P haben keine direkten Verbindungen zu den Knoten von Q. (Beide sind allerdings mit dem Separator S verbunden.) Die Steifigkeitsmatrix K hat zwei Blöcke mit Nullen, die sich auch in ihrer LU-Zerlegung wiederfinden:

$$K = \begin{bmatrix} K_P & 0 & K_{PS} \\ 0 & K_Q & K_{QS} \\ K_{SP} & K_{SQ} & K_S \end{bmatrix} \quad L = \begin{bmatrix} L_P & & \\ 0 & L_Q & \\ X & Y & Z \end{bmatrix} \quad U = \begin{bmatrix} U_P & 0 & A \\ & U_Q & B \\ & & C \end{bmatrix} \quad (7.5)$$

Die Untermatrizen K_P und K_Q faktorisieren separat. Dann kommen die Verbindungen durch den Separator. Der wesentliche Aufwand steckt oft in dem recht dicht besetzten System für S. Auf einem rechteckigen Gitter verläuft der beste Schnitt entlang der kürzeren Seite durch die Mitte. Unser Modellproblem auf einem Quadrat ist tatsächlich das schwierigste, da es keinen kürzesten Schnitt gibt.

Ein U-förmiges Gebiet sieht auf den ersten Blick schwierig aus, erlaubt aber tatsächlich sehr einfache Separatoren. Bei einem Baum ist überhaupt kein Auffüllen nötig.

Ein Separator illustriert die Grundidee der **Gebietszerlegung:** *Teile das Problem in kleine Teile.* Dieses Vorgehen ist ganz natürlich, wenn man eine Strukturanalyse für ein Flugzeug macht – man löst das Problem separat für die Tragflächen und den Flugzeugrumpf. Das kleinere System für den Separator (in dem sich die Teile treffen) ist wie die dritte Zeile von Gleichung (7.5). Diese bringt die Unbekannten und ihre Normalableitungen (die Spannung oder den Fluss) entlang des Separators in Übereinstimmung. Eine umfassende Diskussion der Gebietszerlegung [155] ist hier nicht möglich.

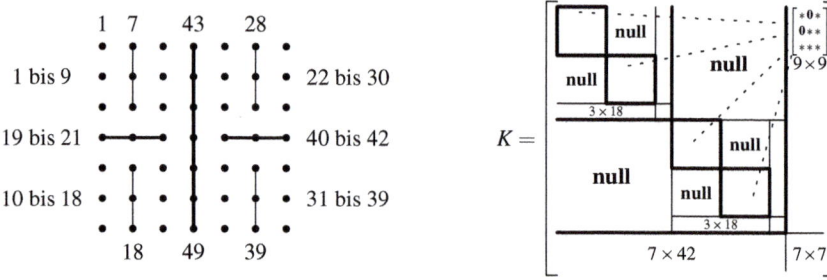

Abb. 7.7 Drei Levels von Separatoren; Nested Dissection.

Anmerkung MATLAB kann eine gute Subroutine $[P, Q, S] = \text{separator}(K)$ verwenden. An dieser Stelle kann dies aus einem minimalen Schnitt und einem maximalen Matching (beides folgt in Abschnitt 8.6) zusammengesetzt werden. Der Schnitt ist ein Kantenseparator, der P^* und Q^* erzeugt, wobei er nur von wenigen Kanten gekreuzt wird. Der Knotenseparator kann entweder aus den zu P^* gehörenden Endpunkten der kreuzenden Kanten bestehen, oder aus den zu Q^* gehörenden Endpunkten. Ein kleineres S findet man, wenn die Knoten teilweise zu P^* und teilweise zu Q^* gehören. Ein maximales Matching der Endpunkte bestimmt S so, dass wie gefordert keine Kanten von $P = P^* \backslash S$ nach $Q = Q^* \backslash S$ gehen.

Davis verwendet symrcm für den Schnitt und dmperm für das Matching (googeln Sie *Csparse*).

Nested Dissection

Man kann sagen, dass die Anordnung in der Reihenfolge P, Q, S **Block-Minimalgrad** hat. Doch ein Schnitt mit einem Separator wird nicht in die Nähe einer optimalen Anordnung kommen. Es ist natürlich, die Idee auf eine verschachtelte Folge von Schnitten auszudehnen. P und Q haben dann im nächsten Level ihre eigenen Separatoren. Dieses als **Nested Dissection** (deutsch etwa „verschachteltes Zerlegen") bezeichnete Verfahren wird solange fortgesetzt, bis weitere Schnitte keinen Vorteil mehr bringen. Dies ist eine Strategie, die allgemein „divide and conquer" („teile und herrsche") genannt wird.

Abbildung 7.7 zeigt drei Levels von Nested Dissection auf einem 7×7-Gitter. Der erste Separator führt vertikal durch die Mitte. Die nächsten beiden Schnitte teilen die beiden entstandenen Rechtecke horizontal in der Mitte. Im dritten Schritt werden in den vier Quadraten vier vertikale Schnitte geführt. Wenn die Knoten der Separatoren in jedem Schritt jeweils als letzte gezählt werden, ist die Matrix K (49×49) nach diesen drei Schritten eine Pfeilmatrix mit Pfeilen innerhalb von Pfeilen. Der Befehl spy zeigt das Besetzungsmuster.

Die Codes für Nested Dissection, hier und auf der cse-Website, verwenden die Funktion recur auf schöne Weise. Die neue Anordnung für ein Rechteck entsteht rekursiv aus den neuen Anordnungen für die kleineren Rechtecke (der höheren Levels).

7.1 Elimination mit Umordnung

Der Testfall mit $N = 7$ ruft die Routine nestdiss auf, die recur aufruft um perm(map) zu finden:

```
N = 7; K = delsq(numgrid('S',N+2));   % 5-Punkt-Matrix K2D auf N × N-Gitter
perm = nestdiss(N,N);                 % Umordnen der Knoten durch Nested
                                      % Dissection
NZ = nnz(chol(K(perm,perm)))          % Zählen der Nichtnullen im triangula-
                                      % ren Faktor
fill = NZ − nnz(tril(K))              % Zählen der Einfügungen im tri-
                                      % angularen Faktor

function perm = nestdiss(m,n)         % perm(k) = alter Index des neuen
                                      % Knotens k
map = recur(m,n);                     % map(i, j) = neuer Index des alten
                                      % Knotens i, j
perm(map(:)) = 1:m∗n;                 % perm ist die Inverse von map

function map = recur(m,n)             % starte mit mn zeilenweise
                                      % nummerierten Knoten
map = zeros(m,n);                     % initialisiere den Knoten map
if m == 0 | n == 0, return; end       % stopp wenn Gitter vollständig zerlegt
if m >= n, r = round((m+1)/2);        % teile die längere Seite des Rechtecks
  P = recur(r−1,n);                   % zerlege rekursiv die ersten r−1
  Q = recur(m−r,n);                   % zerlege rekursiv die letzten m−r
  map(1:r−1,:) = P;                   % Knoten von P behalten die aktuellen
                                      % Indizes
  map(r+1:m,:) = (r−1)∗n+Q;           % Knoten von Q erhalten die nächsten
                                      % Indizes
  map(r,:) = (m−1)∗n+(1:n);           % Knoten von S erhalten die letzten
else
  map = recur(n,m)'; end              % falls m < n operiere mit der Trans-
                                      % ponierten
```

Zusammenfassung Separatoren und Nested Dissection zeigen, wie Umordnungsstrategien mit dem **Graph der Knoten** arbeiten. Die Kanten zwischen den Knoten entsprechen den Nichtnullen in der Matrix K. Die durch die Elimination erzeugten Nichtnullen (die Elemente **F** in L und U) entsprechen benachbarten Kanten im Graphen. In der Praxis sollte es einen Kompromiss zwischen Einfachheit und Optimalität der Anordnung geben – beim Wissenschaftlichen Rechnen ist Einfachheit eine sehr gern gesehene Eigenschaft!

Es folgen die Komplexitätsabschätzungen für die Laplace-Funktion bei N^2 bzw. N^3 Knoten:

Verschachtelte Separatoren	$n = N^2$ in 2D	$n = N^3$ in 3D
Raum (Nichtnullen durch Auffüllen)	$N^2 \log N$	N^4
Zeit (Flops für Elimination)	N^3	N^6

Im vergangenen Jahrhundert wurde Nested Dissection wegen der geringen Geschwindigkeit immer seltener verwendet. Heute betrachtet man Probleme mit immer größeren Eingaben, weshalb das Verfahren wegen seiner relativ guten Asymptotik seine Nische findet. Alle planaren Graphen lassen sich durch Separatoren der Größenordnung $\sqrt{n}$ in etwa gleich große Teile zerlegen (P und Q haben höchstens die Größe $2n/3$). Natürlich kann irgendwann eine völlig neue Idee die bekannten Verfahren des Umordnens schlagen. Den älteren, umgekehrten Cuthill-McKee-Algorithmus empfehle ich nicht.

Ein akzeptabler Kompromiss ist der Backslash-Befehl $U = K \backslash F$, der eine fast-Minimalgrad-Umordnung verwendet.

Die Arbeit von George und Liu ([59]) ist die klassische Referenz zum Thema. Das neue Buch [35] und die Software SuiteSparse von Davis beschreiben, wie sein Algorithmus in Backslash und UMFPACK für dünn besetzte Systeme implementiert sind. Ich hoffe, Ihnen gefällt die Animation auf math.mit.edu/18086, in der Knoten entfernt und Kanten erzeugt werden. Vielleicht finden Sie Verbesserungsmöglichkeiten?

Aufgaben zu Abschnitt 7.1

7.1.1 Erzeugen Sie K2D für ein 4×4-Gitter mit $N^2 = 3^2$ inneren Gitterpunkten ($n = 9$). Lassen Sie sich die Faktoren der Zerlegung $K = LU$ ausgeben (oder den Cholesky-Faktor $C = \text{chol}(K)$ für die symmetrisierte Form $K = C^T C$). Wie viele Nullen treten in den triangularen Faktoren auf? Lassen Sie sich außerdem die Matrix $\text{inv}(K)$ ausgeben und überprüfen Sie, dass sie voll besetzt ist.

7.1.2 Betrachten Sie noch einmal Abbildung 7.2a. An welchen Positionen der LU-Faktoren von K2D werden Nichtnullen aufgefüllt?

7.1.3 Wie verändert sich Abbildung 7.2a für K3D? Schätzen Sie die Anzahl cN^p der Nichtnullen in L ab (die wichtigste Größe ist p).

7.1.4 Verwenden Sie tic; ...; toc (den Zeitbefehl) oder cpu, um die Lösungszeit K2D$u = $ random f in voll und dünn besetztem MATLAB zu vergleichen (K2D ist als dünn besetzte Matrix definiert). Ab welchem N gewinnt $K \backslash f$ für den dünn besetzten Fall?

7.1.5 Vergleichen Sie die gewöhnlichen Lösungszeiten mit denen für den dünn besetzten Fall für $(K$3D$)u = $ random f. Ab welchem N gewinnt $K \backslash f$ für den dünn besetzten Fall?

7.1.6 Skizzieren Sie den nächsten Schritt nach Abbildung 7.4, wenn die Matrix die Größe 4×4 und der Graph die Knoten 2–4–5–6 hat. Welche Knoten haben Minimalgrad? Wie viele neue Nichtnullen werden in diesem nächsten Schritt eingefügt?

7.1.7 Zeichnen Sie die rechte Seite von Abbildung 7.4 neu für den Fall, dass Zeile 2 als zweite Pivotzeile genommen wird. Knoten 2 hat nicht den minimalen

7.1 Elimination mit Umordnung

Grad. Markieren Sie die neuen Kanten des 5-Knoten-Graphen sowie die neuen Nichtnullen in der Matrix.

7.1.8 Die Knoten eines Baumes ergeben sich aus sukzessiven Verzweigungen aus einem gemeinsamen Wurzelknoten. Zeichnen Sie einen 12-Knoten-Baum mit einer Knotenanordnung, die zu Auffüllungen führt (es entstehen wie in Abbildung 7.4 Verbindungen zwischen den Knoten). Ordnen Sie die Knoten dann so um, dass die Auffüllungen vermieden werden.

7.1.9 Erzeugen Sie einen 10-Knoten-Graphen mit 20 zufälligen Kanten. Die symmetrische Adjazenzmatrix W hat 20 zufällige Einsen oberhalb der Diagonale. Zählen Sie die Nichtnullen in L durch Faktorisierung von $K = 20I - W$. Wiederholen Sie das Ganze, um ein gemitteltes nnz(L) zu finden.

7.1.10 Angenommen, A ist eine obere Dreiecksmatrix. Was bedeutet das für die Richtungen der Kanten im korrespondierenden gerichteten Graphen? Wenn A eine obere Block-Dreiecksmatrix ist, was lässt sich dann über die Kanten innerhalb der Blöcke und für die Kanten zwischen den Blöcken aussagen?

7.1.11 Angenommen, die Unbekannten U_{ij} auf einem quadratischen Gitter werden in einer $N \times N$-Matrix gespeichert anstatt in einem Vektor U der Länge N^2. Zeigen Sie, dass dann das Vektorergebnis von $(K2D)U$ von der Matrix $KU + UK$ erzeugt wird.

7.1.12 Eine Minimalgradordnung für ein quadratisches Gitter (Abbildung 7.5) beginnt mit dem Grad 2. Wie groß wird der Grad im Verlaufe der Elimination? (*Dies ist eine experimentelle Aufgabe.*) Nehmen Sie an, dass es N^2 Gitterpunkte gibt und formulieren Sie die Anweisungen für die Verbindungen im Minimalgrad.

7.1.13 Experimentieren Sie mit Auffüllungen für eine rot-schwarz-Permutation in Gleichung (7.4). Ist die rot-schwarz-Ordnung für große N der ursprünglichen zeilenweisen Ordnung überlegen?

7.1.14 Die Befehle $K2D = $ delsq(numgrid('S', 300)); $[L,U] = $ lu($K2D$); faktorisieren $K2D$. Zählen Sie mit nnz(L) die Nichtnullen – das Ergebnis ist nicht optimal. Benutzen Sie perm $= $ symamd($K2D$), um eine approximative Minimalgradordnung zu erreichen. Führen Sie $[LL,UU] = $ lu($K2D$(perm, perm)); aus und zählen Sie dann die Nullen in LL.

7.1.15 Es ist effizient, Platz zu schaffen, bevor man einen langen Vektor erzeugt. Vergleichen Sie die Zeiten:

1	$n = $ 1e5; $x(1) = 1$;		*verdopple zuerst den Platz*
2	for $k = 2:n$	**3**	if ($k > $ length(x))
5	$x(k) = k$;	**4**	$x(2*$length$(x)) = 0$;
6	end		*Zeit ist jetzt $O(n)$ anstatt $O(n^2)$*

7.1.16 Zeichnen Sie ein 5×5-Gitter und fügen Sie mit map $= $ recur(5,5) die 25 Zahlen ein. Fügen Sie in eine zweite Version des gleichen Gitters die Zahlen mit perm $= $ nestdiff(5,5) ein. Warum arbeiten wir mit K(perm, perm) und nicht mit K(map, map)? Ist F(perm) die neue rechte Seite?

7.1.17 Schreiben Sie ein Nested-Dissection-Programm für ein $N \times N \times N$-Gitter mit der 7-Punkt-Matrix $K3D$. Testen Sie die Fälle $N = 5, 7$ und 9, um den Exponenten α in nnz(L)$\sim N^\alpha$ anhand von $[L,U] = $ lu($K3D$(perm, perm)) abzuschätzen.

7.1.18 Herausforderung Bestimmen Sie für die K2D-Matrix der Größe 11×11 eine Anordnung der 121 Knoten, die nnz(chol(K2D(perm,perm))) so klein wie möglich macht. Auf der cse-Website wird das kleinste nnz und der beste Vektor perm regelmäßig aktualisiert (Einsendungen bitte an gs@math.mit.edu).

7.1.19 Zweiter Wettbewerb Suchen Sie nach einer optimalen, das Auffüllen reduzierenden Anordnung für die $9 \times 9 \times 9$-K3D-Matrix (729 Elemente; 7-Punkt-Laplace, nichtoptimal Ebene für Ebene geordnet). Ein Nested-Dissection-Programm für 3D findet ein sehr gutes perm und nnz, aber wahrscheinlich nicht das beste.

7.1.20 Erzeugen Sie die umgeordnete Matrix K aus Gleichung (7.5) für das Modell eines quadratischen Gitters mit einem vertikalen Separator in der Mitte. Lassen Sie sich deren Besetzungsmuster mit spy(K) ausgeben.

7.2 Iterative Verfahren

Wenn ein Problem $Ax = b$ zu groß und zu rechenaufwändig für die gewöhnliche Elimination wird, müssen neue Lösungsmethoden her. Wir reden hier über *dünn besetzte Matrizen A*, sodass Multiplikationen Ax relativ wenig Aufwand erfordern. Wenn A maximal p Nichtnullen in jeder Zeile hat, dann sind zur Berechnung von **Ax maximal pn Multiplikationen nötig.** Typische Anwendungen finden sich im Zusammenhang mit großen Systemen finiter Differenzen oder finite-Elemente-Gleichungen, wo wir häufig $A = K$ setzen.

Wir kommen nun von der Elimination zu **iterativen Verfahren**. Es sind zwei wichtige Entscheidungen zu treffen, zum einen bezüglich des Vorkonditionierers P, zum anderen bezüglich des Verfahrens selbst:

1. Ein guter Vorkonditionierer weicht nicht stark von A ab, ist aber viel leichter zu handhaben.
2. Zu den Optionen gehören *reine Iterationen* (Abschnitt 6.2), *Mehrgitterverfahren* (Abschnitt 6.3) und *Krylov-Verfahren* (Abschnitt 6.4), zu denen auch das Verfahren des konjugierten Gradienten gehört.

Reine Iterationen berechnen jedes neue x_{k+1} aus $x_k - P^{-1}(Ax_k - b)$. Diese Eigenschaft wird als Stationarität bezeichnet, weil alle Schritte gleich sind. Die Konvergenz gegen $x_\infty = A^{-1}b$ ist schnell, wenn sämtliche Eigenwerte von $M = I - P^{-1}A$ klein sind. Es ist leicht, *irgendeinen* Vorkonditionierer P vorzuschlagen, aber nicht so einfach, einen *sehr guten* zu finden. Die älteren Iterationsverfahren von Jacobi und Gauß-Seidel werden heute nicht mehr favorisiert, sind aber weiterhin wichtig. Sie werden im Folgenden Vor- und Nachteile kennenlernen.

Mehrgitterverfahren starten mit Jacobi- oder Gauß-Seidel-Iterationen, denn einen großen Vorteil haben diese Verfahren. Sie entfernen die hochfrequenten Komponenten (schnell oszillierende Bestandteile), sodass der Fehler geglättet wird. Die zentrale Idee besteht darin, *zu einem gröberen Gitter überzugehen* – wo der verbleibende Fehler behoben werden kann. Mehrgitterverfahren sind oft sehr effizient.

7.2 Iterative Verfahren

Krylov-Räume enthalten alle Kombinationen von $b, Ab, A^2b, \ldots$, und ein Krylov-Verfahren sucht nach der besten dieser Kombinationen. Zusammen mit einer Vorkonditionierung ist das Ergebnis hervorragend. Wenn die größer werdenden Unterräume den vollständigen Raum $\mathbf{R}^n$ erreichen, liefern diese Verfahren die exakte Lösung $A^{-1}b$. In der Praxis bricht man das Verfahren jedoch sehr viel früher ab, also lange bevor die n Schritte vollständig ausgeführt sind. Große Bedeutung hat das *Verfahren der konjugierten Gradienten (für positiv definites A und mit einem guten Vorkonditionierer)* erlangt.

Das Ziel der numerischen linearen Algebra ist klar: **Finde einen schnellen, stabilen Algorithmus, der die speziellen Eigenschaften der Matrix ausnutzt.** Wir haben es mit Matrizen zu tun, die symmetrisch, triangular, orthogonal oder tridiagonal sein können, oder vom Hessenberg-, vom Givens oder vom Householder-Typ. Solche Matrizen sind das Herzstück der Matrizenrechnung. Für die Algorithmen sind die genauen Werte der Elemente unwichtig. Wenn wir uns auf die Matrixstruktur konzentrieren, leistet die numerische lineare Algebra große Hilfe.

Allgemein sollte die Elimination mit einer guten Anordnung die erste Wahl sein! Der Speicherplatzbedarf und die Rechenzeit können jedoch exzessiv anwachsen, besonders im dreidimensionalen Fall. An dieser Stelle wechseln wir von der Elimination zu iterativen Verfahren, die mehr Raffinesse erfordern als $K\backslash F$. Die nächsten Seiten sollen den Leser in diesen Teilbereich des wissenschaftlichen Rechnens einführen.

Stationäre Iterationen

Wir beginnen mit der altbewährten rein stationären Iteration. Den Buchstaben K reservieren wir für „Krylov", sodass wir die Notation $KU = F$ hinter uns lassen. Das lineare System wird zu $Ax = b$. Die dünn besetzte Matrix A ist nicht notwendigerweise symmetrisch oder positiv definit:

Lineares System $Ax = b$ **Rest** $r_k = b - Ax_k$ **Vorkonditionierer** $P \approx A$.

Der Vorkonditionierer sollte möglichst nahe bei A liegen, aber trotzdem schnelle Iterationen erlauben. Die Jacobi-Wahl $P = $ Diagonale von A ist das eine Extrem (schnell, aber nicht sehr dicht an A), das andere Extrem ist $P = A$ (zu dicht). Das Aufsplitten von A überführt $Ax = b$ in eine neue Form:

Splitting $Px = (P - A)x + b$. (7.6)

Diese Form legt eine Iteration nahe, die aus jedem Vektor x_k den nächsten Vektor x_{k+1} errechnet:

Iteration $Px_{k+1} = (P - A)x_k + b$. (7.7)

Mit einem beliebigen x_0 beginnend, bestimmt der erste Schritt x_1 aus $Px_1 = (P - A)x_0 + b$. Weiter geht die Iteration mit x_2 und der gleichen Matrix P. Es ist daher oft hilfreich, die triangularen Faktoren ihrer Zerlegung $P = LU$ zu kennen. Manchmal ist P selbst triangular oder L und U sind Approximationen der triangularen Faktoren von A. Zwei Bedingungen an P stellen sicher, dass die Iteration erfolgreich ist:

1. Das neue x_{k+1} muss schnell zu berechnen sein. Gleichung (7.7) muss schnell lösbar sein.
2. Die Fehler $e_k = x - x_k$ sollten möglichst schnell gegen null gehen.

Indem wir Gleichung (7.7) von Gleichung (7.6) subtrahieren, finden wir die **Fehlergleichung**. Sie verbindet e_k mit e_{k+1}:

$$\textbf{Fehler} \quad Pe_{k+1} = (P-A)e_k \quad \text{bzw.} \quad \boldsymbol{e_{k+1} = (I - P^{-1}A)e_k = Me_k}. \tag{7.8}$$

Die rechte Seite b verschwindet in dieser Fehlergleichung. In jedem Schritt wird der Fehlervektor e_k mit M multipliziert. Die Konvergenzgeschwindigkeit von x_k gegen x (und von e_k gegen null) hängt allein von M ab. *Die Konvergenz hängt von den Eigenwerten von M ab*:

> **Konvergenztest**
>
> Für alle Eigenwerte von $M = I - P^{-1}A$ muss $|\lambda(M)| < 1$ gelten.

Der betragsgrößte Eigenwert definiert den **Spektralradius** $\rho(M) = \max|\lambda(M)|$. Die Konvergenz erfordert $\rho(M) < 1$. Die **Konvergenzrate** ist durch den größten Eigenwert festgelegt. Bei großen Problemen sind wir bereits mit $\rho(M) = 0.9$ oder gar $\rho(M) = 0.99$ zufrieden.

Wenn der Anfangsfehler e_0 zufällig ein Eigenvektor von M ist, dann ist der nächste Fehler $e_1 = Me_0 = \lambda e_0$. In jedem Schritt wird der Fehler mit λ multipliziert. *Es muss also $|\lambda| < 1$ gelten*. Im Normalfall ist e_0 eine Kombination sämtlicher Eigenvektoren. Wenn die Iteration die Multiplikation mit M beinhaltet, wird jeder Eigenvektor mit dem ihm zugehörigen Eigenwert multipliziert. Nach k Schritten sind diese Multiplikatoren λ^k, und der größte ist $(\rho(M))^k$.

Wenn wir keinen Vorkonditionierer benutzen, dann ist $M = I - A$. Um die Konvergenz zu sichern, müssen alle Eigenwerte von A innerhalb eines Einheitskreises mit dem Mittelpunkt 1 liegen. Unsere Matrizen $A = K$ der zweiten Differenzen würden diesen Test nicht bestehen ($I - K$ ist zu groß). Der Vorkonditionierer hat also zunächst die Aufgabe, die Matrix vernünftig zu skalieren. Das Jacobi-Verfahren liefert dann $\rho(I - \frac{1}{2}K) < 1$, mit einem wirklich guten P wird es sogar noch besser.

Jacobi-Iterationen

Für den Vorkonditionierer wollen wir zunächst eine recht einfache Wahl treffen:

> **Jacobi-Iteration** $P = $ Diagonalteil D von A.

Typische Beispiele haben Spektralradien der Größenordnung $\rho(M) = 1 - cN^{-2}$, wobei N die Anzahl der Gitterpunkte in der längsten Richtung ist. Der Wert kommt

7.2 Iterative Verfahren

immer dichter an 1 heran (zu dicht), wenn des Gitter verfeinert und N vergrößert wird. Die Jacobi-Iteration ist jedoch wichtig und leistet ihren Beitrag zum gesamten Verfahren.

Für unsere tridiagonalen Matrizen K ist der Jacobi-Vorkonditionierer einfach $P = 2I$ (der Diagonalteil von K). **Die Jacobi-Iterationsmatrix wird $M = I - D^{-1}A = I - \frac{1}{2}K$:**

Iterationsmatrix für einen Jacobi-Schritt
$$M = I - \frac{1}{2}K = \frac{1}{2}\begin{bmatrix} 0 & 1 & & \\ 1 & 0 & 1 & \\ & 1 & 0 & 1 \\ & & 1 & 0 \end{bmatrix}. \quad (7.9)$$

Im Folgenden sehen Sie im Detail, wie x^{neu} aus x^{alt} gebildet wird. Der Jacobi-Schritt verschiebt die außerhalb der Diagonale liegenden Einträge von A auf die rechte Seite und dividiert durch den Diagonalteil $D = 2I$:

$$\begin{matrix} 2x_1 - x_2 = b_1 \\ -x_1 + 2x_2 - x_3 = b_2 \\ -x_2 + 2x_3 - x_4 = b_3 \\ -x_3 + 2x_4 = b_4 \end{matrix} \Rightarrow \begin{bmatrix} x_1 \\ x_2 \\ x_3 \\ x_4 \end{bmatrix}^{\text{neu}} = \frac{1}{2}\begin{bmatrix} x_2 \\ x_1 + x_3 \\ x_2 + x_4 \\ x_3 \end{bmatrix}^{\text{alt}} + \frac{1}{2}\begin{bmatrix} b_1 \\ b_2 \\ b_3 \\ b_4 \end{bmatrix}. \quad (7.10)$$

Diese Gleichung wird für $x^{\text{neu}} = x^{\text{alt}}$ gelöst, aber dies ist nur im Limes der Fall. Die eigentliche Frage ist die nach der Anzahl der erforderlichen Iterationen bis zur Konvergenz, und dies hängt von den Eigenwerten von M ab. Wie nah liegt $\lambda_{\max}$ an 1?

Diese Eigenwerte sind einfache Kosinusse. In Abschnitt 1.5 haben wir tatsächlich alle Eigenwerte $\lambda(K) = 2 - 2\cos(\frac{j\pi}{N+1})$ berechnet. Wegen $M = I - \frac{1}{2}K$ dividieren wir diese Eigenwerte durch 2 und ziehen das Ergebnis von 1 ab. Die Eigenwerte $\cos j\theta$ von M sind kleiner als 1!

Jacobi-Eigenwerte
$$\lambda_j(M) = 1 - \frac{2 - 2\cos j\theta}{2} = \cos j\boldsymbol{\theta} \quad \text{mit} \quad \theta = \frac{\pi}{N+1}. \quad (7.11)$$

Die Konvergenz ist wegen $|\cos \theta| < 1$ sicher (aber langsam). Für kleine Winkel gilt $\cos \theta \approx 1 - \frac{1}{2}\theta^2$. Für $j = 1$ finden wir den ersten (und größten) Eigenwert von M:

Spektralradius $\quad \lambda_{\max}(M) = \cos \theta \approx 1 - \frac{1}{2}\left(\frac{\pi}{N+1}\right)^2 \quad (7.12)$

Für die niedrigste Frequenz ist die Konvergenz langsam. Die Matrix M in (7.9) hat die vier Eigenwerte $\cos\frac{\pi}{5}, \cos\frac{2\pi}{5}, \cos\frac{3\pi}{5}$ und $\cos\frac{4\pi}{5}$ (was gleich $-\cos\frac{\pi}{5}$ ist) (siehe Abbildung 7.8 auf der nächsten Seite).

Diese Jacobi-Eigenwerte $\lambda_j(M) = \cos j\theta$ haben eine wichtige Eigenschaft. Der Betrag $|\lambda_j|$ für $j = N$ ist der gleiche wie für $j = 1$. Das ist nicht gut für Mehrgitter-

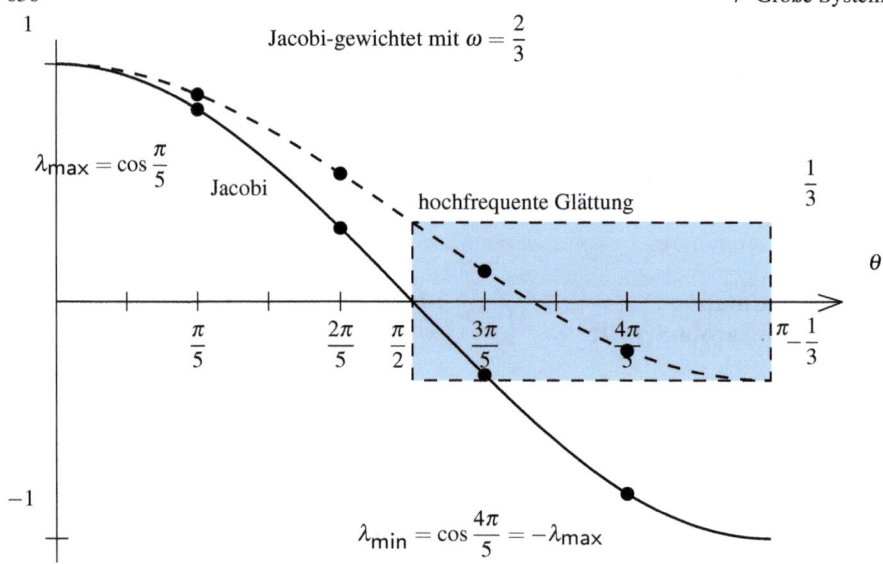

Abb. 7.8 Die Eigenwerte der Jacobi-Matrix $M = I - \frac{1}{2}K$ sind $\cos j\theta$, sie beginnen in der Nähe von $\lambda = 1$ und enden in der Nähe von $\lambda = -1$. Für die gewichtete Jacobi-Matrix ist $\lambda = 1 - \omega + \omega \cos j\theta$, was in der Nähe von $\lambda = 1 - 2\omega$ endet. In beiden Graphen ist $j = 1, 2, 3, 4$ und $\theta = \frac{\pi}{N+1} = \frac{\pi}{5}$ (mit $\omega = \frac{2}{3}$).

verfahren, wo hohe Frequenzen eine stark gedämpft werden müssen. Deshalb sind **gewichtete Jacobi-Matrizen** $M = I - \omega D^{-1}A$ von Bedeutung (ω ist der Gewichtsfaktor):

Die Jacobi-Iterationsmatrix $M = I - D^{-1}A$ wird zu $M = I - \omega D^{-1}A$.

Der Vorkonditionierer ist jetzt $P = D/\omega$. Hier sind die Eigenwerte $\lambda(M)$, wenn $A = K$ ist:

Gewichtete $\qquad D = 2I \quad \text{und} \quad M = I - \frac{\omega}{2}A \quad \text{und} \quad \omega < 1,$
Jacobi-Iteration $\quad \lambda_j(M) = 1 - \frac{\omega}{2}(2 - 2\cos j\theta) = \mathbf{1 - \omega + \omega} \cos j\boldsymbol{\theta}.$ (7.13)

Der gestrichelte Graph in Abbildung 7.8 zeigt diese Werte $\lambda_j(M)$ für $\omega = \frac{2}{3}$. Dieses ω ist optimal für das Dämpfen der hohen Frequenzen ($j\theta$ liegt zwischen $\pi/2$ und π) um mindestens $\frac{1}{3}$:

bei $j\theta = \frac{\pi}{2}$ $\quad \lambda(M) = 1 - \omega + \omega \cos \frac{\pi}{2} = 1 - \frac{2}{3} = \frac{1}{3},$

bei $j\theta = \pi$ $\quad \lambda(M) = 1 - \omega + \omega \cos \pi = 1 - \frac{4}{3} = -\frac{1}{3}.$

Wenn wir uns von $\omega = \frac{2}{3}$ wegbewegen, wächst der Betrag eines dieser Eigenwerte. Eine gewichtete Jacobi-Iteration erweist sich innerhalb eines Mehrgitterverfahrens als ein guter Glätter.

7.2 Iterative Verfahren

In zwei Dimensionen ist das Bild im Wesentlichen das gleiche. **Die N^2 Eigenwerte von K2D sind die Summen $\lambda_j + \lambda_k$ der N Eigenwerte von K.** Alle Eigenvektoren setzen sich aus Komponenten $\sin j\pi x \sin k\pi y$ zusammen. (Allgemein haben die Eigenwerte von kron(A,B) die Form $\lambda_j(A)\lambda_k(B)$. Für kron(K,I) + kron(I,K) bedeutet das Teilen von Eigenvektoren, dass wir Eigenwerte hinzufügen können.)

Für die Jacobi-Iteration gilt $P = 4I$, wegen der Diagonale von K2D. Daher ist $M2D = I2D - \frac{1}{4}K2D$:

$$\lambda_{jk}(M2D) = 1 - \frac{1}{4}[\lambda_j(K) + \lambda_k(K)] = \frac{1}{2}\cos j\theta + \frac{1}{2}\cos k\theta. \tag{7.14}$$

Mit $j = k = 1$ zeigt der Spektralradius $\lambda_{\max}(M) = \cos\theta$ das gleiche Verhalten $1 - cN^{-2}$ wie in einer Dimension.

Numerische Experimente

Mehrgitterverfahren wurden entwickelt, um der schlechten Konvergenz der Jacobi-Iteration zu entkommen. Sie werden feststellen, wie typische Fehlervektoren e_k zunächst fallen und dann stagnieren. Für die gewichtete Jacobi-Iteration verschwinden die hohen Frequenzen viel früher als die niedrigen. Abbildung 7.9 zeigt einen starken Abfall von e_0 bis e_{50} und dann nur noch einen sehr langsamen. Wir haben die Matrix der zweiten Differenzen gewählt und die Iteration einer zufälligen rechten Seite gestartet.

Die unakzeptable Konvergenzgeschwindigkeit wird versteckt, wenn wir nur die Reste $r_k = b - Ax_k$ betrachten. Anstatt den Fehler $x - x_k$ in der Lösung zu messen, misst r_k den Fehler in der Gleichung. Der Restfehler fällt tatsächlich schnell. Der Schlüssel, der uns zu Mehrgitterverfahren führt, ist der rasche Abfall in r bei einem so langsamen Abfall in e.

Das Gauß-Seidel-Verfahren und die rot-schwarz-Ordnung

Die Idee der Gauß-Seidel-Iteration besteht darin, die Komponenten von x^{neu} zu verwenden, sobald sie berechnet wurden. Dieses Vorgehen halbiert den Speicherbedarf, da x^{alt} von x^{neu} überschrieben wird. Der zuvor diagonale Vorkonditionierer $P = D + L$ wird *triangular*, was immer noch leicht zu handhaben ist:

> **Gauß-Seidel-Iteration** $P =$ **unterer Triangularteil von A**

Die Gauß-Seidel-Iteration liefert eine schnellere Fehlerreduktion als die gewöhnliche Jacobi-Iteration, da die Eigenwerte $\cos j\theta$ des Jacobi-Falls zu $(\cos j\theta)^2$ werden. Der Spektralradius wird quadriert, sodass ein Gauß-Seidel-Schritt so viel wert ist wie zwei Jacobi-Schritte. Die (große) Anzahl von Iterationen wird halbiert, wenn die negativen Einsen unterhalb der Diagonale mit den Zweien auf der *linken Seite* von Px^{neu} bleiben:

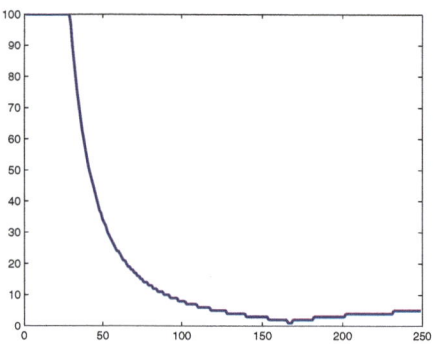
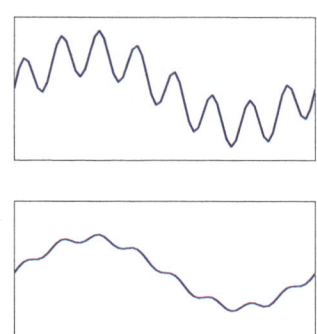

Abb. 7.9 (left) Niedrige Frequenzen benötigen wesentlich mehr Iterationen, um eine Dämpfung auf 1/100 zu erreichen. (rechts) Schnelle Oszillationen sind fast verschwunden, es bleibt nur die niedrige Frequenz [26, p. 23–24].

Gauß-Seidel $Px^{\text{neu}} = (P-A)x^{\text{alt}} + b$

$$-1\begin{bmatrix} 0 \\ x_1 \\ x_2 \\ x_3 \end{bmatrix}^{\text{neu}} + 2\begin{bmatrix} x_1 \\ x_2 \\ x_3 \\ x_4 \end{bmatrix}^{\text{neu}} = \begin{bmatrix} x_2 \\ x_3 \\ x_4 \\ 0 \end{bmatrix}^{\text{alt}} + \begin{bmatrix} b_1 \\ b_2 \\ b_3 \\ b_4 \end{bmatrix}. \tag{7.15}$$

Die erste Gleichung ergibt ein neues x_1, da P triangular ist. Das neue x_1^{neu} eingesetzt in die zweite Gleichung liefert x_2^{neu}, was in die dritte Gleichung eingeht. Problem 5 zeigt, dass allgemein $x^{\text{neu}} = (\cos j\theta)^2 x^{\text{alt}}$ mit dem korrekten Eigenvektor x^{alt} gilt. Sämtliche Jacobi-Eigenwerte $\cos j\theta$ werden im Gauß-Seidel-Fall quadriert; sie werden also kleiner.

Die **symmetrische Gauß-Seidel-Iteration** entsteht durch einen doppelten Durchlauf, wobei die Reihenfolge der Komponenten umgekehrt wird, um den kombinierten Prozess symmetrisch zu machen. $I - P^{-1}A$ selbst ist für ein triangulares P nicht symmetrisch.

Eine **rot-schwarz-Ordnung** ist ein guter Kompromiss zwischen Jacobi- und Gauß-Seidel-Iteration. Stellen Sie sich ein zweidimensionales Schachbrettgitter vor. Nummerieren Sie zuerst die roten Knoten durch und dann die schwarzen. Diese Nummerierung ändert am Jacobi-Verfahren nichts (dieses hebt alle x^{alt} auf, um x^{neu} zu erzeugen). Das Gauß-Seidel-Verfahren dagegen wird auf diese Weise verbessert. In einer Dimension aktualisiert ein Gauß-Seidel-Schritt alle geraden (roten) Komponenten x_{2j} unter Verwendung der bekannten Werte für die schwarzen Knoten. Dann werden die ungeraden (schwarzen) Komponenten x_{2j+1} unter Verwendung der neuen Werte für die roten Knoten aktualisiert:

$$\begin{aligned} x_{2j} &\longleftarrow \frac{1}{2}(x_{2j-1} + x_{2j+1} + b_{2j}), \\ x_{2j+1} &\longleftarrow \frac{1}{2}(x_{2j} + x_{2j+2} + b_{2j+1}). \end{aligned} \tag{7.16}$$

7.2 Iterative Verfahren

In zwei Dimensionen ist $x_{i,j}$ rot, wenn $i+j$ gerade ist, und schwarz, wenn $i+j$ ungerade ist. Die Laplacesche 5-Punkte-Differenzmatrix verwendet die vier benachbarten schwarzen Werte zur Aktualisierung der roten Knoten. Dann werden mithilfe der Werte für die roten die schwarzen Knoten aktualisiert. Dies ist ein Beispiel für eine *Block-Gauß-Seidel-Iteration*.

Bei der **Linien-Gauß-Seidel-Iteration** bildet jede Zeile des Gitters einen Block. Der Vorkonditionierer P ist *blockweise triangular*:

$$P_{\text{rot-schwarz}} = \begin{bmatrix} 4I & 0 \\ -1\text{'s} & 4I \end{bmatrix} \quad \text{und} \quad P_{\text{Linien G-S}} = \begin{bmatrix} K+2I & 0 & 0 \\ -I & K+2I & 0 \\ 0 & -I & K+2I \end{bmatrix}.$$

Eine sehr schöne Eigenschaft ist die Tatsache, dass alle Werte der roten Knoten *parallel* berechnet werden können. Nötig sind dafür nur die Werte der schwarzen Knoten, und die Aktualisierung kann in beliebiger Reihenfolge stattfinden, denn es gibt keine Verbindungen innerhalb der Menge der roten Knoten. Bei einer Linien-Jacobi-Iteration können die Zeilen in zwei Dimensionen parallel aktualisiert werden, bzw. in drei Dimensionen die Ebenen. Das Rechnen mit Blockmatrizen ist effizient.

Überrelaxation (SOR) ist eine Kombination aus Jacobi- und Gauß-Seidel-Iteration, bei der ein Faktor ω verwendet wird, der höchstens 2 werden kann. Der Vorkonditionierer ist $P = D + \omega L$. In meinem früheren Buch und in vielen anderen Referenzen wird gezeigt, wie ω gewählt werden muss, um den Spektralradius $\rho(M)$ zu minimieren, was zu einer Verbesserung von $\rho = 1 - cN^{-2}$ auf $\rho(M) = 1 - cN^{-1}$ führt. Dann ist die Konvergenz wesentlich schneller (N Schritte anstatt N^2 Schritte, um den Fehler um einen bestimmten Faktor e zu senken).

Unvollständige LU-Zerlegung

Ein anderer Ansatz ermöglicht eine viel größere Flexibilität bei der Konstruktion eines guten Vorkonditionierers P. Die Idee besteht darin, eine **unvollständige LU-Zerlegung** der Matrix A zu konstruieren:

> **Unvollständige LU-Zerlegung**
>
> $P = $ (**Approximation von L**) (**Approximation von U**). (7.17)

Das exakte $A = LU$ hat Auffüllungen, ebenso die Cholesky-Zerlegung $A = R^{\mathrm{T}}R$. An den Positionen, wo in A Nullen stehen, erscheinen in L, U und R Nichtnullen. Aber $P = L_{\text{approx}}U_{\text{approx}}$ kann die aufgefüllten **F** nur über einem festgelegten Toleranzwert halten. Die MATLAB-Befehle für unvollständige LU-Zerlegung sind

$$[L, U, \text{Perm}] = \text{luinc}(A, \text{tol}) \quad \text{oder} \quad R = \text{cholinc}(A, \text{tol}).$$

Wenn Sie tol $= 0$ setzen, haben die Buchstaben inc (für incomplete = unvollständig) keine Bedeutung. Dann haben wir eine gewöhnliche LU-Zerlegung für dünn besetzte Matrizen (oder eine Cholesky-Zerlegung für positiv definite A). Ein großer Wert von tol entfernt sämtliche Auffüllungen.

In Differenzmatrizen wie K2D können Nullsummen von Zeilen aufrecht erhalten werden, indem Einträge unterhalb von tol zur Hauptdiagonale hinzugefügt werden (anstatt solche Einträge vollständig auszulöschen). Dieses **modifizierte ILU-Verfahren** ist erfolgreich (mluinc and mcholinc). Die Vielfalt der Möglichkeiten und vor allem die Tatsache, dass der Computer automatisch entscheiden kann, wie viele Auffüllungen erhalten bleiben sollen, hat die unvollständige LU-Zerlegung zu einem häufig verwendeten Ausgangspunkt gemacht.

Zusammenfassend lässt sich sagen, dass die Jacobi-Iteration und die Gauß-Seidel-Iteration in ihrer ursprünglichen Form zu simpel sind. Oft fallen die Glättungsfehler (niedrige Frequenzen) zu langsam ab. *Mehrgitterverfahren beheben dieses Problem.* Und die reine Iteration wählt einen speziellen Vektor eines „Krylov-Raumes". Mit relativ geringem Aufwand gelangen wir zu einem wesentlich besseren x_k. Mehrgitterverfahren und Krylov-Projektionen sind bei den iterativen Verfahren heute der Stand der Kunst.

Aufgaben zu Abschnitt 7.2

In den Aufgaben 7.2.1 bis 7.2.5 werden iterative Verfahren für die Matrix $K_2 = [2\ -1; -1\ 2]$ und K_n getestet.

7.2.1 Beim Jacobi-Verfahren steht der Diagonalteil von K_2 auf der linken Seite:

$$\begin{bmatrix} 2 & 0 \\ 0 & 2 \end{bmatrix} x^{k+1} = \begin{bmatrix} 0 & 1 \\ 1 & 0 \end{bmatrix} x^k + b \quad \text{hat die Iterationsmatrix} \quad M = \begin{bmatrix} 2 & 0 \\ 0 & 2 \end{bmatrix}^{-1} \begin{bmatrix} 0 & 1 \\ 1 & 0 \end{bmatrix}.$$

Bestimmen Sie die Eigenwerte von M sowie den Spektralradius $\rho = \cos \frac{\pi}{N+1}$.

7.2.2 Beim Gauß-Seidel-Verfahren steht der untere trianguläre Teil links:

$$\begin{bmatrix} 2 & 0 \\ -1 & 2 \end{bmatrix} x^{k+1} = \begin{bmatrix} 0 & 1 \\ 0 & 0 \end{bmatrix} x^k + b \quad \text{hat die Iterationsmatrix} \quad M = \begin{bmatrix} 2 & 0 \\ -1 & 2 \end{bmatrix}^{-1} \begin{bmatrix} 0 & 1 \\ 0 & 0 \end{bmatrix}.$$

Bestimmen Sie die Eigenwerte von M. Ein Gauß-Seidel-Schritt für diese Matrix sollte zwei Jacobi-Schritten entsprechen: $\rho_{GS} = (\rho_{Jacobi})^2$.

7.2.3 Bei der sukzessiven Überrelaxation wird ein Faktor ω verwendet, der für zusätzliche Geschwindigkeit sorgt:

$$\begin{bmatrix} 2 & 0 \\ -\omega & 2 \end{bmatrix} x^{k+1} = \begin{bmatrix} 2(1-\omega) & \omega \\ 0 & 2(1-\omega) \end{bmatrix} x_k + \omega b$$

$$\text{hat } M = \begin{bmatrix} 2 & 0 \\ -\omega & 2 \end{bmatrix}^{-1} \begin{bmatrix} 2(1-\omega) & \omega \\ 0 & 2(1-\omega) \end{bmatrix}.$$

Die Produktregel liefert $\det M = (\omega - 1)^2$. Das optimale ω liefert Eigenwerte $= \omega - 1$ und Spur $= 2(\omega - 1)$. Setzen wir dies gleich Spur$(M) = 2 - 2\omega + \frac{1}{4}\omega^2$, dann finden wir $\omega = 4(2 - \sqrt{3})$. Vergleichen Sie $\rho_{SOR} = \omega - 1$ mit $\rho_{GS} = \frac{1}{4}$.

7.2.4 Für $\theta = \pi/(N+1)$ sind die größten Eigenwerte $\rho_{\text{Jacobi}} = \cos\theta$, $\rho_{\text{GS}} = \cos^2\theta$, $\rho_{\text{SOR}} = (1-\sin\theta)/(1+\sin\theta)$. Berechnen Sie diese Zahlen für $N = 21$. Wenn $\log(\rho_{\text{SOR}}) = 30\log(\rho_{\text{Jacobi}})$ gilt, warum bringt dann ein SOR-Schritt so viel wie 30 Jacobi-Schritte?

7.2.5 Zeigen Sie, dass die Gauß-Seidel-Iteration (7.15) für $x^{\text{alt}} = (\cos\frac{k\pi}{N+1}\sin\frac{k\pi}{N+1}, \cos^2\frac{k\pi}{N+1}\sin\frac{2k\pi}{N+1}, \ldots, \cos^N\frac{k\pi}{N+1}\sin\frac{Nk\pi}{N+1})$ durch $x^{\text{neu}} = [\cos^2\frac{k\pi}{N+1}]\,x^{\text{alt}}$ erfüllt wird. Damit ist bewiesen, dass M für die Gauß-Seidel-Iteration die Eigenwerte $\lambda = \cos^2\frac{k\pi}{N+1}$ hat (Quadrate der Jacobi-Eigenwerte)

7.2.6 Eine schnelle Abschätzung von Eigenwerten ist mithilfe von Gershgorin-Kreisen möglich: *Jeder Eigenwerte von A liegt in einem Kreis, dessen Mittelpunkt ein Diagonalelement a_{ii} und dessen Radius $r_i = |a_{i1}| + \cdots + |a_{in}|$ (ausgenommen $|a_{ii}|$) ist.* Was können Sie über den Kreis aussagen, in dem alle Eigenwerte der $-1, 2, -1$-Matrizen liegen?

7.2.7 K2D enthält die zweiten Differenzen in x und y. Zeigen Sie mit zwei Punkten je Richtung, dass für die 4-Matrix M $\lambda_{\max} > 1$ gilt:

$$\begin{bmatrix} K & 0 \\ 0 & K \end{bmatrix} x^{k+1} = \begin{bmatrix} -2I & I \\ I & -2I \end{bmatrix} x^k + b \quad \text{hat} \quad M = \begin{bmatrix} K & 0 \\ 0 & K \end{bmatrix}^{-1} \begin{bmatrix} -2I & I \\ I & -2I \end{bmatrix}.$$

Bestimmen Sie $\lambda_{\max}$. Die **Iteration mit alternierender Richtung** (ADI) macht sich diese Idee des Splittings zunutze, wobei in einem zweiten Schritt die Richtungen x und y vertauscht werden. Mehr dazu im Web.

7.2.8 Das ADI-Verfahren ist schnell, weil der implizite Teil, der mit x^{k+1} multipliziert wird, tridiagonal ist. Auf der linken Seite der Iterationsvorschrift stehen nur der linke und der rechte bzw. der obere und der untere Nachbar. Eine mögliche Modifikation könnte darin bestehen, den linken, den rechten und den unteren Nachbarn auf die linke Seite zu bringen und die anderen Richtungen zu alternieren. Experimentieren Sie mit dieser Idee. Es könnte auch wie in ADI Parameter zur Beschleunigung geben.

7.2.9 Testen Sie $R = \text{cholinc}(K2D, \text{tol})$ mit verschiedenen Werten von tol. Liefert $P = R^TR$ die korrekten Nichtnullen -1 und 4 in K2D? Wie hängt der größte Eigenwert von $I - P^{-1}(K2D)$ von tol ab? Die unvollständige LU-Zerlegung (**ILU**) entfernt oft mit Erfolg alle Auffüllungen aus R – für welchen Wert von tol?

7.2.10 Bestimmen Sie den Spektralradius ρ für die rot-schwarz-Ordnung der Gauß-Seidel-Iteration in (7.16), zunächst in einer Dimension und dann für zwei Dimensionen ($N = 5$ Punkte in jeder Richtung).

7.3 Mehrgitterverfahren

Die Iterationsverfahren von Jacobi und Gauß-Seidel erzeugen glatte Fehler. Die hohen Frequenzen des Fehlervektors e sind nach wenigen Iterationen verschwunden. Die niedrigen Frequenzen zerfallen jedoch nur sehr langsam. Die Konvergenz erfordert $O(N^2)$ Iterationen – was völlig unakzeptabel sein kann. Die außerordentlich effektive Idee der **Mehrgitterverfahren** besteht darin, auf ein gröberes Gitter überzugehen, auf dem „glatt zu grob" wird und niedrige Frequenzen sich wie hohe verhalten.

Auf diesem gröberen Gitter kann ein großer Teil des Fehlers beseitigt werden. *Wir führen nur wenige Iterationen aus, bevor wir von fein zu grob und von grob zu fein wechseln.* Das bemerkenswerte Ergebnis ist, dass ein Mehrgitterverfahren viele dünn besetzte und realistische Systeme mit hoher Genauigkeit löst, und zwar mit einer **festen Anzahl von Iterationen,** die nicht mit n wächst.

Besonders erfolgreich sind Mehrgitterverfahren für symmetrische Systeme. Die entscheidenden neuen Werkzeuge sind die (nicht quadratischen!) Matrizen R und I, mit denen von einem Gitter zum anderen gewechselt wird:

1. R ist die *Restriktionsmatrix*; sie überführt die Vektoren vom feinen auf das grobe Gitter.
2. $I = I_{2h}^{h}$ ist die *Interpolationsmatrix*; mit ihrer Hilfe kehren wir zum feinen Gitter zurück.
3. Die ursprüngliche Matrix A_h auf dem feinen Gitter wird auf dem groben Gitter durch $A_{2h} = RA_hI$ approximiert. Dieses A_{2h} ist kleiner, einfacher und schneller als A_h. Beginnen wir mit der Interpolation (eine 7×3-Matrix I, die 3 v's in 7 u's überführt):

Interpolation $Iv = u$,

u **auf dem feinen Gitter** (h), v **auf dem groben Gitter** $(2h)$

$$\frac{1}{2}\begin{bmatrix} 1 & & \\ 2 & & \\ 1 & 1 & \\ & 2 & \\ & 1 & 1 \\ & & 2 \\ & & 1 \end{bmatrix}\begin{bmatrix} v_1 \\ v_2 \\ v_3 \end{bmatrix} = \begin{bmatrix} v_1/2 \\ v_1 \\ v_1/2 + v_2/2 \\ v_2 \\ v_2/2 + v_3/2 \\ v_3 \\ v_3/2 \end{bmatrix} = \begin{bmatrix} u_1 \\ u_2 \\ u_3 \\ u_4 \\ u_5 \\ u_6 \\ u_7 \end{bmatrix}. \qquad (7.18)$$

In diesem Beispiel ist $h = \frac{1}{8}$ auf dem Intervall $0 \leq x \leq 1$ (Randbedingungen null). Die sieben inneren Werte sind die u's. Das Gitter mit $2h = \frac{1}{4}$ hat im Inneren drei Werte für v.

Beachten Sie, dass u_2, u_4 und u_6 aus den Zeilen 2, 4 und 6 identisch sind mit v_1, v_2 und v_3! Diese Werte des groben Gitters werden einfach in den Punkten $x = \frac{1}{4}, \frac{2}{4}, \frac{3}{4}$ auf das feine Gitter übertragen. Die Zwischenwerte u_1, u_3, u_5, u_7 auf dem feinen Gitter entstehen durch *lineare Interpolation* zwischen $0, v_1, v_2, v_3, 0$ auf dem groben Gitter:

Lineare Interpolation in den Zeilen 1, 3, 5, 7 $\quad u_{2j+1} = \dfrac{1}{2}(v_j + v_{j+1}). \quad (7.19)$

Die ungeradzahligen Zeilen der Interpolationsmatrix enthalten die Einträge $\frac{1}{2}$ und $\frac{1}{2}$. Wir verwenden fast immer die Gitterabstände $h, 2h, 4h, \ldots$ mit dem komfortablen Verhältnis 2. Andere Matrizen I sind möglich, doch die lineare Interpolation ist

7.3 Mehrgitterverfahren

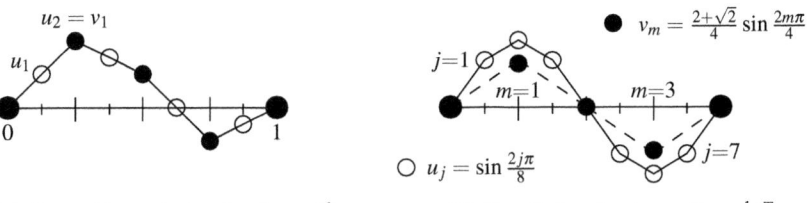

(a) lineare Interpolation durch $u = I_{2h}^h v$ (b) Restriktion durch $v = Ru = \frac{1}{2} I^T u$

Abb. 7.10 **Interpolation** für das h-Gitter (7 u's). **Restriktion** auf das $2h$-Gitter (3 v's).

einfach und effizient. Abbildung 7.10a zeigt die neuen Werte u_{2j+1} (weiße Kreise) zwischen den übertragenen Werten $u_{2j} = v_j$ (schwarze Kreise).

Wenn die v's die Glättungsfehler auf einem groben Gitter repräsentieren (weil eine Jacobi- oder Gauß-Seidel-Iteration auf diesem Gitter ausgeführt wurde), dann liefert die Interpolation eine gute Näherung für die Fehler auf dem feinen Gitter. In der Praxis werden bis zu 8 oder gar 10 Gitter verwendet.

Die zweite Matrix, die wir benötigen, ist eine **Restriktionsmatrix** R_h^{2h}. Sie überführt die u's eines feinen Gitters in die v's eines groben Gitters. Eine Möglichkeit ist die Eins-Null-„Injektionsmatrix", welche einfach die u-Werte des feinen Gitters auf die entsprechenden v's im groben Gitter kopiert. Bei diesem Vorgehen werden die Werte u_{2j+1} des feinen Gitters ignoriert, die einen ungeradzahligen Index haben. Eine andere Möglichkeit (die wir hier aufgreifen werden) ist der **volle Gewichtsoperator** R, der durch Transponieren von I_{2h}^h entsteht.

Der Übergang vom feinen Gitter (Gitterabstand h) zum groben Gitter (Gitterabstand $2h$) erfolgt durch die Restriktionsmatrix $R = \frac{1}{2} I^T$.

Volle Gewichtung $Ru = v$, vom feinen Gitter u zum groben Gitter v:

$$\frac{1}{4} \begin{bmatrix} 1 & 2 & 1 & & & & \\ & & 1 & 2 & 1 & & \\ & & & & 1 & 2 & 1 \end{bmatrix} \begin{bmatrix} u_1 \\ u_2 \\ u_3 \\ u_4 \\ u_5 \\ u_6 \\ u_7 \end{bmatrix} = \begin{bmatrix} v_1 \\ v_2 \\ v_3 \end{bmatrix}. \quad (7.20)$$

Der Effekt dieser Restriktionsmatrix ist in Abbildung 7.10b dargestellt. Wir wählen absichtlich diesen Spezialfall, bei dem auf dem feinen Gitter $u_j = \sin(2j\pi/8)$ gilt (weiße Kreise). Dann ist auch das v auf dem groben Gitter ein reiner Sinusvektor (schwarze Kreise). *Die Frequenz ist jedoch doppelt so groß*. Eine volle Periode braucht 4 Schritte anstatt 8. Auf diese Weise wird eine glatte Oszillation auf dem feinen Gitter „halb so glatt" wie auf dem groben Gitter, was genau der gewünschte Effekt ist.

Interpolation und Restriktion in zwei Dimensionen

Vom groben Gitter zum feinen Gitter in zwei Dimensionen durch bilineare Interpolation: Wir beginnen mit den Werten $v_{i,j}$ auf einem quadratischen oder rechteckigen, groben Gitter. Wir interpolieren, um in einem Durchlauf (Interpolation) die $u_{i,j}$ einzufügen. Es folgt ein zweiter Durchlauf in der anderen Richtung. Wir könnten zwei unterschiedliche Gitterabstände h_x und h_y zulassen, aber mit einem gemeinsamen h ist das Verfahren leichter zu visualisieren. Ein horizontaler Durchlauf durch die Zeile i des groben Gitters (was Zeile $2i$ des feinen Gitters entspricht) fügt im feinen Gitter die Werte von u in den ungeradzahligen Spalten $2j+1$ ein:

Horizontaler Durchlauf

$$u_{2i,2j} = v_{i,j} \quad \text{und} \quad u_{2i,2j+1} = \frac{1}{2}(v_{i,j} + v_{i,j+1}) \quad \text{wie in 1D}. \tag{7.21}$$

Nun werden alle Spalten des feinen Gitters vertikal durchlaufen. Die Interpolation erhält die Werte aus (7.21) für die geradzahligen Zeilen. Für die ungeradzahligen Zeilen werden die beiden benachbarten Werte gemittelt:

Vertikaler Durchlauf, Mittelwerte aus (7.21)

$$\begin{aligned} u_{2i+1,2j} &= (v_{i,j} + v_{i+1,j})/2, \\ u_{2i+1,2j+1} &= (v_{i,j} + v_{i+1,j} + v_{i,j+1} + v_{i+1,j+1})/4. \end{aligned} \tag{7.22}$$

Die Elemente in der hohen und schmalen Matrix I2D für den Übergang von grob nach fein (Interpolation) sind $1, \frac{1}{2}$ und $\frac{1}{4}$.

Der Restriktionsoperator R2D für den Übergang von fein zu grob ist die *Transponierte* I2D^T, multipliziert mit $\frac{1}{4}$. Dieser Faktor wird gebraucht (wie der Faktor $\frac{1}{2}$ in einer Dimension), damit ein konstanter Vektor aus Einsen wieder auf einen Vektor von Einsen abgebildet wird. (Die Elemente jeder Zeile der breiten Matrix R addieren sich zu 1.) Die Restriktionsmatrix hat die Elemente $\frac{1}{4}, \frac{1}{8}$ und $\frac{1}{16}$, und *jeder Wert v des groben Gitters ist ein gewichtetes Mittel der neun Werte u des feinen Gitters:*

Restriktionsmatrix $R = \frac{1}{4} I^T$

Zeile i, j von R erzeugt $v_{i,j}$

$v_{i,j}$ **verwendet $u_{2i,2j}$ und 8 Nachbarn**

Die neun Gewichte addieren sich zu 1.

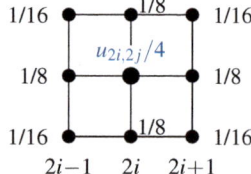

Sie können sehen, wie ein Durchlauf durch die Zeilen mit den Gewichten $\frac{1}{4}, \frac{1}{2}, \frac{1}{4}$, gefolgt von einem Durchlauf durch die Spalten, die neun Koeffizienten in diesem „Restriktionsmolekül" liefert. Deren Matrix ist ein *Tensorprodukt* oder *Kronecker-Produkt* R2D $=$ kron(R,R). Aus der 3×7-Matrix für eine Dimension wird eine 9×49-Matrix für zwei Dimensionen.

7.3 Mehrgitterverfahren

Jetzt können wir Vektoren zwischen den Gittern übertragen. Wir sind bereit für die *geometrische Mehrgitterverfahren*, wobei die Geometrie auf den Gitterabständen h, $2h$ und $4h$ basiert. Die Idee wird auf triangulare Elemente ausgedehnt (jedes Dreieck lässt sich auf natürliche Weise in vier ähnliche Dreiecke zerlegen). Die Geometrie kann komplizierter sein als bei unserem Modellsystem auf einem Quadrat.

Wenn die Geometrie zu kompliziert wird oder A nicht zusammen mit einem Gitter gegeben ist, kommen wir auf das *algebraische Mehrgitterverfahren* zurück (siehe Anfang des Abschnitts). Von der Idee her ist dies ebenfalls ein mehr-Skalen-Ansatz nach, aber es arbeitet direkt mit $Au = b$ und nicht mit irgendeinem zugrunde liegenden geometrischen Gitter.

Ein Zwei-Gitter-V-Zyklus

In unserem ersten Mehrgitterverfahren wurden nur zwei Gitter verwendet. Die Iteration auf jedem Gitter kann auf dem Jacobi-Verfahren, also $I - D^{-1}A$ (eventuell gewichtet mit dem Faktor $\omega = 2/3$ wie im vorherigen Abschnitt), oder auf dem Gauß-Seidel-Verfahren beruhen. Für größere Systeme auf einem feinen Gitter konvergiert die Iteration nur langsam gegen den niedrigfrequenten glatten Teil der Lösung u. *Das Mehrgitterverfahren überträgt den aktuellen Rest $r_h = b - Au_h$ auf das grobe Gitter.* Wir iterieren einige Schritte auf diesem $2h$-Gitter, um den Fehler des groben Gitters durch E_{2h} zu approximieren. Dann interpolieren wir wieder rückwärts, um E_h für das feine Gitter zu erhalten, machen die Korrektur $u_h + E_h$ und beginnen von vorn.

Diese Schleife fein-grob-fein ist ein **Zwei-Gitter-V-Zyklus**. Wir bezeichnen ihn hier als **v-Zyklus** (kleines v). Hier die einzelnen Schritte im Überblick (es sei daran erinnert, dass der Fehler die Gleichung $A_h(u - u_h) = b_h - A_h u_h = r_h$ löst):

1. **Iteriere** auf $A_h u = b_h$ um u_h zu erreichen (etwa 3 Jacobi- oder Gauß-Seidel-Schritte).
2. **Übertrage** den Rest $r_h = b_h - A_h u_h$ auf das grobe Gitter mit $r_{2h} = R_h^{2h} r_h$.
3. **Löse** $A_{2h} E_{2h} = r_{2h}$ (oder approximiere E_{2h} durch 3 Iterationen ausgehend von $E = 0$).
4. **Interpoliere** E_{2h} rückwärts zu $E_h = I_{2h}^h E_{2h}$. Addiere E_h zu u_h.
5. **Iteriere** 3 weitere Schritte auf $A_h u = b_h$ ausgehend von dem verbesserten $u_h + E_h$.

Die Schritte 2 bis 4 liefern die Folge aus Restriktion – Lösung auf dem groben Gitter – Interpolation, die das Herzstück des Mehrgitterverfahrens bildet. Hier noch einmal die drei Matrizen, mit denen wir hier arbeiten:

$A = A_h = $ *Ausgangsmatrix,*
$R = R_h^{2h} = $ *Restriktionsmatrix,*
$I = I_{2h}^h = $ *Interpolationsmatrix.*

An Schritt 3 ist eine vierte Matrix A_{2h} beteiligt, die wir nun definieren wollen. A_{2h} ist quadratisch und kleiner als das ursprüngliche A_h. Was wir wollen, ist eine „Projektion" der größeren Matrix A_h auf das grobe Gitter. Hierfür gibt es eine natürliche Wahl! Das korrekte A_{2h} leitet sich direkt und auf schöne Weise aus R, A und I ab:

Die Matrix für das grobe Gitter ist $A_{2h} = R_h^{2h} A_h I_{2h}^h = RAI$. (7.23)

Wenn das feine Gitter $N = 7$ innere Gitterpunkte hat, ist A_h eine 7×7-Matrix. Dann hat die Matrix RAI für das grobe Gitter die Dimension $(3 \times 7)(7 \times 7)(7 \times 3) = 3 \times 3$.

Beispiel In einer Dimension könnte $A = A_4$ die Matrix der zweiten Differenzen, K/h^2, sein. In unserem ersten Beispiel war $h = \frac{1}{8}$. Jetzt wählen wir $h = \frac{1}{6}$, sodass das Mehrgitterverfahren von fünf Gitterpunkten im Intervall $(0, 1)$ startet und auf einem groben Gitter mit zwei Gitterpunkten fortsetzt (I ist eine 5×2-Matrix und R eine 2×5-Matrix): Die überschaubare Multiplikation (die wir später noch einmal verwenden) ist $RA_h = RK_5/h^2$:

$$RA = \frac{1}{4} \begin{bmatrix} 1 & 2 & 1 & & \\ & & 1 & 2 & 1 \end{bmatrix} \frac{1}{h^2} \begin{bmatrix} 2 & -1 & & & \\ -1 & 2 & -1 & & \\ & -1 & 2 & -1 & \\ & & -1 & 2 & -1 \\ & & & -1 & 2 \end{bmatrix} = \frac{1}{(2h)^2} \begin{bmatrix} 0 & 2 & 0 & -1 & 0 \\ 0 & -1 & 0 & 2 & 0 \end{bmatrix}. \quad (7.24)$$

Eine natürliche Wahl für A_{2h} auf dem groben Gitter ist $K_2/(2h)^2$ und beim Mehrgitterverfahren wird diese Wahl getroffen:

Matrix des groben Gitters RAI $\quad A_{2h} = RAI = \dfrac{1}{(2h)^2} \begin{bmatrix} 2 & -1 \\ -1 & 2 \end{bmatrix}.$ (7.25)

Bei der Operation $I^T A I$ bleiben Symmetrie und positiv-Definitheit erhalten, wenn A selbst diese Eigenschaft besitzt. Diese Operation tritt in natürlicher Weise bei Galerkin-Verfahren [128] auf, zu denen auch die finite-Elemente-Methoden gehören. Beachten Sie, wie der Restriktionsoperator R mit dem Faktor $\frac{1}{4}$ aus $1/h^2$ automatisch $1/(2h)^2$ macht.

Die Schritte 1 und 5 sind notwendig, aber kein wesentlicher Bestandteil der eigentlichen Idee des Mehrgitterverfahrens. Der **Glätter** ist Schritt 1, der **Nachglätter** ist Schritt 5. Beides sind normale Iterationen, für die ein gewichtetes Jacobi- oder Gauß-Seidel-Verfahren ausreichend ist.

Wir folgen der schönen Darstellung in [26], um zu zeigen, dass Mehrgitterverfahren in $O(n)$ zu voller Genauigkeit führen. Damit bestätigt sich die Vorhersage von Achi Brandt.

Die Fehler e_h und E_h

Angenommen, wir lösen die Gleichung auf dem groben Gitter in Schritt 3 exakt. Ist die Mehrgitter-Fehlerkorrektur E_h dann gleich dem tatsächlichen Fehler $e_h = u - u_h$

7.3 Mehrgitterverfahren

auf dem feinen Gitter? Natürlich nicht, das wäre zu viel erwartet! Wir haben lediglich das kleinere Problem auf dem groben Gitter gelöst, und nicht das vollständige Problem. Aber die Verbindung zwischen E_h ist einfach und zudem wesentlich für das Verständnis des Mehrgitterverfahrens. Wir wollen nun die Schritte von E zu e nachvollziehen.

Vier Matrizen werden mit e multipliziert. In Schritt 2 wird der Rest $r = b - Au_h = A(u - u_h) = Ae$ mit A multipliziert. Die Restriktion bedeutet eine Multiplikation mit R. Für den Lösungsschritt 3 wird mit $A_{2h}^{-1} = (RAI)^{-1}$ multipliziert. Der Interpolationsschritt 4 beinhaltet die Multiplikation mit I und liefert die Korrektur E. Zusammengefasst ist E gleich $\mathbf{I A_{2h}^{-1} R A_h e}$:

$$E = I(RAI)^{-1}RAe. \tag{7.26}$$

und wir führen die Bezeichnung $\mathbf{E = Se}$ ein. Wenn I eine 5×2-Matrix und R eine 2×5-Matrix ist, hat die Matrix S auf der rechten Seite die Größe 5×5. Sie kann keine Einheitsmatrix sein, da RAI und ihre Inverse nur 2×2-Matrizen sind (daher Rang 2). Aber $S = I(RAI)^{-1}RA$ hat die bemerkenswerte Eigenschaft $S^2 = S$. Dies bedeutet, dass *S die Einheitsmatrix auf ihrem zweidimensionalen Spaltenraum ist.* (Und natürlich ist S die Nullmatrix auf ihrem dreidimensionalen Nullraum.) Die Gleichung $S^2 = S$ lässt sich leicht überprüfen:

$$S^2 = (I(RAI)^{-1}RA)(I(RAI)^{-1}RA) = S \quad \text{wegen} \quad (RAI)^{-1}RAI = I. \tag{7.27}$$

Also ist die Mehrgitterkorrektur $E = Se$ nicht der gesamte Fehler e, sondern eine *Projektion von e*. Der neue Fehler ist $e - E = e - Se = (I - S)e$. **Diese Matrix $I - S$ ist der zwei-Gitter-Operator.** $I - S$ spielt die gleiche fundamentale Rolle bei der Beschreibung der Mehrgitterschritte 2 bis 4 wie das gewöhnliche $M = I - P^{-1}A$ bei den Iterationen in den Schritten 1 und 5:

v-Zyklus-Matrix $= I - S$ **Iterationsmatrix** $= I - P^{-1}A$.

Beispiel (Fortsetzung) Die 5×5-Matrix $A_h = K_5/h^2$ und die nichtquadratischen Matrizen I und R führten in (7.25) auf $A_{2h} = K_2/(2h)^2$. Um $S = IA_{2h}^{-1}RA_h$ zu finden, multiplizieren wir (7.24) mit A_{2h}^{-1} und I:

$$A_{2h}^{-1}RA_h = \begin{bmatrix} 0 & 1 & 0 & 0 & 0 \\ 0 & 0 & 0 & 1 & 0 \end{bmatrix} \qquad S = \begin{bmatrix} 0 & 1/2 & 0 & 0 & 0 \\ 0 & 1 & 0 & 0 & 0 \\ 0 & 1/2 & 0 & 1/2 & 0 \\ 0 & 0 & 0 & 1 & 0 \\ 0 & 0 & 0 & 1/2 & 0 \end{bmatrix}. \tag{7.28}$$

Multiplikation mit I ergibt S

Die Eigenwerte von S sind $1, 1, 0, 0, 0$. Wenn Sie S quadrieren, dann kommen Sie wieder auf $S^2 = S$. Mit seinen drei Spalten mit ausschließlich Nullen enthält der Nullraum von S alle Vektoren des feinen Gitters, die die Form $(e_1, 0, e_3, 0, e_5)$ haben. Das sind Vektoren, die im groben Gitter nicht vorkommen. Wenn der Fehler

e diese Form hätte, dann wäre $E = Se$ null (das Mehrgitterverfahren bringt keine Verbesserung). *Wir erwarten jedoch wegen der Glättung keine starke Komponente dieser hochfrequenten Vektoren in e.*

Der Spaltenraum von S enthält Spalte $2 = (\frac{1}{2}, 1, \frac{1}{2}, 0, 0)$ und Spalte $4 = (0, 0, \frac{1}{2}, 1, \frac{1}{2})$. Dies sind „Vektoren mit Mischfrequenzen." Wir erwarten, dass sie in e vorkommen, da sie durch den Glättungsschritt nicht entfernt wurden. Es handelt sich aber um Vektoren, für die $E = Se = e$ gilt, und dies sind die Fehler, die das Mehrgitterverfahren abfängt! Nach Schritt 4 sind sie verschwunden.

Hohe und niedrige Frequenzen in $O(n)$ Operationen

Wegen $S = S^2$ sind die einzigen Eigenwerte $\lambda = 0$ und $\lambda = 1$. (Wenn $Su = \lambda u$ gilt, dann ist immer auch $S^2 u = \lambda^2 u$. Somit folgt aus $S^2 = S$ für die Eigenwerte $\lambda^2 = \lambda$.) In unserem Beispiel ist $\lambda = 1, 1, 0, 0, 0$. Die Eigenwerte von $i - S$ sind $0, 0, 1, 1, 1$.
Die Eigenvektoren e zeigen auf, was das Mehrgitterverfahren bewirkt:

$E = Se = 0$ In diesem Fall bringt das Mehrgitterverfahren keine Verbesserung. Die in Schritt 4 zu u_h hinzugefügte Korrektur E ist null. Im Beispiel geschieht dies für die Fehler $e = (e_1, 0, e_3, 0, e_5)$, die auf dem groben Gitter null sind. Schritt 3 sieht diese Fehler nicht.

$E = Se = e$ In diesem Fall ist das Mehrgitterverfahren perfekt. Die in Schritt 4 zu u_h hinzugefügte Korrektur E_h ist der gesamte Fehler e_h. Im Beispiel sind zwei Eigenvektoren zum Eigenwert $\lambda = 1$ von S $e = (1, 2, 2, 2, 1)$ und $e = (1, 2, 0, -2, -1)$. Diese haben niedrigfrequente Komponenten. Sie liegen im Spaltenraum von I.

Diese Fehler e sind keine perfekten Sinusfunktionen, doch ein erheblicher Teil des niedrigfrequenten Fehlers wird abgefangen und eliminiert. Die Anzahl der linear unabhängigen Vektoren mit $Se = e$ ist gleich der Anzahl der Punkte des groben Gitters (hier 2). Dies ist ein Maß für das A_{2h}-Problem, das Gegenstand von Schritt 3 ist. Es ist der Rang von S, R und I. Die anderen $5 - 2$ Gitterpunkte sind für den Nullraum von S zuständig, wobei $E = Se = 0$ bedeutet, dass es keine Verbesserung durch das Mehrgitterverfahren gibt.

Anmerkung Die „hochfrequenten" Vektoren $(u_1, 0, u_3, 0, u_5)$ mit $Su = 0$ sind *keine exakten* Kombinationen der letzten drei diskreten Sinuswerte y_3, y_4, y_5. Die Frequenzen werden durch S gemischt, wie aus den Gleichungen (7.35–7.36) klar ersichtlich wird. Die exakten Aussagen lauten *Spaltenraum von S = Spaltenraum von I* und *Nullraum von S = Nullraum von RA*. Das Mischen der Frequenzen hat keinen Einfluss auf die Kernaussage: **Die Iteration behandelt die hohen Frequenzen und das Mehrgitterverfahren behandelt die niedrigen Frequenzen.**

Sie können sehen, dass ein perfekter Glätter, gefolgt von einem perfekten Mehrgitterverfahren (exakte Lösung in Schritt 3) keinen Fehler hinterlassen würde. In der Praxis passiert dies nicht. Eine sorgfältige (und nicht ganz einfache) Analyse zeigt, dass ein Mehrgitterzyklus mit guter Glättung den Fehler um einen konstanten Faktor ρ reduzieren kann, der **unabhängig von h ist**:

$$\|\textbf{Fehler nach Schritt 5}\| \leq \rho \, \|\textbf{Fehler vor Schritt 1}\| \quad \text{mit} \quad \rho < 1. \qquad (7.29)$$

Abb. 7.11 V-Zyklen, W-Zyklen und VMG verwenden verschiedene Gitter unterschiedlich oft.

Ein typischer Wert ist $\rho = \frac{1}{10}$. Vergleichen Sie dies mit $\rho = 0.99$ für das reine Jacobi-Verfahren. Dies ist der Heilige Gral der numerischen Mathematik: einen Konvergenzfaktor ρ (einen Spektralradius der Gesamt-Iterationsmatrix) zu erreichen, *der für $h \to 0$ nicht gegen 1 geht*. Wir können eine gegebene relative Genauigkeit für eine feste Anzahl von Zyklen erreichen. Da in jedem Schritt in jedem Zyklus nur $O(n)$ Operationen für ein dünn besetztes Problem der Größe n nötig sind, **ist das Mehrgitterverfahren ein $O(n)$-Algorithmus**. Daran ändert sich in höheren Dimensionen nichts.

Es gibt noch einen weiteren Punkt, die Anzahl der Schritte und die Genauigkeit betreffend. Der Anwender könnte den Wunsch haben, den Lösungsfehler so klein zu machen wie den Diskretisierungsfehler (der durch die Ersetzung der ursprünglichen Differentialgleichung durch $Au = b$ entstanden ist.) In unserem Beispiel mit den zweiten Differenzen, erfordert dies fortzufahren, bis wir $e = O(h^2) = O(N^{-2})$ erreicht haben. In diesem Fall brauchen wir mehr als eine feste Anzahl von v-Zyklen. Um $\rho^k = O(N^{-2})$ zu erreichen, sind $k = O(\log N)$ Zyklen nötig. Das Mehrgitterverfahren hat auch hierfür eine Antwort.

Anstatt v-Zyklen zu wiederholen oder sie in V-Zyklen oder W-Zyklen einzubetten, ist es besser, ein **vollständiges Mehrgitterverfahren** (VMG) anzuwenden. Diese werden im nächsten Abschnitt beschrieben. Dann liegt die Zahl der Operationen wiederum bei $O(n)$, trotz der höheren geforderten Genauigkeit $e = O(h^2)$.

V-Zyklen, W-Zyklen und vollständige Mehrgitterverfahren

Offensichtlich kann die Idee der Mehrgitterverfahren auf mehr als zwei Gitter ausgedehnt werden. Ohne diese naheliegende Erweiterung auf mehr Gitter würde die bemerkenswerte Stärke des Ansatzes gar nicht richtig zum Tragen kommen. Die niedrigste Frequenz ist immer noch die auf dem $2h$-Gitter, und dieser Teil des Fehlers kann so lange nicht schnell abfallen, bis wir auf ein $4h$- oder $8h$-Gitter wechseln (oder ein sehr grobes $512h$-Gitter).

Der zwei-Gitter-v-Zyklus erstreckt sich in natürlicher Weise über mehrere Gitter. Er kann abwärts zu immer gröberen Gittern ($2h, 4h, 8h$) und wieder zurück ($4h, 2h, h$) gehen. Diese verschachtelte Folge von v-Zyklen ist ein **V-Zyklus** (großes V). *Vergessen Sie nicht, dass Durchläufe durch grobe Gitter viel schneller sind als Durchläufe durch feine Gitter.* Eine Analyse zeigt, dass auf den groben Gittern sehr viel Zeit gespart wird. Deshalb ist der **W-Zyklus**, der länger auf dem groben Gitter bleibt (Abbildung 7.11b) einem V-Zyklus allgemein überlegen.

Der **vollständige Mehrgitterzyklus** (VMG) in Abbildung 7.11c ist asymptotisch besser als V und W. *Das vollständige Mehrgitterverfahren startet mit dem gröbsten*

Gitter. Die Lösung auf dem 8*h*-Gitter wird interpoliert, um einen guten Anfangsvektor u_{4h} für das 4*h*-Gitter zu haben. Ein v-Zyklus zwischen 4*h* und 8*h* verbessert ihn. Dann liefert die Interpolation eine Näherungslösung für das 2*h*-Gitter und ein tieferer *V*-Zyklus verbessert sie (unter Verwendung von 2*h*, 4*h*, 8*h*). Die Interpolation dieser verbesserten Lösung auf das feinste Gitter liefert einen exzellenten Startwert für den letzten und tiefsten V-Zyklus.

Die Anzahl der Operationen für einen tiefen V-Zyklus bzw. für ein vollständiges Mehrgitterverfahren ist mit Sicherheit größer als für einen v-Zyklus mit zwei Gittern, aber *nur um einen konstanten Faktor*. Das liegt daran, dass die Anzahl jedesmal um eine Potenz von 2 geteilt wird, wenn wir zu einem gröberen Gitter übergehen. Für eine Differentialgleichung mit *d* räumlichen Dimensionen teilen wir durch 2^d. Der Aufwand für einen V-Zyklus (so tief wie wir wollen) ist kleiner als ein festes Vielfaches des Aufwands für den v-Zyklus:

$$\textbf{Aufwand V-Zyklus} < \left(1 + \frac{1}{2^d} + \left(\frac{1}{2^d}\right)^2 + \cdots\right) \textbf{Aufwand v-Zyklus}$$

$$= \frac{2^d}{2^d - 1} \textbf{Aufwand v-Zyklus.} \quad (7.30)$$

Das vollständige Mehrgitterverfahren ist nichts anderes als eine Folge von invertierten V-Zyklen, beginnend auf einem sehr groben Gitter. Mit derselben Argumentation, die auf (7.30) führte, finden wir

$$\textbf{Aufwand VMG} < \frac{2^d}{2^d - 1} \textbf{Aufwand V-Zyklus}$$

$$< \left(\frac{2^d}{2^d - 1}\right)^2 \textbf{Aufwand v-Zyklus.} \quad (7.31)$$

Und die Methode funktioniert in der Praxis. Es ist jedoch auf eine gute Programmierung zu achten.

Mehrgittermatrizen

Betrachten wir einen V-Zyklus auf drei Gittern. Wie sieht die Matrix S_3 aus, die zur Projektion $S = I(RAI)^{-1}RA$ des v-Zyklus auf zwei Gittern gehört? In diesem Fall ist keine Glättung involviert. S und S_3 liefern lediglich eine Projektion auf ein gröberes Problem. Für sich betrachtet, d.h. ohne Glätter, ist S_3 kein guter Löser.

Um A_{4h} zu konstruieren, ersetzen wir die Matrix $A_{2h} = RAI$ auf dem mittleren Gitter, indem wir eine grobe Restriktion $R_c = R_{2h}^{4h}$ benutzen, die den Übergang auf das 4*h*-Gitter vermittelt, sowie eine Interpolation $I_c = I_{4h}^{2h}$, die zurück zu 2*h* führt:

Sehr grobe Matrix $\quad A_{4h} = R_c A_{2h} I_c .$ $\quad (7.32)$

Für $h = \frac{1}{16}$ ist dieses Produkt $(3 \times 7)(7 \times 7)(7 \times 3)$. Das 3×3-Problem verwendet A_{4h} auf dem Gitter mit $4h = \frac{1}{4}$ (mit drei inneren Unbekannten). Dann ist $S_3 = (S_3)^2$

7.3 Mehrgitterverfahren

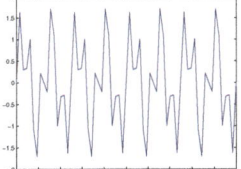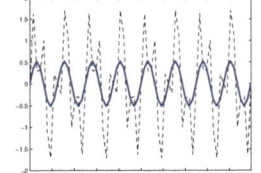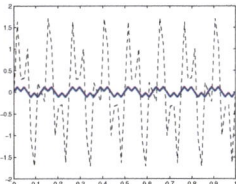

Abb. 7.12 (**v-Zyklus**) Die niedrige Frequenz überlebt drei Iterationen auf dem feinen Gitter (Mitte). Sie wird durch drei Iterationen auf dem groben Gitter reduziert und zurück auf das feine Gitter abgebildet (Abbildungen von Bill Briggs).

die Matrix, die zwei Gitter abwärts führt, das sehr grobe Problem mittels A_{4h}^{-1} löst und wieder zurückkommt:

$$E_{4h} = S_3 e_h = \textbf{Fehler beseitigt} \quad S_3 = I_{2h}^{h} I_{4h}^{2h} A_{4h}^{-1} R_{2h}^{4h} R_{h}^{2h} A. \tag{7.33}$$

Der Fehler, der nach einem ungeglätteten V-Zyklus übrig bleibt, ist $(I - S_3)e$. Auf dem Gitter mit $h = \frac{1}{16}$ enthält der Fehler e 15 Frequenzen. Nur die drei niedrigsten werden (näherungsweise) durch $S_3 e$ beseitigt. Wir haben nur ein 3×3-Problem mit A_{4h} gelöst. Es sind die *Glätter* auf dem feinen h-Gitter und dem mittleren $2h$-Gitter, die die Fehleranteile hoher und mittlerer Frequenz in der Lösung reduzieren.

Numerische Experimente

Der echte Test für die Effektivität von Mehrgitterverfahren ist natürlich der numerische. Die k-Schritt-Approximation e_k sollte null erreichen. An den Graphen werden wir sehen, wie schnell dies geschieht. Ein Anfangswert u_0 beinhaltet einen Fehler e_0. Egal welche Iteration wir benutzen, versuchen wir, u_k dicht an u und e_k gegen null zu bringen. Ein Mehrgitterverfahren wechselt zwischen zwei oder mehr Gittern und konvergiert aus diesem Grund schneller. Die Graphen zeigen in diesem Fall den Fehler auf dem feinen Gitter.

Wir können mit der Gleichung $Ae = 0$ arbeiten, deren Lösung $e = 0$ ist. Der Anfangsfehler enthält niedrige und hohe Frequenzen (gezeichnet als stetige Funktion anstatt in diskreten Werten). Nach drei Durchläufen auf dem feinen Gitter (gewichtetes Jacobi-Verfahren mit $\omega = \frac{2}{3}$) ist die hochfrequente Komponente stark abgefallen (siehe Abbildung 7.9). Der Fehler $e_3 = (I - P^{-1}A)^3 e_0$ ist viel glatter als e_0. Für unsere Matrix der zweiten Differenzen, A_h (auch mit K bezeichnet) gilt für den Jacobi-Vorkonditionierer aus Abschnitt 7.2 einfach $P^{-1} = \frac{1}{2}\omega I$.

Jetzt beginnt das Mehrgitterverfahren. Der aktuelle Rest auf dem feinen Gitter ist $r_h = -A_h e_3$. Nach der Restriktion auf das grobe Gitter wird er zu r_{2h}. Drei gewichtete Jacobi-Iterationen der Fehlergleichung $A_{2h} E_{2h} = r_{2h}$ für das grobe Gitter beginnen mit dem Startwert $E_{2h} = 0$. Dies bewirkt die beträchtliche Fehlerreduktion, die in Abbildung 7.12 zu sehen ist (die Bilder wurden von Bill Briggs zur Verfügung gestellt).

Analyse der Eigenvektoren

Sie werden bemerkt haben, dass mit einer Matrix (z. B. $I - S$ für einen v-Zyklus) alle Mehrgitterschritte beschrieben werden können. Es wäre schön, die Eigenwerte einer vollständigen Mehrgittermatrix zu kennen, aber leider sind sie gewöhnlich nur schwer zu finden. Numerische Experimente geben ein gewisses Gefühl. Die Berechnung liefert außerdem ein *Diagnosewerkzeug*, mit dem sich herausfinden lässt, wo die Konvergenz stockt und eine Änderung notwendig ist (oft in den Randbedingungen). Als Methode zur *Vorhersage* ist die **Modenanalyse** am besten geeignet.

Die Idee besteht in der Auswertung der Fourier-Moden. In unserem Beispiel sind das wegen der Randbedingungen $u(0) = u(1) = 0$ diskrete Sinusfunktionen. Wir wollen dieses Modellproblem weiterverfolgen, um zu sehen, was die Mehrgittermatrix $I - S$ mit diesen Sinusvektoren macht. Das Ergebnis (7.35–7.36) zeigt, weshalb die Idee des Mehrgitterverfahrens funktioniert und wie *Paare von Frequenzen gemischt werden*. Die Eigenvektoren sind Kombinationen aus beiden Frequenzen.

Die Frequenzen, die sich miteinander mischen, sind k und $N + 1 - k$. (Wir betrachten nur den Fall $k \leq N + 1 - k$.) Die diskreten Sinuswerte mit diesen Frequenzen sind y_k und Y_k:

$$y_k = \left(\sin\frac{k\pi}{N+1}, \sin\frac{2k\pi}{N+1}, \ldots\right), \quad Y_k = \left(\sin\frac{(N+1-k)\pi}{N+1}, \sin\frac{2(N+1-k)\pi}{N+1}, \ldots\right).$$

Während y_k k-mal wächst und wieder fällt, ändert Y_k $N + 1 - k$ die Richtung.

Es gibt eine interessante Beobachtung. **Y_k und y_k sind gleich bis auf alternierende Vorzeichen!** Kürzen wir $N + 1$ in den entsprechenden einzelnen Komponenten von Y_k heraus:

$$\begin{aligned}Y_k &= \left(\sin\left[\pi - \frac{k\pi}{N+1}\right], \sin\left[2\pi - \frac{2k\pi}{N+1}\right], \ldots\right) \\ &= \left(+\sin\frac{k\pi}{N+1}, -\sin\frac{2k\pi}{N+1}, \ldots\right).\end{aligned} \quad (7.34)$$

Für unser Problem mit zweiten Differenzen können wir das Ergebnis der Multiplikation mit $S = I(RAI)^{-1}RA$ vorlegen. Die korrekte Mehrgittermatrix ist $I - S$, was den Fehler $e - E = (I - S)e$ liefert, der nach den Schritten 2, 3 und 4 übrig bleibt. Sehen wir uns $I - S$ genau an:

$I - S$ für einen v-Zyklus

$$(I - S)y_k = \frac{1}{2}\left(1 - \cos\frac{k\pi}{N+1}\right)(y_k + Y_k), \quad (7.35)$$

glatte Fehler reduziert, Fehler gemischt

$$(I - S)Y_k = \frac{1}{2}\left(1 + \cos\frac{k\pi}{N+1}\right)(y_k + Y_k). \quad (7.36)$$

Solche schönen Formeln sind für kompliziertere Probleme nicht zu erwarten, und wir ergreifen die Gelegenheit, ein paar wesentliche Erkenntnisse zu formulieren:

1. **Niedrige Frequenzen wie $k = 1, 2, 3$ werden durch das Mehrgitterverfahren stark reduziert.** Der Kosinus in Gleichung (7.35) liegt in der Nähe von 1. Der Faktor $(1 - \cos \frac{k\pi}{N+1})$ ist sehr klein, nämlich von der Größenordnung $(k/N)^2$. Dies zeigt, wie effektiv das Mehrgitterverfahren darin ist, die niedrigen Frequenzen zu dämpfen. Dies sind exakt die Frequenzen, bei denen sich das Jacobi- und das Gauß-Seidel-Verfahren bei den glättenden Iterationen festfahren.
2. **Das Sinuspaar y_k und Y_k wird durch das Mehrgitterverfahren miteinander gemischt.** Wir werden sehen, dass hierfür die Restriktionsmatrix R und die Interpolationsmatrix I verantwortlich sind. Diese sind anders als die quadratische Matrix A, die die Frequenzen getrennt hält (da die Sinusse ihre Eigenvektoren sind). Treppeneffekte verschwinden durch die nichtquadratischen Matrizen!
3. **Die Kombinationen $e = y_k + Y_k$ sind Eigenvektoren von $I - S$ zum Eigenwert $\lambda = 1$.** Durch Addieren der Gleichungen (7.35) und (7.36) erhalten wir $(I - S)e = e$. Da Y_k die gleichen Komponenten hat wie y_k (mit alternierendem Vorzeichen), hat $y_k + Y_k$ die korrekte Form $(e_1, 0, e_3, 0, \ldots)$. Dies sind die Vektoren, die wir zuvor im Nullraum ($\lambda = 0$) von S gefunden haben. Sie werden wegen $Se = 0$ von $I - S$ nicht berührt.
4. **Die anderen Eigenvektoren von $I - S$ sind einfach Sy_k.** Wegen $S = S^2$ wissen wir, dass $(I - S)Sy_k = 0$ gilt. In unserem Beispiel mit $N = 5$ sind die Vektoren Sy_1 und Sy_2 Vielfache von $(1, 2, 2, 2, 1)$ und $(1, 2, 0, -2, 1)$, die wir explizit gefunden hatten. Diese sind von niedriger Frequenz, und das Mehrgitterverfahren entfernt sie aus dem Fehler.

Nach (7.35) sind die Vektoren Sy_k Kombinationen von y_k und Y_k. Eine gute Kombination e^* finden wir, indem wir (7.35) und (7.36) mit $(1 + \cos \frac{k\pi}{N+1})$ und $(1 - \cos \frac{k\pi}{N+1})$ multiplizieren. Die rechten Seiten sind nun gleich, und durch Subtraktion erhalten wir $Se^* = e^*$:

$$(I - S)e^* = (I - S)\left[\left(1 + \cos \frac{k\pi}{N+1}\right)y_k - \left(1 - \cos \frac{k\pi}{N+1}\right)Y_k\right] = 0. \quad (7.37)$$

Diese gemischten e^* wie in der eckigen Klammer werden durch das Mehrgitterverfahren vollständig eliminiert ($\lambda = 0$). Ein glatter Vektor e_h (nachdem Jacobi-Iterationen die hochfrequenten Komponenten eliminiert haben) hat nur kleine Komponenten der Eigenvektoren $y_k + Y_k$. Das Mehrgitterverfahren rührt diese Teile nicht an ($\lambda = 1$). Die größeren Komponenten von e^* zerfallen.

Restriktion R und Treppeneffekte

Zur Vervollständigung dieser Analyse sehen wir uns an, wo und wie ein Paar von Frequenzen gemischt wird. Der Treppeneffekt entsteht durch die Restriktionsmatrix $R = R_h$, wenn die beiden Vektoren y_k^h und Y_k^h zu Vielfachen des gleichen Ausgabevektors y_k^{2h} führen:

$$Ry_k^h = \left(\frac{1}{2} - \frac{1}{2}\cos\frac{k\pi}{N+1}\right) y_k^{2h} \quad \text{und} \quad RY_k^h = \left(-\frac{1}{2} - \frac{1}{2}\cos\frac{k\pi}{N+1}\right) y_k^{2h}. \quad (7.38)$$

Hier sehen Sie den durch R verursachten Treppeneffekt. Wir können nicht hoffen, etwas über die Eingabe y_k oder Y_k sagen zu können, wenn wir nur diese Ausgaben kennen. Dies ist normal für eine flache, breite Matrix. (In unseren Beispielen hat die Matrix R die Dimension 3×7 bzw. 2×5.) Die Ausgabe für das grobe Gitter hat nur etwa halb so viele Komponenten wie die Eingabe für das feine Gitter.

Die Transponierte von R zeigt genau das umgekehrte Verhalten. Wo R zwei Eingaben y_k^h und Y_k^h zu einer Ausgabe vermischt, macht die Interpolationsmatrix I aus einer Eingabefrequenz des groben Gitters ein Paar von Frequenzen auf dem feinen Gitter:

$$2I_{2h}^h y_k^{2h} = \left(1 + \cos\frac{k\pi}{N+1}\right) y_k^h - \left(1 - \cos\frac{k\pi}{N+1}\right) Y_k^h. \quad (7.39)$$

Die Interpolation eines glatten Vektors (kleines k) auf einem groben Gitter regt eine Schwingungsmode Y_k^h (hohes k) auf dem feinen Gitter an. Diese Schwingungen haben jedoch kleine Amplituden, da der Kosinus von $k\pi/(N+1)$ nahe bei eins liegt.

Die zentralen Formeln (7.35) und (7.36), die das Mehrgitterverfahren beschreiben, entstehen aus dem Zusammenspiel von (7.38) für R, (7.39) für I und den bekannten Eigenwerten von A_h und A_{2h}. Am besten zeigt dies wahrscheinlich die Berechnung von S in (7.28). Die Nullspalten überführen $y_k + Y_k$ in ihren Nullraum. Die von null verschiedenen Spalten in S entstehen durch die Interpolationsmatrix I. Dadurch fängt Se einen Teil des Gesamtfehlers e ab. *Das Mehrgitterverfahren löst eine Projektion des ursprünglichen Problems.*

Beispiel (Vervollständigung) Es würde nichts bringen, die Schritte 2, 3 und 4 zu wiederholen, ohne dazwischen eine Glättung auszuführen. Die unberührten Vektoren $e = y_k + Y_k$ mit $(I - S)e = e$ blieben weiter unberührt. Es ist die Glättungsmatrix $M = I - P^{-1}A$, die diese hochfrequenten Fehler reduzieren muss.

Wenn wir in den Schritten 1 und 5 eine Jacobi-Iteration mit dem Gewicht $w = \frac{2}{3}$ ausführen, dann ist $M = I - \frac{1}{3}A$. Die gesamte Matrix für die Schritte 1 bis 5 ist $M(I - S)M$. Die Eigenwerte dieser Matrix entscheiden über Erfolg oder Misserfolg des Mehrgitterverfahrens. Erfreulicherweise hat die 5×5-Matrix $M(I - S)M$ den dreifachen Eigenwert $\frac{1}{9}$!

Die drei Eigenwerte $\lambda = 1$ von $I - S$ werden für $M(I - S)M$ auf $\lambda = \frac{1}{9}$ reduziert.

Der größte Eigenwert von M ist 0.91 – Sie erkennen hieran den Nutzen des Mehrgitteransatzes. Testen Sie einmal $\text{eig}(M * M * (I - S) * M * M)$ mit doppelter Glättung (siehe Aufgaben 7.3.3–7.3.7).

Fourier-Analyse

Eine reine Modenanalyse vernachlässigt die Ränder völlig, denn sie geht von einem unendlichen Gitter aus. Die Vektoren y_k im Beispiel waren wegen der Randbedingungen Sinusse. Ohne Ränder werden die Vektoren y_k durch unendlich lange Vektoren y_ω ersetzt, die aus komplexen Exponentialfunktionen kommen. Hier gibt es nun ein Kontinuum von Frequenzen ω:

Fourier-Moden

$$y_\omega = (\ldots, e^{-2i\omega}, e^{-i\omega}, 1, e^{i\omega}, e^{2i\omega}, \ldots) \text{ mit } -\pi \le \omega \le \pi. \tag{7.40}$$

Wir benötigen unendlich-dimensionale Matrizen K_∞, die mit diesen unendlich langen Vektoren zu multiplizieren sind. Zweite Differenzen $-1, 2, -1$ treten *in allen Zeilen und für alle Zeiten* auf. Der Punkt ist, dass jedes y_ω ein Eigenvektor von K_∞ ist. Der Eigenwert ist $\lambda = 2 - 2\cos\omega$:

$$K_\infty y_\omega = (2 - 2\cos\omega)y_\omega \text{ wegen } -e^{i\omega(n+1)} - e^{i\omega(n-1)} = -2\cos\omega\, e^{i\omega n}. \tag{7.41}$$

Hieraus lesen wir die Wirkung von $A_h = K_\infty/h^2$ ab. Außerdem sehen wir, wie A_{2h} sich verhält, wenn das grobe Gitter von h^2 auf $(2h)^2$ und von ω auf 2ω wechselt.

Die Restriktionsmatrix R führt weiterhin zu einem Treppeneffekt. Die sich mischenden Frequenzen sind jetzt ω und $\omega + \pi$. Beachten Sie, dass das Verschieben von ω um π einen Faktor $e^{i\pi n} = (-1)^n$ mit alternierendem Vorzeichen einführt. Dies ist genau das, was wir in (7.34) für y_k und Y_k gesehen haben.

Diese reine Fourier-Analyse führt direkt auf Formeln für den unendlichen Fall $(I-S)y_\omega$ und $(I-S)y_{\omega+\pi}$, gerade wie die Gleichungen (7.35) und (7.36). Diese Gleichungen für den endlichen Fall gaben die Erklärung, warum das Mehrgitterverfahren zum Erfolg führt. Diese Erklärung gilt auch für den unendlichen Fall.

Lassen Sie mich kurz erläutern, warum ich diese reine Modenanalyse (ohne Randbedingungen und mit konstanten Koeffizienten) erwähnt habe. Sie ermöglicht eine freie Fourier-Analyse. Die Differentialgleichung $\text{div}(c(x,y)\,\text{grad}\,u) = f(x,y)$ auf einem allgemeinen Gebiet würde zu gewaltigen Komplikationen beim Auffinden der Eigenvektoren für das Mehrgitterverfahren führen. Wenn wir jedoch c konstant halten und die Ränder ignorieren, fallen diese „inneren Eigenwerte" auf einfache Kombinationen aus y_ω und $y_{\omega+\pi}$ zurück. Übrig blieben die Schwierigkeiten, die mit den Randbedingungen verbunden sind und die Fourier-Analyse nicht einfach zu lösen vermag.

Algebraische Mehrgitterverfahren

Wir beschließen diesen Abschnitt mit einer kurzen Ausführung über **algebraische Mehrgitterverfahren**. Wir nehmen an, dass das Problem als Gleichungssystem $Au = b$ vorliegt. *Es gibt kein Gitter im Hintergrund.* Wir müssen Entsprechungen für die Grundlagen geometrischer Mehrgitterverfahren finden: *glatte Vektoren, verbundene Knoten, grobe Gitter*. Die ersten beiden Dinge sind recht einfach zu ersetzen. Wie A_h auf A_{2h} auf einem (nicht existierenden) groben Gitter zu reskalieren ist, ist dagegen weniger klar.

1. **Glatte Vektoren.** Dies sind Vektoren, für die die Normen von u und Au vergleichbar sind. Hohe Frequenzen in u würden durch A erheblich verstärkt (ebenso wie die zweite Ableitung $\sin kt$ durch k^2 verstärkt).

2. **Verbundene Knoten.** Benachbarte Knoten des Gitters bewirken in der Matrix A einen von null verschiedenen Eintrag. Wenn es kein Gitter gibt, schauen wir direkt in die Matrix. Deren signifikanten von null verschiedenen Einträge (etwa $|A_{ij}| > A_{ii}/10$) sagen uns, welches i mit welchem j „verbunden" ist.
3. **„Grobe Teilmenge der Knoten."** Jeder signifikante Eintrag A_{ij} ist ein Hinweis darauf, dass der Wert u_j den Wert u_i stark beeinflusst. Wahrscheinlich sind sind die Fehler e_j und e_i von der gleichen Größenordnung, wenn der Fehler glatt ist. Es ist nicht nötig, in der „groben Knotenmenge C" sowohl i als auch j zu kennen. Auf einem Gitter wären sie benachbart, nicht beide in C.

Wenn aber i *nicht* in C ist, dann sollte jedes j, das i stark beeinflusst, entweder zu C gehören oder von einem anderen J stark beeinflusst werden, dass seinerseits zu C gehört. Diese heuristische Regel wird ausführlicher in den Referenzen [74] und [75] erörtert, wo auch ein Algorithmus zur Konstruktion von C vorgestellt wird. (Vereinfacht gesagt sind zu viele grobe Unbekannte besser als zu wenige.)

In dem exzellenten Buch von Briggs et al. ([26]) wird außerdem die Matrix I konstruiert, die für die Interpolation von grob auf fein zuständig ist. Die Interpolation startet mit den Fehlern E_j für die j aus C und lässt diese unverändert. Wenn i nicht zu C gehört, dann ist der interpolierte Wert E_i im Schritt 2 des Mehrgitterverfahrens eine *gewichtete Kombination* der E_j mit $j \in C$. Für unser Modellproblem war diese gewichtete Kombination E_i das Mittel aus seinen beiden Nachbarn. Im Modellproblem gab es ein Gitter!

Die interpolierende Kombination gibt das größte Gewicht denjenigen e_j ($j \in C$), die i stark beeinflussen. Es gibt jedoch viele kleinere Elemente A_{ij}, die wir nicht vollständig ignorieren können. Die endgültige Wahl der Gewichte für die interpolierten Werte ist subtiler als eine einfache Mittelung. Algebraische Mehrgitterverfahren sind aufwändiger als geometrische, sind dafür aber für eine weit größere Klasse dünn besetzter Matrizen A anwendbar (und sie können vollständig durch die Software gesteuert werden). Wir haben weiterhin eine Kombination aus Glättung und Mehrgitter, die in einer Größenordnung von $O(n)$ zu einer genauen Lösung von $Au = b$ kommt.

Erwähnen möchte ich außerdem einen wichtigen Gegensatz zwischen der Mechanik fester Körper und der Fluidmechanik. Bei Festkörpern ist bereits das ursprüngliche finite-Elemente-Gitter relativ grob. Typischerweise sind wir an einer Lösung interessiert, die die Energie exakt behandelt. An Bewegungen auf feiner Skala sind wir in der Regel weniger interessiert. Mehrgitterverfahren sind nicht unbedingt das Mittel der Wahl für Strukturprobleme (die Elimination ist einfacher). Bei Fluiden dagegen findet Bewegung auf mehreren Skalen statt, was den Mehrgitteransatz auch aus physikalischen Gründen nahe legt. Natürlich haben wir es im Zusammenhang mit Fluiden im Allgemeinen nicht mit symmetrischen Matrizen zu tun (wegen der Konvektionsterme). Die Konvergenzanalyse wird für Fluide im gleiche Maße schwieriger, wie ein Mehrskalenansatz attraktiver wird.

Aufgaben zu Abschnitt 7.3

7.3.1 Wie sieht die 3×7-Matrix $R_{\text{injection}}$ aus, die v_1, v_2, v_3 aus u_2, u_4, u_6 kopiert und u_1, u_3, u_5, u_7 ignoriert?

7.3 Mehrgitterverfahren

7.3.2 Schreiben Sie eine Interpolationsmatrix I der Größe 9×4 auf, die die vier Gitterwerte an den Ecken eines Quadrates (Kantenlänge $2h$) verwendet, um neun Werte an den (h) Gitterpunkten zu berechnen. Welche Konstante muss zu der Transponierten von I multipliziert werden, damit sich eine einelementige Restriktionsmatrix R ergibt?

7.3.3 In Aufgabe 7.3.1 unterteilen sich die vier kleinen Quadrate (Kantenlänge h) in 16 noch kleinere Quadrate (Kantenlänge $h/2$). Wie viele Zeilen und Spalten hat die Interpolationsmatrix $I_{h/2}$?

7.3.4 Wenn A die diskrete 5-Punkt-Laplace-Matrix ist (mit $-1, -1, 4, -1, -1$ auf einer typischen Zeile), wie sieht dann eine typische Zeile von $A_{2h} = RAI$ aus, wenn wie in den Aufgaben 1 und 2 eine bilineare Interpolation angewendet wird?

7.3.5 Angenommen, A entsteht aus einer 9-Punkt-Schablone (8/3 umgeben von acht Einträgen mit $-1/3$). Wie sieht dann die Schablone für $A_{2h} = RAI$ aus?

7.3.6 Verifizieren Sie $Ry_k^h = \frac{1}{2}(1 + \cos\frac{k\pi}{N+1})y_k^{2h}$ in Gleichung (7.40) für die lineare Restriktionsmatrix R, die auf diskrete Sinuswerte y_k^h mit $k \leq \frac{1}{2}(N+1)$ angewendet wird.

7.3.7 Zeigen Sie, dass für die „komplementären" diskreten Sinuswerte $Y_k^h = y_{N+1-k}$ in Gleichung (7.40) $RY_k^h = \frac{1}{2}(-1 - \cos\frac{k\pi}{N+1})y_k^{2h}$ ist. Jetzt gilt $N+1-k > \frac{1}{2}(N+1)$.

7.3.8 Verifizieren Sie Gleichung (7.41) für eine lineare Interpolation, die auf die diskreten Sinusse y_k^h mit $k \leq \frac{1}{2}(N+1)$ angewendet wird.

7.3.9 Sei $h = \frac{1}{8}$. Benutzen Sie die Matrizen I (7×3) und R (3×7) aus den Gleichungen (7.18) und (7.19), um die 3×3-Matrix $A_{2h} = RAI$ mit $A = K_7/h^2$ zu bestimmen.

7.3.10 Bestimmen Sie, ausgehend von Aufgabe 7.3.3, die 7×7-Matrix $S = I(RAI)^{-1}RA$. Überprüfen Sie, dass $S^2 = S$ gilt und dass S den gleichen Nullraum wie RA und den gleichen Spaltenraum wie I hat. Wie lauten die sieben Eigenwerte von S?

7.3.11 Führen Sie Aufgabe 7.3.4 fort, indem Sie (mithilfe von MATLAB) die Mehrgittermatrix $I - S$ und die vorgeglättete/nachgeglättete Matrix MSM bestimmen. Dabei ist M der Jacobi-Glätter $I - \omega D^{-1}A = I - \frac{1}{3}K_7$ mit $\omega = \frac{2}{3}$. Bestimmen Sie die Eigenwerte von MSM.

7.3.12 Führen Sie Aufgabe 7.3.5 fort und bestimmen Sie die Eigenwerte von M^2SM^2 mit zwei Jacobi-Glättern ($\omega = \frac{2}{3}$) vor und nach dem Gitterwechsel.

7.3.13 Bestimmen Sie mithilfe des ungewichteten Jacobi-Verfahrens ($\omega = 1$ und $M = I - \frac{1}{2}K_7$) die Matrix MSM und deren Eigenwerte. Ist das Gewichten sinnvoll?

7.3.14 Berechnen Sie, beginnend mit $h = \frac{1}{16}$ und der Matrix der zweiten Differenzen, $A = K_{15}/h^2$, die projizierte 7×7-Matrix $A_{2h} = RAI$ und die zweimal projizierte 3×3-Matrix $A_{4h} = R_cA_{2h}I_c$. Benutzen Sie lineare Interpolationsmatrizen I und I_c sowie die Restriktionsmatrizen $R = \frac{1}{2}I^T$ und $R_c = \frac{1}{2}I_c^T$.

7.3.15 Verwenden Sie A_{4h} aus Aufgabe 7.3.6, um die Projektionsmatrix S_3 in (7.33) zu berechnen. Verifizieren Sie, dass diese 15×15-Matrix den Rang 3 hat und dass $(S_3)^2 = S_3$ gilt.

7.3.16 Die gewichteten Jacobi-Glätter sind $M_h = I_{15} - \frac{1}{3}K_{15}$ und $M_{2h} = I_7 - \frac{1}{3}K_7$. Berechnen Sie mit MATLAB die geglättete Fehlerreduktionsmatrix und ihre Eigenwerte:

$$V_3 = M_h I M_{2h}(I_7 - S_{2h})M_{2h} R A M_h.$$

$S_{2h} = I_c A_{4h}^{-1} R_c A_{2h}$ ist die Projektionsmatrix für den v-Zyklus innerhalb des V-Zyklus.

7.3.17 Berechnen Sie die lineare Interpolationsmatrix $I_{2h}^h I_{4h}^{2h}$, welche die Größe $(15 \times 7)(7 \times 3)$ hat. Wie lautet die Restriktionsmatrix?

7.4 Krylov-Unterräume und konjugierte Gradienten

Unsere ursprüngliche Gleichung war $Ax = b$. *Die vorkonditionierte Gleichung ist* $P^{-1}Ax = P^{-1}b$. Auch wenn hier P^{-1} auftaucht, haben wir keinesfalls vor, jemals eine Inverse explizit zu berechnen. P kann aus einer unvollständigen LU-Zerlegung stammen, aus ein paar Schritten einer Mehrgitteriteration oder aus einer „Gebietszerlegung". Völlig neuartige Vorkonditionierer warten darauf, untersucht zu werden.

Der Rest ist $r_k = b - Ax_k$. Dies ist der Fehler in $Ax = b$, nicht der Fehler in x. Eine gewöhnliche vorkonditionierte Iteration korrigiert x_k um den Vektor $P^{-1}r_k$:

$$Px_{k+1} = (P-A)x_k + b \quad \text{oder} \quad Px_{k+1} = Px_k + r_k \quad \text{oder} \quad x_{k+1} = x_k + P^{-1}r_k. \quad (7.42)$$

Bei der Beschreibung von Krylov-Unterräumen ist es günstig, mit $P^{-1}A$ zu arbeiten. **Der Einfachheit halber schreibe ich im Folgenden einfach nur A!** Ich setze voraus, dass P gewählt wurde und verwendet wird, und dass die vorkonditionierte Gleichung $P^{-1}Ax = P^{-1}b$ in der Notation $Ax = b$ gegeben ist. Der Vorkonditionierer ist nun $P = I$. Unser neues A ist wahrscheinlich besser als die ursprüngliche Matrix mit der gleichen Bezeichnung.

Ausgehend von $x_1 = b$ sehen wir uns zwei Schritte der reinen Iteration $x_{j+1} = (I-A)x_j + b$ an:

$$x_2 = (I-A)b + b = 2b - Ab \qquad x_3 = (I-A)x_1 + b = 3b - 3Ab + A^2 b. \quad (7.43)$$

Zunächst eine einfache aber wichtige Feststellung: *x_j ist eine Kombination der Vektoren $b, Ab, \ldots, A^{j-1}b$*. Wir können diese Vektoren schnell berechnen, indem wir in jedem Schritt mit einer dünn besetzten Matrix multiplizieren. Jeder Iterationsschritt umfasst lediglich eine Matrix-Vektor-Multiplikation. Krylov gab der Menge *aller* Kombinationen dieser Vektoren $b, \ldots, A^{j-1}b$ einen Namen und nahm an, dass es bessere Kombinationen (also solche, die dichter an $x = A^{-1}b$ liegen) geben müsste, als die spezielle Wahl der x_j gemäß (7.43).

Krylov-Unterräume

Die Linearkombinationen von $b, Ab, \ldots, A^{j-1}b$ bilden den j-ten Krylov-Unterraum. Dieser Raum ist abhängig von A und b. Der Konvention folgend bezeichnen wir diesen Unterraum mit $\mathcal{K}_j$ und die Matrix, deren Spalten diese Basisvektoren sind, mit $\mathbf{K}_j$:

> **Krylov-Matrix** $K_j = [b \, Ab \, A^2b \ldots A^{j-1}b]$,
> **Krylov-Unterraum** $\mathcal{K}_j$: *Kombinationen von* $b, Ab, \ldots, A^{j-1}b$. (7.44)

Somit ist $\mathcal{K}_j$ der Spaltenraum von $\mathbf{K}_j$. Wir wollen die **beste Kombination** als unser verbessertes x_j wählen. Unterschiedliche Definition, was unter „beste" zu verstehen ist, führen zu unterschiedlichen x_j. Im Folgenden vier verschiedene Möglichkeiten, ein gutes x_j aus $\mathcal{K}_j$ zu wählen – dies ist eine wichtige Entscheidung:

1. Der Rest $r_j = b - Ax_j$ ist orthogonal zu $\mathcal{K}_j$ (**konjugierte Gradienten**).
2. Der Rest r_j hat die kleinste Norm aller $x_j \in \mathcal{K}_j$ (**GMRES** und **MINRES**).
3. r_j ist orthogonal zu einem anderen Raum $\mathcal{K}_j(A^\mathrm{T})$ (**bikonjugierte Gradienten**).
4. Der Fehler e_j hat die kleinste Norm in $\mathcal{K}_j$ (**SYMMLQ**).

In jedem Fall haben wir die Hoffnung, das neue x_j schnell aus den früheren Werten von x zu berechnen. Falls dieser Schritt nur x_{j-1} und x_{j-2} enthält (**kurze Rekurrenz**), ist er besonders schnell. Kurze Rekurrenzen treten für konjugierte Gradienten und für symmetrische, positiv definite A auf.

Beim Verfahren des bikonjugierten Gradienten (BiCG) kommen kurze Rekurrenzen auch für unsymmetrische A vor (es werden zwei Krylov-Räume verwendet). Eine stabilisierte Version (abgekürzt mit BiCGStab) wählt x_j in $A^\mathrm{T} \mathcal{K}_j(A^\mathrm{T})$.

Wie immer kann die Berechnung von x_j sehr instabil sein, solange wir keine ordentliche Basis haben.

Beispiel: Vandermonde-Matrix

Um die einzelnen Schritte beim Orthogonalisieren der Basis und beim Lösen von $Ax = b$ verfolgen zu können, brauchen wir ein gutes Beispiel, das möglichst einfach bleiben sollte. Mit dem folgenden bin ich recht zufrieden:

$$A = \begin{bmatrix} 1 & & & \\ & 2 & & \\ & & 3 & \\ & & & 4 \end{bmatrix} \qquad b = \begin{bmatrix} 1 \\ 1 \\ 1 \\ 1 \end{bmatrix} \qquad Ab = \begin{bmatrix} 1 \\ 2 \\ 3 \\ 4 \end{bmatrix} \qquad A^{-1}b = \begin{bmatrix} 1/1 \\ 1/2 \\ 1/3 \\ 1/4 \end{bmatrix}. \quad (7.45)$$

Der konstante Vektor spannt den Krylov-Unterraum $\mathcal{K}_1$ auf. Die anderen Basisvektoren in $\mathcal{K}_4$ sind dann Ab, A^2b und A^3b. Sie sind gleichzeitig die Spalten der Matrix $\mathbf{K}_4$, die wir mit V bezeichnen wollen:

Vandermonde-Matrix $\quad K_4 = V = \begin{bmatrix} 1 & 1 & 1 & 1 \\ 1 & 2 & 4 & 8 \\ 1 & 3 & 9 & 27 \\ 1 & 4 & 16 & 64 \end{bmatrix}$. (7.46)

Die Spalten sind (in dieser Reihenfolge) konstant, linear, quadratisch und kubisch. Die Spaltenvektoren sind linear unabhängig aber mitnichten orthogonal. Ein Maß für die Nichtorthogonalität erhalten wir, wenn wir für die Matrix $V^T V$ die *Skalarprodukte ihrer Spalten* berechnen. Wenn Spalten orthonormal sind, dann können ihre Skalarodukte nur 0 oder 1 sein. (Die Matrix wird dann mit Q bezeichnet, und die Skalarprodukte ergeben insgesamt $Q^T Q = I$.) In unserem Falle ist $V^T V$ sehr weit von der Einheitsmatrix entfernt:

$$V^T V = \begin{bmatrix} 4 & 10 & 30 & 100 \\ 10 & 30 & 100 & 354 \\ 30 & 100 & 354 & 1300 \\ 100 & 354 & 1300 & 4890 \end{bmatrix} \qquad \begin{array}{l} 10 = 1 + 2 + 3 + 4 \\ 30 = 1^2 + 2^2 + 3^2 + 4^2 \\ 100 = 1^3 + 2^3 + 3^3 + 4^3 \\ 1300 = 1^5 + 2^5 + 3^5 + 4^5 \end{array}$$

Aus den Eigenwerten dieser Matrix der Skalarprodukte (*Gram-Matrix*) können wir etwas Wichtiges ablesen. Größter und kleinster Eigenwert sind $\lambda_{max} \approx 5264$ und $\lambda_{min} \approx 0.004$. Dies sind die Quadrate von σ_4 und σ_1, dem **größten bzw. kleinsten Singulärwert von V**. Das entscheidende Maß ist das Verhältnis σ_4/σ_1, die **Konditionszahl von V**:

$$\text{cond}(V^T V) \approx \frac{5264}{0.004} \approx 10^6 \qquad \text{cond}(V) = \sqrt{\frac{\lambda_{max}}{\lambda_{min}}} \approx 1000.$$

Für ein so kleines Beispiel ist 1000 eine sehr schlechte Konditionszahl. Für eine orthonormale Basis mit $Q^T Q = I$ sind alle Eigenwerte (alle Singulärwerte, alle Konditionszahlen gleich 1).

Wir können die Kondition verbessern, indem wir die Spalten von V auf Einheitsvektoren reskalieren. Dann stehen in der Diagonale von $V^T V$ Einsen, und die Konditionszahl fällt auf 263. Wenn die Größe der Matrix aber in realistische Bereiche kommt, hilft uns die Reskalierung nicht weiter. Wir könnten unser Vandermonde-Modell beispielsweise von den konstanten, linearen, quadratischen und kubischen Vektoren auf die Funktionen $1, x, x^2, x^3$ erweitern. (*A* wird mit x multipliziert.) Schauen wir, was passiert:

Stetige Vandermonde-Matrix $\quad V_c = [\, 1 \; x \; x^2 \; x^3 \,]$. (7.47)

Wiederum sind diese vier Funktionen weit davon entfernt, orthogonal zu sein. Die Skalarprodukte in $V_c^T V_c$ sind jetzt keine Summen mehr, sondern *Integrale*. Wenn wir auf dem Intervall $[0, 1]$ arbeiten, sind die Integrale $\int_0^1 x^i x^j \, dx = 1/(i+j-1)$. Sie erscheinen in der *Hilbert-Matrix:*

7.4 Krylov-Unterräume und konjugierte Gradienten

Stetige Skalarprodukte $\quad V_c^T V_c = \begin{bmatrix} 1 & \frac{1}{2} & \frac{1}{3} & \frac{1}{4} \\ \frac{1}{2} & \frac{1}{3} & \frac{1}{4} & \frac{1}{5} \\ \frac{1}{3} & \frac{1}{4} & \frac{1}{5} & \frac{1}{6} \\ \frac{1}{4} & \frac{1}{5} & \frac{1}{6} & \frac{1}{7} \end{bmatrix} = \text{hilb}(4).$ (7.48)

Größter und kleinster Eigenwert dieser Hilbert-Matrix sind $\lambda_{\max} \approx 1.5$ und $\lambda_{\min} \approx 10^{-4}$. Wie immer sind dies die Quadrate der Singulärwerte von V_c, $\sigma_{\max}$ und $\sigma_{\min}$. Die Konditionszahl der Basis der Potenzfunktionen $1, x, x^2, x^3$ ist das Verhältnis $\sigma_{\max}/\sigma_{\min} \approx 125$. Wenn Sie eine noch eindrucksvollere Zahl sehen wollen, dann gehen Sie bis zu x^9. Die Konditionszahl der 10×10-Matrix ist $\lambda_{\max}/\lambda_{\min} \approx 10^{13}$. (Für die Numerik wäre eine solche Zahl natürlich ein Desaster.) Aus diesem Grund ist $1, x, \ldots, x^9$ eine sehr schlechte Basis für Polynome vom Grad 9.

Um diese unakzeptabel große Zahl zu reduzieren, wird die Basis nach der Methode von Legendre orthogonalisiert. Das Intervall ist hierbei $[-1, 1]$, damit gerade Potenzen automatisch orthogonal zu ungeraden sind. Die ersten **Legendre-Polynome** sind $1, x, x^2 - \frac{1}{3}, x^3 - \frac{3}{5}x$. Es wird sich zeigen, dass unser Beispiel mit der Vandermonde-Matrix nach dem Orthogonalisieren ganz analog zu den berühmten Funktionen von Legendre ist.

Insbesondere ist die **drei-Term-Rekurrenz** in der Arnoldi-Lanczos-Orthogonalisierung exakt so, wie die klassische drei-Term-Rekurrenz für die Legendreschen Polynome. Diese „kurzen Rekurrenzen" erscheinen aus dem gleichen Grund wie zuvor – wegen der Symmetrie von A.

Orthogonalisierung der Krylov-Basis

Die beste Basis $q_1, \ldots, q_j$ für den Krylov-Raum ist orthonormal. Jedes neue q_j entsteht durch Orthogonalisierung $t = Aq_{j-1}$ bezüglich der bereits gewählten Basisvektoren $q_1, \ldots, q_{j-1}$. Die Iteration zur Berechnung dieser orthonormalen q ist das **Arnoldi-Verfahren**.

Dieses Verfahren ist von der Idee her an Gram-Schmidt angelehnt. Im Folgenden der Programmcode für einen Arnoldi-Zyklus zur Bestimmung von $q_j = q_2$ für das Beispiel mit der Vandermonde-Matrix, wo $b = [1\ 1\ 1\ 1]'$ und $A = \text{diag}([1\ 2\ 3\ 4])$ war:

Arnoldi-Orthogonalisierung von $b, Ab, \ldots, A^{n-1}b$:

0	$q_1 = b/\|b\|$;	% normiere b auf $\|q_1\| = 1$	$q_1 = [1\ 1\ 1\ 1]'/2$
	für $j = 1, \ldots, n-1$	% starte Berechnung von q_{j+1}	
1	$t = Aq_j$;	% eine Matrixmultiplikation	$Aq_1 = [1\ 2\ 3\ 4]'/2$
	für $i = 1, \ldots, j$	% t liegt im Raum $\mathcal{K}_{j+1}$	
2	$h_{ij} = q_i^T t$;	% $h_{ij}q_i$ = Projektion von t auf q_i	$h_{11} = 5/2$
3	$t = t - h_{ij}q_i$;	% subtrahiere diese Projektion	$t = Aq_1 - (5/2)q_1$
	end	% t ist orthogonal zu $q_1, \ldots, q_j$	$t = [-3\ -1\ 1\ 3]'/4$
4	$h_{j+1,j} = \|t\|$;	% berechne die Länge von t	$h_{21} = \sqrt{5}/2$
5	$q_{j+1} = t/h_{j+1,j}$;	% normiere t auf $\|q_{j+1}\| = 1$	$q_2 = [-3\ -1\ 1\ 3]'/\sqrt{20}$
	end	% $q_1, \ldots, q_n$ sind orthonormal	Basis des Krylov-Raums

Sicher wollen Sie die vier orthonormalen Vektoren im Vandermonde-Beispiel sehen. Die Spalten q_1, q_2, q_3, q_4 von Q sind nach wie vor konstant, linear, quadratisch und kubisch. Unten ist auch die Matrix H angegeben, mit deren Hilfe die q's aus den Krylov-Vektoren $b, Ab, A^2 b, A^3 b$ gebildet wurden. (Da die Arnoldi-Orthogonalisierung bei $j = n-1$ endet, wird die letzte Spalte von H nicht wirklich berechnet. Sie entsteht durch den abschließenden Befehl $H(:,n) = Q' * A * Q(:,n)$.)

H erweist sich als *symmetrisch und tridiagonal*, wenn $A^T = A$ gilt (wie in diesem Fall).

Das Arnoldi-Verfahren liefert für das Beispiel mit der Vandermonde-Matrix V folgendes Q und H: indexArnoldi-Verfahren

Basis in Q, Multiplikatoren h_{ij}

$$Q = \begin{bmatrix} 1 & -3 & 1 & -1 \\ 1 & -1 & -1 & 3 \\ 1 & 1 & -1 & -3 \\ 1 & 3 & 1 & 1 \end{bmatrix} \quad H = \begin{bmatrix} 5/2 & \sqrt{5}/2 & & \\ \sqrt{5}/2 & 5/2 & \sqrt{.80} & \\ & \sqrt{.80} & 5/2 & \sqrt{.45} \\ & & \sqrt{.45} & 5/2 \end{bmatrix}.$$
$$ \overline{2 \;\; \sqrt{20} \;\; 2 \;\; \sqrt{20}}$$

Wie Sie sehen, ist H keine obere Dreiecksmatrix wie beim Gram-Schmidt-Verfahren. Die gewöhnliche QR-Faktorisierung der ursprünglichen Krylov-Matrix $\mathbf{K}$ (die in unserem Beispiel V heißt), kommt das gleiche Q vor, aber das QR aus dem Arnoldi-Verfahren ist verschieden von $\mathbf{K} = QR$. Der Vektor t, der durch das Arnoldi-Verfahren in Bezug auf die vorhergehenden $q_1, \ldots, q_j$ orthogonalisiert wird, ist $t = Aq_j$. Dies ist nicht die Spalte $j+1$ von $\mathbf{K}$ wie bei Gram-Schmidt. Das Arnoldi-Verfahren faktorisiert AQ!

Arnoldi-Faktorisierung $AQ = QH$ für den finalen Unterraum $\mathscr{K}_n$:

$$AQ = \begin{bmatrix} Aq_1 & \cdots & Aq_n \end{bmatrix} = \begin{bmatrix} q_1 & \cdots & q_n \end{bmatrix} \begin{bmatrix} h_{11} & h_{12} & \cdot & h_{1n} \\ h_{21} & h_{22} & \cdot & h_{2n} \\ \mathbf{0} & h_{32} & \cdot & \cdot \\ \mathbf{0} & \mathbf{0} & \cdot & h_{nn} \end{bmatrix}. \quad (7.49)$$

Diese Matrix H ist eine obere Dreiecksmatrix zuzüglich einer besetzten Nebendiagonale unterhalb der Hauptdiagonale. Eine solche Matrix wird *obere Hessenberg-Matrix* genannt. Die h_{ij} aus Schritt 2 werden jeweils bis zur Diagonale berechnet. In Schritt 4 wird dann das noch fehlende Element $h_{j+1,j}$ unterhalb der Diagonale berechnet. Wir überprüfen (durch Multiplikation der Spalten), dass die erste Spalte von $AQ = QH$ dem ersten Arnoldi-Zyklus entspricht, der q_2 produziert:

Spalte 1 $\quad Aq_1 = h_{11} q_1 + h_{21} q_2 \quad \Rightarrow \quad q_2 = (Aq_1 - h_{11} q_1)/h_{21}$. $\quad$ (7.50)

Diese Subtraktion ist Schritt 3 des Arnoldi-Verfahrens. Die Division durch $h_{21} = \|t\|$ ist Schritt 5.

7.4 Krylov-Unterräume und konjugierte Gradienten

Wenn nicht mehrere der h_{ij} null sind, wächst der Aufwand mit jeder Iteration. Die Vektoroperationen in Schritt 3 für $j = 1,\ldots,n-1$ führen zu etwa $n^2/2$ Aktualisierungen und n^3 Operationen. Eine *kurze Rekurrenz* bedeutet, dass H tridiagonal ist. Die Zahl der Gleitkommaoperationen fällt dann auf $O(n^2)$. Diese starke Verbesserung stellt sich ein, wenn $A = A^T$ gilt.

Vom Arnoldi- zum Lanczos-Verfahren

Wenn A symmetrisch ist, dann ist auch die Matrix H symmetrisch und somit tridiagonal. Diese Tatsache ist die Grundlage für das Verfahren der konjugierten Gradienten. Zum Beweis der Aussagen multiplizieren Sie einfach die Gleichung $AQ = QH$ mit Q^T. Die linke Seite $Q^T A Q$ ist symmetrisch, wenn A symmetrisch ist. Die rechte Seite, $Q^T Q H = H$, hat eine besetzte Reihe unterhalb der Hauptdiagonale. Wegen der Symmetrie muss H dann auch eine besetzte Nebendiagonale über der Hauptdiagonale haben.

Dieses tridiagonale H sagt uns, dass wir zur Berechnung von q_{j+1} nur q_j und q_{j-1} benötigen:

Arnoldi-Verfahren mit $A = A^T$
$$Aq_j = h_{j+1,j} q_{j+1} + h_{j,j} q_j + h_{j-1,j} q_{j-1}. \tag{7.51}$$

Dies ist die **Lanczos-Iteration**. Jedes neue $q_{j+1} = (Aq_j - h_{j,j} q_j - h_{j-1,j} q_{j-1})/h_{j+1,j}$ erfordert eine Multiplikation Aq_j, zwei Skalarmultiplikationen für die h's und zwei Vektoraktualisierungen.

Eine wichtige Anmerkung ist zum **symmetrischen Eigenwertproblem** $Ax = \lambda x$ zu machen. Die Matrix $H = Q^T A Q = Q^{-1} A Q$ hat die gleichen Eigenwerte wie A:

Gleiches λ $\quad Hy = Q^{-1} A Q y = \lambda y \quad$ liefert $\quad A(Qy) = \lambda(Qy). \tag{7.52}$

Das **Lanczos-Verfahren** findet näherungsweise, iterativ und schnell die führenden Eigenwerte einer großen, symmetrischen Matrix A. Wir beenden einfach die Arnoldi-Iteration (7.51) bei einem kleinen, tridiagonalen H_k mit $k < n$. Der vollständige, n Schritte umfassende Prozess ist zu aufwändig, zumal wir oftmals gar nicht alle n Eigenwerte benötigen. **Wir berechnen also die k Eigenwerte von H_k anstatt die n Eigenwerte von H.** Diese berechneten λ's (die sogenannten *Ritz-Werte*) sind häufig sehr gute Näherungen für die ersten k Eigenwerte von A (siehe [124]). Außerdem ermöglichen sie uns einen schnellen Start für das Eigenwertproblem zu H_{k+1}, falls wir beschließen, einen weiteren Schritt durchzuführen.

Zur Bestimmung der Eigenwerte von H_k verwenden wir die QR-Methode, die in den Referenzen [63, 142, 159, 164] beschrieben ist.

Das Verfahren der konjugierten Gradienten

Kehren wir nun zu den iterativen Verfahren für $Ax = b$ zurück. Der Arnoldi-Algorithmus erzeugte orthonormale Basisvektoren $q_1, q_2, \ldots$ für die größer werdenden Krylov-Räumen $\mathcal{K}_1, \mathcal{K}_2, \ldots$. Nun wählen wir Vektoren x_k aus $\mathcal{K}_k$ aus, die sich der exakten Lösung von $Ax = b$ nähern.

Wir konzentrieren uns auf das *Verfahren der konjugierten Gradienten, wenn A symmetrisch und positiv definit ist*. Symmetrie liefert kurze Rekurrenzen. Die Definitheit sichert, dass keine Divisionen durch null auftreten.

Die Rolle der x_k bei Verfahren mit konjugierten Gradienten besteht darin, die Reste $r_k = b - Ax_k$ orthogonal zu allen Vektoren aus $\mathcal{K}_k$ zu machen. Da der Vektor r_k in $\mathcal{K}_{k+1}$ liegt (wegen Ax_k), muss er ein Vielfaches des nächsten Arnoldi-Vektors q_{k+1} sein. Mit den q's sind auch die r's orthogonal:

Orthogonale Reste $\quad r_i^T r_k = 0 \quad$ für $i < k$. $\hfill (7.53)$

Der Unterschied zwischen r_k und q_{k+1} ist, dass die q's normiert sind, wie in $q_1 = b/\|b\|$.

Entsprechend ist r_{k-1} ein Vielfaches von q_k. Dann ist $\Delta r = r_k - r_{k-1}$ orthogonal zu früheren Unterräumen $\mathcal{K}_i$ mit $i < k$. Sicher liegt $\Delta x = x_i - x_{i-1}$ in diesem $\mathcal{K}_i$. Somit gilt $\Delta x^T \Delta r = 0$:

$$(x_i - x_{i-1})^T (r_k - r_{k-1}) = 0 \quad \text{für } i < k. \quad (7.54)$$

Die Differenzen Δx und Δr sind direkt miteinander verbunden, da sich die b's in Δr herauskürzen:

$$r_k - r_{k-1} = (b - Ax_k) - (b - Ax_{k-1}) = -A(x_k - x_{k-1}). \quad (7.55)$$

Durch Substitution von (7.55) in (7.54) führt auf *Aktualisierungen Δx, die „A-orthogonal" oder konjugiert sind*:

Konjugierte Richtungen $\quad (x_i - x_{i-1})^T A (x_k - x_{k-1}) = 0 \quad$ für $i < k$. $\quad (7.56)$

Nun haben wir alle Voraussetzungen geschaffen. Jeder konjugierte Schritt endet mit einer „Suchrichtung" d_{k-1} für das nächste $\Delta x = x_k - x_{k-1}$. Die Schritte 1 und 2 berechnen das korrekte Vielfache $\Delta x = \alpha_k d_{k-1}$, um zu x_k zu gelangen. Unter Verwendung von (7.55) wird in Schritt 3 das neue r_k bestimmt. In den Schritten 4 und 5 wird r_k bezüglich der Suchrichtung d_{k-1} orthogonalisiert, um das nächste d_k zu finden.

Im Folgenden ein Zyklus des Algorithmus, der in die Richtung d_{k-1} fortschreitet und x_k, r_k und d_k bestimmt. Die Schritte 1 und 3 beinhalten die gleiche Matrix-Vektor-Multiplikation Ad (also eine pro Zyklus).

Verfahren der konjugierten Gradienten für symmetrische positiv definite Matrizen A:

$A = \text{diag}([1\ 2\ 3\ 4])$ und $b = [1\ 1\ 1\ 1]'$ mit $d_0 = r_0 = b$, $x_0 = 0$.

7.4 Krylov-Unterräume und konjugierte Gradienten

1. $\alpha_k = r_{k-1}^T r_{k-1} / d_{k-1}^T A d_{k-1}$ % Schrittlänge für x_k $\alpha_1 = 4/10 = 2/5$
2. $x_k = x_{k-1} + \alpha_k d_{k-1}$ % approximative Lösung $x_1 = [2\ 2\ 2\ 2]'/5$
3. $r_k = r_{k-1} - \alpha_k A d_{k-1}$ % neuer Rest aus (7.55) $r_1 = [3\ 1\ -1\ -3]'/5$
4. $\beta_k = r_k^T r_k / r_{k-1}^T r_{k-1}$ % Verbesserung $\beta_1 = 1/5$
5. $d_k = r_k + \beta_k d_{k-1}$ % neue Suchrichtung $d_1 = [4\ 2\ 0\ -2]'/5$

Wenn es einen Vorkonditionierer P gibt (um mit noch weniger konjugierte-Gradienten-Schritten zu einem genauen x zu kommen), wird in Schritt 3 $P^{-1}A$ verwendet und alle Skalarprodukte in α_k und β_k enthalten einen zusätzlichen Faktor P^{-1}.

Die Konstanten β_k für die Suchrichtung und α_k für die Aktualisierung erhalten wir aus (7.53) und (7.54), wenn wir $i = k-1$ setzen. Für symmetrisches A ist die Orthogonalität wie beim Arnoldi-Verfahren für $i < k-1$ automatisch hergestellt. Diese „kurze Rekurrenz" macht das Verfahren der konjugierten Gradienten schnell. Die Formeln α_k und β_k werden weiter unten kurz erklärt; ausführliche Darstellungen finden Sie unter anderem in Trefethen-Bau [159] und Shewchuk [136].

Verschiedene Betrachtungsweisen für konjugierte Gradienten

Im Folgenden möchte ich ein und dieselbe Methode mit konjugierten Gradienten auf zwei unterschiedliche Weisen beschreiben:

1. Mithilfe konjugierter Gradienten wird ein tridiagonales System $Hy = f$ rekursiv im Unterraum $\mathcal{K}_j$ gelöst.
2. Mithilfe konjugierter Gradienten wird die Energie $\frac{1}{2}x^T A x - x^T b$ rekursiv minimiert.

Wie kommen wir nun von $Ax = b$ zu dem tridiagonalen System $Hy = f$? Die beiden Systeme sind verbunden durch die orthonormalen Spalten $q_1, \ldots, q_n$ in der Matrix Q des Arnoldi-Verfahrens, wobei $Q^T = Q^{-1}$ und $Q^T A Q = H$ gilt:

$$Ax = b \text{ ist } (Q^T A Q)(Q^T x) = Q^T b,$$
$$\text{was identisch ist mit } Hy = f = (\|b\|, 0, \ldots, 0). \tag{7.57}$$

Wegen $q_1 = b/\|b\|$ ist $q_1^T b = \|b\|$ die erste Komponente von $f = Q^T b$. Die anderen Komponenten von f sind $q_1^T b = \|b\|$, da q_i orthogonal zu q_1 ist. Das Verfahren der konjugierten Gradienten berechnet implizit das symmetrische, tridiagonale H. Indem das Verfahren x_k bestimmt, bestimmt es auch $y_k = Q_k^T x_k$. Hier ist der dritte Schritt:

Tridiagonales System $Hy = f$, implizit gelöst durch konjugierte Gradienten

$$H_3 y_3 = \begin{bmatrix} h_{11} & h_{12} & \\ h_{21} & h_{22} & h_{23} \\ & h_{32} & h_{33} \end{bmatrix} \begin{bmatrix} y_3 \end{bmatrix} = \begin{bmatrix} \|b\| \\ 0 \\ 0 \end{bmatrix}. \tag{7.58}$$

Dies ist die Gleichung $Ax = b$ projiziert durch Q_3 auf den dritten Krylov-Unterraum $\mathcal{K}_3$. Wenn das Verfahren der konjugierten Gradienten $k = n$ erreicht, findet sie das exakte x. In diesem Sinne haben wir eine direkte Methode wie die Elimination,

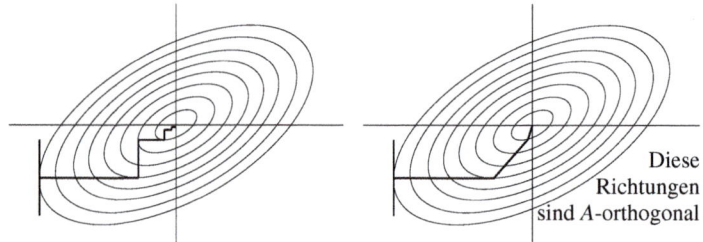

Abb. 7.13 Steilster Abstieg (viele kleine Schritte) vs. konjugierte Gradienten.

aber sie braucht länger. Der wesentliche Punkt ist, dass *dieser Algorithmus nach k < n Schritten etwas Brauchbares liefert.* Tatsächlich ist x_k oft hervorragend.

Die h's treten bei konjugierten Gradienten nirgends auf. Wir wollen nicht auch das Arnoldi-Verfahren ausführen. Es sind die LDL^T-Faktoren von H, die das Verfahren der konjugierten Gradienten auf irgendeine Weise berechnet – zwei neue Zahlen α und β pro Schritt. Dies liefert eine schnelle Aktualisierung von y_{k-1} auf y_k. Die Iterierten $x_k = Q_k y_k$ des Verfahrens der konjugierten Gradienten nähern sich der exakten Lösung $x_n = Q_n y_n$, die $x = A^{-1}b$ ist.

Energie Wenn wir das Verfahren der konjugierten Gradienten als einen energieminimierenden Algorithmus auffassen, können wir es auf nichtlineare Systeme ausdehnen und in der Optimierung einsetzen. Für lineare Gleichungen $Ax = b$ ist die Energie $E(x) = \frac{1}{2}x^T A x - x^T b$. Wenn A positiv definit ist, ist das Minimieren von $E(x)$ gleichbedeutend mit dem Lösen von $Ax = b$ (siehe Abschnitt 1.5 auf Seite 53). **Das Verfahren der konjugierten Gradienten minimiert die Energie $E(x)$ in größer werdenden Krylov-Unterraum.**

Der erste Unterraum $\mathscr{K}_1$ ist die Gerade mit der Richtung $d_0 = r_0 = b$. Das Minimieren der Energie $E(x)$ auf der Gerade der Vektoren $x = \alpha b$ erzeugt eine Zahl α_1:

$$E(\alpha b) = \frac{1}{2}\alpha^2 b^T A b - \alpha b^T b \quad \text{ist minimal bei} \quad \alpha_1 = \frac{b^T b}{b^T A b}. \tag{7.59}$$

Dieses α_1 ist die in Schritt 1 gewählte Konstante für den ersten Zyklus des Verfahrens der konjugierten Gradienten.

Der Gradient von $E(x) = \frac{1}{2}x^T A x - x^T b$ ist genau $Ax - b$. *Der steilste Abstieg von x_1 verläuft entlang des negativen Gradienten, also r_1.* Scheinbar ist dies die perfekte Richtung d_1, in der das Verfahren fortschreiten sollte. Der steilste Abstieg hat jedoch die Eigenschaft, dass er zwar lokal gut aussieht, global aber wenig taugt. Für die r's bringt dies wenig. Deshalb wird in Schritt 5 das Vielfache $\beta_1 d_0$ hinzugefügt, damit die neue Richtung $d_1 = r_1 + \beta_1 d_0$ A-orthogonal zur ersten Richtung d_0 ist.

Das Verfahren bewegt sich in dieser konjugierten Richtung nach $x_2 = x_1 + \alpha_2 d_1$. Dies ist der Grund für den Namen *konjugierte Gradienten*. Die reinen Gradienten des steilsten Abstiegs würden kleine Schritte durch ein Tal ausführen anstatt einen ordentlichen Schritt auf den Grund (in Abbildung 7.13 das minimierende x). In jedem Zyklus des Verfahrens wird ein α_k gewählt, das $E(x)$ in der neuen Suchrichtung

7.4 Krylov-Unterräume und konjugierte Gradienten

$x = x_{k-1} + \alpha d_{k-1}$ minimiert. Der letzte Zyklus (wenn wir so weit gehen wollen) liefert den Gesamtminimierer $x_n = x = A^{-1}b$.

Der zentrale Punkt ist immer der folgende: **Wenn Orthogonalität vorliegt, dann können Projektionen und Minimierungen für eine Richtung gleichzeitig berechnet werden.**

Beispiel für zwei Schritte mit konjugierten Gradienten

Wir betrachten das System $\begin{bmatrix} 2 & 1 & 1 \\ 1 & 2 & 1 \\ 1 & 1 & 2 \end{bmatrix} \begin{bmatrix} 3 \\ -1 \\ -1 \end{bmatrix} = \begin{bmatrix} 4 \\ 0 \\ 0 \end{bmatrix}$.

Ausgehend von $x_0 = (0,0,0)$ und $r_0 = d_0 = b$ liefert der erste Zyklus $\alpha_1 = \frac{1}{2}$ und $x_1 = \frac{1}{2}b = (2,0,0)$. Der neue Rest ist $r_1 = b - Ax_1 = (0,-2,-2)$. Mittels konjugierter Gradienten erhalten wir dann

$$\beta_1 = \frac{8}{16} \quad d_1 = \begin{bmatrix} 2 \\ -2 \\ -2 \end{bmatrix} \quad \alpha_2 = \frac{8}{16} \quad x_2 = \begin{bmatrix} 3 \\ -1 \\ -1 \end{bmatrix} . = A^{-1}b$$

Die korrekte Lösung wird in zwei Schritten erreicht, obwohl mit konjugierten Gradienten normalerweise $n = 3$ Schritte notwendig wären. Der Grund ist, dass unser spezielles A zwei verschiedene Eigenwerte, 4 und 1, hat. In diesem Fall ist $A^{-1}b$ eine Kombination aus b und Ab, und diese beste Kombination x_2 wird im zweiten Zyklus gefunden. Der Rest r_2 ist null, sodass der Zyklus bereits früh abbricht – was sehr ungewöhnlich ist.

Die Energieminimierung führt in [159] auf eine Schätzung der Konvergenzrate für den Fehler $e = x - x_k$ in den konjugierten Gradienten, wobei die A-Norm $\|e\|_A = \sqrt{e^T A e}$ verwendet wird:

Fehlerabschätzung $\quad \|x - x_k\|_A \leq 2 \left(\dfrac{\sqrt{\lambda_{\max}} - \sqrt{\lambda_{\min}}}{\sqrt{\lambda_{\max}} + \sqrt{\lambda_{\min}}} \right)^k \|x - x_0\|_A .$ (7.60)

Dies ist die bekannteste Fehlerabschätzung; allerdings trägt sie nichts zu einer guten Clusterung der Eigenwerte von A bei. Sie beinhaltet lediglich die Konditionszahl $\lambda_{\max}/\lambda_{\min}$. Die optimale Fehlerabschätzung verwendet alle Eigenwerte von A (siehe [159]), ist aber nicht ganz einfach zu berechnen. In der Praxis haben wir Schranken für $\lambda_{\max}$ und $\lambda_{\min}$.

Kleinste Quadrate und Normalgleichungen

Wenn A mehr Zeilen als Spalten hat, ist zur Minimierung von $\|b - Au\|^2$ LSQR die Methode der Wahl. Dabei handelt es sich um eine spezielle Implementierung des Verfahrens der konjugierten Gradienten für das fundamentale Problem $A^T A \hat{u} = A^T b$. Die Iterationen beginnen mit $u_1 = b/\|b\|$ und $v_1 = A^T b/\|A^T b\|$. In jedem Schritt fügt das Lanczos-Orthogonalisierungsverfahren eine untere Bidiagonalmatrix B_k hinzu (und $\overline{B}_k$ besitzt eine zusätzliche Zeile $[0 \ \ldots \ 0 \ c]$):

Bidiagonales B

$$AV_k = U_{k+1}\overline{B}_k \text{ und } A^{\mathrm{T}}U_k = V_k B_k^{\mathrm{T}} \quad U_k^{\mathrm{T}} U_k = V_k^{\mathrm{T}} V_k = I_k.$$ (7.61)

Der wesentliche Punkt ist, dass diese Orthogonalisierung stabil und schnell ist: B_k und anschließend $\widehat{u}_k = V_k \widehat{y}_k$ werden durch nur $2k$ Matrix-Vektor-Multiplikationen berechnet (jeweils k Multiplikationen mit A und k mit A^{T}). Der Speicheraufwand liegt zu jedem Zeitpunkt bei nur wenigen u und v. Das Problem der kleinsten Quadrate minimiert die Länge von $\overline{B}_k y - (\|b\|, 0, \ldots, 0)$.

Methode der kleinsten Reste

Wenn A nicht symmetrisch und positiv definit ist, führen konjugierte Gradienten nicht zwingend zu einer Lösung von $Ax = b$. Abgesehen davon können die Nenner $d^{\mathrm{T}}Ad$ in den α's null werden. Wir beschreiben im Folgenden kurz die **Methode der kleinsten Reste** (siehe auch [162]), die auf MINRES und GMRES führt.

Diese Methode wählt x_j aus dem Krylov-Unterraum $\mathscr{K}_j$, sodass $\|b - Ax_j\|$ minimal ist. Dann ist $x_j = Q_j y$ eine Kombination der orthonormalen Vektoren $q_1, \ldots, q_j$ in den Spalten von Q_j:

Norm des Restes

$$\|r_j\| = \|b - Ax_j\| = \|b - AQ_j y\| = \|b - Q_{j+1} H_{j+1,j} y\|.$$ (7.62)

Hierbei verwendet AQ_j die ersten j Spalten der Arnoldi-Formel $AQ = QH$ in (7.49). Die rechte Seite benötigt nur $j+1$ Spalten von Q, weil die j-te Spalte von H unterhalb der $j+1$-ten Position null ist.

Die Norm in (7.62) wird durch Multiplikation mit Q_{j+1}^{T} nicht verändert, da $Q_{j+1}^{\mathrm{T}} Q_{j+1} = I$ gilt. Der Vektor $Q_{j+1}^{\mathrm{T}} b$ ist $(\|r_0\|, 0, \ldots, 0)$, wie in (7.57). Unser Problem ist einfacher geworden:

Wahl von y zur Minimierung $\quad \|r_j\| = \|Q_{j+1}^{\mathrm{T}} b - H_{j+1,j} y\|.$ (7.63)

Dies ist ein gewöhnliches Problem kleinster Quadrate mit $j+1$ Gleichungen und j unbekannten y. Die Rechteckmatrix $H_{j+1,j}$ ist eine obere Hessenberg-Matrix. Damit stehen wir einem ganz typischen Problem der linearen Algebra gegenüber: **Man nutze die Nullen in H und $Q_{j+1}^{\mathrm{T}} b$, um einen schnellen Algorithmus zur Berechnung von y zu finden.** Die beiden zu favorisierenden Algorithmen sind eng verwandt:

    MINRES A ist symmetrisch (möglicherweise indefinit, oder wir verwenden konjugierte Gradienten) und H ist tridiagonal.

    GMRES A ist *nicht* symmetrisch und der obere triangulare Teil von H kann gefüllt sein.

7.4 Krylov-Unterräume und konjugierte Gradienten

Beide Fälle zielen darauf ab, die nicht vollständig mit Nullen besetzte Nebendiagonale unter der Hauptdiagonale von H aufzuräumen. Der natürliche Weg, dies für einen Eintrag nach dem anderen zu tun, ist die Methode der *Givens-Rotationen*. Diese ebenen Rotationen sind so nützlich und einfach, dass wir dieses Kapitel mit einer Darstellung dieser Methode beschließen wollen.

Givens-Rotationen

Der direkte Ansatz zur Bestimmung der kleinsten-Quadrate-Lösung von $Hy = f$ konstruiert die Normalgleichungen $H^\mathrm{T} H \hat{y} = H^\mathrm{T} f$. Dies war die zentrale Idee in Kapitel 2, aber Sie sehen, was wir aufgeben. Während H eine Hessenberg-Matrix mit vielen gut platzierten Nullen ist, ist $H^\mathrm{T} H$ voll besetzt. Diese Nullen in H sollten für eine Vereinfachung und Verkürzung der Berechnungen sorgen, weshalb wir die Normalgleichungen nicht haben wollen.

Der andere Ansatz für kleinste Quadrate geht über die Orthogonalisierung. **Wir faktorisieren H in einen orthogonale und eine obere Dreiecksmatrix**. Da wir den Buchstaben Q bereits verwendet haben, bezeichnen wir die orthogonale Matrix mit G (nach Givens). Die obere Dreiecksmatrix ist $G^{-1}H$. Der 3×2-Fall zeigt, wie eine Rotation in der 1-2-Ebene h_{21} beseitigt:

Ebene Rotation
(Givens-Rotation)
$$G_{21}^{-1}H = \begin{bmatrix} \cos\theta & \sin\theta & 0 \\ -\sin\theta & \cos\theta & 0 \\ 0 & 0 & 1 \end{bmatrix} \begin{bmatrix} h_{11} & h_{12} \\ h_{21} & h_{22} \\ 0 & h_{32} \end{bmatrix} = \begin{bmatrix} * & * \\ \mathbf{0} & * \\ 0 & * \end{bmatrix}. \quad (7.64)$$

Die fette Null erfordert $h_{11}\sin\theta = h_{21}\cos\theta$, was den Rotationswinkel θ festlegt. Eine zweite Rotation G_{32}^{-1}, diesmal in der 2-3-Ebene, beseitigt den Eintrag an der Position (3,2). Dann ist $G_{32}^{-1}G_{21}^{-1}H$ eine obere Dreiecksmatrix U über einer Zeile Nullen.

Die orthogonale Givens-Matrix ist $G_{21}G_{32}$, aber es gibt keinen Grund, diese Multiplikation auszuführen. Wir benutzen einfach jedes G_{ij} sowie es konstruiert wird, um das Problem der kleinsten Quadrate zu vereinfachen. Rotationen (und alle orthogonalen Matrizen) lassen die Größe der Vektoren unverändert:

Triangular kleinste Quadrate
$$\min_y \left\| G_{32}^{-1}G_{21}^{-1}Hy - G_{32}^{-1}G_{21}^{-1}f \right\| = \min_y \left\| \begin{bmatrix} U \\ 0 \end{bmatrix} y - \begin{bmatrix} F \\ e \end{bmatrix} \right\|. \quad (7.65)$$

Diese Größe wird durch MINRES und GMRES minimiert. Die Zeile mit Nullen unterhalb von U bedeutet, dass wir den Fehler e nicht reduzieren können. Das obere Dreieck in H kann vollständig besetzt sein, wodurch der *Arnoldi-Schritt j aufwändig* wird. Möglicherweise wächst mit steigendem j die Ungenauigkeit. Deshalb können wir vom „vollständigen GMRES" zu „GMRES(m)" wechseln, was den Algorithmus nach jeweils m Schritten neu startet. Es ist nicht so einfach, ein gutes m zu wählen. Trotzdem ist GMRES ein wichtiger Algorithmus für unsymmetrische A.

Aufgaben zu Abschnitt 7.4

7.4.1 Angenommen, die $-1, 2, -1$-Matrix ist vorkonditioniert durch $P = T$ ($K_{11} = 2$ ändert sich in $T_{11} = 1$). Zeigen Sie, dass $T^{-1}K = I + \ell e_1^T$ mit $e_1^T = [1\ 0\ \ldots\ 0]$ gilt. Starten Sie mit $K = T + e_1 e_1^T$. Dann ist $T^{-1}K = I + (T^{-1}e_1)e_1^T$. Verifizieren Sie, dass $T^{-1}e_1 = \ell$ gilt:

$$T\ell = e_1 = \begin{bmatrix} 1 & -1 & & \\ -1 & 2 & -1 & \\ & \ddots & \ddots & \ddots \\ & & -1 & 2 \end{bmatrix} \begin{bmatrix} N \\ N-1 \\ \vdots \\ 1 \end{bmatrix} = \begin{bmatrix} 1 \\ 0 \\ \vdots \\ 0 \end{bmatrix}.$$

Multiplizieren Sie $T^{-1}K = $ mit $I + \ell e_1^T$ mit $I - (\ell e_1^T)/(N+1)$, um zu zeigen, dass dies $K^{-1}T$ ist.

7.4.2 Testen Sie den Befehl pcg(K, T) von MATLAB auf der $-1, 2, -1$-Differenzmatrix.

7.4.3 Beim Arnoldi-Verfahren wird jedes Aq_j in der Form $h_{j+1,j}q_{j+1} + h_{j,j}q_j + \cdots + h_{1,j}q_1$ ausgedrückt. Multiplizieren Sie den Ausdruck mit q_i^T, um $h_{i,j} = q_i^T A q_j$ zu bestimmen. Wenn A symmetrisch ist, ist dies $(Aq_i)^T q_j$. Erklären Sie, weshalb für $i < j-1$ $(Aq_i)^T q_j = 0$ gilt, indem Sie Aq_i in $h_{i+1,i}q_{i+1} + \cdots + h_{1,i}q_1$ entwickeln. Für $A = A^T$ liegt eine *kurze Rekurrenz* vor (nur $h_{j+1,j}, h_{j,j}$ und $h_{j-1,j}$ sind von null verschieden).

7.4.4 (Matrixversion von Aufgabe 3) Die Arnoldi-Gleichung $AQ = QH$ ergibt $H = Q^{-1}AQ = Q^T AQ$. Daher sind die Elemente von H $h_{ij} = q_i^T A q_j$.

(a) Welcher Krylov-Raum enthält Aq_j? Welche Orthogonalität ergibt $h_{ij} = 0$ für $i > j+1$? Dann ist H eine obere Hessenberg-Matrix.

(b) Im Falle $A^T = A$ ist $h_{ij} = (Aq_i)^T q_j$. Welcher Krylov-Raum enthält Aq_i? Welche Orthogonalität ergibt $h_{ij} = 0$ für $j > i+1$? Nun ist H tridiagonal.

7.4.5 Sei $\mathbf{K} = [b\ Ab\ \ldots\ A^{n-1}b]$ eine Krylov-Matrix mit $A = A^T$. Warum ist dann die Produktmatrix $\mathbf{K}^T\mathbf{K}$ eine **Hankel-Matrix**? Bei einer Hankel-Matrix sind die Elemente auf jeder *Antidiagonale* identisch; sie ist also sozusagen das Gegenstück zur Toeplitz-Matrix. Zeigen Sie, dass $\mathbf{K}^T\mathbf{K}$ nur von $i+j$ abhängt.

7.4.6 Die folgenden Namen sind mit der linearen Algebra verbunden (sowie mit vielen anderen Teilgebieten der Mathematik). Alle Namensträger sind bereits tot. Für welche Leistungen sind die Namen jeweils bekannt?

Arnoldi	Gershgorin	Hessenberg	Jordan	Schmidt	Vandermonde
Cholesky	Givens	Hestenes-Stiefel	Kronecker	Schur	Wilkinson
Fourier	Gram	Hilbert	Krylov	Schwarz	Woodbury
Frobenius	Hadamard	Householder	Lanczos	Seidel	
Gauß	Hankel	Jacobi	Markov	Toeplitz	

Kapitel 8
Optimierung und Minimumprinzip

8.1 Zwei fundamentale Beispiele

Die Optimierung ist ein relativ eigenständiger Zweig der angewandten Mathematik. Zwar gibt es gelegentlich Ausflüge in andere Disziplinen (beispielsweise bei der Behandlung von Differentialgleichungen), doch ist die in der Optimierung zu lösende Aufgabe im Wesentlichen immer wieder dieselbe: ***Finde das Minimum von $F(x_1,..,x_n)$***. Wenn F eine hochgradig nichtlineare Funktion ist, ist dies keine einfache Aufgabenstellung. In den hier behandelten Fällen ist F meist quadratisch, aber eine Funktion von vielen Variablen x_j und mit vielen Nebenbedingungen. Diese Nebenbedingungen können die Form $Ax = b$ oder $x_j \geq 0$ haben. Ganze Lehrbücher, Vorlesungen und Softwarepakete sind dem Problem der ***Minimierung unter Nebenbedingungen*** gewidmet.

Die Optimierung nimmt eine Schlüsselstellung innerhalb der Ingenieurmathematik und des Wissenschaftlichen Rechnens ein. Dieses Kapitel ist deshalb von besonderer Bedeutung, auch wenn es mit dem Rest des Buches vielfältige Verbindungen hat. Um diese Verbindungen deutlich zu machen, möchte ich mit zwei charakteristischen Beispielen beginnen. ***Auch wenn Sie nur den folgenden Abschnitt lesen, werden Sie diese Verbindungen verstehen.***

Kleinste Quadrate

Beim Problem der kleinsten Quadrate ist eine Matrix A mit n unabhängigen Spalten gegeben. Der Rang der Matrix ist n, sodass $A^T A$ symmetrisch und positiv definit ist. Der Eingabevektor b hat m und der Lösungsvektor $\widehat{u}$ n Komponenten, wobei $m > n$ gilt.

Problem der kleinsten Quadrate: Minimiere $\|Au - b\|^2$.
Normalgleichungen für das optimale $\widehat{u}$: $A^T A \widehat{u} = A^T b$. (8.1)

Die Gleichungen $A^TA\widehat{u} = A^Tb$ besagen, dass der Fehlervektor $e = b - A\widehat{u}$ die Gleichung $\boldsymbol{A^Te = 0}$ löst. Dies bedeutet, dass e orthogonal zu allen n Spaltenvektoren von A ist. Wir notieren diese Skalarprodukte in der Form $(\textbf{Spalte})^T(\boldsymbol{e}) = \boldsymbol{0}$, um die gesuchte Lösung $A^TA\widehat{u} = A^Tb$ zu finden:

Normalgleichungen $\begin{bmatrix} (\text{Spalte } 1)^T \\ \vdots \\ (\text{Spalte } n)^T \end{bmatrix} \begin{bmatrix} e \end{bmatrix} = \begin{bmatrix} 0 \\ \vdots \\ 0 \end{bmatrix}$ ist $\begin{array}{l} A^Te = 0 \\ A^T(b - A\widehat{u}) = 0 \\ A^TA\widehat{u} = A^Tb. \end{array}$ (8.2)

Abbildung 8.1 stellt $A\widehat{u}$ als *Projektion von b* dar. Dies ist diejenige Linearkombination aus Spaltenvektoren von A (also derjenige Punkt im Raum der Spaltenvektoren), die am dichtesten an b liegt. In Abschnitt 2.3 haben wir uns mit kleinsten Quadraten befasst. Nun wird sich zeigen, dass man **mit derselben Methode ein zweites Problem lösen** kann.

Bei diesem zweiten Problem (dem dualen Problem) wird b nicht in den Raum der Spaltenvektoren projiziert, sondern in den dazu orthogonalen Raum. Für drei Dimensionen ist dieser Raum eine Linie (seine Dimension beträgt $3 - 2 = 1$). Für m *Dimensionen hat dieser orthogonale Unterraum die Dimension $m - n$. Er enthält diejenigen Vektoren, die zu sämtlichen Spaltenvektoren von A orthogonal sind.* Die Linie in Abbildung 8.1a ist der **Nullraum von A^T**.

Einer der Vektoren in diesem orthogonalen Raum ist e, die Projektion von b. Zusammen lösen die Vektoren e und $\widehat{u}$ die beiden linearen Gleichungssysteme, die genau das ausdrücken, was die Abbildung zeigt:

Sattelpunkt
Kuhn-Tucker (KKT) $\quad \begin{array}{l} e + A\widehat{u} = b \\ A^Te = 0 \end{array} \quad \begin{array}{l} m \text{ Gleichungen} \\ n \text{ Gleichungen} \end{array}$ (8.3)
Primal-Dual

Bei dieser Gelegenheit wollen wir die drei Namen dieser sehr einfachen, doch fundamentalen Gleichungen einführen. Zu jedem dieser Namen will ich ein paar kurze Anmerkungen machen.

Sattelpunkt Die Blockmatrix S für diese Gleichungen ist nicht positiv definit!

Sattelpunktsmatrix
KKT-Matrix $\quad S = \begin{bmatrix} I & A \\ A^T & 0. \end{bmatrix}$ (8.4)

Die ersten m Diagonalelemente sind alle 1, da sie zur Einheitsmatrix I gehören. Wenn durch die Elimination Nullen den Platz von A^T einnehmen, *dann tritt an die Stelle des Nullblocks das negativ definite Schur-Komplement $-A^TA$*.

Multipliziere Zeile 1 mit A^T
Subtrahiere von Zeile 2 $\quad \begin{bmatrix} I & 0 \\ -A^T & I \end{bmatrix} \begin{bmatrix} I & A \\ A^T & 0 \end{bmatrix} = \begin{bmatrix} I & A \\ 0 & -\boldsymbol{A^TA} \end{bmatrix}.$ (8.5)

8.1 Zwei fundamentale Beispiele

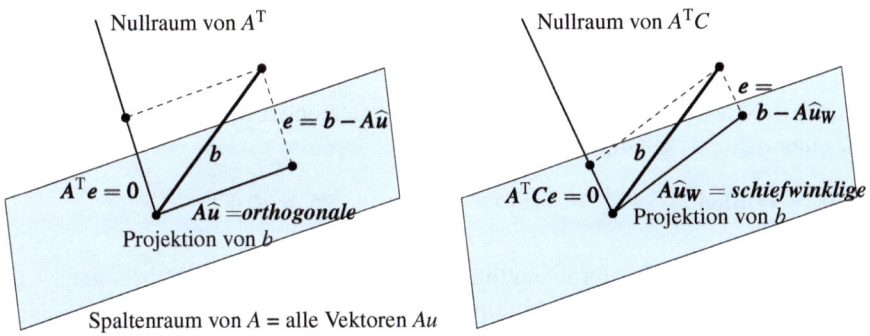

Abb. 8.1 Gewöhnliche und gewichtete kleinste Quadrate: min $\|b - Au\|^2$ und $\|Wb - WAu\|^2$.

Die endgültigen n Diagonalelemente sind alle negativ. Die Matrix S ist **indefinit**, d.h. ihre Diagonalelemente haben verschiedene Vorzeichen. Es liegt in diesem Fall weder ein Minimum noch ein Maximum vor (dann wäre die Matrix positiv bzw. negativ definit). S führt auf einen *Sattelpunkt* $(\widehat{u}, e)$. Wir werden später versuchen, dies zu zeichnen.

Kuhn-Tucker Diese beiden Namen werden oft im Zusammenhang mit den Gleichungen (8.3) zur Lösung von Optimierungsproblemen genannt. Wegen einer früheren Masterarbeit von Karush bezeichnet man die Gleichungen auch als **KKT-Gleichungen**. Für stetige Probleme, bei denen an Stelle der Vektoren Funktionen auftreten, erhält man stattdessen die sogenannten Euler-Lagrange-Gleichungen. Wenn Nebenbedingungen wie $w \geq 0$ oder $Bu = d$ zu beachten sind, bleiben Lagrange-Multiplikatoren das Mittel der Wahl. Beiträge zur Lösung dieser komplizierteren Probleme sind das Verdienst von Kuhn und Tucker.

Primal-Dual Das Primalproblem ist die Minimierung des Ausdrucks $\frac{1}{2}\|Au - b\|^2$. Die Lösung ist $\widehat{u}$. **Das Dualproblem besteht in der Minimierung von $\frac{1}{2}\|e - b\|^2$ unter der Nebenbedingung $A^T e = 0$.**

Der Lagrange-Multiplikator u geht in das Dualproblem ein, weil die Nebenbedingung $A^T e = 0$ zu erfüllen ist. Die linke Abbildung zeigt $A\widehat{u}$ und e (primal und dual). Diese Lösungen werden gleichzeitig bestimmt und zu b addiert.

Ein kurzes Beispiel

Wenn A nur eine Spalte besitzt ($m = 1$), können wir sofort alle Schritte des Primal- und des Dualproblems hinschreiben:

$$A = \begin{bmatrix} 2 \\ 1 \end{bmatrix} \qquad b = \begin{bmatrix} 3 \\ 4 \end{bmatrix} \qquad A^T A = [5] \qquad A^T b = [10]$$

Primalproblem Die Normalgleichung $A^T A \widehat{u} = A^T b$ ist $5\widehat{u} = 10$. Damit ist $\widehat{u} = 2$. Für $A\widehat{u}$ ergibt sich:

Projektion $A\widehat{u} = \begin{bmatrix} 2 \\ 1 \end{bmatrix}[2] = \begin{bmatrix} 4 \\ 2 \end{bmatrix}$ **Fehler** $e = b - A\widehat{u} = \begin{bmatrix} 3 \\ 4 \end{bmatrix} - \begin{bmatrix} 4 \\ 2 \end{bmatrix} = \begin{bmatrix} -1 \\ 2 \end{bmatrix}$

Damit wird der Vektor $b = (3,4)$ in die beiden zueinander orthogonalen Teile $A\widehat{u} = (4,2)$ und $e = (-1,2)$ aufgespalten.

90° – Winkel $\|b\|^2 = \|A\widehat{u}\|^2 + \|e\|^2$ ist $25 = 20 + 5$.

Dualproblem   Das Dualproblem führt direkt auf e. Im zweiten Schritt kann $\widehat{u}$ bestimmt werden (als Lagrange-Multiplikator). Die Nebenbedingung $A^T e = 2e_1 + e_2 = 0$ besagt, dass e in Abbildung 8.1 auf der linken Linie liegen muss. *Das Dualproblem minimiert $\frac{1}{2}\|e - b\|^2$ mit $A^T e = 0$. Die Lösung liefert e sowie $\widehat{u}$:*

Schritt 1   Konstruiere die Lagrange-Funktion $L = \frac{1}{2}\|e - b\|^2 + u(A^T e)$:

Lagrange-Funktion

$$L(e_1, e_2, u) = \frac{1}{2}(e_1 - 3)^2 + \frac{1}{2}(e_2 - 4)^2 + u(2e_1 + e_2). \tag{8.6}$$

Schritt 2   Setze die Ableitungen von L gleich null, um e und $\widehat{u}$ zu bestimmen:

$$\begin{array}{ll} \partial L/\partial e_1 = 0 & e_1 - 3 + 2\widehat{u} = 0 \\ \partial L/\partial e_2 = 0 & e_2 - 4 + \widehat{u} = 0 \\ \partial L/\partial u = 0 & 2e_1 + e_2 = 0 \end{array} \quad \begin{bmatrix} 1 & & 2 \\ & 1 & 1 \\ 2 & 1 & 0 \end{bmatrix} \begin{bmatrix} e_1 \\ e_2 \\ \widehat{u} \end{bmatrix} = \begin{bmatrix} 3 \\ 4 \\ 0 \end{bmatrix}$$

Hier sehen Sie die Sattelpunktsmatrix. Wir multiplizieren die erste Gleichung mit 2, addieren die zweite Gleichung und subtrahieren vom Ergebnis die letzte Gleichung. Dies ergibt $-5\widehat{u} = -10$. Abbildung 8.1a zeigt das Primal- und das Dualproblem in drei Dimensionen.

Wenn A eine $m \times n$-Matrix ist, dann hat $\widehat{u}$ n Komponenten und e hat n Komponenten. Das Primalproblem besteht in der Minimierung von $\|b - Au\|^2$, wie überall in diesem Buch. Die hier beschriebene „Steifigkeitsmethode" erzeugt $K = A^T A$ in den Normalgleichungen. Das Dualproblem (mit den Nebenbedingungen $A^T e = 0$ und unter Verwendung der Multiplikatoren u) erzeugt $S = \begin{bmatrix} I & A \\ A^T & 0 \end{bmatrix}$ mithilfe der „Sattelpunktsmethode". Die Optimierung führt gewöhnlich auf diese KKT-Matrizen.

Gewichtete kleinste Quadrate

Dies ist eine geringfügige, aber sehr wichtige Verallgemeinerung des Problems der kleinsten Quadrate. Dabei ist neben der Matrix A eine Gewichtsmatrix W involviert. Anstatt $\widehat{u}$ schreiben wir $\widehat{u}_W$. Wie wir sehen werden, kommt es auf die symmetrische, positiv definite Matrix $C = W^T W$ an. **Die KKT-Matrix umfasst C^{-1}.**

8.1 Zwei fundamentale Beispiele

Gewichtete kleinste Quadrate: Minimiere $\|WAu - Wb\|^2$.
Normalgleichungen für $\widehat{u}_W$: $(WA)^T(WA)\widehat{u}_W = (WA)^T(Wb)$. (8.7)

Die Rechnung bleibt die gleiche, wir müssen lediglich A und b durch WA und Wb ersetzen. Die Gleichung wird dann zu

$$A^T W^T WA \widehat{u}_W = A^T W^T Wb \quad \text{oder} \quad A^T CA \widehat{u}_W = A^T Cb$$
$$\text{oder} \quad A^T C(b - A\widehat{u}_W) = 0. \quad (8.8)$$

Die mittlere Gleichung enthält die wichtige Matrix $A^T CA$. In der letzten Gleichung ist $A^T e = 0$ zu $A^T Ce = 0$ geworden. In Abbildung 8.1 zeigt sich dieser Unterschied darin, dass die 90°-Winkel abhanden gekommen sind. Die Gerade ist nicht mehr senkrecht zur Ebene und die Projektion ist keine orthogonale mehr. Weiterhin können wir b in zwei Bestandteile aufspalten: den im Spaltenraum liegenden Vektor $A\widehat{u}_W$ und den im *Nullraum* von $A^T C$ liegenden Vektor e. Die Gleichungen enthalten nun $C = W^T W$:

e ist „C-orthogonal" $\quad e + A\widehat{u}_W = b$
zu den Spalten von A $\quad A^T Ce = 0$ (8.9)

Durch eine einfache Änderung können diese Gleichungen symmetrisch gemacht werden. **Dazu führen wir die Bezeichnungen $w = Ce$ und $e = C^{-1}w$ ein und schreiben für $\widehat{u}_W$ kurz u**. Die eigentlichen Variablen der folgenden Gleichungen sind u und w:

Primal-Dual
Sattelpunkt $\quad C^{-1}w + Au = b$ (8.10)
Kuhn-Tucker $\quad A^T w = 0$

Diese gewichtete Sattelpunktsmatrix ersetzt I durch C^{-1} (ebenfalls positiv definit):

Sattelpunktsmatrix KKT $\quad S = \begin{bmatrix} C^{-1} & A \\ A^T & 0 \end{bmatrix} \quad \begin{matrix} m \text{ Zeilen} \\ n \text{ Zeilen} \end{matrix}$ (8.11)

Durch Elimination erhalten wir m positive Diagonalelemente aus C^{-1} und n negative Pivots aus $-A^T CA$:

$$\begin{bmatrix} C^{-1} & A \\ A^T & 0 \end{bmatrix} \begin{bmatrix} w \\ u \end{bmatrix} = \begin{bmatrix} b \\ 0 \end{bmatrix} \longleftrightarrow \begin{bmatrix} C^{-1} & A \\ 0 & -A^T CA \end{bmatrix} \begin{bmatrix} w \\ u \end{bmatrix} = \begin{bmatrix} b \\ -A^T Cb \end{bmatrix}.$$

Im rechten unteren Block tritt das Schur-Komplement $-A^T CA$ auf (*negativ definit*). Daher ist S indefinit. Wir erhalten wieder die Gleichung $A^T CAu = A^T Cb$. Zuvor lautete die Nebenbedingung $A^T e = 0$, während wir nun $A^T w = 0$ (mit $w = Ce$) haben. Bald werden wir es mit Nebenbedingungen der Form $A^T w = f$ zu tun bekommen.

Wie minimieren Sie eine Funktion von e, oder w, wenn diese Nebenbedingungen erfüllt sein müssen? (Hinweis: Der Weg führt über Lagrange-Multiplikatoren.)

Dualität

Abbildung 8.1 führt uns auf das beste Beispiel für Dualität. Es gibt zwei unterschiedliche Optimierungsprobleme, die durch die beiden Projektionen gelöst werden. Beide Probleme gehen von der gleichen Matrix A und dem gleichen Vektor b aus (außerdem betrachten wir der Einfachheit halber den Fall $C = I$):

1. **Projektion auf $A\widehat{u}$**   minimiere $\|b - Au\|^2$
2. **Projektion über e**   minimiere $\|b - w\|^2$ mit $A^T w = 0$.

Wir interessieren uns für die Größen $\|b - Au\|^2$ und $\|b - w\|^2$ in Abhängigkeit von u und w, wobei jeweils $A^T w = 0$ gilt. Abbildung 8.2 zeigt typische Fälle für Au und w. Diese Vektoren sind immer noch orthogonal, denn es gilt $(Au)^T w = u^T (A^T w) = 0$. Die anderen rechten Winkel sind dagegen jetzt nicht mehr vorhanden, da Au und w beliebige Vektoren der beiden Räume sein können, und keine Projektionen mehr sein müssen.

Eine bemerkenswerte Eigenschaft der neuen Geometrie ist die folgende. Angenommen, Sie haben ein Rechteck, und zwei senkrecht aufeinander stehende Seiten dieses Rechtecks seien Au und w. **Zeichnen Sie die Geraden von b zu den vier Eckpunkten des Rechtecks.** Dann ist die Summe der beiden Quadrate $\|b - Au\|^2$ und $\|b - w\|^2$ gleich der Summe der beiden anderen Quadrate:

Schwache Dualität $\|b - Au\|^2 + \|b - w\|^2 = \|b\|^2 + \|b - Au - w\|^2$ (8.12)

Ich habe meine Studenten um einen Beweis für diese Gleichung gebeten. Die meisten von ihnen haben aufgehört, meiner Vorlesung zu folgen. Am Ende hatten wir drei Beweise für (8.12). Ich werde darauf im Aufgabenteil zurückkommen. Falls Sie einen weiteren Beweis finden sollten, dann schreiben Sie mir doch bitte eine E-Mail.

Die bemerkenswerte Identität (8.12) beschreibt, was für die minimierende Lösung $u = \widehat{u}$ und $w = e$ passiert. Für diese gilt $b = A\widehat{u} + e$. Das vierte Quadrat verschwindet in Abbildung 8.2 auf der nächsten Seite:

Dualität (bestes u und w) $\|b - A\widehat{u}\|^2 + \|b - e\|^2 = \|b\|^2$.   (8.13)

Schwache Dualität bedeutet $(1)^2 + (2)^2 \geq (3)^2$ mit einer „Dualitätslücke" $(4)^2 = \|b - Au - w\|^2$. Im Falle perfekter Dualität wird aus der Ungleichung eine Gleichung, d.h., die Dualitätslücke wird null. Dann haben wir nur drei Quadrate, es

8.1 Zwei fundamentale Beispiele

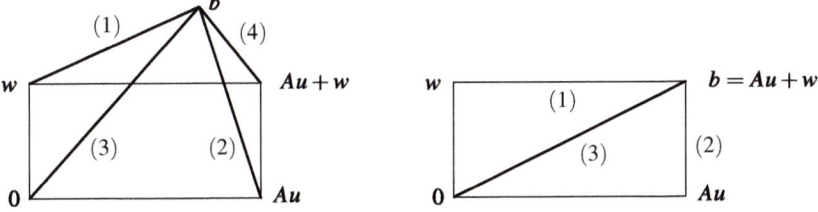

Abb. 8.2 Vier Quadrate $(1)^2 + (2)^2 = (3)^2 + (4)^2$ ergeben schwache Dualität. Damit zeigen $(1)^2 + (2)^2 = (3)^2$ Dualität. In diesem Fall spaltet $(4)^2 = \|b - Au - w\|^2 = 0$ den Vektor b in seine Projektionen auf.

liegen 90°-Winkel vor, und es gilt nach dem Satz des Pythagoras $a^2 + b^2 = c^2$. Die beiden Probleme fließen in diesem Optimum zusammen:

Optimalität $b - A\widehat{u}$ **in Problem 1 ist gleich** e **in Problem 2**

Für gewichtete kleinste Quadrate enthält dieses Optimum die Faktoren C, d.h., es wird zu $C(b - A\widehat{u}) = \widehat{w}$. Dieser mittlere Schritt bei der Arbeit mit den Matrizen A, C und A^T ist die Brücke zwischen den beiden dualen Problemen. Durch ihn werden die optimalen $\widehat{u}$ und $\widehat{w}$ identifiziert. Für ungewichtete Probleme geht C in I über.

Oft wird Dualität mit **min=max** gleichgesetzt. Für einen Sattelpunkt ist dies genau richtig, sodass wir das Kriterium hier anwenden können. Wir schreiben Gleichung (8.13) in der Form $\|b - e\|^2 - \|b\|^2 = -\|b - A\widehat{u}\|^2$. Die linke Seite ist das Minimum aller $\|b - w\|^2 - \|b\|^2$, für die $A^T w = 0$ gilt. Die rechte Seite ist das Maximum (wegen des Minuszeichens) aller $-\|b - w\|^2$. Die linke Seite strebt von oben gegen ihr Minimum, die rechte Seite nähert sich ihrem Maximum von unten. Sie treffen sich für $u = \widehat{u}$, $w = e$ – dann liegt **Dualität** vor.

Keine Lücke $\min = \|b - e\|^2 - \|b\|^2$ **gleich** $\max = -\|b - A\widehat{u}\|^2$. (8.14)

Minimierung unter Nebenbedingungen

Das zweite Beispiel ist eine Anordnung aus *zwei Federn und einer Masse*. Die zu minimierende Funktion ist die Energie der Federn. Als Nebenbedingung ist die Balance zwischen den inneren Kräften (in den Federn) und der äußeren Kraft (der Masse) zu erfüllen, also die Gleichung $A^T w = f$. Aus Abbildung 8.3 auf der nächsten Seite ist die grundsätzliche Problematik der Optimierung unter Nebenbedingungen ersichtlich. Die Kräfte sind so eingezeichnet, als ob beide Federn mit einer Kraft $f > 0$ gedehnt würden und an der Masse ziehen. Tatsächlich wird Feder 2 gestaucht (w_2 ist negativ).

Ich hoffe, die Begriffe *Feder, Masse, Energie und Kräftebalance* schrecken Sie nicht zu sehr ab, auch wenn die Physik möglicherweise nicht Ihr Gebiet ist. Es wäre ein leichtes, Beispiele aus anderen Anwendungsgebieten der Naturwissenschaften, der Ingenieurwissenschaften oder aus der Wirtschaft zu finden, deren Mathematik die gleiche ist, wie bei dem hier vorgestellten Beispiel aus der Physik.

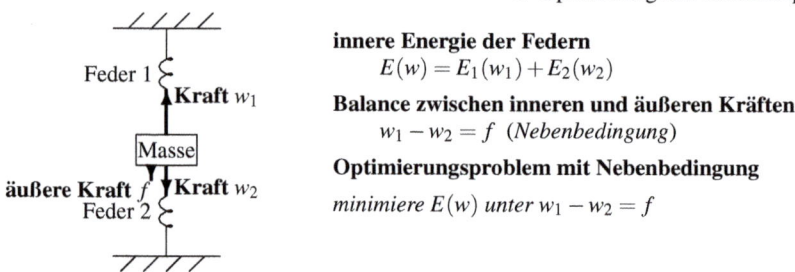

Abb. 8.3 Minimale Energie der Federn $E(w)$ bei Einhaltung der Kräftebalance für die Masse.

Aus der Differentialrechnung wissen wir, was zu tun ist, um eine gegebene Funktion zu minimieren: **Setze die Ableitung null**. Im Grundkurs Analysis lernt man normalerweise nicht viel darüber, wie mit Nebenbedingungen zu verfahren ist. Wir minimieren eine Energiefunktion $E(w_1, w_2)$, sind dabei aber auf die Linie $w_1 - w_2 = f$ beschränkt. *Welche Ableitungen müssen wir in diesem Fall null setzen?*

Eine direkte Methode wäre, w_2 durch $w_1 - f$ zu ersetzen und so das Minimum über alle w_1 zu erhalten. Dieses Vorgehen scheint naheliegend, doch ich möchte hier einen anderen Weg empfehlen, der zum gleichen Ergebnis führt. Anstatt nach w's zu suchen, die diese Nebenbedingung erfüllen, wird nach der Idee von Lagrange *die Nebenbedingung in die Funktion eingebaut*. Anstatt dann w_2 zu eliminieren, werden wir ein neues, unbekanntes u addieren. Es mag Sie überraschen, aber die zweite Methode ist die bessere.

Mit n Nebenbedingungen und m Unbekannten hat die Methode von Lagrange insgesamt $m + n$ Variablen. Die Idee besteht darin, für jede Nebenbedingung einen **Lagrange-Multiplikator** zu addieren. (In vielen Büchern über Optimierung wird dieser Multiplikator mit λ oder π bezeichnet. Wir werden ihn hier u nennen.) Unsere Lagrange-Funktion baut die Nebenbedingung $w_1 - w_2 - f = 0$ ein, multipliziert mit $-u$. (Das negative Vorzeichen resultiert aus einer Konvention in der Mechanik.)

Lagrange-Funktion $\quad L(w_1, w_2, u) = E_1(w_1) + E_2(w_2) - u(w_1 - w_2 - f).$

Die partiellen Ableitungen von L werden gleich null gesetzt:

Kuhn-Tucker-Optimalitätsgleichungen

$$\frac{\partial L}{\partial w_1} = \frac{\partial E_1}{\partial w_1} - u = 0 \tag{8.15a}$$

$$\frac{\partial L}{\partial w_2} = \frac{\partial E_2}{\partial w_2} + u = 0 \tag{8.15b}$$

Lagrange-Multiplikator u

$$\frac{\partial L}{\partial u} = -(w_1 - w_2 - f) = 0. \tag{8.15c}$$

8.1 Zwei fundamentale Beispiele

Beachten Sie, dass die dritte Gleichung, $\partial L/\partial u = 0$, die Nebenbedingung reproduziert, denn diese wurde einfach nur mit $-u$ multipliziert. Addieren wir die ersten beiden Gleichungen, um u zu eliminieren, und ersetzen wir dann w_2 durch $w_1 - f$, dann gelangen wir wieder zu der direkten Methode mit einer Unbekannten.

Aber wir wollen u nicht eliminieren. Dieser Lagrange-Multiplikator ist eine wichtige Größe, die uns einiges über das System verrät. Bei diesem speziellen Problem beschreibt u die Lageänderung der Masse. Bei einem Problem aus der Wirtschaft könnte u zum Beispiel der Verkaufspreis sein, bei dem der Profit maximiert wird. In jedem Falle ist u ein Maß für die **Sensitivität** (die minimale Energie $dE_{\min}/df$), mit der das System auf die Änderung einer Nebenbedingung reagiert. Für den linearen Fall werden wir uns mit dieser Sensitivität genauer befassen.

Linearer Fall

Nach dem Hookesschen Gesetz ist rücktreibende Kraft einer linearen Feder proportional zu deren Auslenkung e, also $w = ce$. Jeder kleine Dehnung der Feder erfordert Arbeit = Kraft × Bewegung = $(ce)(\Delta e)$. Das Integral, in dem all diese kleinen Schritte aufsummiert sind, liefert die in der Feder gespeicherte Energie. Diese Energie lässt sich mithilfe von e oder w ausdrücken:

Energie in einer Feder $\qquad E(w) = \frac{1}{2}ce^2 = \frac{1}{2}\frac{w^2}{c}.$ $\qquad$ (8.16)

Die Aufgabe besteht nun darin, den quadratischen Energieterm zu minimieren, wobei eine lineare Balancegleichung zu erfüllen ist.

Minimiere $\quad E(w) = \dfrac{1}{2}\dfrac{w_1^2}{c_1} + \dfrac{1}{2}\dfrac{w_2^2}{c_2} \quad$ **unter** $\quad w_1 - w_2 = f.$ $\qquad$ (8.17)

Wir wollen dieses Problem zunächst geometrisch und dann algebraisch lösen.

Geometrischer Ansatz Wir zeichnen in der Ebene, in der w_1 und w_2 liegen, die Gerade $w_1 - w_2 = f$. Dann zeichnen wir die Ellipse $E(w) = E_{\min}$, die von dieser *Gerade tangiert wird*. Eine kleinere Ellipse, die sich aus kleineren Kräften w_1 und w_2 ergibt, erreicht die Gerade nicht – diese Kräfte würden f nicht ausbalancieren. Eine größere Ellipse dagegen würde nicht auf die minimale Energie führen. Unsere Ellipse berührt die Gerade im Punkt (w_1, w_2), der die Energie $E(w)$ minimiert.

Im Berührungspunkt in Abbildung 8.4 sind die Senkrechten auf die Gerade und die Ellipse parallel zueinander. Die Senkrechte auf die Gerade ist der Vektor $(1, -1)$ der partiellen Ableitungen von $w_1 - w_2 - f$. Die Senkrechte auf die Ellipse ist $(\partial E/\partial w_1, \partial E/\partial w_2)$, der Gradient $E(w)$. Nach den Optimalitätsgleichungen (8.15a) und (8.15b) ist dies gleich $(u, -u)$. Die Parallelität der Gradienten im Lösungsfall ist die algebraische Formulierung der Tatsache, dass **die Gerade eine Tangente an die Ellipse** ist.

Algebraischer Ansatz Um (w_1, w_2) zu finden, beginnen wir mit den Ableitungen von $w_1^2/2c_1$ und $w_2^2/2c_2$:

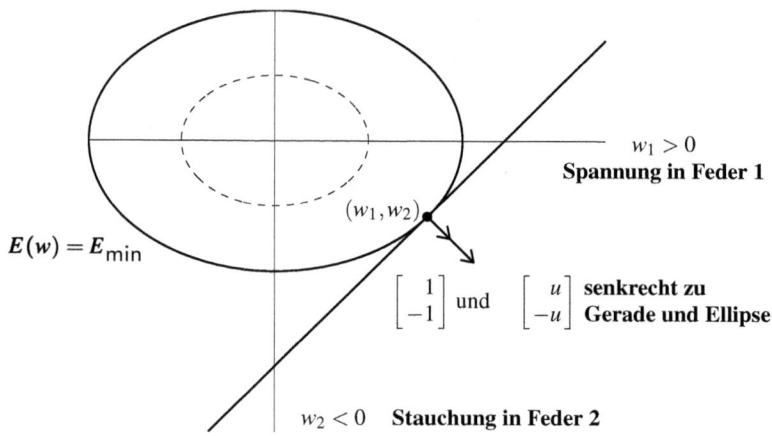

Abb. 8.4 Die Ellipse $E(w) = E_{\min}$ berührt $w_1 - w_2 = f$ in der Lösung (w_1, w_2).

Energiegradient $\quad \dfrac{\partial E}{\partial w_1} = \dfrac{w_1}{c_1} \quad$ und $\quad \dfrac{\partial E}{\partial w_2} = \dfrac{w_2}{c_2}.$ \hfill (8.18)

Die Gleichungen (8.15a) und (8.15b) der Lagrange-Methode lauten $w_1/c_1 = u$ und $w_2/c_2 = -u$. Die Nebenbedingung $w_1 - w_2 = f$ ergibt $(c_1 + c_2)u = f$ (*beide w's sind eliminiert*):

Substituiere $w_1 = c_1 u$ und $w_2 = -c_2 u$. Dann gilt $(c_1 + c_2)u = f$. \hfill (8.19)

Der Ausdruck $c_1 + c_2$ ist unsere Steifigkeitsmatrix $A^T C A$. Dieses Problem ist so klein, dass man $K = A^T C A$ übersehen könnte. Die Matrix A^T in der Gleichung $A^T w = w_1 - w_2 = f$ für die Nebenbedingung ist lediglich eine 1×2-Matrix und die *Steifigkeitsmatrix K* demzufolge nur von der Dimension 1×1:

$$A^T = \begin{bmatrix} 1 & -1 \end{bmatrix} \text{ und } K = A^T C A = \begin{bmatrix} 1 & -1 \end{bmatrix} \begin{bmatrix} c_1 & \\ & c_2 \end{bmatrix} \begin{bmatrix} 1 \\ -1 \end{bmatrix} = \begin{bmatrix} c_1 + c_2 \end{bmatrix}. \quad (8.20)$$

Die Algebra der Lagrange-Methode führt uns wieder auf $Ku = f$. Die Lösung ist die Lageverschiebung $u = f/(c_1 + c_2)$ für die Masse. In Gleichung (8.19) wurden w_1 und w_2 mithilfe von (8.15a) und (8.15b) eliminiert. Durch Rücksubstitution finden wir die energieminimierenden Kräfte:

Federkräfte $\quad w_1 = c_1 u = \dfrac{c_1 f}{c_1 + c_2} \quad$ und $\quad w_2 = -c_2 u = \dfrac{-c_2 f}{c_1 + c_2}.$ \hfill (8.21)

Diese Kräfte (w_1, w_2) liegen auf der Ellipse der minimalen Energie, $E_{\min}$, tangential zur Gerade:

$$E(w) = \frac{1}{2} \frac{w_1^2}{c_1} + \frac{1}{2} \frac{w_2^2}{c_2} = \frac{1}{2} \frac{c_1 f^2}{(c_1 + c_2)^2} + \frac{1}{2} \frac{c_2 f^2}{(c_1 + c_2)^2} = \frac{1}{2} \frac{f^2}{c_1 + c_2} = E_{\min}. \quad (8.22)$$

8.1 Zwei fundamentale Beispiele

Dieses $E_{\min}$ muss das gleiche Minimum $\frac{1}{2} f^T K^{-1} f$ sein wie in Abschnitt 2.1. So ist es auch.

Wir können nun unmittelbar die erstaunliche Tatsache verifizieren, dass u die Sensitivität von $E_{\min}$ gegenüber einer kleinen Änderung von f beschreibt. Dazu berechnen wir die Ableitung $dE_{\min}/df$:

Lagrange-Multiplikator $\qquad \dfrac{d}{df}\left(\dfrac{1}{2}\dfrac{f^2}{c_1+c_2}\right) = \dfrac{f}{c_1+c_2} = u.$ (8.23)

Diese Sensitivität ist mit der Beobachtung verbunden, dass in Abbildung 8.4 einer der Gradienten das u-Fache des anderen Gradienten ist. Wegen (8.15a) und (8.15b) bleibt dies für nichtlineare Federn gültig. Dies ist die Grundlage für **adjungierte Methoden** zur Berechnung von d (Eingabe)$/d$ (Ausgabe).

Ein charakteristisches Beispiel

Für dieses Modellproblem wählen wir $c_1 = c_2 = 1$, um den Sattelpunkt von L deutlicher zu sehen. Die Lagrange-Funktion mit eingebauter Nebenbedingung hängt von w_1, w_2 und u ab:

Lagrange-Funktion $\qquad L = \dfrac{1}{2}w_1^2 + \dfrac{1}{2}w_2^2 - uw_1 + uw_2 + uf.$ (8.24)

Die Gleichungen $\partial L/\partial w_1 = 0$, $\partial L/\partial w_2 = 0$ und $\partial L/\partial u = 0$ ergeben eine symmetrische KKT-Matrix S:

$$\begin{array}{rl} \partial L/\partial w_1 = & w_1 - u = 0 \\ \partial L/\partial w_2 = & w_2 + u = 0 \\ \partial L/\partial u = & -w_1 + w_2 = f \end{array} \quad \text{oder} \quad \begin{bmatrix} 1 & 0 & -1 \\ 0 & 1 & 1 \\ -1 & 1 & 0 \end{bmatrix} \begin{bmatrix} w_1 \\ w_2 \\ u \end{bmatrix} = \begin{bmatrix} 0 \\ 0 \\ f \end{bmatrix}. \quad (8.25)$$

Ist diese Matrix S positiv definit? *Nein.* Sie ist invertierbar und ihre Pivots sind $1, 1, -2$. Wegen der -2 ist die Matrix nicht positiv definit, also ein Sattelpunkt:

Elimination $\qquad \begin{bmatrix} 1 & 0 & -1 \\ 0 & 1 & 1 \\ -1 & 1 & 0 \end{bmatrix} \longrightarrow \begin{bmatrix} 1 & 0 & -1 \\ & 1 & 1 \\ & & -2 \end{bmatrix} \quad \text{mit } L = \begin{bmatrix} 1 & & \\ 0 & 1 & \\ -1 & 1 & 1 \end{bmatrix}.$

Für eine symmetrische Matrix läuft die Elimination auf das „Vervollständigen der Quadrate" hinaus. Die Pivots $1, 1, -2$ liegen außerhalb der Quadrate. Die Elemente von L liegen innerhalb der Quadrate:

$$\frac{1}{2}w_1^2 + \frac{1}{2}w_2^2 - uw_1 + uw_2 = \frac{1}{2}\left[1(w_1 - u)^2 + 1(w_2 + u)^2 - 2(u)^2\right]. \quad (8.26)$$

Die ersten Quadrate $(w_1 - u)^2$ und $(w_2 + u)^2$ streben nach oben, $-2u^2$ dagegen nach unten. **Diese KKT-Matrix führt auf einen Sattelpunkt** $SP = (w_1, w_2, u)$, **siehe Abbildung 8.5.**

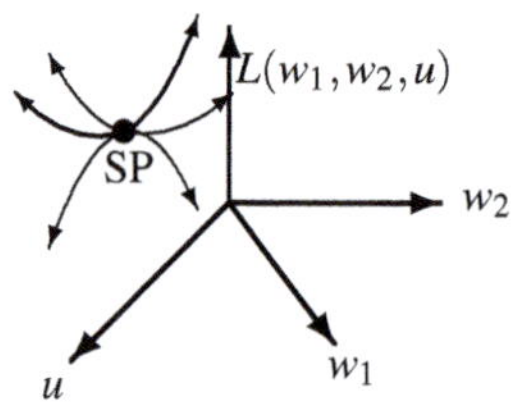

$$L = \tfrac{1}{2}\left[(w_1 - u)^2 + (w_2 + u)^2 - 2u^2\right] + uf$$

Sattelpunkt $SP = (w_1, w_2, u) = \dfrac{(c_1 f, -c_2 f, f)}{c_1 + c_2}$

Indefinite KKT-Matrix S

Abb. 8.5 $(w_1 - u)^2$ und $(w_2 + u)^2$ streben vom Sattelpunkt SP weg, $-2u^2$ strebt auf ihn zu.

Das fundamentale Problem

Soll ich den linearen Fall mit $w = (w_1, \ldots, w_m)$ und $A^T w = (f_1, \ldots, f_n)$ vollständig ausführen? Die Aufgabe besteht darin, die Gesamtenergie $E(w) = \tfrac{1}{2} w^T C^{-1} w$ der m Federn zu minimieren. Die n Nebenbedingungen $A^T w = f$ sind in die Lagrange-Multiplikatoren $u_1, \ldots, u_n$ eingebaut. Wir multiplizieren die Gleichung der Kräftebalance für die k-te Masse mit $-u_k$ und summieren über k, sodass alle n Nebenbedingungen im Skalarprodukt $u^T(A^T w - f)$ enthalten sind. Aus physikalischen Gründen wählen wir in L ein Minuszeichen:

Lagrange-Funktion $\quad L(w, u) = \dfrac{1}{2} w^T C^{-1} w - u^T(A^T w - f)$. $\hfill (8.27)$

Um das minimierende w zu finden, setzen wir die ersten $m + n$ partiellen Ableitungen null:

KKT- $\qquad \partial L/\partial w = C^{-1} w - Au = 0 \hfill (8.28a)$

Gleichungen $\qquad \partial L/\partial u = -A^T w + f = 0 \hfill (8.28b)$

Der wesentliche Punkt ist hier, dass die Lagrange-Multiplikatoren exakt auf die linearen Gleichungen $w = CAu$ und $A^T w = f$ führen, mit denen wir uns in den ersten Kapiteln des Buches beschäftigt haben. Dadurch, dass wir in der Lagrange-Funktion L $-u$ verwenden und $e = Au$ einführen, erhalten wir das positive Vorzeichen bei den Federn und Massen:

$$e = Au \quad w = Ce \quad f = A^T w \quad \implies \quad A^T C A u = f.$$

Vorzeichenkonvention Beim Problem der kleinsten Quadrate tritt $e = b - Au$ auf. **Dann gehen wir in L zu $+u$ über.** Die Energie $E = \tfrac{1}{2} w^T C^{-1} w - b^T w$ enthält nun b. Indem wir die Ableitungen der Lagrange-Funktion L gleich null setzen, erhalten wir die KKT-Matrix S:

$$\begin{aligned} \partial L/\partial w &= C^{-1} w + Au - b = 0 \\ \partial L/\partial u &= A^T w - f = 0 \end{aligned} \quad \text{oder} \quad \begin{bmatrix} C^{-1} & A \\ A^T & 0 \end{bmatrix} \begin{bmatrix} w \\ u \end{bmatrix} = \begin{bmatrix} b \\ f \end{bmatrix}. \hfill (8.29)$$

8.1 Zwei fundamentale Beispiele

Dieses System ist mein Topkandidat für die fundamentale Problemstellung des Wissenschaftlichen Rechnens.

Sie könnten $w = C(b - Au)$ eliminieren, aber ich bin mir nicht sicher, ob das eine gute Idee ist. Wenn Sie dies tun, dann verschwindet $w = C(b-Au)$. Normalerweise ist das ein vernünftiges Vorgehen, denn so gelangt man direkt zu u:

Eliminiere w $\quad A^T w = A^T C(b-Au) = f$ oder $A^T CAu = A^T Cb - f$. (8.30)

Invertierbarkeit von Sattelpunktsmatrizen

Für Federn ergibt sich $Ku = f$ aus den drei Gleichungen $e = Au, w = Ce$ und $f = A^T w$. Dies ist der geradlinige Weg, bei dem wir e und w eliminieren. Einen tieferen Einblick erhalten wir, wenn wir nur $e = C^{-1} w$ eliminieren und w und u festhalten. Für Netze ist e gleich $b - Au$:

Zwei fundamentale Gleichungen $\quad C^{-1} w = b - Au \quad$ und $\quad A^T w = f$.

Diese Gleichungen leiten sich aus unserer **Sattelpunktsmatrix** S ab (diese ist nicht positiv definit):

Sattelpunktsystem $\quad \begin{bmatrix} S \end{bmatrix} \begin{bmatrix} w \\ u \end{bmatrix} = \begin{bmatrix} C^{-1} & A \\ A^T & 0 \end{bmatrix} \begin{bmatrix} w \\ u \end{bmatrix} = \begin{bmatrix} b \\ f \end{bmatrix}.$ (8.31)

Diese Blockmatrix hat die Größe $m \times n$ (denn w hat m Komponenten und u hat n Komponenten).

Beispiel $\quad S = \begin{bmatrix} C^{-1} & A \\ A^T & 0 \end{bmatrix} = \begin{bmatrix} 1 & 0 & 1 \\ 0 & 1 & -1 \\ 1 & -1 & 0 \end{bmatrix} \quad$ hat die Pivotelemente $1, 1, -2$ und die Eigenwerte $2, 1, -1$.

Dieses Beispiel entspricht dem in diesem Buch üblicherweise betrachteten Fall. C ist *positiv definit*. A hat *vollen Spaltenrang* (d.h. linear unabhängige Spalten; der Rang von A ist n). **Dann sind $A^T CA$ und S invertierbar.** Wir faktorisieren S in drei invertierbare Matrizen:

$$S = \begin{bmatrix} C^{-1} & A \\ A^T & 0 \end{bmatrix} = \begin{bmatrix} I & 0 \\ A^T C & I \end{bmatrix} \begin{bmatrix} C^{-1} & 0 \\ 0 & -A^T CA \end{bmatrix} \begin{bmatrix} I & CA \\ 0 & I \end{bmatrix}. \quad (8.32)$$

Der 2×2-Block $-A^T CA$ wird als **Schur-Komplement** bezeichnet; es ist das Ergebnis der Elimination.

Wenn C *indefinit* ist, kann S singulär werden. Ersetzen wir in diesem Beispiel das Element $C_{11} = 1$ durch $C_{11} = -1$, dann liegt $(1, 1, 1)$ im Nullraum von S. Dies passiert, obwohl A in der letzten Spalte vollen Rang hat, ebenso die erste Spalte der Blockmatrix.

Der Beweis der Invertierbarkeit des ersten Blocks der Blockmatrix setzt voraus, dass dieser zumindest semidefinit ist. Bei manchen Anwendungen kann auch eine Matrix entstehen, die anstelle des Nullblocks rechts unten eine Matrix $-H$ enthält:

Erweiterte Sattel-
punktsmatrix $\quad S = \begin{bmatrix} G & A \\ A^T & -H \end{bmatrix} \quad$ G **und** H **positiv semidefinit**
wichtiger Spezialfall: $H = 0$. $\hspace{2em}$ (8.33)

Die Invertierung von Matrizen ist eine wichtige Problemstellung der linearen Algebra. Die folgende, aus Aufgabe 11 resultierende Aussage ist oft hilfreich:

S ist invertierbar wenn die Blockspalten vollen Rang haben. $\hspace{2em}$ (8.34)

Hier jeweils ein Beispiel für ein indefinites G (nicht erlaubt), ein semidefinites G ohne Vollrang und ein semidefinites G mit Vollrang.

$$\begin{bmatrix} -1 & 0 & 1 \\ 0 & 1 & -1 \\ \hline 1 & -1 & 0 \end{bmatrix} \qquad \begin{bmatrix} 1 & 0 & 1 \\ 0 & 0 & 0 \\ \hline 1 & 0 & 0 \end{bmatrix} \qquad \begin{bmatrix} 1 & 0 & 1 \\ 0 & 0 & -1 \\ \hline 1 & -1 & 0 \end{bmatrix}$$

Rang 2 Rang 1 $\qquad\qquad$ Rang 1 Rang 1 $\qquad\qquad$ Rang 2 Rang 1
S singulär $\qquad\qquad\quad$ S singulär $\qquad\qquad\quad$ S invertierbar

Um den Rang 3 zu erreichen, müssen die Blöcke einer Spalte den Rang 2 bzw. 1 haben. Das Problem bei der ersten Matrix (mit indefinitem G) ist, dass S singulär sein kann. Für die dritte Matrix (mit semidefinitem G) ergeben die beiden einzelnen Ränge (2 bzw. 1) den Rang 3.

In der Übersicht [13] sind Anwendungen und Algorithmen für KKT-Matrizen zusammengestellt:

- kleinste Quadrate unter Nebenbedingungen (dieser Abschnitt)
- Bildrekonstruktion (inverse Probleme, Abschnitt 4.7-8.2)
- Fluiddynamik und finite Elemente (Abschnitt 8.5)
- Wirtschaft und Finanzen (lineare Programmierung, Abschnitt 8.6)
- Interpolation von Streudaten
- Gittererzeugung in der Computergrafik
- Optimale Kontrolle und Parameteridentifikation

Aufgaben zu Abschnitt 8.1

8.1.1 Ein möglicher Beweis für die Identität $a^2 + b^2 = c^2$, die für rechtwinklige Dreiecke gilt (Satz des Pythagoras): Reskalieren Sie das Dreieck mit dem Faktor a und separat davon mit dem Faktor b. Setzen Sie die entstandenen Dreiecke an ihrer gemeinsamen Seite ab zusammen, sodass sie ein größeres, ebenfalls rechtwinkliges Dreieck ergeben (siehe Abbildung). Der Flächeninhalt dieses Dreiecks ist einerseits gleich $\frac{1}{2}(ac)(bc)$ und andererseits gleich _____.

8.1 Zwei fundamentale Beispiele

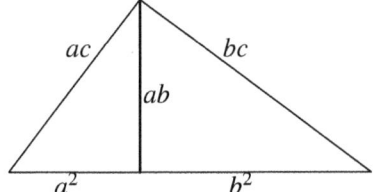

8.1.2 Die vier quadrierten Längen erfüllen die Gleichung $13 + 17 = 25 + 5$.
Beweisen Sie diese Aussage für beliebige Rechtecke und einen beliebigen Punkt b außerhalb des Rechtecks unter Zuhilfenahme des Satzes des Pythagoras. Jedes der zu betrachtenden Dreiecke hat eine Seite, die auf der gestrichelten Linie liegt.

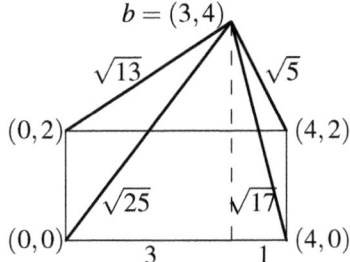

8.1.3 Drücken Sie die in der zweiten Abbildung auftretenden quadrierten Längen durch x, y, b_1 und b_2 aus. Überprüfen Sie die Gültigkeit der Identität für die vier Quadrate. Beweisen Sie diese auch für den Fall, dass $b = (b_1, b_2, b_3)$ nicht in der Papierebene liegt.

8.1.4 Zeichnen Sie ein anderes Rechteck, bei dem b *innerhalb* liegt. Überprüfen Sie die Identität für die vier Quadrate.

8.1.5 Mein Beweis gilt für jede Dimension, da b nicht in der Ebene von Au und w liegen muss. Entwickeln Sie $\|b - Au\|^2$ in $b^T b - 2 b^T A u + (Au)^T A u$. Entwickeln Sie die anderen drei Terme aus Gleichung (8.12) und verwenden Sie $A^T w = 0$.

8.1.6 Kai Borres trigonometrischer Beweis geht vom Kosinussatz aus (A und B sind im Folgenden die Winkel). In Vektorschreibweise haben wir also $\|b\|^2 = \|w\|^2 + \|b - w\|^2 - 2\|w\|\|b - w\|\cos A$. Das Dreieck auf der rechten Seite erzeugt einen Term $-2\|w\|\|b - Au - w\|\cos B$. Diese Kosinusterme sind nach dem Sinussatz im oberen Dreieck gleich. Beachten Sie, dass $-\cos A = \sin(A - 90°)$ und $-\cos B = \sin(B - 90°)$. Nach dem Sinussatz ist die Größe $(\sin\theta)/$(Länge der gegenüberliegenden Seite) für alle drei Winkel eines Dreiecks gleich.

8.1.7 (fixiert / frei) Angenommen, an der unteren Feder in Abbildung 8.3 hängt eine Masse m_2. Bei dieser Konstellation tritt eine weitere Nebenbedingung für die Kräftebalance auf, nämlich $w_2 - f_2 = 0$. Bauen Sie die alte und die neue Nebenbedingung in die Lagrange-Funktion $L(w_1, w_2, u_1, u_2)$ ein. Schreiben Sie vier Gleichungen wie (8.15a)–(8.15c) auf. Die partiellen Ableitungen von L müssen null sein.

8.1.8 Bestimmen Sie für das Aufgabe 7 die Matrix A ($C = \text{diag}(c_1, c_2)$):

$$\begin{bmatrix} C^{-1} & A \\ A^T & 0 \end{bmatrix} \begin{bmatrix} w \\ u \end{bmatrix} = \begin{bmatrix} 0 \\ f \end{bmatrix} \quad \text{mit} \quad w = \begin{bmatrix} w_1 \\ w_2 \end{bmatrix}, \ u = \begin{bmatrix} u_1 \\ u_2 \end{bmatrix}, \ f = \begin{bmatrix} f_1 \\ f_2 \end{bmatrix}.$$

Wie sieht die Matrix $-A^T CA$ aus, die an die Stelle des Nullblocks tritt? Lösen Sie die Gleichung nach $u = (u_1, u_2)$ auf.

8.1.9 Fahren Sie mit Aufgabe 7 fort und setzen Sie $C = I$. Schreiben Sie die Gleichung $w = Au$ auf und berechnen Sie die Energie $E_{\min} = \frac{1}{2} w_1^2 + \frac{1}{2} w_2^2$. Verifizieren Sie, dass die Ableitungen dieses Ausdrucks bezüglich f_1 und f_2 die Lagrange-Multiplikatoren u_1 und u_2 sind.

8.1.10 Die Eigenwerte von $S = [I \ A; A^T \ 0]$ sind mit den Singularitäten von $A = U\Sigma V^T$ durch folgende Beziehung verbunden:

$$\begin{bmatrix} U^{-1} & \\ & V^{-1} \end{bmatrix} \begin{bmatrix} I & U\Sigma V^T \\ V\Sigma^T U^T & 0 \end{bmatrix} \begin{bmatrix} U & \\ & V \end{bmatrix} = \begin{bmatrix} I & \Sigma \\ \Sigma^T & 0 \end{bmatrix} \quad \text{hat die gleichen Eigenwerte wie } S.$$

Nach dem Umordnen der Zeilen und Spalten hat die letzte Matrix n 2×2 Blöcke B_j:

$$\lambda(S) \text{ von } \Sigma \quad B_j = \begin{bmatrix} 1 & \sigma_j \\ \sigma_j & 0 \end{bmatrix} \quad \text{hat die Eigenwerte} \quad \lambda^2 - \lambda - \sigma_j^2 = 0.$$

Bestimmen Sie die Lösungen für λ und zeigen Sie, dass S keine Eigenwerte im Intervall $[0, 1)$ hat. Für kleine σ_j liegen die λ nahe $1 + \sigma^2$ und $-\sigma^2$, sodass S schlecht konditioniert ist. Berechnen Sie die Eigenwerte von S für $A = K_3$.

8.1.11 Gemäß (8.34) hat für singuläres S wenigstens eine Spalte der Blockmatrix keinen Vollrang. Wenn w und u nicht beide null sind, ist Folgendes zu zeigen:

$$\begin{bmatrix} G & A \\ A^T & -H \end{bmatrix} \begin{bmatrix} w \\ u \end{bmatrix} = \begin{bmatrix} 0 \\ 0 \end{bmatrix} \quad \text{erzwingt} \quad \begin{bmatrix} G \\ A^T \end{bmatrix} [w] = \begin{bmatrix} 0 \\ 0 \end{bmatrix} \quad \text{und} \quad \begin{bmatrix} A \\ -H \end{bmatrix} [u] = \begin{bmatrix} 0 \\ 0 \end{bmatrix}.$$

Beweis Aus $Gw + Au = 0$ und $A^T w = Hu$ folgt $0 = w^T Gw + w^T Au$. Dies ergibt $w^T Gw + u^T Hu = 0$. *Für den entscheidenden Schritt benötigen wir die Semidefinitheit:* Erklären Sie, indem Sie $G = M^T M$ und $H = R^T R$ faktorisieren, warum Gw und Hu null sein müssen. Damit gilt auch $A^T w = 0$.

8.1.12 Minimieren Sie $E = \frac{1}{2}(w_1^2 + \frac{1}{3} w_2^2)$ unter der Nebenbedingung $w_1 + w_2 = 8$. Setzen Sie dazu die partiellen Ableitungen $\partial L/\partial w$ und $\partial L/\partial u$ der Lagrange-Funktion $L = E + u(w_1 + w_2 - 8)$ gleich null.

8.1.13 Bestimmen Sie mithilfe der Lagrange-Multiplikatoren u_1 und u_2 das Minimum für folgende Funktionen:

(a) $E = \frac{1}{2}(w_1^2 + w_2^2 + w_3^2)$ unter $w_1 - w_2 = 1$, $w_2 - w_3 = 2$
(b) $E = w_1^2 + w_1 w_2 + w_2^2 + w_2 w_3 + w_3^2 - w_3$ unter $w_1 + w_2 = 2$
(c) $E = w_1^2 + 2 w_1 w_2 - 2 w_2$ unter $w_1 + w_2 = 0$ (achten Sie auf das Maximum).

8.1.14 Wie groß ist der Abstand zwischen dem Punkt $(0, 0, 0)$ und der Ebene $w_1 + 2w_2 + 2w_3 = 18$? Schreiben Sie diese Nebenbedingung in der Form $A^T w = 18$ und bestimmen Sie außerdem die Lösung für den Multiplikator u:

8.2 Regularisierte kleinste Quadrate

$$\begin{bmatrix} I & A \\ A^T & 0 \end{bmatrix} \begin{bmatrix} w \\ u \end{bmatrix} = \begin{bmatrix} 0 \\ 18 \end{bmatrix}.$$

8.1.15 „Der minimale Abstand zwischen $(0,0,0)$ zu den Punkten einer gegebenen Gerade ist gleich dem maximalen Abstand zu den Ebenen durch diese Gerade." Begründen Sie diese Aussage. Sie ist gleichbedeutend mit der Aussage, dass das Minimum der Primallösung größer gleich dem Maximum der Duallösung ist (schwache Dualität).

8.1.16 Minimieren Sie $w^T K w$ unter der Nebenbedingung $w_1^2 + w_2^2 + w_3^2 = 1$ (K ist K_3).

Mit dem Lagrange-Multiplikator u sollte die Minimalitätsforderung $\partial L/\partial w = 0$ die Gleichung $Kw = uw$ reproduzieren. u ist also ein Eigenwert (wovon?) und w ein zugehöriger Eigenvektor. Eine äquivalente Aufgabenstellung für beliebige symmetrische K ist die Minimierung des **Rayleigh-Quotienten** $w^T K w / w^T w$.

8.1.17 (Wichtig) Der minimale Wert der **potentiellen Energie** $P = \frac{1}{2} u^T A^T C A u - u^T f$ ist gleich dem maximalen Wert der negativen **Ergänzungsenergie** $-Q = -\frac{1}{2} w^T C^{-1} w$ unter $A^T w = f$.

Führen Sie Lagrange-Multiplikatoren für diese Nebenbedingung ein. Zeigen Sie, dass die Minimalitätsbedingungen $\partial L/\partial w = 0$ und $\partial L/\partial u = 0$ für $L = Q + u^T(A^T w - f)$ auf die fundamentale KKT-Gleichung führen und man durch Elimination von w auf $A^T C A u = f$ kommt. Die **Verschiebungsmethode** minimiert P, die **Erzwingungsmethode** minimiert Q.

8.2 Regularisierte kleinste Quadrate

Bevor ich mit dem eigentlichen Stoff dieses Abschnitts beginne, will ich Ihnen einen kurzen Überblick geben. Zunächst werden Sie das neue „zwei-Quadrate-Problem" kennenlernen. Es steht in Beziehung zu den Ihnen bereits bekannten Problemen, ist aber trotzdem eigenständig und hat seine eigenen Anwendungsgebiete:

Kleinste Quadrate   Minimiere $\|Au - b\|^2$ durch Lösen von $A^T A \widehat{u} = A^T b$.

mit Gewichtung   Minimiere $(b - Au)^T C (b - Au)$ durch $A^T C A \widehat{u} = A^T C b$.

Neues Problem mit zwei Quadraten:

Minimiere $\|Au - b\|^2 + \alpha \|Bu - d\|^2$ (8.35)

durch Lösen von $(A^T A + \alpha B^T B)\widehat{u} = A^T b + \alpha B^T d$.

Gleichung (8.35) dürfte nicht wirklich neu für Sie sein. Sie ist ein Spezialfall des Problems der gewichteten kleinsten Quadrate. Sie erkennen dies, wenn Sie die Notation etwas modifizieren, sodass A und B in einem Problem zusammengefasst sind. Dann ist $C = [I \ 0 \ ; \ 0 \ \alpha I]$:

Kombinierte Matrix

$$\begin{bmatrix} A \\ B \end{bmatrix} \begin{bmatrix} A^T & B^T \end{bmatrix} \begin{bmatrix} I & 0 \\ 0 & \alpha I \end{bmatrix} \begin{bmatrix} A \\ B \end{bmatrix} \widehat{u} = \begin{bmatrix} A^T & B^T \end{bmatrix} \begin{bmatrix} I & 0 \\ 0 & \alpha I \end{bmatrix} \begin{bmatrix} b \\ d \end{bmatrix}. \tag{8.36}$$

Dies ist Gleichung (8.35). Die Lösung $\widehat{u}$ hängt vom Gewicht α ab, das in dieser Blockmatrix auftritt. Die kluge Wahl des Parameters α ist oft der schwierigste Teil.

Zwei wichtige Anwendungen, die auf diese Summe von Quadraten führen, sind die folgenden:

Regularisierte kleinste Quadrate Das Ausgangsproblem $A^T A \widehat{u} = A^T b$ kann sehr schlecht gestellt sein. Das ist typisch für **inverse Probleme**, bei denen versucht wird, eine Ursache aus einem von ihr produzierten Effekt abzuleiten. Die gewöhnliche Lösung mit $\alpha = 0$ ist unzuverlässig, wenn A sehr schlecht konditioniert ist. Für $A^T A$ kann das Verhältnis zwischen größtem und kleinstem Eigenwert in der Größenordnung 10^6 bis 10^{10} oder noch darüber liegen. In extremen Fällen ist $m < n$ und $A^T A$ ist singulär.

Durch Addition von $\alpha B^T B$ wird $A^T A$ regularisiert. Diese Maßnahme wirkt wie eine Glättung – wir versuchen, das Rauschen zu reduzieren und dabei das Signal zu erhalten. Das Gewicht α erlaubt uns, die richtige Balance zu finden.

Normalerweise fällt $\|\widehat{u}\|$ mit wachsendem α während $\|A\widehat{u} - b\|$ mit α wächst. Das **Diskrepanz-Prinzip** wählt α so aus, dass $\|A\widehat{u} - b\|$ näherungsweise dem erwarteten Rauschen entspricht (Unbestimmtheit in b).

Kleinste Quadrate unter Nebenbedingungen Um $Bu = d$ zu erreichen, muss das Gewicht α wachsen. Im Grenzfall $\alpha \to \infty$ erwarten wir $\|B\widehat{u}_\alpha - d\|^2 \to 0$. Der Wert $\widehat{u}_\infty$ für den Grenzfall löst ein Schlüsselproblem.

Gleichheitsbedingung: Minimiere $\|Au - b\|^2$ unter $Bu = d$. (8.37)

Inverse Probleme haben eine Vielzahl von Anwendungen. Meistens tritt dabei der Begriff „kleinste Quadrate" überhaupt nicht auf. Für das Aufstellen von Nebenbedingungen verwenden wir große α. Wir werden drei Techniken auf die einfache Nebenbedingung $Bu = u_1 - u_2 = 8$ anwenden.

Zunächst sei hier ein wichtiges Beispiel für die Regularisierung bei kleinem α erwähnt. Danach kommen wir zu den Nebenbedingungen.

Schätzung von Ableitungen

Nach meiner Einschätzung ist die folgende Aufgabenstellung das grundsätzlichste aller schlecht gestellten Probleme der angewandten Mathematik:

Schätzen Sie die Geschwindigkeit $\dfrac{dx}{dt}$ in der Umgebung des Ortes x (nicht exakt) für die Zeitpunkte $t_1, t_2, \ldots$

Manchmal liegt das Problem in genau dieser Form vor. Ein GPS-Empfänger liefert die Positionen $x(t)$ mit großer Genauigkeit. Außerdem liefert er Schätzungen

8.2 Regularisierte kleinste Quadrate

für die Geschwindigkeiten dx/dt, aber wie macht er das? Die naheliegende Idee ist natürlich, eine endliche Differenz $x(t_2) - x(t_1)$ durch $t_2 - t_1$ zu teilen. Um tatsächlich eine Näherung für die Geschwindigkeit zu erhalten, müssen t_1 und t_2 dicht beieinander liegen. Wenn Sie jedoch durch eine kleine Differenz $t_2 - t_1$ teilen, dann verstärken Sie in hohem Maße kleine Fehler in den Positionsangaben (also das *Rauschen in den Daten*).

Dies ist typisch für schlecht gestellte Probleme. **Kleine Fehler in der Eingabe führen zu großen Fehlern in der Ausgabe.** Notieren wir nun das gleiche Problem in Form einer *Integralgleichung erster Art*:

Integralgleichung für v $\quad \int_0^t v(s)\, ds = \int_0^t \frac{dx}{ds}\, ds = x(t) - x(0).$ \hfill (8.38)

Gegeben ist die Funktion $x(t)$, gesucht ist die Funktion $v(t)$. Viele Probleme aus den verschiedenen Wissenschaften haben diese Gestalt. Oft enthält das Integral eine bekannte Kernfunktion $K(t,s)$. Die Gleichung ist vom Volterra-Typ, falls die Variable t als Integrationsgrenze auftritt, und vom Fredholm-Typ, wenn dies nicht der Fall ist. Bei Gleichungen zweiter Art tritt ein zusätzlicher, additiver Term $\alpha v(t)$: dann ist die Sache einfacher wegen αI.

Bei der Schätzung von Ableitungen hat man es schnell mit hohen Dimensionen zu tun. Beispielsweise wirken viele Gene (manche davon wichtig, andere weniger) bei der Merkmalsexpression $x(g_1, g_2, \ldots, g_N)$ zusammen. Die Ableitungen $\partial x / \partial g_i$ liefern ein Maß für die relative Wichtigkeit der einzelnen Gene. Es ist eine schwierige Aufgabe, all diese Ableitungen aus der beschränkten Anzahl der Stichprobenwerte (Messwerte x, die oft stark verrauscht sind) zu schätzen. Gewöhnlich wird das Problem zunächst diskretisiert und dann durch ein kleines α regularisiert. Wir werden auf diese schlecht gestellten Probleme zurückkommen, nachdem wir uns mit großen α, dem anderen Extrem, beschäftigt haben.

Straffunktionen

Wir wollen die Funktion $\|Au\|^2 = u_1^2 + u_2^2$ unter der Nebenbedingung $Bu = u_1 - u_2 = 8$ minimieren. Die Gleichung für die Nebenbeding beinhaltet eine Matrix mit n Spalten aber nur p Zeilen (und sie hat den Rang p).

Beispiel $\quad A = \begin{bmatrix} 1 & 0 \\ 0 & 1 \end{bmatrix} \quad b = \begin{bmatrix} 0 \\ 0 \end{bmatrix} \quad B = \begin{bmatrix} 1 & -1 \end{bmatrix} \quad d = \begin{bmatrix} 8 \end{bmatrix}$ \hfill (8.39)

Um diese Gleichung zu lösen, brauchen Sie keinen Doktorgrad. Setzen Sie einfach $u_2 = u_1 - 8$ in die zu minimierende Funktion ein. Das Minimieren von $u_1^2 + (u_1 - 8)^2$ liefert $u_1 = 4$. Dieses Vorgehen wird als „Nullraum-Methode" bezeichnet, und wir werden sie später noch für andere Probleme mit A, b, B, d anwenden. Zuvor betrachten wir noch zwei andere Methoden:

1. **Straffunktion:** minimiere $u_1^2 + u_2^2 + \alpha(u_1 - u_2 - 8)^2$ und betrachte $\alpha \to \infty$.
2. **Lagrange-Multiplikator:** bestimme einen Sattelpunkt von
   $L = \frac{1}{2}(u_1^2 + u_2^2) + w(u_1 - u_2 - 8)$.
3. **Nullraum-Methode:** löse $Bu = d$ und ermittle die kleinste Lösung.

Wir beginnen mit der Methode der Straffunktion, also Gleichung (8.35). Der große Vorteil dieser Methode besteht darin, dass wir über die gewichteten kleinsten Quadrate hinaus keine weiteren Rechenschritte brauchen. Dieser praktische Vorteil ist nicht zu unterschätzen. Unser Beispiel mit $u_1 = u_2 = 4$ wird zeigen, dass *der Fehler in u wie $1/\alpha$ fällt*.

$$A^T A = I \quad B^T B = \begin{bmatrix} 1 & -1 \\ -1 & 1 \end{bmatrix} \quad \begin{bmatrix} 1+\alpha & -\alpha \\ -\alpha & 1+\alpha \end{bmatrix} \begin{bmatrix} u_1 \\ u_2 \end{bmatrix} = \begin{bmatrix} 8\alpha \\ -8\alpha \end{bmatrix} = \alpha B^T d. \quad (8.40)$$

Addition der Gleichungen ergibt $u_1 + u_2 = 0$. Damit ist die erste Gleichung $(1 + 2\alpha)u_1 = 8\alpha$:

$$u_1 = \frac{8\alpha}{1+2\alpha} = \frac{4}{1+(1/2\alpha)} = 4 - \frac{4}{2\alpha} + \cdots \to u_1 = 4. \quad (8.41)$$

Der Fehler ist von der Ordnung $1/\alpha$. α muss also groß sein, damit wir eine gute Genauigkeit für u_1 und u_2 erreichen. Unter diesen Umständen ist es sinnvoll, das Problem absichtlich schlecht konditioniert zu machen. Die Matrix in Gleichung (8.40) hat die Eigenwerte 1 und $1 + 2\alpha$. Die Rundungsfehler können bei Größenordnungen von $\alpha = 10^{10}$ beträchtlich werden.

Im Folgenden will ich (ohne Beweis) den Grenzfall $\widehat{u}_\infty$ der Methode der Straffunktion für $\alpha \to \infty$ beschreiben:

$\widehat{u}_\infty$ **minimiert** $\|Au - b\|^2$ **unter allen Minimierern von** $\|Bu - d\|^2$.

Bei großem α dominiert der Term $\|Bu - d\|^2$. Wenn $B^T B$ singulär ist, gibt es für diesen Term viele Minimierer. Der Grenzfall $\widehat{u}_\infty$ ist unter diesen Minimieren derjenige, der den anderen Term $\|Au - b\|^2$ minimiert. Wir fordern lediglich, dass $\begin{bmatrix} A \\ B \end{bmatrix}$ vollen Spaltenrang n hat, sodass die Matrix $A^T A + \alpha B^T B$ invertierbar ist.

Interessant ist Folgendes: Angenommen, wir dividieren Gleichung (8.35) durch α. Dann geht die Gleichung für $\alpha \to \infty$ in $B^T B \widehat{u}_\infty = B^T d$ über. Von A und b ist in diesem Grenzfall der Gleichung nichts mehr zu sehen! Dagegen ist die Methode der Straffunktion eleganter, wenn $B^T B$ singulär ist. Selbst wenn A und b verschwinden, lässt sich entscheiden, welches $\widehat{u}_\infty$ die Methode der Straffunktion im Grenzfall liefert.

Lagrange-Multiplikatoren

Die übliche Methode, mit einer Nebenbedingung der Form $Bu = d$ umzugehen, ist ein Lagrange-Multiplikator. An anderer Stelle in diesem Buch lautet die Nebenbedingung $A^T w = f$, und der Multiplikator ist u. Da hier die Nebenbedingung für u gilt, wollen wir den Multiplikator w nennen. Wenn wir p Nebenbedingungen $Bu = d$ haben, benötigen wir p Multiplikatoren $w = (w_1, \ldots, w_p)$. Die Nebenbedingungen gehen in die Lagrange-Funktion L ein und werden mit den w's multipliziert:

Lagrange-Funktion $L(u, w) = \dfrac{1}{2} \|Au - b\|^2 + w^T (Bu - d)$.

Setze $\dfrac{\partial L}{\partial u} = \dfrac{\partial L}{\partial w} = 0$.

Im Sattelpunkt (u, w) sind die Ableitungen von L null:

Neue Sattelpunkts-matrix S^*
$$\begin{bmatrix} A^T A & B^T \\ B & 0 \end{bmatrix} \begin{bmatrix} u \\ w \end{bmatrix} = \begin{bmatrix} A^T b \\ d \end{bmatrix} \quad \begin{array}{l} (n \text{ Zeilen}) \\ (p \text{ Zeilen}) \end{array} \qquad (8.42)$$

Beachten Sie die Unterschiede zur Sattelpunktsmatrix S aus Abschnitt 8.1. Es ist möglich, dass $A^T A$, der neue Block links oben, nur positiv *semidefinit* ist (möglicherweise singulär). Die Bezeichnungen sind natürlich andere. S^* ist nur dann invertierbar, wenn die p Zeilen von B linear unabhängig sind. Des Weiteren muss $\begin{bmatrix} A \\ B \end{bmatrix}$ vollen Spaltenrang n haben, damit $A^T A + B^T B$ invertierbar ist – diese Matrix tritt auf, wenn man die zweite Zeile mit B^T multipliziert und das Ergebnis zur ersten Zeile addiert.

Wir können unser Beispiel in dieser Lagrange-Form lösen, ohne dabei ein α zu benutzen:

$$\begin{array}{ll} A = I & b = 0 \\ B = \begin{bmatrix} 1 & -1 \end{bmatrix} & d = 8 \end{array} \qquad \begin{bmatrix} 1 & 0 & 1 \\ 0 & 1 & -1 \\ 1 & -1 & 0 \end{bmatrix} \begin{bmatrix} 4 \\ -4 \\ -4 \end{bmatrix} = \begin{bmatrix} 0 \\ 0 \\ 8 \end{bmatrix}. \qquad (8.43)$$

Das optimale u_1, u_2 ist $4, -4$ wie zuvor. Der Multiplikator ist $w = -4$.

Der Multiplikator w ist immer ein Maß dafür, wie sensitiv die Ausgabe $P_{\min}$ von der Eingabe d abhängt. $P_{\min}$ ist das Minimum von $(u_1^2 + u_2^2)/2$. Wenn Sie das Problem für beliebige d lösen, dann erhalten Sie $u_1 = d/2$ und $u_2 = w = -d/2$. Dann ist $-w$ die Ableitung von P:

Sensitivität $P_{\min} = \dfrac{1}{2}(u_1^2 + u_2^2) = \dfrac{d^2}{4}$ hat die Ableitung $\dfrac{d}{2} = \dfrac{8}{2} = -w$. (8.44)

Bei der Lagrange-Methode ist also ein größeres System zu lösen.

Nullraum-Methode

Die dritte Methode der Minimierung unter Nebenbedingungen beginnt mit der direkten Lösung von $Bu = d$. Für $u_1 - u_2 = 8$ haben wir dies zu Beginn des Abschnitts getan. Das Ergebnis $u_2 = 8 - u_1$ wurde in die Funktion $u_1^2 + u_2^2$ eingesetzt, die dann minimiert wurde und den Wert $u_1 = 4$ lieferte.

Für eine $p \times n$-Matrix B schlage ich das gleiche Vorgehen vor: Wir lösen $Bu = d$ nach p Variablen auf, d.h. wir drücken diese durch die restlichen $n - p$ Variablen aus. Dann setzen wir die Ausdrücke für die p Variablen in $\|Au - b\|^2$ ein und minimieren. Dies ist jedoch keine wirklich sichere Methode.

Der Grund hierfür ist, dass die $p \times p$-Matrix B nahezu singulär sein kann. Dann haben Sie Pech: Die ausgewählten p Variablen waren nicht die geeigneten. Dann könnten wir Spalten vertauschen und anhand der Konditionszahlen eine geeignete $p \times p$-Matrix finden. Viel besser ist es, die p Zeilen von B zu orthogonalisieren.

Die Idee der Nullraum-Methode ist einfach: **Löse $Bu = d$ für $u = u_n + u_r$**. Die *Nullraum-Vektoren* u_n lösen die Gleichung $Bu_n = 0$. Wenn die $n - p$ Spalten von Q_n eine Basis des Nullraums bilden, dann lässt sich jedes u_n als Kombination $Q_n z$ darstellen. Ein Vektor u_r im Zeilenraum löst $Bu_r = d$. Setzen Sie $u = Q_n z + u_r$ in $\|Au - b\|^2$ ein und bestimmen Sie das Minimum.

Nullraum-Methode: Minimiere $\|A(u_n + u_r) - b\|^2 = \|AQ_n z - (b - Au_r)\|^2$.

Der Vektor z hat nur $n - p$ Unbekannte. Während die Lagrange-Muliplikatoren das Problem größer gemacht haben, wird es bei der Nullraum-Methode kleiner. Es gibt keine Nebenbedingungen an z und wir lösen $n - p$ Normalgleichungen, um in $AQ_n z = b - Au_r$ das beste $\widehat{z}$ zu bestimmen:

Reduzierte Normalgleichungen $\quad Q_n^T A^T A Q_n \widehat{z} = Q_n^T A^T (b - Au_r)$. (8.45)

Dann minimiert $u = u_r + Q_n \widehat{z}$ die Funktion $\|Au - b\|^2$ aus dem ursprünglichen Problem unter $Bu = d$.

Wir werden das Beispiel $b_1 - b_2 = 8$ auf diese Weise lösen. Zunächst konstruieren wir einen MATLAB-Code für beliebige A, b, B und d. Es mag etwas seltsam erscheinen, dass wir erst jetzt, fast am Ende des Buches, das lineare Gleichungssystem $Bu = d$ lösen. Lineare Gleichungen sind das Kernthema des Buches, und in jedem Grundkurs werden Eliminationsverfahren erklärt. Die üblicherweise in Lehrbüchern vorgestellte „Treppennormalform" rref(B) liefert eine Lösung wie $u_2 = u_1 - 8$. In der Praxis haben sich jedoch *Orthogonalisierungsverfahren* unter Verwendung von qr(B') besser bewährt.

Das Gram-Schmidt-Verfahren überführt die p Spalten von B^T in p orthonormale Spalten. Die Matrix wird faktorisiert in $B^T = QR = (\mathbf{n \times p})(\mathbf{p \times p})$:

Gram-Schmidt $\quad QR = (p \text{ orthonormale Spalten in } Q)(\text{triangulares } R)$. (8.46)

Der qr-Befehl von MATLAB macht noch mehr. Er fügt $n - p$ neue orthonormale Spalten in Q ein, die mit $n - p$ neuen Zeilen von Nullen in R multipliziert werden. Dies ist die „unreduzierte" Form, die die Größe $(n \times n)(n \times p)$ hat. Der Buchstabe r steht sowohl für *reduziert* als auch für *row space* (englisch für Zeilentraum). Die p Spalten von Q_r sind eine Basis für den Zeilenraum von B. Der Buchstabe n steht für *neu* sowie für *Nullraum*.

8.2 Regularisierte kleinste Quadrate

Matlab: $qr(B')$ ist unreduziert $\quad B^T = \begin{bmatrix} Q_r & Q_n \end{bmatrix} \begin{bmatrix} R \\ 0 \end{bmatrix} \begin{array}{l} p \text{ Zeilen} \\ n-p \text{ Zeilen} \end{array}$ (8.47)

Die $n-p$ orthonormalen Spalten von Q_n lösen $Bu = 0$ und führen auf den Nullraum:

Nullraum von B $\quad BQ_n = \begin{bmatrix} R^T & 0 \end{bmatrix} \begin{bmatrix} Q_r^T \\ Q_n^T \end{bmatrix} Q_n = \begin{bmatrix} R^T & 0 \end{bmatrix} \begin{bmatrix} 0 \\ I \end{bmatrix} = 0.$ (8.48)

Die p Spalten von Q_r sind zueinander orthonormal ($Q_r^T Q_r = I_p$) und orthogonal zu den Spalten von Q_n. Unsere spezielle Lösung u_r erhalten wir aus dem Zeilenraum von B:

Spezielle Lösung $\quad u_r = Q_r(R^{-1})^T d \quad$ und (8.49)
$$Bu_r = (Q_r R)^T Q_r (R^{-1})^T d = d.$$

Dies ist die spezielle Lösung, die durch die Pseudoinverse $u_r = B^+ d = \text{pinv}(B) * d$ gegeben ist. Sie ist orthogonal zu allen u_n. Der qr-Algorithmus von Householder (besser als Gram-Schmidt) hat eine quadratische, orthogonale Matrix $\begin{bmatrix} Q_r & Q_n \end{bmatrix}$ erzeugt. Diese beiden Teilmatrizen Q_r und Q_n führen auf sehr stabile Formen von u_r und u_n. Für eine Inzidenzmatrix wird Q_n Loops liefern.

Wir fassen nun die fünf Schritte der Nullraum-Methode zu einem MATLAB-Code zusammen:

```
1  [Q,R] = qr(B');              % quadratisches Q, triangulares R mit n-p Nullzeilen
2  Qr = Q(1:p,:); Qn = Q(p+1:n,:); E = A*Qn; % spalte Q auf in [Qr Qn]
3  y = R(1:p,1:p)'\d; ur = Qr*y;           % spezielle Lösung ur für Bu = d
4  z = (E'*E)\(E'*(b-A*ur));               % bestes un im Nullraum ist Qn*z
5  uopt = ur+Qn*z;                         % uopt minimiert ||Au-b||² unter Bu = d
```

Beispiel ($u_1 - u_2 = 8$)

$B^T = \begin{bmatrix} 1 \\ -1 \end{bmatrix}$ lässt sich faktorisieren in $QR = \begin{bmatrix} 1/\sqrt{2} & 1/\sqrt{2} \\ -1/\sqrt{2} & 1/\sqrt{2} \end{bmatrix} \begin{bmatrix} \sqrt{2} \\ 0 \end{bmatrix}.$

Die spezielle Lösung von $(1,-1)$ in Q_r ist

$$u_r = \begin{bmatrix} 1/\sqrt{2} \\ -1/\sqrt{2} \end{bmatrix} [\sqrt{2}]^{-1} [8] = \begin{bmatrix} 4 \\ -4 \end{bmatrix}.$$

Der Nullraum von $B = \begin{bmatrix} 1 & -1 \end{bmatrix}$ enthält alle Multiplikatoren $u_n = Q_n z = \begin{bmatrix} 1/\sqrt{2} \\ 1/\sqrt{2} \end{bmatrix} z.$

In diesem Beispiel ist der quadrierte Abstand ein Minimum für das spezielle u_r. **Wir sind nicht interessiert an allen u_n, und für das minimierende u ist $z = 0$.** Dieser Fall ist sehr wichtig, und wir werden uns im Folgenden hierauf konzentrieren. Er führt auf die sogenannte *Pseudoinverse*.

Notation Meist hatte die Nebenbedingung in diesem Buch die Form $A^T w = f$. Wenn B gleich A^T ist, lautet die erste Zeile des Codes qr(A). Wir gehen von dem *Problem für großes* α mit $Bu \approx d$ über zu dem *Problem für kleines* α mit $Au \approx b$.

Die Pseudoinverse

Sei A eine $m \times n$-Matrix und b ein Vektor mit m Komponenten. Die Gleichung kann lösbar oder unlösbar sein. Das Problem der kleinsten Quadrate besteht darin, aus den Normalgleichungen $A^T A \widehat{u} = A^T b$ die beste Lösung $\widehat{u}$ zu finden. Auf diese Weise erhält man $\widehat{u}$ jedoch nur dann, wenn $A^T A \widehat{u} = A^T b$ invertierbar ist. **Mithilfe der Pseudoinverse findet man die beste Lösung u^+ auch dann, wenn die Spalten von A texlinear abhängig sind und $A^T A$ singulär ist.**

Zwei Eigenschaften

$u^+ = A^+ b$ ist der **kürzeste Vektor** der die Gleichung $A^T A u^+ = A^T b$ löst.

Die anderen Lösungen, deren Betrag größer ist als der von u^+, haben Komponenten im Nullraum von A. Wir werden zeigen, dass u^+ *die spezielle Lösung ohne Komponenten im Nullraum* ist.

Es existiert eine $n \times m$-Matrix A^+, die u^+ linear aus b erzeugt, für die also gilt $u^+ = A^+ b$. Diese Matrix A^+ ist die **Pseudoinverse** von A. Falls A quadratisch und invertierbar ist, ist $u = A^{-1} b$ die beste Lösung und A^+ ist identisch mit A^{-1}. Falls A nicht quadratisch ist, aber linear unabhängige Spalten hat, ist $\widehat{u} = (A^T A)^{-1} A^T b$ die einzige Lösung und A^+ ist dann gleich $(A^T A)^{-1} A^T$. Wenn A *linear abhängige Spalten* und deshalb einen von Null verschiedenen Nullraum hat, gibt es diese Inversen nicht mehr. Dann ist die beste (kürzeste) Lösung $u^+ = A^+ b$ etwas Neues.

Abbildung 8.6 zeigt u^+ und A^+. Sie sehen hier, wie A^+ die Matrix A aus dem Spaltenraum zurück in den Zeilenraum invertiert. Die vier fundamentalen Unterräume sind als Rechtecke dargestellt. (In Wirklichkeit handelt es sich bei den Nullräumen um Punkte, Linien oder Ebenen.) Von links nach rechts bildet A alle Vektoren $u = u_{\text{row}} + u_{\text{null}}$ in den Spaltenraum ab. Da u_{row} orthogonal zu u_{null} ist, vergrößert der Beitrag des Nullraums die Länge von u. Die beste Lösung ist $u^+ = u_{\text{row}}$.

Dieser Vektor erfüllt natürlich nicht die Gleichung $Au^+ = b$, wenn diese gar keine Lösung besitzt. Er löst aber $Au^+ = p$, die Projektion von b auf den Spaltenraum. Daher nimmt der Fehler $\|e\| = \|b - p\| = \|b - Au^+\|$ ein Minimum an und es gilt $A^T A u^+ = A^T b$.

Wie aber wird u^+ berechnet? Der direkte Weg führt über die Singulärwertzerlegung:

SVD $\qquad A = U \Sigma V^T = \begin{bmatrix} U_{\text{col}} & U_{\text{null}} \end{bmatrix} \begin{bmatrix} \Sigma_{\text{pos}} & 0 \\ 0 & 0 \end{bmatrix} \begin{bmatrix} V_{\text{row}} & V_{\text{null}} \end{bmatrix}^T .$ \hfill (8.50)

8.2 Regularisierte kleinste Quadrate

Die quadratischen Matrizen U und V haben orthonormale Spalten: $U^\mathrm{T}U = I$ und $V^\mathrm{T}V = I$. Die ersten r Spalten U_col und V_row bilden jeweils eine Basis für den Spaltenraum bzw. den Zeilenraum von A. Beide Räume haben den gleichen Rang wie A. Die anderen Spalten U_null und V_null liegen in den Nullräumen von A^T bzw. A. Die Pseudoinverse ignoriert diese Spalten. Die Invertierung von A^+ ist nur aus dem Spaltenraum zurück in den Zeilenraum möglich:

Pseudoinverse von A $\qquad A^+ = (V_\mathrm{row})(\Sigma_\mathrm{pos})^{-1}(U_\mathrm{col})^\mathrm{T}.$ \hfill (8.51)

Diese Diagonalmatrix Σ_pos enthält die (positiven!) Singulärwerte von A. Durch Multiplikation $u^+ = A^+b$ werden die Spalten in V_row kombiniert. Daher liegt u^+ im Zeilenraum.

Beispiel $A = \begin{bmatrix} 3 & 4 \\ 3 & 4 \end{bmatrix}$ ist singulär. Ihre Pseudoinverse ist $A^+ = \dfrac{1}{50}\begin{bmatrix} 3 & 3 \\ 4 & 4 \end{bmatrix}$. Zeigen Sie, warum.

Der Zeilenraum von A mit $V_\mathrm{row} = (3,4)/5$ ist der Spaltenraum von A^+. Der Spaltenraum von A mit $U_\mathrm{col} = (3,3)/3\sqrt{2}$ ist der Zeilenraum von A^+. Für diese Räume gilt $A^+Av = v$ und $AA^+u = u$. **Wir erhalten A^+ aus der Singulärwertzerlegung von A,** wobei wir $AA^\mathrm{T} = \begin{bmatrix} 25 & 25 \\ 25 & 25 \end{bmatrix}$ mit dem Eigenwert $\lambda = \sigma^2 = 50$ verwenden:

$$A = U\Sigma V^\mathrm{T} \qquad \begin{bmatrix} 3 & 4 \\ 3 & 4 \end{bmatrix} = \underbrace{\begin{bmatrix} 1 & 1 \\ 1 & -1 \end{bmatrix}}_{\sqrt{2}} \begin{bmatrix} \sqrt{50} & 0 \\ 0 & 0 \end{bmatrix} \underbrace{\begin{bmatrix} 3 & 4 \\ 4 & -3 \end{bmatrix}^\mathrm{T}}_{\sqrt{25}} \quad \text{hat } \Sigma_\mathrm{pos} = \begin{bmatrix} \sqrt{50} \end{bmatrix},$$

$$A^+ = V_\mathrm{row}\Sigma_\mathrm{pos}^{-1}U_\mathrm{col}^\mathrm{T} \qquad \frac{1}{\sqrt{25}}\begin{bmatrix} 3 \\ 4 \end{bmatrix}\begin{bmatrix} \frac{1}{\sqrt{50}} \end{bmatrix}\begin{bmatrix} 1 \\ 1 \end{bmatrix}^\mathrm{T}\frac{1}{\sqrt{2}} = \frac{1}{50}\begin{bmatrix} 3 & 3 \\ 4 & 4 \end{bmatrix} = A^+.$$

A und A^+ haben beide den Rang $r = 1$. **Wir hätten auch schreiben können $A^+ = V\Sigma^+U^\mathrm{T}$.** In der Diagonale der $m \times n$-Matrix Σ steht Σ_pos, und in der Diagonale der $n \times m$-Matrix steht $(\Sigma_\mathrm{pos})^{-1}$. Die Matrizen $\Sigma\Sigma^+$ und $\Sigma^+\Sigma$ haben jeweils r von Null verschiedene Diagonalelemente (und ansonsten Nullen, um U_null und V_null aufzuheben).

Regularisierung erzeugt u^+

Die Singulärwertzerlegung ist eine großartige Methode, aber die Berechnung kann aufwändig sein. Sehr wahrscheinlich löst der verwendete Code die Normalgleichungen. Da $A^\mathrm{T}A$ singulär sein kann (genau das ist unser Problem), fügen wir einen kleinen Term αI hinzu:

Tychonov-Regularisierung
Minimiere $\|Au - b\|^2 + \alpha\|u\|^2$ durch $(A^\mathrm{T}A + \alpha I)\widehat{u}_\alpha = A^\mathrm{T}b.$ \hfill (8.52)

Dies ist unser zwei-Quadrate-Problem mit den einfachen Parametern $B = I$ und $d = 0$. Der regularisierende Term ist in diesem Fall einfach $\alpha\|u\|^2$. Minimieren bedeutet, nach der Lösung $\widehat{u}_\alpha$ mit dem kleinsten Betrag zu suchen. Und indem wir α klein wählen, minimieren wir in erster Linie $\|Au - b\|^2$. Folgende Aussage über den Grenzwert von $\widehat{u}_\alpha$ für $\alpha \to 0$ wird Sie nicht überraschen:

$$(A^TA + \alpha I)^{-1}A^T \text{ strebt gegen } A^+ \text{ und } \widehat{u}_\alpha \text{ strebt gegen } u^+. \tag{8.53}$$

Der einfachste Beweis verwendet die Singulärwertzerlegung. Aber die Regularisierung nach $(A^TA + \alpha I)^{-1}$ vermeidet die Berechnung dieser Singulärwertzerlegung. Natürlich erhalten wir u^+ für kleines $\alpha > 0$ nicht exakt. Und wir müssen einen bestimmten Wert für α wählen. In der Praxis ist der Vektor b mit einer gewissen Ungenauigkeit (Rauschen) behaftet. Das regularisierte $\widehat{u}_\alpha$ kann genauso zuverlässig sein wie u^+, aber einfacher zu berechnen. Die Rauschstärke von b gibt oft einen Anhaltspunkt für die geeignete Wahl von α (siehe unten).

Die Verwendung von $(A^TA + \alpha I)^{-1}A^T$ erzeugt kleine neue Singulärwerte, die die Nullen in der Diagonale der Singulärwertzerlegung (8.50) ersetzen. Für $\alpha \to 0$ geht $\sigma/(\sigma^2 + \alpha)$ gegen $1/\sigma$ während es für $\sigma = 0$ stets null ist. Das ist der wesentliche Punkt.

Wichtige Anmerkung Wir wählen diesmal ein kleines α. Bei dem zuvor betrachteten Beispiel mit $u_1 - u_2 = 8$ war α groß. Trotzdem ist das Problem genau das gleiche. *Wir haben einfach A und b gegen B und d getauscht.* In dem Beispiel mit großem α war $A = I$ und $b = 0$. Für das Problem mit kleinem α gilt $B = I$ und $d = 0$.

Groß Minimiere $\|u\|^2 + \alpha\|Bu - d\|^2$ für $\alpha \to \infty$ ergab $\widehat{u}_\infty = B^+d$.

Klein Minimiere $\|Au - b\|^2 + \alpha\|u\|^2$ für $\alpha \to 0$ ergibt $\widehat{u}_0 = A^+b$.

In beiden Fällen regularisiert $\|u\|^2$ das Problem, indem es große u vermeidet. In unserem Beispiel mit $u_1 - u_2 = 8$ war $B = [1 \ -1]$. Der beste Vektor $u = (4, -4)$ lag im Zeilenraum von B. Jetzt betrachten wir die Matrix A und der Faktor α ist klein, aber geändert hat sich weiter nichts. Die Multiplikation von A^+ mit 8 führt auf das gleiche $u^+ = (4, -4)$:

$$A = [1 \ -1] \quad \textbf{hat die Pseudoinverse} \quad A^+ = \begin{bmatrix} 1/2 \\ -1/2 \end{bmatrix}. \tag{8.54}$$

Der Zeilenraum von A ist der Spaltenraum von A^+. Für jeden Vektor v aus diesem Raum gilt $A^+Av = v$. Die Pseudoinverse A^+ invertiert A soweit möglich:

$$A^+Av = \begin{bmatrix} 1/2 \\ -1/2 \end{bmatrix} [1 \ -1] \begin{bmatrix} c \\ -c \end{bmatrix} = \begin{bmatrix} c \\ -c \end{bmatrix} \quad \text{und} \quad AA^+ = [1 \ -1] \begin{bmatrix} 1/2 \\ -1/2 \end{bmatrix} = 1. \tag{8.55}$$

8.2 Regularisierte kleinste Quadrate

Tychonov-Regularisierung

In der Praxis ist der Vektor b meist nicht exakt gegeben, beispielsweise weil Messergebnisse verrauscht sind. Wenn A schlecht konditioniert ist und $\alpha = 0$, wird dieser Fehler e durch die Methode der kleinsten Quadrate in der Ausgabe $\widehat{u}_0^e$ verstärkt. Der Effekt von αI ist die Stabilisierung der kleinste-Quadrate-Lösung $\widehat{u}_\alpha^e$, die die verrauschten Daten $b - e$ verwendet. Wir kompensieren den Fehler e durch eine kluge Wahl von α.

Wenn α zu klein ist, wächst der Fehler nach wie vor mit A^{-1}. Wenn α zu groß ist, gehen durch eine exzessive Glättung die wesentlichen Merkmale der exakten Lösung $\widehat{u}_0^0$ (für $\alpha = 0$ und b exakt) verloren. *Die folgenden Absätze geben eine Richtlinie für die Wahl von α, die auf der zu erwartenden Fehlergröße e basiert.*

Wenn wir $\widehat{u}_0^0 - \widehat{u}_\alpha^e$ in $\widehat{u}_0^0 - \widehat{u}_\alpha^0 + \widehat{u}_\alpha^0 - \widehat{u}_\alpha^e$ aufspalten, erhalten wir Abschätzungen für die beiden Terme:

Fehlerschranken $\quad \|\widehat{u}_0^0 - \widehat{u}_\alpha^0\| \leq C\alpha\|b\| \quad \|\widehat{u}_\alpha^0 - \widehat{u}_\alpha^e\| \leq \dfrac{\|e\|}{2\sqrt{\alpha}}.$ (8.56)

Wir wollen, dass die Summe dieser beiden Terme klein ist. Die Reduzierung des Straffaktors α bringt uns im ersten Term näher an die exakten kleinsten Quadrate. Die Schranke für den zweiten Term, $\|e\|/2\sqrt{\alpha}$, würde dann jedoch wachsen. Auf der Basis der beschränkten Information könnten wir α einfach so wählen, dass beide Schranken gleich sind, und diese dann addieren:

Mögliche Wahl von α

$$\alpha = \left(\frac{\|e\|}{2C\|b\|}\right)^{2/3} \text{ liefert den Fehler } \|\widehat{u}_0^0 - \widehat{u}_\alpha^e\| \leq (2C\|b\|\|e\|^2)^{1/3}. \quad (8.57)$$

Diese Faustregel tut so, als wüssten wir mehr, als wir tatsächlich wissen. In Aufgabe 8.2.11 auf Seite 723 werden wir die Fehlerschranke einer kritischen Betrachtung unterziehen. Der Exponent $2/3$ in dieser Faustregel wird zumindest in vielen Modellsystemen bestätigt. Soweit sich dies einschätzen lässt, ist sie in der Praxis gültig. Sehen wir uns nun die Theorie hinter den Abschätzungen (8.56) an.

Für den Fall, dass A ein Skalar s ist (also eine 1×1-Matrix), ist die Gültigkeit der beiden Fehlerschranken (8.56) leicht zu beweisen. Für die exakte Gleichung wie auch für die Gleichung mit Straffunktion gilt $A^{\mathrm{T}}A = s^2$:

Weißes Rauschen $\quad s^2\,\widehat{u}_0^0 = sb \quad \text{und} \quad (s^2 + \alpha)\,\widehat{u}_\alpha^0 = sb.$ (8.58)

Die Differenz der beiden Lösungen liefert den ersten Fehleranteil:

$$\widehat{u}_0^0 - \widehat{u}_\alpha^0 = \frac{b}{s} - \frac{sb}{s^2 + \alpha} = \frac{\alpha}{s(s^2+\alpha)}\,b \leq C\alpha b. \quad (8.59)$$

Dieser Fehler ist von der Ordnung $O(\alpha)$, wie in (8.56) gefordert. Die Konstante C hängt empfindlich von $1/s^3$ ab.

Vergleichen wir nun $\widehat{u}_\alpha^0$ mit $\widehat{u}_\alpha^e$, indem wir die Normalgleichungen subtrahieren:

$$(s^2+\alpha)\widehat{u}_\alpha^0 = sb \quad \text{minus} \quad (s^2+\alpha)\widehat{u}_\alpha^e = s(b-e)$$

$$\text{ergibt} \quad (s^2+\alpha)(\widehat{u}_\alpha^0 - \widehat{u}_\alpha^e) = se. \quad (8.60)$$

Die zweite Ungleichung in (8.56) besagt, dass der Quotient $s/(s^2+\alpha)$ durch $1/2\sqrt{\alpha}$ beschränkt ist. Maximieren dieses Verhältnisses über s führt auf $s=\sqrt{\alpha}$ und damit auf die Fehlerschranke $\sqrt{\alpha}/(\alpha+\alpha)$. Auch ohne zu rechnen können wir dieses Maximum schnell finden:

$$(s-\sqrt{\alpha})^2 \geq 0 \quad \text{ergibt} \quad s^2+\alpha \geq 2s\sqrt{\alpha} \quad \text{und damit} \quad \frac{s}{s^2+\alpha} \leq \frac{1}{2\sqrt{\alpha}}. \quad (8.61)$$

Im Falle einer echten Matrix erhalten wir durch Singulärwertzerlegung die orthonormalen Basen $u_1, u_2, \ldots$ und $v_1, v_2, \ldots$ mit $\boldsymbol{Av_j = \sigma_j u_j}$ und $\boldsymbol{A^T u_j = \sigma_j v_j}$. Die Singulärwertzerlegung diagonalisiert A.

Entwickeln wir nun die rechten Seiten b und e nach der Basis der u's. Dadurch finden wir die Koeffizienten für alle $\widehat{u}$ in der Basis der v's. Wenn die Eingabe $b = B_1 u_1 + B_2 u_2 + \cdots$ und die Ausgabe $\widehat{u}_\alpha^0 = U_1 v_1 + U_2 v_2 + \cdots$ lautet, müssen wir einfach nur Term für Term vergleichen:

Term für Term $\quad (A^T A + \alpha I) U_j v_j = A^T B_j u_j \text{ ergibt } (\sigma_j^2 + \alpha) U_j = \sigma_j B_j. \quad (8.62)$

Der Ausgabekoeffizient ist $U_j = \sigma_j B_j/(\sigma_j^2+\alpha)$, entspricht also (8.58) mit $s=\sigma_j$. Durch Koeffizientenvergleich erhalten wir aus (8.59) und (8.60):

$$\widehat{u}_0^0 - \widehat{u}_\alpha^0 = \sum_{j=1}^{\infty} \frac{\alpha B_j}{s_j(s_j^2+\alpha)} v_j \quad \text{und} \quad \widehat{u}_\alpha^0 - \widehat{u}_\alpha^e = \sum_{j=1}^{\infty} \frac{s_j E_j}{s_j^2+\alpha} v_j. \quad (8.63)$$

Die zugehörigen Normen sind die Summen der Quadrate, da die v_j orthonormal sind:

$$\|\widehat{u}_0^0 - \widehat{u}_\alpha^0\|^2 = \sum \left(\frac{\alpha B_j}{s_j(s_j^2+\alpha)}\right)^2 \quad \text{und} \quad \|\widehat{u}_\alpha^0 - \widehat{u}_\alpha^e\|^2 = \sum \left(\frac{s_j E_j}{s_j^2+\alpha}\right)^2. \quad (8.64)$$

Die u's sind orthonormal, sodass $\sum |B_j|^2 = \|b\|^2$ und $\sum |E_j|^2 = \|e\|^2$. Damit ist (8.56) bewiesen:

$$\|\widehat{u}_0^0 - \widehat{u}_\alpha^0\| \leq \frac{\alpha}{s_{\min}^3} \|b\| \quad \text{und} \quad \|\widehat{u}_\alpha^0 - \widehat{u}_\alpha^e\| \leq \frac{\|e\|}{2\sqrt{\alpha}}. \quad (8.65)$$

Lerntheorie

Die Lerntheorie ist eine wichtige Anwendung der Mathematik bzw. der Statistik. Dabei ist die Dimension der betrachteten Systeme oft sehr hoch. Gewöhnlich ist eine Regularisierung notwendig, um aus den ungenauen Stichproben glatte Funktionen zu erzeugen. Die mathematische Biologie ist eine reiche Quelle an faszinierenden Problemstellungen. Wir wollen uns hier mit zwei Fragen im Zusammenhang mit der Genexpression befassen:

1. **Klassifikation** Ist eine gegebene Gewebeprobe gutartig oder nicht? Ist die Behandlung erfolgreich oder nicht? Ermittle, welche Klasse (aus einer endlichen Anzahl von Klassen, eventuell nur zwei) am besten zu den gegebenen Daten passt.

2. **Schätzung von Ableitungen** Der Zustand einer Zelle wird von den Expressionslevels x_i Tausender von Genen bestimmt. Eine unbekannte Funktion $F(x_1, \ldots, x_N)$ beschreibt die Toxizität. Wenn wir die Ableitungen $F_i' = \partial F/\partial x_i$ schätzen können, können wir entscheiden, welche Gene wichtig sind. Außerdem schätzen wir die Kovarianzen, da Gene alles andere als unabhängig voneinander sind.

Die Klassifikation der unterschiedlichen Leukämietypen erfolgt anhand einer gut erforschte Datenbasis mit den Expressionslevels von $N = 7129$ Genen. Einen Teil dieser Daten verwenden wir als *Trainingsmenge*, um ein Klassifikationsschema aufzubauen. Der Rest der Daten wird als *Testmenge* benutzt. Anhand dieser Testmenge wird beurteilt, ob das Schema etwas taugt. Indem wir zu Funktionen übergehen, zwischen denen Kovarianzen bestehen (Kooperation von Genen), haben wir N Dimensionen und nur sehr wenige Stichproben.

Wahrscheinlich liegen die Daten in der Umgebung einer „Mannigfaltigkeit" von wesentlich niedrigerer Dimension, die unbekannt ist. Wegen diesem verborgenen Wissen hat unser Algorithmus Chancen auf Erfolg, obwohl 7129 Variablen mit starken wechselseitigen Abhängigkeiten eigentlich eine ziemlich hoffnungslose Angelegenheit sind.

Leider kann ich hier weder den Algorithmus vollumfänglich darstellen, noch auf die Statistik und das Testen von Hypothesen im Detail eingehen. Die Ableitungen können mithilfe der Tychonov-Regularisierung geschätzt werden (wegen der Stabilität wird ein Strafterm der Größe α addiert):

Lernen, F' **aus** b

$$\text{Minimiere} \quad \sum_{i,j=1}^{m} w_{ij}\bigl(b_i - b_j - F_i'(x_j - x_i)\bigr)^2 + \alpha \|F'\|^2. \tag{8.66}$$

Die Messwerte b_i sind Funktionen von x_i. Die Unbekannte F_i' ist der Anstieg der linearen Näherung von F, die man erhält, wenn man die Taylor-Reihe vor dem Term zweiten Grades abbricht. Diese Näherung wird schlecht, wenn x_j weit von x_i entfernt ist, sodass das Gewicht $w_{ij} = e^{-(x_j - x_i)^2/2\sigma^2}$ klein ist.

Die neue Frage ist die nach dem Strafterm $\alpha\|F'\|^2$. Für die Matrixprobleme in diesem Abschnitt haben wir die diskrete Norm $\|F'\|^2 = (F_1')^2 + \cdots + (F_N')^2$ benutzt. **Jetzt dagegen lernen wir eine Funktion $F(x_1, \ldots, x_N)$. Wir wollen, dass die diskrete Norm durch die Funktionsnorm beschränkt ist.** Die Funktionenräume, die diese Verbindung zwischen diskret und kontinuierlich gestatten, werden als *Reproducing Kernel Hilbert Spaces*, kurz RKHS, bezeichnet.

Beispiel 8.1 Für das Glätten kubischer Splines in einer Dimension verwendet die Norm $d^2 f/dx^2$:

Glätten durch Splines

$$\text{Minimiere } \frac{1}{m}\sum (b_i - f(x_i))^2 + \alpha \int (f''(x))^2 \, dx. \tag{8.67}$$

Beachten Sie den Unterschied zur Interpolation: Bei dieser ist gefordert, dass der erste Term null ist. Die Glättung durch den α-Term erlaubt, dass die Messdaten b_i verrauscht sind. Die so bestimmte Splinefunktion ist ein Kompromiss zwischen korrekter Näherung der Messdaten und Glattheit der Funktion. Falls es einen Ausreißer b_i in den Messdaten gibt, wird sich die Funktion diesem Wert nicht einfach anpassen, weil dies einen hohen Strafwert kosten würde.

Diese Strafnorm dominiert die diskreten Werte $f(x_i)$, wie in einem RKHS gefordert. In Wahba [165] wird erläutert, warum die Splineglättung $\int (f''(x))^2 \, dx$ in der Statistik ein Bayesscher Schätzer ist. Aus den Basisfunktionen des RKHS werden dann normalverteilte Zufallsgrößen.

Beispiel 8.2 Ändern Sie den Strafterm in $\alpha \int (f(x))^2 \, dx$. In diesem Fall kann $f(x)$ leicht ausbrechen, um sich ohne große Strafe einem Ausreißer b_i anzupassen. Das Integral kann klein sein, auch wenn die Funktion in einem bestimmten Wert einen sehr großen Wert annimmt. Deshalb ist der gewöhnliche Hilbert-Raum L^2 kein RKHS. Mit höheren Ableitungen in der Straffunktion würde man Splinefunktionen höheren Grades als Minimierer erhalten.

Für den Anwendungsfall der $N = 7129$ Gene (=Dimension) sind Splines unpraktikabel. Wir könnten eine Singulärwertzerlegung anwenden, was zu einem hohen Aufwand führen kann. Eine andere Möglichkeit stellen *radiale Basisfunktionen* dar, die für die Anpassung an Streudaten in hohen Dimensionen besser geeignet sind. Im folgenden Abschnitt wird das Verfahren kurz erläutert.

Radiale Basisfunktionen

B-Splines liefern eine geeignete Basis in einer Dimension. Gebildet werden sie durch die Verbindung weniger einfacher Teilstücke (Polynome, die an den Verbindungsstellen glatt ineinander übergehen). Die Interpolation einer Stichprobe aus n Werten durch kubische Splines $S(x)$ liefert die Funktion, die das Integral über $(S''(x))^2$ minimiert. Wenn aber die Dimension d steigt, können einfache Konstruktionen fehlschlagen. Aus Tensorprodukten gebildete Splinefunktionen

8.2 Regularisierte kleinste Quadrate

$S = S_1(x_1)S_2(x_2)\cdots S_d(x_d)$ bilden eine sehr aufwändige Basis. Deshalb suchen wir nach Funktionen mit einfacheren Abhängigkeiten von den vielen Variablen $x_1,\ldots,x_d$.

Eine Funktion $F(|x-x^0|)$ ist eine **radiale Basisfunktion,** wenn ihr Wert vom Abstand $r = |x-x^0|$ vom Mittelpunkt $x^0 = (x_1^0,\ldots,x_d^0)$ abhängt. Gewöhnlich wählen wir eine einzelne Funktion F und eine große Menge von Mittelpunkten $x^{(1)}, x^{(2)}, \ldots$:

Radiale Basis $\quad F(x) = c_1 F(|x-x^{(1)}|) + c_2 F(|x-x^{(2)}|) + \cdots$

Diese Basisfunktionen können sich überlappen. Jede der Funktionen fällt schnell gegen null. Es gibt drei Typen von radialen Basisfunktionen, die besonders gern benutzt werden:

1. **Dünne Splines** $\quad F(r) = r^2 \log r$
2. **Multiquadratische Funktionen** $(c > 0) \quad F(r) = \sqrt{r^2 + c^2}$
3. **Gaußsche Funktionen** $(c > 0) \quad F(r) = e^{-cr^2}$

Auf die Frage, wie man das beste $F(r)$ findet, wollen wir hier nicht eingehen.

Schätzung von Ableitungen aus diskreten Daten

Die numerische Integration, die das Einstiegsthema in diesem Buch war, ist eine so wichtige Aufgabenstellung, dass wir hier eine weitere Methode vorstellen wollen. Diese basiert auf den Differenzen zwischen äquidistanten Daten. Wir beginnen mit einer zentrierten Differenz, *wenn die exakten Werte u_i mit den Fehlern e_i behaftet sind:*

$$\frac{(u_{i+1}+e_{i+1}) - (u_{i-1}+e_{i-1})}{2\Delta x} = \frac{du}{dx} + \frac{e_{i+1}-e_{i-1}}{2\Delta x} + \frac{1}{6}(\Delta x)^2 \frac{d^3 u}{dx^3} + \cdots \quad (8.68)$$

Für $\Delta x \to 0$ gibt es zwei verschiedene Effekte. Einerseits fällt der Rundungsfehler mit $(\Delta x)^2$. Andererseits werden die e's um den Faktor $(1/\Delta x)$ verstärkt. Wir nehmen an, dass die Fehler e_i voneinander unabhängig sind und jeweils den Erwartungswert null sowie die Varianz σ^2 haben. Die Varianz dieses Rauschterms $\Delta_0 e/2\Delta x$ wird groß:

Varianz $\quad \mathrm{E}\left[\dfrac{e_{i+1}^2 - 2e_{i-1}e_{i+1} + e_{i-1}^2}{4(\Delta x)^2}\right] = \dfrac{\sigma^2 + 0 + \sigma^2}{4(\Delta x)^2} = \dfrac{\sigma^2}{2(\Delta x)^2}.$ $\quad (8.69)$

Die grundlegende Frage ist nun, ob sich durch Hinzunahme weiterer Daten (also mehr u's, die aber auch mehr e's einbringen) die Näherung für du/dx verbessern lässt. Negativ schlägt zu Buche, dass breitere Intervalle Δx einen größeren Rundungsfehler verursachen. Positiv wirkt sich dagegen aus, dass *das Mittel aller e's eine kleinere Varianz hat als ein einzelnes e.*

Wir mitteln die r Differenzen $\Delta_0 u / 2\Delta x$ für $\Delta x = h, \ldots, jh, \ldots, rh$:

$$\frac{1}{r}\sum_{j=1}^{r} \frac{(u_{i+j}+e_{i+j})-(u_{i-j}+e_{i-j})}{2jh} = \frac{du}{dx} + \sum \frac{e_{i+j}-e_{i-j}}{2rjh} + \sum \frac{(jh)^2}{6r}\frac{d^3u}{dx^3} + \cdots. \tag{8.70}$$

Da $1^2 + \cdots + j^2 + \cdots + r^2$ dem Integral $\int x^2 \, dx$ entspricht, wächst diese Summe wie $r^3/3$. Multiplikation mit $h^2/6r$ ergibt einen Rundungsfehler der Größenordnung $r^2 h^2 u'''/18$. Der Faktor r^2 ist der Preis für die Verbreiterung des Intervalls, aber dafür haben wir jetzt $1/r$ im Rauschterm.

Das Ergebnis ist eine erhebliche Reduzierung der Fehlervarianz (mit $\Delta x = jh$ in (8.69)): In diesem Falle verhält sich die Summe $1/1^2 + \cdots + 1/j^2 + \cdots + 1/r^2$ wie $\int dx/x^2 = 1/r$. Damit haben wir $r^2 h^2$ im Rundungsfehler und $1/r^3 h^2$ in der Varianz. Beides kann gegen null gehen!

$$\text{Falls } r = \left(\frac{1}{h}\right)^\beta \text{ mit } \frac{2}{3} < \beta < 1 \text{ dann gilt } \boldsymbol{r^2 h^2 = h^{2-2\beta} \to 0}$$
$$\text{und } \frac{1}{r^3 h^2} = \boldsymbol{h^{3\beta-2} \to 0}. \tag{8.71}$$

Bestätigung durch Experiment Wir addieren zufällige Fehler e_i zu den exakten Werten von $u(x) = x^3$ bei einer Intervallbreite von $h = \frac{1}{8}$. Dann gilt für den Rundungsfehler $u''' = 6 =$ constant. Wir lassen den Test für jede Wahl von r (die Anzahl der zentrierten Differenzen) 100 Mal laufen.

Der erste Test ist der für $r = 1$ (nur eine Differenz). Der Theorie legt einen Wert zwischen $r = h^{-2/3} = 4$ und $r = h^{-1} = 8$ nahe. Das Ergebnis für den Test mit $r = 6$ ist auf der Website zum Buch zu finden.

Vielleicht möchten Sie mit zweiten Ableitungen und *gewichteten Mitteln* experimentieren. Für eine partielle Ableitung $\partial u/\partial x$ sind die Differenzen $u_{i+j,k} - u_{i-j,k}$. Sie können die Genauigkeit stark verbessern (d.h. die Varianz verringern), indem sie zusätzlich über benachbarte Werte von k mitteln. Das Problem hoher Dimensionen, das sich negativ auf die Integrale auswirkt, wird durch dies Anderssen-de-Hoog-Mittelung für die Ableitungen beseitigt.

Die Idee ist also ganz einfach: ***Mittelwerte sind glatter, ihre Varianzen sind kleiner.***

Aufgaben zu Abschnitt 8.2

In den Aufgaben 1-3 soll $\|Au - b\|^2$ mit $Bu = d$, nach drei verschiedenen Methoden minimiert werden (ohne Computer).

$$A = \begin{bmatrix} 1 & 0 \\ 0 & 2 \end{bmatrix} \quad b = \begin{bmatrix} 0 \\ 0 \end{bmatrix} \quad B = \begin{bmatrix} 1 & 3 \end{bmatrix} \quad d = 20.$$

8.2 Regularisierte kleinste Quadrate

8.2.1 (Straffunktion) Minimieren Sie $\|Au - b\|^2 + \alpha\|Bu - d\|^2$. Hierbei tritt der Term $A^TA + \alpha B^TB$ auf, der auf einen Minimierer u_α führt. Die gesuchte Lösung u_∞ erhalten Sie durch den Grenzübergang $\alpha \to \infty$.

8.2.2 (Lagrange-Multiplikator w) Lösen Sie drei Gleichungen $\partial L/\partial u = 0$ und $\partial L/\partial w = 0$ für u_1, u_2, w, mit der Lagrange-Funktion $L = \frac{1}{2}\|Au - b\|^2 + w(u_1 + 3u_2 - 20)$.

8.2.3 (Nullraum-Methode) Bestimmen Sie die vollständige Lösung $u = u_r + u_n$ zu $Bu = d$, für die gilt $u_1 + 3u_2 = 20$. Hierbei ist der zum Zeilenraum gehörende Vektor u_r ein Vielfaches von $(1, 3)$ und u_n ist ein beliebiges Vielfaches $z(3, -1)$. Wählen Sie z so, dass $\|Au - b\|^2$ für $u = u_r + z(3, -1)$ minimal wird.

In den Aufgaben 4-6 ist $\|u\|^2 = u_1^2 + \cdots + u_5^2$ mit vier Nebenbedingungen $u_{i+1} - u_i = 1$ zu minimieren. Es ist also $A = I$, $b = 0$, $B^TB = K_4$, $d = (1, 1, 1, 1)$.

8.2.4 (Straffunktion) Gleichung (8.35) ist $(I + \alpha K_4)u = \alpha(-1, 0, 0, 1)$. Lösen Sie diese mithilfe von MATLAB oder Octave für wachsendes $\alpha = 1, 10, 100, 1000$. Wie viele korrekte Stellen von u erhalten Sie für diese α?

8.2.5 (Lagrange-Multiplikator) Lösen Sie das durch Gleichung (8.42) gestellte Sattelpunktsproblem. Die 4×5-Matrix $B = \Delta_+$ hat die Elemente $B_{ii} = -1$ und $B_{i,i+1} = 1$.

8.2.6 (Nullraum-Methode) Berechnen Sie mithilfe des Codes uopt. Erläutern Sie Q_r und Q_n.

8.2.7 Bestimmen Sie die Pseudoinverse $B^+ = \text{pinv}(B)$ der Vorwärtsdifferenzmatrix aus Aufgabe 5. Berechnen Sie BB^+ und B^+B.

8.2.8 Bestimmen Sie die Pseudoinverse $C^+ = \text{pinv}(C)$ der zirkulanten Matrix $C = \text{toeplitz}([2 - 1 - 1])$. Berechnen Sie außerdem $\text{svd}(C)$ wie in (8.50) und verifizieren Sie Formel (8.51) für C^+.

8.2.9 Berechnen Sie $\Delta^+ = \text{pinv}(\Delta)$ für die 3×3-Matrix Δ der zentrierten Differenzen, deren zweite Zeile $(-1, 0, 1)/2$ lautet. Welches sind die beiden Singulärwerte von Δ und warum sind es nur zwei?

8.2.10 Der lineare Positionsvektor $u = 1 : 10$ sollte sinnvollerweise den konstanten Geschwindigkeitsvektor $v = \text{ones}(10)/t$ haben. Nehmen Sie an, dass u durch einen Rauschterm $e = \text{rand}(1, 10)/100$ gestört ist. Überprüfen Sie Formel (8.70), die r Differenzen von $u - e$ mittelt, um die Geschwindigkeiten zu schätzen. Wählen Sie $h = \Delta t = 0.1$ und 0.01 und experimentieren Sie mit verschiedenen r.

8.2.11 Die Fehlerschranke ((8.57) enthält immer noch $1/\sigma_{\min}$, wenn das C in Ungleichung (8.59) $C = 1/\sigma_{\min}^3$ ist. Dass $\|A^{-1}\| = 1/\sigma_{\min}$ so groß ist, war unser ursprünglicher Grund, weshalb wir das Problem durch α regularisieren wollten. Vermutlich wird das tatsächliche Rauschen e weniger verstärkt als das worst-case-e. Experimentieren Sie mit $A = K_{10}$, $b = \text{ones}(10, 1)$, $e = E * \text{randn}(10, 1)$ und verschiedenen α (in Abhängigkeit von E), um möglichst nah an das exakte $\widehat{u}_0^0 = K^{-1}b$ zu kommen.

8.3 Variationsrechnung

Ein Thema dieses Buches ist die Beziehung zwischen Gleichungen und Extremalbeziehungen. *Eine Funktion P zu minimieren, bedeutet, die Gleichung $P' = 0$ zu lösen.* Für die quadratische Gleichung $P(u) = \frac{1}{2}u^T K u - u^T f$ ist dies kein Problem: wir erhalten $P' = Ku - f = 0$. Für ein stetiges Problem ist die „Ableitung" nicht so leicht zu finden. Die Unbekannte $u(x)$ oder $u(x,y)$ ist nun eine Funktion.

Wenn $P(u)$ ein Integral ist, dann wird die Ableitung $\delta P / \delta u$ als dessen *erste Variation* bezeichnet. *Die Euler-Lagrange-Gleichung $\delta P / \delta u = 0$ hat eine schwache und eine starke Form.* Für einen elastischen Balken ist P das Integral von $\frac{1}{2}c(u'(x))^2 - f(x)u(x)$. Dann ist die Gleichung $\delta P/\delta u = 0$ linear und das Problem besitzt Randbedingungen:

Schwache Form für alle $v(x)$	Starke Form für alle Punkte
$\int cu'v'\,dx = \int fv\,dx.$	$-(cu')' = f(x).$

Unser Ziel in diesem Abschnitt ist es, über dieses erste Beispiel für schwach und stark hinauszukommen.

Die Idee ist einfach: *Die Funktion $u(x)$ wird durch eine Testfunktion $v(x)$ gestört.* Der lineare Term der Differenz zwischen $P(u)$ und $P(u+v)$ ergibt $\delta P/\delta u$. *Dieser lineare Term soll für jedes zulässige v null sein (schwache Form).* Um dies auszuführen, müssen wir von der gewöhnlichen Analysis zur Variationsrechnung übergehen. Wir tun dies in folgenden Schritten:

1. Eindimensionale Probleme $P(u) = \int F(u,u')\,dx$, nicht notwendigerweise quadratisch
2. Nebenbedingungen mit ihren Lagrange-Multiplikatoren
3. Zweidimensionale Probleme $P(u) = \iint F(u,u_x,u_y)\,dx\,dy$
4. Zeitabhängige Gleichungen mit $u' = du/dt$

Die Beispiele in den einzelnen Schritten sind so gewählt, dass sie möglichst geläufig (und bedeutend) sind. In zwei Dimensionen betrachten wir die Laplace-Gleichung und für den nichtlinearen Fall Minimalflächen. Als Beispiel mit Zeitabhängigkeit betrachten wir die Newtonschen Gesetze, die in relativistischer Verallgemeinerung nichtlinear werden. In einer Dimension kommen wir wieder auf die Gerade und den Kreis zurück.

Dieser Abschnitt öffnet außerdem die Tür zur **Kontrolltheorie,** einem modernen Zweig der Variationsrechnung. Die Nebenbedingungen sind in diesem Fall Differentialgleichungen, und das Maximalprinzip von Pontryagin führt auf die Lösungen. Dies alles ist ein großes Paket an anspruchsvoller Mathematik.

Um von der starken Form zur schwachen überzugehen, *multiplizieren wir mit v und integrieren.* Für Matrizen lautet die starke Form $A^T CAu = f$. Die schwache Form lautet $v^T A^T CAu = v^T f$ für alle v.

8.3 Variationsrechnung

Notation Demnächst werden wir in der Form $\frac{1}{2}a(u,u) - \ell(u)$ eine quadratische Funktion schreiben. Die schwache Form ist damit $\boldsymbol{a(u,v) = \ell(v)}$. Für Funktionen mit $Au = u'$ ist dies $\int cu'v'\,dx = \int fv\,dx$.

Eindimensionale Probleme

Das Grundproblem besteht darin, $P(u)$ zu minimieren, wobei an beiden Enden Randbedingungen zu erfüllen sind:

Eindimensional $\qquad P(u) = \int_0^1 F(u,u')\,dx$ mit $u(0) = a$ und $u(1) = b$.

Das beste u liegt unter jedem anderen Kandidaten $u+v$, der diese Randbedingungen erfüllt. Dann folgt aus $(u+v)(0) = a$ und $(u+v)(1) = b$ für die Testfunktion $v(0) = v(1) = 0$. Für kleine v und v' kommen die Korrekturterme aus $\partial F/\partial u$ und $\partial F/\partial u'$. Quadratische Terme v^2 sind nicht involviert:

Integrand $\qquad F(u+v, u'+v') = F(u,u') + v\dfrac{\partial F}{\partial u} + v'\dfrac{\partial F}{\partial u'} + \cdots$

Nach dem Integrieren $\qquad P(u+v) = P(u) + \displaystyle\int_0^1 \left(v\dfrac{\partial F}{\partial u} + v'\dfrac{\partial F}{\partial u'} \right) dx + \cdots .$

Dieser integrierte Term ist die „erste Variation" von P. Wir haben $\delta P/\delta u$ bereits erhalten:

Erste Variation $\qquad \dfrac{\delta P}{\delta u} = \displaystyle\int_0^1 \left(v\dfrac{\partial F}{\partial u} + v'\dfrac{\partial F}{\partial u'} \right) dx = 0 \quad$ **für alle v**. $\qquad$ (8.72)

Dies ist die Gleichung für u. Die Ableitung von P in alle Richtungen v muss null sein. Andernfalls könnten wir $\delta P/\delta u$ negativ machen, was bedeuten würde, dass $P(u+v)$ kleiner ist als $P(v)$ – was nicht sein darf.

Die schwache Form entsteht durch partielle Integration von $v'(\partial F/\partial u')$, wodurch wir $-v(\partial F/\partial u')'$ erhalten:

Schwache Form $\qquad \displaystyle\int_0^1 v(x)\left(\dfrac{\partial F}{\partial u} - \dfrac{d}{dx}\left(\dfrac{\partial F}{\partial u'}\right) \right) dx + \left[v\dfrac{\partial F}{\partial u'} \right]_0^1 = 0. \quad (8.73)$

Der Randterm verschwindet wegen $v(0) = v(1) = 0$. Um die Null für *alle* $v(x)$ unter dem Integral zu garantieren, muss die Funktion, mit der v multipliziert wird, null sein (**starke Form**):

Euler-Lagrange-Gleichung für u $\qquad \dfrac{\partial F}{\partial u} - \dfrac{d}{dx}\left(\dfrac{\partial F}{\partial u'}\right) = 0. \qquad (8.74)$

Beispiel 8.3 Bestimmen Sie den kürzesten Weg $u(x)$ zwischen $(0,a)$ und $(1,b)$: $u(0) = a$ und $u(1) = b$.

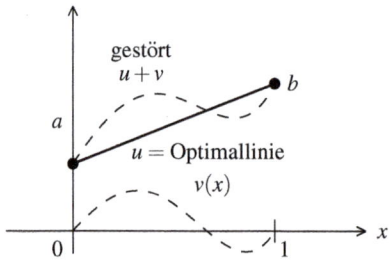
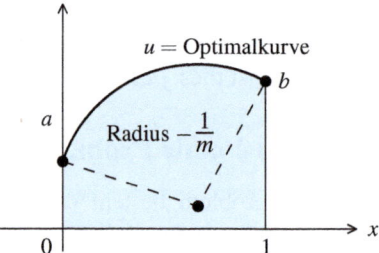

jedes $v(x)$ verlängert den Weg   Fläche unter der Kurve ist A

Abb. 8.6 Kürzester Weg von a nach b: Linie und Kreisbogen (unter Zwangsbedingungen).

Nach dem Satz des Pythagoras ist $\sqrt{(dx)^2+(du)^2}$ ein kleiner Schritt auf diesem Weg. Daher ist $P(u') = \int \sqrt{1+(u')^2}\,dx$ die Länge des Weges zwischen den Punkten. Die Quadratwurzel $F(u')$ hängt nur von u' und $\partial F/\partial u = 0$ ab. In der Ableitung $\partial F/\partial u'$ steht die Quadratwurzel im Nenner:

Erste Variation, schwache Form

$$\frac{\delta P}{\delta u} = \int_0^1 v' \frac{u'}{\sqrt{1+(u')^2}}\,dx = -\int_0^1 v(x) \frac{d}{dx}\left(\frac{u'}{\sqrt{1+(u')^2}}\right)dx = 0. \qquad (8.75)$$

Die starke Form fordert, dass $\partial F/\partial u'$ konstant ist. Die mit v multiplizierte Funktion ist null:

Euler-Lagrange $\qquad -\dfrac{d}{dx}\left(\dfrac{\partial F}{\partial u'}\right) = 0 \quad\text{oder}\quad \dfrac{\partial F}{\partial u'} = \dfrac{u'}{\sqrt{1+(u')^2}} = c. \qquad (8.76)$

Die Integration ist immer dann möglich, wenn F nur von u' aber nicht von u abhängt. Die starke Form vereinfacht sich auf $\partial F/\partial u' = c$. Wir quadrieren beide Seiten und erhalten ein *lineares u*:

$$(u')^2 = c^2(1+(u')^2) \quad\text{und}\quad u' = \frac{c}{\sqrt{1-c^2}} \quad\text{und}\quad u = \frac{c}{\sqrt{1-c^2}}x + d. \qquad (8.77)$$

Die Konstanten c und d werden so gewählt, dass die Randbedingungen $u(0) = a$ und $u(1) = b$ erfüllt sind. *Die kürzeste aller Linien, die zwei gegebene Punkte verbindet, ist die Gerade.* Dies ist natürlich keine Überraschung. Die Länge $P(u)$ ist ein Minimum, kein Maximum oder ein Sattelpunkt, weil die zweite Ableitung F'' positiv ist.

Probleme mit Zwangsbedingungen

Oft ist aufgrund einer Zwangsbedingung die kürzeste Verbindung zwischen zwei Punkten – die Gerade – ausgeschlossen. Wenn die Zwangsbedingung die Form

8.3 Variationsrechnung

$\int u(x)\,dx = A$ hat, dann suchen wir nach der **kürzesten Linie, die zwischen sich und der x-Achse den Flächeninhalt A einschließt**:

Minimiere $P(u) = \int_0^1 \sqrt{1 + (u')^2}\,dx$ mit $u(0) = a$, $u(1) = b$, $\int_0^1 u(x)\,dx = A$.

Die Zwangsbedingung für den Flächeninhalt ist über einen *Lagrange-Multiplikator* in P eingebaut. Dieser Multiplikator m ist eine Zahl und keine Funktion, da hier das Intervall als Ganzes und nicht jeder einzelne Punkt Nebenbedingungen zu erfüllen hat. Die Lagrange-Funktion L ist

Lagrange-Funktion $L(u,m) = P + (\text{Multiplikator})(\text{Zwangsbedingung})$
$$= \int (F + mu)\,dx - mA.$$

Beispiel 8.4 Die Gleichung $\delta L/\delta u = 0$ entspricht $\delta P/\delta u = 0$ in (8.74) zuzüglich dem Multiplikator m:

$$\frac{\partial (F+mu)}{\partial u} - \frac{d}{dx}\left[\frac{\partial (F+mu)}{\partial u'}\right] = m - \frac{d}{dx}\frac{u'}{\sqrt{1+(u')^2}} = 0. \tag{8.78}$$

Auch diese Gleichung ist einfach zu integrieren:

$$mx - \frac{u'}{\sqrt{1+(u')^2}} = c \quad \text{bzw.} \quad u' = \frac{mx - c}{\sqrt{1 - (mx-c)^2}}.$$

Nach einer weiteren Integration erhalten wir die Gleichung für einen Kreis in der x-u-Ebene:

$$u(x) = \frac{-1}{m}\sqrt{1 - (mx-c)^2} + d \quad \text{und} \quad (mx-c)^2 + (mu-d)^2 = 1. \tag{8.79}$$

Der kürzeste Weg ist ein Kreisbogen. Er verläuft hoch genug, um die Fläche A einzuschließen. Die drei Zahlen m, c und d sind durch die Bedingungen $u(0) = a, u(1) = b$ und $\int u\,dx = A$ festgelegt. Der Bogen ist in Abbildung 8.6 dargestellt (m ist negativ).

Fassen wir nun den eindimensionalen Fall zusammen, wobei wir zulassen, dass F auch von u'' abhängt. Dadurch wird v'' in die schwache Form eingeführt. Zwei partielle Integrationen führen wieder auf v und die Euler-Lagrange-Gleichung. Auch wenn F einen variablen Koeffizienten $c(x)$ enthält, ändert sich die Form der Gleichung nicht, da u gestört wird und nicht x.

Die erste Variation von $P(u) = \int_0^1 F(u, u', u'', x)\,dx$ ist für ein Minimum null:

Schwache Form $\quad \dfrac{\delta P}{\delta u} = \displaystyle\int_0^1 \left(v\dfrac{\partial F}{\partial u} + v'\dfrac{\partial F}{\partial u'} + v''\dfrac{\partial F}{\partial u''} \right) dx = 0$ für alle v

Die durch partielle Integration erhaltene Euler-Lagrange-Gleichung bestimmt $u(x)$:

Starke Form $\quad \dfrac{\partial F}{\partial u} - \dfrac{d}{dx}\left(\dfrac{\partial F}{\partial u'}\right) + \dfrac{d^2}{dx^2}\left(\dfrac{\partial F}{\partial u''}\right) = 0$

Zwangsbedingungen an u führen auf Lagrange-Multiplikatoren und Sattelpunkte wenn P durch L ersetzt wird.

Anwendungen gibt es überall, und wir wollen hier eine aus dem Bereich des Sports erwähnen. Welcher Abwurfwinkel ist beim Werfen eines Basketballs optimal, um eine maximale Wurfweite zu erreichen? Die Wurfkraft hängt vom Anfangswinkel ab – ein horizontaler Abwurf und ein Wurf gen Himmel kosten die meiste Kraft. Bei einem Abwurfwinkel von 45° ist die Kraft minimal, wenn der Ball Ihre Hand in einer Höhe von drei Metern verlässt; für kleinere Abwurfhöhen liegt der optimale Abwurfwinkel bei 50°. Interessanterweise löst der gleiche Winkel ein zweites Optimierungsproblem: eine möglichst große Fehlertoleranz zuzulassen und dabei noch durch einen Reifen zu treffen.

Zweidimensionale Probleme

Für zwei Dimensionen bleibt das Prinzip das gleiche. Ausgangspunkt ist eine quadratische Funktion $P(u)$ ohne Nebenbedingung, die die gesamte potentielle Energie in einem ebenen Gebiet S beschreibt:

Minimiere $\quad P(u) = \displaystyle\iint_S \left[\dfrac{c}{2}\left(\dfrac{\partial u}{\partial x}\right)^2 + \dfrac{c}{2}\left(\dfrac{\partial u}{\partial y}\right)^2 - f(x,y)\,u(x,y) \right] dx\,dy.$

Wenn diese Energie ihr Minimum bei $u(x,y)$ annimmt, gilt $P(u+v) \geq P(u)$ für alle $v(x,y)$. Wir setzen nun $u+v$ an die Stelle von u ein und suchen den *in v linearen* Term. Dieser Term ist die erste Variation $\delta P/\delta u$, die für alle $v(x,y)$ null sein muss:

Schwache Form, linear in v

$$\dfrac{\delta P}{\delta u} = \iint \left[c\dfrac{\partial u}{\partial x}\dfrac{\partial v}{\partial x} + c\dfrac{\partial u}{\partial y}\dfrac{\partial v}{\partial y} - fv \right] dx\,dy = 0. \tag{8.80}$$

Das ist die **Gleichung der virtuellen Arbeit.** Sie gilt für alle zulässigen Funktionen $v(x,y)$ und ist die schwache Form der Euler-Lagrange-Gleichung. Die starke Form erfordert wie immer eine partielle Integration (Greensche Formel), wobei die Randbedingungen für die Randterme sorgen. Innerhalb von S bewegt diese Integration die Ableitungen weg von $v(x,y)$:

Partielle Integration

$$\iint_S \left[-\frac{\partial}{\partial x}\left(c\frac{\partial u}{\partial x}\right) - \frac{\partial}{\partial y}\left(c\frac{\partial u}{\partial y}\right) - f \right] v(x,y)\, dx\, dy = 0. \tag{8.81}$$

Wir kommen nun zur starken Form. Dieses Integral ist für alle $v(x,y)$ null. Die Variationsrechnung fordert, dass der Term in der eckigen Klammer für alle Punkte in S null ist:

Starke Form $\quad -\dfrac{\partial}{\partial x}\left(c\dfrac{\partial u}{\partial x}\right) - \dfrac{\partial}{\partial y}\left(c\dfrac{\partial u}{\partial y}\right) = f(x,y) \quad$ überall in S. $\tag{8.82}$

Dies ist die Euler-Lagrange-Gleichung $A^T C A u = -\nabla \cdot c\nabla u = f$ mit $Au = \operatorname{grad} u$.

Randbedingungen legen entweder u fest (Dirichlet) oder $w \cdot n$ (Neumann). Vergleichen wir (8.80) mit (8.81), um den Randterm $\int (w\cdot n) v\, ds$ mit $w = c\nabla u$ zu sehen:

Greensche Formel

$$\iint_S c\nabla u \cdot \nabla v\, dx\, dy = -\iint_S (\nabla \cdot (c\nabla u)) v\, dx\, dy + \int_C (c\nabla u \cdot n) v\, ds. \tag{8.83}$$

Beide Seiten sind für alle $v(x,y)$ gleich $\iint f v\, dx\, dy$. Dies ist die schwache Form. Der erste Term auf der rechten Seite führt auf die starke Form $-\operatorname{div}(c\operatorname{grad} u) = f(x,y)$ innerhalb von S. Alle Randbedingungen an u und $w = c\operatorname{grad} u$ sind in der starken Form enthalten.

Es gibt zwei Möglichkeiten, um dafür zu sorgen, dass das Randintegral $(c\nabla u \cdot n)v$ mit Sicherheit null ist. Wenn $u = u_0$ gegeben ist, dann gilt auf dem Rand $u + v = u_0$ und $v = 0$ (Dirichlet). Damit ist das Integral erledigt. *Ist u nicht gegeben, dann ist v in der schwachen Form frei* (Neumann). Dann erscheint die natürliche Randbedingung $c\nabla u \cdot n = w \cdot n = 0$ in der starken Form.

Eine natürliche Bedingung an w läuft mit A^T. Eine wesentliche Bedingung an u läuft mit A.

Die Notation $P(u) = \frac{1}{2} a(u,u) - \ell(u)$ Um ein breites Spektrum von Problemen behandeln zu können, brauchen wir eine geeignete Notation. $P(u) = \frac{1}{2}\int c(u')^2\, dx - \int f(x)u(x)\, dx$ enthält einen *quadratischen Term* $\frac{1}{2}a(u,u)$ für die innere Energie und einen *linearen Term* $-\ell(u)$ für die von f verrichtete Arbeit. Hier sind diese beiden Terme, die auf (8.80) und (8.81) führten:

$$\boldsymbol{a(u,u)} = \iint \left[\left(\frac{\partial u}{\partial x}\right)^2 + \left(\frac{\partial u}{\partial y}\right)^2\right] dx\, dy \quad \boldsymbol{\ell(u)} = \iint f(x,y) u(x,y)\, dx\, dy. \tag{8.84}$$

Diese Notation wird in den Ingenieurwissenschaften und in der angewandten Mathematik verwendet. Die schwache Form wird zu $\boldsymbol{a(u,v) = \ell(v)}$ für alle zulässigen v. Die Methode der finiten Elemente (und alle Galerkin-Verfahren) wird zu $\boldsymbol{a(U,V) = \ell(V)}$ für alle Testfunktion V.

Elliptische, parabolische und hyperbolische Gleichungen

Ohne zusätzlichen Aufwand können wir von jeder beliebigen linearen Gleichung zurück zu $P(u)$ gelangen:

Gleichung zweiter Ordnung $\quad a\dfrac{\partial^2 u}{\partial x^2} + 2b\dfrac{\partial^2 u}{\partial x \partial y} + c\dfrac{\partial^2 u}{\partial y^2} = 0.$ \hfill (8.85)

Wenn a, b und c Konstanten sind, gilt für die zugehörige quadratische „Energie" $P(u)$

$$P(u) = \frac{1}{2}\iint \left[a\left(\frac{\partial u}{\partial x}\right)^2 + 2b\left(\frac{\partial u}{\partial x}\right)\left(\frac{\partial u}{\partial y}\right) + c\left(\frac{\partial u}{\partial y}\right)^2 \right] dxdy.$$

Wenn wir P minimieren erwarten wir, dass wir (8.85) als Euler-Gleichungen erhalten. Aber es gibt noch mehr zu sagen. Um P zu *minimieren*, sollte es *positiv definit* sein. Unter dem Integral steht ein gewöhnliches Binom $au_x^2 + 2bu_xu_y + cu_y^2$. Um die positiv-Definitheit zu überprüfen, müssen wir schauen, ob $ac > b^2$ gilt (siehe Kapitel 1). Dabei können wir vorher $a > 0$ festlegen. Der Ausgang dieses Test entscheidet, ob Gleichung (8.85) mit Randwerten auf $u(x,y)$ lösbar ist.

Im Falle positiver Definitheit wird die Gleichung als **elliptisch** bezeichnet. Es gibt drei fundamentale Klassen partieller Differentialgleichungen:

> Die partielle Differentialgleichung $au_{xx} + 2bu_{xy} + cu_{yy} = 0$ ist **elliptisch** oder **parabolisch** oder **hyperbolisch** in Abhängigkeit von der Matrix $\begin{bmatrix} a & b \\ b & c \end{bmatrix}$:
>
> **E** $\quad ac > b^2 \quad$ elliptisch, Randwertproblem
> **P** $\quad ac = b^2 \quad$ parabolisch, Anfangswertproblem
> **H** $\quad ac < b^2 \quad$ hyperbolisch, Anfangswertproblem

Elliptische Gleichungen beschreiben stationäre Zustände. Der bekannteste Vertreter der parabolischen Differentialgleichungen ist die Wärmeleitungs- bzw. Diffusionsgleichung. Hyberbolisch sind die Wellengleichung und die Konvektionsgleichung. Die Laplace-Gleichung $u_{xx} + u_{yy} = 0$ ist der Prototyp der elliptischen Differentialgleichung; $a = c = 1$ führt auf die Einheitsmatrix. Die Wärmeleitungsgleichung $u_{xx} - u_t = 0$ ist das bekannteste Beispiel für eine parabolische Differentialgleichung; $b = c = 0$ macht die Matrix singulär. Dieser parabolische Grenzfall benötigt einen Term niedrigerer Ordnung, u_t. Die Wellengleichung $u_{xx} - u_{tt} = 0$ ist hyperbolisch mit $a = 1$ und $c = -1$. Hier müssen Anfangswerte gegeben sein, keine Randwerte.

Inkompressibilität von Flüssigkeiten

Viele Flüssigkeiten sind *inkompressibel*. Für den Geschwindigkeitsvektor gilt in diesem Fall $\operatorname{div} \boldsymbol{v} = 0$. Wir sind dieser Bedingung bereits bei der Navier-Stokes-Gleichung begegnet. Nun wollen wir $\operatorname{div} \boldsymbol{v} = 0$ mit dem Extremalprinzip verbinden.

8.3 Variationsrechnung

Der Lagrange-Multiplikator ist in diesem Fall der Druck $p(x,y)$. Hier haben wir ein weiteres Beispiel für die Bedeutung dieser Multiplikatoren. Wenn die Nichtlinearität $v \cdot \operatorname{grad} v$ zu vernachlässigen ist (bei langsamem Fluss), erhalten wir das lineare **Stokes-Problem**. Dies ist ein perfektes Beispiel für ein zweidimensionales Flüssigkeitsproblem, bei dem jeder Punkt einer Zwangsbedingung unterliegt:

Stokes-Problem

$$\text{Minimiere } \iint \left(\frac{1}{2} |\operatorname{grad} v_1|^2 + \frac{1}{2} |\operatorname{grad} v_2|^2 - \boldsymbol{f} \cdot \boldsymbol{v} \right) dx\,dy \text{ mit } \operatorname{div} \boldsymbol{v} = 0. \quad (8.86)$$

Die Zwangsbedingung gilt in allen Punkten; daher ist der Lagrange-Multiplikator $p(x,y)$ eine Funktion und keine Zahl. Bauen wir nun $p \operatorname{div} \boldsymbol{v}$ in die Lagrange-Funktion ein, die einen Sattelpunkt besitzt:

$$L(v_1,v_2,p) = \iint \left(\frac{1}{2} |\operatorname{grad} v_1|^2 + \frac{1}{2} |\operatorname{grad} v_2|^2 - \boldsymbol{f} \cdot \boldsymbol{v} - p \operatorname{div} \boldsymbol{v} \right) dx\,dy.$$

$\delta L/\delta p = 0$ reproduziert die Zwangsbedingung $\operatorname{div} \boldsymbol{v} = 0$. Die Ableitungen $\delta L/\delta v_1 = 0$ und $\delta L/\delta v_2 = 0$ ergeben die Stokes-Gleichung (starke Form), die wir in Abschnitt 8.5. mithilfe finiter Elemente lösen werden. Die Greensche Formel ändert $\iint -p \operatorname{div} \boldsymbol{v}$ in $\iint \boldsymbol{v} \cdot \operatorname{grad} p$.

Das Problem der Minimalflächen

Nun sind wir bereit, uns mit *nichtlinearen* partiellen Differentialgleichungen zu beschäftigen. Ein Binom $P(u)$ ist lediglich eine Näherung für die tatsächliche Energie $E(u)$. Angenommen, eine dünne Membran bedeckt S wie eine Seifenblase. Um diese Membran zu dehnen, muss eine Energie aufgewendet werden, die proportional zum Flächeninhalt der Seifenhaut ist. Das Problem besteht darin, die *Oberfläche $E(u)$ zu minimieren*:

Minimalfläche

$$\text{Minimiere } E(u) = \iint_S \left[1 + \left(\frac{\partial u}{\partial x}\right)^2 + \left(\frac{\partial u}{\partial y}\right)^2 \right]^{1/2} dx\,dy. \quad (8.87)$$

Nehmen wir an, die Seifenblase wird an einem Stück Draht erzeugt, das in der Höhe $u_0(x,y)$ um S herumläuft. Durch diesen gebogenen Draht wird dem Rand von S eine Zwangsbedingung $u = u_0(x,y)$ auferlegt. Das **Problem der Minimalfläche** besteht darin, die kleinste Fläche $E(u)$ zu finden, die diese Zwangsbedingung erfüllt.

Die zu überprüfende Bedingung für ein Minimum ist nach wie vor $E(u) \leq E(u+v)$. Um den in v linearen Term $\delta E/\delta u$ zu berechnen, schauen wir uns den Teil F, der nur u enthält, und den Korrekturterm G mit v separat an:

$$F = 1 + \left(\frac{\partial u}{\partial x}\right)^2 + \left(\frac{\partial u}{\partial y}\right)^2 \qquad G = 2\frac{\partial u}{\partial x}\frac{\partial v}{\partial x} + 2\frac{\partial u}{\partial y}\frac{\partial v}{\partial y} + O(v^2).$$

Für kleine v gilt für die Quadratwurzel $\sqrt{F+G} = \sqrt{F} + G/2\sqrt{F} + \cdots$. Integrieren wir nun beide Seiten:

$$E(u+v) = E(u) + \iint_S \frac{1}{\sqrt{F}} \left(\frac{\partial u}{\partial x}\frac{\partial v}{\partial x} + \frac{\partial u}{\partial y}\frac{\partial v}{\partial y}\right) dx\,dy + \cdots. \qquad (8.88)$$

Dieses Integral liefert $\delta E/\delta u$. Es ist für alle v null. Dies ist die schwache Form für die Minimalflächen-Gleichung. Wegen der Quadratwurzel von A ist sie nichtlinear in u. (In v ist sie stets linear – dies ist der ganze Trick bei der ersten Variation!) Durch partielle Integration ergibt sich die Eulersche Gleichung in ihrer starken Form:

Minimalflächengleichung $\quad -\dfrac{\partial}{\partial x}\left(\dfrac{1}{\sqrt{F}}\dfrac{\partial u}{\partial x}\right) - \dfrac{\partial}{\partial y}\left(\dfrac{1}{\sqrt{F}}\dfrac{\partial u}{\partial y}\right) = 0. \qquad (8.89)$

Dies zu lösen, ist wegen der Quadratwurzel im Nenner nicht einfach. Für nahezu ebene Blasen können wir $\sqrt{F}$ linear durch 1 approximieren. *Das Ergebnis ist die Laplace-Gleichung.* Vielleicht ist es ganz natürlich, dass sich die wichtigste nichtlineare Gleichung der Geometrie in linearer Näherung auf die wichtigste lineare Gleichung reduziert. Auf jeden Fall ist es schön.

Nichtlineare Gleichungen

Der kürzeste Weg und die minimale Fläche sind typische nichtlineare Probleme. Sie gehen von einem Integral $E = \iint F\,dx\,dy$ aus. Die Energiedichte F hängt von x, y und u ab, sowie von einer oder mehreren Ableitungen wie $\partial u/\partial x$ und $\partial u/\partial y$:

Innerhalb des Integrals $E(u)$ $\quad F = F(x,y,u,D_1 u, D_2 u, \ldots).$

Für einen elastischen Balken hatten wir lediglich $D_1 u = \partial u/\partial x$. Für eine Seifenblase ist außerdem $D_2 u = \partial u/\partial y$. Höhere Ableitungen sind zulässig, und es ist möglich, dass $D_0 u$ anstelle von u auftritt.

Der Vergleich von $E(u)$ mit dem gestörten Term $E(u+v)$ beginnt mit einfacher Differentialrechnung: $F(u+v) = F(u) + F'(u)v + O(v^2)$. Wenn F von verschiedenen Ableitungen von u abhängt, enthält diese Entwicklung weitere Terme von $F(u+v) = F(x,y,D_0 u + D_0 v, D_1 u + D_1 v, \ldots)$:

Innerhalb von $E(u+v)$ $\quad F(u+v) = F(u) + \sum \dfrac{\partial F}{\partial D_i u} D_i v + \cdots. \qquad (8.90)$

Wir bilden die Ableitungen von F bezüglich u, u_x und beliebigen anderen $D_i u$.

$E(u+v) - E(u)$ integriert diese linearen Terme: *Das Integral ist für alle v gleich 0.* Die starke Form hebt alle Ableitungen D_i von v auf und steckt sie (als D_i^T) in den Teil, der u enthält:

8.3 Variationsrechnung

Schwach → stark $\iint \left(\dfrac{\partial F}{\partial D_i u}\right)(D_i v)\,dxdy \to \iint \left[D_i^{\mathrm{T}}\left(\dfrac{\partial F}{\partial D_i u}\right)\right] v\,dxdy.$

Für die Transponierte gilt $D^{\mathrm{T}} = -D$ für Ableitungen ungeradzahliger Ordnung. Für Ableitungen mit geradzahliger Ordnung gilt $D^{\mathrm{T}} = +D$.

Bei der Variationsrechnung wird die tatsächliche Quelle von $A^{\mathrm{T}}CA$ berücksichtigt. Die Liste der Ableitungen $e = D_i u$ ist $e = Au$. Ihre „Transponierten" ergeben A^{T}. C kann nichtlinear sein. **Anstelle von C mal e haben wir nun $C(e)$.** Entsprechend wird $A^{\mathrm{T}}CA$ zu $A^{\mathrm{T}}C(Au) = f$.

Wenn F ein rein quadratischer Term $\tfrac{1}{2}c(Du)^2$ ist, dann ist $D^{\mathrm{T}}\partial F/\partial Du$ einfach $D^{\mathrm{T}}(cDu)$, was exakt das uns so gut bekannte lineare $A^{\mathrm{T}}CAu$ ist.

Probleme der Variationsrechnung haben je nach Randbedingungen drei Formen:

Extremalprinzip, essentielle Randbedingung an u

minimiere $E(u) = \iint\limits_S F(x,y,u,D_1 u,D_2 u,\ldots)\,dxdy$,

Schwache Form mit v, essentielle Randbedingung an u, v

$\dfrac{\delta E}{\delta u} = \iint\limits_S \left(\sum \dfrac{\partial F}{\partial D_i u}\right)(D_i v)\,dxdy = 0$ für alle v .

Euler-Lagrange, starke Form, Randbedingungen an u, w

$\sum D_i^{\mathrm{T}}\left(\dfrac{\partial F}{\partial D_i u}\right) = \sum D_i^{\mathrm{T}} w_i = 0$.

Beispiel 8.5 $F = u^2 + u_x^2 + u_y^2 + u_{xx}^2 + u_{xy}^2 + u_{yy}^2 = (D_0 u)^2 + \cdots + (D_5 u)^2$

Die Ableitungen von F (eine rein quadratische Funktion) sind $2u, 2u_x, 2u_y, \ldots, 2u_{yy}$. Dies sind Ableitungen nach u und u_x sowie den anderen $D_i u$, keine Ableitungen nach x:

Schwache Form $2\iint [uv + u_x v_x + u_y v_y + u_{xx} v_{xx} + u_{xy} v_{xy} + u_{yy} v_{yy}]\,dxdy = 0.$

Jeder Term wird partiell integriert, um die starke Form zu erhalten (die Terme, mit denen v multipliziert wird):

Starke Form $2[u - u_{xx} - u_{yy} + u_{xxxx} + u_{xyxy} + u_{yyyy}] = 0.$ (8.91)

Diese Gleichung ist linear, da F quadratisch ist. Die negativen Vorzeichen kommen durch Ableitungen von F mit ungeradem Grad.

Beispiel 8.6 $F = (1 + u_x^2)^{1/2}$ und $F = (1 + u_x^2 + u_y^2)^{1/2}$

Die Ableitungen bezüglich u_x und u_y bringen die Quadratwurzel in den Nenner. Die Gleichung für den kürzesten Weg und die Minimalflächen-Gleichung haben die starke Form:

$$-\frac{d}{dx}\frac{u_x}{(1+u_x^2)^{1/2}} = 0 \quad \text{und} \quad -\frac{\partial}{\partial x}\left(\frac{u_x}{F}\right) - \frac{\partial}{\partial y}\left(\frac{u_y}{F}\right) = 0$$

Jeder dieser Terme passt in das Grundmuster $A^\mathrm{T}CA$, **das Problem wird nichtlinear:**

Drei Schritte $\quad e = Au \quad w = C(e) = \dfrac{\partial F}{\partial e} \quad A^\mathrm{T}w = A^\mathrm{T}C(Au) = f.$ (8.92)

Nichtlineares $C(Au)$ aus nichtlinearen Energien

Die letzte Zeile wäre ein eigenes Kapitel wert. Für eine lineare Feder gilt die Proportionalität $w = ce$. Das Verhalten einer **nichtlinearen Feder ist dagegen durch das Gesetz $w = C(e)$ bestimmt.** Die Beziehung zwischen Kraft und Dehnung oder zwischen Strom und Spannung oder zwischen Fluss und Druck ist nicht mehr proportional. Die Energiedichte ist weiterhin $F(e) = \int C(e)\,de$:

Die Energie $\quad E(u) = \displaystyle\int [F(Au) - fu]\,dx \quad$ **ist minimal für** $\quad A^\mathrm{T}C(Au) = f$.

Die erste Variation von E führt auf $\int [C(Au)(Av) - fv]\,dx = 0$ für alle v (schwache Form). $A^\mathrm{T}C(Au) = f$ ist die Euler-Gleichung (starke Form der Gleichgewichtsgleichung).

Die nichtlineare Entsprechung zur positiv-Definitheit ist die Forderung, dass $C(e)$ eine *monoton wachsende Funktion* ist. Die Gerade $w = ce$ hatte den konstanten Anstieg $c > 0$. Jetzt variiert dieser Anstieg $C' = dC/de$, bleibt aber stets positiv. Die hat zur Folge, dass die Energie $E(u)$ eine **konvexe Funktion** ist. Die Euler-Gleichung $A^\mathrm{T}C(Au) = f$ ist elliptisch. Wir haben also ein Minimum.

Beispiel 8.7 In dem Potenzgesetz $w = C(e) = e^{p-1}$ gilt $p > 1$. Die Energiedichte ist das Integral davon, also $F = e^p/p$. Die Auslenkung ist $e = Au = du/dx$. Die Gleichgewichtsgleichung lautet $A^\mathrm{T}C(Au) = (-d/dx)(du/dx)^{p-1} = f$. Diese ist für $p = 2$ linear, ansonsten nichtlinear.

Ergänzungsenergie

Die Ergänzungsenergie ist eine Funktion von w anstatt von e. Sie geht von dem *inversen Bildungsgesetz* $e = w^{1/(p-1)}$ aus. In unserem Beispiel ist $e = w^{1/(p-1)}$. Die Spannung e folgt aus der Belastung w; der Pfeil in unserem System kehrt sich um. Anschaulich gesprochen blicken wir von der Seite auf Abbildung 8.7a. *Die Fläche unter dieser Kurve ist die Ergänzungsenergiedichte $F^*(w) = \int C^{-1}(w)\,dw$.* Die beiden Gleichungen sind aus F und F^* abgeleitet:

Bildungsgesetze $\quad w = C(e) = \dfrac{\partial F}{\partial e} \quad$ und $\quad e = C^{-1}(w) = \dfrac{\partial F^*}{\partial w}.$ (8.93)

8.3 Variationsrechnung 735

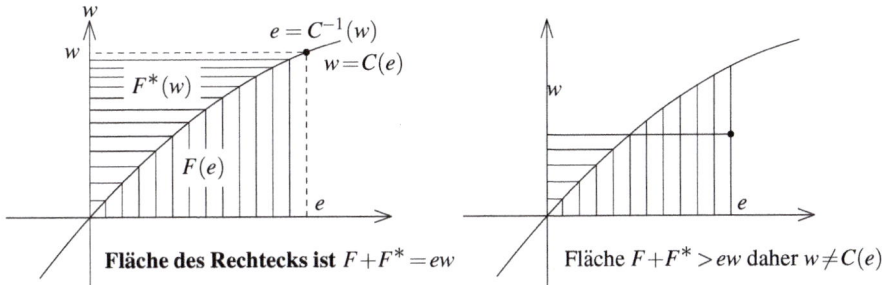

Abb. 8.7 Die Graphen von $w = C(e)$ und $e = C^{-1}(w)$ überdecken die Flächen $F + F^* = ew$.

Die Symmetrie ist perfekt und das duale Extremalprinzip gilt für $Q(w) = \int F^*(w)\,dx$:

Dualität: **Die Ergänzungsenergie $Q(w)$ ist minimal unter $A^T w = f$.**

Ein Lagrange-Multiplikator $u(x)$ überführt Q in $L(w, u) = \int [F^*(w) - uA^T w + uf]\,dx$, worin die Zwangsbedingung $A^T w = f$ eingebaut ist. Die Ableitungen von L führen wieder auf die beiden Gleichgewichtsgleichungen:

Sattelpunkt von $L(u,w)$ $\quad \begin{array}{lll} \partial L/\partial w = 0 & \text{ist} & C^{-1}(w) - Au = 0, \\ \partial L/\partial u = 0 & \text{ist} & A^T w = f. \end{array}$

Die erste Gleichung ergibt $w = C(Au)$, und damit ist die zweite $A^T C(Au) = f$.

Da wir ohnehin vorhaben, diese nichtlinearen Probleme in Angriff zu nehmen, warum dann nicht den letzten Schritt tun? Es ist in diesem Rahmen nicht unbedingt üblich, aber allzu schwierig ist es nicht. Die Verbindung zwischen $F = \int C(e)\,de$ und $F^* = \int C^{-1}(w)\,dw$ ist die **Legendre-Fenchel-Transformation**:

$$F^*(w) = \max_e [ew - F(e)] \quad \text{und} \quad F(e) = \max_w [ew - F^*(w)]. \tag{8.94}$$

Bei dem ersten Maximum ist nach e zu differenzieren. Dies führt wieder auf $w = \partial F/\partial e$, was das korrekte $C(e)$ ist. Das Maximum selbst ist $F^* = e\,\partial F/\partial e - F$. In Abbildung 8.7 ist grafisch dargestellt, dass die Flächen auf der Kurve die Gleichung $F^* = ew - F$ erfüllen und abseits der Kurve die Ungleichung $F^* < ew - F$. Das Maximum ist also wie gefordert das auf $ew - F$ liegende F^*.

Das zweite Maximum in (8.94) führt zu $e = \partial F^*/\partial w$. Dies ist das Bildungsgesetz in die andere Richtung, $e = C^{-1}(w)$. Hierin steckt die ganze nichtlineare Theorie, vorausgesetzt, die Materialeigenschaften sind konservativ – die Energie des Systems muss konstant sein. Dieser Erhaltungssatz wird offenbar durch Dissipation ungültig, oder, etwas spektakulärer, durch Kernspaltung, aber in einem ultimativen Modell des Universums muss es gültig bleiben.

Die Legendre-Transformation lässt sich in vollem Umfang bei der Optimierung unter Zwangsbedingungen anwenden. Dort sind F und F^* allgemeine konvexe

Funktionen (mit nichtnegativen zweiten Ableitungen). **Wir erkennen, dass $F^{**} = F$ gilt.** Hier berechnen wir $F^*(w)$ für das Potenzgesetz:

Beispiel 8.8 Bestimmen Sie $F^*(w)$ für das Potenzgesetz $F(e) = e^p/p$ ($e > 0$, $w > 0$ und $p > 1$).

Differentiation von $ew - F(e)$ ergibt $w = e^{p-1}$. Dann ist $F^*(w) = w^q/q$ ebenfalls ein Potenzgesetz:

Duales Gesetz

$$F^* = ew - \frac{1}{p}e^p = w^{1/(p-1)}w - \frac{1}{p}w^{p/(p-1)} = \frac{p-1}{p}w^{p/(p-1)} = \frac{1}{q}w^q. \tag{8.95}$$

Der duale Exponent ist $q = p/(p-1)$. Dann entspricht w^q/q der Fläche unter der Kurve $C^{-1}(w) = w^{1/(p-1)}$, da sich der Exponent durch die Integration auf $1 + 1/(p-1) = q$ erhöht. Die symmetrische Beziehung zwischen den Potenzen lautet $p^{-1} + q^{-1} = 1$. Die Potenz $p = 2 = q$ ist selbstdual.

Dynamik und kleinste Wirkung

Zum Glück(oder leider) befindet sich die Welt nicht im Gleichgewicht. Die in Federn, Strahlen, Atomkernen und Menschen gespeicherte Energie wartet darauf, freigesetzt zu werden. Wenn sich die äußeren Kräfte ändern, wird das Gleichgewicht zerstört. Potentielle Energie wird in kinetische umgewandelt; das System wird dynamisch und kann in einen neuen Gleichgewichtszustand übergehen oder auch nicht.

In den berühmtem Feynman Lectures wird das Prinzip der „kleinsten Wirkung" zum Ausgangspunkt der Physik gemacht. Wenn das System energieerhaltend ist, werden kleine Schwankungen weder verstärkt noch klingen sie ab. Die Energie wird von potentieller in kinetischer, von kinetischer wieder in potentielle umgewandelt, doch die Gesamtenergie bleibt konstant. Beispiele sind der Lauf der Erde um die Sonne oder ein Kind auf einer reibungslosen Schaukel. Die Kraft $\delta P/\delta u$ ist nicht mehr null, und das System oszilliert. Es gibt eine Dynamik.

Um die Bewegung zu beschreiben, brauchen wir eine Gleichung oder ein Variationsprinzip. In der Numerik arbeiten wir meist mit Gleichungen (Newtonsche Gesetze und Erhaltungssätze). In diesem Abschnitt leiten wir diese Gesetze aus dem *Prinzip der kleinsten Wirkung* mit der Lagrange-Funktion $KE - PE$ ab:

Der tatsächliche Weg $u(t)$ minimiert das Wirkungsintegral $A(u)$ zwischen $u(t_0)$ und $u(t_1)$:

$$A(u) = \int_{t_0}^{t_1} (\textbf{kinetische} - \textbf{potentielle Energie})\, dt = \int_{t_0}^{t_1} L(u, u')\, dt.$$

Es ist besser, nur $\delta A/\delta u = 0$ zu fordern – der Weg ist immer ein stationärer Punkt, aber nicht unbedingt ein Minimum. Wir haben eine Energiedifferenz, und die positiv-Definitheit geht unter Umständen verloren (Sattelpunkt). An die Stelle

8.3 Variationsrechnung

der Laplace-Gleichung tritt die Wellengleichung. Wir wollen uns zunächst drei Beispiele anschauen, die zeigen, wie aus dem **globalen Gesetz** der kleinsten Wirkung (das Variationsprinzip $\delta A/\delta u = 0$) das **lokale** Newtonsche Gesetz $F = ma$ folgt.

Beispiel 8.9 Ein Ball der Masse m wird von der Gravitationskraft der Erde angezogen. Der einzige Freiheitsgrad ist hier die Höhe $u(t)$ des Balls. Die Energien sind KE und PE:

$$KE = \textbf{\textit{kinetische Energie}} = \frac{1}{2}m\left(\frac{du}{dt}\right)^2, \; PE = \textbf{\textit{potentielle Energie}} = mgu.$$

Die Wirkung ist $A = \int(\frac{1}{2}m(u')^2 - mgu)\,dt$. Dann folgt $\delta A/\delta u$ gemäß den Regeln aus diesem Abschnitt, wobei die Variable t für die Zeit die räumliche Variable x ersetzt. Der tatsächliche Weg u wird mit benachbarten Wegen $u+v$ verglichen. Der lineare Anteil von $A(u+v) - A(u)$ ergibt $\delta A/\delta u = 0$:

Newtonsches Gesetz, schwach $\quad \dfrac{\delta A}{\delta u} = \displaystyle\int_{t_0}^{t_1}(mu'v' - mgv)\,dt = 0 \quad$ für alle v.

Das Moment mu' ist die Ableitung von $\frac{1}{2}m(u')^2$ nach der Geschwindigkeit u'.

Newtonsches Gesetz, stark $\quad -\dfrac{d}{dt}\left(m\dfrac{du}{dt}\right) - mg = 0 \;$ bzw. $\; ma = f$. $\hfill (8.96)$

Das Wirkungsintegral wird minimiert, wenn die Bewegung dem Newtonschen Gesetz $A^{\mathrm{T}}CAu = f$ folgt.

Bei unserem aus drei Schritten bestehenden Vorgehen haben wir $A = d/dt$ und $A^{\mathrm{T}} = -d/dt$. Aus dem gewohnten $w = ce$ wird $p = mv$. Statt mit einem Gleichgewicht mechanischer Kräfte haben wir es hier mit einem Gleichgewicht *innerer Kräfte* zu tun. In Abbildung 8.8 sind die Variablen u und p für Ort und Impuls gekennzeichnet.

Beispiel 8.10 Ein einfaches Pendel mit der Masse m und der Pendellänge ℓ bewegt sich mit der kleinsten Wirkung.

Die Zustandsvariable u ist der Winkel θ, den das Pendel mit der Vertikale bildet. Wiederum geht die Höhe $\ell - \ell\cos\theta$ in die potentielle Energie ein, und die Geschwindigkeit der Masse ist $v = \ell\,d\theta/dt$:

Kinetische Energie $= \dfrac{1}{2}m\ell^2\left(\dfrac{d\theta}{dt}\right)^2$ und **potentielle Energie** $= mg(\ell - \ell\cos\theta)$.

Bei diesem Problem ist die Gleichung nicht mehr linear, weil in PE der Term $\cos\theta$ vorkommt. Die Euler-Gleichung folgt der Regel für ein Integral $\int L(\theta, \theta')\,dt$ mit $L = KE - PE$:

Euler-Gleichung $\quad \dfrac{\partial L}{\partial \theta} - \dfrac{d}{dt}\left(\dfrac{\partial L}{\partial \theta'}\right) = 0 \;$ oder $\; -mg\ell\sin\theta - \dfrac{d}{dt}\left(m\ell^2\dfrac{d\theta}{dt}\right) = 0$.

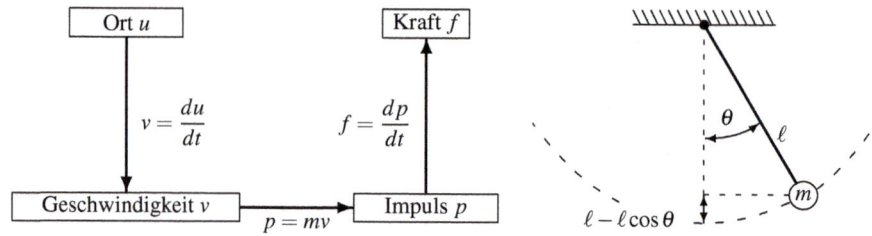

Abb. 8.8 Das Newtonsche Gesetz lautet $(mu')' = f$. Das Pendel lässt sich ebenfalls mit dieser Methode behandeln.

Dies ist die Gleichung für ein einfaches Pendel. Die Masse kürzt sich heraus; Uhren bleiben im Takt!

Pendelgleichung $\quad \dfrac{d^2\theta}{dt^2} + \dfrac{g}{\ell}\sin\theta = 0.$ \hfill (8.97)

Wenn der Winkel klein ist, kann $\sin\theta$ durch θ approximiert werden. In diesem Fall wird die Gleichung linear. Die Periode ändert sich ein wenig. Eine lineare Uhr bleibt im Takt, zeigt aber nicht die korrekte Zeit.

Beispiel 8.11 Für eine vertikale Anordnung von Federn und Massen gilt $Mu'' + Ku = 0$.
Die potentielle Energie der Federn ist $PE = \frac{1}{2}u^T A^T C A u$. Die Energie KE setzt sich aus den Beiträgen $\frac{1}{2}m_i(u_i')^2$ der einzelnen Massen zusammen. $L = KE - PE$ geht in das Wirkungsintegral ein, und für jede Masse gibt es eine Euler-Gleichung $\delta A/\delta u_i = 0$. Dies ist die Grundgleichung der Schwingungslehre:

Ungedämpfte Oszillation $\quad Mu'' + A^T C A u = 0.$

M ist die Matrix der Massen und $K = A^T C A$ ist die positiv definite Steifigkeitsmatrix. Das System schwingt um den Gleichgewichtspunkt, wobei die Energie $H = KE + PE$ konstant bleibt.

Beispiel 8.12 Wellen in einem elastischen Balken, der als *Kontinuum von Massen und Federn* aufgefasst wird. Das Wirkungsintegral ist in diesem stetigen Fall ein Integral anstatt einer Summe:

Wirkung $\quad A(u) = \displaystyle\int_{t_0}^{t_1}\int_{x=0}^{1} \left[\frac{1}{2}m\left(\frac{du}{dt}\right)^2 - \frac{1}{2}c\left(\frac{du}{dx}\right)^2\right] dx\, dt.$

Die Euler-Lagrange-Regel für $\delta A/\delta u = 0$ deckt diesen Fall eines Doppelintegrals ab:

Wellengleichung $\quad \dfrac{\delta A}{\delta u} = -\dfrac{\partial}{\partial t}\left(m\dfrac{\partial u}{\partial t}\right) - \dfrac{\partial}{\partial x}\left(-c\dfrac{\partial u}{\partial x}\right) = 0.$ (8.98)

Dies ist die **Wellengleichung** $mu_{tt} = cu_{xx}$. Mit der konstanten Dichte m und der Elastizitätskonstante c erhalten wir die Ausbreitungsgeschwindigkeit $\sqrt{c/m}$ – sie ist also umso größer je steifer und je leichter der Balken ist.

Bevor wir zur Variationsrechnung zurückkommen, zwei wichtige Anmerkungen:

1. Wenn u zeitunabhängig ist (keine Bewegung), ist die kinetische Energie null. Das dynamische Problem fällt auf das statische Problem $A^{\mathrm{T}}CAu = f$ zurück, bei dem die potentielle Energie minimiert wird.
2. Die duale Variable w sollte nach allem, was wir inzwischen wissen, an ihrem gewöhnlichen Platz in Abbildung 8.8 auf der vorherigen Seite zu finden sein. Es handelt sich um den **Impuls** $p = mv = m\,du/dt$.

Lagrange-Funktion und Hamilton-Funktion

Hamilton erkannte, dass die Euler-Lagrange-Gleichung durch Einführung von $w = \partial L/\partial u'$, eine schöne, symmetrische Form annimmt. Der Wechsel von u' zu $w = \partial L/\partial u'$ überführt die Lagrange-Funktion $L(u, u') = KE - PE$ in die Hamilton-Funktion $H(u, w)$:

Legendre-Transformation $L \to H \quad H(u, w) = \max_{u'}\left[w^{\mathrm{T}}u' - L(u, u')\right].$ (8.99)

Das Maximum liegt dort, wo $w = \partial L/\partial u'$ die Ableitung von L ist. Das Beispiel mit den Massen und Federn zeigt, dass $w = \partial L/\partial u' = Mu'$ der Impuls ist:

Lagrange-Funktion $\quad L(u, u') = \tfrac{1}{2}(u')^{\mathrm{T}}M(u') - \tfrac{1}{2}u^{\mathrm{T}}Ku = \boldsymbol{KE - PE}$, (8.100)

Hamilton-Funktion $\quad H(u, w) = \tfrac{1}{2}w^{\mathrm{T}}M^{-1}w + \tfrac{1}{2}u^{\mathrm{T}}Ku = \boldsymbol{KE + PE}$. (8.101)

Lassen Sie mich nun die Schritte ausführen, die die Lagrange-Funktion L in die Hamilton-Funktion H transformieren:

Maximum von $H(u, w) = w^{\mathrm{T}}u' - L$ an der Stelle $u' = M^{-1}w$

$H = w^{\mathrm{T}}M^{-1}w - \left(\tfrac{1}{2}(M^{-1}w)^{\mathrm{T}}M(M^{-1}w) - \tfrac{1}{2}u^{\mathrm{T}}Ku\right) = \tfrac{1}{2}w^{\mathrm{T}}M^{-1}w + \tfrac{1}{2}u^{\mathrm{T}}Ku.$

Wenn wir diesen **Impuls** w anstelle der Geschwindigkeit u' verwenden, erhalten wir die Hamiltonschen Gleichungen:

Hamiltonsche Gleichungen $\quad \dfrac{dw}{dt} = -\dfrac{\partial H}{\partial u} \quad$ und $\quad \dfrac{du}{dt} = \dfrac{\partial H}{\partial w}.$ (8.102)

Die wesentliche Idee war, die Lagrange-Gleichung in $\partial H/\partial u$ zu verwenden, wenn $H = w^T u' - L$ gilt:

$$\frac{d}{dt}\left(\frac{\partial L}{\partial u'}\right) = \frac{\partial L}{\partial u} \text{ ergibt } \frac{\partial H}{\partial u} = w^T \frac{\partial u'}{\partial u} - \frac{\partial L}{\partial u} - \left(\frac{\partial L}{\partial u'}\right)^T \frac{\partial u'}{\partial u} = -\frac{\partial L}{\partial u} = -\frac{dw}{dt}.$$

In der klassischen Mechanik werden üblicherweise die Buchstaben p und q anstelle von w und u verwendet. Die Kettenregel zeigt, dass die Hamilton-Funktion (die gesamte Ergänzungsenergie) eine Konstante ist:

$$\boxed{H = \text{constant} \qquad \frac{dH}{dt} = \frac{\partial H}{\partial u}\frac{du}{dt} + \frac{\partial H}{\partial w}\frac{dw}{dt} = -w'u' + u'w' = 0} \qquad (8.103)$$

Eine genauere Analyse offenbart die Eigenschaft, die wir bereits in Abschnitt 2.2 erwähnt hatten. Die Hamiltonschen Flüsse sind **symplektisch** (d.h., Flächen im Phasenraum bleiben erhalten, nicht nur die Gesamtenergie H). Um eine gute Langzeitintegration zu erhalten, müssen auch die Approximationen für die Differenzen symplektisch sein. Solche Differenzengleichungen werden in [76] konstruiert.

Fallender Ball und schwingende Feder

Hamilton fand die Energie $KE + PE$, indem er den Impuls $w = p$ (und *nicht die Geschwindigkeit*) verwendete:

$$\boxed{\begin{array}{l}\textbf{Hamiltonsche Gleichungen}\\[4pt]\dfrac{\partial H}{\partial p} = \dfrac{p}{m} = \dfrac{du}{dt} \quad \text{und} \quad \dfrac{\partial H}{\partial u} = mg = -\dfrac{dp}{dt}.\end{array}} \qquad (8.104)$$

Dies ist die Essenz der klassischen Mechanik, und sie ist mit dem Namen Hamilton verbunden, nicht mit Newton. Die Hamiltonschen Gleichungen bleiben, im Gegensatz zum Newtonschen Gesetz, von Einsteins Relativitätstheorie unberührt. Wir werden feststellen, dass es für H eine relativistische Form und sogar eine quantenmechanische Form gibt. Vergleichen wir einen fallenden Ball mit einer schwingenden Feder, so sehen wir, das der wesentliche Unterschied der beiden Hamilton-Funktionen im Grad von u liegt:

Ball: $H = \dfrac{1}{2m}p^2 + mgu$ **Feder:** $H = \dfrac{1}{2m}p^2 + \dfrac{1}{2}cu^2$.

Die Hamiltonschen Gleichungen $\partial H/\partial p = u'$ und $\partial H/\partial u = -p'$ liefern das Newtonsche Gesetz

Ball: $\dfrac{p}{m} = u'$ und $mg = -p'$ oder $mu'' = -mg$, (8.105)

Feder: $\dfrac{p}{m} = u'$ und $cu = -p'$ oder $mu'' + cu = 0$. (8.106)

8.3 Variationsrechnung

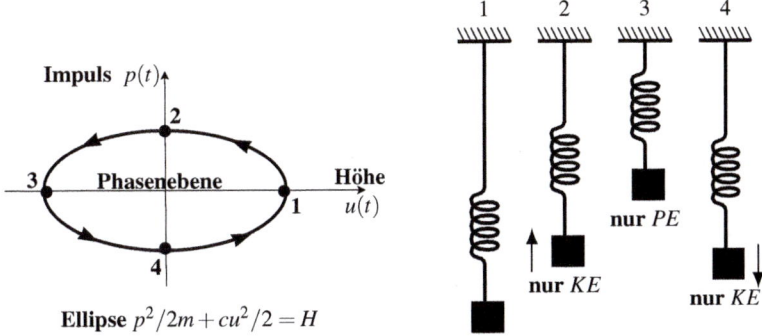

Abb. 8.9 1 gespannt 2 in Bewegung 3 zusammengedrückt 4 in Bewegung: konstantes $H = KE + PE$.

Die an der Feder hängende Masse durchläuft den Gleichgewichtspunkt mit maximaler Geschwindigkeit (sämtliche Energie steckt in KE). Dann kehrt sich die Kraft um und bringt die Bewegung zum Erliegen (sämtliche Energie geht in PE). In der u-p-Ebene (*Phasenebene*) verläuft die Bewegung ausschließlich auf der Energiefläche $H =$ constant, der in Abbildung 8.9 dargestellten Ellipse. Jede Schwingung der Feder entspricht einem Umlauf der Ellipse.

Bei Hinzunahme weiterer Federn gibt es $2n$ Achsen $u_1, \ldots, u_n, p_1, \ldots, p_n$, und aus der Ellipse wird ein Ellipsoid. Die Hamiltonschen Gleichungen lauten $\partial H/\partial p_i = du_i/dt$ und $\partial H/\partial u_i = -dp_i/dt$. Sie führen wieder auf $Mu'' + Ku = 0$, und im stetigen Fall auf die Wellengleichung.

Relativität und Quantenmechanik

Die nächsten Absätze sind der Versuch eines Amateurs, das Wirkungsintegral durch eine relativistische Korrektur zu verallgemeinern. In den Feynman Lectures wird der Term $-mc^2\sqrt{1-(v/c)^2}$ für die Lagrange-Funktion $KE - PE$ vorgeschlagen. Für $v = 0$ erkennen wir die Einsteinsche Formel $e = mc^2$ für die potentielle Energie einer ruhenden Masse m.

Wenn die Geschwindigkeit von null verschieden ist, gibt es zusätzlich einen Term für KE. Für kleine x können wir die Quadratwurzel von $1 - x$ durch $1 - \frac{1}{2}x$ nähern, wodurch wir zu einem linearen Problem und wieder zu Newtons $\frac{1}{2}mv^2$ gelangen. Auf die gleiche Weise waren wir durch Linearisierung von der Minimalflächen-Gleichung auf die Laplace-Gleichung zurückgekommen. Durch das Relativitätsprinzip werden KE und KP in der Quadratwurzel verkoppelt:

Linearisierung $\quad L(v) = -mc^2\sqrt{1-(v/c)^2} \approx -mc^2\left(1 - \frac{1}{2}\frac{v^2}{c^2}\right) = KE - PE$.

Wir berufen uns auf die Dualität und bestimmen die Hamilton-Funktion als die konjungierte Funktion L^*. Dies wird eine Funktion von p und nicht von v sein. Nichtrelativistisch war L durch $\frac{1}{2}mv^2$ gegeben, und ihre Ableitung war $p = mv$. Immer ist p gleich $\partial L/\partial u' = \partial L/\partial v$:

Impuls (relativistisch) $\quad p = \dfrac{\partial L}{\partial v} = \dfrac{mv}{\sqrt{1-(v/c)^2}}.$ (8.107)

Dies wird unendlich, wenn v Lichtgeschwindigkeit erreicht. H ist die Transformierte L^*:

Hamilton-Funktion

$$H = L^* = \max_v [pv - L(v)] = mc^2\sqrt{1+(p/mc)^2}.$$ (8.108)

Das Maximum liegt vor, wenn p den durch (8.107) gegebenen Wert annimmt, was wir nach v auflösen und in $pv - L(v)$ einsetzen.

Die Hamilton-Funktion $H = L^*$ ist die Einstein-Energie $e = mc^2$ für das ruhende System. Wenn p von null verschieden ist, erhalten wir aus der Entwicklung der Quadratwurzel als nächsten den Newtonschen Term $p^2/2m$:

Newtonsche Näherung $\quad L^* \approx mc^2\left(1 + \dfrac{1}{2}\dfrac{p^2}{m^2c^2}\right) = $ Ruheenergie $+ \dfrac{p^2}{2m}.$

Newton hat also den Term erster Ordnung für die Energie entdeckt, die Einstein exakt berechnen konnte. Vielleicht ist das Universum so etwas wie eine Minimalfläche in der Raumzeit. Für Laplace und Newton sah sie eben aus, doch Einstein entdeckte, dass sie gekrümmt ist.

Es ist ein gewagtes Unterfangen, an dieser Stelle mehr zur Quantenmechanik zu sagen, in der u als eine Wahrscheinlichkeit aufgefasst wird. Mathematisch stützt sich Quantenmechanik auf eine Kombination aus Differentialgleichungen (Schrödinger) und Matrizen (Heisenberg). Das Ereignis, bei dem $\delta A/\delta u = 0$ gilt, tritt fast sicher ein. Feynman versah jede mögliche Trajektorie des Systems mit einem Phasenfaktor $e^{iA/h}$, mit dem die Wahrscheinlichkeitsamplitude zu multiplizieren ist. Die kleine Zahl h (die Plancksche Konstante) bewirkt, dass eine kleine Änderung in der Wirkung A die Phase völlig ändert. Es gibt starke Auslöschungseffekte zwischen benachbarten Trajektorien, außer wenn die *Phase stationär ist*. Mit anderen Worten, für die wahrscheinlichste Trajektorie gilt $\delta A/\delta u = 0$.

Diese Vorhersage der „stationären Phase" gilt für Lichtstrahlen und Teilchen gleichermaßen. Für die Optik gelten die gleichen Prinzipien wie für die Mechanik, und Licht pflanzt sich immer entlang des schnellsten Weges fort: **aus der kleinsten Wirkung wird die kürzeste Zeit.** Wenn man die Plancksche Konstante gegen null gehen lässt, gelangt man wieder zu den deterministischen Prinzipien der kleinsten Wirkung und der kürzesten Zeit. In diesem Grenzfall ist der Weg der kleinsten Wirkung nicht nur wahrscheinlich sondern sicher.

Aufgaben zu Abschnitt 8.3

8.3.1 Wie lauten schwache und starke Form der linearen Biegegleichung – die erste Variation $\delta P/\delta u$ und die Euler-Lagrange-Gleichung für $P = \int [\frac{1}{2} c(u'')^2 - fu] dx$?

8.3.2 Minimierung von $P = \int (u')^2 dx$ mit $u(0) = a$ und $u(1) = b$ führt ebenfalls auf die Gerade durch diese Punkte. Schreiben Sie die schwache und die starke Form auf.

8.3.3 Bestimmen Sie die Euler-Lagrange-Gleichungen (starke Form) für

(a) $P = \int ((u')^2 + e^u) dx$ (b) $P = \int uu' dx$ (c) $P = \int x^2 (u')^2 dx$

8.3.4 Nehmen Sie an, dass $F(u, u')$ unabhängig von x ist (wie bei den meisten unserer Beispiele), und zeigen Sie ausgehend von der Euler-Gleichung und mithilfe der Kettenregel, dass $H = u'(\partial F/\partial u') - F$ konstant ist.

8.3.5 Wenn wir mit x die Geschwindigkeit bezeichnen, dann gilt für die Zeit T, die ein Lichtstrahl unterwegs ist:

$$T = \int_0^1 \frac{1}{x} \sqrt{1 + (u')^2} \, dx \quad \text{mit} \quad u(0) = 0 \quad \text{und} \quad u(1) = 1.$$

(a) Welche Größe ist wegen $\delta T/\delta u = 0$ konstant? Dies ist das **Snelliussche Gesetz**.

(b) Finden Sie durch eine weitere Integration den optimalen Weg $u(x)$?

8.3.6 Gegeben sind die Nebenbedingungen $u(0) = u(1) = 0$ und $\int u \, dx = A$. Zeigen Sie, dass der minimale Wert von $P = \int (u')^2 dx$ $P_{\min} = 12A^2$ ist. Führen Sie wie in (8.78) einen Multiplikator m ein, lösen Sie die Euler-Gleichung für u und überprüfen Sie, dass $A = -m/24$ gilt. Dann ist die Ableitung $dP_{\min}/dA$ gleich dem Multiplikator $-m$, wie von der Sensitivitätstheorie vorhergesagt.

8.3.7 Wenn dem kürzesten Weg die Zwangsbedingung $\int u \, dx = A$ auferlegt ist, was ist dann für große A ungewöhnlich an der Lösung in Abbildung 8.6 auf Seite 726?

8.3.8 Angenommen, es ist die Nebenbedingung $\int u \, dx \geq A$ gefordert. Warum bleibt die Lösung für kleine A weiterhin eine Gerade? Wo bleibt der Multiplikator m? Dies ist typisch für den Fall, dass Ungleichungen als Nebenbedingungen zu erfüllen sind. Entweder ist die Euler-Gleichung erfüllt oder der Multiplikator ist null.

8.3.9 Angenommen, das Problem mit Nebenbedingungen wird umgekehrt, und wir wollen die Fläche $P = \int u \, dx$ maximieren, wobei die Länge $l = \int \sqrt{1 + (u')^2} \, dx$ fest ist und $u(0) = a$ sowie $u(1) = b$ gilt.

(a) Führen Sie einen Multiplikator M ein. Lösen Sie die Euler-Gleichung für u.
(b) Wie verhält sich der Multiplikator M zu dem im Text verwendeten m?
(c) Wann eliminieren die Nebenbedingungen alle Funktionen u?

8.3.10 Bestimmen Sie rechnerisch den kürzesten, stückweise linearen Weg zwischen $(0,1)$ und $(1,1)$, der erst zur horizontalen Achse $y = 0$ und dann zurück geht. Zeigen Sie, dass diese Achse für den kürzesten Weg wie ein Spiegel wirkt und die bekannte Beziehung Einfallswinkel = Reflexionswinkel gilt.

8.3.11 Das Prinzip der *maximalen Entropie* wählt die Wahrscheinlichkeitsverteilung $u(x)$ aus, die $H = -\int u \log u \, dx$ maximiert. Führen Sie Lagrange-Multiplikatoren für $\int u \, dx = 1$ und $\int x u \, dx = 1/a$ ein und leiten Sie durch Differentiation eine Gleichung für u ab. Zeigen Sie, dass $u = a e^{-ax}$ die wahrscheinlichste Verteilung auf dem Intervall $0 \leq x < \infty$ ist.

8.3.12 Zeigen Sie, dass die Wahrscheinlichkeitsverteilung dem Gaußschen Gesetz genügt, wenn auch das zweite Moment $\int x^2 u \, dx$ gegeben ist. Das maximierende u ist der Exponent eines quadratischen Ausdrucks. Wenn nur $\int u \, dx = 1$ bekannt ist, ist die wahrscheinlichste Verteilung $u = $ constant. Die *geringste* Information hat man, wenn nur ein Ausgang möglich ist, beispielsweise $u(6) = 1$, weil $u \log u$ dann 1 mal 0 ist.

8.3.13 Eine Helix ist gegeben durch $x = \cos\theta, y = \sin\theta, z = u(\theta)$. Die Länge der Kurve ist

$$P = \int \sqrt{dx^2 + dy^2 + dz^2} = \int \sqrt{1 + (u')^2} \, d\theta.$$

Zeigen Sie, dass $u' = c$ die Euler-Gleichung erfüllt. Die kürzeste Helix ist regulär.

8.3.14 Multiplizieren Sie die nichtlineare Gleichung $-u'' + \sin u = 0$ mit v und integrieren Sie den ersten Term partiell, um die schwache Form aufzustellen. Welches Integral P wird durch u minimiert?

8.3.15 Bestimmen Sie die Euler-Gleichungen (starke Form) für

(a) $P(u) = \dfrac{1}{2} \iint \left[\left(\dfrac{\partial^2 u}{\partial x^2}\right)^2 + 2\left(\dfrac{\partial^2 u}{\partial x \partial y}\right)^2 + \left(\dfrac{\partial^2 u}{\partial y^2}\right)^2 \right] dx \, dy$

(b) $P(u) = \dfrac{1}{2} \iint (y u_x^2 + u_y^2) \, dx \, dy$ \qquad (c) $E(u) = \int u \sqrt{1 + (u')^2} \, dx$

(d) $P(u) = \dfrac{1}{2} \iint (u_x^2 + u_y^2) \, dx \, dy$ mit $\iint u^2 \, dx \, dy = 1$.

8.3.16 Zeigen Sie, dass die Euler-Lagrange-Gleichungen für diese Integrale die gleichen sind:

$$\iint \frac{\partial^2 u}{\partial x^2} \frac{\partial^2 u}{\partial y^2} \, dx \, dy \quad \text{und} \quad \iint \left(\frac{\partial^2 u}{\partial x \partial y}\right)^2 dx \, dy$$

Vermutlich sind die beiden Integrale gleich, wenn die Randbedingungen null sind.

8.3.17 Skizzieren Sie die Kurve $p^2/2m + mgu = $ constant in der u-p-Ebene. Handelt es sich um eine Ellipse, eine Parabel oder eine Hyperbel? Markieren Sie den Punkt, wo der Ball seine maximale Höhe erreicht und zu fallen beginnt.

8.3.18 Angenommen, an der ersten Masse hängt eine zweite Feder mit einer weiteren Masse. Mit den Massen m_1, m_2 und den Federkonstanten c_1, c_2 lautet die

8.3 Variationsrechnung

Hamilton-Funktion H:

$$H = KE + PE = \frac{1}{2m_1}p_1^2 + \frac{1}{2m_2}p_2^2 + \frac{1}{2}c_1 u_1^2 + \frac{1}{2}c_2(u_2 - u_1)^2$$

Schreiben Sie die vier Hamilton-Gleichungen $\partial H/\partial p_i = du_i/dt$ und $\partial H/\partial u_i = -dp_i/dt$ auf. Leiten Sie die Matrixgleichung $Mu'' + Ku = 0$ ab.

8.3.19 Prüfen Sie, dass die Ergänzungsenergie $\frac{1}{2}w^T C^{-1} w$ die Legendre-Transformierte der Energie $\frac{1}{2}e^T C e$ ist. Es gilt also $\frac{1}{2}w^T C^{-1} w = \max[e^T w - \frac{1}{2}e^T C e]$.

8.3.20 Wenn das Pendel in Abbildung 8.8 elastisch ist, muss zu $PE = mg(\ell - \ell \cos \theta)$ eine Federenergie $\frac{1}{2}c(r-\ell)^2$ addiert werden. Zur kinetischen Energie $KE = \frac{1}{2}m(\ell \theta')^2$ kommt ein Beitrag $\frac{1}{2}m(r')^2$ hinzu.

(a) Gehen Sie vor wie in Beispiel 8, um zwei gekoppelte Gleichungen für θ'' und r'' zu erhalten.

(b) Leiten Sie aus $H = KE + PE$ die vier Hamiltonschen Gleichungen erster Ordnung für $\theta, r, p_\theta = m\ell \theta'$ und $p_r = mr'$ ab. Dies und ein Doppelpendel finden Sie auf der cse-Website.

8.3.21 Wichtig: Unsere Notation für ein quadratisches Potential ist $P(u) = \frac{1}{2}a(u,u) - \ell(u)$. Wie sieht $P(u+v)$ aus, wenn Sie die in v quadratischen Terme vernachlässigen? Bestimmen Sie aus der Differenz $\delta P/\delta u = 0$. Zeigen Sie, dass diese schwache Form $a(u,v) = \ell(v)$ lautet.

8.3.22 Bestimmen Sie mithilfe von (8.107) die relativistische Hamilton-Funktion H in (8.108).

In den Problemen 8.3.23-8.3.28 werden endliche Differenzen und diskrete Lagrange-Operatoren eingeführt. Die Grundidee besteht darin, in den Integralen P, E und A die Ableitungen u_x und u_t durch $\Delta u/\Delta x$ und $\Delta u/\Delta t$ zu ersetzen. **Diskretisieren Sie das Integral und minimieren Sie.** Bei diesem Vorgehen bleibt die Energiestruktur sicherer erhalten als beim Diskretisieren der Euler-Lagrange-Gleichung.

8.3.23 Ersetzen Sie u_x durch $(u_{i+1} - u_i)/\Delta x$, um $P(u) = \int_0^1 (\frac{1}{2}u_x^2 - 4u)\,dx$ in eine Summe umzuwandeln (Randbedingungen: $u_0 = u(0) = 0$ und $u_{n+1} = u(1) = 0$). Wie lauten die Gleichungen zur Minimierung der diskreten Summe $P(u_1, \ldots, u_n)$? Welche Gleichung und welches $u(x)$ minimieren das Integral $P(u)$?

8.3.24 Warum ist das Minimum von $P(u) = \int \sqrt{1 + u_x^2}\,dx$ weiterhin eine Gerade, wenn u_x durch $\Delta u/\Delta x$ ersetzt wird? Leiten Sie eine Gleichung (mit Lagrange-Multiplikator m) für die optimale stückweise lineare Kurve von $u_0 = a$ bis $u_{n+1} = b$ her, wenn in Beispiel 2 zusätzlich die Nebenbedingung $\int u\,dx = A$ gefordert ist. Aus dem Kreisbogen wird eine stückweise lineare Kurve.

8.3.25 Diskretisieren Sie $\iint (u_x^2 + u_y^2)\,dx\,dy$ durch $\Delta u/\Delta x$ und $\Delta u/\Delta y$. Wie lautet die Differenzengleichung, die Sie für $-u_{xx} - u_{yy}$ erhalten, wenn die Summe minimiert wird?

8.3.26 Diskretisieren Sie $P(u) = \int (u_{xx})^2\,dx$ durch $(\Delta^2 u/(\Delta x)^2)^2$ und zeigen Sie, wie durch die Minimierung eine vierte Differenz $\Delta^4 u$ ins Spiel kommt. Wie lautet der zugehörige Koeffizient?

8.3.27 Ein Ball besitzt die Energien $KE = \frac{1}{2}m(u')^2$ und $PE = mgu$. Ersetzen Sie u' durch $\Delta u/\Delta t$ und minimieren Sie $P(u_1,\ldots,u_n)$, die diskrete Wirkungssumme von $\frac{1}{2}m(\Delta u/\Delta t)^2 + mgu$.

8.3.28 Marsden zeigt, wie ein Satellit einem Weg minimaler Energie zwischen Planeten folgen kann und mit sehr wenig Treibstoff sehr weit kommt. Fassen Sie seine Ideen zur Diskretisierung zusammen.

8.4 Fehler in Projektionen und Eigenwerten

In diesem Abschnitt geht es um die Differenz zwischen einem allgemeingültigen Minimierer u^* und einem Minimierer U^* in einem Unterraum. Gewöhnlich ist u^* exakt und U^* eine numerische Lösung:

Vollständiges Problem $P(u^*) = $ Minimum von $P(u)$ für *alle zulässigen u*.

Reduziertes Problem $P(U^*) = $ Minimum von $P(U)$ für U in *einem Ansatzraum T*.

Wenn wir wissen, was den Fehler $U^* - u^*$ kontrolliert (oft ist es der Grad von polynomialen Ansatzfunktionen), dann wissen wir, wie wir das Verfahren verbessern können. Allgemein gestattet ein höherer Grad eine genauere Approximation von u^*. Wir wollen zeigen, dass U^* der exakten Lösung so nahe wie möglich kommt.

$P(u)$ hat einen linearen Anteil $-\ell(u)$ und einen symmetrischen, positiv definiten quadratischen Teil (diese Eigenschaft stellt sicher, dass es sich um ein Minimum handelt). Wir schreiben P in zwei verschiedenen Formen auf:

Matrixfall $P(u) = \frac{1}{2}u^{\mathsf{T}}Ku - u^{\mathsf{T}}f$ **Stetiger Fall** $P(u) = \frac{1}{2}a(u,u) - \ell(u)$.

Das Verständnis für das Verhalten des Fehlers $U^* - u^*$ ist für das wissenschaftliche Rechnen sehr wichtig. Eigentlich ist man an u^* interessiert, aber berechnet wird U^*. Wenigstens vier der in diesem Buch vorgestellten Algorithmen passen zu dem Schema der *Minimierung über dem Unterraum der Ansatzfunktionen:*

- **Finite-Elemente-Methoden:** Die Ansatzfunktionen sind $U(x,y) = \sum_1^N U_j \phi_j(x,y)$.
- **Mehrgitterverfahren:** Die Ansatzvektoren werden auf dem groben Gitter interpoliert.
- **Konjugierte Gradienten:** Die Ansatzvektoren sind Linearkombinationen von $f, Kf, K^2f, \ldots$.
- **Sampling und Komprimierung:** Die Ansatzfunktionen haben niedrige Frequenzen (Bandbeschränkung).

Der Ansatzraum hat immer eine niedrigere Dimension als der vollständige Raum. Wir lösen also ein kleineres Problem. Der wesentliche Punkt ist, dass es sich bei der berechneten Lösung U^* um eine *Projektion der wahren Lösung u^* auf den*

8.4 Fehler in Projektionen und Eigenwerten

Ansatzraum T handelt. Der Abstand zwischen der Projektion U^* und dem exakten u^* ist kleiner als für jede andere Ansatzfunktion U.

Bevor ich diese Aussage beweise, will ich sie in $u^T K u$-Notation und in $a(u,u)$-Notation formulieren.

U^* liegt am dichtesten an u^* $\quad \|U^* - u^*\|_K^2 \leq \|U - u^*\|_K^2$. $\qquad$ (8.109)

Diese Fehlerschranke verwendet die K-Norm $\|e\|_K^2 = e^T K e$. Dies ist die natürliche „Energienorm", da der quadratische Term von $P(u)$ die Energie $\frac{1}{2} u^T K u$ ist.

U^* ist die Projektion von u^*
$$a(U^* - u^*, U^* - u^*) \leq a(U - u^*, U - u^*) \quad \text{für alle } U. \qquad (8.110)$$

Wie können wir dies verwenden? Indem wir eine beliebige passende Ansatzfunktion U wählen, erhalten wir mit der rechten Seite eine obere Schranke für die linke Seite. Die linke Seite ist ein Maß für den Fehler, ausgedrückt durch die Energie.

Minimierung im Unterraum und Projektion

Das U^* in T, das P minimiert, ist auch das U^* in T, das am dichtesten an dem allgemeingültigen Minimierer u^* liegt. Der Unterraum T enthält alle Kombinationen $U = \sum U_i \phi_i$ der Ansatzfunktionen ϕ_i, und U^* ist von allen Kombinationen die beste. „Beste" bedeutet hier, dass $U^* P(u)$ minimiert, und es bedeutet auch, dass U^* den Abstand $a(u^* - U^*, u^* - U^*)$ von u^* minimiert.

Dass diese beiden Eigenschaften gleichzeitig erfüllt sind, folgt direkt aus der folgenden wichtigen Identität:

Identität für $P(u)$
$$\frac{1}{2} a(u,u) - \ell(u) = \frac{1}{2} a(u - u^*, u - u^*) - \frac{1}{2} a(u^*, u^*). \qquad (8.111)$$

Wenn wir die linke Seite minimieren, wobei u auf den Unterraum T beschränkt bleibt, dann finden wir U^*. Gleichzeitig minimieren wir die rechte Seite unter Beschränkung auf die $u = U$ aus T. Daher minimiert das gleiche U^* den Ausdruck $a(U - u^*, U - u^*)$, womit Gleichung (8.110) bewiesen ist. Der letzte Term in (8.111), $-\frac{1}{2} a(u^*, u^*)$, ist eine Konstante und hat daher keinen Einfluss.

Für den Beweis von (8.111) wird $\frac{1}{2} a(u - u^*, u - u^*)$ in vier Terme entwickelt. Der Term $\frac{1}{2} a(u,u)$ ist in $P(u)$. Der nächste Term, $-\frac{1}{2} a(u^*, u)$, ist wegen der schwachen Form $-\frac{1}{2} \ell(u)$. Aus Symmetriegründen gilt das gleiche für $-\frac{1}{2} a(u, u^*)$. Und der letzte Term, $\frac{1}{2} a(u^*, u^*)$, wird von dem letzten Term von (8.111) aufgehoben.

Für den Fall, dass Ihnen dieser Beweis wie Zauberei vorkommt, lassen Sie mich (8.111) für $u^* = K^{-1} f$ umformulieren:

Matrixgleichung

$$\tfrac{1}{2}u^{\mathrm{T}}Ku - u^{\mathrm{T}}f = \tfrac{1}{2}(u - K^{-1}f)^{\mathrm{T}}K(u - K^{-1}f) - \tfrac{1}{2}f^{\mathrm{T}}K^{-1}f. \tag{8.112}$$

Die rechte Seite vereinfacht sich, weil $(K^{-1}f)^{\mathrm{T}}K(K^{-1}f)$ das gleiche ist wie $f^{\mathrm{T}}K^{-1}f$. Für die linke Seite erhalten wir $P(u)$. Gleichung (8.112) bestätigt direkt $u^* = K^{-1}f$ als den allgemeingültige Minimierer von $P(u)$. Der letzte Term ist konstant. Und zwar ist diese Konstante P_{min}, weil der vorherige Term für $u = K^{-1}f$ null ist. Dieser vorherige Term kann nie unter null fallen, weil K positiv definit ist.

Beachten Sie, dass das Minimieren der linken Seite von (8.112) über den Unterraum zu U^* führt. Auf der rechten Seite minimiert dieses U^* den Abstand zu $u^* = K^{-1}f$. Dies entspricht Aussage (8.109), wo der Abstand $U^* - u^*$ durch die K-Norm ausgedrückt wird.

Die Fehlerschranken folgen im nächsten Abschnitt. Zunächst kann ich diese fundamentalen Eigenschaften von U^* in der Sprache der **Projektionen** formulieren: *U^* ist die Projektion von u^* auf T in der Energienorm.*

Senkrechter Fehler $\quad a(U^* - u^*, U) = 0 \quad$ für alle U in T. $\tag{8.113}$

Begonnen hatte ich mit der schwachen Form für den Unterraum, $a(U^*, U) = \ell(U)$. Davon habe ich die allgemeingültige schwache Form, $a(u^*, u) = \ell(u)$ subtrahiert, die für alle u und insbesondere für alle U gilt. Ergebnis dieser Subtraktion ist Gleichung (8.113), die gleiche Orthogonalität wie für kleinste Quadrate. *Der Fehlervektor ist immer orthogonal zum Unterraum T.*

Finite-Elemente-Fehler

Für das einfache, eindimensionale Beispiel $-u'' = f$ gilt $a(u,u) = \int (u')^2 \, dx$ und $\ell(u) = \int f(x)u(x)\,dx$. Wie dicht liegt U^* an der exakten Lösung u^*, wenn wir dies durch lineare finite Elemente approximieren?

Bei endlichen Differenzen hatten wir Taylor-Reihen verwendet. Der lokale Fehler, der sich aus Differenzen zweiter Ordnung ergibt, ist $O(h^2)$. Wenn alles gut läuft, sind die Gitterfehler $u_i - U_i$ von der Ordnung $O(h^2)$ und die Tangentenfehler von der Ordnung $O(h)$. Der Beweis für diese Aussagen ist nicht ganz einfach, besonders für zweidimensionale Probleme mit gekrümmten Rändern.

Mit finiten Elementen lässt sich der Fehler viel einfacher abschätzen. Die finite-Elemente-Lösung $U^*(x)$ liegt so dicht wie möglich (in Bezug auf die Energienorm) am wahren $u^*(x)$. Sie liegt dichter an $u^*(x)$ als $U_I(x)$, die *lineare Interpolation* von u^* in den Gitterpunkten. Dies ist Gleichung (8.110) mit der speziellen Wahl $U = U_I$:

8.4 Fehler in Projektionen und Eigenwerten

U^* liegt näher an u^* als U_I

$$\int \left((U^* - u^*)'\right)^2 dx \leq \int \left((U_I - u^*)'\right)^2 dx. \tag{8.114}$$

Die linke Seite kennen wir nicht. Aber die rechte Seite können wir abschätzen.

Wie stark unterscheiden sich auf einem gegebenen Intervall von 0 bis h die Anstiege von U_I und u^*? An den Endpunkten des Intervalls sind beide Funktionen gleich. Das Beispiel $u^* = x(h-x)$ ist gut, weil es an beiden Enden null ist. Die lineare Interpolationsfunktion ist $U_I(x) = 0$. Ihr Anstieg ist null, und der Anstieg von $u^* = x(h-x)$ ist $h - 2x$:

Energie je Intervall $\quad \int_0^h (h-2x)^2 dx = \left[-\frac{1}{6}(h-2x)^3 \right]_0^h = \frac{1}{3}h^3. \tag{8.115}$

Da es $1/h$ Intervalle gibt, ist die rechte Seite von (8.113) von der Ordnung $O(h^2)$, was dann auch für die rechte Seite gelten muss. Dies ist die finite-Elemente-Fehlerschranke für lineare Elemente. Mit etwas mehr Rechnung erhalten wir die Schranke $ch^2 \|u''\|^2$ für die Interpolation beliebiger Funktionen, nicht nur für $x(h-x)$. Dies erstreckt sich auf $-(c(x)u')' = f$, ebenso auf Probleme mit beliebiger Dimension:

Für lineare Elemente gilt
$$a(U^* - u^*, U^* - u^*) \leq a(u_I^* - u^*, u_I^* - u^*) \leq Ch^2. \tag{8.116}$$

Dies offenbart das Verhalten (und den Erfolg) der Finite-Elemente-Methode. Die lineare Interpolation von u^* ist mit einem Tangentenfehler $O(h)$ behaftet. C hängt von den zweiten Ableitungen von u^* ab.

Denken wir kurz an das zweidimensionale Problem mit linearen Elementen auf Dreiecken. Wir vergleichen nun eine gekrümmte Fläche und eine Ebene, die an den Ecken des Dreiecks zusammenhängen. Der Schluss ist der gleiche, nämlich dass der Fehler $u_I^* - u^*$ (und damit auch $U^* - u^*$) von der Ordnung h in den ersten Ableitungen ist. Die partiellen Ableitungen $\partial u/\partial x$ und $\partial u/\partial y$ gehen beide in die zweidimensionale Energienorm $a(u,u) = \iint c |\text{grad } u|^2 dx dy$ ein.

Desweiteren lässt sich beweisen, dass der punktweise Fehler $U^* - u^*$ für glatte Lösungen von der Ordnung h^2 ist. Dies gilt unmittelbar auch für $U_I - u^*$. Die Fehlerschranke liegt in der *Energienorm*!

Ansatzfunktionen höherer Ordnung

Die lineare Approximation hat die geringe Genauigkeit von $O(h)$ im Tangentenfehler. Bessere Approximationen erhält man, wenn man quadratische oder kubische Elemente ($p = 2$ oder $p = 3$) verwendet. Mithilfe des *niedrigsten Grades $p+1$ der Polynome, die nicht aus den Ansatzfunktionen **reproduzierbar** sind*, kann die Genauigkeit leicht angegeben werden:

Der Interpolationsfehler $u_I^* - u^*$ ist $O(h^{p+1})$.
Der Tangentenfehler ist $O(h^p)$. (8.117)

Der Fehler in den zweiten Ableitungen ist von der Ordnung $O(h^{p-1})$. Dies geht in die Biegeenergie für Balken, Platten und Ummantelungen ein. Die Verbesserung mit wachsendem Grad von p ist möglich, weil dadurch mehr Terme der Taylor-Reihen für $u^*(x)$ bzw. $u^*(x,y)$ angepasst werden können. Der erste nicht angepasste Term bestimmt den Fehler. In der Theorie der finiten Elemente [144] wird bei dieser Analyse das Bramble-Hilbert-Lemma für den Approximationsfehler kombiniert mit den Strang-Fix-Bedingungen für die Rekonstruktion von Polynomen aus Kombinationen der Ansatzfunktionen.

Diese Fehlerschranken erklären, warum es eine **h-Methode** und eine **p-Methode** der finiten Elemente gibt. Die h-Methode verbessert die Genauigkeit durch Verfeinerung des Gitters (Verkleinern von h). Die p-Methode dagegen verbessert die Genauigkeit, indem Ansatzfunktionen höherer Ordnung hinzugenommen werden (Vergrößern von p). Beide Methoden führen zum Ziel, bis zu dem Punkt, wo bei der h-Methode das Gitter zu groß wird oder bei der p-Methode die Ansatzfunktionen zu kompliziert werden.

Die Konstruktion des Gitters ist ein Thema für sich. In Abschnitt 2.7 hatte ich einen schnellen Algorithmus zur Konstruktion von Gittern aus Dreiecken und Pyramiden vorgestellt. Große Programme für finite Elemente verlangen oft Rechtecke oder Kuben. **Adaptive Gitterverfeinerungen** [8] haben große Aufmerksamkeit von theoretischer Seite erfahren. Dabei werden lokale Fehlerabschätzungen benutzt, um das Gitter an wichtigen Stellen zu verfeinern. Eine tiefere Analyse zeigt, wie man in Abhängigkeit der speziellen Fragestellung (beispielsweise die Genauigkeit des berechneten Widerstands einer Tragfläche) diese wichtigen Stellen findet.

Es sei kurz erwähnt, dass diese Theorie auch für die **Wavelet-Approximation** gilt. Die Skalierungsfunktionen $\phi(x-k)$ in Abschnitt 4.7 sind in diesem Fall nicht aus Polynomen zusammengesetzt, aber auch aus diesen komplizierteren Funktionen lassen sich Polynome exakt rekonstruieren. Im Kontext der Wavelet-Approximation ist die Genauigkeit p die Anzahl der „verschwindenden Momente" der Wavelets.

Für **finite Differenzen** gibt es für die Fehlerschranken keine Gleichungen wie Gleichungen (8.111) und (8.112). Sie benötigen *Stabilität*, um den Fehler zu kontrollieren. Hier folgt die Stabilität automatisch aus der positiv-Definitheit von $a(u,u)$. An den Eigenwerten in (8.122) werden wir sehen, warum.

Der Rayleigh-Quotient für Eigenwerte

Wie können wir die Eigenwerte und Eigenfunktionen von Differentialgleichungen schätzen?

Eindimensionales Beispiel $\quad -\dfrac{d^2 u}{dx^2} = \lambda u(x) \quad \text{mit} \quad u(0) = u(1) = 0.$ (8.118)

Für dieses Beispiel ist eine exakte Lösung möglich. Die Eigenfunktionen sind $u^*(x) = \sin k\pi x$ und die Eigenwerte $\lambda = k^2 \pi^2$. Was wir suchen, ist eine „Variationsform" des Eigenwertproblems, sodass wir es auf einen Ansatzraum T reduzieren und Näherungen für die Eigenfunktionen U^* berechnen können.

Der lineare Term $\ell(u) = \int f(x)u(x)\,dx$ entfällt (keine Quelle). Die Unbekannte u tritt auf beiden Seiten der Eigenwertgleichung $Ku = \lambda u$ auf. Nachdem wir Gleichung (8.118) mit $u(x)$ multipliziert und partiell integriert haben, sehen wir, dass λ ein *Quotient aus zwei Integralen* ist:

$$\lambda = \frac{a(u,u)}{(u,u)} \qquad \lambda \int_0^1 u^2(x)\,dx = \int_0^1 -u''(x)u(x)\,dx = \int_0^1 (u'(x))^2\,dx. \quad (8.119)$$

Dieses Verhältnis wird als **Rayleigh-Quotient** bezeichnet. Er ist der Schlüssel zur Lösung des Eigenwertproblems. Im Matrixfall gehen wir von $Ku = \lambda u$ über zu $u^T K u = \lambda u^T u$. Das „Integral" von u mal u ist $u^T u$. Wiederum ist $\lambda = u^T K u / u^T u$ der Rayleigh-Quotient.

Das Problem wird klar, wenn wir **den Rayleigh-Quotienten über alle Funktionen minimieren**. Der minimale Quotient ist der *kleinste Eigenwert* λ_1. Die Funktion $u^*(x)$, die diesen minimalen Quotienten erzeugt, ist die *niedrigste Eigenfunktion* u_1:

> **Minimierung des Rayleigh-Quotienten löst das Eigenwertproblem**
>
> $$\lambda_1 = \min \frac{a(u,u)}{(u,u)} = \min \frac{\int (u'(x))^2\,dx}{\int (u(x))^2\,dx} \quad \text{mit } u(0) = u(1) = 0. \quad (8.120)$$

Aus Gleichung (8.119) ergibt sich λ als dieser Quotient, wenn $u(x)$ die exakte Eigenfunktion ist. Gleichung (8.120) besagt, dass λ_1 der *minimale Quotient* ist. Wenn wir ein beliebiges anderes $u(x)$ in den Rayleigh-Quotienten einsetzen, erhalten wir ein größeres Verhältnis als $\lambda_1 = \pi^2$.

Prüfen wir dies für eine Hutfunktion, also eine stückweise lineare Funktion, die von $u(0) = 0$ linear wächst bis zu $u(\frac{1}{2}) = 1$ und dann wieder bis $u(1) = 0$ linear fällt. Der Anstieg ist also zunächst $+2$ und dann -2, sodass gilt $(u'(x))^2 = 4$:

Hutfunktion $u(x)$ $\qquad \dfrac{a(u,u)}{(u,u)} = \dfrac{\int 4\,dx}{\int (\text{Hut})^2\,dx} = \dfrac{4}{1/3} = 12.$ $\qquad$ (8.121)

Wie zu erwarten war, ist der sich ergebende Quotient 12 größer als der minimale Quotient $\lambda_1 = \pi^2$.

Unsere Aufgabe besteht darin, eine *Diskretisierung des stetigen Eigenwertproblems* zu finden. Unser kurzes Beispiel legt einen geeigneten Weg hierfür nahe. Anstatt den Rayleigh-Quotienten über alle Funktionen zu minimieren, **minimieren wir nur über die Ansatzfunktionen $U(x)$**. Dies führt auf ein diskretes Eigenwertproblem $KU^* = \Lambda MU^*$. Dessen kleinster Eigenwert Λ_1 ist größer als der wahre Eigenwert λ_1 (aber nicht weit von diesem entfernt).

> Substituiere $U(x) = \sum U_j \phi_j(x)$ in den Rayleigh-Quotienten. Minimierung über alle Vektoren $U = (U_1, \ldots, U_N)$ führt auf $KU^* = \Lambda MU^*$. Der kleins-

te Eigenwert ist Λ_1:

Diskretes Eigenwertproblem

$$\min \frac{a(U,U)}{(U,U)} = \min \frac{U^T K U}{U^T M U} = \Lambda_1 \geq \lambda_1. \tag{8.122}$$

Die genäherte Eigenfunktion ist $\sum U_j^* \phi_j(x)$, also aus dem diskreten Eigenvektor konstruiert. Für finite Elemente und Gleichungen zweiter Ordnung hat der Eigenwertfehler $\Lambda_1 - \lambda_1$ die gleiche Ordnung $(h^p)^2$, die wir weiter vorn für den Fehler in der Energie gefunden hatten.

Das diskrete Eigenwertproblem hat eine „verallgemeinerte" Form $KU = \Lambda MU$ mit zwei positiv definiten Matrizen K und M. Das beste finite-Elemente-Beispiel hat lineare Ansatzfunktionen mit dem Gitterabstand $h = 1/3$. Es gibt zwei Hutfunktionen ϕ_1 und ϕ_2, der kleinste Eigenwert ist $\Lambda_1 = 54/5$: Das ist kleiner als 12, aber größer als π^2:

$$KU^* = \Lambda MU^* \begin{bmatrix} 6 & -3 \\ -3 & 6 \end{bmatrix} \begin{bmatrix} 1 \\ 1 \end{bmatrix} = \frac{\Lambda}{18} \begin{bmatrix} 4 & 1 \\ 1 & 4 \end{bmatrix} \begin{bmatrix} 1 \\ 1 \end{bmatrix} \quad \text{führt auf} \quad \Lambda = \frac{54}{5}. \tag{8.123}$$

Aufgaben zu Abschnitt 8.4

8.4.1 Die Lösung von $-u'' = 2$ ist $u^*(x) = x - x^2$ mit $u(0) = 0$ und $u(1) = 0$. Berechnen Sie $P(u) = \frac{1}{2}\int (u')^2 dx - \int 2u(x) dx$ für dieses u^*. Berechnen Sie $P(u)$ außerdem für die Hutfunktion $u_H = \min(x, 1-x)$. Der Theorie nach muss $P(u^*) < P(u_H)$ gelten.

8.4.2 Mit der konstanten Funktion $u(x) = 1$ würden wir $P(u) = -2$ erhalten. Warum ist dieser Wert nicht akzeptabel?

8.4.3 Für dieses spezielle Problem mit $a(u,v) = \int u'v' dx$ ist die lineare finite-Elemente-Lösung U^* die exakte Interpolierende U_I. Dies war für finite Differenzen in Abschnitt 1.2 überraschend, nun stellt es sich für finite Elemente automatisch ein. Überprüfen Sie einfach Gleichung (8.113):
Beweisen Sie $a(U_I - u^*, U) = \int (U_I - u^*)' U' dx = 0$ für den Fall, dass U linear ist und an den Rändern $U_I = u^*$ gilt.

8.4.4 Wie lautet $a(u,u)$ für die Laplace-Gleichung? Wie lautet $P(u)$ für die Poisson-Gleichung $u_{xx} + u_{yy} = 4$? Bestimmen Sie die Lösung u^* auf dem Einheitsquadrat $[0,1]^2$, wenn auf den Seiten $u = 0$ gilt. Berechnen Sie $P(u^*)$. Vergleichen Sie dies mit $P(u)$ für $u = (\sin \pi x)(\sin \pi y)$.

8.4.5 Welche Funktion $u = (\sin \pi x)(\sin \pi y)$ löst die Gleichung $-u_{xx} - u_{yy} = \lambda u$? Wie lautet deren Rayleigh-Quotient $a(u,u)/\int u^2 dx dy$? Vergleichen Sie diesen mit dem Rayleigh-Quotienten für die Ansatzfunktion $u = x^2 - x + y^2 - y$.

8.4.6 Die erste Variation von $u^T K u$ verglichen mit $(u+v)^T K (u+v)$ ist $2u^T K v$. Wie lautet gemäß der Quotientenregel die erste Variation $\delta R / \delta u$ für den Rayleigh-

Quotienten $R = u^T K u / u^T M u$? Beweisen Sie die Gültigkeit von $Ku = \lambda Mu$, wenn $\delta R / \delta u = 0$ für alle v gilt.

8.4.7 Die Gleichung $A^T A \widehat{u} = A^T b$ der kleinsten Quadrate hatten wir mittels Projektion erhalten: $A \widehat{u}$ liegt so dicht bei b wie nur möglich. Der Fehler $b - A \widehat{u}$ ist orthogonal zu allen AU:

$(AU)^T (b - A \widehat{u}) = 0$ für alle U (*schwache Form*) ergibt

$A^T b - A^T A \widehat{u} = 0$ (*starke Form*).

Problem Die Gleichung für gewichtete kleinste Quadrate lautet $(AU)^T C(b - A\widehat{u}) = 0$ für alle U. Wie lautet die starke Form (die Gleichung für $\widehat{u}$)? Wie lautet das gewichtete Skalarprodukt $a(U,V)$? Dann hat $a(U,U)$ die Form $U^T K U$ mit dem üblichen $K = A^T C A$.

8.4.8 Der zweite Eigenvektor in (8.123) ist $U_2^* = (1,-1)$. Zeigen Sie, dass $\Lambda_2 > \lambda_2 = 2^2 \pi^2$ gilt.

8.5 Das Sattelpunkt-Stokes-Problem

Solange die Matrix C in $A^T C A$ diagonal ist, treten keine Probleme auf. In diesem Abschnitt widmen wir uns einem Problem der Fluiddynamik, das wie die bisherigen Probleme linear ist (also einfacher als der Navier-Stokes-Fall). Das Neue besteht darin, dass C^{-1} den positiv definiten Laplace-Operator $(-\Delta)$ der Differentialgleichung repräsentiert.

Für das Matrixproblem ist C^{-1} ein diskreter Laplace-Operator wie K2D. **Seine Inverse C ist dicht.** Tatsächlich beinhaltet $C^{-1} v = f$ ein echtes Randwertproblem. In diesem Fall können wir die Berechnung der Blockmatrix nicht einfach auf $A^T C A$ reduzieren:

Sattelpunktsmatrix
S stetig oder diskret
$$\begin{bmatrix} C^{-1} & A \\ A^T & 0 \end{bmatrix} \begin{bmatrix} v \\ p \end{bmatrix} = \begin{bmatrix} -\Delta & \text{grad} \\ -\text{div} & 0 \end{bmatrix} \begin{bmatrix} v \\ p \end{bmatrix} = \begin{bmatrix} f \\ 0 \end{bmatrix} \quad (8.124)$$

Diese Blockmatrix ist symmetrisch aber (gewöhnlich) **indefinit**. Ihre diskrete Form S hat im Allgemeinen sowohl positive als auch negative Eigenwerte und Pivots (positive Pivots von C^{-1} und negative Pivots von $-A^T C A$). Finite Elemente für die Geschwindigkeit v und den Druck p müssen sorgfältig miteinander kombiniert werden um sicherzustellen, dass das diskrete Problem eine gute Lösung hat. Die approximierenden Polynome sind für v oft *um einen Grad höher* als die für p.

In diesem Abschnitt behandeln wir die Vorkonditionierung indefiniter Systeme (nicht nur vom Stokes-Typ). Das Problem dabei ist zum einen die Indefinithet, zum anderen die **inf-sup-Bedingung** zum Prüfen der Stabilität. Für S werden zwei kleine Änderungen eingeführt. Ein neuer Block $-D$ (anstelle des Nullblocks) verbessert die Stabilität. Außerdem eröffnet ein Vorzeichenwechsel zu $-A^T$ und $+D$ in der zweiten Zeile völlig neue Möglichkeiten für Iterationen.

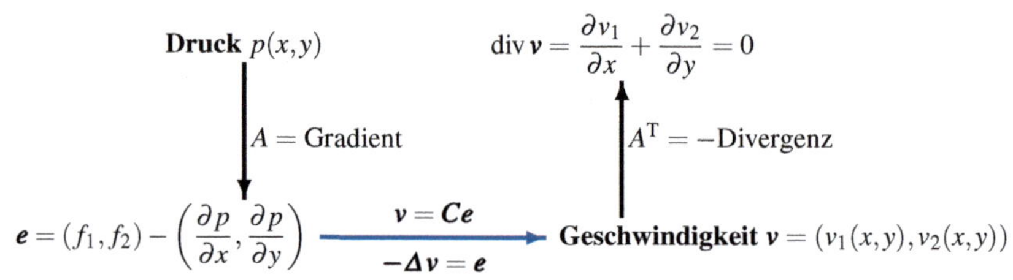

$$\text{Druck } p(x,y) \qquad \text{div } \boldsymbol{v} = \frac{\partial v_1}{\partial x} + \frac{\partial v_2}{\partial y} = 0$$

$$\Big\uparrow A = \text{Gradient} \qquad \Big\uparrow A^{\text{T}} = -\text{Divergenz}$$

$$\boldsymbol{e} = (f_1, f_2) - \left(\frac{\partial p}{\partial x}, \frac{\partial p}{\partial y}\right) \xrightarrow[-\Delta \boldsymbol{v} = \boldsymbol{e}]{\boldsymbol{v} = C\boldsymbol{e}} \text{Geschwindigkeit } \boldsymbol{v} = (v_1(x,y), v_2(x,y))$$

Abb. 8.10 Für das Stokes-Problem hat die in $A^{\text{T}}CA$ enthaltene Matrix C eine komplizierte Struktur.

Das Stokes-Problem

Die Unbekannten im zweidimensionalen Stokes-Problem sind die Geschwindigkeitskomponenten von $\boldsymbol{v} = (v_1(x,y), v_2(x,y))$ und der Druck $p(x,y)$. Der Fluss ist *inkompressibel*, d.h., der Geschwindigkeitsvektor unterliegt der Nebenbedingung div $\boldsymbol{v} = 0$. Daher ist A^{T} (bis auf das Vorzeichen) die Divergenz, und A muss der Gradient sein. Beachten Sie, dass sich in unserer Notation einige Symbole geändert haben (u wurde zu p, w zu $\boldsymbol{v}$ und b zu $\boldsymbol{f}$):

Das eigentlich Neue steckt in $\boldsymbol{e} = C^{-1}\boldsymbol{v} = (-\Delta v_1, -\Delta v_2)$. Beim Stokes-Problem geht es darum, einen Geschwindigkeitsvektor (v_1, v_2) und einen Druck p zu finden, die die beiden Gleichungen $-\Delta \boldsymbol{v} + \text{grad } p = \boldsymbol{f}$ und div $\boldsymbol{v} = 0$ erfüllen. Der Viskositätsterm $-\Delta \boldsymbol{v}$ dominiert über den Konvektionsterm $\boldsymbol{v} \cdot \text{grad } \boldsymbol{v}$.

Stokes-Problem

$$\begin{bmatrix} -\Delta & \text{grad} \\ \text{div} & 0 \end{bmatrix} \begin{bmatrix} \boldsymbol{v} \\ p \end{bmatrix} = \begin{bmatrix} \boldsymbol{f} \\ 0 \end{bmatrix} \qquad \begin{aligned} -\left(\frac{\partial^2 v_1}{\partial x^2} + \frac{\partial^2 v_1}{\partial y^2}\right) + \frac{\partial p}{\partial x} &= f_1(x,y) \\ -\left(\frac{\partial^2 v_2}{\partial x^2} + \frac{\partial^2 v_2}{\partial y^2}\right) + \frac{\partial p}{\partial y} &= f_2(x,y) \\ \frac{\partial v_1}{\partial x} + \frac{\partial v_2}{\partial y} &= 0. \end{aligned} \qquad (8.125)$$

Diese Gleichungen beschreiben **langsame viskose Flüsse**. Sie gelten also beispielsweise nicht für die Aerodynamik. Die vollständigen Navier-Stokes-Gleichungen haben zusätzliche nichtlineare Terme $\boldsymbol{v} \cdot \text{grad } \boldsymbol{v}$, die aus der Bewegung des betrachteten Fluids herrühren. Das Stokes-Problem tritt auch in biologischen Anwendungen auf, beispielsweise für die kleinen Fluktuationen von Blutzellen in den Kapillaren oder gar in den Zellen (nicht dagegen für die Beschreibung des Blutflusses auf großer Skala). Wir wollen hier das lineare Problem möglichst einfach halten und die Diskussion der Randbedingungen auslassen.

In der Sprache der Optimierung ist der Druck $p(x,y)$ der Lagrange-Multiplikator, der die Nebenbedingung Inkompressibiltät div $\boldsymbol{v} = 0$ bei der Minimierung auferlegt:

Minimiere $\displaystyle\iint \left(|\text{grad } v_1|^2 + |\text{grad } v_2|^2 - 2\boldsymbol{f} \cdot \boldsymbol{v}\right) dx\,dy$ unter div $\boldsymbol{v} = 0$.

8.5 Das Sattelpunkt-Stokes-Problem

Die Lagrange-Funktion $L(\boldsymbol{v},p)$ beinhaltet $\iint p \operatorname{div} \boldsymbol{v} \, dx \, dy$. Damit sind die Euler-Lagrange-Gleichung $\delta L/\delta \boldsymbol{v} = 0$ und $\delta L/\delta p = 0$ aus Abschnitt 8.3 mit den Stokes-Gleichungen (8.125) identisch.

Der wesentliche Punkt ist, dass wir hier nicht $\boldsymbol{v}$ eliminieren, um $K = A^{\mathrm{T}}CA$ zu erhalten, denn C ist die *Inverse des Laplace-Operators*. C ist nur im Frequenzraum diagonal, nicht im physikalischen Raum. Das Stokes-Problem bleibt in der Blockform (8.125) mit den beiden Unbekannten $\boldsymbol{v}$ und p. **Nebenbedingungen führen zu Sattelpunkten** – der Komfort der positiv-Definitheit geht verloren. Wir können keine finiten Elemente für $\boldsymbol{v}$ und p benutzen, ohne ihre Stabilität zu überprüfen.

Die inf-sup-Bedingung

Bei der Beschränkung von K auf einen Unterraum bleibt die positiv-Definitheit erhalten ($u^{\mathrm{T}}Ku$ bleibt positiv). Für die projizierte Untermatrix liegen die Werte $\lambda_{\min}$ und $\lambda_{\max}$ zwischen $\lambda_{\min}(K)$ und $\lambda_{\max}(K)$. Ein indefiniter Operator besitzt ein *negatives* $\lambda_{\min}$, sodass in diesem Intervall die Null enthalten ist – das Verfahren ist nicht mehr sicher. Wir müssen nun besondere Sorgfalt darauf verwenden, dass die Blockmatrix S problemlos invertierbar ist.

Diese **gemischten Probleme** oder **Sattelpunktsprobleme** sind teilweise positiv und teilweise negativ. Die neue Forderung an ein beschränktes S^{-1} ist eine *inf-sup-Bedingung*. Die inf-sup-Bedingung (mitunter auch nach Babuska und Brezzi benannt) sichert die „Kompatibilität" von Geschwindigkeiten und Drücken. **Für jedes p muss es ein $\boldsymbol{v}$ geben, sodass folgende Bedingung erfüllt ist:**

inf-sup-Bedingung

$$\boldsymbol{v}^{\mathrm{T}}Ap \geq \beta \sqrt{\boldsymbol{v}^{\mathrm{T}}C^{-1}\boldsymbol{v}} \sqrt{p^{\mathrm{T}}p} \quad \text{für ein festes } \beta > 0. \tag{8.126}$$

Bedingung (8.126) ist sofort verletzt, wenn es einen von null verschiedenen Druck p mit $Ap = 0$ gibt. Die letzten n Spalten von S wären dann linear abhängig, sodass S nicht invertierbar wäre. Insbesondere könnte der rechteckige Block A nicht kurz und breit sein.

Genauer erfordert die untere Schranke (8.126) an $\boldsymbol{v}^{\mathrm{T}}Ap$, dass ein von Null verschiedener Druck p zu keinem $A^{\mathrm{T}}\boldsymbol{v}$ orthogonal sein darf. Der Raum aller $A^{\mathrm{T}}\boldsymbol{v}$'s muss mindestens die Dimension des Raums der p's haben. Wenn wir A^{T} als die Divergenz auffassen, wird hieraus klar, warum die finiten Elemente für die Geschwindigkeit oft einen Grad höher sind als die für den Druck. Dimensionsargumente sind allerdings nicht ausreichend, um die Gültigkeit von (8.126) nachzuweisen. Für jede Wahl der finiten Elemente für $\boldsymbol{v}$ und p ist eine eigene inf-sup-Analyse notwendig.

Aus der inf-sup-Bedingung folgt $\|(A^{\mathrm{T}}CA)^{-1}\| \leq 1/\beta^2$, *was Stabilität bedeutet*. Wir beginnen damit, dass wir $\boldsymbol{w} = C^{-1/2}\boldsymbol{v}$ einführen. Der stetige wie der diskrete Laplace-Operator, bezeichnet mit C^{-1}, hat positiv definite Quadratwurzeln $C^{-1/2}$ (die an keiner Stelle berechnet werden müssen). Dann hat die inf-sup-Bedingung $\boldsymbol{v}^{\mathrm{T}}Ap \geq \beta \sqrt{\boldsymbol{v}^{\mathrm{T}}C^{-1}\boldsymbol{v}} \sqrt{p^{\mathrm{T}}p}$ folgende äquivalente Form:

Für jedes p **muss ein** w **existieren, sodass gilt** $\quad \dfrac{w^T C^{1/2} A p}{\|w\|} \geq \beta \|p\|$. $\qquad$ (8.127)

An dieser Stelle nehmen wir das Maximum (sup) über alle w. Auf der linken Seite ist das Maximum der $w^T z / \|w\|$ exakt $\|z\|$. Erreicht wird dieses für $w = z$ (dann ist der Kosinus eins). Da in (8.127) $z = C^{1/2} A p$ gilt, vereinfacht sich bei dieser besten Wahl für w die Bedingung:

Für alle p **gilt** $\|z\| = \|C^{1/2} A p\| \geq \beta \|p\|$. $\qquad$ (8.128)

Wir quadrieren beide Seiten und minimieren (inf) deren Verhältnis über alle p. Die Ungleichung

$$\|C^{1/2} A p\|^2 \geq \beta^2 \|p\|^2 \quad \text{oder} \quad p^T A^T C A p \geq \beta^2 p^T p \qquad (8.129)$$

besagt, dass der kleinste Eigenwert von $A^T C A$ größer oder gleich β^2 ist. Damit ist das Singulärwerden vermieden. Die Matrix $(A^T C A)^{-1}$ ist symmetrisch, sodass ihre Norm kleiner gleich $1/\beta^2$ ist. Damit ist die Stabilität bewiesen.

Korrektur für $p^T p$: Finite Elemente sind Funktionen $p_h(x,y)$, keine Vektoren p. Deshalb ergeben sich die Skalarprodukte und Normen von p_h nicht aus Summen sondern aus Integralen. Die L^2-Norm einer Ansatzfunktion $p_h = \sum p_j \psi_j(x,y)$ für den Druck ist mit dem diskreten Vektor p über eine positiv definite Matrix Q verbunden:

$$\iint (p_h)^2 \, dx \, dy = \sum \sum p_i p_j \iint \psi_i \psi_j \, dx \, dy = p^T Q p. \qquad (8.130)$$

Die korrekte inf-sup-Bedingung ändert $p^T p$ in (8.129) in $p^T Q p$:

Korrektur zu (8.129) $\quad p^T A^T C A p \geq \beta^2 p^T Q p$. $\qquad$ (8.131)

Dies macht Q (oder sogar deren Diagonalteil) zu einem einfachen und nützlichen Kandidaten für die Vorkonditionierung. Es ist nicht unbedingt die beste Möglichkeit, aber sie ist einfach zu erhalten und liefert eine korrekte Skalierung des Problems.

Das Hauptziel bei der inf-sup-Bedingung ist es, in (8.126) mit C^{-1} anstelle von $A^T C A$ zu arbeiten. *Der inf-sup-Test muss für die Unterräume* V_h *und* P_h *der Ansatzfunktionen angewendet werden.* Für jeden Druck p_h aus P_h muss es eine Geschwindigkeit v_h in V_h geben, die durch $v_h^T A p_h$ von unten beschränkt ist. Ist dies mit einer positiven Schranke β_h der Fall, dann sind **gemischte finite Elemente** mit V_h und P_h stabil.

Testen und Stabilisieren finiter Elemente

Die inf-sup-Bedingung kann kompliziert sein. Die Bücher von Brezzi-Fortin und Elman-Silvester-Wathen sind hierfür exzellente Referenzen. Aus dem zweiten will ich hier ein paar typische Ergebnisse wiedergeben.

8.5 Das Sattelpunkt-Stokes-Problem

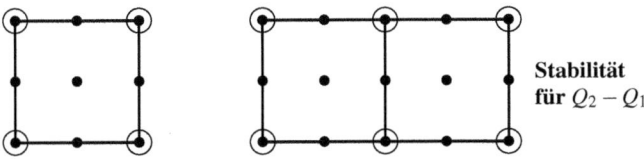

Abb. 8.11 Q_2 Geschwindigkeiten • und Q_1 Drücke ◯: Fehler für ein Rechteck, Erfolg für zwei.

P_0, P_1, P_2 enthalten konstante, lineare $(a+bx+cy)$ oder quadratische Polynome auf Dreiecken. Die Räume Q_0, Q_1, Q_2 werden gebildet durch konstante, bilineare $(a+bx+cy+dxy)$ oder biquadratische Polynome auf Rechtecken. Die Blöcke in C^{-1} und A sind Integrale:

$$C_{ij}^{-1} = \iint \left(\frac{\partial \phi_i}{\partial x} \frac{\partial \phi_j}{\partial x} + \frac{\partial \phi_i}{\partial y} \frac{\partial \phi_j}{\partial y} \right) dx\, dy,$$
$$A_{kl} = -\iint \psi_k \begin{bmatrix} \partial \phi_l / \partial x \\ \partial \phi_l / \partial y \end{bmatrix} dx\, dy.$$
(8.132)

wobei die $\phi_j(x,y)$ Ansatzfunktionen für v_1 und v_2 sind und die $\psi_k(x,y)$ Ansatzfunktionen für den Druck. Die Programmcodes auf manchester.ac.uk/ifiss konstruieren C^{-1} und A und schließen inf-sup-Tests ein.

1. Geschwindigkeiten in P_1 (oder Q_1), Drücke in P_1 (oder Q_1): **Fehler, wenn beide den Grad 1 haben**
2. Geschwindigkeiten in P_2 (oder Q_2), Drücke in P_1 (oder Q_1): **Erfolg; siehe Abbildung 8.11)**

Ein Quadrat hat vier Drücke und nur zwei Geschwindigkeitskomponenten im Zentrum für den umschlossenen Fluss. A hat die Größe 2×4. Es existieren Lösungen, für die $Ap=0$ gilt: Fehler.

Für zwei Quadrate hat A die Größe 6×6 (sechs Drücke und (v_1, v_2) für drei innere Knoten). Nur ein konstanter Druck löst die Gleichung $Ap=0$, und diese *hydrostatische Lösung* wird durch die Randbedingungen ausgeschlossen: *Erfolg bei mehreren Quadraten.*

3. Geschwindigkeiten in P_1 (or Q_1), Drücke in P_0 (oder Q_0): **Fehler; siehe Abbildung 8.12**

Die Liste der Elementpaare enthält auch lineare Drücke P_{-1}, die zwischen Dreiecken *unstetig* sind (dies ist nicht gestattet, da keine Deltafunktionen auftreten):

4. Geschwindigkeiten in P_2, Drücke in P_{-1}: **Fehler**
5. Geschwindigkeiten in Q_2, Drücke in P_0 or P_{-1}: **Erfolg**.

Die Fehler von $Q_1 - Q_0$ und $Q_1 - P_0$ sind besonders wichtig. Q_1 ist das einfachste *übereinstimmende* Element auf Quadraten (keine Deltafunktionen in $\mathrm{grad}\,v$, da $a+bx+cy+dxy$ über die Kanten hinweg stetig gemacht wurde).

Instabilität für $Q_1 - Q_0$
$v = a + bx + cy + dxy$ in Q_1
$p = constant$ in Q_0 gestattet $Ap = 0$

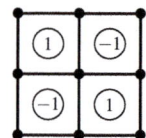

Abb. 8.12 Bilineare v's • und konstante p's ○ (*instabiler Schachbrettmodus*).

Vier Quadrate sind nicht stabil, weil der Druckvektor $p = (1, -1, 1, -1)$ die Gleichung $Ap = 0$ erfüllt. Weitere Quadrate helfen nicht – das Schachbrett mit „weißes Quadrat = 1" und „schwarzes Quadrat = -1" bleibt ein falscher Modus, in dem $Ap = 0$ gilt. Die Spalten von A sind nach wie vor nicht linear unabhängig, auch wenn p nicht mehr konstant ist.

Die Elemente von $Q_1 - Q_0$ und $Q_1 - P_0$ sind potenziell so nützlich, dass sie oft durch Relaxation der Inkompressibilitätsgleichung $A^T v = 0$ stabilisiert werden. Wir fügen eine neue Antischachbrett-Matrix $-D$ ein, die bewirkt, dass $(1, -1, 1, -1)$ aus dem Nullraum entfernt wird:

Stabilisierte Matrix $\quad S = \begin{bmatrix} C^{-1} & A \\ A^T & -D \end{bmatrix}$ mit $D = \alpha \begin{bmatrix} 1 & -1 & 1 & -1 \\ -1 & 1 & -1 & 1 \\ 1 & -1 & 1 & -1 \\ -1 & 1 & -1 & 1 \end{bmatrix}$. (8.133)

Unser Nullblock wird durch die **negativ semidefinite** Matrix $-D$ ersetzt. Nach der Elimination bleibt in diesem Block $-A^T CA - D$, was strenger negativ ist. Nun ist S gleichmäßig invertierbar (*auch für* $Q_1 - Q_1$), weil D mal die Schachbrett-Matrix nicht mehr null ist.

In diesem Spezialfall kennen wir das problematische p. In anderen Fällen wird D nur aus dem Vektor $p = 0$ im Nullraum konstruiert (was unschädlich ist). Dann wird α hinreichend klein gewählt, damit die positiven Eigenwerte in etwa denen von $A^T CA$ entsprechen. Aus dem Eigenwert Null von $A^T CA$ (entstanden durch das Schachbrettmuster für den Druck) wird ein positiver Eigenwert.

Lösung des diskreten Sattelwertproblems

Es sei daran erinnert, dass Folgendes die fundamentale Problemstellung des Wissenschaftlichen Rechnens ist:

Sattelpunktsmatrix S, positiv definites K

$$\begin{bmatrix} C^{-1} & A \\ A^T & 0 \end{bmatrix} \begin{bmatrix} w \\ u \end{bmatrix} = \begin{bmatrix} b \\ f \end{bmatrix} \quad \text{oder} \quad A^T CAu = f - A^T Cb. \quad (8.134)$$

In diesem Abschnitt w zu v geworden und u zu p. Anstelle des Nullblocks kann jetzt $-D$ stehen. Solange C eine Diagonalmatrix war (oder in einem mehrdimensionalen Problem diagonal in kleinen Blöcken), war die Reduktion auf $A^T CA$ recht

8.5 Das Sattelpunkt-Stokes-Problem

einfach zu bewältigen. Das Stokes-Problem illustriert nun, dass C^{-1} dünn besetzt sein kann (durch finite Differenzen oder finite Elemente), obwohl C voll besetzt ist. In diesem Fall kann es günstiger sein, mit dem dünn besetzten, indefiniten S zu rechnen.

Im Folgenden werden bewährte Methoden für S beschrieben. Danach wird es spannender.

1. Ein direktes Verfahren (ohne Iteration) ist geeignet für Größenordnungen bis $n = 10^4$ oder 10^5. Bei den meisten Problemen wird die Elimination verwendet. In der indefiniten Matrix S müssen eventuell keine Zeilen ausgetauscht werden, und ein guter Programmcode wird dies ohne menschlichen Entscheider von allein erkennen.

   Die Pivotisierung kann in 2×2-Blöcken organisiert werden, oder man ordnet die Variablen wie in Abschnitt 7.1 um, damit L und U möglichst dünn besetzt bleiben. Wenn man in der ursprünglichen Form eliminiert und A^TC mal eine Blockzeile von der anderen subtrahiert, dann erscheint im unteren rechten Block $-K = -A^TCA$ als das **Schurkomplement**.

2. Das Verfahren des konjugierten Gradienten ist sicher durchführbar, wenn A^TCA positiv definit ist. In jedem (vorkonditionierten) CG-Schritt sind die Multiplikationen Ap und A^Tv schnell. Multiplikation mit C kommt „Poisson-Lösungen" $C^{-1}v = Ap$ mit der Laplace-Matrix gleich. Durch eine innere Iteration, beispielsweise durch das Mehrgitterverfahren, lässt sich dies beschleunigen.

   Eine Reihe von iterativen Verfahren berechnen basierend auf der Blockform $\mathbf{v}$ und p:

3. Die **Uzawa-Methode** wechselt zwischen $C^{-1}\mathbf{v}^{k+1} = \mathbf{f} - Ap^k$ und $p^{k+1} = p^k + \alpha A^T \mathbf{v}^{k+1}$.
4. **Strafmethoden** werden in Abschnitt 8.2 beschrieben. Dabei wird ein stabilisierender Faktor wie $-D$ hinzugefügt.
5. **Erweiterte Lagrange-Methoden** werden von Glowinsk und Fortin angegeben.

Diese und weitere Verfahren werden für das Stokes-Problem im Buch von Quarteroni-Valli [128] diskutiert. Alle arbeiten mit einem Poisson-Löser, der mit C verbunden ist. Wir wollen uns stattdessen *Vorkonditionierer für die allgemeine Sattelpunktsmatrix S genauer ansehen*.

Vorkonditionierung von Sattelpunktsproblemen

Die grundlegenden Methoden für große, dünn besetzte, indefinite Probleme sind **MINRES** und **GMRES** (für den symmetrischen und den unsymmetrischen Fall). Unser Hauptaugenmerk gilt der Konstruktion eines guten Vorkonditionierers. Sehen wir uns die Blockmatrix S und ihre Elemente an:

$$S = LDL^T \qquad \begin{bmatrix} C^{-1} & A \\ A^T & 0 \end{bmatrix} = \begin{bmatrix} I & 0 \\ A^T C & I \end{bmatrix} \begin{bmatrix} C^{-1} & 0 \\ 0 & -A^T CA \end{bmatrix} \begin{bmatrix} I & CA \\ 0 & I \end{bmatrix}. \qquad (8.135)$$

Die Berechnung von S^{-1} erfordert offensichtlich die Berechnung von C und $(A^T CA)^{-1}$ aus den Inversen der Blöcke in der mittleren Matrix. Unser Vorkonditionierer P wird diese $m \times n$-Blockstruktur beibehalten. Um S^{-1} zu nähern, kann P die Blöcke von S approximieren und dann invertieren oder aber C und $(A^T CA)^{-1}$ direkt approximieren.

Wenn wir nur die Matrixelemente von C^{-1} und A kennen, dann muss der Programmcode P „blind" aus diesen Informationen konstruieren. Die Frage ist, ob wir eine *Matrix* oder ein *Problem* gegeben haben. Wenn wir das zugrundeliegende Problem kennen (zum Beispiel Stokes), dann können wir per Hand einen Vorkonditionierer bauen. Eine ähnliche Unterscheidung gibt es bei algebraischen und geometrischen Mehrgitterverfahren (das reduzierte Problem wird entweder vom Computer oder von uns ausgewählt).

In Elman-Silvester-Wathen [47] werden drei Approximationen für S vorgeschlagen:

Vorkonditionierer $\quad P_1 = \begin{bmatrix} \widehat{C}^{-1} & A \\ A^T & 0 \end{bmatrix}, \quad P_2 = \begin{bmatrix} \widehat{C}^{-1} & 0 \\ 0 & \widehat{K} \end{bmatrix}, \quad P_3 = \begin{bmatrix} \widehat{C}^{-1} & A \\ 0 & \widehat{K} \end{bmatrix}.$

P_1 ist ein „einschränkender Vorkonditionierer" – er lässt A unverändert. $\widehat{C}$ approximiert den Poisson-Löser C, und $\widehat{K}$ approximiert $K = A^T CA$. Hier sind zwei schnelle Algorithmen:

1. Ersetze den Poisson-Löser C durch einen einfachen Mehrgitterzyklus $\widehat{C}$.
2. Ersetze K^{-1} durch vier konjugierte Gradientenschritte, die durch Q oder $\text{diag}(Q)$ vorkonditioniert sind.

Q ist die Druckmatrix in (8.130). Feste Vielfache von $p^T Q p$ liegen unterhalb und oberhalb von $p^T K p$. Gewöhnlich hat auch $\text{diag}(Q)$ diese Eigenschaft und reskaliert die Matrix S.

Ein wichtiger Punkt bezüglich P_2 und P_3: Für $\widehat{C} = C$ und $\widehat{K} = K$ hat $P_2^{-1} S$ nur *drei* verschiedene Eigenwerte. $P_3^{-1} S$ hat nur den Eigenwert $\lambda = \pm 1$. In diesem Fall konvergieren MINRES und GMRES in drei oder zwei Schritten. Die durch P_1 verursachten Änderungen führen also nur zu sehr wenigen zusätzlichen Iterationen.

Vorzeichenänderungen und konjugierte Gradienten

Eine elegante Möglichkeit, mit S umzugehen, ist erst vor kurzem aufgetaucht. Dazu wird die zweite Zeile mit -1 multipliziert:

8.5 Das Sattelpunkt-Stokes-Problem

Blöcke A und $-A^T$
Unsymmetrisches U
$$U = \begin{bmatrix} C^{-1} & A \\ -A^T & D \end{bmatrix}. \tag{8.136}$$

Es ist sicher, die Vorzeichen in den Gleichungen zu ändern (falls nötig ist D ein positiv semidefiniter Stabilisator). Dieses unsymmetrische U kann komplexe Eigenwerte haben, aber immer gilt $\operatorname{Re} \lambda \geq 0$:

$$[\overline{w}^T \; \overline{u}^T] \, U \begin{bmatrix} w \\ u \end{bmatrix} = \lambda [\overline{w}^T \; \overline{u}^T] \begin{bmatrix} w \\ u \end{bmatrix} \text{ ergibt } \operatorname{Re} \lambda = \frac{\overline{w}^T C^{-1} w + \overline{u}^T D u}{\overline{w}^T w + \overline{u}^T u} \geq 0. \tag{8.137}$$

Der Nichtdiagonalteil $\overline{w}^T A u - \overline{u}^T A^T w$ ist wegen der Wahl des Vorzeichens rein imaginär.

Besser sieht es aus, wenn A klein ist, vorausgesetzt, C^{-1} ist von D separiert. Dieses skalare Beispiel zeigt, dass U in diesem Fall *reelle und positive Eigenwerte* hat:

$$U = \begin{bmatrix} 3 & a \\ -a & 1 \end{bmatrix} \quad \lambda^2 - 4\lambda + (3 + a^2) = 0$$
$$\lambda = 2 \pm \sqrt{1 - a^2} > 0 \quad \text{falls} \quad a^2 \leq 1. \tag{8.138}$$

Dies ist „unsymmetrische positiv-Definitheit", eine Formulierung die ich normalerweise nie benutze. Diese Eigenschaft eröffnet eine Möglichkeit, zur positiv-Definitheit zurück zu gelangen, jedoch mit *zwei Matrizen* in $U = PR$. Die Eigenwerte von $PRx = \lambda x$ sind reell und positiv, denn λ ist das Verhältnis von $\overline{x}^T RPRx$ zu $\overline{x}^T Rx$. **Für PR sind konjugierte Gradienten anwendbar, wobei P ein Vorkonditionierer für U ist.**

All dies schlägt fehl, wenn die Lücke zwischen 3 und 1 geschlossen ist und wir keine reellen Eigenwerte mehr haben:

$$U = \begin{bmatrix} 3 & a \\ -a & 3 \end{bmatrix} \text{ hat komplexe Eigenwerte } \lambda = 3 \pm ai \text{ mit } \operatorname{Re} \lambda > 0. \tag{8.139}$$

An dieser Stelle wissen wir nicht, ob CG zu retten ist. Wir fahren mit dem Fall reeller Eigenwerte und $C^{-1} > D$ fort (was bedeutet, dass die positiv-Definitheit den Unterschied ausmacht). Liesen und Parlett haben symmetrische Faktoren in $U = PR$ entdeckt, die leicht zu berechnen sind:

$$\text{Für } P^{-1} = \begin{bmatrix} C^{-1} - bI & A \\ A^T & bI - D \end{bmatrix} \text{ ist } R = P^{-1} U \text{ ebenfalls symmetrisch}. \tag{8.140}$$

P^{-1} ist positiv definit, wenn $C^{-1} > bI > D$ und $bI - D > A^T(C^{-1} - bI)^{-1} A$.
$$\tag{8.141}$$

In [111] wird eine vorkonditionierte *CG*-Methode getestet und umfänglich erklärt. Es besteht Grund zur Hoffnung, dass dies ein Durchbruch sein könnte, der die Stärke konjugierter Gradienten bei Sattelpunktsproblemen nachweist.

Unsymmetrische Probleme und Modellreduktion

Wir wollen uns nun kurz allgemeineren Problemen als den Stokesschen zuwenden. Neue Ideen für S und U werden in [13] entwickelt, dazu viele Anwendungen. Die Gleichungen können aus den Navier-Stokes-Gleichungen und ihren Linearisierungen abgeleitet sein. Aufgrund der ersten Ableitungen wird C dann unsymmetrisch sein. In vielen Problemen der Ingenieurwissenschaften sind *Konvektion und Diffusion* miteinander verbunden.

Das Verhältnis von Trägheit und Viskosität wird durch die **Reynolds-Zahl** Re = = Dichte × Strömungsgeschwindigkeit × charakteristische Länge / Viskosität beschrieben. In diesem Abschnitt über Stokessche Flüsse behandeln wir den Grenzfall Re = 0 hoher Viskosität bei kleiner Geschwindigkeit. Das andere Extrem ist die für große Geschwindigkeiten geltende Euler-Gleichung $dv/dt = -\operatorname{grad} p + f$; dort gilt Re = ∞, und die Viskosität verschwindet.

Jenseits der numerischen Fluiddynamik werden andere Differentialgleichungen mit speziellen Nebenbedingungen betrachtet. Dabei treten sämtliche algebraische Probleme der Optimierung unter Nebenbedingungen auf. Eine wichtige Rolle spielt immer das *Schur-Komplement* $-BCA$, das nun unsymmetrisch sein kann:

$$\text{Elimination reduziert} \quad \begin{bmatrix} C^{-1} & A \\ B & 0 \end{bmatrix} \quad \text{auf} \quad \begin{bmatrix} C^{-1} & A \\ 0 & -BCA \end{bmatrix}. \tag{8.142}$$

Normalerweise wird die Matrix $K = BCA$ dicht besetzt sein. Wenn sie zudem groß ist, benötigen wir iterative Methoden wie *algebraische Mehrgitterverfahren*. Wir sprechen nun weniger von einem „gegebenen Problem" als von einer „gegebenen Matrix". Es kann sein, dass dahinter gar keine Differentialgleichungen stehen.

Für $K = BCA$ wird C durch einen „Blackbox-Ansatz" auf $\widehat{C}$ reduziert:

Modellreduktion $\quad A\widetilde{C} \approx CA \quad$ und dann $\quad \widehat{K} = BA\widehat{C} \approx BCA$.

Beachten Sie dass C von der Dimension $m \times m$ (bei großem m), $\widehat{C}$ dagegen von der Dimension $n \times n$ ist. Die Reduktionsregel $CA = A\widehat{C}$ ist nicht exakt lösbar, da es mehr Gleichungen als Unbekannte gibt. Mittels gewichteter kleinster Quadrate erhalten wir $\widehat{C}^{-1}$ aus $A\widehat{C}^{-1} \approx C^{-1}A$. Was $\approx$ bedeutet, ist vom Anwender zu entscheiden!

Ich erwarte für dieses fundamentale Sattelpunktsproblem auch in der Zukunft neue Ideen.

Aufgaben zu Abschnitt 8.5

Die Probleme 8.5.1-8.5.4 sind Standardanwendungen für finite Elemente in zwei und drei Dimensionen.

8.5 Das Sattelpunkt-Stokes-Problem

8.5.1 Für ein Tetraeder mit den Ecken $(0,0,0),(1,0,0),(0,1,0),(0,0,1)$ sind die P_1-Elemente $\phi = a + bX + cY + dZ$. Bestimmen Sie die vier ϕ's, die an jeweils drei Ecken null sind und an der vierten Ecke 1.

8.5.2 Das P_2-Element in drei Dimensionen verwendet auch die sechs Kantenmittelpunkte. Zeichnen Sie die zehn Knoten auf einem Tetraeder. Welche Kombination ϕ aus $1, X, Y, Z, X^2, Y^2, Z^2, XY, XZ, YZ$ ist an allen vier Ecken null und auf den Kantenmittelpunkten 5, wobei $\phi(.5,0,0) = 1$ gilt?

8.5.3 Das Standard-Q_2-Element im Einheitsquadrat hat neun Ansatzfunktionen ϕ_i für die neun Knoten mit X und Y gleich $0, \frac{1}{2}$ oder 1. Zeichnen Sie diese neun Knoten für ein Quadrat. Die Ansatzfunktionen ϕ_i bestehen aus neun Termen der Ordnungen $1, X, Y, X^2, XY, Y^2, X^2Y, XY^2, X^2Y^2$. Bestimmen Sie $\phi_5(X,Y)$ für den Mittelpunkt $(\frac{1}{2}, 0)$ der unteren Kante und $\phi_9(X,Y)$ für den Mittelpunkt $(\frac{1}{2}, \frac{1}{2})$.

8.5.4 Wie viele Knoten hat ein Q_2-Element für einen Quader? Welche *Bubble-Funktion* ϕ ist in allen Knoten auf den Seitenflächen null und im Mittelpunkt $(X,Y,Z) = (\frac{1}{2}, \frac{1}{2}, \frac{1}{2})$ eins?

8.5.5 Die drei Eigenwerte von $P^{-1}S$ sind für den richtigen Vorkonditionierer $1, (1 \pm \sqrt{5})/2$:

$$Sx = \lambda Px \quad \text{ist} \quad \begin{bmatrix} C^{-1} & A \\ A^T & 0 \end{bmatrix} \begin{bmatrix} u \\ p \end{bmatrix} = \lambda \begin{bmatrix} C^{-1} & 0 \\ 0 & A^T CA \end{bmatrix} \begin{bmatrix} u \\ p \end{bmatrix}$$

(a) Überprüfen Sie $\lambda = 1$ mit $m - n$ Eigenvektoren, wenn $A^T u = 0$ und $p = 0$ gilt.

(b) Zeigen Sie, dass für die übrigen $2n$ Eigenvektoren $(\lambda^2 - \lambda - 1) A^T CAp = 0$ gilt. Dieses P ist unpraktisch; wir versuchen zu vermeiden, dass $K = A^T CA$ gilt. Es zeigt aber, dass $\widehat{C}^{-1}$ und $\widehat{K}$ einen sehr guten Vorkonditionierer $P = \text{diag}(\widehat{C}^{-1}, \widehat{K})$ liefern können.

8.5.6 Der Vorkonditionierer P_3 liefert den Block A exakt (nicht aber A^T):

$$Sx = \lambda P_3 x \quad \text{ist} \quad \begin{bmatrix} C^{-1} & A \\ A^T & 0 \end{bmatrix} \begin{bmatrix} u \\ p \end{bmatrix} = \lambda \begin{bmatrix} C^{-1} & A \\ 0 & A^T CA \end{bmatrix} \begin{bmatrix} u \\ p \end{bmatrix}$$

Die erste Blockgleichung lautet $(1 - \lambda)(C^{-1}u + Ap) = 0$. Dann gilt $\lambda = 1$ oder $C^{-1}u = -Ap$. Zeigen Sie, dass dann die zweite Blockgleichung $\lambda = -1$ liefert. *Für die Konvergenz sind zwei Iterationen nötig.* Auch dieses ideale P_3 ist unpraktikabel.

8.5.7 Bestimmen Sie mithilfe von square_stokes aus IFISS die diskrete Divergenzmatrix A^T für Q_1–Q_1 (Geschwindigkeiten und Drücke) auf einem Gitter aus 16 Quadraten und Randbedingungen null für die äußeren Ränder. Das Problem ist in [47, S.283] unter Verwendung der Notation $B = A^T$ beschrieben. Zeigen Sie mithilfe von svd(B), dass der Nullraum von A acht Dimensionen hat.

Die Probleme 8.5.8-8.5.10 befassen sich mit dem unsymmetrischen U, dass sich aus dem Vorzeichenwechsel in S ergibt.

8.5.8 Im Beispiel (8.138) gilt $C^{-1} = 3$ und $D = 1$. Zeigen Sie, dass für $b = 2$ in (8.140) P^{-1} positiv definit ist, falls $a^2 < 1$ gilt.

8.5.9 Überprüfen Sie für das gleiche Beispiel, dass $P^{-1}U$ für alle b symmetrisch ist. Multiplizieren Sie dazu ein beliebiges U gemäß (8.136) mit P^{-1} gemäß (8.140).

8.5.10 Angenommen, eine quadratische Matrix $U = V\Lambda V^{-1}$ hat positive reelle Eigenwerte in Λ. Schreiben Sie U als Produkt von $V\Lambda V^\mathrm{T}$ und einer anderen positiv definiten Matrix R.

8.6 Lineare Optimierung und Dualität

In der linearen Programmierung treten Gleichungen $Ax = b$ sowie Ungleichungen $x \geq 0$ auf. Die zu minimierenden Gesamtkosten $c_1 x_1 + \cdots + c_n x_n$ setzen sich linear aus den Einzelkosten zusammen. Die Eingabe des Problem besteht also aus A, b und c, und die Ausgabe ist (gewöhnlich) der Vektor x^* der minimalen Kosten. Der Vektor y^* der Lagrange-Multiplikatoren löst ein sehr wichtiges *duales* Problem, in dem A^T auftritt.

Wenn es für beide Probleme optimale Vektoren gibt, was normalerweise der Fall ist, dann gilt $c^\mathrm{T} x^* = b^\mathrm{T} y^*$. Die „Dualitätslücke" ist geschlossen. *Das Minimum von $c^\mathrm{T} x$ ist gleich dem Maximum von $b^\mathrm{T} y$.*

Es ist leicht einzusehen, warum Nebenbedingungen in Form von Ungleichungen wie $x \geq 0$ notwendig sind. Die Matrix A ist nicht quadratisch ($m < n$). Dann hat $Ax_n = 0$ viele Lösungen, von denen einige vermutlich negative Kosten haben. Wenn wir zu einer speziellen Lösung von $Ax = b$ große Vielfache von diesem x_n addieren würden, könnten wir die Kosten gegen $-\infty$ drücken.

In Wirklichkeit kann natürlich nicht einmal Enron endlos fortfahren, negative Energiemengen zu kaufen und dafür negative Preise zu zahlen. Wenn die Komponenten x_j Ankäufe repräsentieren, dann erwarten wir n Nebenbedingungen mit $x_j > 0$. Zusammen bilden diese die vektorielle Ungleichung $x \geq 0$.

Es folgt die Formulierung der miteinander verbunden linearen Programme. Zu den m Gleichungen $Ax = b$ gibt es m von y abhängige Lagrange-Multiplikatoren. Wie Sie sehen, werden aus den n Ungleichungen $x \geq 0$ im Primalproblem n Ungleichungen $A^\mathrm{T} y \leq c$ im Dualproblem.

Primalproblem   minimiere $c^\mathrm{T} x$ unter $Ax = b$ und $x \geq 0$.   (8.143)

Dualproblem   maximiere $b^\mathrm{T} y$ unter $A^\mathrm{T} y \leq c$.   (8.144)

Hier taucht nun ein neuer Begriff auf. Vektoren werden ***zulässig*** genannt, wenn sie die Nebenbedingungen erfüllen. Die Gesamtheit aller zulässiger Vektoren eines gegebenen Problems wird als dessen ***zulässige Menge*** bezeichnet. Es ist möglich, dass eine oder beide (primal/dual) zulässige Mengen leer sind. Beispielsweise sind die primal-Nebenbedingungen $x_1 + x_2 = -1$, $x_1 \geq 0$ und $x_2 \geq 0$ durch keine Kom-

8.6 Lineare Optimierung und Dualität

bination von x_1 und x_2 zu erfüllen. Im Normalfall ist jedoch nicht zu erwarten, dass der Fall einer leeren zulässigen Menge eintritt.

Kommen wir nun zu den wesentlichen Aussagen der Theorie, bevor wir uns den Algorithmen zuwenden. Die Formulierung der schwachen Dualität ist einfach, und Sie werden sehen, wie dabei die Ungleichung $A^T y \leq c$ verwendet wird.

Schwache Dualität $\quad b^T y \leq c^T x \quad$ für alle zulässigen x und y. $\quad$ (8.145)

Für den Beweis benötigen wir nur eine Zeile, wobei wir $Ax = b$, $x \geq 0$ und $A^T y \leq c$ verwenden:

Beweis $\qquad b^T y = (Ax)^T y = x^T (A^T y) \leq x^T c = c^T x$. $\qquad$ (8.146)

Der entscheidende Schritt ist die Ungleichung. Dabei werden beide Nebenbedingungen, $x \geq 0$ und $A^T y \leq c$, verwendet. Aus $7 \leq 8$ können wir nicht $7x \leq 8x$ schlussfolgern, solange wir nicht wissen, dass $x \geq 0$ gilt. Die Ungleichung $0 \leq x^T(c - A^T y)$ verallgemeinert die Aussage $x_j \geq 0$ für beliebige Vielfache $s_j \geq 0$. Diese wichtige Zahl s_j ist der sogenannte **Schlupf** in der j-ten Ungleichung $A^T y \leq c$:

$s = c - A^T y$ ist der Vektor der **Schlupfvariablen**. Es gilt stets $s \geq 0$. $\quad$ (8.147)

Die schwache Dualität $b^T y \leq c^T x$ ist einfach, aber nützlich. Sie liefert uns einen Hinweis, was bei vollständiger Dualität passieren muss, wenn die Ungleichung durch eine *Gleichung* ersetzt wird. Bei schwacher Dualität gilt $x^T(c - A^T y) \geq 0$. Mit dem Schlupf $s = c - A^T y$ können wir dies in der Form $x^T s \geq 0$ schreiben. **Bei vollständiger Dualität gilt $x^T s = 0$.**

Die Komponenten x_j und s_j sind niemals negativ, aber das Skalarprodukt von x und s ist im Falle der Dualität null. *Deshalb muss für jedes j entweder x_j oder s_j null sein.* Dies ist der Satz vom **komplementären Schlupf** über die Dualiät bei optimalem x^*, y^* und s^*:

Optimalität $(x^*)^T s^* = 0 \qquad x_j^* = 0$ oder $s_j^* = 0$ für alle j. $\qquad$ (8.148)

Der schwierige Teil ist der Beweis, dass dies tatsächlich eintritt (vorausgesetzt, die beiden zulässigen Mengen sind nicht leer). Wenn der Fall eintritt, dann wissen wir, dass die Vektoren x^*, y^* und s^* optimal sein müssen. *Das Minimum von $c^T x$ stimmt mit dem Maximum von $b^T y$ überein.*

Dualität $\qquad$ Für optimale Vektoren x^*, y^* gilt $c^T x^* = b^T y^*$. $\qquad$ (8.149)

Das praktische Problem besteht darin, x^* und y^* zu berechnen. Dafür gibt es momentan zwei konkurrierende Klassen von Verfahren: die **Simplexverfahren** und die **innere-Punkte-Verfahren.** Beim Simplexverfahren wird die Dualität nachgewiesen, indem man x^* und y^* tatsächlich konstruiert (oft ziemlich schnell). Dieses grundlegende Verfahren soll zuerst erklärt werden; es folgt die Ausführung durch einen kurzen Programmcode.

Innere-Punkte-Verfahren arbeiten **innerhalb** der zulässigen Menge. Sie erlegen dem Rand eine logarithmische Schranke auf (denn $\log x$ ist für $x \leq 0$ nicht definiert). Sie lösen eine Optimalitätsgleichung $x^T s = \theta$, oft mithilfe des Newton-Verfahrens. Die Lösung $x^*(\theta)$ bewegt sich entlang des zentralen Pfades, um für $\theta = 0$ das optimale x^* zu erreichen.

Nach diesen allgemeinen linearen Programmen konzentriert sich der Text auf zwei spezielle Probleme. Das eine ist die Frage nach dem **maximalen Fluss** durch einen gegebenen Graphen. Sicher erraten Sie, was hier die Gleichheitsnebenbedingung ist: *die erste Kirchhoffsche Regel (Knotenregel).* A ist in diesem Fall die Inzidenzmatrix. Ihre Eigenschaften führen auf das **max-flow-min-cut-Theorem,** zu dessen Anwendungen die Bildsegmentierung gehört.

Das andere Beispiel führt auf eine Fülle neuer Ideen für Kompression und Sampling mit geringem Speicheraufwand. Der geringe Speicheraufwand kommt durch ℓ^1 (anstatt ℓ^2) zustande. Die Idee besteht in der Kombination beider Normen.

Dünn besetzte Lösung bei ℓ^1 Strafe :

Minimiere $\quad \frac{1}{2} \|Ax - b\|_2^2 + \alpha \|x\|_1$. $\hfill (8.150)$

Der Term $\|x\|_1 = \sum |x_i|$ ist stückweise linear. Er ist der Grund dafür, dass x dünn besetzt ist. Der Anstieg von $|x_i|$ springt jedoch von -1 auf $+1$, und die Ableitung verschwindet bei $x_i = 0$. LASSO wird unser Einstieg in die nichtlineare Optimierung sein (und gleichzeitig ein Abschied, da jedes Buch nur endlich viele Seiten haben kann). Der Fokus wird weiterhin auf der **konvexen Optimierung** liegen.

Hier ein Überblick über die Optimierungsmethoden im linearen Fall, für Netzwerke und im nichtlinearen Fall:

1. Das **Simplexverfahren,** das sich entlang der Kanten der zulässigen Menge bewegt.
2. Die **innere-Punkte-Barrieren-Methode,** die sich entlang des inneren zentralen Pfades bewegt.
3. **LASSO** und **Basis Pursuit** zeigen den Einfluss der ℓ^1-Norm.
4. Das spezielle Problem **max-flow-min-cut** einschließlich Anwendungen.

Die Ecken der zulässigen Menge

Die Lösungen der m Gleichungen $Ax = b$ liegen auf einer n-dimensionalen Hyperebene. (In Abbildung 8.13 ist $m = 1$ und $n = 3$.) Für $b = 0$ geht die Hyperebene durch $x = 0$. Dies ist der Nullraum von A und die Gleichung lautet $Ax_{\mathsf{null}} = 0$. Normalerweise gilt $b \neq 0$ und die Lösungen haben die Form $x = x_{\mathsf{null}} + x_{\mathsf{part}}$. Dann

8.6 Lineare Optimierung und Dualität

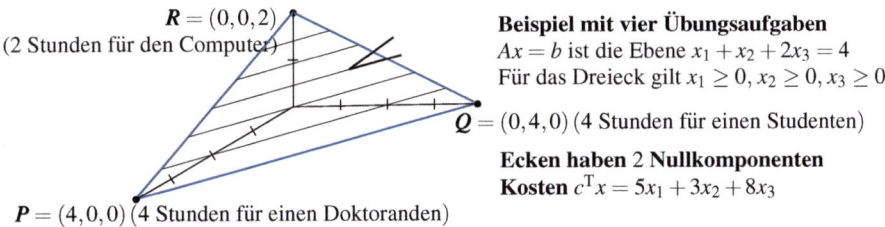

Abb. 8.13 Eine zulässige Menge mit den Kosten $20, 12, 16$ an den Ecken. Ecke Q ist optimal.

wird die die Hyperebene durch eine spezielle Lösung x_{part} mit $Ax = b$ weg vom Ursprung verschoben.

Bei der linearen Programmierung gilt $x \geq 0$. Dies beschränkt x auf die „nordöstliche Ecke" von $\mathbf{R}^n$. Koordinatenebenen wie $x_1 = 0$ und $x_2 = 0$ schneiden die Lösungsebene für $Ax = b$. Diese Schnitte sind Flächen der zulässigen Menge, für die $Ax = b$ und $x \geq 0$ gilt. In Abbildung 8.13 schneiden die drei Koordinatenebenen $x_1 = 0, x_2 = 0, x_3 = 0$ ein Dreieck heraus.

Das Dreieck hat drei Ecken. **Wir behaupten, dass eine dieser Ecken ein x^* ist:**

Ecke $Ax = b$ **und** $x \geq 0$ **und** $n - m$ **Komponenten von x sind null.**

Eine Möglichkeit, x^* zu bestimmen, besteht darin, sämtliche Ecken zu berechnen. x^* ist dann diejenige Ecke, die die Kosten $c^T x$ minimiert. Dies wäre jedoch ein unvorteilhaftes Vorgehen, weil es für große m und n viel zu viele Ecken gibt. Welche m Komponenten von x sollten null sein, um $Ax = b$ zu lösen?

Der Gewinner ist eine Ecke, weil die Kosten $c^T x$ linear sind. Wenn diese Kosten in einer Richtung zunehmen, dann nehmen sie in der entgegengesetzten Richtung ab. Ein Geradenstück auf einem Intervall hat sein Minimum immer an einem seiner beiden Endpunkte (es sei denn die Gerade hat den Anstieg null). Auf einem Dreieck liegt das Minimum der Kosten auf dem Rand, genauer gesagt in einer der Ecken. **Das Simplexverfahren ermittelt diese Ecke x^*.**

Die Idee ist einfach. *Das Verfahren bewegt sich von Ecke zu Ecke, wobei die Kosten $c^T x$ in jedem Schritt kleiner werden.* Es stoppt, wenn eine Ecke erreicht ist, für die alle angrenzenden Kanten zu höheren Kosten führen. Diese Ecke ist das optimale x^*. Weil die Anzahl der Ecken mit m und n exponentiell wachsen kann, kann dieses Verfahren im worst case langsam sein. In der Praxis wird die optimale Ecke schnell gefunden. Oft findet man x^* schon nach $2m$ Schritten.

Das Simplexverfahren

Jeder Schritt führt entlang einer Kante von einer Ecke x_{alt} zur nächsten Ecke x_{neu}. Eine Nullkomponente von x_{alt} wird in x_{neu} positiv (die **Eingangsvariable** x_{ein}. Eine positive Komponente von x_{alt} wird in x_{neu} null (die **Ausgangsvariable** x_{aus}). Die anderen positiven Komponenten bleiben positiv, wenn man von $A x_{\text{alt}} = b$ zu $A x_{\text{neu}} = b$ übergeht.

Dieser Simplexschritt löst drei $m \times m$-Systeme mithilfe der gleichen quadratischen Matrix B. Die „Basismatrix" B ist eine Untermatrix von A. Sie besitzt m Spalten, die den von null verschiedenen Komponenten von $Ax_{\text{alt}} = b$ entsprechen. Bei x_{neu} ändert sich von B_{alt} nach B_{neu} nur eine Spalte. Wir können daher einfach B oder B^- aktualisieren, anstatt die neuen Gleichungen mit B_{neu} zu lösen.

Ich will hier kurz diese drei Systeme beschreiben. Auf der nächsten Seite folgt ein Beispiel:

1. $Bx_{\text{pos}} = b$ liefert die m positiven Komponenten an der Ecke: $x(\text{basis}) = B\backslash b$.
2. $B^T y = c_B$ entscheidet über die eingehende Variable x_{ein} (die beste von x_{alt} ausgehende Kante).
3. $Bv = A_{\text{ein}}$ entscheidet über die ausgehende Variable x_{aus} (sie ist in der Ecke x_{neu} null).

Dazu noch ein paar erklärende Worte. Die Matrix A und der Kostenvektor c bestehen aus zwei Teilen. Sie entsprechen den positiven und den Nullkomponenten von x an der aktuellen Ecke x_{alt}:

$$Bx_{\text{pos}} = b \quad Ax_{\text{alt}} = \begin{bmatrix} B & Z \end{bmatrix} \begin{bmatrix} x_{\text{pos}} \\ 0 \end{bmatrix} = b \quad c = \begin{bmatrix} c_B \\ c_Z \end{bmatrix} \begin{matrix} \text{Länge } m \\ \text{Länge } n-m \end{matrix}. \quad (8.151)$$

Die Vektoren x aus $Bx_{\text{pos}} = b$ sowie y aus $B^T y = c_B$ ergeben $c^T x = c_B^T B^{-1} b = y^T b$. Diese x und y könnten optimal erscheinen, doch die Nebenbedingung $A^T y \leq c$ ist möglicherweise nicht erfüllt. Alles hängt davon, ab, ob die Schlupfvariablen $s = c - A^T y$ positiv sind:

Schlupf ist $\begin{bmatrix} 0 \\ r \end{bmatrix}$

$$s = c - A^T y = \begin{bmatrix} c_B \\ c_Z \end{bmatrix} - \begin{bmatrix} B^T \\ Z^T \end{bmatrix} y = \begin{bmatrix} 0 \\ c_Z - Z^T y \end{bmatrix} = \begin{bmatrix} 0 \\ r \end{bmatrix}. \quad (8.152)$$

Dieser *reduzierte Kostenvektor* r ist der Schlüssel. Wenn $r \geq 0$ gilt, erhöhen alle von x_{alt} ausgehenden Kanten die Kosten. In diesem Fall ist $s \geq 0$. Dann ist x_{alt} das optimale x^*, und y ist das optimale y^*.

Bis diese optimale Ecke erreicht ist, ist wenigstens eine Komponente von r negativ. Die negative Komponente r_{ein} mit dem größten Betrag (die steilste Kante) bestimmt die Eingangsvariable x_{ein}. Die Lösung von $Bv = $ (neue Spalte A_{ein}) liefert die Änderung v in x_{pos} durch eine Einheit von x_{ein}.

Die erste Komponente von $x_{\text{pos}} - \alpha v$, die null wird, identifiziert die Ausgangsvariable x_{aus}. A_{ein} ersetzt in der quadratischen Basismatrix B_{neu} die Spalte A_{aus}.

Dies war eine sehr kurze Zusammenfassung. Alle Bücher über lineare Programmierung (wie auch meine eigenen Bücher über lineare Algebra) erklären das Simplexverfahren wesentlich detaillierter. Gleichung (8.154) führt zurück auf die reduzierten Kosten: $r_i = $ **Änderung in $c^T x$, wenn x_i von null auf eins wechselt**.

8.6 Lineare Optimierung und Dualität

Ein Beispiel aus der linearen Programmierung

Dieses Beispiel wird durch Abbildung 8.13 auf Seite 767 illustriert. Die Unbekannten x_1, x_2, x_3 repräsentieren die Arbeitsstunden. Sie können also nicht negativ sein: $x \geq 0$. Die Kosten pro Stunde betragen \$5 für einen Doktoranden, \$3 für einen Studenten und \$8 für einen Computer. (*Ich entschuldige mich für die schlechte Bezahlung.*) Der Doktorand und der Student schaffen eine Übungsaufgabe pro Stunde. *Der Computer löst zwei Probleme pro Stunde.* Im Prinzip können sie die aus insgesamt vier zu lösenden Problemen bestehende Hausaufgabe austauschen: $x_1 + x_2 + 2x_3 =$ (Doktorand plus Student plus Computer) $= 4$.

Ziel: Erledige vier Probleme zu minimalen Kosten $c^T x = 5x_1 + 3x_2 + 8x_3$.

Wenn alle drei arbeiten, ist für den ganzen Job eine Stunde nötig: $x_1 = x_2 = x_3 = 1$. Die Kosten sind $5+3+8=16$. Doch sicher sollte der Doktorand durch den Studenten ersetzt werden, der genauso schnell arbeitet und weniger kostet. Wenn der Student zwei Stunden arbeitet und der Computer eine, fallen die Kosten $6+8$ für die Lösung aller vier Probleme an. Wir befinden uns auf der Kante QR, da der Doktorand unbeschäftigt ist, also $x_1 = 0$. Der beste Punkt auf dieser Kante ist aber die Ecke $Q = x^* = (0,4,0)$. **Der Student löst alle vier Probleme in vier Stunden für \$12** – dies sind die minimalen Kosten $c^T x^*$.

Mit nur einer Gleichung in $Ax = x_1 + x_2 + 2x_3 = 4$ hat die Ecke $(0,4,0)$ nur eine von null verschiedene Komponente. Wenn $Ax = b$ aus m Gleichungen besteht, haben die Ecken m von null verschiedene Komponenten. Die Anzahl der möglichen Ecken ist die Anzahl der Möglichkeiten, m von n Komponenten auszuwählen. Diese Anzahl „n über m" (der Binomialkoeffizient) wird bei Glücksspielen und in der Wahrscheinlichkeitsrechnung sehr oft benutzt. Mit $n = 30$ Unbekannten und $m = 8$ Gleichungen (was noch relativ kleine Zahlen sind), kann die zulässige Menge $30!/8!\,22!$ Ecken haben. Diese Zahl ist $(30)(29)\cdots(23)/8! = 5852925$.

Es war eine leichte Übung, drei Ecken zu überprüfen, um die minimalen Kosten zu bestimmen. 5 Millionen Ecken lassen sich dagegen nicht so leicht prüfen. Das Simplexverfahren ist viel einfacher, wie wir weiter unten sehen werden.

Das duale Problem Bei der Optimierung unter Nebenbedingungen bringt ein Minimumproblem ein Maximumproblem mit sich. Hier folgt das duale Problem für unser Beispiel, wobei $A = \begin{bmatrix} 1 & 1 & 2 \end{bmatrix}$ transponiert ist. Die Vektoren $b = [4]$ und $c = (5,3,8)$ vertauschen die Rollen von Nebenbedingung und Kosten.

Ein Schummler bietet an, die Hausaufgabe für uns zu erledigen, indem er einfach in die Lösung schaut. Er verlangt dafür y Dollar pro Problem oder $4y$ Dollar insgesamt. (Beachten Sie, dass $b = 4$ nun in die Kosten eingegangen ist.) Der Schummler kann pro Aufgabe nicht mehr verlangen, als der Doktorand, der Student oder der Computer bekommen: **$y \leq 5$ und $y \leq 3$ und $2y \leq 8$.** Dies ist $A^T y \leq c$. Der Schummler will seinen Gewinn $4y$ maximieren.

Duales Problem: Maximiere $y^T b = 4y$ unter $A^T y \leq c$.

Das Maximum stellt sich für $y = 3$ ein. Der Gewinn ist $4y = 12$. Das Maximum im dualen Problem (\$12) ist gleich dem Minimum des ursprünglichen Problems. Ich persönlich schaue ziemlich oft in den Lösungen nach. Das ist kein Schummeln!

Simplex-Beispiel

Beginnen wir mit der Variante, dass der Computer die gesamte Arbeit erledigt. Dann gilt auf jeden Fall $x_3 > 0$ und basis $= [3]$ hat einen Eintrag aufgrund dieser von null verschiedenen Komponente. Spalte 3 von $A = \begin{bmatrix} 1 & 1 & 2 \end{bmatrix}$ geht in $B = [2]$ über. Zeile 3 der Kosten $c = \begin{bmatrix} 5 & 3 & 8 \end{bmatrix}'$ geht in $c_B = [8]$ über. Ein Simplexschritt ist wegen $m = 1$ sehr kurz:

1. $Bx_{\text{pos}} = b = [4]$ liefert $x_{\text{pos}} = x_3 = 2$. Die Computer-Ecke ist $x_{\text{alt}} = (0, 0, 2)$.
2. $B^{\mathrm{T}}y = c_B$ ergibt $y = 4$. Die reduzierten Kosten r erscheinen in $c - A^{\mathrm{T}}y = (\mathbf{1}, -\mathbf{1}, \mathbf{0})$. Die in r auftretende -1 markiert die Eingangsvariable $x_{\text{ein}} = x_2$ (der Student macht sich an die Arbeit).
3. $Bv = A_{\text{ein}}$ ist $2v = 1$. Für die Kante vom Computer zum Studenten ist $x_1 = 0$, $x_2 = \alpha$ und $x_3 = 2 - \alpha v$. Diese Kante endet, wenn $\alpha = 2/v = 4$ ist. Dann verlässt $x_{\text{aus}} = x_3$ die Basis. Die Ecke des Studenten hat $\alpha = 4$ Einheiten von x_{ein}, sodass sich $x_{\text{neu}} = (\mathbf{0}, \mathbf{4}, \mathbf{0})$ ergibt.

Im nächsten Schritt wird x_{neu}, bisher die Ecke des Studenten, zu x_{alt}. Nun ist basis $= [2]$ und $B = [1]$; $x_{\text{pos}} = 4$ wurde bereits bestimmt (der Code benötigt ausgehend von der Startecke nur einen Schritt). In Schritt 2 ist $c_B = 3$ und $y = 3$ und $c - A^{\mathrm{T}}y = (\mathbf{2}, \mathbf{0}, \mathbf{2})$. *Keine Komponente der reduzierten Kosten ist negativ.* Also sind $x^* = (0, 4, 0)$ und $y^* = 3$ optimal. Der Student macht die ganze Arbeit allein.

Zusammenfassung Das Simplexverfahren hält an, wenn $c - A^{\mathrm{T}}y \geq 0$ ist. Andernfalls zeigt r_{min} die betragsgrößte negative Komponente der reduzierten Kosten sowie deren Index ein an. Dann fällt x_{pos} um αv entlang der Kante auf x_{neu}. Die Kante endet mit $x_{\text{aus}} = 0$, wenn $\alpha = \min(x_i/v_i)$ für $x_i > 0$ und $v_i > 0$ gilt.

Alternativer Anfang Es kann sein, dass der erste Schritt nicht direkt auf das optimale x^* führt. Das Verfahren wählt x_{ein}, bevor bekannt ist, mit welchem Vielfachen diese Variable in $Ax = b$ eingeht. Wir hätten von $x = (4, 0, 0)$ startend auch zuerst zu $x_{\text{Computer}} = (0, 0, 2)$ gehen können. Von dort hätten wir das optimale $x^* = (0, 4, 0)$ gefunden.

Je mehr Eingangsvariablen wir berücksichtigen, umso geringer werden die Kosten. Dieser Prozess endet, wenn eine positive Komponente von x (die so justiert ist, dass $Ax = b$ erhalten bleibt) null wird. *Die Ausgangsvariable x_{aus} ist das erste positive x_i, das null wird* und somit die neue Ecke anzeigt. Durch eine größere Menge von x_{ein} würde x_{aus} negativ, was nicht erlaubt ist. Dann fährt der Algorithmus an dem neuen x_{ein} fort.

Wenn sämtliche reduzierten Kosten r positiv sind, ist die aktuelle Ecke das optimale x^*. Die Nullen in x^* können nicht positiv werden, ohne dass $c^{\mathrm{T}}x$ wachsen

8.6 Lineare Optimierung und Dualität

würde. Wir nehmen keine neue Variable hinzu, sondern bleiben bei $x_Z = 0$. Hier folgt die Rechnung, die die reduzierten Kosten r erklärt:

$Ax = b$ auf der Kante $\quad Ax = \begin{bmatrix} B & Z \end{bmatrix} \begin{bmatrix} x_B \\ x_Z \end{bmatrix} = b\,.$ (8.153)

$$\text{Das ergibt } x_B = B^{-1}b - B^{-1}Zx_Z\,.$$

Für die alte Ecke war $x_Z = 0$ und $x_B = B^{-1}b$. In allen x betragen die Kosten $c^{\mathrm{T}}x$:

Kosten von x auf der Kante $\quad c^{\mathrm{T}}x = \begin{bmatrix} c_B^{\mathrm{T}} & c_Z^{\mathrm{T}} \end{bmatrix} \begin{bmatrix} x_B \\ x_Z \end{bmatrix}$ (8.154)

$$= c_B^{\mathrm{T}}B^{-1}b + (c_Z^{\mathrm{T}} - c_B^{\mathrm{T}}B^{-1}Z)x_Z\,.$$

Der letzte Term $r^{\mathrm{T}}x_Z$ entspricht den direkten Kosten minus der Einsparung durch ein kleineres x_B. Die Nebenbedingung (8.153) bewirkt ein Update von x_B, bei dem $Ax = b$ erhalten bleibt. Wenn $r \geq 0$ ist, wollen wir x_Z nicht haben.

Programmcode für das Simplexverfahren

Der Code für das Simplexverfahren ist ein Geschenk von Bob Fourer. Auf der cse-Website findet der Code eine erste Ecke $x \geq 0$, sofern die zulässige Menge nicht leer ist. In der hier vorgestellten Version muss der Anwender m Indizes in basis eingeben, durch die die von null verschiedenen Komponenten von x markiert werden. Der Code überprüft die Bedingung $x \geq 0$.

Das Programm beginnt an der Ecke, die die Indizes aus basis verwendet. In jedem Schritt wird ein neuer Index ein und ein alter Index aus bestimmt. Beachten Sie den abschließenden Befehl basis(aus) = ein.

```
function [x,y,kosten] = simplex(A,b,c,basis)
x = zeros(länge(c)); v = zeros(länge(c));        % Spaltenvektoren b,c,x,v,y
B = A(:,basis); x(basis) = B\b; z = .000001      % basis = [m Indizes ≤ n]
fallsy (x < −z)                                  % wir brauchen x ≥ 0 und
Ax = b, um beginnen zu können
    error ('schlechter Startpunkt, x hat Komponente < 0');end
kosten = c(basis)' * x(basis);                   % Kosten c^T x in der Startecke
for schritt = 1 : 100                            % führe ≤ 100 Simplexschritte aus
    y = B'\c(basis);                             % dieses y kann unzulässig sein (≥ 0)
    [rmin,ein] = min(c − A' * y);                % Minimum r und sein Index ein
    if rmin > −z                                 % Optimalität ist erreicht, r ≥ 0
        break; end                               % aktuelles x, y ist optimal x*, y*
    v(basis) = B\A(:,ein);                       % senke x um 1 Einheit von x_ein
[alpha, aus] = min(x(basis)./max(v(basis),z));   % alpha bestimmt x_neu der Kante
```

```
    if v(basis(aus)) < z              % aus = Index des ersten x, das 0
erreicht
    error ('kosten sind auf der zulässigen Menge unbeschränkt x'); end
    x(ein) = alpha ;                  % neue positive Komponente von x
    kosten = kosten + x(ein) * rmin ; % niedrigere Kosten am Ende des Schrittes
    x(basis) = x(basis) − x(ein) * v(basis) ; % aktualisiere altes x auf neue Ecke
    basis(aus) = ein ;                % ersetze Index aus durch Index ein
end
```

Innere-Punkte-Verfahren

Das Simplexverfahren bewegt sich stets entlang der Kanten der zulässigen Menge, um schließlich die optimale Ecke x^* zu erreichen. ***Innere-Punkte-Verfahren bewegen sich innerhalb der zulässigen Menge*** (es gilt $x > 0$). Die Hoffnung ist, auf diese Weise direkter zu x^* zu gelangen. Tatsächlich arbeiten diese Verfahren gut.

Eine Möglichkeit, um zuverlässig im Inneren zu bleiben, besteht im Anbringen von Barrieren am Rand. Dabei addiert man eine zusätzliche, logarithmische Kostenkomponente, die sich aufbläht, wenn sich eine Variable der Null nähert. Für den besten Vektor gilt $x > 0$. Die Zahl θ ist ein kleiner Parameter, den wir gegen null schicken.

Barrierenproblem

Minimiere $c^T x - \theta (\log x_1 + \cdots + \log x_n)$ mit $Ax = b$. (8.155)

Hier sind die Kosten nichtlinear. Die Bedingungen $x_j \geq 0$ werden nicht benötigt, weil $\log x_j$ für $x_j = 0$ unendlich wird.

Die Barriere macht aus dem ursprünglichen Problem für alle θ ein *Approximationsproblem*. Dieses hat m Nebenbedingungen $Ax = b$ mit den Lagrange-Multiplikatoren $y_1, \ldots, y_m$. Die Ungleichungen $x_i \geq 0$ sind in $\log x_i$ verborgen.

Lagrange-Funktion $\quad L(x, y, \theta) = c^T x - \theta (\sum \log x_i) - y^T (Ax - b)$ (8.156)

Die partielle Ableitung $\partial L / \partial y = 0$ führt wieder auf $Ax = b$. Interessant sind die Ableitungen $\partial L / \partial x_j$.

Optimalität im Barrierenproblem

$$\frac{\partial L}{\partial x_j} = c_j - \frac{\theta}{x_j} - (A^T y)_j = 0 \quad \text{oder} \quad \boldsymbol{x_j s_j = \theta}. \quad (8.157)$$

Für das exakte Problem ist $x_j s_j = 0$, für das Barrierenproblem hingegen $x_j s_j = \theta$. Die Lösungen $x^*(\theta)$ liegen auf dem **zentralen Pfad** zu $x^*(0)$. Diese n Optimalitätsgleichungen $x_j s_j = \theta$ sind nichtlinear, und wir lösen dieses System iterativ mithilfe des Newton-Verfahrens.

8.6 Lineare Optimierung und Dualität

Die aktuellen x, y und s erfüllen $Ax = b, x \geq 0$ und $A^T y + s = c$, *nicht aber* $x_j s_j = \theta$. Das Newton-Verfahren arbeitet mit den Schrittweiten $\Delta x, \Delta y, \Delta s$. Durch Weglassen des Terms zweiter Ordnung $\Delta x \Delta s$ in $(x + \Delta x)(s + \Delta s) = \theta$ erhalten wir für die Korrekturen von x, y und s lineare Gleichungen:

Newton-Schritt
$$\begin{aligned} A \Delta x &= 0 \\ A^T \Delta y + \Delta s &= 0 \\ s_j \Delta x_j + x_j \Delta s_j &= \theta - x_j s_j. \end{aligned} \tag{8.158}$$

Diese Iteration ist für alle θ von quadratischer Konvergenz, und dann geht θ gegen null. Für beliebige m und n liegt die Dualitätslücke $x^T s$ nach 20 bis 60 Newton-Schritten unter 10^{-8}. Dieser Algorithmus wird fast ohne Verfeinerungen in kommerzieller Innere-Punkte-Software verwendet, die sich für eine große Klasse nichtlinearer Optimierungsprobleme einsetzen lässt. Wir werden zeigen, wie ein ℓ^1-Problem geglättet werden kann (was für das Newton-Verfahren notwendig ist).

Ein Beispiel für die Barrierenmethode

Ich werde noch einmal das gleiche 1×3-Beispiel nehmen und entschuldige mich bei den Doktoranden, dass ich Ihnen so hohe Kosten angedichtet habe:

Minimiere $c^T x = 5x_1 + 3x_2 + 8x_3$ mit $x_i \geq 0$ und $Ax = x_1 + x_2 + 2x_3 = 4$.

Die Nebenbedingung hat einen Multiplikator y. Die Lagrange-Funktion mit Barriere ist L:

$$L = (5x_1 + 3x_2 + 8x_3) - \theta (\log x_1 + \log x_2 + \log x_3) - y(x_1 + x_2 + 2x_3 - 4) \tag{8.159}$$

Sieben Optimalitätsgleichungen liefern $x_1, x_2, x_3, s_1, s_2, s_3$ und y (abhängig von θ):

$$\begin{aligned} \boldsymbol{s = c - A^T y} & \quad s_1 = 5 - y, \; s_2 = 3 - y, \; s_3 = 8 - 2y, \\ \boldsymbol{\partial L / \partial x = 0} & \quad x_1 s_1 = x_2 s_2 = x_3 s_3 = \theta, \\ \boldsymbol{\partial L / \partial y = 0} & \quad x_1 + x_2 + 2x_3 = 4. \end{aligned} \tag{8.160}$$

Starten wir vom inneren Punkt $x_1 = x_2 = x_3 = 1$ und $y = 2$ mit $s = (3, 1, 4)$. Die Korrekturen Δx und Δy erhalten wir aus $s_j x_j + s_j \Delta x_j + x_j \Delta s_j = \theta$ und $A \Delta x = 0$:

$$\begin{aligned} 3 \Delta x_1 + 1 \Delta s_1 & \quad 3 \Delta x_1 - 1 \Delta y = \theta - 3, \\ 1 \Delta x_2 + 1 \Delta s_2 & \quad 1 \Delta x_2 - 1 \Delta y = \theta - 1, \\ 4 \Delta x_3 + 1 \Delta s_3 & \quad 4 \Delta x_3 - 2 \Delta y = \theta - 4, \\ A \Delta x = 0 & \quad \Delta x_1 + \Delta x_2 + 2 \Delta x_3 = 0. \end{aligned} \tag{8.161}$$

Indem wir nach den Korrekturen $\Delta x_1, \Delta x_2, \Delta x_3, \Delta y$ auflösen, erhalten wir x_{neu} und y_{neu} (dies sind keine Ecken!):

$$\begin{bmatrix} x_{\text{neu}} \\ y_{\text{neu}} \end{bmatrix} = \begin{bmatrix} x_{\text{alt}} \\ y_{\text{alt}} \end{bmatrix} + \begin{bmatrix} 3 & 0 & 0 & -1 \\ 0 & 1 & 0 & -1 \\ 0 & 0 & 4 & -2 \\ 1 & 1 & 2 & 0 \end{bmatrix}^{-1} \begin{bmatrix} \theta - 3 \\ \theta - 1 \\ \theta - 4 \\ 0 \end{bmatrix} = \begin{bmatrix} 1 \\ 1 \\ 1 \\ 2 \end{bmatrix} + \frac{\theta}{14}\begin{bmatrix} 1 \\ 3 \\ -2 \\ -11 \end{bmatrix} + \frac{1}{7}\begin{bmatrix} -3 \\ 5 \\ -1 \\ 12 \end{bmatrix}.$$

Mit $\theta = \frac{4}{3}$ ist dies $\frac{1}{3}(2,6,2,8)$. Wir sind nun näher an der Lösung $x^* = (0,4,0)$, $y^* = 3$.

Sie werden vielleicht die **Sattelpunktsmatrix** S in der obigen Gleichung bemerkt haben. Diese ist in der Umgebung der $\theta = 0$-Lösung schlecht konditioniert, da dann in diag$(S) = c - A^T y^*$ Nullen stehen. Solche Matrizen S treten bei der Optimierung mit Nebenbedingungen ständig auf.

Optimierung in der ℓ^1-Norm

Das Minimieren von $Au - b$ in der ℓ^2-Norm führt auf $A^T A \widehat{u} = A^T b$ und kleinste Quadrate. Das Minimieren von $Au - b$ in der ℓ^1-Norm ist eine Aufgabe der linearen Programmierung und führt auf dünn besetzte Lösungen. In Abschnitt 2.3 hatten wir die Vorteile dieser dünn besetzten Alternative festgestellt (und waren dann bei ℓ^2 geblieben, um die Linearität zu sichern). Hier ist $m < n$, und dies ist **Basis Pursuit.**

Zur Bildung der ℓ^1-Norm werden die Absolutwerte addiert, also beispielsweise $\|(1,-5)\|_1 = 6$. Diese Absolutwerte sind die Differenzen zwischen zwei linearen Rampen, $x^+ = (1,0)$ und $x^- = (0,5)$:

Sei $x_k = x^+{}_k - x^-{}_k$ mit $x^+{}_k = \max(x_k, 0) \geq 0$ und $x^-{}_k = \max(-x_k, 0) \geq 0$.

Dann ist $|x_k| = x_k^+ + x_k^-$. Das lineare Programm hat also $2n$ Variablen x^+ und x^-.

Basis Pursuit: Minimiere $\sum_1^m (x_k^+ + x_k^-)$ unter $Ax^+ - Ax^- = b$. (8.162)

Wir fordern $x_k^+ \geq 0$ und $x_k^- \geq 0$. Für das Minimum gilt niemals sowohl $x_k^+ > 0$ als auch $x_k^- > 0$.

Die Lösung ist dünn besetzt, weil sie in einer Ecke der zulässigen Menge liegt. A hat vollen Rang, und in x stehen $n - m$ Nullen. Das System $Ax = b$ hat viele Lösungen, denn es ist unterbestimmt. Die Geometrie des Polyeders sorgt dafür, dass die Lösung dünn besetzt ist. Wir wollen x aber noch dünner besetzt machen.

Das duale Problem zu Basis Pursuit ist hübsch und beinhaltet die ℓ^∞-**Norm**. Der Kostenvektor c besteht aus lauter Einsen. Die Matrix der Nebenbedingungen $[A \ -A]$ ist wegen der Dualität zu transponieren.

Dual zu Basis Pursuit: Maximiere $b^T y$ unter $\begin{bmatrix} A^T \\ -A^T \end{bmatrix} y \leq \begin{bmatrix} 1 \\ 1 \end{bmatrix}$. (8.163)

Alle Komponenten von $A^T y$ liegen zwischen 1 und -1; die *maximale Komponente* ist $= \|A^T y\|_\infty \leq 1$.

8.6 Lineare Optimierung und Dualität

Dualnormen $\quad \|y\|_{\text{dual}} = \max\limits_{x \neq 0} y^T x / \|x\|_{\text{primal}} \quad \|x\|_{\text{primal}} = \max\limits_{y \neq 0} y^T x / \|y\|_{\text{dual}}$.

Wenn die Primalnorm $\|x\|_1$ ist, dann ist die Dualnorm $\|y\|_\infty$. Beispiel: Ist $y = (1,3,5)$ gegeben, dann wählen wir $x = (0,0,1)$ und finden $y^T x / \|x\|_1 = 5$, was die Norm $\|y\|_\infty$ ist. Für $x = (1,3,6)$ wählen wir $y = (1,1,1)$ und finden $y^T x / \|y\|_\infty = 10$, was die Norm $\|x\|_1$ ist. Die ℓ_2-Norm ist dual zu sich selbst.

LASSO und dünner besetzte Lösungen

Für eine dünner besetzte Lösung wollen wir weniger als m von null verschiedene Komponenten in x haben. Dafür müssen wir eine exakte Lösung der m Gleichungen $Ax = b$ aufgeben. Wir können eine ℓ^1-Nebenbedingung fordern oder eine ℓ^1-Strafe erhöhen, um mehr Nullen zu bekommen:

Basis Pursuit Rauschminderung:

Minimiere $\frac{1}{2}\|Ax - b\|_2^2 + L\|x\|_1$. $\hfill (8.164)$

LASSO: kleinster Absolutwert...:

Minimiere $\|Ax - b\|_2$ unter $\|x\|_1 \leq D$. $\hfill (8.165)$

Die Lösung von (8.164) ist gleichzeitig die Lösung von (8.165) für ein von D abhängiges L. LASSO ist etwas nützlicher, weil in der Nebenbedingung eine duale Variable (Lagrange-Multiplikator) vorkommt, die uns sagt, wie stark wir D ändern müssen. Die Lösung von Basis Pursuit mit Rauschminderung wird $x = 0$ (absolut dünn besetzt!), wenn der Strafkoeffizient den Wert $L^* = \|A^T b\|_\infty$ erreicht.

Im Abschnitt 4.7 über Signalverarbeitung wurde ein instruktives Beispiel mit wachsendem L herausgearbeitet. Die Lösung startet mit dem rauschfreien Basis Pursuit (8.162) mit m von null verschiedenen Komponenten. Wenn L wächst, **verschiebt sich eine dieser Komponenten in Richtung null** (linear in L). Dann verschiebt sich eine weitere Komponente nach null (und bleibt dort). Durch das Setzen von L in (8.164) oder D in (8.165), können wir steuern, wie dünn besetzt x ist – und mehr Nullen bedeuten eine geringere Genauigkeit in $Ax \approx b$. Im Falle eines verrauschten Signals sind wir an einer perfekten Rekonstruktion von b nicht interessiert.

Diese Problemstellungen sind von großer Wichtigkeit. Experten arbeiten daran, schnelle Algorithmen für deren Lösung zu entwickeln. Der eigentliche Test ist das Verhalten dieser Algorithmen, wenn die Matrizen A sehr groß werden. Immer stehen zwei Alternativen zur Auswahl: Projektion auf die exakten Nebenbedingungen in jedem Schritt oder die Bewegung durch das Innere (dann darf man das Verfahren aber nicht durch exakte Newton-Schritte verlangsamen). Auf der cse-Website werden Referenzen für beide Alternativen gepflegt, was eine beträchtliche Arbeit ist.

Konvexe (nichtlineare) Optimierung

Kleinste Quadrate und lineare Programmierung sind konvexe Probleme. Dies gilt auch für Basis Puirsuit und LASSO. Im Grunde beschäftigt sich das gesamte vorliegende Buch mit konvexen Funktionen. Nur beim Problem des Handlungsreisenden müssen wir diese beste aller möglichen Welten verlassen, und tatsächlich ist es diese Eigenschaft, die das Problem NP-schwer macht. Deshalb wollen wir uns nun auf die Konvexität konzentrieren.

Eine glatte Funktion $f(x)$ ist konvex, wenn überall $d^2 f/dx^2 \geq 0$ gilt. Eine Funktion $f(x_1,\ldots,x_n)$ von n Veränderlichen ist konvex, wenn die Matrix ihrer zweiten Ableitungen H überall **positiv semidefinit** ist: $H_{ij} = \partial^2 f/\partial x_i \partial x_j$. Grafisch bedeutet das, dass die Kurve oder die Fläche $y = f(x)$ über ihre Tangentenlinien und Tangentenflächen ansteigt.

Die Bedeutung der Konvexität wurde sehr schön von Rockefellar (vgl. [20]) herausgestellt: **Die große Wasserscheide in der Optimierung ist nicht die zwischen Linearität und Nichtlinearität, sondern zwischen Konvexität und Nichtkonvexität.** Hier zwei äquivalente Formulierungen eines konvexen Optimierungsproblems, wenn alle $f_0(x),\ldots,f_m(x)$ konvex sind:

> Minimiere $f_0(x)$ unter $f_i(x) \leq b_i$,
>
> Minimiere $f_0(x)$ in einer konvexen Menge K. (8.166)

Die Absolutwertfunktion $f(x) = |x|$ und eine Vektornorm $\|x\|$ sind ebenfalls konvex (was wichtig ist), auch wenn sie keine Ableitung bei $x = 0$ haben. Sie bestehen den Test, dass sie **unter den Verbindungslinien der Punkte ihres Graphen bleiben**:

> **Konvexe Funktion**
>
> $f(tx+(1-t)X) \leq t f(x) + (1-t) f(X)$ für $0 \leq t \leq 1$. (8.167)

Die rechte Seite bildet eine Gerade, wenn t von 0 bis 1 läuft. Die linke Seite ist eine Kurve (der Graph von f). An den Endpunkten $t = 0$ und $t = 1$ gilt das Gleichheitszeichen. Geraden und Ebenen sind (gerade noch) konvex. Parabeln sind konvex, wenn sie sich nach oben öffnen, die Funktion $\sin x$ ist zwischen π und 2π konvex, zwischen 0 und π dagegen **konkav**. Entscheidend für die Konvexität einer Funktion ist, dass sie sich nach oben *krümmt* (zweite Ableitung) und nicht, dass sie *wächst* (erste Ableitung).

Die zulässige Menge K (die Menge aller x, die die m Nebenbedingungen $f_i(x) \leq b_i$ erfüllen) ist eine **konvexe Menge** im n-dimensionalen Raum:

> **Konvexe Menge**
>
> Die Verbindungslinie zwischen beliebigen $x, X \in K$ liegt vollständig in K.

8.6 Lineare Optimierung und Dualität

Konvexe Funktionen liefern konvexe Mengen. Für $f_1(x) \leq b_1$ und $f_1(X) \leq b_1$ bleibt die rechte Seite von (8.167) unterhalb von b_1 – und somit auch die linke Seite. Das gleiche gilt für sämtliche Nebenbedingungen $f_i(x) \leq b_i$. Die Verbindungslinie zwischen x und X bleibt in K, also ist die zulässige Menge konvex.

Konvexe Mengen K liefern konvexe Funktionen. Die **Indikatorfunktion** $f_K(x)$ ist innerhalb von k gleich null und außerhalb $+\infty$. Die Bedingung „x in K" ist gleichbedeutend mit „$f_K(x) \leq 0$". Sie sehen nun, warum f_K eine konvexe Funktion ist: Wenn x und X in der konvexen Menge K liegen, dann auch ihre Verbindungslinie. Damit ist die Bedingung (8.167) erfüllt.

Beispiel 8.13 Die Schnittmenge konvexer Mengen $K_1, \ldots, K_m$ ist ebenfalls eine konvexe Menge K. Insbesondere sind die Schnittmengen beliebiger Halbebenen $a_i^T x \leq b_i$ konvexe Mengen. Dies trifft auf die zulässige Menge zu, wenn die lineare Programmierung (**LP**) $Ax \leq b$ fordert. Jede zusätzliche Nebenbedingung reduziert K weiter.

Beispiel 8.14 Die Kugel $\|x\| \leq 1$ ist bezüglich jeder Norm eine konvexe Menge. Für die ℓ^2-Norm hat sie tatsächlich die Gestalt einer Kugel. Für $\|x\|_1 \leq 1$ haben wir eine Raute und $\|x\|_\infty \leq 1$ ergibt sich eine Box, die ihr umschrieben ist. Der Konvexitätstest ist nichts anderes als die Dreiecksungleichung, die von jeder Norm erfüllt wird.

Beispiel 8.15 Die Menge K aller positiv semidefiniten Matrizen ist eine konvexe Menge. Falls $y^T A y \geq 0$ und $y^T B y \geq 0$, dann gilt auch $y^T(tA + (1-t)B)y \geq 0$. Ein semidefinites Programm (**SDP**) minimiert über diese Menge positiv semidefiniter Matrizen im Matrixraum.

Eine konvexe Primalminimierung korrespondiert mit einer konkaven Dualmaximierung. Das primal-dual-Paar kann durch das innere-Punkte-Verfahren gelöst werden. Die Lösung ist ein Sattelpunkt und die Optimalitätsgleichungen sind KKT-Bedingungen. Und, was das Wichtigste ist, die **Energie ist konvex**.

Max-flow-min-cut

Es gibt eine spezielle Klasse von linearen Programmen, die sehr schöne Lösungen haben. Mit etwas Glück gilt für diese Probleme $A =$ *Inzidenzmatrix eines Graphen*. Die Unbekannten bei der Minimierung sind Potentiale u in den Knoten. Die Unbekannten w bei der dualen Maximierung sind Flüsse entlang der m Kanten. Beim dualen Problem wird der **maximale Fluss** (Max-flow) bestimmt.

Die Flüsse müssen in jedem Knoten die erste Kirchhoffsche Regel, $A^T w = 0$, erfüllen. Zwei Knoten des Graphen werden als *Quelle s* und *Senke t* ausgewählt. Ziel ist es, den Gesamtfluss von s nach t zu maximieren. (Dieser Fluss strömt als w_{ts} entlang der gestrichelten Linie direkt zur Quelle zurück.) Für jede Kante gibt es eine **Kapazität** c_{ij}, die den Fluss w_{ij} nach oben beschränkt:

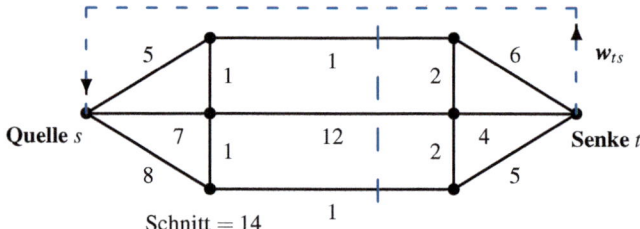

Abb. 8.14 Maximiere den Gesamtfluss von s nach t unter Beachtung der Kapazitätsgrenzen c_{ij} für die einzelnen Kanten.

Max-flow Maximiere w_{ts} von t nach s unter $A^T w = 0$ und $w \leq c$. (8.168)

Das Beste an diesem Problem ist, dass es ganz ohne lineare Algebra gelöst werden kann. Der Fluss durch die Mitte des Graphen ist höchstens $1 + 12 + 1 = 14$. In der Mitte ist vertikal ein **Schnitt** eingezeichnet, dessen aufsummierte Kapazität 14 ist. *Alle Flüsse müssen diesen Schnitt kreuzen.* Schauen Sie bitte, ob Sie einen *Fluss finden, dessen Kapazität kleiner ist als 14*. Ihr Schnitt wird dann eine schärfere Grenze für den Gesamtfluss liefern.

Wahrscheinlich haben Sie den Schnitt ausfindig gemacht, der die Kapazität $1 + 2 + 4 + 2 + 1 = 10$ liefert. Dies ist der **minimale Schnitt** (min-cut), und der Gesamtfluss durch den Graphen kann den Wert 10 nicht unterschreiten. *Ist die Kapazität des minimalen Schnitts gleich der Kapazität des maximalen Flusses?* Die Antwort muss *ja* lauten, oder die Dualität würde hier nicht gelten – und dann hätte ich das Problem nie erwähnt:

Schwache Dualität alle Flüsse $\leq$ alle Schnitte,
Dualität max flow = min cut.

Der minimale Schnitt ist der Flaschenhals in Flussgraphen. Denken Sie zum Beispiel an Anwendungen, bei denen es um Versorgungsleitungen geht. Der maximale Fluss füllt den Flaschenhals bis zur Kapazitätsgrenze.

Abseits vom Flaschenhals ist das Flussmuster für die 10 Elemente nicht eindeutig. Es gibt viele optimale Lösungen w^*. Diese Entartung ist für große lineare Programme keineswegs ungewöhnlich (auch beim Simplexverfahren werden manche w's geändert, ohne dass sich daraus eine Verbesserung ergibt). Es ist auch möglich, dass es mehr als einen minimalen Schnitt gibt. Das Entscheidende ist, das Minimum *schnell* zu finden.

Maximaler Fluss und bipartites Matching

Der klassische Beweis der Dualität (*max flow = min cut*) nach Ford-Fulkerson ist ein algorithmischer. In jedem Schritt wird nach einem „Erweiterungspfad" geschaut,

8.6 Lineare Optimierung und Dualität

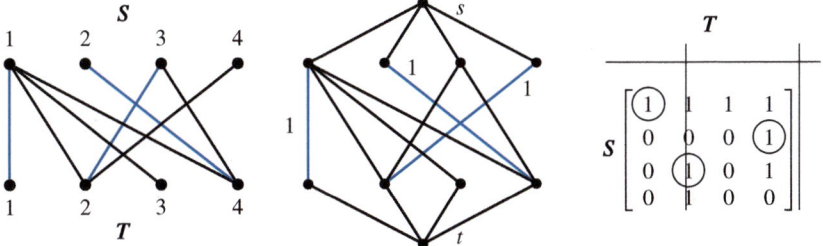

Abb. 8.15 Dieser bipartite Graph besitzt kein perfektes Matching: $max\ flow = min\ cut = 3$.

der einen zusätzlichen Fluss erlaubt. Dieses Vorgehen ist nicht ganz so schnell wie ein Greedy-Algorithmus, der eine einmal getroffene Entscheidung nie rückgängig macht. Wir könnten den Fluss entlang einiger Kanten reduziert haben (indem wir den Fluss zurückschicken), um den Gesamtfluss zu erhöhen. Auf der cse-Website sind Links angegeben, die auf schnelle Lösungsverfahren verweisen.

Durch das Bestimmen des maximalen Flusses finden wir auch den minimalen Schnitt. Dieser Schnitt separiert die Knoten, die noch mehr Fluss aufnehmen können, von denjenigen, die dies nicht können. Aus diesem Grund ist dieser spezielle Schnitt bis zur Kapazitätsgrenze gefüllt, was beweist, dass der maximale Fluss gleich dem minimalen Schnitt ist.

Der Algorithmus mit Erweiterungspfaden ist *streng polynomial*. Er löst das Problem in $O(mn)$ Iterationen, unabhängig von den Kapazitäten c_{ij}. Seine Laufzeit wurde durch Modifikationen mehrfach verringert. Ein alternativer „Vorfluss-Push-Algorithmus" wird in [104] beschrieben.

Dieses spezielle Graphenprogramm beinhaltet ein noch spezielleres Problem, wenn es sich um einen **bipartiten** Graphen (aus zwei Teilen bestehend) handelt. Alle Kanten verlaufen von einer Knotenmenge S zu einer anderen Knotenmenge T. Beim **Heiratsproblem (bipartites Matching)** verläuft eine Kante von einem Knoten i aus S zu einem Knoten j aus T, wenn dieses Paar miteinander verträglich ist. Die Kapazitäten können nur die Werte 1 und 0 annehmen (0 ist gleichbedeutend damit, dass es keine Kante gibt). (Jeder Knoten kann also nur einmal „heiraten" – sehr konservativ.) *Der maximale Fluss von S nach T ist die maximale Anzahl der Hochzeiten.*

Ein *perfektes Matching* verbindet jeden Knoten aus S durch eine Kante mit einem Knoten aus T. Die mittlere Abbildung zeigt einen maximalen Fluss von 3 (hier sind 4 Hochzeiten möglich – das Matching ist also nicht perfekt). Um das ursprüngliche Problem als Flussproblem zu formulieren, wurden in Abbildung 8.15 eine Quelle s und eine Senke t hinzugefügt.

Die Adjazenzmatrix ist für alle acht Kanten (verträgliche Paare) mit Einsen besetzt. Diese Einsen sind so verteilt, dass sie durch lediglich drei Linien erfasst werden. Oder anders formuliert, die Knoten 2, 3, 4 aus S haben keine Kanten zu den Knoten 1 und 3 aus T (in der Matrix stehen Nullen). Damit ist Halls notwendige und hinreichende Bedingung für perfektes Matching verletzt: Die k Knoten aus S müssen mit wenigstens k Knoten aus T verbunden sein.

Graphenprobleme und das Problem des Handlungsreisenden

Die Inzidenzmatrix A hat zwei bemerkenswerte Eigenschaften, von denen in diesem Buch noch nicht die Rede war:

1. Für jede quadratische Untermatrix M von A gilt $\det(M) = 1, -1$ oder 0; sie ist **vollständig unimodular**.

Die Determinante von M ist null, wenn jede ihrer Zeilen sowohl die 1 als auch die -1 aus A erfasst. Wenn eine Zeile nur eins von beiden enthält, dann ergibt das Entfernen der betreffenden Zeile und Spalte eine kleinere Determinante. Schließlich erreichen wir eine triviale Determinante, die $1, -1$ oder 0 ist.

Diese Eigenschaft sagt uns, dass **ganzzahlige Kapazitäten zu ganzzahligen maximalen Flüssen führen.** Wir können fordern, dass die w_{ij} ganzzahlig sind, und es wird weiterhin max flow = min cut sein.

2. Die Ecken der Menge, für deren Elemente $\sum |u_i - u_j| = 1$ gilt, haben alle die Eigenschaft $u_i = 1$ oder 0 (es treten keine Brüche auf).

Diese Eigenschaft von Au, mit den Komponenten $u_i - u_j$ aus der Inzidenzmatrix A, sagt uns, dass eine optimale Ecke u^* einen Schnitt liefert (Knoten mit $u_i^* = 1$ liegen auf einer Seite). Daher hat das ganzzahlige Programm für Schnitte das gleiche Minimum wie das lineare Programm für Potentiale.

In einem anderen Graphenproblem mit interessanter Theorie treten *Kantenkosten* c_{ij} auf.

Transportproblem
Minimiere $\sum\sum c_{ij} w_{ij}$ mit Lieferposten $w_{ij} \geq 0$ und $Aw = b$. (8.169)

Diese Nebenbedingungen $Aw = b$ sind $w_{1j} + \cdots + w_{mj} = b_j$ für den Markt j und $w_{i1} + \cdots + w_{in} = B_i$ für den Lieferanten i. Die Kosten des Lieferanten am Markt sind c_{ij}. Das Transportproblem hat mn unbekannte Flüsse w_{ij} und $m + n$ Gleichheitsnebenbedingungen.

Das Logistikunternehmen Federal Express löst das duale Problem, zu wissen, wie viel es in Rechnung stellen kann. Es nimmt u_j von jeder an den Markt j gelieferten Einheit und U_i für jede vom Lieferanten i abgenommene Einheit. FedEx kann nicht mehr verlangen als die Post, es gilt also $u_j + U_i \leq c_{ij}$. Unter diesen mn Nebenbedingungen maximiert das Unternehmen seine *Einkünfte* $= \sum u_j b_j + \sum U_i B_i$.

Die Optimalitätsbedingung ist der komplementäre Schlupf an jeder Kante: $u_j + U_i = c_{ij}$ oder $w_{ij} = 0$ (keine Lieferung i an j). FedEx ist nur an ungenutzten Kanten billiger.

Dieses Problem besitzt auch eine schnelle Lösung. A ist jetzt eine Inzidenzmatrix, die nur $+1$ als Elemente hat. Ganze Zahlen sind hier die Gewinner. Es besitzen jedoch nicht alle Graphenprobleme schnelle Lösungen!

8.6 Lineare Optimierung und Dualität

> **Problem des Handlungsreisenden**
> Bestimme die billigste Route in einem Graphen, bei der jeder Knoten genau einmal besucht wird.

Wenn als Route ein Baum erlaubt ist, ist die Lösung einfach. Ein Greedy-Algorithnus findet den kürzesten Spannbaum. Es ist jedoch nicht erlaubt, dass der Handlungsreisende einen seiner Schritte zurückgeht. Die Route muss bei dem gleichen Knoten enden, bei dem sie gestartet ist. Alle bekannten Algorithmen benötigen exponentielle Zeit (die dynamische Programmierung liegt bei $n^2 2^n$), was selbst für einen Supercomputer Rechenzeit in der Größenordnung von Stunden bedeutet.

Das Problem des Handlungsreisenden ist NP-schwer. Kaum jemand glaubt, dass es jemals möglich sein wird, ein NP-schweres Pronlem in polynomialer Zeit $m^\alpha n^\beta$ zu lösen. Für lineare Programme gibt es polynomiale Algorithmen (**sie liegen in der Klasse P**). Maximale Flüsse sind besinders schnell zu berechnen. Das nach wie vor ungelöste Problem kann Ihnen eine Million Dollar einbringen (ausgelobt durch den Clay Price): **Beweisen Sie P $\neq$ NP** – es gibt keinen Algorithmus mit polynomialer Zeit für das Problem des Handlungsreisenden.

Stetige Flüsse

Die Kirchhoffsche Regel $A^T w = f$ für einen stetigen Fluss lautet $\operatorname{div} w = \partial w_1/\partial x + \partial w_2/\partial y = f(x,y)$. *Die Divergenz von w ist Ausfluss minus Zufluss*. Durch Transponieren wird der Gradient so etwas wie eine Inzidenzmatrix. Hier gilt **max flow = min cut im Quadrat**, anstatt wie bei Graphen:

Fluss: Bestimme den Flussvektor $w(x,y)$, der $\operatorname{div} w = C$ unter der Nebenbedingung $\|w\| \leq 1$ **maximiert**.

Schnitt: Bestimme die Menge S im Quadrat, die das Verhältnis Umfang zu Fläche **minimiert**.

Um $C \leq R$ für alle Mengen S zu beweisen, benutzen wir das Divergenztheorem und $|w \cdot n| \leq \|w\| \leq 1$:

> **Schwache Dualität**
> $$\iint (\operatorname{div} w)\, dx\, dy = \int w \cdot n\, ds \quad C\, (\text{Fläche von } S) \leq (\text{Umfang von } S)$$

Die Minimierung des Verhältnisses von Umfang zu Fläche ist ein klassisches Problem (schon die alten Griechen wussten, dass Kreise die Gewinner sind). Doch hier liegt S im Quadrat, zum Teil an seine Kanten angrenzend. Entfernen wir Viertelkreise vom Radius r von den Ecken, dann liefert die Rechnung $R = 2 + \sqrt{\pi}$ at $r = 1/R$ als bestes Verhältnis. Dieses R ist die **Cheeger-Konstante** des Einheitsquadrats.

Sie sieht einfach aus, aber was ist die Cheeger-Konstante (das minimale Verhältnis von Fläche zu Volumen) innerhalb eines Kubus?

Anwendung in der Bildsegmentierung

Angenommen, Sie haben ein verrauschtes Bild von einem Herzen. Welche Pixel sind Teil des Organs? Wo verläuft die Grenze? Fragen wie diese stellen sich bei der Bildsegmentierung, Bildrekonstruktion und Kontrastverstärkung. Gesucht ist eine stückweise glatte Kurve, die die Umgrenzung des Originals U möglichst gut approximiert.

Die zugewiesenen Pixelwerte u_p können durch eine diskrete **Energieminimierung** ausgedrückt werden

Regularisierte Energiesumme
$$E(u) = E_{\text{data}} + E_{\text{smooth}} = \sum (u_p - U_p)^2 + \sum \sum V(u_p, u_q). \tag{8.170}$$

Der letzte Glättungsterm bestraft Kanten, die lang, stark schwankend oder überflüssig sind. Es handelt sich um ein diskretes Analogon der Mumford-Shah-Straffunktion beim stetigen Segmentierungsproblem:

Regularisiertes Energieintegral
$$E(u) = \iint [(u-U)^2 + A|\nabla u|^2] \, dx \, dy + \textbf{Kantenlänge}. \tag{8.171}$$

Die Schwierigkeit rührt daher, dass diese Strafterme **nicht konvex** sind. Die Energie $E(u)$ besitzt viele lokale Minima, und der Pixelraum ist von hoher Dimension. Die Minimierung von E ist NP-schwer. Diese Probleme treten unter vielen anderen Namen auf, zum Beispiel Early Vision, Bayessches Analyse von Markov-Feldern, Ising-Modelle mit zwei Zuständen, Potts-Modelle mit k Zustände und weitere.

Kurz gesagt, brauchen wir **gute Algorithmen für sehr schwierige Probleme.** Unter eine garantierte Schranke zu kommen, ist nicht unmöglich. Wir erwähnen das Problem hier, weil Graphenschnitte (*nicht* normalisierte Schnitte von ∗2.9) sich als sehr effektiv erwiesen haben. Die „simulierte Abkühlung" war zu langsam. Ziel ist es, möglichst viele Pixelwerte auf einmal zu verbessern. Die Korrespondenz zwischen Schnitten und Pixelwerten [21] hat die Tür zu schnellen max-flow-min-cut-Algorithmen geöffnet. Zu Graphenschnitten empfehle ich die Webseite www.cs.cornell.edu/%7Erdz/graphcuts.html.

Aufgaben zu Abschnitt 8.6

8.6.1 Bearbeiten Sie das Beispiel ausgehend von der Ecke des Doktoranden $x = (4,0,0)$ und mit den geänderten Kosten $c = (5,3,7)$. Zeigen Sie, dass die minimalen reduzierten Kosten r den Computer als x_{in} auswählen. Die Studentenecke $x^* = (0,4,0)$ wird im zweiten Simplexschritt erreicht.

8.6.2 Testen Sie den Simplexcode an Problem 1. Für die Eingabe ist basis = [1].

8.6 Lineare Optimierung und Dualität

8.6.3 Wählen Sie einen anderen Kostenvektor c, sodass der Doktorand den Job bekommt. Bestimmen Sie y^* für das duale Problem (maximaler Gewinn für den Schummler) mit dem neuen c.

8.6.4 Eine aus sechs Aufgaben bestehende Hausarbeit, bei der der Doktorand am schnellsten ist, liefert eine zweite Nebenbedingung, $2x_1 + x_2 + x_3 = 6$. Dann zeigt $x = (2, 2, 0)$ zwei Stunden Arbeit für den Doktoranden und den Studenten je Hausarbeit an. Minimiert dieses x die Kosten $c^T x$ für den Kostenvektor $c = (5, 3, 8)$?

8.6.5 Zeichnen Sie ein Gebiet in der xy-Ebene, in dem die Ungleichungen $x + 2y = 6$, $x \geq 0$ und $y \geq 0$ gelten. Welcher Punkt dieser „zulässigen Mennge" minimiert die Kosten $c = x + 3y$? Welche Ecke führt zu maximalen Kosten?

8.6.6 Zeichnen Sie ein Gebiet in der xy-Ebene, in dem die Ungleichungen $x + 2y \leq 6$, $2x + y \leq 6$, $x \geq 0$ und $y \geq 0$ gelten. Es muss vier Ecken haben. Welche Ecke minimiert die Kosten $c = 2x - y$?

8.6.7 Diese beiden Probleme sind auch dual. Beweisen Sie die schwache Dualität, also $y^T b \leq c^T x$: Minimiere $c^T x$ unter $Ax \geq b$ und $x \geq 0$ // Maximiere $y^T b$ unter $A^T y \leq c$ und $y \geq 0$.

8.6.8 Welche Kanten der Figur in Abbildung 8.14 besitzen die Flaschenhals-Eigenschaft? Wenn Sie die Kapazität dieser Kanten um 1 erhöhen, wächst der Fluss von 10 auf 11.

8.6.9 Ein Graph mit der Quelle s, der Senke t und vier weiteren Knoten hat auf allen Verbindungen zwischen den 15 Knotenpaaren die Kapazität 1. Wie groß ist der maximale Fluss bzw. der minimale Schnitt?

8.6.10 Zeichnen Sie einen Graphen mit den Knoten $0, 1, 2, 3, 4$ und den Kapazitäten $|i - j|$ zwischen Knoten i und Knoten j. Bestimmen Sie den minimalen Schnitt und den maximalen Fluss von Knoten 0 nach Knoten 4.

8.6.11 Angenommen, es sind außer den Kantenkapazitäten auch Knotenkapazitäten gegeben: Der in den Knoten j einfließende (und ihn somit auch wieder verlassende) Fluss kann C_j nicht überschreiten. Reduzieren Sie diese Aufgabe auf das Standardproblem, indem Sie jeden Knoten j durch zwei Knoten j' und j'' ersetzen, die durch eine Kante der Kapazität C_j verbunden sind. Wie muss der übrige Graph geändert werden?

8.6.12 Sei A eine 4×4-Matrix mit $a_{ij} = 1$ auf den beiden Nebendiagonalen unmittelbar über und unter der Hauptdiagonale. Ist ein perfektes Matching (4 Hochzeiten) möglich, und wenn ja, ist dieses eindeutig? Zeichnen Sie den zugehörigen Graphen mit acht Knoten.

8.6.13 Sei A eine 5×5-Matrix mit $a_{ij} = 1$ auf den beiden Nebendiagonalen unmittelbar über und unter der Hauptdiagonale. Zeigen Sie, dass vollständiges Matching nicht möglich ist, indem Sie folgende Konstellation finden:

(i) Eine Menge von Mädchen, die nicht genügend Jungs mögen.
(ii) Eine Menge von Jungs, die nicht genügend Mädchen mögen.
(iii) Eine $r \times s$-Untermatrix mit Nullen, für die $r + s > n$ gilt.
(iv) Vier Geraden, die sämtliche Einsen in A überstreichen.

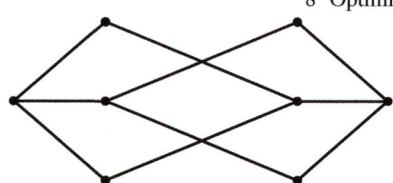

8.6.14 Die maximale Anzahl von Wegen von s nach t ohne gemeinsame *Kante* ist gleich der minimalen Anzahl von *Kanten*, durch deren Entfernen s nicht mehr mit t verbunden wäre. Verifizieren Sie diese Aussage für den obigen Graphen und stellen Sie eine Verbindung zum max-flow-min-cut-Theorem her.

8.6.15 Gegeben ist eine 7×7-Matrix mit 15 Einsen. Zeigen Sie, dass dann mehr als zwei Hochzeiten möglich sind. Wie viele Geraden sind nötig, um alle Einsen zu überstreichen?

8.6.16 Die zulässige Menge $Ax = b, x \geq 0$ ist leer, falls $A = [-3]$ und $b = [2]$. Zeigen Sie, dass das duale Maximumproblem unbeschränkt ist (beide Probleme haben keine Lösung).

8.6.17 Zeichnen Sie einen Graphen mit sieben Knoten, in dem sechs Kanten zwischen den äußeren sechs Knoten verlaufen (also ein Sechseck bilden) und sechs Kanten die äußeren Knoten mit dem siebenten, inneren Knoten s verbinden. Alle 12 Kapazitäten seien eins. Wie groß ist der maximale Fluss von s zur Senke t (einer der äußeren Knoten)?

8.7 Adjungierte Methoden im Design

Angenommen, $u = (u_1, \ldots, u_N)$ ist die Lösung von N Gleichung, die linear oder nichtlinear, stetig oder diskret, mit Anfangs- oder Randwerten gegeben sein können. Diese Gleichungen können M **Kontrollvariablen** $p = (p_1, \ldots, p_M)$ umfassen. Dies sind die Designparameter (oder Entscheidungsparammeter). Häufig will man eine skalare Funktion $g(u, p)$ optimieren. ***Die adjungierte Methode ist eine schnelle Möglichkeit, $dg/dp = (dg/dp_1, \ldots, dg/dp_M)$ zu finden.***

Diese M Ableitungen sind ein Maß für die *Sensitivität* von g in Bezug auf Änderungen von p. Dies ist eine wichtige Größe! Für gegebenes p liefert dg/dp die Suchrichtung im p-Raum, in der g verbessert werden kann (die *Gradientenrichtung*). Schwierig wird die Sache dadurch, dass mit dg/dp eine große Matrix ins Spiel kommt, nämlich wegen der Kettenregel:

Gradient von $g(u, p)$

$$\frac{dg}{dp} = \frac{\partial g}{\partial u}\frac{\partial u}{\partial p} + \frac{\partial g}{\partial p} \qquad \begin{array}{l} \partial g/\partial u \text{ hat die Größe } \mathbf{1 \times N} \\ \partial u/\partial p \text{ hat die Größe } \mathbf{N \times M}. \end{array} \qquad (8.172)$$

8.7 Adjungierte Methoden im Design

Die adjungierte Methode vermeidet die Berechnung aller NM Ableitungen $\partial u_i / \partial p_j$. Dies ist eine extrem wertvolle Eigenschaft bei der Topologie-Optimierung und auch bei anderen Problemen, wo p Tausende von Parametern umfasst (großes M). Wir wollen dg/dp berechnen, indem wir **eine einzige adjungierte Gleichung** anstatt M direkte Gleichungen lösen.

Lineare Systeme

Das einführende Beispiel ist ein System aus N linearen Gleichungen, $Au = b$, dessen Eingabe b von den Parametern $p = (p_1, \ldots, p_M)$ abhängt. Die skalare Funktion ist $g(u,p) = c^T u$ mit einem festen Vektor c. (Für $c = (1, \ldots, 1)$ wäre die Summe der u's die zu optimierende Größe. In diesem Fall gilt $\partial g/\partial p = 0$ und $\partial g/\partial u = c^T$. Es ist der Zeilenvektor $c^T(\partial u/\partial p)$, den wir kennen müssen, um zu einem besseren p zu gelangen.

Jedes $\partial u / \partial p_j$ lässt sich aus der Ableitung von $Au(p) = b(p)$ bestimmen:

Ableitungen von u $\quad A \dfrac{\partial u}{\partial p_j} = \dfrac{\partial b}{\partial p_j}.$ (8.173)

Dies ist ein lineares System der Größe N für jeden der M Vektoren $\partial u/\partial p_j$. Nach Möglichkeit sollten wir es vermeiden, ein solches System zu lösen. Erinnern wir uns daran, dass die Ableitungen, die wir laut (8.172) tatsächlich haben wollen, wegen $g = c^T u$ die Komponenten von $c^T(\partial u / \partial p)$ sind:

Ableitungen von g $\quad \underset{1 \times N}{\dfrac{\partial g}{\partial u}} \underset{N \times M}{\dfrac{\partial u}{\partial p}} = \underset{1 \times N}{c^T} \underset{N \times M}{\dfrac{\partial u}{\partial p}} = \underset{1 \times N}{c^T} \underset{N \times N}{A^{-1}} \underset{N \times M}{\dfrac{\partial b}{\partial p}}.$ (8.174)

Die entscheidende Idee der adjungierten Methode besteht darin, zuerst $c^T A^{-1}$ zu berechnen. Die zu vermeidende Berechnung ist die letzte, $N \times N$ mal $N \times M$. Alles was wir für dg/dp brauchen, ist der Vektor $\lambda^T = c^T A^{-1}$, was ein einzelnes System mit der Koeffizientenmatrix A^T beinhaltet:

Adjungiertes System

$A^T \lambda = c \quad \text{ergibt} \quad \lambda^T A = c^T \quad \text{und} \quad \lambda^T = c^T A^{-1}.$ (8.175)

Für Produkte XYZ aus drei Matrizen kann die **Reihenfolge $(XY)Z$ schneller oder langsamer sein als die Reihenfolge $X(YZ)$**. Hier ist sie schneller. Problem 1 macht den Vergleich auf Grundlage der Formen. Es ist das Auftreten von A^T (der *Adjunkte*), das der Methode ihren Namen gab.

Ein **automatischer Differenziator** (wie ADIFOR oder AdiMat) ist häufig der beste Weg, um Ableitungen der Komponenten von $b(p)$ sowie von $A(p)$ zu berechnen. Diese Funktionen könnnen analytisch gegeben sein oder durch einen FORTRAN-Code. Es ist recht interessant zu sehen, wie ein AD die Codes für die Ableitungen automatisch generiert. Wenn die Matrix A von p abhängt, gehen ihre Ableitungen in die letzte Matrix von (8.174) ein:

$$Z = \frac{\partial b}{\partial p} - \frac{\partial A}{\partial p} u \quad \text{und zusammen} \quad \frac{dg}{dp} = c^{\mathrm{T}} A^{-1} Z = \lambda^{\mathrm{T}} Z. \tag{8.176}$$

Mein Dank gilt Mike Giles für eine wertvolle Diskussion über adjungierte Methoden im Design, wo eine Veränderung von p zu einer neuen Geometrie führt. Die Methoden sind sowohl für diskrete Gleichungen als auch für partielle Differentialgleichungen anwendbar (wie beispielsweise in den bahnbrechenden Arbeiten von Jameson). Steven Johnson hat eine schöne Vorlesung über adjungierte Methoden gehalten, die auf math.mit.edu/~stevenj/18.336/adjoint.pdf kommentiert ist. Im Folgenden befassen wir uns mit der Anwendung dieser Methoden auf nichtlineare Probleme, Eigenwertprobleme und Anfangswertprobleme.

Außerdem befassen wir uns mit **direkten Methoden,** die im Falle vieler Variablen u und weniger Parameter p zur Anwendung kommen.

Nichtlineare Probleme

Angenommen, die N Gleichungen $f(u, p) = 0$ sind nun nicht mehr linear wie in $f = Au - b$. Die Gleichungen bestimmen $u_1, \ldots, u_N$ für die aktuellen Kontrollvariablen $p_1, \ldots, p_M$. Die skalare Funktion $g(u, p)$ kann ebenfalls nichtlinear sein. Wieder sind wir am Gradienten dg/dp interessiert, um die Sensitivität herauszufinden und zu einem besseren p zu gelangen. In den Ableitungen von g in Gleichung (8.172) tritt $\partial u/\partial p$ auf. Diese $N \times M$-Matrix entsteht jetzt durch Differenzieren von $f(u, p) = 0$:

Ableitungen von f $\quad \dfrac{\partial f}{\partial u} \dfrac{\partial u}{\partial p} + \dfrac{\partial f}{\partial p} = 0.$ \hfill (8.177)

Substitution in Gleichung (8.172) liefert eine Formel für den Zeilenvektor dg/dp:

Sensitivität von g $\quad \dfrac{dg}{dp} = \underset{1 \times M}{\dfrac{\partial g}{\partial p}} - \underset{1 \times N}{\dfrac{\partial g}{\partial u}} \underset{N \times N}{\left(\dfrac{\partial f}{\partial u}\right)^{-1}} \underset{N \times M}{\left(\dfrac{\partial f}{\partial p}\right)}.$ \hfill (8.178)

Wieder müssen wir eine Wahl treffen, wenn wir drei Matrizen multiplizieren. Besser ist es, mit den ersten beiden zu beginnen. Ihr Produkt ist der $1 \times N$-Zeilenvektor λ^{T}. Dies löst das *lineare adjungierte Problem* (linear, weil wir die Ableitungen an einem bestimmten p nehmen):

Adjungiertes Problem

$$\left(\frac{\partial f}{\partial u}\right)^{\mathrm{T}} \lambda = \left(\frac{\partial g}{\partial u}\right)^{\mathrm{T}} \quad \text{ergibt} \quad \lambda^{\mathrm{T}} = \frac{\partial g}{\partial u} \left(\frac{\partial f}{\partial u}\right)^{-1}. \tag{8.179}$$

8.7 Adjungierte Methoden im Design

Mit $f = Au - b$ und $g = c^T u$ ist dies $A^T \lambda = c$ wie zuvor. Substituieren der Lösung λ^T in (8.177) liefert $\lambda^T (\partial f / \partial p)$. Wir haben es vermieden, zwei große Matrizen multiplizieren zu müssen.

Physikalische Interpretation der Dualität

Die Adjungierte einer Matrix (ihre Transponierte) ist definiert durch $(Au, \lambda) = (u, A^T \lambda)$. Die Adjungierte von $A = d/dx$ ist $A^T = -d/dx$, wobei die partielle Integration angewendet wird – was die grundlegende Idee der adjungierten Methoden ist. Hier werten wir einen Skalar g aus, was auf zwei äquivalenten Wegen möglich ist: entweder $g = c^T u$ oder $g = \lambda^T b$ (*direkter Weg* oder *adjungierter Weg*):

$$\begin{aligned} &\text{Bestimme } g = c^T u \text{ bei gegebenem } Au = b. \\ &\text{Bestimme } g = \lambda^T b \text{ bei gegebenem } A^T \lambda = c. \end{aligned} \quad (8.180)$$

Die Äquivalenz kommt durch $\lambda^T b = \lambda^T (Au) = (A^T \lambda)^T u = c^T u$. Die Entscheidung wird wichtig, wenn wir M Vektoren b und u sowie L Vektoren λ und c haben. Wir können M Primal- oder L Dualberechnungen ausführen. Für große Matrizen A liegt der Aufwand im Lösen linearer Systeme, sodass die adjungierte Methode für $L << M$ (viele Designvariablen) klar im Vorteil ist. Die direkte Methode ist vorzuziehen, wenn es wenige Variablen p und viele g's gibt.

Bei der physikalischen Interpretation von λ nehmen wir an, dass b ein Abweichungsvektor an der Position i ist. Seine Komponenten sind $b_j = \delta_{ij}$. Dann liefert $Au = b$ die i-te Spalte $u = u^i$ der (diskreten) Green-Funktion A^{-1}. Die Komponente $\lambda_i = \lambda^T b = c^T u^i$ liefert über diese Spalte der Green-Funktion die Sensitivität von g bezüglich Änderungen an der Position i.

Lagrange-Variablen

Die gleichen dualen Alternativen treten auf, wenn wir die M Variablen als Lagrange-Multiplikatoren betrachten. Die M Nebenbedingungen im Primalproblem sind $Au = b$. Die Lagrange-Funktion $L(u, p, \lambda)$ baut diese Nebenbedingungen ein:

Methode der Lagrange-Multiplikatoren

$$L = g - \lambda^T f \qquad \frac{dL}{du} = \frac{dg}{du} - \lambda^T \frac{\partial f}{\partial u}. \qquad (8.181)$$

Die adjungierte Gleichung $dL/du = 0$ bestimmt λ, wie zuvor in (8.179). Der andere Teil von dL ist dann die Sensitivität bezüglich p, und wir finden wieder Gleichung (8.178):

$$dL = \frac{dL}{du} du + \frac{dL}{dp} dp = \left(\frac{dg}{dp} - \lambda^T \frac{\partial f}{\partial p} \right) dp. \qquad (8.182)$$

Mit den Designvariablen p minimieren wir die Zielfunktion $g(u,p)$. Die unbekannten Flüsse u sind durch die Gleichungen $f(u,p) = 0$ implizit gegeben. Diese nichtlinearen Gleichungen sind ebenso wie die linearen adjungierten Gleichungen große Systeme. Wir müssen einen iterativen Algorithmus wählen, um das minimierende Design p^* zu berechnen.

Ein möglicher Ansatz ist das Verfahren des steilsten Abstiegs (Gradientenverfahren). Ein anderer ist das quasi-Newton-Verfahren (es approximiert die Matrix der zweiten Ableitungen $\partial^2 g/\partial p_i \partial p_j$ durch BFGS-Aktualisierungen von niedrigem Rang in jeder Iteration). Der steilste Abstieg ist pro Schritt deutlich schneller, da für die Vorwärtsgleichungen $f = 0$ und $dg/du = \lambda^T \partial f/\partial u$ Näherungslösungen genügen (partielle Konvergenz in der inneren Schleife).

Der eigentliche Aufwand bei Problemen des optimalen Designs (inverse Probleme plus Optimierung) liegt im Vorwärtsproblem, das für jede Iteration gelöst werden muss. Der Einsatz von AD (Automatische Differentiation) im Umkehrmodus ist oftmals wesentlich. Vorwärts-AD verwendet den Code, um f zu berechnen, und wendet dann in jeder Anweisung die Regeln der Differentiation (alles linear!) an. **Im Umkehrmodus berechnet AD die Adjungierte.** Bemerkenswerterweise verlangt der AD-Code für Ableitungen nur ein kleines Vielfaches der Rechenzeit für den Originalcode der Funktion [67].

Beispiel 8.16 Gegeben sei $Au = u' - \varepsilon u''$ mit festen Werten an den Endpunkten: $u(0) = u(1) = 0$.

Hier ist A ein Konvektions-Diffusionsoperator des stetigen Problems (keine Matrix). Durch partielle Integration finden wir den adjungierten Operator A^* (oder A^T) mit seinen Randbedingungen. Die adjungierte Variable $\lambda(x)$ ist jetzt eine Funktion, kein Vektor:

$$(Au, \lambda) = \int_0^1 \lambda(u' - \varepsilon u'')dx = \int_0^1 u(-\lambda' - \varepsilon \lambda'')dx + \left[\lambda u - \varepsilon \lambda u' + \varepsilon u \lambda'\right]_0^1. \tag{8.183}$$

Mit Randbedingungen null an λ wie auch an u verschwindet der integrierte Term. Der adjungierte Operator $A^*\lambda = -\lambda' - \varepsilon \lambda''$ steht im zweiten Integral. Beachten Sie, dass die x-Richtung in $-\lambda'$ umgekehrt ist. Dies führt dazu, dass sich die Kausalität im zeitabhängigen Problem (siehe unten) umkehrt, wenn t an die Stelle von x tritt. Die adjungierte Gleichung verläuft also *zeitlich rückwärts*.

Anfangswertprobleme

Nehmen wir nun an, dass $f(u,p) = 0$ keine algebraische Gleichung mehr ist, sondern eine Differentialgleichung wie $u_t = B(p)u$. Wir wollen $B(p)$ oder den Anfangswert $u(0,p)$ so justieren, dass zur Zeit T ein gewünschter Wert erreicht wird. **Das adjungierte Problem für $\lambda(t)$ ist wieder eine Differentialgleichung.** Das Angenehme ist, dass $\lambda(t)$ durch seinen *Endwert* $\lambda(T)$ bestimmt wird ($u(t)$ dagegen wird

8.7 Adjungierte Methoden im Design

durch seinen Anfangswert bestimmt). Wir integrieren *rückwärts in der Zeit*, um die Adjungierte $\lambda(t)$ zu berechnen.

Weniger schön ist, dass offenbar die gesamte Geschichte von $u(t)$ gebraucht wird, um $\lambda(t)$ zu bestimmen. Für Differentialgleichungen kann die adjungierte Methode sehr speicherplatzintensiv werden. *Checkpointing* reduziert diesen Speicheraufwand dadurch, dass *zweimal* in der Zeit vorwärts gerechnet wird:
Bei der Vorwärtsrechnung werden nur die Checkpoints $u(N\Delta t), u(2N\Delta t),\ldots,u(T)$ gespeichert. Die zweite Vorwärtsrechnung startet von den gespeicherten $u(T-N\Delta t)$ bis $u(T)$. Diese letzten Vorwärtswerte von u liefern die *ersten* Werte von λ, wobei von T rückwärts gegangen wird. Die Neuberechnung der Lücken zwischen den u's liefert Rückwärtsintervalle in $\lambda(t)$. Bei $t = 0$ ist das Ende erreicht.

Wenn $u(t)$ ein Anfangswertproblem $u' = f(u,t,p)$ löst, löst die adjungierte Funktion ein Endwertproblem. Dieses Problem hängt von $\partial f/\partial u$ und $\partial f/\partial p$ ab. Die zu optimierende Funktion kann $g(u,T,p)$ für eine bestimmte Zeit T sein oder auch ein Integral von g. Um zu optimieren, benötigen wir ihre Ableitungen bezüglich der Designvariablen p:

Bestimme den Gradienten dG/dp $\quad G(p) = \int_0^T g(u,t,p)\,dt.$ (8.184)

Wir haben zwei Gleichungen aufzuschreiben und zu lösen, ganz analog zu den Gleichungen (8.178) und (8.179). Die **Sensitivitätsgleichung** liefert die Ableitungen in dG/dp aus $\partial f/\partial p$ und $\partial g/\partial p$ sowie der adjungierten Funktion $\lambda(t)$. Die **adjungierte Gleichung** liefert $\lambda(t)$ aus $\partial f/\partial u$ und $\partial g/\partial u$. Gleichung (8.179) war eine Matrixgleichung für λ, die aus $f(u,p)=0$ abgeleitet wurde. Jetzt haben wir eine *lineare Differentialgleichung für* λ, die aus $u' = f(u,t,p)$ entsteht.

Adjungierte Gleichung

$$\left(\frac{d\lambda}{dt}\right) = -\left(\frac{\partial f}{\partial u}\right)^T \lambda - \left(\frac{\partial g}{\partial u}\right)^T \text{ mit } \lambda(T) = 0. \tag{8.185}$$

Dies erinnert an (8.179), hat jedoch einen zusätzlichen Term $d\lambda/dt$ und wie in Beispiel 1 ein Minuszeichen. Das Minuszeichen aufgrund der Asymmetrie von d/dt macht die adjungierte Gleichung (8.185) zu einem **Anfangswertproblem**.

Der CVODES-Code (mit S als Sensitivität) verwendet die Checkpointmethode, um $\partial f/\partial u$ und $\partial g/\partial u$ zu erhalten, während (8.185) rückwärts integriert wird. Der gesicherte Wert liefert einen „Warmstart" für die Vorwärtsintegration von $u' = f(u,t,p)$ zwischen den Ckeckpoints.

Wie in (8.178) geht $\lambda(t)$ in die M Sensitivitäten dG/dp ein, die wir haben wollen:

Gradientengleichung

$$\frac{dG}{dp} = \lambda^T(0)\frac{du}{dp}(0) + \int_0^T \left(\frac{\partial g}{\partial p} + \lambda^T \frac{\partial f}{\partial p}\right) dt. \tag{8.186}$$

Allgemein kommen die Sensitivitäten aus den Lagrange-Multiplikatoren. Diese sind nicht einfach zu berechnen, aber sehr nützlich. Die Gleichungen (8.185-8.186) sind unter anderem im SUNDIALS-Paket implementiert (www.llnl.gov/CASC/sundials). Außerdem gibt es ein Paar von Gleichungen, das den Gradienten von $g(u,t,p)$ in einem gegebenen Zeitpunkt T liefert:

Adjungierte Gleichung

$$\frac{d\mu}{dt} = -\left(\frac{\partial f}{\partial u}\right)^T \mu \quad \text{rückwärts von} \quad \mu(T) = \left(\frac{\partial g}{\partial u}\right)^T, \tag{8.187}$$

Gradientengleichung

$$\frac{dg}{dp}(T) = \frac{\partial g}{\partial p}(T) + \mu^T(0)\frac{du}{dp}(0) + \int_0^T \mu^T \frac{\partial f}{\partial p}\, dt. \tag{8.188}$$

Vorwärtssensitivitätsanalyse

Die adjungierte Methode findet die Sensitivitäten dg/dp einer Funktion g (oder von einigen wenigen Funktionen) in Bezug auf M Designvariablen p. Andere Probleme besitzen nur eine einzige Variable p (oder nur einige wenige) und viele Funktionen. Tatsächlich kann es sein, dass wir **die Sensitivität $s(t) = du/dp$ der gesamten Lösung $u(t)$ in Bezug auf p wollen.**

Dies ist ein Vorwärtsproblem. Differenzieren wir $u' = f(u,t,p)$ nach p:

Sensitivitätsgleichung $\quad \dfrac{ds}{dt} = \dfrac{\partial f}{\partial u} s + \dfrac{\partial f}{\partial p} \quad \text{mit} \quad s(0) = \dfrac{\partial u}{\partial p}(0).$ (8.189)

Dies ist linear und nicht allzu schwierig. Die Jacobi-Matrix wird ohnehin berechnet, durch eine implizite Methode für die Ausgangsgleichung $u' = f(u,t,p)$. Die beiden Gleichungen werden zusammen gelöst, und zwar mit viel weniger als dem doppelten Aufwand.

Erhöhen wir nun die Anzahl der Designvariablen $p_1, \ldots, p_M$. Wir haben M lineare Gleichungen (8.189) für die Sensitivitäten $s_i = \partial u/\partial p_i$ zuzüglich der ursprünglichen nichtlinearen Gleichung $u' = f(u,t,p)$. Alle teilen die gemeinsame Jacobi-Matrix $\partial f/\partial u$. Die Lösung durch Rückwärtsdifferenzen (BDF1 bis 5) ist in SUNDIALS hoch effizient, bis M groß wird. Dann ändern wir die adjungierte Methode, um dg/dp für ein Funktional zu berechnen.

Eigenwertprobleme

Nun ist die Unbekannte u ein Einheits-Eigenvektor x zum Eigenwert α. Die Gleichungen $f(u,p) = 0$ kombinieren $Ax - \alpha x = 0$ und $x^T x - 1 = 0$ (beides nichtlinear in x und α). *Die Matrix A hängt von Kontrollparametern p ab.* Damit hängen auch x und α von p ab. Wenn A eine $N \times N$-Matrix ist, haben wir $N = n + 1$ Unbekannte x und α sowie N Gleichungen $f(u,p) = 0$:

8.7 Adjungierte Methoden im Design

$$u = \begin{bmatrix} x \\ \alpha \end{bmatrix} \qquad f = \begin{bmatrix} Ax - \alpha x \\ x^T x - 1 \end{bmatrix} \qquad \frac{\partial f}{\partial u} = \begin{bmatrix} A - \alpha I & -x \\ 2x^T & 0 \end{bmatrix} \qquad \lambda = \begin{bmatrix} y \\ c \end{bmatrix}$$

Die adjungierte Gleichung $(\partial f / \partial u)^T \lambda = (\partial g / \partial u)^T$ hat folgende Blockstruktur:

Adjungierte Gleichung
$$\begin{bmatrix} A^T - \alpha I & 2x \\ -x^T & 0 \end{bmatrix} \begin{bmatrix} y \\ c \end{bmatrix} = \begin{bmatrix} (\partial g / \partial x)^T \\ \partial g / \partial \alpha \end{bmatrix}. \qquad (8.190)$$

Wenn wir $(A - \alpha I)x = 0$ transponieren, bestimmt die erste Zeile von (8.179) c:

$$0^T y = x^T (A^T - \alpha I) y = x^T (g_x^T - 2cx) = x^T g_x^T - 2c \quad \text{liefert} \quad c = \frac{1}{2} x^T g_x^T \quad (8.191)$$

Jetzt lautet die erste Zeile von (8.180) $(A^T - \alpha I)y = (1 - xx^T)g_x^T$. Der Eigenwert α von A ist aber gleichzeitig ein Eigenwert von A^T. Die Matrix $A^T - \alpha I$ ist singulär mit einem Eigenvektor z in ihrem Nullraum. (Wir nehmen an, dass α ein einfacher, reeller Eigenwert von A und A^T ist. Falls A symmetrisch ist, sind z und x identisch.) Die zweite Gleichung in (8.180), $-x^T y = \partial g / \partial \alpha$, bestimmt die Nullraumkomponente βz, die in y aufzunehmen ist. Dann ist λ vollständig bestimmt.

Beispiel 8.17 Die zweite Ableitung $-d^2 u / dx^2$ mit periodischen Randbedingungen wird durch $Cu/(\Delta x)^2$ approximiert, wobei C die $-1, 2, -1$ zirkulante Matrix aus Abschnitt 1.1 ist. *Das Schrödinger-Eigenwertproblem $-u''(x) + V(x)u = Eu$ beinhaltet ein Potential $V(x)$. Die M Gitterpunktwerte in $p = \text{diag}(V(\Delta x), \ldots, V(M\Delta x))$ werden unseren Kontrollvektor p bilden.*

Wir richten p so ein, dass der Eigenvektor in $Cu/(\Delta x)^2 + pu = \alpha u$ nahe an einem gewünschten u_0 liegt:

Eigenvektorabstand $\qquad g(u, p) = \|u - u_0\|^2 \quad \text{hat} \quad \frac{\partial g}{\partial u} = 2(u - u_0)^T.$

Auf der cse-Website finden Sie einen Link zu Johnsons Code, der den Vektor dg/dp bestimmt, ohne explizit die Matrix $\partial u / \partial p$ zu berechnen. Die adjungierte Gleichung wird durch konjugierte Gradienten nach λ aufgelöst.

Aufgaben zu Abschnitt 8.7

8.7.1 Sei X ein $q \times r$-Vektor, Y ein $r \times s$-Vektor und Z ein $s \times t$-Vektor. Zeigen Sie, dass für die Multiplikation $(XY)Z$ insgesamt $qrs + qst$ Multiplikationen und Additionen notwendig sind. Für $X(YZ)$ sind es $rst + qrt$ Operationen. Division durch $qrst$ führt zu der Aussage, dass $(XY)Z$ schneller ist, wenn $t^{-1} + r^{-1} < q^{-1} + s^{-1}$ gilt.

8.7.2 (*VorwärtsAD*) Eine Ausgabe T entsteht aus einer Eingabe S durch eine Folge von Zwischenschritten $C = f(A, B)$. In jedem Schritt gilt nach der Kettenregel $\partial C / \partial S = (\partial f / \partial A)(\partial A / \partial S) + (\partial f / \partial B)(\partial B / \partial S)$. Das totale Differential dT/dS ergibt sich demnach aus wiederholter Anwendung der Kettenregel.

Der Code $C = S^\wedge 2$; $T = S - C$; berechnet $T = S - S^2$. Schreiben Sie einen Code für dT/dS.

8.7.3 Wenn die Vektoren u, v und w jeweils N Komponenten haben, entsteht bei der Multiplikation $u^T(vw^T)$ im ersten Schritt eine Matrix, vw^T. Bei der Multiplikation $(u^T v)w^T$ entsteht zuerst eine Zahl, $u^T v$. Zeigen Sie, dass für die Berechnung $u^T(vw^T)$ $2N^2$ Operationen notwendig sind, für $(u^T v)w^T$ dagegen $2N$.

Anmerkungen zur Automatischen Differentiation

Die Jacobi-Matrix J liefert die Ableitungen der Ausgaben $y_1, \ldots, y_p$ bezüglich der Eingaben $x_1, \ldots, x_n$. Zerlegen wir diese Berechnung in viele Schritte mit einfachen Funktionen $z_1, \ldots, z_N$. Die ersten n z's sind die x, die letzten p z's sind die y. Beispiel mit $n = 3$: $z_1 = x_1$, $z_2 = x_2$, $z_3 = x_3$, $z_4 = z_1 z_2$, $z_5 = z_4/z_3$. *Jedes z hängt nur von früheren z's ab, sodass die Ableitungsmatrix D_i für jeden Schritt eine* **untere Dreiecksmatrix** *ist*:

$$z_4' = z_2 z_1' + z_1 z_2' \quad \text{bedeutet} \quad D_4 = [z_2 \ z_1 \ 0 \ldots 0] \quad \text{in Zeile 4}$$

In allen anderen Zeilen ist D_4 die Einheitsmatrix. Wiederholte Anwendung der Kettenregel erzeugt die $N \times N$-Jacobi-Matrix $D = D_N \ldots D_2 D_1$ der z's bezüglich früherer z's. Auch die Matrix D ist eine untere Dreiecksmatrix. Ihre linke untere Ecke ist J, die Ableitung der letzten z (die die y sind) bezüglich den ersten z (die x). Q und P bestimmen diese Ecke:

$$J = QDP^T \quad \text{mit} \quad Q = [0 \ 0 \ I_p] \quad \text{und} \quad P = [I_n \ 0 \ 0].$$

Vorwärts-AD multipliziert $D = D_N(D_{N-1}(\ldots(D_2 D_1)))$ beginnend mit $D_2 D_1$. Dies ist die normale Reihenfolge. Die *umgekehrte AD* erzeugt $D^T = D_1^T \ldots D_N^T$ durch Multiplikationen in der umgekehrten Reihenfolge $D_1^T(D_2^T(\ldots(D_{N-1}^T D_N^T)))$. Für die praktische Berechnung gibt es Abkürzungen, aber hieran sehen wir die zugrundeliegende Struktur.

Die fundamentale Gleichung in diesem Kontext ist $y^T(Jx') = (J^T y)^T x'$. Wir wählen die Multiplikationsreihenfolge (vorwärts oder rückwärts, direkt oder adjungiert), die die wenigsten Schritte benötigt.

Anhang A
Lineare Algebra kurz und knapp

Eine Frage taucht am Anfang eines Kurses immer auf: „Muss ich lineare Algebra beherrschen?" Meine Antwort darauf wird jedes Jahr kürzer: „Das werden Sie bald." Dieser Abschnitt fasst viele wichtige Punkte der Theorie zusammen. Er dient als eine schnelle Fibel, nicht als offizieller Teil der Vorlesung über angewandte Mathematik (wie die Kapitel 1 und 2).

Diese Zusammenfassung beginnt mit zwei Listen, in denen die meisten Schlüsselbegriffe der linearen Algebra vorkommen. Die erste Liste bezieht sich auf invertierbare Matrizen. Diese Eigenschaft wird auf 14 verschiedenen Wegen beschrieben. Die zweite Liste beschreibt das Gegenteil, nämlich den Fall, dass die Matrix A singulär ist (nicht invertierbar). Es gibt mehr Möglichkeiten, die Invertierbarkeit einer $n \times n$-Matrix zu prüfen, als ich erwartet hatte.

Nichtsingulär	**Singulär**
A ist invertierbar	A ist nicht invertierbar
Die Spalten sind unabhängig.	Die Spalten sind abhängig.
Die Zeilen sind unabhängig.	Die Zeilen sind abhängig.
Die Determinante ist nicht null.	Die Determinante ist null.
$Ax = 0$ hat eine Lösung $x = 0$.	$Ax = 0$ hat unendlich viele Lösungen
$Ax = b$ hat eine Lösung $x = A^{-1}b$.	$Ax = b$ hat keine Lösung oder unendlich viele.
A hat n Pivotelemente (ungleich null).	A hat $r < n$ Pivotelemente.
A hat vollen Rang.	A hat Rang $r < n$.
Die reduzierte Stufenform ist $R = I$.	R hat mindestens eine Nullzeile.
Der Spaltenraum ist der gesamte $\mathbf{R}^n$.	Spaltenraum hat die Dimension $r < n$.
Der Zeilenraum ist der gesamte $\mathbf{R}^n$.	Zeilenraum hat die Dimension $r < n$.
Alle Eigenwerte sind nicht null.	Null ist ein Eigenwert von A.
$A^T A$ ist symmetrisch positiv definit.	$A^T A$ ist nur semidefinit.
A hat n (positive) Singulärwerte.	A hat $r < n$ Singulärwerte.

Nun sehen wir uns lineare Gleichungen genauer an, ohne alle Aussagen zu beweisen. Das Ziel ist, herauszufinden, was $Ax = b$ wirklich bedeutet. Eine Quelle ist mein Buch *Lineare Algebra*, das beim Springer-Verlag erschienen ist. Dieses

Buch enthält eine sorgfältigere Entwicklung des Themas mit vielen Beispielen. (Sie können einen Blick auf die Kursseite unter ocw.mit.edu oder web.mit.edu/18.06 mit Vorlesungsvideos werfen.)

Die Schlüsselidee ist, jede Multiplikation Ax, also die Multiplikation einer Matrix A mit einem Vektor x, als eine *Linearkombination der Spalten von A* aufzufassen:

Spaltenweise Matrixmultiplikation

$$\begin{bmatrix} 1 & 2 \\ 3 & 6 \end{bmatrix} \begin{bmatrix} C \\ D \end{bmatrix} = C \begin{bmatrix} 1 \\ 3 \end{bmatrix} + D \begin{bmatrix} 2 \\ 6 \end{bmatrix} = \textbf{Linearkombination der Spalten}.$$

Bei der zeilenweisen Multiplikation ergibt sich das erste Element $C + 2D$ durch Multiplikation mit den Elementen 1 und 2 aus der ersten Zeile von A. Ich empfehle Ihnen aber dringend, bei der Multiplikation Ax **spaltenweise** vorzugehen. Beachten Sie, wie $x = (1,0)$ und $x = (0,1)$ einzelne Spalten von A herausnehmen:

$$\begin{bmatrix} 1 & 2 \\ 3 & 6 \end{bmatrix} \begin{bmatrix} 1 \\ 0 \end{bmatrix} = \text{erste Spalte} \qquad \begin{bmatrix} 1 & 2 \\ 3 & 6 \end{bmatrix} \begin{bmatrix} 0 \\ 1 \end{bmatrix} = \text{letzte Spalte}.$$

Nehmen wir an, dass A eine $m \times n$ Matrix ist. Dann hat $Ax = 0$ mindestens eine Lösung, nämlich den Nullvektor $x = 0$. Definitiv gibt es im Fall $n > m$ (mehr Unbekannte als Gleichungen) noch weitere Lösungen. Selbst im Fall $m = n$ kann es von null verschiedene Lösungen zu $Ax = 0$ geben. Dann ist A zwar eine quadratische Matrix, aber nicht invertierbar. Worauf es ankommt, ist die Zahl r der *unabhängigen* Zeilen und Spalten. Diese Zahl r ist der **Rang** der Matrix A ($r \leq m$ und $r \leq n$).

Der **Nullraum** der Matrix A ist die Menge der Lösungen x zu $Ax = 0$. Dieser Nullraum $N(A)$ enthält nur den Nullvektor $x = 0$, wenn die Spalten der Matrix A **unabhängig** sind. In diesem Fall hat die Matrix A vollen Spaltenrang $r = n$: unabhängige Spalten.

In unserem 2×2-Beispiel ergibt die Linearkombination mit $C = 2$ und $D = -1$ den Nullvektor. Folglich ist $x = (2,-1)$ mit $Ax = 0$ im Nullraum. Die Spalten $(1,3)$ und $(2,6)$ sind „linear abhängig". Eine Spalte ist ein Vielfaches der anderen Spalte. *Der Rang ist $r = 1$.* Die Matrix A hat in ihrem Nullraum eine ganze Gerade von Vektoren $cx = c(2,-1)$:

Nullraum ist eine Gerade

$$\begin{bmatrix} 1 & 2 \\ 3 & 6 \end{bmatrix} \begin{bmatrix} 2 \\ -1 \end{bmatrix} = \begin{bmatrix} 0 \\ 0 \end{bmatrix} \quad \text{und auch} \quad \begin{bmatrix} 1 & 2 \\ 3 & 6 \end{bmatrix} \begin{bmatrix} 2c \\ -c \end{bmatrix} = \begin{bmatrix} 0 \\ 0 \end{bmatrix}.$$

Wenn $Ax = 0$ und $Ay = 0$ ist, dann liegt jede Linearkombination $cx + dy$ im Nullraum. Stets verlangt $Ax = 0$ nach einer Linearkombination der Spalten von A, die den Nullvektor ergibt:

x im Nullruam $\quad x_1 (\text{Spalte } 1) + \cdots + x_n (\text{Spalte } n) = \text{Nullvektor}.$

Wenn diese Spalten unabhängig sind, ist der einzige Weg, $Ax = 0$ zu erzeugen, $x_1 = 0$, $x_2 = 0$, ..., $x_n = 0$. Dann ist $x = (0,...,0)$ der einzige Vektor im Nullraum der Matrix A. Das (unabhängige Spalten) werden wir oft fordern, wenn wir eine gute Matrix A haben wollen. In diesem Fall hat auch die Matrix $A^T A$ unabhängige Spalten. Die quadratische $n \times n$-Matrix $A^T A$ ist dann invertierbar, symmetrisch und positiv definit. Wenn die Matrix A gut ist, dann ist die Matrix $A^T A$ noch besser.

Ich werde in diesen Überblick (*weiter optional*) die Geometrie von $Ax = b$ einbeziehen.

Spaltenraum und Lösungen linearer Gleichungen

Die Gleichung $Ax = b$ **sucht nach Linearkombinationen der Spalten, die b ergeben**. In unserem 2×2-Beispiel zeigen die Spaltenvektoren in ein und dieselbe Richtung! Das trifft dann auch auf b zu:

Spaltenraum $\quad Ax = \begin{bmatrix} 1 & 2 \\ 3 & 6 \end{bmatrix} \begin{bmatrix} C \\ D \end{bmatrix}$ liegt immer auf der Geraden durch $\begin{bmatrix} 1 \\ 3 \end{bmatrix}$.

Wir können die Gleichung $Ax = b$ nur dann lösen, wenn der Vektor b auf dieser Geraden liegt. Zum Vektor $b = (1, 4)$ gibt es keine Lösung, er liegt nicht auf der Geraden. Zum Vektor $b = (5, 15)$ gibt es viele Lösungen (5 mal erste Spalte ergibt b, und dieser Vektor b liegt auf der Geraden). Der große Schritt ist, einen Raum von Vektoren zu betrachten:

Definition: **Der *Spaltenraum* enthält alle Kombinationen der Spalten.**

Mit anderen Worten: $C(A)$ enthält alle möglichen Produkte A mal x. Daher ist $Ax = b$ genau dann **lösbar**, wenn der Vektor b zum Spaltenraum $C(A)$ gehört.

Bei einer $m \times n$-Matrix haben die Spalten m Komponenten. Der Spaltenraum der Matrix A ist ein m-dimensionaler Raum. Das Wort „**Raum**" deutet darauf hin, dass die Schlüsseloperation der linearen Algebra erlaubt ist: *Jede Linearkombination von Vektoren aus dem Raum liegt wieder im Raum*. Die Nullkombination ist erlaubt, also ist der Vektor $x = 0$ in jedem Raum.

Wie schreiben wir alle Lösungen auf, wenn der Vektor b zum Spaltenraum der Matrix A gehört? Jede Lösung zu $Ax = b$ ist eine **spezielle Lösung x_p**. Jeder Vektor x_n im Nullraum löst $Ax = 0$. Wenn wir $Ax_p = b$ und $Ax_n = 0$ addieren, ergibt das $A(x_p + x_n) = b$. **Die vollständige Lösung zu $Ax = b$ hat dann die Form $x = x_p + x_n$**:

Vollständige Lösung $\quad x = x_{\text{speziell}} + x_{\text{Nullraum}} = (\text{ein } x_p) + (\text{alle } x_n)$.

In unserem Beispiel ist der Vektor $b = (5, 15)$ das Fünffache der ersten Spalte, sodass eine spezielle Lösung $x_p = (5, 0)$ ist. Um alle anderen Lösungen zu bestimmen, addieren wir x_p und einen beliebigen Vektor x_n aus dem Nullraum – was die Gerade durch $(2, -1)$ ist. Hier ist $x_p + (\text{alle } x_n)$:

$$\begin{bmatrix} 1 & 2 \\ 3 & 6 \end{bmatrix} \begin{bmatrix} C \\ D \end{bmatrix} = \begin{bmatrix} 5 \\ 15 \end{bmatrix} \quad \text{ergibt} \quad x_{\text{vollständig}} = \begin{bmatrix} C \\ D \end{bmatrix} = \begin{bmatrix} 5 \\ 0 \end{bmatrix} + \begin{bmatrix} 2c \\ -c \end{bmatrix}.$$

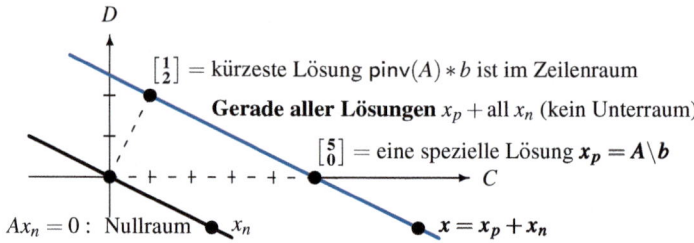

Abb. A.1 Parallele Geraden von Lösungen zu $Ax_n = 0$ und $\begin{bmatrix} 1 & 2 \\ 3 & 6 \end{bmatrix}(x_p + x_n) = \begin{bmatrix} 5 \\ 15 \end{bmatrix}$

Diese Gerade von Lösungen zeigt Abbildung A.1. *Sie ist kein Unterraum.* Sie enthält $(0,0)$ nicht, weil sie durch die spezielle Lösung $(5,0)$ verschoben wurde. Wir haben nur dann einen „Raum" von Lösungen, wenn b null ist (dann füllen die Lösungen den Nullraum).

Lassen Sie mich drei wesentliche Kommentare zu unserer linearen Gleichung $Ax = b$ zusammenfassen.

1. Wir nehmen an, dass A eine quadratische *invertierbare* Matrix ist (der häufigste Praxisfall). Dann enthält der Nullraum nur $x_n = 0$. Die spezielle Lösung $x_p = A^{-1}b$ ist die einzige Lösung. Die vollständige Lösung ist $x_p + x_n$ ist $A^{-1}b + 0$. Folglich ist $x = A^{-1}b$.
2. $Ax = b$ hat unendlich viele Lösungen, wie in Abbildung A.1 dargestellt. Die kürzeste Lösung x liegt immer im „Zeilenraum" der Matrix A. Diese spezielle Lösung $(1,2)$ ist durch die *Pseudoinverse* pinv (A) bestimmt. Der Befehl backslash $A \backslash b$ bestimmt eine Lösung x, die höchstens m von null verschiedenen Komponenten hat.
3. Wir nehmen an, dass die Matrix A hoch und schmal ist ($m > n$). Dann sind wahrscheinlich n Spalten unabhängig. Wenn aber b nicht im Spaltenraum liegt, hat $Ax = b$ keine Lösung. Die Methode der kleinsten Quadrate minimiert $\|b - Ax\|^2$ durch Lösen von $A^T A \widehat{x} = A^T b$.

Die vier fundamentalen Unterräume

Der Nullraum $N(A)$ enthält alle Lösungen zu $Ax = 0$. Der Spaltenraum $C(A)$ enthält alle Linearkombinationen der Spalten. Wenn A eine $m \times n$-Matrix ist, dann ist $N(A)$ ein Unterraum des $\mathbf{R}^n$, und $C(A)$ ist ein Unterraum des $\mathbf{R}^m$.

Die beiden anderen fundamentalen Räume ergeben sich aus der Betrachtung der transponierten Matrix A^T. Es sind die Räume $N(A^T)$ und $C(A^T)$. Wir nennen $C(A^T)$ den „Zeilenraum von A", weil die Zeilen von A die Spalten von A^T sind. Was sind diese Räume in unserem 2×2-Beispiel?

A Lineare Algebra kurz und knapp

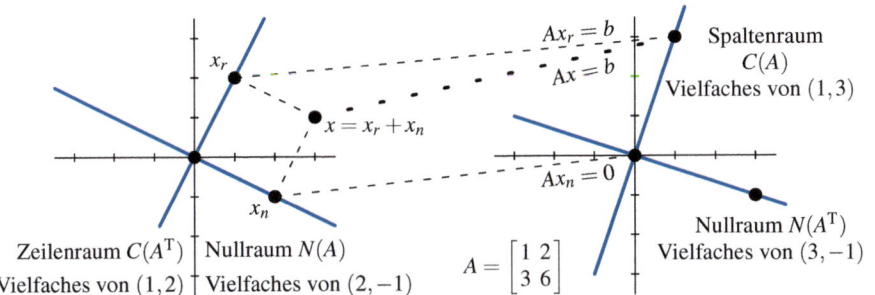

Abb. A.2 Die vier fundamentalen Unterräume (Geraden) für die singuläre Matrix A.

$A = \begin{bmatrix} 1 & 2 \\ 3 & 6 \end{bmatrix}$ hat die Transponierte $A^T = \begin{bmatrix} 1 & 3 \\ 2 & 6 \end{bmatrix}$.

Beide Spaltenvektoren von A^T zeigen in die Richtung von $(1,2)$. Die Gerade aller Vektoren $(c, 2c)$ ist $C(A^T)$ = Zeilenraum von A. Der Nullraum der Matrix A^T liegt in der Richtung von $(3, -1)$:

Nullraum von A^T $\quad A^T y = \begin{bmatrix} 1 & 3 \\ 2 & 6 \end{bmatrix} \begin{bmatrix} E \\ F \end{bmatrix} = \begin{bmatrix} 0 \\ 0 \end{bmatrix}$ ergibt $\begin{bmatrix} E \\ F \end{bmatrix} = \begin{bmatrix} 3c \\ -c \end{bmatrix}$.

Die vier Unterräume $N(A), C(A), N(A^T), C(A^T)$ passen sich wunderbar in das große Bild der linearen Algebra ein. Abbildung A.2 zeigt, wie der Nullraum $N(A)$ senkrecht auf dem Zeilenraum $C(A^T)$ steht. Jeder Eingabevektor x unterteilt sich in eine Komponente x_r im Zeilenraum und eine Komponente x_n im Nullraum. Die Multiplikation mit A liefert immer (!) einen Vektor im Spaltenraum. Die Multiplikation läuft in der Abbildung von links nach rechts, also von x zu $Ax = b$.

Auf der rechten Seite sind der Spaltenraum $C(A)$ und der vierte Raum $N(A^T)$. **Sie stehen wieder senkrecht aufeinander**. Die Spalten sind Vielfache von $(1,3)$ und die Vektoren y sind Vielfache von $(3, -1)$. Wäre A eine $m \times n$-Matrix, lägen ihre Spalten im m-dimensionalen Raum $\mathbf{R}^m$, was dann auch für die Lösungen zu $A^T y = 0$ gelten würde. Bei unserer singulären 2×2-Matrix ist $m = n = 2$, und alle vier fundamentalen Unterräume aus Abbildung A.2 sind Geraden im $\mathbf{R}^2$.

Zu dieser Abbildung möchte ich noch etwas hinzufügen. Jeder Unterraum enthält entweder unendlich viele Vektoren oder nur den Nullvektor $x = 0$. Wenn u in einem Raum liegt, dann gilt das auch für $10u$ und $-100u$ (und insbesondere für $0u$). Wir bestimmen die **Dimension** eines Raums nicht anhand der Anzahl der in ihm liegenden Vektoren, die unendlich ist, sondern anhand der *Anzahl der unabhängigen Vektoren*. In diesem Beispiel haben die Unterräume alle die Dimension 1. Eine Gerade enthält einen unabhängigen Vektor und nicht zwei.

Dimension und Basis

Eine vollständige Menge unabhängiger Vektoren bezeichnet man als eine „**Basis**" eines Raumes. Die Idee ist bedeutend. Die Basis enthält so viele unabhängige Vektoren wie möglich, und die Kombinationen der Vektoren füllen den Raum. **Eine Basis enthält nicht zu viele Vektoren, aber auch nicht zu wenige**:

1. Die Basisvektoren sind **linear unabhängig**.
2. Jeder Vektor im Raum ist einen **eindeutige Kombination** dieser Basisvektoren.

Es folgen die einzelnen Basen des $\mathbf{R}^n$ unter allen Entscheidungen, die wir treffen können:

Standardbasis = Spalten der **Einheits**matrix.
Allgemeine Basis = Spalten jeder **invertierbaren** Matrix.
Orthonormalbasis = Spalten jeder **orthogonalen** Matrix.

Die „Dimension" des Raumes ist die Anzahl der Vektoren in einer Basis.

Differenzenmatrizen

Differenzenmatrizen mit Randbedingungen liefern außerordentlich gute Beispiele für die vier Unterräume (und es steckt eine physikalische Bedeutung dahinter). Wir wählen Vorwärts- und Rückwärtsdifferenzen, die 2×3 und 3×2-Matrizen ergeben:

Vorwärts Δ_+
Rückwärts $-\Delta_-$
$$A = \begin{bmatrix} -1 & 1 & 0 \\ 0 & -1 & 1 \end{bmatrix} \quad \text{und} \quad A^T = \begin{bmatrix} -1 & 0 \\ 1 & -1 \\ 0 & 1 \end{bmatrix}.$$

Die Matrix A führt keine Randbedingungen ein (keine Zeilen werden abgeschnitten). Dann muss A^T zwei Randbedingungen einführen, und so ist es auch: Aus der ersten Zeile verschwindet $+1$ und aus der dritten Zeile -1. Die Matrix $A^T w = f$ führt die Randbedingungen $w_0 = 0$ und $w_3 = 0$ ein.

Der Nullraum der Matrix A enthält den Vektor $x = (1,1,1)$. Jeder konstante Vektor $x = (c,c,c)$ löst $Ax = 0$, und *der Nullraum $N(A)$ ist eine Gerade* im dreidimensionalen Raum. Der Zeilenraum der Matrix A ist die Ebene durch Zeilen (die Punkte) $(-1,1,0)$ und $(0,-1,1)$. Beide Vektoren stehen senkrecht auf $(1,1,1)$, sodass **der gesamte Zeilenraum senkrecht auf dem Nullraum steht**. Diese beiden Räume sind auf der linken Seite (der 3D-Seite) von Abbildung A.3 auf der nächsten Seite dargestellt.

Abbildung A.3 veranschaulicht den **Fundamentalsatz der linearen Algebra**:

1. Der Zeilenraum im $\mathbf{R}^n$ und der Spaltenraum im $\mathbf{R}^m$ haben dieselbe Dimension r.

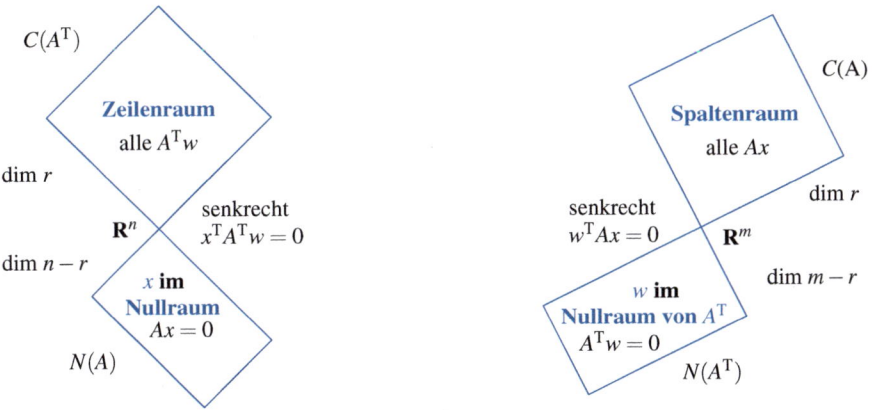

Abb. A.3 Dimensionen und Orthogonalität für eine beliebige $m \times n$-Matrix A vom Rang r.

2. Die Nullräume $N(A)$ und $N(A^T)$ haben die Dimensionen $n - r$ und $m - r$.
3. $N(A)$ ist orthogonal zum Zeilenraum $C(A^T)$.
4. $N(A^T)$ ist orthogonal zum Spaltenraum $C(A)$.

Die Dimension r des Spaltenraums ist der „Rang" der Matrix. Das ist gleich der Anzahl von (von null verschiedenen) Pivotelementen bei der Elimination. Die Matrix hat im Fall $r = n$ vollen Spaltenrang, und die Spalten sind linear unabhängig; der Nullraum enthält nur den Vektor $x = 0$. Anderenfalls würde eine von null verschieden Kombination x der Spalten auf $Ax = 0$ führen.

Die Dimension des Nullraums ist $n - r$. Es gibt n Unbekannte in $Ax = 0$, und es gibt tatsächlich r Gleichungen. Bei der Elimination bleiben $n - r$ Spalten ohne Pivotelemente. Die zugehörigen Unbekannten sind frei (ordnen Sie ihnen irgendeinen Wert zu). Das erzeugt $n - r$ unabhängige Lösungen zu $Ax = 0$, eine Basis für den Nullraum.

Eine gute Basis macht wissenschaftliches Rechnen möglich:

1 Sinus- und Kosinus **2** Finite Elemente **3** Splines **4** Wavelets

Oft ist eine Basis aus Eigenvektoren die beste.

Anhang B
Abtasten und Aliasing

Ein zentraler Bestandteil der Signalverarbeitung und der Kommunikationstechnik ist die Konvertierung von **analog zu digital** (A/D). Aus einem zeitkontinuierlichen Signal $f(t)$ wird ein zeitdiskretes Signal $f(n)$. Den mit Abstand einfachste Konverter beschreibt die folgende Vorschrift: **Taste die Funktion $f(t)$ in gleichmäßigen Zeitabständen $t = n$ ab**.

Auf den nächsten Seiten geht es um die Frage: *Ist es möglich, die Funktion $f(t)$ aus $f(n)$ zu rekonstruieren*? Im Allgemeinen lautet die Antwort offenbar *„nein"*. Wir können nicht wissen, wie sich die Funktion zwischen den Abtastpunkten verhält außer für den Fall, dass wir $f(t)$ auf eine sorgfältig ausgewählte Klasse von Funktionen beschränken. Zum Beispiel kann ein Polynom aus seinen Abtastpunkten rekonstruiert werden.

Wenn die Funktion die Form $f(t) = \cos \omega t$ hat, kann dann die Frequenz ω aus den Funktionswerten $f(n) = \cos \omega n$ bestimmt werden? Das ist eine Schlüsselfrage, und die unmittelbare Antwort lautet wieder *„nein"*. Der erste Graph aus Abbildung B.1 auf der nächsten Seite zeigt die Funktion mit den beiden Frequenzen $\omega = \frac{3\pi}{2}$ und $\omega = \frac{\pi}{2}$, die an den Abtastpunkten dieselben Werte haben:

Gleiche Abtastwerte

$$\cos \frac{\pi}{2} n = \cos \frac{3\pi}{2} n, \text{ sodass } \omega = \frac{\pi}{2} \text{ ein \textbf{Alias} für } \omega = \frac{3\pi}{2} \text{ ist.} \tag{B.1}$$

Ein „*Alias*" ist ein anderer Name oder Deckname für dieselbe Sache. Hier ergeben sich für ω_1 und ω_2 an den Abtastpunkten dieselben Werte. Eine Frequenz wird durch die andere „gedeckt". Sie können anhand ihrer Werte bei $t = n$ (Punkte im Abstand der *Abtastperiode*) nicht unterschieden werden.

Um $\cos \frac{3}{2} \pi t$ zu rekonstruieren, könnten wir diese Funktion häufiger abtasten. Das würde die Abtastperiode verringern und die *Abtastrate* erhöhen. Bei jeder Abtastrate gibt es einen Bereich von Frequenzen $|\omega| \leq \omega_N$, die auseinandergehalten werden können. Jede höhere Frequenz hat unter diesen niedrigeren Frequenzen eine Aliasfrequenz. Die **Nyquist-Frequenz $\omega_N = \pi/T$** beschränkt das Band der rekonstruierbaren Frequenzen für eine bestimmte Abtastperiode T:

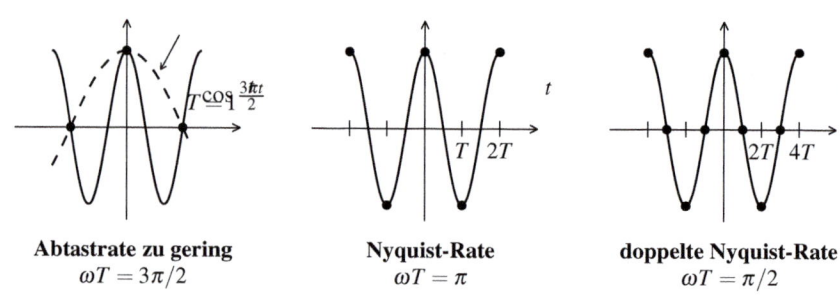

Abb. B.1 Für $\omega T < \pi$ reichen die Abtastpunkte aus, um das Signal zu rekonstruieren.

Nyquistrate bedeutet zwei Abtastpunkte pro Schwingung. Dann ist $\omega T = \pi$.

Wenn wir auf $T = 1$ normieren, ist die Nyquist-Frequenz $\omega_N = \pi$. Bei dieser Frequenz alternieren die Abtastwerte $f(n) = \cos \pi n = (-1)^n$ zwischen 1 und -1, wie im mittleren Graph von Abbildung B.1 dargestellt.

Wenn wir anstelle der Funktion $\cos \omega t$ die Funktion $f(t) = \sin \omega t$ haben, ist bei der Nyquist-Frequenz $\omega = \pi$ jeder Abtastwert $\sin \pi n = 0$. Die Nyquist-Frequenz markiert die Grenze. **Bei Sinusfunktionen wird $\omega = \pi$ durch $\omega = 0$ gedeckt.**

Der dritte Graph aus Abbildung B.1 zeigt das Abtasten bei der *doppelten* Nyquist-Rate, bei der es vier Abtastwerte pro Periode gibt. Die Funktion ist $\cos 2\pi t$, also $\omega = 2\pi$ und $T = 1$. Das ist *Überabtastung*, was sich in der Praxis empfiehlt. Bei rauschbehafteten Messwerten brauchen Sie mehr Information (mehr Abtastwerte), um die Funktion zuverlässig rekonstruieren zu können.

Der Schlüsselgleichung $\omega T = \pi$ können Sie entnehmen, dass die Nyquist-Frequenz zunimmt, wenn die Abtastperiode verringert (und die Abtastrate erhöht) wird. Oft ist es die Periode T, die wir steuern. Außerdem sei erwähnt, dass viele Autoren die Frequenz ω auf $f = \omega/\pi$ renormieren. Das Intervall $-\pi \leq \omega \leq \pi$ wird zu $-1 \leq f \leq 1$.

Wenn das kontinuierliche Signal eine Überlagerung vieler Frequenzen ω ist, wird die Nyquist-Rate durch die größte Frequenz ω_{max} bestimmt. Bei jeder größeren Rate gibt es kein Aliasing mehr. Wir können alle Funktionen $\cos \omega t$ und $\sin \omega t$ aus ihren Abtastwerten rekonstruieren. Das ist noch nicht alles: *Das gesamte kontinuierliche Signal $f(t)$ kann aus seinen Abtastwerten $f(n)$ rekonstruiert werden.* Das ist Gegenstand des Shannon-Abtasttheorems, ein Grundpfeiler der Kommunikationstheorie und Technologie.

Das Abtasttheorem

Wir beschreiben nun einen bemerkenswerten Fall, in dem die Funktion $f(x)$ aus ihren eigenen Abtastwerten rekonstruiert wird. Die Schlüsselinformation, die wir brauchen, ist, dass *die Fourier-Transformierte $\widehat{f}(k)$ für hohe Frequenzen $|k| \geq W$ null ist*. Die Funktion ist *bandbegrenzt*.

B Abtasten und Aliasing

Wenn alle Frequenzen im Band $-W < k < W$ liegen, kann die Funktion nicht so schnell wie e^{iWx} oszillieren. Das Erstaunliche ist, dass die Werte von $f(x)$ an den diskreten Punkten $x = n\pi/W$ die Funktion überall vollständig bestimmen.

Durch Abtasten in Abständen von π/W können wir $f(x)$ überall rekonstruieren. Diese Abtastrate ist die **Nyquist-Rate – zwei Abtastpunkte pro Periode $2\pi/W$ von e^{iWx}**. Der Einfachheit halber setzen wir $W = \pi$. Die Abtastwerte $f(n\pi/W)$ sind dann $f(n)$. Sie können durch *Sinusfunktionen* interpoliert werden, um $f(x)$ an jedem Punkt zu rekonstruieren:

$$\textbf{Abtasttheorem} \quad f(x) = \sum_{n=-\infty}^{\infty} f(n) \frac{\sin \pi(x-n)}{\pi(x-n)}. \tag{B.2}$$

Beweis Sehen Sie sich die Fourier-Reihe für $\widehat{f}(k)$ auf dem Intervall $-\pi \le k \le \pi$ im k-Raum an:

So tun, als sei $\widehat{f}$ periodisch

$$\widehat{f}(k) = \sum_{n=-\infty}^{\infty} c_n e^{ink} \quad \text{mit} \quad c_n = \frac{1}{2\pi} \int_{-\pi}^{\pi} \widehat{f}(k) e^{-ink} \, dk. \tag{B.3}$$

Dieser Koeffizient c_n ist gerade $f(-n)$! Das ist die Fourier-Integralformel (4.117) auf Seite 423 aus Abschnitt 4.5 mit $x = -n$. Wir wenden nun dieselbe Formel an, um $\widehat{f}(k)$ in $f(x)$ zurückzutransformieren:

$$f(x) = \frac{1}{2\pi} \int_{-\pi}^{\pi} \left(\sum_{n=-\infty}^{\infty} f(-n) e^{ink} \right) e^{ikx} \, dk = \sum_{n=-\infty}^{\infty} f(-n) \left[\frac{e^{ik(x+n)}}{2\pi i(x+n)} \right]_{-\pi}^{\pi}. \tag{B.4}$$

Im Fall $n = 0$ geht die Kastenfunktion auf dem Intervall $-\pi \le k \le \pi$ in die sinc-Funktion auf dem Intervall $(\sin \pi x)/\pi x$ über. Die Multiplikation der Kastenfunktion mit e^{ikx} verschiebt die sinc-Funktion um n. Setzen Sie einfach $k = \pm\pi$ in Gleichung (B.4) ein:

$$f(x) = \sum_{n=-\infty}^{\infty} f(-n) \frac{\sin \pi(x+n)}{\pi(x+n)} = \sum_{n=-\infty}^{\infty} f(n) \frac{\sin \pi(x-n)}{\pi(x-n)}. \tag{B.5}$$

Das ist das Abtasttheorem. **Beachten Sie die sinc-Funktion $\sin t/t$.** Falls W von π verschieden ist, können wir x durch π/W und k durch W/π reskalieren, um auf das Abtasttheorem zu kommen. Realistisch betrachtet, würden wir nicht nur zwei sondern fünf bis zehn Mal pro Periode abtasten, um nicht durch Rauschen überrumpelt zu werden.

„Bandpassfilter" wurden entwickelt, um genau solche bandbegrenzte Funktionen zu erzeugen. Ein idealer Filter multipliziert im Frequenzraum mit einer Funktion, deren Wert nur für Frequenzen, die erhalten bleiben sollen, eins ist. Sonst ist diese Funktion null. Im x-Raum entspricht das einer Faltung mit $(\sin \pi x)/\pi x$. Das hinterlässt eine Funktion $\widehat{f}(k)$, die auf das Band $-\pi < k < \pi$ begrenzt ist.

Aufgaben zu Anhang B

B.1 Warum liefert die Formel $\sum f(n) 1 \sin \pi(x-n)/\pi(x-n)$ an der Stelle $x=0$ den korrekten Wert $f(0)$?

B.2 Angenommen, die Fourier-Transformierte ist $\widehat{f}(k) = 1$ für $-\pi < k < \pi$ und $\widehat{f}(k) = 0$ sonst. Was ist die Funktion $f(x)$? Überzeugen Sie sich davon, dass das Abtasttheorem korrekt ist.

Anhang C
Wissenschaftliches Rechnen und Modellieren

Auf diesen Seiten finden Sie ein paar Worte (mehr auf der cse-Website) zum Gesamtbild des wissenschaftlichen Rechnens und Modellierens. Oft deuten die Buchstaben CSE auf *großangelegte Berechnungen* hin – wie sie an den National Laboratories (US-Forschungs- und Entwicklungseinrichtungen) ausgeführt werden. Ohne Zweifel gehen massiv parallele Berechnungen auf Supercomputern weit über das hinaus, was wir in einer Einführung behandeln können. Sie können diesen Wissensstand erreichen (ich hoffe, das werden Sie), aber wir sollten nicht damit anfangen.

Meine Absicht ist es, die Grundlagen des wissenschaftlichen Rechnens darzustellen und kurze Codes anzugeben, in denen die Schlüsselkonzepte umgesetzt werden. Sie werden ein Grundmuster der angewandten Mathematik kennenlernen. Ein Themenkomplex behandelt das Auftreten symmetrischer, positiv definiter Matrizen $A^{\mathrm{T}}CA$ – als Steifigkeitsmatrizen, Leitfähigkeitsmatrizen und Mehrgittermatrizen. Die Geometrie steckt hinter der Matrix A, die physikalischen Eigenschaften finden sich in der Matrix C. Die Matrizen ergeben sich aus Anordnungen von Federn und Massen, aus Netzwerken, aus der Methode der kleinsten Quadrate und insbesondere aus solchen Differentialgleichungen wie $\mathrm{div}(c\,\mathrm{grad}\,u) = f$.

Lassen Sie mich *kurz* einige der Anwendungen beschreiben, die auf diese Grundlagen aufbauen.

Computergestütztes Modellieren

Die **Methode der finiten Elemente** illustriert perfekt, was die Fachgemeinschaft (angeführt von der computergestützten Mechanik) erreicht hat. Das Gedankengut und die Software repräsentieren einen kollektiven Erfolg von tausenden von Ingenieuren. Das ist bemerkenswert.

Wenn es um Fragen der Baustatik und Baumechanik geht, ist die Methode der finiten Elemente zuverlässig und effizient. Diese Methode begegnet uns zeitig (eindimensionale Einführung in Abschnitt 3.1, zweidimensionaler Code in Abschnitt 3.6). Als Ausgangspunkt werden die Differentialgleichungen in einer **schwachen Form** aufgeschrieben, also mit Testfunktionen integriert. Anschließend werden

Spannungen und Auslenkungen durch stückweise Polynome approximiert. Sie sind leicht zu handhaben und schnell zu berechnen.

Wenn Fluid-Struktur-Wechselwirkungen oder Aufpralle mit hoher Geschwindigkeit computergestützt modelliert werden sollen, werden die Codes für die finiten Elemente länger (und beansprucht). Elemente niedrigster Ordnung können die Forderung nach guter Genauigkeit dann nicht mehr erfüllen. Wenn Sie verstanden haben, wie die Methode der finiten Elemente funktioniert, können Sie das regulieren. Bei speziellen Geometrien entwickeln wir schnelle Löser.

Computergestützte Elektrodynamik

Die Codes von SPICE werden Netzwerkprobleme mit tausenden von Schaltelementen lösen. Diese nichtlinearen Gleichungen $g(u) = 0$ werden komplizierter, wenn Transistoren vorkommen. In den Codes werden Varianten des **Newton-Verfahrens** $J\Delta u = -g$ verwendet, wobei J die Jacobi-Matrix von s und Δu der Schritt von u^k nach u^{k+1} ist. In Abschnitt 2.6 wird das Newton-Verfahren entwickelt.

Bei den Maxwell-Gleichungen erfassen finite Differenzen auf einem versetzten Gitter (Yee-Verfahren) die physikalischen Grundgesetze. In der Helmholtz-Gleichung lassen sich die Variablen trennen ($e^{i\omega t}$ für die Zeit), der Preis dafür ist aber eine indefinite Gleichung mit negativen Eigenwerten für hohe Frequenzen ω. Außenraumprobleme führen auf Integralgleichungen (und Randelemente).

Computergestützte Physik und Chemie

Die Molekülphysik und die Chemie erfordern umfangreiche Berechnungen über viele Zeitschritte. Die Approximationen sind höherer Ordnung, einfache Elemente sind ausgeschlossen und spezielle Funktionen kommen ins Spiel. Werden finite Differenzen verwendet, dann führt die für hohe Genauigkeit erforderliche Auflösung zu sehr großen Matrizen und zu solchen Lösungsverfahren wie den **Mehrgitterverfahren** aus Abschnitt 7.3. Die Energieerhaltung erfordert eine Zeitentwicklung, die sich nah an der Grenze zur Instabilität bewegt.

Aus Numerischer Sicht können wir nicht einfach die Gefahr durch Diffusion und Dissipation herausdämpfen. Schon die Lösung des Newtonschen Gesetzes $mu'' = f(u)$ in Abschnitt 2.2 erfordert Stabilität und Genauigkeit über viele Perioden. Das gilt für atomare Schwingungen und auch für Bahnen im Raum.

Im Zusammenhang mit der **computergestützten Strömungsdynamik** untersuchen die Abschnitte 6.6 und 6.7 die Konvektion mit Diffusion. Wir wenden divergenzfreie Projektion an, um die Navier-Stokes-Gleichungen zu lösen.

Bei Mehrskalenproblemen gelangen wir an die Grenzen, an der die Modellbildung an sich eine Hauptaufgabe ist. Kleinskalige Effekte in der schnellen Strömung haben auf großen Skalen starke Auswirkungen – wie soll man beides gleichzeitig erfassen? Dafür brauchen wir neben den Kenntnissen, die dieses Buch über das wissenschaftliche Rechnen vermittelt, Kenntnisse in Physik und Chemie. *Die Diskretisierung muss die zugrundeliegenden Prinzipien erhalten.*

Computergestützte Biologie

Ein Teil der biologischen Vorgänge kann durch Differentialgleichungen erfasst werden. Für einen anderen (großen) Teil gilt das nicht – zumindest noch nicht. In diesem Teil geht es oft um Netzwerke aus Knoten und Kanten, um kombinatorische Probleme, um Wahrscheinlichkeiten und um sehr große Datenmengen. Unser erster Ansatzpunkt ist die **Methode der kleinsten Quadrate** (ein ℓ^1-Strafterm hilft uns dabei, dünn besetzte Matrizen zu erhalten).

Microarrays sind Spalten von Matrizen, die sich aus den Genexpressionsdaten ergeben. Diese Matrizen haben eine Singulärwertzerlegung $A = U\Sigma V^T$. Die Spalten der Matrizen U und V kennzeichnen in Abschnitt 1.8 die orthogonalen „Eigengene". Die Singulärwerte in Σ kennzeichnen deren Bedeutung. In der Regel sind es *Kombinationen von Genen*, die zu Krankheiten führen, und die Expressionsdaten sind unser Schlüssel zu dieser Information.

Netzwerke und Graphen sind erstaunlich nützliche Modelle in der angewandten Mathematik. In Abschnitt 2.4 werden Flüsse in Netzwerken untersucht, in denen die fundamentale Bilanzgleichung das erste Kirchhoffsche Gesetz ist: *Der Zufluss ist gleich dem Abfluss*. Erhaltungssätze sind der Schlüssel beim Modellieren.

Die gezielte Datensuche (*englisch* data mining) ist eine Mischung aus Wahrscheinlichkeitstheorie, Statistik, Signalverarbeitung und Optimierung. Dieses Buch kann sich jedem dieser Themen nur einzeln widmen – das betrifft Gauß- und Poisson-Verteilungen, Mittelwerte und Kovarianzen, Filter und Wavelets, Lagrange-Multiplikatoren und Dualität. Es ist aber unmöglich, auf wenigen Seiten diese ganzen Werkzeuge zu einer vollständigen Diskussion des maschinellen Lernens zusammenzufügen. Und das wäre auch etwas voreilig. Der besondere Abschnitt 2.9* beleuchtet die entscheidende Frage **des Clustering und der Graphenschnitte**.

Die mathematische Biologie ist ein sehr umfangreiches Fachgebiet, weil dazu auch auf Physik und Chemie – Transport, Diffusion und Kinetik – zurückgegriffen werden muss. Das betrifft Vorgänge innerhalb der Zelle und auch auf größere Skala bis hin zu Vorgängen im gesamten Organismus. Steife Differentialgleichungen (für die implizite Differenzenverfahren gebraucht werden) ergeben sich in vielen Bereichen. Dieses Buch beschreibt, wie solche Gleichungen gelöst werden: **die Wahl der Basisfunktionen, die Diskretisierung, die Stabilitätsanalyse, Verfahren für dünn besetzte Matrizen**.

Computergestützte Simulation und computergestütztes Design

Numerische Experimente lassen sich oft schneller und leichter durchführen als physikalische Experimente. Sie können eine Reihe von Test mit unterschiedlichen Parametern laufen lassen, um zum optimalen Entwurf zu gelangen. Sind diese numerischen Simulationen aber auch zuverlässig? Sie sind nie exakt. Die Aufgabe, **die Unsicherheit zu quantifizieren**, spielt im wissenschaftlichen Rechnen eine zentrale Rolle. Sie untergliedert sich in zwei Teile.

Gültigkeitsprüfung: „Werden die richtigen Gleichungen gelöst?"
Richtigkeitsprüfung: „Werden die Gleichungen richtig gelöst?"

Die richtigen Gleichungen werden vereinfacht, um sie handhabbar zu machen. Die Modellierung ist ein so wichtiger Teil der angewandten Mathematik. „Man sollte alles so einfach wie möglich machen, aber nicht einfacher." (Einstein)

Zu einer guten Lösung gehört eine Abschätzung des numerischen Fehlers. Klassischerweise ist das ein Fehler in $O((\Delta x)^2)$ oder $O((\Delta t)^4)$ durch die Diskretisierung. Aus Ableitungen werden Differenzen, aus Funktionen werden Polynome, aus Integralen werden endliche Summen. Was sich schwieriger abschätzen lässt, ist der Fehler, der sich aus den falschen Materialeigenschaften ergibt. Dann steckt der Schlüssel in einer **Sensitivitätsanalyse**, bei der festgestellt wird, wie stark die Ausgaben von den Eingaben abhängen. Abschnitt 8.7 befasst sich mit dem „adjungierten Problem", bei dem die Sensitivität in Bezug auf Kontrollvariablen gemessen wird.

Die Optimierung der Ausgabe kann sehr schwierig sein, weil sie von Ihnen verlangt, das Design anzupassen. Oft ist es der Zauber der Lagrange-Multiplikatoren, der zu einer Abschätzung für $d(Ausgabe)/d(Eingabe)$ führt. Beim **inversen Problem** wird die Eingabe durch Beobachtung der Ausgabe bestimmt. Dieses Problem ist notorischerweise schlecht gestellt. **Ein Beispiel: Bestimmen Sie die Geschwindigkeiten $v(t)$ aus den Orten $x(t)$**. Differentiation ist das schlecht gestellte inverse Problem für $v(t)$, Integration ist das gut gestellte Vorwärtsproblem für $x(t)$. Abschnitt 8.2 zeigt, wie man ein nahezu singuläres Problem regularisieren kann, indem man einen Strafterm hinzunimmt.

Die Optimierung der Gestalt oder der Koeffizienten einer Differentialgleichung bleibt eine große Herausforderung für das moderne wissenschaftliche Rechnen.

Computergestützte Finanzmathematik

Das fundamentale Gesetz der Finanzmathematik bringt am besten die Figur Nathan Detroit aus dem Musical *Guys and Dolls* auf den Punkt. Nathan Detroit benötigt $1000, um einen neuen Veranstaltungsort für sein illegales Würfelspiel zu finden. *„Wenn ich schon das Risiko trage, dann möchte ich wenigstens abkassieren."*

Wenn es eine Gleichung gibt, die aus der Entwicklung der mathematischen Finanzmathematik heraussticht, dann ist das die **Black-Scholes-Gleichung**. Gemäß den Regeln des Marktes (amerikanisch oder europäisch) liefert diese Gleichung den Wert einer Option, eine Aktie zu kaufen oder zu verkaufen. Die zugrundeliegende Mathematik ist ziemlich raffiniert: das Lemma von Ito und die Brownsche Bewegung. Rechnerisch haben wir es in Abschnitt 6.5 mit zwei verschiedenen Arten von Optionen zutun.

Optionen mit **konstanter Volatilität**:
Black-Scholes reduziert sich auf die Wärmeleitungsgleichung $u_t = u_{xx}$.

Optionen mit **variabler Volatilität**:
Die natürliche Herangehensweise basiert auf finiten Differenzen.

Monte-Carlo-Algorithmen sind für die Simulation eines Random Walk kostengünstig. Für einen Außenstehenden sind die Tiefe und die Komplexität der Finanzmathematik einfach erstaunlich.

Computergestützte Optimierung

Die Aufgabe der Optimierung besteht darin, ein Minimum oder ein Maximum unter Nebenbedingungen zu berechnen (und zu verstehen). Lineare Optimierung ist das klassische Beispiel – und neue Primal-Dual-Algorithmen lösen den Simplex-Algorithmus ab. Das duale Problem bestimmt die überaus wichtigen **Lagrange-Multiplikatoren** (die „Griechen[1]" der Finanzmathematik). Diese geben die Sensitivität der Lösung gegenüber den Daten an.

Abschnitt 8.1 erläutert die Dualität für die Methode der kleinsten Quadrate. Im Primalproblem wird auf einen Unterraum projiziert, im Dualproblem auf den orthogonalen Unterraum. Das Minimax-Theorem reduziert sich bei rechtwinkligen Dreiecken auf $a^2 + b^2 = c^2$. In Abschnitt 8.6 kommen wir zu *Nebenbedingungen in Form von Ungleichungen $x \geq 0$*.

In der Mechanik optimieren die dualen Probleme die potentielle und die komplementäre Energie. In der Physik gibt es Lagrange- und Hamilton-Operatoren. Wenn die Unbekannte, die optimiert werden soll, kein Vektor, sondern eine Funktion von x oder t ist, dann ist das die **Variationsrechnung**.

Grundaufgaben des wissenschaftlichen Rechnens

1. **Matrixgleichungen** und die zentralen Probleme der linearen Algebra:

   lu(A) $Ax = b$ durch Elimination und $A = LU$ (triangulare Faktoren)
   eig(A) $Ax = \lambda x$ führt auf Diagonalisierung $A = S\Lambda S^{-1}$ (Eigenwerte in Λ)
   qr(A) $Au \approx b$ durch Lösen von $A^T A\widehat{u} = A^T b$ mit Orthogonalisierung $A = QR$
   svd(A) beste Basis aus der Singulärwertzerlegung $A = U\Sigma V^T$

2. **Differentialgleichungen** in Raum und Zeit: Rand- und Anfangswerte:

   explizite Lösung durch Fourier- und Laplace-Transformation
   Finite-Differenzen-Lösungen mit Test für Genauigkeit und Stabilität
   Finite-Elemente-Lösungen durch Polynome auf unstrukturierten Gittern
   Spektralmethoden von exponentieller Genauigkeit durch FFT

3. **Große, dünn besetzte Systeme** aus linearen und nichtlinearen Gleichungen:

   direkte Lösung durch Umordnen der Unbekannten vor der Elimination
   Mehrgitterlösung durch schnelle Approximation auf mehreren Skalen
   iterative Lösung durch konjugierte Gradienten und MINRES
   Newton-Verfahren: Linearisierung mit approximierten Jacobi-Matrizen

---

[1] Partielle Ableitungen des Optionspreises nach Modellparametern. *Anm. d. Übers.*

Literaturverzeichnis

1. Y. Achdou und O. Pironneau, *Computational Methods for Option Pricing*. SIAM, 2005.
2. E. Underson et al. *LAPACK User's Guide*. SIAM, 3. Auflage, 1999.
3. A. C. Antoulas. *Approximation of Large-Scale Dynamical Systems*. SIAM, 2006.
4. U. Ascher, R. Mattheij und R. Russell. *Numerical Solution of Boundary Value Problems for Ordinary Differential Equations*. Prentice-Hall, 1988.
5. O. Axelsson. *Iterative Solution Methods*. Cambridge, 1994.
6. O. Axelsson und V. A. Barker. *Finite Element Solution of Boundary Value Problems*. SIAM, 2001.
7. G. Baker und P. Graves-Morris. *Padé Approximants*. Cambridge, 1996.
8. W. Bangerth und R. Rannacher. *Adaptive Finite Element Methods for Differential Equations*. Birkhäuser, 2003.
9. R. E. Bank et al. Transient simulation of silicon devices und circuits. *IEEE Transactions on Electron Devices*, 32:1992–2007, 1985.
10. K. J. Bathe. *Finite Element Procedures*. Prentice-Hall, 1996.
11. T. Belytschko und T. J. R. Hughes. *Computational Methods for Transient Analysis*. North-Hollund, 1983.
12. C. M. Bender und S. A. Orszag. *Advanced Mathematical Methods for Scientists und Engineers*. McGraw-Hill, 1978.
13. M. Benzi, G. H. Golub und J. Liesen. Numerical Solution of Saddle Point Problems. *Acta Numerica*, 2005.
14. J. P. Berenger. A perfectly matched layer for the absorption of electromagnetic waves. *J. Computational Physics* 114:185–200, 1994.
15. D. P. Bertsekas. *Dynamic Programming und Optimal Control*. Athena Press, 2000.
16. D. A. Bini, G. Latouche und B. Meini. *Numerical Methods for Structured Markov Chains*. Oxford, 2005.
17. C. Bischof. *Pattern Recognition und Machine Learning*. Springer, 2006.
18. A. Björck. *Numerical Methods for Least Squares Problems*. SIAM, 1996.
19. M. Bonnet. *Boundary Integral Equation Methods for Solids und Fluids*. Wiley, 1999.
20. S. Boyd und L. Vundenberghe. *Convex Optimization*. Cambridge, 2004.
21. Y. Boykov, O. Veksler und R. Zabih. Fast approximate energy minimization via graph cuts. *IEEE Transactions PAMI*, 23:1222–1239, 2001.
22. R. N. Bracewell. *The Fourier Transform und Its Applications*. McGraw-Hill, 1986.
23. D. Braess. *Finite Elements: Theory, Fast Solvers und Applications in Solid Mechanics*. Cambridge, 2007.
24. S. C. Brenner und L. R. Scott. *The Mathematical Theory of Finite Element Methods*. Springer, 1994.
25. F. Brezzi und M. Fortin. *Mixed und Hybrid Finite Element Methods*. Springer, 1991.
26. W. L. Briggs, V. E. Henson und S. F. McCormick. *A Multigrid Tutorial*. SIAM, 2000.
27. J. Butcher. *The Numerical Analysis of Ordinary Differential Equations*. Wiley, 1987.
28. B. L. Buzbee, G. H. Golub und C. W. Nielson. On direct methods for solving Poisson's equation. *SIAM J. Numer. Anal.*, 7:627–656, 1970.
29. R. Caflisch. Monte Carlo und Quasi-Monte Carlo Methods. *Acta Numerica*, 1998.
30. C. Canuto, M. Y. Hussaini, A. Quarteroni und T. A. Zang. *Spectral Methods in Fluid Dynamics*. Springer, 1987.
31. T. F. Chan und J. H. Shen. *Image Processing und Analysis*. SIAM, 2005.
32. W. Chew, J. Jin und E. Michielssen. *Fast und Efficient Algorithms in Computational Electromagnetics*. Artech House, 2001.
33. F. Chung. *Spectral Graph Theory*. American Mathematical Society, 1997.
34. P. G. Ciarlet. *The Finite Element Method for Elliptic Problems*. North-Hollund, 1978.
35. T. A. Davis. *Direct Methods for Sparse Linear Systems*. SIAM, 2006.
36. T. A. Davis und K. Sigmon. *MATLAB Primer*. CRC Press, 2004.
37. C. deBoor. *A Practical Guide to Splines*. Springer, 2001.

38. R. Devaney. *An Introduction to Chaotic Dynamical Systems*. Westview, 2003.
39. I. J. Dhillon, Y. Gi, Y. Guan und B. Kulis. Weighted graph cuts without eigenvectors: A multilevel approach. *IEEE Trans. PAMI*, 29:1944–1957 2007.
40. C. Ding und H. Zha. *Spectral Clustering, Ordering und Ranking*. Springer, 2008.
41. J. J. Dongarra, I. S. Duff, D. C. Sorensen und H. Van der Vorst. *Numerical Linear Algebra for High-Performance Computers*. SIAM, 1998.
42. D. Donoho. Compressed sensing. *IEEE Trans. Inf. Theory* 52:1289–1306, 2006.
43. I. Duff, A. Erisman und J. Reid. *Direct Methods for Sparse Matrices*. Oxford, 1986.
44. D. Duffy. *Advanced Engineering Mathematics with MATLAB*. CRC Press, 2003.
45. H. Edelsbrunner. *Geometry und Topology for Mesh Generation*. Cambridge, 2006.
46. L. Eldén. *Matrix Methods in Data Mining und Pattern Recognition*. SIAM, 2007.
47. H. Elman, D. Silvester und A. Wathen. *Finite Elements und Fast Iterative Solvers*. Oxford, 2005.
48. H. C. Elman, A. Ramage und D. J. Silvester. IFISS: A MATLAB Toolbox for modelling incompressible flows. *ACM Trans. on Mathematical Software*, 2008.
49. K. Eriksson, D. Estep, P. Hansbo und C. Johnson. *Computational Differential Equations*. Cambridge, 1996.
50. L. C. Evans. *Partial Differential Equations*. American Math. Society, 1998.
51. W. Feller. *Introduction to Probability Theory*, 3rd ed. Wiley, 1968.
52. L. R. Ford und D.R. Fulkerson. *Flows in Networks*. Princeton, 1962.
53. B. Fornberg. *A Practical Guide to Pseudospectral Methods*. Cambridge, 1996.
54. G. Gan, C. Ma und J. Wu. *Data Clustering: Theory, Algorithms und Applications*. SIAM, 2007.
55. W. Gunder und J. Hrebicek. *Solving Problems in Scientific Computing Using Maple und MATLAB*. Springer, 2002.
56. L. Gaul, M. Kogl und M. Wagner. *Boundary Element Methods for Scientists und Engineers*. Springer, 2003.
57. W. Gautschi. *Orthogonal Polynomials: Computation und Approximation*. Oxford, 2004.
58. C. W. Gear. *Numerical Initial Value Problems in Ordinary Differential Equations*. Prentice-Hall, 1971.
59. A. George und J. W. Liu. *Computer Solution of Large Sparse Positive Definite Systems*. Prentice-Hall, 1981.
60. A. Gil, J. Segura und N. Temme. *Numerical Methods for Special Functions*. SIAM, 2007.
61. M. B. Giles und E. Süli. Adjoint methods for PDEs. *Acta Numerica*, 2002.
62. P. Glasserman. *Monte Carlo Methods in Financial Engineering*. Springer, 2004.
63. G. H. Golub und C. F. Van Loan. *Matrix Computations*. Johns Hopkins, 1996.
64. A. Greenbaum. *Iterative Methods for Solving Linear Systems*. SIAM, 1997.
65. P. Gresho und R. Sani. *Incompressible Flow und the Finite Element Method: Volume 1: Advection-Diffusion*. Wiley, 1998.
66. M. Griebel, T. Dornseifer und T. Neunhoeffer. *Numerical Simulation in Fluid Dynamics*. SIAM, 1998.
67. A. Griewank. *Evaluating Derivatives: Principles und Techniques of Algorithmic Differentiation*. SIAM, 2000.
68. D. F. Griffiths und G. A. Watson, editors. *Numerical Analysis*. Longman, 1986.
69. D. J. Griffiths. *Introduction to Quantum Mechanics*. Prentice-Hall, 2005.
70. G. Grimmett und D. Stirzaker. *Probability und Random Processes*. Oxford, 2001.
71. C. M. Grinstead und J. L. Snell. *Introduction to Probability*. American Math. Society.
72. K. Gröchenig. *Foundations of Time-Frequency Analysis*. Birkhäuser, 2001.
73. B. Gustafsson, H.-O. Kreiss und J. Oliger. *Time-Dependent Problems und Difference Methods*. Wiley, 1995.
74. W. Hackbusch. *Multigrid Methods und Applications*. Springer, 1985.
75. W. Hackbusch und U. Trottenberg. *Multigrid Methods*. Springer, 1982.
76. E. Hairer, C. Lubich und G. Wanner. *Geometric Numerical Integration*. Springer, 2006.
77. E. Hairer, S. P. Nørsett und G. Wanner. *Solving Ordinary Differential Equations I: Nonstiff Problems*. Springer, 1987.

78. E. Hairer und G. Wanner. *Solving Ordinary Differential Equations II: Stiff und Differential-Algebraic Problems*. Springer, 1991.
79. P. C. Hansen, J. G. Nagy und D. P. O'Leary. *Deblurring Images: Matrices, Spectra und Filtering*. SIAM, 2007.
80. T. Hastie, R. Tibshirani und J. Friedman. *The Elements of Statistical Learning: Data Mining, Inference, und Prediction*. Springer, 2001.
81. M. Heath. *Scientific Computing: An Introductory Survey*. McGraw-Hill, 2002.
82. C. Heij, A. C. M. Ran und F. van Schagen. *Introduction to Mathematical Systems Theory: Linear Systems, Identification und Control*. Birkhäuser, 2006.
83. P. Henrici. *Discrete Variable Methods in Ordinary Differential Equations*. Wiley, 1962.
84. P. Henrici. *Applied und Computational Complex Analysis, III*. Wiley, 1986.
85. J. Hesthaven und T. Warburton. *Nodal Discontinuous Galerkin Methods*. Springer, 2008.
86. D. J. Higham. *An Introduction to Financial Option Valuation*. Cambridge, 2004.
87. D. J. Higham und N. J. Higham. *MATLAB Guide*. SIAM, 2005.
88. D. J. Higham, G. Kalna und M. Kibble. Spectral clustering und its use in bioinformatics. *J. Computational und Appl. Mathematics*, 204:25–37, 2007.
89. N. J. Higham. *Accuracy und Stability of Numerical Algorithms*. SIAM, 1996.
90. N. J. Higham. *Functions of Matrices: Theory und Computations*. To appear.
91. L. Hogben. *Encyclopedia of Linear Algebra*. Chapman und Hall/CRC, 2007.
92. R. Horn und C. Johnson. *Matrix Analysis*. Cambridge, 1985.
93. T. J. R. Hughes. *The Finite Element Method*. Prentice-Hall, 1987.
94. W. Hundsdorfer und J. Verwer. *Numerical Solution of Time-Dependent Advection-Diffusion-Reaction Equations*. Springer, 2007.
95. A. Iserles. *A First Course in the Numerical Analysis of Differential Equations*. Cambridge, 1996.
96. J. D. Jackson. *Classical Electrodynamics*. Wiley, 1999.
97. A. K. Jain und R. C. Dubes. *Algorithms for Clustering Data*. Prentice-Hall, 1988.
98. C. Johnson. *Numerical Solutions of Partial Differential Equations by the Finite Element Method*. Cambridge, 1987.
99. I. T. Jolliffe. *Principal Component Analysis*. Springer, 2002.
100. T. Kailath, A. Sayed und B. Hassibi. *Linear Estimation*. Prentice-Hall, 2000.
101. J. Kaipio und E. Somersalo. *Statistical und Computational Inverse Problems*. Springer, 2006.
102. H. B. Keller. *Numerical Solution of Two Point Boundary Value Problems*. SIAM, 1976.
103. C. T. Kelley. *Iterative Methods for Optimization*. SIAM, 1999.
104. J. Kleinberg und E. Tardos. *Algorithm Design*. Addison-Wesley, 2006.
105. D. Kröner. *Numerical Schemes for Conservation Laws*. Wiley-Teubner, 1997.
106. P. Kunkel und V. Mehrmann. *Differential-Algebraic Equations*. European Mathematical Society, 2006.
107. J. D. Lambert. *Numerical Methods for Ordinary Differential Systems*. Wiley, 1991.
108. P. D. Lax. *Hyperbolic Systems of Conservation Laws und the Mathematical Theory of Shock Waves*. SIAM, 1973.
109. R. J. LeVeque. *Numerical Methods for Conservation Laws*. Birkhäuser, 1992.
110. R. J. LeVeque. *Finite Difference Methods for Ordinary und Partial Differential Equations*. SIAM, 2007.
111. J. Liesen und B. N. Parlett. On nonsymmetric saddle point matrices that allow conjugate gradient iterations. *Numerische Mathematik*, 2008.
112. J. R. Magnus und H. Neudecker. *Matrix Differential Calculus*. Wiley, 1999.
113. A. Majda. *Compressible Fluid Flow und Systems of Conservation Laws in Several Space Variables*. Springer, 1984.
114. S. Mallat. *A Wavelet Tour of Signal Processing*. Academic Press, 1999.
115. G. Meurant. *The Lanczos und Conjugate Gradient Algorithms*. SIAM, 2006.
116. C. Moler. *Numerical Computing with MATLAB*. SIAM, 2004.
117. K. W. Morton und T. Sonar. Finite volume methods for hyperbolic conservation laws. *Acta Numerica*, 2007.
118. N. S. Nise. *Control Systems Engineering*. John Wiley, 2000.

119. J. Nocedal und S. Wright. *Numerical Optimization*. Springer, 2006.
120. B. Oksendal. *Stochastic Differential Equations*. Springer, 1992.
121. A. V. Oppenheim und R. W. Schafer. *Discrete-Time Signal Processing*. Prentice-Hall, 1989.
122. S. Osher und R. Fedkiw. *Level Set Methods und Dynamic Implicit Surfaces*. Springer, 2003.
123. N. Paragios, Y. Chen und O. Faugeras, eds. *Hundbook of Mathematical Models in Computer Vision*. Springer, 2006.
124. B. N. Parlett. *The Symmetric Eigenvalue Problem*. SIAM, 1998.
125. L. R. Petzold. A description of DASSL—a differential algebraic system solver. *IMACS Trans. Sci. Comp.*, 1:1–65, North Hollund, 1982.
126. W. H. Press, S. A. Teukolsky, W. T. Vetterling und B. P. Flannery. *Numerical Recipes in C*. Cambridge, 1992. *Numerical Recipes*. Cambridge, 2007.
127. H. A. Priestley. *Introduction to Complex Analysis*. Oxford, 2003.
128. A. Quarteroni und A. Valli. *Numerical Approximation of Partial Differential Equations*. Springer, 1997.
129. R. D. Richtmyer und K. W. Morton. *Difference Methods for Initial-Value Problems*. Wiley, 1967.
130. Y. Saad. *Iterative Methods for Sparse Linear Systems*. SIAM, 2003.
131. T. Schlick. *Molecular Modeling und Simulation*. Springer, 2002.
132. C. Schwab. *p- und hp- Finite Element Methods*. Oxford, 1998.
133. J. Sethian. *Level Set Methods und Fast Marching Methods*. Cambridge, 1999.
134. L. F. Shampine und C. W. Gear. A user's view of solving stiff ordinary differential equations. *SIAM Review*, 21:1–17, 1979.
135. P. Shankar und M. Deshpunde. Fluid Mechanics in the Driven Cavity. *Annual Reviews of Fluid Mechanics*, 32:93-136, 2000.
136. J. R. Shewchuk. The conjugate gradient method without the agonizing pain. www.cs.berkeley.edu/~jrs, 1994.
137. J. Shi und J. Malik. Normalized cuts und image segmentation. *IEEE Trans. PAMI*, 22:888–905, 2000.
138. J. Smoller. *Shock Waves und Reaction-Diffusion Equations*. Springer, 1983.
139. G. A. Sod. *Numerical Methods in Fluid Dynamics*. Cambridge, 1985.
140. J. Stoer und R. Bulirsch. *Introduction to Numerical Analysis*. Springer, 2002.
141. G. Strang. *Introduction to Applied Mathematics*. Wellesley-Cambridge, 1986.
142. G. Strang. *Introduction to Linear Algebra*. Wellesley-Cambridge, 2003.
143. G. Strang und K. Borre. *Linear Algebra, Geodesy und GPS*. Wellesley-Cambridge, 1997.
144. G. Strang und G. J. Fix. *An Analysis of the Finite Element Method*. Prentice-Hall, 1973; Wellesley-Cambridge, 2000. 2. Auflage, 2008.
145. G. Strang und T. Nguyen. *Wavelets und Filter Banks*. Wellesley-Cambridge, 1996.
146. J. C. Strikwerda. *Finite Difference Schemes und Partial Differential Equations*. SIAM, 2004.
147. S. Strogatz. *Nonlinear Dynamics und Chaos*. Perseus, 2001.
148. A. M. Stuart. Numerical Analysis of Dynamical Systems. *Acta Numerica*, 1994.
149. E. Süli und D. Mayers. *An Introduction to Numerical Analysis*. Cambridge, 2003.
150. J. Sundnes et al. *Computing the Electrical Activity in the Heart*. Springer, 2006.
151. E. Tadmor. Filters, mollifiers und the computation of the Gibbs phenomenon. *Acta Numerica*, 2007.
152. A. Taflove und S. C. Hagness. *Computational Electrodynamics: The FDTD Method*. Artech, 2000.
153. P. N. Tan, M. Steinbach und V. Kumar. *Introduction to Data Mining*. Addison-Wesley, 2005.
154. F. Tisseur und K. Meerbergen. The quadratic eigenvalue problem. *SIAM Review*, 41:235–286, 2001.
155. A. Toselli und O. Widlund. *Domain Decomposition Methods*. Springer, 2005.
156. L. N. Trefethen. *Finite Difference und Spectral Methods for Ordinary und Partial Differential Equations*. Unpublished lecture notes, 1996.
157. L. N. Trefethen. *Spectral Methods in MATLAB*. SIAM, 2000.
158. L. N. Trefethen. Is Gauss quadrature better than Clenshaw-Curtis? *SIAM Review*, to appear.
159. L. N. Trefethen und D. Bau. *Numerical Linear Algebra*. SIAM, 1997.

160. J. A. Tropp. Just relax: Convex programming methods for identifying sparse signals. *IEEE Trans. Information Theory*, 51:1030–1051, 2006.
161. U. Trottenberg, C. Oosterlee und A. Schüller. *Multigrid*. Academic Press, 2001.
162. H. Van der Vorst. *Iterative Krylov Methods for Large Linear Systems*. Cambridge, 2003.
163. E. van Groesen und J. Molenaar. *Continuum Modeling in the Physical Sciences*. SIAM, 2007.
164. C. F. Van Loan. *Computational Frameworks for the Fast Fourier Transform*. SIAM, 1992.
165. G. Wahba. *Spline Models for Observational Data*. SIAM, 1990.
166. D. Watkins. *Fundamentals of Matrix Computations*. Wiley, 2002.
167. D. J. Watts. *Six Degrees: The Science of a Connected Age*. Norton, 2002.
168. J. A. C. Weideman und L. N. Trefethen. Parabolic und hyperbolic contours for computing the Bromwich integral. *Math. Comp.*, 76:1341–1356, 2007.
169. G. B. Whitham. *Linear und Nonlinear Waves*. Wiley, 1974.
170. P. Wilmott, S. Harrison und J. Dewynne. *The Mathematics of Financial Derivatives*. Cambridge, 1995.
171. Y. Zhu und A. Cangellaris. *Multigrid Finite Element Methods for Electromagnetic Modeling*. IEEE Press/Wiley, 2006.

Sachverzeichnis

@(u), 200
$A = LU$, 40, 89
$A = QR$, 89, 156
$A = Q\Lambda Q^T$, 63
$A = S\Lambda S^{-1}$, 61, 71, 330
$A = U\Sigma V^T$, 89, 92
$AQ = QH$, 682
$A^T A$, 35, 79
$A^T A\hat{u} = A^T b$, 149
$A^T CA$, 79, 119
$A^+ = V\Sigma^+ U^T$, 96
$A^k = S\Lambda^k S^{-1}$, 59
B2D, 335
$C = F\Lambda F^{-1}$, 444
$E = AV$, 208
$J_0(r)$, 393
K2D, 326, 328
K3D, 641
$K = LDL^T$, 29, 35
$K = S\Lambda S^{-1}$, 330
K^{-1}, 48, 119
$Kx = \lambda Mx$, 132, 255
$Mu'' + Ku = 0$, 127, 136
NaN, 200, 515
$P(u) = \frac{1}{2}a(u,u) - \ell(u)$, 729, 746
$PA = LU$, 34
$P \neq NP$, 781
$P_{\min}$, 82, 123
$Q^T Q = I$, 63
$\omega = \exp(-i2\pi/N)$, 401
$w = \exp(i2\pi/N)$, 399
$a(u,v) = \ell(v)$, 725
$e^{At} = Se^{\Lambda t}S^{-1}$, 61
$j = \sqrt{-1}$, 184
$s = j\omega$, 184
u^+, 714
$w = C(e)$, 123, 208, 734

A-stabil, 206, 538
ABAQUS, 205 f., 280
abfallender Impuls, 479, 499
Abfallrate, 367, 370
Abfolge von Deltafunktionen, 386, 439
Abhängigkeitsbereich, 555, 563, 565, 569
absorbierender Rand, 585
Abstandsfunktion, 634
Abtasttheorem, 520, 802 f.
Adams-Bashfort-Verfahren, 541 f., 544
Adams-Moulton-Verfahren, 543 f.
ADINA, 205, 280
Adjazenzmatrix, 163, 170, 178, 253, 255, 779
adjungierte Gleichung, 789, 791
adjungierte Methoden, 209, 323, 701, 784
adjungiertes Problem, 596
Admittanz, 181, 183 ff., 195 f.
Aerodynamik, 322 f.
Airy-Gleichung, 529, 532, 560
Aktualisierungsgleichung, 244
Akustik, 561, 570
ALE-Verfahren, 628
algebraische Mehrgitterverfahren, 665, 675, 762
Algebro-Differentialgleichung, *siehe* differential-algebraische Gleichungen
alternierende Richtung, 661
analytische Fortsetzung, 486, 492
analytische Funktion, 311, 370, 467, 491, 510
Änderung des Weges, 476 f.
Anfangsrandwertproblem, 379
Anfangswertprobleme, 529 f., 547
Angebot und Nachfrage, 505
anisotrop, 357
Anordnung, 174
Ansatzfunktion, 273, 338 ff., 624, 746, 749, 756, 763

817

Anstiegszeit, 189
ANSYS, 280
antisymmetrisch, 16, 576
Anzahl der Operationen, 37, 163, 333, 406, 640, 649, 683, 792
Äquipotenzialkurve, 299
Äquipotenziallinien, 301, 307
Äquivalenzsatz von Lax, 557
Arbeit, 227
Arnoldi-Verfahren, 681, 688
Auffüllen, 328, 643 f.
Auftriebskraft, 323
Auslenkungen, 113, 183
Autokorrelation, 412 f., 422, 434 f.
automatische Differentiation, 596, 785, 788, 792
Autounfall, 205

Babuska und Brezzi, 755
Backslash, 32 f., 460, 646, 650, 796
Balken, 286
Balkenbiegung, 286–289
bandbegrenzt, 802
Bandbreite, 327, 334, 640, 643
Bandmatrix, 2, 37
Barrieren-Methode, 766, 772 f.
baryzentrische Formel, 512 ff.
Basis, 450, 771, 798 f.
Basis Pursuit, 450, 460 f., 774 f.
Basismatrix, 768
Baum, 165, 169, 636
Baumhaus, 223
Bayesscher Schätzer, 720
BDF2-Verfahren, 140, 207, 541
beobachtbar, 501, 509
Beobachtungsgleichung, 182
Bernoulli-Gleichung, 630, 633
Bernoulli-Versuch, 234
Besetzungsstruktur, 149 ff., 641, 646
Bessel-Funktion, 391–394, 397 f., 507
Bessel-Gleichung, 397, 507
beste Gerade, 149
BFGS-Aktualisierung, 202, 788
bidiagonale Matrix, 106
Biegeenergie, 750
Biegemoment, 287
Biegung, 363
Bifurkation, 123 f.
bikubisches Polynom, 355
Bilanzgleichung, 117, 168
Bildsegmentierung, 782
Bildungsgesetz, 734
Bildverarbeitung, 386, 416
bilineare Interpolation, 664

Binomialkoeffizient, 234, 398, 769
Binomialverteilung, 234, 421
Bioinformatik, 107, 149
Biomechanik, 151
biorthogonal, 459
bipartiter Graph, 778
Black-Scholes-Gleichung, 578, 594 f.
Blasius-Strömung, 623
Blindentfaltung, 442
Blockmatrix, 175, 335
blockweise tridiagonal, 327, 640
Bohr, Niels, 74
Brandt, Achi, 666
Brownsche Bewegung, 578, 592, 597
B-Spline, 290 f., 438, 455, 465
Bubble-Funktion, 763
Buckminster Fuller, Richard, 222
Burgers-Gleichung, 601 ff., 606, 616

Cascade-Algorithmus, 455
Cauchy-Riemann-Differentialgleichungen, 312 f., 476, 491
Cauchy-Schwarz-Ungleichung, 85
CFL-Bedingung, 551, 556, 565, 638
Chaos, 212 ff.
Charakteristik, 548, 553, 562, 601, 616
charakteristische Gleichung, 54
Checkpointing, 789
Cheeger-Konstante, 782
Chi-Quadrat-Verteilung, 238
Cholesky, 39, 81, 100, 646
Clenshaw-Curtis-Quadratur, 518 ff., 527
Clustergröße, 252
Clustering, 252, 257, 263
  mehrstufiges, 260
Cofaktor, 125
Computerchemie, 142
Courant-Friedrichs-Lewy, 566, 612, 626
Courant-Zahl, 551, 554
Cox-de Boor-Rekursionsgleichung, 294
Crank-Nicolson-Verfahren, 140, 540, 584 f.
Cut, 777, 781

d'Alembert, 576
DAE, 209, 546
Dämpfer, 188, 194, 196
Dämpfung, 127, 189, 193
Dämpfungsgrad, 189
Datenkompression, 151
Datenmatrix, 105, 109
Daubechies, Ingrid, 459
Daubechies-Polynom, 464
Daubechies-Wavelet, 454, 459
Davis, Tim, 209, 648

Sachverzeichnis

DCT, 67, 70, 105, 403
Dehnung, 216, 218, 267 f., 357, 360, 363 f., 629
del squared, 297
Delaunaysche Umkreisbedingung, 225
delsq, 649
Deltafunktion, 41, 43 ff., 52, 266, 270 f., 282, 314, 371, 373, 386, 423, 568, 580
  diskrete, 402
  Fourier-Transformierte, 423
Deltapuzzle, 386 f.
Deltavektor, 46, 403
Design, 322
Deskriptorsysteme, *siehe* differential-algebraische Gleichungen, 501
Determinante, 35, 56, 125, 177, 511, 780
  positive, 36
DFT, 67, 399, 402
Diagonalmatrix, 35, 60, 117
differential-algebraische Gleichungen, 209, 501, 546
Differentialgleichung, 14, 43
  allgemeine Lösung, 269 f.
  Anfangswertproblem, 14
  Beispiel, 20, 22, 42 ff.
  Eigenfunktion, 63 f.
  Eigenwert, 63 f.
  konstante Koeffizienten, 265, 372
  quasistatische, 206
  Randbedingung, 22, 42, 45
  Randwertproblem, 14
  schwache Form, 267
  spezielle Lösung, 43
  steife, 205
  vierter Ordnung, 283–295
  zweiter Ordnung, 140 f., 265–280
Differenz
  erste, 16, 22
  rückwärts, 15, 46, 537, 542
  vierte, 27, 292
  vorwärts, 15, 46, 537, 554
  zentrierte, 15, 25, 27, 553
  zweite, 16, 19, 46, 342, 346
Differenzengleichung, 14, 46 f.
  Beispiel, 20, 22
  finite, 20
  implizite, 204 f.
  Randbedingung, 22
  zweite Differenz, 14, 16, 18 f., 46
Differenzenmatrix, 116, 120, 163, 166
Differenzenverfahren, 137–140
Diffusion, 578, 599
Dijkstra-Algorithmus, 264
Dimensionsanalyse, 587

Dirichlet-Bedingung, 296, 347, 350, 600, 729
diskontinuierliches Galerkin-Verfahren, 353
diskrete Fourier-Transformation, 67, 399, 402 f.
diskrete Kosinusfunktion, 105
diskrete Kosinustransformation, 67, 70, 403
diskrete Sinusfunktion, 64
diskrete Sinustransformation, 65, 70, 105, 330 f.
diskrete Wavelet-Transformation, 452 f., 457
diskreter Lagrange-Operator, 745
diskreter Laplace-Operator, 326, 352, 753
Diskretisierungsfehler, 540, 565
Dispersion, 529, 532, 564
Dissipation, 206, 529, 554, 579, 617
distmesh, 348 f.
Divergenz, 295, 300 ff., 304
divergenzfrei, 296, 617, 621
Divergenzsatz, 300, 302 f., 307
DNA-Microarray, 107, 250
doppelte Fourier-Reihe, 316, 385
doppelter Pol, 192
doublet, 52, 438
Downsampling, 456, 504
Drehmatrix, 57
Drehung, 89, 360, 363
drei Schritte, 59, 113, 116, 315, 329, 332 f., 429, 440, 444
drei-Term-Rekurrenz, 681
Dreiecksmatrix, 5, 23, 26, 32, 445 f.
  obere, 4, 30, 32, 156, 158
  untere, 31 f.
Dreiecksnetz, 225 f.
Dreieckszerlegung, 29, 36
Druck, 617
DST, 65, 70, 105, 330
Dualität, 464, 696, 764 f., 769, 774, 787
Dualitätslücke, 696, 764
Duhamel-Formel, 532
dünn besetzt, 110, 149, 350, 449, 461
  Beispiel, 460
dünne Splines, 721
Durchschnittswert, 240
Dynamik, 114

ebene Rotation, 689
ebene Wellen, 567, 574, 577
Ecke, 766, 770, 780, 782
Eichtransformation, 306
Eigenfrequenz, 129, 136
Eigenfunktion, 63, 385
Eigengene, 107 f.
Eigenschaften der Matrix K, 1, 119, 126
Eigenvektor, 19, 53, 59, 75, 104

B_n, 66
C_n, 67
Code, 133
K_n, 64
   orthogonaler, 65
   orthonormaler, 62 f.
Eigenvektormatrix, 60, 329
Eigenwert, 3, 53, 75, 104, 751
Eigenwertmatrix, 60, 80
Eigenwertproblem, 56
   verallgemeinertes, 131
eigshow, 57 f.
Eikonal-Gleichung, 636
einfach gestützt, 288, 292 f.
einfacher Pol, 470
eingespannt, 288
Einheitsmatrix, 3, 35, 47
Einheitsvektor, 56, 62
Einheitswurzel, 399–402
Einpunktintegration, 344, 350
einschränkender Vorkonditionierer, 760
einseitig, 24, 27, 425
Einstein, Albert, 363, 572, 742
Einweg-Welle, 547, 571
Elastizität, 357–363
Elastizitätsgleichung, 218
Elastizitätsmodul, 222
Elektrodynamik, 561, 570
Elementgrößenfunktion, 226
Elementlastenvektor, 344
Elementmassenmatrix, 353, 357
Elementmatrix, 173, 178, 221, 229, 286, 342–345
   in zwei Dimensionen, 348–351
Elementsteifigkeitsmatrix, 220, 293
Elimination, 3, 328 f.
Eliminationsverfahren von Gauß, 29
   Multiplikator, 31, 36
   Rechenaufwand, 37
   Rückwartseinsetzen, 30
   Vorwärtseliminieren, 30
Ellipse, 145, 321, 324, 510, 515
elliptische Gleichung, 730
endliche Geschwindigkeit, 548, 550
Energie, 76, 227, 432, 699
Energieerhaltung, 129
Energieidentität, 141, 374, 377, 487
Energienorm, 747 f.
Energierhaltung, 145
Entfaltung, 439–446, 503
Entropiebedingung, 604, 606, 608, 744
Equiripple-Filter, 418
Ergänzungsenergie, 228, 364, 734, 740
Erhaltungssatz, 579, 598, 609

erste Variation, 123, 724 f., 734
erwartungstreu, 162, 242
Erwartungswert, *siehe* Mittelwert
erweiterte Lagrange-Methoden, 759
erzeugende Funktion, 421, 527
Euler-Charakteristik, 169
Euler-Gleichung, 570, 607, 616, 623, 627 f., 637
Euler-Lagrange-Gleichung, 693, 724 f., 728, 743, 755
Euler-Verfahren, 129, 143, 537
   explizites, 142
   rückwärts, 130
   vorwärts, 130, 145
Exponentialfunktion, 486
Exponentialreihe, 312
exponentielle Genauigkeit, 510, 515 f.

Fächer, 602, 604, 615
fünf-Punkte-Molekül, 326, 342
Faktorisierung, 32, 60, 89
Faltung, 413 f., 445, 495 f.
   diskrete, 410–413
   mithilfe von Matrizen, 416
   zyklische, 410
Faltungsgleichung, 441
Faltungsmatrix, 416
Fast-Marching-Methode, 634–637
FDTD-Verfahren, 571
Federkette, 114–118, 131–134
Federkraft, 124
Federschwinger, 128 f., 697
   Energieerhaltung, 129
Fehlerfunktion, 233, 250, 582
Fehlergleichung, 96, 539
Fehlerschranke, 746 f.
Fehlervektor, 153 f.
Feigenbaum-Konstante, 212
feinskalige Bewegung, 676
FEMLAB, 280
fest-fest, 20, 42, 115, 118
fest-frei, 9, 115, 120, 267, 381
Festkörpermechanik, 357–363
Feuerwand, 635
FFT, 399, 404, 415
FFTPACK, 331
Fibonacci-Matrix, 40, 102
Fibonacci-Zahlen, 249, 508
Fiedler-Vektor, 251, 254
Filter, 416–419, 444, 449
   idealer, 418
Filterbank, 455 f., 459, 465
Finanzmathematik, 110, 591, 594
finite Differenzen, 15, 46, 291 f., 326 ff.

Sachverzeichnis 821

finite Elemente, 183, 274, 337
  bikubische, 352
  bilineare, 351
  gemischte, 624 f., 756
  kubische, 284 ff., 293
  lineare, 274 ff.
  viereckige, 351 f.
Finite-Elemente-Methode, 274–280, 337–357, 600, 624, 746, 749, 762
Finite-Volumen-Verfahren, 600, 610 f.
FIR-Filter, 418, 444
FISHPACK, 333
Fixpunkt, 199
Fixpunktiteration, 199 ff., 210, 624
Fluch der Dimension, 328
Fluss, 300 f., 314, 611
Flussbegrenzer, 612 f.
Flussfunktion, 609
Flussrate, 295
Form einer Trommel, 394
fortschreitende Welle, 135
Fortsetzungsverfahren, 201
Fourier-Integral, 423–428, 430, 479 f., 579
Fourier-Koeffizienten, 368, 375
Fourier-Kosinusreihe, 368–372
Fourier-Matrix, 69, 400 ff., 443
Fourier-Reihe, 315, 365, 372, 585
  doppelte, 385
  komplexe, 375
  zweidimensionale, 385 f.
Fourier-Sinusreihe, 365
Fourier-Transformation, 493
  diskrete, 69, 402 f.
  kontinuierliche, 423–428
Fraktale, 212
fraktionale Abbildung, 324
frei-fest, 9, 22, 45
frei-frei, 45, 51, 121
freitragender Balken, 287, 292 f.
Frequenzantwort, 417, 456
Frequenzraum, 190, 441, 445
Frobenius-Norm, 104, 261
frontale Elimination, 220
Frontverfolgung, 637
Froude-Zahl, 619, 633
Fundamentallösung, 429, 578, 580
Fundamentalsatz der Algebra, 54, 399, 490
Fundamentalsatz der Analysis, 303
Fundamentalsatz der linearen Algebra, 93, 170, 798
Fundamentalsatz der num. Analysis, 557
Funktionenraum, 374, 431

Galerkin-Verfahren, 273 f., 339 f., 729

diskontinuierliches, 353, 601
  Spektral-, 525
Galois, Evariste (1811–1820), 56
Gammafunktion, 398
ganzzahlige Programmierung, 780
Gasdynamik, 607, 611, 633
Gauß-Quadratur, 517 f., 527
Gauß-Seidel-Verfahren, 657, 660 f.
Gauß-Verteilung, 233, 237, 428, 580
Gaußsches Gesetz, 309
Gebietszerlegung, 647
geerdeter Knoten, 167
geheimnisvolle Wahl, 207
gelenkig gelagerter Balken, 52
Genauigkeit, 16, 27, 510
Genexpression, 107, 150, 509, 719
Genexpressionsanalyse, 149
Genexpressionsdaten, 107 f.
Genmicroarray, 256
geometrischen Mehrgitterverfahren, 665
Gerade, 147
gerader Vektor, 403
gerichteter Graph, 164
Gershgorin-Kreise, 661
Gesetz der großen Zahlen, 233
Gewicht, 251
gewichtete Jacobi-Matrix, 656, 678
gewichtete kleinste Quadrate, 155, 160, 246, 694
gewichtete Laplace-Matrix, 164
Gewichtsfunktion, 389
Gibbs-Phänomen, 367, 370, 380, 418, 450, 600
Giles, Mike, 335, 598, 607, 786
Gitterwiderstand, 179
Givens-Rotationen, 689
Glattheit, 370, 379, 423, 581
gleiche Flächen, 131, 143
Gleichgewicht, 217
Gleichgewichtsgleichung, 218
Gleichgewichtsproblem, 113
Gleichheitsbedingung, 708
Gleichverteilung, 233
Glockenkurve, 233, 428, 431
GMRES, 209, 679, 688, 759 f.
Godunov, 611
Golub-Welsch-Algorithmus, 106
Gradient, 82, 295, 297 ff., 304, 784
Gradientenverfahren, 203 f.
Gradmatrix, 163, 170, 253
Gram-Matrix, 680
Gram-Schmidt-Verfahren, 91, 156, 391, 712
  modifiziertes, 156
Graph, 163–166, 252, 641, 766
  Adjazenzmatrix, 163

Admittanzmatrix, 163
  gerichteter, 164
  Gradmatrix, 163
  Kirchhoff-Matrix, 163
  Laplace-Matrix, 163
  vollständiger, 164
  zusammenhängender, 167
Greedy-Algorithmus, 262, 264
Green-Funktion, 41, 43–46, 50, 315, 378, 428 f., 568, 581
  diskrete, 47
  Faltung mit der, 429 ff.
  inverse Matrix, 49
Greensche Formel, 307, 361
Grenzschicht, 266
Griechen, 596
Grundmuster, 113, 116, 226

Hängematrix, 120
hängender Stab, 267
Häufungspunkte, 211
Haar-Wavelet, 448, 451
Hamilton-Funktion, 136, 739
Hamilton-Gleichungen, 146, 745
Hamilton-Operator, 146
Hamiltonsche Gleichungen, 739 f.
Hankel-Matrix, 690
harmonische Funktion, 312, 470
Hauptkomponentenanalyse, 95, 106 f., 262
Hauptsatz der Differential- und Integralrechnung, *siehe* Fundamentalsatz der Analysis
Heaviside-Funktion, *siehe* Stufenfunktion
Heiliger Gral, 669
Heiratsproblem, 779, 784
Heisenbergsche Unschärferelation, 428, 433 f.
Helmholtz-Gleichung, 533, 576
Helmholtz-Operator, 325
Herausforderung, 651
Hermite-Polynom, 74, 390, 396, 398
Hermite-Splines, 284
Herzflimmern, 210
Hesse-Matrix, 83, 202
Hessenberg-Matrix, 682, 688
Heugabelbifurkation, 124
Hilber-Hughes-Taylor-Integrator, 206
Hilbert-Matrix, 680
Hilbert-Raum, 374, 377, 383, 431
Hilbert-Transformation, 310
Hochpass, 416 f., 455
Hohlraum, 620
holomorph, 470, 491
Homotopieverfahren, 201
Hookesches Gesetz, 115, 117, 222, 268, 357 f.

Householder-Spiegelung, 157 ff.
Householder-Transformation, 91
Householder-Verfahren, 713
Hutfunktion, 294, 427, 438, 441, 455
Huygenssches Prinzip, 549
hydrostatischer Druck, 358
Hyperbel, 299, 301
hyperbolische Gleichung, 547, 570, 730

idealer Filter, 418, 422, 465
idealer Fluss, 317
ifft, 405, 415
IFISS-Toolbox, 623, 626, 763
IIR-Filter, 418, 444
Imaging Science, 463
Impedanz, 180, 184 f., 195
implizites Verfahren, 128, 537, 578
Impuls, 433, 739 f.
Impulsantwort, 418, 429, 444
indefinite Matrix, 37, 77
Induktivität, 180
inf-sup-Bedingung, 624, 753, 755
Informationsmatrix, 242
inkompressibel, 617, 629, 633, 730, 754
innere Energie, 123
innere Kräfte, 617, 737
innere-Punkte-Verfahren, 150, 766, 772
Innovation, 243
instabiles Stabwerk, 216
Instabilität, 124, 138, 538
Integralformel von Cauchy, 473 f., 489
Integralgleichung, 440, 442, 615, 709
Integralsatz von Cauchy, 475 f., 489
Integralsatz von Gauß, *siehe* Divergenzsatz
Integrationskonstante, 44
Integrator, 204
Interpolation, 289, 511, 662
Interpolationsfehler, 749
inverse Matrix, 3, 47
inverse Transformation, 423, 437, 448, 458, 497–500, 506
inverses Pendel, 123 ff.
inverses Problem, 442, 708
invertierbare Matrix, 3
Invertierbarkeit, 703, 706
Inzidenzmatrix, 163, 165 ff., 170, 177, 777, 781
isolierender Rand, 585
isoparametrisch, 357
isotrop, 357, 364
Iteration, 199, 653
iterative Verfahren, 652

Jacobi-Iteration, 654, 656, 661

Jacobi-Matrix, 198, 207, 358, 625
Johnson, 575
Jordansche Ungleichung, 484
Jordanscher Kurvensatz, 489
Joukowski, 321, 324, 516
JPEG, 403, 451, 464

k-Means, 251
k-Means-Algorithmus, 258 f.
k-Means-Zerlegung, 252, 257 f.
kürzeste Lösung, 96, 796
kürzester Vektor, 714
kürzester Weg, 725
Kalman-Filter, 155, 230, 245–248
Kante, 163, 450
Kapazität, 180, 777, 783
Karhunen-Loève-Basis, 93, 110
Karush-Kuhn-Tucker-Matrix, 175
Kastenfunktion, 423, 430, 451
kausal, 445, 458, 503
Kausalfilter, 445 f.
KdV-Gleichung, 605, 613
Keplersches Gesetz, zweites, 131, 146
Kernelmatrix, 261
kinetische Energie, 135
Kirchhoffsche Knotenregel, 766
Kirchhoffsches Gesetz
　erstes, 168 ff., 300
　zweites, 169 f., 297
KKT-Matrix, 88, 167, 175 f., 692, 704
Klappmechanismus, 214, 223
Klassifikation, 719
kleinste Quadrate, 691
kleinste Wirkung, 736, 741
KLU, 209
Knotengleichung, 183 f.
Knotenlinien, 394
Knotenpotentialverfahren, 183, 186 f.
　modifiziertes, 182
Knotenregel, 168 ff., 300, 306
Kollokation, 516, 522, 524 f.
Kombination der Spalten, 12, 30, 795
komplementärer Schlupf, 765, 780
komplexe Ableitung, 470
komplexe Fourier-Reihe, 375
komplexe Variable, 295, 311, 467
komplexer Leitwert, siehe Admittanz
komplexes Skalarprodukt, 375
kompressibel, 607, 633
Kompression, 358
Komprimierung, 403, 449
Konditionszahl, 96–99, 156, 680
konforme Abbildung, 317–322, 492
konjugiert komplex, 375, 400, 413

konjugiert Transponierte, 412
konjugierte Gradienten, 202, 626, 678, 683 ff.
Konsistenz, 557, 559
Kontaktproblem, 205
Kontinuitätsgleichung, 617
Kontrolltheorie, 500 f., 536, 724
Kontrollvariable, 784
Kontrollvolumina, 335
Konvektion, 578, 586, 599
Konvektion-Diffusion, 529, 598, 626, 632, 788
konvektive Ableitung, 627
Konvergenz, 539, 557
Konvergenzfaktor, 199, 210
Konvergenzradius, 468, 482, 487
Konvergenzrate, 520, 558
Konvergenztest, 654
konvex, 461
konvexe Funktion, 734, 776
konvexe Menge, 776
konvexe Optimierung, 776
konzentrierte Massen, 205
Korrektur, 243 f., 246 f.
Korrelation, 241
Korrelationskoeffizient, 241
Korrelationsmatrix, 105 f., 253
Korteweg-deVries-Gleichung, 605, 613
Kosinusreihe, 368
Kosinustransformation, 67
Kosten, 764, 768, 771
Kovarianz, 239
Kovarianzmatrix, 106, 162, 230, 239 ff., 597
Kräftegleichgewicht, 9, 217
Krümmung, 287
Kraft, 360
Kräftebilanz, 360 f.
Kräftegleichgewicht, 268
Kreis, 377 f., 468
Kreisbewegung, 129 ff.
kreisförmiges Gebiet, 315
Kreuzableitungen, 305
Kreuzdifferenzen, 305
kritische Dämpfung, 188, 193
Kronecker-Produkt, 179, 327, 332, 642
Krümmung, 635
Krylov-Matrix, 679
Krylov-Raum, 202, 652, 679, 686
kubische finite Elemente, 283
kubische Splines, 283, 289, 720
Kugelfunktionen, 397
Kuhn-Tucker, 693, 698, 777
kumulative Wahrscheinlichkeit, 232, 238
künstliche Zeit, 206
Kurssicherung, 595
kurze Rekurrenz, 683

kurze Rekurrenz, 679, 685, 690

ℓ^0-Norm, 461, 465
L^1-Norm, 150, 462
ℓ^1-Norm, 150, 450, 461, 774 ff.
L^2-Norm, 374, 431
ℓ^2-Norm, 150, 431, 461
Längenänderung, 116, 268, 360
Lagrange-Formel, 512
Lagrange-Funktion, 694, 711, 727, 739, 772
Lagrange-Gleichung, 627 f., 637
Lagrange-Interpolation, 511
Lagrange-Multiplikator, 228, 698, 710, 727, 764, 787
Laguerre-Polynom, 390, 396, 398
Lamé-Konstanten, 358
Lanczos-Verfahren, 683
langer Schwanz, 423
Langzeitintegration, 142 ff.
LAPACK, 6, 32, 94, 106
Laplace-Gleichung, 295, 310 ff., 317, 377 ff., 384
  in Polarkoordinaten, 314, 392
Laplace-Matrix, 163, 170 ff., 178, 256
  gewichtete, 173–177
  normierte, 253 f.
Laplace-Transformation, 184, 190–194, 445, 493–497
LASSO, 450, 461, 766, 775
Laurent-Reihe, 471, 477, 487
Lax-Friedrichs-Verfahren, 550, 555, 560, 610
Lax-Gleichung, 615
Lax-Wendroff-Verfahren, 550, 553, 556, 559, 612
Leapfrog-Verfahren, 128, 131, 137, 565
  Code, 138
Leapfrog-Verlet-Verfahren, 142
Legendre-Gleichung, 397
Legendre-Polynome, 391, 396, 398, 517, 681
Legendre-Transformation, 735, 739
Leitfähigkeit, 183
Leitfähigkeitsmatrix, 173
Lemma über die Matrixinversion, 50
Lemma von Ito, 593 f.
Lemma von Schwarz, 490
Lerntheorie, 261, 719
Level-Set-Methode, 634 ff.
linear abhängige Zeilen, 33
linear zeitinvariant, 182, 187
lineare Optimierung, 150, 462, 764
Liniensuche, 200
Linienverfahren, 526, 536, 564, 583
Lipschitz-Schranke, 540
lognormal, 593 f.

lokale Genauigkeit, 26
Lorenz, Ed, 212
Lotka-Volterra-Gleichungen, 142, 146
LSQR, 687
LU-Zerlegung, 36

Münzwürfe, 421
Mach-Zahl, 323
Mandelbrot, Benoit B., 212
Mandelbrot-Menge, 214
Markov-Eigenschaft, 593
Markov-Matrix, 57, 59, 73
Markov-Ungleichung, 250
Maschengleichung, 180, 183 f., 188
Maschenregel, 169 f., 297, 306
Maschenstromverfahren, 186 f.
Massenmatrix, 127, 352 f.
Massenspektroskopie, 107
Matching-Pursuit-Algorithmus, 460
Materialableitung, 627, 633
Matrix
  Ableitungs-, 522 f.
  Adjazenz-, 164, 170, 178, 253
  antisymmetrische, 16, 576
  bidiagonale, 36
  Cofaktor, 125
  DFT-, 402
  Diagonalisierung, 60
  Dreh-, 89
  Dreieckszerlegung, 29
  dünn besetzte, 2
  effektiver Rang, 108
  Eigenvektor, 56
  Eigenwert, 56
  Eigenwertproblem, 56
  Element-, 173, 178, 221, 342, 348
  -exponential, 500
  Faltungs-, 416
  Fourier-, 69, 401, 443
  Grad-, 170
  indefinite, 37, 77, 753
  inverse, 47, 51
  invertierbare, 3
  Inzidenz-, 165
  Jacobi-, 198, 207, 358
  KKT-, 88, 167, 175, 692, 704
  kommutierende, 57
  komplexe, 197
  Korrelations-, 253
  Kovarianz-, 106, 162, 230, 239, 241
  Laplace-, 163, 178
  Leitfähigkeits-, 173
  Markov-, 57, 59, 73
  negativ definite, 37

Sachverzeichnis

nicht invertierbare, 3, 5
orthogonale, 62, 90 f., 100, 130
Orthogonalisierung, 91 f.
Permutations-, 10, 34, 90, 407
positiv definite, 3, 5, 34, 36, 75–88, 100, 149
positiv semidefinite, 4 f., 37, 122
positive, 126, 261
Projektions-, 96, 153
Pseudoinverse, 95 f.
quadratische, 149
Rang 1, 11, 93, 103
Sattelpunkt, 175, 703, 753
schiefsymmetrische, 145
semidefinite, 76
singuläre, 3, 33, 122, 350, 793, 797
Singulärwertzerlegung, 92–95
Spaltenraum, 13
Spektralradius, 102
Spektrum, 63
spezielle, 1, 7
Spiegelungs-, 91, 157
Spur, 72, 178
stabilisierte, 758
symmetrische, 2, 34, 56, 62 f., 149, 202
symmetrische Faktorisierung, 29
Toeplitz-, 2, 7, 416, 445
triangulare, 56
tridiagonale, 2, 38, 246
unitäre, 69
Vandermonde-, 511 f., 679
zirkulante, xi, 2, 67, 409, 416, 419, 442
Matrixapproximation, 93
Matrixfaktorisierung, 261
Matrixinversionslemma, 247, 250
max-flow-min-cut, 766, 777, 781, 783
Maximum-Modulus-Prinzip, 490
Maxwell-Gleichungen, 561, 571 ff., 575, 577
Mechanismus, 216, 222 f.
Mehrfachgitter, 626
Mehrgitterverfahren, 661, 670, 760
Mehrschrittverfahren, 541 f.
mehrstufiges Verfahren, 255
Merkmalsraum, 259
Methode der kleinsten Quadrate, 147 ff.
  algebraische Berechnung, 153 ff.
  analytische Berechnung, 151 f.
  gewichtet, 160
  numerisch, 156 f.
  Orthogonalisierung der Spalten, 156
  rekursiv, 155, 162, 242–245
METIS, 260
Metrik, 226
Microarray, 107, 256
Millennium Bridge, 137

minimale Energie, 686
Minimalflächen, 731 f., 741
Minimalgrad, 643 f.
Minimum, 76, 81, 746
Minimumprinzip, 122, 691
Minimumproblem, 81–88, 202 f.
MINRES, 679, 688, 759 f.
Mittel, 342, 368, 448
Mittelpunktregel, 278 f.
Mittelungsfilter, 417
Mittelwert, 160, 162, 231, 490
mittlere Krümmung, 635
mittlere Leistung, 435
Modellreduktion, 95, 108 ff., 762
Modenanalyse, 672, 674
Modulation, 376
Molekulardynamik, 128, 142
Momentenverfahren, 571
monotone Schemata, 612
Monte-Carlo-Simulation, 592, 596
Mortar-Elemente, 525
M-Orthogonalität, 132
Mulde, 77, 82, 227
Multiplikation, 13, 411, 794
Multiplikator, 31, 36, 99
Multiskalenanalyse, 454
multivariate Verteilung, 240

nächste Näherung, 368
Navier-Stokes-Gleichungen, 617, 623, 631
Ncut, 251
Nested Dissection, 648
netlib, 6, 201
Netzerstellung, 225
Netzwerk, 172–177
Netzwerksimulation, 183
Neumann-Bedingung, 296, 335 f., 347, 350, 600, 729
neun-Punkte-Molekül, 336, 352
Newmark-Verfahren, 140
Newton-Cotes-Formel, 516
Newton-Krylov-Verfahren, 202
Newton-Verfahren, 84, 197 ff., 212, 773
  inexaktes, 210
  modifiziertes, 199, 210
  Varianten, 201 f.
Newtonsche Flüssigkeit, 629
Newtonsches Gesetz, 127–144, 146, 617
nicht-zyklische Faltung, 411, 415
nichtlinear, 123, 197
Nichtlinearität, 114, 598, 617, 732
nichtnegative Faktorisierung, 261
Niveaulinie, 203, 296, 299
Norm, 97 f., 102, 150, 460, 747

Normalgleichung, 148, 154, 246
Normalized-Cut, 251
Normalmode, 133
Normalverteilung, 232, 237, 428
normierter Schnitt, 251
not-a-knot, 290
NP-schwer, 461, 781 f.
Nullraum, 3, 5, 44, 166 f., 183, 794
Nullraum-Methode, 183, 709, 711, 713
numerische Ableitung, 528
numerische Differentiation, 474 f., 520, 721
numerische Integration, 278
numerische Viskosität, 620
Nyquist-Bedingung, 462, 802

Oberflächenzugkraft, 361
Octave, 201
Odd-Even-Reduktion, 334 f.
ode15s, 205, 535 f.
ode45, 205, 535
Ohmsches Gesetz, 167, 172, 180
optimale Steuerung, 508
Optimalität, 765, 772
Optimierung, 81, 691
Optionspreise, 578
Ordnung der Genauigkeit, 16, 27, 551
Ordnungsreduktion, 108 ff.
orthogonale Funktionen, 385, 459
orthogonale Matrix, 62, 90, 100
Orthogonalität, 366, 375, 684
orthonormal, 63, 100, 374, 401, 798
Oseen-Gleichung, 625

Padé-Approximation, 110
parabolische Gleichung, 592, 730
Parseval-Gleichung, 382, 431
Partialbruchzerlegung, 191–194, 488, 496
Partialsumme, 371
partielle Integration, 29, 272, 303, 307, 361, 725
Partikelmethoden, 628
Pascalsches Zahlendreieck, 40
Peclet-Zahl, 582, 587, 589, 619
Pendel, 737
    inverses, 123 ff.
perfekt angepasste Schichten, 573
perfekte Flüssigkeit, 629
perfektes Matching, 779, 783
Periode T, 383, 425
Periodenverdopplung, 212
periodisch, 64, 521
Permutationsmatrix, 10, 34, 90, 407
Persson, Per-Olof, 74, 106, 225, 349
Pfeilmatrix, 643, 647

Phase, 181
Phasenebene, 129, 143, 741
Phasenfehler, 130
Pirouette, 632
PISCES, 205, 207
Pivotelement, 3, 30, 33 f., 103
    positives, 36
Pixel, 386, 449, 782
Plancharel-Formel, 437
Platte, 214
p-Methode, 750
POD-Analyse, 109
Pointer, 646
Poiseuille-Strömung, 619, 633
Poisson-Formel, 378, 384
Poisson-Gleichung, 295, 315 ff., 326, 621, 625 ff.
    Software, 333
Poisson-Löser, 326–332
Poisson-Verteilung, 235, 421
Poisson-Wahrscheinlichkeiten, 235
Poisson-Zahl, 359, 364
Pol, 187, 192, 470, 478, 488, 494
Polarkoordinaten, 313 ff., 392
polyfit, 511, 527
Pontrjagins Maximumprinzip, 508
positiv definit, 4, 36, 77, 79, 85, 761
positiv-reelle Funktion, 507
positive Matrix, 119, 126, 261
Potential, 166
Potentialdifferenz, 166
Potentialfluss, 323
Potentialströmung, 632
potentielle Energie, 123 f., 135, 728
Potenzgesetz, 734, 736
Potenzreihe, 392, 467, 471, 487
Prädiktion, 246
Prädiktor-Korrektor-Verfahren, 535, 537, 543
primal-dual, 692 f., 764
Primal-Dual-Algorithmus, 151
Primal-Dual-Verfahren, 184
Primzahlsatz, 486
Prinzip der kleinsten Wirkung, 736
Problem des Handlungsreisenden, 776, 780
Projektion, 109, 153 f., 156, 286, 368, 687, 746 f.
Projektionsmatrix, 96, 154, 162
Pseudoinverse, 95, 104, 159, 714, 723, 796
pseudospektral, 525
Punktlast, 41, 46, 270 f.
    Randbedingung, 42
Punktquelle, 378, 580
Punktspreizfunktion, 440 ff.
Puzzle, 386, 420, 481

Sachverzeichnis

Pyramidenfunktion, 340 ff.
Python, 8

qr, 92, 157
Quadratimpuls, 373, 423
Quadratische Funktionen, 76
quadratisches Eigenwertproblem, 188
quadratisches Gebiet, 316, 325
Quadratur, 516
Quantenmechanik, 75, 433, 741
Quantisierung, 453
Quasi-Newton-Verfahren, 202
quasi-Newton-Verfahren, 788
quasistatisch, 206
quellenfrei, 306

Räuber und Beute, 142, 146
radiale Basisfunktionen, 720
Rampe, 19, 42–46, 271, 291, 369 f.
Randbedingungen, 25, 338, 346, 618
Randelementmethode, 615
Random Walk, 434, 593, 598
Randschicht, 588, 597
Rang, 91, 104, 110, 799
Rang 1, 11, 50, 93, 103
Raumstabwerk, 214, 229
Rauschen, 107, 160, 231, 417, 434
Rauschminderung, 460, 775
Rayleigh-Benard-Zellen, 626
Rayleigh-Quotient, 253, 257, 750
Reaktions-Diffusions-Gleichung, 598
Reaktionskraft, 121, 219, 226
Rechteckmatrix, 35
Rechteckschwingung, 366, 368
Rechteckwelle, 525
reduzierte Kosten, 768, 771
Regel von L'Hôpital, 146, 478, 481, 484
Regeln für die Transformation, 494 f., 504
Regelungstechnik, 109, 182
Regression, 147
Regularisierung, 715, 717
reibungsfrei, 618, 623
Reihenlösung, 379
Rekursion, 398, 406, 648
Rekursion mit drei Termen, 391
rekursive kleinste Quadrate, 155, 162, 230, 244, 247
relativer Fehler, 97
Relativität, 741
Reproducing Kernel Hilbert Spaces, 720
Residuensatz, 478, 489
Residuum, 192, 469, 477–482, 488 f.
Resonanz, 136, 181
Rest, 653, 678

Restriktionsmatrix, 662
Reynolds-Zahl, 525, 619, 631
Riemann-Lebesgue-Lemma, 370
Riemann-Problem, 602 ff., 612
Riemann-Test, 470
Riemannsche Fläche, 472
Riemannsche Vermutung, 486
Riemannscher Abbildungssatz, 320, 493
Ritz-Werte, 683
Rodrigues-Formel, 391, 396
rot, 298, 305
rot-schwarz-Ordnung, 335, 657
rot-schwarz-Permutation, 643
Rotation, 305, 308
Rückkopplungsschleife, 497
Rückwärts-Euler-Verfahren, 130, 537
Rückwärtsdifferenz, 15, 207, 537, 541 f., 544
Rückwärtseinsetzen, 30, 38
Rückkopplungsschleife, 497
Rundungsfehler, 99
Runge, Carl, 510
Runge-Kutta-Verfahren, 544

Sattelpunkt, 692, 695, 701
Sattelpunktmatrix, 310, 703, 753, 774
Sattelpunktsnäherung, 184
Sattelpunktsproblem, 753, 759
Satz des Pythagoras, 374, 697
Satz von Binet-Cauchy, 178
Satz von Cayley-Hamilton, 72
Satz von der impliziten Funktion, 492
Satz von Gauß-Green, 303 f., 309
Satz von Liouville, 490
Satz von Picard, 488
Satz von Rouché, 491
Satz von Stokes, 297, 307
Schätzung von Ableitungen, 708, 719, 721
Schachbrett, 465, 622, 758
Schaltungssimulation, 208, 536
Scherströmung, 632
Scherung, 358, 360
schiefsymmetrisch, 145
Schlüsselbegriffe, 260
schlecht gestellt, 441
schlecht konditioniert, 99, 159, 708
schnelle Fourier-Transformation, 399, 404, 415, 474
schnelle Poisson-Löser, 328, 331 f., 626
schnelle Sinustransformation, 332
Schnitt, 251, 777, 781
Schnittspitze, 318
Schock, 554, 603 ff., 615
Schrödinger-Gleichung, 75, 529, 575, 615
Schubfluss, 307

Schur-Komplement, 703, 762
schwache Dualität, 765, 781
schwache Form, 273, 285, 288, 337, 339, 624 f., 724, 727, 732
schwache Konvergenz, 371
Schwarz-Christoffel-Abbildung, 493
Schwarz-Christoffel-Symbole, 363
Schwarz-Christoffel-Transformation, 320
Schwarz-Ungleichung, 383, 433
Schwarzer Strahler, 600
Schwerpunkt, 252, 257, 263, 350
Schwingkreis, 179–182, 188, 195
Schwingung, 128, 462 f.
   Eigenfrequenz, 136
   Normalmode, 128, 133
   Resonanz, 137
semidefinite Matrix, 4 f., 76
semidefinite Optimierung, 776
semidiskret, 536, 564
senkrecht, 153
senkrechter Fehler, 748
Sensitivität, 96, 209, 699, 701, 711, 784, 786, 790
separabel, 331
Separator, 647
sigmoid, 259
Signalverarbeitung, 93, 775
Simplexverfahren, 150, 766 f., 770 f.
Simpson-Regel, 280, 517, 547
SIMULINK, 186
sinc-Funktion, 376, 423, 521, 564
singuläre Matrix, 3, 33, 122, 350, 793, 797
singuläre Störung, 588
singuläre Vektoren, 104
Singulärwert, 92, 96, 98
Singulärwertzerlegung, 102, 159
Singularität, 468
Sinuskoeffizienten, 330, 366
Sinustransformation, 65
   diskrete, 330 f.
Sinusvektor, 330, 403
Skalarprodukt, 9, 69, 272, 375, 401, 432
Skalierungsfunktion, 450, 750
Snelliussches Gesetz, 743
solitäre Welle, 614
Spalten mal Zeilen, 13, 93, 103, 174, 219
Spaltenraum, 793, 798
Spannbaum, 177, 264
Spannung, 268, 358, 360, 363 f., 629
Spannungsabfall, 172, 183
sparse in MATLAB, 8
spektrale Ableitung, 520–523, 528
spektrale Faktorisierung, 445, 459
spektrale Genauigkeit, 554

spektrale Leistungsdichte, 413, 434
spektrales Clustering, 251
Spektralmethoden, 510, 516, 523–526, 601
Spektralradius, 102, 654 f.
spezielle Lösung, 20, 713, 795
SPICE, 182, 205, 208
Spiegelungsmatrix, 91, 157 ff.
Spinnwebmodell, 505 f.
Spirale, 129
Splines, 289–292, 370, 720
Split-Step-Verfahren, 206, 214
Splitting-Verfahren, 620
Sprung, 43, 268
   im Innern, 336
Sprungantwort, 189
Sprungbedingung, 603, 615
Spur, 56, 69 f., 72, 178, 262
spy, 336, 641
Square-Root-Filter, 247
squaregrid, 349
Störmer-Verlet-Verfahren, 144
stückweise glatt, 489
stabiles Stabwerk, 215
Stabilität, 124, 138, 188, 539, 557, 583
Stabwerke, 214–217, 228
   Baumhaus, 223 ff.
   Beispiele, 219–222
   Konstruktion der Matrix A, 217 f.
   Konstruktion der Matrix A^T, 218 f.
   Mechanismus, 222–225
   stabile, 215
Standard-Brick-Element, 357
Standardabweichung, 162, 233 f.
Standarddreieck, 342, 348
starke Form, 724, 727, 732
starre Bewegung, 121, 216, 223, 363
stationäre Phase, 742
stationärer Zustand, 187
statisch determiniert, 221, 224, 270
Statistik, 107, 161, 230
Stefan-Problem, 607
stehende Welle, 134 f.
steife Differentialgleichungen, 535, 583
Steifigkeitsmatrix, xi, 113, 118, 219, 274, 340
steilster Abstieg, 203, 296, 606, 686, 788
Stetigkeitsbedingung, 289 f.
steuerbar, 501, 509
Stirling-Formel, 248, 397 f.
stochastische Gleichung, 591
Stoffgesetz, 117
Stokes-Problem, 731, 753 f.
Strömungen, 598
Strafe, 111, 442, 460
Strafmethode, 709, 719, 759

Sachverzeichnis 829

Strang-Fix-Bedingungen, 750
Stromfunktion, 299, 301, 305, 310, 313, 364, 620, 631
Stromlinien, 299, 301 f., 313, 322, 587, 631
Stromliniendiffusion, 589
Stromquelle, 172, 174
Stufenfunktion, 43, 46, 271, 563
Stufenvektor, 46
Sturm-Liouville-Problem, 382, 397
sukzessive Überrelaxation, 659 f.
Summe von Quadraten, 78 f., 148, 238, 248
Summenmatrix, 5, 23
SUNDIALS, 205, 209, 546, 790
Support Vector Machine, 108, 261
SVD, 92–95, 102, 159, 714
symamd, 329
symmetrisch, 29, 570
symmetrische Faktorisierung, 29, 35
symmetrische Matrix, 2, 56
symmetrischer Operator, 385
SYMMLQ, 679
symplektisch, 131, 142, 144, 146, 740
Syntheseschritt, 423
Systeme erster Ordnung, 569

Tangenten-Admittanzmatrix, 208
Tangenten-Leitfähigkeitsmatrix, 208
Tangenten-Steifigkeitsmatrix, 208
Taylor-Reihe, 15, 83, 467 f., 482 f., 487
Temperatur, 378, 380, 627
Tensegrity-Struktur, 222
Tensor, 362, 446
Testfunktion, 52, 273, 338 ff., 624, 724
Thomas-Algorithmus, 38
Tiefpass, 416 f., 455, 458
Toeplitz-Matrix, 2, 7, 416 f., 444 f.
Topologiematrix, 166
totale Variation, 150, 450, 462 f., 613
Tragflächenprofil, 322
Trainingsmenge, 719
Transformationsregeln, 192, 423, 494 f., 504
transientes Verhalten, 187, 381
Transistor, 181, 208
Transponierte, 271, 305, 361
Transportproblem, 780
Transportregel, 616 f., 628
Trapezverfahren, 128, 130, 139 f., 206, 540, 583
   Code, 141
Traveling Wave, 563
Trefethen, Nick, 512, 519, 524, 536
Trennung der Variablen, 135, 379 f., 385, 392, 523, 562, 579
Treppeneffekte, 475, 519, 673

tridiagonale Matrix, 2, 38, 246
Tridiagonalmatrix, 682, 685
Trommel, 393
Tschebyschow-Gleichung, 390
Tschebyschow-Interpolation, 516, 518
Tschebyschow-Polynom, 388 ff., 395, 398, 469, 526
   Nullstellen, 389
Tschebyschow-Punkte, 389, 510, 514 f., 522
Tschebyschow-Ungleichung, 250
Tschebyschow-Wurzeln, 514
Turbulenz, 525, 631
TV-Norm, 150, 463, 465
Tychonov-Regularisierung, 715, 717

überbestimmt, 147, 154, 159
übereinstimmende Elemente, 757
Übergangsmatrix, 57
Überrelaxation, 659
Übertragungsfunktion, 110, 182, 184–188, 191, 194 f., 429, 496
   Pole, 187 f.
Übertragungsleitung, 562
Überdämpfung, 188 ff., 194
Umlauf, 416
unendlicher Streifen, 320
ungerader Vektor, 403
ungleiche Abstände, 523
Ungleichungen, 764
unitär, 432
unitäre Matrix, 69
Unschärferelation, 428, 433, 452
unterbestimmt, 159
Unterdämpfung, 188 ff., 193
unvollständige LU-Zerlegung, 659, 661
Upsampling, 458, 465
Upwind, 550 f., 553, 590, 611, 637
Uzawa-Methode, 759

V-Zyklus, 665, 667, 669
Vandermonde-Matrix, 511 f., 679
Varianz, 109, 111, 162, 231, 234, 721
variational crime, 285
Variationsprinzip, 736
Variationsrechnung, 724
vec, 333
Vektordifferentialgleichung, 61
Vektorfeld, 308
Vektorpotenzial, 305
Velocity-Verlet-Verfahren, 142
verallgemeinertes Eigenwertproblem, 254, 752
Verbrennung, 608
Verdrehung, 362
Verfahren des konjugierten Gradienten, 204

Verfahren des steilsten Abstiegs, 203 f.
Verfeinerungsgleichung, 451, 453 ff.
Verkehrsströme, 599, 604, 615
Verlässlichkeit, 230
Verlet-Verfahren, 138, 146
Verpacken, 332, 337
Verrückung, 360
Verschiebung, 376 f., 495
verschiebungsinvariant, 430, 440
verschwindende Momente, 750
versetztes Gitter, 138, 561, 571, 611, 621
Vervollständigen der Quadrate, 701
Verzweigungspunkt, 471 f., 488, 499
vier Quadrate, 697, 705
Viereck, 357
vierte Differenz, 27, 292
virtuelle Arbeit, 123, 361, 363, 728
virtuelle Auslenkung, 338
viskoser Fluss, 754
Viskosität, 617, 629, 634, 754
Viskositätslösung, 601, 638
Volatilität, 593
volle Gewichtung, 663
vollständig unimodular, 780
vollständige Lösung, 21, 190, 795
vollständige Mehrgitterverfahren, 669
vollständiger Graph, 164, 176
Volterra-Gleichung, 709
Vorhersage, 246
Vorkonditionierer, 652, 690, 759, 763
Voronoi, Georgi Feodosjewitsch, 258
Vortex-Straße, 626
Vortizität, 297, 631
Vorwärts-Euler-Verfahren, 130, 537
Vorwärtsdifferenz, 15, 537, 554
Vorzeichenwechsel, 331

Wärmebad, 381
Wärmeleitungsgleichung, 379–382, 526, 529, 578, 596
Wachstumsfaktor, 530, 553, 560, 566, 583
Wachstumsmatrix, 140
Wahrscheinlichkeitsdichte, 232
Wahrscheinlichkeitsverteilung, 233–239
Warnung, 119
Wasserwand, 549, 563, 576
Wavelet-Basis, 449, 451, 453 ff.
Wavelet-Gleichung, 454
Wavelet-Transformation, 448 f., 454, 456
  diskrete, 452 f., 456
  inverse, 458

WDF, 232
Weggrößenverfahren, 183
Weißes Rauschen, 242, 434
Wellengleichung, 135, 529, 561, 567, 738
Wellenzahl, 562
wesentliche Randbedingung, 346, 729
wesentliche Singularität, 471, 488
Wichtungsmatrix, 160
Wiener-Hopf-Methode, 448
Wiener-Prozess, 435, 592
Wirbelfeld, 299, 305 f., 308
wirbelfrei, 297
Wirkungsintegral, 736
wohlgeformt, 557
Woodbury-Sherman-Morrison-Formel, 50, 250
Wurzelortskurve, 188

XYCE, 209

Yee, 571, 573
Youngscher Modul, 222, 359, 364

z-Transformation, 502 ff.
Zählnorm, 461
Zeilenraum, 96
Zeilensummen, 164
Zelle, 610, 621
zentraler Grenzwertsatz, 232 f., 237, 421
zentraler Pfad, 766, 772
zentrierte Differenz, 15 f., 25 ff., 553
Zerlegungsproblem, 251
Zetafunktion, 486
zirkulante Matrix, 2 f., 67, 122, 409, 416, 419, 442, 791
Zirkulation, 297, 323
zufälliges Abtasten, 151
Zufallsauswahl, 260
Zufallsvariable, 248
zulässige Menge, 764, 766
Zulässigkeit, 273
Zusammensetzen, 173, 286, 346, 350
Zustandsgleichung, 109, 182, 196, 245, 500
Zwangsbedingung, 209
zwei-Quadrate-Problem, 707
zweidimensionale Transformation, 316, 385, 439
Zweierzyklus, 211, 214
zweite Differenz, 16 f., 19, 346
zyklische Faltung, 410, 414, 422, 442
zyklische Reduktion, 333, 335
Zyklus, 169

GPSR Compliance

The European Union's (EU) General Product Safety Regulation (GPSR) is a set of rules that requires consumer products to be safe and our obligations to ensure this.

If you have any concerns about our products, you can contact us on ProductSafety@springernature.com

In case Publisher is established outside the EU, the EU authorized representative is:

Springer Nature Customer Service Center GmbH
Europaplatz 3
69115 Heidelberg, Germany

Batch number: 08942484

Printed by Printforce, the Netherlands